# BKI Baukosten 2020 Neubau
# Teil 2

## Statistische Kostenkennwerte für Bauelemente

**BKI Baukosten 2020 Neubau**
**Statistische Kostenkennwerte für Bauelemente**

BKI Baukosteninformationszentrum (Hrsg.)
Stuttgart: BKI, 2020

**Mitarbeit:**
Hannes Spielbauer (Geschäftsführer)
Klaus-Peter Ruland (Prokurist)
Brigitte Kleinmann (Prokuristin)
Catrin Baumeister
Marina Boric-Neef
Heike Elsäßer
Sabine Egenberger
Christiane Keck
Björn Lofthus
Dirk Rimmele
Jeannette Sturm
Sibylle Vogelmann
Yvonne Walz

**Fachautoren:**
Dr. Ing. Frank Ritter
Univ.-Prof. Dr.-Ing. Wolfdietrich Kalusche und Dipl.-Ing. Anne-Kathrin Kalusche
bauforumstahl e.V.

**Layout, Satz:**
Hans-Peter Freund
Thomas Fütterer

**Fachliche Begleitung:**
Beirat Baukosteninformationszentrum
Stephan Weber (Vorsitzender)
Markus Lehrmann (stellv. Vorsitzender)
Prof. Dr. Bert Bielefeld
Markus Fehrs
Andrea Geister-Herbolzheimer
Oliver Heiss
Prof. Dr. Wolfdietrich Kalusche
Martin Müller



Anschrift:
Seelbergstraße 4, 70372 Stuttgart
Kundenbetreuung: (0711) 954 854-0
Baukosten-Hotline: (0711) 954 854-41
Telefax: (0711) 954 854-54
info@bki.de www.bki.de

# Vorwort

Die Planung der Baukosten bildet einen wesentlichen Bestandteil der Architektenleistung. Eine der wichtigsten Elemente der Baukostenplanung ist die Ermittlung der Baukosten. Kompetente Kostenermittlungen beruhen auf qualifizierten Vergleichsdaten und Methoden. Daher gehört die Bereitstellung aktueller Daten zur Baukostenermittlung zu den wichtigsten Aufgaben des BKI seit seiner Gründung im Jahr 1996.

Im Dezember 2018 erschien mit der DIN 276:2018-12 die wichtigste Norm für Kostenplanung im Bauwesen in einer umfangreich überarbeiteten Fassung. BKI hat alle Objektdaten aus der BKI Objektdatenbank Neubau für die vorliegenden statistischen Auswertungen den Kostengruppen dieser DIN neu zugeordnet. Mit den „BKI Baukosten Bauelemente 2020" liegt damit die zweite Ausgabe der bewährten Fachbuchreihe nach der neuen DIN 276 vor.

Die aktuelle DIN 276 fordert als Entscheidung über die Entwurfsplanung die Ermittlung der Gesamtkosten nach Kostengruppen in der dritten Ebene der Kostengliederung. Der Band „BKI Baukosten 2020 Bauelemente" bietet hierfür die Kostenkennwerte. Für die neue Kostenermittlungsstufe „Kostenvoranschlag" sind die BKI Ausführungsarten des vorliegenden Bandes besonders geeignet. Außerdem finden Sie Fachartikel zu Grobelementarten, Lebensdauer von Bauteilen und Kosten zum Stahlbau.

Die Fachbuchreihe „BAUKOSTEN NEUBAU" erscheint jährlich. Dabei werden alle Kostenkennwerte auf Basis neu dokumentierter Objekte und neuer statistischer Auswertungen aktualisiert. Die Kosten, Kostenkennwerte und Positionen dieser neuen Objekte tragen in allen drei Bänden zur Aktualisierung bei. Mit den integrierten „BKI Regionalfaktoren 2020" kann der Nutzer eine Anpassung der Bundesdurchschnittswerte an den jeweiligen Stadt- bzw. Landkreis seines Bauorts vornehmen.

Die Fachbuchreihe BAUKOSTEN Neubau 2020 (Statistische Kostenkennwerte) besteht aus den drei Teilen:
Baukosten Gebäude 2020 (Teil 1)
Baukosten Bauelemente 2020 (Teil 2)
Baukosten Positionen 2020 (Teil 3)

Die Bände sind aufeinander abgestimmt und unterstützen die Anwender in allen Planungsphasen. Die Nutzer erhalten je Band eine ausführliche Erläuterung zur fachgerechten Anwendung. Weitere Praxistipps und Hinweise werden in den BKI-Workshops und im "Handbuch Kostenplanung im Bauwesen" vermittelt. Tipps zur Termin- und Bauzeitenplanung finden Sie im "Handbuch Terminplanung für Architekten". Die BKI-Veröffentlichung ist für 2020 geplant.

Der Dank des BKI gilt allen Architektinnen und Architekten, die Daten und Unterlagen zur Verfügung stellen. Sie profitieren von der Dokumentationsarbeit des BKI und unterstützen nebenbei den eigenen Berufsstand. Die in Buchform veröffentlichten Architekten-Projekte bilden eine fundierte und anschauliche Dokumentation gebauter Architektur, die sich zur Kostenermittlung von Folgeobjekten und zu Akquisitionszwecken hervorragend eignet.

Zur Pflege der Baukostendatenbanken sucht BKI weitere Objekte aus allen Bundesländern. Bewerbungsbögen zur Objekt-Veröffentlichung von Hochbauten und Freianlagen werden im Internet unter www.bki.de/projekt-veroeffentlichung zur Verfügung gestellt. Auch die Bereitstellung von Leistungsverzeichnissen mit Positionen und Vergabepreisen ist jetzt möglich, mehr Info dazu finden Sie unter www.bki.de/lv-daten.

Besonderer Dank gilt abschließend auch dem BKI-Beirat, der mit seinem Expertenwissen aus der Architektenpraxis, den Architekten- und Ingenieurkammern, Normausschüssen und Universitäten zum Gelingen der BKI-Fachinformationen beiträgt.

Wir wünschen allen Anwendern der neuen Fachbuchreihe 2020 viel Erfolg in allen Phasen der Kostenplanung und vor allem eine große Übereinstimmung zwischen geplanten und realisierten Baukosten im Sinne zufriedener Bauherren. Anregungen und Kritik zur Verbesserung der BKI-Fachbücher sind uns jederzeit willkommen.

*Hannes Spielbauer - Geschäftsführer*
*Klaus-Peter Ruland - Prokurist*
*Brigitte Kleinmann - Prokuristin*

*Baukosteninformationszentrum*
*Deutscher Architektenkammern GmbH*
*Stuttgart, im Mai 2020*

| Inhalt | Seite |
|---|---|

## Vorbemerkungen und Erläuterungen



## Lebensdauer von Bauteilen und Bauelementen

**Fachartikel von Dr. Frank Ritter**



## Grobelementarten

**Fachartikel von Univ.-Prof. Dr.-Ing. Wolfdietrich Kalusche und Dipl.-Ing. Anne-Kathrin Kalusche**

## Kostenkennwerte für Ausführungsarten



## Anhang

# Einführung

Dieses Fachbuch wendet sich an Architekten, Ingenieure, Sachverständige und sonstige Fachleute, die mit Kostenermittlungen von Hochbaumaßnahmen befasst sind.

Es enthält Kostenkennwerte für „Bauelemente", worunter die Kostengruppen der 3. Ebene DIN 276 verstanden werden, gekennzeichnet durch dreistellige Ordnungszahlen. Diese Kostenkennwerte werden für 75 Gebäudearten angegeben. Es enthält ferner Kostenkennwerte für Ausführungsarten von einzelnen Bauelementen. Diese Kostenkennwerte werden ohne Zuordnung zu bestimmten Gebäudearten angegeben. Damit bietet dieses Fachbuch aktuelle Orientierungswerte, die für differenzierte Kostenberechnungen sowie für Kostenanschläge im Sinne der DIN 276 benötigt werden.

Alle Kennwerte sind objektorientiert ermittelt worden und basieren auf der Analyse realer, abgerechneter Vergleichsobjekte, die derzeit in den BKI-Baukostendatenbanken verfügbar sind.

Dieses Fachbuch erscheint jährlich neu, so dass der Benutzer stets aktuelle Kostenkennwerte zur Hand hat. Das Baukosteninformationszentrum ist bemüht, durch kontinuierliche Datenerhebungen in allen Bundesländern die in dieser Ausgabe noch nicht aufgeführten Kostenkennwerte für einzelne Kostengruppen oder Gebäudearten in den Folgeausgaben zu berücksichtigen.

Mit dem Ausbau der Datenbanken werden auch weitere Kennwerte für jetzt noch nicht enthaltene Ausführungsarten verfügbar sein. Der vorliegende Teil 2 baut auf Teil 1 „Statistische Kostenkennwerte für Gebäude" auf, der die für Kostenrahmen und Kostenschätzung benötigten Kostenkennwerte zu den Kostengruppen der 1. und 2. Ebene DIN 276 enthält.

# Benutzerhinweise

**1. Definitionen**
Als **Bauelemente** werden in dieser Veröffentlichung diejenigen Kostengruppen der 3. Ebene DIN 276 bezeichnet, die zur Kostengruppe 300 „Bauwerk-Baukonstruktionen" bzw. Kostengruppe 400 „Bauwerk-Technische Anlagen" gehören und mit dreistelligen Ordnungszahlen gekennzeichnet sind.

**Ausführungsarten (AA)** sind bestimmte, nach Konstruktion, Material, Abmessungen und sonstigen Eigenschaften unterschiedliche Ausführungen von Bauelementen. Sie sind durch eine 7-stellige Ordnungszahl gekennzeichnet, bestehend aus
- Kostengruppe DIN 276 (KG): 3-stellig
- Ausführungsklasse nach BKI (AK): 2-stellig
- Ausführungsart nach BKI (AA): 2-stellige BKI-Identnummer

**Kostenkennwerte** sind Werte, die das Verhältnis von Kosten bestimmter Kostengruppen nach DIN 276:2018-12 zu bestimmten Bezugseinheiten darstellen.

Die Kostenkennwerte für die Kostengruppen der 3. Ebene DIN 276 sind auf Einheiten bezogen, die in der DIN 276:2018-12, Kapitel 6 (Mengen und Bezugseinheiten) definiert sind.

Die Kostenkennwerte für Ausführungsarten sind auf nicht genormte, aber kostenplanerisch sinnvolle Einheiten bezogen, die in den betreffenden Tabellen jeweils angegeben sind.

**2. Kostenstand und Mehrwertsteuer**
Kostenstand aller Kennwerte ist das 1. Quartal 2020. Alle Kostenkennwerte enthalten die Mehrwertsteuer. Die Angabe aller Kostenkennwerte dieser Veröffentlichung erfolgt in Euro. Die vorliegenden Kostenkennwerte sind Orientierungswerte, Sie können nicht als Richtwerte im Sinne einer verpflichtenden Obergrenze angewendet werden.

**3. Datengrundlage**
Grundlage der Tabellen sind statistische Analysen abgerechneter Bauvorhaben. Die Daten wurden mit größtmöglicher Sorgfalt vom BKI bzw. seinen Dokumentationsstellen erhoben.

Dies entbindet den Benutzer aber nicht davon, angesichts der vielfältigen Kosteneinflussfaktoren die genannten Orientierungswerte eigenverantwortlich zu prüfen und entsprechend dem jeweiligen Verwendungszweck anzupassen. Für die Richtigkeit der im Rahmen einer Kostenermittlung eingesetzten Werte können daher weder Herausgeber noch Verlag eine Haftung übernehmen.

**4. Betrachtung der Kostenauswirkungen aktueller Energiestandards**
Gerade im Hinblick auf die wiederholte Verschärfung gesetzgeberischer Anforderungen an die energetische Qualität, insbesondere von Neubauten, wird von Kundenseite die Frage nach dem Energiestandard der statistischen Fachbuchreihe BKI BAUKOSTEN gestellt.
BKI hat Untersuchungen zu den kostenmäßigen Auswirkungen der erhöhten energetischen Qualität von Neubauten vorgenommen. Die Untersuchungen zeigen, dass energetisch bedingte Kostensteigerungen durch Rationalisierungseffekte größtenteils kompensiert werden.

BKI dokumentiert derzeit ca. 200 neue Objekte pro Jahr, die zur Erneuerung der statistischen Auswertungen verwendet werden. Etwa im gleichen Maße werden ältere Objekte aus den Auswertungen entfernt. Mit den hohen Dokumentationszahlen der letzten Jahre wurde die BKI-Datenbanken damit noch aktueller.

In nahezu allen energetisch relevanten Gebäudearten sind zudem Objekte enthalten, die über den nach EnEV geforderten energetischen Standard hinausgehen. Diese über den geforderten Standard hinausgehenden Objekte kompensieren einzelne Objekte, die den aktuellen energetischen Standard nicht erreichen. Insgesamt wird daher ein ausgeglichenes Objektgefüge pro Gebäudeart erreicht.

Obwohl BKI fertiggestellte und schlussabgerechnete Objekte dokumentiert, können durch die Dokumentation von Objekten, die über das gesetzgeberisch geforderte Maß energetischer Qualität hinausgehen, Kostenkennwerte für aktuell geforderte energetische Standards ausgewiesen werden. Die Kostenkennwerte der Fachbuchreihe BKI BAUKOSTEN 2020 entsprechen somit dem aktuellen EnEV-Niveau.

**5. Anwendungsbereiche**
Die Kostenkennwerte sind als Orientierungswerte konzipiert. Sie können bei Kostenermittlungen angewendet werden. Die formalen Mindestanforderungen hinsichtlich der Darstellung der Ergebnisse einer Kostenermittlung sind in DIN 276:2018-12, Kapitel 4 festgelegt. Die Anwendung des Bauelement-Verfahrens bei Kostenermittlungen setzt voraus, dass genügend Planungsinformationen vorhanden sind, um Qualitäten und Mengen von Bauelementen und Ausführungsarten ermitteln zu können.

**a. Gebäudearten-bezogene** Kostenkennwerte für die Kostengruppen der 3. Ebene DIN 276 dienen primär als Orientierungswerte für die Plausibilitätsprüfung von Kostenberechnungen, die mit Kostenkennwerten für einzelne Ausführungsarten differenziert aufgestellt worden sind.
Kostenberechnungen auf der 3. Ebene DIN 276 ermöglichen differenziertere Bauelementbeschreibungen und eine genauere Ermittlung der entwurfsspezifischen Elementmengen und deren Kosten. Die in den Tabellen genannten Prozentsätze geben den durchschnittlichen Anteil der jeweiligen Kostengruppe an der Kostengruppe 300 „Bauwerk-Baukonstruktionen" (KG 300 = 100%) bzw. Kostengruppe 400 „Bauwerk-Technische Anlagen" (KG 400 = 100%) an.

Diese von Gebäudeart zu Gebäudeart oft unterschiedlichen Prozentanteile machen die kostenplanerisch relevanten Kostengruppen erkennbar, bei denen z. B. die Entwicklung von kostensparenden Alternativlösungen primär Erfolg verspricht unter dem Aspekt der Kostensteuerung bei vorgegebenem Gesamtbudget.

**b. Ausführungsarten-bezogene** Kostenkennwerte dienen als Orientierungswerte für differenzierte Ermittlungen zur Aufstellung von Kostenvoranschlägen im Sinne der DIN 276.

Um die Kostenkennwerte besser beurteilen und die Ausführungsarten untereinander abgrenzen zu können, wird der jeweilige technische Standard nach den Kriterien „Konstruktion", „Material", „Abmessungen" und „Besondere Eigenschaften" näher beschrieben. Diese Beschreibung versucht, diejenigen Eigenschaften und Bauleistungen aufzuzeigen, die im Wesentlichen die Kosten der Ausführungsart eines Bauelementes bestimmen.

Über die Ausführungsarten von Bauelementen können Ansätze für die Vergabe von Bauleistungen und die Kostenkontrolle während der Bauausführung ermittelt werden. Die Ausführungsarten lassen sich den Leistungsbereichen des Standardleistungsbuches (STLB) zuordnen und damit in eine vergabeorientierte Gliederung überführen. Zu diesem Zweck sind die Kostenanteile der Leistungsbereiche in Prozent der jeweiligen Ausführungsart angegeben.

**6. Geltungsbereiche**

Die genannten Kostenkennwerte spiegeln in etwa das durchschnittliche Baukostenniveau in Deutschland wider. Die Geltungsbereiche der Tabellenwerte sind fließend. Die „von-/bis-Werte" markieren weder nach oben noch nach unten absolute Grenzwerte.

In den Tabellen „Gebäudearten-bezogene Kostenkennwerte für die Kostengruppen der 3. Ebene DIN 276" wurden der Vollständigkeit halber nicht alle Kostengruppen aufgeführt, auch dann, wenn die statistische Basis häufig noch zu gering ist, um für Kostenermittlungszwecke Kostenkennwerte angeben zu können. Dies trifft besonders für Kostengruppen zu, die im Regelfall ganz entfallen oder von untergeordneter Bedeutung sind, bei einzelnen Baumaßnahmen aber durchaus auch kostenrelevant sein können, z. B. die Kostengruppen 313 Wasserhaltung, 393 Sicherungsmaßnahmen, 394 Abbruchmaßnahmen, 395 Instandsetzungen, 396 Materialentsorgung, 397 Zusätzliche Maßnahmen, 398 Provisorische Baukonstruktionen, sowie alle Kostengruppen beginnend mit „Sonstiges zur KG...". Auch bei breiterer Datenbasis würden sich bei diesen Kostengruppen aufgrund der objektspezifischen Besonderheiten immer sehr große Streubereiche für die Kostenkennwerte ergeben. Liegen hierfür weder Erfahrungswerte aufgrund früherer Ausschreibungen im Büro vor, noch können diese durch Anfrage bei den ausführenden Firmen erfragt werden, so empfiehlt es sich, beim BKI die Kostendokumentationen einzelner Objekte zu beschaffen, bei denen die betreffenden Kostengruppen angefallen und qualitativ beschrieben sind.

Bei den zuvor genannten Kostengruppen können die Tabellenwerte dieses Buches jedoch einen Eindruck vermitteln, welche Größenordnung die Kostenkennwerte im Einzelfall bei einer Betrachtung über alle Gebäudearten hinweg annehmen können.

**7. Kosteneinflüsse**

In den Streubereichen (von-/bis-Werte) der Kostenkennwerte spiegeln sich die vielfältigen Kosteneinflüsse aus Nutzung, Markt, Gebäudegeometrie, Ausführungsstandard, Projektgröße etc. wider.
Die Orientierungswerte können daher nicht schematisch übernommen werden, sondern müssen entsprechend den spezifischen Planungsbedingungen überprüft und ggf. angepasst werden. Mögliche Einflüsse, die eine Anpassung der Orientierungswerte erforderlich machen, können sein:

- besondere Nutzungsanforderungen,
- Standortbedingungen (Erschließung, Immission, Topographie, Bodenbeschaffenheit),
- Bauwerksgeometrie (Grundrissform, Geschosszahlen, Geschosshöhen, Dachform, Dachaufbauten),
- Bauwerksqualität (gestalterische, funktionale und konstruktive Besonderheiten),
- Quantität (Bauelement- und Ausführungsartenmengen),
- Baumarkt (Zeit, regionaler Baumarkt, Vergabeart).

**8. Regionalisierung der Daten**

Grundlage der BKI Regionalfaktoren sind Daten aus der amtlichen Bautätigkeitsstatistik der statistischen Landesämter, eigene Berechnungen auch unter Verwendung von Schwerpunktpositionen und regionale Umfragen. Zusätzlich wurden von BKI Verfahren entwickelt, um die Eingangsdaten auf Plausibilität prüfen und ggf. anpassen zu können. Auf der Grundlage dieser Berechnungen hat BKI einen bundesdeutschen Mittelwert gebildet. Anhand des Mittelwertes lassen sich die einzelnen Land- und Stadtkreise prozentual einordnen. Diese Prozentwerte wurden die Grundlage der BKI Deutschlandkarte mit „Regionalfaktoren für Deutschland und Europa".
Für die größeren Inseln Deutschlands wurden separate Regionalfaktoren ermittelt. Dazu wurde der zugehörige Landkreis in Festland und Inseln unterteilt. Alle Inseln eines Landkreises erhalten durch dieses Verfahren den gleichen Regionalfaktor.

Der Regionalfaktor des Festlandes enthält keine Inseln mehr und ist daher gegenüber früheren Ausgaben verringert.

Die Kosten der Objekte der BKI Datenbanken wurden auf den Bundesdurchschnitt umgerechnet. Für den Anwender bedeutet die Umrechnung der Daten auf den Bundesdurchschnitt, dass einzelne Kostenkennwerte oder das Ergebnis einer Kostenermittlung mit dem Regionalfaktor des Standorts des geplanten Objekts multipliziert werden können. Die BKI Stadt-/Landkreisregionalfaktoren befinden sich im Anhang des Buchs.

**9. Urheberrechte**

Alle Objektinformationen und die daraus abgeleiteten Auswertungen (Statistiken) sind urheberrechtlich geschützt. Die Urheberrechte liegen bei den jeweiligen Büros, Personen bzw. beim BKI. Es ist ausschließlich eine Anwendung der Daten im Rahmen der praktischen Kostenplanung im Hochbau zugelassen. Für eine anderweitige Nutzung oder weiterführende Auswertungen behält sich das BKI alle Rechte vor.

# Neue BKI Neubau-Dokumentationen 2019-2020

**1300-0240** Einfamilienhaus, Büro - Effizienzhaus 40 PLUS
Büro- und Verwaltungsgebäude, hoher Standard
Architekt Rainer Graf, Architektur + Energiekonzepte
Ofterdingen

**1300-0249** Verwaltungsgebäude (42 AP)
Büro- und Verwaltungsgebäude, mittlerer Standard
F64 Architekten und Stadtplaner PartGmbH
Kempten

**1300-0252** Verwaltungsgebäude (34 AP) - Eff.haus ~25%
Büro- und Verwaltungsgebäude, hoher Standard
architekturbüro p. sindram Architekt Paul Sindram
Schleswig

**1300-0254** Bürogebäude (8 AP)
Büro- und Verwaltungsgebäude, einfacher Standard
AW+ Planungsgesellschaft mbH
Eiterfeld

**1300-0255** Verwaltungsgebäude (200 AP), TG (88 STP)
Büro- und Verwaltungsgebäude, mittlerer Standard
Neff Kuhn Architekten, Studio PRANK
Weinheim

**3400-0023** Seniorenpflegeheim (65 Betten) - Eff.haus ~52%
Pflegeheime
SAUER ARCHITEKTUR UND INGENIEURBÜRO
Hildesheim

**3500-0006** Therapie- und Kreativzentrum (50 Kinder)
Medizinische Einrichtungen
Ulrich Tilgner, Thomas Grotz, Architekten GmbH
Bremen

**4100-0174** Gesamtschule (10 Kl) - Effizienzhaus ~66%
Allgemeinbildende Schulen
Tectum Hille Kobelt Architekten BDA
Weimar

**4100-00175** Grundschule (160 Sch) - Effizienzhaus ~3%
Allgemeinbildende Schulen
ralf pohlmann architekten
Waddeweitz

**4100-0198** Gesamtschule Tanz- und Atelierräume (3 Kl)
Allgemeinbildende Schulen
qbatur Planungsgenossenschaft eG
Quedlinburg

**4100-0199** Grundschule (16 Kl) - Effizienzhaus ~18%
Allgemeinbildende Schulen
Architekten Johannsen und Partner mbB
Hamburg

**4100-0200** Selbstlernzentrum (60 Schüler)
Allgemeinbildende Schulen
tun-architektur PartGmbB
Hamburg

© Architekturbüro Helmle

**4300-0024** Sonderpädagogisches Förderzentrum (6 Kl)
Förder- und Sonderschulen
Architekturbüro Helmle
Ellwangen

© Helmut Schwalm

**4400-0293** Kinderkrippe (3 Gr, 36 Ki) - Effizienzhaus ~37%
Kindergärten, nicht unterkellert, mittlerer Standard
Architekturbüro Schwalm
Karlskron

© Rainer Erhard

**4400-0298** Kindergarten (2 Gr, 40 Ki) - Effizienzhaus ~30%
Kindergärten, nicht unterkellert, mittlerer Standard
ralf pohlmann architekten
Waddeweitz

© wagner + ewald architekten

**4400-0307** Kindertagesstätte (4 Gr) - Effizienzhaus ~60%
Kindergärten, nicht unterkellert, mittlerer Standard
wagner + ewald architekten
Ginsheim-Gustavsburg

© Zooey Braun

**4400-0316** Kindertagesstätte (5 Gr) - Effizienzhaus ~67%
Kindergärten, nicht unterkellert, mittlerer Standard
Prof. Rollmann + Partner Architekten PartGmbB
Homburg

© Constantin Meyer

**4400-0323** Kindertagesstätte (4 Gruppen, 74 Kinder)
Kindergärten, nicht unterkellert, mittlerer Standard
ARGE: foundation 5+ architekten BDA und
Architektur+Städtebau Bankert Linker Hupfeld, Kassel

## Fotopräsentation der Objekte

**4400-0326** Kindertagesstätte (6 Gr, 99 Ki) - Eff.haus ~71%
Kindergärten, nicht unterkellert, mittlerer Standard
raum-z architekten gmbh
Frankfurt

**4400-0328** Kindertagesstätte (13 Gruppen, 200 Kinder)
Kindergärten, nicht unterkellert, mittlerer Standard
KÖBER-PLAN GmbH
Brandenburg

**5100-0115** Sporthalle (Einfeldhalle) - Effizienzhaus ~68%
Sporthallen (Einfeldhallen)
Tectum Hille Kobelt Architekten BDA
Weimar

**5100-0125** Sporthalle (2,5-Feld) - Effizienzhaus ~28%
Sporthallen (Dreifeldhallen)
Planungsgruppe Strasser GmbH
Traunstein

**5100-0126** Tennishalle (Dreifeldhalle)
Sporthallen (Dreifeldhallen)
raum-z architekten gmbh
Frankfurt

**6100-1277** Doppelhaus (2 WE) - Effizienzhaus ~80%
Doppel- und Reihenendhäuser, mittlerer Standard
Lilienström Architekten PartG mbB
Dormagen

© Stephan Baumann

**6100-1311** Mehrfamilienhaus (4 WE), TG - Eff.haus ~55%
Mehrfamilienhäuser, mit bis zu 6 WE, hoher Standard
Leistner Fahr Architektenpartnerschaft
Reinbek

© Robert Seidl

**6100-1335** Einfamilienhaus, Garagen - Passivhaus
Ein- und Zweifamilienhäuser, Passivhaus, Massivbau
RoA Rongen Architekten PartG mbB
Wassenberg

© Architekt Rainer Graf

**6100-1369** Doppelhaus - Effizienzhaus 40
Doppel- und Reihenendhäuser, einfacher Standard
Architekt Rainer Graf, Architektur + Energiekonzepte
Ofterdingen

© Frank Blümler

**6100-1406** Mehrfamilienhaus (3 WE)
Mehrfamilienhäuser, mit bis zu 6 WE, mittlerer Standard
Gerstner Kaluza Architektur GmbH
Frankfurt am Main

© Andreas Muhs

**6100-1412** Wohnanlage (136 WE), TG - Effizienzhaus 70
Mehrfamilienhäuser, mit 20 oder mehr WE, mittl. Standard
Galandi Schirmer Architekten + Ingenieure GmbH
Berlin

© PLUSGRAD Andreas Hillmann

**6100-1413** Mehrfamilienhaus (30 WE), TG (30 STP)
Mehrfamilienhäuser, mit 20 oder mehr WE, mittl. Standard
Architekturbüro Wagner
Nordhausen

## Fotopräsentation der Objekte

© PLUSGRAD Andreas Hillmann

**6100-1414** Zweifamilienhaus - Effizienzhaus 70
Ein- u. Zweifamilienhäuser, nicht unterkell., mittl. Standard
⌂ Architekturbüro Wagner
Nordhausen

© Jens Paritzsch

**6100-1416** Mehrfamilienhaus (10 WE) - Effizienzhaus 70
Mehrfamilienhäuser, mit 6 bis 19 WE, mittlerer Standard
⌂ aaw Architektenbüro Arno Weirich
Alfter

© Baufrösche Architekten und Stadtplaner GmbH

**6100-1417** Mehrfamilienhaus (8 WE) - Effizienzhaus 70
Mehrfamilienhäuser, mit 6 bis 19 WE, mittlerer Standard
⌂ aaw Architektenbüro Arno Weirich
Alfter

© Falko Wübbecke

**6100-1418** Mehrfamilienhaus (5 WE), TG - Effizienzhaus 70
Mehrfamilienhäuser, mit bis zu 6 WE, hoher Standard
⌂ SCHAMP & SCHMALÖER Architekten Stadtplaner
PartGmbB, Dortmund

© grimm_architekten BDA

**6100-1419** Einfamilienhaus
Ein- u. Zweifamilienhäuser, nicht unterkell., mittl. Standard
⌂ grimm_architekten BDA
Nürnberg

© Kay Riechers Fotografie

**6100-1420** Zweifamilienhaus - Effizienzhaus 40 Plus
Ein- und Zweifamilienhäuser, unterkellert, hoher Standard
⌂ Sieckmann Walther Architekten
Hamburg

## Fotopräsentation der Objekte

© MUDLAFF & OTTE © Sebastian Glombik

**6100-1421** Einfamilienhaus Garage - KfW 55
Ein- u. Zweifamilienhäuser, nicht unterkell., mittl. Standard
MUDLAFF & OTTE Architekten PartGmbB
Hamburg

© Rouven Faust Fotografie

**6100-1422** Einfamilienhaus, Garage - Effizienzhaus ~55%
Ein- und Zweifamilienhäuser, Holzbau, nicht unterkellert
Architekt BDA Dr.-Ing. Sever Severain
Wiesbaden

© David Schultheiß

**6100-1423** Einfamilienhaus, Garage - Effizienzhaus ~45%
Ein- und Zweifamilienhäuser, unterkellert, hoher Standard
BF ARCHITEKTUR Bettina Müller-Fauth
Welzheim/Eselshalden

© Rainer Viertlböck

**6100-1424** Mehrfamilienhaus (10 WE), TG - Eff.haus ~20%
Mehrfamilienhäuser, mit 6 bis 19 WE, mittlerer Standard
Jo Güth I Architekt
München

© Martin Kreuzer Photography

**6100-1425** Zweifamilienhaus, Garage
Ein- und Zweifamilienhäuser, unterkellert, hoher Standard
gramming rosenmüller architekten
München

© Rongen Architekten PartG mbB

**6100-1426** Doppelhaushälfte - Passivhaus
Doppel- und Reihenendhäuser, mittlerer Standard
Rongen Architekten PartG mbB
Wassenberg

## Fotopräsentation der Objekte

**6100-1435** Einfamilienhaus mit Garage - Effizienzhaus 55
Ein- u. Zweifamilienhäuser, nicht unterkell., hoher Standard
JA:3 Architekten, Ingenieure, Innenarchitekten
Winsen (Aller)

**6100-1436** Mehrfamilienhäuser (91 WE), TG - Eff.haus 55
Mehrfamilienhäuser, mit 20 oder mehr WE, mittl. Standard
Itten + Brechbühl GmbH
Berlin

**6100-1437** Mehrfamilienhäuser (180 WE), TG - Eff.haus 70
Mehrfamilienhäuser, mit 20 oder mehr WE, mittl. Standard
Arnold und Gladisch Gesell. v. Architekten mbH und
DMSW Partnerschaft v. Architekten, Berlin

**6100-1438** Wohnanlage (62 WE), TG - Effizienzhaus ~28%
Mehrfamilienhäuser, mit 20 oder mehr WE, mittl. Standard
roedig.schop architekten
Berlin

**6100-1439** Mehrfamilienhaus (16 WE), Ladengeschäft
Mehrfamilienhäuser, mit 6 bis 19 WE, mittlerer Standard
Hauschild Architekten
Erfurt

**6100-1440** Fertigteilgarage
Einzel-, Mehrfach- und Hochgaragen
Architekt Rainer Graf, Architektur + Energiekonzepte
Ofterdingen

## Fotopräsentation der Objekte

© Toni Momtschew

**6100-1441** Mehrfamilienhaus (14 WE) - Eff.haus ~47%
Mehrfamilienhäuser, mit 6 bis 19 WE, mittlerer Standard
MMST Architekten GmbH
Hamburg

© SchwörerHaus KG

**6100-1446** Singlehaus
Ein- u. Zweifamilienhäuser, nicht unterkell., mittl. Standard
Architektin Franca Wacker, SchwörerHaus KG
Hohenstein

© Straub Beutin Architekten

**6100-1449** Ferienhaus (1 WE)
Ein- und Zweifamilienhäuser, Holzbau, nicht unterkellert
Straub Beutin Architekten
Berlin

© Barbara Heinz

**6100-1450** Einfamilienhaus
Ein- u. Zweifamilienhäuser, nicht unterkell., mittl. Standard
Architekturbüro a hoch i netzwerk
Dillingen

© Simon Kramer

**6100-1451** Mehrfamilienhäuser (37 WE), TG (65 STP)
Mehrfamilienhäuser, mit 20 und mehr WE, mittl. Standard
raumstation Architekten GmbH
Starnberg

© Ing.-Büro D. Neuhaus & Partner GmbH

**6100-1458** Wohn- und Geschäftshaus (9 WE)
Wohnhäuser, mit mehr als 15% Mischnutzung
Ingenieurbüro D. Neuhaus & Partner GmbH
Anklam

## Fotopräsentation der Objekte

© plan2 Architekturbüro Stendel

**6100-1459** Singlehaus
Ein- u. Zweifamilienhäuser, nicht unterkell., mittl. Standard
⌂ plan2 Architekturbüro Stendel
Ribnitz-Damgarten

© Jochen Stüber

**6100-1460** Mehrfamilienhaus (6 WE)
Mehrfamilienhäuser, mit bis zu 6 WE, hoher Standard
⌂ Babis. C. Tekeoglou BCT Architekt
Hamburg

© Thomas Ott, www.o2t.de

**6100-1461** Mehrfamilienhäuser (15 WE), TG (17 STP)
Mehrfamilienhäuser, mit 6 bis 19 WE, mittlerer Standard
⌂ werk.um architekten
Darmstadt

© Grotegut Architekten

**6100-1468** Einfamilienhaus - Effizienzhaus ~71%
Ein- und Zweifamilienhäuser, unterkellert, hoher Standard
⌂ Grotegut Architekten
Bonn

© FFM-ARCHITEKTEN. Markus Raupach

**6200-0091** Seniorenwohnanlage (36 WE) - Eff.haus ~70%
Seniorenwohnungen, mittlerer Standard
⌂ FFM-ARCHITEKTEN. TOVAR + TOVAR PartGmbB
Frankfurt am Main

© hausschild architekten

**6200-0094** Tagespflege (18 Plätze)
Pflegeheime
⌂ hauschild architekten
Erfurt

**6200-0095** Studentenwohnheim (99 WE), TG (24 STP)
Wohnheime und Internate
habermann.decker.architekten PartGmbB
Lemgo

**6200-0096** Hospiz (14 Betten)
Pflegeheime
ELZ Architekten BDA
Potsdam

**6200-0099** Wohnheim f. Menschen m. Behinderung (24 B)
Pflegeheime
Steinert Architekten GmbH
Garmisch-Partenkirchen

**6500-0049** Speisesaal für Tagungsstätte (220 Sitzplätze)
Gaststätten, Kantinen und Mensen
Bauhütte Volkenroda
Volkenroda

**6600-0028** Hotel (214 Betten) - Effizienzhaus ~61%
Sonstige Gebäude (ohne Gebäudeartzuordnung)
ARGE Ladehoff und Hannemann & Krützfeldt
Hardebek und Elmshorn

**6600-0029** Hotel (170 Betten) - Effizienzhaus ~78%
Sonstige Gebäude (ohne Gebäudeartzuordnung)
ARGE Ladehoff und Holt & Nicolaisen
Hardebek und Flensburg

## Fotopräsentation der Objekte

**6600-0030** Hotel (250 Betten) - Effizienzhaus ~76%
Sonstige Gebäude (ohne Gebäudeartzuordnung)
ARGE Ladehoff und Holt & Nicolaisen
Hardebek und Flensburg

**6600-0031** Gästehaus (28 Zimmer) - Effizienzhaus 70
Sonstige Gebäude (ohne Gebäudeartzuordnung)
pax brüning architekten bda
Hannover

**7100-0055** Weinkellerei - Effizienzhaus ~33%
Industrielle Produktionsgebäude, Massivbauweise
Architekt BDA Dr.-Ing. Sever Severain
Wiesbaden

**7100-0056** Betriebsgebäude Produktionshalle Büros (55 AP)
Sonstige Gebäude (ohne Gebäudeartzuordnung)
F64 Architekten Kopp, Leube, Lindermayr,
Meusburger, Walter, Kempten

**7100-0057** Montagehalle mit Büronutzung (220 AP)
Industrielle Produktionsgebäude, überwiegend Skelettbau
MOW Generalplanung GmbH
Frankfurt

**7300-0097** Bürogebäude und Remise - Eff.haus ~47%
Betriebs- und Werkstätten, eingeschossig
Stölken Schmidt Architekten BDA GmbB
Hamburg

## Fotopräsentation der Objekte

© mh bauplanBAR GmbH

**7600-0079** Feuerwehrhaus, Fahrzeughalle
Feuerwehrhäuser
mh bauplanBAR GmbH und Reimann Hübler Studio für Architektur GbR, Bernau

© Ortmann & Möller Bauplanung GmbH

**7600-0080** Feuerwache (4 Fahrzeuge)
Feuerwehrhäuser
Ortmann & Möller Bauplanung GmbH Lastrup

© Mark Wohlrab

**9100-0163** Gemeindezentrum (231 Sitzplätze)
Gemeindezentren, mittlerer Standard
E V A R E B E R Architektur + Städtebau Dortmund

© Meyer Steffens Architekten

**9100-0164** Sport-/Gemeinschaftshaus - Effizienzhaus ~35%
Gemeindezentren, hoher Standard
Meyer Steffens Architekten und Stadtplaner BDA Lübeck

© Brigida González

**9100-0165** Musikforum, Saal (962 SP) - Eff.haus ~72%
Theater
Bez + Kock Architekten Generalplaner GmbH Stuttgart

© Brigida González

**9100-0166** Stadthalle (533 SP), TG (88 STP) - Eff.haus ~70%
Bibliotheken, Museen und Ausstellungen
Bez + Kock Architekten Generalplaner GmbH Stuttgart

## Fotopräsentation der Objekte

**9100-0171** Jugendkapelle
Sakralbauten
Architekturbüro Klaus Thiemann
Hersbruck

# Erläuterungen zur Fachbuchreihe BKI Baukosten Neubau

# Erläuterungen zur Fachbuchreihe BKI Baukosten Neubau

Die Fachbuchreihe BKI Baukosten besteht aus drei Bänden:
- Baukosten Gebäude Neubau 2020, Statistische Kostenkennwerte (Teil 1)
- Baukosten Bauelemente Neubau 2020, Statistische Kostenkennwerte (Teil 2)
- Baukosten Positionen Neubau 2020, Statistische Kostenkennwerte (Teil 3)

Die drei Fachbücher für den Neubau sind für verschiedene Stufen der Kostenermittlungen vorgesehen. Daneben gibt es noch eine vergleichbare Buchreihe für den Altbau (Bauen im Bestand) gegliedert in zwei Fachbücher. Nähere Informationen dazu erscheinen in den entsprechenden Büchern. Die nachfolgende Schnellübersicht erläutert Inhalt und Verwendungszweck:

| **BKI FACHBUCHREIHE Baukosten Neubau 2020** | | |
|---|---|---|
|   |   |   |
| **BKI Baukosten Gebäude** | **BKI Baukosten Bauelemente** | **BKI Baukosten Positionen** |
| Inhalt:<br>Kosten des Bauwerks, 1. und 2. Ebene nach DIN 276 von über 70 Gebäudearten | Inhalt:<br>3. Ebene DIN 276 und Ausführungsarten nach BKI, außerdem Lebensdauern von Bauteilen, Grobelementarten und Kosten im Stahlbau | Inhalt:<br>Positionen nach Leistungsbereichsgliederung für Rohbau, Ausbau, Gebäudetechnik und Freianlagen |
| Geeignet[1] für Kostenrahmen, Kostenschätzung | Geeignet für Kostenberechnung und Kostenvoranschlag | Geeignet für bepreiste Leistungsverzeichnisse und Kostenanschlag |
| HOAI Phasen 1 und 2 | HOAI Phasen 3 bis 6 | HOAI Phasen 6 und 8 |
| [1] BKI empfiehlt, bereits ab Vorlage erster Skizzen oder Vorentwürfe Kosten in der 2. Ebene nach DIN 276 zu ermitteln (Grobelementmethode). | | |

Die Buchreihe BKI Baukosten enthält für die verschiedenen Stufen der Kostenermittlung unterschiedliche Tabellen und Grafiken. Ihre Anwendung soll nachfolgend kurz dargestellt werden.

## Kostenrahmen

Für die Ermittlung der „ersten Zahl" werden auf der ersten Seite jeder Gebäudeart die Kosten des Bauwerks insgesamt angegeben. Je nach Informationsstand kann der Kostenkennwert (KKW) pro m³ BRI (Brutto-Rauminhalt), m² BGF (Brutto-Grundfläche) oder m² NUF (Nutzungsfläche) verwendet werden.

Diese Kennwerte sind geeignet, um bereits ohne Vorentwurf erste Kostenaussagen auf der Grundlage von Bedarfsberechnungen treffen zu können.

Für viele Gebäudearten existieren zusätzlich Kostenkennwerte pro Nutzeinheit. In allen Büchern der Reihe BKI Baukosten werden die statistischen Kostenkennwerte mit Mittelwert (Fettdruck) und Streubereich (von- und bis-Wert) angegeben (Abb. 1; BKI Baukosten Gebäude).

In der unteren Grafik der ersten Seite zu einer Gebäudeart sind die Kostenkennwerte der an der Stichprobe beteiligten Objekte zur Erläuterung der Bandbreite der Kostenkennwerte abgebildet. In allen Büchern wird in der Fußzeile der Kostenstand und die Mehrwertsteuer angegeben. (Abb. 2; BKI Baukosten Gebäude)

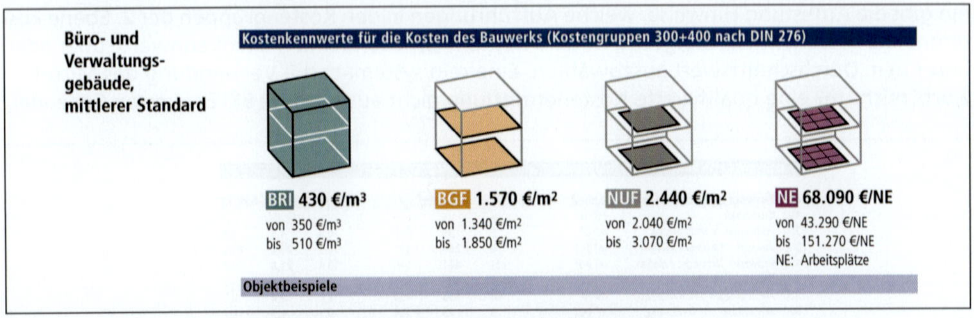


Abb. 1 aus BKI Baukosten Gebäude: Kostenkennwerte des Bauwerks

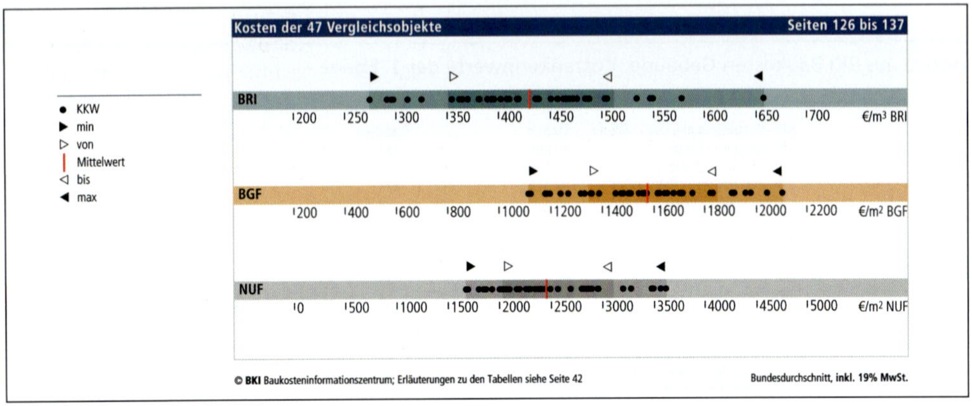


Abb. 2 aus BKI Baukosten Gebäude: Kostenkennwerte der Objekte einer Gebäudeart

## Kostenschätzung

Die obere Tabelle der zweiten Seite zu einer Gebäudeart differenziert die Kosten des Bauwerks in die Kostengruppen der 1. Ebene. Es werden nicht nur die Kostenkennwerte für das Bauwerk – getrennt nach Baukonstruktionen und Technische Anlagen – sondern ebenfalls für „Vorbereitende Maßnahmen" des Grundstücks, „Außenanlagen und Freiflächen", „Ausstattung und Kunstwerke", „Baunebenkosten" und „Finanzierung" genannt. Für Plausibilitätsprüfungen sind zusätzlich die Prozentanteile der einzelnen Kostengruppen ausgewiesen. (Abb. 3; BKI Baukosten Gebäude)

Für die Kostenschätzung müssen nach neuer DIN 276 die Gesamtkosten nach Kostengruppen in der zweiten Ebene der Kostengliederung ermittelt werden. Dazu müssen die Mengen der Kostengruppen 310 Baugrube/Erdbau bis 360 Dächer und die BGF ermittelt werden. Eine Kostenermittlung auf der 2. Ebene ist somit bereits durch Ermittlung von lediglich sieben Mengen möglich. (Abb. 4; BKI Baukosten Gebäude)

In den Benutzerhinweisen am Anfang des Fachbuchs „BKI Baukosten Gebäude, Statistische Kostenkennwerte Teil 1" ist eine „Auswahl kostenrelevanter Baukonstruktionen und Technischer Anlagen" aufgelistet. Sie unterstützen bei der Standardeinordnung einzelner Projekte. Weiterhin gibt die Auflistung Hinweise, welche Ausführungen in den Kostengruppen der 2. Ebene kostenmindernd bzw. kostensteigernd wirken. Dementsprechend sind Kostenkennwerte über oder unter dem Durchschnittswert auszuwählen. Eine rein systematische Verwendung des Mittelwerts reicht für eine qualifizierte Kostenermittlung nicht aus. (Abb. 5; BKI Baukosten Gebäude)

**Kostenkennwerte für die Kostengruppen der 1. und 2. Ebene DIN 276**

| KG | Kostengruppen der 1. Ebene | Einheit | ▷ | €/Einheit | ◁ | ▷ | % an 300+400 | ◁ |
|---|---|---|---|---|---|---|---|---|
| 100 | Grundstück | m² GF | – | – | – | – | – | – |
| 200 | Vorbereitende Maßnahmen | m² GF | 5 | **39** | 250 | 0,4 | **1,6** | 5,6 |
| 300 | Bauwerk - Baukonstruktionen | m² BGF | 1.100 | **1.265** | 1.475 | 70,1 | **76,2** | 81,6 |
| 400 | Bauwerk - Technische Anlagen | m² BGF | 281 | **401** | 546 | 18,4 | **23,8** | 29,9 |
| | Bauwerk (300+400) | m² BGF | 1.428 | **1.666** | 1.945 | | **100,0** | |
| 500 | Außenanlagen und Freiflächen | m² AF | 40 | **135** | 454 | 2,0 | **5,4** | 8,7 |
| 600 | Ausstattung und Kunstwerke | m² BGF | 8 | **43** | 184 | 0,5 | **2,5** | 10,2 |
| 700 | Baunebenkosten* | m² BGF | 320 | **357** | 394 | 19,4 | **21,6** | 23,8 |
| 800 | Finanzierung | m² BGF | – | – | – | – | – | – |

◁ *Auf Grundlage der HOAI 2013 berechnete Werte nach §§ 35, 52, 56. Weitere Informationen siehe Seite 46

Abb. 3 aus BKI Baukosten Gebäude: Kostenkennwerte der 1. Ebene

| KG | Kostengruppen der 2. Ebene | Einheit | ▷ | €/Einheit | ◁ | ▷ | % an 1. Ebene | ◁ |
|---|---|---|---|---|---|---|---|---|
| 310 | Baugrube / Erdbau | m³ BGI | 25 | **55** | 301 | 0,8 | **1,9** | 3,7 |
| 320 | Gründung, Unterbau | m² GRF | 289 | **380** | 571 | 6,9 | **11,1** | 16,8 |
| 330 | Außenwände / vertikal außen | m² AWF | 402 | **534** | 770 | 28,0 | **34,0** | 41,5 |
| 340 | Innenwände / vertikal innen | m² IWF | 194 | **234** | 307 | 12,8 | **18,2** | 22,3 |
| 350 | Decken / horizontal | m² DEF | 308 | **357** | 491 | 10,8 | **17,0** | 20,9 |
| 360 | Dächer | m² DAF | 314 | **392** | 566 | 7,7 | **11,8** | 15,8 |
| 370 | Infrastrukturanlagen | m² BGF | – | – | – | – | – | – |
| 380 | Baukonstruktive Einbauten | m² BGF | 17 | **35** | 70 | 0,2 | **1,5** | 4,1 |
| 390 | Sonst. Maßnahmen für Baukonst. | m² BGF | 35 | **56** | 92 | 2,9 | **4,6** | 7,5 |
| **300** | **Bauwerk Baukonstruktionen** | **m² BGF** | | | | | **100,0** | |
| 410 | Abwasser-, Wasser-, Gasanlagen | m² BGF | 42 | **51** | 65 | 10,3 | **13,7** | 18,4 |
| 420 | Wärmeversorgungsanlagen | m² BGF | 65 | **93** | 156 | 16,7 | **24,0** | 35,3 |
| 430 | Raumlufttechnische Anlagen | m² BGF | 9 | **45** | 92 | 2,0 | **8,5** | 18,3 |
| 440 | Elektrische Anlagen | m² BGF | 93 | **126** | 167 | 25,6 | **32,9** | 41,6 |
| 450 | Kommunikationstechnische Anlagen | m² BGF | 36 | **56** | 119 | 9,2 | **14,0** | 22,7 |
| 460 | Förderanlagen | m² BGF | 26 | **39** | 63 | 0,0 | **2,4** | 8,9 |
| 470 | Nutzungsspez. u. verfahrenstech. Anl. | m² BGF | 4 | **18** | 48 | 0,1 | **1,9** | 7,7 |
| 480 | Gebäude- und Anlagenautomation | m² BGF | 31 | **44** | 55 | 0,0 | **2,6** | 8,8 |
| 490 | Sonst. Maßnahmen f. techn. Anlagen | m² BGF | 1 | **1** | 2 | 0,0 | **0,0** | 0,2 |
| **400** | **Bauwerk Technische Anlagen** | **m² BGF** | | | | | **100,0** | |

Abb. 4 aus BKI Baukosten Gebäude: Kostenkennwerte der 2. Ebene

**Auswahl kostenrelevanter Baukonstruktionen**

**310 Baugrube/Erdbau**
- **kostenmindernd:**
Nur Oberboden abtragen, Wiederverwertung des Aushubs auf dem Grundstück, keine Deponiegebühr, kurze Transportwege, wiederverwertbares Aushubmaterial für Verfüllung

+ **kostensteigernd:**
Wasserhaltung, Grundwasserabsenkung, Baugrubenverbau, Spundwände, Baugrubensicherung mit Großbohrpfählen, Felsbohrungen, schwer lösbare Bodenarten oder Fels

**320 Gründung, Unterbau**
- **kostenmindernd:**
Kein Fußbodenaufbau auf der Gründungsfläche, keine Dämmmaßnahmen auf oder unter der Gründungsfläche

+ **kostensteigernd:**
Teurer Fußbodenaufbau auf der Gründungsfläche, Bodenverbesserung, Bodenkanäle, Perimeterdämmung oder sonstige, teure Dämmmaßnahmen, versetzte Ebenen

mauerwerk, Ganzglastüren, Vollholztüren Brandschutztüren, sonstige hochwertige Türen, hohe Anforderungen an Statik, Brandschutz, Schallschutz, Raumakustik und Optik, Edelstahlgeländer, raumhohe Verfliesung

**350 Decke/Horizontale Baukonstruktionen**
- **kostenmindernd:**
Einfache Bodenbeläge, wenige und einfache Treppen, geringe Spannweiten

+ **kostensteigernd:**
Doppelboden, Natursteinböden, Metall- und Holzbekleidungen, Edelstahltreppen, hohe Anforderungen an Brandschutz, Schallschutz, Raumakustik und Optik, hohe Spannweiten

**360 Dächer**
- **kostenmindernd:**
Einfache Geometrie, wenig Durchdringungen

+ **kostensteigernd:**
Aufwändige Geometrie wie Mansarddach mit Gauben, Metalldeckung, Glasdächer oder Glasoberlichter, begeh-/befahrbare Flachdächer, Begrünung, Schutzelemente wie Edelstahl-Geländer

Abb. 5 aus BKI Baukosten Gebäude: Kostenrelevante Baukonstruktionen

Die Mengen der 2. Ebene können alternativ statistisch mit den Planungskennwerten auf der vierten Seite jeder Gebäudeart näherungsweise ermittelt werden. (Abb. 6; aus BKI Baukosten Gebäude: Planungskennwerte)
Eine Tabelle zur Anwendung dieser Planungskennwerte ist unter *www.bki.de/kostensimulationsmodell* für Neubau als Excel-Tabelle erhältlich. Die Anwendung dieser Tabelle ist dort ebenfalls beschrieben.

Die Werte, die über dieses statistische Verfahren ermittelt werden, sind für die weitere Verwendung auf Plausibilität zu prüfen und anzupassen.

In BKI Baukosten Gebäude befindet sich auf der dritten Seite zu jeder Gebäudeart eine Aufschlüsselung nach Leistungsbereichen für eine überschlägige Aufteilung der Bauwerkskosten. (Abb. 7; BKI Baukosten Gebäude)

Für die Kostenaufstellung nach Leistungsbereichen existiert folgender Ansatz:
Bereits nach Kostengruppen ermittelte Kosten können prozentual, mit Hilfe der Angaben in den Prozentspalten, in die voraussichtlich anfallenden Leistungsbereiche aufgeteilt werden.

Die Ergebnisse dieser „Budgetierung" können die positionsorientierte Aufstellung der Leistungsbereichskosten nicht ersetzen. Für Plausibilitätsprüfungen bzw. grobe Kostenaussagen z. B. für Finanzierungsanfragen sind sie jedoch gut geeignet.

**Planungskennwerte für Flächen und Rauminhalte nach DIN 277**

| Grundflächen | | ▷ | Fläche/NUF (%) | ◁ | ▷ | Fläche/BGF (%) | ◁ |
|---|---|---|---|---|---|---|---|
| NUF | Nutzungsfläche | | **100,0** | | 60,7 | **65,5** | 71,0 |
| TF | Technikfläche | 4,0 | **5,3** | 7,3 | 2,5 | **3,4** | 4,8 |
| VF | Verkehrsfläche | 20,2 | **27,2** | 39,9 | 12,9 | **16,7** | 22,0 |
| NRF | Netto-Raumfläche | 124,5 | **132,4** | 145,0 | 83,2 | **85,5** | 87,6 |
| KGF | Konstruktions-Grundfläche | 18,9 | **22,8** | 27,8 | 12,4 | **14,5** | 16,8 |
| BGF | Brutto-Grundfläche | 145,2 | **155,2** | 169,6 | | **100,0** | |

| Brutto-Rauminhalte | | ▷ | BRI/NUF (m) | ◁ | ▷ | BRI/BGF (m) | ◁ |
|---|---|---|---|---|---|---|---|
| BRI | Brutto-Rauminhalt | 5,36 | **5,75** | 6,23 | 3,54 | **3,72** | 4,13 |

| Flächen von Nutzeinheiten | ▷ | NUF/Einheit (m²) | ◁ | ▷ | BGF/Einheit (m²) | ◁ |
|---|---|---|---|---|---|---|
| Nutzeinheit: Arbeitsplätze | 24,38 | **28,39** | 57,41 | 36,40 | **43,24** | 83,64 |

| Lufttechnisch behandelte Flächen | ▷ | Fläche/NUF (%) | ◁ | ▷ | Fläche/BGF (%) | ◁ |
|---|---|---|---|---|---|---|
| Entlüftete Fläche | 48,0 | **48,0** | 48,0 | 24,7 | **24,7** | 24,7 |
| Be- und entlüftete Fläche | 89,1 | **89,1** | 95,6 | 57,4 | **57,4** | 60,6 |
| Teilklimatisierte Fläche | 7,5 | **7,5** | 7,5 | 3,9 | **3,9** | 3,9 |
| Klimatisierte Fläche | – | **2,6** | – | – | **1,6** | – |

| KG | Kostengruppen (2. Ebene) | Einheit | ▷ | Menge/NUF | ◁ | ▷ | Menge/BGF | ◁ |
|---|---|---|---|---|---|---|---|---|
| 310 | Baugrube / Erdbau | m³ BGI | 0,91 | **1,17** | 2,01 | 0,61 | **0,76** | 1,23 |
| 320 | Gründung, Unterbau | m² GRF | 0,47 | **0,58** | 0,83 | 0,31 | **0,38** | 0,51 |
| 330 | Außenwände / vertikal außen | m² AWF | 1,05 | **1,32** | 1,47 | 0,72 | **0,86** | 1,04 |
| 340 | Innenwände / vertikal innen | m² IWF | 1,07 | **1,39** | 1,60 | 0,72 | **0,90** | 0,98 |
| 350 | Decken / horizontal | m² DEF | 0,83 | **0,94** | 1,11 | 0,55 | **0,61** | 0,67 |
| 360 | Dächer | m² DAF | 0,51 | **0,62** | 0,88 | 0,34 | **0,40** | 0,54 |
| 370 | Infrastrukturanlagen | m² BGF | 1,45 | **1,55** | 1,70 | | **1,00** | |
| 380 | Baukonstruktive Einbauten | m² BGF | 1,45 | **1,55** | 1,70 | | **1,00** | |
| 390 | Sonst. Maßnahmen für Baukonst. | m² BGF | 1,45 | **1,55** | 1,70 | | **1,00** | |
| **300** | **Bauwerk-Baukonstruktionen** | **m² BGF** | 1,45 | **1,55** | 1,70 | | **1,00** | |

Abb. 6 aus BKI Baukosten Gebäude: Planungskennwerte

**Büro- und Verwaltungsgebäude, mittlerer Standard**

**Kostenkennwerte für Leistungsbereiche nach StLB (Kosten des Bauwerks nach DIN 276)**

| LB | Leistungsbereiche | 7,50% 15% 22,50% 30% | ▷ | % an 300+400 | ◁ |
|---|---|---|---|---|---|
| 000 | Sicherheits-, Baustelleneinrichtungen inkl. 001 | | 1,9 | **3,1** | 4,2 |
| 002 | Erdarbeiten | | 0,7 | **1,6** | 3,2 |
| 006 | Spezialtiefbauarbeiten inkl. 005 | | 0,0 | **0,7** | 5,2 |
| 009 | Entwässerungskanalarbeiten inkl. 011 | | 0,2 | **0,6** | 1,0 |
| 010 | Drän- und Versickerungsarbeiten | | 0,0 | **0,1** | 0,4 |
| 012 | Mauerarbeiten | | 1,2 | **4,1** | 10,9 |
| 013 | Betonarbeiten | | 13,8 | **19,2** | 23,9 |
| 014 | Natur-, Betonwerksteinarbeiten | | 0,0 | **0,5** | 1,3 |
| 016 | Zimmer- und Holzbauarbeiten | | 0,0 | **1,7** | 10,6 |
| 017 | Stahlbauarbeiten | | 0,1 | **1,2** | 9,2 |
| 018 | Abdichtungsarbeiten | | 0,2 | **0,5** | 1,0 |
| 020 | Dachdeckungsarbeiten | | 0,0 | **0,2** | 3,1 |
| 021 | Dachabdichtungsarbeiten | | 1,9 | **3,4** | 5,3 |
| 022 | Klempnerarbeiten | | 0,3 | **1,1** | 2,6 |
| | **Rohbau** | | 32,9 | **38,1** | 48,1 |
| 023 | Putz- und Stuckarbeiten, Wärmedämmsysteme | | 0,9 | **4,2** | 7,7 |

Abb. 7 aus BKI Baukosten Gebäude: Kostenkennwerte für Leistungsbereiche

## Kostenberechnung

In der DIN 276:2018-12 wird für Kostenberechnungen festgelegt, dass die Kosten bis zur 3. Ebene der Kostengliederung ermittelt werden müssen. (Abb. 8; BKI Baukosten Bauelemente)

Für die Kostengruppen 380, 390 und 410 bis 490 ist lediglich die BGF zu ermitteln, da hier sämtliche Kostenkennwerte auf die BGF bezogen sind. Da in der Regel nicht in allen Kostengruppen Kosten anfallen und viele Mengenermittlungen mehrfach verwendet werden können, ist die Mengenermittlung der 3. Ebene ebenfalls mit relativ wenigen Mengen (ca. 15 bis 25) möglich. (Abb. 9; BKI Baukosten Bauelemente)

Eine besondere Bedeutung kann der 3. Ebene der DIN 276 beim Bauen im Bestand im Rahmen der Bewertung der mitzuverarbeitenden Bausubstanz zukommen, die in die 7. HOAI-Novelle 2013 wieder in die Verordnung aufgenommen worden ist. Denn erst in der 3. Ebene DIN 276 ist eine Differenzierung der Bauteile in die tragende Konstruktion und die Oberflächen (innen und außen) gegeben. Beim Bauen im Bestand sind häufig die Oberflächen zu erneuern. Wesentliche Teile der Gründung und der Tragkonstruktion bleiben faktisch unverändert, werden planerisch aber erfasst und mitverarbeitet. Deren Kostenanteile werden erst durch die Differenzierung der Kosten ab der 3. Ebene ablesbar. Daher können die Neubaukosten der 3. Ebene oft wichtige Kennwerte für die Bewertung der mitzuverarbeitenden Bausubstanz darstellen.

**334**
**Außenwand-öffnungen**

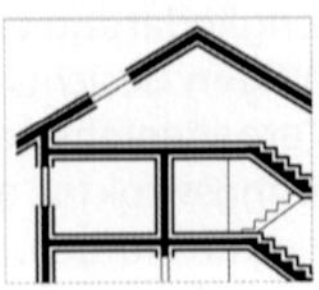

| Gebäudeart | ▷ | €/Einheit | ◁ | KG an 300 |
|---|---|---|---|---|
| **1 Büro- und Verwaltungsgebäude** | | | | |
| Büro- und Verwaltungsgebäude, einfacher Standard | 270,00 | **344,00** | 392,00 | 9,1% |
| Büro- und Verwaltungsgebäude, mittlerer Standard | 390,00 | **616,00** | 950,00 | 9,7% |
| Büro- und Verwaltungsgebäude, hoher Standard | 742,00 | **972,00** | 2.194,00 | 8,5% |
| **2 Gebäude für Forschung und Lehre** | | | | |
| Instituts- und Laborgebäude | 765,00 | **1.052,00** | 1.871,00 | 5,3% |
| **3 Gebäude des Gesundheitswesens** | | | | |
| Medizinische Einrichtungen | 308,00 | **467,00** | 547,00 | 7,1% |
| Pflegeheime | 400,00 | **546,00** | 786,00 | 7,7% |
| **4 Schulen und Kindergärten** | | | | |
| Allgemeinbildende Schulen | 506,00 | **868,00** | 1.274,00 | 7,2% |
| Berufliche Schulen | 662,00 | **1.057,00** | 1.400,00 | 4,2% |
| Förder- und Sonderschulen | 572,00 | **840,00** | 1.119,00 | 4,0% |
| Weiterbildungseinrichtungen | 1.080,00 | **1.714,00** | 2.348,00 | 0,8% |
| Kindergärten, nicht unterkellert, einfacher Standard | 669,00 | **709,00** | 780,00 | 6,8% |
| Kindergärten, nicht unterkellert, mittlerer Standard | 538,00 | **725,00** | 1.051,00 | 8,1% |
| Kindergärten, nicht unterkellert, hoher Standard | 485,00 | **674,00** | 768,00 | 3,3% |
| Kindergärten, Holzbauweise, nicht unterkellert | 489,00 | **716,00** | 941,00 | 6,5% |
| Kindergärten, unterkellert | 692,00 | **810,00** | 993,00 | 9,4% |

Abb. 8 aus BKI Baukosten Bauelemente: Kostenkennwerte der 3. Ebene

**444 Niederspannungs-installations-anlagen**

| Gebäudeart | ▷ | €/Einheit | ◁ | KG an 400 |
|---|---|---|---|---|
| **1 Büro- und Verwaltungsgebäude** | | | | |
| Büro- und Verwaltungsgebäude, einfacher Standard | 23,00 | **39,00** | 51,00 | 20,2% |
| Büro- und Verwaltungsgebäude, mittlerer Standard | 48,00 | **69,00** | 101,00 | 19,0% |
| Büro- und Verwaltungsgebäude, hoher Standard | 63,00 | **83,00** | 134,00 | 12,2% |
| **2 Gebäude für Forschung und Lehre** | | | | |
| Instituts- und Laborgebäude | 31,00 | **69,00** | 101,00 | 8,2% |
| **3 Gebäude des Gesundheitswesens** | | | | |
| Medizinische Einrichtungen | 62,00 | **90,00** | 143,00 | 17,8% |
| Pflegeheime | 35,00 | **58,00** | 70,00 | 9,3% |
| **4 Schulen und Kindergärten** | | | | |
| Allgemeinbildende Schulen | 35,00 | **53,00** | 73,00 | 15,4% |
| Berufliche Schulen | 64,00 | **84,00** | 123,00 | 15,3% |
| Förder- und Sonderschulen | 59,00 | **86,00** | 196,00 | 20,3% |
| Weiterbildungseinrichtungen | 58,00 | **115,00** | 228,00 | 19,9% |
| Kindergärten, nicht unterkellert, einfacher Standard | 16,00 | **27,00** | 33,00 | 11,0% |
| Kindergärten, nicht unterkellert, mittlerer Standard | 39,00 | **54,00** | 109,00 | 19,5% |
| Kindergärten, nicht unterkellert, hoher Standard | 24,00 | **29,00** | 33,00 | 9,6% |
| Kindergärten, Holzbauweise, nicht unterkellert | 18,00 | **31,00** | 45,00 | 10,0% |
| Kindergärten, unterkellert | 31,00 | **61,00** | 118,00 | 17,0% |

Abb. 9 aus BKI Baukosten Bauelemente: Kostenkennwerte der 3. Ebene für Kostengruppe 400

## Kostenvoranschlag

Mit dem Begriff „Kostenvoranschlag" wird in der neuen DIN 276 gegenüber der Vorgängernorm ein neuer Begriff eingeführt. Der Kostenvoranschlag wird als die Ermittlung der Kosten auf der Grundlage der Ausführungsplanung und der Vorbereitung der Vergabe definiert. Die neue Kostenermittlungsstufe entspricht dem bisherigen „Kostenanschlag". Die DIN 276 fordert, dass die Gesamtkosten nach Kostengruppen in der dritten Ebene der Kostengliederung ermittelt und darüber hinaus nach technischen Merkmalen oder herstellungsmäßigen Gesichtspunkten weiter untergliedert werden. Anschließend sollen die Kosten in Vergabeeinheiten nach der für das jeweilige Bauprojekt vorgesehenen Vergabe- und Ausführungsstruktur geordnet werden. Diese Ordnung erleichtert es in den nachfolgenden Kostenermittlungen, dass die Angebote, Aufträge und Abrechnungen zusammengestellt, kontrolliert und verglichen werden können.

Für die geforderte Untergliederung der 3. Ebene sind die im Band „Bauelemente" enthaltenen BKI Ausführungsarten besonders geeignet. Die darin enthaltene Aufteilung in Leistungsbereiche ermöglicht eine ausführungsorientierte Gliederung. Diese Leistungsbereiche können dann zu den geforderten projektspezifischen Vergabeeinheiten zusammengestellt werden.

| | | | | | |
|---|---|---|---|---|---|
| 361.34.00 | Metallträger, Blechkonstruktion | | | | |
| 02 | **Fachwerkträger aus Profilstahl als tragende Konstruktion für Trapezblechdächer, mit aussteifender Trapezblechschale (3 Objekte)** | 280,00 | **300,00** | 340,00 | |
| | Einheit: m² Dachfläche | | | | |
| | 017 Stahlbauarbeiten | | | | 71,0% |
| | 020 Dachdeckungsarbeiten | | | | 8,0% |
| | 022 Klempnerarbeiten | | | | 14,0% |
| | 034 Maler- und Lackierarbeiten - Beschichtungen | | | | 7,0% |

Abb. 10 aus BKI Baukosten Bauelemente: Kostenkennwerte für Ausführungsarten

## Kostenanschlag

Der Kostenanschlag ist nach Kostenrahmen, Kostenschätzung, Kostenberechnung und Kostenvoranschlag die fünfte Stufe der Kostenermittlungen nach DIN 276. Er dient den Entscheidungen über die Vergaben und die Ausführung. Die HOAI-Novelle 2013 beinhaltet in der Leistungsphase 6 „Vorbereitung der Vergabe" eine wesentliche Änderung: Als Grundleistung wird hier das „Ermitteln der Kosten auf Grundlage vom Planer bepreister Leistungsverzeichnisse" aufgeführt. Nach der Begründung zur 7. HOAI-Novelle wird durch diese präzisierte Kostenermittlung und -kontrolle der Kostenanschlag entbehrlich. Dies heißt jedoch nicht, dass auf die 3. Ebene der DIN 276 verzichtet werden kann. Die 3. Ebene der DIN 276 und die BKI Ausführungsarten sind wichtige Zwischenschritte auf dem Weg zu bepreisten Leistungsverzeichnissen.

**351**
**Decken-konstruktionen**

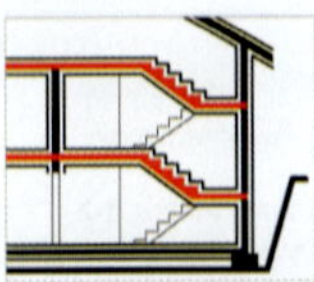

| KG.AK.AA | | ▷ | €/Einheit | ◁ | LB an AA |
|---|---|---|---|---|---|
| 351.25.00 | Stahlbeton, Fertigteil, Platten | | | | |
| 01 | **Stahlbeton-Deckenplatten als Fertigteile oder als teilelementierte Decken, d=16-20cm, Bewehrung (26 Objekte)**<br>Einheit: m² Deckenfläche | 80,00 | **100,00** | 130,00 | |
| | 013 Betonarbeiten | | | | 100,0% |
| 03 | **Stahlbeton-Deckenplatten als Fertigteile oder als teilelementierte Decken, d=22cm, Bewehrung (3 Objekte)**<br>Einheit: m² Deckenfläche | 99,00 | **100,00** | 110,00 | |
| | 013 Betonarbeiten | | | | 100,0% |
| 351.34.00 | Metallträger, Blechkonstruktion | | | | |
| 01 | **Stahlkonstruktion für Fluchtbalkone mit Gitterrostbelag, Geländer (4 Objekte)**<br>Einheit: m² Deckenfläche | 670,00 | **860,00** | 1.020,00 | |
| | 016 Zimmer- und Holzbauarbeiten | | | | 17,0% |
| | 017 Stahlbauarbeiten | | | | 35,0% |
| | 031 Metallbauarbeiten | | | | 46,0% |
| | 034 Maler- und Lackierarbeiten - Beschichtungen | | | | 2,0% |

Abb. 11 aus BKI Baukosten Bauelemente: Kostenkennwerte für Ausführungsarten

## Positionspreise

Zum Bepreisen von Leistungsverzeichnissen, Vorbereitung der Vergabe sowie Prüfen von Preisen eignet sich der Band BKI Baukosten Positionen, Statistische Kostenkennwerte (Teil 3). In diesem Band werden Positionen aus der BKI-Positionsdatenbank ausgewertet und tabellarisch mit Minimal-, Von-, Mittel-, Bis- sowie Maximalpreisen aufgelistet. Aufgeführt sind jeweils Brutto- und Nettopreise. (Abb. 12; BKI Baukosten Positionen)

Die Von-, Mittel-, Bis-Preise stellen dabei die übliche Bandbreite der Positionspreise dar. Minimal- und Maximalpreise bezeichnen die kleinsten und größten aufgetretenen Preise einer in der BKI-Positionsdatenbank dokumentierten Position. Sie stellen jedoch keine absolute Unter- oder Obergrenze dar. Die Positionen sind gegliedert nach den Leistungsbereichen des Standardleistungsbuchs. Es werden Positionen für Rohbau, Ausbau, Gebäudetechnik und Freianlagen dokumentiert.
Ergänzt werden die statistisch ausgewerteten Baupreise durch Mustertexte für die Ausschreibung von Bauleistungen. Diese werden von Fachautoren verfasst und i.d.R. von Fachverbänden geprüft. Die Verbände sind in der Fußzeile für den jeweiligen Leistungsbereich benannt.
(Abb. 13; BKI Baukosten Positionen)

**LB 012**
**Mauerarbeiten**

012

| Mauerarbeiten | | | | | | | | Preise € |
|---|---|---|---|---|---|---|---|---|
| **Nr.** | **Positionen** | **Einheit** | ▶ | ▷ | **ø brutto €**<br>ø netto € | ◁ | ◀ | |
| **1** | Querschnittsabdichtung, Mauerwerk bis 17,5cm | m | 1,5 | 3,3 | **4,0** | 5,1 | 6,7 | |
| | | | 1,3 | 2,8 | **3,4** | 4,3 | 5,7 | |
| **2** | Querschnittsabdichtung, Mauerwerk bis 36,5cm | m | 3,5 | 5,3 | **6,2** | 7,6 | 11 | |
| | | | 2,9 | 4,5 | **5,2** | 6,4 | 9,1 | |
| **3** | Dämmstein, Mauerwerk, 11,5cm | m | 19 | 31 | **36** | 43 | 56 | |
| | | | 16 | 26 | **31** | 36 | 47 | |
| **4** | Dämmstein, Mauerwerk, 17,5cm | m | 23 | 38 | **44** | 55 | 83 | |
| | | | 19 | 32 | **37** | 46 | 69 | |
| **5** | Dämmstein, Mauerwerk, 24cm | m | 34 | 53 | **60** | 78 | 110 | |
| | | | 29 | 45 | **50** | 65 | 93 | |
| **6** | Dämmstein, KS-Mauerwerk, 11,5cm | m | 23 | 25 | **27** | 29 | 32 | |
| | | | 19 | 21 | **22** | 24 | 27 | |
| **7** | Dämmstein, KS-Mauerwerk 17,5cm | m | 29 | 36 | **40** | 46 | 58 | |
| | | | 24 | 30 | **34** | 39 | 49 | |
| **8** | Dämmstein, KS-Mauerwerk, 24cm | m | 37 | 50 | **50** | 56 | 68 | |
| | | | 31 | 42 | **42** | 47 | 57 | |

Abb. 12 aus BKI Baukosten Positionen: Positionspreise

**LB 012**
**Mauerarbeiten**

| **Nr.** | **Kurztext** / Langtext | | | | | | Kostengruppe |
|---|---|---|---|---|---|---|---|
| ▶ | ▷ | **ø netto €** | ◁ | ◀ | [Einheit] | Ausf.-Dauer | Positionsnummer |

**A 1** **Querschnittsabdichtung, Mauerwerk** — Beschreibung für Pos. **1-2**

Abdichtung, einlagig, gegen Bodenfeuchte in/unter Mauerwerkswänden, mit seitlichem Überstand und Überdeckung von je mind. 10cm; inkl. Abgleichen der Auflagerfläche.

**1** **Querschnittsabdichtung, Mauerwerk bis 17,5cm** — KG **342**

Wie Ausführungsbeschreibung A 1
Mauerdicke: bis 17,5 cm
Abdichtung: Bitumendichtungsbahn G 200 DD
Angeb. Fabrikat: .....

| 1€ | 3€ | **3€** | 4€ | 6€ | [m] | 0,04 h/m | 012.000.206 |
|---|---|---|---|---|---|---|---|

Abb. 13 aus BKI Baukosten Positionen: Mustertexte

## Detaillierte Kostenangaben zu einzelnen Objekten

In BKI Baukosten Gebäude existiert zu jeder Gebäudeart eine Objektübersicht mit den ausgewerteten Objekten, die zu den Stichproben beigetragen haben. (Abb. 14; BKI Baukosten Gebäude)

Diese Übersicht erlaubt den Übergang von der Kostenkennwertmethode auf der Grundlage einer statistischen Auswertung, wie sie in der Buchreihe "BKI Baukosten" gebildet wird, zur Objektvergleichsmethode auf der Grundlage einer objektorientierten Darstellung, wie sie in den "BKI Objektdaten" enthalten ist. Alle Objekte sind mit einer Objektnummer versehen, unter der eine Einzeldokumentation bei BKI geführt wird. Weiterhin ist angegeben, in welchem Fachbuch der Reihe BKI OBJEKTDATEN das betreffende Objekt veröffentlicht wurde.

**Büro- und Verwaltungsgebäude, mittlerer Standard**

**€/m² BGF**

| | | |
|---|---|---|
| min | 1.115 | €/m² |
| von | 1.340 | €/m² |
| Mittel | **1.575** | **€/m²** |
| bis | 1.845 | €/m² |
| max | 2.100 | €/m² |

**Objektübersicht zur Gebäudeart**

**1300-0235 Bürogebäude (12 AP) - Effizienzhaus ~60%** — **BRI** 742m³ **BGF** 255m² **NUF** 173m²

Büro mit 12 Arbeitsplätzen. Holzbau.

Land: Hessen
Kreis: Groß-Gerau
Standard: Durchschnitt
Bauzeit: 30 Wochen
Kennwerte: bis 1.Ebene DIN276

BGF **1.872 €/m²**

**Planung:** MIND Architects Collective; Bischofsheim

vorgesehen: BKI Objektdaten E8

**1300-0238 Bürogebäude, Lagerhalle - Effizienzhaus 70** — **BRI** 2.307m³ **BGF** 503m² **NUF** 407m²

Bürogebäude mit Lagerhalle. Massivbau.

Land: Bayern
Kreis: Bamberg
Standard: Durchschnitt
Bauzeit: 52 Wochen
Kennwerte: bis 1.Ebene DIN276

BGF **1.354 €/m²**

**Planung:** Eis Architekten GmbH; Bamberg

vorgesehen: BKI Objektdaten E8

**1300-0224 Verwaltungsgebäude (205 AP) - Effizienzhaus ~66%** — **BRI** 27.616m³ **BGF** 7.956m² **NUF** 5.915m²

Verwaltungsgebäude (205 AP) mit Tiefgarage (33 STP). STB-Massivbau.

Land: Baden-Württemberg
Kreis: Biberach/Riß
Standard: Durchschnitt
Bauzeit: 91 Wochen
Kennwerte: bis 3.Ebene DIN276

BGF **1.907 €/m²**

**Planung:** Braunger Wörtz Architekten GmbH; Ulm

veröffentlicht: BKI Objektdaten E7

Abb. 14 aus BKI Baukosten Gebäude: Objektübersicht

# Erläuterungen

1 2 3 4 5

**350 Decken/Horizontale Baukonstruktionen**

| Lebensdauer von Bauteilen in Jahren | ▷ | mittel | ◁ |
|---|---|---|---|
| **Deckenbeläge** | | | |
| **Glatte Beläge** | | | |
| PVC | 16 | **22** | 29 |
| Kork | 11 | **17** | 25 |
| Kunststoff-Parkett | 12 | **19** | 26 |
| Linoleum | 16 | **23** | 32 |
| Laminat | 8 | **13** | 19 |
| Sporthallenbeläge | 16 | **19** | 23 |
| Holzparkett | 29 | **44** | 72 |
| Holzdielen | 30 | **45** | 62 |
| Holzpflaster | 32 | **47** | 61 |
| **Teppichböden** | | | |
| Baumwolle | 8 | **11** | 17 |
| Jute | 8 | **11** | 16 |
| Kokos | 8 | **11** | 16 |
| Naturfasergemisch | 8 | **11** | 16 |
| Sisal | 8 | **12** | 17 |
| Synthetikfaser | 8 | **12** | 16 |
| Wolle | 8 | **13** | 26 |
| **Schmutzfangbeläge** | | | |
| Baumwolle | 5 | **8** | 11 |
| Jute | 6 | **8** | 13 |
| Kokos | 6 | **8** | 13 |
| Kunststoff | 6 | **9** | 14 |
| Sisal | 6 | **8** | 15 |
| Synthetikfaser | 6 | **9** | 14 |
| **Natursteinbeläge** | | | |
| Sedimentgestein | 38 | **64** | 97 |
| Metamorphgestein | 39 | **65** | 101 |
| Magmatisches Gestein | 36 | **60** | 85 |
| **Kunststeinbeläge** | | | |
| Betonstein, Kunstharz und Terrazzoasphalt | 32 | **52** | 79 |
| Klinkerplatten | 27 | **43** | 62 |
| Asphalt | 17 | **21** | 50 |
| **fugenlose Bodenbeläge** | | | |
| Kunstharz, Quarz und Terrazzo | 21 | **37** | 67 |
| **Keramische Fliesen und Platten** | | | |
| Keramische Spaltplatten | 38 | **54** | 71 |
| Steingut | 36 | **50** | 69 |
| Steinzeug | 35 | **50** | 69 |
| Terracotta | 40 | **53** | 69 |
| Feinsteinzeug | 32 | **50** | 66 |
| Glasmosaik | 36 | **54** | 71 |

Skala: 0 – 25 – 50 – 75 – 100 – 125 Jahre

▷ von
| Mittelwert
◁ bis

## Erläuterung nebenstehender Tabelle

### Lebensdauer von Bauelementen aus Literaturrecherchen und Umfragen

①

Gliederung nach DIN 276 (2. Ebene)

②

Gliederung nach DIN 276 (3. Ebene)

③

Elementgruppen (freie Gliederung)

④

Lebensdauer von Bauelementen in Jahren. Angegeben ist jeweils der „von-, mittel- und bis"-Wert. Mittelwerte sind im Fettdruck dargestellt. Die „von- und bis"-Werte sind berechnet wie BKI Kostenkennwerte (mit modifizierter Standardabweichung). Alle Werte sind jeweils auf ganze Jahre gerundet.

Der Von-Wert der Lebensdauer bedeutet nicht automatisch eine generelle Mindestlebensdauer, sondern ist als Richtwert anzusehen, der bei durchschnittlicher Nutzung, Qualität, Umgebungsbedingungen, usw. erreicht wird. Ebenso ist der Bis-Wert der Lebensdauer nicht automatisch eine generelle Höchstlebensdauer, sondern kann bei günstigen Umgebungsbedingungen, guter Pflege, etc. überschritten werden.

⑤

Skala in Jahren (0 bis 125 Jahre) und grafische Darstellung der Lebensdauer.

Weitere Erläuterungen zu Lebensdauer allgemein, Art und Umfang der hier verwendeten Daten und zur Anwendung siehe auch den Fachartikel „Lebensdauer von Bauteilen und Bauelementen" von Dr. Frank Ritter ab Seite 66.

① ② ③ ④

## Büro- und Verwaltungsgebäude, mittlerer Standard

**Kosten:**
Stand 1.Quartal 2020
Bundesdurchschnitt
inkl. 19% MwSt.

▷ von
ø Mittel
◁ bis

| Kostengruppen | | ▷ | €/Einheit | ◁ | KG an 300+400 |
|---|---|---|---|---|---|
| **310** | **Baugrube / Erdbau** | | | | |
| 311 | Herstellung [m³] | 19,00 | **32,00** | 61,00 | 1,1% |
| 312 | Umschließung [m²] | 16,00 | **91,00** | 143,00 | 0,2% |
| **320** | **Gründung, Unterbau** | | | | |
| 321 | Baugrundverbesserung [m²] | 11,00 | **34,00** | 82,00 | 0,3% |
| 322 | Flachgründungen und Bodenplatten [m²] | 139,00 | **181,00** | 238,00 | 4,1% |
| 323 | Tiefgründungen [m²] | 46,00 | **249,00** | 515,00 | 0,6% |
| 324 | Gründungsbeläge [m²] | 81,00 | **127,00** | 166,00 | 2,7% |
| 325 | Abdichtungen und Bekleidungen [m²] | 15,00 | **31,00** | 47,00 | 0,7% |
| **330** | **Außenwände/Vertikale Baukonstruktionen, außen** | | | | |
| 331 | Tragende Außenwände [m²] | 125,00 | **173,00** | 255,00 | 4,8% |
| 332 | Nichttragende Außenwände [m²] | 118,00 | **202,00** | 310,00 | 0,4% |
| 333 | Außenstützen [m] | 134,00 | **223,00** | 289,00 | 0,4% |
| 334 | Außenwandöffnungen [m²] | 489,00 | **661,00** | 971,00 | 11,1% |
| 335 | Außenwandbekleidungen, außen [m²] | 119,00 | **193,00** | 337,00 | 6,2% |
| 336 | Außenwandbekleidungen, innen [m²] | 20,00 | **38,00** | 57,00 | 1,0% |
| 338 | Lichtschutz zur KG 330 [m²] | 123,00 | **230,00** | 516,00 | 1,9% |
| **340** | **Innenwände/Vertikale Baukonstruktionen, innen** | | | | |
| 341 | Tragende Innenwände [m²] | 92,00 | **158,00** | 293,00 | 3,1% |
| 342 | Nichttragende Innenwände [m²] | 72,00 | **88,00** | 113,00 | 2,3% |
| 343 | Innenstützen [m] | 104,00 | **168,00** | 257,00 | 0,4% |
| 344 | Innenwandöffnungen [m²] | 435,00 | **633,00** | 846,00 | 4,8% |
| 345 | Innenwandbekleidungen [m²] | 24,00 | **36,00** | 52,00 | 2,7% |
| 346 | Elementierte Innenwandkonstruktionen [m²] | 159,00 | **285,00** | 484,00 | 0,4% |
| **350** | **Decken/Horizontale Baukonstruktionen** | | | | |
| 351 | Deckenkonstruktionen [m²] | 141,00 | **175,00** | 214,00 | 6,1% |
| 353 | Deckenbeläge [m²] | 115,00 | **128,00** | 150,00 | 3,9% |
| 354 | Deckenbekleidungen [m²] | 47,00 | **67,00** | 105,00 | 1,8% |
| 359 | Sonstiges zur KG 350 [m²] | 15,00 | **36,00** | 111,00 | 1,0% |
| **360** | **Dächer** | | | | |
| 361 | Dachkonstruktionen [m²] | 116,00 | **150,00** | 201,00 | 3,3% |
| 362 | Dachöffnungen [m²] | 1.309,00 | **2.175,00** | 4.686,00 | 0,5% |
| 363 | Dachbeläge [m²] | 139,00 | **186,00** | 293,00 | 4,1% |
| 364 | Dachbekleidungen [m²] | 17,00 | **45,00** | 83,00 | 0,8% |
| 369 | Sonstiges zur KG 360 [m²] | 7,60 | **28,00** | 50,00 | 0,3% |
| **370** | **Infrastrukturanlagen** | | | | |
| **380** | **Baukonstruktive Einbauten** | | | | |
| 381 | Allgemeine Einbauten [m² BGF] | 18,00 | **34,00** | 56,00 | 0,8% |
| **390** | **Sonstige Maßnahmen für Baukonstruktionen** | | | | |
| 391 | Baustelleneinrichtung [m² BGF] | 19,00 | **35,00** | 57,00 | 2,0% |
| 392 | Gerüste [m² BGF] | 10,00 | **16,00** | 23,00 | 0,9% |
| 397 | Zusätzliche Maßnahmen [m² BGF] | 3,30 | **8,10** | 20,00 | 0,4% |



Kosten: 1.Quartal 2020, Bundesdurchschnitt, **inkl. 19% MwSt.**

## Erläuterung nebenstehender Tabelle

Alle Kostenkennwerte enthalten die Mehrwertsteuer. Kostenstand: 1. Quartal 2020.
Kosten und Kostenkennwerte umgerechnet auf den Bundesdurchschnitt.

### Bauelemente Neubau nach Gebäudearten für die Kostengruppen der 3. Ebene DIN 276

①

Bezeichnung der Gebäudeart

②

Ordnungszahl und Bezeichnung der Kostengruppe nach DIN 276:2018-12. In eckiger Klammer wird die Einheit der Menge nach DIN 276:2018-12 genannt. Die zugehörigen Mengenbenennung werden auf der hinteren Umschlagklappe abgebildet.

③

Kostenkennwerte für Bauelemente (3. Ebene DIN 276) inkl. MwSt. mit Kostenstand 1. Quartal 2020. Kosten und Kostenkennwerte umgerechnet auf den Bundesdurchschnitt. Angabe von Streubereich (Standardabweichung; „von-/bis"-Werte) und Mittelwert (Fettdruck).

④

Durchschnittlicher Anteil der Kosten der jeweiligen Kostengruppe an den Kosten für Baukonstruktionen (Kostengruppe 300) und Technische Anlagen (Kostengruppe 400). Angabe in Prozent.

Bei den Kostenkennwerten für Baukonstruktionen und Technische Anlagen sind nicht alle Kostengruppen einzeln aufgeführt. Die Kostenkennwerte der nicht genannten Kostengruppen werden unter „Sonstige Kostengruppen Bauwerk - Baukonstruktion" und „Sonstige Kostengruppen Bauwerk - Technische Anlagen" in der untersten Zeile zusammengefasst.

①   ②   ③   ④

**353**
**Deckenbeläge**

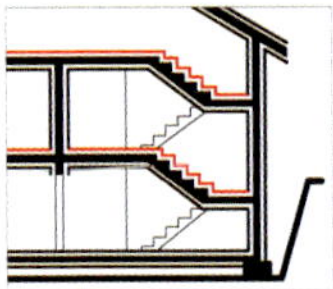

**Kosten:**
Stand 1.Quartal 2020
Bundesdurchschnitt
inkl. 19% MwSt.

Einheit: m²
Deckenbelagsfläche

▷ von
ø Mittel
◁ bis

| Gebäudeart | ▷ | €/Einheit | ◁ | KG an 300 |
|---|---|---|---|---|
| **1 Büro- und Verwaltungsgebäude** | | | | |
| Büro- und Verwaltungsgebäude, einfacher Standard | 69,00 | **98,00** | 117,00 | 4,1% |
| Büro- und Verwaltungsgebäude, mittlerer Standard | 115,00 | **128,00** | 150,00 | 5,2% |
| Büro- und Verwaltungsgebäude, hoher Standard | 146,00 | **204,00** | 365,00 | 5,6% |
| **2 Gebäude für Forschung und Lehre** | | | | |
| Instituts- und Laborgebäude | 44,00 | **110,00** | 135,00 | 2,9% |
| **3 Gebäude des Gesundheitswesens** | | | | |
| Medizinische Einrichtungen | 97,00 | **122,00** | 176,00 | 4,8% |
| Pflegeheime | 79,00 | **100,00** | 142,00 | 5,0% |
| **4 Schulen und Kindergärten** | | | | |
| Allgemeinbildende Schulen | 104,00 | **113,00** | 122,00 | 2,7% |
| Berufliche Schulen | 153,00 | **164,00** | 175,00 | 2,6% |
| Förder- und Sonderschulen | 90,00 | **114,00** | 150,00 | 4,1% |
| Weiterbildungseinrichtungen | 118,00 | **144,00** | 158,00 | 4,1% |
| Kindergärten, nicht unterkellert, einfacher Standard | – | **122,00** | – | 0,7% |
| Kindergärten, nicht unterkellert, mittlerer Standard | 81,00 | **110,00** | 126,00 | 1,2% |
| Kindergärten, nicht unterkellert, hoher Standard | 29,00 | **67,00** | 106,00 | 0,5% |
| Kindergärten, Holzbauweise, nicht unterkellert | 79,00 | **118,00** | 151,00 | 1,1% |
| Kindergärten, unterkellert | 85,00 | **93,00** | 105,00 | 1,4% |
| **5 Sportbauten** | | | | |
| Sport- und Mehrzweckhallen | 113,00 | **242,00** | 371,00 | 2,2% |
| Sporthallen (Einfeldhallen) | 106,00 | **137,00** | 167,00 | 1,0% |
| Sporthallen (Dreifeldhallen) | 138,00 | **166,00** | 181,00 | 1,9% |
| Schwimmhallen | – | – | – | – |
| **6 Wohngebäude** | | | | |
| **Ein- und Zweifamilienhäuser** | | | | |
| Ein- und Zweifamilienhäuser, unterkellert, einfacher Standard | 118,00 | **139,00** | 151,00 | 8,4% |
| Ein- und Zweifamilienhäuser, unterkellert, mittlerer Standard | 119,00 | **144,00** | 194,00 | 6,6% |
| Ein- und Zweifamilienhäuser, unterkellert, hoher Standard | 124,00 | **181,00** | 241,00 | 7,1% |
| Ein- und Zweifamilienhäuser, nicht unterkellert, einfacher Standard | 94,00 | **107,00** | 121,00 | 5,5% |
| Ein- und Zweifamilienhäuser, nicht unterkellert, mittlerer Standard | 102,00 | **134,00** | 176,00 | 4,2% |
| Ein- und Zweifamilienhäuser, nicht unterkellert, hoher Standard | 146,00 | **187,00** | 255,00 | 4,8% |
| Ein- und Zweifamilienhäuser, Passivhausstandard, Massivbau | 109,00 | **130,00** | 149,00 | 5,1% |
| Ein- und Zweifamilienhäuser, Passivhausstandard, Holzbau | 122,00 | **143,00** | 176,00 | 4,3% |
| Ein- und Zweifamilienhäuser, Holzbauweise, unterkellert | 73,00 | **109,00** | 187,00 | 5,4% |
| Ein- und Zweifamilienhäuser, Holzbauweise, nicht unterkellert | 73,00 | **114,00** | 184,00 | 3,5% |
| Doppel- und Reihenendhäuser, einfacher Standard | 74,00 | **104,00** | 121,00 | 7,0% |
| Doppel- und Reihenendhäuser, mittlerer Standard | 102,00 | **119,00** | 155,00 | 6,0% |
| Doppel- und Reihenendhäuser, hoher Standard | 116,00 | **144,00** | 178,00 | 6,4% |
| Reihenhäuser, einfacher Standard | 48,00 | **102,00** | 156,00 | 5,5% |
| Reihenhäuser, mittlerer Standard | 90,00 | **110,00** | 149,00 | 6,6% |
| Reihenhäuser, hoher Standard | 125,00 | **174,00** | 209,00 | 9,4% |
| **Mehrfamilienhäuser** | | | | |
| Mehrfamilienhäuser, mit bis zu 6 WE, einfacher Standard | 78,00 | **130,00** | 207,00 | 7,7% |
| Mehrfamilienhäuser, mit bis zu 6 WE, mittlerer Standard | 114,00 | **130,00** | 156,00 | 7,0% |
| Mehrfamilienhäuser, mit bis zu 6 WE, hoher Standard | 160,00 | **176,00** | 194,00 | 8,8% |



Kosten: 1.Quartal 2020, Bundesdurchschnitt, **inkl. 19% MwSt.**

## Erläuterung nebenstehender Tabelle

Alle Kostenkennwerte enthalten die Mehrwertsteuer. Kostenstand: 1. Quartal 2020.
Kosten und Kostenkennwerte umgerechnet auf den Bundesdurchschnitt.

## Bauelemente Neubau nach Kostengruppen der 3. Ebene DIN 276

①

Ordnungszahl und Bezeichnung der Kostengruppe nach DIN 276:2018-12. Einheit und Mengenbezeichnung der Bezugseinheit nach DIN 276:2018-12, auf die die Kostenkennwerte in der Spalte „€/Einheit" bezogen sind.

②

Bezeichnung der Gebäudearten, gegliedert nach der Bauwerksartensystematik der BKI-Baukostendatenbanken.
Hinweis:
Teil 1 der Fachbuchreihe „BKI Baukosten 2020" mit dem Titel „Kostenkennwerte für Gebäude" enthält zu den hier aufgeführten Gebäudearten die Kostenkennwerte für die Kostengruppen der 1. und 2. Ebene DIN 276.

③

Kostenkennwerte für die jeweilige Gebäudeart und die jeweilige Kostengruppe (Bauelement) mit Angabe von Mittelwert (Spalte: €/Einheit) und Streubereich (Spalten: von-/bis-Werte unter Berücksichtigung der Standardabweichung).
Bei Gebäudearten mit noch schmaler Datenbasis wird nur der Mittelwert angegeben.
Insbesondere in diesen Fällen wird empfohlen, die Kosten projektbezogen über Ausführungsarten bzw. positionsweise zu ermitteln.

④

Durchschnittlicher Anteil der Kosten der jeweiligen Kostengruppe in Prozent der Kosten für Baukonstruktionen (Kostengruppe 300 nach DIN 276 = 100%) bzw. Technische Anlagen (Kostengruppe 400 nach DIN 276 = 100%).

① ② ③ ④ ⑤

## 353 Deckenbeläge

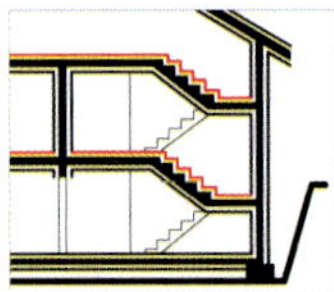

**Kosten:**
Stand 1.Quartal 2020
Bundesdurchschnitt
inkl. 19% MwSt.

▷ von
ø Mittel
◁ bis

| KG.AK.AA | | ▷ | €/Einheit | ◁ | LB an AA |
|---|---|---|---|---|---|
| 353.12.00 | Beschichtung, Estrich | | | | |
| 01 | **Zementestrich, d=40-50cm, Untergrundvorbehandlung, Bodenbeschichtung (3 Objekte)** | 48,00 | **55,00** | 66,00 | |
| | Einheit: m² Belegte Fläche | | | | |
| | 025 Estricharbeiten | | | | 36,0% |
| | 034 Maler- und Lackierarbeiten - Beschichtungen | | | | 43,0% |
| | 036 Bodenbelagarbeiten | | | | 21,0% |
| 353.21.00 | Estrich | | | | |
| 09 | **Zementestrich, d=50-60mm (4 Objekte)** | 20,00 | **21,00** | 22,00 | |
| | Einheit: m² Belegte Fläche | | | | |
| | 025 Estricharbeiten | | | | 100,0% |
| 353.25.00 | Abdichtung | | | | |
| 02 | **Streichabdichtung auf Estrich unter Fliesenbelägen, Fugenbänder (6 Objekte)** | 27,00 | **32,00** | 37,00 | |
| | Einheit: m² Belegte Fläche | | | | |
| | 024 Fliesen- und Plattenarbeiten | | | | 100,0% |
| 353.31.00 | Fliesen und Platten | | | | |
| 02 | **Deckenbeläge aus Steinzeugfliesen verschiedener Abmessungen, im Dünnbett (3 Objekte)** | 110,00 | **110,00** | 110,00 | |
| | Einheit: m² Belegte Fläche | | | | |
| | 024 Fliesen- und Plattenarbeiten | | | | 99,0% |
| | 031 Metallbauarbeiten | | | | 1,0% |
| 03 | **Fliesenbeläge, Steinzeug, auf Tritt- und Setzstufen sowie Podesten, im Mörtelbett (4 Objekte)** | 370,00 | **410,00** | 530,00 | |
| | Einheit: m² Belegte Fläche | | | | |
| | 024 Fliesen- und Plattenarbeiten | | | | 100,0% |
| 353.32.00 | Fliesen und Platten, Estrich | | | | |
| 02 | **Heizestrich, Fliesenbelag im Dünnbett, Sockelfliesen (5 Objekte)** | 88,00 | **110,00** | 120,00 | |
| | Einheit: m² Belegte Fläche | | | | |
| | 024 Fliesen- und Plattenarbeiten | | | | 77,0% |
| | 025 Estricharbeiten | | | | 23,0% |
| 353.33.00 | Fliesen und Platten, Estrich, Abdichtung | | | | |
| 01 | **Abdichtung, schwimmender Estrich, Fliesenbelag im Dünnbett (3 Objekte)** | 120,00 | **140,00** | 180,00 | |
| | Einheit: m² Belegte Fläche | | | | |
| | 018 Abdichtungsarbeiten | | | | 16,0% |
| | 024 Fliesen- und Plattenarbeiten | | | | 63,0% |
| | 025 Estricharbeiten | | | | 21,0% |



Kostenstand: 1.Quartal 2020, Bundesdurchschnitt, **inkl. 19% MwSt.**

## Erläuterung nebenstehender Tabelle

Alle Kostenkennwerte enthalten die Mehrwertsteuer. Kostenstand: 1. Quartal 2020.
Kosten und Kostenkennwerte umgerechnet auf den Bundesdurchschnitt.

## Kostenkennwerte für Ausführungsarten

①

Ordnungszahl und Bezeichnung der Kostengruppe nach DIN 276:2018-12

②

Ordnungszahl (7-stellig) für Ausführungsarten (AA), darin bedeutet

| | | |
|---|---|---|
| **KG** | Kostengruppe 3. Ebene DIN 276 (Bauelement): | 3-stellige Ordnungszahl |
| **AK** | Ausführungsklasse von Bauelementen (nach BKI): | 2-stellige Ordnungszahl |
| **AA** | Ausführungsart von Bauelementen (nach BKI): | 2-stellige Identnummer |

③

Angaben zu Ausführungsklassen und Ausführungsarten in der Reihenfolge von oben nach unten

- Bezeichnung der Ausführungsklasse
- Beschreibung der Ausführungsart
- Einheit und Mengenbezeichnung der Bezugseinheit, auf die die Kostenkennwerte in der Spalte „€/Einheit" bezogen sind (je nach Ausführungsart ggf. unterschiedliche Bezugseinheiten!).
- Ordnungszahl und Bezeichnung der Leistungsbereiche (nach STLB), die im Regelfall bei der Ausführung der jeweiligen Ausführungsart beteiligt sind.

④

Kostenkennwerte für die jeweiligen Ausführungsarten mit Angabe von Mittelwert (Spalte: €/Einheit) und Streubereich (Spalten: von-/bis-Werte unter Berücksichtigung der Standardabweichung).

⑤

Anteil der Leistungsbereiche in Prozent der Kosten für die jeweilige Ausführungsart (Kosten AA = 100%) als Orientierungswert für die Überführung in eine vergabeorientierte Kostengliederung. Je nach Einzelfall und Vergabepraxis können ggf. auch andere Leistungsbereiche beteiligt sein und die Prozentanteile von den Orientierungswerten entsprechend abweichen.

**310 Baugrube/Erdbau**

- **kostenmindernd:**
  Nur Oberboden abtragen, Wiederverwertung des Aushubs auf dem Grundstück, keine Deponiegebühr, kurze Transportwege, wiederverwertbares Aushubmaterial für Verfüllung

+ **kostensteigernd:**
  Wasserhaltung, Grundwasserabsenkung, Baugrubenverbau, Spundwände, Baugrubensicherung mit Großbohrpfählen, Felsbohrungen, schwer lösbare Bodenarten oder Fels

**320 Gründung, Unterbau**

- **kostenmindernd:**
  Kein Fußbodenaufbau auf der Gründungsfläche, keine Dämmmaßnahmen auf oder unter der Gründungsfläche

+ **kostensteigernd:**
  Teurer Fußbodenaufbau auf der Gründungsfläche, Bodenverbesserung, Bodenkanäle, Perimeterdämmung oder sonstige, teure Dämmmaßnahmen, versetzte Ebenen

**330 Außenwände/Vertikale Baukonstruktionen, außen**

- **kostenmindernd:**
  (monolithisches) Mauerwerk, Putzfassade, geringe Anforderungen an Statik, Brandschutz, Schallschutz und Optik

+ **kostensteigernd:**
  Natursteinfassade, Pfosten-Riegel-Konstruktionen, Sichtmauerwerk, Passivhausfenster, Dreifachverglasungen, sonstige hochwertige Fenster oder Sonderverglasungen, Lärmschutzmaßnahmen, Sonnenschutzanlagen

**340 Innenwände/Vertikale Baukonstruktionen, innen**

- **kostenmindernd:**
  Großer Anteil an Kellertrennwänden, Sanitärtrennwänden, einfachen Montagewänden, sparsame Verfliesung

+ **kostensteigernd:**
  Hoher Anteil an mobilen Trennwänden, Schrankwänden, verglasten Wänden, Sichtmauerwerk, Ganzglastüren, Vollholztüren Brandschutztüren, sonstige hochwertige Türen, hohe Anforderungen an Statik, Brandschutz, Schallschutz, Raumakustik und Optik, Edelstahlgeländer, raumhohe Verfliesung

**350 Decke/Horizontale Baukonstruktionen**

- **kostenmindernd:**
  Einfache Bodenbeläge, wenige und einfache Treppen, geringe Spannweiten

+ **kostensteigernd:**
  Doppelboden, Natursteinböden, Metall- und Holzbekleidungen, Edelstahltreppen, hohe Anforderungen an Brandschutz, Schallschutz, Raumakustik und Optik, hohe Spannweiten

**360 Dächer**

- **kostenmindernd:**
  Einfache Geometrie, wenig Durchdringungen

+ **kostensteigernd:**
  Aufwändige Geometrie wie Mansarddach mit Gauben, Metalldeckung, Glasdächer oder Glasoberlichter, begeh-/befahrbare Flachdächer, Begrünung, Schutzelemente wie Edelstahl-Geländer

**380 Baukonstruktive Einbauten**

+ **kostensteigernd:**
  Hoher Anteil Einbauschränke, -regale und andere fest eingebaute Bauteile

**390 Sonstige Maßnahmen für Baukonstruktionen**

+ **kostensteigernd:**
  Baustraße, Baustellenbüro, Schlechtwetterbau, Notverglasungen, provisorische Beheizung, aufwändige Gerüstarbeiten, lange Vorhaltzeiten

## Auswahl kostenrelevanter Technischer Anlagen

**410 Abwasser-, Wasser-, Gasanlagen**
- **kostenmindernd:**
wenige, günstige Sanitärobjekte, zentrale Anordnung von Ent- und Versorgungsleitungen
+ **kostensteigernd:**
Regenwassernutzungsanlage, Schmutzwasserhebeanlage, Benzinabscheider, Fett- und Stärkeabscheider, Druckerhöhungsanlagen, Enthärtungsanlagen

**420 Wärmeversorgungsanlagen**
+ **kostensteigernd:**
Solarkollektoren, Blockheizkraftwerk, Fußbodenheizung

**430 Raumlufttechnische Anlagen**
- **kostenmindernd:**
Einzelraumlüftung
+ **kostensteigernd:**
Klimaanlage, Wärmerückgewinnung

**440 Elektrische Anlagen**
- **kostenmindernd:**
Wenig Steckdosen, Schalter und Brennstellen
+ **kostensteigernd:**
Blitzschutzanlagen, Sicherheits- und Notbeleuchtungsanlage, Elektroleitungen in Leerrohren, Photovoltaikanlagen, Unterbrechungsfreie Ersatzstromanlagen, Zentralbatterieanlagen

**450 Kommunikations-, sicherheits- und informationstechnische Anlagen**
+ **kostensteigernd:**
Brandmeldeanlagen, Einbruchsmeldeanlagen, Video-Überwachungsanlage, Lautsprecheranlage, EDV-Verkabelung, Konferenzanlage, Personensuchanlage, Zeiterfassungsanlage

**460 Förderanlagen**
+ **kostensteigernd:**
Personenaufzüge (mit Glaskabinen), Lastenaufzug, Doppelparkanlagen, Fahrtreppen, Hydraulikanlagen

**470 Nutzungsspezifische und verfahrenstechnische Anlagen**
+ **kostensteigernd:**
Feuerlösch- und Meldeanlagen, Sprinkleranlagen, Feuerlöschgeräte, Küchentechnische Anlagen, Wasseraufbereitungsanlagen, Desinfektions- und Sterilisationseinrichtungen

**480 Gebäude- und Anlagenautomation**
+ **kostensteigernd:**
Überwachungs-, Steuer-, Regel- und Optimierungseinrichtungen zur automatischen Durchführung von technischen Funktionsabläufen

# Häufig gestellte Fragen

**Fragen zur Flächenberechnung (DIN 277):**

| | |
|---|---|
| **1. Wie wird die BGF berechnet?** | Die Brutto-Grundfläche ist die Summe der Grundflächen aller Grundrissebenen. Nicht dazu gehören die Grundflächen von nicht nutzbaren Dachflächen (Kriechböden) und von konstruktiv bedingten Hohlräumen (z. B. über abgehängter Decke). (DIN 277-1:2016-01) |
| **2. Gehört der Keller bzw. eine Tiefgarage mit zur BGF?** | Ja, im Gegensatz zur Geschossfläche nach § 20 Baunutzungsverordnung (Bau NVo) gehört auch der Keller bzw. die Tiefgarage zur BGF. |
| **3. Wie werden Luftgeschosse (z. B. Züblinhaus) nach DIN 277 berechnet?** | Die Rauminhalte der Luftgeschosse zählen zum Regelfall der Raumumschließung (R) BRI (R). Die Grundflächen der untersten Ebene der Luftgeschosse und Stege, Treppen, Galerien etc. innerhalb der Luftgeschosse zählen zur Brutto-Grundfläche BGF (R). Vorsicht ist vor allem bei Kostenermittlungen mit Kostenkennwerten des Brutto-Rauminhalts geboten. |
| **4. Welchen Flächen ist die Garage zuzurechnen?** | Die Stellplatzflächen von Garagen werden zur Nutzungsfläche gezählt, die Fahrbahn ist Verkehrsfläche. |
| **5. Wird die Diele oder ein Flur zur Nutzungsfläche gezählt?** | Normalerweise nicht, da eine Diele oder ein Flur zur Verkehrsfläche gezählt wird. Wenn die Diele aber als Wohnraum genutzt werden kann, z. B. als Essplatz, wird sie zur Nutzungsfläche gezählt. |
| **6. Zählt eine nicht umschlossene oder nicht überdeckte Terrasse einer Sporthalle, die als Eingang und Fluchtweg dient, zur Nutzungsfläche?** | Die Terrasse ist nicht Bestandteil der Grundflächen des Bauwerks nach DIN 277. Sie bildet daher keine BGF und damit auch keine Nutzungsfläche. Die Funktion als Eingang oder Fluchtweg ändert daran nichts. |

| | |
|---|---|
| **7. Zählt eine Außentreppe zum Keller zur BGF?** | Wenn die Treppe allseitig umschlossen ist, z. B. mit einem Geländer, ist sie als Verkehrsfläche zu werten. Nach DIN 277-1 : 2016-01 gilt: Grundflächen und Rauminhalte sind nach ihrer Zugehörigkeit zu den folgenden Bereichen getrennt zu ermitteln: Regelfall der Raumumschließung (R): Räume und Grundflächen, die Nutzungen der Netto-Raumfläche entsprechend Tabelle 1 aufweisen und die bei allen Begrenzungsflächen des Raums (Boden, Decke, Wand) vollständig umschlossen sind. Dazu gehören nicht nur Innenräume, die von der Witterung geschützt sind, sondern auch solche allseitig umschlossenen Räume, die über Öffnungen mit dem Außenklima verbunden sind; Sonderfall der Raumumschließung (S): Räume und Grundflächen, die Nutzungen der Netto-Raumfläche entsprechend Tabelle 1 aufweisen und mit dem Bauwerk konstruktiv verbunden sind, jedoch nicht bei allen Begrenzungsflächen des Raums (Boden, Decke, Wand) vollständig umschlossen sind (z. B. Loggien, Balkone, Terrassen auf Flachdächern, unterbaute Innenhöfe, Eingangsbereiche, Außentreppen). Die Außentreppe stellt also demnach einen Sonderfall der Raumumschließung (S) dar. Wenn die Treppe allerdings über einen Tiefgarten ins UG führt, wird sie zu den Außenanlagen gezählt. Sie bildet dann keine BGF. Die Kosten für den Tiefgarten mit Treppe sind bei den Außenanlagen zu erfassen. |
| **8. Ist eine Abstellkammer mit Heizung eine Technikfläche?** | Es kommt auf die überwiegende Nutzung an. Wenn über 50% der Kammer zum Abstellen genutzt werden können, wird sie als Abstellraum gezählt. Es kann also Gebäude ohne Technikfläche geben. |
| **9. Ist die NUF gleich der Wohnfläche?** | Nein, die DIN 277 kennt den Begriff Wohnfläche nicht. Zur Nutzungsfläche gehören grundsätzlich keine Verkehrsflächen, während bei der Wohnfläche zumindest die Verkehrsflächen innerhalb der Wohnung hinzugerechnet werden. Die Abweichungen sind dadurch meistens nicht unerheblich. |

**Fragen zur Wohnflächenberechnung (WoFlV):**

| | |
|---|---|
| **10. Wie wird die Wohnfläche (NE: Wohnfläche) bei Wohngebäuden bei BKI berechnet?** | Die Berechnung der bei BKI auf der Startseite der Wohngebäude angegebenen "NE: Wohnfläche" erfolgt nach der Wohnflächenberechnung WoFlV. |

| | |
|---|---|
| **11. Wird ein Hobbyraum im Keller zur Wohnfläche gezählt?** | Wenn der Hobbyraum nicht innerhalb der Wohnung liegt, wird er nicht zur Wohnfläche gezählt. Beim Einfamilienhaus gilt: Das ganze Haus stellt die Wohnung dar. Der Hobbyraum liegt also innerhalb der Wohnung und wird mitgezählt, wenn er die Qualitäten eines Aufenthaltsraums nach LBO aufweist. |
| **12. Wird eine Diele oder ein Flur zur Wohnfläche gezählt?** | Wenn die Diele oder der Flur in der Wohnung liegt ja, ansonsten nicht. |
| **13. In welchem Umfang sind Balkone oder Terrassen bei der Wohnfläche zu rechnen?** | Balkone und Terrassen werden von BKI zu einem Viertel zur Wohnfläche gerechnet. Die Anrechnung zur Hälfte wird nicht verwendet, da sie in der WoFIV als Ausnahme definiert ist. |
| **14. Zählt eine Empore/Galerie im Zimmer als eigene Wohnfläche oder Nutzungsfläche?** | Wenn es sich um ein unlösbar mit dem Baukörper verbundenes Bauteil handelt, zählt die Empore mit. Anders beim nachträglich eingebauten Hochbett, das zählt zum Mobiliar. Für die verbleibende Höhe über der Empore ist die 1 bis 2m Regel nach WoFIL anzuwenden: „Die Grundflächen von Räumen und Raumteilen mit einer lichten Höhe von mindestens zwei Metern sind vollständig, von Räumen und Raumteilen mit einer lichten Höhe von mindestens einem Meter und weniger als zwei Metern sind zur Hälfte anzurechnen." |

## Fragen zur Kostengruppenzuordnung (DIN 276):

| | |
|---|---|
| **15. Wo werden Abbruchkosten zugeordnet?** | Abbruchkosten ganzer Gebäude im Sinne von „Bebaubarkeit des Grundstücks herstellen" werden der KG 212 Abbruchmaßnahmen zugeordnet. Abbruchkosten einzelner Bauteile, insbesondere bei Sanierungen werden den jeweiligen Kostengruppen der 2. oder 3. Ebene (Wände, Decken, Dächer) zugeordnet. Wo diese Aufteilung nicht möglich ist, werden die Abbruchkosten der KG 394 Abbruchmaßnahmen zugeordnet, weil z. B. die Abbruchkosten verschiedenster Bauteile pauschal abgerechnet wurden. Analog gilt dies auch für die Kostengruppen 400 und 500. |

| | |
|---|---|
| **16. Wo muss ich die Kosten des Aushubs für Abwasser- oder Wasserleitungen zuordnen?** | Diese Kosten werden wie auch alle anderen Rohrgraben- und Schachtaushubskosten der KG 311 zugeordnet, sofern der Aushub unterhalb des Gebäudes anfällt.<br>Die Kosten für Rohrgraben- und Schachtaushub zwischen Gebäudeaußenkante und Grundstücksgrenze gehören in die KG 511. Die Kosten des Rohrgraben- und Schachtaushubs innerhalb von Erschließungsflächen werden der KG 220 ff. oder KG 230 ff. zugeordnet. |
| **17. Wie werden Eigenleistungen bewertet?** | Nach DIN 276: 2018-12, gilt:<br>4.2.11 Die Werte von unentgeltlich eingebrachten Gütern und Leistungen (z. B. Materialien, Eigenleistungen) sind den betreffenden Kostengruppen zuzurechnen, aber gesondert auszuweisen. Dafür sind die aktuellen Marktwerte dieser Güter und Leistungen zu ermitteln und einzusetzen.<br>Nach HOAI §4 (2) gilt: Als anrechenbare Kosten nach Absatz 2 gelten ortsübliche Preise, wenn der Auftraggeber:<br>• selbst Lieferungen oder Leistungen übernimmt<br>• von bauausführenden Unternehmern oder von Lieferanten sonst nicht übliche Vergünstigungen erhält<br>• Lieferungen oder Leistungen in Gegenrechnung ausführt oder<br>• vorhandene oder vorbeschaffte Baustoffe oder Bauteile einbauen lässt. |

**Fragen zu Kosteneinflussfaktoren:**

| | |
|---|---|
| **18. Welchen Einfluss hat die Konjunktur auf die Baukosten?** | Der Einfluss der Konjunktur auf die Baukosten wird häufig überschätzt. Er ist meist geringer als der anderer Kosteneinflussfaktoren. BKI Untersuchungen haben ergeben, dass die Baukosten bei mittlerer Konjunktur manchmal höher sind als bei hoher Konjunktur. |

## 19. Gibt es beim BKI Regionalfaktoren?

Der Anhang dieser Ausgabe enthält eine Liste der Regionalfaktoren aller deutschen Land- und Stadtkreise. Die Faktoren wurden auf Grundlage von Daten aus den statistischen Landesämtern gebildet, die wiederum aus den Angaben der Antragsteller von Bauanträgen entstammen. Die Regionalfaktoren werden von BKI zusätzlich als farbiges Poster im DIN A1 Format angeboten.
Die Faktoren geben Aufschluss darüber, inwiefern die Baukosten in einer bestimmten Region Deutschlands teurer oder günstiger liegen als im Bundesdurchschnitt. Sie können dazu verwendet werden, die BKI Baukosten an das besondere Baupreisniveau einer Region anzupassen.
Die Angaben wurden durch Untersuchungen des BKI weitgehend verifiziert. Dennoch können Abweichungen zu den angegebenen Werten entstehen. In Grenznähe zu einem Land-Stadtkreis mit anderen Baupreisfaktoren sollte dessen Baupreisniveau mit berücksichtigt werden, da die Übergänge zwischen den Land-Stadtkreisen fließend sind. Die Besonderheiten des Einzelfalls können ebenfalls zu Abweichungen führen.
Siehe auch Benutzerhinweise, 12. Regionalisierung der Daten (Seite 11).

## 20. Standardzuordnung

Einige Gebäudearten werden vom BKI nach ihrem Standard in „einfach", „mittel" und „hoch" unterteilt. Diese Unterteilung wurde immer dann vorgenommen, wenn der Standard als ein wesentlicher Kostenfaktor festgestellt wurde. Grundsätzlich gilt, dass immer mehrere Kosteneinflussfaktoren auf die Kosten und damit auf die Kostenkennwerte einwirken. Einige dieser vielen Faktoren seien hier aufgelistet:

- Zeitpunkt der Ausschreibung
- Art der Ausschreibung
- Regionale Konjunktur
- Gebäudegröße
- Lage der Baustelle, Erreichbarkeit

usw.

Wenn bei einem Gebäude große Mengen an Bauteilen hoher Qualität die übrigen Kosteneinflussfaktoren überlagern, dann wird von einem „hohen Standard" gesprochen.

## Fragen zur Handhabung der von BKI herausgegebenen Bücher:

| | |
|---|---|
| **21. Ist die MwSt. in den Kostenkennwerten enthalten?** | Bei allen Kostenkennwerten in „BKI Baukosten" ist die gültige MwSt. enthalten (zum Zeitpunkt der Herausgabe 19%). In „BKI Baukosten Positionen (Neubau und Altbau), Statistische Kostenkennwerte " werden die Kostenkennwerte, wie bei Positionspreisen üblich, zusätzlich ohne MwSt. dargestellt. |
| **22. Hat das Baujahr der Objekte einen Einfluss auf die angegebenen Kosten?** | Nein, alle Kosten wurden über den Baupreisindex auf einen einheitlichen zum Zeitpunkt der Herausgabe aktuellen Kostenstand umgerechnet. Der Kostenstand wird auf jeder Seite als Fußzeile angegeben. Allenfalls sind Korrekturen zwischen dem Kostenstand zum Zeitpunkt der Herausgabe und dem aktuellen Kostenstand durchzuführen. |
| **23. Wo finde ich weitere Informationen zu den einzelnen Objekten einer Gebäudeart?** | Alle Objekte einer Gebäudeart sind einzeln mit Kurzbeschreibung, Angabe der BGF und anderer wichtiger Kostenfaktoren aufgeführt. Die Objektdokumentationen sind veröffentlicht in den Fachbüchern „Objektdaten" und können als PDF-Datei unter ihrer Objektnummer bei BKI bestellt werden, Telefon: 0711 954 854-41. |
| **24. Was mache ich, wenn ich keine passende Gebäudeart finde?** | In aller Regel findet man verwandte Gebäudearten, deren Kostenkennwerte der 2. Ebene (Grobelemente) wegen ähnlicher Konstruktionsart übernommen werden können. |
| **25. Wo findet man Kostenkennwerte für Abbruch?** | Im Fachbuch „BKI Baukosten Gebäude Altbau - Statistische Kostenkennwerte" gibt es Ausführungsarten zu Abbruch und Demontagearbeiten.<br>Der Abbruch ganzer Gebäude ist zu finden in der KG 212.<br>Im Fachbuch „BKI Baukosten Positionen Altbau - Statistische Kostenkennwerte" gibt es Mustertexte für Teilleistungen zu „LB 384 - Abbruch und Rückbauarbeiten".<br>Im Fachbuch „BKI Baupreise kompakt Altbau" gibt es Positionspreise und Kurztexte zu „LB 384 - Abbruch und Rückbauarbeiten".<br>Die Mustertexte für Teilleistungen zu „LB 384 - Abbruch und Rückbauarbeiten" und deren Positionspreise sind auch auf der CD BKI Positionen und im BKI Kostenplaner enthalten. |

| | |
|---|---|
| **26. Warum ist die Summe der Kostenkennwerte in der Kostengruppen (KG) 310-390 nicht gleich dem Kostenkennwert der KG 300, aber bei der KG 400 ist eine Summenbildung möglich?** | In den Kostengruppen 310-390 ändern sich die Einheiten (310 Baugrube/Erdbau gemessen in $m^3$, 320 Gründung, Unterbau gemessen in $m^2$); eine Addition der Kostenkennwerte ist nicht möglich. In den Kostengruppen 410-490 ist die Bezugsgröße immer BGF, dadurch ist eine Addition prinzipiell möglich. |
| **27. Manchmal stimmt die Summe der Kostenkennwerte der 2. Ebene der Kostengruppe 400 trotzdem nicht mit dem Kostenkennwert der 1. Ebene überein; warum nicht?** | Die Anzahl der Objekte, die auf der 1. Ebene dokumentiert werden, kann von der Anzahl der Objekte der 2. Ebene abweichen. Dann weichen auch die Kostenkennwerte voneinander ab, da es sich um unterschiedliche Stichproben handelt. Es fallen auch nicht bei allen Objekten Kosten in jeder Kostengruppe an (Beispiel KG 461 Aufzugsanlagen). |
| **28. Baupreise im Ausland** | BKI dokumentiert nur Objekte aus Deutschland. Anhand von Daten der Eurostat-Datenbank „New Cronos" lassen sich jedoch überschlägige Umrechnungen in die meisten Staaten des europäischen Auslandes vornehmen. Die Werte sind Bestandteil des Posters „BKI Regionalfaktoren 2020". |
| **29. Baunutzungskosten, Lebenszykluskosten** | Seit 2010 bringt BKI in Zusammenarbeit mit dem Institut für Bauökonomie der Universität Stuttgart ein Fachbuch mit Nutzungskosten ausgewählter Objekte heraus. Die Reihe wird kontinuierlich erweitert. Das Fachbuch Nutzungskosten Gebäude 2020/2021 fasst einzelne Objekte zu statistischen Auswertungen zusammen. |
| **30. Lohn und Materialkosten** | BKI dokumentiert Baukosten nicht getrennt nach Lohn- und Materialanteil. |
| **31. Gibt es Angaben zu Kostenflächenarten?** | Nein, das BKI hält die Grobelementmethode für geeigneter. Solange keine Grobelemente vorliegen, besteht die Möglichkeit der Ableitung der Grobelementmengen aus den Verhältniszahlen von Vergleichsobjekten (siehe Planungskennwerte und Baukostensimulation). |

## Fragen zu weiteren BKI Produkten:

| | |
|---|---|
| **32. Sind die Inhalte von „BKI Baukosten Gebäude, Statistische Kostenkennwerte (Teil 1)" und „BKI Baukosten Bauelemente, Statistische Kostenkennwerte (Teil 2)" auch im BKI Kostenplaner enthalten?** | Ja, im BKI Kostenplaner Statistik sind alle Objekte mit den Kosten bis zur 3. Ebene nach DIN 276 enthalten.<br>Im BKI Kostenplaner Statistik plus sind zudem die vom BKI gebildeten Ausführungsklassen und Ausführungsarten enthalten. Darüber hinaus ermöglicht der BKI Kostenplaner den Zugriff auf alle Einzeldokumentationen von tausenden Objekten. |
| **33. Worin unterscheiden sich die Fachbuchreihen „BKI Baukosten" und „BKI Objektdaten"** | In der Fachbuchreihe BKI Objektdaten erscheinen abgerechnete Einzelobjekte eines bestimmten Teilbereichs des Bauens (A=Altbau, N=Neubau, E=energieeffizientes Bauen, IR=Innenräume, F=Freianlagen). In der Fachbuchreihe BKI Baukosten erscheinen hingegen statistische Kostenkennwerte von Gebäudearten, die aus den Einzelobjekten gebildet werden.<br>Die Kostenplanung mit Einzelobjekten oder mit statistischen Kostenkennwerten haben spezifische Vor- und Nachteile:<br>Planung mit Objektdaten (BKI Objektdaten):<br>• Vorteil: Wenn es gelingt ein vergleichbares Einzelobjekt oder passende Bauausführungen zu finden ist die Genauigkeit besser als mit statistischen Kostenkennwerten. Die Unsicherheit, die der Streubereich (von-bis-Werte) mit sich bringt, entfällt.<br>• Nachteil: Passende Vergleichsobjekte oder Bauausführungen zu finden kann mühsam oder erfolglos sein.<br>Planung mit statistischen Kostenkennwerten (BKI Baukosten):<br>• Vorteil: Über die BKI Gebäudearten ist man recht schnell am Ziel, aufwändiges Suchen entfällt.<br>• Nachteil: Genauere Prüfung, ob die Mittelwerte übernommen werden können oder noch nach oben oder unten angepasst werden müssen, ist unerlässlich. |
| **34. In welchen Produkten dokumentiert BKI Positionspreise?** | Positionspreise mit statistischer Auswertung und Einzelbeispielen werden in „BKI Baukosten Positionen, Statistische Kostenkennwerte Neubau (Teil 3) und Altbau (Teil 5)" und „BKI Baupreise kompakt Neu- und Altbau" herausgegeben. Ausgewählte Positionspreise zu bestimmten Details enthalten die Fachbücher „Konstruktionsdetails K1, K2, K3 und K4". Außerdem gibt es Positionspreise in EDV-Form in der Version Kostenplaner 2020 - Statistik plus [Positionen] und die Software „BKI Positionen". |

| | |
|---|---|
| **35. Worin unterscheiden sich die Bände A1 bis A10 (N1 bis N16)** | Die Bücher unterscheiden sich durch die Auswahl der dokumentierten Einzelobjekte. Der Aufbau der Bände ist gleich. In der BKI Fachbuchreihe Objektdaten erscheinen regelmäßig aktuelle Folgebände mit neu dokumentierten Einzelobjekten. Speziell bei den Altbaubänden A1 bis A10 ist es nützlich, alle Bände zu besitzen, da es im Bereich Altbau notwendig ist, mit passenden Vergleichsobjekten zu planen. Je mehr Vergleichsobjekte vorhanden sind, desto höher ist die „Trefferquote". Bände der Fachbuchreihe Objektdaten sollten deshalb langfristig aufbewahrt werden. |

Diese Liste der FAQ wird laufend erweitert und im Internet unter: *www.bki.de/faq-kostenplanung.html* veröffentlicht.

# Lebensdauer von Bauteilen und Bauelementen

von Dr. Frank Ritter

# Lebensdauer von Bauteilen und Bauelementen

Ein Beitrag von Dr. Frank Ritter

## Einleitung

Die Bedeutung der Lebensdauerermittlung im Bauwesen gewinnt im Rahmen des gestiegenen Nachhaltigkeitsbewusstseins immer mehr an Bedeutung. Kenntnisse über die Lebensdauer eines Gebäudes, sowie die Dauerhaftigkeit einzelner Bauteile und Materialschichten, sind für die Beschreibung des Lebenszyklus eines Bauwerks oder auch die Planung der Instandsetzungsstrategie unabdingbar.

In der Literatur stehen zahlreiche Quellen mit Lebensdauerdaten (z. B. [3]) und Intervallkataloge für Instandhaltungsmaßnahmen (z. B. [14]) zur Verfügung. Diese Angaben beruhen zumeist auf Erfahrungswerten aus der Praxis oder vereinzelten Herstellerangaben. Aufgrund zahlreicher Faktoren, komplexer Zusammenhänge und Abhängigkeiten verschiedener Einflussgrößen gibt es große Unterschiede zwischen den einzelnen Angaben (siehe Abbildung 1-1).

Die Gründe für die großen Streubreiten und Abweichungen sind in Faktoren zu suchen, die das Alterungsverhalten der Bauteile beeinflussen. Dazu gehören z. B. die Qualität der Planung und der Ausführung, die Materialgüte und Materialauswahl, Nutzungs- und Umgebungsbedingungen oder die Instandhaltungsqualität.

Im Rahmen einer Forschungsarbeit [13] wurde eine breite Datenbasis mit praxisnahen Lebensdauern von Bauteilen und Baustoffen geschaffen, die als Grundlage in vielen Bereichen der Lebenszyklusanalyse verwendet werden kann. Anhand eines neu entwickelten Verfahrens kann die projektspezifische Prognose der Lebensdauer eines Bauteils in Abhängigkeit der wesentlichen Einflussgrößen bestimmt werden. Somit können bereits bei der Planung von Gebäuden die entsprechenden Bauprodukte und Bauteile derart aufeinander abgestimmt werden, dass Stoff- und Energieflüsse reduziert und die Lebenszykluskosten minimiert werden. Der oft eher zufällige Einsatz von Bauteilen und Baustoffen nach vordergründig wirtschaftlichen Gesichtspunkten soll zukünftig im Sinne einer lebenszyklusgerechten Planung, die mit geringeren Instandhaltungs- und Instandsetzungskosten einher geht, vermieden werden.

Auf die Darstellung des vollständigen Verfahrens muss leider im Rahmen dieser Veröffentlichung verzichtet werden, weshalb sich die Veröffentlichung auf die Darstellung der Referenzlebensdauern beschränken muss. Weiterführende Informationen sind unter [13] zu finden.

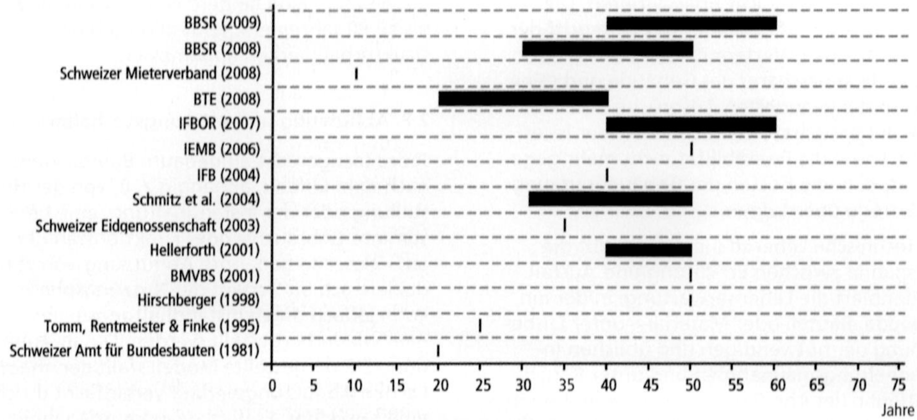


Abb. 1-1: Lebensdauerschätzungen aus der Literatur am Beispiel Kunststofffenster

## 2 Grundlagen der Lebensdaueranalyse

### 2.1 Einführung

Der Weg eines Gebäudes von der ersten Planungsidee bis zu seinem Rückbau wird durch unterschiedliche Entwicklungsphasen charakterisiert. Die Gesamtheit dieser Entwicklungsphasen wird als Lebenszyklus bezeichnet. Gemäß Abbildung 2-1 lässt er sich grob in die Phasen Bauwerkserstellung, Bauwerksnutzung und Bauwerksbeseitigung unterteilen.

Die Lebensdauer ist somit sowohl für die Beurteilung der Lebenszyklusphasen als auch für die Berechnung von Lebenszykluskosten von zentraler Bedeutung. Dabei wird zwischen der technischen und der wirtschaftlichen Lebensdauer eines Objekts unterschieden, wobei es unerheblich ist, ob damit ein einzelnes Bauelement, eine Bauteilschicht oder ein ganzer Gebäudekomplex gemeint ist.

Die wirtschaftliche Lebensdauer bezeichnet den Zeitraum, in dem es unter den gegebenen Umständen ökonomisch sinnvoll ist, ein Bauteil

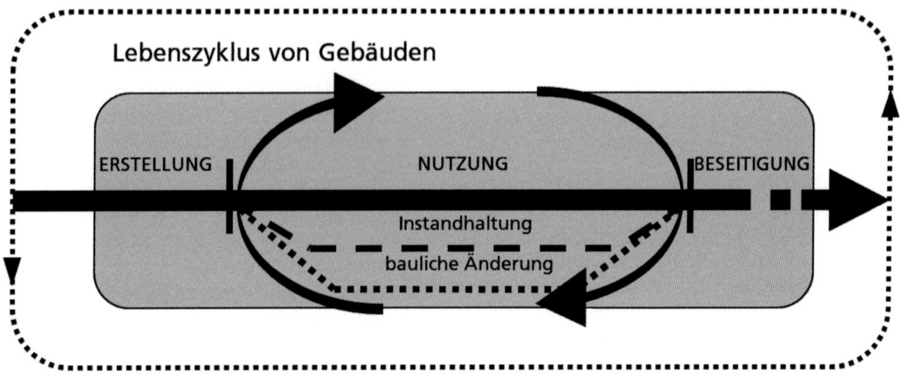


Abb. 2-1: Lebenszyklus eines Gebäudes nach [8]

bzw. das Gebäude zu nutzen oder zu betreiben. Sie unterliegt legislativen, wirtschaftlichen und gesellschaftlichen Einflüssen und ist unabhängig von der technischen Lebensdauer, kann diese jedoch nicht überschreiten. Die wirtschaftliche Lebensdauer ist ein Begriff der wirtschaftlichen Wertermittlung und ist umso größer, je anpassbarer das Gebäude und seine Teile an die geänderten Ansprüche sind. Das Ende der wirtschaftlichen Lebensdauer ist erreicht, wenn die Rentabilität nicht mehr gegeben ist, d. h. die Kosten der Gebäudenutzung die Erträge übersteigen.

Die technische Lebensdauer beschreibt die Zeitspanne zwischen Errichtung und Ausfall. Sie definiert die Lebenserwartung, in der ein Gebäude, Bauteil oder Material – unter Einbeziehung der notwendigen und üblichen Instandhaltungsmaßnahmen und unter Berücksichtigung der Abnutzung – seinen Funktionen und seinem bestimmungsgemäßen Gebrauch voll genügen kann. Sie wird von vielen verschiedenen Faktoren beeinflusst, die im weiteren Verlauf dieser Arbeit umfassend erläutert werden. Mit dem Erreichen der technischen Lebensdauer ist die Funktionsfähigkeit eines Gebäudes bzw. der Gebäudeteile nicht mehr gewährleistet, wohingegen mit dem Ende der wirtschaftlichen Lebensdauer die Qualität nicht mehr den nutzerspezifischen Ansprüchen oder dem Stand der Technik genügt. Beides resultiert schließlich im Austausch oder Abriss einzelner Bauteile oder der Gesamtkonstruktion.

Die Nutzungsdauer von Bauteilen wird in dieser Arbeit als Zeitraum der geplanten Nutzung bei gleichbleibenden Ansprüchen und Wirtschaftlichkeit definiert. Mit Hilfe von Instandhaltung, Instandsetzung und Modernisierung, die auch veränderten Ansprüchen gerecht werden, kann die Nutzungsdauer entsprechend verlängert werden und somit der technischen Lebensdauer gleichgesetzt werden.

Die Lebensdauer eines öffentlichen Gebäudes wird in der Regel mit 40 bis 80 Jahren angenommen. Diese Annahme resultiert aus der wirtschaftlichen Nutzung und ist Grundlage der Wirtschaftlichkeits- und Finanzierungsüberlegungen. Zudem ist damit der Abschreibungszeitraum formuliert. Da die Nutzungsgewohnheiten heute schnelleren Änderungen unterworfen sind, sollte von einer Referenzzeit von höchstens 50 Jahren ausgegangen werden. Dieser Wert wurde inzwischen auch in die Grundlagen der Tragwerksplanung nach DIN 1055-100 (2001) als Bemessungszeitraum aufgenommen. Eine längere Nutzungsdauer von bis zu 80 Jahren erscheint allenfalls bei Infrastrukturbauwerken angemessen.

## 2.2 Abnutzung und Alterungsverhalten

Jedes fachgerecht eingebaute Bauteil weist nach dem Einbau, abhängig z. B. von der Herstellung oder der Instandhaltung, eine bestimmte Gebrauchs- oder Funktionsfähigkeit auf. Dieser so genannte Abnutzungsvorrat reduziert sich im Verlauf der Nutzungsphase, kann jedoch durch Instandhaltungsmaßnahmen wiederhergestellt werden. Das in Abbildung 2-2 dargestellte Modell stellt den theoretischen Abnutzungsverlauf vereinfacht durch eine Kurve dar. Es wird davon ausgegangen, dass ein Bauteil nicht linear altert, sondern dass die Abnutzung im Laufe des Bauteilalters zunimmt. Der Abnutzungsvorrat beträgt bei Inbetriebnahme des Bauteils 100%. Dieser Vorrat wird im Laufe der Zeit durch die Nutzung sowie durch innere und äußere Einflüsse abgebaut, kann aber durch Wartungsmaßnahmen in begrenztem Umfang wiederhergestellt werden. Bei Überschreitung der Schadensgrenze ist der Abnutzungsvorrat so gering (tA1), dass ein Schaden am Bauteil eintritt. Zum endgültigen Ausfall kommt es bei einem Abnutzungsvorrat von 0%, wobei spätestens zu diesem Zeitpunkt der Abnutzungsvorrat durch Maßnahmen der Instandhaltung wiederhergestellt werden muss. Auf Grund von technischen Verbesserungen ist es möglich, den Abnutzungsvorrat über die Grenze von 100% des Ursprungsbauteils zu erweitern.

Grundsätzlich wird bei Bauteilen zwischen materieller und immaterieller Abnutzung unterschieden. Die materielle Abnutzung beschreibt den Abbau des Abnutzungsvorrats durch Verschleiß, Reibung oder sonstige direkte Einflüsse. Bei der immateriellen Alterung wird die Alterungsgrenze nicht durch Materialversagen, sondern durch veränderte Ansprüche und Anforderung der Nutzer erreicht. Dabei kann es durch technischen Fortschritt, durch wirtschaftliche oder ästhetische Gründe zu einem Austausch des Bauteils kommen. Die immaterielle Alterung hat oft zur Folge, dass Bauteile, die ihren Abnutzungsvorrat noch nicht erreicht haben, ersetzt werden, da sich Ansprüche oder Nutzungsart des Gebäudes geändert haben.

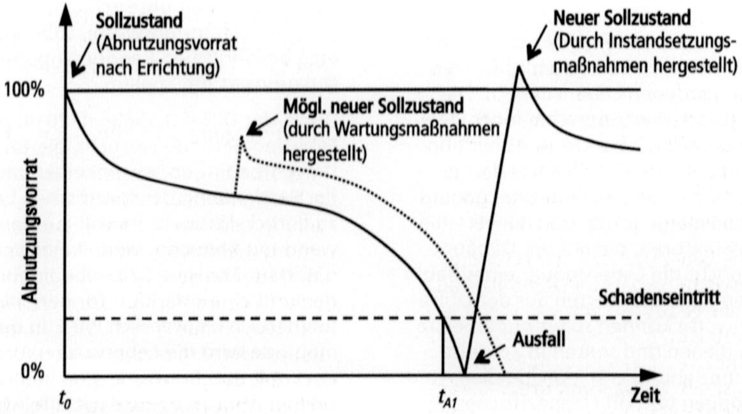


Abb. 2-2: Theoretischer Ablauf der Abnutzung eines Bauteils

## 3 Analyse ausgewählter Verfahren zur Lebensdauerermittlung

### 3.1 Einführung

Die Verfahren zur Vorhersage von Lebensdauern lassen sich grundsätzlich aufteilen in stochastische Methoden und anwendungsorientierte Näherungslösungen.

Die stochastischen Methoden sind meist sehr materialspezifisch und hoch spezialisiert. Das Ziel dieser Methoden ist die möglichst exakte Beschreibung des Alterungsprozesses mithilfe probabilistischer Ansätze, wie z. B. Karbonatisierung und Chloridpenetration bei Stahlbetonbauteilen nach [6]. Mit einem enormen Anspruch an Detaillierung und Präzision werden verschiedene Beanspruchungen und die damit verbundenen Schadensbilder analysiert. Aufgrund des beträchtlichen Zeit- und Kostenaufwands sind derartige Methoden bislang eher als Insellösungen in sehr spezifischen Bereichen anzusehen, auf die hier nicht näher eingegangen werden soll.

Die anwendungsorientierten Näherungsmethoden haben zum Ziel die Lebensdauern mithilfe von Annahmen möglichst plausibel abzuschätzen. Aufgrund der fehlenden bzw. marginalen Berücksichtigung relevanter Einflussgrößen sind diese Methoden nur als grobe Näherung zu betrachten. Für einen generellen Ansatz zur Lebensdauerermittlung scheint die DIN ISO 15686-Normenreihe als einzige für die Entwicklung eines generellen Alterungsmodells geeignet, da diese allgemeine Rahmenbedingungen zur Lebensdauerbestimmung vorgibt und so harmonisierte Lebensdauerdaten von Bauprodukten in transparenter und nachvollziehbarer Form ermittelt werden können.

### 3.2 Kennwertemethode

Die Kennwertemethode im Bereich der Lebensdauerermittlung basiert auf veröffentlichten Benchmarks zur Lebensdauer von Bauteilen und Bauelementen. Wie bereits angedeutet stehen in der Literatur zahlreiche Quellen mit Lebensdauerdaten zur Verfügung, deren Angaben zumeist auf Erfahrungswerten aus der Praxis oder vereinzelten Herstellerangaben beruhen. Bei den veröffentlichten Lebensdauertabellen handelt es sich fast ausschließlich um Lebensdauerwerte ohne weitere Angaben zu den Randbedingungen, unter denen die Daten gewonnen wurden oder aus welchen Quellen sie stammen. Aufgrund dieser fehlenden Angaben sind noch immer keine Vergleichs- und Beurteilungskriterien vorhanden, da kein einheitlicher Standard existiert, in welcher Form mögliche Lebensdauerdaten zu ermitteln sind.

Bei einem Vergleich der Lebensdauerangaben eines Bauteils zeigen sich aufgrund der verschiedenen Quellen und den unterschiedlichen Randbedingungen zum Teil erhebliche Streuungen der vorhandenen Lebensdauern. Die Abweichungen der Werte verschiedener Quellen wurden beispielhaft bereits in Abbildung 1-1 für das Bauteil Kunststofffenster dargestellt. Aufgrund der unterschiedlichen gebäudespezifischen Eigenschaften und der verschiedenen Einflussfaktoren, die auf ein Gebäude wirken, entspricht die Lebensdauer eines Bauteils nur selten den Kennwerten aus der Literatur. Die Kennwerte können somit nur als erste Annäherung dienen und sollten in Zukunft durch die Einbeziehung von individuellen Randbedingungen und objektspezifischen Eigenschaften des Gebäudes nachgebessert werden

### 3.3 Faktorenmethode nach DIN ISO 15686

Wie bereits beschrieben, gibt die DIN ISO 15686-Normenreihe generelle Rahmenbedingungen für die Lebensdauerabschätzung von Bauprodukten bzw. Bauteilen vor. Ziel der Normenreihe ist die Bereitstellung harmonisierter Lebensdauerdaten von Bauprodukten bzw. Bauteilen, um zuverlässige und vergleichbare Grundlagen für Lebenszyklusanalysen zu schaffen. Der Schwerpunkt wird dabei auf die Vergleichbarkeit unterschiedlicher Lebensdauerdaten (Erfahrungswerte, Laborkennwerte etc.) bei ähnlichen Randbedingungen (Klima, Nutzungsart etc.) gelegt.

Die in der DIN ISO 15686-4 (2014) definierte Faktorenmethode versucht, die tatsächlichen Umweltbedingungen einzelner Bauteile bei der Bestimmung der spezifischen Lebensdauer zu berücksichtigen. Sie soll nur dann zur Anwendung kommen, wenn keine Lebensdauerdaten für ähnliche Einbaubedingungen vorliegen und eine Adaption für den speziellen Einsatzbereich erforderlich wird. In der Faktorenmethode wird die Lebensdauervoraussage für ein konkretes Bauwerk, eine bauliche Anlage oder eine Komponente mithilfe von Faktoren bestimmt, die verschiedenen Kategorien zugeordnet sind. Diese ermöglichen die Anpassung der Konditionen, unter denen allgemeine Lebensdauerdaten ermittelt wurden, an die Referenzkonditionen des konkreten Bauwerks. In Tabelle 3-1 sind die sieben Einflussfaktoren (A bis G) mit Kategorien und Beispielen dargestellt.

| Kategorie | Faktor | Faktorklasse | Beispiele |
|---|---|---|---|
| Bauteilqualität | A | Komponentenqualität | Herstellung, Lagerung, Transport, Material |
| | B | Konstruktionsqualität | Konstruktiver Schutz |
| | C | Ausführungsqualität | Einbau, Personal, Klimatische Bedingungen auf der Baustelle |
| Umgebung | D | Inneneinflüsse | Raumluft, Kondensation |
| | E | Außeneinflüsse | Standort, Klima, Luftverschmutzung |
| Gebrauchsbedingungen | F | Nutzungsintensität | Mechanische Einflüsse, Nutzungsart, Verschleiß |
| | G | Instandhaltungsqualität | Qualität und Häufigkeit, Zugänglichkeit |

Tab. 3-1: Einflussfaktoren auf die Lebensdauer nach DIN ISO 15686-4 (2014)

Ausgangsbasis des Verfahrens ist die Referenzlebensdauer der zu bewertenden Komponente RSLC (Reference Service Life of a Component), die sich auf ein Bauteil von durchschnittlicher Qualität unter durchschnittlichen Rahmenbedingungen bezieht. Die spezifische Lebensdauer einer Gebäudekomponente ESLC (Estimated Service Life of a Component) ermittelt sich durch Multiplikation der Referenzlebensdauer mit den modifizierenden Faktoren nach der folgenden Gleichung:

$$\mathbf{ESLC = RSLC * A * B * C * D * E * F * G} \quad \mathbf{(3.1)}$$

Grundsätzlich erscheint die Vorgehensweise, die spezifischen Rahmenbedingungen mithilfe von Einflussfaktoren rechnerisch zu berücksichtigen als sehr sinnvoll. Jedoch macht die Normenreihe DIN ISO 15686 weder Angaben zu Referenzlebensdauern, noch zu spezifischen Werten der Faktoren. Daher wird vor allem die Ermittlung der einzelnen Faktorwerte A bis G immer eine gewisse Unsicherheit mit sich führen, da die Bedingungen auf denen die Lebensdauervoraussage basiert, im Allgemeinen unsicher und unvollständig sind. Ebenso kann die Basis für die Bestimmung der numerischen Werte der Faktoren unzulänglich sein und keine akkurate Lebensdauervoraussage ermöglichen. Als Alternative zu dieser mathematischen Bestimmung kann eine qualitative Bestimmung der Faktoren durchgeführt werden (z. B. durch Einordnung der Faktorwerte in Kategorien wie „schlechter", „wie der Referenzwert" oder „besser").

### 3.4 Erweiterte Faktorenmethode nach Ritter

Das von Ritter entwickelte Vorhersagemodell objektspezifischer Lebensdauern orientiert sich weitestgehend an dem Modell der Faktoren-Methode aus DIN ISO 15686. Ritter hat versucht, die Schwächen der Faktorenmethode auszugleichen und die Anwendung in der Praxis zu erleichtern. Fehlende Angaben zu den Referenzlebensdauern wurden durch eine Datenerhebung aktualisiert um eine ausreichende Anzahl statistisch belastbarer Datensätze zu erhalten. Es wurden Unterschiede in der Relevanz der einzelnen Einflussgrößen durch die Datenerhebung ermittelt, was bei der Faktorenmethode durch ihre gleichmäßige Wichtung aller Faktoren gerne bemängelt wird. Als entscheidende und wichtigste Neuerung wird die Begrenzung der Auswirkungen aus Einflussgrößen angesehen. Eine Begrenzung der berechneten spezifischen Lebensdauer durch die aus der Datenerhebung ermittelten minimalen und maximalen Werte der Lebensdauer führte zu einer erheblichen Verbesserung des Modells und somit zu einer höheren Akzeptanz in der Praxis.

Neben der möglichst fachgerechten Bewertung aller Einflüsse bestand die Herausforderung für die Anwendung in der Praxis hauptsächlich darin, aus der großen Menge verschiedenartiger Parameter die maßgeblichen Einflussfaktoren herauszufiltern. Hierbei ist auf ein Gleichgewicht zwischen Ermittlungsaufwand und der damit erreichbaren Genauigkeit zu achten. Vor diesem Hintergrund wurden die Einflussfaktoren A-G nach DIN ISO 15686 in bewertbare Unterkategorien unterteilt und mit jeweils einem Szenario für positive, negative und neutrale Einflüsse belegt.

Parallel zur Erstellung der Bewertungsszenarien wurden die verschiedenen Einflussgrößen in Expertenumfragen in Bezug auf ihre tatsächliche Auswirkung auf die Lebensdauer abgefragt, so dass aus der jeweiligen Bewertung des Einflusses die minimalen und maximalen Faktorwerte je Bauteil berechnet werden konnten. Es wurden spezifische Grenzfaktoren XAuspr. (Ausprägungsfaktor des jeweiligen Einflusses) über die entsprechenden Bandbreiten zwischen der maximalen Lebensdauer und der Referenzlebensdauer bzw. der Referenzlebensdauer und der minimalen Lebensdauer bestimmt. Mit den Lebensdauerwerten TLDmin, TLDref und TLDmax aus Literaturrecherche und Datenerhebung lässt sich die spezifische Lebensdauer eines Bauteils in einem konkreten Umfeld (TLDEw) über die folgende Formel bestimmen:

$$TLD_{Ew} = TLD_{ref} \cdot \prod_{i=A}^{G} X_{Auspr.,i}$$

Zum Zeitpunkt der Planung eines Gebäudes kann nur in den wenigsten Fällen abgeschätzt werden, welche Einflüsse im Laufe der Nutzungszeit auftreten und mit welchen Auswirkungen auf die einzelnen Bauteile gerechnet werden muss. Deshalb werden die bis dato unbekannten Einflussfaktoren als Zufallsgröße mit einer entsprechenden Wahrscheinlichkeitsverteilung abgebildet. Der Verlauf der Verteilungen wird mit den entsprechenden Min- und Max-Werten aus der Datenerhebung um den Wert 1,0 modelliert.

Mit dem entwickelten Verfahren kann somit bereits in der Planungsphase die voraussichtliche Lebensdauer von Bauteilen ermittelt werden. Auf Basis der Referenzlebensdauern aus Literatur und Expertenbefragungen lässt sich anhand einer qualitativen Bewertung von sieben Einflusskategorien die spezifische Lebensdauer je nach Kenntnis der Umgebungsbedingungen mit entsprechender Eintrittswahrscheinlichkeit vorhersagen.

# 4 Auswahl und Gruppierung der Bauteile

## 4.1 Einführung

Die Grundstruktur der Bauteilgliederung wurde analog zur Gliederung der DIN 276-1 (2006) gewählt. Sämtliche Elemente der dritten Gliederungsebene von Kostengruppe 300 wurden in Haupt- und Untergruppen gegliedert, die zu einer weiteren Spezifizierung des Bauteils beitragen. Die unterste Gliederungsebene ist die Objektebene bzw. die letzte Präzisierung des Bauteils. Mit diesen vier Ebenen lässt sich jedes Bauteil eindeutig beschreiben (siehe Abbildung 4-1).

| 1. Ebene | 2. Ebene | 3. Ebene | 4. Ebene |
|---|---|---|---|
| Kostengruppe nach DIN 276 (3. Ebene) | | | |
| | Hauptgruppe | | |
| | | Untergruppe | |
| | | | Objekt/ Bauelement |

Abb. 4-1: Gliederung der Bauteile

## 4.2 Sammlung von Lebensdauerdaten

Neben einer sinnvollen Gliederung der Bauteile war die Durchführung einer umfassenden Literaturrecherche Grundvoraussetzung für die Erlangung von Lebensdauerdaten. Dazu musste zunächst die Fragestellung konkretisiert und abgegrenzt werden. Datensätze zur technischen Lebensdauer von Bauteilen der Kostengruppe 300 nach DIN 276-1 (2006) standen im Vordergrund der Datenerhebung, wobei Angaben zur Nutzungsdauer von Bauelementen ebenfalls akzeptiert wurden, da in der Literatur keine Abgrenzung zur technischen Lebensdauer festgestellt werden konnte.

Im Rahmen der Recherche wurden nicht nur reine Datensammlungen zu Lebensdauern von Bauteilen in elektronischer und papiergebundener Form ausgewertet, sondern auch Normenwerke zu den einzelnen Bauteilen, Arbeiten zu Instandhaltung und Wartung sowie zusammenfassende Bücher über Facility Management und Nachhaltigkeit gesichtet. Hersteller von Bau- und Konstruktionsprodukten verfügen oftmals über interne Informationen zur Lebensdauer und Dauerhaftigkeit ihrer Produkte. Gelegentlich werden diese Daten der Öffentlichkeit z. B. in Produktdeklarationen oder auf Herstellerwebseiten zugänglich gemacht, wobei sich derartige Veröffentlichungen auf einzelne Bauteile beschränken und der Ermittlungsaufwand in keinem Verhältnis zum Mehrwert für diese Arbeit steht. Weitere mögliche Datenquellen stellen z. B. Bauordnungen, Arbeitsdokumente von Gremien, empirische Daten gleichartiger Objekte oder auch Urteile von Fachleuten dar. Grundsätzlich kann jede Informationsquelle genutzt werden, solange mögliche Fehlerquellen der verschiedenen Informationsquellen beachtet und gegebenenfalls dokumentiert werden. Bei der Bewertung der Datensätze ist das Vier-Augen-Prinzip genauso wesentlich wie das festgelegte Procedere bei eventuellen Unstimmigkeiten. Der Prozess der Datenbeschaffung ist im nachfolgenden Schema (Abbildung 4-2) als Übersicht dargestellt. So können nach DIN ISO 15686-8 (2008) auch allgemeine Datensätze gefunden werden, die erst durch eine zusätzliche Quelle ergänzt werden müssen. Diese müssen anschließend bewertet und je nach Vollständigkeit und Transparenz für akzeptabel oder nicht akzeptabel befunden werden. Nicht akzeptable Datensätze werden gelöscht bzw. nicht in den Datenbestand aufgenommen, akzeptable Datensätze werden aufbereitet und der Bauteilliste zugeführt.

Im Rahmen der durchgeführten Literaturrecherche mussten bisweilen Abstriche hinsichtlich der Datenqualität hingenommen werden, da mehrfach Wiederholungen innerhalb der Quellen festgestellt wurden und Mittelwerte aus bereits bekannten Quellen nur bedingt als neue Werte akzeptiert werden konnten. Trotzdem sind einige dieser redundanten Quellen in die Untersuchung eingeflossen, da sie aufgrund der aktuellen Entwicklungen im Bereich der Lebensdauerforschung als wichtige Datenquellen wissenschaftlich anerkannt sind. Des Weiteren lässt sich nicht bei allen Literaturangaben nachvollziehen, welche Definition der Lebensdauer bzw. welche Randbedingungen der Datensammlung zugrunde liegen, so dass einige Werte aus der Literatur bewusst aussortiert werden mussten. Ein vollständiger Lebensdauerdatensatz enthält, neben einer allgemeinen Beschreibung des Materials (oder der Komponente), konkrete Angaben zur Vorgehensweise der Datenerhebung. Weiterhin sind u. a. die Gebrauchskonditionen, die kritischen Eigenschaften eines Bauteils und dessen jeweilige Leistungsanforderungen von Interesse.

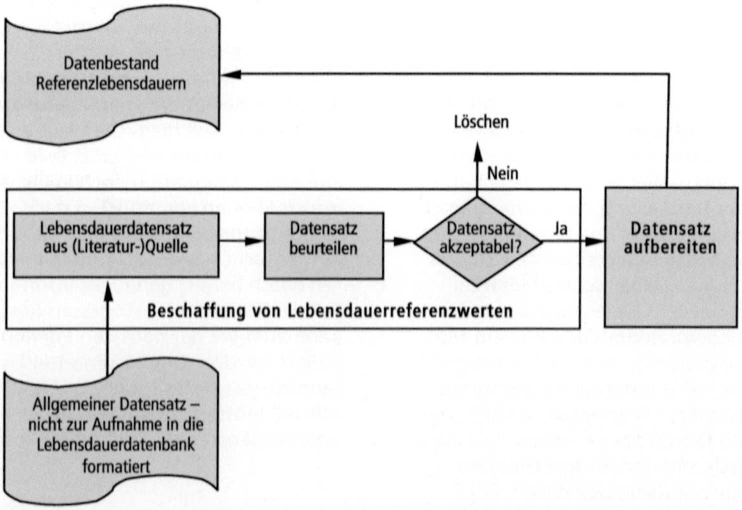


Abb. 4-2: Prozess der Umformatierung von allgemeinen Daten zu Lebensdauerdaten nach DIN ISO 15686-8 (2008)

Insgesamt wurden durch die Literaturrecherche ca. 12.500 Datensätze in die Bauteilliste aufgenommen, so dass nahezu allen Komponenten der erstellten Liste bereits aktuelle Lebensdauerwerte zugeordnet werden konnten.

## 4.3 Modellbildung und Detaillierung

Die Zusammensetzung von hybriden Bauteilen lässt sich in verschiedene Schichten bzw. Ebenen aufteilen. Es muss zwischen sehr langlebigen und eher kurzlebigen Ebenen unterschieden werden, die möglichst demontierbar miteinander verbunden sein müssen. Grundsätzlich können zwei verschiedene Arten von Verbindungen definiert werden (siehe Abbildung 4-3):

- Einzelverbindungen - Verbindung von einzelnen Bauteilen untereinander
- Flächenverbindungen - Verbindung von angrenzenden Bauteilschichten

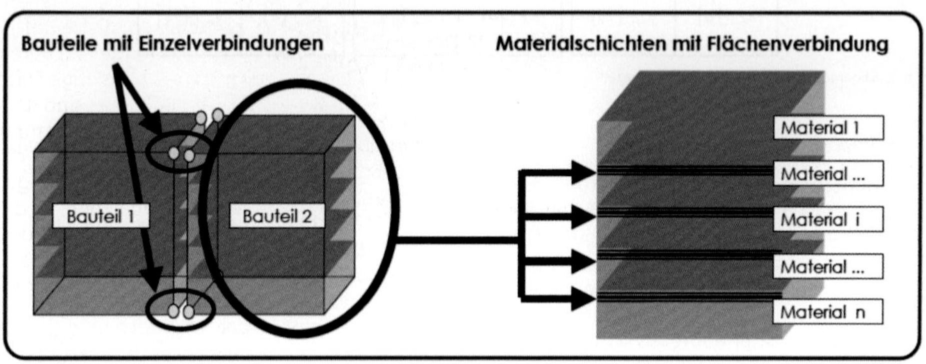


Abb. 4-3: Schichtenmodell nach [12]

Als klassische Schichtenmodelle sind beispielhaft die Wand- und Deckenaufbauten mit Flächenverbindungen zu nennen. Schichtenmodelle mit Einzelverbindungen lassen sich analog durch Hierarchiemodelle abbilden, die bislang eher aus anderen Bereichen als der Baukonstruktion bekannt sind (z. B. Gebäudetechnik, Maschinenbau). Hierarchiemodelle haben Vorteile bei der Darstellung von Abhängigkeiten und lassen ein Ablesen von Ergebnissen auf unterschiedlichen Genauigkeitsstufen zu. Abbildung 4-4 zeigt ein allgemeines hierarchisches Bauteilmodell, in welchem die verschiedenen Bauteilkomponenten durch je ein Modellelemente visualisiert werden. Die Modellelemente bestehen aus der Komponentenbezeichnung und einem Wertepaar, welches die Lebensdauer in Jahren bzw. die Dauer bis zum (Teil-) Austausch und den entsprechenden Reinvestitionsprozentsatz beinhaltet. Für Komponenten, die ohne größere Instandsetzung nur „im Ganzen" ausgetauscht werden können, steht dort die mittlere technische Lebensdauer in Jahren und 100% Reinvestition. Je nach Kalkulationsphase und Detaillierung kann auf unterschiedlichen Hierarchiestufen kalkuliert werden. Liegen z. B. in einer frühen Phase der Kalkulation noch keine genaueren Informationen vor, müssten nach x0 Jahren y0 % der Erstinvestitionskosten für das Bauteil aufgebracht werden. Hat man in einer späteren Phase bereits genauere Informationen zur Art des Bauteils und zu dessen Bestandteilen, kann auf eine der nächsten Ebenen weiter kalkuliert werden. Die Kostenanteile y1 (nach x1 Jahren), y2 (nach x2 Jahren) und y3 (nach x3 Jahren) müssen zusammen die y0 % der Erstinvestitionskosten nach x0 Jahren ergeben.

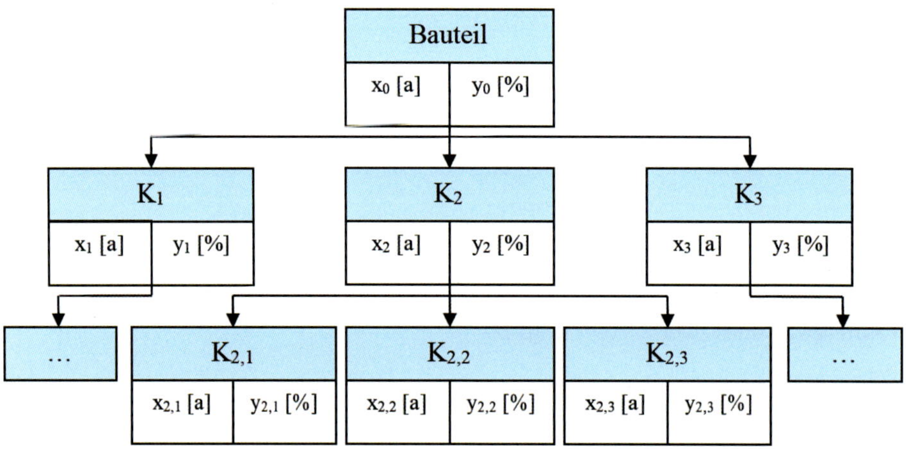


Abb. 4-4: Allgemeines hierarisches Bauteilmodell

## 4.4 Lösbarkeit von Schichten

Ein wichtiger Aspekt bei der Betrachtung der Lebensdauer ist der Einfluss der Lösbarkeit der im Fall von Instandsetzungsarbeiten betroffenen Bauteilschichten. Im Rahmen dieser Arbeit wird eine Bauteilschicht als „lösbar" angesehen, wenn die schadhafte Bauteilschicht ohne Beschädigung intakter Bauteilschichten austauschbar ist. Als „bedingt lösbar" gilt ein Bauteil, wenn es nur durch Zerstörung von Verbindungsmitteln zu lösen ist (z. B. nicht demontierbare Verschraubung). Kann eine schadhafte Bauteilschicht nur durch Zerstörung intakter Bauteilschichten ausgetauscht werden, wird sie als „nicht lösbar" definiert. Dabei ist zu beachten, dass besonders bei Nutzschichten mehrere Möglichkeiten zutreffen können. Falls nur der Fußbodenbelag ausgetauscht werden muss, bleibt die Lebensdauer des angrenzenden Estrichs üblicherweise gleich, d. h. der Fußbodenbelag ist lösbar. Ist jedoch eine defekte darunterliegende Bauteilschicht auszutauschen (z. B. Trittschalldämmung, Installationen), dann kann die Instandsetzung nur durch Zerstörung der darüberliegenden Schichten (z. B. Fußbodenbelag etc.) erfolgen, d. h. nicht lösbar.

Im Rahmen der Modellbildung hybrider Bauteile wird die voraussichtliche Lebensdauer unter Einbeziehung der Lösbarkeit auf verschiedene Arten bestimmt. Lösbare Schichtgruppen bekommen die berechnete voraussichtliche Lebensdauer zu 100% zugewiesen. Die voraussichtliche Lebensdauer einer nicht lösbaren Schichtgruppe wird durch die niedrigste voraussichtliche Lebensdauer der darunterliegenden Schichtgruppen begrenzt (z. B. Estrich mit einer Lebensdauer von 60 Jahren wird durch die kürzere Lebensdauer der darunterliegenden Trittschalldämmung von 50 Jahre auf diese begrenzt). Falls eine Schichtgruppe je nach Eingriffstiefe lösbar bzw. nicht lösbar sein kann oder der Wiedereinbau gebrauchter Bauteile nicht sinnvoll erscheint, wird die niedrigste Lebensdauer aus den zwei möglichen Instandsetzungsszenarien festgelegt.

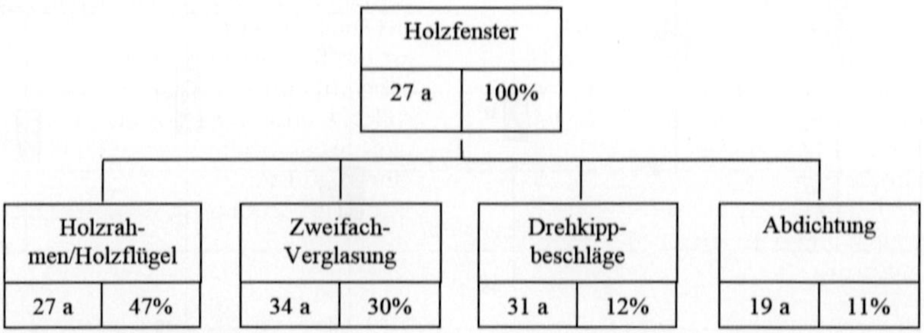


Abb. 4-5: Holzfenster im Hierarchiemodell

Im Anschauungsbeispiel Holzfenster (Abbildung 4-5) wird durch die voraussichtlich kürzere Lebensdauer der Holzrahmen bzw. Holzflügel mit 27 Jahren, die Lebensdauer der Zweifachverglasung (34 Jahre) und der Drehkippbeschläge (31 Jahre) auf 27 Jahre begrenzt. Die Lebensdauer der Abdichtung hat keinen Einfluss auf die Lebensdauer des Gesamtbauteils, da die Abdichtung unabhängig von den sonstigen Fensterkomponenten getauscht werden kann.

## 5 Erweiterung der Datengrundlage

### 5.1 Einführung

Neben einer umfangreichen Literaturrecherche konnte die Erweiterung der Datengrundlage durch praxisnahe Erfahrungswerte zu Lebensdauern auf Basis einer Datenerhebung sichergestellt werden. Unter Berücksichtigung der Zielgruppe (Hersteller, Sachverständige, Dienstleister, FM-Anbieter) und der zeitlichen Randbedingungen wurde eine zweigeteilte Erhebung aus E-Mail-Umfrage und persönlicher Interviews durchgeführt.

### 5.2 Ergebnisse der Datenerhebung

Die Auswahl der Experten aus verschiedenen Prozessbereichen sollte eine möglichst ausgewogene Einschätzung der Lebensdauern gewährleisten. Nach Prüfung der Ergebnisse auf Plausibilität konnten die Umfragedaten in die abschließende Lebensdauertabelle aufgenommen werden, so dass sich zusammen mit den Ergebnissen der Literaturrecherche eine Datengrundlage hinlänglicher Breite als Kalkulationsgrundlage ergab. Somit kommen zu den bereits vorhandenen Werten aus der Literaturrecherche, bis auf wenige Ausnahmen, mindestens 15 weitere Lebensdauerangaben je Bauteil hinzu. Als Zielwerte für die statistische Auswertung wurden die Anzahl der Umfragewerte mit mindestens 15 und der Variationskoeffizient mit <= 0,40 festgelegt. Diese Grenzen wurden für annähernd alle Bauteile erreicht. Als weitere Kenngrößen wurden die Standardabweichung der Lebensdauern, das 95%-Konfidenzintervall und die Abweichung zwischen Umfrage- und Literaturwerten untersucht. In der folgenden Abbildung 5-1 sind beispielhaft drei Standardbauteile im Bereich Fenster mit den Werten aus Literatur und Umfragen gegenübergestellt.

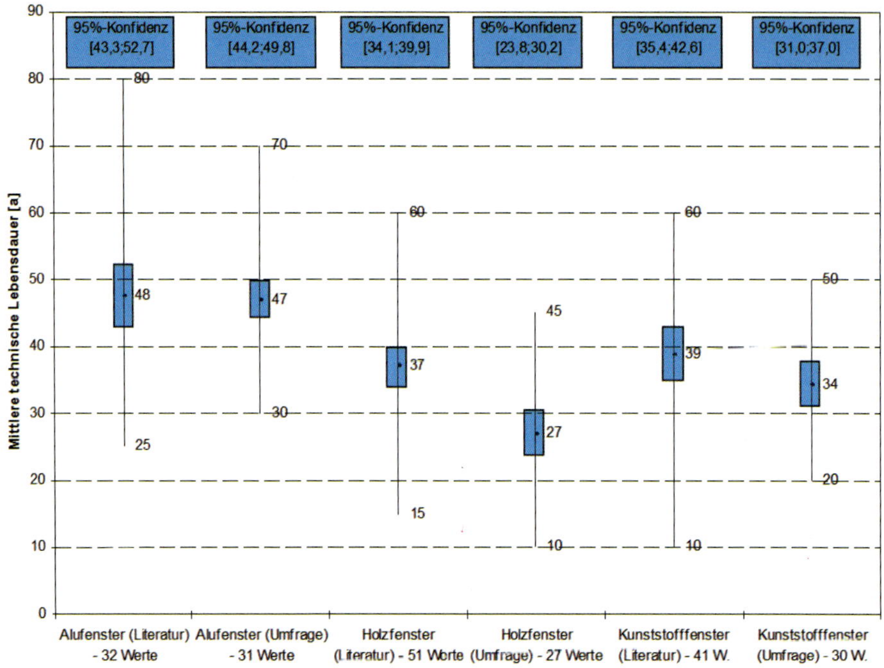


Abb 5-1: Vergleich der mittleren technischen Lebensdauer verschiedener Standardfenster

Es lässt sich festhalten, dass die Abweichungen zwischen den ermittelten Umfragewerten und den aktuellen Literaturwerten relativ gering sind. Die Tendenz liegt eher bei einer etwas vorsichtigeren Einschätzung durch die Expertengruppen. Bei ca. 80% der Bauteile liegen die Abweichungen im Bereich von ± 30% um den Mittelwert.

## 5.3 Datenqualität nach DIN ISO 15686-8 (2008)

Nach den bereits genannten Problemen mit der Qualität der Literaturdaten, war es auch bei den Umfragedaten nicht immer möglich, alle erforderlichen Randbedingungen zu berücksichtigen. Trotzdem, auch wenn die verfügbaren Daten z. T. große Streuungen aufweisen, können diese Werte eine wichtige Informationsquelle bilden. Speziell ist dies der Fall, wenn fundierte Daten, die auf Basis von Testverfahren gemäß Teil 2 (2001) der DIN ISO 15686 generiert wurden, nicht zur Verfügung stehen.

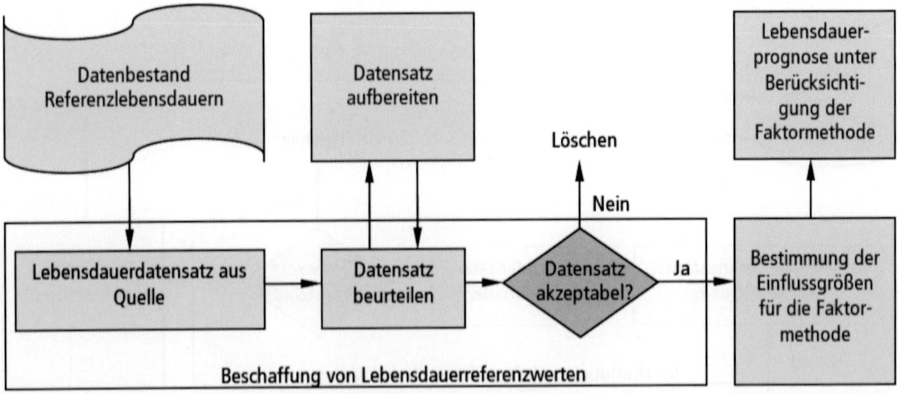


Abb. 5-2: Prozess der Lebensdauerdatenauswahl gemäß DIN ISO 15686-8 (2008)

Ein Lebensdauerdatensatz bei einer Datenerhebung sollte nach DIN ISO 15686-8 (2008) neben einer allgemeinen Beschreibung des Materials (oder der Komponente) Angaben zur Vorgehensweise der Datenerhebung enthalten. Des Weiteren sind mögliche Gebrauchskonditionen, die kritischen Eigenschaften des Bauteils sowie deren Leistungsanforderungen von Interesse. Diese Daten stehen aber nur in den seltensten Fällen vollständig zur Verfügung. Mögliche Prozesse der Datenauswahl sind in Abbildung 5-2 (Lebensdauerdaten) und Abbildung 5-3 (generelle Daten) dargestellt.

Die zur Verfügung stehenden Lebensdauerdatensätze wurden vor ihrer Verwendung auf Qualität und Konsistenz überprüft. Entsprechende Prüfkriterien sind in den Abschnitten 4.3.3.2 - 4.3.3.4 des Teils 8 der Normenreihe DIN ISO 15686 enthalten. Auf die Verwendung eines Datensatzes wurde z. B. verzichtet, wenn

- die betrachteten Schädigungsfaktoren nicht vollständig berücksichtigt wurden bzw. nicht den zu untersuchenden Bedingungen entsprechen,
- die Leistungsanforderungen nicht denen des zu untersuchenden Objekts entsprechen,
- die Referenznutzungsbedingungen nicht den objektspezifischen Nutzungskonditionen entsprechen.

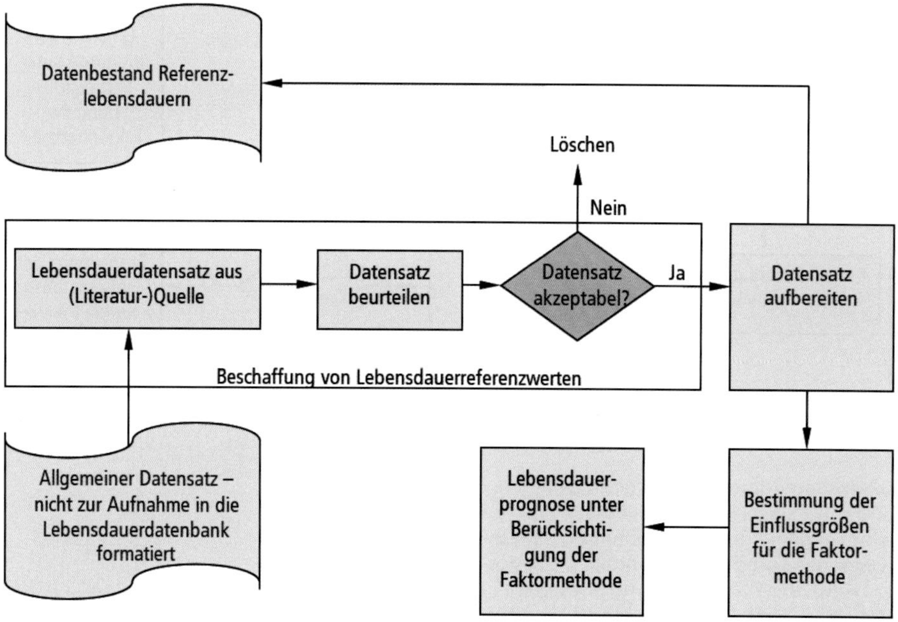


Abb. 5-3: Prozess der Auswahl allgemeiner Daten nach DIN ISO 15686-8 (2008)

Zur Anpassung von Referenznutzungsbedingungen an die objektspezifischen Nutzungskonditionen wird auf die Faktorenmethode (siehe Kapitel 3.3) verwiesen. Die Faktor-Klassen werden, soweit möglich, über Intensitäten und Auswirkungen von Schädigungsfaktoren quantifiziert. Falls eine quantitative Information für die Nutzungsbedingungen innerhalb der Faktor-Klasse fehlt, so kann auf eine qualitative Bewertung zurückgegriffen werden.

## 6 Resümee und Ausblick

Der vorliegende Fachaufsatz befasst sich mit der Lebensdauerermittlung im Bauwesen. Das Wissen um die Lebenserwartung einer Konstruktion bzw. ihrer Bauteile ist sowohl für die Durchführung von Lebenszyklusanalysen als auch zur Planung von Instandsetzungsstrategien erforderlich. Bisher vorliegende Kataloge zur Lebensdauer von Bauteilen sind häufig veraltet und liefern nur in den seltensten Fällen Angaben zu den Randbedingungen, unter denen die Daten gewonnen wurden. Aussagen zu Einflussgrößen, welche die Lebensdauer der einzelnen Bauteile beeinflussen können, gibt es in der Regel nicht. Anhand einer umfangreichen Datenerhebung bei verschiedenen Expertengruppen wurden Erfahrungswerte über die Lebensdauer von Bauteilen und Baustoffen sowie deren Einflussgrößen gesammelt, um unter Berücksichtigung aktueller Bauteilkataloge und Literatur zu Bauschäden, die wesentlichen Einflussgrößen auf die Lebensdauer von Bauteilen identifizieren und schließlich quantifizieren zu können. Der Einsatz von Bauteilen und Baustoffen nach vordergründig wirtschaftlichen Gesichtspunkten soll zukünftig im Sinne einer lebenszyklusgerechten Planung vermieden werden.

Darüber hinaus sollte es sich die aktuell sehr intensive Forschungstätigkeit auf dem Gebiet der Referenzlebensdauern zum Ziel machen, nicht nur die Lebensdauerkataloge aktuell und möglichst umfangreich zu gestalten, sondern auch Referenzbedingungen festlegen, die einen Abgleich der objektspezifischen Einsatzrandbedingungen mit den Referenzbedingungen erlauben. Dies wäre ein erster Schritt zur Erhöhung der Anwendungssicherheit und eine gute Basis für weitere Forschungstätigkeiten im Bereich der Einflussquantifizierung.

Der oft eher zufällige Einsatz von Bauteilen und Baustoffen nach vordergründig wirtschaftlichen Gesichtspunkten sollte zukünftig im Sinne der Nachhaltigkeit und einer langfristigen Wirtschaftlichkeit, die mit geringeren Instandhaltungs- und Instandsetzungskosten einher geht, vermieden werden.

*(Die zugehörigen Lebensdauer-Daten finden Sie ab Seite 84.)*

Lebensdauern
Grobelementarten
Stahlbau
Gebäudearten
Kostengruppen
Ausführungsarten

## LITERATURVERZEICHNIS

### Fachliteratur


[1] **Bahr, C., Lennerts, K. (2010):** Lebens- und Nutzungsdauer von Bauteilen. Endbericht aus dem Forschungsprogramm „Zukunft Bau", im Auftrag des Bundesinstituts für Bau-, Stadt- und Raumforschung sowie des Bundesamtes für Bauwesen und Raumordnung, Berlin

[2] **BBSR (2008):** Nutzungsdauerangaben von ausgewählten Bauteilen der Kostengruppen 300, 400 und 500 nach DIN 276-1, Datenbank Zwischenauswertung. Bundesamt für Bauwesen und Raumordnung, Berlin

[3] **BBSR (2009):** Nutzungsdauerangaben von ausgewählten Bauteilen der Kostengruppen 300, 400 und 500 nach DIN 276-1, Entwurf der Endfassung. Bundesamt für Bauwesen und Raumordnung, Berlin

[4] **BMVBS (2001):** Leitfaden Nachhaltiges Bauen. Bundesamt für Bauwesen und Raumordnung, Berlin

[5] **BTE (2008):** Lebensdauer von Bauteilen, Zeitwerte; Webpräsenz des Bunds technischer Experten e. V., Agethen, U., Frahm, K.-J., Renz, K., Thees, E. P., Essen

[6] **Gehlen, C. (2000):** Probabilistische Lebensdauerbemessung von Stahlbeton bauwerken – Zuverlässigkeitsbetrachtungen zur wirksamen Vermeidung von Bewehrungskorrosion, D 82, RWTH, Aachen

[7] **Hellerforth, M. (2001):** Facility Management – Immobilien optimal verwalten. Haufe Mediengruppe, Freiburg Berlin München Zürich

[8] **Herzog, K. (2005):** Lebenszykluskosten von Baukonstruktionen, Heft 10, Dissertation des Fachbereichs Bauingenieurwesen und Geodäsie, Institut für Massivbau, TUD, Darmstadt

[9] **IEMB (2006):** Lebensdauer von Bauteilen und Bauteilschichten. Info-Blatt 4.2, Hrsg.: Institut für Erhaltung und Modernisierung von Bauwerken e.V. der TU Berlin im Auftrag des Bundesamts für Bauwesen und Raumordnung, Bonn

[10] **IFB (2004):** Lebensdauer der Baustoffe und Bauteile zur Harmonisierung der wirtschaftlichen Nutzungsdauer im Wohnungsbau; Forschungsbericht F 2464, Institut für Bauforschung e.V., Hannover

[11] **IFBOR (2007):** Technische Lebensdauern - Synopse; www.ifbor.eu, Nürtingen-Geislingen University

[12] **Reiche, K. (2001):** Nachhaltigkeitsanalyse demontagegerechter Baukonstruktionen. Dissertation des Fachbereichs Bauingenieurwesen und Geodäsie, Institut für Massivbau, TUD, Darmstadt

[13] **Ritter, F. (2011):** Lebensdauer von Bauteilen und Bauelementen. Dissertation des Fachbereichs Bauingenieurwesen und Geodäsie, Institut für Massivbau, TUD, Darmstadt

[14] **Schmitz, H. Krings, E., Dahlhaus, U., Meisel, U. (2004):** Instandsetzung / Sanierung / Modernisierung / Umnutzung in Baukosten 2004, Hrsg.: Verlag für Wirtschaft und Verwaltung Hubert Wingen, Essen

[15] **Schweizer Mieterverband (2008):** Lebensdauertabelle. Webpräsenz des Schweizerischen Mieterinnen- und Mieterverbands, www.mieterverband.ch, Zürich

[16] **Tomm, A.; Rentmeister, O.; Finke, H. (1995):** Geplante Instandhaltung: Ein Verfahren zur systematischen Instandhaltung von Gebäuden, Landesinstitut für Bauwesen und angewandte Bauschadensforschung (LBB), Aachen


### Technische Regelwerke


**DIN 276-1 (2006):** Kosten im Bauwesen – Teil 1 Hochbau, DIN Deutsches Institut für Normung e.V., Beuth Verlag, Berlin

**DIN 276 (2018):** Kosten im Bauwesen, DIN Deutsches Institut für Normung e.V., Beuth Verlag, Berlin

**DIN EN 1990 (2010):** Grundlagen der Tragwerksplanung, DIN Deutsches Institut für Normung e.V., Beuth Verlag, Berlin

**DIN EN 1990/NA (2010):** Grundlagen der Tragwerksplanung, DIN Deutsches Institut für Normung e.V., Beuth Verlag, Berlin

**DIN ISO 15686-1 (2011):** Buildings and constructed assets – Service life planning – Part 1: General principles. ISO Copy Right Office, Geneva (CH)

**DIN ISO 15686-2 (2012):** Buildings and constructed assets – Service life planning – Part 2: Service life prediction procedures. ISO Copy Right Office, Geneva (CH)

**DIN ISO 15686-3 (2002):** Buildings and constructed assets – Service life planning – Part 3: Performance audits and reviews. ISO Copy Right Office, Geneva (CH)

**DIN ISO 15686-4 (2014):** Buildings and constructed assets – Service life planning – Part 4: Data requirements. ISO Copy Right Office, Geneva (CH)

**DIN ISO 15686-5 (2017):** Buildings and constructed assets – Service life planning – Part 5: Life cycle costing. ISO Copy Right Office, Geneva (CH)

**DIN ISO 15686-6 (2004):** Buildings and constructed assets – Service life planning – Part 6: Procedures for considering environmental impacts. ISO Copy Right Office, Geneva (CH)

**DIN ISO 15686-7 (2017):** Buildings and constructed assets – Service life planning – Part 7: Performance evaluation for feedback of service life data from practice. ISO Copy Right Office, Geneva (CH)

**DIN ISO 15686-8 (2008):** Buildings and constructed assets – Service life planning – Part 8: Reference service life and service-life estimation. ISO Copy Right Office, Geneva (CH)

**DIN ISO 15686-9 (2008):** Buildings and constructed assets – Service life planning – Part 9: Guidance on assessment of service-life data. ISO Copy Right Office, Geneva (CH)

**DIN ISO 15686-10 (2010):** Buildings and constructed assets – Service life planning – Part 10: Functional requirements and capability. ISO Copy Right Office, Geneva (CH)

# Lebensdauer von Bauteilen und Bauelementen

| Lebensdauer von Bauteilen in Jahren | ▷ | mittel | ◁ |
|---|---|---|---|
| **Flachgründungen und Bodenplatten** | | | |
| **Fertigteilfundamente** | | | |
| Beton, Stahlbeton | 81 | **100** | 144 |
| **Einzel- und Streifenfundament** | | | |
| Beton, Stahlbeton | 81 | **100** | 144 |
| **Plattenfundamente** | | | |
| Beton, Stahlbeton, Stahlfaserbeton | 81 | **100** | 144 |
| **Tragende Bodenplatte** | | | |
| Beton, Stahlbeton, Stahlfaserbeton | 74 | **99** | 126 |
| **Fundamenterder** | | | |
| Stahl, verzinkt | 32 | **44** | 57 |
| **Tiefgründungen** | | | |
| **Bohrpfähle** | | | |
| Beton, Stahlbeton | 91 | **108** | 143 |
| **Rammpfähle** | | | |
| Beton, Stahlbeton | 91 | **108** | 143 |
| **Presspfähle** | | | |
| Beton, Stahlbeton | 91 | **108** | 143 |
| **Tiefenerder** | | | |
| Stahl, verzinkt | 30 | **45** | 60 |
| **Gründungsbeläge** | | | |
| **Estriche** | | | |
| siehe Deckenbeläge | | | |
| **Abdichtungen und Bekleidungen** | | | |
| **Abdichtung erdberührter Bauteile** | | | |
| Abdichtung, gegen nichtdrückendes Wasser | 34 | **41** | 55 |
| Abdichtung gegen Bodenfeuchte und nichtstauendes Sickerwasser | 30 | **40** | 50 |
| Abdichtung gegen aufstauendes Sickerwasser | 30 | **39** | 47 |
| Abdichtung gegen drückendes Wasser | 35 | **48** | 65 |
| Konstruktionen aus wasserunduchlässigem Beton | 58 | **71** | 86 |
| Abichtungen mit Bentonit | 32 | **45** | 58 |

▷ von
| Mittelwert
◁ bis

| Lebensdauer von Bauteilen in Jahren | ▷ | mittel | ◁ |
|---|---|---|---|
| **Außenwandbekleidungen, außen** | | | |
| **Vorgehängte hinterlüftete Fassade** | | | |
| Korrosionsreduzierter Stahl | 27 | **39** | 48 |
| Stahl, nicht rostend | 34 | **42** | 57 |
| Kupferblech | 34 | **47** | 68 |
| Zink | 33 | **42** | 61 |
| Naturstein | 41 | **55** | 82 |
| Stein-Leichtelemente | 36 | **45** | 59 |
| HPL-Platten | 25 | **32** | 50 |
| Kunststoff | 25 | **32** | 48 |
| Faserverstärkte Harzkompositplatten | 20 | **29** | 35 |
| Glas | 30 | **46** | 79 |
| Tonziegel | 45 | **61** | 96 |
| Aluminium | 32 | **40** | 57 |
| **Kunststoffstegplatten transparent** | | | |
| Acrylglasplatten | 31 | **40** | 52 |
| Polycarbonatplatten | 21 | **29** | 36 |
| **Sichtkonstruktion** | | | |
| Kalksandstein | 42 | **53** | 66 |
| Tonziegel | 47 | **68** | 108 |
| Verfugung Sichtmauerwerk | 28 | **39** | 48 |
| Tonklinker | 47 | **70** | 109 |
| Sichtbeton | 41 | **60** | 80 |
| Fassadenfestverglasung | 34 | **44** | 53 |
| **Beschichtung auf Putz** | | | |
| Nachwachsende organische Materialien | 9 | **15** | 20 |
| Kaseinfarbe | 7 | **11** | 17 |
| Weißzementfarbe | 12 | **16** | 22 |
| Dispersionsfarbe | 9 | **15** | 20 |
| Dispersions-Silikatfarbe | 9 | **15** | 20 |
| Silikonharzfarbe | 10 | **14** | 19 |
| Silikatfarbe | 10 | **15** | 23 |
| Polymerisatharzfarben | 13 | **16** | 25 |
| Lasur | 4 | **6** | 11 |
| **Beschichtung auf Beton** | | | |
| Kunststoffbeschichtungen | 8 | **13** | 21 |
| Beschichtung | 6 | **9** | 13 |
| **Anstrichsysteme** | | | |
| Antigraffitischutz | 5 | **7** | 10 |
| **Beschichtung auf Holz** | | | |
| Holzschutzmittel | 4 | **7** | 12 |
| Holzlasuren | 4 | **5** | 10 |
| Holzfarben | 4 | **5** | 8 |

## 330 Außenwände/ Vertikale Baukonstruktionen, außen

| Lebensdauer von Bauteilen in Jahren | ▷ | mittel | ◁ | 0 25 50 75 100 125 Jahre |
|---|---|---|---|---|
| **Außenwandbekleidungen, außen** | | | | |
| **Beschichtung auf Holz** | | | | |
| Holzlacke | 4 | **6** | 10 | |
| Holzöle/-wachse | 5 | **7** | 12 | |
| **Lichtschutz zur KG 330** | | | | |
| **Jalousien, Rollläden, außenliegend** | | | | |
| Holz | 19 | **26** | 38 | |
| Kunststoff | 15 | **21** | 28 | |
| Stahl | 15 | **24** | 34 | |
| Aluminium | 19 | **29** | 40 | |
| **Sonstiges zur KG 330** | | | | |
| **Geländer, Gitter** | | | | |
| siehe Sonstiges zur KG 350 | | | | |

▷ von
| Mittelwert
◁ bis

| Lebensdauer von Bauteilen in Jahren | ▷ | mittel | ◁ |
|---|---|---|---|
| **Tragende Innenwände** | | | |
| **Monolitischer Aufbau** | | | |
| Stahlbeton, Beton | 79 | **101** | 134 |
| Porenbeton | 75 | **94** | 109 |
| Kalksandstein | 95 | **114** | 137 |
| Ziegel | 79 | **100** | 135 |
| Naturstein | 71 | **93** | 120 |
| Holz, hart | 57 | **88** | 121 |
| Holz, weich | 47 | **66** | 85 |
| **Nichttragende Innenwände** | | | |
| **Ständersysteme** | | | |
| Gipskartonplatten | 36 | **45** | 58 |
| Strohleichtbauplatte | 32 | **42** | 56 |
| Hartschaumverbundplatten | 35 | **44** | 56 |
| Holzwerkstoffplatten | 38 | **53** | 75 |
| **Unterkonstruktionen** | | | |
| Befestigungsmittel | 36 | **43** | 53 |
| Traggerüste für Sanitärobjekte | 35 | **40** | 47 |
| Profile für den Trockenbau (Stahl) | 41 | **59** | 77 |
| Profile für den Trockenbau (Holz) | 35 | **48** | 58 |
| **Monolitischer Aufbau** | | | |
| Beton | 64 | **81** | 115 |
| Leichtbeton | 58 | **76** | 91 |
| Porenbeton | 55 | **75** | 92 |
| Hochlochziegel | 64 | **81** | 106 |
| Kalksandstein | 55 | **79** | 106 |
| Glasbausteine | 33 | **47** | 75 |
| Trennwände, Glas | 42 | **62** | 86 |
| Gipswandbauplatten | 43 | **54** | 70 |
| **Innenwandöffnungen** | | | |
| **Standardtüren** | | | |
| Aluminiumtüren | 49 | **66** | 79 |
| Stahltüren, rostfrei | 44 | **65** | 78 |
| Hartholz | 39 | **55** | 71 |
| Weichholz | 36 | **55** | 70 |
| Holzwerkstofftüren | 32 | **52** | 68 |
| Kunststofftüren | 33 | **46** | 58 |
| Stahltüren | 38 | **56** | 74 |
| **Sondertüren** | | | |
| Automatiktüren | 17 | **26** | 36 |

Lebensdauern
Grobelementarten
Stahlbau
Gebäudearten
Kostengruppen
Ausführungsarten

# 340 Innenwände/Vertikale Baukonstruktionen, innen

| Lebensdauer von Bauteilen in Jahren | ▷ | mittel | ◁ |
|---|---|---|---|
| **Innenwandöffnungen** | | | |
| **Sondertüren** | | | |
| Feuchtraumtüren | 20 | **38** | 45 |
| Glastüren/Nurglastüren | 44 | **59** | 70 |
| Brandschutztüren | 41 | **57** | 76 |
| Rauchschutztüren | 38 | **51** | 80 |
| Schallschutztüren | 37 | **56** | 74 |
| Karusselltüren/Rotationstüren | 24 | **35** | 46 |
| Schiebetüren | 19 | **30** | 46 |
| Strahlenschutz, Schiebetoranlage | | **40** | |
| Strahlenschutz, Drehflügeltür | | **40** | |
| Strahlenschutz, sonstiges | | **40** | |
| **Türen, Zubehör** | | | |
| Standardbeschläge | 21 | **37** | 58 |
| Schlösser | 18 | **28** | 37 |
| Elektromagnetische Offenhaltung (Tür innen) | | **19** | |
| Schiebebeschläge | 18 | **28** | 38 |
| Falttürbeschläge | 24 | **32** | 39 |
| **Innenwandbekleidungen** | | | |
| **Standard-Bekleidungen** | | | |
| Gipskartonplatten | 28 | **42** | 68 |
| Gipskartonverbundplatten | 30 | **45** | 54 |
| Holz | 21 | **37** | 57 |
| Holzwerkstoff | 24 | **37** | 56 |
| Mehrschichtleichtbauplatten | 23 | **38** | 56 |
| **Keramische Fliesen und Platten** | | | |
| Mineralische Baustoffe | 31 | **44** | 76 |
| Keramische Spaltplatten | 36 | **55** | 88 |
| **Natursteinbekleidungen** | | | |
| Natursteine | 30 | **45** | 75 |
| Sedimentgestein | | **50** | |
| Metamorphgestein | 54 | **78** | 108 |
| Magmatisches Gestein | 54 | **78** | 108 |
| **Kunststeinbekleidungen** | | | |
| Betonsteinplatten | | **50** | |
| Kunstharzstein | | **50** | |
| **Tapeten** | | | |
| Nachwachsende organische Materialien | 9 | **12** | 17 |
| Überstreichbar | 6 | **11** | 14 |
| Nicht überstreichbar | 7 | **12** | 16 |

▷ von
| Mittelwert
◁ bis

| Lebensdauer von Bauteilen in Jahren | ▷ | mittel | ◁ |
|---|---|---|---|
| **Innenwandbekleidungen** | | | |
| **Sonderkonstruktionen** | | | |
| PVC, PE, PP | 14 | **26** | 44 |
| Glas | 37 | **58** | 76 |
| **Metallbekleidungen** | | | |
| Aluminium | 37 | **58** | 76 |
| Stahl, nicht rostend | 37 | **58** | 76 |
| Kupfer | 37 | **58** | 76 |
| Stahl | 37 | **58** | 76 |
| Zink | 37 | **58** | 76 |
| **Spezial-Bekleidungen** | | | |
| Brandschutz | 15 | **22** | 44 |
| Schallschutz (Akustikputz) | 16 | **22** | 44 |
| Latentwärmespeicher-Elemente | 17 | **21** | 25 |
| Feuchteresistente Bekleidungen | 15 | **22** | 43 |
| Prallwände Turnhallen | 15 | **20** | 35 |
| Rammschutz | 10 | **13** | 17 |
| Rolläden | 11 | **18** | 24 |
| Rolläden in Glas | 12 | **17** | 24 |
| **Wandschutzprofile** | | | |
| Aluminium | 29 | **53** | 73 |
| Stahl, nicht rostend | 35 | **54** | 73 |
| Stahl | 29 | **53** | 73 |
| Stahl, verzinkt | 29 | **53** | 73 |
| Holz | 12 | **19** | 27 |
| Holzwerkstoff | 12 | **19** | 27 |
| Kautschuk | 6 | **10** | 13 |
| Kunststoff | 4 | **8** | 13 |
| **Standard-Innenputze** | | | |
| Anhydritputz | 22 | **34** | 54 |
| Celluloseputz | 13 | **23** | 51 |
| Gipsputz | 21 | **36** | 54 |
| Kalkputz | 24 | **38** | 55 |
| Kalkgipsputz | 21 | **36** | 55 |
| Kalkzementputz | 28 | **41** | 59 |
| Kunstharzputz | 25 | **37** | 58 |
| Lehmputz | 37 | **52** | 69 |
| **mineralische Deckputze** | | | |
| Trasskalkputz | 40 | **53** | 70 |
| Trasszementputz | 24 | **36** | 59 |
| Zementputze | 28 | **39** | 56 |
| **Spezialputze** | | | |
| Akustikputz | 9 | **14** | 18 |

Lebensdauern
Grobelementarten
Stahlbau
Gebäudearten
Kostengruppen
Ausführungsarten

 Erläuterungen zu den Tabellen siehe Seite 42

# 340 Innenwände/Vertikale Baukonstruktionen, innen

| Lebensdauer von Bauteilen in Jahren | ▷ | mittel | ◁ |
|---|---|---|---|
| **Innenwandbekleidungen** | | | |
| **Spezialputze** | | | |
| Latentwärmespeicherputz | 17 | **21** | 25 |
| Sanierputz/-Systeme | | **20** | |
| Strahlenschutzputze | 13 | **20** | 28 |
| **Putzprofile** | | | |
| Stahl, Glasfaser, Kunststoff | 50 | **60** | 80 |
| **Putzträger** | | | |
| Stahldrahtnetz, Rippenstreckmetall, Kunststoffgewebe | 50 | **60** | 80 |
| **Innenanstriche** | | | |
| Kalkfarbe | 7 | **11** | 17 |
| Leimfarbe | 8 | **11** | 18 |
| Kaseinfarbe | 7 | **11** | 18 |
| Weißzementfarbe | 8 | **12** | 21 |
| Dispersionsfarbe | 9 | **12** | 18 |
| Dispersions-Silikatfarbe | 9 | **13** | 21 |
| Silikonharzfarbe | 8 | **12** | 18 |
| Silikatfarbe | 9 | **14** | 20 |
| Polymerisatharzfarben | 8 | **15** | 23 |
| Lasur | 8 | **13** | 21 |
| Öl- und Lackfarbe | 8 | **14** | 19 |
| Heizkörperlack | 9 | **13** | 19 |
| **Elementierte Innenwandkonstruktionen** | | | |
| **Mobile Wände** | | | |
| Faltschiebewand / mobile Trennwände | 15 | **21** | 28 |
| Trennvorhänge Turnhalle | 10 | **15** | 20 |
| **Sanitärkabinen** | | | |
| Umkleidekabinen | 11 | **17** | 24 |
| **Sanitärtrennwände** | | | |
| Duschtrennwände | 9 | **17** | 27 |
| Toilettentrennwände | 12 | **18** | 28 |
| Urinaltrennwände | 12 | **18** | 28 |

▷ von
| Mittelwert
◁ bis

| Lebensdauer von Bauteilen in Jahren | ▷ | mittel | ◁ |
|---|---|---|---|
| **Deckenkonstruktionen** | | | |
| **Massive Konstruktion** | | | |
| Vollbetondecke (Betonstahlbewehrung) | 72 | **95** | 123 |
| Vollbetondecke (Spannstahlbewehrung) | 74 | **99** | 124 |
| Gitterträgerdecke | 87 | **103** | 138 |
| Hohlraumdecke (Betonstahlbewehrung) | 80 | **103** | 142 |
| Hohlraumdecke (Spannstahlbewehrung) | 72 | **99** | 126 |
| Stahlverbunddecke | 72 | **93** | 109 |
| Fertigteil-Rippendecke | 78 | **103** | 142 |
| Porenbetondecke | 55 | **66** | 78 |
| Massivholzdecken | 57 | **78** | 107 |
| Holz-Beton-Verbunddecke | 61 | **78** | 92 |
| **Freistehende Konstruktion** | | | |
| Aluminium, beschichtet | | **55** | |
| Stahl, verzinkt | 53 | **65** | 80 |
| Stahl, verzinkt und beschichtet | 57 | **66** | 80 |
| Stahlbeton | 59 | **72** | 86 |
| Weichholz | 36 | **43** | 47 |
| Hartholz | 45 | **63** | 74 |
| Mauerwerk | 61 | **80** | 98 |
| **Auskragende Konstruktion** | | | |
| Stahl, verzinkt und beschichtet | 50 | **64** | 80 |
| Stahlbeton | 59 | **74** | 88 |
| Weichholz | 40 | **44** | 47 |
| Hartholz | 40 | **56** | 72 |
| **Brüstung** | | | |
| Mauerwerk | 40 | **54** | 76 |
| Stahlbeton | 40 | **51** | 70 |
| Stahlgitterkonstruktion, verzinkt, beschichtet | 40 | **58** | 64 |
| Stahlrahmen, verzinkt, beschichtet, bekleidet mit Platten | 40 | **58** | 64 |
| Holzkonstruktion | 23 | **34** | 43 |
| **Tragkonstruktion, innen** | | | |
| Beton und Leichtbeton | 56 | **82** | 112 |
| Stahl | 71 | **87** | 105 |
| Holz | 44 | **72** | 98 |
| Aluminium | 71 | **91** | 113 |
| Stahl / Glas | 68 | **90** | 112 |
| Stahl / Holz | 71 | **91** | 113 |
| Stahl, nicht rostend | 67 | **81** | 107 |
| Naturstein | 49 | **74** | 96 |
| **Treppenstufen, innen** | | | |
| Betonwerkstein | 54 | **74** | 88 |
| Sedimentgestein | 72 | **87** | 120 |

## 350 Decken/Horizontale Baukonstruktionen

| Lebensdauer von Bauteilen in Jahren | ▷ | mittel | ◁ |
|---|---|---|---|
| **Deckenkonstruktionen** | | | |
| **Treppenstufen, innen** | | | |
| Metamorphgestein | 78 | **90** | 126 |
| Magmatisches Gestein | 64 | **82** | 107 |
| Hartholz | 38 | **53** | 81 |
| Weichholz | 42 | **53** | 68 |
| **Tragkonstruktion, außen** | | | |
| Beton | 47 | **66** | 83 |
| Stahl, verzinkt | 50 | **70** | 87 |
| Stahl, verzinkt und beschichtet | 55 | **73** | 87 |
| Stahl, kunststoffummantelt | 56 | **74** | 86 |
| Stahl, nicht rostend | 58 | **78** | 88 |
| Weichholz | 26 | **42** | 71 |
| Hartholz | 39 | **56** | 78 |
| Sedimentgestein | 46 | **67** | 90 |
| Metamorphgestein | 46 | **67** | 90 |
| Magmatisches Gestein | 46 | **66** | 90 |
| **Treppenstufen, außen** | | | |
| Sedimentgestein | 47 | **79** | 107 |
| Metamorphgestein | 62 | **83** | 124 |
| Magmatisches Gestein | 47 | **77** | 98 |
| Betonwerkstein | 42 | **66** | 83 |
| Hartholz, unbehandelt | 33 | **45** | 74 |
| Hartholz, behandelt | 34 | **44** | 71 |

| Lebensdauer von Bauteilen in Jahren | ▷ | mittel | ◁ |
|---|---|---|---|
| **Deckenbeläge** | | | |
| **Treppenbeläge, innen** | | | |
| Textile Beläge | 9 | **13** | 17 |
| Fliesen | 27 | **45** | 63 |
| Kautschuk | 11 | **17** | 23 |
| Kunststoffbeschichtungen | 11 | **17** | 23 |
| Kunststoffbeläge | 16 | **20** | 27 |
| **Estriche** | | | |
| Anhydrit | 36 | **52** | 80 |
| Gussasphalt | 37 | **53** | 79 |
| Steinholz | 36 | **57** | 81 |
| Magnesia | 42 | **64** | 90 |
| Zement | 36 | **53** | 79 |
| Trittschalldämmung | 31 | **48** | 69 |
| **Trockenestriche (Systeme)** | | | |
| Gipsfaserplatten | 29 | **46** | 63 |
| Gipskartonplatten | 34 | **51** | 69 |
| Holzwerkstoffplatten | 28 | **45** | 63 |

▷ von
| Mittelwert
◁ bis



 Erläuterungen zu den Tabellen siehe Seite 42

| Lebensdauer von Bauteilen in Jahren | ▷ | mittel | ◁ |
|---|---|---|---|
| **Deckenbeläge** | | | |
| **Doppelböden** | | | |
| Aluminiumplatten | 29 | **41** | 66 |
| Betonplatten | 46 | **58** | 73 |
| Faserzementplatten | 36 | **53** | 72 |
| Gipsfaserplatten | 28 | **41** | 63 |
| Holzwerkstoffplatten | 26 | **41** | 63 |
| Zementgebundene Holzwerkstoffplatte | 40 | **58** | 73 |
| Stahlplatten | 28 | **42** | 66 |
| **Doppelbodenstützen** | | | |
| Stahl, verzinkt | 28 | **37** | 47 |
| **Hohlraumböden** | | | |
| Faserzementplatten | 34 | **56** | 72 |
| Gipsfaserplatten | 27 | **41** | 63 |
| Zementgebundene Holzwerkstoffplatte | 46 | **63** | 76 |
| Holzwerkstoffplatten | 26 | **41** | 63 |
| **Hohlraumbodenstützen** | | | |
| Stahl, verzinkt | 32 | **44** | 66 |
| **Schwingböden** | | | |
| Sporthallenbeläge | 18 | **34** | 46 |
| Holz | 21 | **35** | 46 |
| Kunststoff | 20 | **32** | 44 |
| **Sockelleisten** | | | |
| Aluminium | 21 | **49** | 85 |
| Holz | 28 | **39** | 55 |
| Stahl, nicht rostend | 23 | **50** | 100 |
| Holzwerkstoff | 14 | **27** | 40 |
| Kautschuk | 15 | **21** | 29 |
| Keramik | 31 | **54** | 88 |
| Klinker | 33 | **52** | 93 |
| Kork | 8 | **17** | 24 |
| Kunststein | 24 | **44** | 100 |
| Kunststoff | 16 | **29** | 70 |
| Laminat | 10 | **21** | 32 |
| Linoleum | 18 | **30** | 44 |
| Naturstein | 36 | **76** | 103 |
| Stahl | 28 | **51** | 100 |
| Teppichbodensockelleisten | 12 | **19** | 27 |
| **Installationssockelleisten** | | | |
| Kunststoff | 17 | **30** | 79 |
| **Glatte Beläge** | | | |
| Kautschuk | 16 | **21** | 30 |

| Lebensdauer von Bauteilen in Jahren | ▷ | mittel | ◁ |
|---|---|---|---|
| **Deckenbeläge** | | | |
| **Glatte Beläge** | | | |
| PVC | 16 | **22** | 29 |
| Kork | 11 | **17** | 25 |
| Kunststoff-Parkett | 12 | **19** | 26 |
| Linoleum | 16 | **23** | 32 |
| Laminat | 8 | **13** | 19 |
| Sporthallenbeläge | 16 | **19** | 23 |
| Holzparkett | 29 | **44** | 72 |
| Holzdielen | 30 | **45** | 62 |
| Holzpflaster | 32 | **47** | 61 |
| **Teppichböden** | | | |
| Baumwolle | 8 | **11** | 17 |
| Jute | 8 | **11** | 16 |
| Kokos | 8 | **11** | 16 |
| Naturfasergemisch | 8 | **11** | 16 |
| Sisal | 8 | **12** | 17 |
| Synthetikfaser | 8 | **12** | 16 |
| Wolle | 8 | **13** | 26 |
| **Schmutzfangbeläge** | | | |
| Baumwolle | 5 | **8** | 11 |
| Jute | 6 | **8** | 13 |
| Kokos | 6 | **8** | 13 |
| Kunststoff | 6 | **9** | 14 |
| Sisal | 6 | **8** | 15 |
| Synthetikfaser | 6 | **9** | 14 |
| **Natursteinbeläge** | | | |
| Sedimentgestein | 38 | **64** | 97 |
| Metamorphgestein | 39 | **65** | 101 |
| Magmatisches Gestein | 36 | **60** | 85 |
| **Kunststeinbeläge** | | | |
| Betonstein, Kunstharz und Terrazzoasphalt | 32 | **52** | 79 |
| Klinkerplatten | 27 | **43** | 62 |
| Asphalt | 17 | **21** | 50 |
| **fugenlose Bodenbeläge** | | | |
| Kunstharz, Quarz und Terrazzo | 21 | **37** | 67 |
| **Keramische Fliesen und Platten** | | | |
| Keramische Spaltplatten | 38 | **54** | 71 |
| Steingut | 36 | **50** | 69 |
| Steinzeug | 35 | **50** | 69 |
| Terracotta | 40 | **53** | 69 |
| Feinsteinzeug | 32 | **50** | 66 |
| Glasmosaik | 36 | **54** | 71 |

▷ von
| Mittelwert
◁ bis

| Lebensdauer von Bauteilen in Jahren | ▷ | mittel | ◁ |
|---|---|---|---|
| **Deckenbeläge** | | | |
| **Keramische Fliesen und Platten** | | | |
| Naturstein | 35 | **51** | 73 |
| Silikon | 4 | **6** | 9 |
| Zementmörtel | 17 | **29** | 39 |
| **Bodenanstriche** | | | |
| Allgemein | 5 | **8** | 11 |
| Versiegelung | 5 | **8** | 11 |
| Imprägnierung | 3 | **5** | 9 |
| Epoxidharzbeschichtung | 8 | **12** | 16 |
| **Deckenbekleidungen** | | | |
| **Tapeten** | | | |
| Überstreichbar | 7 | **10** | 15 |
| Nicht überstreichbar | 8 | **11** | 16 |
| **Putz** | | | |
| Mineralische Baustoffe | 28 | **41** | 67 |
| **Holzbekleidungen** | | | |
| Nachwachsende organische Materialien | 29 | **49** | 69 |
| **Trockenbau** | | | |
| Mineralische Baustoffe | 30 | **44** | 58 |
| **Metallbekleidungen** | | | |
| Metallische Materialien | 28 | **42** | 66 |
| **Sonderkonstruktionen** | | | |
| Lichtdecken | 17 | **23** | 28 |
| Kunststoffplatten | 14 | **24** | 44 |
| Brandschutz-Unterdecken | 16 | **23** | 37 |
| Schallabsorber | 17 | **23** | 36 |
| Akustikschaum | 12 | **18** | 32 |
| Akustikdecken | 12 | **19** | 35 |
| Akustikelemente | 11 | **18** | 32 |
| Glas | 34 | **55** | 76 |
| Mineralfaserplatten | 26 | **39** | 52 |
| Kunststoff | 17 | **32** | 51 |
| **Unterkonstruktion** | | | |
| Holz | 40 | **55** | 70 |
| Metall | 45 | **63** | 80 |
| Wärmedämmung | 24 | **37** | 54 |

(Balkendiagramm-Skala: 0 – 25 – 50 – 75 – 100 – 125 Jahre)

| Lebensdauer von Bauteilen in Jahren | ▷ | mittel | ◁ |
|---|---|---|---|
| **Sonstiges zur KG 350** | | | |
| **Geländer, außen fest montiert** | | | |
| Stahl, nicht rostend | 52 | **72** | 100 |
| Aluminium | 38 | **58** | 74 |
| Stahl, verzinkt | 38 | **55** | 72 |
| Stahl, verzinkt und beschichtet | 40 | **60** | 77 |
| Stahl, kunststoffummantelt | 46 | **62** | 77 |
| Hartholz | 28 | **48** | 76 |
| Weichholz | 27 | **45** | 73 |
| Holzwerkstoff, beschichtet | 29 | **47** | 70 |
| **Gitter, außen fest montiert** | | | |
| Stahl, nicht rostend | 52 | **72** | 100 |
| Aluminium | 41 | **58** | 72 |
| Stahl, verzinkt | 39 | **57** | 72 |
| Stahl, verzinkt und beschichtet | 46 | **62** | 77 |
| Stahl, kunststoffummantelt | 46 | **62** | 77 |
| Holzwerkstoff, beschichtet | 35 | **53** | 77 |
| **Leitern, außen fest montiert** | | | |
| Stahl, nicht rostend | 59 | **77** | 102 |
| Aluminium | 39 | **59** | 73 |
| Stahl, verzinkt | 39 | **59** | 73 |
| Stahl, verzinkt und beschichtet | 55 | **66** | 83 |
| Holzwerkstoff, beschichtet | 35 | **53** | 77 |
| **Roste, außen fest montiert** | | | |
| Stahl, nicht rostend | 59 | **77** | 102 |
| Aluminium | 39 | **59** | 73 |
| Stahl, verzinkt | 39 | **59** | 73 |
| Stahl, verzinkt und beschichtet | 55 | **66** | 83 |
| Stahl, kunststoffummantelt | 55 | **66** | 83 |
| **Rollgitter, außen** | | | |
| Aluminium | 55 | **66** | 83 |
| Stahl, nicht rostend, verzinkt, beschichtet, kunststoffummantelt | 46 | **62** | 77 |
| **Scherengitter, außen** | | | |
| Aluminium, Stahl | 45 | **58** | 65 |

▷ von
| Mittelwert
◁ bis

| Lebensdauer von Bauteilen in Jahren | ▷ | mittel | ◁ |
|---|---|---|---|
| **Dachkonstruktionen** | | | |
| **Massive Konstruktion** | | | |
| Vollbetondecke (Betonstahlbewehrung) | 72 | **94** | 127 |
| Vollbetondecke (Spannstahlbewehrung) | 80 | **106** | 142 |
| Gitterträgerdecke | 86 | **109** | 143 |
| Hohlraumdecke (Betonstahlbewehrung) | 86 | **109** | 143 |
| Hohlraumdecke (Spannstahlbewehrung) | 80 | **106** | 142 |
| Stahlverbunddecke | 60 | **79** | 100 |
| Fertigteil-Rippendecke | 80 | **106** | 142 |
| Porenbetondecke | 53 | **66** | 76 |
| Massivholzdecken | 66 | **86** | 134 |
| Holz-Beton-Verbunddecke | 63 | **79** | 94 |
| **Leichte Konstruktion** | | | |
| Holz-Balkendecke | 65 | **81** | 112 |
| Holz-Fertigteilelemente | 59 | **77** | 90 |
| Stahlträgerdecke | 58 | **73** | 87 |
| **Fertigteil-Konstruktion** | | | |
| Stahlbetonbauweise (Fertigteile und Ortbeton) | 83 | **104** | 142 |
| Porenbetonfertigteile | 62 | **77** | 88 |
| Ziegel-Fertigelemente | 60 | **80** | 90 |
| Polystyrolformelemente mit Betonfüllung | 75 | **100** | 150 |
| **Holzkonstruktion** | | | |
| Schichtholzkonstruktion | 52 | **65** | 78 |
| Zimmermannsmäßige Dachstühle | 74 | **91** | 119 |
| Ingenieurmäßige Holzdachkonstruktion | 65 | **79** | 87 |
| Leimbinder | 49 | **64** | 78 |
| Nagelbinder | 34 | **50** | 70 |
| **Dachöffnungen** | | | |
| **Dachausstiege und Luken** | | | |
| Stahl, verzinkt | 30 | **40** | 57 |
| Kunststoff | 22 | **32** | 55 |
| **Dachflächenfenster** | | | |
| Stahl, verzinkt | 24 | **39** | 57 |
| Holz, behandelt | 20 | **29** | 38 |
| Kunststoff | 26 | **33** | 46 |
| Aluminium | 24 | **35** | 56 |
| Aluminium-Holz-Komposit | 23 | **31** | 50 |
| Aluminium-Kunststoff-Komposit | 23 | **30** | 45 |



 Erläuterungen zu den Tabellen siehe Seite 42

| Lebensdauer von Bauteilen in Jahren | ▷ | mittel | ◁ |
|---|---|---|---|
| **Dachbeläge** | | | |
| **Klemmverbindungen** | | | |
| Schwerlastdübel/Systeme | 21 | **33** | 49 |
| **Klebeverbindungen** | | | |
| Klebebewehrungen/Systeme | 19 | **31** | 51 |
| **Halme** | | | |
| Reet | 28 | **47** | 96 |
| Grasdach | 30 | **44** | 68 |
| **Dachdeckung** | | | |
| Holzschindeln | 21 | **33** | 52 |
| Schiefer | 50 | **70** | 88 |
| Faserzement | 27 | **39** | 46 |
| Bitumenschindeln | 17 | **21** | 28 |
| Dachziegel | 33 | **42** | 58 |
| Betondachsteine | 25 | **35** | 45 |
| **Wellplatten** | | | |
| Faserzement-Wellplatten | 27 | **38** | 47 |
| Bitumen-Wellplatten | 14 | **21** | 36 |
| Aluminium | 29 | **46** | 78 |
| Stahl, verzinkt | 20 | **27** | 40 |
| Stahl, verzinkt und beschichtet | 30 | **42** | 65 |
| Stahl, nicht rostend | 34 | **56** | 81 |
| Stahl, Trapezblech | 27 | **38** | 55 |
| Kupferblech | 47 | **66** | 86 |
| Zink | 25 | **38** | 52 |
| **Metallbanddeckungen** | | | |
| Aluminiumblech | 27 | **42** | 69 |
| Verzinktes Stahlblech | 20 | **28** | 39 |
| Verzinktes und beschichtetes Stahlblech | 29 | **39** | 51 |
| Stahl, nicht rostend | 33 | **53** | 77 |
| Kupfer | 47 | **69** | 89 |
| Zink | 26 | **38** | 53 |
| Blei | 19 | **39** | 66 |
| **Dachrinnen/Regenfallrohre** | | | |
| Aluminium | 34 | **53** | 85 |
| Verzinkter Stahl | 14 | **22** | 30 |
| Verzinkter und beschichteter Stahl | 26 | **43** | 74 |
| Stahl, nicht rostend | 30 | **45** | 67 |
| Kupfer | 42 | **61** | 93 |
| Zink | 24 | **32** | 48 |
| Kunststoff | 12 | **18** | 26 |
| **Dachabläufe** | | | |
| Aluminium | 24 | **39** | 64 |
| Stahl, verzinkt | 20 | **29** | 38 |

▷ von
| Mittelwert
◁ bis

| Lebensdauer von Bauteilen in Jahren | ▷ | mittel | ◁ |
|---|---|---|---|
| **Dachbeläge** | | | |
| **Dachabläufe** | | | |
| Stahl, nicht rostend | 24 | **33** | 47 |
| Kupfer | 31 | **47** | 74 |
| Zink | 23 | **30** | 47 |
| Kunststoff | 16 | **23** | 28 |
| Anstrich Spenglerarbeiten | 7 | **9** | 13 |
| **Abdichtungen** | | | |
| Asphaltmastix unterhalb der Dämmung | 15 | **30** | 47 |
| Asphaltmastix oberhalb Dämmung mit schwerer Schutzschicht | 15 | **27** | 34 |
| Asphaltmastix oberhalb Dämmung mit leichter Schutzschicht | 14 | **23** | 30 |
| Flüssigabdichtung unterhalb der Dämmung | 22 | **32** | 45 |
| Flüssigabdichtung oberhalb Dämmung mit schwerer Schutzschicht | 18 | **30** | 40 |
| Flüssigabdichtung oberhalb Dämmung mit leichter Schutzschicht | 17 | **27** | 39 |
| Gussasphalt unterhalb der Dämmung | 16 | **33** | 54 |
| Gussasphalt oberhalb Dämmung mit schwerer Schutzschicht | 20 | **30** | 50 |
| Gussasphalt oberhalb Dämmung mit leichter Schutzschicht | 17 | **26** | 47 |
| **Abdichtungsbahnen** | | | |
| Bitumenbahnen unterhalb der Dämmung | 22 | **28** | 37 |
| Bitumenbahnen oberhalb Dämmung mit schwerer Schutzschicht | 17 | **25** | 36 |
| Bitumenbahnen oberhalb Dämmung mit leichter Schutzschicht | 14 | **23** | 31 |
| Kunststoffbahnen unterhalb der Dämmung | 24 | **32** | 44 |
| Kunststoffbahnen oberhalb Dämmung mit schwerer Schutzschicht | 20 | **27** | 38 |
| Kunststoffbahnen oberhalb Dämmung mit leichter Schutzschicht | 19 | **25** | 37 |
| Elastomerbahnen unterhalb der Dämmung | 25 | **34** | 44 |
| Elastomerbahnen oberhalb Dämmung mit schwerer Schutzschicht | 23 | **31** | 47 |
| Elastomerbahnen oberhalb Dämmung mit leichter Schutzschicht | 20 | **28** | 44 |
| Auf Dämmung ohne Kies | 18 | **22** | 27 |
| Auf Dämmung mit Kies | 26 | **31** | 43 |
| Doppelte Pappdächer | 14 | **22** | 37 |
| 3x Bitumenbahnen, Kies | 22 | **31** | 52 |
| 2x Polymerbahnen, Kies | 19 | **30** | 47 |
| Anstrichmassen | | **15** | |
| Dachabdichtung (Bitumen, Trapezblech) | | **18** | |
| Aluminiumdach | 26 | **33** | 58 |

| Lebensdauer von Bauteilen in Jahren | ▷ | mittel | ◁ |
|---|---|---|---|
| **Dachbeläge** | | | |
| **Abdichtungsbahnen** | | | |
| Stehfalzdach | 27 | **35** | 48 |
| Foliendach | 14 | **23** | 34 |
| Synthetische Kuppeln | 17 | **24** | 39 |
| **Schwere Schutzschicht** | | | |
| Kies | 22 | **31** | 42 |
| Intensive Begrünung | 18 | **28** | 39 |
| Extensive Begrünung | 18 | **30** | 41 |
| Verlegeplatten | 23 | **33** | 40 |
| **Leichte Schutzschicht** | | | |
| Besplitterung vor Ort | 12 | **16** | 20 |
| Werkseitige Bestreuung | 12 | **16** | 20 |
| **Dachbekleidungen** | | | |
| **Dampfdichte Innendämmung** | | | |
| Dampfsperrfolien | 23 | **37** | 60 |
| Dampfbremse | 21 | **35** | 57 |
| Spezialpapier | 18 | **33** | 42 |
| Kleber zum Fixieren von Dampfsperrfolien | 12 | **18** | 29 |
| **Unterdeckung (Bahnen)** | | | |
| Dampfdiffusionsoffene Kunststofffolien | 20 | **32** | 53 |
| **Dampfsperren** | | | |
| Kunststofffolien | 33 | **47** | 71 |
| **Winddichtung** | | | |
| Synthetische organische Materialien | 22 | **36** | 49 |
| PVC-Folie | 22 | **39** | 61 |
| **Unterdeckung (Platten)** | | | |
| Bitumen-Holzfaserplatten | 34 | **45** | 56 |
| Imprägnierte Faserplatten aus Holz, Hanf, Zellulose | | **30** | |
| **Zwischensparrendämmung** | | | |
| Polystyrol | 26 | **39** | 52 |
| Polyurethan | 26 | **39** | 52 |
| Steinwolle | 26 | **39** | 49 |
| Glaswolle | 26 | **39** | 49 |
| Holzfaserdämmplatten | 30 | **41** | 53 |
| Holzwolleleichtbauplatten | 30 | **40** | 52 |
| Holzwolle | 25 | **38** | 49 |
| Kork | 26 | **38** | 49 |
| Holzspäne | 25 | **38** | 49 |

▷ von
| Mittelwert
◁ bis

| Lebensdauer von Bauteilen in Jahren | ▷ | mittel | ◁ |
|---|---|---|---|
| **Dachbekleidungen** | | | |
| **Zwischensparrendämmung** | | | |
| Seegras | 25 | **38** | 49 |
| Wiesengras | 25 | **38** | 49 |
| Flachs | 26 | **38** | 49 |
| Hanf | 26 | **38** | 49 |
| Schafwolle | 27 | **39** | 49 |
| Zellulose | 28 | **40** | 49 |
| Kokos | 26 | **38** | 49 |
| Strohballen | 24 | **38** | 49 |
| Roggengranulat | 26 | **39** | 49 |
| Blähglasgranulat | 32 | **44** | 62 |
| Blähtongranulat | 32 | **44** | 62 |
| Blähschiefergranulat | 32 | **44** | 62 |
| Leichtlehmmischung | 32 | **46** | 71 |
| **Aufdachdämmung** | | | |
| Faserplatten aus Holz, Hanf, Zellulose | 27 | **39** | 49 |
| Glaswollplatten | 28 | **40** | 50 |
| Steinwollplatten | 27 | **39** | 49 |
| Extrudierte Polystyrolplatten | 27 | **39** | 51 |
| Expandierte Polystyrolplatten | 27 | **38** | 51 |
| Polyurethanplatten | 30 | **42** | 57 |
| Schaumglasplatten | 32 | **44** | 59 |
| **Gesimsverschalung** | | | |
| Holz | 20 | **26** | 32 |
| **Sonstiges zur KG 360** | | | |
| **Blitzschutzanlagen** | | | |
| Stahl, verzinkt | 22 | **33** | 48 |
| **Taubenvergrämung** | | | |
| Stahl, verzinkt | 14 | **22** | 41 |
| **Absturzsicherungen** | | | |
| Stahl, verzinkt | 21 | **30** | 42 |
| **Laufflächen (Dach)** | | | |
| Stahl, verzinkt | 22 | **29** | 37 |
| **Trittstufen (Dach)** | | | |
| Stahl, verzinkt | 22 | **29** | 37 |
| **Laub- und Schneefangvorrichtungen** | | | |
| Stahl, verzinkt | 19 | **37** | 73 |
| Zink | 16 | **27** | 37 |

| Lebensdauer von Bauteilen in Jahren | ▷ | mittel | ◁ |
|---|---|---|---|
| **Sonstiges zur KG 360** | | | |
| **Attikaabdeckungen** | | | |
| Aluminium | 33 | **41** | 50 |
| Naturstein | 60 | **80** | 100 |
| Klinker | 60 | **80** | 100 |
| Beton | 53 | **66** | 76 |
| Betonfertigteil | 53 | **66** | 76 |
| Keramik | 53 | **66** | 76 |
| Fliesen | 50 | **64** | 76 |
| Kunststein | 52 | **65** | 78 |
| Faserzement | 30 | **40** | 50 |
| Kunststoffe | 16 | **23** | 29 |
| Zementputze | 20 | **25** | 30 |
| Stahl, verzinkt | 27 | **35** | 45 |
| Stahl, nicht rostend | 50 | **58** | 67 |
| Kupfer | 44 | **57** | 76 |
| Zink | 32 | **37** | 45 |
| **Schornsteine über Dach** | | | |
| Stahl | 37 | **59** | 77 |
| Formsteine | 26 | **47** | 75 |
| Mauerwerk | 28 | **49** | 76 |
| **Kaminabdeckung** | | | |
| Zinkblech | 15 | **20** | 27 |
| Bleiblech | 15 | **20** | 24 |

▷ von
| Mittelwert
◁ bis

# Kostenermittlung der Baukonstruktionen nach Grobelementarten (mit Anforderungsklassen in der 2. Ebene der Kostengliederung)

von Univ.-Prof. Dr.-Ing. Wolfdietrich Kalusche
und
Dipl.-Ing. Anne-Kathrin Kalusche

# Kostenermittlung der Baukonstruktionen nach Grobelementarten (mit Anforderungsklassen in der 2. Ebene der Kostengliederung)

Ein Beitrag von
Univ.-Prof. Dr.-Ing. Wolfdietrich Kalusche
und Dipl.-Ing. Anne-Kathrin Kalusche

## Vorbemerkung

Mit dem vorliegenden Fachaufsatz wird eine einfache Kostenermittlung für die KG 300 Bauwerk-Baukonstruktionen vorgestellt. Sie erlaubt auf der Grundlage skizzenhafter Lösungsversuche (Vorplanung) und der Mengenermittlung von Baukonstruktionen in der 2. Ebene der Kostengliederung – so genannter Grobelemente – eine nach Anforderungsklassen differenzierte Kostenermittlung. Dabei sollen nicht die Kosten den Qualitäten, sondern die Qualitäten den so ermittelten Kosten folgen. Dies entspricht dem Prinzip der Zielkostenrechnung.

## Allgemeine Grundlagen der Kostenplanung

Die DIN 276:2018-12, Kosten im Bauwesen, regelt den Anwendungsbereich, die Begriffe und die Grundsätze der Kostenplanung sowie die Kostengliederung. Sie enthält ferner Literaturhinweise, insbesondere zu den Bezugseinheiten von Kostenwerten. Die DIN macht grundsätzlich keine Vorgaben zur praktischen Kostenplanung (Kostenermittlung, -kontrolle und -steuerung) und sie enthält auch keine entsprechenden Kennwerte. Die Entwicklung von Verfahren der Kostenplanung und die Erhebung, Auswertung und Erläuterung von Kostenkennwerten erfolgt in der Praxis und wird in besonderer Weise vom Baukosteninformationszentrum Deutscher Architektenkammern (BKI) geleistet. Siehe dazu: BKI Handbuch Kostenplanung im Hochbau, 3. Auflage 2019.

Grundlage von Kostenermittlungen im Bauwesen sind Kostenkennwerte oder Preise und die Mengen entsprechender Bezugseinheiten.
Zu den Bezugseinheiten zählen Nutzeinheiten, Grundflächen und Rauminhalte, Bauteile, Leistungsbereiche und Leistungspositionen sowie Kombinationen aus diesen.

Die Kostenkennwerte geben unter Berücksichtigung zahlreicher Rahmenbedingungen den erforderlichen oder zulässigen Aufwand für die Planung und Ausführung eines Bauwerks oder Bauelements an. Sie können auch Ausdruck für deren Wert sein. Die Kostenkennwerte für Bauwerke, Bauteile und die Preise von Leistungspositionen weisen erfahrungsgemäß eine Streuung auf, die in der statistischen Auswertung mit Von-Bis-Werten und einem Mittelwert angegeben werden können. Die Auswahl und Anwendung von Kennwerten oder Preisen für eine Kostenermittlung sind in Bezug auf Kosteneinflüsse zu erläutern. Die Unterscheidung von Standards oder Anforderungsklassen soll hierbei eine praktische Hilfe sein.

**Unterscheidung von Gebäuden nach Standards**

Bisher werden in den BKI-Datensammlungen einzelne Gebäudearten nach drei Standards unterschieden: „einfach", „mittel" und „hoch". In der 1. Ebene der Kostengliederung können damit unterschiedliche Kennwerte für die Bezugseinheiten Brutto-Rauminhalt (BRI), Brutto-Grundfläche (BGF), Nutzungsfläche (NUF) und Nutzeinheit (NE) ausgewiesen werden. Die Unterscheidung von Standards kommt vor allem im Verhältnis Bauwerkskosten (BWK = KG 300 + KG 400 nach DIN 276) zu Brutto-Grundfläche (BGF) als Kostenkennwert €/m² BGF vor. Als Beispiel können die unterschiedlichen Standards nicht unterkellerter Kindergärten genannt werden:

| Standard | Kostenkennwert |
|---|---|
| einfach | 1.527 €/m² BGF |
| mittel | 1.798 €/m² BGF |
| hoch | 2.101 €/m² BGF |

(Kostenstand 1. Quartal 2020, Bundesdurchschnitt, inkl. 19% MwSt.)

Diese Unterteilung wird vorgenommen, wenn der „Standard als ein wesentlicher Kostenfaktor festgestellt wurde. Grundsätzlich gilt, dass immer mehrere Kosteneinflussfaktoren auf die Kosten und damit auf die Kostenkennwerte einwirken. Einige dieser vielen Faktoren seien hier aufgelistet:

- Zeitpunkt der Ausschreibung
- Art der Ausschreibung
- Regionale Konjunktur
- Gebäudegröße
- Lage der Baustelle, Erreichbarkeit
- ...

Wenn bei einem Gebäude große Mengen an Bauteilen hoher Qualität die übrigen Kosteneinflussfaktoren überlagern, dann wird von einem „hohen Standard" gesprochen."
(Vgl. BKI Baukosten Gebäude Neubau - Statistische Kostenkennwerte 2020)

Der Anwender hat damit die Möglichkeit, das von ihm geplante Objekt vorzugsweise einem der drei Standards zuzuordnen und mit dem entsprechenden Kostenkennwert eine Kostenermittlung aufzustellen. Dabei ist zu beachten, dass die Kosteneinflüsse der Kennwerte der eigenen Planung soweit wie möglich entsprechen. Die Überprüfung dieser Zusammenhänge und eventuelle Annahmen für die Kostenermittlung oder die Änderungen von Werten bedürfen der Erläuterung und Dokumentation.

**Unterscheidung von Bauelementen nach Anforderungsklassen**

Bauelemente in der 2. Ebene der Kostengliederung werden auch als Grobelemente bezeichnet. Grobelemente, zum Beispiel Innenwände, können nach zahlreichen Merkmalen unterschieden werden. Dazu gehören unter anderem funktionale, technische, gestalterische, ökologische oder wirtschaftliche Gesichtspunkte. Letzte können, insbesondere auf die Bauwerkskosten bezogen, als Zielwerte (Benchmarks) vorgeben werden. Üblicherweise werden hierfür statistische Kostenkennwerte oder Kostenrichtwerte verwendet.

Für die Differenzierung von Grobelementarten (2. Ebene der Kostengliederung) werden fünf Anforderungsklassen gebildet:

- sehr gering
- gering
- mittel
- hoch
- sehr hoch.

Die Kosten der Grobelementarten werden als Von-Bis-Werte in der Dimension des jeweiligen Bauteils, zum Beispiel €/m³ Baugrubeninhalt (BGI) oder €/m² Dachfläche (DAF), angegeben. Für die Auswahl der Von-Bis-Werte werden Kosteneinflüsse als kostenmindernde oder kostenerhöhende Eigenschaften der Bauelemente angegeben und es werden Bedingungen der Bauausführung benannt. Diese sollen auch bei der Erläuterung der Kostenermittlungen berücksichtigt werden (vgl. Abbildungen 17 bis 19).

## Anwendung von Kostenkennwerten der Grobelementarten

In der DIN 276 heißt es allgemein: „Ziel und Aufgabe der Kostenplanung ist es, bei einem Bauprojekt Wirtschaftlichkeit, Kostensicherheit und Kostentransparenz herzustellen.

Die Kostenplanung ist entweder auf der Grundlage von Planungsvorgaben (Quantitäten und Qualitäten) oder auf der Grundlage von Kostenvorgaben kontinuierlich und systematisch über alle Phasen eines Bauprojekts durchzuführen.

In der Kostenplanung können entsprechend dem Grundsatz der Wirtschaftlichkeit alternativ die folgenden Ziele und Vorgehensweisen verfolgt werden:

- Durch Kostenvorgaben sollen festgelegte Kosten eingehalten werden. Dabei sollen möglichst hohe quantitative und qualitative Planungsinhalte erreicht werden („Maximalprinzip").
- Durch Planungsvorgaben sollen festgelegte Quantitäten und Qualitäten eingehalten werden. Dabei sollen möglichst geringe Kosten erreicht werden („Minimalprinzip")."

(DIN 276:2018-12)

In den frühen Leistungsphasen, vor allem in der Leistungsphase 2 (Vorplanung), liegt häufig noch keine Entscheidung über die wesentlichen Eigenschaften der Bauteile, z. B. Baustoffe, vor. Es gibt aber in vielen Fällen bereits eine Vorgabe des Auftraggebers in Bezug auf die Kosten des Bauwerks.

Für die entsprechend DIN 276 geforderte „Anpassung von Qualitäten" kann sowohl die Vorgabe eines Standards für das Gebäude, wie auch daraus abgeleitet, von Anforderungen an die Bauelemente (Grobelemente) zielführend sein.

In der Praxis ist eine solche Herangehensweise im Hotelbau üblich. Die in der Hotellerie gebräuchlichen Sternekategorien beschreiben die Leistungen eines Hotels einschließlich der Qualität des Hotelgebäudes. Diese werden vom Deutschen Hotel- und Gaststättenverband e.V. (DEHOGA) definiert. Sie sind nicht nur Grundlage der Investitionsplanung (Baukosten) für ein Hotel. Sie stehen auch mit den Erlösen aus dem Hotelbetrieb in einem unmittelbaren Zusammenhang. Sowohl die Betriebsals auch die Gebäudeplanung werden an den genannten Vorgaben konsequent ausgerichtet. Das gilt auch für die Bauelemente und sonstige Kostenbestandteile eines Hotelgebäudes.

Als weiteres Beispiel dienen die Bauten des Bundes und der Länder. Der Öffentliche Bauherr gibt für die Objektplanung auf der Grundlage differenzierter Kostenrichtwerte einen Kostenrahmen vor, der für die Planung des Architekten maßgeblich ist.

Die oben beschriebenen Herangehensweisen an die Planung eines Gebäudes entsprechen dem Prinzip des Target Costing, übersetzt: Zielkostenrechnung. Diese geht der Frage nach: Was darf ein Produkt kosten? Im Sinne einer Rückwärtsrechnung werden vom Zielwert ausgehend, dessen Kostenbestandteile bestimmt. Herkömmlich stellt die Ermittlung der Bauwerkskosten (und der Nutzungskosten) die schrittweise Addition von Kostenbestandteilen dar. Hierzu ein Zitat aus der Betriebswirtschaftslehre: „Die auch als Target Costing bezeichnete Zielkostenrechnung verfolgt einen zu den traditionellen Kostenrechnungssystemen entgegengesetzten Ansatz und ist dem Kostenmanagement zuzurechnen. [...] Dazu wird ausgehend vom durchsetzungsfähigen Marktpreis (sog. market-into-company-Ansatz) rückwärts gerechnet (retrograde Kalkulation). Zudem wird untersucht, welche Komponenten in welchem Umfang zum Kundennutzen beitragen (welche Eigenschaften und Komponenten des Produkts sind dem Kunden wichtig bzw. für welche ist er bereit, zu zahlen?). Durch die Betrachtung der maximal zulässigen Kosten soll bereits in der Entwicklungsphase eine Beeinflussung der Kosten (Kostenvorgaben) vorgenommen werden.

(nach http://www.welt-der-bwl.de/Zielkostenrechnung, aufgerufen am 04.03.2016)

## Grobelemente unterschiedlicher Gebäudearten

Den Kostenkennwerten der Grobelementarten liegt die statistische Auswertung von rund 400 Objekten zugrunde. Diese werden in 14 Gebäudearten unterschieden:

- Büro- und Verwaltungsgebäude
- Gebäude für Forschung und Lehre
- Pflegeheime
- Schulen und Kindergärten

- Sport- und Mehrzweckhallen
- Ein- und Zweifamilienhäuser
- Mehrfamilienhäuser
- Seniorenwohnungen
- Gaststätten und Kantinen
- Gebäude für Produktion
- Gebäude für Handel und Lager
- Garagen
- Gebäude für kulturelle Zwecke
- Gebäude für religiöse Zwecke.

Grobelementarten der Baukonstruktionen in der 2. Ebene der Kostengliederung nach DIN 276 mit Angabe der jeweiligen Bezugseinheit und Dimension sind folgende:

| KG | Bezeichnung | Bezugseinheit (Abk.) | Dimension |
|---|---|---|---|
| 310 | Baugrube / Erdbau | Baugrubeninhalt (BGI) | $m^3$ |
| 320 | Gründung, Unterbau | Gründungsfläche (GRF) | $m^2$ |
| 330 | Außenwände / vertikal außen | Außenwandfläche (AWF) | $m^2$ |
| 340 | Innenwände / vertikal innen | Innenwandfläche (IWF) | $m^2$ |
| 350 | Decken / horizontal | Deckenfläche (DEF) | $m^2$ |
| 360 | Dächer | Dachfläche (DAF) | $m^2$ |

Abb. 1: Grobelemente der Baukonstruktionen, 2. Ebene der Kostengliederung

Abb. 2: Grobelemente der Baukonstruktionen, dreidimensional

(Zeichnung: Walter H. A. Weiss. In: Baukosten-Handbuch, Hrsg.: Baukostenberatungsdienst der Architektenkammer Baden-Württemberg – AKBW, Stuttgart 1981, S. 28)

**Anwendung der Kostenkennwerte der Grobelementarten**

Für welche Stufe der Kostenermittlung können die hier zusammengestellten Kostenkennwerte angewendet werden? Hierzu ein Zitat aus der DIN 276: „In der Kostenschätzung müssen die Gesamtkosten nach Kostengruppen mindestens in der zweiten Ebene der Kostengliederung ermittelt werden." (DIN 276:2018-12)

Kostenkennwerte zu Bauelementen, z. B. Außenwandflächen (AWF) müssen in vielen Fällen differenzierter betrachtet werden. Hierzu gehören unter anderem folgende Fragen:

Wie groß ist der Anteil von Bauelementen im Erdreich (Kelleraußenwände) an der gesamten Außenwandfläche?

Wie groß ist der Anteil der Baukonstruktion über dem Erdreich (Fassade) an der gesamten Außenwandfläche?

Welche Funktionen hat die Fassade hinsichtlich der verkehrlichen Erschließung (Türen und Tore), der Belichtung (Fenster und Sonnenschutz), Energieeinsparung und Schall- sowie Brandschutz (Eigenschaften von Materialien) zu erfüllen?

Welche gestalterischen Besonderheiten sind von Bedeutung (Materialien, Details, Geometrie)?

Die Auswahl eines Kostenkennwertes für zum Beispiel die Außenwand eines Büro- oder Verwaltungsgebäudes mit zum Beispiel 450 €/m² AWF (Anforderungen gering) wird häufig nicht angemessen sein oder nur eine mindere Qualität hinsichtlich der Funktion oder der Gestaltung erlauben. Deswegen ist die Entscheidung für eine Anforderungsklasse und einen entsprechenden Kostenkennwert unter Berücksichtigung der Wünsche des Auftraggebers, der Rahmenbedingungen und Kostenrisiken des Projekts bewusst zu treffen und nachvollziehbar zu erläutern.

Die Abbildungen 3 bis 16 zeigen die Kostenkennwerte der Grobelementarten im Bereich der Baukonstruktionen für 14 Gebäudearten in fünf Anforderungsklassen jeweils mit Von-Bis-Werten.

Die in den Abbildungen 17 bis 19 aufgeführten kostenmindernden und kostenerhöhenden Eigenschaften der Grobelementarten berücksichtigen den Zusammenhang mit Grundstück, Baugrund, Funktion, Gestaltung und weiteren Eigenschaften des Gebäudes. Hierbei wird kein Anspruch auf Vollständigkeit erhoben. Die Kosteneinflüsse sind als Hilfe zur Bestimmung einer Anforderungsklasse der Grobelementarten zu verstehen.

Bei der praktischen Anwendung der Grobelementarten mit den jeweils unterschiedlichen Von-Bis-Werten der Kostenkennwerte soll überlegt werden, wie im Rahmen der Anforderungen an ein Grobelement eine kostentransparente und kostensichere Objektplanung geleistet werden kann. So werden je nach Anforderungsklasse

- kostenmindernde Eigenschaften eines Grobelements zu bevorzugen und
- kostenerhöhende Eigenschaften einzuschränken sein.

## Büro- und Verwaltungsgebäude

Dazu zählen Büro- und Verwaltungsgebäude einfachen, mittleren und hohen Standards.
Es wurden über 30 Objekte ausgewertet.

| **310** | **Baugrube / Erdbau** | Anforderungen | von | bis | Kosten/Einheit |
|---|---|---|---|---|---|
| | | sehr gering | 16 | 25 | €/m³ BGI |
| | | gering | 25 | 34 | €/m³ BGI |
| | | mittel | 34 | 43 | €/m³ BGI |
| | | hoch | 43 | 52 | €/m³ BGI |
| | | sehr hoch | 52 | 61 | €/m³ BGI |

| **320** | **Gründung, Unterbau** | Anforderungen | von | bis | Kosten/Einheit |
|---|---|---|---|---|---|
| | | sehr gering | 281 | 342 | €/m² GRF |
| | | gering | 342 | 403 | €/m² GRF |
| | | mittel | 403 | 464 | €/m² GRF |
| | | hoch | 464 | 525 | €/m² GRF |
| | | sehr hoch | 525 | 586 | €/m² GRF |

| **330** | **Außenwände / vertikal außen** | Anforderungen | von | bis | Kosten/Einheit |
|---|---|---|---|---|---|
| | | sehr gering | 404 | 493 | €/m² AWF |
| | | gering | 493 | 582 | €/m² AWF |
| | | mittel | 582 | 671 | €/m² AWF |
| | | hoch | 671 | 760 | €/m² AWF |
| | | sehr hoch | 760 | 849 | €/m² AWF |

| **340** | **Innenwände / vertikal innen** | Anforderungen | von | bis | Kosten/Einheit |
|---|---|---|---|---|---|
| | | sehr gering | 220 | 267 | €/m² IWF |
| | | gering | 267 | 314 | €/m² IWF |
| | | mittel | 314 | 361 | €/m² IWF |
| | | hoch | 361 | 408 | €/m² IWF |
| | | sehr hoch | 408 | 455 | €/m² IWF |

| **350** | **Decken / horizontal** | Anforderungen | von | bis | Kosten/Einheit |
|---|---|---|---|---|---|
| | | sehr gering | 295 | 349 | €/m² DEF |
| | | gering | 349 | 403 | €/m² DEF |
| | | mittel | 403 | 457 | €/m² DEF |
| | | hoch | 457 | 511 | €/m² DEF |
| | | sehr hoch | 511 | 565 | €/m² DEF |

| **360** | **Dächer** | Anforderungen | von | bis | Kosten/Einheit |
|---|---|---|---|---|---|
| | | sehr gering | 298 | 373 | €/m² DAF |
| | | gering | 373 | 448 | €/m² DAF |
| | | mittel | 448 | 523 | €/m² DAF |
| | | hoch | 523 | 598 | €/m² DAF |
| | | sehr hoch | 598 | 673 | €/m² DAF |

Abb. 3: Kostenkennwerte für Baukonstruktionen, 2. Ebene der Kostengliederung (Grobelemente), hier: Büro- und Verwaltungsgebäude

| Gebäude für Forschung und Lehre | | | | | |
|---|---|---|---|---|---|
| Dazu zählen Instituts- und Laborgebäude.<br>Es wurden bis zu 5 Objekte ausgewertet. | | | | | |
| | | | | | |
| **310** | **Baugrube / Erdbau** | Anforderungen | von | bis | Kosten/Einheit |
| | | sehr gering | 16 | 35 | €/m³ BGI |
| | | gering | 35 | 54 | €/m³ BGI |
| | | mittel | 54 | 73 | €/m³ BGI |
| | | hoch | 73 | 92 | €/m³ BGI |
| | | sehr hoch | 92 | 111 | €/m³ BGI |
| | | | | | |
| **320** | **Gründung, Unterbau** | Anforderungen | von | bis | Kosten/Einheit |
| | | sehr gering | 276 | 281 | €/m² GRF |
| | | gering | 281 | 286 | €/m² GRF |
| | | mittel | 286 | 291 | €/m² GRF |
| | | hoch | 291 | 296 | €/m² GRF |
| | | sehr hoch | 296 | 301 | €/m² GRF |
| | | | | | |
| **330** | **Außenwände / vertikal außen** | Anforderungen | von | bis | Kosten/Einheit |
| | | sehr gering | 456 | 531 | €/m² AWF |
| | | gering | 531 | 606 | €/m² AWF |
| | | mittel | 606 | 681 | €/m² AWF |
| | | hoch | 681 | 756 | €/m² AWF |
| | | sehr hoch | 756 | 831 | €/m² AWF |
| | | | | | |
| **340** | **Innenwände / vertikal innen** | Anforderungen | von | bis | Kosten/Einheit |
| | | sehr gering | 306 | 322 | €/m² IWF |
| | | gering | 322 | 338 | €/m² IWF |
| | | mittel | 338 | 354 | €/m² IWF |
| | | hoch | 354 | 370 | €/m² IWF |
| | | sehr hoch | 370 | 386 | €/m² IWF |
| | | | | | |
| **350** | **Decken / horizontal** | Anforderungen | von | bis | Kosten/Einheit |
| | | sehr gering | 428 | 459 | €/m² DEF |
| | | gering | 459 | 490 | €/m² DEF |
| | | mittel | 490 | 521 | €/m² DEF |
| | | hoch | 521 | 552 | €/m² DEF |
| | | sehr hoch | 552 | 583 | €/m² DEF |
| | | | | | |
| **360** | **Dächer** | Anforderungen | von | bis | Kosten/Einheit |
| | | sehr gering | 244 | 267 | €/m² DAF |
| | | gering | 267 | 290 | €/m² DAF |
| | | mittel | 290 | 313 | €/m² DAF |
| | | hoch | 313 | 336 | €/m² DAF |
| | | sehr hoch | 336 | 359 | €/m² DAF |

Abb. 4: Kostenkennwerte für Baukonstruktionen, 2. Ebene der Kostengliederung (Grobelemente), hier: Gebäude für Forschung und Lehre

## Pflegeheime

Dazu zählen Medizinische Einrichtungen.
Es wurden über 5 Objekte ausgewertet.

| 310 | Baugrube / Erdbau | Anforderungen | von | bis | Kosten/Einheit |
|---|---|---|---|---|---|
| | | sehr gering | 9 | 15 | €/m³ BGI |
| | | gering | 15 | 21 | €/m³ BGI |
| | | mittel | 21 | 27 | €/m³ BGI |
| | | hoch | 27 | 33 | €/m³ BGI |
| | | sehr hoch | 33 | 39 | €/m³ BGI |

| 320 | Gründung, Unterbau | Anforderungen | von | bis | Kosten/Einheit |
|---|---|---|---|---|---|
| | | sehr gering | 217 | 261 | €/m² GRF |
| | | gering | 261 | 305 | €/m² GRF |
| | | mittel | 305 | 349 | €/m² GRF |
| | | hoch | 349 | 393 | €/m² GRF |
| | | sehr hoch | 393 | 437 | €/m² GRF |

| 330 | Außenwände / vertikal außen | Anforderungen | von | bis | Kosten/Einheit |
|---|---|---|---|---|---|
| | | sehr gering | 390 | 449 | €/m² AWF |
| | | gering | 449 | 508 | €/m² AWF |
| | | mittel | 508 | 567 | €/m² AWF |
| | | hoch | 567 | 626 | €/m² AWF |
| | | sehr hoch | 626 | 685 | €/m² AWF |

| 340 | Innenwände / vertikal innen | Anforderungen | von | bis | Kosten/Einheit |
|---|---|---|---|---|---|
| | | sehr gering | 203 | 209 | €/m² IWF |
| | | gering | 209 | 215 | €/m² IWF |
| | | mittel | 215 | 221 | €/m² IWF |
| | | hoch | 221 | 227 | €/m² IWF |
| | | sehr hoch | 227 | 233 | €/m² IWF |

| 350 | Decken / horizontal | Anforderungen | von | bis | Kosten/Einheit |
|---|---|---|---|---|---|
| | | sehr gering | 255 | 274 | €/m² DEF |
| | | gering | 274 | 293 | €/m² DEF |
| | | mittel | 293 | 312 | €/m² DEF |
| | | hoch | 312 | 331 | €/m² DEF |
| | | sehr hoch | 331 | 350 | €/m² DEF |

| 360 | Dächer | Anforderungen | von | bis | Kosten/Einheit |
|---|---|---|---|---|---|
| | | sehr gering | 240 | 256 | €/m² DAF |
| | | gering | 256 | 272 | €/m² DAF |
| | | mittel | 272 | 288 | €/m² DAF |
| | | hoch | 288 | 304 | €/m² DAF |
| | | sehr hoch | 304 | 320 | €/m² DAF |

Abb. 5: Kostenkennwerte für Baukonstruktionen, 2. Ebene der Kostengliederung (Grobelemente), hier: Pflegeheime

## Schulen und Kindergärten

Dazu zählen Allgemeinbildende und Berufliche Schulen, Förder- und Sonderschulen, Weiterbildungseinrichtungen, Kindergärten nicht unterkellert einfachen, mittleren und hohen Standards sowie Kindergärten unterkellert.
Es wurden über 40 Objekte ausgewertet.

| 310 | Baugrube / Erdbau | Anforderungen | von | bis | Kosten/Einheit |
|---|---|---|---|---|---|
| | | sehr gering | 15 | 23 | €/m³ BGI |
| | | gering | 23 | 31 | €/m³ BGI |
| | | mittel | 31 | 39 | €/m³ BGI |
| | | hoch | 39 | 47 | €/m³ BGI |
| | | sehr hoch | 47 | 55 | €/m³ BGI |

| 320 | Gründung, Unterbau | Anforderungen | von | bis | Kosten/Einheit |
|---|---|---|---|---|---|
| | | sehr gering | 248 | 291 | €/m² GRF |
| | | gering | 291 | 334 | €/m² GRF |
| | | mittel | 334 | 377 | €/m² GRF |
| | | hoch | 377 | 420 | €/m² GRF |
| | | sehr hoch | 420 | 463 | €/m² GRF |

| 330 | Außenwände / vertikal außen | Anforderungen | von | bis | Kosten/Einheit |
|---|---|---|---|---|---|
| | | sehr gering | 478 | 549 | €/m² AWF |
| | | gering | 549 | 620 | €/m² AWF |
| | | mittel | 620 | 691 | €/m² AWF |
| | | hoch | 691 | 762 | €/m² AWF |
| | | sehr hoch | 762 | 833 | €/m² AWF |

| 340 | Innenwände / vertikal innen | Anforderungen | von | bis | Kosten/Einheit |
|---|---|---|---|---|---|
| | | sehr gering | 222 | 260 | €/m² IWF |
| | | gering | 260 | 298 | €/m² IWF |
| | | mittel | 298 | 336 | €/m² IWF |
| | | hoch | 336 | 374 | €/m² IWF |
| | | sehr hoch | 374 | 412 | €/m² IWF |

| 350 | Decken / horizontal | Anforderungen | von | bis | Kosten/Einheit |
|---|---|---|---|---|---|
| | | sehr gering | 337 | 418 | €/m² DEF |
| | | gering | 418 | 499 | €/m² DEF |
| | | mittel | 499 | 580 | €/m² DEF |
| | | hoch | 580 | 661 | €/m² DEF |
| | | sehr hoch | 661 | 742 | €/m² DEF |

| 360 | Dächer | Anforderungen | von | bis | Kosten/Einheit |
|---|---|---|---|---|---|
| | | sehr gering | 297 | 341 | €/m² DAF |
| | | gering | 341 | 384 | €/m² DAF |
| | | mittel | 384 | 427 | €/m² DAF |
| | | hoch | 427 | 470 | €/m² DAF |
| | | sehr hoch | 470 | 513 | €/m² DAF |

Abb. 6: Kostenkennwerte für Baukonstruktionen, 2. Ebene der Kostengliederung (Grobelemente), hier: Schulen und Kindergärten

## Sport- und Mehrzweckhallen

Dazu zählen Sport- und Mehrzweckhallen, sowie Sporthallen (Einfeld- und Dreifeldhallen).
Es wurden bis zu 5 Objekte ausgewertet.

| 310 | Baugrube / Erdbau | Anforderungen | von | bis | Kosten/Einheit |
|---|---|---|---|---|---|
| | | sehr gering | 9 | 14 | €/m³ BGI |
| | | gering | 14 | 19 | €/m³ BGI |
| | | mittel | 19 | 24 | €/m³ BGI |
| | | hoch | 24 | 29 | €/m³ BGI |
| | | sehr hoch | 29 | 34 | €/m³ BGI |
| **320** | **Gründung, Unterbau** | Anforderungen | von | bis | Kosten/Einheit |
| | | sehr gering | 255 | 275 | €/m² GRF |
| | | gering | 275 | 295 | €/m² GRF |
| | | mittel | 295 | 315 | €/m² GRF |
| | | hoch | 315 | 335 | €/m² GRF |
| | | sehr hoch | 335 | 355 | €/m² GRF |
| **330** | **Außenwände / vertikal außen** | Anforderungen | von | bis | Kosten/Einheit |
| | | sehr gering | 440 | 484 | €/m² AWF |
| | | gering | 484 | 528 | €/m² AWF |
| | | mittel | 528 | 572 | €/m² AWF |
| | | hoch | 572 | 616 | €/m² AWF |
| | | sehr hoch | 616 | 660 | €/m² AWF |
| **340** | **Innenwände / vertikal innen** | Anforderungen | von | bis | Kosten/Einheit |
| | | sehr gering | 220 | 256 | €/m² IWF |
| | | gering | 256 | 292 | €/m² IWF |
| | | mittel | 292 | 328 | €/m² IWF |
| | | hoch | 328 | 364 | €/m² IWF |
| | | sehr hoch | 364 | 400 | €/m² IWF |
| **350** | **Decken / horizontal** | Anforderungen | von | bis | Kosten/Einheit |
| | | sehr gering | 290 | 350 | €/m² DEF |
| | | gering | 350 | 410 | €/m² DEF |
| | | mittel | 410 | 470 | €/m² DEF |
| | | hoch | 470 | 530 | €/m² DEF |
| | | sehr hoch | 530 | 590 | €/m² DEF |
| **360** | **Dächer** | Anforderungen | von | bis | Kosten/Einheit |
| | | sehr gering | 351 | 405 | €/m² DAF |
| | | gering | 405 | 459 | €/m² DAF |
| | | mittel | 459 | 513 | €/m² DAF |
| | | hoch | 513 | 567 | €/m² DAF |
| | | sehr hoch | 567 | 621 | €/m² DAF |

Abb. 7: Kostenkennwerte für Baukonstruktionen, 2. Ebene der Kostengliederung (Grobelemente),
hier: Sport- und Mehrzweckhallen

| Ein- und Zweifamilienhäuser | | | | | |
|---|---|---|---|---|---|
| Dazu zählen Ein- und Zweifamilienhäuser (unterkellert, nicht unterkellert, Passivhausstandard, Holzbauweise unterkellert und nicht unterkellert), Doppel- und Reihenendhäuser sowie Reihenhäuser. Es wurden über 130 Objekte ausgewertet. | | | | | |
| | | | | | |
| **310** | **Baugrube / Erdbau** | Anforderungen | von | bis | Kosten/Einheit |
| | | sehr gering | 16 | 23 | €/m³ BGI |
| | | gering | 23 | 30 | €/m³ BGI |
| | | mittel | 30 | 37 | €/m³ BGI |
| | | hoch | 37 | 44 | €/m³ BGI |
| | | sehr hoch | 44 | 51 | €/m³ BGI |
| | | | | | |
| **320** | **Gründung, Unterbau** | Anforderungen | von | bis | Kosten/Einheit |
| | | sehr gering | 196 | 232 | €/m² GRF |
| | | gering | 232 | 268 | €/m² GRF |
| | | mittel | 268 | 304 | €/m² GRF |
| | | hoch | 304 | 340 | €/m² GRF |
| | | sehr hoch | 340 | 376 | €/m² GRF |
| | | | | | |
| **330** | **Außenwände / vertikal außen** | Anforderungen | von | bis | Kosten/Einheit |
| | | sehr gering | 332 | 381 | €/m² AWF |
| | | gering | 381 | 430 | €/m² AWF |
| | | mittel | 430 | 479 | €/m² AWF |
| | | hoch | 479 | 528 | €/m² AWF |
| | | sehr hoch | 528 | 577 | €/m² AWF |
| | | | | | |
| **340** | **Innenwände / vertikal innen** | Anforderungen | von | bis | Kosten/Einheit |
| | | sehr gering | 152 | 174 | €/m² IWF |
| | | gering | 174 | 196 | €/m² IWF |
| | | mittel | 196 | 218 | €/m² IWF |
| | | hoch | 218 | 240 | €/m² IWF |
| | | sehr hoch | 240 | 262 | €/m² IWF |
| | | | | | |
| **350** | **Decken / horizontal** | Anforderungen | von | bis | Kosten/Einheit |
| | | sehr gering | 257 | 291 | €/m² DEF |
| | | gering | 291 | 325 | €/m² DEF |
| | | mittel | 325 | 359 | €/m² DEF |
| | | hoch | 359 | 393 | €/m² DEF |
| | | sehr hoch | 393 | 427 | €/m² DEF |
| | | | | | |
| **360** | **Dächer** | Anforderungen | von | bis | Kosten/Einheit |
| | | sehr gering | 242 | 279 | €/m² DAF |
| | | gering | 279 | 316 | €/m² DAF |
| | | mittel | 316 | 353 | €/m² DAF |
| | | hoch | 353 | 390 | €/m² DAF |
| | | sehr hoch | 390 | 427 | €/m² DAF |

Abb. 8: Kostenkennwerte für Baukonstruktionen, 2. Ebene der Kostengliederung (Grobelemente), hier: Ein- und Zweifamilienhäuser

## Mehrfamilienhäuser

Dazu zählen Mehrfamilienhäuser mit bis zu 6 WE, mit 6 bis 19 WE, mit 20 und mehr WE, Mehrfamilienhäuser-Passivhäuser, Wohnhäuser mit bis zu 15% Mischnutzung sowie Wohnhäuser mit mehr als 15% Mischnutzung.
Es wurden über 60 Objekte ausgewertet.

| **310** | **Baugrube / Erdbau** | Anforderungen | von | bis | Kosten/Einheit |
|---|---|---|---|---|---|
| | | sehr gering | 21 | 33 | €/m³ BGI |
| | | gering | 33 | 45 | €/m³ BGI |
| | | mittel | 45 | 57 | €/m³ BGI |
| | | hoch | 57 | 69 | €/m³ BGI |
| | | sehr hoch | 69 | 81 | €/m³ BGI |

| **320** | **Gründung, Unterbau** | Anforderungen | von | bis | Kosten/Einheit |
|---|---|---|---|---|---|
| | | sehr gering | 176 | 223 | €/m² GRF |
| | | gering | 223 | 270 | €/m² GRF |
| | | mittel | 270 | 317 | €/m² GRF |
| | | hoch | 317 | 364 | €/m² GRF |
| | | sehr hoch | 364 | 411 | €/m² GRF |

| **330** | **Außenwände / vertikal außen** | Anforderungen | von | bis | Kosten/Einheit |
|---|---|---|---|---|---|
| | | sehr gering | 323 | 373 | €/m² AWF |
| | | gering | 373 | 423 | €/m² AWF |
| | | mittel | 423 | 473 | €/m² AWF |
| | | hoch | 473 | 523 | €/m² AWF |
| | | sehr hoch | 523 | 573 | €/m² AWF |

| **340** | **Innenwände / vertikal innen** | Anforderungen | von | bis | Kosten/Einheit |
|---|---|---|---|---|---|
| | | sehr gering | 149 | 165 | €/m² IWF |
| | | gering | 165 | 181 | €/m² IWF |
| | | mittel | 181 | 197 | €/m² IWF |
| | | hoch | 197 | 213 | €/m² IWF |
| | | sehr hoch | 213 | 229 | €/m² IWF |

| **350** | **Decken / horizontal** | Anforderungen | von | bis | Kosten/Einheit |
|---|---|---|---|---|---|
| | | sehr gering | 246 | 271 | €/m² DEF |
| | | gering | 271 | 296 | €/m² DEF |
| | | mittel | 296 | 321 | €/m² DEF |
| | | hoch | 321 | 346 | €/m² DEF |
| | | sehr hoch | 346 | 371 | €/m² DEF |

| **360** | **Dächer** | Anforderungen | von | bis | Kosten/Einheit |
|---|---|---|---|---|---|
| | | sehr gering | 256 | 309 | €/m² DAF |
| | | gering | 309 | 362 | €/m² DAF |
| | | mittel | 362 | 415 | €/m² DAF |
| | | hoch | 415 | 468 | €/m² DAF |
| | | sehr hoch | 468 | 521 | €/m² DAF |

Abb. 9: Kostenkennwerte für Baukonstruktionen, 2. Ebene der Kostengliederung (Grobelemente), hier: Mehrfamilienhäuser

## Seniorenwohnungen

Dazu zählen Seniorenwohnungen mittleren und hohen Standards sowie Gebäude der Beherbergung (Wohnheime und Internate). Es wurden bis zu 10 Objekte ausgewertet.

| | | | | | |
|---|---|---|---|---|---|
| **310** | **Baugrube / Erdbau** | Anforderungen | von | bis | Kosten/Einheit |
| | | sehr gering | 17 | 32 | €/m³ BGI |
| | | gering | 32 | 47 | €/m³ BGI |
| | | mittel | 47 | 62 | €/m³ BGI |
| | | hoch | 62 | 77 | €/m³ BGI |
| | | sehr hoch | 77 | 92 | €/m³ BGI |
| **320** | **Gründung, Unterbau** | Anforderungen | von | bis | Kosten/Einheit |
| | | sehr gering | 173 | 194 | €/m² GRF |
| | | gering | 194 | 215 | €/m² GRF |
| | | mittel | 215 | 236 | €/m² GRF |
| | | hoch | 236 | 257 | €/m² GRF |
| | | sehr hoch | 257 | 278 | €/m² GRF |
| **330** | **Außenwände / vertikal außen** | Anforderungen | von | bis | Kosten/Einheit |
| | | sehr gering | 294 | 336 | €/m² AWF |
| | | gering | 336 | 378 | €/m² AWF |
| | | mittel | 378 | 420 | €/m² AWF |
| | | hoch | 420 | 462 | €/m² AWF |
| | | sehr hoch | 462 | 504 | €/m² AWF |
| **340** | **Innenwände / vertikal innen** | Anforderungen | von | bis | Kosten/Einheit |
| | | sehr gering | 145 | 160 | €/m² IWF |
| | | gering | 160 | 175 | €/m² IWF |
| | | mittel | 175 | 190 | €/m² IWF |
| | | hoch | 190 | 205 | €/m² IWF |
| | | sehr hoch | 205 | 220 | €/m² IWF |
| **350** | **Decken / horizontal** | Anforderungen | von | bis | Kosten/Einheit |
| | | sehr gering | 235 | 257 | €/m² DEF |
| | | gering | 257 | 279 | €/m² DEF |
| | | mittel | 279 | 301 | €/m² DEF |
| | | hoch | 301 | 323 | €/m² DEF |
| | | sehr hoch | 323 | 345 | €/m² DEF |
| **360** | **Dächer** | Anforderungen | von | bis | Kosten/Einheit |
| | | sehr gering | 229 | 266 | €/m² DAF |
| | | gering | 266 | 303 | €/m² DAF |
| | | mittel | 303 | 340 | €/m² DAF |
| | | hoch | 340 | 377 | €/m² DAF |
| | | sehr hoch | 377 | 414 | €/m² DAF |

Abb. 10: Kostenkennwerte für Baukonstruktionen, 2. Ebene der Kostengliederung (Grobelemente), hier: Seniorenwohnungen

## Gaststätten und Kantinen

Dazu zählen Gaststätten, Kantinen und Mensen.
Es wurden bis zu 5 Objekte ausgewertet.

| **310** | **Baugrube / Erdbau** | Anforderungen | von | bis | Kosten/Einheit |
|---|---|---|---|---|---|
| | | sehr gering | 32 | 38 | €/m³ BGI |
| | | gering | 38 | 44 | €/m³ BGI |
| | | mittel | 44 | 50 | €/m³ BGI |
| | | hoch | 50 | 56 | €/m³ BGI |
| | | sehr hoch | 56 | 62 | €/m³ BGI |

| **320** | **Gründung, Unterbau** | Anforderungen | von | bis | Kosten/Einheit |
|---|---|---|---|---|---|
| | | sehr gering | 302 | 327 | €/m² GRF |
| | | gering | 327 | 352 | €/m² GRF |
| | | mittel | 352 | 377 | €/m² GRF |
| | | hoch | 377 | 402 | €/m² GRF |
| | | sehr hoch | 402 | 427 | €/m² GRF |

| **330** | **Außenwände / vertikal außen** | Anforderungen | von | bis | Kosten/Einheit |
|---|---|---|---|---|---|
| | | sehr gering | 503 | 550 | €/m² AWF |
| | | gering | 550 | 597 | €/m² AWF |
| | | mittel | 597 | 644 | €/m² AWF |
| | | hoch | 644 | 691 | €/m² AWF |
| | | sehr hoch | 691 | 738 | €/m² AWF |

| **340** | **Innenwände / vertikal innen** | Anforderungen | von | bis | Kosten/Einheit |
|---|---|---|---|---|---|
| | | sehr gering | 203 | 245 | €/m² IWF |
| | | gering | 245 | 287 | €/m² IWF |
| | | mittel | 287 | 329 | €/m² IWF |
| | | hoch | 329 | 371 | €/m² IWF |
| | | sehr hoch | 371 | 413 | €/m² IWF |

| **350** | **Decken / horizontal** | Anforderungen | von | bis | Kosten/Einheit |
|---|---|---|---|---|---|
| | | sehr gering | 413 | 433 | €/m² DEF |
| | | gering | 433 | 453 | €/m² DEF |
| | | mittel | 453 | 473 | €/m² DEF |
| | | hoch | 473 | 493 | €/m² DEF |
| | | sehr hoch | 493 | 513 | €/m² DEF |

| **360** | **Dächer** | Anforderungen | von | bis | Kosten/Einheit |
|---|---|---|---|---|---|
| | | sehr gering | 272 | 336 | €/m² DAF |
| | | gering | 336 | 400 | €/m² DAF |
| | | mittel | 400 | 464 | €/m² DAF |
| | | hoch | 464 | 528 | €/m² DAF |
| | | sehr hoch | 528 | 592 | €/m² DAF |

Abb. 11: Kostenkennwerte für Baukonstruktionen, 2. Ebene der Kostengliederung (Grobelemente), hier: Gaststätten und Kantinen

| Gebäude für Produktion | | | | | |
|---|---|---|---|---|---|
| Dazu zählen Industrielle Produktionsgebäude Massivbauweise und überwiegend Skelettbauweise, Betriebs- und Werkstätten eingeschossig, mehrgeschossig mit geringem Hallenanteil sowie mehrgeschossig mit hohen Hallenanteil.<br>Es wurden über 20 Objekte ausgewertet. | | | | | |
| | | | | | |
| **310** | **Baugrube / Erdbau** | Anforderungen | von | bis | Kosten/Einheit |
| | | sehr gering | 12 | 18 | €/m³ BGI |
| | | gering | 18 | 24 | €/m³ BGI |
| | | mittel | 24 | 30 | €/m³ BGI |
| | | hoch | 30 | 36 | €/m³ BGI |
| | | sehr hoch | 36 | 42 | €/m³ BGI |
| | | | | | |
| **320** | **Gründung, Unterbau** | Anforderungen | von | bis | Kosten/Einheit |
| | | sehr gering | 159 | 186 | €/m² GRF |
| | | gering | 186 | 213 | €/m² GRF |
| | | mittel | 213 | 240 | €/m² GRF |
| | | hoch | 240 | 267 | €/m² GRF |
| | | sehr hoch | 267 | 294 | €/m² GRF |
| | | | | | |
| **330** | **Außenwände / vertikal außen** | Anforderungen | von | bis | Kosten/Einheit |
| | | sehr gering | 265 | 309 | €/m² AWF |
| | | gering | 309 | 353 | €/m² AWF |
| | | mittel | 353 | 397 | €/m² AWF |
| | | hoch | 397 | 441 | €/m² AWF |
| | | sehr hoch | 441 | 485 | €/m² AWF |
| | | | | | |
| **340** | **Innenwände / vertikal innen** | Anforderungen | von | bis | Kosten/Einheit |
| | | sehr gering | 148 | 182 | €/m² IWF |
| | | gering | 182 | 216 | €/m² IWF |
| | | mittel | 216 | 250 | €/m² IWF |
| | | hoch | 250 | 284 | €/m² IWF |
| | | sehr hoch | 284 | 318 | €/m² IWF |
| | | | | | |
| **350** | **Decken / horizontal** | Anforderungen | von | bis | Kosten/Einheit |
| | | sehr gering | 214 | 259 | €/m² DEF |
| | | gering | 259 | 304 | €/m² DEF |
| | | mittel | 304 | 349 | €/m² DEF |
| | | hoch | 349 | 394 | €/m² DEF |
| | | sehr hoch | 394 | 439 | €/m² DEF |
| | | | | | |
| **360** | **Dächer** | Anforderungen | von | bis | Kosten/Einheit |
| | | sehr gering | 198 | 225 | €/m² DAF |
| | | gering | 225 | 252 | €/m² DAF |
| | | mittel | 252 | 279 | €/m² DAF |
| | | hoch | 279 | 306 | €/m² DAF |
| | | sehr hoch | 306 | 333 | €/m² DAF |

Abb. 12: Kostenkennwerte für Baukonstruktionen, 2. Ebene der Kostengliederung (Grobelemente), hier: Gebäude für Produktion

## Gebäude für Handel und Lager

Dazu zählen Geschäftshäuser mit und ohne Wohnungen, Verbrauchermärkte, Autohäuser, Lagergebäude ohne Mischnutzung, Lagergebäude mit bis zu 25% Mischnutzung sowie mit mehr als 25% Mischnutzung.
Es wurden bis zu 25 Objekte ausgewertet.

| 310 | Baugrube / Erdbau | Anforderungen | von | bis | Kosten/Einheit |
|---|---|---|---|---|---|
| | | sehr gering | 13 | 22 | €/m³ BGI |
| | | gering | 22 | 31 | €/m³ BGI |
| | | mittel | 31 | 40 | €/m³ BGI |
| | | hoch | 40 | 49 | €/m³ BGI |
| | | sehr hoch | 49 | 58 | €/m³ BGI |

| 320 | Gründung, Unterbau | Anforderungen | von | bis | Kosten/Einheit |
|---|---|---|---|---|---|
| | | sehr gering | 129 | 168 | €/m² GRF |
| | | gering | 168 | 207 | €/m² GRF |
| | | mittel | 207 | 246 | €/m² GRF |
| | | hoch | 246 | 285 | €/m² GRF |
| | | sehr hoch | 285 | 324 | €/m² GRF |

| 330 | Außenwände / vertikal außen | Anforderungen | von | bis | Kosten/Einheit |
|---|---|---|---|---|---|
| | | sehr gering | 219 | 288 | €/m² AWF |
| | | gering | 288 | 357 | €/m² AWF |
| | | mittel | 357 | 426 | €/m² AWF |
| | | hoch | 426 | 495 | €/m² AWF |
| | | sehr hoch | 495 | 564 | €/m² AWF |

| 340 | Innenwände / vertikal innen | Anforderungen | von | bis | Kosten/Einheit |
|---|---|---|---|---|---|
| | | sehr gering | 191 | 225 | €/m² IWF |
| | | gering | 225 | 259 | €/m² IWF |
| | | mittel | 259 | 293 | €/m² IWF |
| | | hoch | 293 | 327 | €/m² IWF |
| | | sehr hoch | 327 | 361 | €/m² IWF |

| 350 | Decken / horizontal | Anforderungen | von | bis | Kosten/Einheit |
|---|---|---|---|---|---|
| | | sehr gering | 192 | 236 | €/m² DEF |
| | | gering | 236 | 280 | €/m² DEF |
| | | mittel | 280 | 324 | €/m² DEF |
| | | hoch | 324 | 368 | €/m² DEF |
| | | sehr hoch | 368 | 412 | €/m² DEF |

| 360 | Dächer | Anforderungen | von | bis | Kosten/Einheit |
|---|---|---|---|---|---|
| | | sehr gering | 154 | 191 | €/m² DAF |
| | | gering | 191 | 228 | €/m² DAF |
| | | mittel | 228 | 265 | €/m² DAF |
| | | hoch | 265 | 302 | €/m² DAF |
| | | sehr hoch | 302 | 339 | €/m² DAF |

Abb. 13: Kostenkennwerte für Baukonstruktionen, 2. Ebene der Kostengliederung (Grobelemente), hier: Gebäude für Handel und Lager

## Garagen

Dazu zählen Einzel-, Mehrfach- und Hochgaragen, Tiefgaragen, Bereitschaftsdienste (Feuerwehrhäuser und Öffentliche Bereitschaftsdienste). Es wurden über 10 Objekte ausgewertet.

| 310 | Baugrube / Erdbau | Anforderungen | von | bis | Kosten/Einheit |
|---|---|---|---|---|---|
| | | sehr gering | 5 | 10 | €/m³ BGI |
| | | gering | 10 | 15 | €/m³ BGI |
| | | mittel | 15 | 20 | €/m³ BGI |
| | | hoch | 20 | 25 | €/m³ BGI |
| | | sehr hoch | 25 | 30 | €/m³ BGI |

| 320 | Gründung, Unterbau | Anforderungen | von | bis | Kosten/Einheit |
|---|---|---|---|---|---|
| | | sehr gering | 87 | 118 | €/m² GRF |
| | | gering | 118 | 149 | €/m² GRF |
| | | mittel | 149 | 180 | €/m² GRF |
| | | hoch | 180 | 211 | €/m² GRF |
| | | sehr hoch | 211 | 242 | €/m² GRF |

| 330 | Außenwände / vertikal außen | Anforderungen | von | bis | Kosten/Einheit |
|---|---|---|---|---|---|
| | | sehr gering | 175 | 185 | €/m² AWF |
| | | gering | 185 | 195 | €/m² AWF |
| | | mittel | 195 | 205 | €/m² AWF |
| | | hoch | 205 | 215 | €/m² AWF |
| | | sehr hoch | 215 | 225 | €/m² AWF |

| 340 | Innenwände / vertikal innen | Anforderungen | von | bis | Kosten/Einheit |
|---|---|---|---|---|---|
| | | sehr gering | 193 | 218 | €/m² IWF |
| | | gering | 218 | 243 | €/m² IWF |
| | | mittel | 243 | 268 | €/m² IWF |
| | | hoch | 268 | 293 | €/m² IWF |
| | | sehr hoch | 293 | 318 | €/m² IWF |

| 350 | Decken / horizontal | Anforderungen | von | bis | Kosten/Einheit |
|---|---|---|---|---|---|
| | | sehr gering | 265 | 310 | €/m² DEF |
| | | gering | 310 | 355 | €/m² DEF |
| | | mittel | 355 | 400 | €/m² DEF |
| | | hoch | 400 | 445 | €/m² DEF |
| | | sehr hoch | 445 | 490 | €/m² DEF |

| 360 | Dächer | Anforderungen | von | bis | Kosten/Einheit |
|---|---|---|---|---|---|
| | | sehr gering | 168 | 198 | €/m² DAF |
| | | gering | 198 | 228 | €/m² DAF |
| | | mittel | 228 | 258 | €/m² DAF |
| | | hoch | 258 | 288 | €/m² DAF |
| | | sehr hoch | 288 | 318 | €/m² DAF |

Abb. 14: Kostenkennwerte für Baukonstruktionen, 2. Ebene der Kostengliederung (Grobelemente), hier: Garagen

## Gebäude für kulturelle Zwecke

Dazu zählen Bibliotheken, Museen, Ausstellungen, Theater und Gemeindezentren einfachen, mittleren und hohen Standards.
Es wurden über 20 Objekte ausgewertet.

| **310** | **Baugrube / Erdbau** | Anforderungen | von | bis | Kosten/Einheit |
|---|---|---|---|---|---|
| | | sehr gering | 17 | 25 | €/m$^3$ BGI |
| | | gering | 25 | 33 | €/m$^3$ BGI |
| | | mittel | 33 | 41 | €/m$^3$ BGI |
| | | hoch | 41 | 49 | €/m$^3$ BGI |
| | | sehr hoch | 49 | 57 | €/m$^3$ BGI |
| **320** | **Gründung, Unterbau** | Anforderungen | von | bis | Kosten/Einheit |
| | | sehr gering | 224 | 271 | €/m$^2$ GRF |
| | | gering | 271 | 318 | €/m$^2$ GRF |
| | | mittel | 318 | 365 | €/m$^2$ GRF |
| | | hoch | 365 | 412 | €/m$^2$ GRF |
| | | sehr hoch | 412 | 459 | €/m$^2$ GRF |
| **330** | **Außenwände / vertikal außen** | Anforderungen | von | bis | Kosten/Einheit |
| | | sehr gering | 441 | 514 | €/m$^2$ AWF |
| | | gering | 514 | 587 | €/m$^2$ AWF |
| | | mittel | 587 | 660 | €/m$^2$ AWF |
| | | hoch | 660 | 733 | €/m$^2$ AWF |
| | | sehr hoch | 733 | 806 | €/m$^2$ AWF |
| **340** | **Innenwände / vertikal innen** | Anforderungen | von | bis | Kosten/Einheit |
| | | sehr gering | 249 | 287 | €/m$^2$ IWF |
| | | gering | 287 | 325 | €/m$^2$ IWF |
| | | mittel | 325 | 363 | €/m$^2$ IWF |
| | | hoch | 363 | 401 | €/m$^2$ IWF |
| | | sehr hoch | 401 | 439 | €/m$^2$ IWF |
| **350** | **Decken / horizontal** | Anforderungen | von | bis | Kosten/Einheit |
| | | sehr gering | 255 | 301 | €/m$^2$ DEF |
| | | gering | 301 | 347 | €/m$^2$ DEF |
| | | mittel | 347 | 393 | €/m$^2$ DEF |
| | | hoch | 393 | 439 | €/m$^2$ DEF |
| | | sehr hoch | 439 | 485 | €/m$^2$ DEF |
| **360** | **Dächer** | Anforderungen | von | bis | Kosten/Einheit |
| | | sehr gering | 327 | 392 | €/m$^2$ DAF |
| | | gering | 392 | 457 | €/m$^2$ DAF |
| | | mittel | 457 | 522 | €/m$^2$ DAF |
| | | hoch | 522 | 587 | €/m$^2$ DAF |
| | | sehr hoch | 587 | 652 | €/m$^2$ DAF |

Abb. 15: Kostenkennwerte für Baukonstruktionen, 2. Ebene der Kostengliederung (Grobelemente), hier: Gebäude für kulturelle Zwecke

## Gebäude für religiöse Zwecke

Dazu zählen Sakralbauten und Friedhofsgebäude.
Es wurden über 5 Objekte ausgewertet.

| 310 | Baugrube / Erdbau | Anforderungen | von | bis | Kosten/Einheit |
|---|---|---|---|---|---|
| | | sehr gering | 25 | 31 | €/m$^3$ BGI |
| | | gering | 31 | 37 | €/m$^3$ BGI |
| | | mittel | 37 | 43 | €/m$^3$ BGI |
| | | hoch | 43 | 49 | €/m$^3$ BGI |
| | | sehr hoch | 49 | 55 | €/m$^3$ BGI |

| 320 | Gründung, Unterbau | Anforderungen | von | bis | Kosten/Einheit |
|---|---|---|---|---|---|
| | | sehr gering | 307 | 324 | €/m$^2$ GRF |
| | | gering | 324 | 341 | €/m$^2$ GRF |
| | | mittel | 341 | 358 | €/m$^2$ GRF |
| | | hoch | 358 | 375 | €/m$^2$ GRF |
| | | sehr hoch | 375 | 392 | €/m$^2$ GRF |

| 330 | Außenwände / vertikal außen | Anforderungen | von | bis | Kosten/Einheit |
|---|---|---|---|---|---|
| | | sehr gering | 483 | 541 | €/m$^2$ AWF |
| | | gering | 541 | 599 | €/m$^2$ AWF |
| | | mittel | 599 | 657 | €/m$^2$ AWF |
| | | hoch | 657 | 715 | €/m$^2$ AWF |
| | | sehr hoch | 715 | 773 | €/m$^2$ AWF |

| 340 | Innenwände / vertikal innen | Anforderungen | von | bis | Kosten/Einheit |
|---|---|---|---|---|---|
| | | sehr gering | 416 | 446 | €/m$^2$ IWF |
| | | gering | 446 | 476 | €/m$^2$ IWF |
| | | mittel | 476 | 506 | €/m$^2$ IWF |
| | | hoch | 506 | 536 | €/m$^2$ IWF |
| | | sehr hoch | 536 | 566 | €/m$^2$ IWF |

| 350 | Decken / horizontal | Anforderungen | von | | Kosten/Einheit |
|---|---|---|---|---|---|
| | | sehr gering | 303 | 379 | €/m$^2$ DEF |
| | | gering | 379 | 455 | €/m$^2$ DEF |
| | | mittel | 455 | 531 | €/m$^2$ DEF |
| | | hoch | 531 | 607 | €/m$^2$ DEF |
| | | sehr hoch | 607 | 683 | €/m$^2$ DEF |

| 360 | Dächer | Anforderungen | von | bis | Kosten/Einheit |
|---|---|---|---|---|---|
| | | sehr gering | 396 | 447 | €/m$^2$ DAF |
| | | gering | 447 | 498 | €/m$^2$ DAF |
| | | mittel | 498 | 549 | €/m$^2$ DAF |
| | | hoch | 549 | 600 | €/m$^2$ DAF |
| | | sehr hoch | 600 | 651 | €/m$^2$ DAF |

Abb. 16: Kostenkennwerte für Baukonstruktionen, 2. Ebene der Kostengliederung (Grobelemente),
hier: Gebäude für religiöse Zwecke

**Bestimmung der Anforderungsklasse von Grobelementarten**
**Kostenmindernde Eigenschaften:**

| KG Bezeichnung - Eigenschaften der Grobelemente |
|---|
| **310 Baugrube / Erdbau**<br>– kein Keller- oder Tiefgeschoss<br>– kein / wenig Aushub<br>– leicht lösbare Bodenarten<br>– kurze Wege für den Transport von Aushub<br>– Verwendung von Aushubmaterial auf dem Grundstück<br>– kein schadstoffbelasteter Aushub |
| **320 Gründung, Unterbau**<br>– Flachgründung: Fundamentplatte, Einzel- oder Streifenfundamente<br>– Grundwasserstand unterhalb der Gründung<br>– kein oder nur wenig Oberflächenwasser auf Grundstück<br>– weitgehend ebenes Grundstück<br>– einfache Geometrie der Fundamente<br>– keine oder einfache Bodenbeläge |
| **330 Außenwände / Vertikale Baukonstruktionen, außen**<br>– erdberührte Bauteile ohne besondere Maßnahmen<br>– einfache Geometrie der Fassade<br>– geringer Anteil an Verglasungen, Außenfenstern, -türen und -toren<br>– einschichtige Außenwandkonstruktionen, Fertigteile<br>– geringe Anforderungen an Schallschutz und Energieeinsparung<br>– ein oder wenige Obergeschosse, geringe Gebäudehöhe |
| **340 Innenwände / Vertikale Baukonstruktionen, innen**<br>– geringer Anteil an Verglasungen, Innenfenstern, -türen und -toren<br>– einschalige Innenwandkonstruktionen<br>– keine oder wenige Installationsvormauerungen, Installationswände oder Wandkanäle<br>– keine oder einfache Innenwandbekleidungen<br>– geringe Anforderungen an Schallschutz und Brandschutz<br>– keine oder wenige Nassräume mit Fliesen und Abdichtungen |
| **350 Decken / Horizontale Baukonstruktionen**<br>– geringe Deckenspannweiten, keine oder geringe Auskragungen<br>– geringe Verkehrslasten<br>– keine oder wenige Treppen oder Rampen<br>– keine oder einfache Deckenbekleidungen<br>– keine abgehängten Decken oder Doppelböden<br>– einfache Deckenbeläge |
| **360 Dächer**<br>– geringe bis mittlere Spannweiten der Dachkonstruktionen oder Auskragungen<br>– einfache Geometrie des Daches ohne Verschneidungen der Dachflächen<br>– kein oder geringer Anteil von Dachgauben oder Lichtkuppeln<br>– einfache Dachbeläge<br>– keine oder einfache Dachbekleidungen<br>– geringe Anforderungen an Schallschutz und Energieeinsparung |

Abb. 17: Kostenmindernde Eigenschaften der Grobelemente - Baukonstruktionen

**Kostenerhöhende Eigenschaften:**

| KG Bezeichnung - Eigenschaften der Grobelemente |
|---|
| **310 Baugrube / Erdbau**<br>+ ein oder mehrere Keller- oder Tiefgeschosse<br>+ Baugrubenumschließung<br>+ Baugrubenverbau mit Trägerbohlwand<br>+ Spundwände, Anker, Absteifungen<br>+ Böschungssicherung durch Spritzbeton<br>+ Wasserhaltung<br>+ weite Wege für den Transport von Aushub<br>+ schadstoffbelasteter Aushub, Deponiegebühren<br>+ schwer lösbare Bodenarten oder Fels |
| **320 Gründung, Unterbau**<br>+ Baugrundverbesserung<br>+ Bodenplatte mit WU-Beton<br>+ Tiefgründung: Pfahlgründung<br>+ versetzte Ebenen im unteren Geschoss, Bauen am Hang<br>+ Bauwerksabdichtung<br>+ Dränagen<br>+ Kanäle oder Pumpensumpf in Bodenplatte<br>+ Wärme- und Trittschalldämmung<br>+ hochwertige Bodenbeläge<br>+ mehrere bis viele Obergeschosse |
| **330 Außenwände / Vertikale Baukonstruktionen, außen**<br>+ aufwändige Lichtschächte bei Unterschossen<br>+ Außenwände von Untergeschossen mit WU-Beton<br>+ Geometrie der Fassade mit Erkern, Auskragungen<br>+ hoher Anteil an Verglasungen, Außenfenstern, -türen und -toren<br>+ mehrschichtige Außenwandkonstruktionen<br>+ hohe oder sehr hohe Anforderungen an Schallschutz und Energieeinsparung<br>+ hochwertige Außenwandbekleidungen<br>+ Sonnenschutzanlagen<br>+ Fassadenbefahranlage<br>+ mehrere bis viele Obergeschosse, hohes Gebäude, Hochhaus |

Abb. 18: Kostenerhöhende Eigenschaften der Grobelemente – Baukonstruktionen – Teil 1

**Kostenerhöhende Eigenschaften:**

| KG Bezeichnung - Eigenschaften der Grobelemente |
|---|
| **340 Innenwände / Vertikale Baukonstruktionen, innen** |
| + hoher Anteil an Verglasungen, Innenfenstern, -türen und -toren |
| + Sichtmauerwerk |
| + mehrschalige Innenwandkonstruktionen |
| + Installationsvormauerungen, Installationswände oder Wandkanäle |
| + hochwertige Innenwandbekleidungen |
| + versetzbare Trennwände, Schiebewände, Faltwände |
| + Innenstützen |
| + hohe Anforderungen an Schallschutz und Brandschutz |
| + hoher Anteil von Handläufen, Rammschutz |
| + zahlreiche Nassräume mit Fliesen und Abdichtungen |
| **350 Decken / Horizontale Baukosntruktionen** |
| + große Deckenspannweiten oder Auskragungen |
| + hohe Verkehrslasten |
| + versetzte Geschossebenen |
| + Unterzüge |
| + hoher Anteil an Treppen, Falltüren |
| + Rampen |
| + abgehängte Decken |
| + Doppelböden |
| + hochwertige Deckenbekleidungen |
| + hochwertige Deckenbeläge |
| **360 Dächer** |
| + große Spannweiten der Dachkonstruktionen |
| + große Auskragungen der Dachkonstruktionen |
| + aufwändige Geometrie des Daches mit Verschneidungen der Dachflächen |
| + hoher Anteil von Dachgauben oder Lichtkuppeln |
| + Dachbegrünung |
| + begeh- oder befahrbares Dach, Dachterrassen |
| + hochwertige Dachbeläge |
| + hochwertige Dachbekleidungen |
| + hohe Anforderungen an Schallschutz und Energieeinsparung |
| + Absturzsicherungen, Schneefanggitter oder Dachleitern |

Abb. 19: Kostenerhöhende Eigenschaften der Grobelemente – Baukonstruktionen – Teil 2

**Literatur**

Baukosten-Handbuch, Hrsg.: Baukostenberatungsdienst der Architektenkammer Baden-Württemberg – AKBW, Stuttgart 1981

DIN 276:2018-12, Kosten im Bauwesen

DIN 277-1: 2016-01, Grundflächen und Rauminhalte im Bauwesen – Teil 1: Hochbau

http://www.welt-der-bwl.de/Zielkostenrechnung, aufgerufen am 04.03.2016

# Kosten im Stahlbau

von bauforumstahl e.V.

# Kosten im Stahlbau

Ein Beitrag von bauforumstahl e.V.

## Datenquelle und Verfasser

Die Preisindikationen für Stahllösungen im Bauwesen basieren auf dem zweijährig erscheinenden Leitfaden „Kosten im Stahlbau" herausgegeben von bauforumstahl.

bauforumstahl e.V. ist der Spitzenverband für das Bauen mit Stahl in Deutschland. Gemeinsam mit dem Deutschen Stahlbau-Verband DStV vertritt er die Anliegen seiner Mitglieder gegenüber Politik, Fachwelt, Medien und Öffentlichkeit, bietet Wissenstransfer und engagiert sich in Forschung und Normung. Übergeordnetes Ziel ist es, die Stahlbauweise unter Berücksichtigung ganzheitlicher Aspekte wie Wirtschaftlichkeit, Sicherheit, Flexibilität und Nachhaltigkeit zu fördern. Zu den rund 350 Mitgliedern zählen alle namhaften deutschen Stahlbauunternehmen, Vorlieferanten und Folgegewerke, Architektur- und Ingenieurbüros sowie Hochschulen und Universitäten. www.bauforumstahl.de

Die in den folgenden Kapiteln gelisteten Preisdaten stammen aus dem aktuellen Leitfaden „Kosten im Stahlbau 2019" und wurden durch das Institut für Bauökonomie der Universität Stuttgart erhoben. Das CEEC (Conseil Européen des Economistes de la Construction /The European Council of Construction Economists), das RICS (Royal Institute of Chartered Surveyors) und zahlreichen Fachfirmen haben an der Erhebung unterstützend mitgewirkt. Die Kosten wurden für die Veröffentlichung in diesem Buch durch das BKI bezüglich des Baupreisindex aktualisiert und entsprechend dem 1.Quartal 2020, Bundesdurchschnitt, inkl. 19% MwSt. angepasst. Ziel aller Beteiligten war es, eine aktuelle Preisindikation der Komplettleistungen für Stahlbau-Gewerke in €/kg sowie Kostenspannen für verschiedene Gebäudefunktionen in €/m² auf Basis der aktuellen DIN 277-1:2016 bzw. DIN 276:2018-12 anzugeben.

## Ansatz über Gebäudefunktionen

Als Arbeitshilfe zum täglichen Gebrauch ermöglichen die hier aufgeführten Daten eine zügige Kostenermittlung auf Grundlage der Gebäudefunktionen, ähnlich wie der Ansatz in der DIN 276:2018-12 bzw. der DIN 277-1:2016, welchen auch die Arbeitshilfen des BKI zu Grunde liegen. Es können sich auf Grund der Konstruktionsmethodik des Stahlbaus teilweise Änderungen zu den bekannten Normen und Publikationen ergeben, die jeweils nachvollziehbar dokumentiert sind. Um dem Konstruieren mit Stahl auch in der Kostenplanung gerecht zu werden, gliedern sich die Angaben in die Hauptfunktionen Tragwerk, Einbauten, Oberflächenbehandlung und Brandschutz.

## Randbedingungen und Anwendungsgrenzen

Die Angaben sind gewichtete Mittelwerte, die aus einer Befragung von Fachfirmen resultieren. Sie enthalten alle Material- und Lohnkosten sowie Aufwendungen für eventuelle Geräteeinsätze. Die üblichen Baunebenkosten im Sinne der DIN 276:2018-12 sind nicht berücksichtigt.

Im Rahmen der Befragung wurden folgende Annahmen und Vereinfachungen getroffen, die bei der Arbeit mit den Kennwerten zu berücksichtigen sind:

- Die Kosten werden auf Basis „einfacher" Gebäude mit einer durchschnittlichen Gebäudefläche von 800-1.400m² Brutto-Grundfläche und mit einer gängigen architektonischen Gestaltung ermittelt. Es wird von einem normalen Baugrund und einfacher Zugänglichkeit der Baustelle ausgegangen.
- Die Werte beziehen sich auf Bezugsgrößen wie beispielsweise Brutto-Grundfläche (DIN 277-1) oder Deckenfläche (DIN 276).
- Es werden die Schneelastzone 2, die Windzone 2 (Binnenland), ein kompaktes Gebäude sowie eine Höhenlage von max. 500m üNN angenommen.

Weitere spezifische Annahmen werden in den einzelnen Kapiteln näher erläutert. Mit Hilfe von weiteren Baukostenindizes oder Regionalfaktoren können die auf den bundesdeutschen Durchschnitt bezogenen Daten auf einzelne Regionen übertragen sowie zeitlich weiter aktualisiert werden.

Ansprechpartner bei bauforumstahl ist Herr Raban Siebers M.Sc.

# Tragwerk: Rahmenkonstruktion

**Rahmenbedingungen:**

- Durchschnittswerte für Gebäudefläche von 800-1.400m² BGF.
- Schneelastzone 2, Geländehöhe max. 500m üNN, Windlastzone 2 (Binnenland), kompaktes Gebäude.

**Hinweise:**

- Das Gewicht der Rahmenkonstruktion umfasst Stützen, Träger und alle Verbindungsmittel. Fundamentarbeiten sind nicht enthalten.
- Die Angaben setzen einfache Aussteifungsarten und keine speziellen, kostenintensiven Alternativen voraus.
- Die Angaben beinhalten einen üblichen Korrosionsschutz (genauere Differenzierung siehe Kapitel „Oberflächenbehandlung").
- Die angegebenen Werte sind Richtwerte; im Einzelfall kann durch Variation des Systemabstandes und detaillierte Optimierung des Tragwerks das Stahlgewicht pro m² BGF reduziert werden.
- Die Verbundbauweise beinhaltet die für die Verbundwirkung benötigten Kopfbolzendübel ohne Deckenplatte (siehe Kapitel „Decken").
- Dachpfetten und Fassadenriegel sind nicht enthalten.
- Die leichte Stahlbauweise ermöglicht je nach Gründungssituation eine Einsparung bei den Fundamentkosten von bis zu 25%.

| **Kosten pro Tonnage der Rahmenkonstruktion** | | | | | |
|---|---|---|---|---|---|
| Art des Tragsystems | Asymmetrische Deckenträger a) | Walzträger | Lochstegträger b) | Fachwerkträger | Schweissträger |
| Preisindikation in €/kg c) | 2,25 - 3,00 | 2,00 - 2,75 | 2,25 - 3,31 | 2,38 - 3,44 | 2,31 - 3,00 |

| **Eingeschossige Gebäude (Industrie- oder Geschäftsgebäude, Lager), Achsabstand der Rahmen von ca. 5,5 m - 6,5 m.** | **Tonnage in kg/m² BGF** | | | | |
|---|---|---|---|---|---|
| Spannweite | 8 - 18 m | | 10 - 35 m | 15 - 45 m | 15 - 45 m |
| Ohne Hallenkran | | | | | |
| • bis 6,0 m lichte Höhe | – | 25 - 35 | 25 - 40 | 20 - 35 | 22 - 33 |
| • von 6,0 m - 12,0 m lichte Höhe | – | 35 - 55 | 30 - 50 | 22 - 40 | 32 - 53 |
| Mit Hallenkran (ca. 5,0 t Nutzlast) | | | | | |
| • bis 6,0 m lichte Höhe | – | 55 - 80 | 50 - 80 | 75 - 110 | 50 - 80 |
| • von 6,0 m - 12,0 m lichte Höhe | – | 85 - 110 | 80 - 110 | 85 - 130 | 80 - 110 |
| Kultur-, Sport- und ähnliche Gebäude | – | 40 - 50 | 35 - 45 | 35 - 45 | 35 - 50 |
| Landwirtschaftliche Gebäude | – | 25 - 30 | – | 20 - 30 | 20 - 30 |

| **Mehrgeschossige Gebäude (Verbundbauweise)** | **Tonnage in kg/m² BGF** | | | | |
|---|---|---|---|---|---|
| Spannweite | 5 m - 8 m | 6 m - 14 m | 10 m - 18 m | | |
| Büros, Verwaltungs- und Wohngebäude | | | | | |
| mit max. Nutzlast bis 3,5 kN/m² | 25 - 30 | 35 - 45 | 37 - 50 | – | – |
| mit max. Nutzlast von 3,5 - 7,0 kN/m² | 30 - 35 | 45 - 65 | 42 - 60 | – | – |

| **Parkhäuser, offen, frei belüftet** | **Tonnage in kg/m² BGF** | | | | |
|---|---|---|---|---|---|
| | | 20 - 30 | 18 - 28 | | |

a) Der Achsabstand der Hauptträger beträgt ca. 12,0 m.
b) Voraussetzung: biegesteife Einspannung der Rahmenstützen. Das Gewicht von Konstruktionen kann weiter reduziert werden, wenn man die Trägerhöhe weiter erhöht.
c) Die Angaben beinhalten im Wesentlichen Material-, Anarbeitungs-, und Montagekosten.

# Tragwerk: Decken

## Rahmenbedingungen:

- Durchschnittswerte für Gebäudefläche von 800-1.400m² BGF.
- Schneelastzone 2, Geländehöhe max. 500 m üNN, Windlastzone 2 (Binnenland), kompaktes Gebäude.

## Hinweise:

- Die angegebenen Preise beinhalten Montage, Verschalung, ggf. temporäre Unterstützung, Bewehrung (Stahlmatte oder Fasern) und Beton.
- Die Preise basieren auf einer Ausführung mit einem Feuerwiderstand von REI-90. Preisminderung für geringeren Feuerwiderstand möglich.
- Die Nutzlasten (Verkehrs- und Ausbaulasten) umfassen abgehängte Decken, Bodenbeläge, Trennwände, etc.
- Die Blechstärke der Verbunddecken-Profile werden meist entsprechend den Montagespannweiten gewählt und können von 0,75mm - 1,25mm variieren.
- Die Preise werden in €/m² Deckenfläche DEF angegeben.

| Deckensysteme | Preisindikation in €/m² DEF | | | |
|---|---|---|---|---|
| Nutzlasten: | < 3,50 kN/m² | < 5,00 kN/m² | < 7,50 kN/m² | < 10,00 kN/m² |
| Verbunddecke<br>• Spannweiten von 2,5 m - 3,5 m (ohne temporäre Stützung)<br>• Spannweiten von 3,5 m - 5,0 m (mit temporärer Stützung) | <br>66 - 90<br>70 - 103 | <br>73 - 100<br>75 - 116 | <br>79 - 104<br>85 - 125 | <br>85 - 119<br>98 - 150 |
| Mittragende Profilbleche (additive Tragwirkung) a)<br>• Spannweiten von 4,5 m - 6,2 m | 63 - 94 | 79 - 106 | – | – |
| Vorgefertigte Verbundelementdecke<br>• Spannweiten von 5,0 m - 7,0 m (mit temporärer Stützung) | 71 - 109 | 75 - 125 | – | – |
| Ortbetondecke<br>• Spannweiten von 5,0 m - 8,0 m (mit Schalung und Rüstung) | 73 - 109 | 84 - 116 | 95 - 131 | 105 - 145 |
| Mehrpreis für beschichtete Profilbleche b) | +3 bis +6 | | | |

a) Vorwiegend im Parkhausbau eingesetzt.
b) Beispielsweise Polyesterbeschichtung von 12 bzw. 25 µm

# Einbauten: Treppen

## Rahmenbedingungen:

- Durchschnittswerte für Gebäudefläche von 800-1.400m² BGF.
- Schneelastzone 2, Geländehöhe max. 500 m üNN, Windlastzone 2 (Binnenland), kompaktes Gebäude.

## Hinweise:

- Preisangaben in €/m vertikale Höhe bei einer angenommenen Stufenhöhe von 17-20cm.
- Alle Treppen mit Stufen aus Tränen-, Riffelblech oder Gitterrost; ohne Setzstufe bzw. Treppenstoß.
- inklusive notwendiger Podeste bei durchschnittlicher Geschosshöhe.
- inklusive einfacher Geländer und Handläufe.

| Treppen | Treppen Preisindikation | |
|---|---|---|
| | in €/m vertikale Höhe | in €/Stufe |
| **Standardtreppen (inkl. Geländer und Handlauf)**<br>Spindeltreppen mit Stufen aus Tränenblech oder Gitterrost, einfacher Austritt<br>• ab 0,8 m Laufbreite<br>• ab 1,0 m Laufbreite | 1.940 - 2.315<br>2.095 - 2.535 | 345 - 425<br>365- 455 |
| **Gerade Industrietreppen mit Stufen aus Tränenblech oder Gitterrost, ohne Setzstufe – Standard-Höhen und -Neigungen gemäß Herstellerangaben**<br>• ab 0,8 m Laufbreite<br>• ab 1,0 m Laufbreite<br>• ab 1,4 m Laufbreite | 2.000 - 2.535<br>2.125 - 2.815<br>2.500 - 3.065 | 365 - 490<br>395 - 515<br>455 - 615 |
| **Gerade Industrietreppen mit Stufen aus Tränenblech oder Gitterrost, ohne Setzstufe – projektspezifische Anpassung der Höhen und Neigungen im Rahmen der Herstellerangaben**<br>• ab 0,8 m Laufbreite<br>• ab 1,0 m Laufbreite<br>• ab 1,4 m Laufbreite | 3.315 - 4.130<br>3.500 - 4.380<br>4.005 - 5.005 | 600 - 750<br>625 - 840<br>725 - 940 |

- Aktive Brandschutzmaßnahmen haben Einfluss auf die Bestimmung der Brandlast gemäß Eurocode 3 (EN 1993).
- Mittlere Brandlast für mehrgeschossige Gebäude ca. 500 $MJ/m^2$ (Büro), eingeschossige Gebäude ca. 750 $MJ/m^2$.
- Bei den Angaben zur werkseitigen Applikation sind Transportkosten sowie Reparaturen von bis zu 5% enthalten.
- Es wird empfohlen, für alle Preisindikationen von Brandschutzmaßnahmen zusätzlich fachkundige Firmen zu konsultieren.

| **Passiver Brandschutz €/m$^2$** | | **Preisindikation in €/m$^2$ zu applizierende Fläche** | | |
|---|---|---|---|---|
| **Feuerwiderstand [b] in min** | | **30 min** | **60 min** | **90 min[a]** |
| Dämmschichtbildender Anstrich | • Ausführung auf der Baustelle<br>• Ausführung in der Werkstatt | 23 - 35<br>19 - 31 | 53 - 75<br>48 - 69 | 88 - 125<br>81 - 119 |
| Spritzputzbekleidung | • Standardprodukte (normal)<br>• Hochleistungsprodukte/-systeme | 23 - 30<br>26 - 35 | 25 - 35<br>31 - 44 | 31 - 44<br>38 - 50 |
| Ummantelung/Beplankung (Hauptstützen und Hauptträger) | • Gipskartonplatten (normal)<br>• spezielle Brandschutzplatten/-systeme | 25 - 35<br>35 - 40 | 38 - 63<br>44 - 69 | 50 - 75<br>56 - 81 |

| **Passiver Brandschutz €/kg** | | **Preisindikation in €/kg zu schützende Konstruktion [c]** | | |
|---|---|---|---|---|
| **Feuerwiderstand [b] in min** | | **30 min** | **60 min** | **90 min[a]** |
| Dämmschichtbildender Anstrich | • Ausführung auf der Baustelle<br>• Ausführung in der Werkstatt | 0,45 - 0,80<br>0,40 - 0,75 | 1,00 - 1,80<br>0,80 - 1,65 | 1,55 - 3,05<br>1,50 - 2,90 |
| Spritzputzbekleidung | • Standardprodukte (normal)<br>• Hochleistungsprodukte/-systeme | 0,30 - 0,70<br>0,40 - 0,70 | 0,45 - 0,70<br>0,50 - 0,80 | 0,45 - 0,80<br>0,55 - 0,95 |
| Ummantelung/Beplankung (Hauptstützen und Hauptträger) | • Gipskartonplatten (normal)<br>• spezielle Brandschutzplatten/-systeme | 0,40 - 0,70<br>0,55 - 0,95 | 0,65 - 1,05<br>0,70 - 1,25 | 0,80 - 1,50<br>0,80 - 1,55 |

| **Aktiver Brandschutz** | **Preisindikation in €/m$^2$ BGF** |
|---|---|
| Sprinklersystem [d] | 38 - 56 |
| Entrauchungsanlage [e] | 13 - 19 |
| Feuermeldeeinrichtung, lokal, über Wärmedetektion | 15 - 31 |
| Feuermeldeeinrichtung, lokal, über Rauchdetektion | 15 - 31 |
| Brandmeldeanlage mit Branderkennung und autom. Alarmübermittlung | 19 - 35 |

a) Eine „Bauaufsichtliche Zulassung" ist jeweils zu prüfen; zum Teil bedarf es einer „Zustimmung im Einzelfall", die meist vom Hersteller unterstützt wird.
b) DIN EN 13501-1 und 13501-2: Klassifizierung von Bauprodukten und Bauarten zu ihrem Brandverhalten.
c) Diese Werte sollten nur mit einem brandzuschützenden Teil der Gesamttonnage aus Kapitel 1 multipliziert werden. Eine entsprechende Annahme (bspw. 30 % oder 60 %) sollte getroffen werden.
d) Eine ausreichende Wasserversorgung über das öffentliche Leitungsnetz wird vorausgesetzt. Ansonsten entstehen Zusatzkosten durch eine komplexere Sprinklerzentrale, Vorratsbehälter etc.
e) Entrauchungsanlagen, die auf dem Prinzip der freien Entrauchung ohne mechanisch induzierte Luftströmung (Ventilatoren, Turbinen) basieren.

# Gesamtkostenverteilung

Die Gesamtkosten für ein Tragwerk können berechnet werden, indem auf jede der verschiedenen Teilkomponenten ein Kostenkennwert (z.B. .../kg oder .../t) angewendet wird und die Teilergebnisse dann summiert werden. Das Ergebnis beinhaltet dann alle Kosten für Material, Fertigung, Korrosionsschutz, Brandschutz, Technische Bearbeitung, Lieferung und Montage.

Die folgenden Grafiken zeigen typische Verteilungen der Gesamtkosten, wobei vier unterschiedliche Szenarien dargestellt sind, je nachdem ob im Projekt Brandschutz und / oder Korrosionsschutz benötigt werden. Oft wird angenommen, dass ein Tragwerk mit der geringen Tonnage am kostengünstigsten ist, aber die Gesamtkosten hängen eben nicht allein davon ab. Wie aus den Grafiken hervorgeht, macht der Baustahl selbst zwar ca. 30-40% der gesamten Tragwerkskosten aus, aber die Fertigungskosten liegen mit fast dem gleichen Anteil unmittelbar darunter.

Neben dem Gesamtgewicht des Tragwerks ist es auch wichtig, die weiteren Komponenten dieses Tragwerks zu kennen. Der Kostenkennwert pro Tonne für komplexere Konstruktionen ist in der Regel höher als für ein Standardtragwerk, da für nicht standardisierte Profile, komplexe Verbindungen oder Spezialsysteme höhere Anforderungen an die Fertigung gestellt werden. Zudem kann sich dadurch die Oberfläche des Tragwerks erhöhen, welche mit Brandschutz und / oder Korrosionsschutz zu versehen ist. Es ist anzumerken, dass es sich auf den folgenden Seiten um rein beispielhafte Verteilungen handelt. Je nach Komplexität der Konstruktion könne einzelne Kostenkomponenten durch den Nutzerdieses Leitfadens angepasst werden. Fehlende Kostendaten können aus den prozentualen Verhältnissen überschlägig errechnet werden.

Es ist daher empfehlenswert, das Tragwerk in Alternativen zu denken und jeweils deren Gesamtkosten zu ermitteln, um am Ende eine Lösung zu erhalten, welche den funktionalen, ästhetischen und wirtschaftlichen Projektzielen entspricht.

**Beispielhafte Verteilungen der Gesamtkosten bei unterschiedlichen Szenarien**

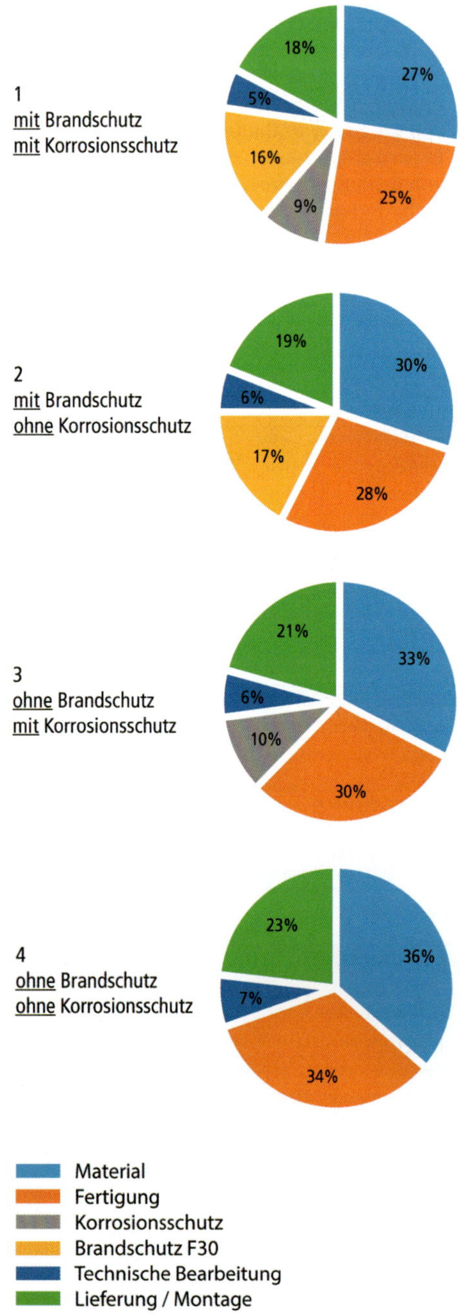

# Normen (Auszug)

## Korrosion

**DIN EN ISO 12944 Teile 1-8**
**Beschichtungsstoffe - Korrosionsschutz von Stahlbauten durch Beschichtungssysteme**
- Teil 1: Allgemeine Einleitung
- Teil 2: Einteilung der Umgebungsbedingungen
- Teil 3: Grundregeln zur Gestaltung
- Teil 4: Arten von Oberflächen und Oberflächenvorbereitung
- Teil 5: Beschichtungssysteme
- Teil 6: Laborprüfungen zur Bewertung von Beschichtungssystemen
- Teil 7: Ausführung und Überwachung der Beschichtungsarbeiten
- Teil 8: Erarbeiten von Spezifikationen für Erstschutz und Instandsetzung

(Teile 3-5 haben keine Anwendung für dünnwandige Stahlblechbauteile)

**DIN EN ISO 1461**
**Durch Feuerverzinken auf Stahl aufgebrachte Zinküberzüge (Stückverzinken)**

**DIN EN ISO 8501-1**
**Vorbereitung von Stahloberflächen vor dem Auftragen von Beschichtungsstoffen - Visuelle Beurteilung der Oberflächenreinheit**
- Teil 1: Rostgrade und Oberflächenvorbereitungsgrade von unbeschichteten Stahloberflächen und Stahloberflächen nach ganzflächigem Entfernen vorhandener Beschichtungen

**DIN EN ISO 8501-2**
**Vorbereitung von Stahloberflächen vor dem Auftragen von Beschichtungsstoffen Visuelle Beurteilung der Oberflächenreinheit**
- Teil 2: Oberflächenvorbereitungsgrade von beschichteten Oberflächen nach örtlichem Entfernen der vorhandenen Beschichtungen

**DIN EN ISO 8501-3**
**Vorbereitung von Stahloberflächen vor dem Auftragen von Beschichtungsstoffen Visuelle Beurteilung der Oberflächenreinheit**
- Teil 3: Vorbereitungsgrade von Schweißnähten, Kanten und anderen Flächen mit Oberflächenunregelmäßigkeiten

**DIN EN ISO 14713-2**
**Zinküberzüge - Leitfäden und Empfehlungen zum Schutz von Eisen- und Stahlkonstruktionen vor Korrosion**
- Teil 2: Feuerverzinken

**DASt 022 Anwendung der DASt-Richtlinie 022: „Feuerverzinken von tragenden Stahlbauteilen"**

**DIN EN ISO 8503-1**
**Vorbereitung von Stahloberflächen vor dem Auftragen von Beschichtungsstoffen Rauheitskenngrößen von gestrahlten Stahloberflächen**
- Teil 1: Anforderungen und Begriffe für ISO-Rauheitsvergleichsmuster zur Beurteilung gestrahlter Oberflächen

**DIN EN ISO 8503-2**
**Vorbereitung von Stahloberflächen vor dem Auftragen von Beschichtungsstoffen - Rauheitskenngrößen von gestrahlten Stahloberflächen**
Teil 2: Verfahren zur Prüfung der Rauheit von gestrahltem Stahl – Vergleichsmusterverfahren

## Brandschutz

**DIN EN 1364 Teile 1-4**
**Feuerwiderstandsprüfungen für nichttragende Bauteile**
- Teil 1: Wände
- Teil 2: Unterdecken
- Teil 3: Vorhangfassaden – Gesamtausführung
- Teil 4: Vorhangfassaden - Teilausführung

**DIN EN 13501 Teile 1-6**
**Klassifizierung von Bauprodukten und Bauarten zu ihrem Brandverhalten**
- Teil 1: Klassifizierung mit den Ergebnissen aus den Prüfungen zum Brandverhalten von Bauprodukten
- Teil 2: Klassifizierung mit den Ergebnissen aus den Feuerwiderstandsprüfungen, mit Ausnahme von Lüftungsanlagen
- Teil 3: Klassifizierung mit den Ergebnissen aus den Feuerwiderstandsprüfungen an Bauteilen von haustechnischen Anlagen: Feuerwiderstandsfähige Leitungen und Brandschutzklappen

- Teil 4: Klassifizierung mit den Ergebnissen aus den Feuerwiderstandsprüfungen von Anlagen zur Rauchfreihaltung
- Teil 5: Klassifizierung mit den Ergebnissen aus Prüfungen von Bedachungen bei Beanspruchung durch Feuer von außen
- Teil 6: Klassifizierung mit den Ergebnissen aus den Prüfungen zum Brandverhalten von elektrischen Kabeln

**DIN 4102 Teil 4**
**Brandverhalten von Baustoffen und Bauteilen**

- Teil 4: Zusammenstellung und Anwendung klassifizierter Baustoffe, Bauteile und Sonderbauteile; Änderung A1

# Bauelemente Neubau nach Gebäudearten

Kostenkennwerte für die Kostengruppen der 3. Ebene DIN 276

## Büro- und Verwaltungsgebäude, einfacher Standard

**Kosten:**
Stand 1.Quartal 2020
Bundesdurchschnitt
inkl. 19% MwSt.

| Kostengruppen | | ▷ | €/Einheit | ◁ | KG an 300+400 |
|---|---|---|---|---|---|
| **310** | **Baugrube / Erdbau** | | | | |
| 311 | Herstellung [m³] | 15,00 | **25,00** | 34,00 | 1,2% |
| **320** | **Gründung, Unterbau** | | | | |
| 321 | Baugrundverbesserung [m²] | 16,00 | **16,00** | 16,00 | 0,6% |
| 322 | Flachgründungen und Bodenplatten [m²] | 113,00 | **151,00** | 263,00 | 6,6% |
| 324 | Gründungsbeläge [m²] | 94,00 | **110,00** | 158,00 | 4,3% |
| 325 | Abdichtungen und Bekleidungen [m²] | 19,00 | **27,00** | 51,00 | 1,2% |
| 326 | Dränagen [m²] | – | **7,20** | – | 0,1% |
| 329 | Sonstiges zur KG 320 [m²] | – | **8,60** | – | 0,1% |
| **330** | **Außenwände/Vertikale Baukonstruktionen, außen** | | | | |
| 331 | Tragende Außenwände [m²] | 120,00 | **132,00** | 166,00 | 7,9% |
| 333 | Außenstützen [m] | 209,00 | **252,00** | 294,00 | 0,4% |
| 334 | Außenwandöffnungen [m²] | 294,00 | **426,00** | 605,00 | 7,6% |
| 335 | Außenwandbekleidungen, außen [m²] | 66,00 | **75,00** | 85,00 | 4,7% |
| 336 | Außenwandbekleidungen, innen [m²] | 19,00 | **34,00** | 45,00 | 1,7% |
| 338 | Lichtschutz zur KG 330 [m²] | 151,00 | **238,00** | 293,00 | 1,4% |
| 339 | Sonstiges zur KG 330 [m²] | 1,00 | **2,50** | 3,90 | 0,1% |
| **340** | **Innenwände/Vertikale Baukonstruktionen, innen** | | | | |
| 341 | Tragende Innenwände [m²] | 71,00 | **104,00** | 161,00 | 2,1% |
| 342 | Nichttragende Innenwände [m²] | 68,00 | **77,00** | 94,00 | 3,0% |
| 343 | Innenstützen [m] | 51,00 | **135,00** | 181,00 | 0,2% |
| 344 | Innenwandöffnungen [m²] | 468,00 | **505,00** | 593,00 | 3,9% |
| 345 | Innenwandbekleidungen [m²] | 17,00 | **29,00** | 41,00 | 3,1% |
| 346 | Elementierte Innenwandkonstruktionen [m²] | – | **552,00** | – | 0,9% |
| 349 | Sonstiges zur KG 340 [m²] | – | **5,10** | – | 0,0% |
| **350** | **Decken/Horizontale Baukonstruktionen** | | | | |
| 351 | Deckenkonstruktionen [m²] | 108,00 | **144,00** | 195,00 | 5,3% |
| 353 | Deckenbeläge [m²] | 69,00 | **98,00** | 117,00 | 3,3% |
| 354 | Deckenbekleidungen [m²] | 15,00 | **27,00** | 48,00 | 0,9% |
| 359 | Sonstiges zur KG 350 [m²] | 6,70 | **19,00** | 31,00 | 0,5% |
| **360** | **Dächer** | | | | |
| 361 | Dachkonstruktionen [m²] | 74,00 | **108,00** | 147,00 | 5,2% |
| 362 | Dachöffnungen [m²] | 1.138,00 | **1.556,00** | 1.974,00 | 2,5% |
| 363 | Dachbeläge [m²] | 97,00 | **145,00** | 256,00 | 6,2% |
| 364 | Dachbekleidungen [m²] | 66,00 | **79,00** | 94,00 | 3,3% |
| 369 | Sonstiges zur KG 360 [m²] | – | **0,60** | – | 0,0% |
| **370** | **Infrastrukturanlagen** | | | | |
| **380** | **Baukonstruktive Einbauten** | | | | |
| 381 | Allgemeine Einbauten [m² BGF] | 2,10 | **9,90** | 32,00 | 0,8% |

▷ von
ø Mittel
◁ bis

| Kostengruppen | | ▷ | €/Einheit | ◁ | KG an 300+400 |
|---|---|---|---|---|---|
| **390** | **Sonstige Maßnahmen für Baukonstruktionen** | | | | |
| 391 | Baustelleneinrichtung [m² BGF] | 20,00 | **25,00** | 39,00 | 2,1% |
| 392 | Gerüste [m² BGF] | 6,60 | **8,60** | 10,00 | 0,7% |
| 397 | Zusätzliche Maßnahmen [m² BGF] | 3,40 | **6,00** | 8,50 | 0,2% |
| **410** | **Abwasser-, Wasser-, Gasanlagen** | | | | |
| 411 | Abwasseranlagen [m² BGF] | 5,30 | **19,00** | 33,00 | 1,6% |
| 412 | Wasseranlagen [m² BGF] | 12,00 | **18,00** | 22,00 | 1,5% |
| 419 | Sonstiges zur KG 410 [m² BGF] | 1,00 | **3,10** | 5,20 | 0,1% |
| **420** | **Wärmeversorgungsanlagen** | | | | |
| 421 | Wärmeerzeugungsanlagen [m² BGF] | 7,70 | **15,00** | 19,00 | 1,0% |
| 422 | Wärmeverteilnetze [m² BGF] | 5,80 | **7,10** | 9,80 | 0,5% |
| 423 | Raumheizflächen [m² BGF] | 18,00 | **26,00** | 38,00 | 1,7% |
| 429 | Sonstiges zur KG 420 [m² BGF] | 2,80 | **3,30** | 3,90 | 0,1% |
| **430** | **Raumlufttechnische Anlagen** | | | | |
| 431 | Lüftungsanlagen [m² BGF] | 1,40 | **39,00** | 115,00 | 2,3% |
| **440** | **Elektrische Anlagen** | | | | |
| 442 | Eigenstromversorgungsanlagen [m² BGF] | – | **110,00** | – | 2,1% |
| 444 | Niederspannungsinstallationsanlagen [m² BGF] | 23,00 | **32,00** | 40,00 | 2,7% |
| 445 | Beleuchtungsanlagen [m² BGF] | 7,00 | **19,00** | 29,00 | 1,7% |
| 446 | Blitzschutz- und Erdungsanlagen [m² BGF] | 1,70 | **2,80** | 3,90 | 0,2% |
| **450** | **Kommunikations-, sicherheits- und informationstechnische Anlagen** | | | | |
| 452 | Such- und Signalanlagen [m² BGF] | 0,60 | **2,40** | 6,00 | 0,2% |
| 455 | Audiovisuelle Medien- und Antennenanlagen [m² BGF] | 1,30 | **2,90** | 4,60 | 0,1% |
| 457 | Datenübertragungsnetze [m² BGF] | 7,10 | **8,70** | 9,60 | 0,6% |
| **460** | **Förderanlagen** | | | | |
| 461 | Aufzugsanlagen [m² BGF] | – | **44,00** | – | 1,0% |
| **470** | **Nutzungsspezifische und verfahrenstechnische Anlagen** | | | | |
| 474 | Feuerlöschanlagen [m² BGF] | – | **3,70** | – | 0,1% |
| **480** | **Gebäude- und Anlagenautomation** | | | | |
| 481 | Automationseinrichtungen [m² BGF] | – | **30,00** | – | 0,6% |
| **490** | **Sonstige Maßnahmen für technische Anlagen** | | | | |

## Büro- und Verwaltungsgebäude, mittlerer Standard

**Kosten:**
Stand 1.Quartal 2020
Bundesdurchschnitt
inkl. 19% MwSt.

| Kostengruppen | | ▷ | €/Einheit | ◁ | KG an 300+400 |
|---|---|---|---|---|---|
| **310** | **Baugrube / Erdbau** | | | | |
| 311 | Herstellung [m³] | 19,00 | **32,00** | 61,00 | 1,1% |
| 312 | Umschließung [m²] | 16,00 | **91,00** | 143,00 | 0,2% |
| **320** | **Gründung, Unterbau** | | | | |
| 321 | Baugrundverbesserung [m²] | 11,00 | **34,00** | 82,00 | 0,3% |
| 322 | Flachgründungen und Bodenplatten [m²] | 139,00 | **181,00** | 238,00 | 4,1% |
| 323 | Tiefgründungen [m²] | 46,00 | **249,00** | 515,00 | 0,6% |
| 324 | Gründungsbeläge [m²] | 81,00 | **127,00** | 166,00 | 2,7% |
| 325 | Abdichtungen und Bekleidungen [m²] | 15,00 | **31,00** | 47,00 | 0,7% |
| **330** | **Außenwände/Vertikale Baukonstruktionen, außen** | | | | |
| 331 | Tragende Außenwände [m²] | 125,00 | **173,00** | 255,00 | 4,8% |
| 332 | Nichttragende Außenwände [m²] | 118,00 | **202,00** | 310,00 | 0,4% |
| 333 | Außenstützen [m] | 134,00 | **223,00** | 289,00 | 0,4% |
| 334 | Außenwandöffnungen [m²] | 489,00 | **661,00** | 971,00 | 11,1% |
| 335 | Außenwandbekleidungen, außen [m²] | 119,00 | **193,00** | 337,00 | 6,2% |
| 336 | Außenwandbekleidungen, innen [m²] | 20,00 | **38,00** | 57,00 | 1,0% |
| 338 | Lichtschutz zur KG 330 [m²] | 123,00 | **230,00** | 516,00 | 1,9% |
| **340** | **Innenwände/Vertikale Baukonstruktionen, innen** | | | | |
| 341 | Tragende Innenwände [m²] | 92,00 | **158,00** | 293,00 | 3,1% |
| 342 | Nichttragende Innenwände [m²] | 72,00 | **88,00** | 113,00 | 2,3% |
| 343 | Innenstützen [m] | 104,00 | **168,00** | 257,00 | 0,4% |
| 344 | Innenwandöffnungen [m²] | 435,00 | **633,00** | 846,00 | 4,8% |
| 345 | Innenwandbekleidungen [m²] | 24,00 | **36,00** | 52,00 | 2,7% |
| 346 | Elementierte Innenwandkonstruktionen [m²] | 159,00 | **285,00** | 484,00 | 0,4% |
| **350** | **Decken/Horizontale Baukonstruktionen** | | | | |
| 351 | Deckenkonstruktionen [m²] | 141,00 | **175,00** | 214,00 | 6,1% |
| 353 | Deckenbeläge [m²] | 115,00 | **128,00** | 150,00 | 3,9% |
| 354 | Deckenbekleidungen [m²] | 47,00 | **67,00** | 105,00 | 1,8% |
| 359 | Sonstiges zur KG 350 [m²] | 15,00 | **36,00** | 111,00 | 1,0% |
| **360** | **Dächer** | | | | |
| 361 | Dachkonstruktionen [m²] | 116,00 | **150,00** | 201,00 | 3,3% |
| 362 | Dachöffnungen [m²] | 1.309,00 | **2.175,00** | 4.686,00 | 0,5% |
| 363 | Dachbeläge [m²] | 139,00 | **186,00** | 293,00 | 4,1% |
| 364 | Dachbekleidungen [m²] | 17,00 | **45,00** | 83,00 | 0,8% |
| 369 | Sonstiges zur KG 360 [m²] | 7,60 | **28,00** | 50,00 | 0,3% |
| **370** | **Infrastrukturanlagen** | | | | |
| **380** | **Baukonstruktive Einbauten** | | | | |
| 381 | Allgemeine Einbauten [m² BGF] | 18,00 | **34,00** | 56,00 | 0,8% |
| **390** | **Sonstige Maßnahmen für Baukonstruktionen** | | | | |
| 391 | Baustelleneinrichtung [m² BGF] | 19,00 | **35,00** | 57,00 | 2,0% |
| 392 | Gerüste [m² BGF] | 10,00 | **16,00** | 23,00 | 0,9% |
| 397 | Zusätzliche Maßnahmen [m² BGF] | 3,30 | **8,10** | 20,00 | 0,4% |

▷ von
ø Mittel
◁ bis

| Kostengruppen | | ▷ | €/Einheit | ◁ | KG an 300+400 |
|---|---|---|---|---|---|
| | **Sonstige Kostengruppen Bauwerk - Baukonstruktion** | | | | |
| | 313, 326, 339, 349, 355, 366, 382, 383, 386, 387, 389, 393, 394, 395, 398, 399 | | | | 0,8% |
| **410** | **Abwasser-, Wasser-, Gasanlagen** | | | | |
| 411 | Abwasseranlagen [m² BGF] | 16,00 | **24,00** | 36,00 | 1,3% |
| 412 | Wasseranlagen [m² BGF] | 20,00 | **26,00** | 41,00 | 1,5% |
| **420** | **Wärmeversorgungsanlagen** | | | | |
| 421 | Wärmeerzeugungsanlagen [m² BGF] | 9,10 | **21,00** | 60,00 | 1,2% |
| 422 | Wärmeverteilnetze [m² BGF] | 19,00 | **31,00** | 57,00 | 1,7% |
| 423 | Raumheizflächen [m² BGF] | 26,00 | **41,00** | 66,00 | 2,3% |
| 429 | Sonstiges zur KG 420 [m² BGF] | 2,00 | **9,70** | 34,00 | 0,2% |
| **430** | **Raumlufttechnische Anlagen** | | | | |
| 431 | Lüftungsanlagen [m² BGF] | 5,70 | **29,00** | 61,00 | 1,3% |
| 433 | Klimaanlagen [m² BGF] | 5,90 | **20,00** | 61,00 | 0,3% |
| 434 | Kälteanlagen [m² BGF] | 30,00 | **49,00** | 103,00 | 0,5% |
| **440** | **Elektrische Anlagen** | | | | |
| 442 | Eigenstromversorgungsanlagen [m² BGF] | 9,20 | **31,00** | 90,00 | 0,7% |
| 444 | Niederspannungsinstallationsanlagen [m² BGF] | 55,00 | **74,00** | 104,00 | 4,5% |
| 445 | Beleuchtungsanlagen [m² BGF] | 19,00 | **36,00** | 47,00 | 2,1% |
| 446 | Blitzschutz- und Erdungsanlagen [m² BGF] | 2,50 | **5,10** | 9,20 | 0,3% |
| **450** | **Kommunikations-, sicherheits- und informationstechnische Anlagen** | | | | |
| 451 | Telekommunikationsanlagen [m² BGF] | 4,50 | **12,00** | 24,00 | 0,3% |
| 456 | Gefahrenmelde- und Alarmanlagen [m² BGF] | 11,00 | **25,00** | 81,00 | 1,3% |
| 457 | Datenübertragungsnetze [m² BGF] | 20,00 | **28,00** | 48,00 | 1,7% |
| **460** | **Förderanlagen** | | | | |
| 461 | Aufzugsanlagen [m² BGF] | 25,00 | **39,00** | 65,00 | 0,6% |
| **470** | **Nutzungsspezifische und verfahrenstechnische Anlagen** | | | | |
| **480** | **Gebäude- und Anlagenautomation** | | | | |
| 481 | Automationseinrichtungen [m² BGF] | 17,00 | **25,00** | 34,00 | 0,4% |
| **490** | **Sonstige Maßnahmen für technische Anlagen** | | | | |
| | **Sonstige Kostengruppen Bauwerk - Technische Anlagen** | | | | |
| | 419, 432, 439, 443, 452, 453, 455, 458, 463, 466, 471, 473, 474, 476, 482, 483, 484, 485, 491, 492, 495, 497, 498 | | | | 1,5% |

## Büro- und Verwaltungsgebäude, hoher Standard

**Kosten:**
Stand 1.Quartal 2020
Bundesdurchschnitt
inkl. 19% MwSt.

| Kostengruppen | | ▷ | €/Einheit | ◁ | KG an 300+400 |
|---|---|---|---|---|---|
| **310** | **Baugrube / Erdbau** | | | | |
| 311 | Herstellung [m³] | 30,00 | **57,00** | 113,00 | 1,3% |
| 312 | Umschließung [m²] | 1,50 | **212,00** | 349,00 | 0,5% |
| **320** | **Gründung, Unterbau** | | | | |
| 321 | Baugrundverbesserung [m²] | 14,00 | **61,00** | 201,00 | 0,3% |
| 322 | Flachgründungen und Bodenplatten [m²] | 148,00 | **200,00** | 315,00 | 2,6% |
| 323 | Tiefgründungen [m²] | 219,00 | **334,00** | 444,00 | 0,8% |
| 324 | Gründungsbeläge [m²] | 120,00 | **214,00** | 349,00 | 2,6% |
| 325 | Abdichtungen und Bekleidungen [m²] | 28,00 | **57,00** | 102,00 | 0,9% |
| **330** | **Außenwände/Vertikale Baukonstruktionen, außen** | | | | |
| 331 | Tragende Außenwände [m²] | 148,00 | **220,00** | 478,00 | 3,3% |
| 332 | Nichttragende Außenwände [m²] | 152,00 | **263,00** | 562,00 | 0,7% |
| 333 | Außenstützen [m] | 122,00 | **193,00** | 373,00 | 0,3% |
| 334 | Außenwandöffnungen [m²] | 633,00 | **901,00** | 1.216,00 | 9,0% |
| 335 | Außenwandbekleidungen, außen [m²] | 184,00 | **352,00** | 708,00 | 6,6% |
| 336 | Außenwandbekleidungen, innen [m²] | 28,00 | **46,00** | 60,00 | 0,7% |
| 337 | Elementierte Außenwandkonstruktionen [m²] | 683,00 | **817,00** | 951,00 | 2,9% |
| 338 | Lichtschutz zur KG 330 [m²] | 216,00 | **366,00** | 842,00 | 1,9% |
| 339 | Sonstiges zur KG 330 [m²] | 13,00 | **25,00** | 80,00 | 0,6% |
| **340** | **Innenwände/Vertikale Baukonstruktionen, innen** | | | | |
| 341 | Tragende Innenwände [m²] | 152,00 | **187,00** | 303,00 | 1,7% |
| 342 | Nichttragende Innenwände [m²] | 79,00 | **109,00** | 149,00 | 1,5% |
| 343 | Innenstützen [m] | 149,00 | **213,00** | 281,00 | 0,4% |
| 344 | Innenwandöffnungen [m²] | 871,00 | **1.031,00** | 1.210,00 | 4,8% |
| 345 | Innenwandbekleidungen [m²] | 32,00 | **52,00** | 87,00 | 2,2% |
| 346 | Elementierte Innenwandkonstruktionen [m²] | 362,00 | **683,00** | 1.143,00 | 2,9% |
| **350** | **Decken/Horizontale Baukonstruktionen** | | | | |
| 351 | Deckenkonstruktionen [m²] | 151,00 | **211,00** | 293,00 | 4,9% |
| 353 | Deckenbeläge [m²] | 146,00 | **204,00** | 365,00 | 4,2% |
| 354 | Deckenbekleidungen [m²] | 50,00 | **92,00** | 175,00 | 1,8% |
| 359 | Sonstiges zur KG 350 [m²] | 15,00 | **36,00** | 55,00 | 0,8% |
| **360** | **Dächer** | | | | |
| 361 | Dachkonstruktionen [m²] | 146,00 | **208,00** | 263,00 | 3,3% |
| 362 | Dachöffnungen [m²] | 1.717,00 | **2.280,00** | 3.660,00 | 0,3% |
| 363 | Dachbeläge [m²] | 144,00 | **287,00** | 428,00 | 3,9% |
| 364 | Dachbekleidungen [m²] | 77,00 | **117,00** | 177,00 | 1,4% |
| 369 | Sonstiges zur KG 360 [m²] | 6,50 | **22,00** | 66,00 | 0,3% |
| **370** | **Infrastrukturanlagen** | | | | |
| **380** | **Baukonstruktive Einbauten** | | | | |
| 381 | Allgemeine Einbauten [m² BGF] | 13,00 | **37,00** | 141,00 | 0,9% |

▷ von
ø Mittel
◁ bis

| Kostengruppen | | ▷ | €/Einheit | ◁ | KG an 300+400 |
|---|---|---|---|---|---|
| **390** | **Sonstige Maßnahmen für Baukonstruktionen** | | | | |
| 391 | Baustelleneinrichtung [m² BGF] | 36,00 | **71,00** | 112,00 | 2,6% |
| 392 | Gerüste [m² BGF] | 8,40 | **20,00** | 31,00 | 0,7% |
| 397 | Zusätzliche Maßnahmen [m² BGF] | 12,00 | **32,00** | 92,00 | 1,0% |
| | **Sonstige Kostengruppen Bauwerk - Baukonstruktion** | | | | |
| | 313, 326, 329, 349, 352, 355, 365, 366, 382, 386, 393, 394, 395, 396, 398, 399 | | | | 1,0% |
| **410** | **Abwasser-, Wasser-, Gasanlagen** | | | | |
| 411 | Abwasseranlagen [m² BGF] | 15,00 | **20,00** | 26,00 | 0,8% |
| 412 | Wasseranlagen [m² BGF] | 27,00 | **36,00** | 50,00 | 1,5% |
| **420** | **Wärmeversorgungsanlagen** | | | | |
| 421 | Wärmeerzeugungsanlagen [m² BGF] | 15,00 | **36,00** | 54,00 | 1,5% |
| 422 | Wärmeverteilnetze [m² BGF] | 28,00 | **55,00** | 88,00 | 2,1% |
| 423 | Raumheizflächen [m² BGF] | 14,00 | **42,00** | 64,00 | 1,5% |
| **430** | **Raumlufttechnische Anlagen** | | | | |
| 431 | Lüftungsanlagen [m² BGF] | 10,00 | **49,00** | 120,00 | 1,6% |
| 432 | Teilklimaanlagen [m² BGF] | – | **86,00** | – | 0,4% |
| 433 | Klimaanlagen [m² BGF] | 37,00 | **76,00** | 118,00 | 1,4% |
| 434 | Kälteanlagen [m² BGF] | 12,00 | **39,00** | 65,00 | 0,3% |
| **440** | **Elektrische Anlagen** | | | | |
| 442 | Eigenstromversorgungsanlagen [m² BGF] | 16,00 | **39,00** | 82,00 | 1,1% |
| 443 | Niederspannungsschaltanlagen [m² BGF] | 11,00 | **17,00** | 22,00 | 0,4% |
| 444 | Niederspannungsinstallationsanlagen [m² BGF] | 66,00 | **91,00** | 142,00 | 3,3% |
| 445 | Beleuchtungsanlagen [m² BGF] | 42,00 | **78,00** | 107,00 | 2,8% |
| 446 | Blitzschutz- und Erdungsanlagen [m² BGF] | 4,10 | **6,90** | 14,00 | 0,3% |
| **450** | **Kommunikations-, sicherheits- und informationstechnische Anlagen** | | | | |
| 456 | Gefahrenmelde- und Alarmanlagen [m² BGF] | 14,00 | **37,00** | 60,00 | 1,3% |
| 457 | Datenübertragungsnetze [m² BGF] | 15,00 | **43,00** | 88,00 | 1,3% |
| **460** | **Förderanlagen** | | | | |
| 461 | Aufzugsanlagen [m² BGF] | 25,00 | **37,00** | 56,00 | 0,8% |
| **470** | **Nutzungsspezifische und verfahrenstechnische Anlagen** | | | | |
| **480** | **Gebäude- und Anlagenautomation** | | | | |
| 481 | Automationseinrichtungen [m² BGF] | 15,00 | **40,00** | 88,00 | 0,9% |
| **490** | **Sonstige Maßnahmen für technische Anlagen** | | | | |
| | **Sonstige Kostengruppen Bauwerk - Technische Anlagen** | | | | |
| | 413, 419, 429, 441, 451, 452, 455, 471, 474, 476, 482, 483, 484, 485, 489, 491, 497, 498 | | | | 1,3% |

**Kosten:**
Stand 1.Quartal 2020
Bundesdurchschnitt
inkl. 19% MwSt.

| Kostengruppen | | ▷ | €/Einheit | ◁ | KG an 300+400 |
|---|---|---|---|---|---|
| **310** | **Baugrube / Erdbau** | | | | |
| 311 | Herstellung [m³] | 30,00 | **33,00** | 42,00 | 0,3% |
| **320** | **Gründung, Unterbau** | | | | |
| 321 | Baugrundverbesserung [m²] | 0,00 | **0,00** | 0,00 | 0,3% |
| 322 | Flachgründungen und Bodenplatten [m²] | 134,00 | **159,00** | 184,00 | 4,1% |
| 324 | Gründungsbeläge [m²] | 61,00 | **110,00** | 132,00 | 2,4% |
| 325 | Abdichtungen und Bekleidungen [m²] | 28,00 | **45,00** | 61,00 | 1,4% |
| **330** | **Außenwände/Vertikale Baukonstruktionen, außen** | | | | |
| 331 | Tragende Außenwände [m²] | 55,00 | **109,00** | 161,00 | 2,9% |
| 334 | Außenwandöffnungen [m²] | 779,00 | **1.052,00** | 1.855,00 | 7,6% |
| 335 | Außenwandbekleidungen, außen [m²] | 221,00 | **290,00** | 319,00 | 7,8% |
| 336 | Außenwandbekleidungen, innen [m²] | 17,00 | **44,00** | 55,00 | 0,6% |
| 337 | Elementierte Außenwandkonstruktionen [m²] | – | **128,00** | – | 0,5% |
| 338 | Lichtschutz zur KG 330 [m²] | 191,00 | **273,00** | 429,00 | 0,7% |
| **340** | **Innenwände/Vertikale Baukonstruktionen, innen** | | | | |
| 341 | Tragende Innenwände [m²] | 115,00 | **131,00** | 152,00 | 1,1% |
| 342 | Nichttragende Innenwände [m²] | 70,00 | **92,00** | 146,00 | 1,7% |
| 343 | Innenstützen [m] | 105,00 | **194,00** | 228,00 | 0,3% |
| 344 | Innenwandöffnungen [m²] | 780,00 | **936,00** | 1.021,00 | 4,2% |
| 345 | Innenwandbekleidungen [m²] | 37,00 | **52,00** | 69,00 | 1,8% |
| 346 | Elementierte Innenwandkonstruktionen [m²] | 127,00 | **445,00** | 615,00 | 0,6% |
| **350** | **Decken/Horizontale Baukonstruktionen** | | | | |
| 351 | Deckenkonstruktionen [m²] | 154,00 | **212,00** | 272,00 | 3,3% |
| 353 | Deckenbeläge [m²] | 44,00 | **110,00** | 135,00 | 1,8% |
| 354 | Deckenbekleidungen [m²] | 80,00 | **177,00** | 468,00 | 1,1% |
| 355 | Elementierte Deckenkonstruktionen [m²] | 935,00 | **3.296,00** | 7.956,00 | 0,7% |
| 359 | Sonstiges zur KG 350 [m²] | 34,00 | **58,00** | 118,00 | 0,7% |
| **360** | **Dächer** | | | | |
| 361 | Dachkonstruktionen [m²] | 95,00 | **108,00** | 138,00 | 2,8% |
| 362 | Dachöffnungen [m²] | 1.023,00 | **1.637,00** | 2.815,00 | 0,4% |
| 363 | Dachbeläge [m²] | 137,00 | **161,00** | 186,00 | 4,0% |
| 364 | Dachbekleidungen [m²] | 21,00 | **45,00** | 63,00 | 0,8% |
| **370** | **Infrastrukturanlagen** | | | | |
| **380** | **Baukonstruktive Einbauten** | | | | |
| **390** | **Sonstige Maßnahmen für Baukonstruktionen** | | | | |
| 391 | Baustelleneinrichtung [m² BGF] | 24,00 | **38,00** | 50,00 | 1,6% |
| 392 | Gerüste [m² BGF] | 12,00 | **23,00** | 56,00 | 1,0% |
| 397 | Zusätzliche Maßnahmen [m² BGF] | 4,90 | **8,90** | 14,00 | 0,3% |
| | **Sonstige Kostengruppen Bauwerk - Baukonstruktion** | | | | |
| | 313, 326, 329, 332, 333, 339, 369, 381, 382, 393, 394, 399 | | | | 1,0% |

▷ von
ø Mittel
◁ bis

| Kostengruppen | | ▷ | €/Einheit | ◁ | KG an 300+400 |
|---|---|---|---|---|---|
| **410** | **Abwasser-, Wasser-, Gasanlagen** | | | | |
| 411 | Abwasseranlagen [m² BGF] | 38,00 | **43,00** | 56,00 | 2,7% |
| 412 | Wasseranlagen [m² BGF] | 47,00 | **71,00** | 95,00 | 4,3% |
| 419 | Sonstiges zur KG 410 [m² BGF] | 35,00 | **75,00** | 141,00 | 3,9% |
| **420** | **Wärmeversorgungsanlagen** | | | | |
| 421 | Wärmeerzeugungsanlagen [m² BGF] | 8,40 | **13,00** | 28,00 | 0,8% |
| 422 | Wärmeverteilnetze [m² BGF] | 22,00 | **24,00** | 26,00 | 1,5% |
| 423 | Raumheizflächen [m² BGF] | 14,00 | **15,00** | 16,00 | 0,9% |
| **430** | **Raumlufttechnische Anlagen** | | | | |
| 431 | Lüftungsanlagen [m² BGF] | 42,00 | **84,00** | 118,00 | 5,0% |
| 434 | Kälteanlagen [m² BGF] | – | **14,00** | – | 0,3% |
| **440** | **Elektrische Anlagen** | | | | |
| 442 | Eigenstromversorgungsanlagen [m² BGF] | 3,40 | **5,80** | 11,00 | 0,3% |
| 443 | Niederspannungsschaltanlagen [m² BGF] | 8,30 | **9,00** | 9,80 | 0,3% |
| 444 | Niederspannungsinstallationsanlagen [m² BGF] | 38,00 | **66,00** | 77,00 | 4,1% |
| 445 | Beleuchtungsanlagen [m² BGF] | 45,00 | **49,00** | 58,00 | 3,1% |
| 446 | Blitzschutz- und Erdungsanlagen [m² BGF] | 2,30 | **3,80** | 5,30 | 0,2% |
| **450** | **Kommunikations-, sicherheits- und informationstechnische Anlagen** | | | | |
| 452 | Such- und Signalanlagen [m² BGF] | 18,00 | **22,00** | 27,00 | 1,4% |
| 454 | Elektroakustische Anlagen [m² BGF] | 2,30 | **6,70** | 11,00 | 0,2% |
| 455 | Audiovisuelle Medien- und Antennenanlagen [m² BGF] | 3,00 | **3,60** | 4,20 | 0,2% |
| 456 | Gefahrenmelde- und Alarmanlagen [m² BGF] | 17,00 | **27,00** | 38,00 | 1,7% |
| 457 | Datenübertragungsnetze [m² BGF] | 1,40 | **13,00** | 18,00 | 0,8% |
| **460** | **Förderanlagen** | | | | |
| 461 | Aufzugsanlagen [m² BGF] | 30,00 | **34,00** | 41,00 | 1,6% |
| **470** | **Nutzungsspezifische und verfahrenstechnische Anlagen** | | | | |
| 471 | Küchentechnische Anlagen [m² BGF] | 36,00 | **59,00** | 117,00 | 3,7% |
| 472 | Wäscherei-, Reinigungs- und badetechnische Anlagen [m² BGF] | 6,90 | **9,90** | 13,00 | 0,3% |
| 473 | Medienversorgungsanlagen, Medizin- und labortechnische Anlagen [m² BGF] | – | **20,00** | – | 0,4% |
| **480** | **Gebäude- und Anlagenautomation** | | | | |
| **490** | **Sonstige Maßnahmen für technische Anlagen** | | | | |
| | **Sonstige Kostengruppen Bauwerk - Technische Anlagen** | | | | |
| | 429, 432, 451, 474, 481, 482, 494, 497 | | | | 0,3% |

Lebensdauern
Grobelementarten
Stahlbau
Bauelemente Gebäudearten
Kostengruppen
Ausführungsarten

**Kosten:**
Stand 1.Quartal 2020
Bundesdurchschnitt
inkl. 19% MwSt.

| Kostengruppen | ▷ | €/Einheit | ◁ | KG an 300+400 |
|---|---|---|---|---|
| **310 Baugrube / Erdbau** | | | | |
| 311 Herstellung [m³] | 17,00 | **38,00** | 62,00 | 2,0% |
| **320 Gründung, Unterbau** | | | | |
| 321 Baugrundverbesserung [m²] | 7,50 | **17,00** | 43,00 | 0,5% |
| 322 Flachgründungen und Bodenplatten [m²] | 123,00 | **173,00** | 219,00 | 6,3% |
| 323 Tiefgründungen [m²] | 55,00 | **90,00** | 192,00 | 0,6% |
| 324 Gründungsbeläge [m²] | 102,00 | **140,00** | 171,00 | 3,8% |
| 325 Abdichtungen und Bekleidungen [m²] | 16,00 | **35,00** | 60,00 | 1,0% |
| 326 Dränagen [m²] | 5,40 | **36,00** | 127,00 | 0,3% |
| **330 Außenwände/Vertikale Baukonstruktionen, außen** | | | | |
| 331 Tragende Außenwände [m²] | 164,00 | **206,00** | 367,00 | 3,3% |
| 332 Nichttragende Außenwände [m²] | 150,00 | **166,00** | 191,00 | 0,7% |
| 333 Außenstützen [m] | 125,00 | **225,00** | 337,00 | 0,4% |
| 334 Außenwandöffnungen [m²] | 609,00 | **914,00** | 1.686,00 | 11,4% |
| 335 Außenwandbekleidungen, außen [m²] | 108,00 | **180,00** | 246,00 | 4,7% |
| 336 Außenwandbekleidungen, innen [m²] | 29,00 | **56,00** | 110,00 | 1,0% |
| 337 Elementierte Außenwandkonstruktionen [m²] | 272,00 | **423,00** | 574,00 | 2,1% |
| 338 Lichtschutz zur KG 330 [m²] | 97,00 | **231,00** | 380,00 | 1,1% |
| 339 Sonstiges zur KG 330 [m²] | 2,10 | **13,00** | 36,00 | 0,3% |
| **340 Innenwände/Vertikale Baukonstruktionen, innen** | | | | |
| 341 Tragende Innenwände [m²] | 138,00 | **157,00** | 192,00 | 2,4% |
| 342 Nichttragende Innenwände [m²] | 89,00 | **109,00** | 151,00 | 1,6% |
| 343 Innenstützen [m] | 83,00 | **164,00** | 260,00 | 0,3% |
| 344 Innenwandöffnungen [m²] | 722,00 | **959,00** | 1.182,00 | 3,8% |
| 345 Innenwandbekleidungen [m²] | 39,00 | **58,00** | 76,00 | 2,5% |
| 346 Elementierte Innenwandkonstruktionen [m²] | 309,00 | **527,00** | 982,00 | 0,7% |
| **350 Decken/Horizontale Baukonstruktionen** | | | | |
| 351 Deckenkonstruktionen [m²] | 156,00 | **190,00** | 214,00 | 4,3% |
| 353 Deckenbeläge [m²] | 104,00 | **113,00** | 122,00 | 2,1% |
| 354 Deckenbekleidungen [m²] | 85,00 | **100,00** | 113,00 | 1,6% |
| 355 Elementierte Deckenkonstruktionen [m²] | – | **1.498,00** | – | 0,2% |
| 359 Sonstiges zur KG 350 [m²] | 25,00 | **33,00** | 43,00 | 0,6% |
| **360 Dächer** | | | | |
| 361 Dachkonstruktionen [m²] | 106,00 | **149,00** | 192,00 | 5,7% |
| 362 Dachöffnungen [m²] | 1.987,00 | **2.779,00** | 4.923,00 | 0,3% |
| 363 Dachbeläge [m²] | 107,00 | **151,00** | 181,00 | 5,6% |
| 364 Dachbekleidungen [m²] | 42,00 | **80,00** | 104,00 | 2,3% |
| 369 Sonstiges zur KG 360 [m²] | 2,40 | **11,00** | 19,00 | 0,2% |
| **370 Infrastrukturanlagen** | | | | |
| **380 Baukonstruktive Einbauten** | | | | |
| 381 Allgemeine Einbauten [m² BGF] | 3,00 | **11,00** | 38,00 | 0,3% |
| 382 Besondere Einbauten [m² BGF] | 4,50 | **9,90** | 21,00 | 0,2% |

▷ von
ø Mittel
◁ bis

| Kostengruppen | | ▷ | €/Einheit | ◁ | KG an 300+400 |
|---|---|---|---|---|---|
| **390** | **Sonstige Maßnahmen für Baukonstruktionen** | | | | |
| 391 | Baustelleneinrichtung [m² BGF] | 23,00 | **44,00** | 74,00 | 2,4% |
| 392 | Gerüste [m² BGF] | 10,00 | **19,00** | 31,00 | 0,9% |
| 397 | Zusätzliche Maßnahmen [m² BGF] | 6,90 | **13,00** | 22,00 | 0,6% |
| | **Sonstige Kostengruppen Bauwerk - Baukonstruktion** | | | | |
| | 312, 313, 347, 349, 366, 386, 389, 393, 395, 396, 398, 399 | | | | 0,4% |
| **410** | **Abwasser-, Wasser-, Gasanlagen** | | | | |
| 411 | Abwasseranlagen [m² BGF] | 11,00 | **22,00** | 33,00 | 1,1% |
| 412 | Wasseranlagen [m² BGF] | 22,00 | **30,00** | 36,00 | 1,7% |
| 419 | Sonstiges zur KG 410 [m² BGF] | 2,50 | **4,90** | 8,50 | 0,2% |
| **420** | **Wärmeversorgungsanlagen** | | | | |
| 421 | Wärmeerzeugungsanlagen [m² BGF] | 6,80 | **15,00** | 44,00 | 0,9% |
| 422 | Wärmeverteilnetze [m² BGF] | 15,00 | **23,00** | 37,00 | 1,4% |
| 423 | Raumheizflächen [m² BGF] | 13,00 | **22,00** | 40,00 | 1,4% |
| **430** | **Raumlufttechnische Anlagen** | | | | |
| 431 | Lüftungsanlagen [m² BGF] | 14,00 | **66,00** | 128,00 | 3,0% |
| **440** | **Elektrische Anlagen** | | | | |
| 442 | Eigenstromversorgungsanlagen [m² BGF] | 4,70 | **13,00** | 32,00 | 0,4% |
| 443 | Niederspannungsschaltanlagen [m² BGF] | 5,10 | **14,00** | 20,00 | 0,3% |
| 444 | Niederspannungsinstallationsanlagen [m² BGF] | 40,00 | **59,00** | 79,00 | 3,4% |
| 445 | Beleuchtungsanlagen [m² BGF] | 31,00 | **49,00** | 97,00 | 2,6% |
| 446 | Blitzschutz- und Erdungsanlagen [m² BGF] | 3,10 | **6,00** | 11,00 | 0,4% |
| **450** | **Kommunikations-, sicherheits- und informationstechnische Anlagen** | | | | |
| 454 | Elektroakustische Anlagen [m² BGF] | 0,80 | **5,20** | 8,40 | 0,2% |
| 456 | Gefahrenmelde- und Alarmanlagen [m² BGF] | 5,70 | **13,00** | 41,00 | 0,6% |
| 457 | Datenübertragungsnetze [m² BGF] | 5,20 | **12,00** | 19,00 | 0,6% |
| **460** | **Förderanlagen** | | | | |
| 461 | Aufzugsanlagen [m² BGF] | 12,00 | **19,00** | 23,00 | 0,7% |
| **470** | **Nutzungsspezifische und verfahrenstechnische Anlagen** | | | | |
| 471 | Küchentechnische Anlagen [m² BGF] | 9,30 | **45,00** | 100,00 | 1,1% |
| 473 | Medienversorgungsanlagen, Medizin- und labortechnische Anlagen [m² BGF] | 16,00 | **30,00** | 43,00 | 0,4% |
| **480** | **Gebäude- und Anlagenautomation** | | | | |
| 481 | Automationseinrichtungen [m² BGF] | 13,00 | **27,00** | 35,00 | 0,7% |
| **490** | **Sonstige Maßnahmen für technische Anlagen** | | | | |
| | **Sonstige Kostengruppen Bauwerk - Technische Anlagen** | | | | |
| | 413, 424, 429, 432, 451, 452, 453, 455, 459, 474, 476, 482, 483, 484, 485, 491, 492, 494, 495, 496, 497, 498 | | | | 0,7% |

**Kosten:**
Stand 1.Quartal 2020
Bundesdurchschnitt
inkl. 19% MwSt.

| Kostengruppen | | ▷ | €/Einheit | ◁ | KG an 300+400 |
|---|---|---|---|---|---|
| **310** | **Baugrube / Erdbau** | | | | |
| 311 | Herstellung [m³] | 17,00 | **30,00** | 40,00 | 1,3% |
| **320** | **Gründung, Unterbau** | | | | |
| 321 | Baugrundverbesserung [m²] | – | **30,00** | – | 0,5% |
| 322 | Flachgründungen und Bodenplatten [m²] | 92,00 | **122,00** | 175,00 | 4,6% |
| 324 | Gründungsbeläge [m²] | 75,00 | **100,00** | 134,00 | 4,0% |
| 325 | Abdichtungen und Bekleidungen [m²] | 24,00 | **39,00** | 65,00 | 1,8% |
| **330** | **Außenwände/Vertikale Baukonstruktionen, außen** | | | | |
| 331 | Tragende Außenwände [m²] | 132,00 | **207,00** | 483,00 | 1,9% |
| 332 | Nichttragende Außenwände [m²] | 120,00 | **152,00** | 212,00 | 1,1% |
| 333 | Außenstützen [m] | 130,00 | **816,00** | 3.547,00 | 0,6% |
| 334 | Außenwandöffnungen [m²] | 609,00 | **801,00** | 1.107,00 | 7,7% |
| 335 | Außenwandbekleidungen, außen [m²] | 173,00 | **215,00** | 329,00 | 4,0% |
| 336 | Außenwandbekleidungen, innen [m²] | 66,00 | **113,00** | 236,00 | 1,1% |
| 337 | Elementierte Außenwandkonstruktionen [m²] | 96,00 | **360,00** | 624,00 | 2,5% |
| 338 | Lichtschutz zur KG 330 [m²] | 157,00 | **222,00** | 285,00 | 1,2% |
| 339 | Sonstiges zur KG 330 [m²] | – | **41,00** | – | 0,2% |
| **340** | **Innenwände/Vertikale Baukonstruktionen, innen** | | | | |
| 341 | Tragende Innenwände [m²] | 115,00 | **172,00** | 251,00 | 1,8% |
| 342 | Nichttragende Innenwände [m²] | 101,00 | **152,00** | 303,00 | 1,1% |
| 343 | Innenstützen [m] | 82,00 | **152,00** | 218,00 | 0,4% |
| 344 | Innenwandöffnungen [m²] | 565,00 | **741,00** | 869,00 | 2,7% |
| 345 | Innenwandbekleidungen [m²] | 38,00 | **71,00** | 92,00 | 2,1% |
| 346 | Elementierte Innenwandkonstruktionen [m²] | 198,00 | **236,00** | 290,00 | 1,3% |
| **350** | **Decken/Horizontale Baukonstruktionen** | | | | |
| 351 | Deckenkonstruktionen [m²] | 133,00 | **189,00** | 224,00 | 2,2% |
| 353 | Deckenbeläge [m²] | 153,00 | **164,00** | 175,00 | 1,8% |
| 354 | Deckenbekleidungen [m²] | 152,00 | **164,00** | 176,00 | 1,4% |
| 359 | Sonstiges zur KG 350 [m²] | 23,00 | **26,00** | 29,00 | 0,3% |
| **360** | **Dächer** | | | | |
| 361 | Dachkonstruktionen [m²] | 90,00 | **136,00** | 198,00 | 6,7% |
| 362 | Dachöffnungen [m²] | 628,00 | **1.174,00** | 2.168,00 | 1,9% |
| 363 | Dachbeläge [m²] | 127,00 | **179,00** | 333,00 | 7,4% |
| 364 | Dachbekleidungen [m²] | 41,00 | **124,00** | 187,00 | 2,7% |
| 366 | Lichtschutz zur KG 360 [m²] | 69,00 | **318,00** | 567,00 | 0,2% |
| 369 | Sonstiges zur KG 360 [m²] | 4,10 | **10,00** | 18,00 | 0,3% |
| **370** | **Infrastrukturanlagen** | | | | |
| **380** | **Baukonstruktive Einbauten** | | | | |
| 382 | Besondere Einbauten [m² BGF] | 9,20 | **42,00** | 105,00 | 1,1% |

▷ von
ø Mittel
◁ bis

| Kostengruppen | | ▷ | €/Einheit | ◁ | KG an 300+400 |
|---|---|---|---|---|---|
| **390** | **Sonstige Maßnahmen für Baukonstruktionen** | | | | |
| 391 | Baustelleneinrichtung [m² BGF] | 10,00 | **45,00** | 97,00 | 2,5% |
| 392 | Gerüste [m² BGF] | 7,20 | **17,00** | 31,00 | 0,8% |
| 397 | Zusätzliche Maßnahmen [m² BGF] | 8,40 | **15,00** | 32,00 | 0,6% |
| | **Sonstige Kostengruppen Bauwerk - Baukonstruktion** | | | | |
| | 312, 313, 326, 347, 349, 355, 381, 386, 394, 395, 396, 399 | | | | 0,3% |
| **410** | **Abwasser-, Wasser-, Gasanlagen** | | | | |
| 411 | Abwasseranlagen [m² BGF] | 23,00 | **35,00** | 78,00 | 1,7% |
| 412 | Wasseranlagen [m² BGF] | 25,00 | **45,00** | 116,00 | 2,1% |
| **420** | **Wärmeversorgungsanlagen** | | | | |
| 421 | Wärmeerzeugungsanlagen [m² BGF] | 7,30 | **16,00** | 25,00 | 0,4% |
| 422 | Wärmeverteilnetze [m² BGF] | 12,00 | **28,00** | 54,00 | 0,8% |
| 423 | Raumheizflächen [m² BGF] | 8,40 | **16,00** | 32,00 | 0,6% |
| **430** | **Raumlufttechnische Anlagen** | | | | |
| 431 | Lüftungsanlagen [m² BGF] | 36,00 | **49,00** | 63,00 | 1,3% |
| **440** | **Elektrische Anlagen** | | | | |
| 443 | Niederspannungsschaltanlagen [m² BGF] | – | **14,00** | – | 0,2% |
| 444 | Niederspannungsinstallationsanlagen [m² BGF] | 68,00 | **105,00** | 137,00 | 4,8% |
| 445 | Beleuchtungsanlagen [m² BGF] | 32,00 | **46,00** | 59,00 | 1,9% |
| 446 | Blitzschutz- und Erdungsanlagen [m² BGF] | 4,70 | **18,00** | 24,00 | 0,7% |
| **450** | **Kommunikations-, sicherheits- und informationstechnische Anlagen** | | | | |
| 451 | Telekommunikationsanlagen [m² BGF] | 4,70 | **6,90** | 9,00 | 0,2% |
| 454 | Elektroakustische Anlagen [m² BGF] | 7,20 | **9,50** | 12,00 | 0,2% |
| 456 | Gefahrenmelde- und Alarmanlagen [m² BGF] | 12,00 | **21,00** | 45,00 | 0,9% |
| 457 | Datenübertragungsnetze [m² BGF] | 3,30 | **14,00** | 37,00 | 0,4% |
| **460** | **Förderanlagen** | | | | |
| 461 | Aufzugsanlagen [m² BGF] | 15,00 | **41,00** | 90,00 | 1,0% |
| **470** | **Nutzungsspezifische und verfahrenstechnische Anlagen** | | | | |
| 471 | Küchentechnische Anlagen [m² BGF] | – | **103,00** | – | 0,8% |
| 475 | Prozesswärme-, kälte- und -luftanlagen [m² BGF] | – | **185,00** | – | 1,6% |
| 476 | Weitere nutzungsspezifische Anlagen [m² BGF] | 0,40 | **7,50** | 11,00 | 0,2% |
| **480** | **Gebäude- und Anlagenautomation** | | | | |
| 481 | Automationseinrichtungen [m² BGF] | 40,00 | **65,00** | 91,00 | 1,3% |
| **490** | **Sonstige Maßnahmen für technische Anlagen** | | | | |
| | **Sonstige Kostengruppen Bauwerk - Technische Anlagen** | | | | |
| | 413, 419, 429, 439, 442, 452, 453, 455, 474, 494 | | | | 0,3% |

| Kostengruppen | | ▷ | €/Einheit | ◁ | KG an 300+400 |
|---|---|---|---|---|---|
| **310** | **Baugrube / Erdbau** | | | | |
| 311 | Herstellung [m³] | 12,00 | **28,00** | 53,00 | 1,0% |
| **320** | **Gründung, Unterbau** | | | | |
| 321 | Baugrundverbesserung [m²] | 8,80 | **42,00** | 60,00 | 0,7% |
| 322 | Flachgründungen und Bodenplatten [m²] | 117,00 | **133,00** | 160,00 | 3,1% |
| 323 | Tiefgründungen [m²] | – | **333,00** | – | 1,0% |
| 324 | Gründungsbeläge [m²] | 112,00 | **124,00** | 146,00 | 2,4% |
| 325 | Abdichtungen und Bekleidungen [m²] | 18,00 | **80,00** | 145,00 | 1,1% |
| 326 | Dränagen [m²] | 6,80 | **14,00** | 27,00 | 0,2% |
| **330** | **Außenwände/Vertikale Baukonstruktionen, außen** | | | | |
| 331 | Tragende Außenwände [m²] | 111,00 | **181,00** | 225,00 | 3,2% |
| 332 | Nichttragende Außenwände [m²] | 90,00 | **151,00** | 213,00 | 0,1% |
| 333 | Außenstützen [m] | 123,00 | **150,00** | 177,00 | 0,3% |
| 334 | Außenwandöffnungen [m²] | 643,00 | **2.271,00** | 8.753,00 | 10,0% |
| 335 | Außenwandbekleidungen, außen [m²] | 106,00 | **199,00** | 282,00 | 5,2% |
| 336 | Außenwandbekleidungen, innen [m²] | 36,00 | **43,00** | 63,00 | 0,6% |
| 338 | Lichtschutz zur KG 330 [m²] | 132,00 | **184,00** | 260,00 | 1,1% |
| **340** | **Innenwände/Vertikale Baukonstruktionen, innen** | | | | |
| 341 | Tragende Innenwände [m²] | 107,00 | **177,00** | 225,00 | 5,2% |
| 342 | Nichttragende Innenwände [m²] | 97,00 | **107,00** | 114,00 | 1,8% |
| 343 | Innenstützen [m] | 152,00 | **192,00** | 266,00 | 0,2% |
| 344 | Innenwandöffnungen [m²] | 712,00 | **798,00** | 853,00 | 4,1% |
| 345 | Innenwandbekleidungen [m²] | 27,00 | **41,00** | 62,00 | 2,5% |
| 346 | Elementierte Innenwandkonstruktionen [m²] | 247,00 | **509,00** | 712,00 | 0,6% |
| 349 | Sonstiges zur KG 340 [m²] | 3,70 | **6,40** | 9,00 | 0,1% |
| **350** | **Decken/Horizontale Baukonstruktionen** | | | | |
| 351 | Deckenkonstruktionen [m²] | 158,00 | **191,00** | 212,00 | 5,9% |
| 353 | Deckenbeläge [m²] | 90,00 | **114,00** | 150,00 | 3,1% |
| 354 | Deckenbekleidungen [m²] | 98,00 | **120,00** | 157,00 | 3,0% |
| 355 | Elementierte Deckenkonstruktionen [m²] | – | **2.968,00** | – | 0,1% |
| 359 | Sonstiges zur KG 350 [m²] | 23,00 | **44,00** | 105,00 | 1,3% |
| **360** | **Dächer** | | | | |
| 361 | Dachkonstruktionen [m²] | 109,00 | **148,00** | 207,00 | 4,0% |
| 362 | Dachöffnungen [m²] | 1.410,00 | **2.083,00** | 4.387,00 | 0,7% |
| 363 | Dachbeläge [m²] | 135,00 | **157,00** | 185,00 | 4,4% |
| 364 | Dachbekleidungen [m²] | 70,00 | **112,00** | 153,00 | 2,6% |
| 369 | Sonstiges zur KG 360 [m²] | 4,10 | **7,40** | 9,90 | 0,2% |
| **370** | **Infrastrukturanlagen** | | | | |
| **380** | **Baukonstruktive Einbauten** | | | | |
| 381 | Allgemeine Einbauten [m² BGF] | 18,00 | **41,00** | 113,00 | 2,1% |
| 382 | Besondere Einbauten [m² BGF] | 0,40 | **7,10** | 11,00 | 0,2% |

**Kosten:**
Stand 1.Quartal 2020
Bundesdurchschnitt
inkl. 19% MwSt.

▷ von
ø Mittel
◁ bis

| Kostengruppen | | ▷ | €/Einheit | ◁ | KG an 300+400 |
|---|---|---|---|---|---|
| **390** | **Sonstige Maßnahmen für Baukonstruktionen** | | | | |
| 391 | Baustelleneinrichtung [m² BGF] | 31,00 | **45,00** | 66,00 | 2,5% |
| 392 | Gerüste [m² BGF] | 12,00 | **29,00** | 45,00 | 1,5% |
| 394 | Abbruchmaßnahmen [m² BGF] | – | **13,00** | – | 0,1% |
| 395 | Instandsetzungen [m² BGF] | – | **30,00** | – | 0,3% |
| 397 | Zusätzliche Maßnahmen [m² BGF] | 1,90 | **5,90** | 8,40 | 0,3% |
| | **Sonstige Kostengruppen Bauwerk - Baukonstruktion** | | | | |
| | 312, 313, 339, 347, 393, 396, 398, 399 | | | | 0,2% |
| **410** | **Abwasser-, Wasser-, Gasanlagen** | | | | |
| 411 | Abwasseranlagen [m² BGF] | 13,00 | **22,00** | 39,00 | 1,4% |
| 412 | Wasseranlagen [m² BGF] | 27,00 | **37,00** | 72,00 | 2,0% |
| **420** | **Wärmeversorgungsanlagen** | | | | |
| 421 | Wärmeerzeugungsanlagen [m² BGF] | 9,80 | **32,00** | 71,00 | 2,1% |
| 422 | Wärmeverteilnetze [m² BGF] | 15,00 | **28,00** | 45,00 | 1,5% |
| 423 | Raumheizflächen [m² BGF] | 23,00 | **37,00** | 57,00 | 2,1% |
| **430** | **Raumlufttechnische Anlagen** | | | | |
| 431 | Lüftungsanlagen [m² BGF] | 11,00 | **17,00** | 26,00 | 1,0% |
| **440** | **Elektrische Anlagen** | | | | |
| 442 | Eigenstromversorgungsanlagen [m² BGF] | 5,90 | **16,00** | 42,00 | 0,7% |
| 443 | Niederspannungsschaltanlagen [m² BGF] | – | **13,00** | – | 0,1% |
| 444 | Niederspannungsinstallationsanlagen [m² BGF] | 64,00 | **98,00** | 212,00 | 5,2% |
| 445 | Beleuchtungsanlagen [m² BGF] | 25,00 | **41,00** | 63,00 | 2,2% |
| 446 | Blitzschutz- und Erdungsanlagen [m² BGF] | 2,60 | **4,90** | 9,00 | 0,3% |
| **450** | **Kommunikations-, sicherheits- und informationstechnische Anlagen** | | | | |
| 451 | Telekommunikationsanlagen [m² BGF] | 2,10 | **5,60** | 19,00 | 0,3% |
| 454 | Elektroakustische Anlagen [m² BGF] | 2,50 | **6,00** | 13,00 | 0,2% |
| 456 | Gefahrenmelde- und Alarmanlagen [m² BGF] | 3,00 | **10,00** | 15,00 | 0,6% |
| 457 | Datenübertragungsnetze [m² BGF] | 4,80 | **10,00** | 12,00 | 0,5% |
| **460** | **Förderanlagen** | | | | |
| 461 | Aufzugsanlagen [m² BGF] | 14,00 | **29,00** | 40,00 | 1,6% |
| **470** | **Nutzungsspezifische und verfahrenstechnische Anlagen** | | | | |
| 471 | Küchentechnische Anlagen [m² BGF] | 5,80 | **8,40** | 11,00 | 0,2% |
| **480** | **Gebäude- und Anlagenautomation** | | | | |
| 481 | Automationseinrichtungen [m² BGF] | 6,00 | **16,00** | 28,00 | 0,7% |
| 482 | Schaltschränke, Automationsschwerpunkte [m² BGF] | 6,20 | **8,80** | 11,00 | 0,2% |
| **490** | **Sonstige Maßnahmen für technische Anlagen** | | | | |
| | **Sonstige Kostengruppen Bauwerk - Technische Anlagen** | | | | |
| | 413, 419, 429, 432, 452, 453, 455, 459, 474, 484, 485, 489, 491, 492, 494, 497, 498 | | | | 0,4% |

| Kostengruppen | | ▷ | €/Einheit | ◁ | KG an 300+400 |
|---|---|---|---|---|---|
| **310** | **Baugrube / Erdbau** | | | | |
| 311 | Herstellung [m3] | 21,00 | **23,00** | 24,00 | 1,6% |
| **320** | **Gründung, Unterbau** | | | | |
| 322 | Flachgründungen und Bodenplatten [m2] | 76,00 | **203,00** | 279,00 | 4,5% |
| 323 | Tiefgründungen [m2] | – | **440,00** | – | 0,6% |
| 324 | Gründungsbeläge [m2] | 61,00 | **128,00** | 165,00 | 1,9% |
| 325 | Abdichtungen und Bekleidungen [m2] | 52,00 | **70,00** | 106,00 | 1,7% |
| 326 | Dränagen [m2] | 21,00 | **33,00** | 44,00 | 0,4% |
| 329 | Sonstiges zur KG 320 [m2] | 18,00 | **23,00** | 27,00 | 0,3% |
| **330** | **Außenwände/Vertikale Baukonstruktionen, außen** | | | | |
| 331 | Tragende Außenwände [m2] | 168,00 | **218,00** | 247,00 | 3,7% |
| 333 | Außenstützen [m] | 133,00 | **149,00** | 182,00 | 0,5% |
| 334 | Außenwandöffnungen [m2] | 914,00 | **956,00** | 1.021,00 | 14,1% |
| 335 | Außenwandbekleidungen, außen [m2] | 205,00 | **255,00** | 346,00 | 4,1% |
| 336 | Außenwandbekleidungen, innen [m2] | 15,00 | **40,00** | 89,00 | 0,3% |
| 337 | Elementierte Außenwandkonstruktionen [m2] | – | **126,00** | – | 0,1% |
| 338 | Lichtschutz zur KG 330 [m2] | 112,00 | **139,00** | 190,00 | 0,9% |
| 339 | Sonstiges zur KG 330 [m2] | 2,60 | **11,00** | 26,00 | 0,3% |
| **340** | **Innenwände/Vertikale Baukonstruktionen, innen** | | | | |
| 341 | Tragende Innenwände [m2] | 191,00 | **224,00** | 243,00 | 2,8% |
| 342 | Nichttragende Innenwände [m2] | 113,00 | **172,00** | 282,00 | 2,0% |
| 343 | Innenstützen [m] | 153,00 | **282,00** | 351,00 | 0,8% |
| 344 | Innenwandöffnungen [m2] | 900,00 | **1.238,00** | 1.872,00 | 4,1% |
| 345 | Innenwandbekleidungen [m2] | 26,00 | **45,00** | 79,00 | 1,2% |
| 346 | Elementierte Innenwandkonstruktionen [m2] | 604,00 | **850,00** | 1.008,00 | 1,0% |
| 347 | Lichtschutz zur KG 340 [m2] | – | **833,00** | – | 0,1% |
| **350** | **Decken/Horizontale Baukonstruktionen** | | | | |
| 351 | Deckenkonstruktionen [m2] | 221,00 | **271,00** | 365,00 | 6,7% |
| 353 | Deckenbeläge [m2] | 118,00 | **144,00** | 158,00 | 3,0% |
| 354 | Deckenbekleidungen [m2] | 33,00 | **47,00** | 66,00 | 0,8% |
| 359 | Sonstiges zur KG 350 [m2] | 16,00 | **66,00** | 163,00 | 1,5% |
| **360** | **Dächer** | | | | |
| 361 | Dachkonstruktionen [m2] | 132,00 | **196,00** | 311,00 | 5,2% |
| 363 | Dachbeläge [m2] | 161,00 | **173,00** | 182,00 | 4,1% |
| 364 | Dachbekleidungen [m2] | 25,00 | **50,00** | 90,00 | 0,4% |
| 369 | Sonstiges zur KG 360 [m2] | 1,60 | **10,00** | 19,00 | 0,2% |
| **370** | **Infrastrukturanlagen** | | | | |
| **380** | **Baukonstruktive Einbauten** | | | | |
| 381 | Allgemeine Einbauten [m2 BGF] | 37,00 | **39,00** | 40,00 | 1,3% |
| 383 | Landschaftsgestalterische Einbauten [m2 BGF] | – | **8,50** | – | 0,1% |

**Kosten:**
Stand 1.Quartal 2020
Bundesdurchschnitt
inkl. 19% MwSt.

▷ von
ø Mittel
◁ bis

| Kostengruppen | | ▷ | €/Einheit | ◁ | KG an 300+400 |
|---|---|---|---|---|---|
| **390** | **Sonstige Maßnahmen für Baukonstruktionen** | | | | |
| 391 | Baustelleneinrichtung [m² BGF] | 9,70 | **40,00** | 56,00 | 2,0% |
| 392 | Gerüste [m² BGF] | 2,00 | **27,00** | 43,00 | 1,1% |
| 397 | Zusätzliche Maßnahmen [m² BGF] | 2,70 | **5,20** | 7,70 | 0,2% |
| | **Sonstige Kostengruppen Bauwerk - Baukonstruktion** | | | | |
| | 312, 332, 349, 362, 382, 394, 395, 398, 399 | | | | 0,3% |
| **410** | **Abwasser-, Wasser-, Gasanlagen** | | | | |
| 411 | Abwasseranlagen [m² BGF] | 36,00 | **47,00** | 58,00 | 1,6% |
| 412 | Wasseranlagen [m² BGF] | 22,00 | **23,00** | 23,00 | 0,8% |
| 419 | Sonstiges zur KG 410 [m² BGF] | – | **8,00** | – | 0,1% |
| **420** | **Wärmeversorgungsanlagen** | | | | |
| 421 | Wärmeerzeugungsanlagen [m² BGF] | 5,40 | **11,00** | 17,00 | 0,4% |
| 422 | Wärmeverteilnetze [m² BGF] | 11,00 | **21,00** | 30,00 | 0,8% |
| 423 | Raumheizflächen [m² BGF] | 15,00 | **23,00** | 32,00 | 0,9% |
| **430** | **Raumlufttechnische Anlagen** | | | | |
| 431 | Lüftungsanlagen [m² BGF] | 52,00 | **66,00** | 81,00 | 2,4% |
| **440** | **Elektrische Anlagen** | | | | |
| 441 | Hoch- und Mittelspannungsanlagen [m² BGF] | – | **6,40** | – | 0,1% |
| 443 | Niederspannungsschaltanlagen [m² BGF] | – | **20,00** | – | 0,3% |
| 444 | Niederspannungsinstallationsanlagen [m² BGF] | 63,00 | **122,00** | 240,00 | 5,3% |
| 445 | Beleuchtungsanlagen [m² BGF] | 21,00 | **49,00** | 64,00 | 2,1% |
| 446 | Blitzschutz- und Erdungsanlagen [m² BGF] | 1,20 | **4,00** | 5,40 | 0,2% |
| **450** | **Kommunikations-, sicherheits- und informationstechnische Anlagen** | | | | |
| 451 | Telekommunikationsanlagen [m² BGF] | 2,00 | **5,80** | 9,50 | 0,2% |
| 456 | Gefahrenmelde- und Alarmanlagen [m² BGF] | 0,10 | **8,20** | 16,00 | 0,2% |
| 457 | Datenübertragungsnetze [m² BGF] | – | **15,00** | – | 0,3% |
| **460** | **Förderanlagen** | | | | |
| 461 | Aufzugsanlagen [m² BGF] | 17,00 | **33,00** | 63,00 | 1,4% |
| **470** | **Nutzungsspezifische und verfahrenstechnische Anlagen** | | | | |
| 471 | Küchentechnische Anlagen [m² BGF] | 4,90 | **77,00** | 150,00 | 2,2% |
| 473 | Medienversorgungsanlagen, Medizin- und labortechnische Anlagen [m² BGF] | – | **12,00** | – | 0,2% |
| **480** | **Gebäude- und Anlagenautomation** | | | | |
| 481 | Automationseinrichtungen [m² BGF] | 13,00 | **53,00** | 93,00 | 1,6% |
| 482 | Schaltschränke, Automationsschwerpunkte [m² BGF] | – | **13,00** | – | 0,3% |
| **490** | **Sonstige Maßnahmen für technische Anlagen** | | | | |
| | **Sonstige Kostengruppen Bauwerk - Technische Anlagen** | | | | |
| | 413, 429, 442, 452, 455, 474, 476, 484, 492 | | | | 0,4% |

## Kindergärten, nicht unterkellert, einfacher Standard

**Kosten:**
Stand 1.Quartal 2020
Bundesdurchschnitt
inkl. 19% MwSt.

| Kostengruppen | | ▷ | €/Einheit | ◁ | KG an 300+400 |
|---|---|---|---|---|---|
| **310** | **Baugrube / Erdbau** | | | | |
| 311 | Herstellung [m³] | – | **34,00** | – | 0,8% |
| 319 | Sonstiges zur KG 310 [m³] | – | **2,20** | – | 0,1% |
| **320** | **Gründung, Unterbau** | | | | |
| 321 | Baugrundverbesserung [m²] | – | **51,00** | – | 3,6% |
| 322 | Flachgründungen und Bodenplatten [m²] | – | **125,00** | – | 9,0% |
| 324 | Gründungsbeläge [m²] | – | **114,00** | – | 7,7% |
| 325 | Abdichtungen und Bekleidungen [m²] | – | **7,40** | – | 0,5% |
| **330** | **Außenwände/Vertikale Baukonstruktionen, außen** | | | | |
| 331 | Tragende Außenwände [m²] | – | **111,00** | – | 4,4% |
| 334 | Außenwandöffnungen [m²] | – | **711,00** | – | 6,5% |
| 335 | Außenwandbekleidungen, außen [m²] | – | **177,00** | – | 7,0% |
| 336 | Außenwandbekleidungen, innen [m²] | – | **59,00** | – | 2,3% |
| 338 | Lichtschutz zur KG 330 [m²] | – | **170,00** | – | 1,5% |
| **340** | **Innenwände/Vertikale Baukonstruktionen, innen** | | | | |
| 341 | Tragende Innenwände [m²] | – | **132,00** | – | 4,6% |
| 342 | Nichttragende Innenwände [m²] | – | **83,00** | – | 1,3% |
| 343 | Innenstützen [m] | – | **155,00** | – | 0,1% |
| 344 | Innenwandöffnungen [m²] | – | **448,00** | – | 2,6% |
| 345 | Innenwandbekleidungen [m²] | – | **66,00** | – | 5,1% |
| 346 | Elementierte Innenwandkonstruktionen [m²] | – | **472,00** | – | 2,4% |
| **350** | **Decken/Horizontale Baukonstruktionen** | | | | |
| 351 | Deckenkonstruktionen [m²] | – | **405,00** | – | 2,4% |
| 353 | Deckenbeläge [m²] | – | **122,00** | – | 0,6% |
| 359 | Sonstiges zur KG 350 [m²] | – | **166,00** | – | 0,8% |
| **360** | **Dächer** | | | | |
| 361 | Dachkonstruktionen [m²] | – | **61,00** | – | 4,5% |
| 362 | Dachöffnungen [m²] | – | **869,00** | – | 0,3% |
| 363 | Dachbeläge [m²] | – | **83,00** | – | 6,2% |
| 364 | Dachbekleidungen [m²] | – | **80,00** | – | 5,6% |
| **370** | **Infrastrukturanlagen** | | | | |
| **380** | **Baukonstruktive Einbauten** | | | | |
| 381 | Allgemeine Einbauten [m² BGF] | – | **35,00** | – | 2,6% |
| 389 | Sonstiges zur KG 380 [m² BGF] | – | **8,40** | – | 0,6% |
| **390** | **Sonstige Maßnahmen für Baukonstruktionen** | | | | |
| 391 | Baustelleneinrichtung [m² BGF] | – | **2,40** | – | 0,2% |
| 392 | Gerüste [m² BGF] | – | **6,10** | – | 0,5% |

▷ von
ø Mittel
◁ bis

| Kostengruppen | ▷ | €/Einheit | ◁ | KG an 300+400 |
|---|---|---|---|---|
| **410 Abwasser-, Wasser-, Gasanlagen** | | | | |
| 411 Abwasseranlagen [m² BGF] | – | **20,00** | – | 1,6% |
| 412 Wasseranlagen [m² BGF] | – | **43,00** | – | 3,3% |
| **420 Wärmeversorgungsanlagen** | | | | |
| 421 Wärmeerzeugungsanlagen [m² BGF] | – | **11,00** | – | 0,9% |
| 422 Wärmeverteilnetze [m² BGF] | – | **16,00** | – | 1,2% |
| 423 Raumheizflächen [m² BGF] | – | **38,00** | – | 2,9% |
| **430 Raumlufttechnische Anlagen** | | | | |
| 431 Lüftungsanlagen [m² BGF] | – | **9,50** | – | 0,7% |
| **440 Elektrische Anlagen** | | | | |
| 444 Niederspannungsinstallationsanlagen [m² BGF] | – | **30,00** | – | 2,3% |
| 445 Beleuchtungsanlagen [m² BGF] | – | **39,00** | – | 3,0% |
| 446 Blitzschutz- und Erdungsanlagen [m² BGF] | – | **5,40** | – | 0,4% |
| **450 Kommunikations-, sicherheits- und informationstechnische Anlagen** | | | | |
| 452 Such- und Signalanlagen [m² BGF] | – | **0,60** | – | 0,0% |
| 456 Gefahrenmelde- und Alarmanlagen [m² BGF] | – | **4,50** | – | 0,3% |
| **460 Förderanlagen** | | | | |
| **470 Nutzungsspezifische und verfahrenstechnische Anlagen** | | | | |
| **480 Gebäude- und Anlagenautomation** | | | | |
| **490 Sonstige Maßnahmen für technische Anlagen** | | | | |

## Kindergärten, nicht unterkellert, mittlerer Standard

**Kosten:**
Stand 1.Quartal 2020
Bundesdurchschnitt
inkl. 19% MwSt.

| Kostengruppen | | ▷ | **€/Einheit** | ◁ | KG an 300+400 |
|---|---|---|---|---|---|
| **310** | **Baugrube / Erdbau** | | | | |
| 311 | Herstellung [m³] | 18,00 | **28,00** | 37,00 | 1,2% |
| **320** | **Gründung, Unterbau** | | | | |
| 321 | Baugrundverbesserung [m²] | 4,20 | **8,80** | 13,00 | 0,1% |
| 322 | Flachgründungen und Bodenplatten [m²] | 70,00 | **109,00** | 133,00 | 5,1% |
| 323 | Tiefgründungen [m²] | 23,00 | **38,00** | 53,00 | 0,5% |
| 324 | Gründungsbeläge [m²] | 115,00 | **145,00** | 189,00 | 6,1% |
| 325 | Abdichtungen und Bekleidungen [m²] | 19,00 | **35,00** | 54,00 | 1,6% |
| **330** | **Außenwände/Vertikale Baukonstruktionen, außen** | | | | |
| 331 | Tragende Außenwände [m²] | 127,00 | **143,00** | 164,00 | 4,9% |
| 332 | Nichttragende Außenwände [m²] | 124,00 | **167,00** | 214,00 | 0,3% |
| 333 | Außenstützen [m] | 127,00 | **159,00** | 295,00 | 0,2% |
| 334 | Außenwandöffnungen [m²] | 589,00 | **709,00** | 1.103,00 | 8,7% |
| 335 | Außenwandbekleidungen, außen [m²] | 121,00 | **167,00** | 210,00 | 6,6% |
| 336 | Außenwandbekleidungen, innen [m²] | 33,00 | **47,00** | 63,00 | 1,5% |
| 338 | Lichtschutz zur KG 330 [m²] | 177,00 | **287,00** | 547,00 | 1,3% |
| 339 | Sonstiges zur KG 330 [m²] | 13,00 | **26,00** | 50,00 | 0,4% |
| **340** | **Innenwände/Vertikale Baukonstruktionen, innen** | | | | |
| 341 | Tragende Innenwände [m²] | 86,00 | **98,00** | 115,00 | 3,9% |
| 342 | Nichttragende Innenwände [m²] | 57,00 | **70,00** | 88,00 | 0,9% |
| 344 | Innenwandöffnungen [m²] | 546,00 | **735,00** | 1.090,00 | 4,1% |
| 345 | Innenwandbekleidungen [m²] | 42,00 | **61,00** | 171,00 | 3,9% |
| 346 | Elementierte Innenwandkonstruktionen [m²] | 284,00 | **440,00** | 897,00 | 0,9% |
| 349 | Sonstiges zur KG 340 [m²] | 1,80 | **5,50** | 13,00 | 0,1% |
| **350** | **Decken/Horizontale Baukonstruktionen** | | | | |
| 351 | Deckenkonstruktionen [m²] | 164,00 | **182,00** | 194,00 | 1,8% |
| 353 | Deckenbeläge [m²] | 81,00 | **110,00** | 126,00 | 1,0% |
| 354 | Deckenbekleidungen [m²] | 51,00 | **65,00** | 72,00 | 0,6% |
| 359 | Sonstiges zur KG 350 [m²] | 20,00 | **50,00** | 95,00 | 0,5% |
| **360** | **Dächer** | | | | |
| 361 | Dachkonstruktionen [m²] | 82,00 | **123,00** | 162,00 | 6,6% |
| 362 | Dachöffnungen [m²] | 1.301,00 | **1.705,00** | 2.217,00 | 0,7% |
| 363 | Dachbeläge [m²] | 107,00 | **128,00** | 142,00 | 7,0% |
| 364 | Dachbekleidungen [m²] | 62,00 | **81,00** | 102,00 | 3,6% |
| 369 | Sonstiges zur KG 360 [m²] | 4,00 | **4,70** | 6,40 | 0,1% |
| **370** | **Infrastrukturanlagen** | | | | |
| **380** | **Baukonstruktive Einbauten** | | | | |
| 381 | Allgemeine Einbauten [m² BGF] | 38,00 | **64,00** | 127,00 | 1,6% |

▷ von
ø Mittel
◁ bis

## Kindergärten, nicht unterkellert, mittlerer Standard

| Kostengruppen | | ▷ | €/Einheit | ◁ | KG an 300+400 |
|---|---|---|---|---|---|
| **390** | **Sonstige Maßnahmen für Baukonstruktionen** | | | | |
| 391 | Baustelleneinrichtung [m² BGF] | 13,00 | **28,00** | 42,00 | 1,4% |
| 392 | Gerüste [m² BGF] | 7,00 | **15,00** | 24,00 | 0,9% |
| 397 | Zusätzliche Maßnahmen [m² BGF] | 3,50 | **12,00** | 24,00 | 0,4% |
| 399 | Sonstiges zur KG 390 [m² BGF] | 4,50 | **6,60** | 8,80 | 0,1% |
| | **Sonstige Kostengruppen Bauwerk - Baukonstruktion** | | | | |
| | 312, 343, 366, 382, 386, 394, 395, 396, 398 | | | | 0,2% |
| **410** | **Abwasser-, Wasser-, Gasanlagen** | | | | |
| 411 | Abwasseranlagen [m² BGF] | 12,00 | **25,00** | 38,00 | 1,5% |
| 412 | Wasseranlagen [m² BGF] | 37,00 | **59,00** | 73,00 | 3,5% |
| 419 | Sonstiges zur KG 410 [m² BGF] | 4,80 | **7,30** | 9,70 | 0,3% |
| **420** | **Wärmeversorgungsanlagen** | | | | |
| 421 | Wärmeerzeugungsanlagen [m² BGF] | 19,00 | **40,00** | 94,00 | 2,3% |
| 422 | Wärmeverteilnetze [m² BGF] | 10,00 | **16,00** | 20,00 | 0,6% |
| 423 | Raumheizflächen [m² BGF] | 18,00 | **21,00** | 22,00 | 0,9% |
| **430** | **Raumlufttechnische Anlagen** | | | | |
| 431 | Lüftungsanlagen [m² BGF] | 17,00 | **49,00** | 132,00 | 2,0% |
| **440** | **Elektrische Anlagen** | | | | |
| 443 | Niederspannungsschaltanlagen [m² BGF] | – | **8,90** | – | 0,1% |
| 444 | Niederspannungsinstallationsanlagen [m² BGF] | 43,00 | **63,00** | 100,00 | 3,6% |
| 445 | Beleuchtungsanlagen [m² BGF] | 31,00 | **54,00** | 116,00 | 2,7% |
| 446 | Blitzschutz- und Erdungsanlagen [m² BGF] | 6,70 | **13,00** | 27,00 | 0,7% |
| **450** | **Kommunikations-, sicherheits- und informationstechnische Anlagen** | | | | |
| 451 | Telekommunikationsanlagen [m² BGF] | 1,70 | **5,90** | 14,00 | 0,1% |
| 452 | Such- und Signalanlagen [m² BGF] | 1,60 | **2,50** | 4,20 | 0,1% |
| 454 | Elektroakustische Anlagen [m² BGF] | – | **15,00** | – | 0,1% |
| 456 | Gefahrenmelde- und Alarmanlagen [m² BGF] | 8,10 | **15,00** | 30,00 | 0,6% |
| 457 | Datenübertragungsnetze [m² BGF] | 3,40 | **7,00** | 11,00 | 0,3% |
| **460** | **Förderanlagen** | | | | |
| 461 | Aufzugsanlagen [m² BGF] | – | **36,00** | – | 0,3% |
| **470** | **Nutzungsspezifische und verfahrenstechnische Anlagen** | | | | |
| **480** | **Gebäude- und Anlagenautomation** | | | | |
| 481 | Automationseinrichtungen [m² BGF] | – | **36,00** | – | 0,2% |
| 482 | Schaltschränke, Automationsschwerpunkte [m² BGF] | – | **17,00** | – | 0,1% |
| 483 | Automationsmanagement [m² BGF] | – | **13,00** | – | 0,1% |
| **490** | **Sonstige Maßnahmen für technische Anlagen** | | | | |
| | **Sonstige Kostengruppen Bauwerk - Technische Anlagen** | | | | |
| | 413, 429, 442, 449, 455, 474, 484, 491, 492, 495, 497 | | | | 0,3% |

## Kindergärten, nicht unterkellert, hoher Standard

**Kosten:**
Stand 1.Quartal 2020
Bundesdurchschnitt
inkl. 19% MwSt.

| Kostengruppen | | ▷ | €/Einheit | ◁ | KG an 300+400 |
|---|---|---|---|---|---|
| **310** | **Baugrube / Erdbau** | | | | |
| 311 | Herstellung [m³] | 5,60 | **19,00** | 33,00 | 0,1% |
| **320** | **Gründung, Unterbau** | | | | |
| 321 | Baugrundverbesserung [m²] | 22,00 | **50,00** | 79,00 | 2,4% |
| 322 | Flachgründungen und Bodenplatten [m²] | 80,00 | **80,00** | 81,00 | 3,7% |
| 324 | Gründungsbeläge [m²] | 136,00 | **139,00** | 143,00 | 5,5% |
| 325 | Abdichtungen und Bekleidungen [m²] | 41,00 | **44,00** | 46,00 | 2,0% |
| 326 | Dränagen [m²] | – | **8,10** | – | 0,2% |
| 329 | Sonstiges zur KG 320 [m²] | – | **9,70** | – | 0,2% |
| **330** | **Außenwände/Vertikale Baukonstruktionen, außen** | | | | |
| 331 | Tragende Außenwände [m²] | 172,00 | **216,00** | 261,00 | 5,2% |
| 333 | Außenstützen [m] | 192,00 | **196,00** | 200,00 | 0,4% |
| 334 | Außenwandöffnungen [m²] | 586,00 | **739,00** | 892,00 | 11,2% |
| 335 | Außenwandbekleidungen, außen [m²] | 111,00 | **112,00** | 114,00 | 3,5% |
| 336 | Außenwandbekleidungen, innen [m²] | 34,00 | **38,00** | 42,00 | 0,8% |
| 338 | Lichtschutz zur KG 330 [m²] | – | **514,00** | – | 1,3% |
| **340** | **Innenwände/Vertikale Baukonstruktionen, innen** | | | | |
| 341 | Tragende Innenwände [m²] | 107,00 | **148,00** | 189,00 | 5,1% |
| 342 | Nichttragende Innenwände [m²] | 50,00 | **64,00** | 78,00 | 0,5% |
| 343 | Innenstützen [m] | – | **18,00** | – | 0,0% |
| 344 | Innenwandöffnungen [m²] | 495,00 | **558,00** | 621,00 | 2,5% |
| 345 | Innenwandbekleidungen [m²] | 37,00 | **40,00** | 44,00 | 3,4% |
| 346 | Elementierte Innenwandkonstruktionen [m²] | 537,00 | **639,00** | 740,00 | 2,4% |
| 349 | Sonstiges zur KG 340 [m²] | – | **4,20** | – | 0,1% |
| **350** | **Decken/Horizontale Baukonstruktionen** | | | | |
| 351 | Deckenkonstruktionen [m²] | 187,00 | **254,00** | 320,00 | 2,0% |
| 352 | Deckenöffnungen [m²] | – | **689,00** | – | 0,3% |
| 353 | Deckenbeläge [m²] | 29,00 | **67,00** | 106,00 | 0,5% |
| 354 | Deckenbekleidungen [m²] | 48,00 | **61,00** | 75,00 | 0,4% |
| 355 | Elementierte Deckenkonstruktionen [m²] | – | **2.183,00** | – | 0,4% |
| 359 | Sonstiges zur KG 350 [m²] | 61,00 | **113,00** | 164,00 | 0,9% |
| **360** | **Dächer** | | | | |
| 361 | Dachkonstruktionen [m²] | 106,00 | **128,00** | 151,00 | 7,5% |
| 362 | Dachöffnungen [m²] | 1.261,00 | **1.969,00** | 2.677,00 | 2,2% |
| 363 | Dachbeläge [m²] | 91,00 | **109,00** | 127,00 | 6,6% |
| 364 | Dachbekleidungen [m²] | 82,00 | **114,00** | 146,00 | 5,7% |
| 366 | Lichtschutz zur KG 360 [m²] | – | **0,00** | – | 0,2% |
| 369 | Sonstiges zur KG 360 [m²] | 19,00 | **21,00** | 22,00 | 1,3% |
| **370** | **Infrastrukturanlagen** | | | | |
| **380** | **Baukonstruktive Einbauten** | | | | |
| 381 | Allgemeine Einbauten [m² BGF] | – | **73,00** | – | 2,0% |

▷ von
ø Mittel
◁ bis

## Kindergärten, nicht unterkellert, hoher Standard

| Kostengruppen | | ▷ | €/Einheit | ◁ | KG an 300+400 |
|---|---|---|---|---|---|
| **390** | **Sonstige Maßnahmen für Baukonstruktionen** | | | | |
| 391 | Baustelleneinrichtung [m² BGF] | 25,00 | **33,00** | 41,00 | 1,9% |
| 392 | Gerüste [m² BGF] | – | **9,40** | – | 0,3% |
| 395 | Instandsetzungen [m² BGF] | – | **1,30** | – | 0,0% |
| 397 | Zusätzliche Maßnahmen [m² BGF] | – | **2,00** | – | 0,1% |
| **410** | **Abwasser-, Wasser-, Gasanlagen** | | | | |
| 411 | Abwasseranlagen [m² BGF] | 9,10 | **10,00** | 11,00 | 0,6% |
| 412 | Wasseranlagen [m² BGF] | 44,00 | **54,00** | 63,00 | 3,0% |
| **420** | **Wärmeversorgungsanlagen** | | | | |
| 421 | Wärmeerzeugungsanlagen [m² BGF] | 20,00 | **26,00** | 31,00 | 1,4% |
| 422 | Wärmeverteilnetze [m² BGF] | 10,00 | **19,00** | 28,00 | 1,1% |
| 423 | Raumheizflächen [m² BGF] | 3,50 | **29,00** | 55,00 | 1,7% |
| 429 | Sonstiges zur KG 420 [m² BGF] | – | **13,00** | – | 0,4% |
| **430** | **Raumlufttechnische Anlagen** | | | | |
| 431 | Lüftungsanlagen [m² BGF] | 0,20 | **49,00** | 97,00 | 2,7% |
| **440** | **Elektrische Anlagen** | | | | |
| 443 | Niederspannungsschaltanlagen [m² BGF] | – | **7,10** | – | 0,2% |
| 444 | Niederspannungsinstallationsanlagen [m² BGF] | 26,00 | **29,00** | 32,00 | 1,6% |
| 445 | Beleuchtungsanlagen [m² BGF] | 47,00 | **54,00** | 61,00 | 3,1% |
| 446 | Blitzschutz- und Erdungsanlagen [m² BGF] | 2,10 | **3,80** | 5,60 | 0,2% |
| **450** | **Kommunikations-, sicherheits- und informationstechnische Anlagen** | | | | |
| 451 | Telekommunikationsanlagen [m² BGF] | – | **2,80** | – | 0,1% |
| 452 | Such- und Signalanlagen [m² BGF] | – | **0,70** | – | 0,0% |
| 455 | Audiovisuelle Medien- und Antennenanlagen [m² BGF] | – | **3,70** | – | 0,1% |
| 456 | Gefahrenmelde- und Alarmanlagen [m² BGF] | – | **15,00** | – | 0,4% |
| **460** | **Förderanlagen** | | | | |
| **470** | **Nutzungsspezifische und verfahrenstechnische Anlagen** | | | | |
| 471 | Küchentechnische Anlagen [m² BGF] | – | **30,00** | – | 0,9% |
| 474 | Feuerlöschanlagen [m² BGF] | – | **0,30** | – | 0,0% |
| **480** | **Gebäude- und Anlagenautomation** | | | | |
| **490** | **Sonstige Maßnahmen für technische Anlagen** | | | | |
| 495 | Instandsetzungen [m² BGF] | – | **0,90** | – | 0,0% |

| Kostengruppen | | ▷ | €/Einheit | ◁ | KG an 300+400 |
|---|---|---|---|---|---|
| **310** | **Baugrube / Erdbau** | | | | |
| 311 | Herstellung [m³] | 26,00 | **43,00** | 89,00 | 1,3% |
| **320** | **Gründung, Unterbau** | | | | |
| 321 | Baugrundverbesserung [m²] | 4,50 | **21,00** | 38,00 | 0,2% |
| 322 | Flachgründungen und Bodenplatten [m²] | 86,00 | **125,00** | 204,00 | 6,6% |
| 324 | Gründungsbeläge [m²] | 84,00 | **110,00** | 147,00 | 4,5% |
| 325 | Abdichtungen und Bekleidungen [m²] | 18,00 | **32,00** | 42,00 | 1,0% |
| **330** | **Außenwände/Vertikale Baukonstruktionen, außen** | | | | |
| 331 | Tragende Außenwände [m²] | 146,00 | **193,00** | 277,00 | 3,2% |
| 332 | Nichttragende Außenwände [m²] | 125,00 | **149,00** | 174,00 | 0,1% |
| 334 | Außenwandöffnungen [m²] | 536,00 | **719,00** | 885,00 | 9,0% |
| 335 | Außenwandbekleidungen, außen [m²] | 121,00 | **169,00** | 242,00 | 6,4% |
| 336 | Außenwandbekleidungen, innen [m²] | 40,00 | **43,00** | 52,00 | 1,4% |
| 337 | Elementierte Außenwandkonstruktionen [m²] | 155,00 | **170,00** | 184,00 | 3,3% |
| 338 | Lichtschutz zur KG 330 [m²] | 158,00 | **231,00** | 486,00 | 1,5% |
| 339 | Sonstiges zur KG 330 [m²] | 3,20 | **7,10** | 11,00 | 0,1% |
| **340** | **Innenwände/Vertikale Baukonstruktionen, innen** | | | | |
| 341 | Tragende Innenwände [m²] | 100,00 | **139,00** | 209,00 | 2,2% |
| 342 | Nichttragende Innenwände [m²] | 69,00 | **110,00** | 190,00 | 1,6% |
| 344 | Innenwandöffnungen [m²] | 516,00 | **765,00** | 949,00 | 4,0% |
| 345 | Innenwandbekleidungen [m²] | 21,00 | **30,00** | 43,00 | 2,4% |
| 346 | Elementierte Innenwandkonstruktionen [m²] | 167,00 | **456,00** | 881,00 | 3,4% |
| **350** | **Decken/Horizontale Baukonstruktionen** | | | | |
| 351 | Deckenkonstruktionen [m²] | 271,00 | **503,00** | 764,00 | 3,4% |
| 353 | Deckenbeläge [m²] | 79,00 | **118,00** | 151,00 | 0,8% |
| 354 | Deckenbekleidungen [m²] | 55,00 | **111,00** | 150,00 | 0,5% |
| 355 | Elementierte Deckenkonstruktionen [m²] | – | **589,00** | – | 0,2% |
| 359 | Sonstiges zur KG 350 [m²] | 47,00 | **50,00** | 52,00 | 0,4% |
| **360** | **Dächer** | | | | |
| 361 | Dachkonstruktionen [m²] | 132,00 | **177,00** | 234,00 | 6,1% |
| 362 | Dachöffnungen [m²] | 994,00 | **1.529,00** | 2.246,00 | 0,9% |
| 363 | Dachbeläge [m²] | 92,00 | **127,00** | 174,00 | 6,7% |
| 364 | Dachbekleidungen [m²] | 26,00 | **66,00** | 101,00 | 1,9% |
| 365 | Elementierte Dachkonstruktionen [m²] | 138,00 | **141,00** | 144,00 | 2,7% |
| 369 | Sonstiges zur KG 360 [m²] | 2,70 | **6,80** | 15,00 | 0,3% |
| **370** | **Infrastrukturanlagen** | | | | |
| **380** | **Baukonstruktive Einbauten** | | | | |
| 381 | Allgemeine Einbauten [m² BGF] | 43,00 | **55,00** | 78,00 | 2,7% |
| **390** | **Sonstige Maßnahmen für Baukonstruktionen** | | | | |
| 391 | Baustelleneinrichtung [m² BGF] | 18,00 | **31,00** | 48,00 | 1,8% |
| 392 | Gerüste [m² BGF] | 12,00 | **16,00** | 22,00 | 0,7% |
| 397 | Zusätzliche Maßnahmen [m² BGF] | 3,50 | **7,10** | 13,00 | 0,3% |

**Kosten:**
Stand 1.Quartal 2020
Bundesdurchschnitt
inkl. 19% MwSt.

▷ von
ø Mittel
◁ bis

| Kostengruppen | | ▷ | €/Einheit | ◁ | KG an 300+400 |
|---|---|---|---|---|---|
| | **Sonstige Kostengruppen Bauwerk - Baukonstruktion** | | | | |
| | 326, 329, 333, 343, 349, 386, 387, 389, 395, 398, 399 | | | | 0,4% |
| **410** | **Abwasser-, Wasser-, Gasanlagen** | | | | |
| 411 | Abwasseranlagen [m² BGF] | 15,00 | **24,00** | 43,00 | 1,3% |
| 412 | Wasseranlagen [m² BGF] | 37,00 | **52,00** | 64,00 | 3,1% |
| 419 | Sonstiges zur KG 410 [m² BGF] | 5,90 | **8,60** | 12,00 | 0,5% |
| **420** | **Wärmeversorgungsanlagen** | | | | |
| 421 | Wärmeerzeugungsanlagen [m² BGF] | 17,00 | **32,00** | 53,00 | 1,9% |
| 422 | Wärmeverteilnetze [m² BGF] | 12,00 | **17,00** | 20,00 | 1,0% |
| 423 | Raumheizflächen [m² BGF] | 22,00 | **30,00** | 73,00 | 1,8% |
| **430** | **Raumlufttechnische Anlagen** | | | | |
| 431 | Lüftungsanlagen [m² BGF] | 13,00 | **27,00** | 53,00 | 1,0% |
| **440** | **Elektrische Anlagen** | | | | |
| 442 | Eigenstromversorgungsanlagen [m² BGF] | – | **39,00** | – | 0,3% |
| 444 | Niederspannungsinstallationsanlagen [m² BGF] | 24,00 | **47,00** | 58,00 | 2,7% |
| 445 | Beleuchtungsanlagen [m² BGF] | 17,00 | **41,00** | 61,00 | 2,3% |
| 446 | Blitzschutz- und Erdungsanlagen [m² BGF] | 5,10 | **9,80** | 17,00 | 0,6% |
| **450** | **Kommunikations-, sicherheits- und informationstechnische Anlagen** | | | | |
| 452 | Such- und Signalanlagen [m² BGF] | 1,50 | **2,70** | 4,50 | 0,1% |
| 456 | Gefahrenmelde- und Alarmanlagen [m² BGF] | 5,20 | **13,00** | 23,00 | 0,6% |
| 457 | Datenübertragungsnetze [m² BGF] | 2,60 | **5,80** | 21,00 | 0,3% |
| **460** | **Förderanlagen** | | | | |
| 461 | Aufzugsanlagen [m² BGF] | – | **38,00** | – | 0,3% |
| **470** | **Nutzungsspezifische und verfahrenstechnische Anlagen** | | | | |
| **480** | **Gebäude- und Anlagenautomation** | | | | |
| 481 | Automationseinrichtungen [m² BGF] | 4,30 | **13,00** | 21,00 | 0,2% |
| **490** | **Sonstige Maßnahmen für technische Anlagen** | | | | |
| | **Sonstige Kostengruppen Bauwerk - Technische Anlagen** | | | | |
| | 429, 451, 455, 474, 485, 497 | | | | 0,1% |

# Kindergärten, unterkellert

**Kosten:**
Stand 1.Quartal 2020
Bundesdurchschnitt
inkl. 19% MwSt.

| Kostengruppen | | ▷ | €/Einheit | ◁ | KG an 300+400 |
|---|---|---|---|---|---|
| **310** | **Baugrube / Erdbau** | | | | |
| 311 | Herstellung [m³] | 14,00 | **26,00** | 32,00 | 2,5% |
| 312 | Umschließung [m²] | 3,60 | **4,10** | 4,70 | 0,0% |
| **320** | **Gründung, Unterbau** | | | | |
| 322 | Flachgründungen und Bodenplatten [m²] | 109,00 | **130,00** | 166,00 | 5,1% |
| 324 | Gründungsbeläge [m²] | 127,00 | **138,00** | 145,00 | 4,6% |
| 325 | Abdichtungen und Bekleidungen [m²] | 32,00 | **51,00** | 89,00 | 2,3% |
| **330** | **Außenwände/Vertikale Baukonstruktionen, außen** | | | | |
| 331 | Tragende Außenwände [m²] | 145,00 | **150,00** | 153,00 | 5,4% |
| 332 | Nichttragende Außenwände [m²] | – | **113,00** | – | 0,3% |
| 333 | Außenstützen [m] | – | **61,00** | – | 0,0% |
| 334 | Außenwandöffnungen [m²] | 663,00 | **733,00** | 861,00 | 8,1% |
| 335 | Außenwandbekleidungen, außen [m²] | 119,00 | **144,00** | 186,00 | 6,0% |
| 336 | Außenwandbekleidungen, innen [m²] | 38,00 | **39,00** | 40,00 | 1,4% |
| 338 | Lichtschutz zur KG 330 [m²] | 234,00 | **247,00** | 259,00 | 1,1% |
| 339 | Sonstiges zur KG 330 [m²] | 6,10 | **15,00** | 33,00 | 0,7% |
| **340** | **Innenwände/Vertikale Baukonstruktionen, innen** | | | | |
| 341 | Tragende Innenwände [m²] | 88,00 | **117,00** | 132,00 | 4,8% |
| 342 | Nichttragende Innenwände [m²] | 66,00 | **109,00** | 193,00 | 0,9% |
| 344 | Innenwandöffnungen [m²] | 534,00 | **686,00** | 762,00 | 3,3% |
| 345 | Innenwandbekleidungen [m²] | 24,00 | **40,00** | 50,00 | 3,7% |
| 346 | Elementierte Innenwandkonstruktionen [m²] | 194,00 | **284,00** | 345,00 | 0,4% |
| 349 | Sonstiges zur KG 340 [m²] | 0,30 | **1,80** | 3,20 | 0,1% |
| **350** | **Decken/Horizontale Baukonstruktionen** | | | | |
| 351 | Deckenkonstruktionen [m²] | 137,00 | **187,00** | 275,00 | 2,6% |
| 353 | Deckenbeläge [m²] | 85,00 | **93,00** | 105,00 | 1,2% |
| 354 | Deckenbekleidungen [m²] | 29,00 | **75,00** | 164,00 | 0,5% |
| 359 | Sonstiges zur KG 350 [m²] | 47,00 | **123,00** | 200,00 | 0,7% |
| **360** | **Dächer** | | | | |
| 361 | Dachkonstruktionen [m²] | 79,00 | **115,00** | 137,00 | 5,1% |
| 362 | Dachöffnungen [m²] | 742,00 | **3.000,00** | 5.259,00 | 0,2% |
| 363 | Dachbeläge [m²] | 126,00 | **190,00** | 302,00 | 7,6% |
| 364 | Dachbekleidungen [m²] | 87,00 | **92,00** | 95,00 | 3,7% |
| 369 | Sonstiges zur KG 360 [m²] | 5,20 | **12,00** | 19,00 | 0,3% |
| **370** | **Infrastrukturanlagen** | | | | |
| **380** | **Baukonstruktive Einbauten** | | | | |
| 381 | Allgemeine Einbauten [m² BGF] | 17,00 | **71,00** | 99,00 | 4,2% |
| 382 | Besondere Einbauten [m² BGF] | – | **2,90** | – | 0,1% |
| 386 | Orientierungs- und Informationssysteme [m² BGF] | – | **11,00** | – | 0,2% |

▷ von
ø Mittel
◁ bis

| Kostengruppen | | ▷ | €/Einheit | ◁ | KG an 300+400 |
|---|---|---|---|---|---|
| **390** | **Sonstige Maßnahmen für Baukonstruktionen** | | | | |
| 391 | Baustelleneinrichtung [m² BGF] | 51,00 | **59,00** | 73,00 | 3,3% |
| 392 | Gerüste [m² BGF] | 12,00 | **15,00** | 16,00 | 0,8% |
| 394 | Abbruchmaßnahmen [m² BGF] | – | **2,70** | – | 0,0% |
| 395 | Instandsetzungen [m² BGF] | 1,60 | **4,70** | 7,80 | 0,2% |
| 396 | Materialentsorgung [m² BGF] | – | **3,40** | – | 0,1% |
| 397 | Zusätzliche Maßnahmen [m² BGF] | 4,10 | **9,30** | 13,00 | 0,5% |
| **410** | **Abwasser-, Wasser-, Gasanlagen** | | | | |
| 411 | Abwasseranlagen [m² BGF] | 21,00 | **26,00** | 29,00 | 1,5% |
| 412 | Wasseranlagen [m² BGF] | 35,00 | **50,00** | 81,00 | 2,7% |
| 419 | Sonstiges zur KG 410 [m² BGF] | 4,30 | **5,20** | 6,10 | 0,2% |
| **420** | **Wärmeversorgungsanlagen** | | | | |
| 421 | Wärmeerzeugungsanlagen [m² BGF] | 9,80 | **25,00** | 54,00 | 1,4% |
| 422 | Wärmeverteilnetze [m² BGF] | 17,00 | **20,00** | 24,00 | 1,1% |
| 423 | Raumheizflächen [m² BGF] | 16,00 | **29,00** | 36,00 | 1,7% |
| 429 | Sonstiges zur KG 420 [m² BGF] | 1,20 | **2,40** | 3,70 | 0,1% |
| **430** | **Raumlufttechnische Anlagen** | | | | |
| 431 | Lüftungsanlagen [m² BGF] | 3,30 | **36,00** | 102,00 | 1,7% |
| **440** | **Elektrische Anlagen** | | | | |
| 444 | Niederspannungsinstallationsanlagen [m² BGF] | 33,00 | **66,00** | 128,00 | 3,4% |
| 445 | Beleuchtungsanlagen [m² BGF] | 31,00 | **47,00** | 74,00 | 2,5% |
| 446 | Blitzschutz- und Erdungsanlagen [m² BGF] | 0,50 | **6,40** | 10,00 | 0,3% |
| **450** | **Kommunikations-, sicherheits- und informationstechnische Anlagen** | | | | |
| 451 | Telekommunikationsanlagen [m² BGF] | 2,90 | **4,20** | 5,40 | 0,1% |
| 452 | Such- und Signalanlagen [m² BGF] | 1,10 | **3,40** | 7,50 | 0,2% |
| 453 | Zeitdienstanlagen [m² BGF] | – | **0,40** | – | 0,0% |
| 455 | Audiovisuelle Medien- und Antennenanlagen [m² BGF] | – | **0,50** | – | 0,0% |
| 456 | Gefahrenmelde- und Alarmanlagen [m² BGF] | 2,20 | **4,70** | 8,90 | 0,3% |
| 457 | Datenübertragungsnetze [m² BGF] | 0,40 | **3,10** | 4,80 | 0,2% |
| **460** | **Förderanlagen** | | | | |
| **470** | **Nutzungsspezifische und verfahrenstechnische Anlagen** | | | | |
| 474 | Feuerlöschanlagen [m² BGF] | 0,80 | **1,00** | 1,10 | 0,1% |
| **480** | **Gebäude- und Anlagenautomation** | | | | |
| 481 | Automationseinrichtungen [m² BGF] | – | **8,60** | – | 0,1% |
| 482 | Schaltschränke, Automationsschwerpunkte [m² BGF] | – | **19,00** | – | 0,3% |
| 485 | Datenübertragungsnetze [m² BGF] | – | **6,40** | – | 0,1% |
| **490** | **Sonstige Maßnahmen für technische Anlagen** | | | | |
| 491 | Baustelleneinrichtung [m² BGF] | – | **0,50** | – | 0,0% |
| 492 | Gerüste [m² BGF] | – | **1,90** | – | 0,0% |
| 495 | Instandsetzungen [m² BGF] | 1,00 | **3,20** | 5,50 | 0,1% |
| 497 | Zusätzliche Maßnahmen [m² BGF] | – | **0,20** | – | 0,0% |

**Kosten:**
Stand 1.Quartal 2020
Bundesdurchschnitt
inkl. 19% MwSt.

| Kostengruppen | | ▷ | €/Einheit | ◁ | KG an 300+400 |
|---|---|---|---|---|---|
| **310** | **Baugrube / Erdbau** | | | | |
| 311 | Herstellung [m3] | 13,00 | **28,00** | 43,00 | 2,2% |
| 312 | Umschließung [m2] | – | **2,60** | – | 0,0% |
| **320** | **Gründung, Unterbau** | | | | |
| 321 | Baugrundverbesserung [m2] | – | **26,00** | – | 0,4% |
| 322 | Flachgründungen und Bodenplatten [m2] | 124,00 | **150,00** | 199,00 | 6,5% |
| 324 | Gründungsbeläge [m2] | 118,00 | **154,00** | 176,00 | 5,8% |
| 325 | Abdichtungen und Bekleidungen [m2] | 8,10 | **14,00** | 17,00 | 0,6% |
| 326 | Dränagen [m2] | 3,70 | **6,30** | 8,90 | 0,2% |
| 329 | Sonstiges zur KG 320 [m2] | – | **4,30** | – | 0,1% |
| **330** | **Außenwände/Vertikale Baukonstruktionen, außen** | | | | |
| 331 | Tragende Außenwände [m2] | 164,00 | **171,00** | 183,00 | 4,7% |
| 333 | Außenstützen [m] | – | **332,00** | – | 0,2% |
| 334 | Außenwandöffnungen [m2] | 627,00 | **731,00** | 784,00 | 15,3% |
| 335 | Außenwandbekleidungen, außen [m2] | 69,00 | **95,00** | 144,00 | 2,9% |
| 336 | Außenwandbekleidungen, innen [m2] | 7,30 | **42,00** | 67,00 | 1,1% |
| 338 | Lichtschutz zur KG 330 [m2] | – | **166,00** | – | 0,3% |
| **340** | **Innenwände/Vertikale Baukonstruktionen, innen** | | | | |
| 341 | Tragende Innenwände [m2] | 79,00 | **98,00** | 132,00 | 1,2% |
| 342 | Nichttragende Innenwände [m2] | 66,00 | **90,00** | 133,00 | 0,6% |
| 343 | Innenstützen [m] | 103,00 | **192,00** | 281,00 | 0,1% |
| 344 | Innenwandöffnungen [m2] | 132,00 | **454,00** | 625,00 | 1,6% |
| 345 | Innenwandbekleidungen [m2] | 21,00 | **65,00** | 145,00 | 2,4% |
| 346 | Elementierte Innenwandkonstruktionen [m2] | 136,00 | **176,00** | 216,00 | 0,2% |
| 347 | Lichtschutz zur KG 340 [m2] | – | **291,00** | – | 0,0% |
| 349 | Sonstiges zur KG 340 [m2] | 14,00 | **19,00** | 25,00 | 0,3% |
| **350** | **Decken/Horizontale Baukonstruktionen** | | | | |
| 351 | Deckenkonstruktionen [m2] | 129,00 | **181,00** | 232,00 | 1,5% |
| 353 | Deckenbeläge [m2] | 113,00 | **242,00** | 371,00 | 1,6% |
| 354 | Deckenbekleidungen [m2] | 77,00 | **88,00** | 99,00 | 0,6% |
| 355 | Elementierte Deckenkonstruktionen [m2] | – | **205,00** | – | 0,1% |
| 359 | Sonstiges zur KG 350 [m2] | 15,00 | **24,00** | 32,00 | 0,2% |
| **360** | **Dächer** | | | | |
| 361 | Dachkonstruktionen [m2] | 148,00 | **226,00** | 368,00 | 11,5% |
| 362 | Dachöffnungen [m2] | 484,00 | **1.966,00** | 3.448,00 | 1,0% |
| 363 | Dachbeläge [m2] | 120,00 | **222,00** | 427,00 | 10,5% |
| 364 | Dachbekleidungen [m2] | 5,90 | **55,00** | 80,00 | 3,1% |
| 369 | Sonstiges zur KG 360 [m2] | – | **1,20** | – | 0,0% |
| **370** | **Infrastrukturanlagen** | | | | |
| **380** | **Baukonstruktive Einbauten** | | | | |
| 381 | Allgemeine Einbauten [m2 BGF] | – | **22,00** | – | 0,4% |
| 382 | Besondere Einbauten [m2 BGF] | – | **8,90** | – | 0,2% |

▷ von
ø Mittel
◁ bis

| Kostengruppen | | ▷ | €/Einheit | ◁ | KG an 300+400 |
|---|---|---|---|---|---|
| **380** | **Baukonstruktive Einbauten** | | | | |
| 381 | Allgemeine Einbauten [m² BGF] | 5,30 | **15,00** | 44,00 | 0,3% |
| 382 | Besondere Einbauten [m² BGF] | – | **6,30** | – | 0,0% |
| 389 | Sonstiges zur KG 380 [m² BGF] | – | **3,00** | – | 0,0% |
| **390** | **Sonstige Maßnahmen für Baukonstruktionen** | | | | |
| 391 | Baustelleneinrichtung [m² BGF] | 13,00 | **25,00** | 55,00 | 1,8% |
| 392 | Gerüste [m² BGF] | 7,50 | **12,00** | 17,00 | 0,9% |
| 397 | Zusätzliche Maßnahmen [m² BGF] | 1,50 | **7,70** | 16,00 | 0,2% |
| **410** | **Abwasser-, Wasser-, Gasanlagen** | | | | |
| 411 | Abwasseranlagen [m² BGF] | 10,00 | **19,00** | 31,00 | 1,4% |
| 412 | Wasseranlagen [m² BGF] | 34,00 | **43,00** | 61,00 | 3,2% |
| 419 | Sonstiges zur KG 410 [m² BGF] | 1,60 | **2,70** | 4,60 | 0,1% |
| **420** | **Wärmeversorgungsanlagen** | | | | |
| 421 | Wärmeerzeugungsanlagen [m² BGF] | 22,00 | **50,00** | 75,00 | 3,6% |
| 422 | Wärmeverteilnetze [m² BGF] | 7,00 | **12,00** | 20,00 | 0,8% |
| 423 | Raumheizflächen [m² BGF] | 25,00 | **30,00** | 39,00 | 2,2% |
| 429 | Sonstiges zur KG 420 [m² BGF] | 8,80 | **16,00** | 32,00 | 1,0% |
| **430** | **Raumlufttechnische Anlagen** | | | | |
| 431 | Lüftungsanlagen [m² BGF] | 1,80 | **16,00** | 32,00 | 0,5% |
| **440** | **Elektrische Anlagen** | | | | |
| 442 | Eigenstromversorgungsanlagen [m² BGF] | 49,00 | **70,00** | 83,00 | 1,0% |
| 444 | Niederspannungsinstallationsanlagen [m² BGF] | 26,00 | **39,00** | 59,00 | 2,9% |
| 445 | Beleuchtungsanlagen [m² BGF] | 1,80 | **3,20** | 10,00 | 0,1% |
| 446 | Blitzschutz- und Erdungsanlagen [m² BGF] | 1,20 | **2,20** | 5,40 | 0,2% |
| **450** | **Kommunikations-, sicherheits- und informationstechnische Anlagen** | | | | |
| 451 | Telekommunikationsanlagen [m² BGF] | 1,10 | **1,60** | 3,00 | 0,0% |
| 452 | Such- und Signalanlagen [m² BGF] | 1,30 | **2,50** | 4,00 | 0,2% |
| 454 | Elektroakustische Anlagen [m² BGF] | 1,20 | **1,80** | 2,90 | 0,0% |
| 455 | Audiovisuelle Medien- und Antennenanlagen [m² BGF] | 2,70 | **3,90** | 5,30 | 0,2% |
| 456 | Gefahrenmelde- und Alarmanlagen [m² BGF] | 1,00 | **1,30** | 1,80 | 0,0% |
| 457 | Datenübertragungsnetze [m² BGF] | 2,20 | **3,90** | 6,20 | 0,1% |
| **460** | **Förderanlagen** | | | | |
| **470** | **Nutzungsspezifische und verfahrenstechnische Anlagen** | | | | |
| **480** | **Gebäude- und Anlagenautomation** | | | | |
| 481 | Automationseinrichtungen [m² BGF] | – | **36,00** | – | 0,1% |
| 485 | Datenübertragungsnetze [m² BGF] | – | **0,80** | – | 0,0% |
| **490** | **Sonstige Maßnahmen für technische Anlagen** | | | | |

# Ein- und Zweifamilienhäuser, unterkellert, hoher Standard

| Kostengruppen | | ▷ | €/Einheit | ◁ | KG an 300+400 |
|---|---|---|---|---|---|
| **310** | **Baugrube / Erdbau** | | | | |
| 311 | Herstellung [m³] | 5,30 | **19,00** | 27,00 | 2,2% |
| 312 | Umschließung [m²] | – | **3,00** | – | 0,0% |
| **320** | **Gründung, Unterbau** | | | | |
| 321 | Baugrundverbesserung [m²] | 10,00 | **11,00** | 12,00 | 0,1% |
| 322 | Flachgründungen und Bodenplatten [m²] | 119,00 | **153,00** | 193,00 | 3,8% |
| 324 | Gründungsbeläge [m²] | 58,00 | **120,00** | 197,00 | 1,8% |
| 325 | Abdichtungen und Bekleidungen [m²] | 19,00 | **39,00** | 49,00 | 1,0% |
| 326 | Dränagen [m²] | 11,00 | **18,00** | 33,00 | 0,2% |
| **330** | **Außenwände/Vertikale Baukonstruktionen, außen** | | | | |
| 331 | Tragende Außenwände [m²] | 121,00 | **146,00** | 186,00 | 8,4% |
| 332 | Nichttragende Außenwände [m²] | 93,00 | **141,00** | 218,00 | 0,2% |
| 333 | Außenstützen [m] | 77,00 | **118,00** | 172,00 | 0,3% |
| 334 | Außenwandöffnungen [m²] | 580,00 | **726,00** | 889,00 | 11,5% |
| 335 | Außenwandbekleidungen, außen [m²] | 85,00 | **114,00** | 154,00 | 7,2% |
| 336 | Außenwandbekleidungen, innen [m²] | 29,00 | **41,00** | 62,00 | 1,9% |
| 338 | Lichtschutz zur KG 330 [m²] | 207,00 | **338,00** | 683,00 | 2,4% |
| 339 | Sonstiges zur KG 330 [m²] | 5,40 | **11,00** | 22,00 | 0,7% |
| **340** | **Innenwände/Vertikale Baukonstruktionen, innen** | | | | |
| 341 | Tragende Innenwände [m²] | 84,00 | **101,00** | 132,00 | 1,9% |
| 342 | Nichttragende Innenwände [m²] | 68,00 | **88,00** | 125,00 | 1,9% |
| 343 | Innenstützen [m] | 87,00 | **140,00** | 154,00 | 0,2% |
| 344 | Innenwandöffnungen [m²] | 361,00 | **581,00** | 800,00 | 3,0% |
| 345 | Innenwandbekleidungen [m²] | 28,00 | **43,00** | 56,00 | 2,9% |
| 349 | Sonstiges zur KG 340 [m²] | 3,40 | **3,60** | 3,90 | 0,0% |
| **350** | **Decken/Horizontale Baukonstruktionen** | | | | |
| 351 | Deckenkonstruktionen [m²] | 147,00 | **193,00** | 280,00 | 7,4% |
| 353 | Deckenbeläge [m²] | 124,00 | **181,00** | 241,00 | 5,7% |
| 354 | Deckenbekleidungen [m²] | 22,00 | **51,00** | 78,00 | 1,5% |
| 359 | Sonstiges zur KG 350 [m²] | 20,00 | **45,00** | 146,00 | 1,0% |
| **360** | **Dächer** | | | | |
| 361 | Dachkonstruktionen [m²] | 64,00 | **109,00** | 179,00 | 2,8% |
| 362 | Dachöffnungen [m²] | 824,00 | **1.275,00** | 2.216,00 | 0,4% |
| 363 | Dachbeläge [m²] | 108,00 | **167,00** | 211,00 | 4,6% |
| 364 | Dachbekleidungen [m²] | 34,00 | **74,00** | 129,00 | 1,6% |
| 369 | Sonstiges zur KG 360 [m²] | 6,40 | **12,00** | 20,00 | 0,1% |
| **370** | **Infrastrukturanlagen** | | | | |
| **380** | **Baukonstruktive Einbauten** | | | | |
| 381 | Allgemeine Einbauten [m² BGF] | 8,80 | **26,00** | 60,00 | 0,7% |
| 382 | Besondere Einbauten [m² BGF] | 10,00 | **17,00** | 29,00 | 0,2% |
| 389 | Sonstiges zur KG 380 [m² BGF] | 5,20 | **6,10** | 6,90 | 0,1% |

**Kosten:**
Stand 1.Quartal 2020
Bundesdurchschnitt
inkl. 19% MwSt.

▷ von
ø Mittel
◁ bis

| Kostengruppen | | ▷ | €/Einheit | ◁ | KG an 300+400 |
|---|---|---|---|---|---|
| **390** | **Sonstige Maßnahmen für Baukonstruktionen** | | | | |
| 391 | Baustelleneinrichtung [m2 BGF] | 13,00 | **26,00** | 51,00 | 1,5% |
| 392 | Gerüste [m2 BGF] | 7,10 | **11,00** | 16,00 | 0,7% |
| 393 | Sicherungsmaßnahmen [m2 BGF] | 2,30 | **7,70** | 13,00 | 0,1% |
| 394 | Abbruchmaßnahmen [m2 BGF] | 3,70 | **4,70** | 5,70 | 0,1% |
| 395 | Instandsetzungen [m2 BGF] | – | **18,00** | – | 0,1% |
| 397 | Zusätzliche Maßnahmen [m2 BGF] | 1,40 | **6,50** | 14,00 | 0,1% |
| 398 | Provisorische Baukonstruktionen [m2 BGF] | – | **0,70** | – | 0,0% |
| **410** | **Abwasser-, Wasser-, Gasanlagen** | | | | |
| 411 | Abwasseranlagen [m2 BGF] | 18,00 | **25,00** | 34,00 | 1,5% |
| 412 | Wasseranlagen [m2 BGF] | 33,00 | **51,00** | 71,00 | 3,1% |
| 413 | Gasanlagen [m2 BGF] | – | **2,40** | – | 0,0% |
| 419 | Sonstiges zur KG 410 [m2 BGF] | 1,20 | **2,40** | 3,90 | 0,1% |
| **420** | **Wärmeversorgungsanlagen** | | | | |
| 421 | Wärmeerzeugungsanlagen [m2 BGF] | 38,00 | **70,00** | 106,00 | 4,4% |
| 422 | Wärmeverteilnetze [m2 BGF] | 8,40 | **16,00** | 27,00 | 0,9% |
| 423 | Raumheizflächen [m2 BGF] | 22,00 | **34,00** | 42,00 | 2,1% |
| 429 | Sonstiges zur KG 420 [m2 BGF] | 7,90 | **18,00** | 46,00 | 1,0% |
| **430** | **Raumlufttechnische Anlagen** | | | | |
| 431 | Lüftungsanlagen [m2 BGF] | 13,00 | **30,00** | 44,00 | 1,0% |
| 433 | Klimaanlagen [m2 BGF] | – | **71,00** | – | 0,3% |
| **440** | **Elektrische Anlagen** | | | | |
| 444 | Niederspannungsinstallationsanlagen [m2 BGF] | 31,00 | **53,00** | 101,00 | 3,1% |
| 445 | Beleuchtungsanlagen [m2 BGF] | 3,70 | **13,00** | 36,00 | 0,6% |
| 446 | Blitzschutz- und Erdungsanlagen [m2 BGF] | 1,60 | **3,80** | 7,50 | 0,2% |
| **450** | **Kommunikations-, sicherheits- und informationstechnische Anlagen** | | | | |
| 451 | Telekommunikationsanlagen [m2 BGF] | – | **3,50** | – | 0,0% |
| 452 | Such- und Signalanlagen [m2 BGF] | 2,00 | **4,60** | 12,00 | 0,3% |
| 454 | Elektroakustische Anlagen [m2 BGF] | 1,00 | **2,80** | 11,00 | 0,1% |
| 455 | Audiovisuelle Medien- und Antennenanlagen [m2 BGF] | 3,40 | **4,60** | 6,20 | 0,2% |
| 456 | Gefahrenmelde- und Alarmanlagen [m2 BGF] | 1,90 | **6,20** | 10,00 | 0,1% |
| 457 | Datenübertragungsnetze [m2 BGF] | 4,40 | **7,10** | 14,00 | 0,4% |
| **460** | **Förderanlagen** | | | | |
| **470** | **Nutzungsspezifische und verfahrenstechnische Anlagen** | | | | |
| **480** | **Gebäude- und Anlagenautomation** | | | | |
| 481 | Automationseinrichtungen [m2 BGF] | 37,00 | **37,00** | 39,00 | 0,6% |
| 483 | Automationsmanagement [m2 BGF] | – | **7,90** | – | 0,0% |
| 485 | Datenübertragungsnetze [m2 BGF] | 1,00 | **1,70** | 2,30 | 0,0% |
| **490** | **Sonstige Maßnahmen für technische Anlagen** | | | | |

**Ein- und Zweifamilienhäuser, nicht unterkellert, einfacher Standard**

**Kosten:**
Stand 1.Quartal 2020
Bundesdurchschnitt
inkl. 19% MwSt.

| Kostengruppen | | ▷ | €/Einheit | ◁ | KG an 300+400 |
|---|---|---|---|---|---|
| **310** | **Baugrube / Erdbau** | | | | |
| 311 | Herstellung [m³] | 20,00 | **42,00** | 64,00 | 1,2% |
| **320** | **Gründung, Unterbau** | | | | |
| 321 | Baugrundverbesserung [m²] | – | **45,00** | – | 1,5% |
| 322 | Flachgründungen und Bodenplatten [m²] | 146,00 | **150,00** | 155,00 | 6,5% |
| 324 | Gründungsbeläge [m²] | 121,00 | **124,00** | 128,00 | 4,0% |
| 325 | Abdichtungen und Bekleidungen [m²] | 11,00 | **17,00** | 22,00 | 0,7% |
| **330** | **Außenwände/Vertikale Baukonstruktionen, außen** | | | | |
| 331 | Tragende Außenwände [m²] | 80,00 | **101,00** | 123,00 | 8,8% |
| 334 | Außenwandöffnungen [m²] | 412,00 | **474,00** | 536,00 | 7,5% |
| 335 | Außenwandbekleidungen, außen [m²] | 63,00 | **105,00** | 148,00 | 8,9% |
| 336 | Außenwandbekleidungen, innen [m²] | 44,00 | **46,00** | 49,00 | 3,0% |
| 338 | Lichtschutz zur KG 330 [m²] | 319,00 | **390,00** | 461,00 | 2,6% |
| 339 | Sonstiges zur KG 330 [m²] | – | **2,10** | – | 0,1% |
| **340** | **Innenwände/Vertikale Baukonstruktionen, innen** | | | | |
| 341 | Tragende Innenwände [m²] | 63,00 | **65,00** | 67,00 | 1,6% |
| 342 | Nichttragende Innenwände [m²] | 60,00 | **78,00** | 95,00 | 2,5% |
| 344 | Innenwandöffnungen [m²] | 270,00 | **313,00** | 356,00 | 2,4% |
| 345 | Innenwandbekleidungen [m²] | 40,00 | **44,00** | 47,00 | 3,4% |
| **350** | **Decken/Horizontale Baukonstruktionen** | | | | |
| 351 | Deckenkonstruktionen [m²] | 131,00 | **141,00** | 151,00 | 8,7% |
| 352 | Deckenöffnungen [m²] | – | **826,00** | – | 0,1% |
| 353 | Deckenbeläge [m²] | 94,00 | **107,00** | 121,00 | 4,4% |
| 354 | Deckenbekleidungen [m²] | 24,00 | **32,00** | 39,00 | 1,7% |
| 359 | Sonstiges zur KG 350 [m²] | – | **7,00** | – | 0,2% |
| **360** | **Dächer** | | | | |
| 361 | Dachkonstruktionen [m²] | 37,00 | **49,00** | 61,00 | 2,9% |
| 362 | Dachöffnungen [m²] | – | **808,00** | – | 0,1% |
| 363 | Dachbeläge [m²] | 85,00 | **98,00** | 110,00 | 5,5% |
| 364 | Dachbekleidungen [m²] | – | **48,00** | – | 0,3% |
| **370** | **Infrastrukturanlagen** | | | | |
| **380** | **Baukonstruktive Einbauten** | | | | |
| **390** | **Sonstige Maßnahmen für Baukonstruktionen** | | | | |
| 391 | Baustelleneinrichtung [m² BGF] | 14,00 | **22,00** | 30,00 | 2,5% |
| 392 | Gerüste [m² BGF] | 14,00 | **14,00** | 14,00 | 1,5% |

▷ von
ø Mittel
◁ bis

| Kostengruppen | | ▷ | €/Einheit | ◁ | KG an 300+400 |
|---|---|---|---|---|---|
| **410** | **Abwasser-, Wasser-, Gasanlagen** | | | | |
| 411 | Abwasseranlagen [m² BGF] | 7,90 | **14,00** | 21,00 | 1,5% |
| 412 | Wasseranlagen [m² BGF] | 29,00 | **37,00** | 45,00 | 4,1% |
| 419 | Sonstiges zur KG 410 [m² BGF] | – | **2,60** | – | 0,1% |
| **420** | **Wärmeversorgungsanlagen** | | | | |
| 421 | Wärmeerzeugungsanlagen [m² BGF] | 18,00 | **33,00** | 48,00 | 3,6% |
| 422 | Wärmeverteilnetze [m² BGF] | 11,00 | **14,00** | 16,00 | 1,5% |
| 423 | Raumheizflächen [m² BGF] | 9,30 | **11,00** | 13,00 | 1,2% |
| 429 | Sonstiges zur KG 420 [m² BGF] | – | **15,00** | – | 0,9% |
| **430** | **Raumlufttechnische Anlagen** | | | | |
| 431 | Lüftungsanlagen [m² BGF] | – | **24,00** | – | 1,3% |
| **440** | **Elektrische Anlagen** | | | | |
| 444 | Niederspannungsinstallationsanlagen [m² BGF] | 21,00 | **21,00** | 21,00 | 2,3% |
| 445 | Beleuchtungsanlagen [m² BGF] | – | **3,30** | – | 0,2% |
| 446 | Blitzschutz- und Erdungsanlagen [m² BGF] | 1,20 | **1,80** | 2,40 | 0,2% |
| **450** | **Kommunikations-, sicherheits- und informationstechnische Anlagen** | | | | |
| 451 | Telekommunikationsanlagen [m² BGF] | – | **0,30** | – | 0,0% |
| 452 | Such- und Signalanlagen [m² BGF] | 1,00 | **1,20** | 1,30 | 0,1% |
| 455 | Audiovisuelle Medien- und Antennenanlagen [m² BGF] | 0,40 | **2,70** | 5,00 | 0,3% |
| 457 | Datenübertragungsnetze [m² BGF] | – | **3,80** | – | 0,2% |
| **460** | **Förderanlagen** | | | | |
| **470** | **Nutzungsspezifische und verfahrenstechnische Anlagen** | | | | |
| **480** | **Gebäude- und Anlagenautomation** | | | | |
| **490** | **Sonstige Maßnahmen für technische Anlagen** | | | | |

## Ein- und Zweifamilienhäuser, nicht unterkellert, mittlerer Standard

**Kosten:**
Stand 1.Quartal 2020
Bundesdurchschnitt
inkl. 19% MwSt.

| Kostengruppen | | ▷ | €/Einheit | ◁ | KG an 300+400 |
|---|---|---|---|---|---|
| **310** | **Baugrube / Erdbau** | | | | |
| 311 | Herstellung [m³] | 23,00 | **35,00** | 64,00 | 1,1% |
| **320** | **Gründung, Unterbau** | | | | |
| 321 | Baugrundverbesserung [m²] | 28,00 | **36,00** | 56,00 | 0,3% |
| 322 | Flachgründungen und Bodenplatten [m²] | 95,00 | **130,00** | 149,00 | 5,1% |
| 324 | Gründungsbeläge [m²] | 88,00 | **150,00** | 191,00 | 4,8% |
| 325 | Abdichtungen und Bekleidungen [m²] | 18,00 | **32,00** | 47,00 | 1,4% |
| 326 | Dränagen [m²] | 15,00 | **17,00** | 19,00 | 0,1% |
| 329 | Sonstiges zur KG 320 [m²] | – | **19,00** | – | 0,0% |
| **330** | **Außenwände/Vertikale Baukonstruktionen, außen** | | | | |
| 331 | Tragende Außenwände [m²] | 92,00 | **132,00** | 174,00 | 7,6% |
| 332 | Nichttragende Außenwände [m²] | 79,00 | **103,00** | 127,00 | 0,2% |
| 333 | Außenstützen [m] | 74,00 | **122,00** | 160,00 | 0,2% |
| 334 | Außenwandöffnungen [m²] | 491,00 | **627,00** | 782,00 | 9,9% |
| 335 | Außenwandbekleidungen, außen [m²] | 83,00 | **115,00** | 159,00 | 7,7% |
| 336 | Außenwandbekleidungen, innen [m²] | 28,00 | **44,00** | 57,00 | 2,1% |
| 338 | Lichtschutz zur KG 330 [m²] | 75,00 | **237,00** | 457,00 | 1,0% |
| 339 | Sonstiges zur KG 330 [m²] | 8,20 | **20,00** | 81,00 | 0,8% |
| **340** | **Innenwände/Vertikale Baukonstruktionen, innen** | | | | |
| 341 | Tragende Innenwände [m²] | 61,00 | **81,00** | 97,00 | 2,0% |
| 342 | Nichttragende Innenwände [m²] | 63,00 | **80,00** | 90,00 | 1,9% |
| 343 | Innenstützen [m] | 108,00 | **145,00** | 208,00 | 0,1% |
| 344 | Innenwandöffnungen [m²] | 277,00 | **435,00** | 696,00 | 2,0% |
| 345 | Innenwandbekleidungen [m²] | 30,00 | **43,00** | 56,00 | 3,9% |
| 346 | Elementierte Innenwandkonstruktionen [m²] | – | **685,00** | – | 0,2% |
| 349 | Sonstiges zur KG 340 [m²] | 2,70 | **4,90** | 6,30 | 0,1% |
| **350** | **Decken/Horizontale Baukonstruktionen** | | | | |
| 351 | Deckenkonstruktionen [m²] | 120,00 | **168,00** | 203,00 | 5,4% |
| 352 | Deckenöffnungen [m²] | – | **504,00** | – | 0,0% |
| 353 | Deckenbeläge [m²] | 102,00 | **134,00** | 176,00 | 3,4% |
| 354 | Deckenbekleidungen [m²] | 13,00 | **30,00** | 52,00 | 0,9% |
| 359 | Sonstiges zur KG 350 [m²] | 12,00 | **26,00** | 59,00 | 0,5% |
| **360** | **Dächer** | | | | |
| 361 | Dachkonstruktionen [m²] | 67,00 | **88,00** | 111,00 | 4,8% |
| 362 | Dachöffnungen [m²] | 899,00 | **1.316,00** | 2.147,00 | 0,7% |
| 363 | Dachbeläge [m²] | 96,00 | **130,00** | 193,00 | 6,7% |
| 364 | Dachbekleidungen [m²] | 24,00 | **58,00** | 80,00 | 2,6% |
| 366 | Lichtschutz zur KG 360 [m²] | – | **1.027,00** | – | 0,1% |
| 369 | Sonstiges zur KG 360 [m²] | 2,70 | **6,90** | 17,00 | 0,1% |
| **370** | **Infrastrukturanlagen** | | | | |
| **380** | **Baukonstruktive Einbauten** | | | | |
| 381 | Allgemeine Einbauten [m² BGF] | 38,00 | **49,00** | 60,00 | 0,6% |

▷ von
ø Mittel
◁ bis

Ein- und Zweifamilienhäuser, nicht unterkellert, mittlerer Standard

| Kostengruppen | | ▷ | €/Einheit | ◁ | KG an 300+400 |
|---|---|---|---|---|---|
| **390** | **Sonstige Maßnahmen für Baukonstruktionen** | | | | |
| 391 | Baustelleneinrichtung [m2 BGF] | 7,30 | **17,00** | 35,00 | 1,2% |
| 392 | Gerüste [m2 BGF] | 11,00 | **17,00** | 24,00 | 1,1% |
| 394 | Abbruchmaßnahmen [m2 BGF] | – | **1,10** | – | 0,0% |
| 396 | Materialentsorgung [m2 BGF] | – | **0,40** | – | 0,0% |
| 397 | Zusätzliche Maßnahmen [m2 BGF] | 0,30 | **2,40** | 3,80 | 0,1% |
| 398 | Provisorische Baukonstruktionen [m2 BGF] | – | **1,30** | – | 0,0% |
| 399 | Sonstiges zur KG 390 [m2 BGF] | – | **11,00** | – | 0,1% |
| **410** | **Abwasser-, Wasser-, Gasanlagen** | | | | |
| 411 | Abwasseranlagen [m2 BGF] | 14,00 | **23,00** | 39,00 | 1,7% |
| 412 | Wasseranlagen [m2 BGF] | 47,00 | **57,00** | 81,00 | 4,3% |
| 419 | Sonstiges zur KG 410 [m2 BGF] | 3,00 | **4,50** | 5,70 | 0,2% |
| **420** | **Wärmeversorgungsanlagen** | | | | |
| 421 | Wärmeerzeugungsanlagen [m2 BGF] | 28,00 | **50,00** | 89,00 | 3,7% |
| 422 | Wärmeverteilnetze [m2 BGF] | 6,00 | **10,00** | 16,00 | 0,6% |
| 423 | Raumheizflächen [m2 BGF] | 23,00 | **38,00** | 57,00 | 2,9% |
| 429 | Sonstiges zur KG 420 [m2 BGF] | 2,80 | **12,00** | 37,00 | 0,5% |
| **430** | **Raumlufttechnische Anlagen** | | | | |
| 431 | Lüftungsanlagen [m2 BGF] | 27,00 | **35,00** | 49,00 | 1,0% |
| **440** | **Elektrische Anlagen** | | | | |
| 444 | Niederspannungsinstallationsanlagen [m2 BGF] | 30,00 | **42,00** | 60,00 | 3,2% |
| 445 | Beleuchtungsanlagen [m2 BGF] | 3,20 | **5,60** | 19,00 | 0,3% |
| 446 | Blitzschutz- und Erdungsanlagen [m2 BGF] | 1,40 | **2,40** | 4,30 | 0,2% |
| 449 | Sonstiges zur KG 440 [m2 BGF] | – | **5,90** | – | 0,0% |
| **450** | **Kommunikations-, sicherheits- und informationstechnische Anlagen** | | | | |
| 451 | Telekommunikationsanlagen [m2 BGF] | 0,50 | **0,90** | 2,20 | 0,0% |
| 452 | Such- und Signalanlagen [m2 BGF] | 0,70 | **1,70** | 2,90 | 0,1% |
| 454 | Elektroakustische Anlagen [m2 BGF] | 0,70 | **1,60** | 4,40 | 0,0% |
| 455 | Audiovisuelle Medien- und Antennenanlagen [m2 BGF] | 2,50 | **4,50** | 6,40 | 0,3% |
| 456 | Gefahrenmelde- und Alarmanlagen [m2 BGF] | 2,00 | **7,60** | 19,00 | 0,1% |
| 457 | Datenübertragungsnetze [m2 BGF] | 4,40 | **7,00** | 10,00 | 0,3% |
| **460** | **Förderanlagen** | | | | |
| **470** | **Nutzungsspezifische und verfahrenstechnische Anlagen** | | | | |
| **480** | **Gebäude- und Anlagenautomation** | | | | |
| **490** | **Sonstige Maßnahmen für technische Anlagen** | | | | |
| 491 | Baustelleneinrichtung [m2 BGF] | – | **0,70** | – | 0,0% |

## Ein- und Zweifamilienhäuser, nicht unterkellert, hoher Standard

**Kosten:**
Stand 1.Quartal 2020
Bundesdurchschnitt
inkl. 19% MwSt.

| Kostengruppen | | ▷ | €/Einheit | ◁ | KG an 300+400 |
|---|---|---|---|---|---|
| **310** | **Baugrube / Erdbau** | | | | |
| 311 | Herstellung [m³] | 25,00 | **52,00** | 88,00 | 1,4% |
| 313 | Wasserhaltung [m³] | – | **0,20** | – | 0,0% |
| **320** | **Gründung, Unterbau** | | | | |
| 321 | Baugrundverbesserung [m²] | 24,00 | **44,00** | 64,00 | 0,6% |
| 322 | Flachgründungen und Bodenplatten [m²] | 108,00 | **161,00** | 216,00 | 4,8% |
| 324 | Gründungsbeläge [m²] | 121,00 | **172,00** | 223,00 | 4,1% |
| 325 | Abdichtungen und Bekleidungen [m²] | 20,00 | **42,00** | 71,00 | 1,3% |
| 326 | Dränagen [m²] | 9,40 | **24,00** | 55,00 | 0,2% |
| 329 | Sonstiges zur KG 320 [m²] | – | **4,30** | – | 0,0% |
| **330** | **Außenwände/Vertikale Baukonstruktionen, außen** | | | | |
| 331 | Tragende Außenwände [m²] | 101,00 | **133,00** | 192,00 | 6,8% |
| 332 | Nichttragende Außenwände [m²] | 111,00 | **156,00** | 279,00 | 0,3% |
| 333 | Außenstützen [m] | 161,00 | **283,00** | 494,00 | 0,2% |
| 334 | Außenwandöffnungen [m²] | 567,00 | **673,00** | 841,00 | 11,9% |
| 335 | Außenwandbekleidungen, außen [m²] | 89,00 | **117,00** | 160,00 | 6,6% |
| 336 | Außenwandbekleidungen, innen [m²] | 30,00 | **37,00** | 49,00 | 1,8% |
| 338 | Lichtschutz zur KG 330 [m²] | 226,00 | **376,00** | 540,00 | 1,3% |
| 339 | Sonstiges zur KG 330 [m²] | 3,00 | **6,70** | 13,00 | 0,4% |
| **340** | **Innenwände/Vertikale Baukonstruktionen, innen** | | | | |
| 341 | Tragende Innenwände [m²] | 87,00 | **103,00** | 146,00 | 1,2% |
| 342 | Nichttragende Innenwände [m²] | 71,00 | **91,00** | 115,00 | 2,2% |
| 343 | Innenstützen [m] | 96,00 | **191,00** | 350,00 | 0,2% |
| 344 | Innenwandöffnungen [m²] | 385,00 | **566,00** | 828,00 | 3,4% |
| 345 | Innenwandbekleidungen [m²] | 28,00 | **43,00** | 90,00 | 2,5% |
| 346 | Elementierte Innenwandkonstruktionen [m²] | – | **375,00** | – | 0,1% |
| 349 | Sonstiges zur KG 340 [m²] | – | **3,20** | – | 0,0% |
| **350** | **Decken/Horizontale Baukonstruktionen** | | | | |
| 351 | Deckenkonstruktionen [m²] | 160,00 | **204,00** | 243,00 | 5,8% |
| 353 | Deckenbeläge [m²] | 146,00 | **187,00** | 255,00 | 3,9% |
| 354 | Deckenbekleidungen [m²] | 18,00 | **38,00** | 80,00 | 0,7% |
| 355 | Elementierte Deckenkonstruktionen [m²] | – | **3.895,00** | – | 0,3% |
| 359 | Sonstiges zur KG 350 [m²] | 11,00 | **29,00** | 51,00 | 0,8% |
| **360** | **Dächer** | | | | |
| 361 | Dachkonstruktionen [m²] | 105,00 | **143,00** | 192,00 | 5,1% |
| 362 | Dachöffnungen [m²] | 534,00 | **1.104,00** | 1.529,00 | 0,6% |
| 363 | Dachbeläge [m²] | 146,00 | **218,00** | 278,00 | 7,6% |
| 364 | Dachbekleidungen [m²] | 9,60 | **54,00** | 79,00 | 2,0% |
| 366 | Lichtschutz zur KG 360 [m²] | – | **309,00** | – | 0,0% |
| 369 | Sonstiges zur KG 360 [m²] | 16,00 | **26,00** | 46,00 | 0,3% |
| **370** | **Infrastrukturanlagen** | | | | |

▷ von
ø Mittel
◁ bis

| | Kostengruppen | ▷ | €/Einheit | ◁ | KG an 300+400 |
|---|---|---|---|---|---|
| **380** | **Baukonstruktive Einbauten** | | | | |
| 381 | Allgemeine Einbauten [$m^2$ BGF] | 13,00 | **22,00** | 33,00 | 0,8% |
| 386 | Orientierungs- und Informationssysteme [$m^2$ BGF] | – | **3,10** | – | 0,0% |
| **390** | **Sonstige Maßnahmen für Baukonstruktionen** | | | | |
| 391 | Baustelleneinrichtung [$m^2$ BGF] | 10,00 | **22,00** | 44,00 | 1,3% |
| 392 | Gerüste [$m^2$ BGF] | 12,00 | **17,00** | 36,00 | 1,0% |
| 394 | Abbruchmaßnahmen [$m^2$ BGF] | – | **3,00** | – | 0,0% |
| 395 | Instandsetzungen [$m^2$ BGF] | – | **77,00** | – | 0,5% |
| 397 | Zusätzliche Maßnahmen [$m^2$ BGF] | 1,30 | **3,60** | 6,00 | 0,0% |
| **410** | **Abwasser-, Wasser-, Gasanlagen** | | | | |
| 411 | Abwasseranlagen [$m^2$ BGF] | 12,00 | **26,00** | 34,00 | 1,5% |
| 412 | Wasseranlagen [$m^2$ BGF] | 38,00 | **63,00** | 100,00 | 3,6% |
| 419 | Sonstiges zur KG 410 [$m^2$ BGF] | 1,50 | **1,70** | 2,00 | 0,0% |
| **420** | **Wärmeversorgungsanlagen** | | | | |
| 421 | Wärmeerzeugungsanlagen [$m^2$ BGF] | 41,00 | **85,00** | 147,00 | 4,9% |
| 422 | Wärmeverteilnetze [$m^2$ BGF] | 6,50 | **11,00** | 19,00 | 0,6% |
| 423 | Raumheizflächen [$m^2$ BGF] | 33,00 | **42,00** | 60,00 | 2,5% |
| 429 | Sonstiges zur KG 420 [$m^2$ BGF] | 13,00 | **23,00** | 34,00 | 1,1% |
| **430** | **Raumlufttechnische Anlagen** | | | | |
| 431 | Lüftungsanlagen [$m^2$ BGF] | – | **1,70** | – | 0,0% |
| **440** | **Elektrische Anlagen** | | | | |
| 444 | Niederspannungsinstallationsanlagen [$m^2$ BGF] | 31,00 | **46,00** | 66,00 | 2,7% |
| 445 | Beleuchtungsanlagen [$m^2$ BGF] | 0,90 | **2,70** | 5,40 | 0,1% |
| 446 | Blitzschutz- und Erdungsanlagen [$m^2$ BGF] | 1,40 | **4,60** | 11,00 | 0,2% |
| **450** | **Kommunikations-, sicherheits- und informationstechnische Anlagen** | | | | |
| 451 | Telekommunikationsanlagen [$m^2$ BGF] | 1,80 | **3,50** | 5,20 | 0,1% |
| 452 | Such- und Signalanlagen [$m^2$ BGF] | 0,90 | **3,20** | 6,90 | 0,1% |
| 454 | Elektroakustische Anlagen [$m^2$ BGF] | 0,30 | **0,70** | 1,40 | 0,0% |
| 455 | Audiovisuelle Medien- und Antennenanlagen [$m^2$ BGF] | 1,30 | **3,80** | 8,10 | 0,2% |
| 456 | Gefahrenmelde- und Alarmanlagen [$m^2$ BGF] | 2,30 | **6,30** | 18,00 | 0,2% |
| 457 | Datenübertragungsnetze [$m^2$ BGF] | 2,80 | **5,60** | 12,00 | 0,2% |
| **460** | **Förderanlagen** | | | | |
| **470** | **Nutzungsspezifische und verfahrenstechnische Anlagen** | | | | |
| **480** | **Gebäude- und Anlagenautomation** | | | | |
| **490** | **Sonstige Maßnahmen für technische Anlagen** | | | | |
| 491 | Baustelleneinrichtung [$m^2$ BGF] | – | **5,30** | – | 0,0% |

## Ein- und Zweifamilienhäuser, Passivhausstandard, Massivbau

**Kosten:**
Stand 1.Quartal 2020
Bundesdurchschnitt
inkl. 19% MwSt.

▷ von
ø Mittel
◁ bis

| Kostengruppen | | ▷ | €/Einheit | ◁ | KG an 300+400 |
|---|---|---|---|---|---|
| **310** | **Baugrube / Erdbau** | | | | |
| 311 | Herstellung [m³] | 18,00 | **32,00** | 72,00 | 2,1% |
| 312 | Umschließung [m²] | – | **167,00** | – | 0,5% |
| 313 | Wasserhaltung [m³] | – | **21,00** | – | 0,2% |
| **320** | **Gründung, Unterbau** | | | | |
| 321 | Baugrundverbesserung [m²] | 13,00 | **29,00** | 44,00 | 0,3% |
| 322 | Flachgründungen und Bodenplatten [m²] | 92,00 | **118,00** | 154,00 | 3,0% |
| 324 | Gründungsbeläge [m²] | 71,00 | **130,00** | 217,00 | 2,5% |
| 325 | Abdichtungen und Bekleidungen [m²] | 43,00 | **81,00** | 138,00 | 2,5% |
| 326 | Dränagen [m²] | 4,80 | **11,00** | 18,00 | 0,2% |
| **330** | **Außenwände/Vertikale Baukonstruktionen, außen** | | | | |
| 331 | Tragende Außenwände [m²] | 102,00 | **122,00** | 140,00 | 7,6% |
| 332 | Nichttragende Außenwände [m²] | 67,00 | **120,00** | 174,00 | 0,1% |
| 333 | Außenstützen [m] | 111,00 | **219,00** | 554,00 | 0,2% |
| 334 | Außenwandöffnungen [m²] | 574,00 | **713,00** | 838,00 | 10,1% |
| 335 | Außenwandbekleidungen, außen [m²] | 105,00 | **142,00** | 182,00 | 9,7% |
| 336 | Außenwandbekleidungen, innen [m²] | 37,00 | **47,00** | 55,00 | 2,4% |
| 337 | Elementierte Außenwandkonstruktionen [m²] | – | **276,00** | – | 1,0% |
| 338 | Lichtschutz zur KG 330 [m²] | 193,00 | **321,00** | 511,00 | 2,4% |
| 339 | Sonstiges zur KG 330 [m²] | 3,00 | **7,70** | 15,00 | 0,4% |
| **340** | **Innenwände/Vertikale Baukonstruktionen, innen** | | | | |
| 341 | Tragende Innenwände [m²] | 77,00 | **90,00** | 116,00 | 1,6% |
| 342 | Nichttragende Innenwände [m²] | 57,00 | **71,00** | 88,00 | 1,7% |
| 343 | Innenstützen [m] | 132,00 | **160,00** | 236,00 | 0,1% |
| 344 | Innenwandöffnungen [m²] | 263,00 | **346,00** | 448,00 | 2,0% |
| 345 | Innenwandbekleidungen [m²] | 25,00 | **42,00** | 54,00 | 3,1% |
| 346 | Elementierte Innenwandkonstruktionen [m²] | – | **988,00** | – | 0,0% |
| 349 | Sonstiges zur KG 340 [m²] | – | **4,80** | – | 0,0% |
| **350** | **Decken/Horizontale Baukonstruktionen** | | | | |
| 351 | Deckenkonstruktionen [m²] | 132,00 | **158,00** | 220,00 | 6,1% |
| 352 | Deckenöffnungen [m²] | – | **1.155,00** | – | 0,0% |
| 353 | Deckenbeläge [m²] | 109,00 | **130,00** | 149,00 | 3,9% |
| 354 | Deckenbekleidungen [m²] | 18,00 | **29,00** | 48,00 | 0,8% |
| 355 | Elementierte Deckenkonstruktionen [m²] | – | **805,00** | – | 0,3% |
| 359 | Sonstiges zur KG 350 [m²] | 10,00 | **23,00** | 29,00 | 0,3% |
| **360** | **Dächer** | | | | |
| 361 | Dachkonstruktionen [m²] | 78,00 | **119,00** | 170,00 | 3,5% |
| 362 | Dachöffnungen [m²] | 1.450,00 | **1.591,00** | 1.732,00 | 0,1% |
| 363 | Dachbeläge [m²] | 113,00 | **153,00** | 202,00 | 5,1% |
| 364 | Dachbekleidungen [m²] | 46,00 | **79,00** | 141,00 | 1,8% |
| 365 | Elementierte Dachkonstruktionen [m²] | – | **179,00** | – | 0,3% |
| 369 | Sonstiges zur KG 360 [m²] | 2,70 | **3,80** | 4,90 | 0,0% |
| **370** | **Infrastrukturanlagen** | | | | |

| Kostengruppen | | ▷ | €/Einheit | ◁ | KG an 300+400 |
|---|---|---|---|---|---|
| **380** | **Baukonstruktive Einbauten** | | | | |
| 381 | Allgemeine Einbauten [m2 BGF] | 5,30 | **8,70** | 12,00 | 0,1% |
| **390** | **Sonstige Maßnahmen für Baukonstruktionen** | | | | |
| 391 | Baustelleneinrichtung [m2 BGF] | 8,90 | **20,00** | 39,00 | 1,4% |
| 392 | Gerüste [m2 BGF] | 9,30 | **14,00** | 20,00 | 0,9% |
| 397 | Zusätzliche Maßnahmen [m2 BGF] | 1,90 | **3,80** | 5,90 | 0,1% |
| **410** | **Abwasser-, Wasser-, Gasanlagen** | | | | |
| 411 | Abwasseranlagen [m2 BGF] | 12,00 | **21,00** | 35,00 | 1,5% |
| 412 | Wasseranlagen [m2 BGF] | 39,00 | **58,00** | 87,00 | 4,1% |
| 413 | Gasanlagen [m2 BGF] | – | **5,80** | – | 0,0% |
| 419 | Sonstiges zur KG 410 [m2 BGF] | 4,30 | **7,40** | 9,00 | 0,2% |
| **420** | **Wärmeversorgungsanlagen** | | | | |
| 421 | Wärmeerzeugungsanlagen [m2 BGF] | 26,00 | **62,00** | 88,00 | 4,5% |
| 422 | Wärmeverteilnetze [m2 BGF] | 5,90 | **10,00** | 17,00 | 0,5% |
| 423 | Raumheizflächen [m2 BGF] | 15,00 | **22,00** | 28,00 | 1,5% |
| 429 | Sonstiges zur KG 420 [m2 BGF] | – | **9,50** | – | 0,1% |
| **430** | **Raumlufttechnische Anlagen** | | | | |
| 431 | Lüftungsanlagen [m2 BGF] | 37,00 | **69,00** | 118,00 | 3,8% |
| 434 | Kälteanlagen [m2 BGF] | – | **39,00** | – | 0,2% |
| **440** | **Elektrische Anlagen** | | | | |
| 442 | Eigenstromversorgungsanlagen [m2 BGF] | 51,00 | **122,00** | 194,00 | 1,3% |
| 444 | Niederspannungsinstallationsanlagen [m2 BGF] | 31,00 | **36,00** | 45,00 | 2,5% |
| 445 | Beleuchtungsanlagen [m2 BGF] | 1,30 | **4,00** | 6,90 | 0,1% |
| 446 | Blitzschutz- und Erdungsanlagen [m2 BGF] | 1,40 | **3,10** | 6,50 | 0,2% |
| **450** | **Kommunikations-, sicherheits- und informationstechnische Anlagen** | | | | |
| 451 | Telekommunikationsanlagen [m2 BGF] | 0,80 | **1,60** | 2,90 | 0,1% |
| 452 | Such- und Signalanlagen [m2 BGF] | 1,20 | **2,80** | 5,80 | 0,2% |
| 455 | Audiovisuelle Medien- und Antennenanlagen [m2 BGF] | 1,30 | **3,00** | 5,10 | 0,2% |
| 456 | Gefahrenmelde- und Alarmanlagen [m2 BGF] | 0,60 | **5,40** | 8,70 | 0,1% |
| 457 | Datenübertragungsnetze [m2 BGF] | 1,30 | **3,50** | 5,70 | 0,2% |
| **460** | **Förderanlagen** | | | | |
| **470** | **Nutzungsspezifische und verfahrenstechnische Anlagen** | | | | |
| **480** | **Gebäude- und Anlagenautomation** | | | | |
| 481 | Automationseinrichtungen [m2 BGF] | 6,90 | **24,00** | 33,00 | 0,4% |
| 484 | Kabel, Leitungen und Verlegesysteme [m2 BGF] | – | **5,40** | – | 0,0% |
| 485 | Datenübertragungsnetze [m2 BGF] | – | **3,50** | – | 0,0% |
| **490** | **Sonstige Maßnahmen für technische Anlagen** | | | | |

## Ein- und Zweifamilienhäuser, Passivhausstandard, Holzbau

**Kosten:**
Stand 1.Quartal 2020
Bundesdurchschnitt
inkl. 19% MwSt.

| Kostengruppen | | ▷ | €/Einheit | ◁ | KG an 300+400 |
|---|---|---|---|---|---|
| **310** | **Baugrube / Erdbau** | | | | |
| 311 | Herstellung [m³] | 26,00 | **41,00** | 65,00 | 1,6% |
| **320** | **Gründung, Unterbau** | | | | |
| 321 | Baugrundverbesserung [m²] | 19,00 | **37,00** | 48,00 | 0,2% |
| 322 | Flachgründungen und Bodenplatten [m²] | 103,00 | **149,00** | 256,00 | 3,9% |
| 324 | Gründungsbeläge [m²] | 74,00 | **141,00** | 234,00 | 3,4% |
| 325 | Abdichtungen und Bekleidungen [m²] | 19,00 | **58,00** | 110,00 | 1,5% |
| 326 | Dränagen [m²] | 8,20 | **15,00** | 20,00 | 0,2% |
| **330** | **Außenwände/Vertikale Baukonstruktionen, außen** | | | | |
| 331 | Tragende Außenwände [m²] | 171,00 | **204,00** | 259,00 | 12,1% |
| 332 | Nichttragende Außenwände [m²] | – | **89,00** | – | 0,0% |
| 333 | Außenstützen [m] | 99,00 | **136,00** | 176,00 | 0,0% |
| 334 | Außenwandöffnungen [m²] | 679,00 | **773,00** | 1.129,00 | 10,6% |
| 335 | Außenwandbekleidungen, außen [m²] | 74,00 | **111,00** | 151,00 | 6,9% |
| 336 | Außenwandbekleidungen, innen [m²] | 22,00 | **41,00** | 58,00 | 1,9% |
| 338 | Lichtschutz zur KG 330 [m²] | 151,00 | **234,00** | 381,00 | 2,4% |
| 339 | Sonstiges zur KG 330 [m²] | 4,30 | **9,80** | 20,00 | 0,5% |
| **340** | **Innenwände/Vertikale Baukonstruktionen, innen** | | | | |
| 341 | Tragende Innenwände [m²] | 99,00 | **128,00** | 155,00 | 1,9% |
| 342 | Nichttragende Innenwände [m²] | 75,00 | **107,00** | 145,00 | 2,3% |
| 343 | Innenstützen [m] | 101,00 | **138,00** | 222,00 | 0,1% |
| 344 | Innenwandöffnungen [m²] | 248,00 | **357,00** | 480,00 | 1,7% |
| 345 | Innenwandbekleidungen [m²] | 24,00 | **35,00** | 47,00 | 2,1% |
| 346 | Elementierte Innenwandkonstruktionen [m²] | – | **955,00** | – | 0,1% |
| **350** | **Decken/Horizontale Baukonstruktionen** | | | | |
| 351 | Deckenkonstruktionen [m²] | 146,00 | **184,00** | 228,00 | 5,0% |
| 353 | Deckenbeläge [m²] | 122,00 | **143,00** | 176,00 | 3,4% |
| 354 | Deckenbekleidungen [m²] | 16,00 | **48,00** | 76,00 | 0,9% |
| 355 | Elementierte Deckenkonstruktionen [m²] | 834,00 | **1.693,00** | 5.431,00 | 0,9% |
| 359 | Sonstiges zur KG 350 [m²] | 9,10 | **15,00** | 29,00 | 0,3% |
| **360** | **Dächer** | | | | |
| 361 | Dachkonstruktionen [m²] | 127,00 | **160,00** | 200,00 | 5,1% |
| 362 | Dachöffnungen [m²] | – | **3.020,00** | – | 0,1% |
| 363 | Dachbeläge [m²] | 108,00 | **138,00** | 178,00 | 4,5% |
| 364 | Dachbekleidungen [m²] | 40,00 | **66,00** | 120,00 | 1,3% |
| 366 | Lichtschutz zur KG 360 [m²] | 203,00 | **389,00** | 575,00 | 0,1% |
| 369 | Sonstiges zur KG 360 [m²] | 3,20 | **5,20** | 6,30 | 0,0% |
| **370** | **Infrastrukturanlagen** | | | | |
| **380** | **Baukonstruktive Einbauten** | | | | |
| 381 | Allgemeine Einbauten [m² BGF] | 11,00 | **44,00** | 77,00 | 0,8% |

▷ von
ø Mittel
◁ bis

| Kostengruppen | ▷ | €/Einheit | ◁ | KG an 300+400 |
|---|---|---|---|---|
| **390 Sonstige Maßnahmen für Baukonstruktionen** | | | | |
| 391 Baustelleneinrichtung [m² BGF] | 16,00 | **22,00** | 31,00 | 1,4% |
| 392 Gerüste [m² BGF] | 10,00 | **14,00** | 23,00 | 0,8% |
| 394 Abbruchmaßnahmen [m² BGF] | – | **40,00** | – | 0,2% |
| 397 Zusätzliche Maßnahmen [m² BGF] | 1,40 | **2,20** | 2,70 | 0,1% |
| **410 Abwasser-, Wasser-, Gasanlagen** | | | | |
| 411 Abwasseranlagen [m² BGF] | 14,00 | **24,00** | 38,00 | 1,5% |
| 412 Wasseranlagen [m² BGF] | 49,00 | **75,00** | 110,00 | 4,6% |
| 419 Sonstiges zur KG 410 [m² BGF] | 2,60 | **4,40** | 5,80 | 0,1% |
| **420 Wärmeversorgungsanlagen** | | | | |
| 421 Wärmeerzeugungsanlagen [m² BGF] | 55,00 | **89,00** | 127,00 | 3,3% |
| 422 Wärmeverteilnetze [m² BGF] | 4,80 | **7,10** | 11,00 | 0,3% |
| 423 Raumheizflächen [m² BGF] | 13,00 | **23,00** | 43,00 | 1,1% |
| 429 Sonstiges zur KG 420 [m² BGF] | 13,00 | **22,00** | 38,00 | 0,5% |
| **430 Raumlufttechnische Anlagen** | | | | |
| 431 Lüftungsanlagen [m² BGF] | 60,00 | **94,00** | 144,00 | 5,3% |
| **440 Elektrische Anlagen** | | | | |
| 442 Eigenstromversorgungsanlagen [m² BGF] | 104,00 | **110,00** | 116,00 | 1,0% |
| 444 Niederspannungsinstallationsanlagen [m² BGF] | 39,00 | **52,00** | 73,00 | 3,2% |
| 445 Beleuchtungsanlagen [m² BGF] | 1,00 | **7,60** | 12,00 | 0,2% |
| 446 Blitzschutz- und Erdungsanlagen [m² BGF] | 1,40 | **2,60** | 5,50 | 0,1% |
| **450 Kommunikations-, sicherheits- und informationstechnische Anlagen** | | | | |
| 451 Telekommunikationsanlagen [m² BGF] | 1,00 | **2,10** | 3,10 | 0,1% |
| 452 Such- und Signalanlagen [m² BGF] | 2,40 | **3,90** | 7,30 | 0,2% |
| 455 Audiovisuelle Medien- und Antennenanlagen [m² BGF] | 2,30 | **4,70** | 7,60 | 0,2% |
| 456 Gefahrenmelde- und Alarmanlagen [m² BGF] | 0,40 | **0,90** | 1,40 | 0,0% |
| 457 Datenübertragungsnetze [m² BGF] | 2,30 | **3,80** | 8,50 | 0,1% |
| **460 Förderanlagen** | | | | |
| **470 Nutzungsspezifische und verfahrenstechnische Anlagen** | | | | |
| 476 Weitere nutzungsspezifische Anlagen [m² BGF] | – | **7,50** | – | 0,0% |
| **480 Gebäude- und Anlagenautomation** | | | | |
| **490 Sonstige Maßnahmen für technische Anlagen** | | | | |

## Ein- und Zweifamilienhäuser, Holzbauweise, unterkellert

| Kostengruppen | | ▷ | €/Einheit | ◁ | KG an 300+400 |
|---|---|---|---|---|---|
| **310** | **Baugrube / Erdbau** | | | | |
| 311 | Herstellung [m³] | 17,00 | **25,00** | 39,00 | 2,2% |
| 312 | Umschließung [m²] | – | **2,60** | – | 0,0% |
| 313 | Wasserhaltung [m³] | – | **3,20** | – | 0,0% |
| **320** | **Gründung, Unterbau** | | | | |
| 322 | Flachgründungen und Bodenplatten [m²] | 104,00 | **125,00** | 209,00 | 3,4% |
| 324 | Gründungsbeläge [m²] | 60,00 | **103,00** | 193,00 | 1,2% |
| 325 | Abdichtungen und Bekleidungen [m²] | 21,00 | **38,00** | 67,00 | 1,2% |
| 326 | Dränagen [m²] | 6,20 | **17,00** | 35,00 | 0,3% |
| 329 | Sonstiges zur KG 320 [m²] | – | **7,00** | – | 0,0% |
| **330** | **Außenwände/Vertikale Baukonstruktionen, außen** | | | | |
| 331 | Tragende Außenwände [m²] | 116,00 | **160,00** | 230,00 | 13,2% |
| 333 | Außenstützen [m] | 43,00 | **96,00** | 125,00 | 0,5% |
| 334 | Außenwandöffnungen [m²] | 470,00 | **520,00** | 631,00 | 8,0% |
| 335 | Außenwandbekleidungen, außen [m²] | 77,00 | **104,00** | 179,00 | 8,0% |
| 336 | Außenwandbekleidungen, innen [m²] | 26,00 | **38,00** | 54,00 | 2,8% |
| 337 | Elementierte Außenwandkonstruktionen [m²] | – | **250,00** | – | 1,2% |
| 338 | Lichtschutz zur KG 330 [m²] | 137,00 | **180,00** | 264,00 | 1,3% |
| 339 | Sonstiges zur KG 330 [m²] | 4,00 | **11,00** | 28,00 | 0,9% |
| **340** | **Innenwände/Vertikale Baukonstruktionen, innen** | | | | |
| 341 | Tragende Innenwände [m²] | 62,00 | **85,00** | 110,00 | 3,5% |
| 342 | Nichttragende Innenwände [m²] | 62,00 | **79,00** | 95,00 | 0,8% |
| 343 | Innenstützen [m] | – | **19,00** | – | 0,0% |
| 344 | Innenwandöffnungen [m²] | 265,00 | **367,00** | 734,00 | 2,0% |
| 345 | Innenwandbekleidungen [m²] | 23,00 | **32,00** | 43,00 | 3,0% |
| 346 | Elementierte Innenwandkonstruktionen [m²] | – | **615,00** | – | 0,2% |
| 349 | Sonstiges zur KG 340 [m²] | 1,50 | **3,00** | 4,60 | 0,0% |
| **350** | **Decken/Horizontale Baukonstruktionen** | | | | |
| 351 | Deckenkonstruktionen [m²] | 132,00 | **170,00** | 218,00 | 8,8% |
| 353 | Deckenbeläge [m²] | 73,00 | **109,00** | 187,00 | 4,3% |
| 354 | Deckenbekleidungen [m²] | 25,00 | **31,00** | 45,00 | 0,8% |
| 355 | Elementierte Deckenkonstruktionen [m²] | – | **859,00** | – | 0,0% |
| 359 | Sonstiges zur KG 350 [m²] | 6,50 | **16,00** | 33,00 | 0,4% |
| **360** | **Dächer** | | | | |
| 361 | Dachkonstruktionen [m²] | 77,00 | **118,00** | 178,00 | 3,9% |
| 362 | Dachöffnungen [m²] | 824,00 | **1.204,00** | 1.965,00 | 0,3% |
| 363 | Dachbeläge [m²] | 72,00 | **123,00** | 169,00 | 4,2% |
| 364 | Dachbekleidungen [m²] | 25,00 | **60,00** | 105,00 | 1,7% |
| 369 | Sonstiges zur KG 360 [m²] | 1,50 | **3,30** | 6,80 | 0,0% |
| **370** | **Infrastrukturanlagen** | | | | |

**Kosten:**
Stand 1.Quartal 2020
Bundesdurchschnitt
inkl. 19% MwSt.

▷ von
ø Mittel
◁ bis

| Kostengruppen | ▷ | €/Einheit | ◁ | KG an 300+400 |
|---|---|---|---|---|
| **380 Baukonstruktive Einbauten** | | | | |
| 381 Allgemeine Einbauten [m² BGF] | – | **66,00** | – | 0,3% |
| 382 Besondere Einbauten [m² BGF] | – | **1,20** | – | 0,0% |
| 389 Sonstiges zur KG 380 [m² BGF] | – | **1,60** | – | 0,0% |
| **390 Sonstige Maßnahmen für Baukonstruktionen** | | | | |
| 391 Baustelleneinrichtung [m² BGF] | 12,00 | **17,00** | 29,00 | 1,3% |
| 392 Gerüste [m² BGF] | 11,00 | **19,00** | 87,00 | 1,2% |
| 396 Materialentsorgung [m² BGF] | – | **2,10** | – | 0,0% |
| 397 Zusätzliche Maßnahmen [m² BGF] | 1,10 | **2,50** | 5,20 | 0,0% |
| **410 Abwasser-, Wasser-, Gasanlagen** | | | | |
| 411 Abwasseranlagen [m² BGF] | 12,00 | **20,00** | 32,00 | 1,7% |
| 412 Wasseranlagen [m² BGF] | 34,00 | **51,00** | 92,00 | 3,9% |
| 413 Gasanlagen [m² BGF] | – | **1,70** | – | 0,0% |
| 419 Sonstiges zur KG 410 [m² BGF] | 2,70 | **4,30** | 6,20 | 0,1% |
| **420 Wärmeversorgungsanlagen** | | | | |
| 421 Wärmeerzeugungsanlagen [m² BGF] | 30,00 | **48,00** | 73,00 | 2,9% |
| 422 Wärmeverteilnetze [m² BGF] | 6,50 | **12,00** | 16,00 | 0,8% |
| 423 Raumheizflächen [m² BGF] | 18,00 | **28,00** | 44,00 | 1,5% |
| 429 Sonstiges zur KG 420 [m² BGF] | 7,10 | **12,00** | 19,00 | 0,4% |
| **430 Raumlufttechnische Anlagen** | | | | |
| 431 Lüftungsanlagen [m² BGF] | 17,00 | **30,00** | 49,00 | 1,3% |
| **440 Elektrische Anlagen** | | | | |
| 444 Niederspannungsinstallationsanlagen [m² BGF] | 27,00 | **40,00** | 62,00 | 3,1% |
| 445 Beleuchtungsanlagen [m² BGF] | 0,90 | **1,80** | 3,40 | 0,0% |
| 446 Blitzschutz- und Erdungsanlagen [m² BGF] | 1,80 | **3,40** | 9,30 | 0,2% |
| **450 Kommunikations-, sicherheits- und informationstechnische Anlagen** | | | | |
| 451 Telekommunikationsanlagen [m² BGF] | 0,60 | **1,40** | 2,60 | 0,1% |
| 452 Such- und Signalanlagen [m² BGF] | 1,10 | **2,20** | 3,20 | 0,2% |
| 454 Elektroakustische Anlagen [m² BGF] | – | **3,70** | – | 0,0% |
| 455 Audiovisuelle Medien- und Antennenanlagen [m² BGF] | 1,20 | **2,70** | 4,90 | 0,2% |
| 457 Datenübertragungsnetze [m² BGF] | 0,30 | **1,80** | 3,60 | 0,1% |
| **460 Förderanlagen** | | | | |
| **470 Nutzungsspezifische und verfahrenstechnische Anlagen** | | | | |
| 476 Weitere nutzungsspezifische Anlagen [m² BGF] | – | **6,80** | – | 0,1% |
| **480 Gebäude- und Anlagenautomation** | | | | |
| **490 Sonstige Maßnahmen für technische Anlagen** | | | | |
| 495 Instandsetzungen [m² BGF] | – | **8,80** | – | 0,0% |

## Ein- und Zweifamilienhäuser, Holzbauweise, nicht unterkellert

**Kosten:**
Stand 1.Quartal 2020
Bundesdurchschnitt
inkl. 19% MwSt.

| Kostengruppen | | ▷ | €/Einheit | ◁ | KG an 300+400 |
|---|---|---|---|---|---|
| **310** | **Baugrube / Erdbau** | | | | |
| 311 | Herstellung [m³] | 14,00 | **39,00** | 101,00 | 1,1% |
| **320** | **Gründung, Unterbau** | | | | |
| 321 | Baugrundverbesserung [m²] | 21,00 | **35,00** | 63,00 | 0,7% |
| 322 | Flachgründungen und Bodenplatten [m²] | 112,00 | **126,00** | 157,00 | 4,2% |
| 324 | Gründungsbeläge [m²] | 85,00 | **146,00** | 217,00 | 3,3% |
| 325 | Abdichtungen und Bekleidungen [m²] | 19,00 | **42,00** | 61,00 | 1,5% |
| 326 | Dränagen [m²] | – | **1,30** | – | 0,0% |
| **330** | **Außenwände/Vertikale Baukonstruktionen, außen** | | | | |
| 331 | Tragende Außenwände [m²] | 116,00 | **163,00** | 210,00 | 9,9% |
| 332 | Nichttragende Außenwände [m²] | 135,00 | **208,00** | 280,00 | 0,4% |
| 333 | Außenstützen [m] | 52,00 | **110,00** | 202,00 | 0,1% |
| 334 | Außenwandöffnungen [m²] | 512,00 | **594,00** | 720,00 | 9,0% |
| 335 | Außenwandbekleidungen, außen [m²] | 63,00 | **96,00** | 123,00 | 6,9% |
| 336 | Außenwandbekleidungen, innen [m²] | 22,00 | **49,00** | 72,00 | 2,6% |
| 337 | Elementierte Außenwandkonstruktionen [m²] | – | **171,00** | – | 1,9% |
| 338 | Lichtschutz zur KG 330 [m²] | 189,00 | **292,00** | 439,00 | 1,8% |
| 339 | Sonstiges zur KG 330 [m²] | 2,80 | **7,50** | 13,00 | 0,4% |
| **340** | **Innenwände/Vertikale Baukonstruktionen, innen** | | | | |
| 341 | Tragende Innenwände [m²] | 129,00 | **148,00** | 167,00 | 1,4% |
| 342 | Nichttragende Innenwände [m²] | 44,00 | **70,00** | 113,00 | 2,5% |
| 343 | Innenstützen [m] | 28,00 | **35,00** | 46,00 | 0,1% |
| 344 | Innenwandöffnungen [m²] | 303,00 | **411,00** | 725,00 | 2,1% |
| 345 | Innenwandbekleidungen [m²] | 41,00 | **61,00** | 91,00 | 2,6% |
| **350** | **Decken/Horizontale Baukonstruktionen** | | | | |
| 351 | Deckenkonstruktionen [m²] | 139,00 | **157,00** | 253,00 | 5,2% |
| 353 | Deckenbeläge [m²] | 73,00 | **114,00** | 184,00 | 2,8% |
| 354 | Deckenbekleidungen [m²] | 18,00 | **41,00** | 60,00 | 0,7% |
| 355 | Elementierte Deckenkonstruktionen [m²] | 969,00 | **1.005,00** | 1.040,00 | 0,4% |
| 359 | Sonstiges zur KG 350 [m²] | 6,30 | **12,00** | 38,00 | 0,4% |
| **360** | **Dächer** | | | | |
| 361 | Dachkonstruktionen [m²] | 75,00 | **112,00** | 150,00 | 5,0% |
| 362 | Dachöffnungen [m²] | 958,00 | **1.213,00** | 2.002,00 | 1,7% |
| 363 | Dachbeläge [m²] | 91,00 | **172,00** | 303,00 | 6,9% |
| 364 | Dachbekleidungen [m²] | 24,00 | **53,00** | 85,00 | 1,6% |
| 365 | Elementierte Dachkonstruktionen [m²] | – | **143,00** | – | 0,6% |
| 366 | Lichtschutz zur KG 360 [m²] | 168,00 | **504,00** | 840,00 | 0,0% |
| 369 | Sonstiges zur KG 360 [m²] | 0,90 | **2,30** | 4,20 | 0,1% |
| **370** | **Infrastrukturanlagen** | | | | |
| **380** | **Baukonstruktive Einbauten** | | | | |
| 381 | Allgemeine Einbauten [m² BGF] | 13,00 | **15,00** | 19,00 | 0,4% |
| 382 | Besondere Einbauten [m² BGF] | – | **6,00** | – | 0,1% |

▷ von
ø Mittel
◁ bis

| Kostengruppen | | ▷ | €/Einheit | ◁ | KG an 300+400 |
|---|---|---|---|---|---|
| **390** | **Sonstige Maßnahmen für Baukonstruktionen** | | | | |
| 391 | Baustelleneinrichtung [m² BGF] | 9,40 | **27,00** | 54,00 | 1,7% |
| 392 | Gerüste [m² BGF] | 8,70 | **13,00** | 20,00 | 0,7% |
| 394 | Abbruchmaßnahmen [m² BGF] | – | **47,00** | – | 0,5% |
| 397 | Zusätzliche Maßnahmen [m² BGF] | – | **2,10** | – | 0,0% |
| **410** | **Abwasser-, Wasser-, Gasanlagen** | | | | |
| 411 | Abwasseranlagen [m² BGF] | 9,20 | **19,00** | 34,00 | 1,4% |
| 412 | Wasseranlagen [m² BGF] | 27,00 | **46,00** | 71,00 | 3,2% |
| 413 | Gasanlagen [m² BGF] | – | **1,50** | – | 0,0% |
| 419 | Sonstiges zur KG 410 [m² BGF] | 2,50 | **4,00** | 5,20 | 0,2% |
| **420** | **Wärmeversorgungsanlagen** | | | | |
| 421 | Wärmeerzeugungsanlagen [m² BGF] | 37,00 | **59,00** | 105,00 | 4,2% |
| 422 | Wärmeverteilnetze [m² BGF] | 7,30 | **12,00** | 22,00 | 0,8% |
| 423 | Raumheizflächen [m² BGF] | 15,00 | **23,00** | 30,00 | 1,6% |
| 429 | Sonstiges zur KG 420 [m² BGF] | 6,20 | **13,00** | 21,00 | 0,5% |
| **430** | **Raumlufttechnische Anlagen** | | | | |
| 431 | Lüftungsanlagen [m² BGF] | 26,00 | **33,00** | 41,00 | 2,1% |
| 439 | Sonstiges zur KG 430 [m² BGF] | – | **1,10** | – | 0,0% |
| **440** | **Elektrische Anlagen** | | | | |
| 442 | Eigenstromversorgungsanlagen [m² BGF] | – | **108,00** | – | 1,0% |
| 444 | Niederspannungsinstallationsanlagen [m² BGF] | 21,00 | **34,00** | 40,00 | 2,4% |
| 445 | Beleuchtungsanlagen [m² BGF] | 7,90 | **11,00** | 14,00 | 0,5% |
| 446 | Blitzschutz- und Erdungsanlagen [m² BGF] | 1,30 | **1,70** | 2,80 | 0,1% |
| **450** | **Kommunikations-, sicherheits- und informationstechnische Anlagen** | | | | |
| 452 | Such- und Signalanlagen [m² BGF] | 1,00 | **2,20** | 4,30 | 0,1% |
| 454 | Elektroakustische Anlagen [m² BGF] | 1,00 | **1,60** | 2,30 | 0,0% |
| 455 | Audiovisuelle Medien- und Antennenanlagen [m² BGF] | 1,80 | **3,90** | 6,20 | 0,2% |
| 456 | Gefahrenmelde- und Alarmanlagen [m² BGF] | 0,90 | **1,00** | 1,00 | 0,0% |
| 457 | Datenübertragungsnetze [m² BGF] | 2,10 | **3,40** | 5,80 | 0,2% |
| **460** | **Förderanlagen** | | | | |
| **470** | **Nutzungsspezifische und verfahrenstechnische Anlagen** | | | | |
| 476 | Weitere nutzungsspezifische Anlagen [m² BGF] | – | **8,10** | – | 0,1% |
| **480** | **Gebäude- und Anlagenautomation** | | | | |
| 481 | Automationseinrichtungen [m² BGF] | – | **14,00** | – | 0,2% |
| **490** | **Sonstige Maßnahmen für technische Anlagen** | | | | |

**Kosten:**
Stand 1.Quartal 2020
Bundesdurchschnitt
inkl. 19% MwSt.

| Kostengruppen | | ▷ | €/Einheit | ◁ | KG an 300+400 |
|---|---|---|---|---|---|
| **310** | **Baugrube / Erdbau** | | | | |
| 311 | Herstellung [m3] | 49,00 | **61,00** | 73,00 | 1,4% |
| 312 | Umschließung [m2] | – | **3,20** | – | 0,0% |
| **320** | **Gründung, Unterbau** | | | | |
| 322 | Flachgründungen und Bodenplatten [m2] | 95,00 | **140,00** | 164,00 | 5,1% |
| 324 | Gründungsbeläge [m2] | 58,00 | **82,00** | 129,00 | 2,6% |
| 325 | Abdichtungen und Bekleidungen [m2] | 12,00 | **35,00** | 57,00 | 1,1% |
| 326 | Dränagen [m2] | – | **8,60** | – | 0,1% |
| **330** | **Außenwände/Vertikale Baukonstruktionen, außen** | | | | |
| 331 | Tragende Außenwände [m2] | 75,00 | **88,00** | 111,00 | 9,4% |
| 332 | Nichttragende Außenwände [m2] | – | **127,00** | – | 0,1% |
| 333 | Außenstützen [m] | – | **75,00** | – | 0,2% |
| 334 | Außenwandöffnungen [m2] | 381,00 | **497,00** | 667,00 | 9,0% |
| 335 | Außenwandbekleidungen, außen [m2] | 57,00 | **76,00** | 88,00 | 7,9% |
| 336 | Außenwandbekleidungen, innen [m2] | 4,20 | **22,00** | 31,00 | 1,9% |
| 338 | Lichtschutz zur KG 330 [m2] | 88,00 | **213,00** | 338,00 | 1,9% |
| **340** | **Innenwände/Vertikale Baukonstruktionen, innen** | | | | |
| 341 | Tragende Innenwände [m2] | 68,00 | **89,00** | 127,00 | 3,4% |
| 342 | Nichttragende Innenwände [m2] | 74,00 | **77,00** | 79,00 | 2,1% |
| 344 | Innenwandöffnungen [m2] | 176,00 | **186,00** | 193,00 | 1,6% |
| 345 | Innenwandbekleidungen [m2] | 11,00 | **18,00** | 22,00 | 2,0% |
| 349 | Sonstiges zur KG 340 [m2] | – | **5,70** | – | 0,1% |
| **350** | **Decken/Horizontale Baukonstruktionen** | | | | |
| 351 | Deckenkonstruktionen [m2] | 121,00 | **132,00** | 138,00 | 9,2% |
| 353 | Deckenbeläge [m2] | 74,00 | **104,00** | 121,00 | 5,4% |
| 354 | Deckenbekleidungen [m2] | 5,20 | **9,40** | 18,00 | 0,4% |
| 355 | Elementierte Deckenkonstruktionen [m2] | – | **601,00** | – | 1,0% |
| 359 | Sonstiges zur KG 350 [m2] | 6,70 | **19,00** | 42,00 | 1,0% |
| **360** | **Dächer** | | | | |
| 361 | Dachkonstruktionen [m2] | 66,00 | **85,00** | 115,00 | 3,6% |
| 362 | Dachöffnungen [m2] | – | **167,00** | – | 0,2% |
| 363 | Dachbeläge [m2] | 61,00 | **104,00** | 130,00 | 4,4% |
| 364 | Dachbekleidungen [m2] | 27,00 | **46,00** | 65,00 | 0,9% |
| **370** | **Infrastrukturanlagen** | | | | |
| **380** | **Baukonstruktive Einbauten** | | | | |
| **390** | **Sonstige Maßnahmen für Baukonstruktionen** | | | | |
| 391 | Baustelleneinrichtung [m2 BGF] | 2,10 | **8,10** | 12,00 | 0,8% |
| 392 | Gerüste [m2 BGF] | 11,00 | **12,00** | 13,00 | 0,8% |
| 395 | Instandsetzungen [m2 BGF] | – | **1,00** | – | 0,0% |
| 397 | Zusätzliche Maßnahmen [m2 BGF] | – | **1,80** | – | 0,1% |

▷ von
ø Mittel
◁ bis

| Kostengruppen | | ▷ | €/Einheit | ◁ | KG an 300+400 |
|---|---|---|---|---|---|
| **410** | **Abwasser-, Wasser-, Gasanlagen** | | | | |
| 411 | Abwasseranlagen [m2 BGF] | 15,00 | **17,00** | 22,00 | 1,8% |
| 412 | Wasseranlagen [m2 BGF] | 29,00 | **36,00** | 51,00 | 3,8% |
| 419 | Sonstiges zur KG 410 [m2 BGF] | 3,50 | **5,70** | 8,00 | 0,4% |
| **420** | **Wärmeversorgungsanlagen** | | | | |
| 421 | Wärmeerzeugungsanlagen [m2 BGF] | 30,00 | **71,00** | 92,00 | 7,3% |
| 422 | Wärmeverteilnetze [m2 BGF] | 10,00 | **11,00** | 12,00 | 0,8% |
| 423 | Raumheizflächen [m2 BGF] | 17,00 | **20,00** | 25,00 | 2,0% |
| 429 | Sonstiges zur KG 420 [m2 BGF] | – | **2,90** | – | 0,1% |
| **430** | **Raumlufttechnische Anlagen** | | | | |
| **440** | **Elektrische Anlagen** | | | | |
| 442 | Eigenstromversorgungsanlagen [m2 BGF] | – | **59,00** | – | 2,0% |
| 444 | Niederspannungsinstallationsanlagen [m2 BGF] | 30,00 | **32,00** | 36,00 | 3,4% |
| 445 | Beleuchtungsanlagen [m2 BGF] | – | **0,10** | – | 0,0% |
| 446 | Blitzschutz- und Erdungsanlagen [m2 BGF] | 0,80 | **1,30** | 1,90 | 0,1% |
| **450** | **Kommunikations-, sicherheits- und informationstechnische Anlagen** | | | | |
| 451 | Telekommunikationsanlagen [m2 BGF] | – | **0,20** | – | 0,0% |
| 452 | Such- und Signalanlagen [m2 BGF] | 1,00 | **1,90** | 2,70 | 0,1% |
| 455 | Audiovisuelle Medien- und Antennenanlagen [m2 BGF] | 1,40 | **2,50** | 3,70 | 0,2% |
| 456 | Gefahrenmelde- und Alarmanlagen [m2 BGF] | – | **1,20** | – | 0,0% |
| 457 | Datenübertragungsnetze [m2 BGF] | – | **2,20** | – | 0,1% |
| **460** | **Förderanlagen** | | | | |
| **470** | **Nutzungsspezifische und verfahrenstechnische Anlagen** | | | | |
| **480** | **Gebäude- und Anlagenautomation** | | | | |
| **490** | **Sonstige Maßnahmen für technische Anlagen** | | | | |
| 491 | Baustelleneinrichtung [m2 BGF] | – | **0,80** | – | 0,0% |

# Doppel- und Reihenendhäuser, mittlerer Standard

**Kosten:**
Stand 1.Quartal 2020
Bundesdurchschnitt
inkl. 19% MwSt.

▷ von
ø Mittel
◁ bis

| Kostengruppen | | ▷ | €/Einheit | ◁ | KG an 300+400 |
|---|---|---|---|---|---|
| **310** | **Baugrube / Erdbau** | | | | |
| 311 | Herstellung [m³] | 16,00 | **34,00** | 52,00 | 2,1% |
| 312 | Umschließung [m²] | – | **6,40** | – | 0,0% |
| 313 | Wasserhaltung [m³] | – | **0,00** | – | 0,0% |
| 319 | Sonstiges zur KG 310 [m³] | – | **1,10** | – | 0,0% |
| **320** | **Gründung, Unterbau** | | | | |
| 321 | Baugrundverbesserung [m²] | – | **14,00** | – | 0,1% |
| 322 | Flachgründungen und Bodenplatten [m²] | 88,00 | **113,00** | 138,00 | 3,3% |
| 324 | Gründungsbeläge [m²] | 35,00 | **82,00** | 131,00 | 2,0% |
| 325 | Abdichtungen und Bekleidungen [m²] | 15,00 | **42,00** | 72,00 | 1,3% |
| **330** | **Außenwände/Vertikale Baukonstruktionen, außen** | | | | |
| 331 | Tragende Außenwände [m²] | 80,00 | **112,00** | 132,00 | 8,6% |
| 333 | Außenstützen [m] | 51,00 | **249,00** | 446,00 | 0,2% |
| 334 | Außenwandöffnungen [m²] | 498,00 | **621,00** | 777,00 | 7,2% |
| 335 | Außenwandbekleidungen, außen [m²] | 75,00 | **111,00** | 188,00 | 8,6% |
| 336 | Außenwandbekleidungen, innen [m²] | 23,00 | **33,00** | 43,00 | 2,1% |
| 338 | Lichtschutz zur KG 330 [m²] | 164,00 | **330,00** | 1.037,00 | 1,4% |
| 339 | Sonstiges zur KG 330 [m²] | 2,40 | **9,00** | 12,00 | 0,7% |
| **340** | **Innenwände/Vertikale Baukonstruktionen, innen** | | | | |
| 341 | Tragende Innenwände [m²] | 71,00 | **113,00** | 157,00 | 2,2% |
| 342 | Nichttragende Innenwände [m²] | 57,00 | **73,00** | 85,00 | 2,7% |
| 343 | Innenstützen [m] | 105,00 | **147,00** | 193,00 | 0,1% |
| 344 | Innenwandöffnungen [m²] | 209,00 | **290,00** | 358,00 | 2,2% |
| 345 | Innenwandbekleidungen [m²] | 31,00 | **44,00** | 60,00 | 4,1% |
| 349 | Sonstiges zur KG 340 [m²] | 2,20 | **3,40** | 4,10 | 0,1% |
| **350** | **Decken/Horizontale Baukonstruktionen** | | | | |
| 351 | Deckenkonstruktionen [m²] | 123,00 | **168,00** | 217,00 | 8,6% |
| 352 | Deckenöffnungen [m²] | 759,00 | **961,00** | 1.248,00 | 0,1% |
| 353 | Deckenbeläge [m²] | 102,00 | **119,00** | 155,00 | 4,7% |
| 354 | Deckenbekleidungen [m²] | 18,00 | **27,00** | 36,00 | 1,0% |
| 355 | Elementierte Deckenkonstruktionen [m²] | – | **5.018,00** | – | 0,6% |
| 359 | Sonstiges zur KG 350 [m²] | 15,00 | **32,00** | 64,00 | 1,3% |
| **360** | **Dächer** | | | | |
| 361 | Dachkonstruktionen [m²] | 64,00 | **98,00** | 116,00 | 3,8% |
| 362 | Dachöffnungen [m²] | 428,00 | **938,00** | 1.176,00 | 0,9% |
| 363 | Dachbeläge [m²] | 84,00 | **98,00** | 120,00 | 4,1% |
| 364 | Dachbekleidungen [m²] | 34,00 | **57,00** | 70,00 | 1,6% |
| 369 | Sonstiges zur KG 360 [m²] | 5,20 | **6,30** | 7,40 | 0,1% |
| **370** | **Infrastrukturanlagen** | | | | |
| **380** | **Baukonstruktive Einbauten** | | | | |
| 381 | Allgemeine Einbauten [m² BGF] | – | **58,00** | – | 0,7% |

| Kostengruppen | ▷ | €/Einheit | ◁ | KG an 300+400 |
|---|---|---|---|---|
| **390 Sonstige Maßnahmen für Baukonstruktionen** | | | | |
| 391 Baustelleneinrichtung [m² BGF] | 5,10 | **13,00** | 22,00 | 1,1% |
| 392 Gerüste [m² BGF] | 11,00 | **16,00** | 19,00 | 1,1% |
| 393 Sicherungsmaßnahmen [m² BGF] | – | **34,00** | – | 0,3% |
| 397 Zusätzliche Maßnahmen [m² BGF] | 3,10 | **5,20** | 12,00 | 0,3% |
| 398 Provisorische Baukonstruktionen [m² BGF] | – | **0,10** | – | 0,0% |
| 399 Sonstiges zur KG 390 [m² BGF] | – | **11,00** | – | 0,1% |
| **410 Abwasser-, Wasser-, Gasanlagen** | | | | |
| 411 Abwasseranlagen [m² BGF] | 16,00 | **25,00** | 52,00 | 2,1% |
| 412 Wasseranlagen [m² BGF] | 28,00 | **41,00** | 53,00 | 3,5% |
| 419 Sonstiges zur KG 410 [m² BGF] | 2,20 | **4,00** | 7,10 | 0,2% |
| **420 Wärmeversorgungsanlagen** | | | | |
| 421 Wärmeerzeugungsanlagen [m² BGF] | 24,00 | **44,00** | 68,00 | 3,6% |
| 422 Wärmeverteilnetze [m² BGF] | 16,00 | **22,00** | 55,00 | 1,6% |
| 423 Raumheizflächen [m² BGF] | 13,00 | **22,00** | 39,00 | 1,9% |
| 429 Sonstiges zur KG 420 [m² BGF] | 4,60 | **10,00** | 22,00 | 0,5% |
| **430 Raumlufttechnische Anlagen** | | | | |
| 431 Lüftungsanlagen [m² BGF] | 9,80 | **32,00** | 40,00 | 2,3% |
| **440 Elektrische Anlagen** | | | | |
| 444 Niederspannungsinstallationsanlagen [m² BGF] | 33,00 | **40,00** | 56,00 | 3,4% |
| 445 Beleuchtungsanlagen [m² BGF] | 2,70 | **6,70** | 18,00 | 0,3% |
| 446 Blitzschutz- und Erdungsanlagen [m² BGF] | 2,30 | **2,90** | 4,20 | 0,3% |
| 449 Sonstiges zur KG 440 [m² BGF] | – | **6,20** | – | 0,1% |
| **450 Kommunikations-, sicherheits- und informationstechnische Anlagen** | | | | |
| 451 Telekommunikationsanlagen [m² BGF] | 0,50 | **0,70** | 1,10 | 0,0% |
| 452 Such- und Signalanlagen [m² BGF] | 1,50 | **3,40** | 5,30 | 0,3% |
| 455 Audiovisuelle Medien- und Antennenanlagen [m² BGF] | 0,90 | **4,00** | 6,10 | 0,4% |
| 456 Gefahrenmelde- und Alarmanlagen [m² BGF] | – | **2,30** | – | 0,0% |
| 457 Datenübertragungsnetze [m² BGF] | 2,20 | **4,10** | 9,20 | 0,3% |
| **460 Förderanlagen** | | | | |
| **470 Nutzungsspezifische und verfahrenstechnische Anlagen** | | | | |
| **480 Gebäude- und Anlagenautomation** | | | | |
| **490 Sonstige Maßnahmen für technische Anlagen** | | | | |

## Doppel- und Reihenendhäuser, hoher Standard

**Kosten:**
Stand 1.Quartal 2020
Bundesdurchschnitt
inkl. 19% MwSt.

▷ von
ø Mittel
◁ bis

| Kostengruppen | | ▷ | €/Einheit | ◁ | KG an 300+400 |
|---|---|---|---|---|---|
| **310** | **Baugrube / Erdbau** | | | | |
| 311 | Herstellung [m³] | 21,00 | **31,00** | 46,00 | 2,3% |
| 312 | Umschließung [m²] | – | **4,50** | – | 0,0% |
| **320** | **Gründung, Unterbau** | | | | |
| 322 | Flachgründungen und Bodenplatten [m²] | 90,00 | **118,00** | 135,00 | 3,1% |
| 324 | Gründungsbeläge [m²] | 120,00 | **137,00** | 186,00 | 2,3% |
| 325 | Abdichtungen und Bekleidungen [m²] | 12,00 | **27,00** | 37,00 | 0,6% |
| 326 | Dränagen [m²] | 8,70 | **13,00** | 20,00 | 0,2% |
| **330** | **Außenwände/Vertikale Baukonstruktionen, außen** | | | | |
| 331 | Tragende Außenwände [m²] | 107,00 | **124,00** | 134,00 | 9,9% |
| 332 | Nichttragende Außenwände [m²] | 92,00 | **118,00** | 171,00 | 0,2% |
| 333 | Außenstützen [m] | 81,00 | **108,00** | 122,00 | 0,2% |
| 334 | Außenwandöffnungen [m²] | 454,00 | **507,00** | 673,00 | 6,8% |
| 335 | Außenwandbekleidungen, außen [m²] | 82,00 | **122,00** | 146,00 | 9,1% |
| 336 | Außenwandbekleidungen, innen [m²] | 34,00 | **44,00** | 65,00 | 2,6% |
| 338 | Lichtschutz zur KG 330 [m²] | 146,00 | **184,00** | 244,00 | 1,4% |
| 339 | Sonstiges zur KG 330 [m²] | 4,70 | **9,10** | 16,00 | 0,7% |
| **340** | **Innenwände/Vertikale Baukonstruktionen, innen** | | | | |
| 341 | Tragende Innenwände [m²] | 96,00 | **106,00** | 118,00 | 2,2% |
| 342 | Nichttragende Innenwände [m²] | 58,00 | **83,00** | 119,00 | 2,3% |
| 343 | Innenstützen [m] | 39,00 | **106,00** | 184,00 | 0,2% |
| 344 | Innenwandöffnungen [m²] | 194,00 | **338,00** | 424,00 | 2,1% |
| 345 | Innenwandbekleidungen [m²] | 28,00 | **49,00** | 74,00 | 3,5% |
| 349 | Sonstiges zur KG 340 [m²] | – | **7,50** | – | 0,1% |
| **350** | **Decken/Horizontale Baukonstruktionen** | | | | |
| 351 | Deckenkonstruktionen [m²] | 141,00 | **178,00** | 213,00 | 8,0% |
| 353 | Deckenbeläge [m²] | 116,00 | **144,00** | 178,00 | 5,1% |
| 354 | Deckenbekleidungen [m²] | 24,00 | **28,00** | 33,00 | 0,7% |
| 355 | Elementierte Deckenkonstruktionen [m²] | – | **806,00** | – | 0,3% |
| 359 | Sonstiges zur KG 350 [m²] | 14,00 | **32,00** | 50,00 | 1,4% |
| **360** | **Dächer** | | | | |
| 361 | Dachkonstruktionen [m²] | 83,00 | **127,00** | 171,00 | 4,2% |
| 362 | Dachöffnungen [m²] | 845,00 | **1.248,00** | 1.656,00 | 0,9% |
| 363 | Dachbeläge [m²] | 129,00 | **152,00** | 193,00 | 5,4% |
| 364 | Dachbekleidungen [m²] | 36,00 | **53,00** | 64,00 | 1,2% |
| 369 | Sonstiges zur KG 360 [m²] | 1,10 | **5,60** | 10,00 | 0,1% |
| **370** | **Infrastrukturanlagen** | | | | |
| **380** | **Baukonstruktive Einbauten** | | | | |
| 381 | Allgemeine Einbauten [m² BGF] | 7,10 | **17,00** | 26,00 | 0,4% |

| Kostengruppen | | ▷ | €/Einheit | ◁ | KG an 300+400 |
|---|---|---|---|---|---|
| **390** | **Sonstige Maßnahmen für Baukonstruktionen** | | | | |
| 391 | Baustelleneinrichtung [m² BGF] | 6,50 | **25,00** | 35,00 | 1,9% |
| 392 | Gerüste [m² BGF] | 4,40 | **8,70** | 14,00 | 0,6% |
| 393 | Sicherungsmaßnahmen [m² BGF] | – | **2,20** | – | 0,0% |
| 394 | Abbruchmaßnahmen [m² BGF] | – | **4,50** | – | 0,1% |
| 396 | Materialentsorgung [m² BGF] | – | **0,70** | – | 0,0% |
| 397 | Zusätzliche Maßnahmen [m² BGF] | 0,80 | **2,70** | 6,10 | 0,1% |
| 398 | Provisorische Baukonstruktionen [m² BGF] | – | **0,50** | – | 0,0% |
| **410** | **Abwasser-, Wasser-, Gasanlagen** | | | | |
| 411 | Abwasseranlagen [m² BGF] | 15,00 | **27,00** | 57,00 | 2,1% |
| 412 | Wasseranlagen [m² BGF] | 46,00 | **58,00** | 91,00 | 4,2% |
| 413 | Gasanlagen [m² BGF] | – | **1,10** | – | 0,0% |
| 419 | Sonstiges zur KG 410 [m² BGF] | – | **5,00** | – | 0,1% |
| **420** | **Wärmeversorgungsanlagen** | | | | |
| 421 | Wärmeerzeugungsanlagen [m² BGF] | 39,00 | **47,00** | 71,00 | 2,5% |
| 422 | Wärmeverteilnetze [m² BGF] | 15,00 | **16,00** | 19,00 | 0,9% |
| 423 | Raumheizflächen [m² BGF] | 19,00 | **27,00** | 34,00 | 1,4% |
| 429 | Sonstiges zur KG 420 [m² BGF] | 7,80 | **17,00** | 21,00 | 0,9% |
| **430** | **Raumlufttechnische Anlagen** | | | | |
| 431 | Lüftungsanlagen [m² BGF] | 8,80 | **18,00** | 31,00 | 1,2% |
| **440** | **Elektrische Anlagen** | | | | |
| 444 | Niederspannungsinstallationsanlagen [m² BGF] | 25,00 | **43,00** | 71,00 | 3,1% |
| 445 | Beleuchtungsanlagen [m² BGF] | 2,30 | **6,50** | 11,00 | 0,3% |
| 446 | Blitzschutz- und Erdungsanlagen [m² BGF] | 2,40 | **3,80** | 5,70 | 0,3% |
| **450** | **Kommunikations-, sicherheits- und informationstechnische Anlagen** | | | | |
| 451 | Telekommunikationsanlagen [m² BGF] | 0,90 | **1,50** | 2,10 | 0,1% |
| 452 | Such- und Signalanlagen [m² BGF] | 1,70 | **2,50** | 2,80 | 0,2% |
| 454 | Elektroakustische Anlagen [m² BGF] | 0,20 | **0,60** | 1,00 | 0,0% |
| 455 | Audiovisuelle Medien- und Antennenanlagen [m² BGF] | 0,80 | **2,70** | 6,20 | 0,2% |
| **460** | **Förderanlagen** | | | | |
| **470** | **Nutzungsspezifische und verfahrenstechnische Anlagen** | | | | |
| **480** | **Gebäude- und Anlagenautomation** | | | | |
| **490** | **Sonstige Maßnahmen für technische Anlagen** | | | | |

## Reihenhäuser, einfacher Standard

**Kosten:**
Stand 1.Quartal 2020
Bundesdurchschnitt
inkl. 19% MwSt.

| Kostengruppen | | ▷ | €/Einheit | ◁ | KG an 300+400 |
|---|---|---|---|---|---|
| **310** | **Baugrube / Erdbau** | | | | |
| 311 | Herstellung [m³] | 37,00 | **56,00** | 75,00 | 1,2% |
| **320** | **Gründung, Unterbau** | | | | |
| 322 | Flachgründungen und Bodenplatten [m²] | 97,00 | **114,00** | 131,00 | 4,7% |
| 324 | Gründungsbeläge [m²] | 61,00 | **100,00** | 139,00 | 3,5% |
| 325 | Abdichtungen und Bekleidungen [m²] | – | **45,00** | – | 0,9% |
| **330** | **Außenwände/Vertikale Baukonstruktionen, außen** | | | | |
| 331 | Tragende Außenwände [m²] | 70,00 | **86,00** | 102,00 | 8,8% |
| 332 | Nichttragende Außenwände [m²] | – | **127,00** | – | 0,2% |
| 334 | Außenwandöffnungen [m²] | 328,00 | **449,00** | 571,00 | 7,7% |
| 335 | Außenwandbekleidungen, außen [m²] | 81,00 | **101,00** | 120,00 | 5,4% |
| 336 | Außenwandbekleidungen, innen [m²] | 4,20 | **45,00** | 86,00 | 2,0% |
| 338 | Lichtschutz zur KG 330 [m²] | – | **100,00** | – | 0,9% |
| 339 | Sonstiges zur KG 330 [m²] | – | **7,80** | – | 0,3% |
| **340** | **Innenwände/Vertikale Baukonstruktionen, innen** | | | | |
| 341 | Tragende Innenwände [m²] | 78,00 | **102,00** | 127,00 | 4,4% |
| 342 | Nichttragende Innenwände [m²] | 79,00 | **84,00** | 90,00 | 3,5% |
| 344 | Innenwandöffnungen [m²] | 176,00 | **385,00** | 595,00 | 2,4% |
| 345 | Innenwandbekleidungen [m²] | 19,00 | **28,00** | 37,00 | 3,6% |
| **350** | **Decken/Horizontale Baukonstruktionen** | | | | |
| 351 | Deckenkonstruktionen [m²] | 129,00 | **134,00** | 140,00 | 11,7% |
| 352 | Deckenöffnungen [m²] | – | **870,00** | – | 0,1% |
| 353 | Deckenbeläge [m²] | 48,00 | **102,00** | 156,00 | 4,3% |
| 354 | Deckenbekleidungen [m²] | 4,20 | **24,00** | 44,00 | 2,0% |
| 359 | Sonstiges zur KG 350 [m²] | 3,90 | **5,60** | 7,30 | 0,5% |
| **360** | **Dächer** | | | | |
| 361 | Dachkonstruktionen [m²] | 34,00 | **75,00** | 115,00 | 3,7% |
| 362 | Dachöffnungen [m²] | – | **584,00** | – | 0,0% |
| 363 | Dachbeläge [m²] | 78,00 | **91,00** | 103,00 | 4,6% |
| 364 | Dachbekleidungen [m²] | – | **113,00** | – | 0,1% |
| 369 | Sonstiges zur KG 360 [m²] | – | **2,00** | – | 0,1% |
| **370** | **Infrastrukturanlagen** | | | | |
| **380** | **Baukonstruktive Einbauten** | | | | |
| 381 | Allgemeine Einbauten [m² BGF] | – | **0,90** | – | 0,1% |
| **390** | **Sonstige Maßnahmen für Baukonstruktionen** | | | | |
| 391 | Baustelleneinrichtung [m² BGF] | 2,10 | **2,70** | 3,40 | 0,3% |
| 392 | Gerüste [m² BGF] | 5,10 | **6,40** | 7,60 | 0,8% |
| 394 | Abbruchmaßnahmen [m² BGF] | – | **1,60** | – | 0,1% |
| 396 | Materialentsorgung [m² BGF] | – | **0,10** | – | 0,0% |
| 397 | Zusätzliche Maßnahmen [m² BGF] | – | **2,30** | – | 0,1% |

▷ von
ø Mittel
◁ bis

| Kostengruppen | | ▷ | €/Einheit | ◁ | KG an 300+400 |
|---|---|---|---|---|---|
| **410** | **Abwasser-, Wasser-, Gasanlagen** | | | | |
| 411 | Abwasseranlagen [m² BGF] | 9,10 | **20,00** | 30,00 | 2,4% |
| 412 | Wasseranlagen [m² BGF] | 34,00 | **41,00** | 48,00 | 5,0% |
| **420** | **Wärmeversorgungsanlagen** | | | | |
| 421 | Wärmeerzeugungsanlagen [m² BGF] | 30,00 | **40,00** | 49,00 | 4,8% |
| 422 | Wärmeverteilnetze [m² BGF] | 12,00 | **14,00** | 16,00 | 1,8% |
| 423 | Raumheizflächen [m² BGF] | 16,00 | **21,00** | 26,00 | 2,6% |
| 429 | Sonstiges zur KG 420 [m² BGF] | – | **2,90** | – | 0,2% |
| **430** | **Raumlufttechnische Anlagen** | | | | |
| 431 | Lüftungsanlagen [m² BGF] | – | **4,80** | – | 0,3% |
| 433 | Klimaanlagen [m² BGF] | – | **9,50** | – | 0,6% |
| **440** | **Elektrische Anlagen** | | | | |
| 443 | Niederspannungsschaltanlagen [m² BGF] | – | **13,00** | – | 0,8% |
| 444 | Niederspannungsinstallationsanlagen [m² BGF] | 20,00 | **27,00** | 34,00 | 3,3% |
| 445 | Beleuchtungsanlagen [m² BGF] | – | **0,80** | – | 0,1% |
| 446 | Blitzschutz- und Erdungsanlagen [m² BGF] | – | **0,90** | – | 0,1% |
| **450** | **Kommunikations-, sicherheits- und informationstechnische Anlagen** | | | | |
| 452 | Such- und Signalanlagen [m² BGF] | – | **1,10** | – | 0,1% |
| 455 | Audiovisuelle Medien- und Antennenanlagen [m² BGF] | – | **1,20** | – | 0,1% |
| 456 | Gefahrenmelde- und Alarmanlagen [m² BGF] | – | **5,10** | – | 0,3% |
| **460** | **Förderanlagen** | | | | |
| **470** | **Nutzungsspezifische und verfahrenstechnische Anlagen** | | | | |
| **480** | **Gebäude- und Anlagenautomation** | | | | |
| **490** | **Sonstige Maßnahmen für technische Anlagen** | | | | |
| 491 | Baustelleneinrichtung [m² BGF] | – | **0,80** | – | 0,1% |

**Kosten:**
Stand 1.Quartal 2020
Bundesdurchschnitt
inkl. 19% MwSt.

| Kostengruppen | | ▷ | **€/Einheit** | ◁ | KG an 300+400 |
|---|---|---|---|---|---|
| **310** | **Baugrube / Erdbau** | | | | |
| 311 | Herstellung [m³] | 42,00 | **54,00** | 72,00 | 2,3% |
| **320** | **Gründung, Unterbau** | | | | |
| 321 | Baugrundverbesserung [m²] | – | **25,00** | – | 0,2% |
| 322 | Flachgründungen und Bodenplatten [m²] | 109,00 | **181,00** | 326,00 | 3,0% |
| 324 | Gründungsbeläge [m²] | 125,00 | **139,00** | 153,00 | 2,1% |
| 325 | Abdichtungen und Bekleidungen [m²] | 22,00 | **41,00** | 52,00 | 1,1% |
| 326 | Dränagen [m²] | – | **9,40** | – | 0,1% |
| **330** | **Außenwände/Vertikale Baukonstruktionen, außen** | | | | |
| 331 | Tragende Außenwände [m²] | 74,00 | **122,00** | 146,00 | 12,8% |
| 332 | Nichttragende Außenwände [m²] | – | **101,00** | – | 0,1% |
| 334 | Außenwandöffnungen [m²] | 447,00 | **589,00** | 684,00 | 8,4% |
| 335 | Außenwandbekleidungen, außen [m²] | 50,00 | **70,00** | 82,00 | 6,1% |
| 336 | Außenwandbekleidungen, innen [m²] | 36,00 | **48,00** | 65,00 | 3,2% |
| 337 | Elementierte Außenwandkonstruktionen [m²] | – | **203,00** | – | 1,0% |
| 338 | Lichtschutz zur KG 330 [m²] | 128,00 | **138,00** | 148,00 | 0,9% |
| 339 | Sonstiges zur KG 330 [m²] | 4,20 | **7,70** | 15,00 | 1,0% |
| **340** | **Innenwände/Vertikale Baukonstruktionen, innen** | | | | |
| 341 | Tragende Innenwände [m²] | 86,00 | **94,00** | 103,00 | 0,7% |
| 342 | Nichttragende Innenwände [m²] | 63,00 | **78,00** | 106,00 | 3,6% |
| 343 | Innenstützen [m] | 102,00 | **177,00** | 253,00 | 0,2% |
| 344 | Innenwandöffnungen [m²] | 220,00 | **249,00** | 295,00 | 1,4% |
| 345 | Innenwandbekleidungen [m²] | 12,00 | **21,00** | 40,00 | 1,8% |
| **350** | **Decken/Horizontale Baukonstruktionen** | | | | |
| 351 | Deckenkonstruktionen [m²] | 141,00 | **160,00** | 171,00 | 9,3% |
| 353 | Deckenbeläge [m²] | 90,00 | **110,00** | 149,00 | 5,2% |
| 354 | Deckenbekleidungen [m²] | 9,80 | **24,00** | 53,00 | 1,0% |
| 355 | Elementierte Deckenkonstruktionen [m²] | 323,00 | **435,00** | 547,00 | 0,5% |
| 359 | Sonstiges zur KG 350 [m²] | 8,20 | **13,00** | 23,00 | 0,8% |
| **360** | **Dächer** | | | | |
| 361 | Dachkonstruktionen [m²] | 79,00 | **117,00** | 180,00 | 3,6% |
| 362 | Dachöffnungen [m²] | 523,00 | **1.124,00** | 1.725,00 | 0,4% |
| 363 | Dachbeläge [m²] | 75,00 | **115,00** | 140,00 | 4,0% |
| 364 | Dachbekleidungen [m²] | 59,00 | **64,00** | 76,00 | 1,6% |
| 369 | Sonstiges zur KG 360 [m²] | 1,10 | **5,80** | 15,00 | 0,2% |
| **370** | **Infrastrukturanlagen** | | | | |
| **380** | **Baukonstruktive Einbauten** | | | | |
| **390** | **Sonstige Maßnahmen für Baukonstruktionen** | | | | |
| 391 | Baustelleneinrichtung [m² BGF] | 9,10 | **19,00** | 25,00 | 1,7% |
| 392 | Gerüste [m² BGF] | 6,90 | **8,10** | 11,00 | 0,7% |
| 397 | Zusätzliche Maßnahmen [m² BGF] | – | **5,00** | – | 0,1% |

▷ von
ø Mittel
◁ bis

| Kostengruppen | | ▷ | €/Einheit | ◁ | KG an 300+400 |
|---|---|---|---|---|---|
| **410** | **Abwasser-, Wasser-, Gasanlagen** | | | | |
| 411 | Abwasseranlagen [m² BGF] | 22,00 | **26,00** | 34,00 | 2,3% |
| 412 | Wasseranlagen [m² BGF] | 36,00 | **48,00** | 69,00 | 4,2% |
| 419 | Sonstiges zur KG 410 [m² BGF] | 3,30 | **4,00** | 4,60 | 0,2% |
| **420** | **Wärmeversorgungsanlagen** | | | | |
| 421 | Wärmeerzeugungsanlagen [m² BGF] | 35,00 | **38,00** | 45,00 | 3,5% |
| 422 | Wärmeverteilnetze [m² BGF] | 3,20 | **15,00** | 22,00 | 1,3% |
| 423 | Raumheizflächen [m² BGF] | 17,00 | **25,00** | 30,00 | 2,4% |
| 429 | Sonstiges zur KG 420 [m² BGF] | 4,10 | **4,90** | 6,40 | 0,5% |
| **430** | **Raumlufttechnische Anlagen** | | | | |
| 431 | Lüftungsanlagen [m² BGF] | 4,50 | **36,00** | 52,00 | 3,0% |
| **440** | **Elektrische Anlagen** | | | | |
| 444 | Niederspannungsinstallationsanlagen [m² BGF] | 22,00 | **26,00** | 33,00 | 2,5% |
| 445 | Beleuchtungsanlagen [m² BGF] | 0,40 | **5,10** | 9,80 | 0,2% |
| 446 | Blitzschutz- und Erdungsanlagen [m² BGF] | 1,70 | **1,80** | 1,80 | 0,1% |
| **450** | **Kommunikations-, sicherheits- und informationstechnische Anlagen** | | | | |
| 451 | Telekommunikationsanlagen [m² BGF] | 1,30 | **1,50** | 1,80 | 0,1% |
| 452 | Such- und Signalanlagen [m² BGF] | 0,90 | **1,90** | 2,80 | 0,1% |
| 454 | Elektroakustische Anlagen [m² BGF] | – | **0,60** | – | 0,0% |
| 455 | Audiovisuelle Medien- und Antennenanlagen [m² BGF] | 1,20 | **4,90** | 8,60 | 0,3% |
| 456 | Gefahrenmelde- und Alarmanlagen [m² BGF] | – | **1,20** | – | 0,0% |
| 457 | Datenübertragungsnetze [m² BGF] | 0,30 | **4,80** | 9,30 | 0,2% |
| **460** | **Förderanlagen** | | | | |
| **470** | **Nutzungsspezifische und verfahrenstechnische Anlagen** | | | | |
| **480** | **Gebäude- und Anlagenautomation** | | | | |
| **490** | **Sonstige Maßnahmen für technische Anlagen** | | | | |

**Kosten:**
Stand 1.Quartal 2020
Bundesdurchschnitt
inkl. 19% MwSt.

| Kostengruppen | | ▷ | €/Einheit | ◁ | KG an 300+400 |
|---|---|---|---|---|---|
| **310** | **Baugrube / Erdbau** | | | | |
| 311 | Herstellung [m³] | 24,00 | **37,00** | 63,00 | 2,2% |
| **320** | **Gründung, Unterbau** | | | | |
| 321 | Baugrundverbesserung [m²] | – | **4,80** | – | 0,0% |
| 322 | Flachgründungen und Bodenplatten [m²] | 136,00 | **325,00** | 705,00 | 2,7% |
| 323 | Tiefgründungen [m²] | – | **156,00** | – | 1,6% |
| 324 | Gründungsbeläge [m²] | 110,00 | **164,00** | 219,00 | 2,1% |
| 325 | Abdichtungen und Bekleidungen [m²] | 5,00 | **15,00** | 22,00 | 0,4% |
| 326 | Dränagen [m²] | 7,20 | **7,50** | 7,80 | 0,1% |
| **330** | **Außenwände/Vertikale Baukonstruktionen, außen** | | | | |
| 331 | Tragende Außenwände [m²] | 106,00 | **121,00** | 147,00 | 5,4% |
| 334 | Außenwandöffnungen [m²] | 451,00 | **569,00** | 802,00 | 6,4% |
| 335 | Außenwandbekleidungen, außen [m²] | 44,00 | **96,00** | 129,00 | 5,2% |
| 336 | Außenwandbekleidungen, innen [m²] | 10,00 | **37,00** | 51,00 | 2,1% |
| 337 | Elementierte Außenwandkonstruktionen [m²] | – | **270,00** | – | 3,2% |
| 338 | Lichtschutz zur KG 330 [m²] | – | **132,00** | – | 0,4% |
| 339 | Sonstiges zur KG 330 [m²] | 2,90 | **23,00** | 43,00 | 1,0% |
| **340** | **Innenwände/Vertikale Baukonstruktionen, innen** | | | | |
| 341 | Tragende Innenwände [m²] | 115,00 | **167,00** | 264,00 | 3,5% |
| 342 | Nichttragende Innenwände [m²] | 80,00 | **88,00** | 103,00 | 2,5% |
| 343 | Innenstützen [m] | – | **43,00** | – | 0,0% |
| 344 | Innenwandöffnungen [m²] | 349,00 | **423,00** | 461,00 | 2,2% |
| 345 | Innenwandbekleidungen [m²] | 12,00 | **36,00** | 48,00 | 2,8% |
| 346 | Elementierte Innenwandkonstruktionen [m²] | – | **171,00** | – | 0,3% |
| **350** | **Decken/Horizontale Baukonstruktionen** | | | | |
| 351 | Deckenkonstruktionen [m²] | 219,00 | **233,00** | 259,00 | 11,1% |
| 353 | Deckenbeläge [m²] | 125,00 | **174,00** | 209,00 | 7,3% |
| 354 | Deckenbekleidungen [m²] | 15,00 | **17,00** | 21,00 | 0,7% |
| 359 | Sonstiges zur KG 350 [m²] | 7,30 | **19,00** | 31,00 | 0,7% |
| **360** | **Dächer** | | | | |
| 361 | Dachkonstruktionen [m²] | 83,00 | **139,00** | 234,00 | 3,5% |
| 362 | Dachöffnungen [m²] | 817,00 | **966,00** | 1.116,00 | 0,9% |
| 363 | Dachbeläge [m²] | 130,00 | **178,00** | 273,00 | 4,8% |
| 364 | Dachbekleidungen [m²] | 7,50 | **88,00** | 138,00 | 2,2% |
| 369 | Sonstiges zur KG 360 [m²] | 4,70 | **18,00** | 44,00 | 0,5% |
| **370** | **Infrastrukturanlagen** | | | | |
| **380** | **Baukonstruktive Einbauten** | | | | |
| **390** | **Sonstige Maßnahmen für Baukonstruktionen** | | | | |
| 391 | Baustelleneinrichtung [m² BGF] | 22,00 | **24,00** | 27,00 | 1,8% |
| 392 | Gerüste [m² BGF] | 11,00 | **14,00** | 17,00 | 0,6% |
| 397 | Zusätzliche Maßnahmen [m² BGF] | – | **7,90** | – | 0,2% |

▷ von
ø Mittel
◁ bis

| Kostengruppen | | ▷ | €/Einheit | ◁ | KG an 300+400 |
|---|---|---|---|---|---|
| **410** | **Abwasser-, Wasser-, Gasanlagen** | | | | |
| 411 | Abwasseranlagen [m² BGF] | 23,00 | **28,00** | 38,00 | 2,1% |
| 412 | Wasseranlagen [m² BGF] | 56,00 | **67,00** | 74,00 | 4,9% |
| **420** | **Wärmeversorgungsanlagen** | | | | |
| 421 | Wärmeerzeugungsanlagen [m² BGF] | 37,00 | **59,00** | 71,00 | 4,2% |
| 422 | Wärmeverteilnetze [m² BGF] | 14,00 | **24,00** | 42,00 | 1,7% |
| 423 | Raumheizflächen [m² BGF] | 20,00 | **24,00** | 32,00 | 1,7% |
| 429 | Sonstiges zur KG 420 [m² BGF] | – | **47,00** | – | 1,0% |
| **430** | **Raumlufttechnische Anlagen** | | | | |
| 431 | Lüftungsanlagen [m² BGF] | 33,00 | **41,00** | 52,00 | 3,0% |
| **440** | **Elektrische Anlagen** | | | | |
| 444 | Niederspannungsinstallationsanlagen [m² BGF] | 27,00 | **35,00** | 48,00 | 2,6% |
| 445 | Beleuchtungsanlagen [m² BGF] | 3,10 | **3,60** | 4,10 | 0,2% |
| 446 | Blitzschutz- und Erdungsanlagen [m² BGF] | 0,80 | **1,50** | 2,80 | 0,1% |
| **450** | **Kommunikations-, sicherheits- und informationstechnische Anlagen** | | | | |
| 452 | Such- und Signalanlagen [m² BGF] | 2,70 | **3,20** | 3,80 | 0,2% |
| 455 | Audiovisuelle Medien- und Antennenanlagen [m² BGF] | 1,40 | **2,50** | 3,60 | 0,1% |
| 457 | Datenübertragungsnetze [m² BGF] | – | **3,70** | – | 0,1% |
| **460** | **Förderanlagen** | | | | |
| **470** | **Nutzungsspezifische und verfahrenstechnische Anlagen** | | | | |
| **480** | **Gebäude- und Anlagenautomation** | | | | |
| **490** | **Sonstige Maßnahmen für technische Anlagen** | | | | |

## Mehrfamilienhäuser, mit bis zu 6 WE, einfacher Standard

**Kosten:**
Stand 1.Quartal 2020
Bundesdurchschnitt
inkl. 19% MwSt.

| Kostengruppen | | ▷ | €/Einheit | ◁ | KG an 300+400 |
|---|---|---|---|---|---|
| **310** | **Baugrube / Erdbau** | | | | |
| 311 | Herstellung [m³] | 5,40 | **15,00** | 20,00 | 1,4% |
| **320** | **Gründung, Unterbau** | | | | |
| 321 | Baugrundverbesserung [m²] | – | **30,00** | – | 0,4% |
| 322 | Flachgründungen und Bodenplatten [m²] | 99,00 | **113,00** | 138,00 | 4,3% |
| 324 | Gründungsbeläge [m²] | 38,00 | **54,00** | 85,00 | 1,1% |
| 325 | Abdichtungen und Bekleidungen [m²] | 14,00 | **19,00** | 27,00 | 0,7% |
| 326 | Dränagen [m²] | – | **24,00** | – | 0,3% |
| 329 | Sonstiges zur KG 320 [m²] | – | **2,10** | – | 0,0% |
| **330** | **Außenwände/Vertikale Baukonstruktionen, außen** | | | | |
| 331 | Tragende Außenwände [m²] | 86,00 | **117,00** | 132,00 | 8,1% |
| 333 | Außenstützen [m] | 144,00 | **179,00** | 215,00 | 0,2% |
| 334 | Außenwandöffnungen [m²] | 319,00 | **400,00** | 450,00 | 6,1% |
| 335 | Außenwandbekleidungen, außen [m²] | 56,00 | **77,00** | 87,00 | 5,3% |
| 336 | Außenwandbekleidungen, innen [m²] | 29,00 | **34,00** | 44,00 | 2,2% |
| 338 | Lichtschutz zur KG 330 [m²] | – | **133,00** | – | 0,2% |
| 339 | Sonstiges zur KG 330 [m²] | 1,70 | **4,10** | 8,40 | 0,4% |
| **340** | **Innenwände/Vertikale Baukonstruktionen, innen** | | | | |
| 341 | Tragende Innenwände [m²] | 81,00 | **97,00** | 105,00 | 3,4% |
| 342 | Nichttragende Innenwände [m²] | 67,00 | **74,00** | 89,00 | 3,4% |
| 343 | Innenstützen [m] | 82,00 | **135,00** | 188,00 | 0,1% |
| 344 | Innenwandöffnungen [m²] | 272,00 | **365,00** | 499,00 | 3,8% |
| 345 | Innenwandbekleidungen [m²] | 30,00 | **48,00** | 73,00 | 6,6% |
| 346 | Elementierte Innenwandkonstruktionen [m²] | 82,00 | **84,00** | 87,00 | 0,2% |
| **350** | **Decken/Horizontale Baukonstruktionen** | | | | |
| 351 | Deckenkonstruktionen [m²] | 106,00 | **158,00** | 191,00 | 11,0% |
| 352 | Deckenöffnungen [m²] | – | **1.514,00** | – | 0,1% |
| 353 | Deckenbeläge [m²] | 78,00 | **130,00** | 207,00 | 6,5% |
| 354 | Deckenbekleidungen [m²] | 14,00 | **17,00** | 23,00 | 0,9% |
| 355 | Elementierte Deckenkonstruktionen [m²] | – | **1.241,00** | – | 1,6% |
| 359 | Sonstiges zur KG 350 [m²] | 13,00 | **30,00** | 62,00 | 1,9% |
| **360** | **Dächer** | | | | |
| 361 | Dachkonstruktionen [m²] | 59,00 | **97,00** | 117,00 | 4,8% |
| 362 | Dachöffnungen [m²] | 593,00 | **652,00** | 711,00 | 0,7% |
| 363 | Dachbeläge [m²] | 69,00 | **91,00** | 132,00 | 4,7% |
| 364 | Dachbekleidungen [m²] | 61,00 | **81,00** | 102,00 | 1,7% |
| 369 | Sonstiges zur KG 360 [m²] | – | **5,50** | – | 0,1% |
| **370** | **Infrastrukturanlagen** | | | | |
| **380** | **Baukonstruktive Einbauten** | | | | |
| 381 | Allgemeine Einbauten [m² BGF] | 1,80 | **2,60** | 3,40 | 0,2% |

▷ von
ø Mittel
◁ bis

| Kostengruppen | | ▷ | €/Einheit | ◁ | KG an 300+400 |
|---|---|---|---|---|---|
| **390** | **Sonstige Maßnahmen für Baukonstruktionen** | | | | |
| 391 | Baustelleneinrichtung [m² BGF] | 8,80 | **9,00** | 9,50 | 1,1% |
| 392 | Gerüste [m² BGF] | 2,70 | **5,20** | 6,60 | 0,6% |
| 394 | Abbruchmaßnahmen [m² BGF] | – | **0,30** | – | 0,0% |
| 397 | Zusätzliche Maßnahmen [m² BGF] | 0,80 | **4,30** | 7,80 | 0,4% |
| **410** | **Abwasser-, Wasser-, Gasanlagen** | | | | |
| 411 | Abwasseranlagen [m² BGF] | 13,00 | **17,00** | 25,00 | 2,1% |
| 412 | Wasseranlagen [m² BGF] | 29,00 | **33,00** | 40,00 | 4,0% |
| **420** | **Wärmeversorgungsanlagen** | | | | |
| 421 | Wärmeerzeugungsanlagen [m² BGF] | 6,10 | **8,30** | 9,50 | 1,0% |
| 422 | Wärmeverteilnetze [m² BGF] | 14,00 | **20,00** | 28,00 | 2,4% |
| 423 | Raumheizflächen [m² BGF] | 13,00 | **15,00** | 19,00 | 1,8% |
| 429 | Sonstiges zur KG 420 [m² BGF] | 2,50 | **3,90** | 6,80 | 0,5% |
| **430** | **Raumlufttechnische Anlagen** | | | | |
| 431 | Lüftungsanlagen [m² BGF] | 1,30 | **3,00** | 4,70 | 0,2% |
| **440** | **Elektrische Anlagen** | | | | |
| 443 | Niederspannungsschaltanlagen [m² BGF] | 2,00 | **4,40** | 6,80 | 0,4% |
| 444 | Niederspannungsinstallationsanlagen [m² BGF] | 20,00 | **25,00** | 35,00 | 3,0% |
| 445 | Beleuchtungsanlagen [m² BGF] | 1,10 | **1,70** | 2,30 | 0,1% |
| 446 | Blitzschutz- und Erdungsanlagen [m² BGF] | 0,50 | **1,30** | 2,70 | 0,1% |
| 449 | Sonstiges zur KG 440 [m² BGF] | – | **0,30** | – | 0,0% |
| **450** | **Kommunikations-, sicherheits- und informationstechnische Anlagen** | | | | |
| 451 | Telekommunikationsanlagen [m² BGF] | – | **0,70** | – | 0,0% |
| 452 | Such- und Signalanlagen [m² BGF] | 1,70 | **2,10** | 2,60 | 0,2% |
| 455 | Audiovisuelle Medien- und Antennenanlagen [m² BGF] | 0,70 | **1,60** | 2,60 | 0,1% |
| **460** | **Förderanlagen** | | | | |
| **470** | **Nutzungsspezifische und verfahrenstechnische Anlagen** | | | | |
| 474 | Feuerlöschanlagen [m² BGF] | – | **0,20** | – | 0,0% |
| **480** | **Gebäude- und Anlagenautomation** | | | | |
| **490** | **Sonstige Maßnahmen für technische Anlagen** | | | | |

**Kosten:**
Stand 1.Quartal 2020
Bundesdurchschnitt
inkl. 19% MwSt.

| Kostengruppen | | ▷ | €/Einheit | ◁ | KG an 300+400 |
|---|---|---|---|---|---|
| **310** | **Baugrube / Erdbau** | | | | |
| 311 | Herstellung [m³] | 32,00 | **46,00** | 98,00 | 2,5% |
| 312 | Umschließung [m²] | – | **3,00** | – | 0,1% |
| 313 | Wasserhaltung [m³] | – | **3,20** | – | 0,1% |
| **320** | **Gründung, Unterbau** | | | | |
| 321 | Baugrundverbesserung [m²] | – | **9,30** | – | 0,0% |
| 322 | Flachgründungen und Bodenplatten [m²] | 96,00 | **126,00** | 175,00 | 3,1% |
| 324 | Gründungsbeläge [m²] | 37,00 | **65,00** | 159,00 | 1,6% |
| 325 | Abdichtungen und Bekleidungen [m²] | 15,00 | **31,00** | 87,00 | 0,7% |
| 326 | Dränagen [m²] | – | **19,00** | – | 0,1% |
| **330** | **Außenwände/Vertikale Baukonstruktionen, außen** | | | | |
| 331 | Tragende Außenwände [m²] | 110,00 | **130,00** | 160,00 | 6,8% |
| 333 | Außenstützen [m] | – | **140,00** | – | 0,0% |
| 334 | Außenwandöffnungen [m²] | 356,00 | **499,00** | 574,00 | 7,0% |
| 335 | Außenwandbekleidungen, außen [m²] | 78,00 | **127,00** | 162,00 | 7,0% |
| 336 | Außenwandbekleidungen, innen [m²] | 25,00 | **30,00** | 35,00 | 1,4% |
| 338 | Lichtschutz zur KG 330 [m²] | 175,00 | **221,00** | 265,00 | 0,9% |
| 339 | Sonstiges zur KG 330 [m²] | 6,50 | **13,00** | 36,00 | 0,9% |
| **340** | **Innenwände/Vertikale Baukonstruktionen, innen** | | | | |
| 341 | Tragende Innenwände [m²] | 74,00 | **119,00** | 185,00 | 2,0% |
| 342 | Nichttragende Innenwände [m²] | 76,00 | **79,00** | 86,00 | 3,6% |
| 343 | Innenstützen [m] | 150,00 | **249,00** | 432,00 | 0,3% |
| 344 | Innenwandöffnungen [m²] | 343,00 | **389,00** | 413,00 | 2,9% |
| 345 | Innenwandbekleidungen [m²] | 26,00 | **35,00** | 49,00 | 3,6% |
| 349 | Sonstiges zur KG 340 [m²] | – | **3,90** | – | 0,0% |
| **350** | **Decken/Horizontale Baukonstruktionen** | | | | |
| 351 | Deckenkonstruktionen [m²] | 154,00 | **176,00** | 250,00 | 10,3% |
| 353 | Deckenbeläge [m²] | 114,00 | **130,00** | 156,00 | 5,7% |
| 354 | Deckenbekleidungen [m²] | 13,00 | **33,00** | 54,00 | 1,4% |
| 355 | Elementierte Deckenkonstruktionen [m²] | – | **2.053,00** | – | 0,2% |
| 359 | Sonstiges zur KG 350 [m²] | 5,30 | **35,00** | 43,00 | 2,2% |
| **360** | **Dächer** | | | | |
| 361 | Dachkonstruktionen [m²] | 70,00 | **99,00** | 119,00 | 3,3% |
| 362 | Dachöffnungen [m²] | 673,00 | **1.067,00** | 1.290,00 | 1,3% |
| 363 | Dachbeläge [m²] | 98,00 | **166,00** | 221,00 | 5,4% |
| 364 | Dachbekleidungen [m²] | 50,00 | **65,00** | 87,00 | 1,9% |
| 369 | Sonstiges zur KG 360 [m²] | 4,30 | **7,20** | 16,00 | 0,2% |
| **370** | **Infrastrukturanlagen** | | | | |
| **380** | **Baukonstruktive Einbauten** | | | | |
| 381 | Allgemeine Einbauten [m² BGF] | 1,20 | **1,90** | 2,60 | 0,1% |

▷ von
ø Mittel
◁ bis

| Kostengruppen | | ▷ | €/Einheit | ◁ | KG an 300+400 |
|---|---|---|---|---|---|
| **390** | **Sonstige Maßnahmen für Baukonstruktionen** | | | | |
| 391 | Baustelleneinrichtung [m² BGF] | 5,90 | **14,00** | 42,00 | 1,2% |
| 392 | Gerüste [m² BGF] | 7,50 | **9,50** | 12,00 | 0,9% |
| 397 | Zusätzliche Maßnahmen [m² BGF] | 1,60 | **3,50** | 7,30 | 0,2% |
| 399 | Sonstiges zur KG 390 [m² BGF] | – | **117,00** | – | 2,3% |
| **410** | **Abwasser-, Wasser-, Gasanlagen** | | | | |
| 411 | Abwasseranlagen [m² BGF] | 10,00 | **19,00** | 28,00 | 1,7% |
| 412 | Wasseranlagen [m² BGF] | 29,00 | **47,00** | 59,00 | 4,3% |
| 419 | Sonstiges zur KG 410 [m² BGF] | 1,40 | **1,90** | 2,50 | 0,1% |
| **420** | **Wärmeversorgungsanlagen** | | | | |
| 421 | Wärmeerzeugungsanlagen [m² BGF] | 16,00 | **23,00** | 34,00 | 2,1% |
| 422 | Wärmeverteilnetze [m² BGF] | 8,00 | **14,00** | 19,00 | 1,0% |
| 423 | Raumheizflächen [m² BGF] | 16,00 | **33,00** | 45,00 | 3,0% |
| 429 | Sonstiges zur KG 420 [m² BGF] | 3,30 | **6,80** | 12,00 | 0,6% |
| **430** | **Raumlufttechnische Anlagen** | | | | |
| 431 | Lüftungsanlagen [m² BGF] | 3,80 | **13,00** | 30,00 | 0,7% |
| **440** | **Elektrische Anlagen** | | | | |
| 442 | Eigenstromversorgungsanlagen [m² BGF] | – | **72,00** | – | 1,4% |
| 444 | Niederspannungsinstallationsanlagen [m² BGF] | 25,00 | **32,00** | 40,00 | 2,9% |
| 445 | Beleuchtungsanlagen [m² BGF] | 1,50 | **3,00** | 5,20 | 0,3% |
| 446 | Blitzschutz- und Erdungsanlagen [m² BGF] | 1,20 | **1,60** | 3,10 | 0,1% |
| **450** | **Kommunikations-, sicherheits- und informationstechnische Anlagen** | | | | |
| 451 | Telekommunikationsanlagen [m² BGF] | 0,30 | **0,30** | 0,40 | 0,0% |
| 452 | Such- und Signalanlagen [m² BGF] | 1,60 | **3,20** | 5,80 | 0,3% |
| 454 | Elektroakustische Anlagen [m² BGF] | – | **0,40** | – | 0,0% |
| 455 | Audiovisuelle Medien- und Antennenanlagen [m² BGF] | 2,20 | **3,20** | 5,00 | 0,3% |
| 456 | Gefahrenmelde- und Alarmanlagen [m² BGF] | – | **0,60** | – | 0,0% |
| 457 | Datenübertragungsnetze [m² BGF] | 0,90 | **1,20** | 1,90 | 0,1% |
| **460** | **Förderanlagen** | | | | |
| **470** | **Nutzungsspezifische und verfahrenstechnische Anlagen** | | | | |
| **480** | **Gebäude- und Anlagenautomation** | | | | |
| **490** | **Sonstige Maßnahmen für technische Anlagen** | | | | |

**Kosten:**
Stand 1.Quartal 2020
Bundesdurchschnitt
inkl. 19% MwSt.

| Kostengruppen | | ▷ | €/Einheit | ◁ | KG an 300+400 |
|---|---|---|---|---|---|
| **310** | **Baugrube / Erdbau** | | | | |
| 311 | Herstellung [m³] | 18,00 | **26,00** | 39,00 | 2,0% |
| 312 | Umschließung [m²] | 2,30 | **21,00** | 39,00 | 0,1% |
| 319 | Sonstiges zur KG 310 [m³] | – | **1,00** | – | 0,0% |
| **320** | **Gründung, Unterbau** | | | | |
| 322 | Flachgründungen und Bodenplatten [m²] | 130,00 | **164,00** | 255,00 | 3,7% |
| 324 | Gründungsbeläge [m²] | 51,00 | **95,00** | 152,00 | 1,4% |
| 325 | Abdichtungen und Bekleidungen [m²] | 16,00 | **34,00** | 44,00 | 0,8% |
| 326 | Dränagen [m²] | – | **23,00** | – | 0,1% |
| **330** | **Außenwände/Vertikale Baukonstruktionen, außen** | | | | |
| 331 | Tragende Außenwände [m²] | 110,00 | **118,00** | 136,00 | 5,5% |
| 332 | Nichttragende Außenwände [m²] | 138,00 | **224,00** | 345,00 | 0,5% |
| 333 | Außenstützen [m] | 104,00 | **164,00** | 208,00 | 0,2% |
| 334 | Außenwandöffnungen [m²] | 435,00 | **567,00** | 630,00 | 6,6% |
| 335 | Außenwandbekleidungen, außen [m²] | 88,00 | **140,00** | 214,00 | 7,0% |
| 336 | Außenwandbekleidungen, innen [m²] | 25,00 | **33,00** | 40,00 | 1,2% |
| 338 | Lichtschutz zur KG 330 [m²] | 153,00 | **202,00** | 269,00 | 1,2% |
| 339 | Sonstiges zur KG 330 [m²] | 15,00 | **20,00** | 36,00 | 1,0% |
| **340** | **Innenwände/Vertikale Baukonstruktionen, innen** | | | | |
| 341 | Tragende Innenwände [m²] | 89,00 | **122,00** | 139,00 | 3,5% |
| 342 | Nichttragende Innenwände [m²] | 52,00 | **70,00** | 91,00 | 1,9% |
| 343 | Innenstützen [m] | 108,00 | **151,00** | 217,00 | 0,1% |
| 344 | Innenwandöffnungen [m²] | 440,00 | **693,00** | 1.243,00 | 4,0% |
| 345 | Innenwandbekleidungen [m²] | 31,00 | **40,00** | 48,00 | 3,6% |
| 346 | Elementierte Innenwandkonstruktionen [m²] | 28,00 | **42,00** | 68,00 | 0,1% |
| 349 | Sonstiges zur KG 340 [m²] | – | **1,40** | – | 0,0% |
| **350** | **Decken/Horizontale Baukonstruktionen** | | | | |
| 351 | Deckenkonstruktionen [m²] | 165,00 | **211,00** | 316,00 | 9,5% |
| 352 | Deckenöffnungen [m²] | 1.616,00 | **1.643,00** | 1.670,00 | 0,1% |
| 353 | Deckenbeläge [m²] | 160,00 | **176,00** | 194,00 | 7,1% |
| 354 | Deckenbekleidungen [m²] | 24,00 | **28,00** | 34,00 | 1,2% |
| 359 | Sonstiges zur KG 350 [m²] | 17,00 | **27,00** | 37,00 | 0,9% |
| **360** | **Dächer** | | | | |
| 361 | Dachkonstruktionen [m²] | 123,00 | **157,00** | 202,00 | 3,9% |
| 362 | Dachöffnungen [m²] | 380,00 | **1.656,00** | 2.237,00 | 0,5% |
| 363 | Dachbeläge [m²] | 155,00 | **250,00** | 307,00 | 6,5% |
| 364 | Dachbekleidungen [m²] | 40,00 | **62,00** | 104,00 | 1,3% |
| 366 | Lichtschutz zur KG 360 [m²] | 293,00 | **507,00** | 722,00 | 0,2% |
| 369 | Sonstiges zur KG 360 [m²] | 6,80 | **31,00** | 71,00 | 0,6% |
| **370** | **Infrastrukturanlagen** | | | | |
| **380** | **Baukonstruktive Einbauten** | | | | |
| 381 | Allgemeine Einbauten [m² BGF] | 0,10 | **12,00** | 24,00 | 0,3% |
| 382 | Besondere Einbauten [m² BGF] | – | **5,00** | – | 0,1% |

▷ von
ø Mittel
◁ bis

| Kostengruppen | | ▷ | €/Einheit | ◁ | KG an 300+400 |
|---|---|---|---|---|---|
| **410** | **Abwasser-, Wasser-, Gasanlagen** | | | | |
| 411 | Abwasseranlagen [m² BGF] | 9,40 | **21,00** | 27,00 | 1,9% |
| 412 | Wasseranlagen [m² BGF] | 32,00 | **40,00** | 51,00 | 3,8% |
| 419 | Sonstiges zur KG 410 [m² BGF] | 5,70 | **9,00** | 15,00 | 0,5% |
| **420** | **Wärmeversorgungsanlagen** | | | | |
| 421 | Wärmeerzeugungsanlagen [m² BGF] | 6,90 | **31,00** | 56,00 | 2,5% |
| 422 | Wärmeverteilnetze [m² BGF] | 4,40 | **16,00** | 20,00 | 1,3% |
| 423 | Raumheizflächen [m² BGF] | 13,00 | **17,00** | 24,00 | 1,4% |
| 429 | Sonstiges zur KG 420 [m² BGF] | 4,70 | **7,50** | 9,20 | 0,3% |
| **430** | **Raumlufttechnische Anlagen** | | | | |
| 431 | Lüftungsanlagen [m² BGF] | 5,30 | **15,00** | 76,00 | 1,0% |
| **440** | **Elektrische Anlagen** | | | | |
| 442 | Eigenstromversorgungsanlagen [m² BGF] | – | **83,00** | – | 0,6% |
| 443 | Niederspannungsschaltanlagen [m² BGF] | – | **12,00** | – | 0,1% |
| 444 | Niederspannungsinstallationsanlagen [m² BGF] | 25,00 | **39,00** | 57,00 | 3,5% |
| 445 | Beleuchtungsanlagen [m² BGF] | 1,40 | **3,90** | 7,20 | 0,3% |
| 446 | Blitzschutz- und Erdungsanlagen [m² BGF] | 0,60 | **1,20** | 1,90 | 0,1% |
| **450** | **Kommunikations-, sicherheits- und informationstechnische Anlagen** | | | | |
| 452 | Such- und Signalanlagen [m² BGF] | 1,40 | **2,40** | 5,00 | 0,2% |
| 455 | Audiovisuelle Medien- und Antennenanlagen [m² BGF] | 1,50 | **2,50** | 4,20 | 0,2% |
| 457 | Datenübertragungsnetze [m² BGF] | 1,50 | **4,50** | 10,00 | 0,1% |
| **460** | **Förderanlagen** | | | | |
| 461 | Aufzugsanlagen [m² BGF] | 25,00 | **36,00** | 67,00 | 1,4% |
| **470** | **Nutzungsspezifische und verfahrenstechnische Anlagen** | | | | |
| **480** | **Gebäude- und Anlagenautomation** | | | | |
| **490** | **Sonstige Maßnahmen für technische Anlagen** | | | | |
| | **Sonstige Kostengruppen Bauwerk - Technische Anlagen** | | | | |
| | 451, 456, 474 | | | | 0,1% |

## Mehrfamilienhäuser, mit 6 bis 19 WE, hoher Standard

**Kosten:**
Stand 1.Quartal 2020
Bundesdurchschnitt
inkl. 19% MwSt.

▷ von
ø Mittel
◁ bis

| Kostengruppen | | ▷ | €/Einheit | ◁ | KG an 300+400 |
|---|---|---|---|---|---|
| **310** | **Baugrube / Erdbau** | | | | |
| 311 | Herstellung [m3] | 32,00 | **39,00** | 50,00 | 2,9% |
| 312 | Umschließung [m2] | 3,40 | **142,00** | 198,00 | 0,5% |
| 313 | Wasserhaltung [m3] | 3,30 | **6,20** | 9,10 | 0,1% |
| **320** | **Gründung, Unterbau** | | | | |
| 321 | Baugrundverbesserung [m2] | 16,00 | **55,00** | 93,00 | 0,1% |
| 322 | Flachgründungen und Bodenplatten [m2] | 112,00 | **139,00** | 177,00 | 3,8% |
| 323 | Tiefgründungen [m2] | – | **48,00** | – | 0,3% |
| 324 | Gründungsbeläge [m2] | 33,00 | **46,00** | 66,00 | 0,5% |
| 325 | Abdichtungen und Bekleidungen [m2] | 13,00 | **20,00** | 37,00 | 0,6% |
| 326 | Dränagen [m2] | 4,80 | **10,00** | 24,00 | 0,2% |
| 329 | Sonstiges zur KG 320 [m2] | – | **0,60** | – | 0,0% |
| **330** | **Außenwände/Vertikale Baukonstruktionen, außen** | | | | |
| 331 | Tragende Außenwände [m2] | 113,00 | **137,00** | 182,00 | 7,6% |
| 332 | Nichttragende Außenwände [m2] | – | **165,00** | – | 0,3% |
| 333 | Außenstützen [m] | – | **387,00** | – | 0,1% |
| 334 | Außenwandöffnungen [m2] | 332,00 | **434,00** | 574,00 | 6,2% |
| 335 | Außenwandbekleidungen, außen [m2] | 81,00 | **144,00** | 386,00 | 8,1% |
| 336 | Außenwandbekleidungen, innen [m2] | 20,00 | **28,00** | 39,00 | 1,3% |
| 338 | Lichtschutz zur KG 330 [m2] | 98,00 | **183,00** | 268,00 | 0,9% |
| 339 | Sonstiges zur KG 330 [m2] | 5,80 | **8,00** | 14,00 | 0,6% |
| **340** | **Innenwände/Vertikale Baukonstruktionen, innen** | | | | |
| 341 | Tragende Innenwände [m2] | 90,00 | **130,00** | 180,00 | 3,6% |
| 342 | Nichttragende Innenwände [m2] | 54,00 | **64,00** | 88,00 | 2,9% |
| 343 | Innenstützen [m] | 118,00 | **203,00** | 249,00 | 0,6% |
| 344 | Innenwandöffnungen [m2] | 327,00 | **425,00** | 488,00 | 3,2% |
| 345 | Innenwandbekleidungen [m2] | 29,00 | **37,00** | 54,00 | 4,1% |
| 346 | Elementierte Innenwandkonstruktionen [m2] | 66,00 | **123,00** | 214,00 | 0,1% |
| 349 | Sonstiges zur KG 340 [m2] | – | **1,50** | – | 0,0% |
| **350** | **Decken/Horizontale Baukonstruktionen** | | | | |
| 351 | Deckenkonstruktionen [m2] | 129,00 | **148,00** | 176,00 | 9,5% |
| 353 | Deckenbeläge [m2] | 96,00 | **110,00** | 130,00 | 5,3% |
| 354 | Deckenbekleidungen [m2] | 21,00 | **25,00** | 30,00 | 1,2% |
| 355 | Elementierte Deckenkonstruktionen [m2] | – | **920,00** | – | 0,2% |
| 359 | Sonstiges zur KG 350 [m2] | 16,00 | **25,00** | 35,00 | 1,6% |
| **360** | **Dächer** | | | | |
| 361 | Dachkonstruktionen [m2] | 115,00 | **136,00** | 167,00 | 3,9% |
| 362 | Dachöffnungen [m2] | 309,00 | **910,00** | 1.528,00 | 0,5% |
| 363 | Dachbeläge [m2] | 142,00 | **179,00** | 205,00 | 4,7% |
| 364 | Dachbekleidungen [m2] | 19,00 | **35,00** | 60,00 | 0,7% |
| 369 | Sonstiges zur KG 360 [m2] | 5,20 | **18,00** | 51,00 | 0,5% |
| **370** | **Infrastrukturanlagen** | | | | |

| Kostengruppen | | ▷ | €/Einheit | ◁ | KG an 300+400 |
|---|---|---|---|---|---|
| **380** | **Baukonstruktive Einbauten** | | | | |
| 381 | Allgemeine Einbauten [m² BGF] | 3,20 | **9,80** | 29,00 | 0,7% |
| 382 | Besondere Einbauten [m² BGF] | – | **0,10** | – | 0,0% |
| **390** | **Sonstige Maßnahmen für Baukonstruktionen** | | | | |
| 391 | Baustelleneinrichtung [m² BGF] | 13,00 | **25,00** | 47,00 | 2,3% |
| 392 | Gerüste [m² BGF] | 5,60 | **9,60** | 16,00 | 0,9% |
| 393 | Sicherungsmaßnahmen [m² BGF] | 4,30 | **13,00** | 22,00 | 0,5% |
| 394 | Abbruchmaßnahmen [m² BGF] | – | **3,40** | – | 0,1% |
| 396 | Materialentsorgung [m² BGF] | – | **1,60** | – | 0,0% |
| 397 | Zusätzliche Maßnahmen [m² BGF] | 1,00 | **3,00** | 4,80 | 0,2% |
| 399 | Sonstiges zur KG 390 [m² BGF] | – | **15,00** | – | 0,3% |
| **410** | **Abwasser-, Wasser-, Gasanlagen** | | | | |
| 411 | Abwasseranlagen [m² BGF] | 17,00 | **21,00** | 26,00 | 1,9% |
| 412 | Wasseranlagen [m² BGF] | 33,00 | **42,00** | 49,00 | 3,8% |
| 419 | Sonstiges zur KG 410 [m² BGF] | 5,70 | **6,80** | 7,30 | 0,4% |
| **420** | **Wärmeversorgungsanlagen** | | | | |
| 421 | Wärmeerzeugungsanlagen [m² BGF] | 7,80 | **11,00** | 13,00 | 1,0% |
| 422 | Wärmeverteilnetze [m² BGF] | 9,60 | **16,00** | 18,00 | 1,4% |
| 423 | Raumheizflächen [m² BGF] | 11,00 | **24,00** | 35,00 | 2,2% |
| 429 | Sonstiges zur KG 420 [m² BGF] | – | **4,00** | – | 0,1% |
| **430** | **Raumlufttechnische Anlagen** | | | | |
| 431 | Lüftungsanlagen [m² BGF] | 5,40 | **10,00** | 20,00 | 0,9% |
| **440** | **Elektrische Anlagen** | | | | |
| 444 | Niederspannungsinstallationsanlagen [m² BGF] | 21,00 | **30,00** | 36,00 | 2,7% |
| 445 | Beleuchtungsanlagen [m² BGF] | 1,60 | **3,00** | 7,00 | 0,2% |
| 446 | Blitzschutz- und Erdungsanlagen [m² BGF] | 0,80 | **1,20** | 1,50 | 0,1% |
| **450** | **Kommunikations-, sicherheits- und informationstechnische Anlagen** | | | | |
| 451 | Telekommunikationsanlagen [m² BGF] | 0,70 | **2,00** | 2,50 | 0,2% |
| 452 | Such- und Signalanlagen [m² BGF] | 2,10 | **3,60** | 5,00 | 0,3% |
| 454 | Elektroakustische Anlagen [m² BGF] | – | **0,90** | – | 0,0% |
| 455 | Audiovisuelle Medien- und Antennenanlagen [m² BGF] | 2,00 | **2,70** | 3,50 | 0,2% |
| 456 | Gefahrenmelde- und Alarmanlagen [m² BGF] | 0,70 | **1,90** | 3,20 | 0,1% |
| 457 | Datenübertragungsnetze [m² BGF] | – | **1,70** | – | 0,0% |
| **460** | **Förderanlagen** | | | | |
| 461 | Aufzugsanlagen [m² BGF] | 29,00 | **35,00** | 38,00 | 3,1% |
| **470** | **Nutzungsspezifische und verfahrenstechnische Anlagen** | | | | |
| 474 | Feuerlöschanlagen [m² BGF] | – | **0,40** | – | 0,0% |
| **480** | **Gebäude- und Anlagenautomation** | | | | |
| **490** | **Sonstige Maßnahmen für technische Anlagen** | | | | |

## Mehrfamilienhäuser, mit 20 oder mehr WE, mittlerer Standard

**Kosten:**
Stand 1.Quartal 2020
Bundesdurchschnitt
inkl. 19% MwSt.

| Kostengruppen | | ▷ | €/Einheit | ◁ | KG an 300+400 |
|---|---|---|---|---|---|
| **310** | **Baugrube / Erdbau** | | | | |
| 311 | Herstellung [m³] | 21,00 | **42,00** | 81,00 | 2,4% |
| 312 | Umschließung [m²] | 124,00 | **226,00** | 399,00 | 1,0% |
| 313 | Wasserhaltung [m³] | 2,00 | **3,80** | 5,60 | 0,2% |
| **320** | **Gründung, Unterbau** | | | | |
| 321 | Baugrundverbesserung [m²] | 14,00 | **88,00** | 134,00 | 0,6% |
| 322 | Flachgründungen und Bodenplatten [m²] | 95,00 | **162,00** | 198,00 | 4,2% |
| 324 | Gründungsbeläge [m²] | 47,00 | **77,00** | 133,00 | 1,5% |
| 325 | Abdichtungen und Bekleidungen [m²] | 15,00 | **26,00** | 49,00 | 0,7% |
| 326 | Dränagen [m²] | 14,00 | **20,00** | 32,00 | 0,2% |
| **330** | **Außenwände/Vertikale Baukonstruktionen, außen** | | | | |
| 331 | Tragende Außenwände [m²] | 91,00 | **127,00** | 201,00 | 5,5% |
| 332 | Nichttragende Außenwände [m²] | 92,00 | **214,00** | 276,00 | 0,5% |
| 333 | Außenstützen [m] | 108,00 | **170,00** | 238,00 | 0,3% |
| 334 | Außenwandöffnungen [m²] | 408,00 | **524,00** | 620,00 | 7,3% |
| 335 | Außenwandbekleidungen, außen [m²] | 88,00 | **118,00** | 185,00 | 6,1% |
| 336 | Außenwandbekleidungen, innen [m²] | 23,00 | **33,00** | 49,00 | 1,5% |
| 338 | Lichtschutz zur KG 330 [m²] | 136,00 | **254,00** | 437,00 | 1,1% |
| 339 | Sonstiges zur KG 330 [m²] | 20,00 | **36,00** | 75,00 | 1,4% |
| **340** | **Innenwände/Vertikale Baukonstruktionen, innen** | | | | |
| 341 | Tragende Innenwände [m²] | 79,00 | **103,00** | 160,00 | 3,8% |
| 342 | Nichttragende Innenwände [m²] | 56,00 | **65,00** | 75,00 | 2,7% |
| 343 | Innenstützen [m] | 139,00 | **192,00** | 297,00 | 0,2% |
| 344 | Innenwandöffnungen [m²] | 272,00 | **348,00** | 464,00 | 3,3% |
| 345 | Innenwandbekleidungen [m²] | 16,00 | **24,00** | 31,00 | 3,0% |
| 346 | Elementierte Innenwandkonstruktionen [m²] | 35,00 | **44,00** | 54,00 | 0,3% |
| **350** | **Decken/Horizontale Baukonstruktionen** | | | | |
| 351 | Deckenkonstruktionen [m²] | 122,00 | **158,00** | 230,00 | 10,5% |
| 353 | Deckenbeläge [m²] | 72,00 | **88,00** | 113,00 | 4,7% |
| 354 | Deckenbekleidungen [m²] | 18,00 | **25,00** | 37,00 | 1,2% |
| 355 | Elementierte Deckenkonstruktionen [m²] | – | **2.227,00** | – | 0,1% |
| 359 | Sonstiges zur KG 350 [m²] | 8,20 | **32,00** | 52,00 | 1,9% |
| **360** | **Dächer** | | | | |
| 361 | Dachkonstruktionen [m²] | 96,00 | **142,00** | 195,00 | 3,7% |
| 362 | Dachöffnungen [m²] | 1.122,00 | **1.741,00** | 2.321,00 | 0,3% |
| 363 | Dachbeläge [m²] | 115,00 | **130,00** | 157,00 | 3,5% |
| 364 | Dachbekleidungen [m²] | 12,00 | **24,00** | 39,00 | 0,4% |
| 369 | Sonstiges zur KG 360 [m²] | 3,60 | **9,90** | 39,00 | 0,2% |
| **370** | **Infrastrukturanlagen** | | | | |
| **380** | **Baukonstruktive Einbauten** | | | | |
| 381 | Allgemeine Einbauten [m² BGF] | 1,50 | **5,90** | 15,00 | 0,4% |

▷ von
ø Mittel
◁ bis

| Kostengruppen | | ▷ | €/Einheit | ◁ | KG an 300+400 |
|---|---|---|---|---|---|
| **390** | **Sonstige Maßnahmen für Baukonstruktionen** | | | | |
| 391 | Baustelleneinrichtung [m² BGF] | 18,00 | **33,00** | 56,00 | 2,9% |
| 392 | Gerüste [m² BGF] | 3,60 | **11,00** | 19,00 | 1,0% |
| 397 | Zusätzliche Maßnahmen [m² BGF] | 3,20 | **6,10** | 12,00 | 0,6% |
| 399 | Sonstiges zur KG 390 [m² BGF] | 2,10 | **49,00** | 97,00 | 1,4% |
| | **Sonstige Kostengruppen Bauwerk - Baukonstruktion** | | | | |
| | 329, 349, 366, 382, 394, 395, 396, 398 | | | | 0,2% |
| **410** | **Abwasser-, Wasser-, Gasanlagen** | | | | |
| 411 | Abwasseranlagen [m² BGF] | 13,00 | **20,00** | 27,00 | 1,5% |
| 412 | Wasseranlagen [m² BGF] | 25,00 | **32,00** | 38,00 | 2,4% |
| 419 | Sonstiges zur KG 410 [m² BGF] | 4,50 | **14,00** | 49,00 | 1,1% |
| **420** | **Wärmeversorgungsanlagen** | | | | |
| 421 | Wärmeerzeugungsanlagen [m² BGF] | 8,70 | **15,00** | 30,00 | 0,9% |
| 422 | Wärmeverteilnetze [m² BGF] | 12,00 | **19,00** | 26,00 | 1,4% |
| 423 | Raumheizflächen [m² BGF] | 9,90 | **13,00** | 18,00 | 1,0% |
| **430** | **Raumlufttechnische Anlagen** | | | | |
| 431 | Lüftungsanlagen [m² BGF] | 4,00 | **7,10** | 18,00 | 0,5% |
| **440** | **Elektrische Anlagen** | | | | |
| 444 | Niederspannungsinstallationsanlagen [m² BGF] | 35,00 | **43,00** | 50,00 | 3,2% |
| 445 | Beleuchtungsanlagen [m² BGF] | 6,50 | **9,40** | 15,00 | 0,7% |
| 446 | Blitzschutz- und Erdungsanlagen [m² BGF] | 2,20 | **3,30** | 6,80 | 0,2% |
| **450** | **Kommunikations-, sicherheits- und informationstechnische Anlagen** | | | | |
| 452 | Such- und Signalanlagen [m² BGF] | 1,40 | **1,80** | 2,40 | 0,1% |
| 455 | Audiovisuelle Medien- und Antennenanlagen [m² BGF] | 1,50 | **3,90** | 14,00 | 0,3% |
| 456 | Gefahrenmelde- und Alarmanlagen [m² BGF] | 0,70 | **1,60** | 2,40 | 0,1% |
| 457 | Datenübertragungsnetze [m² BGF] | 2,60 | **4,50** | 8,20 | 0,2% |
| **460** | **Förderanlagen** | | | | |
| 461 | Aufzugsanlagen [m² BGF] | 21,00 | **42,00** | 61,00 | 2,6% |
| **470** | **Nutzungsspezifische und verfahrenstechnische Anlagen** | | | | |
| **480** | **Gebäude- und Anlagenautomation** | | | | |
| **490** | **Sonstige Maßnahmen für technische Anlagen** | | | | |
| | **Sonstige Kostengruppen Bauwerk - Technische Anlagen** | | | | |
| | 429, 443, 451, 474, 491, 495, 497, 498 | | | | 0,3% |

# Mehrfamilienhäuser, mit 20 oder mehr WE, hoher Standard

**Kosten:**
Stand 1.Quartal 2020
Bundesdurchschnitt
inkl. 19% MwSt.

| Kostengruppen | | ▷ | €/Einheit | ◁ | KG an 300+400 |
|---|---|---|---|---|---|
| **310** | **Baugrube / Erdbau** | | | | |
| 311 | Herstellung [m³] | 19,00 | **23,00** | 29,00 | 2,8% |
| 312 | Umschließung [m²] | – | **3,20** | – | 0,0% |
| 313 | Wasserhaltung [m³] | 0,60 | **0,80** | 0,90 | 0,1% |
| **320** | **Gründung, Unterbau** | | | | |
| 321 | Baugrundverbesserung [m²] | – | **16,00** | – | 0,1% |
| 322 | Flachgründungen und Bodenplatten [m²] | 65,00 | **153,00** | 208,00 | 3,1% |
| 323 | Tiefgründungen [m²] | – | **113,00** | – | 0,9% |
| 324 | Gründungsbeläge [m²] | 34,00 | **51,00** | 62,00 | 0,9% |
| 325 | Abdichtungen und Bekleidungen [m²] | 32,00 | **41,00** | 56,00 | 1,0% |
| 326 | Dränagen [m²] | 13,00 | **14,00** | 16,00 | 0,2% |
| **330** | **Außenwände/Vertikale Baukonstruktionen, außen** | | | | |
| 331 | Tragende Außenwände [m²] | 87,00 | **110,00** | 148,00 | 6,9% |
| 332 | Nichttragende Außenwände [m²] | 100,00 | **115,00** | 131,00 | 0,3% |
| 333 | Außenstützen [m] | – | **146,00** | – | 0,1% |
| 334 | Außenwandöffnungen [m²] | 388,00 | **467,00** | 597,00 | 5,7% |
| 335 | Außenwandbekleidungen, außen [m²] | 105,00 | **112,00** | 115,00 | 7,6% |
| 336 | Außenwandbekleidungen, innen [m²] | 18,00 | **28,00** | 33,00 | 1,7% |
| 338 | Lichtschutz zur KG 330 [m²] | 300,00 | **519,00** | 630,00 | 2,2% |
| 339 | Sonstiges zur KG 330 [m²] | 1,20 | **4,00** | 9,00 | 0,3% |
| **340** | **Innenwände/Vertikale Baukonstruktionen, innen** | | | | |
| 341 | Tragende Innenwände [m²] | 85,00 | **94,00** | 114,00 | 2,7% |
| 342 | Nichttragende Innenwände [m²] | 76,00 | **192,00** | 422,00 | 3,1% |
| 343 | Innenstützen [m] | 124,00 | **131,00** | 137,00 | 0,0% |
| 344 | Innenwandöffnungen [m²] | 355,00 | **399,00** | 483,00 | 3,3% |
| 345 | Innenwandbekleidungen [m²] | 26,00 | **30,00** | 39,00 | 3,1% |
| 346 | Elementierte Innenwandkonstruktionen [m²] | 39,00 | **57,00** | 68,00 | 0,4% |
| **350** | **Decken/Horizontale Baukonstruktionen** | | | | |
| 351 | Deckenkonstruktionen [m²] | 144,00 | **172,00** | 228,00 | 10,8% |
| 353 | Deckenbeläge [m²] | 107,00 | **122,00** | 149,00 | 6,9% |
| 354 | Deckenbekleidungen [m²] | 7,30 | **13,00** | 16,00 | 0,8% |
| 355 | Elementierte Deckenkonstruktionen [m²] | – | **1.484,00** | – | 0,2% |
| 359 | Sonstiges zur KG 350 [m²] | 23,00 | **41,00** | 52,00 | 2,6% |
| **360** | **Dächer** | | | | |
| 361 | Dachkonstruktionen [m²] | 89,00 | **103,00** | 117,00 | 1,7% |
| 362 | Dachöffnungen [m²] | – | **1.001,00** | – | 0,1% |
| 363 | Dachbeläge [m²] | 223,00 | **257,00** | 290,00 | 4,2% |
| 364 | Dachbekleidungen [m²] | 18,00 | **21,00** | 23,00 | 0,3% |
| 369 | Sonstiges zur KG 360 [m²] | – | **2,10** | – | 0,0% |
| **370** | **Infrastrukturanlagen** | | | | |
| 379 | Sonstiges zur KG 370 | – | **0,00** | – | 0,1% |
| **380** | **Baukonstruktive Einbauten** | | | | |
| 381 | Allgemeine Einbauten [m² BGF] | – | **1,70** | – | 0,1% |

▷ von
ø Mittel
◁ bis

| Kostengruppen | | ▷ | €/Einheit | ◁ | KG an 300+400 |
|---|---|---|---|---|---|
| **390** | **Sonstige Maßnahmen für Baukonstruktionen** | | | | |
| 391 | Baustelleneinrichtung [m² BGF] | 5,50 | **8,60** | 15,00 | 0,8% |
| 392 | Gerüste [m² BGF] | 7,20 | **11,00** | 13,00 | 0,9% |
| 397 | Zusätzliche Maßnahmen [m² BGF] | 1,90 | **2,50** | 3,10 | 0,2% |
| 398 | Provisorische Baukonstruktionen [m² BGF] | – | **0,60** | – | 0,0% |
| 399 | Sonstiges zur KG 390 [m² BGF] | – | **0,90** | – | 0,0% |
| **410** | **Abwasser-, Wasser-, Gasanlagen** | | | | |
| 411 | Abwasseranlagen [m² BGF] | 14,00 | **18,00** | 21,00 | 1,5% |
| 412 | Wasseranlagen [m² BGF] | 33,00 | **62,00** | 82,00 | 5,0% |
| 419 | Sonstiges zur KG 410 [m² BGF] | 2,40 | **3,20** | 4,50 | 0,3% |
| **420** | **Wärmeversorgungsanlagen** | | | | |
| 421 | Wärmeerzeugungsanlagen [m² BGF] | 5,30 | **8,40** | 15,00 | 0,7% |
| 422 | Wärmeverteilnetze [m² BGF] | 7,80 | **9,20** | 12,00 | 0,8% |
| 423 | Raumheizflächen [m² BGF] | 32,00 | **47,00** | 79,00 | 3,7% |
| 429 | Sonstiges zur KG 420 [m² BGF] | 0,40 | **0,90** | 1,30 | 0,1% |
| **430** | **Raumlufttechnische Anlagen** | | | | |
| 431 | Lüftungsanlagen [m² BGF] | 14,00 | **30,00** | 61,00 | 2,7% |
| **440** | **Elektrische Anlagen** | | | | |
| 442 | Eigenstromversorgungsanlagen [m² BGF] | – | **3,30** | – | 0,1% |
| 444 | Niederspannungsinstallationsanlagen [m² BGF] | 30,00 | **35,00** | 43,00 | 2,9% |
| 445 | Beleuchtungsanlagen [m² BGF] | 1,90 | **6,60** | 15,00 | 0,7% |
| 446 | Blitzschutz- und Erdungsanlagen [m² BGF] | 1,60 | **2,80** | 4,90 | 0,2% |
| **450** | **Kommunikations-, sicherheits- und informationstechnische Anlagen** | | | | |
| 451 | Telekommunikationsanlagen [m² BGF] | 1,00 | **1,30** | 1,70 | 0,1% |
| 452 | Such- und Signalanlagen [m² BGF] | 2,60 | **7,00** | 15,00 | 0,7% |
| 455 | Audiovisuelle Medien- und Antennenanlagen [m² BGF] | 2,30 | **5,20** | 11,00 | 0,4% |
| 456 | Gefahrenmelde- und Alarmanlagen [m² BGF] | – | **7,70** | – | 0,3% |
| 457 | Datenübertragungsnetze [m² BGF] | – | **3,80** | – | 0,1% |
| **460** | **Förderanlagen** | | | | |
| 461 | Aufzugsanlagen [m² BGF] | 18,00 | **19,00** | 21,00 | 1,1% |
| **470** | **Nutzungsspezifische und verfahrenstechnische Anlagen** | | | | |
| **480** | **Gebäude- und Anlagenautomation** | | | | |
| **490** | **Sonstige Maßnahmen für technische Anlagen** | | | | |

**Kosten:**
Stand 1.Quartal 2020
Bundesdurchschnitt
inkl. 19% MwSt.

▷ von
ø Mittel
◁ bis

| Kostengruppen | | ▷ | €/Einheit | ◁ | KG an 300+400 |
|---|---|---|---|---|---|
| **310** | **Baugrube / Erdbau** | | | | |
| 311 | Herstellung [m3] | 19,00 | **24,00** | 27,00 | 2,0% |
| 313 | Wasserhaltung [m3] | 1,70 | **3,20** | 6,30 | 0,2% |
| **320** | **Gründung, Unterbau** | | | | |
| 321 | Baugrundverbesserung [m2] | – | **20,00** | – | 0,1% |
| 322 | Flachgründungen und Bodenplatten [m2] | 120,00 | **145,00** | 181,00 | 3,3% |
| 324 | Gründungsbeläge [m2] | 50,00 | **94,00** | 151,00 | 1,6% |
| 325 | Abdichtungen und Bekleidungen [m2] | 26,00 | **39,00** | 73,00 | 1,1% |
| 326 | Dränagen [m2] | 2,90 | **15,00** | 26,00 | 0,2% |
| **330** | **Außenwände/Vertikale Baukonstruktionen, außen** | | | | |
| 331 | Tragende Außenwände [m2] | 95,00 | **102,00** | 127,00 | 6,4% |
| 332 | Nichttragende Außenwände [m2] | 91,00 | **221,00** | 358,00 | 0,6% |
| 333 | Außenstützen [m] | 86,00 | **141,00** | 202,00 | 0,4% |
| 334 | Außenwandöffnungen [m2] | 484,00 | **588,00** | 739,00 | 8,1% |
| 335 | Außenwandbekleidungen, außen [m2] | 79,00 | **117,00** | 145,00 | 7,4% |
| 336 | Außenwandbekleidungen, innen [m2] | 30,00 | **37,00** | 61,00 | 1,6% |
| 338 | Lichtschutz zur KG 330 [m2] | 164,00 | **316,00** | 558,00 | 2,2% |
| 339 | Sonstiges zur KG 330 [m2] | 2,20 | **7,10** | 14,00 | 0,5% |
| **340** | **Innenwände/Vertikale Baukonstruktionen, innen** | | | | |
| 341 | Tragende Innenwände [m2] | 70,00 | **105,00** | 132,00 | 2,9% |
| 342 | Nichttragende Innenwände [m2] | 62,00 | **77,00** | 87,00 | 2,5% |
| 343 | Innenstützen [m] | 101,00 | **142,00** | 220,00 | 0,3% |
| 344 | Innenwandöffnungen [m2] | 231,00 | **295,00** | 406,00 | 1,7% |
| 345 | Innenwandbekleidungen [m2] | 27,00 | **35,00** | 44,00 | 3,7% |
| 346 | Elementierte Innenwandkonstruktionen [m2] | 24,00 | **32,00** | 37,00 | 0,1% |
| 349 | Sonstiges zur KG 340 [m2] | – | **6,30** | – | 0,1% |
| **350** | **Decken/Horizontale Baukonstruktionen** | | | | |
| 351 | Deckenkonstruktionen [m2] | 133,00 | **163,00** | 192,00 | 9,5% |
| 353 | Deckenbeläge [m2] | 106,00 | **136,00** | 189,00 | 6,2% |
| 354 | Deckenbekleidungen [m2] | 28,00 | **34,00** | 38,00 | 1,6% |
| 355 | Elementierte Deckenkonstruktionen [m2] | – | **1.390,00** | – | 0,3% |
| 359 | Sonstiges zur KG 350 [m2] | 21,00 | **40,00** | 62,00 | 2,0% |
| **360** | **Dächer** | | | | |
| 361 | Dachkonstruktionen [m2] | 122,00 | **137,00** | 180,00 | 3,5% |
| 362 | Dachöffnungen [m2] | 1.890,00 | **2.931,00** | 3.972,00 | 0,1% |
| 363 | Dachbeläge [m2] | 144,00 | **184,00** | 219,00 | 4,6% |
| 364 | Dachbekleidungen [m2] | 21,00 | **39,00** | 64,00 | 0,8% |
| 369 | Sonstiges zur KG 360 [m2] | 3,80 | **17,00** | 33,00 | 0,3% |
| **370** | **Infrastrukturanlagen** | | | | |
| **380** | **Baukonstruktive Einbauten** | | | | |
| 381 | Allgemeine Einbauten [m2 BGF] | 3,40 | **9,40** | 21,00 | 0,4% |

| Kostengruppen | | ▷ | €/Einheit | ◁ | KG an 300+400 |
|---|---|---|---|---|---|
| **390** | **Sonstige Maßnahmen für Baukonstruktionen** | | | | |
| 391 | Baustelleneinrichtung [m² BGF] | 14,00 | **23,00** | 38,00 | 2,1% |
| 392 | Gerüste [m² BGF] | 7,70 | **15,00** | 21,00 | 1,3% |
| 393 | Sicherungsmaßnahmen [m² BGF] | – | **4,00** | – | 0,1% |
| 394 | Abbruchmaßnahmen [m² BGF] | – | **5,60** | – | 0,1% |
| 396 | Materialentsorgung [m² BGF] | – | **2,40** | – | 0,0% |
| 397 | Zusätzliche Maßnahmen [m² BGF] | 1,10 | **5,70** | 13,00 | 0,4% |
| 398 | Provisorische Baukonstruktionen [m² BGF] | – | **0,50** | – | 0,0% |
| 399 | Sonstiges zur KG 390 [m² BGF] | 1,30 | **1,60** | 1,90 | 0,1% |
| **410** | **Abwasser-, Wasser-, Gasanlagen** | | | | |
| 411 | Abwasseranlagen [m² BGF] | 13,00 | **21,00** | 33,00 | 1,7% |
| 412 | Wasseranlagen [m² BGF] | 34,00 | **39,00** | 48,00 | 3,3% |
| 413 | Gasanlagen [m² BGF] | – | **1,70** | – | 0,0% |
| 419 | Sonstiges zur KG 410 [m² BGF] | 1,00 | **3,20** | 6,10 | 0,2% |
| **420** | **Wärmeversorgungsanlagen** | | | | |
| 421 | Wärmeerzeugungsanlagen [m² BGF] | 13,00 | **33,00** | 107,00 | 2,4% |
| 422 | Wärmeverteilnetze [m² BGF] | 7,30 | **12,00** | 18,00 | 0,8% |
| 423 | Raumheizflächen [m² BGF] | 10,00 | **16,00** | 25,00 | 1,3% |
| 429 | Sonstiges zur KG 420 [m² BGF] | 0,70 | **1,40** | 2,60 | 0,1% |
| **430** | **Raumlufttechnische Anlagen** | | | | |
| 431 | Lüftungsanlagen [m² BGF] | 24,00 | **51,00** | 68,00 | 4,3% |
| **440** | **Elektrische Anlagen** | | | | |
| 444 | Niederspannungsinstallationsanlagen [m² BGF] | 32,00 | **42,00** | 54,00 | 3,5% |
| 445 | Beleuchtungsanlagen [m² BGF] | 2,30 | **3,50** | 4,10 | 0,2% |
| 446 | Blitzschutz- und Erdungsanlagen [m² BGF] | 1,40 | **2,10** | 4,30 | 0,2% |
| **450** | **Kommunikations-, sicherheits- und informationstechnische Anlagen** | | | | |
| 451 | Telekommunikationsanlagen [m² BGF] | 0,80 | **1,40** | 1,90 | 0,1% |
| 452 | Such- und Signalanlagen [m² BGF] | 2,20 | **2,90** | 3,70 | 0,2% |
| 454 | Elektroakustische Anlagen [m² BGF] | – | **0,10** | – | 0,0% |
| 455 | Audiovisuelle Medien- und Antennenanlagen [m² BGF] | 1,10 | **4,60** | 6,90 | 0,4% |
| 456 | Gefahrenmelde- und Alarmanlagen [m² BGF] | – | **0,20** | – | 0,0% |
| 457 | Datenübertragungsnetze [m² BGF] | 1,40 | **3,60** | 7,40 | 0,2% |
| **460** | **Förderanlagen** | | | | |
| 461 | Aufzugsanlagen [m² BGF] | 14,00 | **25,00** | 37,00 | 1,0% |
| **470** | **Nutzungsspezifische und verfahrenstechnische Anlagen** | | | | |
| **480** | **Gebäude- und Anlagenautomation** | | | | |
| **490** | **Sonstige Maßnahmen für technische Anlagen** | | | | |

## Wohnhäuser, mit bis zu 15% Mischnutzung, einfacher Standard

**Kosten:**
Stand 1.Quartal 2020
Bundesdurchschnitt
inkl. 19% MwSt.

| Kostengruppen | | ▷ | €/Einheit | ◁ | KG an 300+400 |
|---|---|---|---|---|---|
| **310** | **Baugrube / Erdbau** | | | | |
| 311 | Herstellung [m³] | 30,00 | **36,00** | 47,00 | 2,1% |
| 312 | Umschließung [m²] | – | **350,00** | – | 0,3% |
| 313 | Wasserhaltung [m³] | – | **9,90** | – | 0,2% |
| **320** | **Gründung, Unterbau** | | | | |
| 321 | Baugrundverbesserung [m²] | – | **21,00** | – | 0,1% |
| 322 | Flachgründungen und Bodenplatten [m²] | 143,00 | **183,00** | 204,00 | 2,8% |
| 324 | Gründungsbeläge [m²] | 40,00 | **73,00** | 130,00 | 0,9% |
| 325 | Abdichtungen und Bekleidungen [m²] | 8,30 | **18,00** | 23,00 | 0,3% |
| 326 | Dränagen [m²] | 9,90 | **10,00** | 10,00 | 0,1% |
| **330** | **Außenwände/Vertikale Baukonstruktionen, außen** | | | | |
| 331 | Tragende Außenwände [m²] | 94,00 | **127,00** | 191,00 | 3,0% |
| 332 | Nichttragende Außenwände [m²] | 226,00 | **282,00** | 392,00 | 3,1% |
| 333 | Außenstützen [m] | – | **158,00** | – | 0,5% |
| 334 | Außenwandöffnungen [m²] | 412,00 | **554,00** | 651,00 | 10,3% |
| 335 | Außenwandbekleidungen, außen [m²] | 74,00 | **97,00** | 142,00 | 3,9% |
| 336 | Außenwandbekleidungen, innen [m²] | 48,00 | **91,00** | 169,00 | 2,7% |
| 338 | Lichtschutz zur KG 330 [m²] | 100,00 | **133,00** | 198,00 | 1,5% |
| 339 | Sonstiges zur KG 330 [m²] | 1,50 | **4,00** | 5,70 | 0,2% |
| **340** | **Innenwände/Vertikale Baukonstruktionen, innen** | | | | |
| 341 | Tragende Innenwände [m²] | 97,00 | **116,00** | 144,00 | 4,5% |
| 342 | Nichttragende Innenwände [m²] | 67,00 | **83,00** | 109,00 | 3,3% |
| 343 | Innenstützen [m] | 133,00 | **188,00** | 243,00 | 0,3% |
| 344 | Innenwandöffnungen [m²] | 224,00 | **295,00** | 334,00 | 1,9% |
| 345 | Innenwandbekleidungen [m²] | 11,00 | **34,00** | 46,00 | 3,7% |
| 346 | Elementierte Innenwandkonstruktionen [m²] | 37,00 | **103,00** | 168,00 | 0,1% |
| 349 | Sonstiges zur KG 340 [m²] | – | **0,10** | – | 0,0% |
| **350** | **Decken/Horizontale Baukonstruktionen** | | | | |
| 351 | Deckenkonstruktionen [m²] | 175,00 | **192,00** | 223,00 | 14,0% |
| 353 | Deckenbeläge [m²] | 45,00 | **70,00** | 118,00 | 4,0% |
| 354 | Deckenbekleidungen [m²] | 20,00 | **24,00** | 30,00 | 1,2% |
| 359 | Sonstiges zur KG 350 [m²] | 33,00 | **35,00** | 37,00 | 2,6% |
| **360** | **Dächer** | | | | |
| 361 | Dachkonstruktionen [m²] | 162,00 | **174,00** | 182,00 | 2,5% |
| 362 | Dachöffnungen [m²] | 778,00 | **1.063,00** | 1.347,00 | 0,1% |
| 363 | Dachbeläge [m²] | 186,00 | **201,00** | 225,00 | 2,9% |
| 364 | Dachbekleidungen [m²] | 16,00 | **24,00** | 28,00 | 0,3% |
| 369 | Sonstiges zur KG 360 [m²] | 2,00 | **44,00** | 65,00 | 0,6% |
| **370** | **Infrastrukturanlagen** | | | | |
| **380** | **Baukonstruktive Einbauten** | | | | |
| 381 | Allgemeine Einbauten [m² BGF] | 2,00 | **13,00** | 25,00 | 0,8% |
| 389 | Sonstiges zur KG 380 [m² BGF] | – | **0,40** | – | 0,0% |

▷ von
ø Mittel
◁ bis

| Kostengruppen | | ▷ | €/Einheit | ◁ | KG an 300+400 |
|---|---|---|---|---|---|
| **390** | **Sonstige Maßnahmen für Baukonstruktionen** | | | | |
| 391 | Baustelleneinrichtung [m² BGF] | 16,00 | **30,00** | 58,00 | 2,9% |
| 392 | Gerüste [m² BGF] | 7,70 | **10,00** | 14,00 | 1,0% |
| 395 | Instandsetzungen [m² BGF] | – | **0,10** | – | 0,0% |
| 397 | Zusätzliche Maßnahmen [m² BGF] | 0,90 | **2,50** | 5,50 | 0,3% |
| 399 | Sonstiges zur KG 390 [m² BGF] | – | **3,40** | – | 0,1% |
| **410** | **Abwasser-, Wasser-, Gasanlagen** | | | | |
| 411 | Abwasseranlagen [m² BGF] | 22,00 | **27,00** | 29,00 | 2,6% |
| 412 | Wasseranlagen [m² BGF] | 45,00 | **48,00** | 55,00 | 4,8% |
| **420** | **Wärmeversorgungsanlagen** | | | | |
| 421 | Wärmeerzeugungsanlagen [m² BGF] | 15,00 | **34,00** | 66,00 | 3,4% |
| 422 | Wärmeverteilnetze [m² BGF] | – | **14,00** | – | 0,5% |
| 423 | Raumheizflächen [m² BGF] | 14,00 | **25,00** | 31,00 | 2,4% |
| 429 | Sonstiges zur KG 420 [m² BGF] | 1,00 | **1,60** | 2,30 | 0,1% |
| **430** | **Raumlufttechnische Anlagen** | | | | |
| 431 | Lüftungsanlagen [m² BGF] | 0,60 | **3,60** | 9,50 | 0,3% |
| **440** | **Elektrische Anlagen** | | | | |
| 444 | Niederspannungsinstallationsanlagen [m² BGF] | 34,00 | **36,00** | 39,00 | 3,5% |
| 445 | Beleuchtungsanlagen [m² BGF] | 1,10 | **3,70** | 8,80 | 0,4% |
| 446 | Blitzschutz- und Erdungsanlagen [m² BGF] | 1,90 | **2,00** | 2,00 | 0,2% |
| **450** | **Kommunikations-, sicherheits- und informationstechnische Anlagen** | | | | |
| 452 | Such- und Signalanlagen [m² BGF] | – | **0,70** | – | 0,0% |
| 454 | Elektroakustische Anlagen [m² BGF] | – | **1,00** | – | 0,0% |
| 455 | Audiovisuelle Medien- und Antennenanlagen [m² BGF] | 1,70 | **2,60** | 3,20 | 0,3% |
| 457 | Datenübertragungsnetze [m² BGF] | 3,30 | **3,80** | 4,30 | 0,3% |
| **460** | **Förderanlagen** | | | | |
| 461 | Aufzugsanlagen [m² BGF] | 16,00 | **24,00** | 29,00 | 2,4% |
| **470** | **Nutzungsspezifische und verfahrenstechnische Anlagen** | | | | |
| 474 | Feuerlöschanlagen [m² BGF] | – | **0,20** | – | 0,0% |
| **480** | **Gebäude- und Anlagenautomation** | | | | |
| **490** | **Sonstige Maßnahmen für technische Anlagen** | | | | |

## Wohnhäuser, mit bis zu 15% Mischnutzung, mittlerer Standard

**Kosten:**
Stand 1.Quartal 2020
Bundesdurchschnitt
inkl. 19% MwSt.

| Kostengruppen | | ▷ | €/Einheit | ◁ | KG an 300+400 |
|---|---|---|---|---|---|
| **310** | **Baugrube / Erdbau** | | | | |
| 311 | Herstellung [m³] | 9,80 | **23,00** | 30,00 | 1,1% |
| **320** | **Gründung, Unterbau** | | | | |
| 322 | Flachgründungen und Bodenplatten [m²] | 74,00 | **160,00** | 203,00 | 5,6% |
| 324 | Gründungsbeläge [m²] | 120,00 | **130,00** | 148,00 | 4,6% |
| 325 | Abdichtungen und Bekleidungen [m²] | 1,90 | **25,00** | 38,00 | 0,9% |
| 326 | Dränagen [m²] | – | **13,00** | – | 0,1% |
| **330** | **Außenwände/Vertikale Baukonstruktionen, außen** | | | | |
| 331 | Tragende Außenwände [m²] | 112,00 | **134,00** | 170,00 | 11,0% |
| 332 | Nichttragende Außenwände [m²] | – | **112,00** | – | 0,1% |
| 333 | Außenstützen [m] | – | **112,00** | – | 0,1% |
| 334 | Außenwandöffnungen [m²] | 465,00 | **498,00** | 562,00 | 7,8% |
| 335 | Außenwandbekleidungen, außen [m²] | 102,00 | **138,00** | 174,00 | 5,9% |
| 336 | Außenwandbekleidungen, innen [m²] | 14,00 | **38,00** | 53,00 | 1,9% |
| 338 | Lichtschutz zur KG 330 [m²] | 151,00 | **180,00** | 238,00 | 2,3% |
| 339 | Sonstiges zur KG 330 [m²] | 14,00 | **14,00** | 14,00 | 0,8% |
| **340** | **Innenwände/Vertikale Baukonstruktionen, innen** | | | | |
| 341 | Tragende Innenwände [m²] | – | **107,00** | – | 1,4% |
| 342 | Nichttragende Innenwände [m²] | 81,00 | **93,00** | 114,00 | 3,9% |
| 343 | Innenstützen [m] | 141,00 | **146,00** | 152,00 | 0,2% |
| 344 | Innenwandöffnungen [m²] | 321,00 | **469,00** | 718,00 | 3,7% |
| 345 | Innenwandbekleidungen [m²] | 15,00 | **36,00** | 50,00 | 3,8% |
| **350** | **Decken/Horizontale Baukonstruktionen** | | | | |
| 351 | Deckenkonstruktionen [m²] | 78,00 | **111,00** | 164,00 | 5,6% |
| 352 | Deckenöffnungen [m²] | – | **0,00** | – | 0,1% |
| 353 | Deckenbeläge [m²] | 22,00 | **93,00** | 130,00 | 3,8% |
| 354 | Deckenbekleidungen [m²] | 16,00 | **27,00** | 46,00 | 1,5% |
| 359 | Sonstiges zur KG 350 [m²] | – | **20,00** | – | 0,4% |
| **360** | **Dächer** | | | | |
| 361 | Dachkonstruktionen [m²] | 26,00 | **89,00** | 151,00 | 1,8% |
| 362 | Dachöffnungen [m²] | – | **4.255,00** | – | 0,2% |
| 363 | Dachbeläge [m²] | 76,00 | **196,00** | 317,00 | 4,2% |
| 364 | Dachbekleidungen [m²] | – | **49,00** | – | 0,2% |
| 369 | Sonstiges zur KG 360 [m²] | – | **17,00** | – | 0,1% |
| **370** | **Infrastrukturanlagen** | | | | |
| **380** | **Baukonstruktive Einbauten** | | | | |
| 381 | Allgemeine Einbauten [m² BGF] | 10,00 | **16,00** | 23,00 | 1,0% |

▷ von
ø Mittel
◁ bis

| Kostengruppen | | ▷ | €/Einheit | ◁ | KG an 300+400 |
|---|---|---|---|---|---|
| **390** | **Sonstige Maßnahmen für Baukonstruktionen** | | | | |
| 391 | Baustelleneinrichtung [m² BGF] | 15,00 | **17,00** | 20,00 | 1,0% |
| 392 | Gerüste [m² BGF] | – | **8,10** | – | 0,2% |
| 397 | Zusätzliche Maßnahmen [m² BGF] | – | **8,50** | – | 0,2% |
| 399 | Sonstiges zur KG 390 [m² BGF] | – | **40,00** | – | 1,2% |
| **410** | **Abwasser-, Wasser-, Gasanlagen** | | | | |
| 411 | Abwasseranlagen [m² BGF] | 5,00 | **18,00** | 26,00 | 1,7% |
| 412 | Wasseranlagen [m² BGF] | 17,00 | **42,00** | 59,00 | 4,1% |
| 419 | Sonstiges zur KG 410 [m² BGF] | – | **11,00** | – | 0,3% |
| **420** | **Wärmeversorgungsanlagen** | | | | |
| 421 | Wärmeerzeugungsanlagen [m² BGF] | 24,00 | **31,00** | 40,00 | 3,4% |
| 422 | Wärmeverteilnetze [m² BGF] | 6,00 | **12,00** | 24,00 | 1,2% |
| 423 | Raumheizflächen [m² BGF] | 13,00 | **18,00** | 28,00 | 1,8% |
| 429 | Sonstiges zur KG 420 [m² BGF] | – | **2,90** | – | 0,1% |
| **430** | **Raumlufttechnische Anlagen** | | | | |
| 431 | Lüftungsanlagen [m² BGF] | 15,00 | **20,00** | 25,00 | 1,2% |
| **440** | **Elektrische Anlagen** | | | | |
| 442 | Eigenstromversorgungsanlagen [m² BGF] | – | **22,00** | – | 0,6% |
| 444 | Niederspannungsinstallationsanlagen [m² BGF] | 18,00 | **29,00** | 36,00 | 3,0% |
| 445 | Beleuchtungsanlagen [m² BGF] | 0,40 | **2,70** | 7,10 | 0,2% |
| 446 | Blitzschutz- und Erdungsanlagen [m² BGF] | 1,40 | **2,10** | 3,20 | 0,2% |
| **450** | **Kommunikations-, sicherheits- und informationstechnische Anlagen** | | | | |
| 451 | Telekommunikationsanlagen [m² BGF] | 1,20 | **1,40** | 1,50 | 0,1% |
| 452 | Such- und Signalanlagen [m² BGF] | 0,90 | **1,80** | 2,60 | 0,1% |
| 454 | Elektroakustische Anlagen [m² BGF] | – | **0,70** | – | 0,0% |
| 455 | Audiovisuelle Medien- und Antennenanlagen [m² BGF] | 2,00 | **5,90** | 12,00 | 0,5% |
| 456 | Gefahrenmelde- und Alarmanlagen [m² BGF] | – | **1,40** | – | 0,0% |
| 457 | Datenübertragungsnetze [m² BGF] | 1,10 | **1,70** | 2,20 | 0,1% |
| **460** | **Förderanlagen** | | | | |
| 461 | Aufzugsanlagen [m² BGF] | – | **30,00** | – | 0,8% |
| **470** | **Nutzungsspezifische und verfahrenstechnische Anlagen** | | | | |
| **480** | **Gebäude- und Anlagenautomation** | | | | |
| **490** | **Sonstige Maßnahmen für technische Anlagen** | | | | |

# Wohnhäuser, mit bis zu 15% Mischnutzung, hoher Standard

**Kosten:**
Stand 1.Quartal 2020
Bundesdurchschnitt
inkl. 19% MwSt.

| Kostengruppen | | ▷ | €/Einheit | ◁ | KG an 300+400 |
|---|---|---|---|---|---|
| **310** | **Baugrube / Erdbau** | | | | |
| 311 | Herstellung [m³] | – | **26,00** | – | 0,9% |
| 312 | Umschließung [m²] | – | **600,00** | – | 4,3% |
| 313 | Wasserhaltung [m³] | – | **11,00** | – | 0,4% |
| **320** | **Gründung, Unterbau** | | | | |
| 321 | Baugrundverbesserung [m²] | – | **46,00** | – | 0,4% |
| 322 | Flachgründungen und Bodenplatten [m²] | – | **179,00** | – | 1,7% |
| 323 | Tiefgründungen [m²] | – | **466,00** | – | 3,6% |
| 324 | Gründungsbeläge [m²] | – | **40,00** | – | 0,3% |
| 325 | Abdichtungen und Bekleidungen [m²] | – | **22,00** | – | 0,2% |
| 326 | Dränagen [m²] | – | **56,00** | – | 0,4% |
| **330** | **Außenwände/Vertikale Baukonstruktionen, außen** | | | | |
| 331 | Tragende Außenwände [m²] | – | **258,00** | – | 8,7% |
| 332 | Nichttragende Außenwände [m²] | – | **676,00** | – | 0,3% |
| 333 | Außenstützen [m] | – | **240,00** | – | 0,4% |
| 334 | Außenwandöffnungen [m²] | – | **795,00** | – | 9,8% |
| 335 | Außenwandbekleidungen, außen [m²] | – | **244,00** | – | 6,6% |
| 336 | Außenwandbekleidungen, innen [m²] | – | **45,00** | – | 1,4% |
| 338 | Lichtschutz zur KG 330 [m²] | – | **284,00** | – | 1,5% |
| 339 | Sonstiges zur KG 330 [m²] | – | **21,00** | – | 0,9% |
| **340** | **Innenwände/Vertikale Baukonstruktionen, innen** | | | | |
| 341 | Tragende Innenwände [m²] | – | **138,00** | – | 4,6% |
| 342 | Nichttragende Innenwände [m²] | – | **113,00** | – | 3,6% |
| 343 | Innenstützen [m] | – | **194,00** | – | 0,3% |
| 344 | Innenwandöffnungen [m²] | – | **520,00** | – | 2,1% |
| 345 | Innenwandbekleidungen [m²] | – | **44,00** | – | 3,6% |
| 349 | Sonstiges zur KG 340 [m²] | – | **1,30** | – | 0,1% |
| **350** | **Decken/Horizontale Baukonstruktionen** | | | | |
| 351 | Deckenkonstruktionen [m²] | – | **189,00** | – | 8,9% |
| 353 | Deckenbeläge [m²] | – | **133,00** | – | 5,2% |
| 354 | Deckenbekleidungen [m²] | – | **41,00** | – | 1,7% |
| 359 | Sonstiges zur KG 350 [m²] | – | **29,00** | – | 1,3% |
| **360** | **Dächer** | | | | |
| 361 | Dachkonstruktionen [m²] | – | **169,00** | – | 1,2% |
| 362 | Dachöffnungen [m²] | – | **1.421,00** | – | 0,8% |
| 363 | Dachbeläge [m²] | – | **349,00** | – | 2,6% |
| 364 | Dachbekleidungen [m²] | – | **71,00** | – | 0,4% |
| 369 | Sonstiges zur KG 360 [m²] | – | **283,00** | – | 1,9% |
| **370** | **Infrastrukturanlagen** | | | | |
| **380** | **Baukonstruktive Einbauten** | | | | |
| 381 | Allgemeine Einbauten [m² BGF] | – | **2,40** | – | 0,2% |

▷ von
ø Mittel
◁ bis

| Kostengruppen | | ▷ | €/Einheit | ◁ | KG an 300+400 |
|---|---|---|---|---|---|
| **390** | **Sonstige Maßnahmen für Baukonstruktionen** | | | | |
| 391 | Baustelleneinrichtung [m2 BGF] | – | **68,00** | – | 4,1% |
| 392 | Gerüste [m2 BGF] | – | **21,00** | – | 1,3% |
| 394 | Abbruchmaßnahmen [m2 BGF] | – | **0,50** | – | 0,0% |
| 395 | Instandsetzungen [m2 BGF] | – | **0,50** | – | 0,0% |
| 397 | Zusätzliche Maßnahmen [m2 BGF] | – | **8,90** | – | 0,5% |
| **410** | **Abwasser-, Wasser-, Gasanlagen** | | | | |
| 411 | Abwasseranlagen [m2 BGF] | – | **20,00** | – | 1,2% |
| 412 | Wasseranlagen [m2 BGF] | – | **54,00** | – | 3,2% |
| **420** | **Wärmeversorgungsanlagen** | | | | |
| 421 | Wärmeerzeugungsanlagen [m2 BGF] | – | **3,10** | – | 0,2% |
| 422 | Wärmeverteilnetze [m2 BGF] | – | **32,00** | – | 1,9% |
| 423 | Raumheizflächen [m2 BGF] | – | **23,00** | – | 1,4% |
| 429 | Sonstiges zur KG 420 [m2 BGF] | – | **3,20** | – | 0,2% |
| **430** | **Raumlufttechnische Anlagen** | | | | |
| 431 | Lüftungsanlagen [m2 BGF] | – | **19,00** | – | 1,1% |
| **440** | **Elektrische Anlagen** | | | | |
| 443 | Niederspannungsschaltanlagen [m2 BGF] | – | **2,10** | – | 0,1% |
| 444 | Niederspannungsinstallationsanlagen [m2 BGF] | – | **39,00** | – | 2,3% |
| 445 | Beleuchtungsanlagen [m2 BGF] | – | **8,10** | – | 0,5% |
| 446 | Blitzschutz- und Erdungsanlagen [m2 BGF] | – | **1,60** | – | 0,1% |
| **450** | **Kommunikations-, sicherheits- und informationstechnische Anlagen** | | | | |
| 451 | Telekommunikationsanlagen [m2 BGF] | – | **0,20** | – | 0,0% |
| 452 | Such- und Signalanlagen [m2 BGF] | – | **1,80** | – | 0,1% |
| 455 | Audiovisuelle Medien- und Antennenanlagen [m2 BGF] | – | **1,30** | – | 0,1% |
| **460** | **Förderanlagen** | | | | |
| 461 | Aufzugsanlagen [m2 BGF] | – | **27,00** | – | 1,6% |
| **470** | **Nutzungsspezifische und verfahrenstechnische Anlagen** | | | | |
| **480** | **Gebäude- und Anlagenautomation** | | | | |
| **490** | **Sonstige Maßnahmen für technische Anlagen** | | | | |

# Wohnhäuser, mit mehr als 15% Mischnutzung

**Kosten:**
Stand 1.Quartal 2020
Bundesdurchschnitt
inkl. 19% MwSt.

| Kostengruppen | | ▷ | €/Einheit | ◁ | KG an 300+400 |
|---|---|---|---|---|---|
| **310** | **Baugrube / Erdbau** | | | | |
| 311 | Herstellung [m³] | 22,00 | **31,00** | 48,00 | 1,6% |
| **320** | **Gründung, Unterbau** | | | | |
| 322 | Flachgründungen und Bodenplatten [m²] | 89,00 | **132,00** | 153,00 | 2,7% |
| 324 | Gründungsbeläge [m²] | 22,00 | **72,00** | 171,00 | 1,7% |
| 325 | Abdichtungen und Bekleidungen [m²] | 47,00 | **49,00** | 53,00 | 1,1% |
| 326 | Dränagen [m²] | – | **11,00** | – | 0,1% |
| **330** | **Außenwände/Vertikale Baukonstruktionen, außen** | | | | |
| 331 | Tragende Außenwände [m²] | 122,00 | **145,00** | 191,00 | 5,0% |
| 332 | Nichttragende Außenwände [m²] | 134,00 | **192,00** | 249,00 | 1,0% |
| 334 | Außenwandöffnungen [m²] | 511,00 | **581,00** | 719,00 | 13,4% |
| 335 | Außenwandbekleidungen, außen [m²] | 92,00 | **166,00** | 202,00 | 6,7% |
| 336 | Außenwandbekleidungen, innen [m²] | 39,00 | **46,00** | 57,00 | 1,3% |
| 339 | Sonstiges zur KG 330 [m²] | – | **2,20** | – | 0,1% |
| **340** | **Innenwände/Vertikale Baukonstruktionen, innen** | | | | |
| 341 | Tragende Innenwände [m²] | 95,00 | **181,00** | 321,00 | 3,7% |
| 342 | Nichttragende Innenwände [m²] | 61,00 | **68,00** | 71,00 | 2,9% |
| 343 | Innenstützen [m] | – | **145,00** | – | 0,0% |
| 344 | Innenwandöffnungen [m²] | 348,00 | **430,00** | 486,00 | 2,9% |
| 345 | Innenwandbekleidungen [m²] | 22,00 | **32,00** | 51,00 | 3,4% |
| 346 | Elementierte Innenwandkonstruktionen [m²] | – | **421,00** | – | 0,2% |
| 349 | Sonstiges zur KG 340 [m²] | – | **0,90** | – | 0,0% |
| **350** | **Decken/Horizontale Baukonstruktionen** | | | | |
| 351 | Deckenkonstruktionen [m²] | 120,00 | **172,00** | 276,00 | 7,1% |
| 352 | Deckenöffnungen [m²] | – | **830,00** | – | 0,0% |
| 353 | Deckenbeläge [m²] | 50,00 | **109,00** | 203,00 | 4,3% |
| 354 | Deckenbekleidungen [m²] | 6,10 | **21,00** | 35,00 | 0,4% |
| 355 | Elementierte Deckenkonstruktionen [m²] | – | **593,00** | – | 1,3% |
| 359 | Sonstiges zur KG 350 [m²] | 9,20 | **17,00** | 22,00 | 0,8% |
| **360** | **Dächer** | | | | |
| 361 | Dachkonstruktionen [m²] | 113,00 | **158,00** | 243,00 | 3,4% |
| 362 | Dachöffnungen [m²] | 814,00 | **1.367,00** | 1.660,00 | 1,9% |
| 363 | Dachbeläge [m²] | 82,00 | **172,00** | 230,00 | 3,2% |
| 364 | Dachbekleidungen [m²] | 46,00 | **50,00** | 53,00 | 0,7% |
| 369 | Sonstiges zur KG 360 [m²] | 0,70 | **4,60** | 8,50 | 0,1% |
| **370** | **Infrastrukturanlagen** | | | | |
| **380** | **Baukonstruktive Einbauten** | | | | |
| 381 | Allgemeine Einbauten [m² BGF] | 3,20 | **8,90** | 14,00 | 0,4% |
| 382 | Besondere Einbauten [m² BGF] | – | **19,00** | – | 0,5% |

▷ von
ø Mittel
◁ bis

| Kostengruppen | | ▷ | €/Einheit | ◁ | KG an 300+400 |
|---|---|---|---|---|---|
| **390** | **Sonstige Maßnahmen für Baukonstruktionen** | | | | |
| 391 | Baustelleneinrichtung [m² BGF] | 12,00 | **23,00** | 43,00 | 1,5% |
| 392 | Gerüste [m² BGF] | 11,00 | **17,00** | 26,00 | 1,2% |
| 397 | Zusätzliche Maßnahmen [m² BGF] | 0,20 | **4,10** | 7,90 | 0,2% |
| 399 | Sonstiges zur KG 390 [m² BGF] | – | **1,00** | – | 0,0% |
| **410** | **Abwasser-, Wasser-, Gasanlagen** | | | | |
| 411 | Abwasseranlagen [m² BGF] | 27,00 | **35,00** | 42,00 | 1,6% |
| 412 | Wasseranlagen [m² BGF] | 40,00 | **58,00** | 77,00 | 2,6% |
| **420** | **Wärmeversorgungsanlagen** | | | | |
| 421 | Wärmeerzeugungsanlagen [m² BGF] | – | **12,00** | – | 0,3% |
| 422 | Wärmeverteilnetze [m² BGF] | – | **25,00** | – | 0,7% |
| 423 | Raumheizflächen [m² BGF] | – | **31,00** | – | 0,9% |
| **430** | **Raumlufttechnische Anlagen** | | | | |
| 431 | Lüftungsanlagen [m² BGF] | – | **4,00** | – | 0,1% |
| **440** | **Elektrische Anlagen** | | | | |
| 444 | Niederspannungsinstallationsanlagen [m² BGF] | 58,00 | **89,00** | 119,00 | 4,0% |
| 445 | Beleuchtungsanlagen [m² BGF] | – | **7,30** | – | 0,2% |
| 446 | Blitzschutz- und Erdungsanlagen [m² BGF] | 2,40 | **3,00** | 3,70 | 0,1% |
| **450** | **Kommunikations-, sicherheits- und informationstechnische Anlagen** | | | | |
| 451 | Telekommunikationsanlagen [m² BGF] | – | **2,60** | – | 0,1% |
| 452 | Such- und Signalanlagen [m² BGF] | 1,60 | **1,70** | 1,80 | 0,1% |
| 455 | Audiovisuelle Medien- und Antennenanlagen [m² BGF] | – | **3,20** | – | 0,1% |
| 456 | Gefahrenmelde- und Alarmanlagen [m² BGF] | – | **12,00** | – | 0,2% |
| **460** | **Förderanlagen** | | | | |
| **470** | **Nutzungsspezifische und verfahrenstechnische Anlagen** | | | | |
| 471 | Küchentechnische Anlagen [m² BGF] | – | **156,00** | – | 3,7% |
| 476 | Weitere nutzungsspezifische Anlagen [m² BGF] | – | **45,00** | – | 1,1% |
| **480** | **Gebäude- und Anlagenautomation** | | | | |
| **490** | **Sonstige Maßnahmen für technische Anlagen** | | | | |

**Kosten:**
Stand 1.Quartal 2020
Bundesdurchschnitt
inkl. 19% MwSt.

| Kostengruppen | | ▷ | €/Einheit | ◁ | KG an 300+400 |
|---|---|---|---|---|---|
| **310** | **Baugrube / Erdbau** | | | | |
| 311 | Herstellung [m³] | 22,00 | **37,00** | 62,00 | 1,6% |
| 312 | Umschließung [m²] | 1,50 | **2,10** | 2,60 | 0,0% |
| 313 | Wasserhaltung [m³] | – | **0,60** | – | 0,0% |
| **320** | **Gründung, Unterbau** | | | | |
| 321 | Baugrundverbesserung [m²] | 3,80 | **8,50** | 15,00 | 0,1% |
| 322 | Flachgründungen und Bodenplatten [m²] | 74,00 | **113,00** | 140,00 | 2,6% |
| 324 | Gründungsbeläge [m²] | 62,00 | **97,00** | 123,00 | 1,6% |
| 325 | Abdichtungen und Bekleidungen [m²] | 8,90 | **20,00** | 57,00 | 0,5% |
| 326 | Dränagen [m²] | – | **18,00** | – | 0,1% |
| **330** | **Außenwände/Vertikale Baukonstruktionen, außen** | | | | |
| 331 | Tragende Außenwände [m²] | 96,00 | **102,00** | 113,00 | 5,0% |
| 332 | Nichttragende Außenwände [m²] | 67,00 | **112,00** | 202,00 | 0,1% |
| 333 | Außenstützen [m] | 113,00 | **153,00** | 177,00 | 0,2% |
| 334 | Außenwandöffnungen [m²] | 403,00 | **447,00** | 525,00 | 6,5% |
| 335 | Außenwandbekleidungen, außen [m²] | 89,00 | **98,00** | 115,00 | 5,5% |
| 336 | Außenwandbekleidungen, innen [m²] | 26,00 | **31,00** | 34,00 | 1,4% |
| 338 | Lichtschutz zur KG 330 [m²] | 145,00 | **597,00** | 828,00 | 3,4% |
| 339 | Sonstiges zur KG 330 [m²] | 4,80 | **8,50** | 11,00 | 0,5% |
| **340** | **Innenwände/Vertikale Baukonstruktionen, innen** | | | | |
| 341 | Tragende Innenwände [m²] | 74,00 | **91,00** | 102,00 | 4,3% |
| 342 | Nichttragende Innenwände [m²] | 57,00 | **68,00** | 97,00 | 1,8% |
| 343 | Innenstützen [m] | 112,00 | **150,00** | 170,00 | 0,1% |
| 344 | Innenwandöffnungen [m²] | 271,00 | **349,00** | 456,00 | 3,2% |
| 345 | Innenwandbekleidungen [m²] | 25,00 | **32,00** | 42,00 | 4,2% |
| 346 | Elementierte Innenwandkonstruktionen [m²] | 33,00 | **45,00** | 51,00 | 0,2% |
| 349 | Sonstiges zur KG 340 [m²] | 0,80 | **1,60** | 3,00 | 0,1% |
| **350** | **Decken/Horizontale Baukonstruktionen** | | | | |
| 351 | Deckenkonstruktionen [m²] | 108,00 | **131,00** | 159,00 | 8,5% |
| 352 | Deckenöffnungen [m²] | 1.034,00 | **1.104,00** | 1.174,00 | 0,1% |
| 353 | Deckenbeläge [m²] | 74,00 | **108,00** | 131,00 | 5,7% |
| 354 | Deckenbekleidungen [m²] | 11,00 | **17,00** | 19,00 | 1,0% |
| 355 | Elementierte Deckenkonstruktionen [m²] | – | **1.047,00** | – | 0,3% |
| 359 | Sonstiges zur KG 350 [m²] | 18,00 | **20,00** | 28,00 | 1,3% |
| **360** | **Dächer** | | | | |
| 361 | Dachkonstruktionen [m²] | 64,00 | **103,00** | 160,00 | 2,7% |
| 362 | Dachöffnungen [m²] | 732,00 | **815,00** | 903,00 | 0,4% |
| 363 | Dachbeläge [m²] | 113,00 | **169,00** | 256,00 | 4,5% |
| 364 | Dachbekleidungen [m²] | 11,00 | **27,00** | 38,00 | 0,6% |
| 366 | Lichtschutz zur KG 360 [m²] | – | **59,00** | – | 0,0% |
| 369 | Sonstiges zur KG 360 [m²] | 4,30 | **15,00** | 55,00 | 0,4% |
| **370** | **Infrastrukturanlagen** | | | | |

▷ von
ø Mittel
◁ bis

| Kostengruppen | | ▷ | €/Einheit | ◁ | KG an 300+400 |
|---|---|---|---|---|---|
| **380** | **Baukonstruktive Einbauten** | | | | |
| 381 | Allgemeine Einbauten [m² BGF] | 4,70 | **28,00** | 51,00 | 0,9% |
| 386 | Orientierungs- und Informationssysteme [m² BGF] | – | **0,90** | – | 0,0% |
| 389 | Sonstiges zur KG 380 [m² BGF] | – | **2,60** | – | 0,1% |
| **390** | **Sonstige Maßnahmen für Baukonstruktionen** | | | | |
| 391 | Baustelleneinrichtung [m² BGF] | 10,00 | **28,00** | 56,00 | 2,4% |
| 392 | Gerüste [m² BGF] | 4,60 | **9,50** | 14,00 | 0,9% |
| 395 | Instandsetzungen [m² BGF] | – | **8,00** | – | 0,1% |
| 397 | Zusätzliche Maßnahmen [m² BGF] | 1,80 | **5,50** | 11,00 | 0,5% |
| 399 | Sonstiges zur KG 390 [m² BGF] | 0,50 | **40,00** | 80,00 | 1,5% |
| **410** | **Abwasser-, Wasser-, Gasanlagen** | | | | |
| 411 | Abwasseranlagen [m² BGF] | 19,00 | **27,00** | 39,00 | 2,4% |
| 412 | Wasseranlagen [m² BGF] | 29,00 | **39,00** | 47,00 | 3,5% |
| 419 | Sonstiges zur KG 410 [m² BGF] | 7,20 | **30,00** | 98,00 | 2,0% |
| **420** | **Wärmeversorgungsanlagen** | | | | |
| 421 | Wärmeerzeugungsanlagen [m² BGF] | 3,80 | **14,00** | 28,00 | 1,2% |
| 422 | Wärmeverteilnetze [m² BGF] | 14,00 | **24,00** | 34,00 | 2,1% |
| 423 | Raumheizflächen [m² BGF] | 14,00 | **17,00** | 22,00 | 1,6% |
| 429 | Sonstiges zur KG 420 [m² BGF] | 0,20 | **0,50** | 0,70 | 0,0% |
| **430** | **Raumlufttechnische Anlagen** | | | | |
| 431 | Lüftungsanlagen [m² BGF] | 8,00 | **9,50** | 11,00 | 0,8% |
| **440** | **Elektrische Anlagen** | | | | |
| 442 | Eigenstromversorgungsanlagen [m² BGF] | – | **2,30** | – | 0,0% |
| 443 | Niederspannungsschaltanlagen [m² BGF] | – | **4,00** | – | 0,1% |
| 444 | Niederspannungsinstallationsanlagen [m² BGF] | 41,00 | **50,00** | 56,00 | 4,4% |
| 445 | Beleuchtungsanlagen [m² BGF] | 9,30 | **12,00** | 16,00 | 1,0% |
| 446 | Blitzschutz- und Erdungsanlagen [m² BGF] | 2,60 | **4,30** | 7,70 | 0,4% |
| **450** | **Kommunikations-, sicherheits- und informationstechnische Anlagen** | | | | |
| 451 | Telekommunikationsanlagen [m² BGF] | 1,60 | **3,00** | 4,30 | 0,2% |
| 452 | Such- und Signalanlagen [m² BGF] | 2,80 | **8,40** | 18,00 | 0,7% |
| 455 | Audiovisuelle Medien- und Antennenanlagen [m² BGF] | 1,40 | **2,90** | 5,50 | 0,3% |
| 456 | Gefahrenmelde- und Alarmanlagen [m² BGF] | 2,40 | **3,00** | 4,00 | 0,3% |
| 457 | Datenübertragungsnetze [m² BGF] | 0,90 | **2,10** | 4,40 | 0,1% |
| **460** | **Förderanlagen** | | | | |
| 461 | Aufzugsanlagen [m² BGF] | 21,00 | **44,00** | 78,00 | 4,0% |
| **470** | **Nutzungsspezifische und verfahrenstechnische Anlagen** | | | | |
| 474 | Feuerlöschanlagen [m² BGF] | 0,40 | **0,70** | 1,60 | 0,1% |
| **480** | **Gebäude- und Anlagenautomation** | | | | |
| **490** | **Sonstige Maßnahmen für technische Anlagen** | | | | |

## Senioren-wohnungen, hoher Standard

**Kosten:**
Stand 1.Quartal 2020
Bundesdurchschnitt
inkl. 19% MwSt.

▷ von
ø Mittel
◁ bis

| Kostengruppen | | ▷ | €/Einheit | ◁ | KG an 300+400 |
|---|---|---|---|---|---|
| **310** | **Baugrube / Erdbau** | | | | |
| 311 | Herstellung [m³] | 37,00 | **71,00** | 105,00 | 3,8% |
| **320** | **Gründung, Unterbau** | | | | |
| 321 | Baugrundverbesserung [m²] | – | **47,00** | – | 0,5% |
| 322 | Flachgründungen und Bodenplatten [m²] | 117,00 | **147,00** | 177,00 | 2,8% |
| 324 | Gründungsbeläge [m²] | 61,00 | **71,00** | 81,00 | 1,1% |
| 325 | Abdichtungen und Bekleidungen [m²] | 18,00 | **26,00** | 33,00 | 0,5% |
| 326 | Dränagen [m²] | 17,00 | **19,00** | 22,00 | 0,4% |
| **330** | **Außenwände/Vertikale Baukonstruktionen, außen** | | | | |
| 331 | Tragende Außenwände [m²] | 98,00 | **137,00** | 175,00 | 5,4% |
| 333 | Außenstützen [m] | – | **108,00** | – | 0,2% |
| 334 | Außenwandöffnungen [m²] | 323,00 | **435,00** | 547,00 | 5,7% |
| 335 | Außenwandbekleidungen, außen [m²] | 86,00 | **122,00** | 158,00 | 5,0% |
| 336 | Außenwandbekleidungen, innen [m²] | 26,00 | **35,00** | 43,00 | 1,3% |
| 338 | Lichtschutz zur KG 330 [m²] | 151,00 | **315,00** | 479,00 | 2,1% |
| 339 | Sonstiges zur KG 330 [m²] | – | **32,00** | – | 0,6% |
| **340** | **Innenwände/Vertikale Baukonstruktionen, innen** | | | | |
| 341 | Tragende Innenwände [m²] | 103,00 | **109,00** | 115,00 | 2,6% |
| 342 | Nichttragende Innenwände [m²] | 76,00 | **86,00** | 97,00 | 2,8% |
| 343 | Innenstützen [m] | 85,00 | **128,00** | 171,00 | 0,5% |
| 344 | Innenwandöffnungen [m²] | 430,00 | **457,00** | 484,00 | 3,2% |
| 345 | Innenwandbekleidungen [m²] | 31,00 | **33,00** | 34,00 | 3,5% |
| 346 | Elementierte Innenwandkonstruktionen [m²] | – | **49,00** | – | 0,2% |
| **350** | **Decken/Horizontale Baukonstruktionen** | | | | |
| 351 | Deckenkonstruktionen [m²] | 130,00 | **171,00** | 211,00 | 10,5% |
| 353 | Deckenbeläge [m²] | 79,00 | **91,00** | 103,00 | 4,9% |
| 354 | Deckenbekleidungen [m²] | 16,00 | **24,00** | 31,00 | 1,3% |
| 359 | Sonstiges zur KG 350 [m²] | 38,00 | **38,00** | 39,00 | 2,4% |
| **360** | **Dächer** | | | | |
| 361 | Dachkonstruktionen [m²] | 89,00 | **121,00** | 154,00 | 3,1% |
| 362 | Dachöffnungen [m²] | 725,00 | **1.185,00** | 1.645,00 | 0,2% |
| 363 | Dachbeläge [m²] | 176,00 | **177,00** | 178,00 | 4,7% |
| 364 | Dachbekleidungen [m²] | 27,00 | **48,00** | 68,00 | 1,1% |
| **370** | **Infrastrukturanlagen** | | | | |
| **380** | **Baukonstruktive Einbauten** | | | | |
| 381 | Allgemeine Einbauten [m² BGF] | – | **5,10** | – | 0,2% |
| 389 | Sonstiges zur KG 380 [m² BGF] | – | **3,30** | – | 0,1% |
| **390** | **Sonstige Maßnahmen für Baukonstruktionen** | | | | |
| 391 | Baustelleneinrichtung [m² BGF] | 10,00 | **13,00** | 16,00 | 1,1% |
| 392 | Gerüste [m² BGF] | 11,00 | **15,00** | 18,00 | 1,2% |
| 397 | Zusätzliche Maßnahmen [m² BGF] | 2,30 | **5,00** | 7,80 | 0,4% |
| | **Sonstige Kostengruppen Bauwerk - Baukonstruktion** | | | | |
| | 332, 349, 352, 366, 369 | | | | 0,3% |

| Kostengruppen | | ▷ | €/Einheit | ◁ | KG an 300+400 |
|---|---|---|---|---|---|
| **410** | **Abwasser-, Wasser-, Gasanlagen** | | | | |
| 411 | Abwasseranlagen [m² BGF] | 16,00 | **23,00** | 31,00 | 1,9% |
| 412 | Wasseranlagen [m² BGF] | 47,00 | **66,00** | 86,00 | 5,5% |
| **420** | **Wärmeversorgungsanlagen** | | | | |
| 421 | Wärmeerzeugungsanlagen [m² BGF] | 39,00 | **43,00** | 47,00 | 3,6% |
| 422 | Wärmeverteilnetze [m² BGF] | 25,00 | **37,00** | 50,00 | 3,0% |
| 423 | Raumheizflächen [m² BGF] | 21,00 | **25,00** | 30,00 | 2,1% |
| 429 | Sonstiges zur KG 420 [m² BGF] | 4,80 | **5,40** | 6,00 | 0,4% |
| **430** | **Raumlufttechnische Anlagen** | | | | |
| 431 | Lüftungsanlagen [m² BGF] | – | **3,20** | – | 0,1% |
| **440** | **Elektrische Anlagen** | | | | |
| 444 | Niederspannungsinstallationsanlagen [m² BGF] | 46,00 | **53,00** | 59,00 | 4,3% |
| 445 | Beleuchtungsanlagen [m² BGF] | 1,80 | **3,30** | 4,70 | 0,3% |
| 446 | Blitzschutz- und Erdungsanlagen [m² BGF] | 4,00 | **4,60** | 5,20 | 0,4% |
| **450** | **Kommunikations-, sicherheits- und informationstechnische Anlagen** | | | | |
| 452 | Such- und Signalanlagen [m² BGF] | 3,80 | **7,40** | 11,00 | 0,6% |
| 455 | Audiovisuelle Medien- und Antennenanlagen [m² BGF] | 2,60 | **2,60** | 2,60 | 0,2% |
| 457 | Datenübertragungsnetze [m² BGF] | 2,10 | **4,40** | 6,70 | 0,4% |
| **460** | **Förderanlagen** | | | | |
| 461 | Aufzugsanlagen [m² BGF] | 22,00 | **43,00** | 65,00 | 3,7% |
| **470** | **Nutzungsspezifische und verfahrenstechnische Anlagen** | | | | |
| **480** | **Gebäude- und Anlagenautomation** | | | | |
| **490** | **Sonstige Maßnahmen für technische Anlagen** | | | | |
| | **Sonstige Kostengruppen Bauwerk - Technische Anlagen** | | | | |
| | 442, 456, 474 | | | | 0,2% |

**Kosten:**
Stand 1.Quartal 2020
Bundesdurchschnitt
inkl. 19% MwSt.

| Kostengruppen | | ▷ | €/Einheit | ◁ | KG an 300+400 |
|---|---|---|---|---|---|
| **310** | **Baugrube / Erdbau** | | | | |
| 311 | Herstellung [m³] | 23,00 | **33,00** | 52,00 | 1,4% |
| **320** | **Gründung, Unterbau** | | | | |
| 321 | Baugrundverbesserung [m²] | 36,00 | **49,00** | 61,00 | 0,3% |
| 322 | Flachgründungen und Bodenplatten [m²] | 128,00 | **146,00** | 181,00 | 3,2% |
| 323 | Tiefgründungen [m²] | – | **230,00** | – | 0,5% |
| 324 | Gründungsbeläge [m²] | 62,00 | **111,00** | 160,00 | 1,8% |
| 325 | Abdichtungen und Bekleidungen [m²] | 14,00 | **25,00** | 72,00 | 0,5% |
| **330** | **Außenwände/Vertikale Baukonstruktionen, außen** | | | | |
| 331 | Tragende Außenwände [m²] | 119,00 | **140,00** | 163,00 | 4,4% |
| 332 | Nichttragende Außenwände [m²] | 121,00 | **214,00** | 345,00 | 1,0% |
| 333 | Außenstützen [m] | 95,00 | **140,00** | 216,00 | 0,3% |
| 334 | Außenwandöffnungen [m²] | 568,00 | **641,00** | 808,00 | 10,4% |
| 335 | Außenwandbekleidungen, außen [m²] | 97,00 | **147,00** | 255,00 | 4,9% |
| 336 | Außenwandbekleidungen, innen [m²] | 27,00 | **39,00** | 53,00 | 1,0% |
| 337 | Elementierte Außenwandkonstruktionen [m²] | 433,00 | **513,00** | 594,00 | 1,3% |
| 338 | Lichtschutz zur KG 330 [m²] | 120,00 | **235,00** | 366,00 | 0,9% |
| 339 | Sonstiges zur KG 330 [m²] | 5,70 | **8,30** | 17,00 | 0,4% |
| **340** | **Innenwände/Vertikale Baukonstruktionen, innen** | | | | |
| 341 | Tragende Innenwände [m²] | 90,00 | **108,00** | 136,00 | 3,1% |
| 342 | Nichttragende Innenwände [m²] | 73,00 | **84,00** | 97,00 | 2,1% |
| 343 | Innenstützen [m] | 126,00 | **170,00** | 192,00 | 0,4% |
| 344 | Innenwandöffnungen [m²] | 540,00 | **658,00** | 797,00 | 4,4% |
| 345 | Innenwandbekleidungen [m²] | 29,00 | **42,00** | 66,00 | 4,0% |
| 346 | Elementierte Innenwandkonstruktionen [m²] | 370,00 | **470,00** | 660,00 | 0,6% |
| **350** | **Decken/Horizontale Baukonstruktionen** | | | | |
| 351 | Deckenkonstruktionen [m²] | 137,00 | **186,00** | 235,00 | 7,4% |
| 353 | Deckenbeläge [m²] | 83,00 | **130,00** | 173,00 | 4,4% |
| 354 | Deckenbekleidungen [m²] | 24,00 | **58,00** | 124,00 | 1,5% |
| 359 | Sonstiges zur KG 350 [m²] | 14,00 | **35,00** | 60,00 | 1,7% |
| **360** | **Dächer** | | | | |
| 361 | Dachkonstruktionen [m²] | 83,00 | **129,00** | 179,00 | 2,8% |
| 362 | Dachöffnungen [m²] | 1.186,00 | **1.733,00** | 2.763,00 | 0,6% |
| 363 | Dachbeläge [m²] | 93,00 | **192,00** | 249,00 | 4,1% |
| 364 | Dachbekleidungen [m²] | 19,00 | **54,00** | 94,00 | 1,2% |
| 369 | Sonstiges zur KG 360 [m²] | 9,80 | **33,00** | 75,00 | 0,6% |
| **370** | **Infrastrukturanlagen** | | | | |
| **380** | **Baukonstruktive Einbauten** | | | | |
| 381 | Allgemeine Einbauten [m² BGF] | 13,00 | **40,00** | 62,00 | 2,2% |

▷ von
ø Mittel
◁ bis

| Kostengruppen | | ▷ | €/Einheit | ◁ | KG an 300+400 |
|---|---|---|---|---|---|
| **390** | **Sonstige Maßnahmen für Baukonstruktionen** | | | | |
| 391 | Baustelleneinrichtung [m² BGF] | 16,00 | **49,00** | 197,00 | 3,2% |
| 392 | Gerüste [m² BGF] | 4,20 | **12,00** | 21,00 | 0,7% |
| 393 | Sicherungsmaßnahmen [m² BGF] | – | **31,00** | – | 0,3% |
| 394 | Abbruchmaßnahmen [m² BGF] | 0,10 | **15,00** | 30,00 | 0,3% |
| 397 | Zusätzliche Maßnahmen [m² BGF] | 3,50 | **7,70** | 12,00 | 0,5% |
| 399 | Sonstiges zur KG 390 [m² BGF] | – | **50,00** | – | 0,5% |
| | **Sonstige Kostengruppen Bauwerk - Baukonstruktion** | | | | |
| | 312, 313, 326, 347, 349, 355, 382, 383, 386, 395, 396, 398 | | | | 0,4% |
| **410** | **Abwasser-, Wasser-, Gasanlagen** | | | | |
| 411 | Abwasseranlagen [m² BGF] | 13,00 | **26,00** | 40,00 | 1,6% |
| 412 | Wasseranlagen [m² BGF] | 35,00 | **58,00** | 103,00 | 3,4% |
| 419 | Sonstiges zur KG 410 [m² BGF] | 2,70 | **5,50** | 9,00 | 0,2% |
| **420** | **Wärmeversorgungsanlagen** | | | | |
| 421 | Wärmeerzeugungsanlagen [m² BGF] | 17,00 | **35,00** | 55,00 | 2,2% |
| 422 | Wärmeverteilnetze [m² BGF] | 10,00 | **18,00** | 25,00 | 1,2% |
| 423 | Raumheizflächen [m² BGF] | 20,00 | **28,00** | 37,00 | 1,9% |
| **430** | **Raumlufttechnische Anlagen** | | | | |
| 431 | Lüftungsanlagen [m² BGF] | 7,10 | **35,00** | 77,00 | 1,6% |
| **440** | **Elektrische Anlagen** | | | | |
| 442 | Eigenstromversorgungsanlagen [m² BGF] | – | **29,00** | – | 0,4% |
| 444 | Niederspannungsinstallationsanlagen [m² BGF] | 44,00 | **58,00** | 86,00 | 3,7% |
| 445 | Beleuchtungsanlagen [m² BGF] | 11,00 | **25,00** | 78,00 | 1,4% |
| 446 | Blitzschutz- und Erdungsanlagen [m² BGF] | 1,70 | **3,10** | 6,00 | 0,2% |
| **450** | **Kommunikations-, sicherheits- und informationstechnische Anlagen** | | | | |
| 452 | Such- und Signalanlagen [m² BGF] | 1,60 | **2,50** | 3,90 | 0,2% |
| 456 | Gefahrenmelde- und Alarmanlagen [m² BGF] | 6,70 | **12,00** | 15,00 | 0,7% |
| 457 | Datenübertragungsnetze [m² BGF] | 5,10 | **12,00** | 16,00 | 0,3% |
| **460** | **Förderanlagen** | | | | |
| 461 | Aufzugsanlagen [m² BGF] | 7,60 | **23,00** | 32,00 | 0,8% |
| **470** | **Nutzungsspezifische und verfahrenstechnische Anlagen** | | | | |
| 471 | Küchentechnische Anlagen [m² BGF] | – | **30,00** | – | 0,3% |
| 473 | Medienversorgungsanlagen, Medizin- und labortechnische Anlagen [m² BGF] | – | **57,00** | – | 0,5% |
| **480** | **Gebäude- und Anlagenautomation** | | | | |
| 481 | Automationseinrichtungen [m² BGF] | 8,40 | **8,60** | 8,70 | 0,2% |
| **490** | **Sonstige Maßnahmen für technische Anlagen** | | | | |
| | **Sonstige Kostengruppen Bauwerk - Technische Anlagen** | | | | |
| | 433, 451, 454, 455, 474, 476, 482, 485, 491, 494, 498 | | | | 0,5% |

# Gaststätten, Kantinen und Mensen

**Kosten:**
Stand 1.Quartal 2020
Bundesdurchschnitt
inkl. 19% MwSt.

| Kostengruppen | | ▷ | €/Einheit | ◁ | KG an 300+400 |
|---|---|---|---|---|---|
| **310** | **Baugrube / Erdbau** | | | | |
| 311 | Herstellung [m³] | – | **51,00** | – | 3,5% |
| **320** | **Gründung, Unterbau** | | | | |
| 322 | Flachgründungen und Bodenplatten [m²] | – | **133,00** | – | 1,9% |
| 324 | Gründungsbeläge [m²] | – | **94,00** | – | 0,9% |
| 325 | Abdichtungen und Bekleidungen [m²] | – | **64,00** | – | 1,0% |
| 326 | Dränagen [m²] | – | **18,00** | – | 0,3% |
| **330** | **Außenwände/Vertikale Baukonstruktionen, außen** | | | | |
| 331 | Tragende Außenwände [m²] | – | **184,00** | – | 2,8% |
| 333 | Außenstützen [m] | – | **564,00** | – | 0,4% |
| 334 | Außenwandöffnungen [m²] | – | **1.057,00** | – | 7,7% |
| 335 | Außenwandbekleidungen, außen [m²] | – | **233,00** | – | 4,0% |
| 336 | Außenwandbekleidungen, innen [m²] | – | **115,00** | – | 1,1% |
| 338 | Lichtschutz zur KG 330 [m²] | – | **406,00** | – | 0,5% |
| 339 | Sonstiges zur KG 330 [m²] | – | **10,00** | – | 0,2% |
| **340** | **Innenwände/Vertikale Baukonstruktionen, innen** | | | | |
| 341 | Tragende Innenwände [m²] | – | **210,00** | – | 3,4% |
| 342 | Nichttragende Innenwände [m²] | – | **101,00** | – | 1,1% |
| 343 | Innenstützen [m] | – | **585,00** | – | 0,2% |
| 344 | Innenwandöffnungen [m²] | – | **1.246,00** | – | 3,7% |
| 345 | Innenwandbekleidungen [m²] | – | **104,00** | – | 4,0% |
| 346 | Elementierte Innenwandkonstruktionen [m²] | – | **839,00** | – | 0,8% |
| 349 | Sonstiges zur KG 340 [m²] | – | **3,40** | – | 0,1% |
| **350** | **Decken/Horizontale Baukonstruktionen** | | | | |
| 351 | Deckenkonstruktionen [m²] | – | **229,00** | – | 6,1% |
| 353 | Deckenbeläge [m²] | – | **192,00** | – | 4,6% |
| 354 | Deckenbekleidungen [m²] | – | **74,00** | – | 1,8% |
| 359 | Sonstiges zur KG 350 [m²] | – | **44,00** | – | 1,2% |
| **360** | **Dächer** | | | | |
| 361 | Dachkonstruktionen [m²] | – | **225,00** | – | 3,8% |
| 362 | Dachöffnungen [m²] | – | **3.309,00** | – | 1,5% |
| 363 | Dachbeläge [m²] | – | **153,00** | – | 2,8% |
| 364 | Dachbekleidungen [m²] | – | **229,00** | – | 4,3% |
| **370** | **Infrastrukturanlagen** | | | | |
| **380** | **Baukonstruktive Einbauten** | | | | |
| 381 | Allgemeine Einbauten [m² BGF] | – | **0,90** | – | 0,0% |
| 382 | Besondere Einbauten [m² BGF] | – | **1,00** | – | 0,0% |
| 386 | Orientierungs- und Informationssysteme [m² BGF] | – | **4,10** | – | 0,2% |
| **390** | **Sonstige Maßnahmen für Baukonstruktionen** | | | | |
| 391 | Baustelleneinrichtung [m² BGF] | – | **45,00** | – | 1,8% |
| 392 | Gerüste [m² BGF] | – | **17,00** | – | 0,7% |
| 396 | Materialentsorgung [m² BGF] | – | **8,20** | – | 0,3% |
| 397 | Zusätzliche Maßnahmen [m² BGF] | – | **7,10** | – | 0,3% |
| 399 | Sonstiges zur KG 390 [m² BGF] | – | **33,00** | – | 1,3% |

▷ von
ø Mittel
◁ bis


 Erläuterungen zu den Tabellen siehe Seite 44

| Kostengruppen | | ▷ | €/Einheit | ◁ | KG an 300+400 |
|---|---|---|---|---|---|
| **410** | **Abwasser-, Wasser-, Gasanlagen** | | | | |
| 411 | Abwasseranlagen [m² BGF] | – | **75,00** | – | 3,0% |
| 412 | Wasseranlagen [m² BGF] | – | **73,00** | – | 2,9% |
| 413 | Gasanlagen [m² BGF] | – | **0,50** | – | 0,0% |
| **420** | **Wärmeversorgungsanlagen** | | | | |
| 421 | Wärmeerzeugungsanlagen [m² BGF] | – | **34,00** | – | 1,4% |
| 422 | Wärmeverteilnetze [m² BGF] | – | **49,00** | – | 1,9% |
| 423 | Raumheizflächen [m² BGF] | – | **24,00** | – | 1,0% |
| 429 | Sonstiges zur KG 420 [m² BGF] | – | **3,40** | – | 0,1% |
| **430** | **Raumlufttechnische Anlagen** | | | | |
| 431 | Lüftungsanlagen [m² BGF] | – | **211,00** | – | 8,4% |
| **440** | **Elektrische Anlagen** | | | | |
| 443 | Niederspannungsschaltanlagen [m² BGF] | – | **31,00** | – | 1,2% |
| 444 | Niederspannungsinstallationsanlagen [m² BGF] | – | **35,00** | – | 1,4% |
| 445 | Beleuchtungsanlagen [m² BGF] | – | **67,00** | – | 2,7% |
| 446 | Blitzschutz- und Erdungsanlagen [m² BGF] | – | **4,50** | – | 0,2% |
| **450** | **Kommunikations-, sicherheits- und informationstechnische Anlagen** | | | | |
| 451 | Telekommunikationsanlagen [m² BGF] | – | **4,80** | – | 0,2% |
| 454 | Elektroakustische Anlagen [m² BGF] | – | **12,00** | – | 0,5% |
| 455 | Audiovisuelle Medien- und Antennenanlagen [m² BGF] | – | **2,90** | – | 0,1% |
| 456 | Gefahrenmelde- und Alarmanlagen [m² BGF] | – | **12,00** | – | 0,5% |
| **460** | **Förderanlagen** | | | | |
| 461 | Aufzugsanlagen [m² BGF] | – | **49,00** | – | 1,9% |
| 469 | Sonstiges zur KG 460 [m² BGF] | – | **4,90** | – | 0,2% |
| **470** | **Nutzungsspezifische und verfahrenstechnische Anlagen** | | | | |
| 471 | Küchentechnische Anlagen [m² BGF] | – | **68,00** | – | 2,7% |
| 474 | Feuerlöschanlagen [m² BGF] | – | **0,80** | – | 0,0% |
| 475 | Prozesswärme-, kälte- und -luftanlagen [m² BGF] | – | **34,00** | – | 1,3% |
| **480** | **Gebäude- und Anlagenautomation** | | | | |
| **490** | **Sonstige Maßnahmen für technische Anlagen** | | | | |
| 491 | Baustelleneinrichtung [m² BGF] | – | **0,80** | – | 0,0% |
| 497 | Zusätzliche Maßnahmen [m² BGF] | – | **13,00** | – | 0,5% |

# Industrielle Produktionsgebäude, Massivbauweise

**Kosten:**
Stand 1.Quartal 2020
Bundesdurchschnitt
inkl. 19% MwSt.

▷ von
ø Mittel
◁ bis

| Kostengruppen | | ▷ | €/Einheit | ◁ | KG an 300+400 |
|---|---|---|---|---|---|
| **310** | **Baugrube / Erdbau** | | | | |
| 311 | Herstellung [m³] | 14,00 | **19,00** | 22,00 | 0,9% |
| **320** | **Gründung, Unterbau** | | | | |
| 321 | Baugrundverbesserung [m²] | – | **13,00** | – | 0,3% |
| 322 | Flachgründungen und Bodenplatten [m²] | 119,00 | **156,00** | 218,00 | 7,8% |
| 323 | Tiefgründungen [m²] | – | **136,00** | – | 2,2% |
| 324 | Gründungsbeläge [m²] | 42,00 | **71,00** | 87,00 | 2,9% |
| 325 | Abdichtungen und Bekleidungen [m²] | 16,00 | **20,00** | 22,00 | 1,1% |
| 326 | Dränagen [m²] | – | **2,60** | – | 0,1% |
| **330** | **Außenwände/Vertikale Baukonstruktionen, außen** | | | | |
| 331 | Tragende Außenwände [m²] | 110,00 | **135,00** | 175,00 | 4,7% |
| 332 | Nichttragende Außenwände [m²] | 68,00 | **91,00** | 114,00 | 1,3% |
| 334 | Außenwandöffnungen [m²] | 393,00 | **580,00** | 675,00 | 11,2% |
| 335 | Außenwandbekleidungen, außen [m²] | 95,00 | **132,00** | 154,00 | 6,4% |
| 336 | Außenwandbekleidungen, innen [m²] | 19,00 | **36,00** | 69,00 | 1,2% |
| 338 | Lichtschutz zur KG 330 [m²] | 133,00 | **320,00** | 508,00 | 0,9% |
| 339 | Sonstiges zur KG 330 [m²] | – | **12,00** | – | 0,3% |
| **340** | **Innenwände/Vertikale Baukonstruktionen, innen** | | | | |
| 341 | Tragende Innenwände [m²] | 84,00 | **136,00** | 238,00 | 1,7% |
| 342 | Nichttragende Innenwände [m²] | 70,00 | **84,00** | 111,00 | 2,0% |
| 343 | Innenstützen [m] | 115,00 | **173,00** | 286,00 | 0,6% |
| 344 | Innenwandöffnungen [m²] | 460,00 | **631,00** | 937,00 | 3,7% |
| 345 | Innenwandbekleidungen [m²] | 14,00 | **42,00** | 57,00 | 2,1% |
| 346 | Elementierte Innenwandkonstruktionen [m²] | – | **189,00** | – | 0,1% |
| **350** | **Decken/Horizontale Baukonstruktionen** | | | | |
| 351 | Deckenkonstruktionen [m²] | 143,00 | **177,00** | 234,00 | 4,4% |
| 353 | Deckenbeläge [m²] | 103,00 | **105,00** | 110,00 | 2,6% |
| 354 | Deckenbekleidungen [m²] | 5,20 | **41,00** | 59,00 | 0,5% |
| 359 | Sonstiges zur KG 350 [m²] | 14,00 | **39,00** | 54,00 | 0,9% |
| **360** | **Dächer** | | | | |
| 361 | Dachkonstruktionen [m²] | 112,00 | **121,00** | 138,00 | 6,5% |
| 362 | Dachöffnungen [m²] | 216,00 | **467,00** | 593,00 | 1,3% |
| 363 | Dachbeläge [m²] | 114,00 | **128,00** | 138,00 | 6,9% |
| 364 | Dachbekleidungen [m²] | 23,00 | **39,00** | 71,00 | 0,4% |
| 369 | Sonstiges zur KG 360 [m²] | – | **6,70** | – | 0,1% |
| **370** | **Infrastrukturanlagen** | | | | |
| **380** | **Baukonstruktive Einbauten** | | | | |
| 381 | Allgemeine Einbauten [m² BGF] | – | **36,00** | – | 0,9% |

| Kostengruppen | ▷ | €/Einheit | ◁ | KG an 300+400 |
|---|---|---|---|---|
| **390 Sonstige Maßnahmen für Baukonstruktionen** | | | | |
| 391 Baustelleneinrichtung [m² BGF] | 18,00 | **22,00** | 25,00 | 1,8% |
| 392 Gerüste [m² BGF] | 5,50 | **8,40** | 9,90 | 0,7% |
| 397 Zusätzliche Maßnahmen [m² BGF] | 1,90 | **2,20** | 2,70 | 0,2% |
| 399 Sonstiges zur KG 390 [m² BGF] | – | **2,10** | – | 0,1% |
| **410 Abwasser-, Wasser-, Gasanlagen** | | | | |
| 411 Abwasseranlagen [m² BGF] | 14,00 | **17,00** | 23,00 | 1,4% |
| 412 Wasseranlagen [m² BGF] | 24,00 | **32,00** | 37,00 | 2,5% |
| **420 Wärmeversorgungsanlagen** | | | | |
| 421 Wärmeerzeugungsanlagen [m² BGF] | 6,10 | **24,00** | 34,00 | 2,0% |
| 422 Wärmeverteilnetze [m² BGF] | 15,00 | **19,00** | 26,00 | 1,5% |
| 423 Raumheizflächen [m² BGF] | 14,00 | **25,00** | 44,00 | 2,0% |
| 429 Sonstiges zur KG 420 [m² BGF] | – | **5,60** | – | 0,2% |
| **430 Raumlufttechnische Anlagen** | | | | |
| 431 Lüftungsanlagen [m² BGF] | – | **11,00** | – | 0,3% |
| 432 Teilklimaanlagen [m² BGF] | – | **44,00** | – | 1,1% |
| **440 Elektrische Anlagen** | | | | |
| 442 Eigenstromversorgungsanlagen [m² BGF] | – | **21,00** | – | 0,5% |
| 443 Niederspannungsschaltanlagen [m² BGF] | 6,20 | **22,00** | 37,00 | 1,2% |
| 444 Niederspannungsinstallationsanlagen [m² BGF] | 38,00 | **57,00** | 86,00 | 4,7% |
| 445 Beleuchtungsanlagen [m² BGF] | 25,00 | **30,00** | 38,00 | 2,4% |
| 446 Blitzschutz- und Erdungsanlagen [m² BGF] | 3,40 | **5,20** | 8,80 | 0,4% |
| **450 Kommunikations-, sicherheits- und informationstechnische Anlagen** | | | | |
| 451 Telekommunikationsanlagen [m² BGF] | 1,30 | **2,40** | 3,50 | 0,1% |
| 452 Such- und Signalanlagen [m² BGF] | – | **4,40** | – | 0,1% |
| 457 Datenübertragungsnetze [m² BGF] | – | **3,50** | – | 0,1% |
| **460 Förderanlagen** | | | | |
| 461 Aufzugsanlagen [m² BGF] | – | **28,00** | – | 0,8% |
| **470 Nutzungsspezifische und verfahrenstechnische Anlagen** | | | | |
| 473 Medienversorgungsanlagen, Medizin- und labortechnische Anlagen [m² BGF] | 6,20 | **7,70** | 9,20 | 0,4% |
| 474 Feuerlöschanlagen [m² BGF] | – | **0,70** | – | 0,0% |
| **480 Gebäude- und Anlagenautomation** | | | | |
| **490 Sonstige Maßnahmen für technische Anlagen** | | | | |

**Kosten:**
Stand 1.Quartal 2020
Bundesdurchschnitt
inkl. 19% MwSt.

| Kostengruppen | | ▷ | €/Einheit | ◁ | KG an 300+400 |
|---|---|---|---|---|---|
| **310** | **Baugrube / Erdbau** | | | | |
| 311 | Herstellung [m³] | 11,00 | **44,00** | 74,00 | 1,5% |
| **320** | **Gründung, Unterbau** | | | | |
| 321 | Baugrundverbesserung [m²] | 46,00 | **79,00** | 111,00 | 0,6% |
| 322 | Flachgründungen und Bodenplatten [m²] | 122,00 | **197,00** | 303,00 | 11,0% |
| 323 | Tiefgründungen [m²] | 139,00 | **240,00** | 341,00 | 3,3% |
| 324 | Gründungsbeläge [m²] | 46,00 | **66,00** | 86,00 | 1,0% |
| 325 | Abdichtungen und Bekleidungen [m²] | 24,00 | **33,00** | 45,00 | 2,1% |
| **330** | **Außenwände/Vertikale Baukonstruktionen, außen** | | | | |
| 331 | Tragende Außenwände [m²] | 127,00 | **160,00** | 186,00 | 7,2% |
| 332 | Nichttragende Außenwände [m²] | 90,00 | **124,00** | 191,00 | 1,8% |
| 333 | Außenstützen [m] | 97,00 | **242,00** | 352,00 | 1,0% |
| 334 | Außenwandöffnungen [m²] | 429,00 | **544,00** | 759,00 | 4,6% |
| 335 | Außenwandbekleidungen, außen [m²] | 33,00 | **80,00** | 171,00 | 3,4% |
| 336 | Außenwandbekleidungen, innen [m²] | 8,40 | **15,00** | 22,00 | 0,3% |
| 337 | Elementierte Außenwandkonstruktionen [m²] | – | **104,00** | – | 0,9% |
| 338 | Lichtschutz zur KG 330 [m²] | 251,00 | **282,00** | 331,00 | 0,3% |
| 339 | Sonstiges zur KG 330 [m²] | 2,80 | **7,70** | 21,00 | 0,4% |
| **340** | **Innenwände/Vertikale Baukonstruktionen, innen** | | | | |
| 341 | Tragende Innenwände [m²] | 107,00 | **135,00** | 166,00 | 2,0% |
| 342 | Nichttragende Innenwände [m²] | 81,00 | **87,00** | 105,00 | 0,6% |
| 343 | Innenstützen [m] | 105,00 | **277,00** | 452,00 | 0,9% |
| 344 | Innenwandöffnungen [m²] | 557,00 | **681,00** | 779,00 | 2,7% |
| 345 | Innenwandbekleidungen [m²] | 20,00 | **26,00** | 34,00 | 0,7% |
| 346 | Elementierte Innenwandkonstruktionen [m²] | 239,00 | **357,00** | 574,00 | 0,4% |
| **350** | **Decken/Horizontale Baukonstruktionen** | | | | |
| 351 | Deckenkonstruktionen [m²] | 143,00 | **182,00** | 283,00 | 2,6% |
| 353 | Deckenbeläge [m²] | 88,00 | **115,00** | 140,00 | 1,2% |
| 354 | Deckenbekleidungen [m²] | 6,20 | **42,00** | 78,00 | 0,4% |
| 359 | Sonstiges zur KG 350 [m²] | 13,00 | **15,00** | 19,00 | 0,2% |
| **360** | **Dächer** | | | | |
| 361 | Dachkonstruktionen [m²] | 109,00 | **151,00** | 208,00 | 8,9% |
| 362 | Dachöffnungen [m²] | 448,00 | **768,00** | 1.085,00 | 1,2% |
| 363 | Dachbeläge [m²] | 88,00 | **102,00** | 158,00 | 6,1% |
| 364 | Dachbekleidungen [m²] | 6,00 | **53,00** | 100,00 | 0,5% |
| **370** | **Infrastrukturanlagen** | | | | |
| **380** | **Baukonstruktive Einbauten** | | | | |
| **390** | **Sonstige Maßnahmen für Baukonstruktionen** | | | | |
| 391 | Baustelleneinrichtung [m² BGF] | 13,00 | **34,00** | 65,00 | 2,1% |
| 392 | Gerüste [m² BGF] | 2,20 | **3,70** | 6,00 | 0,3% |
| 397 | Zusätzliche Maßnahmen [m² BGF] | 2,10 | **5,00** | 8,90 | 0,4% |
| 399 | Sonstiges zur KG 390 [m² BGF] | 5,50 | **11,00** | 17,00 | 0,3% |

▷ von
ø Mittel
◁ bis

| Kostengruppen | | ▷ | €/Einheit | ◁ | KG an 300+400 |
|---|---|---|---|---|---|
| | **Sonstige Kostengruppen Bauwerk - Baukonstruktion** | | | | |
| | 312, 313, 319, 326, 329, 349, 355, 369, 394, 395, 396, 398 | | | | 0,6% |
| **410** | **Abwasser-, Wasser-, Gasanlagen** | | | | |
| 411 | Abwasseranlagen [m² BGF] | 10,00 | **16,00** | 19,00 | 1,2% |
| 412 | Wasseranlagen [m² BGF] | 8,50 | **15,00** | 22,00 | 0,8% |
| **420** | **Wärmeversorgungsanlagen** | | | | |
| 421 | Wärmeerzeugungsanlagen [m² BGF] | 5,50 | **13,00** | 26,00 | 0,6% |
| 422 | Wärmeverteilnetze [m² BGF] | 14,00 | **20,00** | 33,00 | 1,0% |
| 423 | Raumheizflächen [m² BGF] | 13,00 | **18,00** | 29,00 | 0,9% |
| **430** | **Raumlufttechnische Anlagen** | | | | |
| 431 | Lüftungsanlagen [m² BGF] | 5,00 | **17,00** | 26,00 | 1,0% |
| 432 | Teilklimaanlagen [m² BGF] | – | **28,00** | – | 0,3% |
| 433 | Klimaanlagen [m² BGF] | 8,90 | **55,00** | 146,00 | 1,6% |
| 434 | Kälteanlagen [m² BGF] | 60,00 | **127,00** | 194,00 | 2,4% |
| **440** | **Elektrische Anlagen** | | | | |
| 443 | Niederspannungsschaltanlagen [m² BGF] | 4,30 | **11,00** | 23,00 | 0,5% |
| 444 | Niederspannungsinstallationsanlagen [m² BGF] | 47,00 | **93,00** | 160,00 | 6,3% |
| 445 | Beleuchtungsanlagen [m² BGF] | 13,00 | **21,00** | 30,00 | 1,4% |
| 446 | Blitzschutz- und Erdungsanlagen [m² BGF] | 1,60 | **5,60** | 8,00 | 0,5% |
| **450** | **Kommunikations-, sicherheits- und informationstechnische Anlagen** | | | | |
| 456 | Gefahrenmelde- und Alarmanlagen [m² BGF] | 2,70 | **8,30** | 19,00 | 0,3% |
| 457 | Datenübertragungsnetze [m² BGF] | 3,70 | **9,90** | 16,00 | 0,7% |
| **460** | **Förderanlagen** | | | | |
| 461 | Aufzugsanlagen [m² BGF] | – | **20,00** | – | 0,2% |
| 465 | Krananlagen [m² BGF] | 36,00 | **65,00** | 120,00 | 2,0% |
| **470** | **Nutzungsspezifische und verfahrenstechnische Anlagen** | | | | |
| 473 | Medienversorgungsanlagen, Medizin- und labortechnische Anlagen [m² BGF] | 8,40 | **31,00** | 53,00 | 0,8% |
| 476 | Weitere nutzungsspezifische Anlagen [m² BGF] | 24,00 | **64,00** | 135,00 | 4,1% |
| **480** | **Gebäude- und Anlagenautomation** | | | | |
| 481 | Automationseinrichtungen [m² BGF] | 13,00 | **23,00** | 39,00 | 0,7% |
| 482 | Schaltschränke, Automationsschwerpunkte [m² BGF] | 6,90 | **11,00** | 15,00 | 0,2% |
| **490** | **Sonstige Maßnahmen für technische Anlagen** | | | | |
| | **Sonstige Kostengruppen Bauwerk - Technische Anlagen** | | | | |
| | 413, 419, 429, 439, 441, 442, 451, 452, 474, 475, 483, 484, 485, 491, 492, 497, 498 | | | | 1,1% |

## Betriebs- und Werkstätten, eingeschossig

**Kosten:**
Stand 1.Quartal 2020
Bundesdurchschnitt
inkl. 19% MwSt.

| Kostengruppen | | ▷ | €/Einheit | ◁ | KG an 300+400 |
|---|---|---|---|---|---|
| **310** | **Baugrube / Erdbau** | | | | |
| 311 | Herstellung [m3] | 12,00 | **16,00** | 21,00 | 1,7% |
| **320** | **Gründung, Unterbau** | | | | |
| 321 | Baugrundverbesserung [m2] | 31,00 | **45,00** | 58,00 | 3,1% |
| 322 | Flachgründungen und Bodenplatten [m2] | 107,00 | **126,00** | 144,00 | 7,4% |
| 324 | Gründungsbeläge [m2] | 56,00 | **63,00** | 70,00 | 3,9% |
| 325 | Abdichtungen und Bekleidungen [m2] | 20,00 | **22,00** | 24,00 | 1,7% |
| 329 | Sonstiges zur KG 320 [m2] | – | **5,40** | – | 0,1% |
| **330** | **Außenwände/Vertikale Baukonstruktionen, außen** | | | | |
| 331 | Tragende Außenwände [m2] | – | **54,00** | – | 0,6% |
| 333 | Außenstützen [m] | – | **215,00** | – | 0,1% |
| 334 | Außenwandöffnungen [m2] | 602,00 | **704,00** | 805,00 | 7,7% |
| 335 | Außenwandbekleidungen, außen [m2] | – | **189,00** | – | 0,9% |
| 336 | Außenwandbekleidungen, innen [m2] | – | **8,60** | – | 0,0% |
| 337 | Elementierte Außenwandkonstruktionen [m2] | 151,00 | **164,00** | 176,00 | 5,4% |
| 338 | Lichtschutz zur KG 330 [m2] | 152,00 | **241,00** | 330,00 | 1,3% |
| 339 | Sonstiges zur KG 330 [m2] | 3,50 | **8,20** | 13,00 | 0,5% |
| **340** | **Innenwände/Vertikale Baukonstruktionen, innen** | | | | |
| 341 | Tragende Innenwände [m2] | – | **154,00** | – | 1,2% |
| 342 | Nichttragende Innenwände [m2] | 82,00 | **108,00** | 133,00 | 3,1% |
| 343 | Innenstützen [m] | – | **282,00** | – | 0,3% |
| 344 | Innenwandöffnungen [m2] | 418,00 | **465,00** | 513,00 | 2,5% |
| 345 | Innenwandbekleidungen [m2] | 17,00 | **17,00** | 18,00 | 1,1% |
| 346 | Elementierte Innenwandkonstruktionen [m2] | – | **229,00** | – | 0,6% |
| 349 | Sonstiges zur KG 340 [m2] | – | **14,00** | – | 0,3% |
| **350** | **Decken/Horizontale Baukonstruktionen** | | | | |
| 351 | Deckenkonstruktionen [m2] | – | **169,00** | – | 1,9% |
| 353 | Deckenbeläge [m2] | – | **104,00** | – | 1,1% |
| 354 | Deckenbekleidungen [m2] | – | **27,00** | – | 0,2% |
| **360** | **Dächer** | | | | |
| 361 | Dachkonstruktionen [m2] | 66,00 | **136,00** | 206,00 | 8,9% |
| 362 | Dachöffnungen [m2] | 419,00 | **903,00** | 1.386,00 | 2,4% |
| 363 | Dachbeläge [m2] | – | **121,00** | – | 2,3% |
| 364 | Dachbekleidungen [m2] | 53,00 | **74,00** | 95,00 | 1,3% |
| 365 | Elementierte Dachkonstruktionen [m2] | – | **87,00** | – | 3,5% |
| 369 | Sonstiges zur KG 360 [m2] | – | **0,40** | – | 0,0% |
| **370** | **Infrastrukturanlagen** | | | | |
| **380** | **Baukonstruktive Einbauten** | | | | |
| 381 | Allgemeine Einbauten [m2 BGF] | – | **5,70** | – | 0,2% |
| 382 | Besondere Einbauten [m2 BGF] | – | **23,00** | – | 0,7% |

▷ von
ø Mittel
◁ bis

| Kostengruppen | | ▷ | €/Einheit | ◁ | KG an 300+400 |
|---|---|---|---|---|---|
| **390** | **Sonstige Maßnahmen für Baukonstruktionen** | | | | |
| 391 | Baustelleneinrichtung [m² BGF] | 25,00 | **39,00** | 54,00 | 2,8% |
| 392 | Gerüste [m² BGF] | 0,50 | **3,30** | 6,00 | 0,2% |
| 397 | Zusätzliche Maßnahmen [m² BGF] | – | **2,80** | – | 0,1% |
| 399 | Sonstiges zur KG 390 [m² BGF] | – | **0,60** | – | 0,0% |
| **410** | **Abwasser-, Wasser-, Gasanlagen** | | | | |
| 411 | Abwasseranlagen [m² BGF] | 7,50 | **20,00** | 32,00 | 1,3% |
| 412 | Wasseranlagen [m² BGF] | 34,00 | **46,00** | 58,00 | 3,6% |
| **420** | **Wärmeversorgungsanlagen** | | | | |
| 421 | Wärmeerzeugungsanlagen [m² BGF] | – | **9,90** | – | 0,3% |
| 422 | Wärmeverteilnetze [m² BGF] | – | **47,00** | – | 1,5% |
| 423 | Raumheizflächen [m² BGF] | – | **13,00** | – | 0,4% |
| 429 | Sonstiges zur KG 420 [m² BGF] | – | **0,50** | – | 0,0% |
| **430** | **Raumlufttechnische Anlagen** | | | | |
| 431 | Lüftungsanlagen [m² BGF] | – | **133,00** | – | 4,2% |
| 434 | Kälteanlagen [m² BGF] | – | **51,00** | – | 1,6% |
| **440** | **Elektrische Anlagen** | | | | |
| 441 | Hoch- und Mittelspannungsanlagen [m² BGF] | – | **22,00** | – | 0,7% |
| 442 | Eigenstromversorgungsanlagen [m² BGF] | – | **1,50** | – | 0,1% |
| 443 | Niederspannungsschaltanlagen [m² BGF] | – | **23,00** | – | 0,7% |
| 444 | Niederspannungsinstallationsanlagen [m² BGF] | 91,00 | **93,00** | 95,00 | 7,0% |
| 445 | Beleuchtungsanlagen [m² BGF] | – | **15,00** | – | 0,5% |
| 446 | Blitzschutz- und Erdungsanlagen [m² BGF] | 0,90 | **1,80** | 2,60 | 0,1% |
| **450** | **Kommunikations-, sicherheits- und informationstechnische Anlagen** | | | | |
| 451 | Telekommunikationsanlagen [m² BGF] | – | **5,10** | – | 0,2% |
| 452 | Such- und Signalanlagen [m² BGF] | – | **1,70** | – | 0,1% |
| 456 | Gefahrenmelde- und Alarmanlagen [m² BGF] | – | **30,00** | – | 0,9% |
| 457 | Datenübertragungsnetze [m² BGF] | – | **13,00** | – | 0,4% |
| **460** | **Förderanlagen** | | | | |
| 461 | Aufzugsanlagen [m² BGF] | – | **9,80** | – | 0,3% |
| 465 | Krananlagen [m² BGF] | – | **9,30** | – | 0,3% |
| **470** | **Nutzungsspezifische und verfahrenstechnische Anlagen** | | | | |
| 473 | Medienversorgungsanlagen, Medizin- und labortechnische Anlagen [m² BGF] | – | **16,00** | – | 0,5% |
| 474 | Feuerlöschanlagen [m² BGF] | – | **6,30** | – | 0,2% |
| **480** | **Gebäude- und Anlagenautomation** | | | | |
| 481 | Automationseinrichtungen [m² BGF] | – | **68,00** | – | 2,1% |
| **490** | **Sonstige Maßnahmen für technische Anlagen** | | | | |

## Geschäftshäuser, ohne Wohnungen

**Kosten:**
Stand 1.Quartal 2020
Bundesdurchschnitt
inkl. 19% MwSt.

| Kostengruppen | | ▷ | €/Einheit | ◁ | KG an 300+400 |
|---|---|---|---|---|---|
| **310** | **Baugrube / Erdbau** | | | | |
| 311 | Herstellung [m³] | 29,00 | **36,00** | 42,00 | 3,1% |
| **320** | **Gründung, Unterbau** | | | | |
| 322 | Flachgründungen und Bodenplatten [m²] | 87,00 | **152,00** | 216,00 | 3,0% |
| 324 | Gründungsbeläge [m²] | 72,00 | **74,00** | 76,00 | 1,3% |
| 325 | Abdichtungen und Bekleidungen [m²] | 25,00 | **33,00** | 40,00 | 0,9% |
| 326 | Dränagen [m²] | – | **19,00** | – | 0,2% |
| **330** | **Außenwände/Vertikale Baukonstruktionen, außen** | | | | |
| 331 | Tragende Außenwände [m²] | 135,00 | **139,00** | 143,00 | 9,3% |
| 333 | Außenstützen [m] | – | **334,00** | – | 0,3% |
| 334 | Außenwandöffnungen [m²] | 608,00 | **753,00** | 899,00 | 9,5% |
| 335 | Außenwandbekleidungen, außen [m²] | 67,00 | **83,00** | 99,00 | 5,3% |
| 336 | Außenwandbekleidungen, innen [m²] | 28,00 | **29,00** | 29,00 | 1,6% |
| 338 | Lichtschutz zur KG 330 [m²] | – | **552,00** | – | 1,2% |
| 339 | Sonstiges zur KG 330 [m²] | 1,20 | **5,40** | 9,50 | 0,4% |
| **340** | **Innenwände/Vertikale Baukonstruktionen, innen** | | | | |
| 341 | Tragende Innenwände [m²] | 93,00 | **135,00** | 178,00 | 1,5% |
| 342 | Nichttragende Innenwände [m²] | 65,00 | **72,00** | 80,00 | 2,5% |
| 343 | Innenstützen [m] | 193,00 | **221,00** | 249,00 | 0,5% |
| 344 | Innenwandöffnungen [m²] | 552,00 | **566,00** | 581,00 | 3,3% |
| 345 | Innenwandbekleidungen [m²] | 41,00 | **45,00** | 48,00 | 3,6% |
| 346 | Elementierte Innenwandkonstruktionen [m²] | 61,00 | **392,00** | 723,00 | 2,7% |
| 349 | Sonstiges zur KG 340 [m²] | – | **28,00** | – | 0,9% |
| **350** | **Decken/Horizontale Baukonstruktionen** | | | | |
| 351 | Deckenkonstruktionen [m²] | 127,00 | **138,00** | 150,00 | 9,4% |
| 353 | Deckenbeläge [m²] | 126,00 | **139,00** | 151,00 | 7,8% |
| 354 | Deckenbekleidungen [m²] | 26,00 | **31,00** | 36,00 | 1,7% |
| 359 | Sonstiges zur KG 350 [m²] | – | **42,00** | – | 1,3% |
| **360** | **Dächer** | | | | |
| 361 | Dachkonstruktionen [m²] | 62,00 | **94,00** | 126,00 | 2,2% |
| 362 | Dachöffnungen [m²] | – | **1.540,00** | – | 0,1% |
| 363 | Dachbeläge [m²] | 157,00 | **181,00** | 204,00 | 4,5% |
| 364 | Dachbekleidungen [m²] | 28,00 | **36,00** | 44,00 | 0,5% |
| 369 | Sonstiges zur KG 360 [m²] | 4,40 | **4,70** | 5,10 | 0,1% |
| **370** | **Infrastrukturanlagen** | | | | |
| **380** | **Baukonstruktive Einbauten** | | | | |
| 381 | Allgemeine Einbauten [m² BGF] | – | **1,40** | – | 0,1% |
| 382 | Besondere Einbauten [m² BGF] | – | **1,30** | – | 0,1% |
| **390** | **Sonstige Maßnahmen für Baukonstruktionen** | | | | |
| 391 | Baustelleneinrichtung [m² BGF] | 5,20 | **6,50** | 7,90 | 0,6% |
| 392 | Gerüste [m² BGF] | 9,60 | **11,00** | 12,00 | 0,9% |
| 397 | Zusätzliche Maßnahmen [m² BGF] | 2,70 | **3,90** | 5,10 | 0,4% |

▷ von
ø Mittel
◁ bis

| Kostengruppen | | ▷ | €/Einheit | ◁ | KG an 300+400 |
|---|---|---|---|---|---|
| **410** | **Abwasser-, Wasser-, Gasanlagen** | | | | |
| 411 | Abwasseranlagen [m² BGF] | 14,00 | **24,00** | 34,00 | 2,0% |
| 412 | Wasseranlagen [m² BGF] | 29,00 | **34,00** | 39,00 | 2,9% |
| 419 | Sonstiges zur KG 410 [m² BGF] | 0,90 | **1,80** | 2,70 | 0,2% |
| **420** | **Wärmeversorgungsanlagen** | | | | |
| 421 | Wärmeerzeugungsanlagen [m² BGF] | 7,50 | **12,00** | 16,00 | 1,0% |
| 422 | Wärmeverteilnetze [m² BGF] | 21,00 | **26,00** | 31,00 | 2,3% |
| 423 | Raumheizflächen [m² BGF] | 21,00 | **26,00** | 32,00 | 2,2% |
| 429 | Sonstiges zur KG 420 [m² BGF] | 3,30 | **7,10** | 11,00 | 0,7% |
| **430** | **Raumlufttechnische Anlagen** | | | | |
| 431 | Lüftungsanlagen [m² BGF] | 2,50 | **2,90** | 3,30 | 0,3% |
| 434 | Kälteanlagen [m² BGF] | – | **0,30** | – | 0,0% |
| **440** | **Elektrische Anlagen** | | | | |
| 444 | Niederspannungsinstallationsanlagen [m² BGF] | 37,00 | **41,00** | 46,00 | 3,7% |
| 445 | Beleuchtungsanlagen [m² BGF] | 3,30 | **3,50** | 3,60 | 0,3% |
| 446 | Blitzschutz- und Erdungsanlagen [m² BGF] | 1,70 | **2,60** | 3,40 | 0,2% |
| **450** | **Kommunikations-, sicherheits- und informationstechnische Anlagen** | | | | |
| 451 | Telekommunikationsanlagen [m² BGF] | 1,00 | **1,40** | 1,70 | 0,1% |
| 452 | Such- und Signalanlagen [m² BGF] | 1,70 | **1,80** | 1,90 | 0,2% |
| 455 | Audiovisuelle Medien- und Antennenanlagen [m² BGF] | – | **1,60** | – | 0,1% |
| 456 | Gefahrenmelde- und Alarmanlagen [m² BGF] | – | **8,90** | – | 0,4% |
| **460** | **Förderanlagen** | | | | |
| 461 | Aufzugsanlagen [m² BGF] | – | **70,00** | – | 2,8% |
| **470** | **Nutzungsspezifische und verfahrenstechnische Anlagen** | | | | |
| **480** | **Gebäude- und Anlagenautomation** | | | | |
| **490** | **Sonstige Maßnahmen für technische Anlagen** | | | | |

| Kostengruppen | | ▷ | €/Einheit | ◁ | KG an 300+400 |
|---|---|---|---|---|---|
| **310** | **Baugrube / Erdbau** | | | | |
| 311 | Herstellung [m³] | 26,00 | **36,00** | 45,00 | 0,7% |
| **320** | **Gründung, Unterbau** | | | | |
| 321 | Baugrundverbesserung [m²] | – | **17,00** | – | 0,7% |
| 322 | Flachgründungen und Bodenplatten [m²] | 92,00 | **107,00** | 123,00 | 8,5% |
| 324 | Gründungsbeläge [m²] | 102,00 | **154,00** | 206,00 | 7,1% |
| 325 | Abdichtungen und Bekleidungen [m²] | 19,00 | **27,00** | 34,00 | 2,1% |
| **330** | **Außenwände/Vertikale Baukonstruktionen, außen** | | | | |
| 331 | Tragende Außenwände [m²] | 138,00 | **169,00** | 200,00 | 6,8% |
| 334 | Außenwandöffnungen [m²] | 1.025,00 | **1.188,00** | 1.351,00 | 5,3% |
| 335 | Außenwandbekleidungen, außen [m²] | 106,00 | **174,00** | 241,00 | 6,8% |
| 336 | Außenwandbekleidungen, innen [m²] | 20,00 | **40,00** | 60,00 | 0,6% |
| 338 | Lichtschutz zur KG 330 [m²] | – | **83,00** | – | 0,0% |
| 339 | Sonstiges zur KG 330 [m²] | 12,00 | **13,00** | 13,00 | 0,6% |
| **340** | **Innenwände/Vertikale Baukonstruktionen, innen** | | | | |
| 341 | Tragende Innenwände [m²] | 90,00 | **103,00** | 117,00 | 2,1% |
| 342 | Nichttragende Innenwände [m²] | 70,00 | **74,00** | 78,00 | 1,1% |
| 343 | Innenstützen [m] | 99,00 | **153,00** | 207,00 | 0,2% |
| 344 | Innenwandöffnungen [m²] | 626,00 | **660,00** | 695,00 | 3,9% |
| 345 | Innenwandbekleidungen [m²] | 28,00 | **41,00** | 55,00 | 2,8% |
| 346 | Elementierte Innenwandkonstruktionen [m²] | 249,00 | **275,00** | 300,00 | 0,3% |
| 349 | Sonstiges zur KG 340 [m²] | 8,60 | **8,90** | 9,20 | 0,4% |
| **350** | **Decken/Horizontale Baukonstruktionen** | | | | |
| **360** | **Dächer** | | | | |
| 361 | Dachkonstruktionen [m²] | 90,00 | **95,00** | 100,00 | 9,1% |
| 362 | Dachöffnungen [m²] | – | **0,00** | – | 0,1% |
| 363 | Dachbeläge [m²] | 71,00 | **77,00** | 82,00 | 7,3% |
| 364 | Dachbekleidungen [m²] | 33,00 | **35,00** | 37,00 | 2,5% |
| 369 | Sonstiges zur KG 360 [m²] | 2,50 | **3,10** | 3,60 | 0,3% |
| **370** | **Infrastrukturanlagen** | | | | |
| **380** | **Baukonstruktive Einbauten** | | | | |
| 381 | Allgemeine Einbauten [m² BGF] | – | **1,00** | – | 0,0% |
| **390** | **Sonstige Maßnahmen für Baukonstruktionen** | | | | |
| 391 | Baustelleneinrichtung [m² BGF] | 4,90 | **7,30** | 9,70 | 0,6% |
| 392 | Gerüste [m² BGF] | 7,50 | **12,00** | 17,00 | 1,0% |
| 397 | Zusätzliche Maßnahmen [m² BGF] | – | **0,80** | – | 0,0% |
| 399 | Sonstiges zur KG 390 [m² BGF] | – | **1,70** | – | 0,1% |

**Kosten:**
Stand 1.Quartal 2020
Bundesdurchschnitt
inkl. 19% MwSt.

▷ von
ø Mittel
◁ bis

| Kostengruppen | | ▷ | €/Einheit | ◁ | KG an 300+400 |
|---|---|---|---|---|---|
| **410** | **Abwasser-, Wasser-, Gasanlagen** | | | | |
| 411 | Abwasseranlagen [m² BGF] | 15,00 | **19,00** | 23,00 | 1,5% |
| 412 | Wasseranlagen [m² BGF] | 24,00 | **33,00** | 42,00 | 2,7% |
| 419 | Sonstiges zur KG 410 [m² BGF] | – | **1,70** | – | 0,1% |
| **420** | **Wärmeversorgungsanlagen** | | | | |
| 421 | Wärmeerzeugungsanlagen [m² BGF] | – | **22,00** | – | 0,8% |
| 422 | Wärmeverteilnetze [m² BGF] | – | **78,00** | – | 3,0% |
| 423 | Raumheizflächen [m² BGF] | – | **25,00** | – | 1,0% |
| 429 | Sonstiges zur KG 420 [m² BGF] | – | **4,80** | – | 0,2% |
| **430** | **Raumlufttechnische Anlagen** | | | | |
| 431 | Lüftungsanlagen [m² BGF] | – | **74,00** | – | 2,8% |
| **440** | **Elektrische Anlagen** | | | | |
| 443 | Niederspannungsschaltanlagen [m² BGF] | – | **3,50** | – | 0,1% |
| 444 | Niederspannungsinstallationsanlagen [m² BGF] | 81,00 | **83,00** | 85,00 | 6,8% |
| 445 | Beleuchtungsanlagen [m² BGF] | 7,90 | **17,00** | 26,00 | 1,4% |
| 446 | Blitzschutz- und Erdungsanlagen [m² BGF] | 2,90 | **4,30** | 5,80 | 0,4% |
| **450** | **Kommunikations-, sicherheits- und informationstechnische Anlagen** | | | | |
| 451 | Telekommunikationsanlagen [m² BGF] | – | **0,70** | – | 0,0% |
| 452 | Such- und Signalanlagen [m² BGF] | – | **1,70** | – | 0,1% |
| 454 | Elektroakustische Anlagen [m² BGF] | – | **1,20** | – | 0,0% |
| 456 | Gefahrenmelde- und Alarmanlagen [m² BGF] | – | **6,10** | – | 0,2% |
| 457 | Datenübertragungsnetze [m² BGF] | – | **0,40** | – | 0,0% |
| **460** | **Förderanlagen** | | | | |
| **470** | **Nutzungsspezifische und verfahrenstechnische Anlagen** | | | | |
| 475 | Prozesswärme-, kälte- und -luftanlagen [m² BGF] | – | **47,00** | – | 1,8% |
| **480** | **Gebäude- und Anlagenautomation** | | | | |
| **490** | **Sonstige Maßnahmen für technische Anlagen** | | | | |

**Kosten:**
Stand 1.Quartal 2020
Bundesdurchschnitt
inkl. 19% MwSt.

▷ von
ø Mittel
◁ bis

| Kostengruppen | | ▷ | €/Einheit | ◁ | KG an 300+400 |
|---|---|---|---|---|---|
| **310** | **Baugrube / Erdbau** | | | | |
| 311 | Herstellung [m³] | 8,80 | **13,00** | 18,00 | 5,3% |
| 312 | Umschließung [m²] | – | **877,00** | – | 17,2% |
| **320** | **Gründung, Unterbau** | | | | |
| 321 | Baugrundverbesserung [m²] | – | **66,00** | – | 1,9% |
| 322 | Flachgründungen und Bodenplatten [m²] | 150,00 | **185,00** | 221,00 | 8,4% |
| 324 | Gründungsbeläge [m²] | 37,00 | **66,00** | 96,00 | 3,1% |
| 325 | Abdichtungen und Bekleidungen [m²] | 35,00 | **40,00** | 44,00 | 2,1% |
| 326 | Dränagen [m²] | 3,40 | **6,80** | 10,00 | 0,3% |
| **330** | **Außenwände/Vertikale Baukonstruktionen, außen** | | | | |
| 331 | Tragende Außenwände [m²] | 86,00 | **158,00** | 229,00 | 4,4% |
| 332 | Nichttragende Außenwände [m²] | – | **157,00** | – | 0,3% |
| 333 | Außenstützen [m] | – | **140,00** | – | 0,2% |
| 334 | Außenwandöffnungen [m²] | 489,00 | **571,00** | 653,00 | 9,3% |
| 335 | Außenwandbekleidungen, außen [m²] | 111,00 | **152,00** | 194,00 | 2,8% |
| 336 | Außenwandbekleidungen, innen [m²] | 62,00 | **67,00** | 71,00 | 0,8% |
| 337 | Elementierte Außenwandkonstruktionen [m²] | – | **114,00** | – | 2,5% |
| 338 | Lichtschutz zur KG 330 [m²] | – | **1.102,00** | – | 0,2% |
| 339 | Sonstiges zur KG 330 [m²] | – | **0,90** | – | 0,0% |
| **340** | **Innenwände/Vertikale Baukonstruktionen, innen** | | | | |
| 341 | Tragende Innenwände [m²] | 151,00 | **172,00** | 193,00 | 3,1% |
| 342 | Nichttragende Innenwände [m²] | 75,00 | **88,00** | 101,00 | 1,3% |
| 343 | Innenstützen [m] | 103,00 | **217,00** | 331,00 | 0,7% |
| 344 | Innenwandöffnungen [m²] | 492,00 | **514,00** | 536,00 | 3,0% |
| 345 | Innenwandbekleidungen [m²] | 17,00 | **22,00** | 26,00 | 1,4% |
| 346 | Elementierte Innenwandkonstruktionen [m²] | 148,00 | **277,00** | 405,00 | 0,2% |
| **350** | **Decken/Horizontale Baukonstruktionen** | | | | |
| 351 | Deckenkonstruktionen [m²] | 95,00 | **144,00** | 193,00 | 2,0% |
| 353 | Deckenbeläge [m²] | 62,00 | **96,00** | 130,00 | 1,3% |
| 354 | Deckenbekleidungen [m²] | 64,00 | **80,00** | 96,00 | 0,3% |
| 359 | Sonstiges zur KG 350 [m²] | 44,00 | **59,00** | 75,00 | 0,9% |
| **360** | **Dächer** | | | | |
| 361 | Dachkonstruktionen [m²] | 80,00 | **100,00** | 120,00 | 5,3% |
| 362 | Dachöffnungen [m²] | 1.305,00 | **1.591,00** | 1.877,00 | 0,9% |
| 363 | Dachbeläge [m²] | 111,00 | **124,00** | 137,00 | 6,1% |
| 364 | Dachbekleidungen [m²] | – | **13,00** | – | 0,4% |
| **370** | **Infrastrukturanlagen** | | | | |
| **380** | **Baukonstruktive Einbauten** | | | | |
| 386 | Orientierungs- und Informationssysteme [m² BGF] | – | **3,40** | – | 0,1% |
| **390** | **Sonstige Maßnahmen für Baukonstruktionen** | | | | |
| 391 | Baustelleneinrichtung [m² BGF] | 9,90 | **14,00** | 19,00 | 0,9% |
| 392 | Gerüste [m² BGF] | 11,00 | **13,00** | 15,00 | 0,8% |
| 397 | Zusätzliche Maßnahmen [m² BGF] | – | **6,60** | – | 0,2% |

| Kostengruppen | | ▷ | €/Einheit | ◁ | KG an 300+400 |
|---|---|---|---|---|---|
| **410** | **Abwasser-, Wasser-, Gasanlagen** | | | | |
| 411 | Abwasseranlagen [m² BGF] | 5,30 | **22,00** | 40,00 | 1,5% |
| 412 | Wasseranlagen [m² BGF] | 6,40 | **15,00** | 24,00 | 1,0% |
| 419 | Sonstiges zur KG 410 [m² BGF] | – | **2,40** | – | 0,1% |
| **420** | **Wärmeversorgungsanlagen** | | | | |
| 421 | Wärmeerzeugungsanlagen [m² BGF] | 8,40 | **12,00** | 16,00 | 0,8% |
| 422 | Wärmeverteilnetze [m² BGF] | 8,50 | **20,00** | 31,00 | 1,3% |
| 423 | Raumheizflächen [m² BGF] | 9,30 | **14,00** | 20,00 | 1,0% |
| 429 | Sonstiges zur KG 420 [m² BGF] | 1,50 | **1,50** | 1,60 | 0,1% |
| **430** | **Raumlufttechnische Anlagen** | | | | |
| 431 | Lüftungsanlagen [m² BGF] | 0,60 | **2,30** | 4,00 | 0,2% |
| **440** | **Elektrische Anlagen** | | | | |
| 444 | Niederspannungsinstallationsanlagen [m² BGF] | 22,00 | **62,00** | 101,00 | 4,1% |
| 445 | Beleuchtungsanlagen [m² BGF] | 17,00 | **23,00** | 28,00 | 1,5% |
| 446 | Blitzschutz- und Erdungsanlagen [m² BGF] | 1,00 | **1,20** | 1,40 | 0,1% |
| **450** | **Kommunikations-, sicherheits- und informationstechnische Anlagen** | | | | |
| 451 | Telekommunikationsanlagen [m² BGF] | – | **6,50** | – | 0,2% |
| 457 | Datenübertragungsnetze [m² BGF] | – | **13,00** | – | 0,4% |
| **460** | **Förderanlagen** | | | | |
| **470** | **Nutzungsspezifische und verfahrenstechnische Anlagen** | | | | |
| 476 | Weitere nutzungsspezifische Anlagen [m² BGF] | – | **6,60** | – | 0,2% |
| **480** | **Gebäude- und Anlagenautomation** | | | | |
| **490** | **Sonstige Maßnahmen für technische Anlagen** | | | | |

# Lagergebäude, ohne Mischnutzung

**Kosten:**
Stand 1.Quartal 2020
Bundesdurchschnitt
inkl. 19% MwSt.

| Kostengruppen | | ▷ | €/Einheit | ◁ | KG an 300+400 |
|---|---|---|---|---|---|
| **310** | **Baugrube / Erdbau** | | | | |
| 311 | Herstellung [m3] | 15,00 | **31,00** | 51,00 | 2,8% |
| **320** | **Gründung, Unterbau** | | | | |
| 321 | Baugrundverbesserung [m2] | 38,00 | **120,00** | 364,00 | 1,5% |
| 322 | Flachgründungen und Bodenplatten [m2] | 77,00 | **118,00** | 143,00 | 13,4% |
| 323 | Tiefgründungen [m2] | – | **77,00** | – | 1,2% |
| 324 | Gründungsbeläge [m2] | 34,00 | **52,00** | 100,00 | 1,5% |
| 325 | Abdichtungen und Bekleidungen [m2] | 13,00 | **23,00** | 33,00 | 2,8% |
| **330** | **Außenwände/Vertikale Baukonstruktionen, außen** | | | | |
| 331 | Tragende Außenwände [m2] | 73,00 | **126,00** | 303,00 | 5,9% |
| 332 | Nichttragende Außenwände [m2] | – | **102,00** | – | 0,6% |
| 333 | Außenstützen [m] | 88,00 | **206,00** | 302,00 | 2,5% |
| 334 | Außenwandöffnungen [m2] | 266,00 | **411,00** | 577,00 | 7,3% |
| 335 | Außenwandbekleidungen, außen [m2] | 57,00 | **98,00** | 123,00 | 8,5% |
| 336 | Außenwandbekleidungen, innen [m2] | 7,10 | **25,00** | 38,00 | 0,5% |
| 337 | Elementierte Außenwandkonstruktionen [m2] | 83,00 | **136,00** | 189,00 | 4,0% |
| 339 | Sonstiges zur KG 330 [m2] | 2,40 | **3,70** | 4,90 | 0,2% |
| **340** | **Innenwände/Vertikale Baukonstruktionen, innen** | | | | |
| 341 | Tragende Innenwände [m2] | 65,00 | **79,00** | 102,00 | 0,9% |
| 342 | Nichttragende Innenwände [m2] | 50,00 | **80,00** | 110,00 | 0,1% |
| 343 | Innenstützen [m] | 184,00 | **261,00** | 351,00 | 1,3% |
| 344 | Innenwandöffnungen [m2] | 518,00 | **671,00** | 925,00 | 1,2% |
| 345 | Innenwandbekleidungen [m2] | 31,00 | **36,00** | 39,00 | 0,5% |
| 346 | Elementierte Innenwandkonstruktionen [m2] | 163,00 | **203,00** | 268,00 | 1,2% |
| **350** | **Decken/Horizontale Baukonstruktionen** | | | | |
| 351 | Deckenkonstruktionen [m2] | 63,00 | **113,00** | 229,00 | 1,0% |
| 353 | Deckenbeläge [m2] | 35,00 | **49,00** | 68,00 | 0,1% |
| 355 | Elementierte Deckenkonstruktionen [m2] | – | **712,00** | – | 0,1% |
| 359 | Sonstiges zur KG 350 [m2] | 26,00 | **61,00** | 130,00 | 0,2% |
| **360** | **Dächer** | | | | |
| 361 | Dachkonstruktionen [m2] | 47,00 | **89,00** | 143,00 | 9,9% |
| 362 | Dachöffnungen [m2] | 360,00 | **503,00** | 788,00 | 1,2% |
| 363 | Dachbeläge [m2] | 51,00 | **83,00** | 118,00 | 10,4% |
| 364 | Dachbekleidungen [m2] | 7,80 | **21,00** | 48,00 | 1,2% |
| **370** | **Infrastrukturanlagen** | | | | |
| **380** | **Baukonstruktive Einbauten** | | | | |
| **390** | **Sonstige Maßnahmen für Baukonstruktionen** | | | | |
| 391 | Baustelleneinrichtung [m2 BGF] | 9,30 | **20,00** | 30,00 | 2,2% |
| 392 | Gerüste [m2 BGF] | 9,00 | **14,00** | 19,00 | 1,6% |
| | **Sonstige Kostengruppen Bauwerk - Baukonstruktion** | | | | |
| | 326, 338, 354, 369, 386, 394, 395, 397, 398, 399 | | | | 0,4% |

▷ von
ø Mittel
◁ bis

| Kostengruppen | | ▷ | €/Einheit | ◁ | KG an 300+400 |
|---|---|---|---|---|---|
| **410** | **Abwasser-, Wasser-, Gasanlagen** | | | | |
| 411 | Abwasseranlagen [m² BGF] | 2,40 | **7,90** | 9,60 | 0,7% |
| 412 | Wasseranlagen [m² BGF] | 4,50 | **9,00** | 18,00 | 0,4% |
| **420** | **Wärmeversorgungsanlagen** | | | | |
| 421 | Wärmeerzeugungsanlagen [m² BGF] | 4,30 | **13,00** | 25,00 | 0,8% |
| 422 | Wärmeverteilnetze [m² BGF] | 11,00 | **21,00** | 48,00 | 1,3% |
| 423 | Raumheizflächen [m² BGF] | 7,80 | **17,00** | 28,00 | 1,1% |
| 429 | Sonstiges zur KG 420 [m² BGF] | 0,60 | **2,60** | 4,10 | 0,2% |
| **430** | **Raumlufttechnische Anlagen** | | | | |
| 431 | Lüftungsanlagen [m² BGF] | 2,70 | **52,00** | 101,00 | 1,2% |
| 434 | Kälteanlagen [m² BGF] | – | **25,00** | – | 0,3% |
| **440** | **Elektrische Anlagen** | | | | |
| 443 | Niederspannungsschaltanlagen [m² BGF] | – | **13,00** | – | 0,1% |
| 444 | Niederspannungsinstallationsanlagen [m² BGF] | 20,00 | **36,00** | 95,00 | 3,0% |
| 445 | Beleuchtungsanlagen [m² BGF] | 7,90 | **13,00** | 27,00 | 0,9% |
| 446 | Blitzschutz- und Erdungsanlagen [m² BGF] | 1,30 | **2,20** | 5,50 | 0,3% |
| **450** | **Kommunikations-, sicherheits- und informationstechnische Anlagen** | | | | |
| 456 | Gefahrenmelde- und Alarmanlagen [m² BGF] | 11,00 | **24,00** | 48,00 | 0,9% |
| **460** | **Förderanlagen** | | | | |
| **470** | **Nutzungsspezifische und verfahrenstechnische Anlagen** | | | | |
| 473 | Medienversorgungsanlagen, Medizin- und labortechnische Anlagen [m² BGF] | – | **10,00** | – | 0,1% |
| 474 | Feuerlöschanlagen [m² BGF] | 0,50 | **7,30** | 14,00 | 0,2% |
| 475 | Prozesswärme-, kälte- und -luftanlagen [m² BGF] | – | **120,00** | – | 1,3% |
| **480** | **Gebäude- und Anlagenautomation** | | | | |
| 481 | Automationseinrichtungen [m² BGF] | – | **28,00** | – | 0,3% |
| 482 | Schaltschränke, Automationsschwerpunkte [m² BGF] | – | **14,00** | – | 0,1% |
| **490** | **Sonstige Maßnahmen für technische Anlagen** | | | | |
| | **Sonstige Kostengruppen Bauwerk - Technische Anlagen** | | | | |
| | 442, 452, 453, 457, 465, 485, 491, 494 | | | | 0,3% |

## Lagergebäude, mit bis zu 25% Mischnutzung

**Kosten:**
Stand 1.Quartal 2020
Bundesdurchschnitt
inkl. 19% MwSt.

| Kostengruppen | | ▷ | €/Einheit | ◁ | KG an 300+400 |
|---|---|---|---|---|---|
| **310** | **Baugrube / Erdbau** | | | | |
| 311 | Herstellung [m3] | 18,00 | **26,00** | 30,00 | 1,2% |
| **320** | **Gründung, Unterbau** | | | | |
| 321 | Baugrundverbesserung [m2] | 15,00 | **16,00** | 16,00 | 0,9% |
| 322 | Flachgründungen und Bodenplatten [m2] | 99,00 | **119,00** | 159,00 | 11,4% |
| 324 | Gründungsbeläge [m2] | 107,00 | **121,00** | 145,00 | 1,3% |
| 325 | Abdichtungen und Bekleidungen [m2] | 9,30 | **26,00** | 35,00 | 3,2% |
| **330** | **Außenwände/Vertikale Baukonstruktionen, außen** | | | | |
| 331 | Tragende Außenwände [m2] | 147,00 | **165,00** | 202,00 | 6,1% |
| 332 | Nichttragende Außenwände [m2] | – | **265,00** | – | 0,1% |
| 333 | Außenstützen [m] | – | **429,00** | – | 0,4% |
| 334 | Außenwandöffnungen [m2] | 510,00 | **589,00** | 738,00 | 8,5% |
| 335 | Außenwandbekleidungen, außen [m2] | 72,00 | **172,00** | 272,00 | 2,7% |
| 336 | Außenwandbekleidungen, innen [m2] | 12,00 | **24,00** | 36,00 | 0,6% |
| 337 | Elementierte Außenwandkonstruktionen [m2] | 97,00 | **98,00** | 99,00 | 5,6% |
| 338 | Lichtschutz zur KG 330 [m2] | – | **1.057,00** | – | 0,5% |
| 339 | Sonstiges zur KG 330 [m2] | 7,00 | **7,20** | 7,40 | 0,6% |
| **340** | **Innenwände/Vertikale Baukonstruktionen, innen** | | | | |
| 341 | Tragende Innenwände [m2] | 95,00 | **132,00** | 153,00 | 2,5% |
| 342 | Nichttragende Innenwände [m2] | 95,00 | **136,00** | 158,00 | 1,6% |
| 343 | Innenstützen [m] | 348,00 | **397,00** | 446,00 | 2,5% |
| 344 | Innenwandöffnungen [m2] | 636,00 | **738,00** | 911,00 | 1,7% |
| 345 | Innenwandbekleidungen [m2] | 11,00 | **23,00** | 47,00 | 1,1% |
| 346 | Elementierte Innenwandkonstruktionen [m2] | – | **525,00** | – | 0,1% |
| **350** | **Decken/Horizontale Baukonstruktionen** | | | | |
| 351 | Deckenkonstruktionen [m2] | 116,00 | **160,00** | 233,00 | 1,9% |
| 353 | Deckenbeläge [m2] | – | **136,00** | – | 0,4% |
| 354 | Deckenbekleidungen [m2] | 41,00 | **75,00** | 93,00 | 0,6% |
| 359 | Sonstiges zur KG 350 [m2] | 29,00 | **36,00** | 42,00 | 0,3% |
| **360** | **Dächer** | | | | |
| 361 | Dachkonstruktionen [m2] | 93,00 | **106,00** | 127,00 | 11,1% |
| 362 | Dachöffnungen [m2] | 233,00 | **399,00** | 718,00 | 2,0% |
| 363 | Dachbeläge [m2] | 87,00 | **102,00** | 130,00 | 9,8% |
| 364 | Dachbekleidungen [m2] | 6,30 | **18,00** | 29,00 | 0,3% |
| 369 | Sonstiges zur KG 360 [m2] | 1,20 | **4,10** | 9,80 | 0,4% |
| **370** | **Infrastrukturanlagen** | | | | |
| **380** | **Baukonstruktive Einbauten** | | | | |
| 381 | Allgemeine Einbauten [m2 BGF] | – | **21,00** | – | 0,5% |
| 382 | Besondere Einbauten [m2 BGF] | – | **6,00** | – | 0,2% |
| 386 | Orientierungs- und Informationssysteme [m2 BGF] | – | **11,00** | – | 0,3% |

▷ von
ø Mittel
◁ bis

| Kostengruppen | | ▷ | €/Einheit | ◁ | KG an 300+400 |
|---|---|---|---|---|---|
| **390** | **Sonstige Maßnahmen für Baukonstruktionen** | | | | |
| 391 | Baustelleneinrichtung [m² BGF] | 6,90 | **7,90** | 9,90 | 0,8% |
| 392 | Gerüste [m² BGF] | 4,70 | **14,00** | 30,00 | 1,4% |
| | **Sonstige Kostengruppen Bauwerk - Baukonstruktion** | | | | |
| | 312, 352, 366, 387, 394, 397, 399 | | | | 0,2% |
| **410** | **Abwasser-, Wasser-, Gasanlagen** | | | | |
| 411 | Abwasseranlagen [m² BGF] | 4,60 | **8,60** | 15,00 | 0,9% |
| 412 | Wasseranlagen [m² BGF] | 8,10 | **14,00** | 26,00 | 1,3% |
| 419 | Sonstiges zur KG 410 [m² BGF] | 0,70 | **1,50** | 2,40 | 0,1% |
| **420** | **Wärmeversorgungsanlagen** | | | | |
| 421 | Wärmeerzeugungsanlagen [m² BGF] | 4,60 | **6,80** | 8,90 | 0,4% |
| 422 | Wärmeverteilnetze [m² BGF] | 7,40 | **15,00** | 23,00 | 0,8% |
| 423 | Raumheizflächen [m² BGF] | 18,00 | **26,00** | 34,00 | 1,4% |
| **430** | **Raumlufttechnische Anlagen** | | | | |
| 431 | Lüftungsanlagen [m² BGF] | – | **27,00** | – | 0,7% |
| 434 | Kälteanlagen [m² BGF] | – | **20,00** | – | 0,5% |
| **440** | **Elektrische Anlagen** | | | | |
| 442 | Eigenstromversorgungsanlagen [m² BGF] | – | **5,20** | – | 0,1% |
| 444 | Niederspannungsinstallationsanlagen [m² BGF] | 19,00 | **41,00** | 56,00 | 3,9% |
| 445 | Beleuchtungsanlagen [m² BGF] | 8,50 | **22,00** | 44,00 | 1,8% |
| 446 | Blitzschutz- und Erdungsanlagen [m² BGF] | 1,50 | **4,20** | 5,60 | 0,4% |
| **450** | **Kommunikations-, sicherheits- und informationstechnische Anlagen** | | | | |
| 452 | Such- und Signalanlagen [m² BGF] | 1,20 | **2,20** | 3,20 | 0,1% |
| 456 | Gefahrenmelde- und Alarmanlagen [m² BGF] | 2,40 | **13,00** | 23,00 | 0,7% |
| 457 | Datenübertragungsnetze [m² BGF] | 11,00 | **12,00** | 13,00 | 0,7% |
| **460** | **Förderanlagen** | | | | |
| 466 | Hydraulikanlagen [m² BGF] | – | **14,00** | – | 0,4% |
| **470** | **Nutzungsspezifische und verfahrenstechnische Anlagen** | | | | |
| 474 | Feuerlöschanlagen [m² BGF] | – | **8,90** | – | 0,2% |
| 476 | Weitere nutzungsspezifische Anlagen [m² BGF] | – | **4,30** | – | 0,1% |
| **480** | **Gebäude- und Anlagenautomation** | | | | |
| 481 | Automationseinrichtungen [m² BGF] | – | **30,00** | – | 0,8% |
| **490** | **Sonstige Maßnahmen für technische Anlagen** | | | | |
| | **Sonstige Kostengruppen Bauwerk - Technische Anlagen** | | | | |
| | 429, 451, 455 | | | | 0,1% |

## Lagergebäude, mit mehr als 25% Mischnutzung

**Kosten:**
Stand 1.Quartal 2020
Bundesdurchschnitt
inkl. 19% MwSt.

| Kostengruppen | | ▷ | €/Einheit | ◁ | KG an 300+400 |
|---|---|---|---|---|---|
| **310** | **Baugrube / Erdbau** | | | | |
| 311 | Herstellung [m³] | 7,60 | **29,00** | 51,00 | 0,4% |
| **320** | **Gründung, Unterbau** | | | | |
| 321 | Baugrundverbesserung [m²] | 44,00 | **47,00** | 49,00 | 1,3% |
| 322 | Flachgründungen und Bodenplatten [m²] | 116,00 | **132,00** | 147,00 | 9,0% |
| 324 | Gründungsbeläge [m²] | 28,00 | **50,00** | 71,00 | 2,4% |
| 325 | Abdichtungen und Bekleidungen [m²] | 5,70 | **7,70** | 9,80 | 0,6% |
| **330** | **Außenwände/Vertikale Baukonstruktionen, außen** | | | | |
| 331 | Tragende Außenwände [m²] | 106,00 | **162,00** | 218,00 | 4,0% |
| 333 | Außenstützen [m] | 206,00 | **382,00** | 558,00 | 2,3% |
| 334 | Außenwandöffnungen [m²] | 250,00 | **329,00** | 408,00 | 10,1% |
| 335 | Außenwandbekleidungen, außen [m²] | – | **73,00** | – | 1,9% |
| 336 | Außenwandbekleidungen, innen [m²] | – | **38,00** | – | 0,8% |
| 338 | Lichtschutz zur KG 330 [m²] | – | **345,00** | – | 0,4% |
| 339 | Sonstiges zur KG 330 [m²] | – | **3,00** | – | 0,1% |
| **340** | **Innenwände/Vertikale Baukonstruktionen, innen** | | | | |
| 341 | Tragende Innenwände [m²] | 86,00 | **97,00** | 108,00 | 2,5% |
| 342 | Nichttragende Innenwände [m²] | 107,00 | **130,00** | 152,00 | 1,0% |
| 343 | Innenstützen [m] | 212,00 | **467,00** | 723,00 | 1,0% |
| 344 | Innenwandöffnungen [m²] | 390,00 | **606,00** | 822,00 | 3,0% |
| 345 | Innenwandbekleidungen [m²] | 45,00 | **82,00** | 118,00 | 2,1% |
| 346 | Elementierte Innenwandkonstruktionen [m²] | 209,00 | **301,00** | 392,00 | 0,1% |
| 349 | Sonstiges zur KG 340 [m²] | – | **11,00** | – | 0,1% |
| **350** | **Decken/Horizontale Baukonstruktionen** | | | | |
| 351 | Deckenkonstruktionen [m²] | 187,00 | **225,00** | 264,00 | 5,4% |
| 353 | Deckenbeläge [m²] | 113,00 | **118,00** | 123,00 | 1,3% |
| 354 | Deckenbekleidungen [m²] | – | **62,00** | – | 0,6% |
| 359 | Sonstiges zur KG 350 [m²] | – | **17,00** | – | 0,2% |
| **360** | **Dächer** | | | | |
| 361 | Dachkonstruktionen [m²] | 40,00 | **176,00** | 313,00 | 14,5% |
| 362 | Dachöffnungen [m²] | 1.104,00 | **1.411,00** | 1.718,00 | 6,0% |
| 363 | Dachbeläge [m²] | 103,00 | **107,00** | 111,00 | 8,4% |
| 364 | Dachbekleidungen [m²] | – | **156,00** | – | 0,0% |
| **370** | **Infrastrukturanlagen** | | | | |
| **380** | **Baukonstruktive Einbauten** | | | | |
| 381 | Allgemeine Einbauten [m² BGF] | – | **5,20** | – | 0,3% |
| 382 | Besondere Einbauten [m² BGF] | – | **0,90** | – | 0,0% |
| 386 | Orientierungs- und Informationssysteme [m² BGF] | – | **0,20** | – | 0,0% |
| **390** | **Sonstige Maßnahmen für Baukonstruktionen** | | | | |
| 391 | Baustelleneinrichtung [m² BGF] | 13,00 | **26,00** | 39,00 | 2,5% |
| 392 | Gerüste [m² BGF] | – | **8,20** | – | 0,4% |
| 397 | Zusätzliche Maßnahmen [m² BGF] | – | **1,70** | – | 0,1% |
| 399 | Sonstiges zur KG 390 [m² BGF] | – | **1,20** | – | 0,1% |

▷ von
ø Mittel
◁ bis

| Kostengruppen | | ▷ | €/Einheit | ◁ | KG an 300+400 |
|---|---|---|---|---|---|
| **410** | **Abwasser-, Wasser-, Gasanlagen** | | | | |
| 411 | Abwasseranlagen [m2 BGF] | 5,40 | **12,00** | 18,00 | 1,1% |
| 412 | Wasseranlagen [m2 BGF] | 13,00 | **24,00** | 36,00 | 2,4% |
| **420** | **Wärmeversorgungsanlagen** | | | | |
| 421 | Wärmeerzeugungsanlagen [m2 BGF] | 10,00 | **12,00** | 14,00 | 1,1% |
| 422 | Wärmeverteilnetze [m2 BGF] | 9,20 | **9,40** | 9,50 | 0,9% |
| 423 | Raumheizflächen [m2 BGF] | 4,30 | **13,00** | 22,00 | 1,2% |
| 429 | Sonstiges zur KG 420 [m2 BGF] | – | **0,80** | – | 0,0% |
| **430** | **Raumlufttechnische Anlagen** | | | | |
| 431 | Lüftungsanlagen [m2 BGF] | – | **1,80** | – | 0,1% |
| **440** | **Elektrische Anlagen** | | | | |
| 443 | Niederspannungsschaltanlagen [m2 BGF] | – | **6,50** | – | 0,3% |
| 444 | Niederspannungsinstallationsanlagen [m2 BGF] | 26,00 | **28,00** | 29,00 | 2,6% |
| 445 | Beleuchtungsanlagen [m2 BGF] | 9,90 | **21,00** | 32,00 | 1,9% |
| 446 | Blitzschutz- und Erdungsanlagen [m2 BGF] | 1,10 | **2,00** | 2,80 | 0,2% |
| **450** | **Kommunikations-, sicherheits- und informationstechnische Anlagen** | | | | |
| 452 | Such- und Signalanlagen [m2 BGF] | – | **0,40** | – | 0,0% |
| 456 | Gefahrenmelde- und Alarmanlagen [m2 BGF] | – | **9,40** | – | 0,5% |
| **460** | **Förderanlagen** | | | | |
| **470** | **Nutzungsspezifische und verfahrenstechnische Anlagen** | | | | |
| 474 | Feuerlöschanlagen [m2 BGF] | – | **1,30** | – | 0,1% |
| 476 | Weitere nutzungsspezifische Anlagen [m2 BGF] | – | **101,00** | – | 5,0% |
| **480** | **Gebäude- und Anlagenautomation** | | | | |
| **490** | **Sonstige Maßnahmen für technische Anlagen** | | | | |

**Kosten:**
Stand 1.Quartal 2020
Bundesdurchschnitt
inkl. 19% MwSt.

| | Kostengruppen | ▷ | €/Einheit | ◁ | KG an 300+400 |
|---|---|---|---|---|---|
| **310** | **Baugrube / Erdbau** | | | | |
| 311 | Herstellung [m³] | 11,00 | **24,00** | 37,00 | 0,7% |
| **320** | **Gründung, Unterbau** | | | | |
| 321 | Baugrundverbesserung [m²] | 15,00 | **15,00** | 15,00 | 0,4% |
| 322 | Flachgründungen und Bodenplatten [m²] | 43,00 | **106,00** | 214,00 | 12,6% |
| 324 | Gründungsbeläge [m²] | 9,60 | **25,00** | 49,00 | 1,2% |
| 325 | Abdichtungen und Bekleidungen [m²] | 11,00 | **14,00** | 18,00 | 1,6% |
| 326 | Dränagen [m²] | – | **2,00** | – | 0,1% |
| **330** | **Außenwände/Vertikale Baukonstruktionen, außen** | | | | |
| 331 | Tragende Außenwände [m²] | 88,00 | **102,00** | 127,00 | 6,6% |
| 332 | Nichttragende Außenwände [m²] | 89,00 | **93,00** | 96,00 | 8,1% |
| 333 | Außenstützen [m] | 38,00 | **159,00** | 280,00 | 2,4% |
| 334 | Außenwandöffnungen [m²] | 350,00 | **425,00** | 672,00 | 13,9% |
| 335 | Außenwandbekleidungen, außen [m²] | 26,00 | **38,00** | 51,00 | 3,0% |
| 336 | Außenwandbekleidungen, innen [m²] | 26,00 | **43,00** | 77,00 | 0,6% |
| 337 | Elementierte Außenwandkonstruktionen [m²] | – | **144,00** | – | 1,9% |
| 339 | Sonstiges zur KG 330 [m²] | – | **5,60** | – | 0,2% |
| **340** | **Innenwände/Vertikale Baukonstruktionen, innen** | | | | |
| 341 | Tragende Innenwände [m²] | 91,00 | **159,00** | 205,00 | 1,2% |
| 345 | Innenwandbekleidungen [m²] | 14,00 | **39,00** | 52,00 | 0,8% |
| 346 | Elementierte Innenwandkonstruktionen [m²] | – | **156,00** | – | 0,0% |
| **350** | **Decken/Horizontale Baukonstruktionen** | | | | |
| 351 | Deckenkonstruktionen [m²] | 165,00 | **188,00** | 210,00 | 3,9% |
| 353 | Deckenbeläge [m²] | 33,00 | **49,00** | 65,00 | 1,2% |
| 354 | Deckenbekleidungen [m²] | 6,80 | **43,00** | 80,00 | 0,1% |
| 359 | Sonstiges zur KG 350 [m²] | – | **16,00** | – | 0,3% |
| **360** | **Dächer** | | | | |
| 361 | Dachkonstruktionen [m²] | 70,00 | **97,00** | 183,00 | 14,8% |
| 363 | Dachbeläge [m²] | 68,00 | **109,00** | 228,00 | 13,8% |
| 364 | Dachbekleidungen [m²] | – | **6,70** | – | 0,1% |
| 365 | Elementierte Dachkonstruktionen [m²] | – | **75,00** | – | 2,8% |
| 369 | Sonstiges zur KG 360 [m²] | 41,00 | **61,00** | 81,00 | 2,6% |
| **370** | **Infrastrukturanlagen** | | | | |
| **380** | **Baukonstruktive Einbauten** | | | | |
| 382 | Besondere Einbauten [m² BGF] | – | **11,00** | – | 0,5% |
| 386 | Orientierungs- und Informationssysteme [m² BGF] | – | **1,50** | – | 0,1% |
| **390** | **Sonstige Maßnahmen für Baukonstruktionen** | | | | |
| 391 | Baustelleneinrichtung [m² BGF] | 2,50 | **3,00** | 3,50 | 0,2% |
| 392 | Gerüste [m² BGF] | 0,60 | **2,70** | 4,80 | 0,2% |
| 397 | Zusätzliche Maßnahmen [m² BGF] | – | **0,70** | – | 0,0% |

▷ von
ø Mittel
◁ bis

| Kostengruppen | | ▷ | €/Einheit | ◁ | KG an 300+400 |
|---|---|---|---|---|---|
| **410** | **Abwasser-, Wasser-, Gasanlagen** | | | | |
| 411 | Abwasseranlagen [m² BGF] | 2,90 | **9,30** | 17,00 | 1,4% |
| 412 | Wasseranlagen [m² BGF] | – | **2,10** | – | 0,1% |
| **420** | **Wärmeversorgungsanlagen** | | | | |
| 423 | Raumheizflächen [m² BGF] | – | **0,10** | – | 0,0% |
| **430** | **Raumlufttechnische Anlagen** | | | | |
| **440** | **Elektrische Anlagen** | | | | |
| 444 | Niederspannungsinstallationsanlagen [m² BGF] | 3,60 | **6,70** | 13,00 | 0,7% |
| 445 | Beleuchtungsanlagen [m² BGF] | 1,50 | **2,50** | 3,10 | 0,3% |
| 446 | Blitzschutz- und Erdungsanlagen [m² BGF] | 1,30 | **3,00** | 6,30 | 0,4% |
| **450** | **Kommunikations-, sicherheits- und informationstechnische Anlagen** | | | | |
| 451 | Telekommunikationsanlagen [m² BGF] | – | **0,20** | – | 0,0% |
| 457 | Datenübertragungsnetze [m² BGF] | – | **0,10** | – | 0,0% |
| **460** | **Förderanlagen** | | | | |
| **470** | **Nutzungsspezifische und verfahrenstechnische Anlagen** | | | | |
| 476 | Weitere nutzungsspezifische Anlagen [m² BGF] | – | **44,00** | – | 1,5% |
| **480** | **Gebäude- und Anlagenautomation** | | | | |
| **490** | **Sonstige Maßnahmen für technische Anlagen** | | | | |

# Tiefgaragen

**Kosten:**
Stand 1.Quartal 2020
Bundesdurchschnitt
inkl. 19% MwSt.

| Kostengruppen | | ▷ | €/Einheit | ◁ | KG an 300+400 |
|---|---|---|---|---|---|
| **310** | **Baugrube / Erdbau** | | | | |
| 311 | Herstellung [m³] | – | **39,00** | – | 12,4% |
| **320** | **Gründung, Unterbau** | | | | |
| 322 | Flachgründungen und Bodenplatten [m²] | – | **91,00** | – | 10,9% |
| 324 | Gründungsbeläge [m²] | – | **47,00** | – | 5,2% |
| 325 | Abdichtungen und Bekleidungen [m²] | – | **11,00** | – | 1,4% |
| 326 | Dränagen [m²] | – | **9,00** | – | 1,1% |
| **330** | **Außenwände/Vertikale Baukonstruktionen, außen** | | | | |
| 331 | Tragende Außenwände [m²] | – | **211,00** | – | 17,7% |
| 334 | Außenwandöffnungen [m²] | – | **0,00** | – | 3,2% |
| 335 | Außenwandbekleidungen, außen [m²] | – | **149,00** | – | 8,3% |
| **340** | **Innenwände/Vertikale Baukonstruktionen, innen** | | | | |
| 343 | Innenstützen [m] | – | **149,00** | – | 1,2% |
| **350** | **Decken/Horizontale Baukonstruktionen** | | | | |
| **360** | **Dächer** | | | | |
| 361 | Dachkonstruktionen [m²] | – | **163,00** | – | 20,1% |
| 363 | Dachbeläge [m²] | – | **113,00** | – | 14,0% |
| **370** | **Infrastrukturanlagen** | | | | |
| **380** | **Baukonstruktive Einbauten** | | | | |
| **390** | **Sonstige Maßnahmen für Baukonstruktionen** | | | | |
| 391 | Baustelleneinrichtung [m² BGF] | – | **17,00** | – | 2,0% |

▷ von
ø Mittel
◁ bis

| Kostengruppen | ▷ | €/Einheit | ◁ | KG an 300+400 |
| --- | --- | --- | --- | --- |
| **410 Abwasser-, Wasser-, Gasanlagen** | | | | |
| 411 Abwasseranlagen [m² BGF] | – | **11,00** | – | 1,3% |
| **420 Wärmeversorgungsanlagen** | | | | |
| **430 Raumlufttechnische Anlagen** | | | | |
| **440 Elektrische Anlagen** | | | | |
| 444 Niederspannungsinstallationsanlagen [m² BGF] | – | **8,90** | – | 1,1% |
| 445 Beleuchtungsanlagen [m² BGF] | – | **0,70** | – | 0,1% |
| 446 Blitzschutz- und Erdungsanlagen [m² BGF] | – | **1,70** | – | 0,2% |
| **450 Kommunikations-, sicherheits- und informationstechnische Anlagen** | | | | |
| **460 Förderanlagen** | | | | |
| **470 Nutzungsspezifische und verfahrenstechnische Anlagen** | | | | |
| **480 Gebäude- und Anlagenautomation** | | | | |
| **490 Sonstige Maßnahmen für technische Anlagen** | | | | |

**Kosten:**
Stand 1.Quartal 2020
Bundesdurchschnitt
inkl. 19% MwSt.

| Kostengruppen | | ▷ | €/Einheit | ◁ | KG an 300+400 |
|---|---|---|---|---|---|
| **310** | **Baugrube / Erdbau** | | | | |
| 311 | Herstellung [m³] | 12,00 | **17,00** | 27,00 | 1,2% |
| **320** | **Gründung, Unterbau** | | | | |
| 321 | Baugrundverbesserung [m²] | 38,00 | **44,00** | 50,00 | 1,7% |
| 322 | Flachgründungen und Bodenplatten [m²] | 45,00 | **75,00** | 122,00 | 3,7% |
| 323 | Tiefgründungen [m²] | – | **48,00** | – | 0,8% |
| 324 | Gründungsbeläge [m²] | 38,00 | **76,00** | 148,00 | 3,8% |
| 325 | Abdichtungen und Bekleidungen [m²] | 16,00 | **26,00** | 46,00 | 1,5% |
| **330** | **Außenwände/Vertikale Baukonstruktionen, außen** | | | | |
| 331 | Tragende Außenwände [m²] | 106,00 | **134,00** | 150,00 | 5,5% |
| 332 | Nichttragende Außenwände [m²] | 100,00 | **128,00** | 179,00 | 0,5% |
| 334 | Außenwandöffnungen [m²] | 621,00 | **731,00** | 946,00 | 8,8% |
| 335 | Außenwandbekleidungen, außen [m²] | 137,00 | **150,00** | 176,00 | 7,2% |
| 336 | Außenwandbekleidungen, innen [m²] | 22,00 | **34,00** | 41,00 | 1,0% |
| 339 | Sonstiges zur KG 330 [m²] | 1,10 | **10,00** | 15,00 | 0,6% |
| **340** | **Innenwände/Vertikale Baukonstruktionen, innen** | | | | |
| 341 | Tragende Innenwände [m²] | 87,00 | **111,00** | 148,00 | 2,4% |
| 342 | Nichttragende Innenwände [m²] | 71,00 | **92,00** | 102,00 | 1,5% |
| 343 | Innenstützen [m] | 106,00 | **123,00** | 152,00 | 0,3% |
| 344 | Innenwandöffnungen [m²] | 465,00 | **677,00** | 824,00 | 4,5% |
| 345 | Innenwandbekleidungen [m²] | 34,00 | **39,00** | 48,00 | 2,3% |
| 346 | Elementierte Innenwandkonstruktionen [m²] | 311,00 | **339,00** | 367,00 | 0,7% |
| **350** | **Decken/Horizontale Baukonstruktionen** | | | | |
| 351 | Deckenkonstruktionen [m²] | 68,00 | **117,00** | 167,00 | 1,9% |
| 353 | Deckenbeläge [m²] | 95,00 | **99,00** | 103,00 | 1,3% |
| 354 | Deckenbekleidungen [m²] | 76,00 | **83,00** | 91,00 | 0,7% |
| 355 | Elementierte Deckenkonstruktionen [m²] | 651,00 | **1.314,00** | 1.976,00 | 0,3% |
| 359 | Sonstiges zur KG 350 [m²] | 11,00 | **13,00** | 14,00 | 0,2% |
| **360** | **Dächer** | | | | |
| 361 | Dachkonstruktionen [m²] | 78,00 | **101,00** | 115,00 | 5,5% |
| 362 | Dachöffnungen [m²] | 704,00 | **1.255,00** | 2.088,00 | 1,8% |
| 363 | Dachbeläge [m²] | 108,00 | **129,00** | 142,00 | 7,1% |
| 364 | Dachbekleidungen [m²] | 22,00 | **41,00** | 78,00 | 0,7% |
| 369 | Sonstiges zur KG 360 [m²] | 3,40 | **7,50** | 12,00 | 0,3% |
| **370** | **Infrastrukturanlagen** | | | | |
| **380** | **Baukonstruktive Einbauten** | | | | |
| 381 | Allgemeine Einbauten [m² BGF] | 14,00 | **31,00** | 47,00 | 1,6% |
| 382 | Besondere Einbauten [m² BGF] | 2,80 | **6,20** | 9,60 | 0,3% |
| **390** | **Sonstige Maßnahmen für Baukonstruktionen** | | | | |
| 391 | Baustelleneinrichtung [m² BGF] | 14,00 | **27,00** | 36,00 | 1,9% |
| 392 | Gerüste [m² BGF] | 1,20 | **9,30** | 13,00 | 0,6% |
| 397 | Zusätzliche Maßnahmen [m² BGF] | 6,50 | **7,00** | 7,60 | 0,3% |

▷ von
ø Mittel
◁ bis


 Erläuterungen zu den Tabellen siehe Seite 44

| Kostengruppen | | ▷ | €/Einheit | ◁ | KG an 300+400 |
|---|---|---|---|---|---|
| | **Sonstige Kostengruppen Bauwerk - Baukonstruktion** | | | | |
| | 313, 326, 329, 333, 338, 349, 386, 399 | | | | 0,6% |
| **410** | **Abwasser-, Wasser-, Gasanlagen** | | | | |
| 411 | Abwasseranlagen [m² BGF] | 21,00 | **32,00** | 47,00 | 2,2% |
| 412 | Wasseranlagen [m² BGF] | 25,00 | **32,00** | 36,00 | 2,3% |
| 419 | Sonstiges zur KG 410 [m² BGF] | 3,30 | **4,80** | 5,60 | 0,3% |
| **420** | **Wärmeversorgungsanlagen** | | | | |
| 421 | Wärmeerzeugungsanlagen [m² BGF] | 4,70 | **7,30** | 12,00 | 0,6% |
| 422 | Wärmeverteilnetze [m² BGF] | 15,00 | **22,00** | 27,00 | 1,6% |
| 423 | Raumheizflächen [m² BGF] | 17,00 | **24,00** | 29,00 | 1,7% |
| **430** | **Raumlufttechnische Anlagen** | | | | |
| 431 | Lüftungsanlagen [m² BGF] | 21,00 | **40,00** | 50,00 | 2,9% |
| **440** | **Elektrische Anlagen** | | | | |
| 442 | Eigenstromversorgungsanlagen [m² BGF] | – | **25,00** | – | 0,5% |
| 444 | Niederspannungsinstallationsanlagen [m² BGF] | 53,00 | **55,00** | 58,00 | 3,9% |
| 445 | Beleuchtungsanlagen [m² BGF] | 27,00 | **34,00** | 48,00 | 2,4% |
| 446 | Blitzschutz- und Erdungsanlagen [m² BGF] | 3,50 | **6,70** | 13,00 | 0,4% |
| **450** | **Kommunikations-, sicherheits- und informationstechnische Anlagen** | | | | |
| 451 | Telekommunikationsanlagen [m² BGF] | 3,70 | **7,10** | 11,00 | 0,3% |
| 452 | Such- und Signalanlagen [m² BGF] | 0,60 | **8,10** | 16,00 | 0,4% |
| 455 | Audiovisuelle Medien- und Antennenanlagen [m² BGF] | 1,40 | **2,90** | 6,10 | 0,2% |
| 456 | Gefahrenmelde- und Alarmanlagen [m² BGF] | 5,40 | **18,00** | 39,00 | 1,1% |
| 457 | Datenübertragungsnetze [m² BGF] | 2,50 | **6,50** | 13,00 | 0,5% |
| **460** | **Förderanlagen** | | | | |
| 461 | Aufzugsanlagen [m² BGF] | – | **18,00** | – | 0,4% |
| **470** | **Nutzungsspezifische und verfahrenstechnische Anlagen** | | | | |
| 474 | Feuerlöschanlagen [m² BGF] | 4,40 | **12,00** | 26,00 | 0,9% |
| 475 | Prozesswärme-, kälte- und -luftanlagen [m² BGF] | – | **39,00** | – | 0,9% |
| 476 | Weitere nutzungsspezifische Anlagen [m² BGF] | 7,90 | **28,00** | 67,00 | 2,3% |
| **480** | **Gebäude- und Anlagenautomation** | | | | |
| 481 | Automationseinrichtungen [m² BGF] | – | **24,00** | – | 0,5% |
| 483 | Automationsmanagement [m² BGF] | – | **9,70** | – | 0,2% |
| **490** | **Sonstige Maßnahmen für technische Anlagen** | | | | |
| | **Sonstige Kostengruppen Bauwerk - Technische Anlagen** | | | | |
| | 429, 432, 453, 454, 482, 485, 492 | | | | 0,6% |

**Kosten:**
Stand 1.Quartal 2020
Bundesdurchschnitt
inkl. 19% MwSt.

| Kostengruppen | | ▷ | €/Einheit | ◁ | KG an 300+400 |
|---|---|---|---|---|---|
| **310** | **Baugrube / Erdbau** | | | | |
| 311 | Herstellung [m³] | 12,00 | **30,00** | 36,00 | 2,6% |
| **320** | **Gründung, Unterbau** | | | | |
| 321 | Baugrundverbesserung [m²] | 8,60 | **12,00** | 16,00 | 0,9% |
| 322 | Flachgründungen und Bodenplatten [m²] | 122,00 | **180,00** | 337,00 | 8,5% |
| 323 | Tiefgründungen [m²] | – | **213,00** | – | 1,5% |
| 324 | Gründungsbeläge [m²] | 67,00 | **96,00** | 171,00 | 1,4% |
| 325 | Abdichtungen und Bekleidungen [m²] | 29,00 | **36,00** | 42,00 | 2,3% |
| **330** | **Außenwände/Vertikale Baukonstruktionen, außen** | | | | |
| 331 | Tragende Außenwände [m²] | 106,00 | **139,00** | 172,00 | 6,3% |
| 332 | Nichttragende Außenwände [m²] | 104,00 | **119,00** | 135,00 | 0,1% |
| 333 | Außenstützen [m] | 217,00 | **386,00** | 686,00 | 1,9% |
| 334 | Außenwandöffnungen [m²] | 568,00 | **861,00** | 1.596,00 | 8,5% |
| 335 | Außenwandbekleidungen, außen [m²] | 100,00 | **172,00** | 374,00 | 6,9% |
| 336 | Außenwandbekleidungen, innen [m²] | 26,00 | **44,00** | 94,00 | 1,8% |
| 337 | Elementierte Außenwandkonstruktionen [m²] | – | **166,00** | – | 1,1% |
| 338 | Lichtschutz zur KG 330 [m²] | 197,00 | **278,00** | 436,00 | 0,4% |
| 339 | Sonstiges zur KG 330 [m²] | 4,10 | **4,30** | 4,60 | 0,1% |
| **340** | **Innenwände/Vertikale Baukonstruktionen, innen** | | | | |
| 341 | Tragende Innenwände [m²] | 86,00 | **103,00** | 146,00 | 1,6% |
| 342 | Nichttragende Innenwände [m²] | 58,00 | **94,00** | 201,00 | 1,0% |
| 343 | Innenstützen [m] | 188,00 | **303,00** | 628,00 | 1,3% |
| 344 | Innenwandöffnungen [m²] | 525,00 | **701,00** | 1.145,00 | 2,2% |
| 345 | Innenwandbekleidungen [m²] | 24,00 | **45,00** | 68,00 | 1,6% |
| 346 | Elementierte Innenwandkonstruktionen [m²] | 446,00 | **458,00** | 469,00 | 0,4% |
| **350** | **Decken/Horizontale Baukonstruktionen** | | | | |
| 351 | Deckenkonstruktionen [m²] | 113,00 | **124,00** | 152,00 | 2,6% |
| 353 | Deckenbeläge [m²] | 26,00 | **66,00** | 89,00 | 0,9% |
| 354 | Deckenbekleidungen [m²] | 4,70 | **36,00** | 56,00 | 0,3% |
| 359 | Sonstiges zur KG 350 [m²] | 20,00 | **49,00** | 66,00 | 0,9% |
| **360** | **Dächer** | | | | |
| 361 | Dachkonstruktionen [m²] | 81,00 | **125,00** | 166,00 | 7,7% |
| 362 | Dachöffnungen [m²] | 522,00 | **4.844,00** | 9.166,00 | 0,7% |
| 363 | Dachbeläge [m²] | 63,00 | **107,00** | 225,00 | 5,5% |
| 364 | Dachbekleidungen [m²] | 42,00 | **45,00** | 51,00 | 1,0% |
| 369 | Sonstiges zur KG 360 [m²] | 1,70 | **4,70** | 9,60 | 0,1% |
| **370** | **Infrastrukturanlagen** | | | | |
| **380** | **Baukonstruktive Einbauten** | | | | |
| 381 | Allgemeine Einbauten [m² BGF] | – | **41,00** | – | 0,6% |
| 382 | Besondere Einbauten [m² BGF] | 20,00 | **48,00** | 76,00 | 1,5% |

▷ von
ø Mittel
◁ bis

| Kostengruppen | | ▷ | €/Einheit | ◁ | KG an 300+400 |
|---|---|---|---|---|---|
| **390** | **Sonstige Maßnahmen für Baukonstruktionen** | | | | |
| 391 | Baustelleneinrichtung [m² BGF] | 21,00 | **22,00** | 26,00 | 1,8% |
| 392 | Gerüste [m² BGF] | 13,00 | **17,00** | 28,00 | 1,3% |
| 394 | Abbruchmaßnahmen [m² BGF] | – | **42,00** | – | 0,8% |
| | **Sonstige Kostengruppen Bauwerk - Baukonstruktion** | | | | |
| | 313, 326, 329, 349, 355, 397, 398, 399 | | | | 0,3% |
| **410** | **Abwasser-, Wasser-, Gasanlagen** | | | | |
| 411 | Abwasseranlagen [m² BGF] | 8,60 | **12,00** | 17,00 | 0,7% |
| 412 | Wasseranlagen [m² BGF] | 5,90 | **11,00** | 21,00 | 0,7% |
| **420** | **Wärmeversorgungsanlagen** | | | | |
| 421 | Wärmeerzeugungsanlagen [m² BGF] | 9,20 | **11,00** | 13,00 | 0,7% |
| 422 | Wärmeverteilnetze [m² BGF] | 12,00 | **14,00** | 19,00 | 0,9% |
| 423 | Raumheizflächen [m² BGF] | 5,00 | **8,10** | 14,00 | 0,6% |
| **430** | **Raumlufttechnische Anlagen** | | | | |
| 431 | Lüftungsanlagen [m² BGF] | – | **27,00** | – | 0,5% |
| 434 | Kälteanlagen [m² BGF] | – | **28,00** | – | 0,8% |
| **440** | **Elektrische Anlagen** | | | | |
| 444 | Niederspannungsinstallationsanlagen [m² BGF] | 43,00 | **54,00** | 75,00 | 3,4% |
| 445 | Beleuchtungsanlagen [m² BGF] | 13,00 | **17,00** | 20,00 | 1,1% |
| 446 | Blitzschutz- und Erdungsanlagen [m² BGF] | 1,70 | **4,30** | 9,50 | 0,3% |
| **450** | **Kommunikations-, sicherheits- und informationstechnische Anlagen** | | | | |
| 456 | Gefahrenmelde- und Alarmanlagen [m² BGF] | 8,00 | **22,00** | 35,00 | 1,1% |
| 457 | Datenübertragungsnetze [m² BGF] | 3,30 | **3,60** | 4,30 | 0,2% |
| **460** | **Förderanlagen** | | | | |
| **470** | **Nutzungsspezifische und verfahrenstechnische Anlagen** | | | | |
| 473 | Medienversorgungsanlagen, Medizin- und labortechnische Anlagen [m² BGF] | – | **8,90** | – | 0,2% |
| 475 | Prozesswärme-, kälte- und -luftanlagen [m² BGF] | – | **13,00** | – | 0,2% |
| 476 | Weitere nutzungsspezifische Anlagen [m² BGF] | 1,20 | **109,00** | 217,00 | 3,9% |
| **480** | **Gebäude- und Anlagenautomation** | | | | |
| 482 | Schaltschränke, Automationsschwerpunkte [m² BGF] | – | **6,60** | – | 0,1% |
| 485 | Datenübertragungsnetze [m² BGF] | – | **7,10** | – | 0,1% |
| **490** | **Sonstige Maßnahmen für technische Anlagen** | | | | |
| | **Sonstige Kostengruppen Bauwerk - Technische Anlagen** | | | | |
| | 419, 429, 432, 442, 451, 452, 455, 481, 483, 491, 492, 494 | | | | 0,5% |

## Bibliotheken, Museen und Ausstellungen

**Kosten:**
Stand 1.Quartal 2020
Bundesdurchschnitt
inkl. 19% MwSt.

| Kostengruppen | | ▷ | €/Einheit | ◁ | KG an 300+400 |
|---|---|---|---|---|---|
| **310** | **Baugrube / Erdbau** | | | | |
| 311 | Herstellung [m³] | 19,00 | **45,00** | 137,00 | 1,5% |
| **320** | **Gründung, Unterbau** | | | | |
| 321 | Baugrundverbesserung [m²] | 7,40 | **24,00** | 33,00 | 0,4% |
| 322 | Flachgründungen und Bodenplatten [m²] | 124,00 | **212,00** | 341,00 | 5,4% |
| 323 | Tiefgründungen [m²] | 53,00 | **305,00** | 556,00 | 1,2% |
| 324 | Gründungsbeläge [m²] | 128,00 | **193,00** | 294,00 | 4,5% |
| 325 | Abdichtungen und Bekleidungen [m²] | 19,00 | **42,00** | 84,00 | 1,1% |
| **330** | **Außenwände/Vertikale Baukonstruktionen, außen** | | | | |
| 331 | Tragende Außenwände [m²] | 133,00 | **159,00** | 197,00 | 5,5% |
| 332 | Nichttragende Außenwände [m²] | 125,00 | **192,00** | 303,00 | 0,5% |
| 333 | Außenstützen [m] | 108,00 | **176,00** | 214,00 | 0,5% |
| 334 | Außenwandöffnungen [m²] | 791,00 | **1.067,00** | 1.364,00 | 9,7% |
| 335 | Außenwandbekleidungen, außen [m²] | 172,00 | **317,00** | 405,00 | 10,8% |
| 336 | Außenwandbekleidungen, innen [m²] | 30,00 | **52,00** | 71,00 | 1,5% |
| 338 | Lichtschutz zur KG 330 [m²] | 89,00 | **200,00** | 256,00 | 0,5% |
| 339 | Sonstiges zur KG 330 [m²] | 4,60 | **11,00** | 21,00 | 0,4% |
| **340** | **Innenwände/Vertikale Baukonstruktionen, innen** | | | | |
| 341 | Tragende Innenwände [m²] | 99,00 | **120,00** | 141,00 | 1,4% |
| 342 | Nichttragende Innenwände [m²] | 66,00 | **116,00** | 181,00 | 1,1% |
| 343 | Innenstützen [m] | 83,00 | **88,00** | 92,00 | 0,1% |
| 344 | Innenwandöffnungen [m²] | 730,00 | **1.133,00** | 2.515,00 | 3,0% |
| 345 | Innenwandbekleidungen [m²] | 60,00 | **79,00** | 134,00 | 2,0% |
| 346 | Elementierte Innenwandkonstruktionen [m²] | 317,00 | **487,00** | 751,00 | 1,0% |
| **350** | **Decken/Horizontale Baukonstruktionen** | | | | |
| 351 | Deckenkonstruktionen [m²] | 72,00 | **179,00** | 248,00 | 2,0% |
| 353 | Deckenbeläge [m²] | 23,00 | **139,00** | 217,00 | 1,3% |
| 354 | Deckenbekleidungen [m²] | 33,00 | **62,00** | 122,00 | 0,4% |
| **360** | **Dächer** | | | | |
| 361 | Dachkonstruktionen [m²] | 143,00 | **187,00** | 260,00 | 5,4% |
| 362 | Dachöffnungen [m²] | 912,00 | **3.518,00** | 6.123,00 | 0,4% |
| 363 | Dachbeläge [m²] | 165,00 | **264,00** | 630,00 | 6,2% |
| 364 | Dachbekleidungen [m²] | 72,00 | **139,00** | 245,00 | 3,3% |
| 369 | Sonstiges zur KG 360 [m²] | 2,80 | **9,30** | 23,00 | 0,4% |
| **370** | **Infrastrukturanlagen** | | | | |
| **380** | **Baukonstruktive Einbauten** | | | | |
| 381 | Allgemeine Einbauten [m² BGF] | 34,00 | **60,00** | 88,00 | 1,8% |
| 382 | Besondere Einbauten [m² BGF] | – | **167,00** | – | 1,2% |
| 386 | Orientierungs- und Informationssysteme [m² BGF] | 1,30 | **11,00** | 21,00 | 0,2% |

▷ von
ø Mittel
◁ bis


 Erläuterungen zu den Tabellen siehe Seite 44

| Kostengruppen | | ▷ | €/Einheit | ◁ | KG an 300+400 |
|---|---|---|---|---|---|
| **390** | **Sonstige Maßnahmen für Baukonstruktionen** | | | | |
| 391 | Baustelleneinrichtung [m² BGF] | 38,00 | **65,00** | 106,00 | 2,3% |
| 392 | Gerüste [m² BGF] | 17,00 | **26,00** | 58,00 | 0,9% |
| 397 | Zusätzliche Maßnahmen [m² BGF] | 3,40 | **8,80** | 16,00 | 0,3% |
| | **Sonstige Kostengruppen Bauwerk - Baukonstruktion** | | | | |
| | 312, 313, 326, 329, 349, 352, 355, 359, 387, 398, 399 | | | | 0,3% |
| **410** | **Abwasser-, Wasser-, Gasanlagen** | | | | |
| 411 | Abwasseranlagen [m² BGF] | 11,00 | **22,00** | 26,00 | 0,7% |
| 412 | Wasseranlagen [m² BGF] | 22,00 | **36,00** | 53,00 | 1,2% |
| 419 | Sonstiges zur KG 410 [m² BGF] | 3,30 | **4,40** | 7,20 | 0,2% |
| **420** | **Wärmeversorgungsanlagen** | | | | |
| 421 | Wärmeerzeugungsanlagen [m² BGF] | 12,00 | **23,00** | 32,00 | 0,9% |
| 422 | Wärmeverteilnetze [m² BGF] | 11,00 | **14,00** | 19,00 | 0,4% |
| 423 | Raumheizflächen [m² BGF] | 24,00 | **32,00** | 41,00 | 1,1% |
| 429 | Sonstiges zur KG 420 [m² BGF] | 4,60 | **6,20** | 7,70 | 0,1% |
| **430** | **Raumlufttechnische Anlagen** | | | | |
| 433 | Klimaanlagen [m² BGF] | – | **100,00** | – | 0,7% |
| 434 | Kälteanlagen [m² BGF] | – | **31,00** | – | 0,2% |
| **440** | **Elektrische Anlagen** | | | | |
| 441 | Hoch- und Mittelspannungsanlagen [m² BGF] | – | **31,00** | – | 0,2% |
| 443 | Niederspannungsschaltanlagen [m² BGF] | – | **15,00** | – | 0,1% |
| 444 | Niederspannungsinstallationsanlagen [m² BGF] | 66,00 | **83,00** | 102,00 | 2,9% |
| 445 | Beleuchtungsanlagen [m² BGF] | 19,00 | **52,00** | 86,00 | 1,7% |
| 446 | Blitzschutz- und Erdungsanlagen [m² BGF] | 4,80 | **12,00** | 20,00 | 0,4% |
| **450** | **Kommunikations-, sicherheits- und informationstechnische Anlagen** | | | | |
| 454 | Elektroakustische Anlagen [m² BGF] | 11,00 | **43,00** | 74,00 | 0,7% |
| 456 | Gefahrenmelde- und Alarmanlagen [m² BGF] | 18,00 | **24,00** | 29,00 | 0,4% |
| 457 | Datenübertragungsnetze [m² BGF] | 6,40 | **11,00** | 19,00 | 0,3% |
| **460** | **Förderanlagen** | | | | |
| **470** | **Nutzungsspezifische und verfahrenstechnische Anlagen** | | | | |
| 471 | Küchentechnische Anlagen [m² BGF] | – | **49,00** | – | 0,4% |
| 476 | Weitere nutzungsspezifische Anlagen [m² BGF] | – | **78,00** | – | 0,6% |
| **480** | **Gebäude- und Anlagenautomation** | | | | |
| 481 | Automationseinrichtungen [m² BGF] | – | **15,00** | – | 0,1% |
| **490** | **Sonstige Maßnahmen für technische Anlagen** | | | | |
| 495 | Instandsetzungen [m² BGF] | – | **22,00** | – | 0,2% |
| | **Sonstige Kostengruppen Bauwerk - Technische Anlagen** | | | | |
| | 431, 442, 451, 452, 455, 474, 482, 491, 492, 496 | | | | 0,4% |

**Kosten:**
Stand 1.Quartal 2020
Bundesdurchschnitt
inkl. 19% MwSt.

| Kostengruppen | ▷ | €/Einheit | ◁ | KG an 300+400 |
|---|---|---|---|---|
| **310 Baugrube / Erdbau** | | | | |
| 311 Herstellung [m3] | 22,00 | **26,00** | 30,00 | 1,5% |
| 313 Wasserhaltung [m3] | – | **3,20** | – | 0,2% |
| **320 Gründung, Unterbau** | | | | |
| 322 Flachgründungen und Bodenplatten [m2] | 77,00 | **152,00** | 226,00 | 2,3% |
| 323 Tiefgründungen [m2] | – | **303,00** | – | 4,6% |
| 324 Gründungsbeläge [m2] | 125,00 | **136,00** | 148,00 | 2,3% |
| 325 Abdichtungen und Bekleidungen [m2] | 6,90 | **47,00** | 87,00 | 0,5% |
| 326 Dränagen [m2] | – | **11,00** | – | 0,1% |
| 329 Sonstiges zur KG 320 [m2] | – | **1,80** | – | 0,0% |
| **330 Außenwände/Vertikale Baukonstruktionen, außen** | | | | |
| 331 Tragende Außenwände [m2] | 263,00 | **281,00** | 299,00 | 2,2% |
| 332 Nichttragende Außenwände [m2] | 181,00 | **209,00** | 238,00 | 0,9% |
| 333 Außenstützen [m] | 150,00 | **720,00** | 1.290,00 | 0,8% |
| 334 Außenwandöffnungen [m2] | 730,00 | **1.200,00** | 1.669,00 | 11,9% |
| 335 Außenwandbekleidungen, außen [m2] | 157,00 | **180,00** | 203,00 | 3,2% |
| 336 Außenwandbekleidungen, innen [m2] | 16,00 | **62,00** | 108,00 | 1,0% |
| 338 Lichtschutz zur KG 330 [m2] | 159,00 | **205,00** | 251,00 | 0,4% |
| 339 Sonstiges zur KG 330 [m2] | – | **9,50** | – | 0,1% |
| **340 Innenwände/Vertikale Baukonstruktionen, innen** | | | | |
| 341 Tragende Innenwände [m2] | – | **322,00** | – | 2,5% |
| 342 Nichttragende Innenwände [m2] | 160,00 | **171,00** | 181,00 | 2,7% |
| 343 Innenstützen [m] | 237,00 | **781,00** | 1.324,00 | 1,4% |
| 344 Innenwandöffnungen [m2] | 518,00 | **1.178,00** | 1.837,00 | 3,6% |
| 345 Innenwandbekleidungen [m2] | 56,00 | **83,00** | 109,00 | 4,2% |
| 346 Elementierte Innenwandkonstruktionen [m2] | 154,00 | **335,00** | 517,00 | 0,4% |
| 349 Sonstiges zur KG 340 [m2] | – | **8,30** | – | 0,1% |
| **350 Decken/Horizontale Baukonstruktionen** | | | | |
| 351 Deckenkonstruktionen [m2] | 159,00 | **266,00** | 374,00 | 3,7% |
| 353 Deckenbeläge [m2] | – | **194,00** | – | 1,2% |
| 354 Deckenbekleidungen [m2] | 148,00 | **155,00** | 162,00 | 1,6% |
| 359 Sonstiges zur KG 350 [m2] | – | **44,00** | – | 0,4% |
| **360 Dächer** | | | | |
| 361 Dachkonstruktionen [m2] | 395,00 | **446,00** | 497,00 | 8,5% |
| 362 Dachöffnungen [m2] | – | **1.441,00** | – | 0,0% |
| 363 Dachbeläge [m2] | 186,00 | **224,00** | 263,00 | 4,9% |
| 364 Dachbekleidungen [m2] | 143,00 | **164,00** | 186,00 | 1,6% |
| 366 Lichtschutz zur KG 360 [m2] | – | **0,00** | – | 0,1% |
| **370 Infrastrukturanlagen** | | | | |

▷ von
ø Mittel
◁ bis

| Kostengruppen | ▷ | €/Einheit | ◁ | KG an 300+400 |
|---|---|---|---|---|
| **380 Baukonstruktive Einbauten** | | | | |
| 381 Allgemeine Einbauten [m² BGF] | 29,00 | **43,00** | 58,00 | 1,4% |
| 382 Besondere Einbauten [m² BGF] | – | **64,00** | – | 0,8% |
| 383 Landschaftsgestalterische Einbauten [m² BGF] | – | **7,40** | – | 0,1% |
| 386 Orientierungs- und Informationssysteme [m² BGF] | – | **13,00** | – | 0,3% |
| **390 Sonstige Maßnahmen für Baukonstruktionen** | | | | |
| 391 Baustelleneinrichtung [m² BGF] | 42,00 | **52,00** | 63,00 | 1,9% |
| 392 Gerüste [m² BGF] | 41,00 | **45,00** | 49,00 | 1,5% |
| 397 Zusätzliche Maßnahmen [m² BGF] | – | **5,00** | – | 0,1% |
| **410 Abwasser-, Wasser-, Gasanlagen** | | | | |
| 411 Abwasseranlagen [m² BGF] | 39,00 | **56,00** | 72,00 | 2,0% |
| 412 Wasseranlagen [m² BGF] | 37,00 | **59,00** | 80,00 | 1,8% |
| 413 Gasanlagen [m² BGF] | – | **7,60** | – | 0,1% |
| 419 Sonstiges zur KG 410 [m² BGF] | – | **5,60** | – | 0,1% |
| **420 Wärmeversorgungsanlagen** | | | | |
| 421 Wärmeerzeugungsanlagen [m² BGF] | – | **5,40** | – | 0,1% |
| 422 Wärmeverteilnetze [m² BGF] | – | **58,00** | – | 0,8% |
| 423 Raumheizflächen [m² BGF] | – | **67,00** | – | 0,9% |
| **430 Raumlufttechnische Anlagen** | | | | |
| 431 Lüftungsanlagen [m² BGF] | – | **265,00** | – | 3,4% |
| **440 Elektrische Anlagen** | | | | |
| 442 Eigenstromversorgungsanlagen [m² BGF] | – | **4,30** | – | 0,1% |
| 444 Niederspannungsinstallationsanlagen [m² BGF] | 77,00 | **98,00** | 118,00 | 3,1% |
| 445 Beleuchtungsanlagen [m² BGF] | 54,00 | **60,00** | 65,00 | 2,0% |
| 446 Blitzschutz- und Erdungsanlagen [m² BGF] | 1,60 | **4,40** | 7,30 | 0,2% |
| **450 Kommunikations-, sicherheits- und informationstechnische Anlagen** | | | | |
| 451 Telekommunikationsanlagen [m² BGF] | 0,40 | **2,60** | 4,90 | 0,1% |
| 452 Such- und Signalanlagen [m² BGF] | – | **0,90** | – | 0,0% |
| 454 Elektroakustische Anlagen [m² BGF] | – | **17,00** | – | 0,2% |
| 456 Gefahrenmelde- und Alarmanlagen [m² BGF] | – | **14,00** | – | 0,2% |
| 457 Datenübertragungsnetze [m² BGF] | 3,90 | **10,00** | 17,00 | 0,3% |
| **460 Förderanlagen** | | | | |
| 461 Aufzugsanlagen [m² BGF] | – | **40,00** | – | 0,5% |
| **470 Nutzungsspezifische und verfahrenstechnische Anlagen** | | | | |
| 474 Feuerlöschanlagen [m² BGF] | – | **32,00** | – | 0,4% |
| 476 Weitere nutzungsspezifische Anlagen [m² BGF] | – | **694,00** | – | 9,0% |
| **480 Gebäude- und Anlagenautomation** | | | | |
| **490 Sonstige Maßnahmen für technische Anlagen** | | | | |

# Gemeindezentren, einfacher Standard

**Kosten:**
Stand 1.Quartal 2020
Bundesdurchschnitt
inkl. 19% MwSt.

| Kostengruppen | | ▷ | €/Einheit | ◁ | KG an 300+400 |
|---|---|---|---|---|---|
| **310** | **Baugrube / Erdbau** | | | | |
| 311 | Herstellung [m3] | 25,00 | **48,00** | 82,00 | 3,5% |
| 319 | Sonstiges zur KG 310 [m3] | – | **0,90** | – | 0,1% |
| **320** | **Gründung, Unterbau** | | | | |
| 321 | Baugrundverbesserung [m2] | 3,90 | **8,50** | 13,00 | 0,3% |
| 322 | Flachgründungen und Bodenplatten [m2] | 79,00 | **83,00** | 85,00 | 4,2% |
| 324 | Gründungsbeläge [m2] | 64,00 | **104,00** | 125,00 | 4,9% |
| 325 | Abdichtungen und Bekleidungen [m2] | 7,30 | **11,00** | 18,00 | 0,6% |
| **330** | **Außenwände/Vertikale Baukonstruktionen, außen** | | | | |
| 331 | Tragende Außenwände [m2] | 133,00 | **147,00** | 172,00 | 7,0% |
| 333 | Außenstützen [m] | 177,00 | **252,00** | 327,00 | 0,5% |
| 334 | Außenwandöffnungen [m2] | 424,00 | **474,00** | 505,00 | 7,3% |
| 335 | Außenwandbekleidungen, außen [m2] | 90,00 | **139,00** | 165,00 | 7,8% |
| 336 | Außenwandbekleidungen, innen [m2] | 21,00 | **34,00** | 42,00 | 1,2% |
| 338 | Lichtschutz zur KG 330 [m2] | 159,00 | **219,00** | 278,00 | 1,3% |
| 339 | Sonstiges zur KG 330 [m2] | – | **12,00** | – | 0,3% |
| **340** | **Innenwände/Vertikale Baukonstruktionen, innen** | | | | |
| 341 | Tragende Innenwände [m2] | 81,00 | **87,00** | 91,00 | 1,8% |
| 342 | Nichttragende Innenwände [m2] | 42,00 | **61,00** | 70,00 | 1,7% |
| 343 | Innenstützen [m] | 144,00 | **165,00** | 186,00 | 0,1% |
| 344 | Innenwandöffnungen [m2] | 515,00 | **617,00** | 787,00 | 3,6% |
| 345 | Innenwandbekleidungen [m2] | 30,00 | **48,00** | 59,00 | 4,0% |
| 346 | Elementierte Innenwandkonstruktionen [m2] | 276,00 | **288,00** | 299,00 | 1,8% |
| **350** | **Decken/Horizontale Baukonstruktionen** | | | | |
| 351 | Deckenkonstruktionen [m2] | 154,00 | **200,00** | 246,00 | 4,5% |
| 352 | Deckenöffnungen [m2] | – | **2.224,00** | – | 0,0% |
| 353 | Deckenbeläge [m2] | 92,00 | **92,00** | 93,00 | 1,9% |
| 354 | Deckenbekleidungen [m2] | 6,80 | **20,00** | 33,00 | 0,1% |
| 359 | Sonstiges zur KG 350 [m2] | 11,00 | **56,00** | 100,00 | 0,8% |
| **360** | **Dächer** | | | | |
| 361 | Dachkonstruktionen [m2] | 60,00 | **121,00** | 242,00 | 7,4% |
| 362 | Dachöffnungen [m2] | 1.122,00 | **1.164,00** | 1.247,00 | 1,6% |
| 363 | Dachbeläge [m2] | 86,00 | **105,00** | 137,00 | 6,3% |
| 364 | Dachbekleidungen [m2] | 80,00 | **91,00** | 113,00 | 4,6% |
| 366 | Lichtschutz zur KG 360 [m2] | – | **224,00** | – | 0,0% |
| 369 | Sonstiges zur KG 360 [m2] | 4,60 | **5,40** | 6,30 | 0,2% |
| **370** | **Infrastrukturanlagen** | | | | |
| **380** | **Baukonstruktive Einbauten** | | | | |
| 381 | Allgemeine Einbauten [m2 BGF] | 20,00 | **62,00** | 145,00 | 4,3% |
| 382 | Besondere Einbauten [m2 BGF] | 9,50 | **19,00** | 29,00 | 1,1% |

▷ von
ø Mittel
◁ bis

| Kostengruppen | | ▷ | €/Einheit | ◁ | KG an 300+400 |
|---|---|---|---|---|---|
| **390** | **Sonstige Maßnahmen für Baukonstruktionen** | | | | |
| 391 | Baustelleneinrichtung [m2 BGF] | 11,00 | **15,00** | 17,00 | 1,1% |
| 392 | Gerüste [m2 BGF] | 2,90 | **6,60** | 13,00 | 0,6% |
| 397 | Zusätzliche Maßnahmen [m2 BGF] | – | **2,50** | – | 0,1% |
| 399 | Sonstiges zur KG 390 [m2 BGF] | – | **6,60** | – | 0,1% |
| **410** | **Abwasser-, Wasser-, Gasanlagen** | | | | |
| 411 | Abwasseranlagen [m2 BGF] | 9,50 | **12,00** | 16,00 | 1,0% |
| 412 | Wasseranlagen [m2 BGF] | 22,00 | **32,00** | 51,00 | 2,3% |
| 419 | Sonstiges zur KG 410 [m2 BGF] | 0,30 | **2,70** | 5,10 | 0,1% |
| **420** | **Wärmeversorgungsanlagen** | | | | |
| 421 | Wärmeerzeugungsanlagen [m2 BGF] | 12,00 | **20,00** | 33,00 | 1,5% |
| 422 | Wärmeverteilnetze [m2 BGF] | 3,20 | **11,00** | 15,00 | 0,8% |
| 423 | Raumheizflächen [m2 BGF] | 19,00 | **24,00** | 32,00 | 1,9% |
| 429 | Sonstiges zur KG 420 [m2 BGF] | 1,50 | **5,10** | 8,70 | 0,2% |
| **430** | **Raumlufttechnische Anlagen** | | | | |
| 431 | Lüftungsanlagen [m2 BGF] | 1,10 | **7,60** | 14,00 | 0,3% |
| **440** | **Elektrische Anlagen** | | | | |
| 444 | Niederspannungsinstallationsanlagen [m2 BGF] | 16,00 | **21,00** | 30,00 | 1,5% |
| 445 | Beleuchtungsanlagen [m2 BGF] | 14,00 | **27,00** | 50,00 | 1,9% |
| 446 | Blitzschutz- und Erdungsanlagen [m2 BGF] | 1,60 | **3,60** | 5,60 | 0,3% |
| **450** | **Kommunikations-, sicherheits- und informationstechnische Anlagen** | | | | |
| 451 | Telekommunikationsanlagen [m2 BGF] | 0,40 | **0,60** | 0,70 | 0,0% |
| 452 | Such- und Signalanlagen [m2 BGF] | 0,40 | **1,00** | 1,60 | 0,1% |
| 454 | Elektroakustische Anlagen [m2 BGF] | – | **1,80** | – | 0,0% |
| 455 | Audiovisuelle Medien- und Antennenanlagen [m2 BGF] | 1,70 | **1,80** | 2,00 | 0,1% |
| 457 | Datenübertragungsnetze [m2 BGF] | – | **2,00** | – | 0,1% |
| **460** | **Förderanlagen** | | | | |
| 461 | Aufzugsanlagen [m2 BGF] | – | **11,00** | – | 0,3% |
| **470** | **Nutzungsspezifische und verfahrenstechnische Anlagen** | | | | |
| 471 | Küchentechnische Anlagen [m2 BGF] | – | **36,00** | – | 1,1% |
| 474 | Feuerlöschanlagen [m2 BGF] | 0,20 | **0,50** | 1,20 | 0,0% |
| **480** | **Gebäude- und Anlagenautomation** | | | | |
| **490** | **Sonstige Maßnahmen für technische Anlagen** | | | | |

**Kosten:**
Stand 1.Quartal 2020
Bundesdurchschnitt
inkl. 19% MwSt.

| Kostengruppen | | ▷ | €/Einheit | ◁ | KG an 300+400 |
|---|---|---|---|---|---|
| **310** | **Baugrube / Erdbau** | | | | |
| 311 | Herstellung [m³] | 31,00 | **58,00** | 155,00 | 2,1% |
| **320** | **Gründung, Unterbau** | | | | |
| 322 | Flachgründungen und Bodenplatten [m²] | 118,00 | **147,00** | 169,00 | 5,0% |
| 324 | Gründungsbeläge [m²] | 79,00 | **146,00** | 190,00 | 4,5% |
| 325 | Abdichtungen und Bekleidungen [m²] | 22,00 | **42,00** | 72,00 | 1,6% |
| 326 | Dränagen [m²] | 8,40 | **18,00** | 28,00 | 0,2% |
| **330** | **Außenwände/Vertikale Baukonstruktionen, außen** | | | | |
| 331 | Tragende Außenwände [m²] | 146,00 | **165,00** | 192,00 | 5,6% |
| 332 | Nichttragende Außenwände [m²] | 83,00 | **230,00** | 376,00 | 0,5% |
| 333 | Außenstützen [m] | 95,00 | **171,00** | 359,00 | 0,5% |
| 334 | Außenwandöffnungen [m²] | 673,00 | **762,00** | 1.090,00 | 12,6% |
| 335 | Außenwandbekleidungen, außen [m²] | 121,00 | **161,00** | 217,00 | 6,4% |
| 336 | Außenwandbekleidungen, innen [m²] | 17,00 | **39,00** | 47,00 | 1,2% |
| 338 | Lichtschutz zur KG 330 [m²] | 155,00 | **365,00** | 575,00 | 1,4% |
| 339 | Sonstiges zur KG 330 [m²] | 5,70 | **12,00** | 16,00 | 0,4% |
| **340** | **Innenwände/Vertikale Baukonstruktionen, innen** | | | | |
| 341 | Tragende Innenwände [m²] | 96,00 | **147,00** | 182,00 | 2,1% |
| 342 | Nichttragende Innenwände [m²] | 65,00 | **92,00** | 130,00 | 1,2% |
| 344 | Innenwandöffnungen [m²] | 507,00 | **696,00** | 846,00 | 3,4% |
| 345 | Innenwandbekleidungen [m²] | 39,00 | **45,00** | 49,00 | 2,2% |
| 346 | Elementierte Innenwandkonstruktionen [m²] | 483,00 | **630,00** | 1.067,00 | 1,9% |
| **350** | **Decken/Horizontale Baukonstruktionen** | | | | |
| 351 | Deckenkonstruktionen [m²] | 96,00 | **156,00** | 238,00 | 3,0% |
| 352 | Deckenöffnungen [m²] | 786,00 | **1.851,00** | 2.917,00 | 0,1% |
| 353 | Deckenbeläge [m²] | 50,00 | **87,00** | 113,00 | 1,8% |
| 354 | Deckenbekleidungen [m²] | 30,00 | **72,00** | 138,00 | 1,6% |
| 359 | Sonstiges zur KG 350 [m²] | 23,00 | **34,00** | 41,00 | 0,6% |
| **360** | **Dächer** | | | | |
| 361 | Dachkonstruktionen [m²] | 76,00 | **110,00** | 133,00 | 4,7% |
| 362 | Dachöffnungen [m²] | 1.447,00 | **1.866,00** | 2.284,00 | 0,1% |
| 363 | Dachbeläge [m²] | 98,00 | **140,00** | 171,00 | 6,0% |
| 364 | Dachbekleidungen [m²] | 60,00 | **90,00** | 110,00 | 3,3% |
| 369 | Sonstiges zur KG 360 [m²] | 4,40 | **5,90** | 6,60 | 0,1% |
| **370** | **Infrastrukturanlagen** | | | | |
| **380** | **Baukonstruktive Einbauten** | | | | |
| 381 | Allgemeine Einbauten [m² BGF] | 5,30 | **37,00** | 98,00 | 1,7% |
| **390** | **Sonstige Maßnahmen für Baukonstruktionen** | | | | |
| 391 | Baustelleneinrichtung [m² BGF] | 21,00 | **30,00** | 64,00 | 1,8% |
| 392 | Gerüste [m² BGF] | 9,70 | **20,00** | 28,00 | 1,1% |
| 397 | Zusätzliche Maßnahmen [m² BGF] | 2,20 | **4,80** | 8,80 | 0,3% |
| 399 | Sonstiges zur KG 390 [m² BGF] | – | **16,00** | – | 0,1% |

▷ von
ø Mittel
◁ bis

| Kostengruppen | | ▷ | €/Einheit | ◁ | KG an 300+400 |
|---|---|---|---|---|---|
| | **Sonstige Kostengruppen Bauwerk - Baukonstruktion** | | | | |
| | 321, 343, 349, 382, 395 | | | | 0,2% |
| **410** | **Abwasser-, Wasser-, Gasanlagen** | | | | |
| 411 | Abwasseranlagen [m² BGF] | 9,70 | **25,00** | 36,00 | 1,4% |
| 412 | Wasseranlagen [m² BGF] | 31,00 | **45,00** | 63,00 | 2,4% |
| 419 | Sonstiges zur KG 410 [m² BGF] | 5,40 | **8,20** | 12,00 | 0,3% |
| **420** | **Wärmeversorgungsanlagen** | | | | |
| 421 | Wärmeerzeugungsanlagen [m² BGF] | 27,00 | **37,00** | 80,00 | 2,2% |
| 422 | Wärmeverteilnetze [m² BGF] | 11,00 | **18,00** | 25,00 | 1,1% |
| 423 | Raumheizflächen [m² BGF] | 21,00 | **39,00** | 61,00 | 2,1% |
| **430** | **Raumlufttechnische Anlagen** | | | | |
| 431 | Lüftungsanlagen [m² BGF] | 2,20 | **27,00** | 52,00 | 0,7% |
| **440** | **Elektrische Anlagen** | | | | |
| 442 | Eigenstromversorgungsanlagen [m² BGF] | – | **27,00** | – | 0,3% |
| 444 | Niederspannungsinstallationsanlagen [m² BGF] | 44,00 | **68,00** | 98,00 | 3,7% |
| 445 | Beleuchtungsanlagen [m² BGF] | 41,00 | **66,00** | 100,00 | 3,6% |
| 446 | Blitzschutz- und Erdungsanlagen [m² BGF] | 2,30 | **5,20** | 11,00 | 0,3% |
| **450** | **Kommunikations-, sicherheits- und informationstechnische Anlagen** | | | | |
| 451 | Telekommunikationsanlagen [m² BGF] | 1,50 | **3,80** | 7,60 | 0,1% |
| 454 | Elektroakustische Anlagen [m² BGF] | 1,80 | **6,80** | 9,60 | 0,2% |
| 456 | Gefahrenmelde- und Alarmanlagen [m² BGF] | 1,00 | **3,20** | 4,50 | 0,1% |
| 457 | Datenübertragungsnetze [m² BGF] | 1,30 | **6,20** | 16,00 | 0,2% |
| **460** | **Förderanlagen** | | | | |
| 461 | Aufzugsanlagen [m² BGF] | 50,00 | **53,00** | 55,00 | 1,4% |
| **470** | **Nutzungsspezifische und verfahrenstechnische Anlagen** | | | | |
| 471 | Küchentechnische Anlagen [m² BGF] | – | **44,00** | – | 0,6% |
| **480** | **Gebäude- und Anlagenautomation** | | | | |
| **490** | **Sonstige Maßnahmen für technische Anlagen** | | | | |
| | **Sonstige Kostengruppen Bauwerk - Technische Anlagen** | | | | |
| | 429, 439, 452, 455, 474, 481, 484, 491 | | | | 0,3% |

## Gemeindezentren, hoher Standard

**Kosten:**
Stand 1.Quartal 2020
Bundesdurchschnitt
inkl. 19% MwSt.

| Kostengruppen | | ▷ | **€/Einheit** | ◁ | KG an 300+400 |
|---|---|---|---|---|---|
| **310** | **Baugrube / Erdbau** | | | | |
| 311 | Herstellung [m³] | 11,00 | **43,00** | 65,00 | 1,7% |
| 312 | Umschließung [m²] | – | **393,00** | – | 0,5% |
| **320** | **Gründung, Unterbau** | | | | |
| 322 | Flachgründungen und Bodenplatten [m²] | 149,00 | **179,00** | 237,00 | 5,1% |
| 324 | Gründungsbeläge [m²] | 111,00 | **144,00** | 195,00 | 3,7% |
| 325 | Abdichtungen und Bekleidungen [m²] | 13,00 | **15,00** | 19,00 | 0,4% |
| 326 | Dränagen [m²] | – | **11,00** | – | 0,1% |
| **330** | **Außenwände/Vertikale Baukonstruktionen, außen** | | | | |
| 331 | Tragende Außenwände [m²] | 161,00 | **220,00** | 307,00 | 6,2% |
| 333 | Außenstützen [m] | 145,00 | **281,00** | 551,00 | 0,3% |
| 334 | Außenwandöffnungen [m²] | 753,00 | **785,00** | 800,00 | 6,9% |
| 335 | Außenwandbekleidungen, außen [m²] | 99,00 | **170,00** | 302,00 | 5,3% |
| 336 | Außenwandbekleidungen, innen [m²] | 57,00 | **73,00** | 100,00 | 1,5% |
| 338 | Lichtschutz zur KG 330 [m²] | – | **1.061,00** | – | 0,1% |
| 339 | Sonstiges zur KG 330 [m²] | 2,90 | **22,00** | 35,00 | 0,8% |
| **340** | **Innenwände/Vertikale Baukonstruktionen, innen** | | | | |
| 341 | Tragende Innenwände [m²] | 80,00 | **123,00** | 204,00 | 1,8% |
| 342 | Nichttragende Innenwände [m²] | 137,00 | **211,00** | 359,00 | 2,3% |
| 343 | Innenstützen [m] | 108,00 | **187,00** | 228,00 | 1,2% |
| 344 | Innenwandöffnungen [m²] | 1.010,00 | **1.131,00** | 1.334,00 | 3,8% |
| 345 | Innenwandbekleidungen [m²] | 34,00 | **54,00** | 68,00 | 2,5% |
| 346 | Elementierte Innenwandkonstruktionen [m²] | 244,00 | **372,00** | 577,00 | 1,5% |
| 349 | Sonstiges zur KG 340 [m²] | 8,10 | **8,70** | 9,20 | 0,2% |
| **350** | **Decken/Horizontale Baukonstruktionen** | | | | |
| 351 | Deckenkonstruktionen [m²] | 144,00 | **219,00** | 361,00 | 3,3% |
| 353 | Deckenbeläge [m²] | 166,00 | **184,00** | 218,00 | 2,0% |
| 354 | Deckenbekleidungen [m²] | 17,00 | **52,00** | 69,00 | 0,5% |
| 355 | Elementierte Deckenkonstruktionen [m²] | – | **726,00** | – | 0,8% |
| 359 | Sonstiges zur KG 350 [m²] | 47,00 | **75,00** | 92,00 | 1,2% |
| **360** | **Dächer** | | | | |
| 361 | Dachkonstruktionen [m²] | 123,00 | **180,00** | 282,00 | 6,1% |
| 362 | Dachöffnungen [m²] | 1.752,00 | **2.314,00** | 2.876,00 | 1,1% |
| 363 | Dachbeläge [m²] | 132,00 | **163,00** | 213,00 | 5,6% |
| 364 | Dachbekleidungen [m²] | 62,00 | **99,00** | 156,00 | 3,5% |
| 366 | Lichtschutz zur KG 360 [m²] | – | **0,00** | – | 0,1% |
| 369 | Sonstiges zur KG 360 [m²] | 3,90 | **8,20** | 17,00 | 0,3% |
| **370** | **Infrastrukturanlagen** | | | | |
| **380** | **Baukonstruktive Einbauten** | | | | |
| 381 | Allgemeine Einbauten [m² BGF] | 11,00 | **34,00** | 80,00 | 1,7% |
| 382 | Besondere Einbauten [m² BGF] | 10,00 | **28,00** | 61,00 | 1,2% |

▷ von
ø Mittel
◁ bis

| Kostengruppen | | ▷ | €/Einheit | ◁ | KG an 300+400 |
|---|---|---|---|---|---|
| **390** | **Sonstige Maßnahmen für Baukonstruktionen** | | | | |
| 391 | Baustelleneinrichtung [m2 BGF] | 5,00 | **21,00** | 32,00 | 1,0% |
| 392 | Gerüste [m2 BGF] | 11,00 | **20,00** | 38,00 | 0,9% |
| 393 | Sicherungsmaßnahmen [m2 BGF] | – | **8,30** | – | 0,1% |
| 397 | Zusätzliche Maßnahmen [m2 BGF] | 2,00 | **6,80** | 9,20 | 0,3% |
| 399 | Sonstiges zur KG 390 [m2 BGF] | 7,10 | **11,00** | 14,00 | 0,3% |
| | **Sonstige Kostengruppen Bauwerk - Baukonstruktion** | | | | |
| | 319, 321, 329, 332, 386, 398 | | | | 0,2% |
| **410** | **Abwasser-, Wasser-, Gasanlagen** | | | | |
| 411 | Abwasseranlagen [m2 BGF] | 22,00 | **32,00** | 52,00 | 1,5% |
| 412 | Wasseranlagen [m2 BGF] | 38,00 | **53,00** | 84,00 | 2,5% |
| **420** | **Wärmeversorgungsanlagen** | | | | |
| 421 | Wärmeerzeugungsanlagen [m2 BGF] | 42,00 | **53,00** | 75,00 | 2,4% |
| 422 | Wärmeverteilnetze [m2 BGF] | 20,00 | **23,00** | 24,00 | 1,1% |
| 423 | Raumheizflächen [m2 BGF] | 27,00 | **33,00** | 40,00 | 1,5% |
| 429 | Sonstiges zur KG 420 [m2 BGF] | 3,90 | **17,00** | 30,00 | 0,6% |
| **430** | **Raumlufttechnische Anlagen** | | | | |
| 431 | Lüftungsanlagen [m2 BGF] | 17,00 | **51,00** | 118,00 | 2,4% |
| **440** | **Elektrische Anlagen** | | | | |
| 442 | Eigenstromversorgungsanlagen [m2 BGF] | – | **13,00** | – | 0,2% |
| 444 | Niederspannungsinstallationsanlagen [m2 BGF] | 57,00 | **74,00** | 110,00 | 3,5% |
| 445 | Beleuchtungsanlagen [m2 BGF] | 38,00 | **82,00** | 108,00 | 3,8% |
| 446 | Blitzschutz- und Erdungsanlagen [m2 BGF] | 1,40 | **4,50** | 6,20 | 0,2% |
| 449 | Sonstiges zur KG 440 [m2 BGF] | – | **19,00** | – | 0,3% |
| **450** | **Kommunikations-, sicherheits- und informationstechnische Anlagen** | | | | |
| 454 | Elektroakustische Anlagen [m2 BGF] | – | **39,00** | – | 0,5% |
| **460** | **Förderanlagen** | | | | |
| 461 | Aufzugsanlagen [m2 BGF] | – | **104,00** | – | 1,7% |
| **470** | **Nutzungsspezifische und verfahrenstechnische Anlagen** | | | | |
| 471 | Küchentechnische Anlagen [m2 BGF] | – | **57,00** | – | 0,8% |
| 476 | Weitere nutzungsspezifische Anlagen [m2 BGF] | – | **39,00** | – | 0,5% |
| **480** | **Gebäude- und Anlagenautomation** | | | | |
| 481 | Automationseinrichtungen [m2 BGF] | – | **19,00** | – | 0,3% |
| **490** | **Sonstige Maßnahmen für technische Anlagen** | | | | |
| | **Sonstige Kostengruppen Bauwerk - Technische Anlagen** | | | | |
| | 413, 451, 452, 455, 456, 457, 474 | | | | 0,3% |

| Kostengruppen | | ▷ | €/Einheit | ◁ | KG an 300+400 |
|---|---|---|---|---|---|
| **310** | **Baugrube / Erdbau** | | | | |
| 311 | Herstellung [m3] | – | **49,00** | – | 2,4% |
| **320** | **Gründung, Unterbau** | | | | |
| 322 | Flachgründungen und Bodenplatten [m2] | – | **177,00** | – | 3,2% |
| 324 | Gründungsbeläge [m2] | – | **105,00** | – | 1,6% |
| 325 | Abdichtungen und Bekleidungen [m2] | – | **27,00** | – | 0,5% |
| 326 | Dränagen [m2] | – | **14,00** | – | 0,3% |
| **330** | **Außenwände/Vertikale Baukonstruktionen, außen** | | | | |
| 331 | Tragende Außenwände [m2] | – | **129,00** | – | 7,5% |
| 332 | Nichttragende Außenwände [m2] | – | **55,00** | – | 0,6% |
| 333 | Außenstützen [m] | – | **207,00** | – | 2,2% |
| 334 | Außenwandöffnungen [m2] | – | **834,00** | – | 13,5% |
| 335 | Außenwandbekleidungen, außen [m2] | – | **101,00** | – | 7,2% |
| 336 | Außenwandbekleidungen, innen [m2] | – | **47,00** | – | 3,7% |
| 339 | Sonstiges zur KG 330 [m2] | – | **2,70** | – | 0,2% |
| **340** | **Innenwände/Vertikale Baukonstruktionen, innen** | | | | |
| 341 | Tragende Innenwände [m2] | – | **94,00** | – | 1,6% |
| 342 | Nichttragende Innenwände [m2] | – | **52,00** | – | 0,1% |
| 344 | Innenwandöffnungen [m2] | – | **805,00** | – | 5,8% |
| 345 | Innenwandbekleidungen [m2] | – | **19,00** | – | 0,8% |
| 346 | Elementierte Innenwandkonstruktionen [m2] | – | **487,00** | – | 1,5% |
| **350** | **Decken/Horizontale Baukonstruktionen** | | | | |
| 351 | Deckenkonstruktionen [m2] | – | **109,00** | – | 2,0% |
| 353 | Deckenbeläge [m2] | – | **251,00** | – | 3,8% |
| 354 | Deckenbekleidungen [m2] | – | **5,00** | – | 0,0% |
| **360** | **Dächer** | | | | |
| 361 | Dachkonstruktionen [m2] | – | **91,00** | – | 5,1% |
| 363 | Dachbeläge [m2] | – | **215,00** | – | 12,0% |
| 364 | Dachbekleidungen [m2] | – | **43,00** | – | 1,9% |
| 369 | Sonstiges zur KG 360 [m2] | – | **5,30** | – | 0,3% |
| **370** | **Infrastrukturanlagen** | | | | |
| **380** | **Baukonstruktive Einbauten** | | | | |
| 381 | Allgemeine Einbauten [m2 BGF] | – | **16,00** | – | 0,8% |
| **390** | **Sonstige Maßnahmen für Baukonstruktionen** | | | | |
| 391 | Baustelleneinrichtung [m2 BGF] | – | **52,00** | – | 2,7% |
| 392 | Gerüste [m2 BGF] | – | **28,00** | – | 1,4% |

**Kosten:**
Stand 1.Quartal 2020
Bundesdurchschnitt
inkl. 19% MwSt.

▷ von
ø Mittel
◁ bis

| Kostengruppen | ▷ | €/Einheit | ◁ | KG an 300+400 |
|---|---|---|---|---|
| **410 Abwasser-, Wasser-, Gasanlagen** | | | | |
| 411 Abwasseranlagen [m² BGF] | – | **19,00** | – | 1,0% |
| 412 Wasseranlagen [m² BGF] | – | **34,00** | – | 1,8% |
| **420 Wärmeversorgungsanlagen** | | | | |
| **430 Raumlufttechnische Anlagen** | | | | |
| 431 Lüftungsanlagen [m² BGF] | – | **5,30** | – | 0,3% |
| 434 Kälteanlagen [m² BGF] | – | **186,00** | – | 9,6% |
| **440 Elektrische Anlagen** | | | | |
| 444 Niederspannungsinstallationsanlagen [m² BGF] | – | **68,00** | – | 3,5% |
| 445 Beleuchtungsanlagen [m² BGF] | – | **10,00** | – | 0,5% |
| 446 Blitzschutz- und Erdungsanlagen [m² BGF] | – | **9,70** | – | 0,5% |
| **450 Kommunikations-, sicherheits- und informationstechnische Anlagen** | | | | |
| **460 Förderanlagen** | | | | |
| **470 Nutzungsspezifische und verfahrenstechnische Anlagen** | | | | |
| **480 Gebäude- und Anlagenautomation** | | | | |
| **490 Sonstige Maßnahmen für technische Anlagen** | | | | |

# Bauelemente
# Neubau
# nach Kostengruppen

Kostenkennwerte für die Kostengruppen
der 3. Ebene DIN 276

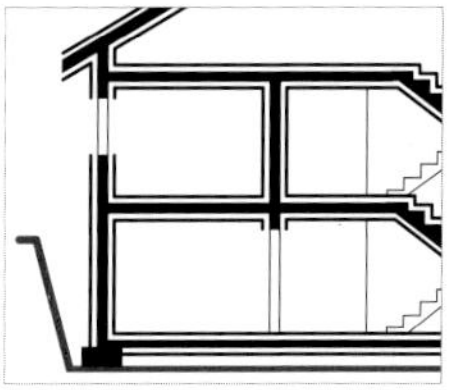

**Kosten:**
Stand 1.Quartal 2020
Bundesdurchschnitt
inkl. 19% MwSt.

Einheit: m³
Baugrubenrauminhalt /
Erdbaurauminhalt

▷ von
ø Mittel
◁ bis

| Gebäudeart | ▷ | €/Einheit | ◁ | KG an 300 |
|---|---|---|---|---|
| **1 Büro- und Verwaltungsgebäude** | | | | |
| Büro- und Verwaltungsgebäude, einfacher Standard | 15,00 | **25,00** | 34,00 | 1,4% |
| Büro- und Verwaltungsgebäude, mittlerer Standard | 19,00 | **32,00** | 61,00 | 1,5% |
| Büro- und Verwaltungsgebäude, hoher Standard | 30,00 | **57,00** | 113,00 | 1,7% |
| **2 Gebäude für Forschung und Lehre** | | | | |
| Instituts- und Laborgebäude | 30,00 | **33,00** | 42,00 | 0,6% |
| **3 Gebäude des Gesundheitswesens** | | | | |
| Medizinische Einrichtungen | 23,00 | **42,00** | 60,00 | 2,1% |
| Pflegeheime | 16,00 | **25,00** | 35,00 | 2,5% |
| **4 Schulen und Kindergärten** | | | | |
| Allgemeinbildende Schulen | 17,00 | **38,00** | 62,00 | 2,6% |
| Berufliche Schulen | 17,00 | **30,00** | 40,00 | 1,8% |
| Förder- und Sonderschulen | 12,00 | **28,00** | 53,00 | 1,2% |
| Weiterbildungseinrichtungen | 21,00 | **23,00** | 24,00 | 2,2% |
| Kindergärten, nicht unterkellert, einfacher Standard | – | **34,00** | – | 0,9% |
| Kindergärten, nicht unterkellert, mittlerer Standard | 18,00 | **28,00** | 37,00 | 1,5% |
| Kindergärten, nicht unterkellert, hoher Standard | 5,60 | **19,00** | 33,00 | 0,2% |
| Kindergärten, Holzbauweise, nicht unterkellert | 26,00 | **43,00** | 89,00 | 1,6% |
| Kindergärten, unterkellert | 14,00 | **26,00** | 32,00 | 3,0% |
| **5 Sportbauten** | | | | |
| Sport- und Mehrzweckhallen | 13,00 | **28,00** | 43,00 | 2,7% |
| Sporthallen (Einfeldhallen) | 19,00 | **26,00** | 37,00 | 3,3% |
| Sporthallen (Dreifeldhallen) | 19,00 | **23,00** | 27,00 | 2,9% |
| Schwimmhallen | – | **–** | – | – |
| **6 Wohngebäude** | | | | |
| **Ein- und Zweifamilienhäuser** | | | | |
| Ein- und Zweifamilienhäuser, unterkellert, einfacher Standard | 19,00 | **26,00** | 40,00 | 4,5% |
| Ein- und Zweifamilienhäuser, unterkellert, mittlerer Standard | 22,00 | **31,00** | 44,00 | 4,4% |
| Ein- und Zweifamilienhäuser, unterkellert, hoher Standard | 5,30 | **19,00** | 27,00 | 2,8% |
| Ein- und Zweifamilienhäuser, nicht unterkellert, einfacher Standard | 20,00 | **42,00** | 64,00 | 1,5% |
| Ein- und Zweifamilienhäuser, nicht unterkellert, mittlerer Standard | 23,00 | **35,00** | 64,00 | 1,4% |
| Ein- und Zweifamilienhäuser, nicht unterkellert, hoher Standard | 25,00 | **52,00** | 88,00 | 1,7% |
| Ein- und Zweifamilienhäuser, Passivhausstandard, Massivbau | 18,00 | **32,00** | 72,00 | 2,6% |
| Ein- und Zweifamilienhäuser, Passivhausstandard, Holzbau | 26,00 | **41,00** | 65,00 | 2,0% |
| Ein- und Zweifamilienhäuser, Holzbauweise, unterkellert | 17,00 | **25,00** | 39,00 | 2,8% |
| Ein- und Zweifamilienhäuser, Holzbauweise, nicht unterkellert | 14,00 | **39,00** | 101,00 | 1,4% |
| Doppel- und Reihenendhäuser, einfacher Standard | 49,00 | **61,00** | 73,00 | 1,8% |
| Doppel- und Reihenendhäuser, mittlerer Standard | 16,00 | **34,00** | 52,00 | 2,7% |
| Doppel- und Reihenendhäuser, hoher Standard | 21,00 | **31,00** | 46,00 | 2,9% |
| Reihenhäuser, einfacher Standard | 37,00 | **56,00** | 75,00 | 1,5% |
| Reihenhäuser, mittlerer Standard | 42,00 | **54,00** | 72,00 | 2,9% |
| Reihenhäuser, hoher Standard | 24,00 | **37,00** | 63,00 | 2,9% |
| **Mehrfamilienhäuser** | | | | |
| Mehrfamilienhäuser, mit bis zu 6 WE, einfacher Standard | 5,40 | **15,00** | 20,00 | 1,7% |
| Mehrfamilienhäuser, mit bis zu 6 WE, mittlerer Standard | 32,00 | **46,00** | 98,00 | 3,1% |
| Mehrfamilienhäuser, mit bis zu 6 WE, hoher Standard | 18,00 | **26,00** | 39,00 | 2,5% |

| Gebäudeart | ▷ | €/Einheit | ◁ | KG an 300 |
|---|---|---|---|---|
| **Mehrfamilienhäuser (Fortsetzung)** | | | | |
| Mehrfamilienhäuser, mit 6 bis 19 WE, einfacher Standard | 25,00 | **32,00** | 36,00 | 2,6% |
| Mehrfamilienhäuser, mit 6 bis 19 WE, mittlerer Standard | 19,00 | **38,00** | 62,00 | 3,5% |
| Mehrfamilienhäuser, mit 6 bis 19 WE, hoher Standard | 32,00 | **39,00** | 50,00 | 3,6% |
| Mehrfamilienhäuser, mit 20 oder mehr WE, mittlerer Standard | 21,00 | **42,00** | 81,00 | 3,0% |
| Mehrfamilienhäuser, mit 20 oder mehr WE, hoher Standard | 19,00 | **23,00** | 29,00 | 3,6% |
| Mehrfamilienhäuser, Passivhäuser | 19,00 | **24,00** | 27,00 | 2,5% |
| Wohnhäuser, mit bis zu 15% Mischnutzung, einfacher Standard | 30,00 | **36,00** | 47,00 | 2,6% |
| Wohnhäuser, mit bis zu 15% Mischnutzung, mittlerer Standard | 9,80 | **23,00** | 30,00 | 1,3% |
| Wohnhäuser, mit bis zu 15% Mischnutzung, hoher Standard | – | **26,00** | – | 1,0% |
| Wohnhäuser, mit mehr als 15% Mischnutzung | 22,00 | **31,00** | 48,00 | 2,0% |
| **Seniorenwohnungen** | | | | |
| Seniorenwohnungen, mittlerer Standard | 22,00 | **37,00** | 62,00 | 2,1% |
| Seniorenwohnungen, hoher Standard | 37,00 | **71,00** | 105,00 | 5,0% |
| **Beherbergung** | | | | |
| Wohnheime und Internate | 23,00 | **33,00** | 52,00 | 1,8% |
| **7 Gewerbegebäude** | | | | |
| **Gaststätten und Kantinen** | | | | |
| Gaststätten, Kantinen und Mensen | – | **51,00** | – | 5,1% |
| **Gebäude für Produktion** | | | | |
| Industrielle Produktionsgebäude, Massivbauweise | 14,00 | **19,00** | 22,00 | 1,2% |
| Industrielle Produktionsgebäude, überwiegend Skelettbauweise | 11,00 | **44,00** | 74,00 | 2,1% |
| Betriebs- und Werkstätten, eingeschossig | 12,00 | **16,00** | 21,00 | 2,4% |
| Betriebs- und Werkstätten, mehrgeschossig, geringer Hallenanteil | 29,00 | **32,00** | 40,00 | 2,7% |
| Betriebs- und Werkstätten, mehrgeschossig, hoher Hallenanteil | 21,00 | **32,00** | 48,00 | 1,8% |
| **Gebäude für Handel und Lager** | | | | |
| Geschäftshäuser, mit Wohnungen | 15,00 | **19,00** | 24,00 | 2,1% |
| Geschäftshäuser, ohne Wohnungen | 29,00 | **36,00** | 42,00 | 3,8% |
| Verbrauchermärkte | 26,00 | **36,00** | 45,00 | 1,0% |
| Autohäuser | 8,80 | **13,00** | 18,00 | 5,7% |
| Lagergebäude, ohne Mischnutzung | 15,00 | **31,00** | 51,00 | 3,2% |
| Lagergebäude, mit bis zu 25% Mischnutzung | 18,00 | **26,00** | 30,00 | 1,3% |
| Lagergebäude, mit mehr als 25% Mischnutzung | 7,60 | **29,00** | 51,00 | 0,5% |
| **Garagen und Bereitschaftsdienste** | | | | |
| Einzel-, Mehrfach- und Hochgaragen | 11,00 | **24,00** | 37,00 | 0,8% |
| Tiefgaragen | – | **39,00** | – | 12,7% |
| Feuerwehrhäuser | 12,00 | **17,00** | 27,00 | 1,6% |
| Öffentliche Bereitschaftsdienste | 12,00 | **30,00** | 36,00 | 3,1% |
| **9 Kulturgebäude** | | | | |
| **Gebäude für kulturelle Zwecke** | | | | |
| Bibliotheken, Museen und Ausstellungen | 19,00 | **45,00** | 137,00 | 2,0% |
| Theater | 22,00 | **26,00** | 30,00 | 2,0% |
| Gemeindezentren, einfacher Standard | 25,00 | **48,00** | 82,00 | 4,1% |
| Gemeindezentren, mittlerer Standard | 31,00 | **58,00** | 155,00 | 2,8% |
| Gemeindezentren, hoher Standard | 11,00 | **43,00** | 65,00 | 2,2% |
| **Gebäude für religiöse Zwecke** | | | | |
| Sakralbauten | – | **–** | – | – |
| Friedhofsgebäude | – | **49,00** | – | 2,9% |

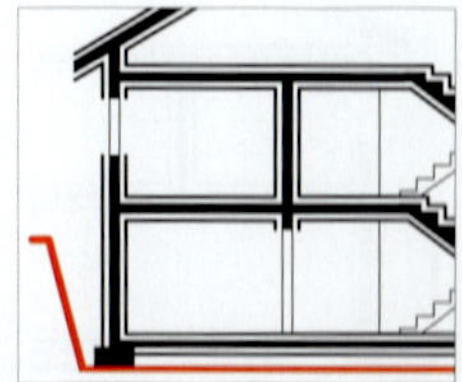

Einheit: m³
Baugrubenrauminhalt /
Erdbaurauminhalt

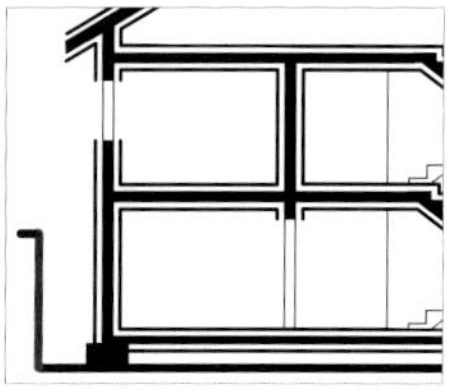

**Kosten:**
Stand 1.Quartal 2020
Bundesdurchschnitt
inkl. 19% MwSt.

Einheit: m²
Umschließungsfläche

▷ von
ø Mittel
◁ bis

| Gebäudeart | ▷ | €/Einheit | ◁ | KG an 300 |
|---|---|---|---|---|
| **1 Büro- und Verwaltungsgebäude** | | | | |
| Büro- und Verwaltungsgebäude, einfacher Standard | – | **–** | – | – |
| Büro- und Verwaltungsgebäude, mittlerer Standard | 16,00 | **91,00** | 143,00 | 0,3% |
| Büro- und Verwaltungsgebäude, hoher Standard | 1,50 | **212,00** | 349,00 | 0,7% |
| **2 Gebäude für Forschung und Lehre** | | | | |
| Instituts- und Laborgebäude | – | **–** | – | – |
| **3 Gebäude des Gesundheitswesens** | | | | |
| Medizinische Einrichtungen | 3,20 | **127,00** | 251,00 | 0,6% |
| Pflegeheime | 5,10 | **34,00** | 90,00 | 0,2% |
| **4 Schulen und Kindergärten** | | | | |
| Allgemeinbildende Schulen | 242,00 | **242,00** | 242,00 | 0,1% |
| Berufliche Schulen | 1,40 | **190,00** | 379,00 | 0,1% |
| Förder- und Sonderschulen | – | **0,70** | – | 0,0% |
| Weiterbildungseinrichtungen | 5,10 | **26,00** | 46,00 | 0,1% |
| Kindergärten, nicht unterkellert, einfacher Standard | – | **–** | – | – |
| Kindergärten, nicht unterkellert, mittlerer Standard | – | **7,40** | – | 0,0% |
| Kindergärten, nicht unterkellert, hoher Standard | – | **–** | – | – |
| Kindergärten, Holzbauweise, nicht unterkellert | – | **–** | – | – |
| Kindergärten, unterkellert | 3,60 | **4,10** | 4,70 | 0,0% |
| **5 Sportbauten** | | | | |
| Sport- und Mehrzweckhallen | – | **2,60** | – | 0,1% |
| Sporthallen (Einfeldhallen) | – | **–** | – | – |
| Sporthallen (Dreifeldhallen) | – | **57,00** | – | 0,1% |
| Schwimmhallen | – | **–** | – | – |
| **6 Wohngebäude** | | | | |
| **Ein- und Zweifamilienhäuser** | | | | |
| Ein- und Zweifamilienhäuser, unterkellert, einfacher Standard | – | **–** | – | – |
| Ein- und Zweifamilienhäuser, unterkellert, mittlerer Standard | – | **–** | – | – |
| Ein- und Zweifamilienhäuser, unterkellert, hoher Standard | – | **3,00** | – | 0,0% |
| Ein- und Zweifamilienhäuser, nicht unterkellert, einfacher Standard | – | **–** | – | – |
| Ein- und Zweifamilienhäuser, nicht unterkellert, mittlerer Standard | – | **–** | – | – |
| Ein- und Zweifamilienhäuser, nicht unterkellert, hoher Standard | – | **–** | – | – |
| Ein- und Zweifamilienhäuser, Passivhausstandard, Massivbau | – | **167,00** | – | 0,6% |
| Ein- und Zweifamilienhäuser, Passivhausstandard, Holzbau | – | **–** | – | – |
| Ein- und Zweifamilienhäuser, Holzbauweise, unterkellert | – | **2,60** | – | 0,0% |
| Ein- und Zweifamilienhäuser, Holzbauweise, nicht unterkellert | – | **–** | – | – |
| Doppel- und Reihenendhäuser, einfacher Standard | – | **3,20** | – | 0,0% |
| Doppel- und Reihenendhäuser, mittlerer Standard | – | **6,40** | – | 0,0% |
| Doppel- und Reihenendhäuser, hoher Standard | – | **4,50** | – | 0,0% |
| Reihenhäuser, einfacher Standard | – | **–** | – | – |
| Reihenhäuser, mittlerer Standard | – | **–** | – | – |
| Reihenhäuser, hoher Standard | – | **–** | – | – |
| **Mehrfamilienhäuser** | | | | |
| Mehrfamilienhäuser, mit bis zu 6 WE, einfacher Standard | – | **–** | – | – |
| Mehrfamilienhäuser, mit bis zu 6 WE, mittlerer Standard | – | **3,00** | – | 0,1% |
| Mehrfamilienhäuser, mit bis zu 6 WE, hoher Standard | 2,30 | **21,00** | 39,00 | 0,1% |

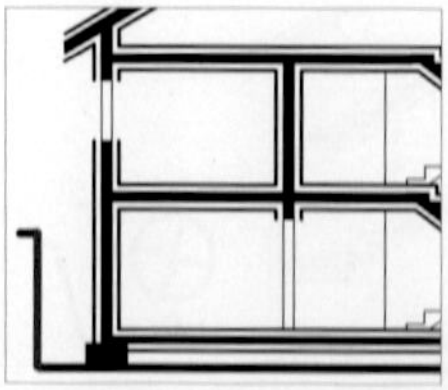

Einheit: m²
Umschließungsfläche

| Gebäudeart | ▷ | €/Einheit | ◁ | KG an 300 |
|---|---|---|---|---|
| **Mehrfamilienhäuser (Fortsetzung)** | | | | |
| Mehrfamilienhäuser, mit 6 bis 19 WE, einfacher Standard | – | **–** | – | – |
| Mehrfamilienhäuser, mit 6 bis 19 WE, mittlerer Standard | – | **0,00** | – | 0,1% |
| Mehrfamilienhäuser, mit 6 bis 19 WE, hoher Standard | 3,40 | **142,00** | 198,00 | 0,6% |
| Mehrfamilienhäuser, mit 20 oder mehr WE, mittlerer Standard | 124,00 | **226,00** | 399,00 | 1,2% |
| Mehrfamilienhäuser, mit 20 oder mehr WE, hoher Standard | – | **3,20** | – | 0,0% |
| Mehrfamilienhäuser, Passivhäuser | – | **–** | – | – |
| Wohnhäuser, mit bis zu 15% Mischnutzung, einfacher Standard | – | **350,00** | – | 0,4% |
| Wohnhäuser, mit bis zu 15% Mischnutzung, mittlerer Standard | – | **–** | – | – |
| Wohnhäuser, mit bis zu 15% Mischnutzung, hoher Standard | – | **600,00** | – | 5,0% |
| Wohnhäuser, mit mehr als 15% Mischnutzung | – | **–** | – | – |
| **Seniorenwohnungen** | | | | |
| Seniorenwohnungen, mittlerer Standard | 1,50 | **2,10** | 2,60 | 0,0% |
| Seniorenwohnungen, hoher Standard | – | **–** | – | – |
| **Beherbergung** | | | | |
| Wohnheime und Internate | – | **229,00** | – | 0,1% |
| **7 Gewerbegebäude** | | | | |
| **Gaststätten und Kantinen** | | | | |
| Gaststätten, Kantinen und Mensen | – | **–** | – | – |
| **Gebäude für Produktion** | | | | |
| Industrielle Produktionsgebäude, Massivbauweise | – | **–** | – | – |
| Industrielle Produktionsgebäude, überwiegend Skelettbauweise | – | **2,10** | – | 0,0% |
| Betriebs- und Werkstätten, eingeschossig | – | **–** | – | – |
| Betriebs- und Werkstätten, mehrgeschossig, geringer Hallenanteil | – | **–** | – | – |
| Betriebs- und Werkstätten, mehrgeschossig, hoher Hallenanteil | – | **–** | – | – |
| **Gebäude für Handel und Lager** | | | | |
| Geschäftshäuser, mit Wohnungen | – | **601,00** | – | 4,1% |
| Geschäftshäuser, ohne Wohnungen | – | **–** | – | – |
| Verbrauchermärkte | – | **–** | – | – |
| Autohäuser | – | **877,00** | – | 18,1% |
| Lagergebäude, ohne Mischnutzung | – | **–** | – | – |
| Lagergebäude, mit bis zu 25% Mischnutzung | – | **1,20** | – | 0,0% |
| Lagergebäude, mit mehr als 25% Mischnutzung | – | **–** | – | – |
| **Garagen und Bereitschaftsdienste** | | | | |
| Einzel-, Mehrfach- und Hochgaragen | – | **–** | – | – |
| Tiefgaragen | – | **–** | – | – |
| Feuerwehrhäuser | – | **–** | – | – |
| Öffentliche Bereitschaftsdienste | – | **–** | – | – |
| **9 Kulturgebäude** | | | | |
| **Gebäude für kulturelle Zwecke** | | | | |
| Bibliotheken, Museen und Ausstellungen | 0,80 | **18,00** | 34,00 | 0,0% |
| Theater | – | **–** | – | – |
| Gemeindezentren, einfacher Standard | – | **–** | – | – |
| Gemeindezentren, mittlerer Standard | – | **–** | – | – |
| Gemeindezentren, hoher Standard | – | **393,00** | – | 0,7% |
| **Gebäude für religiöse Zwecke** | | | | |
| Sakralbauten | – | **–** | – | – |
| Friedhofsgebäude | – | **–** | – | – |

# 313 Wasserhaltung

**Kosten:**
Stand 1.Quartal 2020
Bundesdurchschnitt
inkl. 19% MwSt.

Einheit: m³
Wasserhaltungsvolumen

▷ von
ø Mittel
◁ bis

| Gebäudeart | ▷ | €/Einheit | ◁ | KG an 300 |
|---|---|---|---|---|
| **1 Büro- und Verwaltungsgebäude** | | | | |
| Büro- und Verwaltungsgebäude, einfacher Standard | – | **–** | – | – |
| Büro- und Verwaltungsgebäude, mittlerer Standard | 1,60 | **3,40** | 5,70 | 0,1% |
| Büro- und Verwaltungsgebäude, hoher Standard | 3,40 | **8,20** | 18,00 | 0,2% |
| **2 Gebäude für Forschung und Lehre** | | | | |
| Instituts- und Laborgebäude | – | **77,00** | – | 0,2% |
| **3 Gebäude des Gesundheitswesens** | | | | |
| Medizinische Einrichtungen | 42,00 | **42,00** | 42,00 | 0,3% |
| Pflegeheime | 11,00 | **11,00** | 11,00 | 0,1% |
| **4 Schulen und Kindergärten** | | | | |
| Allgemeinbildende Schulen | – | **0,30** | – | 0,0% |
| Berufliche Schulen | 1,00 | **3,10** | 5,30 | 0,1% |
| Förder- und Sonderschulen | 0,20 | **0,50** | 0,80 | 0,0% |
| Weiterbildungseinrichtungen | – | **–** | – | – |
| Kindergärten, nicht unterkellert, einfacher Standard | – | **–** | – | – |
| Kindergärten, nicht unterkellert, mittlerer Standard | – | **–** | – | – |
| Kindergärten, nicht unterkellert, hoher Standard | – | **–** | – | – |
| Kindergärten, Holzbauweise, nicht unterkellert | – | **–** | – | – |
| Kindergärten, unterkellert | – | **–** | – | – |
| **5 Sportbauten** | | | | |
| Sport- und Mehrzweckhallen | – | **–** | – | – |
| Sporthallen (Einfeldhallen) | – | **–** | – | – |
| Sporthallen (Dreifeldhallen) | – | **1,10** | – | 0,0% |
| Schwimmhallen | – | **–** | – | – |
| **6 Wohngebäude** | | | | |
| **Ein- und Zweifamilienhäuser** | | | | |
| Ein- und Zweifamilienhäuser, unterkellert, einfacher Standard | 3,30 | **3,30** | 3,30 | 0,1% |
| Ein- und Zweifamilienhäuser, unterkellert, mittlerer Standard | 1,50 | **15,00** | 29,00 | 0,2% |
| Ein- und Zweifamilienhäuser, unterkellert, hoher Standard | – | **–** | – | – |
| Ein- und Zweifamilienhäuser, nicht unterkellert, einfacher Standard | – | **–** | – | – |
| Ein- und Zweifamilienhäuser, nicht unterkellert, mittlerer Standard | – | **–** | – | – |
| Ein- und Zweifamilienhäuser, nicht unterkellert, hoher Standard | – | **0,20** | – | 0,0% |
| Ein- und Zweifamilienhäuser, Passivhausstandard, Massivbau | – | **21,00** | – | 0,2% |
| Ein- und Zweifamilienhäuser, Passivhausstandard, Holzbau | – | **–** | – | – |
| Ein- und Zweifamilienhäuser, Holzbauweise, unterkellert | – | **3,20** | – | 0,0% |
| Ein- und Zweifamilienhäuser, Holzbauweise, nicht unterkellert | – | **–** | – | – |
| Doppel- und Reihenendhäuser, einfacher Standard | – | **–** | – | – |
| Doppel- und Reihenendhäuser, mittlerer Standard | – | **0,00** | – | 0,1% |
| Doppel- und Reihenendhäuser, hoher Standard | – | **–** | – | – |
| Reihenhäuser, einfacher Standard | – | **–** | – | – |
| Reihenhäuser, mittlerer Standard | – | **–** | – | – |
| Reihenhäuser, hoher Standard | – | **–** | – | – |
| **Mehrfamilienhäuser** | | | | |
| Mehrfamilienhäuser, mit bis zu 6 WE, einfacher Standard | – | **–** | – | – |
| Mehrfamilienhäuser, mit bis zu 6 WE, mittlerer Standard | – | **3,20** | – | 0,1% |
| Mehrfamilienhäuser, mit bis zu 6 WE, hoher Standard | – | **–** | – | – |


 Erläuterungen zu den Tabellen siehe Seite 46

Einheit: m³
Wasserhaltungsvolumen

| Gebäudeart | ▷ | €/Einheit | ◁ | KG an 300 |
|---|---|---|---|---|
| **Mehrfamilienhäuser (Fortsetzung)** | | | | |
| Mehrfamilienhäuser, mit 6 bis 19 WE, einfacher Standard | – | **6,80** | – | 0,1% |
| Mehrfamilienhäuser, mit 6 bis 19 WE, mittlerer Standard | – | **0,40** | – | 0,0% |
| Mehrfamilienhäuser, mit 6 bis 19 WE, hoher Standard | 3,30 | **6,20** | 9,10 | 0,1% |
| Mehrfamilienhäuser, mit 20 oder mehr WE, mittlerer Standard | 2,00 | **3,80** | 5,60 | 0,3% |
| Mehrfamilienhäuser, mit 20 oder mehr WE, hoher Standard | 0,60 | **0,80** | 0,90 | 0,1% |
| Mehrfamilienhäuser, Passivhäuser | 1,70 | **3,20** | 6,30 | 0,2% |
| Wohnhäuser, mit bis zu 15% Mischnutzung, einfacher Standard | – | **9,90** | – | 0,2% |
| Wohnhäuser, mit bis zu 15% Mischnutzung, mittlerer Standard | – | **–** | – | – |
| Wohnhäuser, mit bis zu 15% Mischnutzung, hoher Standard | – | **11,00** | – | 0,4% |
| Wohnhäuser, mit mehr als 15% Mischnutzung | – | **–** | – | – |
| **Seniorenwohnungen** | | | | |
| Seniorenwohnungen, mittlerer Standard | – | **0,60** | – | 0,0% |
| Seniorenwohnungen, hoher Standard | – | **–** | – | – |
| **Beherbergung** | | | | |
| Wohnheime und Internate | – | **1,50** | – | 0,0% |
| **7 Gewerbegebäude** | | | | |
| **Gaststätten und Kantinen** | | | | |
| Gaststätten, Kantinen und Mensen | – | **–** | – | – |
| **Gebäude für Produktion** | | | | |
| Industrielle Produktionsgebäude, Massivbauweise | – | **–** | – | – |
| Industrielle Produktionsgebäude, überwiegend Skelettbauweise | – | **3,20** | – | 0,0% |
| Betriebs- und Werkstätten, eingeschossig | – | **–** | – | – |
| Betriebs- und Werkstätten, mehrgeschossig, geringer Hallenanteil | 0,20 | **0,20** | 0,20 | 0,0% |
| Betriebs- und Werkstätten, mehrgeschossig, hoher Hallenanteil | 2,70 | **8,80** | 15,00 | 0,3% |
| **Gebäude für Handel und Lager** | | | | |
| Geschäftshäuser, mit Wohnungen | – | **–** | – | – |
| Geschäftshäuser, ohne Wohnungen | – | **–** | – | – |
| Verbrauchermärkte | – | **–** | – | – |
| Autohäuser | – | **–** | – | – |
| Lagergebäude, ohne Mischnutzung | – | **–** | – | – |
| Lagergebäude, mit bis zu 25% Mischnutzung | – | **–** | – | – |
| Lagergebäude, mit mehr als 25% Mischnutzung | – | **–** | – | – |
| **Garagen und Bereitschaftsdienste** | | | | |
| Einzel-, Mehrfach- und Hochgaragen | – | **–** | – | – |
| Tiefgaragen | – | **–** | – | – |
| Feuerwehrhäuser | – | **0,20** | – | 0,0% |
| Öffentliche Bereitschaftsdienste | – | **0,60** | – | 0,0% |
| **9 Kulturgebäude** | | | | |
| **Gebäude für kulturelle Zwecke** | | | | |
| Bibliotheken, Museen und Ausstellungen | – | **0,00** | – | 0,0% |
| Theater | – | **3,20** | – | 0,2% |
| Gemeindezentren, einfacher Standard | – | **–** | – | – |
| Gemeindezentren, mittlerer Standard | – | **–** | – | – |
| Gemeindezentren, hoher Standard | – | **–** | – | – |
| **Gebäude für religiöse Zwecke** | | | | |
| Sakralbauten | – | **–** | – | – |
| Friedhofsgebäude | – | **–** | – | – |

# 321 Baugrund-verbesserung

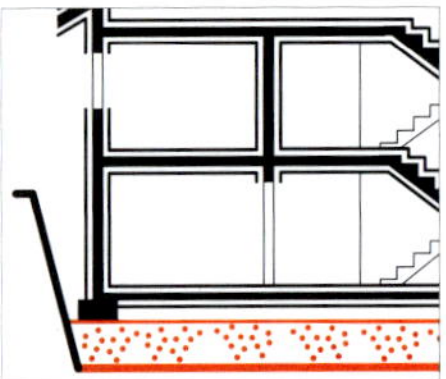

**Kosten:**
Stand 1.Quartal 2020
Bundesdurchschnitt
inkl. 19% MwSt.

Einheit: m²
Baugrundverbesserungs-fläche

▷ von
ø Mittel
◁ bis

| Gebäudeart | ▷ | €/Einheit | ◁ | KG an 300 |
|---|---|---|---|---|
| **1 Büro- und Verwaltungsgebäude** | | | | |
| Büro- und Verwaltungsgebäude, einfacher Standard | 16,00 | **16,00** | 16,00 | 0,8% |
| Büro- und Verwaltungsgebäude, mittlerer Standard | 11,00 | **34,00** | 82,00 | 0,4% |
| Büro- und Verwaltungsgebäude, hoher Standard | 14,00 | **61,00** | 201,00 | 0,4% |
| **2 Gebäude für Forschung und Lehre** | | | | |
| Instituts- und Laborgebäude | 0,00 | **0,00** | 0,00 | 0,6% |
| **3 Gebäude des Gesundheitswesens** | | | | |
| Medizinische Einrichtungen | 5,20 | **10,00** | 20,00 | 0,4% |
| Pflegeheime | 1,20 | **16,00** | 24,00 | 0,6% |
| **4 Schulen und Kindergärten** | | | | |
| Allgemeinbildende Schulen | 7,50 | **17,00** | 43,00 | 0,6% |
| Berufliche Schulen | – | **30,00** | – | 0,7% |
| Förder- und Sonderschulen | 8,80 | **42,00** | 60,00 | 0,9% |
| Weiterbildungseinrichtungen | – | **–** | – | – |
| Kindergärten, nicht unterkellert, einfacher Standard | – | **51,00** | – | 4,4% |
| Kindergärten, nicht unterkellert, mittlerer Standard | 4,20 | **8,80** | 13,00 | 0,2% |
| Kindergärten, nicht unterkellert, hoher Standard | 22,00 | **50,00** | 79,00 | 3,0% |
| Kindergärten, Holzbauweise, nicht unterkellert | 4,50 | **21,00** | 38,00 | 0,2% |
| Kindergärten, unterkellert | – | **–** | – | – |
| **5 Sportbauten** | | | | |
| Sport- und Mehrzweckhallen | – | **26,00** | – | 0,4% |
| Sporthallen (Einfeldhallen) | 7,80 | **24,00** | 41,00 | 1,3% |
| Sporthallen (Dreifeldhallen) | 4,40 | **24,00** | 63,00 | 0,2% |
| Schwimmhallen | – | **–** | – | – |
| **6 Wohngebäude** | | | | |
| **Ein- und Zweifamilienhäuser** | | | | |
| Ein- und Zweifamilienhäuser, unterkellert, einfacher Standard | – | **189,00** | – | 0,0% |
| Ein- und Zweifamilienhäuser, unterkellert, mittlerer Standard | – | **61,00** | – | 0,0% |
| Ein- und Zweifamilienhäuser, unterkellert, hoher Standard | 10,00 | **11,00** | 12,00 | 0,1% |
| Ein- und Zweifamilienhäuser, nicht unterkellert, einfacher Standard | – | **45,00** | – | 1,7% |
| Ein- und Zweifamilienhäuser, nicht unterkellert, mittlerer Standard | 28,00 | **36,00** | 56,00 | 0,4% |
| Ein- und Zweifamilienhäuser, nicht unterkellert, hoher Standard | 24,00 | **44,00** | 64,00 | 0,8% |
| Ein- und Zweifamilienhäuser, Passivhausstandard, Massivbau | 13,00 | **29,00** | 44,00 | 0,3% |
| Ein- und Zweifamilienhäuser, Passivhausstandard, Holzbau | 19,00 | **37,00** | 48,00 | 0,3% |
| Ein- und Zweifamilienhäuser, Holzbauweise, unterkellert | – | **–** | – | – |
| Ein- und Zweifamilienhäuser, Holzbauweise, nicht unterkellert | 21,00 | **35,00** | 63,00 | 0,9% |
| Doppel- und Reihenendhäuser, einfacher Standard | – | **–** | – | – |
| Doppel- und Reihenendhäuser, mittlerer Standard | – | **14,00** | – | 0,1% |
| Doppel- und Reihenendhäuser, hoher Standard | – | **–** | – | – |
| Reihenhäuser, einfacher Standard | – | **–** | – | – |
| Reihenhäuser, mittlerer Standard | – | **25,00** | – | 0,2% |
| Reihenhäuser, hoher Standard | – | **4,80** | – | 0,0% |
| **Mehrfamilienhäuser** | | | | |
| Mehrfamilienhäuser, mit bis zu 6 WE, einfacher Standard | – | **30,00** | – | 0,4% |
| Mehrfamilienhäuser, mit bis zu 6 WE, mittlerer Standard | – | **9,30** | – | 0,1% |
| Mehrfamilienhäuser, mit bis zu 6 WE, hoher Standard | – | **–** | – | – |

| Gebäudeart | ▷ | €/Einheit | ◁ | KG an 300 |
|---|---|---|---|---|
| **Mehrfamilienhäuser (Fortsetzung)** | | | | |
| Mehrfamilienhäuser, mit 6 bis 19 WE, einfacher Standard | – | **–** | – | – |
| Mehrfamilienhäuser, mit 6 bis 19 WE, mittlerer Standard | – | **–** | – | – |
| Mehrfamilienhäuser, mit 6 bis 19 WE, hoher Standard | 16,00 | **55,00** | 93,00 | 0,2% |
| Mehrfamilienhäuser, mit 20 oder mehr WE, mittlerer Standard | 14,00 | **88,00** | 134,00 | 0,8% |
| Mehrfamilienhäuser, mit 20 oder mehr WE, hoher Standard | – | **16,00** | – | 0,2% |
| Mehrfamilienhäuser, Passivhäuser | – | **20,00** | – | 0,2% |
| Wohnhäuser, mit bis zu 15% Mischnutzung, einfacher Standard | – | **21,00** | – | 0,2% |
| Wohnhäuser, mit bis zu 15% Mischnutzung, mittlerer Standard | – | **–** | – | – |
| Wohnhäuser, mit bis zu 15% Mischnutzung, hoher Standard | – | **46,00** | – | 0,5% |
| Wohnhäuser, mit mehr als 15% Mischnutzung | – | **–** | – | – |
| **Seniorenwohnungen** | | | | |
| Seniorenwohnungen, mittlerer Standard | 3,80 | **8,50** | 15,00 | 0,2% |
| Seniorenwohnungen, hoher Standard | – | **47,00** | – | 0,6% |
| **Beherbergung** | | | | |
| Wohnheime und Internate | 36,00 | **49,00** | 61,00 | 0,4% |
| **7 Gewerbegebäude** | | | | |
| **Gaststätten und Kantinen** | | | | |
| Gaststätten, Kantinen und Mensen | – | **–** | – | – |
| **Gebäude für Produktion** | | | | |
| Industrielle Produktionsgebäude, Massivbauweise | – | **13,00** | – | 0,3% |
| Industrielle Produktionsgebäude, überwiegend Skelettbauweise | 46,00 | **79,00** | 111,00 | 0,8% |
| Betriebs- und Werkstätten, eingeschossig | 31,00 | **45,00** | 58,00 | 4,3% |
| Betriebs- und Werkstätten, mehrgeschossig, geringer Hallenanteil | – | **–** | – | – |
| Betriebs- und Werkstätten, mehrgeschossig, hoher Hallenanteil | 13,00 | **25,00** | 44,00 | 2,5% |
| **Gebäude für Handel und Lager** | | | | |
| Geschäftshäuser, mit Wohnungen | – | **7,30** | – | 0,1% |
| Geschäftshäuser, ohne Wohnungen | – | **–** | – | – |
| Verbrauchermärkte | – | **17,00** | – | 1,0% |
| Autohäuser | – | **66,00** | – | 2,3% |
| Lagergebäude, ohne Mischnutzung | 38,00 | **120,00** | 364,00 | 1,6% |
| Lagergebäude, mit bis zu 25% Mischnutzung | 15,00 | **16,00** | 16,00 | 1,1% |
| Lagergebäude, mit mehr als 25% Mischnutzung | 44,00 | **47,00** | 49,00 | 1,6% |
| **Garagen und Bereitschaftsdienste** | | | | |
| Einzel-, Mehrfach- und Hochgaragen | 15,00 | **15,00** | 15,00 | 0,4% |
| Tiefgaragen | – | **–** | – | – |
| Feuerwehrhäuser | 38,00 | **44,00** | 50,00 | 2,3% |
| Öffentliche Bereitschaftsdienste | 8,60 | **12,00** | 16,00 | 1,1% |
| **9 Kulturgebäude** | | | | |
| **Gebäude für kulturelle Zwecke** | | | | |
| Bibliotheken, Museen und Ausstellungen | 7,40 | **24,00** | 33,00 | 0,5% |
| Theater | – | **–** | – | – |
| Gemeindezentren, einfacher Standard | 3,90 | **8,50** | 13,00 | 0,3% |
| Gemeindezentren, mittlerer Standard | – | **3,30** | – | 0,0% |
| Gemeindezentren, hoher Standard | – | **6,30** | – | 0,1% |
| **Gebäude für religiöse Zwecke** | | | | |
| Sakralbauten | – | **–** | – | – |
| Friedhofsgebäude | – | **–** | – | – |

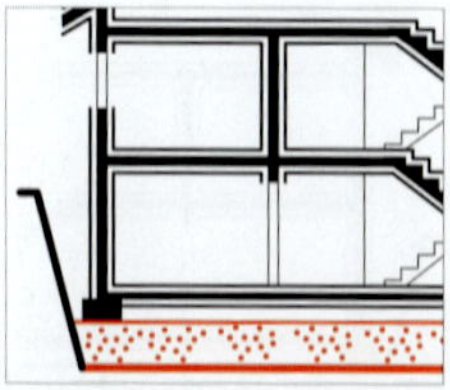

Einheit: m²
Baugrundverbesserungs-
fläche

## 322 Flachgründungen und Bodenplatten

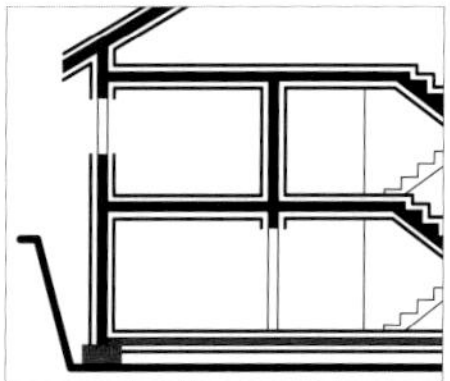

**Kosten:**
Stand 1.Quartal 2020
Bundesdurchschnitt
inkl. 19% MwSt.

Einheit: m²
Flachgründungsfläche

▷ von
ø Mittel
◁ bis

| Gebäudeart | ▷ | €/Einheit | ◁ | KG an 300 |
|---|---|---|---|---|
| **1 Büro- und Verwaltungsgebäude** | | | | |
| Büro- und Verwaltungsgebäude, einfacher Standard | 113,00 | **151,00** | 263,00 | 7,8% |
| Büro- und Verwaltungsgebäude, mittlerer Standard | 139,00 | **181,00** | 238,00 | 5,3% |
| Büro- und Verwaltungsgebäude, hoher Standard | 148,00 | **200,00** | 315,00 | 3,4% |
| **2 Gebäude für Forschung und Lehre** | | | | |
| Instituts- und Laborgebäude | 134,00 | **159,00** | 184,00 | 7,1% |
| **3 Gebäude des Gesundheitswesens** | | | | |
| Medizinische Einrichtungen | 119,00 | **183,00** | 364,00 | 5,1% |
| Pflegeheime | 91,00 | **180,00** | 269,00 | 6,2% |
| **4 Schulen und Kindergärten** | | | | |
| Allgemeinbildende Schulen | 123,00 | **173,00** | 219,00 | 7,8% |
| Berufliche Schulen | 92,00 | **122,00** | 175,00 | 6,3% |
| Förder- und Sonderschulen | 117,00 | **133,00** | 160,00 | 4,1% |
| Weiterbildungseinrichtungen | 76,00 | **203,00** | 279,00 | 6,0% |
| Kindergärten, nicht unterkellert, einfacher Standard | – | **125,00** | – | 10,8% |
| Kindergärten, nicht unterkellert, mittlerer Standard | 70,00 | **109,00** | 133,00 | 6,5% |
| Kindergärten, nicht unterkellert, hoher Standard | 80,00 | **80,00** | 81,00 | 4,4% |
| Kindergärten, Holzbauweise, nicht unterkellert | 86,00 | **125,00** | 204,00 | 8,0% |
| Kindergärten, unterkellert | 109,00 | **130,00** | 166,00 | 6,2% |
| **5 Sportbauten** | | | | |
| Sport- und Mehrzweckhallen | 124,00 | **150,00** | 199,00 | 7,9% |
| Sporthallen (Einfeldhallen) | 81,00 | **108,00** | 154,00 | 6,1% |
| Sporthallen (Dreifeldhallen) | 84,00 | **101,00** | 122,00 | 4,6% |
| Schwimmhallen | – | **–** | – | – |
| **6 Wohngebäude** | | | | |
| **Ein- und Zweifamilienhäuser** | | | | |
| Ein- und Zweifamilienhäuser, unterkellert, einfacher Standard | 77,00 | **84,00** | 95,00 | 3,9% |
| Ein- und Zweifamilienhäuser, unterkellert, mittlerer Standard | 95,00 | **118,00** | 137,00 | 4,1% |
| Ein- und Zweifamilienhäuser, unterkellert, hoher Standard | 119,00 | **153,00** | 193,00 | 4,7% |
| Ein- und Zweifamilienhäuser, nicht unterkellert, einfacher Standard | 146,00 | **150,00** | 155,00 | 7,9% |
| Ein- und Zweifamilienhäuser, nicht unterkellert, mittlerer Standard | 95,00 | **130,00** | 149,00 | 6,3% |
| Ein- und Zweifamilienhäuser, nicht unterkellert, hoher Standard | 108,00 | **161,00** | 216,00 | 5,9% |
| Ein- und Zweifamilienhäuser, Passivhausstandard, Massivbau | 92,00 | **118,00** | 154,00 | 3,9% |
| Ein- und Zweifamilienhäuser, Passivhausstandard, Holzbau | 103,00 | **149,00** | 256,00 | 4,9% |
| Ein- und Zweifamilienhäuser, Holzbauweise, unterkellert | 104,00 | **125,00** | 209,00 | 4,1% |
| Ein- und Zweifamilienhäuser, Holzbauweise, nicht unterkellert | 112,00 | **126,00** | 157,00 | 5,2% |
| Doppel- und Reihenendhäuser, einfacher Standard | 95,00 | **140,00** | 164,00 | 6,5% |
| Doppel- und Reihenendhäuser, mittlerer Standard | 88,00 | **113,00** | 138,00 | 4,1% |
| Doppel- und Reihenendhäuser, hoher Standard | 90,00 | **118,00** | 135,00 | 4,0% |
| Reihenhäuser, einfacher Standard | 97,00 | **114,00** | 131,00 | 6,0% |
| Reihenhäuser, mittlerer Standard | 109,00 | **181,00** | 326,00 | 3,9% |
| Reihenhäuser, hoher Standard | 136,00 | **325,00** | 705,00 | 3,4% |
| **Mehrfamilienhäuser** | | | | |
| Mehrfamilienhäuser, mit bis zu 6 WE, einfacher Standard | 99,00 | **113,00** | 138,00 | 5,1% |
| Mehrfamilienhäuser, mit bis zu 6 WE, mittlerer Standard | 96,00 | **126,00** | 175,00 | 3,8% |
| Mehrfamilienhäuser, mit bis zu 6 WE, hoher Standard | 130,00 | **164,00** | 255,00 | 4,6% |

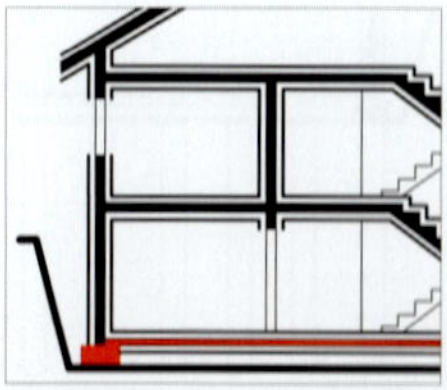

Einheit: m²
Flachgründungsfläche

| Gebäudeart | ▷ | €/Einheit | ◁ | KG an 300 |
|---|---|---|---|---|
| **Mehrfamilienhäuser (Fortsetzung)** | | | | |
| Mehrfamilienhäuser, mit 6 bis 19 WE, einfacher Standard | 119,00 | **136,00** | 146,00 | 4,8% |
| Mehrfamilienhäuser, mit 6 bis 19 WE, mittlerer Standard | 132,00 | **187,00** | 279,00 | 5,4% |
| Mehrfamilienhäuser, mit 6 bis 19 WE, hoher Standard | 112,00 | **139,00** | 177,00 | 4,7% |
| Mehrfamilienhäuser, mit 20 oder mehr WE, mittlerer Standard | 95,00 | **162,00** | 198,00 | 5,1% |
| Mehrfamilienhäuser, mit 20 oder mehr WE, hoher Standard | 65,00 | **153,00** | 208,00 | 3,9% |
| Mehrfamilienhäuser, Passivhäuser | 120,00 | **145,00** | 181,00 | 4,2% |
| Wohnhäuser, mit bis zu 15% Mischnutzung, einfacher Standard | 143,00 | **183,00** | 204,00 | 3,5% |
| Wohnhäuser, mit bis zu 15% Mischnutzung, mittlerer Standard | 74,00 | **160,00** | 203,00 | 6,9% |
| Wohnhäuser, mit bis zu 15% Mischnutzung, hoher Standard | – | **179,00** | – | 1,9% |
| Wohnhäuser, mit mehr als 15% Mischnutzung | 89,00 | **132,00** | 153,00 | 3,7% |
| **Seniorenwohnungen** | | | | |
| Seniorenwohnungen, mittlerer Standard | 74,00 | **113,00** | 140,00 | 3,4% |
| Seniorenwohnungen, hoher Standard | 117,00 | **147,00** | 177,00 | 3,8% |
| **Beherbergung** | | | | |
| Wohnheime und Internate | 128,00 | **146,00** | 181,00 | 4,1% |
| **7 Gewerbegebäude** | | | | |
| **Gaststätten und Kantinen** | | | | |
| Gaststätten, Kantinen und Mensen | – | **133,00** | – | 2,8% |
| **Gebäude für Produktion** | | | | |
| Industrielle Produktionsgebäude, Massivbauweise | 119,00 | **156,00** | 218,00 | 10,1% |
| Industrielle Produktionsgebäude, überwiegend Skelettbauweise | 122,00 | **197,00** | 303,00 | 15,3% |
| Betriebs- und Werkstätten, eingeschossig | 107,00 | **126,00** | 144,00 | 10,6% |
| Betriebs- und Werkstätten, mehrgeschossig, geringer Hallenanteil | 107,00 | **143,00** | 207,00 | 7,6% |
| Betriebs- und Werkstätten, mehrgeschossig, hoher Hallenanteil | 133,00 | **176,00** | 244,00 | 13,4% |
| **Gebäude für Handel und Lager** | | | | |
| Geschäftshäuser, mit Wohnungen | 153,00 | **253,00** | 453,00 | 4,5% |
| Geschäftshäuser, ohne Wohnungen | 87,00 | **152,00** | 216,00 | 3,8% |
| Verbrauchermärkte | 92,00 | **107,00** | 123,00 | 12,1% |
| Autohäuser | 150,00 | **185,00** | 221,00 | 9,6% |
| Lagergebäude, ohne Mischnutzung | 77,00 | **118,00** | 143,00 | 15,4% |
| Lagergebäude, mit bis zu 25% Mischnutzung | 99,00 | **119,00** | 159,00 | 13,4% |
| Lagergebäude, mit mehr als 25% Mischnutzung | 116,00 | **132,00** | 147,00 | 10,9% |
| **Garagen und Bereitschaftsdienste** | | | | |
| Einzel-, Mehrfach- und Hochgaragen | 43,00 | **106,00** | 214,00 | 13,4% |
| Tiefgaragen | – | **91,00** | – | 11,2% |
| Feuerwehrhäuser | 45,00 | **75,00** | 122,00 | 5,1% |
| Öffentliche Bereitschaftsdienste | 122,00 | **180,00** | 337,00 | 10,6% |
| **9 Kulturgebäude** | | | | |
| **Gebäude für kulturelle Zwecke** | | | | |
| Bibliotheken, Museen und Ausstellungen | 124,00 | **212,00** | 341,00 | 6,7% |
| Theater | 77,00 | **152,00** | 226,00 | 3,2% |
| Gemeindezentren, einfacher Standard | 79,00 | **83,00** | 85,00 | 4,9% |
| Gemeindezentren, mittlerer Standard | 118,00 | **147,00** | 169,00 | 6,3% |
| Gemeindezentren, hoher Standard | 149,00 | **179,00** | 237,00 | 6,6% |
| **Gebäude für religiöse Zwecke** | | | | |
| Sakralbauten | – | **–** | – | – |
| Friedhofsgebäude | – | **177,00** | – | 3,9% |

## 323
## Tiefgründungen

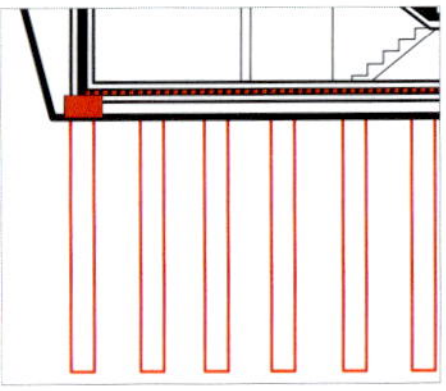

**Kosten:**
Stand 1.Quartal 2020
Bundesdurchschnitt
inkl. 19% MwSt.

Einheit: m²
Tiefgründungsfläche

▷ von
ø Mittel
◁ bis

| Gebäudeart | ▷ | €/Einheit | ◁ | KG an 300 |
|---|---|---|---|---|
| **1 Büro- und Verwaltungsgebäude** | | | | |
| Büro- und Verwaltungsgebäude, einfacher Standard | – | – | – | – |
| Büro- und Verwaltungsgebäude, mittlerer Standard | 46,00 | **249,00** | 515,00 | 0,8% |
| Büro- und Verwaltungsgebäude, hoher Standard | 219,00 | **334,00** | 444,00 | 1,0% |
| **2 Gebäude für Forschung und Lehre** | | | | |
| Instituts- und Laborgebäude | – | – | – | – |
| **3 Gebäude des Gesundheitswesens** | | | | |
| Medizinische Einrichtungen | – | **249,00** | – | 2,7% |
| Pflegeheime | – | – | – | – |
| **4 Schulen und Kindergärten** | | | | |
| Allgemeinbildende Schulen | 55,00 | **90,00** | 192,00 | 0,8% |
| Berufliche Schulen | – | – | – | – |
| Förder- und Sonderschulen | – | **333,00** | – | 1,2% |
| Weiterbildungseinrichtungen | – | **440,00** | – | 0,8% |
| Kindergärten, nicht unterkellert, einfacher Standard | – | – | – | – |
| Kindergärten, nicht unterkellert, mittlerer Standard | 23,00 | **38,00** | 53,00 | 0,7% |
| Kindergärten, nicht unterkellert, hoher Standard | – | – | – | – |
| Kindergärten, Holzbauweise, nicht unterkellert | – | – | – | – |
| Kindergärten, unterkellert | – | – | – | – |
| **5 Sportbauten** | | | | |
| Sport- und Mehrzweckhallen | – | – | – | – |
| Sporthallen (Einfeldhallen) | – | – | – | – |
| Sporthallen (Dreifeldhallen) | – | **512,00** | – | 1,1% |
| Schwimmhallen | – | – | – | – |
| **6 Wohngebäude** | | | | |
| **Ein- und Zweifamilienhäuser** | | | | |
| Ein- und Zweifamilienhäuser, unterkellert, einfacher Standard | – | – | – | – |
| Ein- und Zweifamilienhäuser, unterkellert, mittlerer Standard | – | – | – | – |
| Ein- und Zweifamilienhäuser, unterkellert, hoher Standard | – | – | – | – |
| Ein- und Zweifamilienhäuser, nicht unterkellert, einfacher Standard | – | – | – | – |
| Ein- und Zweifamilienhäuser, nicht unterkellert, mittlerer Standard | – | – | – | – |
| Ein- und Zweifamilienhäuser, nicht unterkellert, hoher Standard | – | – | – | – |
| Ein- und Zweifamilienhäuser, Passivhausstandard, Massivbau | – | – | – | – |
| Ein- und Zweifamilienhäuser, Passivhausstandard, Holzbau | – | – | – | – |
| Ein- und Zweifamilienhäuser, Holzbauweise, unterkellert | – | – | – | – |
| Ein- und Zweifamilienhäuser, Holzbauweise, nicht unterkellert | – | – | – | – |
| Doppel- und Reihenendhäuser, einfacher Standard | – | – | – | – |
| Doppel- und Reihenendhäuser, mittlerer Standard | – | – | – | – |
| Doppel- und Reihenendhäuser, hoher Standard | – | – | – | – |
| Reihenhäuser, einfacher Standard | – | – | – | – |
| Reihenhäuser, mittlerer Standard | – | – | – | – |
| Reihenhäuser, hoher Standard | – | **156,00** | – | 2,0% |
| **Mehrfamilienhäuser** | | | | |
| Mehrfamilienhäuser, mit bis zu 6 WE, einfacher Standard | – | – | – | – |
| Mehrfamilienhäuser, mit bis zu 6 WE, mittlerer Standard | – | – | – | – |
| Mehrfamilienhäuser, mit bis zu 6 WE, hoher Standard | – | – | – | – |

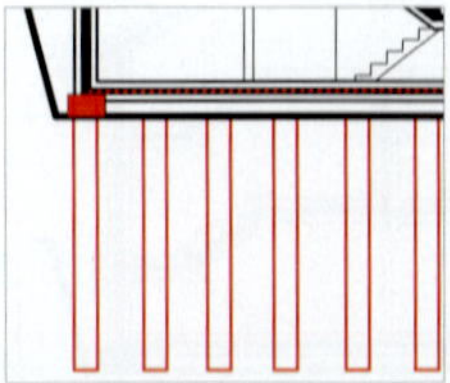

Einheit: m²
Tiefgründungsfläche

| Gebäudeart | ▷ | €/Einheit | ◁ | KG an 300 |
|---|---|---|---|---|
| **Mehrfamilienhäuser (Fortsetzung)** | | | | |
| Mehrfamilienhäuser, mit 6 bis 19 WE, einfacher Standard | – | **209,00** | – | 1,8% |
| Mehrfamilienhäuser, mit 6 bis 19 WE, mittlerer Standard | – | **88,00** | – | 0,1% |
| Mehrfamilienhäuser, mit 6 bis 19 WE, hoher Standard | – | **48,00** | – | 0,4% |
| Mehrfamilienhäuser, mit 20 oder mehr WE, mittlerer Standard | – | – | – | – |
| Mehrfamilienhäuser, mit 20 oder mehr WE, hoher Standard | – | **113,00** | – | 1,1% |
| Mehrfamilienhäuser, Passivhäuser | – | – | – | – |
| Wohnhäuser, mit bis zu 15% Mischnutzung, einfacher Standard | – | – | – | – |
| Wohnhäuser, mit bis zu 15% Mischnutzung, mittlerer Standard | – | – | – | – |
| Wohnhäuser, mit bis zu 15% Mischnutzung, hoher Standard | – | **466,00** | – | 4,1% |
| Wohnhäuser, mit mehr als 15% Mischnutzung | – | – | – | – |
| **Seniorenwohnungen** | | | | |
| Seniorenwohnungen, mittlerer Standard | – | – | – | – |
| Seniorenwohnungen, hoher Standard | – | – | – | – |
| **Beherbergung** | | | | |
| Wohnheime und Internate | – | **230,00** | – | 0,6% |
| **7 Gewerbegebäude** | | | | |
| **Gaststätten und Kantinen** | | | | |
| Gaststätten, Kantinen und Mensen | – | – | – | – |
| **Gebäude für Produktion** | | | | |
| Industrielle Produktionsgebäude, Massivbauweise | – | **136,00** | – | 2,6% |
| Industrielle Produktionsgebäude, überwiegend Skelettbauweise | 139,00 | **240,00** | 341,00 | 5,2% |
| Betriebs- und Werkstätten, eingeschossig | – | – | – | – |
| Betriebs- und Werkstätten, mehrgeschossig, geringer Hallenanteil | – | – | – | – |
| Betriebs- und Werkstätten, mehrgeschossig, hoher Hallenanteil | – | – | – | – |
| **Gebäude für Handel und Lager** | | | | |
| Geschäftshäuser, mit Wohnungen | – | – | – | – |
| Geschäftshäuser, ohne Wohnungen | – | – | – | – |
| Verbrauchermärkte | – | – | – | – |
| Autohäuser | – | – | – | – |
| Lagergebäude, ohne Mischnutzung | – | **77,00** | – | 1,3% |
| Lagergebäude, mit bis zu 25% Mischnutzung | – | – | – | – |
| Lagergebäude, mit mehr als 25% Mischnutzung | – | – | – | – |
| **Garagen und Bereitschaftsdienste** | | | | |
| Einzel-, Mehrfach- und Hochgaragen | – | – | – | – |
| Tiefgaragen | – | – | – | – |
| Feuerwehrhäuser | – | **48,00** | – | 1,2% |
| Öffentliche Bereitschaftsdienste | – | **213,00** | – | 1,7% |
| **9 Kulturgebäude** | | | | |
| **Gebäude für kulturelle Zwecke** | | | | |
| Bibliotheken, Museen und Ausstellungen | 53,00 | **305,00** | 556,00 | 1,8% |
| Theater | – | **303,00** | – | 5,1% |
| Gemeindezentren, einfacher Standard | – | – | – | – |
| Gemeindezentren, mittlerer Standard | – | – | – | – |
| Gemeindezentren, hoher Standard | – | – | – | – |
| **Gebäude für religiöse Zwecke** | | | | |
| Sakralbauten | – | – | – | – |
| Friedhofsgebäude | – | – | – | – |

# 324 Gründungsbeläge

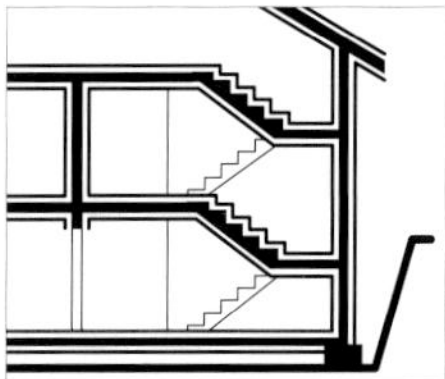

**Kosten:**
Stand 1.Quartal 2020
Bundesdurchschnitt
inkl. 19% MwSt.

Einheit: m²
Gründungsbelagsfläche

| Gebäudeart | ▷ | €/Einheit | ◁ | KG an 300 |
| --- | --- | --- | --- | --- |
| **1 Büro- und Verwaltungsgebäude** | | | | |
| Büro- und Verwaltungsgebäude, einfacher Standard | 94,00 | **110,00** | 158,00 | 5,1% |
| Büro- und Verwaltungsgebäude, mittlerer Standard | 81,00 | **127,00** | 166,00 | 3,6% |
| Büro- und Verwaltungsgebäude, hoher Standard | 120,00 | **214,00** | 349,00 | 3,3% |
| **2 Gebäude für Forschung und Lehre** | | | | |
| Instituts- und Laborgebäude | 61,00 | **110,00** | 132,00 | 4,1% |
| **3 Gebäude des Gesundheitswesens** | | | | |
| Medizinische Einrichtungen | 87,00 | **112,00** | 145,00 | 3,4% |
| Pflegeheime | 102,00 | **121,00** | 142,00 | 4,5% |
| **4 Schulen und Kindergärten** | | | | |
| Allgemeinbildende Schulen | 102,00 | **140,00** | 171,00 | 4,8% |
| Berufliche Schulen | 75,00 | **100,00** | 134,00 | 5,5% |
| Förder- und Sonderschulen | 112,00 | **124,00** | 146,00 | 3,2% |
| Weiterbildungseinrichtungen | 61,00 | **128,00** | 165,00 | 2,6% |
| Kindergärten, nicht unterkellert, einfacher Standard | – | **114,00** | – | 9,2% |
| Kindergärten, nicht unterkellert, mittlerer Standard | 115,00 | **145,00** | 189,00 | 7,7% |
| Kindergärten, nicht unterkellert, hoher Standard | 136,00 | **139,00** | 143,00 | 6,7% |
| Kindergärten, Holzbauweise, nicht unterkellert | 84,00 | **110,00** | 147,00 | 5,4% |
| Kindergärten, unterkellert | 127,00 | **138,00** | 145,00 | 5,7% |
| **5 Sportbauten** | | | | |
| Sport- und Mehrzweckhallen | 118,00 | **154,00** | 176,00 | 7,4% |
| Sporthallen (Einfeldhallen) | 128,00 | **147,00** | 158,00 | 8,1% |
| Sporthallen (Dreifeldhallen) | 118,00 | **134,00** | 169,00 | 6,0% |
| Schwimmhallen | – | **–** | – | – |
| **6 Wohngebäude** | | | | |
| **Ein- und Zweifamilienhäuser** | | | | |
| Ein- und Zweifamilienhäuser, unterkellert, einfacher Standard | 22,00 | **59,00** | 85,00 | 2,3% |
| Ein- und Zweifamilienhäuser, unterkellert, mittlerer Standard | 65,00 | **102,00** | 129,00 | 2,4% |
| Ein- und Zweifamilienhäuser, unterkellert, hoher Standard | 58,00 | **120,00** | 197,00 | 2,3% |
| Ein- und Zweifamilienhäuser, nicht unterkellert, einfacher Standard | 121,00 | **124,00** | 128,00 | 4,8% |
| Ein- und Zweifamilienhäuser, nicht unterkellert, mittlerer Standard | 88,00 | **150,00** | 191,00 | 5,9% |
| Ein- und Zweifamilienhäuser, nicht unterkellert, hoher Standard | 121,00 | **172,00** | 223,00 | 5,0% |
| Ein- und Zweifamilienhäuser, Passivhausstandard, Massivbau | 71,00 | **130,00** | 217,00 | 3,1% |
| Ein- und Zweifamilienhäuser, Passivhausstandard, Holzbau | 74,00 | **141,00** | 234,00 | 4,3% |
| Ein- und Zweifamilienhäuser, Holzbauweise, unterkellert | 60,00 | **103,00** | 193,00 | 1,5% |
| Ein- und Zweifamilienhäuser, Holzbauweise, nicht unterkellert | 85,00 | **146,00** | 217,00 | 4,1% |
| Doppel- und Reihenendhäuser, einfacher Standard | 58,00 | **82,00** | 129,00 | 3,4% |
| Doppel- und Reihenendhäuser, mittlerer Standard | 35,00 | **82,00** | 131,00 | 2,6% |
| Doppel- und Reihenendhäuser, hoher Standard | 120,00 | **137,00** | 186,00 | 2,9% |
| Reihenhäuser, einfacher Standard | 61,00 | **100,00** | 139,00 | 4,6% |
| Reihenhäuser, mittlerer Standard | 125,00 | **139,00** | 153,00 | 2,8% |
| Reihenhäuser, hoher Standard | 110,00 | **164,00** | 219,00 | 2,7% |
| **Mehrfamilienhäuser** | | | | |
| Mehrfamilienhäuser, mit bis zu 6 WE, einfacher Standard | 38,00 | **54,00** | 85,00 | 1,3% |
| Mehrfamilienhäuser, mit bis zu 6 WE, mittlerer Standard | 37,00 | **65,00** | 159,00 | 2,0% |
| Mehrfamilienhäuser, mit bis zu 6 WE, hoher Standard | 51,00 | **95,00** | 152,00 | 1,7% |

▷ von
ø Mittel
◁ bis

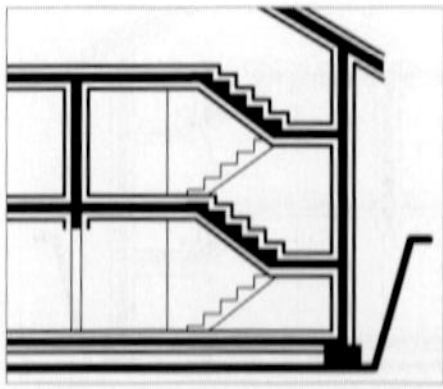

Einheit: m²
Gründungsbelagsfläche

| Gebäudeart | ▷ | €/Einheit | ◁ | KG an 300 |
|---|---|---|---|---|
| **Mehrfamilienhäuser (Fortsetzung)** | | | | |
| Mehrfamilienhäuser, mit 6 bis 19 WE, einfacher Standard | 27,00 | **35,00** | 41,00 | 0,5% |
| Mehrfamilienhäuser, mit 6 bis 19 WE, mittlerer Standard | 35,00 | **59,00** | 89,00 | 1,3% |
| Mehrfamilienhäuser, mit 6 bis 19 WE, hoher Standard | 33,00 | **46,00** | 66,00 | 0,6% |
| Mehrfamilienhäuser, mit 20 oder mehr WE, mittlerer Standard | 47,00 | **77,00** | 133,00 | 1,9% |
| Mehrfamilienhäuser, mit 20 oder mehr WE, hoher Standard | 34,00 | **51,00** | 62,00 | 1,1% |
| Mehrfamilienhäuser, Passivhäuser | 50,00 | **94,00** | 151,00 | 2,0% |
| Wohnhäuser, mit bis zu 15% Mischnutzung, einfacher Standard | 40,00 | **73,00** | 130,00 | 1,1% |
| Wohnhäuser, mit bis zu 15% Mischnutzung, mittlerer Standard | 120,00 | **130,00** | 148,00 | 5,5% |
| Wohnhäuser, mit bis zu 15% Mischnutzung, hoher Standard | – | **40,00** | – | 0,4% |
| Wohnhäuser, mit mehr als 15% Mischnutzung | 22,00 | **72,00** | 171,00 | 2,6% |
| **Seniorenwohnungen** | | | | |
| Seniorenwohnungen, mittlerer Standard | 62,00 | **97,00** | 123,00 | 2,1% |
| Seniorenwohnungen, hoher Standard | 61,00 | **71,00** | 81,00 | 1,6% |
| **Beherbergung** | | | | |
| Wohnheime und Internate | 62,00 | **111,00** | 160,00 | 2,3% |
| **7 Gewerbegebäude** | | | | |
| **Gaststätten und Kantinen** | | | | |
| Gaststätten, Kantinen und Mensen | – | **94,00** | – | 1,3% |
| **Gebäude für Produktion** | | | | |
| Industrielle Produktionsgebäude, Massivbauweise | 42,00 | **71,00** | 87,00 | 3,7% |
| Industrielle Produktionsgebäude, überwiegend Skelettbauweise | 46,00 | **66,00** | 86,00 | 1,5% |
| Betriebs- und Werkstätten, eingeschossig | 56,00 | **63,00** | 70,00 | 5,2% |
| Betriebs- und Werkstätten, mehrgeschossig, geringer Hallenanteil | 73,00 | **88,00** | 115,00 | 4,5% |
| Betriebs- und Werkstätten, mehrgeschossig, hoher Hallenanteil | 49,00 | **77,00** | 105,00 | 4,8% |
| **Gebäude für Handel und Lager** | | | | |
| Geschäftshäuser, mit Wohnungen | 79,00 | **85,00** | 91,00 | 1,3% |
| Geschäftshäuser, ohne Wohnungen | 72,00 | **74,00** | 76,00 | 1,7% |
| Verbrauchermärkte | 102,00 | **154,00** | 206,00 | 9,9% |
| Autohäuser | 37,00 | **66,00** | 96,00 | 3,8% |
| Lagergebäude, ohne Mischnutzung | 34,00 | **52,00** | 100,00 | 1,9% |
| Lagergebäude, mit bis zu 25% Mischnutzung | 107,00 | **121,00** | 145,00 | 1,6% |
| Lagergebäude, mit mehr als 25% Mischnutzung | 28,00 | **50,00** | 71,00 | 2,7% |
| **Garagen und Bereitschaftsdienste** | | | | |
| Einzel-, Mehrfach- und Hochgaragen | 9,60 | **25,00** | 49,00 | 1,3% |
| Tiefgaragen | – | **47,00** | – | 5,3% |
| Feuerwehrhäuser | 38,00 | **76,00** | 148,00 | 5,0% |
| Öffentliche Bereitschaftsdienste | 67,00 | **96,00** | 171,00 | 1,9% |
| **9 Kulturgebäude** | | | | |
| **Gebäude für kulturelle Zwecke** | | | | |
| Bibliotheken, Museen und Ausstellungen | 128,00 | **193,00** | 294,00 | 5,6% |
| Theater | 125,00 | **136,00** | 148,00 | 2,9% |
| Gemeindezentren, einfacher Standard | 64,00 | **104,00** | 125,00 | 5,6% |
| Gemeindezentren, mittlerer Standard | 79,00 | **146,00** | 190,00 | 5,6% |
| Gemeindezentren, hoher Standard | 111,00 | **144,00** | 195,00 | 4,9% |
| **Gebäude für religiöse Zwecke** | | | | |
| Sakralbauten | – | **–** | – | – |
| Friedhofsgebäude | – | **105,00** | – | 1,9% |

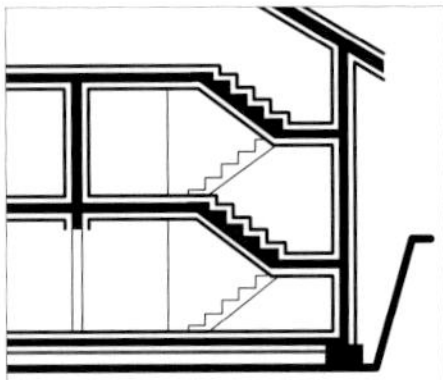

**Kosten:**
Stand 1.Quartal 2020
Bundesdurchschnitt
inkl. 19% MwSt.

Einheit: m²
Abdichtungs- und
Bekleidungsfläche

▷ von
ø Mittel
◁ bis

| Gebäudeart | ▷ | €/Einheit | ◁ | KG an 300 |
|---|---|---|---|---|
| **1 Büro- und Verwaltungsgebäude** | | | | |
| Büro- und Verwaltungsgebäude, einfacher Standard | 19,00 | **27,00** | 51,00 | 1,5% |
| Büro- und Verwaltungsgebäude, mittlerer Standard | 15,00 | **31,00** | 47,00 | 0,9% |
| Büro- und Verwaltungsgebäude, hoher Standard | 28,00 | **57,00** | 102,00 | 1,2% |
| **2 Gebäude für Forschung und Lehre** | | | | |
| Instituts- und Laborgebäude | 28,00 | **45,00** | 61,00 | 2,4% |
| **3 Gebäude des Gesundheitswesens** | | | | |
| Medizinische Einrichtungen | 18,00 | **31,00** | 43,00 | 1,0% |
| Pflegeheime | 8,40 | **27,00** | 48,00 | 0,9% |
| **4 Schulen und Kindergärten** | | | | |
| Allgemeinbildende Schulen | 16,00 | **35,00** | 60,00 | 1,3% |
| Berufliche Schulen | 24,00 | **39,00** | 65,00 | 2,5% |
| Förder- und Sonderschulen | 18,00 | **80,00** | 145,00 | 1,5% |
| Weiterbildungseinrichtungen | 52,00 | **70,00** | 106,00 | 2,3% |
| Kindergärten, nicht unterkellert, einfacher Standard | – | **7,40** | – | 0,6% |
| Kindergärten, nicht unterkellert, mittlerer Standard | 19,00 | **35,00** | 54,00 | 2,1% |
| Kindergärten, nicht unterkellert, hoher Standard | 41,00 | **44,00** | 46,00 | 2,4% |
| Kindergärten, Holzbauweise, nicht unterkellert | 18,00 | **32,00** | 42,00 | 1,3% |
| Kindergärten, unterkellert | 32,00 | **51,00** | 89,00 | 2,8% |
| **5 Sportbauten** | | | | |
| Sport- und Mehrzweckhallen | 8,10 | **14,00** | 17,00 | 0,8% |
| Sporthallen (Einfeldhallen) | 17,00 | **26,00** | 40,00 | 1,6% |
| Sporthallen (Dreifeldhallen) | 3,70 | **29,00** | 38,00 | 1,4% |
| Schwimmhallen | – | **–** | – | – |
| **6 Wohngebäude** | | | | |
| **Ein- und Zweifamilienhäuser** | | | | |
| Ein- und Zweifamilienhäuser, unterkellert, einfacher Standard | 14,00 | **25,00** | 33,00 | 1,1% |
| Ein- und Zweifamilienhäuser, unterkellert, mittlerer Standard | 17,00 | **32,00** | 53,00 | 1,1% |
| Ein- und Zweifamilienhäuser, unterkellert, hoher Standard | 19,00 | **39,00** | 49,00 | 1,2% |
| Ein- und Zweifamilienhäuser, nicht unterkellert, einfacher Standard | 11,00 | **17,00** | 22,00 | 0,9% |
| Ein- und Zweifamilienhäuser, nicht unterkellert, mittlerer Standard | 18,00 | **32,00** | 47,00 | 1,7% |
| Ein- und Zweifamilienhäuser, nicht unterkellert, hoher Standard | 20,00 | **42,00** | 71,00 | 1,6% |
| Ein- und Zweifamilienhäuser, Passivhausstandard, Massivbau | 43,00 | **81,00** | 138,00 | 3,1% |
| Ein- und Zweifamilienhäuser, Passivhausstandard, Holzbau | 19,00 | **58,00** | 110,00 | 1,9% |
| Ein- und Zweifamilienhäuser, Holzbauweise, unterkellert | 21,00 | **38,00** | 67,00 | 1,4% |
| Ein- und Zweifamilienhäuser, Holzbauweise, nicht unterkellert | 19,00 | **42,00** | 61,00 | 1,9% |
| Doppel- und Reihenendhäuser, einfacher Standard | 12,00 | **35,00** | 57,00 | 1,5% |
| Doppel- und Reihenendhäuser, mittlerer Standard | 15,00 | **42,00** | 72,00 | 1,7% |
| Doppel- und Reihenendhäuser, hoher Standard | 12,00 | **27,00** | 37,00 | 0,8% |
| Reihenhäuser, einfacher Standard | – | **45,00** | – | 1,2% |
| Reihenhäuser, mittlerer Standard | 22,00 | **41,00** | 52,00 | 1,5% |
| Reihenhäuser, hoher Standard | 5,00 | **15,00** | 22,00 | 0,5% |
| **Mehrfamilienhäuser** | | | | |
| Mehrfamilienhäuser, mit bis zu 6 WE, einfacher Standard | 14,00 | **19,00** | 27,00 | 0,9% |
| Mehrfamilienhäuser, mit bis zu 6 WE, mittlerer Standard | 15,00 | **31,00** | 87,00 | 0,8% |
| Mehrfamilienhäuser, mit bis zu 6 WE, hoher Standard | 16,00 | **34,00** | 44,00 | 1,0% |

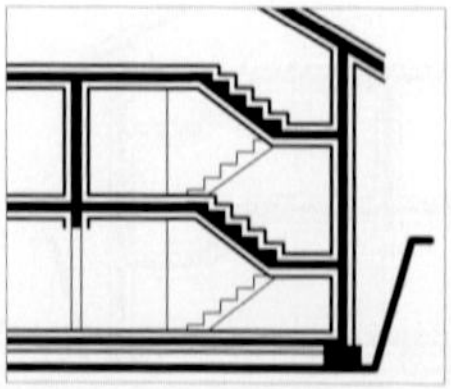

Einheit: m²
Abdichtungs- und Bekleidungsfläche

| Gebäudeart | ▷ | €/Einheit | ◁ | KG an 300 |
|---|---|---|---|---|
| **Mehrfamilienhäuser (Fortsetzung)** | | | | |
| Mehrfamilienhäuser, mit 6 bis 19 WE, einfacher Standard | 12,00 | **24,00** | 47,00 | 0,9% |
| Mehrfamilienhäuser, mit 6 bis 19 WE, mittlerer Standard | 14,00 | **24,00** | 42,00 | 0,8% |
| Mehrfamilienhäuser, mit 6 bis 19 WE, hoher Standard | 13,00 | **20,00** | 37,00 | 0,7% |
| Mehrfamilienhäuser, mit 20 oder mehr WE, mittlerer Standard | 15,00 | **26,00** | 49,00 | 0,9% |
| Mehrfamilienhäuser, mit 20 oder mehr WE, hoher Standard | 32,00 | **41,00** | 56,00 | 1,3% |
| Mehrfamilienhäuser, Passivhäuser | 26,00 | **39,00** | 73,00 | 1,4% |
| Wohnhäuser, mit bis zu 15% Mischnutzung, einfacher Standard | 8,30 | **18,00** | 23,00 | 0,3% |
| Wohnhäuser, mit bis zu 15% Mischnutzung, mittlerer Standard | 1,90 | **25,00** | 38,00 | 1,1% |
| Wohnhäuser, mit bis zu 15% Mischnutzung, hoher Standard | – | **22,00** | – | 0,2% |
| Wohnhäuser, mit mehr als 15% Mischnutzung | 47,00 | **49,00** | 53,00 | 1,6% |
| **Seniorenwohnungen** | | | | |
| Seniorenwohnungen, mittlerer Standard | 8,90 | **20,00** | 57,00 | 0,7% |
| Seniorenwohnungen, hoher Standard | 18,00 | **26,00** | 33,00 | 0,7% |
| **Beherbergung** | | | | |
| Wohnheime und Internate | 14,00 | **25,00** | 72,00 | 0,6% |
| **7 Gewerbegebäude** | | | | |
| **Gaststätten und Kantinen** | | | | |
| Gaststätten, Kantinen und Mensen | – | **64,00** | – | 1,5% |
| **Gebäude für Produktion** | | | | |
| Industrielle Produktionsgebäude, Massivbauweise | 16,00 | **20,00** | 22,00 | 1,4% |
| Industrielle Produktionsgebäude, überwiegend Skelettbauweise | 24,00 | **33,00** | 45,00 | 2,9% |
| Betriebs- und Werkstätten, eingeschossig | 20,00 | **22,00** | 24,00 | 2,3% |
| Betriebs- und Werkstätten, mehrgeschossig, geringer Hallenanteil | 24,00 | **36,00** | 71,00 | 2,0% |
| Betriebs- und Werkstätten, mehrgeschossig, hoher Hallenanteil | 9,80 | **18,00** | 46,00 | 1,4% |
| **Gebäude für Handel und Lager** | | | | |
| Geschäftshäuser, mit Wohnungen | 13,00 | **18,00** | 21,00 | 0,4% |
| Geschäftshäuser, ohne Wohnungen | 25,00 | **33,00** | 40,00 | 1,1% |
| Verbrauchermärkte | 19,00 | **27,00** | 34,00 | 3,0% |
| Autohäuser | 35,00 | **40,00** | 44,00 | 2,5% |
| Lagergebäude, ohne Mischnutzung | 13,00 | **23,00** | 33,00 | 3,3% |
| Lagergebäude, mit bis zu 25% Mischnutzung | 9,30 | **26,00** | 35,00 | 3,7% |
| Lagergebäude, mit mehr als 25% Mischnutzung | 5,70 | **7,70** | 9,80 | 0,7% |
| **Garagen und Bereitschaftsdienste** | | | | |
| Einzel-, Mehrfach- und Hochgaragen | 11,00 | **14,00** | 18,00 | 1,7% |
| Tiefgaragen | – | **11,00** | – | 1,4% |
| Feuerwehrhäuser | 16,00 | **26,00** | 46,00 | 2,0% |
| Öffentliche Bereitschaftsdienste | 29,00 | **36,00** | 42,00 | 3,0% |
| **9 Kulturgebäude** | | | | |
| **Gebäude für kulturelle Zwecke** | | | | |
| Bibliotheken, Museen und Ausstellungen | 19,00 | **42,00** | 84,00 | 1,4% |
| Theater | 6,90 | **47,00** | 87,00 | 0,8% |
| Gemeindezentren, einfacher Standard | 7,30 | **11,00** | 18,00 | 0,7% |
| Gemeindezentren, mittlerer Standard | 22,00 | **42,00** | 72,00 | 1,9% |
| Gemeindezentren, hoher Standard | 13,00 | **15,00** | 19,00 | 0,5% |
| **Gebäude für religiöse Zwecke** | | | | |
| Sakralbauten | – | **–** | – | – |
| Friedhofsgebäude | – | **27,00** | – | 0,6% |

# 326
# Dränagen

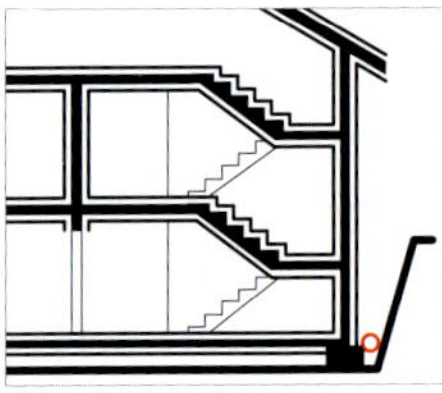

**Kosten:**
Stand 1.Quartal 2020
Bundesdurchschnitt
inkl. 19% MwSt.

Einheit: m² Gründungsfläche/ Unterbaufläche

▷ von
ø Mittel
◁ bis

| Gebäudeart | ▷ | €/Einheit | ◁ | KG an 300 |
|---|---|---|---|---|
| **1 Büro- und Verwaltungsgebäude** | | | | |
| Büro- und Verwaltungsgebäude, einfacher Standard | – | **7,20** | – | 0,2% |
| Büro- und Verwaltungsgebäude, mittlerer Standard | 5,90 | **11,00** | 20,00 | 0,2% |
| Büro- und Verwaltungsgebäude, hoher Standard | 2,40 | **22,00** | 32,00 | 0,1% |
| **2 Gebäude für Forschung und Lehre** | | | | |
| Instituts- und Laborgebäude | – | **7,20** | – | 0,1% |
| **3 Gebäude des Gesundheitswesens** | | | | |
| Medizinische Einrichtungen | 2,10 | **4,40** | 6,70 | 0,1% |
| Pflegeheime | 5,50 | **12,00** | 19,00 | 0,2% |
| **4 Schulen und Kindergärten** | | | | |
| Allgemeinbildende Schulen | 5,40 | **36,00** | 127,00 | 0,4% |
| Berufliche Schulen | 0,60 | **1,50** | 2,40 | 0,0% |
| Förder- und Sonderschulen | 6,80 | **14,00** | 27,00 | 0,3% |
| Weiterbildungseinrichtungen | 21,00 | **33,00** | 44,00 | 0,6% |
| Kindergärten, nicht unterkellert, einfacher Standard | – | – | – | – |
| Kindergärten, nicht unterkellert, mittlerer Standard | – | – | – | – |
| Kindergärten, nicht unterkellert, hoher Standard | – | **8,10** | – | 0,2% |
| Kindergärten, Holzbauweise, nicht unterkellert | 6,80 | **13,00** | 18,00 | 0,1% |
| Kindergärten, unterkellert | – | – | – | – |
| **5 Sportbauten** | | | | |
| Sport- und Mehrzweckhallen | 3,70 | **6,30** | 8,90 | 0,2% |
| Sporthallen (Einfeldhallen) | 7,10 | **7,90** | 8,80 | 0,3% |
| Sporthallen (Dreifeldhallen) | 14,00 | **21,00** | 40,00 | 1,0% |
| Schwimmhallen | – | – | – | – |
| **6 Wohngebäude** | | | | |
| **Ein- und Zweifamilienhäuser** | | | | |
| Ein- und Zweifamilienhäuser, unterkellert, einfacher Standard | 11,00 | **40,00** | 70,00 | 1,1% |
| Ein- und Zweifamilienhäuser, unterkellert, mittlerer Standard | 10,00 | **23,00** | 57,00 | 0,4% |
| Ein- und Zweifamilienhäuser, unterkellert, hoher Standard | 11,00 | **18,00** | 33,00 | 0,3% |
| Ein- und Zweifamilienhäuser, nicht unterkellert, einfacher Standard | – | – | – | – |
| Ein- und Zweifamilienhäuser, nicht unterkellert, mittlerer Standard | 15,00 | **17,00** | 19,00 | 0,1% |
| Ein- und Zweifamilienhäuser, nicht unterkellert, hoher Standard | 9,40 | **24,00** | 55,00 | 0,3% |
| Ein- und Zweifamilienhäuser, Passivhausstandard, Massivbau | 4,80 | **11,00** | 18,00 | 0,2% |
| Ein- und Zweifamilienhäuser, Passivhausstandard, Holzbau | 8,20 | **15,00** | 20,00 | 0,3% |
| Ein- und Zweifamilienhäuser, Holzbauweise, unterkellert | 6,20 | **17,00** | 35,00 | 0,3% |
| Ein- und Zweifamilienhäuser, Holzbauweise, nicht unterkellert | – | **1,30** | – | 0,0% |
| Doppel- und Reihenendhäuser, einfacher Standard | – | **8,60** | – | 0,1% |
| Doppel- und Reihenendhäuser, mittlerer Standard | – | – | – | – |
| Doppel- und Reihenendhäuser, hoher Standard | 8,70 | **13,00** | 20,00 | 0,2% |
| Reihenhäuser, einfacher Standard | – | – | – | – |
| Reihenhäuser, mittlerer Standard | – | **9,40** | – | 0,1% |
| Reihenhäuser, hoher Standard | 7,20 | **7,50** | 7,80 | 0,1% |
| **Mehrfamilienhäuser** | | | | |
| Mehrfamilienhäuser, mit bis zu 6 WE, einfacher Standard | – | **24,00** | – | 0,4% |
| Mehrfamilienhäuser, mit bis zu 6 WE, mittlerer Standard | – | **19,00** | – | 0,1% |
| Mehrfamilienhäuser, mit bis zu 6 WE, hoher Standard | – | **23,00** | – | 0,1% |


 Erläuterungen zu den Tabellen siehe Seite 46

| Gebäudeart | ▷ | €/Einheit | ◁ | KG an 300 |
|---|---|---|---|---|
| **Mehrfamilienhäuser (Fortsetzung)** | | | | |
| Mehrfamilienhäuser, mit 6 bis 19 WE, einfacher Standard | 7,60 | **18,00** | 34,00 | 0,6% |
| Mehrfamilienhäuser, mit 6 bis 19 WE, mittlerer Standard | 1,70 | **6,10** | 12,00 | 0,1% |
| Mehrfamilienhäuser, mit 6 bis 19 WE, hoher Standard | 4,80 | **10,00** | 24,00 | 0,2% |
| Mehrfamilienhäuser, mit 20 oder mehr WE, mittlerer Standard | 14,00 | **20,00** | 32,00 | 0,3% |
| Mehrfamilienhäuser, mit 20 oder mehr WE, hoher Standard | 13,00 | **14,00** | 16,00 | 0,3% |
| Mehrfamilienhäuser, Passivhäuser | 2,90 | **15,00** | 26,00 | 0,2% |
| Wohnhäuser, mit bis zu 15% Mischnutzung, einfacher Standard | 9,90 | **10,00** | 10,00 | 0,1% |
| Wohnhäuser, mit bis zu 15% Mischnutzung, mittlerer Standard | – | **13,00** | – | 0,1% |
| Wohnhäuser, mit bis zu 15% Mischnutzung, hoher Standard | – | **56,00** | – | 0,5% |
| Wohnhäuser, mit mehr als 15% Mischnutzung | – | **11,00** | – | 0,1% |
| **Seniorenwohnungen** | | | | |
| Seniorenwohnungen, mittlerer Standard | – | **18,00** | – | 0,1% |
| Seniorenwohnungen, hoher Standard | 17,00 | **19,00** | 22,00 | 0,5% |
| **Beherbergung** | | | | |
| Wohnheime und Internate | 3,00 | **5,90** | 8,90 | 0,1% |
| **7 Gewerbegebäude** | | | | |
| **Gaststätten und Kantinen** | | | | |
| Gaststätten, Kantinen und Mensen | – | **18,00** | – | 0,4% |
| **Gebäude für Produktion** | | | | |
| Industrielle Produktionsgebäude, Massivbauweise | – | **2,60** | – | 0,1% |
| Industrielle Produktionsgebäude, überwiegend Skelettbauweise | 4,10 | **7,60** | 11,00 | 0,2% |
| Betriebs- und Werkstätten, eingeschossig | – | **–** | – | – |
| Betriebs- und Werkstätten, mehrgeschossig, geringer Hallenanteil | 1,70 | **13,00** | 20,00 | 0,3% |
| Betriebs- und Werkstätten, mehrgeschossig, hoher Hallenanteil | 0,70 | **3,10** | 6,10 | 0,3% |
| **Gebäude für Handel und Lager** | | | | |
| Geschäftshäuser, mit Wohnungen | – | **4,60** | – | 0,0% |
| Geschäftshäuser, ohne Wohnungen | – | **19,00** | – | 0,2% |
| Verbrauchermärkte | – | **–** | – | – |
| Autohäuser | 3,40 | **6,80** | 10,00 | 0,3% |
| Lagergebäude, ohne Mischnutzung | 1,30 | **2,10** | 2,80 | 0,1% |
| Lagergebäude, mit bis zu 25% Mischnutzung | – | **–** | – | – |
| Lagergebäude, mit mehr als 25% Mischnutzung | – | **–** | – | – |
| **Garagen und Bereitschaftsdienste** | | | | |
| Einzel-, Mehrfach- und Hochgaragen | – | **2,00** | – | 0,1% |
| Tiefgaragen | – | **9,00** | – | 1,1% |
| Feuerwehrhäuser | – | **2,90** | – | 0,1% |
| Öffentliche Bereitschaftsdienste | – | **1,30** | – | 0,0% |
| **9 Kulturgebäude** | | | | |
| **Gebäude für kulturelle Zwecke** | | | | |
| Bibliotheken, Museen und Ausstellungen | 0,70 | **9,70** | 19,00 | 0,1% |
| Theater | – | **11,00** | – | 0,1% |
| Gemeindezentren, einfacher Standard | – | **–** | – | – |
| Gemeindezentren, mittlerer Standard | 8,40 | **18,00** | 28,00 | 0,3% |
| Gemeindezentren, hoher Standard | – | **11,00** | – | 0,1% |
| **Gebäude für religiöse Zwecke** | | | | |
| Sakralbauten | – | **–** | – | – |
| Friedhofsgebäude | – | **14,00** | – | 0,3% |

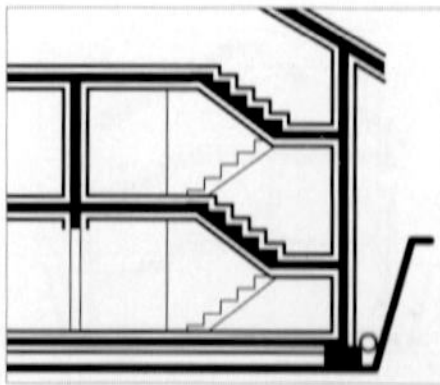

Einheit: $m^2$
Gründungsfläche/
Unterbaufläche

# 329 Sonstiges zur KG 320

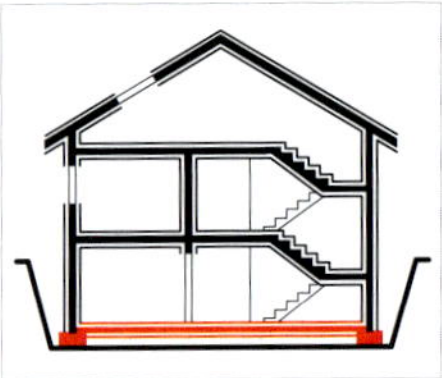

**Kosten:**
Stand 1.Quartal 2020
Bundesdurchschnitt
inkl. 19% MwSt.

Einheit: m² Gründungsfläche/ Unterbaufläche

▷ von
ø Mittel
◁ bis

| Gebäudeart | ▷ | €/Einheit | ◁ | KG an 300 |
|---|---|---|---|---|
| **1 Büro- und Verwaltungsgebäude** | | | | |
| Büro- und Verwaltungsgebäude, einfacher Standard | – | **8,60** | – | 0,1% |
| Büro- und Verwaltungsgebäude, mittlerer Standard | – | – | – | – |
| Büro- und Verwaltungsgebäude, hoher Standard | – | **2,60** | – | 0,0% |
| **2 Gebäude für Forschung und Lehre** | | | | |
| Instituts- und Laborgebäude | – | **4,30** | – | 0,0% |
| **3 Gebäude des Gesundheitswesens** | | | | |
| Medizinische Einrichtungen | – | **0,90** | – | 0,0% |
| Pflegeheime | – | – | – | – |
| **4 Schulen und Kindergärten** | | | | |
| Allgemeinbildende Schulen | – | – | – | – |
| Berufliche Schulen | – | – | – | – |
| Förder- und Sonderschulen | – | – | – | – |
| Weiterbildungseinrichtungen | 18,00 | **23,00** | 27,00 | 0,4% |
| Kindergärten, nicht unterkellert, einfacher Standard | – | – | – | – |
| Kindergärten, nicht unterkellert, mittlerer Standard | – | – | – | – |
| Kindergärten, nicht unterkellert, hoher Standard | – | **9,70** | – | 0,3% |
| Kindergärten, Holzbauweise, nicht unterkellert | – | **1,50** | – | 0,0% |
| Kindergärten, unterkellert | – | – | – | – |
| **5 Sportbauten** | | | | |
| Sport- und Mehrzweckhallen | – | **4,30** | – | 0,1% |
| Sporthallen (Einfeldhallen) | – | – | – | – |
| Sporthallen (Dreifeldhallen) | 0,20 | **2,80** | 5,50 | 0,1% |
| Schwimmhallen | – | – | – | – |
| **6 Wohngebäude** | | | | |
| **Ein- und Zweifamilienhäuser** | | | | |
| Ein- und Zweifamilienhäuser, unterkellert, einfacher Standard | – | – | – | – |
| Ein- und Zweifamilienhäuser, unterkellert, mittlerer Standard | – | – | – | – |
| Ein- und Zweifamilienhäuser, unterkellert, hoher Standard | – | – | – | – |
| Ein- und Zweifamilienhäuser, nicht unterkellert, einfacher Standard | – | – | – | – |
| Ein- und Zweifamilienhäuser, nicht unterkellert, mittlerer Standard | – | **19,00** | – | 0,1% |
| Ein- und Zweifamilienhäuser, nicht unterkellert, hoher Standard | – | **4,30** | – | 0,0% |
| Ein- und Zweifamilienhäuser, Passivhausstandard, Massivbau | – | – | – | – |
| Ein- und Zweifamilienhäuser, Passivhausstandard, Holzbau | – | – | – | – |
| Ein- und Zweifamilienhäuser, Holzbauweise, unterkellert | – | **7,00** | – | 0,0% |
| Ein- und Zweifamilienhäuser, Holzbauweise, nicht unterkellert | – | – | – | – |
| Doppel- und Reihenendhäuser, einfacher Standard | – | – | – | – |
| Doppel- und Reihenendhäuser, mittlerer Standard | – | – | – | – |
| Doppel- und Reihenendhäuser, hoher Standard | – | – | – | – |
| Reihenhäuser, einfacher Standard | – | – | – | – |
| Reihenhäuser, mittlerer Standard | – | – | – | – |
| Reihenhäuser, hoher Standard | – | – | – | – |
| **Mehrfamilienhäuser** | | | | |
| Mehrfamilienhäuser, mit bis zu 6 WE, einfacher Standard | – | **2,10** | – | 0,0% |
| Mehrfamilienhäuser, mit bis zu 6 WE, mittlerer Standard | – | – | – | – |
| Mehrfamilienhäuser, mit bis zu 6 WE, hoher Standard | – | – | – | – |

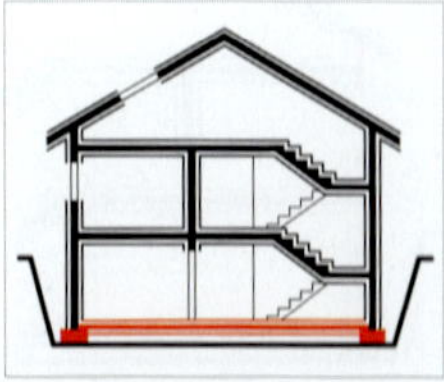

Einheit: m²
Gründungsfläche/
Unterbaufläche

| Gebäudeart | ▷ | €/Einheit | ◁ | KG an 300 |
|---|---|---|---|---|
| **Mehrfamilienhäuser (Fortsetzung)** | | | | |
| Mehrfamilienhäuser, mit 6 bis 19 WE, einfacher Standard | – | – | – | – |
| Mehrfamilienhäuser, mit 6 bis 19 WE, mittlerer Standard | – | – | – | – |
| Mehrfamilienhäuser, mit 6 bis 19 WE, hoher Standard | – | **0,60** | – | 0,0% |
| Mehrfamilienhäuser, mit 20 oder mehr WE, mittlerer Standard | – | **0,30** | – | 0,0% |
| Mehrfamilienhäuser, mit 20 oder mehr WE, hoher Standard | – | – | – | – |
| Mehrfamilienhäuser, Passivhäuser | – | – | – | – |
| Wohnhäuser, mit bis zu 15% Mischnutzung, einfacher Standard | – | – | – | – |
| Wohnhäuser, mit bis zu 15% Mischnutzung, mittlerer Standard | – | – | – | – |
| Wohnhäuser, mit bis zu 15% Mischnutzung, hoher Standard | – | – | – | – |
| Wohnhäuser, mit mehr als 15% Mischnutzung | – | – | – | – |
| **Seniorenwohnungen** | | | | |
| Seniorenwohnungen, mittlerer Standard | – | – | – | – |
| Seniorenwohnungen, hoher Standard | – | – | – | – |
| **Beherbergung** | | | | |
| Wohnheime und Internate | – | – | – | – |
| **7 Gewerbegebäude** | | | | |
| **Gaststätten und Kantinen** | | | | |
| Gaststätten, Kantinen und Mensen | – | – | – | – |
| **Gebäude für Produktion** | | | | |
| Industrielle Produktionsgebäude, Massivbauweise | – | – | – | – |
| Industrielle Produktionsgebäude, überwiegend Skelettbauweise | – | **2,90** | – | 0,0% |
| Betriebs- und Werkstätten, eingeschossig | – | **5,40** | – | 0,2% |
| Betriebs- und Werkstätten, mehrgeschossig, geringer Hallenanteil | – | – | – | – |
| Betriebs- und Werkstätten, mehrgeschossig, hoher Hallenanteil | – | – | – | – |
| **Gebäude für Handel und Lager** | | | | |
| Geschäftshäuser, mit Wohnungen | – | – | – | – |
| Geschäftshäuser, ohne Wohnungen | – | – | – | – |
| Verbrauchermärkte | – | – | – | – |
| Autohäuser | – | – | – | – |
| Lagergebäude, ohne Mischnutzung | – | – | – | – |
| Lagergebäude, mit bis zu 25% Mischnutzung | – | – | – | – |
| Lagergebäude, mit mehr als 25% Mischnutzung | – | – | – | – |
| **Garagen und Bereitschaftsdienste** | | | | |
| Einzel-, Mehrfach- und Hochgaragen | – | – | – | – |
| Tiefgaragen | – | – | – | – |
| Feuerwehrhäuser | – | **1,30** | – | 0,0% |
| Öffentliche Bereitschaftsdienste | 0,80 | **2,90** | 5,10 | 0,1% |
| **9 Kulturgebäude** | | | | |
| **Gebäude für kulturelle Zwecke** | | | | |
| Bibliotheken, Museen und Ausstellungen | 0,40 | **0,90** | 1,50 | 0,0% |
| Theater | – | **1,80** | – | 0,0% |
| Gemeindezentren, einfacher Standard | – | – | – | – |
| Gemeindezentren, mittlerer Standard | – | – | – | – |
| Gemeindezentren, hoher Standard | – | **8,20** | – | 0,1% |
| **Gebäude für religiöse Zwecke** | | | | |
| Sakralbauten | – | – | – | – |
| Friedhofsgebäude | – | – | – | – |

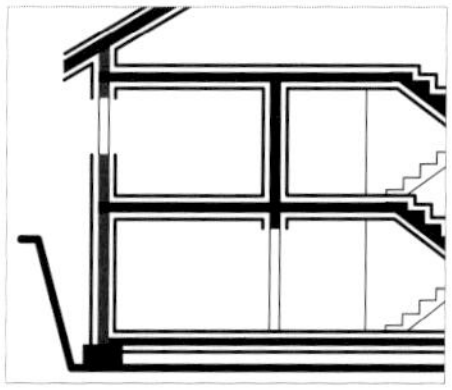

**Kosten:**
Stand 1.Quartal 2020
Bundesdurchschnitt
inkl. 19% MwSt.

Einheit: m² Außenwandfläche, tragend

▷ von
ø Mittel
◁ bis

| Gebäudeart | ▷ | €/Einheit | ◁ | KG an 300 |
|---|---|---|---|---|
| **1 Büro- und Verwaltungsgebäude** | | | | |
| Büro- und Verwaltungsgebäude, einfacher Standard | 120,00 | **132,00** | 166,00 | 9,8% |
| Büro- und Verwaltungsgebäude, mittlerer Standard | 125,00 | **173,00** | 255,00 | 6,3% |
| Büro- und Verwaltungsgebäude, hoher Standard | 148,00 | **220,00** | 478,00 | 4,3% |
| **2 Gebäude für Forschung und Lehre** | | | | |
| Instituts- und Laborgebäude | 55,00 | **109,00** | 161,00 | 5,3% |
| **3 Gebäude des Gesundheitswesens** | | | | |
| Medizinische Einrichtungen | 106,00 | **155,00** | 200,00 | 4,3% |
| Pflegeheime | 130,00 | **158,00** | 185,00 | 5,1% |
| **4 Schulen und Kindergärten** | | | | |
| Allgemeinbildende Schulen | 164,00 | **206,00** | 367,00 | 4,1% |
| Berufliche Schulen | 132,00 | **207,00** | 483,00 | 2,7% |
| Förder- und Sonderschulen | 111,00 | **181,00** | 225,00 | 4,2% |
| Weiterbildungseinrichtungen | 168,00 | **218,00** | 247,00 | 5,0% |
| Kindergärten, nicht unterkellert, einfacher Standard | – | **111,00** | – | 5,2% |
| Kindergärten, nicht unterkellert, mittlerer Standard | 127,00 | **143,00** | 164,00 | 6,2% |
| Kindergärten, nicht unterkellert, hoher Standard | 172,00 | **216,00** | 261,00 | 6,3% |
| Kindergärten, Holzbauweise, nicht unterkellert | 146,00 | **193,00** | 277,00 | 4,0% |
| Kindergärten, unterkellert | 145,00 | **150,00** | 153,00 | 6,6% |
| **5 Sportbauten** | | | | |
| Sport- und Mehrzweckhallen | 164,00 | **171,00** | 183,00 | 5,8% |
| Sporthallen (Einfeldhallen) | 135,00 | **191,00** | 287,00 | 8,4% |
| Sporthallen (Dreifeldhallen) | 74,00 | **179,00** | 218,00 | 3,7% |
| Schwimmhallen | – | **–** | – | – |
| **6 Wohngebäude** | | | | |
| **Ein- und Zweifamilienhäuser** | | | | |
| Ein- und Zweifamilienhäuser, unterkellert, einfacher Standard | 127,00 | **140,00** | 159,00 | 14,2% |
| Ein- und Zweifamilienhäuser, unterkellert, mittlerer Standard | 99,00 | **140,00** | 192,00 | 11,1% |
| Ein- und Zweifamilienhäuser, unterkellert, hoher Standard | 121,00 | **146,00** | 186,00 | 10,5% |
| Ein- und Zweifamilienhäuser, nicht unterkellert, einfacher Standard | 80,00 | **101,00** | 123,00 | 10,5% |
| Ein- und Zweifamilienhäuser, nicht unterkellert, mittlerer Standard | 92,00 | **132,00** | 174,00 | 9,4% |
| Ein- und Zweifamilienhäuser, nicht unterkellert, hoher Standard | 101,00 | **133,00** | 192,00 | 8,4% |
| Ein- und Zweifamilienhäuser, Passivhausstandard, Massivbau | 102,00 | **122,00** | 140,00 | 9,8% |
| Ein- und Zweifamilienhäuser, Passivhausstandard, Holzbau | 171,00 | **204,00** | 259,00 | 15,4% |
| Ein- und Zweifamilienhäuser, Holzbauweise, unterkellert | 116,00 | **160,00** | 230,00 | 16,2% |
| Ein- und Zweifamilienhäuser, Holzbauweise, nicht unterkellert | 116,00 | **163,00** | 210,00 | 12,0% |
| Doppel- und Reihenendhäuser, einfacher Standard | 75,00 | **88,00** | 111,00 | 12,1% |
| Doppel- und Reihenendhäuser, mittlerer Standard | 80,00 | **112,00** | 132,00 | 10,9% |
| Doppel- und Reihenendhäuser, hoher Standard | 107,00 | **124,00** | 134,00 | 12,3% |
| Reihenhäuser, einfacher Standard | 70,00 | **86,00** | 102,00 | 11,1% |
| Reihenhäuser, mittlerer Standard | 74,00 | **122,00** | 146,00 | 16,1% |
| Reihenhäuser, hoher Standard | 106,00 | **121,00** | 147,00 | 7,0% |
| **Mehrfamilienhäuser** | | | | |
| Mehrfamilienhäuser, mit bis zu 6 WE, einfacher Standard | 86,00 | **117,00** | 132,00 | 9,6% |
| Mehrfamilienhäuser, mit bis zu 6 WE, mittlerer Standard | 110,00 | **130,00** | 160,00 | 8,4% |
| Mehrfamilienhäuser, mit bis zu 6 WE, hoher Standard | 110,00 | **118,00** | 136,00 | 6,9% |

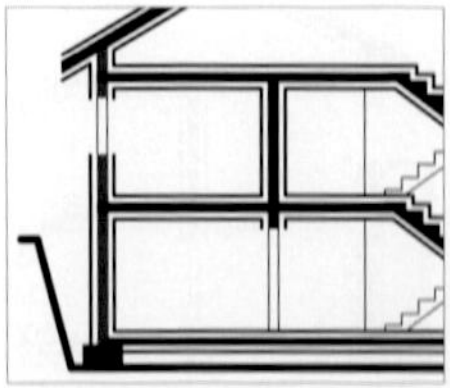

Einheit: m² Außenwandfläche, tragend

| Gebäudeart | ▷ | €/Einheit | ◁ | KG an 300 |
|---|---|---|---|---|
| **Mehrfamilienhäuser (Fortsetzung)** | | | | |
| Mehrfamilienhäuser, mit 6 bis 19 WE, einfacher Standard | 92,00 | **129,00** | 148,00 | 7,7% |
| Mehrfamilienhäuser, mit 6 bis 19 WE, mittlerer Standard | 113,00 | **143,00** | 173,00 | 9,4% |
| Mehrfamilienhäuser, mit 6 bis 19 WE, hoher Standard | 113,00 | **137,00** | 182,00 | 9,4% |
| Mehrfamilienhäuser, mit 20 oder mehr WE, mittlerer Standard | 91,00 | **127,00** | 201,00 | 6,8% |
| Mehrfamilienhäuser, mit 20 oder mehr WE, hoher Standard | 87,00 | **110,00** | 148,00 | 8,8% |
| Mehrfamilienhäuser, Passivhäuser | 95,00 | **102,00** | 127,00 | 7,7% |
| Wohnhäuser, mit bis zu 15% Mischnutzung, einfacher Standard | 94,00 | **127,00** | 191,00 | 3,8% |
| Wohnhäuser, mit bis zu 15% Mischnutzung, mittlerer Standard | 112,00 | **134,00** | 170,00 | 13,6% |
| Wohnhäuser, mit bis zu 15% Mischnutzung, hoher Standard | – | **258,00** | – | 10,1% |
| Wohnhäuser, mit mehr als 15% Mischnutzung | 122,00 | **145,00** | 191,00 | 6,8% |
| **Seniorenwohnungen** | | | | |
| Seniorenwohnungen, mittlerer Standard | 96,00 | **102,00** | 113,00 | 6,7% |
| Seniorenwohnungen, hoher Standard | 98,00 | **137,00** | 175,00 | 7,3% |
| **Beherbergung** | | | | |
| Wohnheime und Internate | 119,00 | **140,00** | 163,00 | 5,5% |
| **7 Gewerbegebäude** | | | | |
| **Gaststätten und Kantinen** | | | | |
| Gaststätten, Kantinen und Mensen | – | **184,00** | – | 4,1% |
| **Gebäude für Produktion** | | | | |
| Industrielle Produktionsgebäude, Massivbauweise | 110,00 | **135,00** | 175,00 | 6,1% |
| Industrielle Produktionsgebäude, überwiegend Skelettbauweise | 127,00 | **160,00** | 186,00 | 9,7% |
| Betriebs- und Werkstätten, eingeschossig | – | **54,00** | – | 1,1% |
| Betriebs- und Werkstätten, mehrgeschossig, geringer Hallenanteil | 140,00 | **171,00** | 277,00 | 10,0% |
| Betriebs- und Werkstätten, mehrgeschossig, hoher Hallenanteil | 99,00 | **155,00** | 239,00 | 8,3% |
| **Gebäude für Handel und Lager** | | | | |
| Geschäftshäuser, mit Wohnungen | 123,00 | **168,00** | 241,00 | 7,2% |
| Geschäftshäuser, ohne Wohnungen | 135,00 | **139,00** | 143,00 | 11,6% |
| Verbrauchermärkte | 138,00 | **169,00** | 200,00 | 9,8% |
| Autohäuser | 86,00 | **158,00** | 229,00 | 5,0% |
| Lagergebäude, ohne Mischnutzung | 73,00 | **126,00** | 303,00 | 6,3% |
| Lagergebäude, mit bis zu 25% Mischnutzung | 147,00 | **165,00** | 202,00 | 7,7% |
| Lagergebäude, mit mehr als 25% Mischnutzung | 106,00 | **162,00** | 218,00 | 4,7% |
| **Garagen und Bereitschaftsdienste** | | | | |
| Einzel-, Mehrfach- und Hochgaragen | 88,00 | **102,00** | 127,00 | 6,8% |
| Tiefgaragen | – | **211,00** | – | 18,2% |
| Feuerwehrhäuser | 106,00 | **134,00** | 150,00 | 7,5% |
| Öffentliche Bereitschaftsdienste | 106,00 | **139,00** | 172,00 | 7,7% |
| **9 Kulturgebäude** | | | | |
| **Gebäude für kulturelle Zwecke** | | | | |
| Bibliotheken, Museen und Ausstellungen | 133,00 | **159,00** | 197,00 | 6,9% |
| Theater | 263,00 | **281,00** | 299,00 | 3,1% |
| Gemeindezentren, einfacher Standard | 133,00 | **147,00** | 172,00 | 8,1% |
| Gemeindezentren, mittlerer Standard | 146,00 | **165,00** | 192,00 | 6,9% |
| Gemeindezentren, hoher Standard | 161,00 | **220,00** | 307,00 | 8,2% |
| **Gebäude für religiöse Zwecke** | | | | |
| Sakralbauten | – | **–** | – | – |
| Friedhofsgebäude | – | **129,00** | – | 9,1% |

# 332 Nichttragende Außenwände

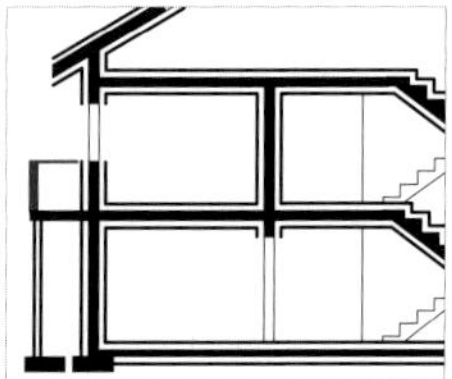

**Kosten:**
Stand 1.Quartal 2020
Bundesdurchschnitt
inkl. 19% MwSt.

Einheit: m²
Außenwandfläche,
nichttragend

▷ von
ø Mittel
◁ bis

| Gebäudeart | ▷ | €/Einheit | ◁ | KG an 300 |
|---|---|---|---|---|
| **1 Büro- und Verwaltungsgebäude** | | | | |
| Büro- und Verwaltungsgebäude, einfacher Standard | – | **–** | – | – |
| Büro- und Verwaltungsgebäude, mittlerer Standard | 118,00 | **202,00** | 310,00 | 0,5% |
| Büro- und Verwaltungsgebäude, hoher Standard | 152,00 | **263,00** | 562,00 | 0,9% |
| **2 Gebäude für Forschung und Lehre** | | | | |
| Instituts- und Laborgebäude | – | **169,00** | – | 0,2% |
| **3 Gebäude des Gesundheitswesens** | | | | |
| Medizinische Einrichtungen | 181,00 | **305,00** | 553,00 | 0,5% |
| Pflegeheime | 157,00 | **201,00** | 246,00 | 1,2% |
| **4 Schulen und Kindergärten** | | | | |
| Allgemeinbildende Schulen | 150,00 | **166,00** | 191,00 | 1,0% |
| Berufliche Schulen | 120,00 | **152,00** | 212,00 | 1,5% |
| Förder- und Sonderschulen | 90,00 | **151,00** | 213,00 | 0,1% |
| Weiterbildungseinrichtungen | – | **551,00** | – | 0,1% |
| Kindergärten, nicht unterkellert, einfacher Standard | – | **–** | – | – |
| Kindergärten, nicht unterkellert, mittlerer Standard | 124,00 | **167,00** | 214,00 | 0,4% |
| Kindergärten, nicht unterkellert, hoher Standard | – | **–** | – | – |
| Kindergärten, Holzbauweise, nicht unterkellert | 125,00 | **149,00** | 174,00 | 0,2% |
| Kindergärten, unterkellert | – | **113,00** | – | 0,3% |
| **5 Sportbauten** | | | | |
| Sport- und Mehrzweckhallen | – | **–** | – | – |
| Sporthallen (Einfeldhallen) | – | **108,00** | – | 0,2% |
| Sporthallen (Dreifeldhallen) | 191,00 | **278,00** | 365,00 | 0,1% |
| Schwimmhallen | – | **–** | – | – |
| **6 Wohngebäude** | | | | |
| **Ein- und Zweifamilienhäuser** | | | | |
| Ein- und Zweifamilienhäuser, unterkellert, einfacher Standard | 63,00 | **130,00** | 197,00 | 0,2% |
| Ein- und Zweifamilienhäuser, unterkellert, mittlerer Standard | 119,00 | **182,00** | 244,00 | 0,1% |
| Ein- und Zweifamilienhäuser, unterkellert, hoher Standard | 93,00 | **141,00** | 218,00 | 0,3% |
| Ein- und Zweifamilienhäuser, nicht unterkellert, einfacher Standard | – | **–** | – | – |
| Ein- und Zweifamilienhäuser, nicht unterkellert, mittlerer Standard | 79,00 | **103,00** | 127,00 | 0,3% |
| Ein- und Zweifamilienhäuser, nicht unterkellert, hoher Standard | 111,00 | **156,00** | 279,00 | 0,3% |
| Ein- und Zweifamilienhäuser, Passivhausstandard, Massivbau | 67,00 | **120,00** | 174,00 | 0,1% |
| Ein- und Zweifamilienhäuser, Passivhausstandard, Holzbau | – | **89,00** | – | 0,1% |
| Ein- und Zweifamilienhäuser, Holzbauweise, unterkellert | – | **–** | – | – |
| Ein- und Zweifamilienhäuser, Holzbauweise, nicht unterkellert | 135,00 | **208,00** | 280,00 | 0,4% |
| Doppel- und Reihenendhäuser, einfacher Standard | – | **127,00** | – | 0,1% |
| Doppel- und Reihenendhäuser, mittlerer Standard | – | **–** | – | – |
| Doppel- und Reihenendhäuser, hoher Standard | 92,00 | **118,00** | 171,00 | 0,2% |
| Reihenhäuser, einfacher Standard | – | **127,00** | – | 0,3% |
| Reihenhäuser, mittlerer Standard | – | **101,00** | – | 0,1% |
| Reihenhäuser, hoher Standard | – | **–** | – | – |
| **Mehrfamilienhäuser** | | | | |
| Mehrfamilienhäuser, mit bis zu 6 WE, einfacher Standard | – | **–** | – | – |
| Mehrfamilienhäuser, mit bis zu 6 WE, mittlerer Standard | – | **–** | – | – |
| Mehrfamilienhäuser, mit bis zu 6 WE, hoher Standard | 138,00 | **224,00** | 345,00 | 0,6% |

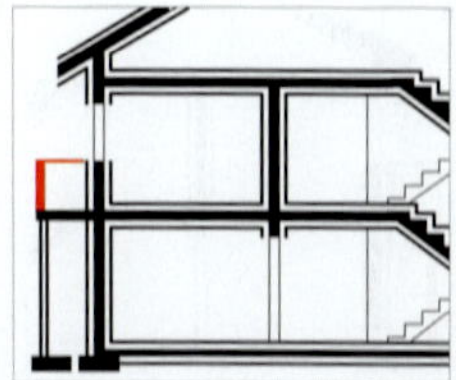

Einheit: m² Außenwandfläche, nichttragend

| Gebäudeart | ▷ | €/Einheit | ◁ | KG an 300 |
|---|---|---|---|---|
| **Mehrfamilienhäuser (Fortsetzung)** | | | | |
| Mehrfamilienhäuser, mit 6 bis 19 WE, einfacher Standard | – | **–** | – | – |
| Mehrfamilienhäuser, mit 6 bis 19 WE, mittlerer Standard | 81,00 | **167,00** | 227,00 | 0,8% |
| Mehrfamilienhäuser, mit 6 bis 19 WE, hoher Standard | – | **165,00** | – | 0,3% |
| Mehrfamilienhäuser, mit 20 oder mehr WE, mittlerer Standard | 92,00 | **214,00** | 276,00 | 0,7% |
| Mehrfamilienhäuser, mit 20 oder mehr WE, hoher Standard | 100,00 | **115,00** | 131,00 | 0,4% |
| Mehrfamilienhäuser, Passivhäuser | 91,00 | **221,00** | 358,00 | 0,8% |
| Wohnhäuser, mit bis zu 15% Mischnutzung, einfacher Standard | 226,00 | **282,00** | 392,00 | 4,0% |
| Wohnhäuser, mit bis zu 15% Mischnutzung, mittlerer Standard | – | **112,00** | – | 0,2% |
| Wohnhäuser, mit bis zu 15% Mischnutzung, hoher Standard | – | **–** | – | – |
| Wohnhäuser, mit mehr als 15% Mischnutzung | 134,00 | **192,00** | 249,00 | 1,3% |
| **Seniorenwohnungen** | | | | |
| Seniorenwohnungen, mittlerer Standard | 67,00 | **112,00** | 202,00 | 0,1% |
| Seniorenwohnungen, hoher Standard | – | **80,00** | – | 0,1% |
| **Beherbergung** | | | | |
| Wohnheime und Internate | 121,00 | **214,00** | 345,00 | 1,3% |
| **7 Gewerbegebäude** | | | | |
| **Gaststätten und Kantinen** | | | | |
| Gaststätten, Kantinen und Mensen | – | **–** | – | – |
| **Gebäude für Produktion** | | | | |
| Industrielle Produktionsgebäude, Massivbauweise | 68,00 | **91,00** | 114,00 | 1,6% |
| Industrielle Produktionsgebäude, überwiegend Skelettbauweise | 90,00 | **124,00** | 191,00 | 2,7% |
| Betriebs- und Werkstätten, eingeschossig | – | **–** | – | – |
| Betriebs- und Werkstätten, mehrgeschossig, geringer Hallenanteil | – | **286,00** | – | 0,1% |
| Betriebs- und Werkstätten, mehrgeschossig, hoher Hallenanteil | 64,00 | **167,00** | 269,00 | 0,1% |
| **Gebäude für Handel und Lager** | | | | |
| Geschäftshäuser, mit Wohnungen | – | **–** | – | – |
| Geschäftshäuser, ohne Wohnungen | – | **–** | – | – |
| Verbrauchermärkte | – | **–** | – | – |
| Autohäuser | – | **157,00** | – | 0,4% |
| Lagergebäude, ohne Mischnutzung | – | **102,00** | – | 1,0% |
| Lagergebäude, mit bis zu 25% Mischnutzung | – | **265,00** | – | 0,1% |
| Lagergebäude, mit mehr als 25% Mischnutzung | – | **–** | – | – |
| **Garagen und Bereitschaftsdienste** | | | | |
| Einzel-, Mehrfach- und Hochgaragen | 89,00 | **93,00** | 96,00 | 8,2% |
| Tiefgaragen | – | **–** | – | – |
| Feuerwehrhäuser | 100,00 | **128,00** | 179,00 | 0,7% |
| Öffentliche Bereitschaftsdienste | 104,00 | **119,00** | 135,00 | 0,2% |
| **9 Kulturgebäude** | | | | |
| **Gebäude für kulturelle Zwecke** | | | | |
| Bibliotheken, Museen und Ausstellungen | 125,00 | **192,00** | 303,00 | 0,7% |
| Theater | 181,00 | **209,00** | 238,00 | 1,1% |
| Gemeindezentren, einfacher Standard | – | **–** | – | – |
| Gemeindezentren, mittlerer Standard | 83,00 | **230,00** | 376,00 | 0,7% |
| Gemeindezentren, hoher Standard | – | **178,00** | – | 0,0% |
| **Gebäude für religiöse Zwecke** | | | | |
| Sakralbauten | – | **–** | – | – |
| Friedhofsgebäude | – | **55,00** | – | 0,7% |

# 333
# Außenstützen

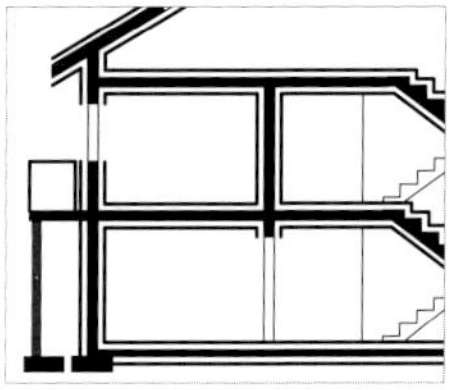

**Kosten:**
Stand 1.Quartal 2020
Bundesdurchschnitt
inkl. 19% MwSt.

Einheit: m
Außenstützenlänge

▷ von
ø Mittel
◁ bis

| Gebäudeart | ▷ | €/Einheit | ◁ | KG an 300 |
|---|---|---|---|---|
| **1 Büro- und Verwaltungsgebäude** | | | | |
| Büro- und Verwaltungsgebäude, einfacher Standard | 209,00 | **252,00** | 294,00 | 0,5% |
| Büro- und Verwaltungsgebäude, mittlerer Standard | 134,00 | **223,00** | 289,00 | 0,5% |
| Büro- und Verwaltungsgebäude, hoher Standard | 122,00 | **193,00** | 373,00 | 0,4% |
| **2 Gebäude für Forschung und Lehre** | | | | |
| Instituts- und Laborgebäude | 189,00 | **209,00** | 246,00 | 0,2% |
| **3 Gebäude des Gesundheitswesens** | | | | |
| Medizinische Einrichtungen | 128,00 | **307,00** | 800,00 | 0,2% |
| Pflegeheime | 102,00 | **129,00** | 178,00 | 0,2% |
| **4 Schulen und Kindergärten** | | | | |
| Allgemeinbildende Schulen | 125,00 | **225,00** | 337,00 | 0,5% |
| Berufliche Schulen | 130,00 | **816,00** | 3.547,00 | 0,8% |
| Förder- und Sonderschulen | 123,00 | **150,00** | 177,00 | 0,4% |
| Weiterbildungseinrichtungen | 133,00 | **149,00** | 182,00 | 0,7% |
| Kindergärten, nicht unterkellert, einfacher Standard | – | **–** | – | – |
| Kindergärten, nicht unterkellert, mittlerer Standard | 127,00 | **159,00** | 295,00 | 0,3% |
| Kindergärten, nicht unterkellert, hoher Standard | 192,00 | **196,00** | 200,00 | 0,5% |
| Kindergärten, Holzbauweise, nicht unterkellert | 158,00 | **684,00** | 2.077,00 | 0,1% |
| Kindergärten, unterkellert | – | **61,00** | – | 0,0% |
| **5 Sportbauten** | | | | |
| Sport- und Mehrzweckhallen | – | **332,00** | – | 0,2% |
| Sporthallen (Einfeldhallen) | 51,00 | **162,00** | 274,00 | 0,7% |
| Sporthallen (Dreifeldhallen) | 167,00 | **235,00** | 293,00 | 0,6% |
| Schwimmhallen | – | **–** | – | – |
| **6 Wohngebäude** | | | | |
| **Ein- und Zweifamilienhäuser** | | | | |
| Ein- und Zweifamilienhäuser, unterkellert, einfacher Standard | – | **86,00** | – | 0,2% |
| Ein- und Zweifamilienhäuser, unterkellert, mittlerer Standard | 96,00 | **123,00** | 151,00 | 0,1% |
| Ein- und Zweifamilienhäuser, unterkellert, hoher Standard | 77,00 | **118,00** | 172,00 | 0,4% |
| Ein- und Zweifamilienhäuser, nicht unterkellert, einfacher Standard | – | **–** | – | – |
| Ein- und Zweifamilienhäuser, nicht unterkellert, mittlerer Standard | 74,00 | **122,00** | 160,00 | 0,3% |
| Ein- und Zweifamilienhäuser, nicht unterkellert, hoher Standard | 161,00 | **283,00** | 494,00 | 0,3% |
| Ein- und Zweifamilienhäuser, Passivhausstandard, Massivbau | 111,00 | **219,00** | 554,00 | 0,2% |
| Ein- und Zweifamilienhäuser, Passivhausstandard, Holzbau | 99,00 | **136,00** | 176,00 | 0,0% |
| Ein- und Zweifamilienhäuser, Holzbauweise, unterkellert | 43,00 | **96,00** | 125,00 | 0,7% |
| Ein- und Zweifamilienhäuser, Holzbauweise, nicht unterkellert | 52,00 | **110,00** | 202,00 | 0,1% |
| Doppel- und Reihenendhäuser, einfacher Standard | – | **75,00** | – | 0,2% |
| Doppel- und Reihenendhäuser, mittlerer Standard | 51,00 | **249,00** | 446,00 | 0,2% |
| Doppel- und Reihenendhäuser, hoher Standard | 81,00 | **108,00** | 122,00 | 0,3% |
| Reihenhäuser, einfacher Standard | – | **–** | – | – |
| Reihenhäuser, mittlerer Standard | – | **–** | – | – |
| Reihenhäuser, hoher Standard | – | **–** | – | – |
| **Mehrfamilienhäuser** | | | | |
| Mehrfamilienhäuser, mit bis zu 6 WE, einfacher Standard | 144,00 | **179,00** | 215,00 | 0,3% |
| Mehrfamilienhäuser, mit bis zu 6 WE, mittlerer Standard | – | **140,00** | – | 0,0% |
| Mehrfamilienhäuser, mit bis zu 6 WE, hoher Standard | 104,00 | **164,00** | 208,00 | 0,3% |

| Gebäudeart | ▷ | €/Einheit | ◁ | KG an 300 |
|---|---|---|---|---|
| **Mehrfamilienhäuser (Fortsetzung)** | | | | |
| Mehrfamilienhäuser, mit 6 bis 19 WE, einfacher Standard | – | **–** | – | – |
| Mehrfamilienhäuser, mit 6 bis 19 WE, mittlerer Standard | 108,00 | **146,00** | 204,00 | 0,1% |
| Mehrfamilienhäuser, mit 6 bis 19 WE, hoher Standard | – | **387,00** | – | 0,1% |
| Mehrfamilienhäuser, mit 20 oder mehr WE, mittlerer Standard | 108,00 | **170,00** | 238,00 | 0,4% |
| Mehrfamilienhäuser, mit 20 oder mehr WE, hoher Standard | – | **146,00** | – | 0,1% |
| Mehrfamilienhäuser, Passivhäuser | 86,00 | **141,00** | 202,00 | 0,5% |
| Wohnhäuser, mit bis zu 15% Mischnutzung, einfacher Standard | – | **158,00** | – | 0,6% |
| Wohnhäuser, mit bis zu 15% Mischnutzung, mittlerer Standard | – | **112,00** | – | 0,2% |
| Wohnhäuser, mit bis zu 15% Mischnutzung, hoher Standard | – | **240,00** | – | 0,5% |
| Wohnhäuser, mit mehr als 15% Mischnutzung | – | **–** | – | – |
| **Seniorenwohnungen** | | | | |
| Seniorenwohnungen, mittlerer Standard | 113,00 | **153,00** | 177,00 | 0,3% |
| Seniorenwohnungen, hoher Standard | – | **108,00** | – | 0,3% |
| **Beherbergung** | | | | |
| Wohnheime und Internate | 95,00 | **140,00** | 216,00 | 0,4% |
| **7 Gewerbegebäude** | | | | |
| **Gaststätten und Kantinen** | | | | |
| Gaststätten, Kantinen und Mensen | – | **564,00** | – | 0,6% |
| **Gebäude für Produktion** | | | | |
| Industrielle Produktionsgebäude, Massivbauweise | – | **–** | – | – |
| Industrielle Produktionsgebäude, überwiegend Skelettbauweise | 97,00 | **242,00** | 352,00 | 1,5% |
| Betriebs- und Werkstätten, eingeschossig | – | **215,00** | – | 0,1% |
| Betriebs- und Werkstätten, mehrgeschossig, geringer Hallenanteil | 156,00 | **205,00** | 292,00 | 0,5% |
| Betriebs- und Werkstätten, mehrgeschossig, hoher Hallenanteil | 99,00 | **142,00** | 226,00 | 1,0% |
| **Gebäude für Handel und Lager** | | | | |
| Geschäftshäuser, mit Wohnungen | 126,00 | **147,00** | 185,00 | 0,2% |
| Geschäftshäuser, ohne Wohnungen | – | **334,00** | – | 0,4% |
| Verbrauchermärkte | – | **–** | – | – |
| Autohäuser | – | **140,00** | – | 0,2% |
| Lagergebäude, ohne Mischnutzung | 88,00 | **206,00** | 302,00 | 3,1% |
| Lagergebäude, mit bis zu 25% Mischnutzung | – | **429,00** | – | 0,6% |
| Lagergebäude, mit mehr als 25% Mischnutzung | 206,00 | **382,00** | 558,00 | 2,7% |
| **Garagen und Bereitschaftsdienste** | | | | |
| Einzel-, Mehrfach- und Hochgaragen | 38,00 | **159,00** | 280,00 | 2,5% |
| Tiefgaragen | – | **–** | – | – |
| Feuerwehrhäuser | 130,00 | **164,00** | 198,00 | 0,3% |
| Öffentliche Bereitschaftsdienste | 217,00 | **386,00** | 686,00 | 2,5% |
| **9 Kulturgebäude** | | | | |
| **Gebäude für kulturelle Zwecke** | | | | |
| Bibliotheken, Museen und Ausstellungen | 108,00 | **176,00** | 214,00 | 0,6% |
| Theater | 150,00 | **720,00** | 1.290,00 | 1,0% |
| Gemeindezentren, einfacher Standard | 177,00 | **252,00** | 327,00 | 0,6% |
| Gemeindezentren, mittlerer Standard | 95,00 | **171,00** | 359,00 | 0,6% |
| Gemeindezentren, hoher Standard | 145,00 | **281,00** | 551,00 | 0,4% |
| **Gebäude für religiöse Zwecke** | | | | |
| Sakralbauten | – | **–** | – | – |
| Friedhofsgebäude | – | **207,00** | – | 2,7% |

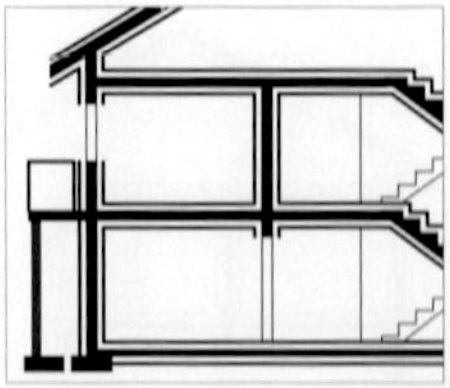

Einheit: m
Außenstützenlänge

# 334 Außenwand-öffnungen

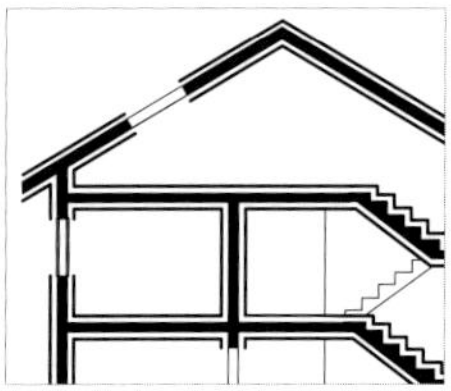

**Kosten:**
Stand 1.Quartal 2020
Bundesdurchschnitt
inkl. 19% MwSt.

Einheit: m²
Außenwandöffnungs-fläche

▷ von
ø Mittel
◁ bis

| Gebäudeart | ▷ | €/Einheit | ◁ | KG an 300 |
|---|---|---|---|---|
| **1 Büro- und Verwaltungsgebäude** | | | | |
| Büro- und Verwaltungsgebäude, einfacher Standard | 294,00 | **426,00** | 605,00 | 9,6% |
| Büro- und Verwaltungsgebäude, mittlerer Standard | 489,00 | **661,00** | 971,00 | 14,6% |
| Büro- und Verwaltungsgebäude, hoher Standard | 633,00 | **901,00** | 1.216,00 | 12,3% |
| **2 Gebäude für Forschung und Lehre** | | | | |
| Instituts- und Laborgebäude | 779,00 | **1.052,00** | 1.855,00 | 13,5% |
| **3 Gebäude des Gesundheitswesens** | | | | |
| Medizinische Einrichtungen | 334,00 | **543,00** | 616,00 | 8,9% |
| Pflegeheime | 442,00 | **611,00** | 781,00 | 8,9% |
| **4 Schulen und Kindergärten** | | | | |
| Allgemeinbildende Schulen | 609,00 | **914,00** | 1.686,00 | 14,5% |
| Berufliche Schulen | 609,00 | **801,00** | 1.107,00 | 10,9% |
| Förder- und Sonderschulen | 643,00 | **2.271,00** | 8.753,00 | 13,0% |
| Weiterbildungseinrichtungen | 914,00 | **956,00** | 1.021,00 | 19,0% |
| Kindergärten, nicht unterkellert, einfacher Standard | – | **711,00** | – | 7,7% |
| Kindergärten, nicht unterkellert, mittlerer Standard | 589,00 | **709,00** | 1.103,00 | 10,9% |
| Kindergärten, nicht unterkellert, hoher Standard | 586,00 | **739,00** | 892,00 | 13,5% |
| Kindergärten, Holzbauweise, nicht unterkellert | 536,00 | **719,00** | 885,00 | 10,9% |
| Kindergärten, unterkellert | 663,00 | **733,00** | 861,00 | 10,0% |
| **5 Sportbauten** | | | | |
| Sport- und Mehrzweckhallen | 627,00 | **731,00** | 784,00 | 18,5% |
| Sporthallen (Einfeldhallen) | 611,00 | **833,00** | 1.272,00 | 6,7% |
| Sporthallen (Dreifeldhallen) | 524,00 | **627,00** | 740,00 | 11,2% |
| Schwimmhallen | – | **–** | – | – |
| **6 Wohngebäude** | | | | |
| **Ein- und Zweifamilienhäuser** | | | | |
| Ein- und Zweifamilienhäuser, unterkellert, einfacher Standard | 515,00 | **571,00** | 656,00 | 7,3% |
| Ein- und Zweifamilienhäuser, unterkellert, mittlerer Standard | 463,00 | **593,00** | 741,00 | 10,0% |
| Ein- und Zweifamilienhäuser, unterkellert, hoher Standard | 580,00 | **726,00** | 889,00 | 14,3% |
| Ein- und Zweifamilienhäuser, nicht unterkellert, einfacher Standard | 412,00 | **474,00** | 536,00 | 9,1% |
| Ein- und Zweifamilienhäuser, nicht unterkellert, mittlerer Standard | 491,00 | **627,00** | 782,00 | 12,2% |
| Ein- und Zweifamilienhäuser, nicht unterkellert, hoher Standard | 567,00 | **673,00** | 841,00 | 14,5% |
| Ein- und Zweifamilienhäuser, Passivhausstandard, Massivbau | 574,00 | **713,00** | 838,00 | 12,8% |
| Ein- und Zweifamilienhäuser, Passivhausstandard, Holzbau | 679,00 | **773,00** | 1.129,00 | 13,6% |
| Ein- und Zweifamilienhäuser, Holzbauweise, unterkellert | 470,00 | **520,00** | 631,00 | 9,9% |
| Ein- und Zweifamilienhäuser, Holzbauweise, nicht unterkellert | 512,00 | **594,00** | 720,00 | 11,1% |
| Doppel- und Reihenendhäuser, einfacher Standard | 381,00 | **497,00** | 667,00 | 11,6% |
| Doppel- und Reihenendhäuser, mittlerer Standard | 498,00 | **621,00** | 777,00 | 9,1% |
| Doppel- und Reihenendhäuser, hoher Standard | 454,00 | **507,00** | 673,00 | 8,5% |
| Reihenhäuser, einfacher Standard | 328,00 | **449,00** | 571,00 | 9,9% |
| Reihenhäuser, mittlerer Standard | 447,00 | **589,00** | 684,00 | 10,6% |
| Reihenhäuser, hoher Standard | 451,00 | **569,00** | 802,00 | 8,2% |
| **Mehrfamilienhäuser** | | | | |
| Mehrfamilienhäuser, mit bis zu 6 WE, einfacher Standard | 319,00 | **400,00** | 450,00 | 7,2% |
| Mehrfamilienhäuser, mit bis zu 6 WE, mittlerer Standard | 356,00 | **499,00** | 574,00 | 8,6% |
| Mehrfamilienhäuser, mit bis zu 6 WE, hoher Standard | 435,00 | **567,00** | 630,00 | 8,2% |

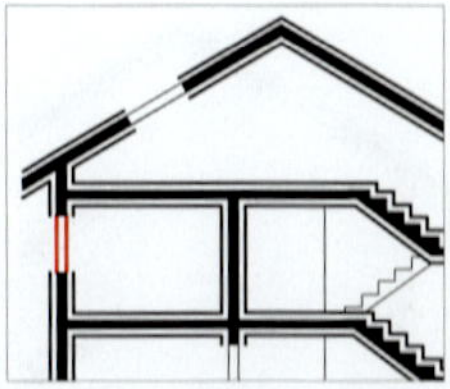

Einheit: m²
Außenwandöffnungs-
fläche

| Gebäudeart | ▷ | €/Einheit | ◁ | KG an 300 |
|---|---|---|---|---|
| **Mehrfamilienhäuser (Fortsetzung)** | | | | |
| Mehrfamilienhäuser, mit 6 bis 19 WE, einfacher Standard | 476,00 | **603,00** | 838,00 | 7,1% |
| Mehrfamilienhäuser, mit 6 bis 19 WE, mittlerer Standard | 315,00 | **437,00** | 634,00 | 7,2% |
| Mehrfamilienhäuser, mit 6 bis 19 WE, hoher Standard | 332,00 | **434,00** | 574,00 | 7,7% |
| Mehrfamilienhäuser, mit 20 oder mehr WE, mittlerer Standard | 408,00 | **524,00** | 620,00 | 9,0% |
| Mehrfamilienhäuser, mit 20 oder mehr WE, hoher Standard | 388,00 | **467,00** | 597,00 | 7,2% |
| Mehrfamilienhäuser, Passivhäuser | 484,00 | **588,00** | 739,00 | 10,1% |
| Wohnhäuser, mit bis zu 15% Mischnutzung, einfacher Standard | 412,00 | **554,00** | 651,00 | 13,1% |
| Wohnhäuser, mit bis zu 15% Mischnutzung, mittlerer Standard | 465,00 | **498,00** | 562,00 | 9,7% |
| Wohnhäuser, mit bis zu 15% Mischnutzung, hoher Standard | – | **795,00** | – | 11,3% |
| Wohnhäuser, mit mehr als 15% Mischnutzung | 511,00 | **581,00** | 719,00 | 17,3% |
| **Seniorenwohnungen** | | | | |
| Seniorenwohnungen, mittlerer Standard | 403,00 | **447,00** | 525,00 | 8,7% |
| Seniorenwohnungen, hoher Standard | 323,00 | **435,00** | 547,00 | 7,7% |
| **Beherbergung** | | | | |
| Wohnheime und Internate | 568,00 | **641,00** | 808,00 | 12,9% |
| **7 Gewerbegebäude** | | | | |
| **Gaststätten und Kantinen** | | | | |
| Gaststätten, Kantinen und Mensen | – | **1.057,00** | – | 11,3% |
| **Gebäude für Produktion** | | | | |
| Industrielle Produktionsgebäude, Massivbauweise | 393,00 | **580,00** | 675,00 | 14,1% |
| Industrielle Produktionsgebäude, überwiegend Skelettbauweise | 429,00 | **544,00** | 759,00 | 6,4% |
| Betriebs- und Werkstätten, eingeschossig | 602,00 | **704,00** | 805,00 | 10,8% |
| Betriebs- und Werkstätten, mehrgeschossig, geringer Hallenanteil | 374,00 | **462,00** | 635,00 | 9,7% |
| Betriebs- und Werkstätten, mehrgeschossig, hoher Hallenanteil | 432,00 | **532,00** | 952,00 | 7,3% |
| **Gebäude für Handel und Lager** | | | | |
| Geschäftshäuser, mit Wohnungen | 589,00 | **847,00** | 1.010,00 | 14,7% |
| Geschäftshäuser, ohne Wohnungen | 608,00 | **753,00** | 899,00 | 11,9% |
| Verbrauchermärkte | 1.025,00 | **1.188,00** | 1.351,00 | 7,4% |
| Autohäuser | 489,00 | **571,00** | 653,00 | 10,9% |
| Lagergebäude, ohne Mischnutzung | 266,00 | **411,00** | 577,00 | 8,3% |
| Lagergebäude, mit bis zu 25% Mischnutzung | 510,00 | **589,00** | 738,00 | 10,0% |
| Lagergebäude, mit mehr als 25% Mischnutzung | 250,00 | **329,00** | 408,00 | 12,2% |
| **Garagen und Bereitschaftsdienste** | | | | |
| Einzel-, Mehrfach- und Hochgaragen | 350,00 | **425,00** | 672,00 | 14,5% |
| Tiefgaragen | – | **0,00** | – | 3,3% |
| Feuerwehrhäuser | 621,00 | **731,00** | 946,00 | 12,2% |
| Öffentliche Bereitschaftsdienste | 568,00 | **861,00** | 1.596,00 | 10,9% |
| **9 Kulturgebäude** | | | | |
| **Gebäude für kulturelle Zwecke** | | | | |
| Bibliotheken, Museen und Ausstellungen | 791,00 | **1.067,00** | 1.364,00 | 12,1% |
| Theater | 730,00 | **1.200,00** | 1.669,00 | 16,2% |
| Gemeindezentren, einfacher Standard | 424,00 | **474,00** | 505,00 | 8,4% |
| Gemeindezentren, mittlerer Standard | 673,00 | **762,00** | 1.090,00 | 15,9% |
| Gemeindezentren, hoher Standard | 753,00 | **785,00** | 800,00 | 9,1% |
| **Gebäude für religiöse Zwecke** | | | | |
| Sakralbauten | – | **–** | – | – |
| Friedhofsgebäude | – | **834,00** | – | 16,4% |

Lebensdauern
Grobelementarten
Stahlbau
Gebäudearten
Bauelemente Kostengruppen
Ausführungsarten

# 335 Außenwandbekleidungen, außen

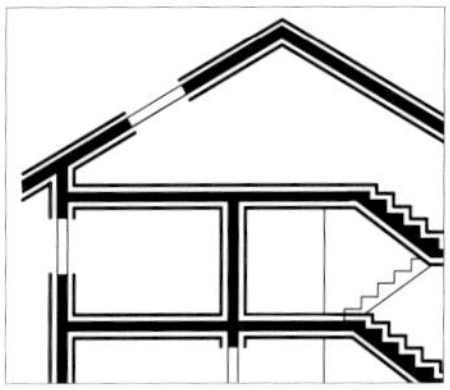

**Kosten:**
Stand 1.Quartal 2020
Bundesdurchschnitt
inkl. 19% MwSt.

Einheit: m²
Außenwandbekleidungsfläche, außen

▷ von
ø Mittel
◁ bis

| Gebäudeart | ▷ | €/Einheit | ◁ | KG an 300 |
|---|---|---|---|---|
| **1 Büro- und Verwaltungsgebäude** | | | | |
| Büro- und Verwaltungsgebäude, einfacher Standard | 66,00 | **75,00** | 85,00 | 5,7% |
| Büro- und Verwaltungsgebäude, mittlerer Standard | 119,00 | **193,00** | 337,00 | 8,2% |
| Büro- und Verwaltungsgebäude, hoher Standard | 184,00 | **352,00** | 708,00 | 8,9% |
| **2 Gebäude für Forschung und Lehre** | | | | |
| Instituts- und Laborgebäude | 221,00 | **290,00** | 319,00 | 13,7% |
| **3 Gebäude des Gesundheitswesens** | | | | |
| Medizinische Einrichtungen | 103,00 | **240,00** | 287,00 | 9,4% |
| Pflegeheime | 124,00 | **197,00** | 284,00 | 6,7% |
| **4 Schulen und Kindergärten** | | | | |
| Allgemeinbildende Schulen | 108,00 | **180,00** | 246,00 | 6,0% |
| Berufliche Schulen | 173,00 | **215,00** | 329,00 | 5,6% |
| Förder- und Sonderschulen | 106,00 | **199,00** | 282,00 | 6,8% |
| Weiterbildungseinrichtungen | 205,00 | **255,00** | 346,00 | 5,6% |
| Kindergärten, nicht unterkellert, einfacher Standard | – | **177,00** | – | 8,4% |
| Kindergärten, nicht unterkellert, mittlerer Standard | 121,00 | **167,00** | 210,00 | 8,5% |
| Kindergärten, nicht unterkellert, hoher Standard | 111,00 | **112,00** | 114,00 | 4,3% |
| Kindergärten, Holzbauweise, nicht unterkellert | 121,00 | **169,00** | 242,00 | 7,8% |
| Kindergärten, unterkellert | 119,00 | **144,00** | 186,00 | 7,3% |
| **5 Sportbauten** | | | | |
| Sport- und Mehrzweckhallen | 69,00 | **95,00** | 144,00 | 3,7% |
| Sporthallen (Einfeldhallen) | 107,00 | **146,00** | 169,00 | 8,7% |
| Sporthallen (Dreifeldhallen) | 65,00 | **124,00** | 196,00 | 2,8% |
| Schwimmhallen | – | **–** | – | – |
| **6 Wohngebäude** | | | | |
| **Ein- und Zweifamilienhäuser** | | | | |
| Ein- und Zweifamilienhäuser, unterkellert, einfacher Standard | 38,00 | **48,00** | 54,00 | 5,4% |
| Ein- und Zweifamilienhäuser, unterkellert, mittlerer Standard | 80,00 | **125,00** | 153,00 | 11,0% |
| Ein- und Zweifamilienhäuser, unterkellert, hoher Standard | 85,00 | **114,00** | 154,00 | 8,9% |
| Ein- und Zweifamilienhäuser, nicht unterkellert, einfacher Standard | 63,00 | **105,00** | 148,00 | 11,0% |
| Ein- und Zweifamilienhäuser, nicht unterkellert, mittlerer Standard | 83,00 | **115,00** | 159,00 | 9,6% |
| Ein- und Zweifamilienhäuser, nicht unterkellert, hoher Standard | 89,00 | **117,00** | 160,00 | 8,0% |
| Ein- und Zweifamilienhäuser, Passivhausstandard, Massivbau | 105,00 | **142,00** | 182,00 | 12,4% |
| Ein- und Zweifamilienhäuser, Passivhausstandard, Holzbau | 74,00 | **111,00** | 151,00 | 8,8% |
| Ein- und Zweifamilienhäuser, Holzbauweise, unterkellert | 77,00 | **104,00** | 179,00 | 9,9% |
| Ein- und Zweifamilienhäuser, Holzbauweise, nicht unterkellert | 63,00 | **96,00** | 123,00 | 8,4% |
| Doppel- und Reihenendhäuser, einfacher Standard | 57,00 | **76,00** | 88,00 | 10,1% |
| Doppel- und Reihenendhäuser, mittlerer Standard | 75,00 | **111,00** | 188,00 | 10,8% |
| Doppel- und Reihenendhäuser, hoher Standard | 82,00 | **122,00** | 146,00 | 11,4% |
| Reihenhäuser, einfacher Standard | 81,00 | **101,00** | 120,00 | 7,0% |
| Reihenhäuser, mittlerer Standard | 50,00 | **70,00** | 82,00 | 7,7% |
| Reihenhäuser, hoher Standard | 44,00 | **96,00** | 129,00 | 6,6% |
| **Mehrfamilienhäuser** | | | | |
| Mehrfamilienhäuser, mit bis zu 6 WE, einfacher Standard | 56,00 | **77,00** | 87,00 | 6,2% |
| Mehrfamilienhäuser, mit bis zu 6 WE, mittlerer Standard | 78,00 | **127,00** | 162,00 | 8,6% |
| Mehrfamilienhäuser, mit bis zu 6 WE, hoher Standard | 88,00 | **140,00** | 214,00 | 8,7% |

| Gebäudeart | ▷ | €/Einheit | ◁ | KG an 300 |
|---|---|---|---|---|
| **Mehrfamilienhäuser (Fortsetzung)** | | | | |
| Mehrfamilienhäuser, mit 6 bis 19 WE, einfacher Standard | 79,00 | **135,00** | 167,00 | 8,6% |
| Mehrfamilienhäuser, mit 6 bis 19 WE, mittlerer Standard | 86,00 | **118,00** | 161,00 | 7,9% |
| Mehrfamilienhäuser, mit 6 bis 19 WE, hoher Standard | 81,00 | **144,00** | 386,00 | 9,7% |
| Mehrfamilienhäuser, mit 20 oder mehr WE, mittlerer Standard | 88,00 | **118,00** | 185,00 | 7,5% |
| Mehrfamilienhäuser, mit 20 oder mehr WE, hoher Standard | 105,00 | **112,00** | 115,00 | 9,7% |
| Mehrfamilienhäuser, Passivhäuser | 79,00 | **117,00** | 145,00 | 9,3% |
| Wohnhäuser, mit bis zu 15% Mischnutzung, einfacher Standard | 74,00 | **97,00** | 142,00 | 5,0% |
| Wohnhäuser, mit bis zu 15% Mischnutzung, mittlerer Standard | 102,00 | **138,00** | 174,00 | 7,1% |
| Wohnhäuser, mit bis zu 15% Mischnutzung, hoher Standard | – | **244,00** | – | 7,6% |
| Wohnhäuser, mit mehr als 15% Mischnutzung | 92,00 | **166,00** | 202,00 | 8,7% |
| **Seniorenwohnungen** | | | | |
| Seniorenwohnungen, mittlerer Standard | 89,00 | **98,00** | 115,00 | 7,4% |
| Seniorenwohnungen, hoher Standard | 86,00 | **122,00** | 158,00 | 6,9% |
| **Beherbergung** | | | | |
| Wohnheime und Internate | 97,00 | **147,00** | 255,00 | 6,3% |
| **7 Gewerbegebäude** | | | | |
| **Gaststätten und Kantinen** | | | | |
| Gaststätten, Kantinen und Mensen | – | **233,00** | – | 5,9% |
| **Gebäude für Produktion** | | | | |
| Industrielle Produktionsgebäude, Massivbauweise | 95,00 | **132,00** | 154,00 | 8,1% |
| Industrielle Produktionsgebäude, überwiegend Skelettbauweise | 33,00 | **80,00** | 171,00 | 4,9% |
| Betriebs- und Werkstätten, eingeschossig | – | **189,00** | – | 1,4% |
| Betriebs- und Werkstätten, mehrgeschossig, geringer Hallenanteil | 104,00 | **153,00** | 184,00 | 8,8% |
| Betriebs- und Werkstätten, mehrgeschossig, hoher Hallenanteil | 80,00 | **140,00** | 417,00 | 6,5% |
| **Gebäude für Handel und Lager** | | | | |
| Geschäftshäuser, mit Wohnungen | 134,00 | **156,00** | 167,00 | 6,4% |
| Geschäftshäuser, ohne Wohnungen | 67,00 | **83,00** | 99,00 | 6,6% |
| Verbrauchermärkte | 106,00 | **174,00** | 241,00 | 9,3% |
| Autohäuser | 111,00 | **152,00** | 194,00 | 3,5% |
| Lagergebäude, ohne Mischnutzung | 57,00 | **98,00** | 123,00 | 9,6% |
| Lagergebäude, mit bis zu 25% Mischnutzung | 72,00 | **172,00** | 272,00 | 3,4% |
| Lagergebäude, mit mehr als 25% Mischnutzung | – | **73,00** | – | 2,2% |
| **Garagen und Bereitschaftsdienste** | | | | |
| Einzel-, Mehrfach- und Hochgaragen | 26,00 | **38,00** | 51,00 | 3,1% |
| Tiefgaragen | – | **149,00** | – | 8,5% |
| Feuerwehrhäuser | 137,00 | **150,00** | 176,00 | 9,8% |
| Öffentliche Bereitschaftsdienste | 100,00 | **172,00** | 374,00 | 8,7% |
| **9 Kulturgebäude** | | | | |
| **Gebäude für kulturelle Zwecke** | | | | |
| Bibliotheken, Museen und Ausstellungen | 172,00 | **317,00** | 405,00 | 13,5% |
| Theater | 157,00 | **180,00** | 203,00 | 4,3% |
| Gemeindezentren, einfacher Standard | 90,00 | **139,00** | 165,00 | 9,0% |
| Gemeindezentren, mittlerer Standard | 121,00 | **161,00** | 217,00 | 8,0% |
| Gemeindezentren, hoher Standard | 99,00 | **170,00** | 302,00 | 6,9% |
| **Gebäude für religiöse Zwecke** | | | | |
| Sakralbauten | – | **–** | – | – |
| Friedhofsgebäude | – | **101,00** | – | 8,8% |

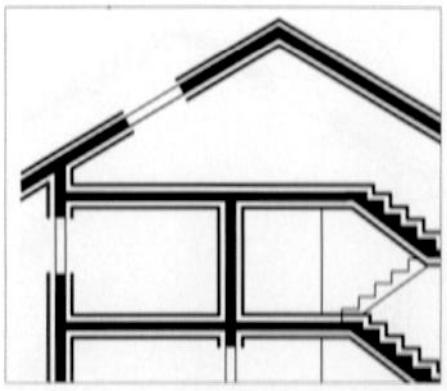

Einheit: m²
Außenwandbekleidungs-
fläche, außen

## 336 Außenwand-bekleidungen, innen

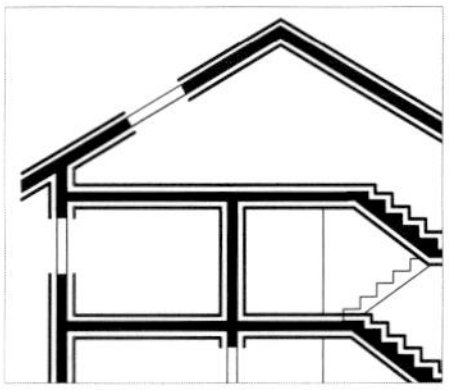

**Kosten:**
Stand 1.Quartal 2020
Bundesdurchschnitt
inkl. 19% MwSt.

Einheit: m²
Außenwandbekleidungs-fläche, innen

▷ von
ø Mittel
◁ bis

| Gebäudeart | ▷ | €/Einheit | ◁ | KG an 300 |
|---|---|---|---|---|
| **1 Büro- und Verwaltungsgebäude** | | | | |
| Büro- und Verwaltungsgebäude, einfacher Standard | 19,00 | **34,00** | 45,00 | 2,1% |
| Büro- und Verwaltungsgebäude, mittlerer Standard | 20,00 | **38,00** | 57,00 | 1,3% |
| Büro- und Verwaltungsgebäude, hoher Standard | 28,00 | **46,00** | 60,00 | 1,0% |
| **2 Gebäude für Forschung und Lehre** | | | | |
| Instituts- und Laborgebäude | 17,00 | **44,00** | 55,00 | 1,1% |
| **3 Gebäude des Gesundheitswesens** | | | | |
| Medizinische Einrichtungen | 26,00 | **35,00** | 45,00 | 1,0% |
| Pflegeheime | 32,00 | **58,00** | 124,00 | 1,3% |
| **4 Schulen und Kindergärten** | | | | |
| Allgemeinbildende Schulen | 29,00 | **56,00** | 110,00 | 1,3% |
| Berufliche Schulen | 66,00 | **113,00** | 236,00 | 1,5% |
| Förder- und Sonderschulen | 36,00 | **43,00** | 63,00 | 0,8% |
| Weiterbildungseinrichtungen | 15,00 | **40,00** | 89,00 | 0,4% |
| Kindergärten, nicht unterkellert, einfacher Standard | – | **59,00** | – | 2,8% |
| Kindergärten, nicht unterkellert, mittlerer Standard | 33,00 | **47,00** | 63,00 | 1,9% |
| Kindergärten, nicht unterkellert, hoher Standard | 34,00 | **38,00** | 42,00 | 1,0% |
| Kindergärten, Holzbauweise, nicht unterkellert | 40,00 | **43,00** | 52,00 | 1,7% |
| Kindergärten, unterkellert | 38,00 | **39,00** | 40,00 | 1,6% |
| **5 Sportbauten** | | | | |
| Sport- und Mehrzweckhallen | 7,30 | **42,00** | 67,00 | 1,5% |
| Sporthallen (Einfeldhallen) | 68,00 | **81,00** | 88,00 | 3,7% |
| Sporthallen (Dreifeldhallen) | 44,00 | **96,00** | 115,00 | 1,3% |
| Schwimmhallen | – | **–** | – | – |
| **6 Wohngebäude** | | | | |
| **Ein- und Zweifamilienhäuser** | | | | |
| Ein- und Zweifamilienhäuser, unterkellert, einfacher Standard | 19,00 | **25,00** | 28,00 | 2,6% |
| Ein- und Zweifamilienhäuser, unterkellert, mittlerer Standard | 35,00 | **42,00** | 58,00 | 2,8% |
| Ein- und Zweifamilienhäuser, unterkellert, hoher Standard | 29,00 | **41,00** | 62,00 | 2,4% |
| Ein- und Zweifamilienhäuser, nicht unterkellert, einfacher Standard | 44,00 | **46,00** | 49,00 | 3,7% |
| Ein- und Zweifamilienhäuser, nicht unterkellert, mittlerer Standard | 28,00 | **44,00** | 57,00 | 2,6% |
| Ein- und Zweifamilienhäuser, nicht unterkellert, hoher Standard | 30,00 | **37,00** | 49,00 | 2,2% |
| Ein- und Zweifamilienhäuser, Passivhausstandard, Massivbau | 37,00 | **47,00** | 55,00 | 3,0% |
| Ein- und Zweifamilienhäuser, Passivhausstandard, Holzbau | 22,00 | **41,00** | 58,00 | 2,5% |
| Ein- und Zweifamilienhäuser, Holzbauweise, unterkellert | 26,00 | **38,00** | 54,00 | 3,5% |
| Ein- und Zweifamilienhäuser, Holzbauweise, nicht unterkellert | 22,00 | **49,00** | 72,00 | 3,1% |
| Doppel- und Reihenendhäuser, einfacher Standard | 4,20 | **22,00** | 31,00 | 2,4% |
| Doppel- und Reihenendhäuser, mittlerer Standard | 23,00 | **33,00** | 43,00 | 2,7% |
| Doppel- und Reihenendhäuser, hoher Standard | 34,00 | **44,00** | 65,00 | 3,2% |
| Reihenhäuser, einfacher Standard | 4,20 | **45,00** | 86,00 | 2,6% |
| Reihenhäuser, mittlerer Standard | 36,00 | **48,00** | 65,00 | 4,1% |
| Reihenhäuser, hoher Standard | 10,00 | **37,00** | 51,00 | 2,7% |
| **Mehrfamilienhäuser** | | | | |
| Mehrfamilienhäuser, mit bis zu 6 WE, einfacher Standard | 29,00 | **34,00** | 44,00 | 2,6% |
| Mehrfamilienhäuser, mit bis zu 6 WE, mittlerer Standard | 25,00 | **30,00** | 35,00 | 1,8% |
| Mehrfamilienhäuser, mit bis zu 6 WE, hoher Standard | 25,00 | **33,00** | 40,00 | 1,5% |

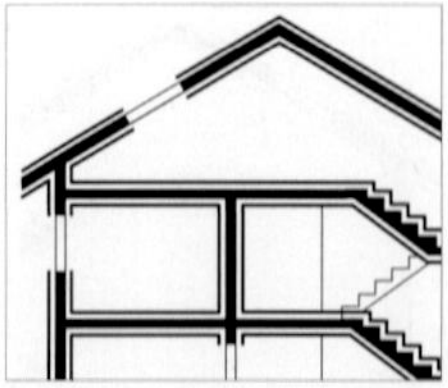

| Gebäudeart | ▷ | €/Einheit | ◁ | KG an 300 |
|---|---|---|---|---|
| **Mehrfamilienhäuser (Fortsetzung)** | | | | |
| Mehrfamilienhäuser, mit 6 bis 19 WE, einfacher Standard | 19,00 | **27,00** | 32,00 | 1,6% |
| Mehrfamilienhäuser, mit 6 bis 19 WE, mittlerer Standard | 24,00 | **32,00** | 37,00 | 1,7% |
| Mehrfamilienhäuser, mit 6 bis 19 WE, hoher Standard | 20,00 | **28,00** | 39,00 | 1,5% |
| Mehrfamilienhäuser, mit 20 oder mehr WE, mittlerer Standard | 23,00 | **33,00** | 49,00 | 1,9% |
| Mehrfamilienhäuser, mit 20 oder mehr WE, hoher Standard | 18,00 | **28,00** | 33,00 | 2,2% |
| Mehrfamilienhäuser, Passivhäuser | 30,00 | **37,00** | 61,00 | 2,0% |
| Wohnhäuser, mit bis zu 15% Mischnutzung, einfacher Standard | 48,00 | **91,00** | 169,00 | 3,3% |
| Wohnhäuser, mit bis zu 15% Mischnutzung, mittlerer Standard | 14,00 | **38,00** | 53,00 | 2,4% |
| Wohnhäuser, mit bis zu 15% Mischnutzung, hoher Standard | – | **45,00** | – | 1,7% |
| Wohnhäuser, mit mehr als 15% Mischnutzung | 39,00 | **46,00** | 57,00 | 1,8% |
| **Seniorenwohnungen** | | | | |
| Seniorenwohnungen, mittlerer Standard | 26,00 | **31,00** | 34,00 | 1,9% |
| Seniorenwohnungen, hoher Standard | 26,00 | **35,00** | 43,00 | 1,8% |
| **Beherbergung** | | | | |
| Wohnheime und Internate | 27,00 | **39,00** | 53,00 | 1,2% |
| **7 Gewerbegebäude** | | | | |
| **Gaststätten und Kantinen** | | | | |
| Gaststätten, Kantinen und Mensen | – | **115,00** | – | 1,7% |
| **Gebäude für Produktion** | | | | |
| Industrielle Produktionsgebäude, Massivbauweise | 19,00 | **36,00** | 69,00 | 1,5% |
| Industrielle Produktionsgebäude, überwiegend Skelettbauweise | 8,40 | **15,00** | 22,00 | 0,4% |
| Betriebs- und Werkstätten, eingeschossig | – | **8,60** | – | 0,0% |
| Betriebs- und Werkstätten, mehrgeschossig, geringer Hallenanteil | 16,00 | **27,00** | 41,00 | 1,1% |
| Betriebs- und Werkstätten, mehrgeschossig, hoher Hallenanteil | 19,00 | **39,00** | 52,00 | 1,5% |
| **Gebäude für Handel und Lager** | | | | |
| Geschäftshäuser, mit Wohnungen | 45,00 | **45,00** | 46,00 | 2,1% |
| Geschäftshäuser, ohne Wohnungen | 28,00 | **29,00** | 29,00 | 2,0% |
| Verbrauchermärkte | 20,00 | **40,00** | 60,00 | 0,8% |
| Autohäuser | 62,00 | **67,00** | 71,00 | 0,9% |
| Lagergebäude, ohne Mischnutzung | 7,10 | **25,00** | 38,00 | 0,5% |
| Lagergebäude, mit bis zu 25% Mischnutzung | 12,00 | **24,00** | 36,00 | 0,7% |
| Lagergebäude, mit mehr als 25% Mischnutzung | – | **38,00** | – | 0,9% |
| **Garagen und Bereitschaftsdienste** | | | | |
| Einzel-, Mehrfach- und Hochgaragen | 26,00 | **43,00** | 77,00 | 0,6% |
| Tiefgaragen | – | **–** | – | – |
| Feuerwehrhäuser | 22,00 | **34,00** | 41,00 | 1,4% |
| Öffentliche Bereitschaftsdienste | 26,00 | **44,00** | 94,00 | 2,2% |
| **9 Kulturgebäude** | | | | |
| **Gebäude für kulturelle Zwecke** | | | | |
| Bibliotheken, Museen und Ausstellungen | 30,00 | **52,00** | 71,00 | 1,9% |
| Theater | 16,00 | **62,00** | 108,00 | 1,1% |
| Gemeindezentren, einfacher Standard | 21,00 | **34,00** | 42,00 | 1,3% |
| Gemeindezentren, mittlerer Standard | 17,00 | **39,00** | 47,00 | 1,5% |
| Gemeindezentren, hoher Standard | 57,00 | **73,00** | 100,00 | 2,0% |
| **Gebäude für religiöse Zwecke** | | | | |
| Sakralbauten | – | **–** | – | – |
| Friedhofsgebäude | – | **47,00** | – | 4,5% |

Einheit: m²
Außenwandbekleidungs-
fläche, innen

# 337 Elementierte Außenwandkonstruktionen

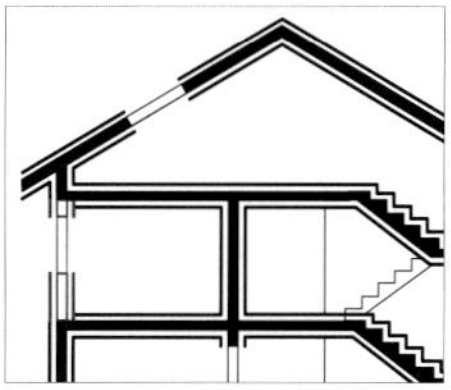

**Kosten:**
Stand 1.Quartal 2020
Bundesdurchschnitt
inkl. 19% MwSt.

Einheit: m²
Außenwandfläche,
elementiert

| Gebäudeart | ▷ | €/Einheit | ◁ | KG an 300 |
|---|---|---|---|---|
| **1 Büro- und Verwaltungsgebäude** | | | | |
| Büro- und Verwaltungsgebäude, einfacher Standard | – | **–** | – | – |
| Büro- und Verwaltungsgebäude, mittlerer Standard | – | **–** | – | – |
| Büro- und Verwaltungsgebäude, hoher Standard | 683,00 | **817,00** | 951,00 | 3,5% |
| **2 Gebäude für Forschung und Lehre** | | | | |
| Instituts- und Laborgebäude | – | **128,00** | – | 0,7% |
| **3 Gebäude des Gesundheitswesens** | | | | |
| Medizinische Einrichtungen | – | **–** | – | – |
| Pflegeheime | – | **82,00** | – | 0,2% |
| **4 Schulen und Kindergärten** | | | | |
| Allgemeinbildende Schulen | 272,00 | **423,00** | 574,00 | 2,5% |
| Berufliche Schulen | 96,00 | **360,00** | 624,00 | 3,4% |
| Förder- und Sonderschulen | – | **–** | – | – |
| Weiterbildungseinrichtungen | – | **126,00** | – | 0,2% |
| Kindergärten, nicht unterkellert, einfacher Standard | – | **–** | – | – |
| Kindergärten, nicht unterkellert, mittlerer Standard | – | **–** | – | – |
| Kindergärten, nicht unterkellert, hoher Standard | – | **–** | – | – |
| Kindergärten, Holzbauweise, nicht unterkellert | 155,00 | **170,00** | 184,00 | 4,0% |
| Kindergärten, unterkellert | – | **–** | – | – |
| **5 Sportbauten** | | | | |
| Sport- und Mehrzweckhallen | – | **–** | – | – |
| Sporthallen (Einfeldhallen) | – | **–** | – | – |
| Sporthallen (Dreifeldhallen) | – | **–** | – | – |
| Schwimmhallen | – | **–** | – | – |
| **6 Wohngebäude** | | | | |
| **Ein- und Zweifamilienhäuser** | | | | |
| Ein- und Zweifamilienhäuser, unterkellert, einfacher Standard | – | **–** | – | – |
| Ein- und Zweifamilienhäuser, unterkellert, mittlerer Standard | – | **231,00** | – | 0,8% |
| Ein- und Zweifamilienhäuser, unterkellert, hoher Standard | – | **–** | – | – |
| Ein- und Zweifamilienhäuser, nicht unterkellert, einfacher Standard | – | **–** | – | – |
| Ein- und Zweifamilienhäuser, nicht unterkellert, mittlerer Standard | – | **–** | – | – |
| Ein- und Zweifamilienhäuser, nicht unterkellert, hoher Standard | – | **–** | – | – |
| Ein- und Zweifamilienhäuser, Passivhausstandard, Massivbau | – | **276,00** | – | 1,3% |
| Ein- und Zweifamilienhäuser, Passivhausstandard, Holzbau | – | **–** | – | – |
| Ein- und Zweifamilienhäuser, Holzbauweise, unterkellert | – | **250,00** | – | 1,5% |
| Ein- und Zweifamilienhäuser, Holzbauweise, nicht unterkellert | – | **171,00** | – | 2,4% |
| Doppel- und Reihenendhäuser, einfacher Standard | – | **–** | – | – |
| Doppel- und Reihenendhäuser, mittlerer Standard | – | **–** | – | – |
| Doppel- und Reihenendhäuser, hoher Standard | – | **–** | – | – |
| Reihenhäuser, einfacher Standard | – | **–** | – | – |
| Reihenhäuser, mittlerer Standard | – | **203,00** | – | 1,3% |
| Reihenhäuser, hoher Standard | – | **270,00** | – | 4,0% |
| **Mehrfamilienhäuser** | | | | |
| Mehrfamilienhäuser, mit bis zu 6 WE, einfacher Standard | – | **–** | – | – |
| Mehrfamilienhäuser, mit bis zu 6 WE, mittlerer Standard | – | **–** | – | – |
| Mehrfamilienhäuser, mit bis zu 6 WE, hoher Standard | – | **–** | – | – |

▷ von
ø Mittel
◁ bis

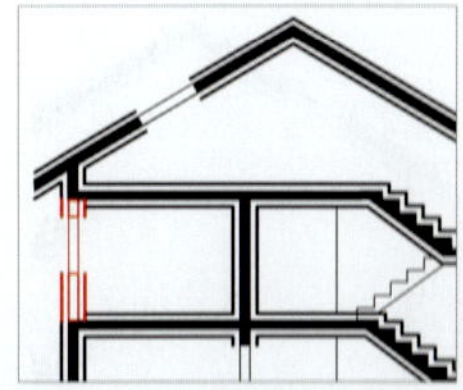

Einheit: m²
Außenwandfläche, elementiert

| Gebäudeart | ▷ | €/Einheit | ◁ | KG an 300 |
|---|---|---|---|---|
| **Mehrfamilienhäuser (Fortsetzung)** | | | | |
| Mehrfamilienhäuser, mit 6 bis 19 WE, einfacher Standard | – | – | – | – |
| Mehrfamilienhäuser, mit 6 bis 19 WE, mittlerer Standard | – | – | – | – |
| Mehrfamilienhäuser, mit 6 bis 19 WE, hoher Standard | – | – | – | – |
| Mehrfamilienhäuser, mit 20 oder mehr WE, mittlerer Standard | – | – | – | – |
| Mehrfamilienhäuser, mit 20 oder mehr WE, hoher Standard | – | – | – | – |
| Mehrfamilienhäuser, Passivhäuser | – | – | – | – |
| Wohnhäuser, mit bis zu 15% Mischnutzung, einfacher Standard | – | – | – | – |
| Wohnhäuser, mit bis zu 15% Mischnutzung, mittlerer Standard | – | – | – | – |
| Wohnhäuser, mit bis zu 15% Mischnutzung, hoher Standard | – | – | – | – |
| Wohnhäuser, mit mehr als 15% Mischnutzung | – | – | – | – |
| **Seniorenwohnungen** | | | | |
| Seniorenwohnungen, mittlerer Standard | – | – | – | – |
| Seniorenwohnungen, hoher Standard | – | – | – | – |
| **Beherbergung** | | | | |
| Wohnheime und Internate | 433,00 | **513,00** | 594,00 | 1,7% |
| **7 Gewerbegebäude** | | | | |
| **Gaststätten und Kantinen** | | | | |
| Gaststätten, Kantinen und Mensen | – | – | – | – |
| **Gebäude für Produktion** | | | | |
| Industrielle Produktionsgebäude, Massivbauweise | – | – | – | – |
| Industrielle Produktionsgebäude, überwiegend Skelettbauweise | – | **104,00** | – | 1,1% |
| Betriebs- und Werkstätten, eingeschossig | 151,00 | **164,00** | 176,00 | 7,5% |
| Betriebs- und Werkstätten, mehrgeschossig, geringer Hallenanteil | – | – | – | – |
| Betriebs- und Werkstätten, mehrgeschossig, hoher Hallenanteil | 109,00 | **124,00** | 140,00 | 1,5% |
| **Gebäude für Handel und Lager** | | | | |
| Geschäftshäuser, mit Wohnungen | – | – | – | – |
| Geschäftshäuser, ohne Wohnungen | – | – | – | – |
| Verbrauchermärkte | – | – | – | – |
| Autohäuser | – | **114,00** | – | 2,6% |
| Lagergebäude, ohne Mischnutzung | 83,00 | **136,00** | 189,00 | 4,6% |
| Lagergebäude, mit bis zu 25% Mischnutzung | 97,00 | **98,00** | 99,00 | 6,6% |
| Lagergebäude, mit mehr als 25% Mischnutzung | – | – | – | – |
| **Garagen und Bereitschaftsdienste** | | | | |
| Einzel-, Mehrfach- und Hochgaragen | – | **144,00** | – | 2,1% |
| Tiefgaragen | – | – | – | – |
| Feuerwehrhäuser | – | – | – | – |
| Öffentliche Bereitschaftsdienste | – | **166,00** | – | 1,7% |
| **9 Kulturgebäude** | | | | |
| **Gebäude für kulturelle Zwecke** | | | | |
| Bibliotheken, Museen und Ausstellungen | – | – | – | – |
| Theater | – | – | – | – |
| Gemeindezentren, einfacher Standard | – | – | – | – |
| Gemeindezentren, mittlerer Standard | – | – | – | – |
| Gemeindezentren, hoher Standard | – | – | – | – |
| **Gebäude für religiöse Zwecke** | | | | |
| Sakralbauten | – | – | – | – |
| Friedhofsgebäude | – | – | – | – |

# 338 Lichtschutz zur KG 330

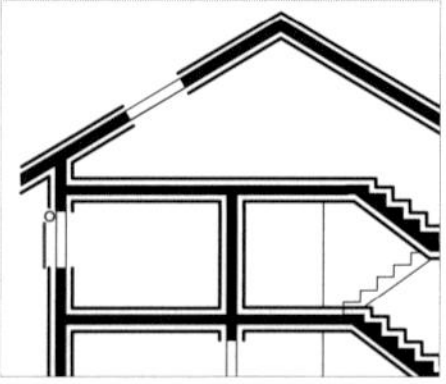

**Kosten:**
Stand 1.Quartal 2020
Bundesdurchschnitt
inkl. 19% MwSt.

Einheit: m²
Außenwand-
Lichtschutzfläche

▷ von
ø Mittel
◁ bis

| Gebäudeart | ▷ | €/Einheit | ◁ | KG an 300 |
|---|---|---|---|---|
| **1 Büro- und Verwaltungsgebäude** | | | | |
| Büro- und Verwaltungsgebäude, einfacher Standard | 151,00 | **238,00** | 293,00 | 1,7% |
| Büro- und Verwaltungsgebäude, mittlerer Standard | 123,00 | **230,00** | 516,00 | 2,5% |
| Büro- und Verwaltungsgebäude, hoher Standard | 216,00 | **366,00** | 842,00 | 2,5% |
| **2 Gebäude für Forschung und Lehre** | | | | |
| Instituts- und Laborgebäude | 191,00 | **273,00** | 429,00 | 1,1% |
| **3 Gebäude des Gesundheitswesens** | | | | |
| Medizinische Einrichtungen | 164,00 | **348,00** | 705,00 | 0,8% |
| Pflegeheime | 172,00 | **224,00** | 345,00 | 2,0% |
| **4 Schulen und Kindergärten** | | | | |
| Allgemeinbildende Schulen | 97,00 | **231,00** | 380,00 | 1,4% |
| Berufliche Schulen | 157,00 | **222,00** | 285,00 | 1,6% |
| Förder- und Sonderschulen | 132,00 | **184,00** | 260,00 | 1,4% |
| Weiterbildungseinrichtungen | 112,00 | **139,00** | 190,00 | 1,3% |
| Kindergärten, nicht unterkellert, einfacher Standard | – | **170,00** | – | 1,8% |
| Kindergärten, nicht unterkellert, mittlerer Standard | 177,00 | **287,00** | 547,00 | 1,7% |
| Kindergärten, nicht unterkellert, hoher Standard | – | **514,00** | – | 1,5% |
| Kindergärten, Holzbauweise, nicht unterkellert | 158,00 | **231,00** | 486,00 | 1,8% |
| Kindergärten, unterkellert | 234,00 | **247,00** | 259,00 | 1,3% |
| **5 Sportbauten** | | | | |
| Sport- und Mehrzweckhallen | – | **166,00** | – | 0,4% |
| Sporthallen (Einfeldhallen) | – | **–** | – | – |
| Sporthallen (Dreifeldhallen) | 137,00 | **165,00** | 217,00 | 1,3% |
| Schwimmhallen | – | **–** | – | – |
| **6 Wohngebäude** | | | | |
| **Ein- und Zweifamilienhäuser** | | | | |
| Ein- und Zweifamilienhäuser, unterkellert, einfacher Standard | 80,00 | **269,00** | 377,00 | 2,2% |
| Ein- und Zweifamilienhäuser, unterkellert, mittlerer Standard | 186,00 | **283,00** | 484,00 | 1,8% |
| Ein- und Zweifamilienhäuser, unterkellert, hoher Standard | 207,00 | **338,00** | 683,00 | 2,9% |
| Ein- und Zweifamilienhäuser, nicht unterkellert, einfacher Standard | 319,00 | **390,00** | 461,00 | 3,2% |
| Ein- und Zweifamilienhäuser, nicht unterkellert, mittlerer Standard | 75,00 | **237,00** | 457,00 | 1,2% |
| Ein- und Zweifamilienhäuser, nicht unterkellert, hoher Standard | 226,00 | **376,00** | 540,00 | 1,5% |
| Ein- und Zweifamilienhäuser, Passivhausstandard, Massivbau | 193,00 | **321,00** | 511,00 | 3,1% |
| Ein- und Zweifamilienhäuser, Passivhausstandard, Holzbau | 151,00 | **234,00** | 381,00 | 3,1% |
| Ein- und Zweifamilienhäuser, Holzbauweise, unterkellert | 137,00 | **180,00** | 264,00 | 1,6% |
| Ein- und Zweifamilienhäuser, Holzbauweise, nicht unterkellert | 189,00 | **292,00** | 439,00 | 2,1% |
| Doppel- und Reihenendhäuser, einfacher Standard | 88,00 | **213,00** | 338,00 | 2,4% |
| Doppel- und Reihenendhäuser, mittlerer Standard | 164,00 | **330,00** | 1.037,00 | 1,7% |
| Doppel- und Reihenendhäuser, hoher Standard | 146,00 | **184,00** | 244,00 | 1,8% |
| Reihenhäuser, einfacher Standard | – | **100,00** | – | 1,1% |
| Reihenhäuser, mittlerer Standard | 128,00 | **138,00** | 148,00 | 1,2% |
| Reihenhäuser, hoher Standard | – | **132,00** | – | 0,5% |
| **Mehrfamilienhäuser** | | | | |
| Mehrfamilienhäuser, mit bis zu 6 WE, einfacher Standard | – | **133,00** | – | 0,3% |
| Mehrfamilienhäuser, mit bis zu 6 WE, mittlerer Standard | 175,00 | **221,00** | 265,00 | 1,2% |
| Mehrfamilienhäuser, mit bis zu 6 WE, hoher Standard | 153,00 | **202,00** | 269,00 | 1,6% |

| Gebäudeart | ▷ | €/Einheit | ◁ | KG an 300 |
|---|---|---|---|---|
| **Mehrfamilienhäuser (Fortsetzung)** | | | | |
| Mehrfamilienhäuser, mit 6 bis 19 WE, einfacher Standard | 182,00 | **243,00** | 304,00 | 1,3% |
| Mehrfamilienhäuser, mit 6 bis 19 WE, mittlerer Standard | 101,00 | **202,00** | 731,00 | 1,8% |
| Mehrfamilienhäuser, mit 6 bis 19 WE, hoher Standard | 98,00 | **183,00** | 268,00 | 1,1% |
| Mehrfamilienhäuser, mit 20 oder mehr WE, mittlerer Standard | 136,00 | **254,00** | 437,00 | 1,4% |
| Mehrfamilienhäuser, mit 20 oder mehr WE, hoher Standard | 300,00 | **519,00** | 630,00 | 2,8% |
| Mehrfamilienhäuser, Passivhäuser | 164,00 | **316,00** | 558,00 | 2,8% |
| Wohnhäuser, mit bis zu 15% Mischnutzung, einfacher Standard | 100,00 | **133,00** | 198,00 | 1,8% |
| Wohnhäuser, mit bis zu 15% Mischnutzung, mittlerer Standard | 151,00 | **180,00** | 238,00 | 2,8% |
| Wohnhäuser, mit bis zu 15% Mischnutzung, hoher Standard | – | **284,00** | – | 1,8% |
| Wohnhäuser, mit mehr als 15% Mischnutzung | – | **–** | – | – |
| **Seniorenwohnungen** | | | | |
| Seniorenwohnungen, mittlerer Standard | 145,00 | **597,00** | 828,00 | 4,5% |
| Seniorenwohnungen, hoher Standard | 151,00 | **315,00** | 479,00 | 2,8% |
| **Beherbergung** | | | | |
| Wohnheime und Internate | 120,00 | **235,00** | 366,00 | 1,1% |
| **7 Gewerbegebäude** | | | | |
| **Gaststätten und Kantinen** | | | | |
| Gaststätten, Kantinen und Mensen | – | **406,00** | – | 0,7% |
| **Gebäude für Produktion** | | | | |
| Industrielle Produktionsgebäude, Massivbauweise | 133,00 | **320,00** | 508,00 | 1,1% |
| Industrielle Produktionsgebäude, überwiegend Skelettbauweise | 251,00 | **282,00** | 331,00 | 0,4% |
| Betriebs- und Werkstätten, eingeschossig | 152,00 | **241,00** | 330,00 | 1,8% |
| Betriebs- und Werkstätten, mehrgeschossig, geringer Hallenanteil | 154,00 | **229,00** | 334,00 | 2,5% |
| Betriebs- und Werkstätten, mehrgeschossig, hoher Hallenanteil | 165,00 | **293,00** | 402,00 | 0,8% |
| **Gebäude für Handel und Lager** | | | | |
| Geschäftshäuser, mit Wohnungen | 121,00 | **169,00** | 217,00 | 1,1% |
| Geschäftshäuser, ohne Wohnungen | – | **552,00** | – | 1,5% |
| Verbrauchermärkte | – | **83,00** | – | 0,0% |
| Autohäuser | – | **1.102,00** | – | 0,2% |
| Lagergebäude, ohne Mischnutzung | – | **280,00** | – | 0,2% |
| Lagergebäude, mit bis zu 25% Mischnutzung | – | **1.057,00** | – | 0,6% |
| Lagergebäude, mit mehr als 25% Mischnutzung | – | **345,00** | – | 0,5% |
| **Garagen und Bereitschaftsdienste** | | | | |
| Einzel-, Mehrfach- und Hochgaragen | – | **–** | – | – |
| Tiefgaragen | – | **–** | – | – |
| Feuerwehrhäuser | – | **95,00** | – | 0,2% |
| Öffentliche Bereitschaftsdienste | 197,00 | **278,00** | 436,00 | 0,5% |
| **9 Kulturgebäude** | | | | |
| **Gebäude für kulturelle Zwecke** | | | | |
| Bibliotheken, Museen und Ausstellungen | 89,00 | **200,00** | 256,00 | 0,7% |
| Theater | 159,00 | **205,00** | 251,00 | 0,6% |
| Gemeindezentren, einfacher Standard | 159,00 | **219,00** | 278,00 | 1,6% |
| Gemeindezentren, mittlerer Standard | 155,00 | **365,00** | 575,00 | 1,8% |
| Gemeindezentren, hoher Standard | – | **1.061,00** | – | 0,1% |
| **Gebäude für religiöse Zwecke** | | | | |
| Sakralbauten | – | **–** | – | – |
| Friedhofsgebäude | – | **–** | – | – |

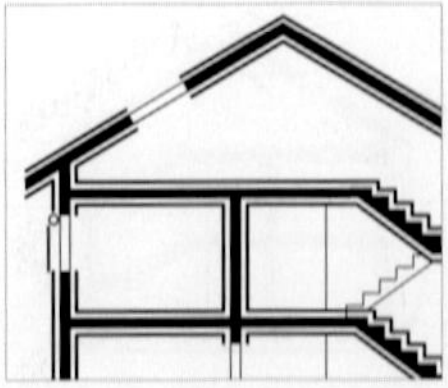

Einheit: m²
Außenwand-
Lichtschutzfläche

# 339 Sonstiges zur KG 330

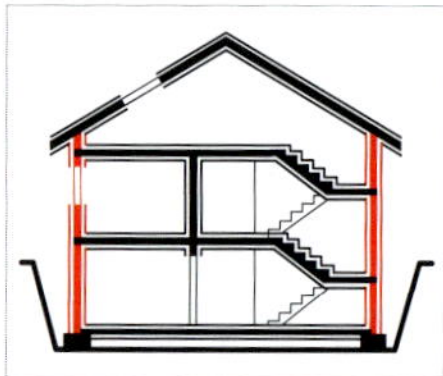

**Kosten:**
Stand 1.Quartal 2020
Bundesdurchschnitt
inkl. 19% MwSt.

Einheit: m² Außenwandfläche/ Fläche der vertikalen Baukonstruktion

▷ von
ø Mittel
◁ bis

| Gebäudeart | ▷ | €/Einheit | ◁ | KG an 300 |
|---|---|---|---|---|
| **1 Büro- und Verwaltungsgebäude** | | | | |
| Büro- und Verwaltungsgebäude, einfacher Standard | 1,00 | **2,50** | 3,90 | 0,2% |
| Büro- und Verwaltungsgebäude, mittlerer Standard | 2,60 | **8,50** | 43,00 | 0,2% |
| Büro- und Verwaltungsgebäude, hoher Standard | 13,00 | **25,00** | 80,00 | 0,8% |
| **2 Gebäude für Forschung und Lehre** | | | | |
| Instituts- und Laborgebäude | 1,10 | **5,70** | 8,00 | 0,3% |
| **3 Gebäude des Gesundheitswesens** | | | | |
| Medizinische Einrichtungen | 2,40 | **6,60** | 9,30 | 0,2% |
| Pflegeheime | 7,60 | **10,00** | 13,00 | 0,5% |
| **4 Schulen und Kindergärten** | | | | |
| Allgemeinbildende Schulen | 2,10 | **13,00** | 36,00 | 0,3% |
| Berufliche Schulen | – | **41,00** | – | 0,3% |
| Förder- und Sonderschulen | 0,50 | **4,30** | 12,00 | 0,1% |
| Weiterbildungseinrichtungen | 2,60 | **11,00** | 26,00 | 0,4% |
| Kindergärten, nicht unterkellert, einfacher Standard | – | **–** | – | – |
| Kindergärten, nicht unterkellert, mittlerer Standard | 13,00 | **26,00** | 50,00 | 0,5% |
| Kindergärten, nicht unterkellert, hoher Standard | – | **–** | – | – |
| Kindergärten, Holzbauweise, nicht unterkellert | 3,20 | **7,10** | 11,00 | 0,2% |
| Kindergärten, unterkellert | 6,10 | **15,00** | 33,00 | 0,8% |
| **5 Sportbauten** | | | | |
| Sport- und Mehrzweckhallen | – | **–** | – | – |
| Sporthallen (Einfeldhallen) | 3,70 | **4,00** | 4,20 | 0,2% |
| Sporthallen (Dreifeldhallen) | 12,00 | **26,00** | 52,00 | 0,7% |
| Schwimmhallen | – | **–** | – | – |
| **6 Wohngebäude** | | | | |
| **Ein- und Zweifamilienhäuser** | | | | |
| Ein- und Zweifamilienhäuser, unterkellert, einfacher Standard | 1,60 | **7,40** | 11,00 | 0,9% |
| Ein- und Zweifamilienhäuser, unterkellert, mittlerer Standard | 4,40 | **16,00** | 55,00 | 1,3% |
| Ein- und Zweifamilienhäuser, unterkellert, hoher Standard | 5,40 | **11,00** | 22,00 | 1,0% |
| Ein- und Zweifamilienhäuser, nicht unterkellert, einfacher Standard | – | **2,10** | – | 0,1% |
| Ein- und Zweifamilienhäuser, nicht unterkellert, mittlerer Standard | 8,20 | **20,00** | 81,00 | 1,0% |
| Ein- und Zweifamilienhäuser, nicht unterkellert, hoher Standard | 3,00 | **6,70** | 13,00 | 0,5% |
| Ein- und Zweifamilienhäuser, Passivhausstandard, Massivbau | 3,00 | **7,70** | 15,00 | 0,5% |
| Ein- und Zweifamilienhäuser, Passivhausstandard, Holzbau | 4,30 | **9,80** | 20,00 | 0,6% |
| Ein- und Zweifamilienhäuser, Holzbauweise, unterkellert | 4,00 | **11,00** | 28,00 | 1,1% |
| Ein- und Zweifamilienhäuser, Holzbauweise, nicht unterkellert | 2,80 | **7,50** | 13,00 | 0,4% |
| Doppel- und Reihenendhäuser, einfacher Standard | – | **–** | – | – |
| Doppel- und Reihenendhäuser, mittlerer Standard | 2,40 | **9,00** | 12,00 | 0,9% |
| Doppel- und Reihenendhäuser, hoher Standard | 4,70 | **9,10** | 16,00 | 0,9% |
| Reihenhäuser, einfacher Standard | – | **7,80** | – | 0,4% |
| Reihenhäuser, mittlerer Standard | 4,20 | **7,70** | 15,00 | 1,3% |
| Reihenhäuser, hoher Standard | 2,90 | **23,00** | 43,00 | 1,2% |
| **Mehrfamilienhäuser** | | | | |
| Mehrfamilienhäuser, mit bis zu 6 WE, einfacher Standard | 1,70 | **4,10** | 8,40 | 0,4% |
| Mehrfamilienhäuser, mit bis zu 6 WE, mittlerer Standard | 6,50 | **13,00** | 36,00 | 1,1% |
| Mehrfamilienhäuser, mit bis zu 6 WE, hoher Standard | 15,00 | **20,00** | 36,00 | 1,3% |

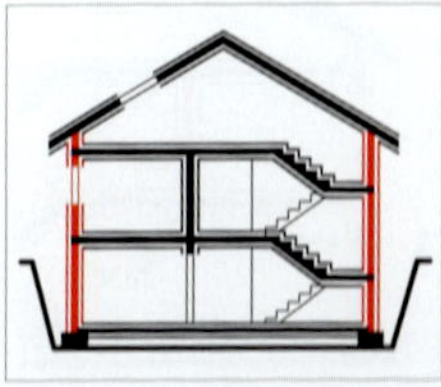

Einheit: m²
Außenwandfläche/
Fläche der vertikalen
Baukonstruktion

| Gebäudeart | ▷ | €/Einheit | ◁ | KG an 300 |
|---|---|---|---|---|
| **Mehrfamilienhäuser (Fortsetzung)** | | | | |
| Mehrfamilienhäuser, mit 6 bis 19 WE, einfacher Standard | 4,30 | **8,30** | 15,00 | 0,7% |
| Mehrfamilienhäuser, mit 6 bis 19 WE, mittlerer Standard | 7,20 | **14,00** | 24,00 | 1,1% |
| Mehrfamilienhäuser, mit 6 bis 19 WE, hoher Standard | 5,80 | **8,00** | 14,00 | 0,7% |
| Mehrfamilienhäuser, mit 20 oder mehr WE, mittlerer Standard | 20,00 | **36,00** | 75,00 | 1,8% |
| Mehrfamilienhäuser, mit 20 oder mehr WE, hoher Standard | 1,20 | **4,00** | 9,00 | 0,4% |
| Mehrfamilienhäuser, Passivhäuser | 2,20 | **7,10** | 14,00 | 0,6% |
| Wohnhäuser, mit bis zu 15% Mischnutzung, einfacher Standard | 1,50 | **4,00** | 5,70 | 0,3% |
| Wohnhäuser, mit bis zu 15% Mischnutzung, mittlerer Standard | 14,00 | **14,00** | 14,00 | 0,9% |
| Wohnhäuser, mit bis zu 15% Mischnutzung, hoher Standard | – | **21,00** | – | 1,1% |
| Wohnhäuser, mit mehr als 15% Mischnutzung | – | **2,20** | – | 0,1% |
| **Seniorenwohnungen** | | | | |
| Seniorenwohnungen, mittlerer Standard | 4,80 | **8,50** | 11,00 | 0,7% |
| Seniorenwohnungen, hoher Standard | – | **32,00** | – | 0,7% |
| **Beherbergung** | | | | |
| Wohnheime und Internate | 5,70 | **8,30** | 17,00 | 0,4% |
| **7 Gewerbegebäude** | | | | |
| **Gaststätten und Kantinen** | | | | |
| Gaststätten, Kantinen und Mensen | – | **10,00** | – | 0,3% |
| **Gebäude für Produktion** | | | | |
| Industrielle Produktionsgebäude, Massivbauweise | – | **12,00** | – | 0,4% |
| Industrielle Produktionsgebäude, überwiegend Skelettbauweise | 2,80 | **7,70** | 21,00 | 0,5% |
| Betriebs- und Werkstätten, eingeschossig | 3,50 | **8,20** | 13,00 | 0,6% |
| Betriebs- und Werkstätten, mehrgeschossig, geringer Hallenanteil | – | **4,20** | – | 0,1% |
| Betriebs- und Werkstätten, mehrgeschossig, hoher Hallenanteil | 0,60 | **0,80** | 1,00 | 0,0% |
| **Gebäude für Handel und Lager** | | | | |
| Geschäftshäuser, mit Wohnungen | 1,30 | **28,00** | 54,00 | 1,0% |
| Geschäftshäuser, ohne Wohnungen | 1,20 | **5,40** | 9,50 | 0,5% |
| Verbrauchermärkte | 12,00 | **13,00** | 13,00 | 0,8% |
| Autohäuser | – | **0,90** | – | 0,0% |
| Lagergebäude, ohne Mischnutzung | 2,40 | **3,70** | 4,90 | 0,2% |
| Lagergebäude, mit bis zu 25% Mischnutzung | 7,00 | **7,20** | 7,40 | 0,7% |
| Lagergebäude, mit mehr als 25% Mischnutzung | – | **3,00** | – | 0,1% |
| **Garagen und Bereitschaftsdienste** | | | | |
| Einzel-, Mehrfach- und Hochgaragen | – | **5,60** | – | 0,2% |
| Tiefgaragen | – | **–** | – | – |
| Feuerwehrhäuser | 1,10 | **10,00** | 15,00 | 0,8% |
| Öffentliche Bereitschaftsdienste | 4,10 | **4,30** | 4,60 | 0,2% |
| **9 Kulturgebäude** | | | | |
| **Gebäude für kulturelle Zwecke** | | | | |
| Bibliotheken, Museen und Ausstellungen | 4,60 | **11,00** | 21,00 | 0,4% |
| Theater | – | **9,50** | – | 0,1% |
| Gemeindezentren, einfacher Standard | – | **12,00** | – | 0,3% |
| Gemeindezentren, mittlerer Standard | 5,70 | **12,00** | 16,00 | 0,5% |
| Gemeindezentren, hoher Standard | 2,90 | **22,00** | 35,00 | 1,1% |
| **Gebäude für religiöse Zwecke** | | | | |
| Sakralbauten | – | **–** | – | – |
| Friedhofsgebäude | – | **2,70** | – | 0,3% |

# 341 Tragende Innenwände

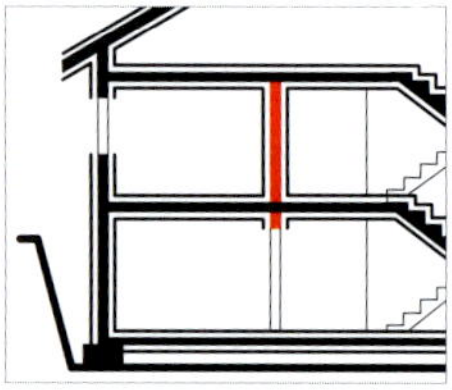

**Kosten:**
Stand 1.Quartal 2020
Bundesdurchschnitt
inkl. 19% MwSt.

Einheit: m2
Innenwandfläche,
tragend

▷ von
ø Mittel
◁ bis

| Gebäudeart | ▷ | €/Einheit | ◁ | KG an 300 |
|---|---|---|---|---|
| **1 Büro- und Verwaltungsgebäude** | | | | |
| Büro- und Verwaltungsgebäude, einfacher Standard | 71,00 | **104,00** | 161,00 | 2,7% |
| Büro- und Verwaltungsgebäude, mittlerer Standard | 92,00 | **158,00** | 293,00 | 4,1% |
| Büro- und Verwaltungsgebäude, hoher Standard | 152,00 | **187,00** | 303,00 | 2,3% |
| **2 Gebäude für Forschung und Lehre** | | | | |
| Instituts- und Laborgebäude | 115,00 | **131,00** | 152,00 | 1,9% |
| **3 Gebäude des Gesundheitswesens** | | | | |
| Medizinische Einrichtungen | 102,00 | **114,00** | 142,00 | 3,8% |
| Pflegeheime | 103,00 | **133,00** | 163,00 | 5,2% |
| **4 Schulen und Kindergärten** | | | | |
| Allgemeinbildende Schulen | 138,00 | **157,00** | 192,00 | 3,2% |
| Berufliche Schulen | 115,00 | **172,00** | 251,00 | 2,6% |
| Förder- und Sonderschulen | 107,00 | **177,00** | 225,00 | 6,8% |
| Weiterbildungseinrichtungen | 191,00 | **224,00** | 243,00 | 3,7% |
| Kindergärten, nicht unterkellert, einfacher Standard | – | **132,00** | – | 5,5% |
| Kindergärten, nicht unterkellert, mittlerer Standard | 86,00 | **98,00** | 115,00 | 5,0% |
| Kindergärten, nicht unterkellert, hoher Standard | 107,00 | **148,00** | 189,00 | 6,2% |
| Kindergärten, Holzbauweise, nicht unterkellert | 100,00 | **139,00** | 209,00 | 2,8% |
| Kindergärten, unterkellert | 88,00 | **117,00** | 132,00 | 5,8% |
| **5 Sportbauten** | | | | |
| Sport- und Mehrzweckhallen | 79,00 | **98,00** | 132,00 | 1,5% |
| Sporthallen (Einfeldhallen) | 80,00 | **102,00** | 116,00 | 2,3% |
| Sporthallen (Dreifeldhallen) | 115,00 | **133,00** | 151,00 | 2,2% |
| Schwimmhallen | – | **–** | – | – |
| **6 Wohngebäude** | | | | |
| **Ein- und Zweifamilienhäuser** | | | | |
| Ein- und Zweifamilienhäuser, unterkellert, einfacher Standard | 75,00 | **99,00** | 111,00 | 2,9% |
| Ein- und Zweifamilienhäuser, unterkellert, mittlerer Standard | 70,00 | **91,00** | 134,00 | 3,0% |
| Ein- und Zweifamilienhäuser, unterkellert, hoher Standard | 84,00 | **101,00** | 132,00 | 2,3% |
| Ein- und Zweifamilienhäuser, nicht unterkellert, einfacher Standard | 63,00 | **65,00** | 67,00 | 1,9% |
| Ein- und Zweifamilienhäuser, nicht unterkellert, mittlerer Standard | 61,00 | **81,00** | 97,00 | 2,6% |
| Ein- und Zweifamilienhäuser, nicht unterkellert, hoher Standard | 87,00 | **103,00** | 146,00 | 1,4% |
| Ein- und Zweifamilienhäuser, Passivhausstandard, Massivbau | 77,00 | **90,00** | 116,00 | 2,1% |
| Ein- und Zweifamilienhäuser, Passivhausstandard, Holzbau | 99,00 | **128,00** | 155,00 | 2,4% |
| Ein- und Zweifamilienhäuser, Holzbauweise, unterkellert | 62,00 | **85,00** | 110,00 | 4,4% |
| Ein- und Zweifamilienhäuser, Holzbauweise, nicht unterkellert | 129,00 | **148,00** | 167,00 | 1,8% |
| Doppel- und Reihenendhäuser, einfacher Standard | 68,00 | **89,00** | 127,00 | 4,4% |
| Doppel- und Reihenendhäuser, mittlerer Standard | 71,00 | **113,00** | 157,00 | 2,8% |
| Doppel- und Reihenendhäuser, hoher Standard | 96,00 | **106,00** | 118,00 | 2,7% |
| Reihenhäuser, einfacher Standard | 78,00 | **102,00** | 127,00 | 5,6% |
| Reihenhäuser, mittlerer Standard | 86,00 | **94,00** | 103,00 | 0,9% |
| Reihenhäuser, hoher Standard | 115,00 | **167,00** | 264,00 | 4,4% |
| **Mehrfamilienhäuser** | | | | |
| Mehrfamilienhäuser, mit bis zu 6 WE, einfacher Standard | 81,00 | **97,00** | 105,00 | 4,0% |
| Mehrfamilienhäuser, mit bis zu 6 WE, mittlerer Standard | 74,00 | **119,00** | 185,00 | 2,5% |
| Mehrfamilienhäuser, mit bis zu 6 WE, hoher Standard | 89,00 | **122,00** | 139,00 | 4,4% |

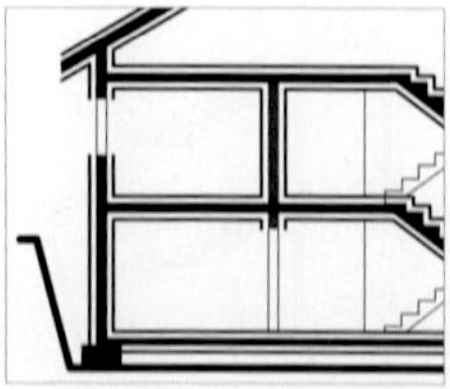

| Gebäudeart | ▷ | €/Einheit | ◁ | KG an 300 |
|---|---|---|---|---|
| **Mehrfamilienhäuser (Fortsetzung)** | | | | |
| Mehrfamilienhäuser, mit 6 bis 19 WE, einfacher Standard | 93,00 | **104,00** | 109,00 | 4,3% |
| Mehrfamilienhäuser, mit 6 bis 19 WE, mittlerer Standard | 90,00 | **107,00** | 123,00 | 5,6% |
| Mehrfamilienhäuser, mit 6 bis 19 WE, hoher Standard | 90,00 | **130,00** | 180,00 | 4,5% |
| Mehrfamilienhäuser, mit 20 oder mehr WE, mittlerer Standard | 79,00 | **103,00** | 160,00 | 4,7% |
| Mehrfamilienhäuser, mit 20 oder mehr WE, hoher Standard | 85,00 | **94,00** | 114,00 | 3,5% |
| Mehrfamilienhäuser, Passivhäuser | 70,00 | **105,00** | 132,00 | 3,6% |
| Wohnhäuser, mit bis zu 15% Mischnutzung, einfacher Standard | 97,00 | **116,00** | 144,00 | 5,7% |
| Wohnhäuser, mit bis zu 15% Mischnutzung, mittlerer Standard | – | **107,00** | – | 1,9% |
| Wohnhäuser, mit bis zu 15% Mischnutzung, hoher Standard | – | **138,00** | – | 5,4% |
| Wohnhäuser, mit mehr als 15% Mischnutzung | 95,00 | **181,00** | 321,00 | 4,9% |
| **Seniorenwohnungen** | | | | |
| Seniorenwohnungen, mittlerer Standard | 74,00 | **91,00** | 102,00 | 5,8% |
| Seniorenwohnungen, hoher Standard | 103,00 | **109,00** | 115,00 | 3,6% |
| **Beherbergung** | | | | |
| Wohnheime und Internate | 90,00 | **108,00** | 136,00 | 3,9% |
| **7 Gewerbegebäude** | | | | |
| **Gaststätten und Kantinen** | | | | |
| Gaststätten, Kantinen und Mensen | – | **210,00** | – | 5,0% |
| **Gebäude für Produktion** | | | | |
| Industrielle Produktionsgebäude, Massivbauweise | 84,00 | **136,00** | 238,00 | 2,1% |
| Industrielle Produktionsgebäude, überwiegend Skelettbauweise | 107,00 | **135,00** | 166,00 | 2,8% |
| Betriebs- und Werkstätten, eingeschossig | – | **154,00** | – | 2,0% |
| Betriebs- und Werkstätten, mehrgeschossig, geringer Hallenanteil | 83,00 | **116,00** | 173,00 | 3,5% |
| Betriebs- und Werkstätten, mehrgeschossig, hoher Hallenanteil | 60,00 | **101,00** | 164,00 | 3,5% |
| **Gebäude für Handel und Lager** | | | | |
| Geschäftshäuser, mit Wohnungen | 106,00 | **167,00** | 283,00 | 3,7% |
| Geschäftshäuser, ohne Wohnungen | 93,00 | **135,00** | 178,00 | 1,9% |
| Verbrauchermärkte | 90,00 | **103,00** | 117,00 | 3,1% |
| Autohäuser | 151,00 | **172,00** | 193,00 | 3,7% |
| Lagergebäude, ohne Mischnutzung | 65,00 | **79,00** | 102,00 | 0,9% |
| Lagergebäude, mit bis zu 25% Mischnutzung | 95,00 | **132,00** | 153,00 | 3,3% |
| Lagergebäude, mit mehr als 25% Mischnutzung | 86,00 | **97,00** | 108,00 | 3,0% |
| **Garagen und Bereitschaftsdienste** | | | | |
| Einzel-, Mehrfach- und Hochgaragen | 91,00 | **159,00** | 205,00 | 1,3% |
| Tiefgaragen | – | **–** | – | – |
| Feuerwehrhäuser | 87,00 | **111,00** | 148,00 | 3,3% |
| Öffentliche Bereitschaftsdienste | 86,00 | **103,00** | 146,00 | 2,1% |
| **9 Kulturgebäude** | | | | |
| **Gebäude für kulturelle Zwecke** | | | | |
| Bibliotheken, Museen und Ausstellungen | 99,00 | **120,00** | 141,00 | 1,9% |
| Theater | – | **322,00** | – | 4,1% |
| Gemeindezentren, einfacher Standard | 81,00 | **87,00** | 91,00 | 2,1% |
| Gemeindezentren, mittlerer Standard | 96,00 | **147,00** | 182,00 | 2,7% |
| Gemeindezentren, hoher Standard | 80,00 | **123,00** | 204,00 | 2,4% |
| **Gebäude für religiöse Zwecke** | | | | |
| Sakralbauten | – | **–** | – | – |
| Friedhofsgebäude | – | **94,00** | – | 1,9% |

Einheit: m²
Innenwandfläche,
tragend

# 342 Nichttragende Innenwände

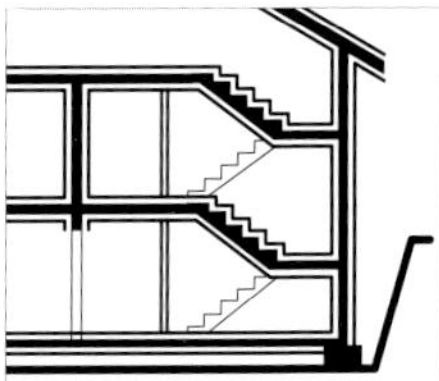

**Kosten:**
Stand 1.Quartal 2020
Bundesdurchschnitt
inkl. 19% MwSt.

Einheit: m²
Innenwandfläche,
nichttragend

▷ von
ø Mittel
◁ bis

| Gebäudeart | ▷ | €/Einheit | ◁ | KG an 300 |
|---|---|---|---|---|
| **1 Büro- und Verwaltungsgebäude** | | | | |
| Büro- und Verwaltungsgebäude, einfacher Standard | 68,00 | **77,00** | 94,00 | 3,4% |
| Büro- und Verwaltungsgebäude, mittlerer Standard | 72,00 | **88,00** | 113,00 | 3,1% |
| Büro- und Verwaltungsgebäude, hoher Standard | 79,00 | **109,00** | 149,00 | 2,0% |
| **2 Gebäude für Forschung und Lehre** | | | | |
| Instituts- und Laborgebäude | 70,00 | **92,00** | 146,00 | 2,9% |
| **3 Gebäude des Gesundheitswesens** | | | | |
| Medizinische Einrichtungen | 64,00 | **81,00** | 101,00 | 4,9% |
| Pflegeheime | 48,00 | **79,00** | 92,00 | 5,5% |
| **4 Schulen und Kindergärten** | | | | |
| Allgemeinbildende Schulen | 89,00 | **109,00** | 151,00 | 2,0% |
| Berufliche Schulen | 101,00 | **152,00** | 303,00 | 1,5% |
| Förder- und Sonderschulen | 97,00 | **107,00** | 114,00 | 2,3% |
| Weiterbildungseinrichtungen | 113,00 | **172,00** | 282,00 | 2,7% |
| Kindergärten, nicht unterkellert, einfacher Standard | – | **83,00** | – | 1,5% |
| Kindergärten, nicht unterkellert, mittlerer Standard | 57,00 | **70,00** | 88,00 | 1,1% |
| Kindergärten, nicht unterkellert, hoher Standard | 50,00 | **64,00** | 78,00 | 0,6% |
| Kindergärten, Holzbauweise, nicht unterkellert | 69,00 | **110,00** | 190,00 | 2,0% |
| Kindergärten, unterkellert | 66,00 | **109,00** | 193,00 | 1,2% |
| **5 Sportbauten** | | | | |
| Sport- und Mehrzweckhallen | 66,00 | **90,00** | 133,00 | 0,8% |
| Sporthallen (Einfeldhallen) | 73,00 | **77,00** | 86,00 | 1,0% |
| Sporthallen (Dreifeldhallen) | 76,00 | **87,00** | 109,00 | 1,0% |
| Schwimmhallen | – | **–** | – | – |
| **6 Wohngebäude** | | | | |
| **Ein- und Zweifamilienhäuser** | | | | |
| Ein- und Zweifamilienhäuser, unterkellert, einfacher Standard | 50,00 | **70,00** | 82,00 | 2,8% |
| Ein- und Zweifamilienhäuser, unterkellert, mittlerer Standard | 67,00 | **91,00** | 202,00 | 2,2% |
| Ein- und Zweifamilienhäuser, unterkellert, hoher Standard | 68,00 | **88,00** | 125,00 | 2,4% |
| Ein- und Zweifamilienhäuser, nicht unterkellert, einfacher Standard | 60,00 | **78,00** | 95,00 | 3,0% |
| Ein- und Zweifamilienhäuser, nicht unterkellert, mittlerer Standard | 63,00 | **80,00** | 90,00 | 2,4% |
| Ein- und Zweifamilienhäuser, nicht unterkellert, hoher Standard | 71,00 | **91,00** | 115,00 | 2,7% |
| Ein- und Zweifamilienhäuser, Passivhausstandard, Massivbau | 57,00 | **71,00** | 88,00 | 2,2% |
| Ein- und Zweifamilienhäuser, Passivhausstandard, Holzbau | 75,00 | **107,00** | 145,00 | 3,0% |
| Ein- und Zweifamilienhäuser, Holzbauweise, unterkellert | 62,00 | **79,00** | 95,00 | 1,0% |
| Ein- und Zweifamilienhäuser, Holzbauweise, nicht unterkellert | 44,00 | **70,00** | 113,00 | 3,1% |
| Doppel- und Reihenendhäuser, einfacher Standard | 74,00 | **77,00** | 79,00 | 2,6% |
| Doppel- und Reihenendhäuser, mittlerer Standard | 57,00 | **73,00** | 85,00 | 3,4% |
| Doppel- und Reihenendhäuser, hoher Standard | 58,00 | **83,00** | 119,00 | 2,8% |
| Reihenhäuser, einfacher Standard | 79,00 | **84,00** | 90,00 | 4,4% |
| Reihenhäuser, mittlerer Standard | 63,00 | **78,00** | 106,00 | 4,5% |
| Reihenhäuser, hoher Standard | 80,00 | **88,00** | 103,00 | 3,1% |
| **Mehrfamilienhäuser** | | | | |
| Mehrfamilienhäuser, mit bis zu 6 WE, einfacher Standard | 67,00 | **74,00** | 89,00 | 4,0% |
| Mehrfamilienhäuser, mit bis zu 6 WE, mittlerer Standard | 76,00 | **79,00** | 86,00 | 4,5% |
| Mehrfamilienhäuser, mit bis zu 6 WE, hoher Standard | 52,00 | **70,00** | 91,00 | 2,3% |


 Erläuterungen zu den Tabellen siehe Seite 46

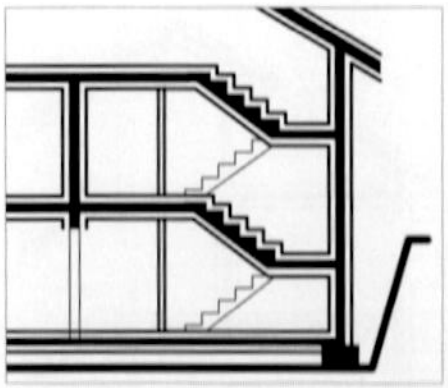

Einheit: m²
Innenwandfläche,
nichttragend

| Gebäudeart | ▷ | €/Einheit | ◁ | KG an 300 |
|---|---|---|---|---|
| **Mehrfamilienhäuser (Fortsetzung)** | | | | |
| Mehrfamilienhäuser, mit 6 bis 19 WE, einfacher Standard | 79,00 | **82,00** | 83,00 | 3,6% |
| Mehrfamilienhäuser, mit 6 bis 19 WE, mittlerer Standard | 59,00 | **68,00** | 75,00 | 3,3% |
| Mehrfamilienhäuser, mit 6 bis 19 WE, hoher Standard | 54,00 | **64,00** | 88,00 | 3,6% |
| Mehrfamilienhäuser, mit 20 oder mehr WE, mittlerer Standard | 56,00 | **65,00** | 75,00 | 3,3% |
| Mehrfamilienhäuser, mit 20 oder mehr WE, hoher Standard | 76,00 | **192,00** | 422,00 | 3,9% |
| Mehrfamilienhäuser, Passivhäuser | 62,00 | **77,00** | 87,00 | 3,1% |
| Wohnhäuser, mit bis zu 15% Mischnutzung, einfacher Standard | 67,00 | **83,00** | 109,00 | 4,2% |
| Wohnhäuser, mit bis zu 15% Mischnutzung, mittlerer Standard | 81,00 | **93,00** | 114,00 | 4,8% |
| Wohnhäuser, mit bis zu 15% Mischnutzung, hoher Standard | – | **113,00** | – | 4,1% |
| Wohnhäuser, mit mehr als 15% Mischnutzung | 61,00 | **68,00** | 71,00 | 3,8% |
| **Seniorenwohnungen** | | | | |
| Seniorenwohnungen, mittlerer Standard | 57,00 | **68,00** | 97,00 | 2,4% |
| Seniorenwohnungen, hoher Standard | 76,00 | **86,00** | 97,00 | 3,8% |
| **Beherbergung** | | | | |
| Wohnheime und Internate | 73,00 | **84,00** | 97,00 | 2,6% |
| **7 Gewerbegebäude** | | | | |
| **Gaststätten und Kantinen** | | | | |
| Gaststätten, Kantinen und Mensen | – | **101,00** | – | 1,6% |
| **Gebäude für Produktion** | | | | |
| Industrielle Produktionsgebäude, Massivbauweise | 70,00 | **84,00** | 111,00 | 2,6% |
| Industrielle Produktionsgebäude, überwiegend Skelettbauweise | 81,00 | **87,00** | 105,00 | 0,9% |
| Betriebs- und Werkstätten, eingeschossig | 82,00 | **108,00** | 133,00 | 4,4% |
| Betriebs- und Werkstätten, mehrgeschossig, geringer Hallenanteil | 75,00 | **93,00** | 103,00 | 1,6% |
| Betriebs- und Werkstätten, mehrgeschossig, hoher Hallenanteil | 68,00 | **94,00** | 104,00 | 1,1% |
| **Gebäude für Handel und Lager** | | | | |
| Geschäftshäuser, mit Wohnungen | 66,00 | **89,00** | 101,00 | 3,3% |
| Geschäftshäuser, ohne Wohnungen | 65,00 | **72,00** | 80,00 | 3,1% |
| Verbrauchermärkte | 70,00 | **74,00** | 78,00 | 1,5% |
| Autohäuser | 75,00 | **88,00** | 101,00 | 1,5% |
| Lagergebäude, ohne Mischnutzung | 50,00 | **80,00** | 110,00 | 0,2% |
| Lagergebäude, mit bis zu 25% Mischnutzung | 95,00 | **136,00** | 158,00 | 2,1% |
| Lagergebäude, mit mehr als 25% Mischnutzung | 107,00 | **130,00** | 152,00 | 1,1% |
| **Garagen und Bereitschaftsdienste** | | | | |
| Einzel-, Mehrfach- und Hochgaragen | – | **–** | – | – |
| Tiefgaragen | – | **–** | – | – |
| Feuerwehrhäuser | 71,00 | **92,00** | 102,00 | 2,1% |
| Öffentliche Bereitschaftsdienste | 58,00 | **94,00** | 201,00 | 1,3% |
| **9 Kulturgebäude** | | | | |
| **Gebäude für kulturelle Zwecke** | | | | |
| Bibliotheken, Museen und Ausstellungen | 66,00 | **116,00** | 181,00 | 1,4% |
| Theater | 160,00 | **171,00** | 181,00 | 3,3% |
| Gemeindezentren, einfacher Standard | 42,00 | **61,00** | 70,00 | 1,9% |
| Gemeindezentren, mittlerer Standard | 65,00 | **92,00** | 130,00 | 1,6% |
| Gemeindezentren, hoher Standard | 137,00 | **211,00** | 359,00 | 3,0% |
| **Gebäude für religiöse Zwecke** | | | | |
| Sakralbauten | – | **–** | – | – |
| Friedhofsgebäude | – | **52,00** | – | 0,1% |

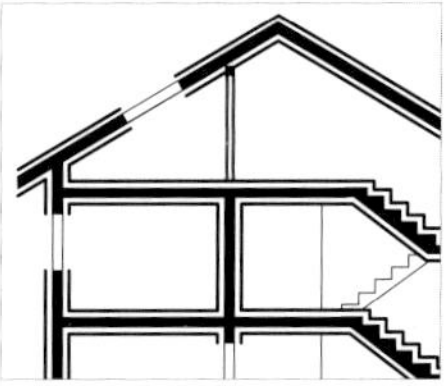

**Kosten:**
Stand 1.Quartal 2020
Bundesdurchschnitt
inkl. 19% MwSt.

Einheit: m
Innenstützenlänge

▷ von
ø Mittel
◁ bis

| Gebäudeart | ▷ | €/Einheit | ◁ | KG an 300 |
|---|---|---|---|---|
| **1 Büro- und Verwaltungsgebäude** | | | | |
| Büro- und Verwaltungsgebäude, einfacher Standard | 51,00 | **135,00** | 181,00 | 0,3% |
| Büro- und Verwaltungsgebäude, mittlerer Standard | 104,00 | **168,00** | 257,00 | 0,5% |
| Büro- und Verwaltungsgebäude, hoher Standard | 149,00 | **213,00** | 281,00 | 0,6% |
| **2 Gebäude für Forschung und Lehre** | | | | |
| Instituts- und Laborgebäude | 105,00 | **194,00** | 228,00 | 0,5% |
| **3 Gebäude des Gesundheitswesens** | | | | |
| Medizinische Einrichtungen | 97,00 | **115,00** | 167,00 | 0,5% |
| Pflegeheime | 87,00 | **128,00** | 166,00 | 0,6% |
| **4 Schulen und Kindergärten** | | | | |
| Allgemeinbildende Schulen | 83,00 | **164,00** | 260,00 | 0,4% |
| Berufliche Schulen | 82,00 | **152,00** | 218,00 | 0,5% |
| Förder- und Sonderschulen | 152,00 | **192,00** | 266,00 | 0,3% |
| Weiterbildungseinrichtungen | 153,00 | **282,00** | 351,00 | 1,1% |
| Kindergärten, nicht unterkellert, einfacher Standard | – | **155,00** | – | 0,1% |
| Kindergärten, nicht unterkellert, mittlerer Standard | 5,90 | **102,00** | 197,00 | 0,1% |
| Kindergärten, nicht unterkellert, hoher Standard | – | **18,00** | – | 0,0% |
| Kindergärten, Holzbauweise, nicht unterkellert | 22,00 | **79,00** | 142,00 | 0,1% |
| Kindergärten, unterkellert | – | **–** | – | – |
| **5 Sportbauten** | | | | |
| Sport- und Mehrzweckhallen | 103,00 | **192,00** | 281,00 | 0,2% |
| Sporthallen (Einfeldhallen) | 47,00 | **76,00** | 105,00 | 0,2% |
| Sporthallen (Dreifeldhallen) | 108,00 | **218,00** | 367,00 | 0,3% |
| Schwimmhallen | – | **–** | – | – |
| **6 Wohngebäude** | | | | |
| **Ein- und Zweifamilienhäuser** | | | | |
| Ein- und Zweifamilienhäuser, unterkellert, einfacher Standard | – | **36,00** | – | 0,0% |
| Ein- und Zweifamilienhäuser, unterkellert, mittlerer Standard | 89,00 | **106,00** | 146,00 | 0,1% |
| Ein- und Zweifamilienhäuser, unterkellert, hoher Standard | 87,00 | **140,00** | 154,00 | 0,2% |
| Ein- und Zweifamilienhäuser, nicht unterkellert, einfacher Standard | – | **–** | – | – |
| Ein- und Zweifamilienhäuser, nicht unterkellert, mittlerer Standard | 108,00 | **145,00** | 208,00 | 0,2% |
| Ein- und Zweifamilienhäuser, nicht unterkellert, hoher Standard | 96,00 | **191,00** | 350,00 | 0,2% |
| Ein- und Zweifamilienhäuser, Passivhausstandard, Massivbau | 132,00 | **160,00** | 236,00 | 0,1% |
| Ein- und Zweifamilienhäuser, Passivhausstandard, Holzbau | 101,00 | **138,00** | 222,00 | 0,1% |
| Ein- und Zweifamilienhäuser, Holzbauweise, unterkellert | – | **19,00** | – | 0,0% |
| Ein- und Zweifamilienhäuser, Holzbauweise, nicht unterkellert | 28,00 | **35,00** | 46,00 | 0,1% |
| Doppel- und Reihenendhäuser, einfacher Standard | – | **–** | – | – |
| Doppel- und Reihenendhäuser, mittlerer Standard | 105,00 | **147,00** | 193,00 | 0,1% |
| Doppel- und Reihenendhäuser, hoher Standard | 39,00 | **106,00** | 184,00 | 0,2% |
| Reihenhäuser, einfacher Standard | – | **–** | – | – |
| Reihenhäuser, mittlerer Standard | 102,00 | **177,00** | 253,00 | 0,2% |
| Reihenhäuser, hoher Standard | – | **43,00** | – | 0,0% |
| **Mehrfamilienhäuser** | | | | |
| Mehrfamilienhäuser, mit bis zu 6 WE, einfacher Standard | 82,00 | **135,00** | 188,00 | 0,1% |
| Mehrfamilienhäuser, mit bis zu 6 WE, mittlerer Standard | 150,00 | **249,00** | 432,00 | 0,4% |
| Mehrfamilienhäuser, mit bis zu 6 WE, hoher Standard | 108,00 | **151,00** | 217,00 | 0,1% |


 Erläuterungen zu den Tabellen siehe Seite 46

| Gebäudeart | ▷ | €/Einheit | ◁ | KG an 300 |
|---|---|---|---|---|
| **Mehrfamilienhäuser (Fortsetzung)** | | | | |
| Mehrfamilienhäuser, mit 6 bis 19 WE, einfacher Standard | 152,00 | **221,00** | 258,00 | 0,8% |
| Mehrfamilienhäuser, mit 6 bis 19 WE, mittlerer Standard | 68,00 | **110,00** | 144,00 | 0,5% |
| Mehrfamilienhäuser, mit 6 bis 19 WE, hoher Standard | 118,00 | **203,00** | 249,00 | 0,8% |
| Mehrfamilienhäuser, mit 20 oder mehr WE, mittlerer Standard | 139,00 | **192,00** | 297,00 | 0,2% |
| Mehrfamilienhäuser, mit 20 oder mehr WE, hoher Standard | 124,00 | **131,00** | 137,00 | 0,0% |
| Mehrfamilienhäuser, Passivhäuser | 101,00 | **142,00** | 220,00 | 0,3% |
| Wohnhäuser, mit bis zu 15% Mischnutzung, einfacher Standard | 133,00 | **188,00** | 243,00 | 0,4% |
| Wohnhäuser, mit bis zu 15% Mischnutzung, mittlerer Standard | 141,00 | **146,00** | 152,00 | 0,3% |
| Wohnhäuser, mit bis zu 15% Mischnutzung, hoher Standard | – | **194,00** | – | 0,3% |
| Wohnhäuser, mit mehr als 15% Mischnutzung | – | **145,00** | – | 0,0% |
| **Seniorenwohnungen** | | | | |
| Seniorenwohnungen, mittlerer Standard | 112,00 | **150,00** | 170,00 | 0,1% |
| Seniorenwohnungen, hoher Standard | 85,00 | **128,00** | 171,00 | 0,6% |
| **Beherbergung** | | | | |
| Wohnheime und Internate | 126,00 | **170,00** | 192,00 | 0,5% |
| **7 Gewerbegebäude** | | | | |
| **Gaststätten und Kantinen** | | | | |
| Gaststätten, Kantinen und Mensen | – | **585,00** | – | 0,3% |
| **Gebäude für Produktion** | | | | |
| Industrielle Produktionsgebäude, Massivbauweise | 115,00 | **173,00** | 286,00 | 0,8% |
| Industrielle Produktionsgebäude, überwiegend Skelettbauweise | 105,00 | **277,00** | 452,00 | 1,3% |
| Betriebs- und Werkstätten, eingeschossig | – | **282,00** | – | 0,4% |
| Betriebs- und Werkstätten, mehrgeschossig, geringer Hallenanteil | 111,00 | **207,00** | 280,00 | 0,8% |
| Betriebs- und Werkstätten, mehrgeschossig, hoher Hallenanteil | 117,00 | **164,00** | 245,00 | 0,7% |
| **Gebäude für Handel und Lager** | | | | |
| Geschäftshäuser, mit Wohnungen | 140,00 | **216,00** | 366,00 | 1,3% |
| Geschäftshäuser, ohne Wohnungen | 193,00 | **221,00** | 249,00 | 0,6% |
| Verbrauchermärkte | 99,00 | **153,00** | 207,00 | 0,3% |
| Autohäuser | 103,00 | **217,00** | 331,00 | 0,8% |
| Lagergebäude, ohne Mischnutzung | 184,00 | **261,00** | 351,00 | 1,6% |
| Lagergebäude, mit bis zu 25% Mischnutzung | 348,00 | **397,00** | 446,00 | 3,1% |
| Lagergebäude, mit mehr als 25% Mischnutzung | 212,00 | **467,00** | 723,00 | 1,3% |
| **Garagen und Bereitschaftsdienste** | | | | |
| Einzel-, Mehrfach- und Hochgaragen | – | **–** | – | – |
| Tiefgaragen | – | **149,00** | – | 1,2% |
| Feuerwehrhäuser | 106,00 | **123,00** | 152,00 | 0,4% |
| Öffentliche Bereitschaftsdienste | 188,00 | **303,00** | 628,00 | 1,8% |
| **9 Kulturgebäude** | | | | |
| **Gebäude für kulturelle Zwecke** | | | | |
| Bibliotheken, Museen und Ausstellungen | 83,00 | **88,00** | 92,00 | 0,2% |
| Theater | 237,00 | **781,00** | 1.324,00 | 1,7% |
| Gemeindezentren, einfacher Standard | 144,00 | **165,00** | 186,00 | 0,1% |
| Gemeindezentren, mittlerer Standard | 70,00 | **73,00** | 75,00 | 0,1% |
| Gemeindezentren, hoher Standard | 108,00 | **187,00** | 228,00 | 1,6% |
| **Gebäude für religiöse Zwecke** | | | | |
| Sakralbauten | – | **–** | – | – |
| Friedhofsgebäude | – | **–** | – | – |

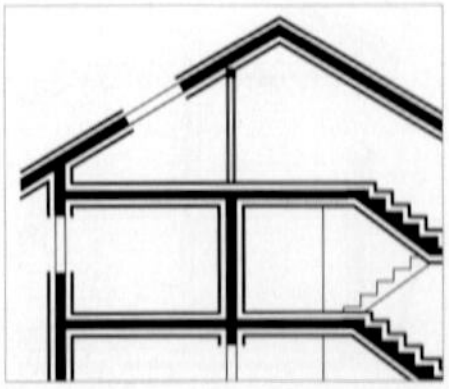

Einheit: m
Innenstützenlänge

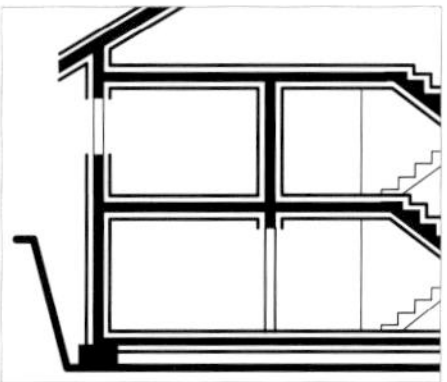

**Kosten:**
Stand 1.Quartal 2020
Bundesdurchschnitt
inkl. 19% MwSt.

Einheit: m²
Innenwandöffnungsfläche

▷ von
ø Mittel
◁ bis

| Gebäudeart | ▷ | €/Einheit | ◁ | KG an 300 |
|---|---|---|---|---|
| **1 Büro- und Verwaltungsgebäude** | | | | |
| Büro- und Verwaltungsgebäude, einfacher Standard | 468,00 | **505,00** | 593,00 | 4,6% |
| Büro- und Verwaltungsgebäude, mittlerer Standard | 435,00 | **633,00** | 846,00 | 6,4% |
| Büro- und Verwaltungsgebäude, hoher Standard | 871,00 | **1.031,00** | 1.210,00 | 6,5% |
| **2 Gebäude für Forschung und Lehre** | | | | |
| Instituts- und Laborgebäude | 780,00 | **936,00** | 1.021,00 | 7,1% |
| **3 Gebäude des Gesundheitswesens** | | | | |
| Medizinische Einrichtungen | 502,00 | **753,00** | 961,00 | 7,7% |
| Pflegeheime | 489,00 | **554,00** | 625,00 | 8,1% |
| **4 Schulen und Kindergärten** | | | | |
| Allgemeinbildende Schulen | 722,00 | **959,00** | 1.182,00 | 5,0% |
| Berufliche Schulen | 565,00 | **741,00** | 869,00 | 3,7% |
| Förder- und Sonderschulen | 712,00 | **798,00** | 853,00 | 5,3% |
| Weiterbildungseinrichtungen | 900,00 | **1.238,00** | 1.872,00 | 5,6% |
| Kindergärten, nicht unterkellert, einfacher Standard | – | **448,00** | – | 3,1% |
| Kindergärten, nicht unterkellert, mittlerer Standard | 546,00 | **735,00** | 1.090,00 | 5,2% |
| Kindergärten, nicht unterkellert, hoher Standard | 495,00 | **558,00** | 621,00 | 3,0% |
| Kindergärten, Holzbauweise, nicht unterkellert | 516,00 | **765,00** | 949,00 | 4,9% |
| Kindergärten, unterkellert | 534,00 | **686,00** | 762,00 | 4,1% |
| **5 Sportbauten** | | | | |
| Sport- und Mehrzweckhallen | 132,00 | **454,00** | 625,00 | 2,2% |
| Sporthallen (Einfeldhallen) | 574,00 | **734,00** | 815,00 | 3,9% |
| Sporthallen (Dreifeldhallen) | 529,00 | **848,00** | 1.156,00 | 3,4% |
| Schwimmhallen | – | – | – | – |
| **6 Wohngebäude** | | | | |
| **Ein- und Zweifamilienhäuser** | | | | |
| Ein- und Zweifamilienhäuser, unterkellert, einfacher Standard | 215,00 | **247,00** | 294,00 | 2,9% |
| Ein- und Zweifamilienhäuser, unterkellert, mittlerer Standard | 324,00 | **399,00** | 496,00 | 2,8% |
| Ein- und Zweifamilienhäuser, unterkellert, hoher Standard | 361,00 | **581,00** | 800,00 | 3,7% |
| Ein- und Zweifamilienhäuser, nicht unterkellert, einfacher Standard | 270,00 | **313,00** | 356,00 | 2,9% |
| Ein- und Zweifamilienhäuser, nicht unterkellert, mittlerer Standard | 277,00 | **435,00** | 696,00 | 2,5% |
| Ein- und Zweifamilienhäuser, nicht unterkellert, hoher Standard | 385,00 | **566,00** | 828,00 | 4,2% |
| Ein- und Zweifamilienhäuser, Passivhausstandard, Massivbau | 263,00 | **346,00** | 448,00 | 2,5% |
| Ein- und Zweifamilienhäuser, Passivhausstandard, Holzbau | 248,00 | **357,00** | 480,00 | 2,2% |
| Ein- und Zweifamilienhäuser, Holzbauweise, unterkellert | 265,00 | **367,00** | 734,00 | 2,4% |
| Ein- und Zweifamilienhäuser, Holzbauweise, nicht unterkellert | 303,00 | **411,00** | 725,00 | 2,6% |
| Doppel- und Reihenendhäuser, einfacher Standard | 176,00 | **186,00** | 193,00 | 2,1% |
| Doppel- und Reihenendhäuser, mittlerer Standard | 209,00 | **290,00** | 358,00 | 2,8% |
| Doppel- und Reihenendhäuser, hoher Standard | 194,00 | **338,00** | 424,00 | 2,6% |
| Reihenhäuser, einfacher Standard | 176,00 | **385,00** | 595,00 | 3,0% |
| Reihenhäuser, mittlerer Standard | 220,00 | **249,00** | 295,00 | 1,7% |
| Reihenhäuser, hoher Standard | 349,00 | **423,00** | 461,00 | 2,9% |
| **Mehrfamilienhäuser** | | | | |
| Mehrfamilienhäuser, mit bis zu 6 WE, einfacher Standard | 272,00 | **365,00** | 499,00 | 4,6% |
| Mehrfamilienhäuser, mit bis zu 6 WE, mittlerer Standard | 343,00 | **389,00** | 413,00 | 3,6% |
| Mehrfamilienhäuser, mit bis zu 6 WE, hoher Standard | 440,00 | **693,00** | 1.243,00 | 4,9% |

| Gebäudeart | ▷ | €/Einheit | ◁ | KG an 300 |
|---|---|---|---|---|
| **Mehrfamilienhäuser (Fortsetzung)** | | | | |
| Mehrfamilienhäuser, mit 6 bis 19 WE, einfacher Standard | 301,00 | **342,00** | 362,00 | 3,2% |
| Mehrfamilienhäuser, mit 6 bis 19 WE, mittlerer Standard | 270,00 | **327,00** | 443,00 | 3,4% |
| Mehrfamilienhäuser, mit 6 bis 19 WE, hoher Standard | 327,00 | **425,00** | 488,00 | 3,9% |
| Mehrfamilienhäuser, mit 20 oder mehr WE, mittlerer Standard | 272,00 | **348,00** | 464,00 | 4,1% |
| Mehrfamilienhäuser, mit 20 oder mehr WE, hoher Standard | 355,00 | **399,00** | 483,00 | 4,2% |
| Mehrfamilienhäuser, Passivhäuser | 231,00 | **295,00** | 406,00 | 2,1% |
| Wohnhäuser, mit bis zu 15% Mischnutzung, einfacher Standard | 224,00 | **295,00** | 334,00 | 2,4% |
| Wohnhäuser, mit bis zu 15% Mischnutzung, mittlerer Standard | 321,00 | **469,00** | 718,00 | 4,6% |
| Wohnhäuser, mit bis zu 15% Mischnutzung, hoher Standard | – | **520,00** | – | 2,5% |
| Wohnhäuser, mit mehr als 15% Mischnutzung | 348,00 | **430,00** | 486,00 | 3,9% |
| **Seniorenwohnungen** | | | | |
| Seniorenwohnungen, mittlerer Standard | 271,00 | **349,00** | 456,00 | 4,3% |
| Seniorenwohnungen, hoher Standard | 430,00 | **457,00** | 484,00 | 4,4% |
| **Beherbergung** | | | | |
| Wohnheime und Internate | 540,00 | **658,00** | 797,00 | 5,6% |
| **7 Gewerbegebäude** | | | | |
| **Gaststätten und Kantinen** | | | | |
| Gaststätten, Kantinen und Mensen | – | **1.246,00** | – | 5,4% |
| **Gebäude für Produktion** | | | | |
| Industrielle Produktionsgebäude, Massivbauweise | 460,00 | **631,00** | 937,00 | 4,7% |
| Industrielle Produktionsgebäude, überwiegend Skelettbauweise | 557,00 | **681,00** | 779,00 | 3,7% |
| Betriebs- und Werkstätten, eingeschossig | 418,00 | **465,00** | 513,00 | 3,6% |
| Betriebs- und Werkstätten, mehrgeschossig, geringer Hallenanteil | 471,00 | **594,00** | 783,00 | 3,6% |
| Betriebs- und Werkstätten, mehrgeschossig, hoher Hallenanteil | 222,00 | **378,00** | 557,00 | 2,1% |
| **Gebäude für Handel und Lager** | | | | |
| Geschäftshäuser, mit Wohnungen | 520,00 | **555,00** | 605,00 | 3,7% |
| Geschäftshäuser, ohne Wohnungen | 552,00 | **566,00** | 581,00 | 4,1% |
| Verbrauchermärkte | 626,00 | **660,00** | 695,00 | 5,5% |
| Autohäuser | 492,00 | **514,00** | 536,00 | 3,7% |
| Lagergebäude, ohne Mischnutzung | 518,00 | **671,00** | 925,00 | 1,5% |
| Lagergebäude, mit bis zu 25% Mischnutzung | 636,00 | **738,00** | 911,00 | 2,2% |
| Lagergebäude, mit mehr als 25% Mischnutzung | 390,00 | **606,00** | 822,00 | 3,6% |
| **Garagen und Bereitschaftsdienste** | | | | |
| Einzel-, Mehrfach- und Hochgaragen | – | **–** | – | – |
| Tiefgaragen | – | **–** | – | – |
| Feuerwehrhäuser | 465,00 | **677,00** | 824,00 | 6,2% |
| Öffentliche Bereitschaftsdienste | 525,00 | **701,00** | 1.145,00 | 2,9% |
| **9 Kulturgebäude** | | | | |
| **Gebäude für kulturelle Zwecke** | | | | |
| Bibliotheken, Museen und Ausstellungen | 730,00 | **1.133,00** | 2.515,00 | 3,9% |
| Theater | 518,00 | **1.178,00** | 1.837,00 | 5,2% |
| Gemeindezentren, einfacher Standard | 515,00 | **617,00** | 787,00 | 4,1% |
| Gemeindezentren, mittlerer Standard | 507,00 | **696,00** | 846,00 | 4,3% |
| Gemeindezentren, hoher Standard | 1.010,00 | **1.131,00** | 1.334,00 | 5,0% |
| **Gebäude für religiöse Zwecke** | | | | |
| Sakralbauten | – | **–** | – | – |
| Friedhofsgebäude | – | **805,00** | – | 7,0% |

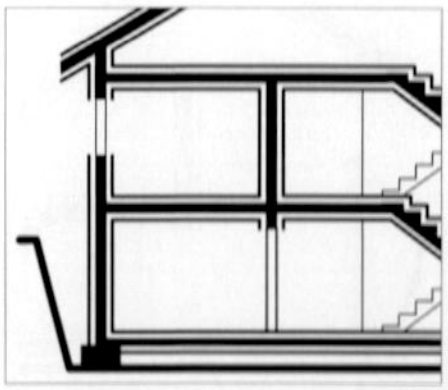

Einheit: m²
Innenwandöffnungs-
fläche

# 345 Innenwandbekleidungen

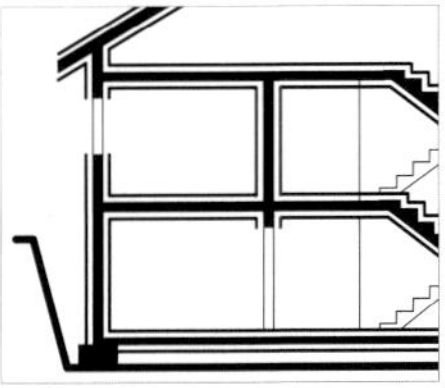

**Kosten:**
Stand 1.Quartal 2020
Bundesdurchschnitt
inkl. 19% MwSt.

Einheit: m²
Innenwandbekleidungsfläche

▷ von
ø Mittel
◁ bis

| Gebäudeart | ▷ | €/Einheit | ◁ | KG an 300 |
|---|---|---|---|---|
| **1 Büro- und Verwaltungsgebäude** | | | | |
| Büro- und Verwaltungsgebäude, einfacher Standard | 17,00 | **29,00** | 41,00 | 3,9% |
| Büro- und Verwaltungsgebäude, mittlerer Standard | 24,00 | **36,00** | 52,00 | 3,6% |
| Büro- und Verwaltungsgebäude, hoher Standard | 32,00 | **52,00** | 87,00 | 2,8% |
| **2 Gebäude für Forschung und Lehre** | | | | |
| Instituts- und Laborgebäude | 37,00 | **52,00** | 69,00 | 3,2% |
| **3 Gebäude des Gesundheitswesens** | | | | |
| Medizinische Einrichtungen | 24,00 | **28,00** | 31,00 | 4,2% |
| Pflegeheime | 27,00 | **35,00** | 38,00 | 5,9% |
| **4 Schulen und Kindergärten** | | | | |
| Allgemeinbildende Schulen | 39,00 | **58,00** | 76,00 | 3,3% |
| Berufliche Schulen | 38,00 | **71,00** | 92,00 | 3,0% |
| Förder- und Sonderschulen | 27,00 | **41,00** | 62,00 | 3,3% |
| Weiterbildungseinrichtungen | 26,00 | **45,00** | 79,00 | 1,6% |
| Kindergärten, nicht unterkellert, einfacher Standard | – | **66,00** | – | 6,2% |
| Kindergärten, nicht unterkellert, mittlerer Standard | 42,00 | **61,00** | 171,00 | 5,0% |
| Kindergärten, nicht unterkellert, hoher Standard | 37,00 | **40,00** | 44,00 | 4,1% |
| Kindergärten, Holzbauweise, nicht unterkellert | 21,00 | **30,00** | 43,00 | 2,9% |
| Kindergärten, unterkellert | 24,00 | **40,00** | 50,00 | 4,5% |
| **5 Sportbauten** | | | | |
| Sport- und Mehrzweckhallen | 21,00 | **65,00** | 145,00 | 3,2% |
| Sporthallen (Einfeldhallen) | 39,00 | **66,00** | 81,00 | 4,6% |
| Sporthallen (Dreifeldhallen) | 76,00 | **93,00** | 110,00 | 3,7% |
| Schwimmhallen | – | **–** | – | – |
| **6 Wohngebäude** | | | | |
| **Ein- und Zweifamilienhäuser** | | | | |
| Ein- und Zweifamilienhäuser, unterkellert, einfacher Standard | 36,00 | **41,00** | 49,00 | 5,4% |
| Ein- und Zweifamilienhäuser, unterkellert, mittlerer Standard | 36,00 | **43,00** | 55,00 | 4,0% |
| Ein- und Zweifamilienhäuser, unterkellert, hoher Standard | 28,00 | **43,00** | 56,00 | 3,5% |
| Ein- und Zweifamilienhäuser, nicht unterkellert, einfacher Standard | 40,00 | **44,00** | 47,00 | 4,1% |
| Ein- und Zweifamilienhäuser, nicht unterkellert, mittlerer Standard | 30,00 | **43,00** | 56,00 | 4,9% |
| Ein- und Zweifamilienhäuser, nicht unterkellert, hoher Standard | 28,00 | **43,00** | 90,00 | 3,1% |
| Ein- und Zweifamilienhäuser, Passivhausstandard, Massivbau | 25,00 | **42,00** | 54,00 | 3,9% |
| Ein- und Zweifamilienhäuser, Passivhausstandard, Holzbau | 24,00 | **35,00** | 47,00 | 2,7% |
| Ein- und Zweifamilienhäuser, Holzbauweise, unterkellert | 23,00 | **32,00** | 43,00 | 3,8% |
| Ein- und Zweifamilienhäuser, Holzbauweise, nicht unterkellert | 41,00 | **61,00** | 91,00 | 3,2% |
| Doppel- und Reihenendhäuser, einfacher Standard | 11,00 | **18,00** | 22,00 | 2,5% |
| Doppel- und Reihenendhäuser, mittlerer Standard | 31,00 | **44,00** | 60,00 | 5,1% |
| Doppel- und Reihenendhäuser, hoher Standard | 28,00 | **49,00** | 74,00 | 4,3% |
| Reihenhäuser, einfacher Standard | 19,00 | **28,00** | 37,00 | 4,7% |
| Reihenhäuser, mittlerer Standard | 12,00 | **21,00** | 40,00 | 2,2% |
| Reihenhäuser, hoher Standard | 12,00 | **36,00** | 48,00 | 3,6% |
| **Mehrfamilienhäuser** | | | | |
| Mehrfamilienhäuser, mit bis zu 6 WE, einfacher Standard | 30,00 | **48,00** | 73,00 | 7,9% |
| Mehrfamilienhäuser, mit bis zu 6 WE, mittlerer Standard | 26,00 | **35,00** | 49,00 | 4,5% |
| Mehrfamilienhäuser, mit bis zu 6 WE, hoher Standard | 31,00 | **40,00** | 48,00 | 4,5% |

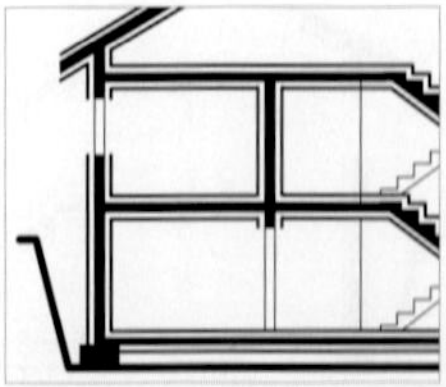

Einheit: m²
Innenwandbekleidungs-
fläche

| Gebäudeart | ▷ | €/Einheit | ◁ | KG an 300 |
|---|---|---|---|---|
| **Mehrfamilienhäuser (Fortsetzung)** | | | | |
| Mehrfamilienhäuser, mit 6 bis 19 WE, einfacher Standard | 23,00 | **37,00** | 65,00 | 4,6% |
| Mehrfamilienhäuser, mit 6 bis 19 WE, mittlerer Standard | 23,00 | **30,00** | 37,00 | 5,1% |
| Mehrfamilienhäuser, mit 6 bis 19 WE, hoher Standard | 29,00 | **37,00** | 54,00 | 5,0% |
| Mehrfamilienhäuser, mit 20 oder mehr WE, mittlerer Standard | 16,00 | **24,00** | 31,00 | 3,8% |
| Mehrfamilienhäuser, mit 20 oder mehr WE, hoher Standard | 26,00 | **30,00** | 39,00 | 3,9% |
| Mehrfamilienhäuser, Passivhäuser | 27,00 | **35,00** | 44,00 | 4,7% |
| Wohnhäuser, mit bis zu 15% Mischnutzung, einfacher Standard | 11,00 | **34,00** | 46,00 | 4,7% |
| Wohnhäuser, mit bis zu 15% Mischnutzung, mittlerer Standard | 15,00 | **36,00** | 50,00 | 4,6% |
| Wohnhäuser, mit bis zu 15% Mischnutzung, hoher Standard | – | **44,00** | – | 4,2% |
| Wohnhäuser, mit mehr als 15% Mischnutzung | 22,00 | **32,00** | 51,00 | 5,0% |
| **Seniorenwohnungen** | | | | |
| Seniorenwohnungen, mittlerer Standard | 25,00 | **32,00** | 42,00 | 5,6% |
| Seniorenwohnungen, hoher Standard | 31,00 | **33,00** | 34,00 | 4,8% |
| **Beherbergung** | | | | |
| Wohnheime und Internate | 29,00 | **42,00** | 66,00 | 5,1% |
| **7 Gewerbegebäude** | | | | |
| **Gaststätten und Kantinen** | | | | |
| Gaststätten, Kantinen und Mensen | – | **104,00** | – | 5,8% |
| **Gebäude für Produktion** | | | | |
| Industrielle Produktionsgebäude, Massivbauweise | 14,00 | **42,00** | 57,00 | 2,6% |
| Industrielle Produktionsgebäude, überwiegend Skelettbauweise | 20,00 | **26,00** | 34,00 | 1,0% |
| Betriebs- und Werkstätten, eingeschossig | 17,00 | **17,00** | 18,00 | 1,7% |
| Betriebs- und Werkstätten, mehrgeschossig, geringer Hallenanteil | 24,00 | **36,00** | 53,00 | 2,1% |
| Betriebs- und Werkstätten, mehrgeschossig, hoher Hallenanteil | 35,00 | **48,00** | 62,00 | 3,9% |
| **Gebäude für Handel und Lager** | | | | |
| Geschäftshäuser, mit Wohnungen | 25,00 | **30,00** | 40,00 | 3,0% |
| Geschäftshäuser, ohne Wohnungen | 41,00 | **45,00** | 48,00 | 4,5% |
| Verbrauchermärkte | 28,00 | **41,00** | 55,00 | 3,8% |
| Autohäuser | 17,00 | **22,00** | 26,00 | 1,7% |
| Lagergebäude, ohne Mischnutzung | 31,00 | **36,00** | 39,00 | 0,6% |
| Lagergebäude, mit bis zu 25% Mischnutzung | 11,00 | **23,00** | 47,00 | 1,3% |
| Lagergebäude, mit mehr als 25% Mischnutzung | 45,00 | **82,00** | 118,00 | 2,5% |
| **Garagen und Bereitschaftsdienste** | | | | |
| Einzel-, Mehrfach- und Hochgaragen | 14,00 | **39,00** | 52,00 | 0,8% |
| Tiefgaragen | – | **–** | – | – |
| Feuerwehrhäuser | 34,00 | **39,00** | 48,00 | 3,1% |
| Öffentliche Bereitschaftsdienste | 24,00 | **45,00** | 68,00 | 2,2% |
| **9 Kulturgebäude** | | | | |
| **Gebäude für kulturelle Zwecke** | | | | |
| Bibliotheken, Museen und Ausstellungen | 60,00 | **79,00** | 134,00 | 2,7% |
| Theater | 56,00 | **83,00** | 109,00 | 5,3% |
| Gemeindezentren, einfacher Standard | 30,00 | **48,00** | 59,00 | 4,7% |
| Gemeindezentren, mittlerer Standard | 39,00 | **45,00** | 49,00 | 2,7% |
| Gemeindezentren, hoher Standard | 34,00 | **54,00** | 68,00 | 3,3% |
| **Gebäude für religiöse Zwecke** | | | | |
| Sakralbauten | – | **–** | – | – |
| Friedhofsgebäude | – | **19,00** | – | 1,0% |

## 346 Elementierte Innenwandkonstruktionen

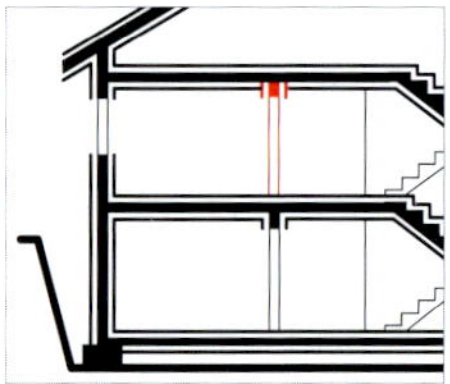

**Kosten:**
Stand 1.Quartal 2020
Bundesdurchschnitt
inkl. 19% MwSt.

Einheit: m²
Innenwandfläche,
elementiert

| Gebäudeart | ▷ | €/Einheit | ◁ | KG an 300 |
|---|---|---|---|---|
| **1 Büro- und Verwaltungsgebäude** | | | | |
| Büro- und Verwaltungsgebäude, einfacher Standard | – | **552,00** | – | 1,2% |
| Büro- und Verwaltungsgebäude, mittlerer Standard | 159,00 | **285,00** | 484,00 | 0,6% |
| Büro- und Verwaltungsgebäude, hoher Standard | 362,00 | **683,00** | 1.143,00 | 3,9% |
| **2 Gebäude für Forschung und Lehre** | | | | |
| Instituts- und Laborgebäude | 127,00 | **445,00** | 615,00 | 1,0% |
| **3 Gebäude des Gesundheitswesens** | | | | |
| Medizinische Einrichtungen | 254,00 | **1.220,00** | 1.738,00 | 0,3% |
| Pflegeheime | 278,00 | **438,00** | 745,00 | 0,5% |
| **4 Schulen und Kindergärten** | | | | |
| Allgemeinbildende Schulen | 309,00 | **527,00** | 982,00 | 0,8% |
| Berufliche Schulen | 198,00 | **236,00** | 290,00 | 1,8% |
| Förder- und Sonderschulen | 247,00 | **509,00** | 712,00 | 0,8% |
| Weiterbildungseinrichtungen | 604,00 | **850,00** | 1.008,00 | 1,4% |
| Kindergärten, nicht unterkellert, einfacher Standard | – | **472,00** | – | 2,9% |
| Kindergärten, nicht unterkellert, mittlerer Standard | 284,00 | **440,00** | 897,00 | 1,2% |
| Kindergärten, nicht unterkellert, hoher Standard | 537,00 | **639,00** | 740,00 | 2,9% |
| Kindergärten, Holzbauweise, nicht unterkellert | 167,00 | **456,00** | 881,00 | 4,2% |
| Kindergärten, unterkellert | 194,00 | **284,00** | 345,00 | 0,5% |
| **5 Sportbauten** | | | | |
| Sport- und Mehrzweckhallen | 136,00 | **176,00** | 216,00 | 0,3% |
| Sporthallen (Einfeldhallen) | – | **328,00** | – | 0,3% |
| Sporthallen (Dreifeldhallen) | 145,00 | **195,00** | 234,00 | 0,9% |
| Schwimmhallen | – | **–** | – | – |
| **6 Wohngebäude** | | | | |
| **Ein- und Zweifamilienhäuser** | | | | |
| Ein- und Zweifamilienhäuser, unterkellert, einfacher Standard | – | **–** | – | – |
| Ein- und Zweifamilienhäuser, unterkellert, mittlerer Standard | – | **–** | – | – |
| Ein- und Zweifamilienhäuser, unterkellert, hoher Standard | – | **–** | – | – |
| Ein- und Zweifamilienhäuser, nicht unterkellert, einfacher Standard | – | **–** | – | – |
| Ein- und Zweifamilienhäuser, nicht unterkellert, mittlerer Standard | – | **685,00** | – | 0,2% |
| Ein- und Zweifamilienhäuser, nicht unterkellert, hoher Standard | – | **375,00** | – | 0,1% |
| Ein- und Zweifamilienhäuser, Passivhausstandard, Massivbau | – | **988,00** | – | 0,1% |
| Ein- und Zweifamilienhäuser, Passivhausstandard, Holzbau | – | **955,00** | – | 0,1% |
| Ein- und Zweifamilienhäuser, Holzbauweise, unterkellert | – | **615,00** | – | 0,2% |
| Ein- und Zweifamilienhäuser, Holzbauweise, nicht unterkellert | – | **–** | – | – |
| Doppel- und Reihenendhäuser, einfacher Standard | – | **–** | – | – |
| Doppel- und Reihenendhäuser, mittlerer Standard | – | **–** | – | – |
| Doppel- und Reihenendhäuser, hoher Standard | – | **–** | – | – |
| Reihenhäuser, einfacher Standard | – | **–** | – | – |
| Reihenhäuser, mittlerer Standard | – | **–** | – | – |
| Reihenhäuser, hoher Standard | – | **171,00** | – | 0,4% |
| **Mehrfamilienhäuser** | | | | |
| Mehrfamilienhäuser, mit bis zu 6 WE, einfacher Standard | 82,00 | **84,00** | 87,00 | 0,2% |
| Mehrfamilienhäuser, mit bis zu 6 WE, mittlerer Standard | – | **–** | – | – |
| Mehrfamilienhäuser, mit bis zu 6 WE, hoher Standard | 28,00 | **42,00** | 68,00 | 0,1% |

▷ von
ø Mittel
◁ bis


 Erläuterungen zu den Tabellen siehe Seite 46

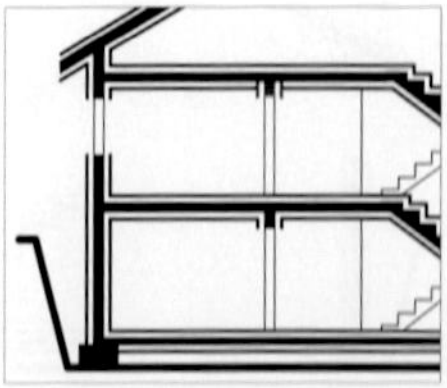

Einheit: m²
Innenwandfläche, elementiert

| Gebäudeart | ▷ | €/Einheit | ◁ | KG an 300 |
|---|---|---|---|---|
| **Mehrfamilienhäuser (Fortsetzung)** | | | | |
| Mehrfamilienhäuser, mit 6 bis 19 WE, einfacher Standard | 61,00 | **78,00** | 94,00 | 0,4% |
| Mehrfamilienhäuser, mit 6 bis 19 WE, mittlerer Standard | 30,00 | **48,00** | 63,00 | 0,2% |
| Mehrfamilienhäuser, mit 6 bis 19 WE, hoher Standard | 66,00 | **123,00** | 214,00 | 0,2% |
| Mehrfamilienhäuser, mit 20 oder mehr WE, mittlerer Standard | 35,00 | **44,00** | 54,00 | 0,3% |
| Mehrfamilienhäuser, mit 20 oder mehr WE, hoher Standard | 39,00 | **57,00** | 68,00 | 0,5% |
| Mehrfamilienhäuser, Passivhäuser | 24,00 | **32,00** | 37,00 | 0,1% |
| Wohnhäuser, mit bis zu 15% Mischnutzung, einfacher Standard | 37,00 | **103,00** | 168,00 | 0,2% |
| Wohnhäuser, mit bis zu 15% Mischnutzung, mittlerer Standard | – | **–** | – | – |
| Wohnhäuser, mit bis zu 15% Mischnutzung, hoher Standard | – | **–** | – | – |
| Wohnhäuser, mit mehr als 15% Mischnutzung | – | **421,00** | – | 0,2% |
| **Seniorenwohnungen** | | | | |
| Seniorenwohnungen, mittlerer Standard | 33,00 | **45,00** | 51,00 | 0,3% |
| Seniorenwohnungen, hoher Standard | – | **49,00** | – | 0,2% |
| **Beherbergung** | | | | |
| Wohnheime und Internate | 370,00 | **470,00** | 660,00 | 0,8% |
| **7 Gewerbegebäude** | | | | |
| **Gaststätten und Kantinen** | | | | |
| Gaststätten, Kantinen und Mensen | – | **839,00** | – | 1,2% |
| **Gebäude für Produktion** | | | | |
| Industrielle Produktionsgebäude, Massivbauweise | – | **189,00** | – | 0,1% |
| Industrielle Produktionsgebäude, überwiegend Skelettbauweise | 239,00 | **357,00** | 574,00 | 0,5% |
| Betriebs- und Werkstätten, eingeschossig | – | **229,00** | – | 0,9% |
| Betriebs- und Werkstätten, mehrgeschossig, geringer Hallenanteil | 164,00 | **255,00** | 308,00 | 0,9% |
| Betriebs- und Werkstätten, mehrgeschossig, hoher Hallenanteil | 325,00 | **379,00** | 434,00 | 0,1% |
| **Gebäude für Handel und Lager** | | | | |
| Geschäftshäuser, mit Wohnungen | – | **546,00** | – | 0,2% |
| Geschäftshäuser, ohne Wohnungen | 61,00 | **392,00** | 723,00 | 3,3% |
| Verbrauchermärkte | 249,00 | **275,00** | 300,00 | 0,5% |
| Autohäuser | 148,00 | **277,00** | 405,00 | 0,2% |
| Lagergebäude, ohne Mischnutzung | 163,00 | **203,00** | 268,00 | 1,5% |
| Lagergebäude, mit bis zu 25% Mischnutzung | – | **525,00** | – | 0,2% |
| Lagergebäude, mit mehr als 25% Mischnutzung | 209,00 | **301,00** | 392,00 | 0,1% |
| **Garagen und Bereitschaftsdienste** | | | | |
| Einzel-, Mehrfach- und Hochgaragen | – | **156,00** | – | 0,0% |
| Tiefgaragen | – | **–** | – | – |
| Feuerwehrhäuser | 311,00 | **339,00** | 367,00 | 1,0% |
| Öffentliche Bereitschaftsdienste | 446,00 | **458,00** | 469,00 | 0,5% |
| **9 Kulturgebäude** | | | | |
| **Gebäude für kulturelle Zwecke** | | | | |
| Bibliotheken, Museen und Ausstellungen | 317,00 | **487,00** | 751,00 | 1,4% |
| Theater | 154,00 | **335,00** | 517,00 | 0,7% |
| Gemeindezentren, einfacher Standard | 276,00 | **288,00** | 299,00 | 2,2% |
| Gemeindezentren, mittlerer Standard | 483,00 | **630,00** | 1.067,00 | 2,5% |
| Gemeindezentren, hoher Standard | 244,00 | **372,00** | 577,00 | 2,0% |
| **Gebäude für religiöse Zwecke** | | | | |
| Sakralbauten | – | **–** | – | – |
| Friedhofsgebäude | – | **487,00** | – | 1,8% |

# 347 Lichtschutz zur KG 340

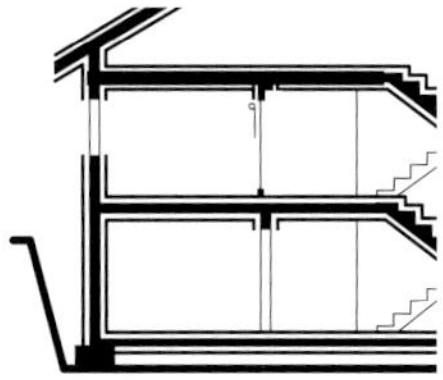

**Kosten:**
Stand 1.Quartal 2020
Bundesdurchschnitt
inkl. 19% MwSt.

Einheit: m²
Innenwand-
Lichtschutzfläche

▷ von
ø Mittel
◁ bis

| Gebäudeart | ▷ | €/Einheit | ◁ | KG an 300 |
|---|---|---|---|---|
| **1 Büro- und Verwaltungsgebäude** | | | | |
| Büro- und Verwaltungsgebäude, einfacher Standard | – | **–** | – | – |
| Büro- und Verwaltungsgebäude, mittlerer Standard | – | **–** | – | – |
| Büro- und Verwaltungsgebäude, hoher Standard | – | **–** | – | – |
| **2 Gebäude für Forschung und Lehre** | | | | |
| Instituts- und Laborgebäude | – | **–** | – | – |
| **3 Gebäude des Gesundheitswesens** | | | | |
| Medizinische Einrichtungen | – | **–** | – | – |
| Pflegeheime | – | **–** | – | – |
| **4 Schulen und Kindergärten** | | | | |
| Allgemeinbildende Schulen | – | **365,00** | – | 0,0% |
| Berufliche Schulen | – | **333,00** | – | 0,0% |
| Förder- und Sonderschulen | 203,00 | **343,00** | 484,00 | 0,0% |
| Weiterbildungseinrichtungen | – | **833,00** | – | 0,2% |
| Kindergärten, nicht unterkellert, einfacher Standard | – | **–** | – | – |
| Kindergärten, nicht unterkellert, mittlerer Standard | – | **–** | – | – |
| Kindergärten, nicht unterkellert, hoher Standard | – | **–** | – | – |
| Kindergärten, Holzbauweise, nicht unterkellert | – | **–** | – | – |
| Kindergärten, unterkellert | – | **–** | – | – |
| **5 Sportbauten** | | | | |
| Sport- und Mehrzweckhallen | – | **291,00** | – | 0,1% |
| Sporthallen (Einfeldhallen) | – | **–** | – | – |
| Sporthallen (Dreifeldhallen) | – | **–** | – | – |
| Schwimmhallen | – | **–** | – | – |
| **6 Wohngebäude** | | | | |
| **Ein- und Zweifamilienhäuser** | | | | |
| Ein- und Zweifamilienhäuser, unterkellert, einfacher Standard | – | **–** | – | – |
| Ein- und Zweifamilienhäuser, unterkellert, mittlerer Standard | – | **–** | – | – |
| Ein- und Zweifamilienhäuser, unterkellert, hoher Standard | – | **–** | – | – |
| Ein- und Zweifamilienhäuser, nicht unterkellert, einfacher Standard | – | **–** | – | – |
| Ein- und Zweifamilienhäuser, nicht unterkellert, mittlerer Standard | – | **–** | – | – |
| Ein- und Zweifamilienhäuser, nicht unterkellert, hoher Standard | – | **–** | – | – |
| Ein- und Zweifamilienhäuser, Passivhausstandard, Massivbau | – | **–** | – | – |
| Ein- und Zweifamilienhäuser, Passivhausstandard, Holzbau | – | **–** | – | – |
| Ein- und Zweifamilienhäuser, Holzbauweise, unterkellert | – | **–** | – | – |
| Ein- und Zweifamilienhäuser, Holzbauweise, nicht unterkellert | – | **–** | – | – |
| Doppel- und Reihenendhäuser, einfacher Standard | – | **–** | – | – |
| Doppel- und Reihenendhäuser, mittlerer Standard | – | **–** | – | – |
| Doppel- und Reihenendhäuser, hoher Standard | – | **–** | – | – |
| Reihenhäuser, einfacher Standard | – | **–** | – | – |
| Reihenhäuser, mittlerer Standard | – | **–** | – | – |
| Reihenhäuser, hoher Standard | – | **–** | – | – |
| **Mehrfamilienhäuser** | | | | |
| Mehrfamilienhäuser, mit bis zu 6 WE, einfacher Standard | – | **–** | – | – |
| Mehrfamilienhäuser, mit bis zu 6 WE, mittlerer Standard | – | **–** | – | – |
| Mehrfamilienhäuser, mit bis zu 6 WE, hoher Standard | – | **–** | – | – |


 Erläuterungen zu den Tabellen siehe Seite 46

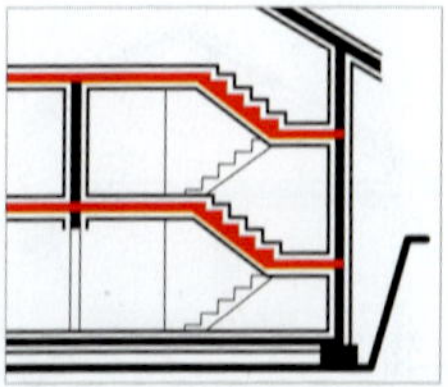

| Gebäudeart | ▷ | €/Einheit | ◁ | KG an 300 |
|---|---|---|---|---|
| **Mehrfamilienhäuser (Fortsetzung)** | | | | |
| Mehrfamilienhäuser, mit 6 bis 19 WE, einfacher Standard | 163,00 | **172,00** | 187,00 | 14,2% |
| Mehrfamilienhäuser, mit 6 bis 19 WE, mittlerer Standard | 116,00 | **140,00** | 159,00 | 11,7% |
| Mehrfamilienhäuser, mit 6 bis 19 WE, hoher Standard | 129,00 | **148,00** | 176,00 | 11,7% |
| Mehrfamilienhäuser, mit 20 oder mehr WE, mittlerer Standard | 122,00 | **158,00** | 230,00 | 12,9% |
| Mehrfamilienhäuser, mit 20 oder mehr WE, hoher Standard | 144,00 | **172,00** | 228,00 | 13,7% |
| Mehrfamilienhäuser, Passivhäuser | 133,00 | **163,00** | 192,00 | 11,7% |
| Wohnhäuser, mit bis zu 15% Mischnutzung, einfacher Standard | 175,00 | **192,00** | 223,00 | 17,8% |
| Wohnhäuser, mit bis zu 15% Mischnutzung, mittlerer Standard | 78,00 | **111,00** | 164,00 | 7,0% |
| Wohnhäuser, mit bis zu 15% Mischnutzung, hoher Standard | – | **189,00** | – | 10,3% |
| Wohnhäuser, mit mehr als 15% Mischnutzung | 120,00 | **172,00** | 276,00 | 9,1% |
| **Seniorenwohnungen** | | | | |
| Seniorenwohnungen, mittlerer Standard | 108,00 | **131,00** | 159,00 | 11,4% |
| Seniorenwohnungen, hoher Standard | 130,00 | **171,00** | 211,00 | 14,1% |
| **Beherbergung** | | | | |
| Wohnheime und Internate | 137,00 | **186,00** | 235,00 | 9,3% |
| **7 Gewerbegebäude** | | | | |
| **Gaststätten und Kantinen** | | | | |
| Gaststätten, Kantinen und Mensen | – | **229,00** | – | 9,0% |
| **Gebäude für Produktion** | | | | |
| Industrielle Produktionsgebäude, Massivbauweise | 143,00 | **177,00** | 234,00 | 5,7% |
| Industrielle Produktionsgebäude, überwiegend Skelettbauweise | 143,00 | **182,00** | 283,00 | 3,6% |
| Betriebs- und Werkstätten, eingeschossig | – | **169,00** | – | 3,2% |
| Betriebs- und Werkstätten, mehrgeschossig, geringer Hallenanteil | 113,00 | **148,00** | 200,00 | 6,4% |
| Betriebs- und Werkstätten, mehrgeschossig, hoher Hallenanteil | 68,00 | **103,00** | 126,00 | 1,6% |
| **Gebäude für Handel und Lager** | | | | |
| Geschäftshäuser, mit Wohnungen | 168,00 | **191,00** | 206,00 | 15,7% |
| Geschäftshäuser, ohne Wohnungen | 127,00 | **138,00** | 150,00 | 11,6% |
| Verbrauchermärkte | – | **–** | – | – |
| Autohäuser | 95,00 | **144,00** | 193,00 | 2,3% |
| Lagergebäude, ohne Mischnutzung | 63,00 | **113,00** | 229,00 | 1,3% |
| Lagergebäude, mit bis zu 25% Mischnutzung | 116,00 | **160,00** | 233,00 | 2,4% |
| Lagergebäude, mit mehr als 25% Mischnutzung | 187,00 | **225,00** | 264,00 | 6,6% |
| **Garagen und Bereitschaftsdienste** | | | | |
| Einzel-, Mehrfach- und Hochgaragen | 165,00 | **188,00** | 210,00 | 4,0% |
| Tiefgaragen | – | **–** | – | – |
| Feuerwehrhäuser | 68,00 | **117,00** | 167,00 | 2,6% |
| Öffentliche Bereitschaftsdienste | 113,00 | **124,00** | 152,00 | 3,3% |
| **9 Kulturgebäude** | | | | |
| **Gebäude für kulturelle Zwecke** | | | | |
| Bibliotheken, Museen und Ausstellungen | 72,00 | **179,00** | 248,00 | 2,6% |
| Theater | 159,00 | **266,00** | 374,00 | 5,8% |
| Gemeindezentren, einfacher Standard | 154,00 | **200,00** | 246,00 | 5,1% |
| Gemeindezentren, mittlerer Standard | 96,00 | **156,00** | 238,00 | 3,9% |
| Gemeindezentren, hoher Standard | 144,00 | **219,00** | 361,00 | 4,3% |
| **Gebäude für religiöse Zwecke** | | | | |
| Sakralbauten | – | **–** | – | – |
| Friedhofsgebäude | – | **109,00** | – | 2,4% |

Einheit: m²
Deckenkonstruktions-
fläche

# 352
# Deckenöffnungen

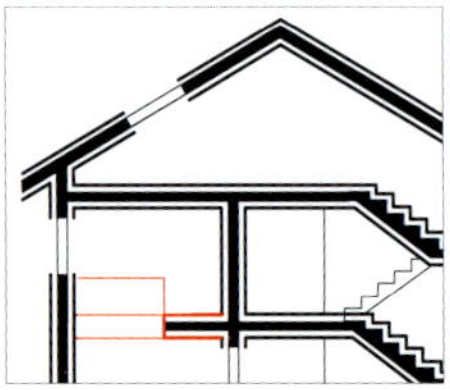

**Kosten:**
Stand 1.Quartal 2020
Bundesdurchschnitt
inkl. 19% MwSt.

Einheit: m²
Deckenöffnungsfläche

▷ von
ø Mittel
◁ bis

| Gebäudeart | ▷ | €/Einheit | ◁ | KG an 300 |
|---|---|---|---|---|
| **1 Büro- und Verwaltungsgebäude** | | | | |
| Büro- und Verwaltungsgebäude, einfacher Standard | – | **–** | – | – |
| Büro- und Verwaltungsgebäude, mittlerer Standard | – | **–** | – | – |
| Büro- und Verwaltungsgebäude, hoher Standard | 3.052,00 | **5.091,00** | 7.131,00 | 0,1% |
| **2 Gebäude für Forschung und Lehre** | | | | |
| Instituts- und Laborgebäude | – | **–** | – | – |
| **3 Gebäude des Gesundheitswesens** | | | | |
| Medizinische Einrichtungen | – | **–** | – | – |
| Pflegeheime | – | **–** | – | – |
| **4 Schulen und Kindergärten** | | | | |
| Allgemeinbildende Schulen | – | **–** | – | – |
| Berufliche Schulen | – | **–** | – | – |
| Förder- und Sonderschulen | – | **–** | – | – |
| Weiterbildungseinrichtungen | – | **–** | – | – |
| Kindergärten, nicht unterkellert, einfacher Standard | – | **–** | – | – |
| Kindergärten, nicht unterkellert, mittlerer Standard | – | **–** | – | – |
| Kindergärten, nicht unterkellert, hoher Standard | – | **689,00** | – | 0,3% |
| Kindergärten, Holzbauweise, nicht unterkellert | – | **–** | – | – |
| Kindergärten, unterkellert | – | **–** | – | – |
| **5 Sportbauten** | | | | |
| Sport- und Mehrzweckhallen | – | **–** | – | – |
| Sporthallen (Einfeldhallen) | – | **–** | – | – |
| Sporthallen (Dreifeldhallen) | – | **–** | – | – |
| Schwimmhallen | – | **–** | – | – |
| **6 Wohngebäude** | | | | |
| **Ein- und Zweifamilienhäuser** | | | | |
| Ein- und Zweifamilienhäuser, unterkellert, einfacher Standard | 592,00 | **592,00** | 592,00 | 0,1% |
| Ein- und Zweifamilienhäuser, unterkellert, mittlerer Standard | 696,00 | **696,00** | 696,00 | 0,0% |
| Ein- und Zweifamilienhäuser, unterkellert, hoher Standard | – | **–** | – | – |
| Ein- und Zweifamilienhäuser, nicht unterkellert, einfacher Standard | – | **826,00** | – | 0,1% |
| Ein- und Zweifamilienhäuser, nicht unterkellert, mittlerer Standard | – | **504,00** | – | 0,0% |
| Ein- und Zweifamilienhäuser, nicht unterkellert, hoher Standard | – | **–** | – | – |
| Ein- und Zweifamilienhäuser, Passivhausstandard, Massivbau | – | **1.155,00** | – | 0,0% |
| Ein- und Zweifamilienhäuser, Passivhausstandard, Holzbau | – | **–** | – | – |
| Ein- und Zweifamilienhäuser, Holzbauweise, unterkellert | – | **–** | – | – |
| Ein- und Zweifamilienhäuser, Holzbauweise, nicht unterkellert | – | **–** | – | – |
| Doppel- und Reihenendhäuser, einfacher Standard | – | **–** | – | – |
| Doppel- und Reihenendhäuser, mittlerer Standard | 759,00 | **961,00** | 1.248,00 | 0,1% |
| Doppel- und Reihenendhäuser, hoher Standard | – | **–** | – | – |
| Reihenhäuser, einfacher Standard | – | **870,00** | – | 0,1% |
| Reihenhäuser, mittlerer Standard | – | **–** | – | – |
| Reihenhäuser, hoher Standard | – | **–** | – | – |
| **Mehrfamilienhäuser** | | | | |
| Mehrfamilienhäuser, mit bis zu 6 WE, einfacher Standard | – | **1.514,00** | – | 0,1% |
| Mehrfamilienhäuser, mit bis zu 6 WE, mittlerer Standard | – | **–** | – | – |
| Mehrfamilienhäuser, mit bis zu 6 WE, hoher Standard | 1.616,00 | **1.643,00** | 1.670,00 | 0,1% |

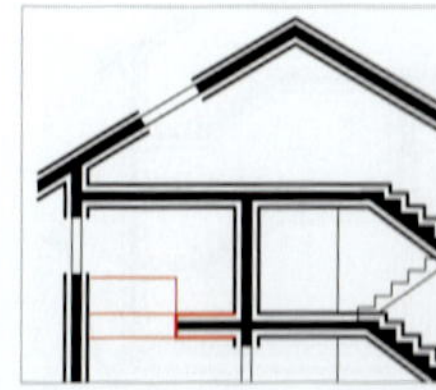

Einheit: m²
Deckenöffnungsfläche

| Gebäudeart | ▷ | €/Einheit | ◁ | KG an 300 |
|---|---|---|---|---|
| **Mehrfamilienhäuser (Fortsetzung)** | | | | |
| Mehrfamilienhäuser, mit 6 bis 19 WE, einfacher Standard | – | – | – | – |
| Mehrfamilienhäuser, mit 6 bis 19 WE, mittlerer Standard | 902,00 | **1.635,00** | 2.368,00 | 0,1% |
| Mehrfamilienhäuser, mit 6 bis 19 WE, hoher Standard | – | – | – | – |
| Mehrfamilienhäuser, mit 20 oder mehr WE, mittlerer Standard | – | – | – | – |
| Mehrfamilienhäuser, mit 20 oder mehr WE, hoher Standard | – | – | – | – |
| Mehrfamilienhäuser, Passivhäuser | – | – | – | – |
| Wohnhäuser, mit bis zu 15% Mischnutzung, einfacher Standard | – | – | – | – |
| Wohnhäuser, mit bis zu 15% Mischnutzung, mittlerer Standard | – | **0,00** | – | 0,1% |
| Wohnhäuser, mit bis zu 15% Mischnutzung, hoher Standard | – | – | – | – |
| Wohnhäuser, mit mehr als 15% Mischnutzung | – | **830,00** | – | 0,0% |
| **Seniorenwohnungen** | | | | |
| Seniorenwohnungen, mittlerer Standard | 1.034,00 | **1.104,00** | 1.174,00 | 0,1% |
| Seniorenwohnungen, hoher Standard | – | **777,00** | – | 0,1% |
| **Beherbergung** | | | | |
| Wohnheime und Internate | – | – | – | – |
| **7 Gewerbegebäude** | | | | |
| **Gaststätten und Kantinen** | | | | |
| Gaststätten, Kantinen und Mensen | – | – | – | – |
| **Gebäude für Produktion** | | | | |
| Industrielle Produktionsgebäude, Massivbauweise | – | – | – | – |
| Industrielle Produktionsgebäude, überwiegend Skelettbauweise | – | – | – | – |
| Betriebs- und Werkstätten, eingeschossig | – | – | – | – |
| Betriebs- und Werkstätten, mehrgeschossig, geringer Hallenanteil | – | – | – | – |
| Betriebs- und Werkstätten, mehrgeschossig, hoher Hallenanteil | – | – | – | – |
| **Gebäude für Handel und Lager** | | | | |
| Geschäftshäuser, mit Wohnungen | – | – | – | – |
| Geschäftshäuser, ohne Wohnungen | – | – | – | – |
| Verbrauchermärkte | – | – | – | – |
| Autohäuser | – | – | – | – |
| Lagergebäude, ohne Mischnutzung | – | – | – | – |
| Lagergebäude, mit bis zu 25% Mischnutzung | – | **1.407,00** | – | 0,0% |
| Lagergebäude, mit mehr als 25% Mischnutzung | – | – | – | – |
| **Garagen und Bereitschaftsdienste** | | | | |
| Einzel-, Mehrfach- und Hochgaragen | – | – | – | – |
| Tiefgaragen | – | – | – | – |
| Feuerwehrhäuser | – | – | – | – |
| Öffentliche Bereitschaftsdienste | – | – | – | – |
| **9 Kulturgebäude** | | | | |
| **Gebäude für kulturelle Zwecke** | | | | |
| Bibliotheken, Museen und Ausstellungen | – | **1.047,00** | – | 0,0% |
| Theater | – | – | – | – |
| Gemeindezentren, einfacher Standard | – | **2.224,00** | – | 0,0% |
| Gemeindezentren, mittlerer Standard | 786,00 | **1.851,00** | 2.917,00 | 0,2% |
| Gemeindezentren, hoher Standard | – | – | – | – |
| **Gebäude für religiöse Zwecke** | | | | |
| Sakralbauten | – | – | – | – |
| Friedhofsgebäude | – | – | – | – |

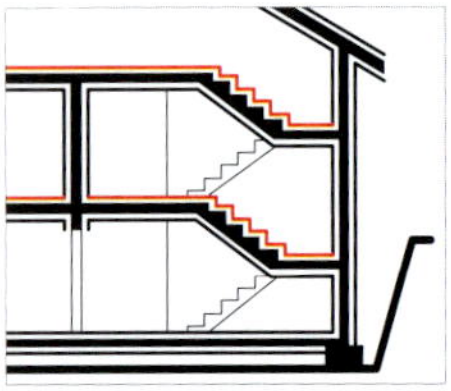

**Kosten:**
Stand 1.Quartal 2020
Bundesdurchschnitt
inkl. 19% MwSt.

Einheit: m²
Deckenbelagsfläche

▷ von
ø Mittel
◁ bis

| Gebäudeart | ▷ | €/Einheit | ◁ | KG an 300 |
|---|---|---|---|---|
| **1 Büro- und Verwaltungsgebäude** | | | | |
| Büro- und Verwaltungsgebäude, einfacher Standard | 69,00 | **98,00** | 117,00 | 4,1% |
| Büro- und Verwaltungsgebäude, mittlerer Standard | 115,00 | **128,00** | 150,00 | 5,2% |
| Büro- und Verwaltungsgebäude, hoher Standard | 146,00 | **204,00** | 365,00 | 5,6% |
| **2 Gebäude für Forschung und Lehre** | | | | |
| Instituts- und Laborgebäude | 44,00 | **110,00** | 135,00 | 2,9% |
| **3 Gebäude des Gesundheitswesens** | | | | |
| Medizinische Einrichtungen | 97,00 | **122,00** | 176,00 | 4,8% |
| Pflegeheime | 79,00 | **100,00** | 142,00 | 5,0% |
| **4 Schulen und Kindergärten** | | | | |
| Allgemeinbildende Schulen | 104,00 | **113,00** | 122,00 | 2,7% |
| Berufliche Schulen | 153,00 | **164,00** | 175,00 | 2,6% |
| Förder- und Sonderschulen | 90,00 | **114,00** | 150,00 | 4,1% |
| Weiterbildungseinrichtungen | 118,00 | **144,00** | 158,00 | 4,1% |
| Kindergärten, nicht unterkellert, einfacher Standard | – | **122,00** | – | 0,7% |
| Kindergärten, nicht unterkellert, mittlerer Standard | 81,00 | **110,00** | 126,00 | 1,2% |
| Kindergärten, nicht unterkellert, hoher Standard | 29,00 | **67,00** | 106,00 | 0,5% |
| Kindergärten, Holzbauweise, nicht unterkellert | 79,00 | **118,00** | 151,00 | 1,1% |
| Kindergärten, unterkellert | 85,00 | **93,00** | 105,00 | 1,4% |
| **5 Sportbauten** | | | | |
| Sport- und Mehrzweckhallen | 113,00 | **242,00** | 371,00 | 2,2% |
| Sporthallen (Einfeldhallen) | 106,00 | **137,00** | 167,00 | 1,0% |
| Sporthallen (Dreifeldhallen) | 138,00 | **166,00** | 181,00 | 1,9% |
| Schwimmhallen | – | **–** | – | – |
| **6 Wohngebäude** | | | | |
| **Ein- und Zweifamilienhäuser** | | | | |
| Ein- und Zweifamilienhäuser, unterkellert, einfacher Standard | 118,00 | **139,00** | 151,00 | 8,4% |
| Ein- und Zweifamilienhäuser, unterkellert, mittlerer Standard | 119,00 | **144,00** | 194,00 | 6,6% |
| Ein- und Zweifamilienhäuser, unterkellert, hoher Standard | 124,00 | **181,00** | 241,00 | 7,1% |
| Ein- und Zweifamilienhäuser, nicht unterkellert, einfacher Standard | 94,00 | **107,00** | 121,00 | 5,5% |
| Ein- und Zweifamilienhäuser, nicht unterkellert, mittlerer Standard | 102,00 | **134,00** | 176,00 | 4,2% |
| Ein- und Zweifamilienhäuser, nicht unterkellert, hoher Standard | 146,00 | **187,00** | 255,00 | 4,8% |
| Ein- und Zweifamilienhäuser, Passivhausstandard, Massivbau | 109,00 | **130,00** | 149,00 | 5,1% |
| Ein- und Zweifamilienhäuser, Passivhausstandard, Holzbau | 122,00 | **143,00** | 176,00 | 4,3% |
| Ein- und Zweifamilienhäuser, Holzbauweise, unterkellert | 73,00 | **109,00** | 187,00 | 5,4% |
| Ein- und Zweifamilienhäuser, Holzbauweise, nicht unterkellert | 73,00 | **114,00** | 184,00 | 3,5% |
| Doppel- und Reihenendhäuser, einfacher Standard | 74,00 | **104,00** | 121,00 | 7,0% |
| Doppel- und Reihenendhäuser, mittlerer Standard | 102,00 | **119,00** | 155,00 | 6,0% |
| Doppel- und Reihenendhäuser, hoher Standard | 116,00 | **144,00** | 178,00 | 6,4% |
| Reihenhäuser, einfacher Standard | 48,00 | **102,00** | 156,00 | 5,5% |
| Reihenhäuser, mittlerer Standard | 90,00 | **110,00** | 149,00 | 6,6% |
| Reihenhäuser, hoher Standard | 125,00 | **174,00** | 209,00 | 9,4% |
| **Mehrfamilienhäuser** | | | | |
| Mehrfamilienhäuser, mit bis zu 6 WE, einfacher Standard | 78,00 | **130,00** | 207,00 | 7,7% |
| Mehrfamilienhäuser, mit bis zu 6 WE, mittlerer Standard | 114,00 | **130,00** | 156,00 | 7,0% |
| Mehrfamilienhäuser, mit bis zu 6 WE, hoher Standard | 160,00 | **176,00** | 194,00 | 8,8% |

Einheit: m²
Deckenbelagsfläche

| Gebäudeart | ▷ | €/Einheit | ◁ | KG an 300 |
|---|---|---|---|---|
| **Mehrfamilienhäuser (Fortsetzung)** | | | | |
| Mehrfamilienhäuser, mit 6 bis 19 WE, einfacher Standard | 98,00 | **118,00** | 129,00 | 8,6% |
| Mehrfamilienhäuser, mit 6 bis 19 WE, mittlerer Standard | 104,00 | **121,00** | 161,00 | 8,4% |
| Mehrfamilienhäuser, mit 6 bis 19 WE, hoher Standard | 96,00 | **110,00** | 130,00 | 6,5% |
| Mehrfamilienhäuser, mit 20 oder mehr WE, mittlerer Standard | 72,00 | **88,00** | 113,00 | 5,8% |
| Mehrfamilienhäuser, mit 20 oder mehr WE, hoher Standard | 107,00 | **122,00** | 149,00 | 8,7% |
| Mehrfamilienhäuser, Passivhäuser | 106,00 | **136,00** | 189,00 | 7,7% |
| Wohnhäuser, mit bis zu 15% Mischnutzung, einfacher Standard | 45,00 | **70,00** | 118,00 | 5,0% |
| Wohnhäuser, mit bis zu 15% Mischnutzung, mittlerer Standard | 22,00 | **93,00** | 130,00 | 4,8% |
| Wohnhäuser, mit bis zu 15% Mischnutzung, hoher Standard | – | **133,00** | – | 6,1% |
| Wohnhäuser, mit mehr als 15% Mischnutzung | 50,00 | **109,00** | 203,00 | 5,7% |
| **Seniorenwohnungen** | | | | |
| Seniorenwohnungen, mittlerer Standard | 74,00 | **108,00** | 131,00 | 7,6% |
| Seniorenwohnungen, hoher Standard | 79,00 | **91,00** | 103,00 | 6,8% |
| **Beherbergung** | | | | |
| Wohnheime und Internate | 83,00 | **130,00** | 173,00 | 5,5% |
| **7 Gewerbegebäude** | | | | |
| **Gaststätten und Kantinen** | | | | |
| Gaststätten, Kantinen und Mensen | – | **192,00** | – | 6,8% |
| **Gebäude für Produktion** | | | | |
| Industrielle Produktionsgebäude, Massivbauweise | 103,00 | **105,00** | 110,00 | 3,4% |
| Industrielle Produktionsgebäude, überwiegend Skelettbauweise | 88,00 | **115,00** | 140,00 | 1,7% |
| Betriebs- und Werkstätten, eingeschossig | – | **104,00** | – | 1,9% |
| Betriebs- und Werkstätten, mehrgeschossig, geringer Hallenanteil | 68,00 | **86,00** | 110,00 | 3,3% |
| Betriebs- und Werkstätten, mehrgeschossig, hoher Hallenanteil | 72,00 | **98,00** | 117,00 | 1,5% |
| **Gebäude für Handel und Lager** | | | | |
| Geschäftshäuser, mit Wohnungen | 87,00 | **115,00** | 158,00 | 6,8% |
| Geschäftshäuser, ohne Wohnungen | 126,00 | **139,00** | 151,00 | 9,7% |
| Verbrauchermärkte | – | **–** | – | – |
| Autohäuser | 62,00 | **96,00** | 130,00 | 1,5% |
| Lagergebäude, ohne Mischnutzung | 35,00 | **49,00** | 68,00 | 0,1% |
| Lagergebäude, mit bis zu 25% Mischnutzung | – | **136,00** | – | 0,6% |
| Lagergebäude, mit mehr als 25% Mischnutzung | 113,00 | **118,00** | 123,00 | 1,5% |
| **Garagen und Bereitschaftsdienste** | | | | |
| Einzel-, Mehrfach- und Hochgaragen | 33,00 | **49,00** | 65,00 | 1,2% |
| Tiefgaragen | – | **–** | – | – |
| Feuerwehrhäuser | 95,00 | **99,00** | 103,00 | 1,9% |
| Öffentliche Bereitschaftsdienste | 26,00 | **66,00** | 89,00 | 1,2% |
| **9 Kulturgebäude** | | | | |
| **Gebäude für kulturelle Zwecke** | | | | |
| Bibliotheken, Museen und Ausstellungen | 23,00 | **139,00** | 217,00 | 1,8% |
| Theater | – | **194,00** | – | 2,0% |
| Gemeindezentren, einfacher Standard | 92,00 | **92,00** | 93,00 | 2,2% |
| Gemeindezentren, mittlerer Standard | 50,00 | **87,00** | 113,00 | 2,3% |
| Gemeindezentren, hoher Standard | 166,00 | **184,00** | 218,00 | 2,6% |
| **Gebäude für religiöse Zwecke** | | | | |
| Sakralbauten | – | **–** | – | – |
| Friedhofsgebäude | – | **251,00** | – | 4,6% |

# 354 Deckenbekleidungen

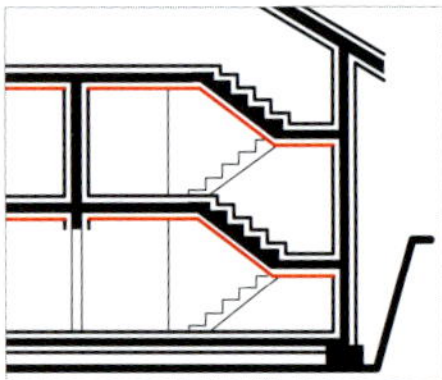

**Kosten:**
Stand 1.Quartal 2020
Bundesdurchschnitt
inkl. 19% MwSt.

Einheit: m²
Deckenbekleidungsfläche

▷ von
ø Mittel
◁ bis

| Gebäudeart | ▷ | €/Einheit | ◁ | KG an 300 |
|---|---|---|---|---|
| **1 Büro- und Verwaltungsgebäude** | | | | |
| Büro- und Verwaltungsgebäude, einfacher Standard | 15,00 | **27,00** | 48,00 | 1,1% |
| Büro- und Verwaltungsgebäude, mittlerer Standard | 47,00 | **67,00** | 105,00 | 2,4% |
| Büro- und Verwaltungsgebäude, hoher Standard | 50,00 | **92,00** | 175,00 | 2,3% |
| **2 Gebäude für Forschung und Lehre** | | | | |
| Instituts- und Laborgebäude | 80,00 | **177,00** | 468,00 | 1,8% |
| **3 Gebäude des Gesundheitswesens** | | | | |
| Medizinische Einrichtungen | 46,00 | **68,00** | 90,00 | 2,7% |
| Pflegeheime | 37,00 | **73,00** | 97,00 | 3,5% |
| **4 Schulen und Kindergärten** | | | | |
| Allgemeinbildende Schulen | 85,00 | **100,00** | 113,00 | 2,1% |
| Berufliche Schulen | 152,00 | **164,00** | 176,00 | 2,0% |
| Förder- und Sonderschulen | 98,00 | **120,00** | 157,00 | 4,0% |
| Weiterbildungseinrichtungen | 33,00 | **47,00** | 66,00 | 1,1% |
| Kindergärten, nicht unterkellert, einfacher Standard | – | **–** | – | – |
| Kindergärten, nicht unterkellert, mittlerer Standard | 51,00 | **65,00** | 72,00 | 0,8% |
| Kindergärten, nicht unterkellert, hoher Standard | 48,00 | **61,00** | 75,00 | 0,5% |
| Kindergärten, Holzbauweise, nicht unterkellert | 55,00 | **111,00** | 150,00 | 0,7% |
| Kindergärten, unterkellert | 29,00 | **75,00** | 164,00 | 0,6% |
| **5 Sportbauten** | | | | |
| Sport- und Mehrzweckhallen | 77,00 | **88,00** | 99,00 | 0,8% |
| Sporthallen (Einfeldhallen) | 26,00 | **42,00** | 65,00 | 0,3% |
| Sporthallen (Dreifeldhallen) | 44,00 | **51,00** | 59,00 | 0,5% |
| Schwimmhallen | – | **–** | – | – |
| **6 Wohngebäude** | | | | |
| **Ein- und Zweifamilienhäuser** | | | | |
| Ein- und Zweifamilienhäuser, unterkellert, einfacher Standard | 10,00 | **18,00** | 30,00 | 1,1% |
| Ein- und Zweifamilienhäuser, unterkellert, mittlerer Standard | 11,00 | **21,00** | 31,00 | 0,9% |
| Ein- und Zweifamilienhäuser, unterkellert, hoher Standard | 22,00 | **51,00** | 78,00 | 1,8% |
| Ein- und Zweifamilienhäuser, nicht unterkellert, einfacher Standard | 24,00 | **32,00** | 39,00 | 2,0% |
| Ein- und Zweifamilienhäuser, nicht unterkellert, mittlerer Standard | 13,00 | **30,00** | 52,00 | 1,1% |
| Ein- und Zweifamilienhäuser, nicht unterkellert, hoher Standard | 18,00 | **38,00** | 80,00 | 0,9% |
| Ein- und Zweifamilienhäuser, Passivhausstandard, Massivbau | 18,00 | **29,00** | 48,00 | 1,1% |
| Ein- und Zweifamilienhäuser, Passivhausstandard, Holzbau | 16,00 | **48,00** | 76,00 | 1,2% |
| Ein- und Zweifamilienhäuser, Holzbauweise, unterkellert | 25,00 | **31,00** | 45,00 | 0,9% |
| Ein- und Zweifamilienhäuser, Holzbauweise, nicht unterkellert | 18,00 | **41,00** | 60,00 | 0,8% |
| Doppel- und Reihenendhäuser, einfacher Standard | 5,20 | **9,40** | 18,00 | 0,6% |
| Doppel- und Reihenendhäuser, mittlerer Standard | 18,00 | **27,00** | 36,00 | 1,3% |
| Doppel- und Reihenendhäuser, hoher Standard | 24,00 | **28,00** | 33,00 | 0,9% |
| Reihenhäuser, einfacher Standard | 4,20 | **24,00** | 44,00 | 2,7% |
| Reihenhäuser, mittlerer Standard | 9,80 | **24,00** | 53,00 | 1,2% |
| Reihenhäuser, hoher Standard | 15,00 | **17,00** | 21,00 | 0,9% |
| **Mehrfamilienhäuser** | | | | |
| Mehrfamilienhäuser, mit bis zu 6 WE, einfacher Standard | 14,00 | **17,00** | 23,00 | 1,0% |
| Mehrfamilienhäuser, mit bis zu 6 WE, mittlerer Standard | 13,00 | **33,00** | 54,00 | 1,7% |
| Mehrfamilienhäuser, mit bis zu 6 WE, hoher Standard | 24,00 | **28,00** | 34,00 | 1,4% |

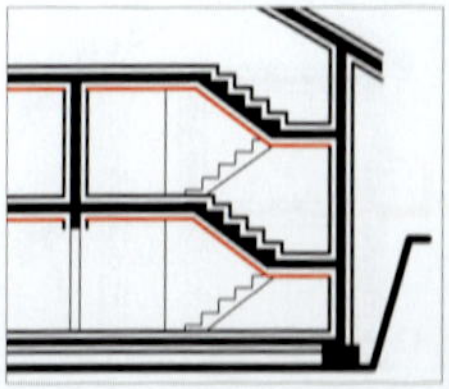

Einheit: m²
Deckenbekleidungsfläche

| Gebäudeart | ▷ | €/Einheit | ◁ | KG an 300 |
|---|---|---|---|---|
| **Mehrfamilienhäuser (Fortsetzung)** | | | | |
| Mehrfamilienhäuser, mit 6 bis 19 WE, einfacher Standard | 13,00 | **18,00** | 28,00 | 1,3% |
| Mehrfamilienhäuser, mit 6 bis 19 WE, mittlerer Standard | 15,00 | **24,00** | 40,00 | 1,7% |
| Mehrfamilienhäuser, mit 6 bis 19 WE, hoher Standard | 21,00 | **25,00** | 30,00 | 1,4% |
| Mehrfamilienhäuser, mit 20 oder mehr WE, mittlerer Standard | 18,00 | **25,00** | 37,00 | 1,6% |
| Mehrfamilienhäuser, mit 20 oder mehr WE, hoher Standard | 7,30 | **13,00** | 16,00 | 1,0% |
| Mehrfamilienhäuser, Passivhäuser | 28,00 | **34,00** | 38,00 | 2,0% |
| Wohnhäuser, mit bis zu 15% Mischnutzung, einfacher Standard | 20,00 | **24,00** | 30,00 | 1,5% |
| Wohnhäuser, mit bis zu 15% Mischnutzung, mittlerer Standard | 16,00 | **27,00** | 46,00 | 1,8% |
| Wohnhäuser, mit bis zu 15% Mischnutzung, hoher Standard | – | **41,00** | – | 2,0% |
| Wohnhäuser, mit mehr als 15% Mischnutzung | 6,10 | **21,00** | 35,00 | 0,6% |
| **Seniorenwohnungen** | | | | |
| Seniorenwohnungen, mittlerer Standard | 11,00 | **17,00** | 19,00 | 1,4% |
| Seniorenwohnungen, hoher Standard | 16,00 | **24,00** | 31,00 | 1,7% |
| **Beherbergung** | | | | |
| Wohnheime und Internate | 24,00 | **58,00** | 124,00 | 1,9% |
| **7 Gewerbegebäude** | | | | |
| **Gaststätten und Kantinen** | | | | |
| Gaststätten, Kantinen und Mensen | – | **74,00** | – | 2,7% |
| **Gebäude für Produktion** | | | | |
| Industrielle Produktionsgebäude, Massivbauweise | 5,20 | **41,00** | 59,00 | 0,7% |
| Industrielle Produktionsgebäude, überwiegend Skelettbauweise | 6,20 | **42,00** | 78,00 | 0,5% |
| Betriebs- und Werkstätten, eingeschossig | – | **27,00** | – | 0,4% |
| Betriebs- und Werkstätten, mehrgeschossig, geringer Hallenanteil | 21,00 | **50,00** | 97,00 | 1,7% |
| Betriebs- und Werkstätten, mehrgeschossig, hoher Hallenanteil | 30,00 | **66,00** | 89,00 | 0,9% |
| **Gebäude für Handel und Lager** | | | | |
| Geschäftshäuser, mit Wohnungen | 47,00 | **54,00** | 67,00 | 3,0% |
| Geschäftshäuser, ohne Wohnungen | 26,00 | **31,00** | 36,00 | 2,1% |
| Verbrauchermärkte | – | **–** | – | – |
| Autohäuser | 64,00 | **80,00** | 96,00 | 0,4% |
| Lagergebäude, ohne Mischnutzung | 9,30 | **10,00** | 11,00 | 0,0% |
| Lagergebäude, mit bis zu 25% Mischnutzung | 41,00 | **75,00** | 93,00 | 0,8% |
| Lagergebäude, mit mehr als 25% Mischnutzung | – | **62,00** | – | 0,7% |
| **Garagen und Bereitschaftsdienste** | | | | |
| Einzel-, Mehrfach- und Hochgaragen | 6,80 | **43,00** | 80,00 | 0,2% |
| Tiefgaragen | – | **–** | – | – |
| Feuerwehrhäuser | 76,00 | **83,00** | 91,00 | 0,9% |
| Öffentliche Bereitschaftsdienste | 4,70 | **36,00** | 56,00 | 0,4% |
| **9 Kulturgebäude** | | | | |
| **Gebäude für kulturelle Zwecke** | | | | |
| Bibliotheken, Museen und Ausstellungen | 33,00 | **62,00** | 122,00 | 0,6% |
| Theater | 148,00 | **155,00** | 162,00 | 2,3% |
| Gemeindezentren, einfacher Standard | 6,80 | **20,00** | 33,00 | 0,1% |
| Gemeindezentren, mittlerer Standard | 30,00 | **72,00** | 138,00 | 1,9% |
| Gemeindezentren, hoher Standard | 17,00 | **52,00** | 69,00 | 0,7% |
| **Gebäude für religiöse Zwecke** | | | | |
| Sakralbauten | – | **–** | – | – |
| Friedhofsgebäude | – | **5,00** | – | 0,1% |

## 355 Elementierte Deckenkonstruktionen

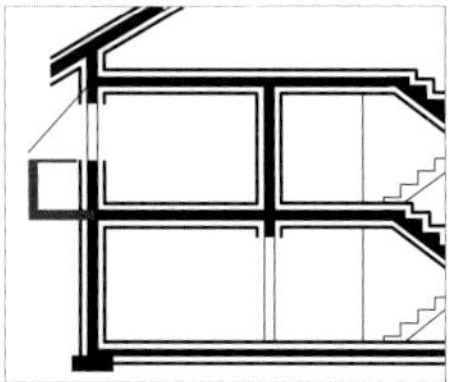

**Kosten:**
Stand 1.Quartal 2020
Bundesdurchschnitt
inkl. 19% MwSt.

Einheit: m$^2$
Deckenfläche,
elementiert

▷ von
ø Mittel
◁ bis

| Gebäudeart | ▷ | €/Einheit | ◁ | KG an 300 |
|---|---|---|---|---|
| **1 Büro- und Verwaltungsgebäude** | | | | |
| Büro- und Verwaltungsgebäude, einfacher Standard | – | **–** | – | – |
| Büro- und Verwaltungsgebäude, mittlerer Standard | 1.481,00 | **2.731,00** | 3.981,00 | 0,1% |
| Büro- und Verwaltungsgebäude, hoher Standard | 559,00 | **1.566,00** | 2.573,00 | 0,2% |
| **2 Gebäude für Forschung und Lehre** | | | | |
| Instituts- und Laborgebäude | 935,00 | **3.296,00** | 7.956,00 | 1,1% |
| **3 Gebäude des Gesundheitswesens** | | | | |
| Medizinische Einrichtungen | – | **–** | – | – |
| Pflegeheime | – | **0,00** | – | 0,4% |
| **4 Schulen und Kindergärten** | | | | |
| Allgemeinbildende Schulen | – | **1.498,00** | – | 0,3% |
| Berufliche Schulen | – | **577,00** | – | 0,0% |
| Förder- und Sonderschulen | – | **2.968,00** | – | 0,1% |
| Weiterbildungseinrichtungen | – | **–** | – | – |
| Kindergärten, nicht unterkellert, einfacher Standard | – | **–** | – | – |
| Kindergärten, nicht unterkellert, mittlerer Standard | – | **–** | – | – |
| Kindergärten, nicht unterkellert, hoher Standard | – | **2.183,00** | – | 0,5% |
| Kindergärten, Holzbauweise, nicht unterkellert | – | **589,00** | – | 0,3% |
| Kindergärten, unterkellert | – | **–** | – | – |
| **5 Sportbauten** | | | | |
| Sport- und Mehrzweckhallen | – | **205,00** | – | 0,1% |
| Sporthallen (Einfeldhallen) | – | **–** | – | – |
| Sporthallen (Dreifeldhallen) | – | **–** | – | – |
| Schwimmhallen | – | **–** | – | – |
| **6 Wohngebäude** | | | | |
| **Ein- und Zweifamilienhäuser** | | | | |
| Ein- und Zweifamilienhäuser, unterkellert, einfacher Standard | – | **744,00** | – | 0,7% |
| Ein- und Zweifamilienhäuser, unterkellert, mittlerer Standard | – | **1.345,00** | – | 0,2% |
| Ein- und Zweifamilienhäuser, unterkellert, hoher Standard | – | **–** | – | – |
| Ein- und Zweifamilienhäuser, nicht unterkellert, einfacher Standard | – | **–** | – | – |
| Ein- und Zweifamilienhäuser, nicht unterkellert, mittlerer Standard | – | **–** | – | – |
| Ein- und Zweifamilienhäuser, nicht unterkellert, hoher Standard | – | **3.895,00** | – | 0,4% |
| Ein- und Zweifamilienhäuser, Passivhausstandard, Massivbau | – | **805,00** | – | 0,4% |
| Ein- und Zweifamilienhäuser, Passivhausstandard, Holzbau | 834,00 | **1.693,00** | 5.431,00 | 1,2% |
| Ein- und Zweifamilienhäuser, Holzbauweise, unterkellert | – | **859,00** | – | 0,0% |
| Ein- und Zweifamilienhäuser, Holzbauweise, nicht unterkellert | 969,00 | **1.005,00** | 1.040,00 | 0,5% |
| Doppel- und Reihenendhäuser, einfacher Standard | – | **601,00** | – | 1,2% |
| Doppel- und Reihenendhäuser, mittlerer Standard | – | **5.018,00** | – | 0,7% |
| Doppel- und Reihenendhäuser, hoher Standard | – | **806,00** | – | 0,4% |
| Reihenhäuser, einfacher Standard | – | **–** | – | – |
| Reihenhäuser, mittlerer Standard | 323,00 | **435,00** | 547,00 | 0,6% |
| Reihenhäuser, hoher Standard | – | **–** | – | – |
| **Mehrfamilienhäuser** | | | | |
| Mehrfamilienhäuser, mit bis zu 6 WE, einfacher Standard | – | **1.241,00** | – | 1,8% |
| Mehrfamilienhäuser, mit bis zu 6 WE, mittlerer Standard | – | **2.053,00** | – | 0,2% |
| Mehrfamilienhäuser, mit bis zu 6 WE, hoher Standard | – | **–** | – | – |

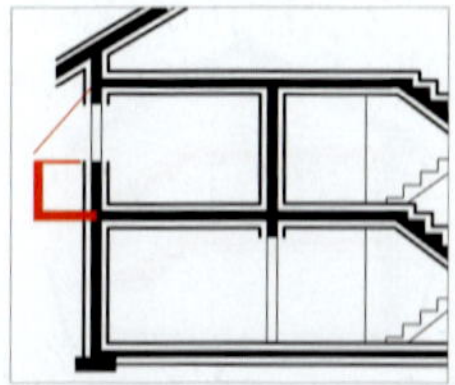

Einheit: m²
Deckenfläche,
elementiert

| Gebäudeart | ▷ | €/Einheit | ◁ | KG an 300 |
|---|---|---|---|---|
| **Mehrfamilienhäuser (Fortsetzung)** | | | | |
| Mehrfamilienhäuser, mit 6 bis 19 WE, einfacher Standard | – | **2.834,00** | – | 0,6% |
| Mehrfamilienhäuser, mit 6 bis 19 WE, mittlerer Standard | 1.217,00 | **1.228,00** | 1.239,00 | 0,7% |
| Mehrfamilienhäuser, mit 6 bis 19 WE, hoher Standard | – | **920,00** | – | 0,3% |
| Mehrfamilienhäuser, mit 20 oder mehr WE, mittlerer Standard | – | **2.227,00** | – | 0,2% |
| Mehrfamilienhäuser, mit 20 oder mehr WE, hoher Standard | – | **1.484,00** | – | 0,2% |
| Mehrfamilienhäuser, Passivhäuser | – | **1.390,00** | – | 0,3% |
| Wohnhäuser, mit bis zu 15% Mischnutzung, einfacher Standard | – | **–** | – | – |
| Wohnhäuser, mit bis zu 15% Mischnutzung, mittlerer Standard | – | **–** | – | – |
| Wohnhäuser, mit bis zu 15% Mischnutzung, hoher Standard | – | **–** | – | – |
| Wohnhäuser, mit mehr als 15% Mischnutzung | – | **593,00** | – | 2,0% |
| **Seniorenwohnungen** | | | | |
| Seniorenwohnungen, mittlerer Standard | – | **1.047,00** | – | 0,4% |
| Seniorenwohnungen, hoher Standard | – | **–** | – | – |
| **Beherbergung** | | | | |
| Wohnheime und Internate | 1.799,00 | **1.870,00** | 1.942,00 | 0,1% |
| **7 Gewerbegebäude** | | | | |
| **Gaststätten und Kantinen** | | | | |
| Gaststätten, Kantinen und Mensen | – | **–** | – | – |
| **Gebäude für Produktion** | | | | |
| Industrielle Produktionsgebäude, Massivbauweise | – | **–** | – | – |
| Industrielle Produktionsgebäude, überwiegend Skelettbauweise | 827,00 | **980,00** | 1.133,00 | 0,1% |
| Betriebs- und Werkstätten, eingeschossig | – | **–** | – | – |
| Betriebs- und Werkstätten, mehrgeschossig, geringer Hallenanteil | 1.185,00 | **1.226,00** | 1.266,00 | 0,3% |
| Betriebs- und Werkstätten, mehrgeschossig, hoher Hallenanteil | 1.266,00 | **1.355,00** | 1.444,00 | 1,0% |
| **Gebäude für Handel und Lager** | | | | |
| Geschäftshäuser, mit Wohnungen | 638,00 | **1.368,00** | 2.097,00 | 0,1% |
| Geschäftshäuser, ohne Wohnungen | – | **–** | – | – |
| Verbrauchermärkte | – | **–** | – | – |
| Autohäuser | – | **–** | – | – |
| Lagergebäude, ohne Mischnutzung | – | **712,00** | – | 0,1% |
| Lagergebäude, mit bis zu 25% Mischnutzung | – | **–** | – | – |
| Lagergebäude, mit mehr als 25% Mischnutzung | – | **–** | – | – |
| **Garagen und Bereitschaftsdienste** | | | | |
| Einzel-, Mehrfach- und Hochgaragen | – | **–** | – | – |
| Tiefgaragen | – | **–** | – | – |
| Feuerwehrhäuser | 651,00 | **1.314,00** | 1.976,00 | 0,5% |
| Öffentliche Bereitschaftsdienste | – | **1.153,00** | – | 0,1% |
| **9 Kulturgebäude** | | | | |
| **Gebäude für kulturelle Zwecke** | | | | |
| Bibliotheken, Museen und Ausstellungen | – | **2.453,00** | – | 0,0% |
| Theater | – | **–** | – | – |
| Gemeindezentren, einfacher Standard | – | **–** | – | – |
| Gemeindezentren, mittlerer Standard | – | **–** | – | – |
| Gemeindezentren, hoher Standard | – | **726,00** | – | 1,0% |
| **Gebäude für religiöse Zwecke** | | | | |
| Sakralbauten | – | **–** | – | – |
| Friedhofsgebäude | – | **–** | – | – |

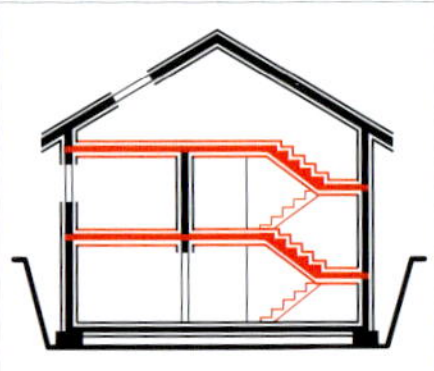

**Kosten:**
Stand 1.Quartal 2020
Bundesdurchschnitt
inkl. 19% MwSt.

Einheit: m²
Deckenfläche/
Fläche der horizontalen
Baukonstruktion

▷ von
ø Mittel
◁ bis

| Gebäudeart | ▷ | €/Einheit | ◁ | KG an 300 |
|---|---|---|---|---|
| **1 Büro- und Verwaltungsgebäude** | | | | |
| Büro- und Verwaltungsgebäude, einfacher Standard | 6,70 | **19,00** | 31,00 | 0,6% |
| Büro- und Verwaltungsgebäude, mittlerer Standard | 15,00 | **36,00** | 111,00 | 1,3% |
| Büro- und Verwaltungsgebäude, hoher Standard | 15,00 | **36,00** | 55,00 | 1,1% |
| **2 Gebäude für Forschung und Lehre** | | | | |
| Instituts- und Laborgebäude | 34,00 | **58,00** | 118,00 | 1,2% |
| **3 Gebäude des Gesundheitswesens** | | | | |
| Medizinische Einrichtungen | 12,00 | **21,00** | 46,00 | 0,8% |
| Pflegeheime | 5,10 | **9,90** | 12,00 | 0,6% |
| **4 Schulen und Kindergärten** | | | | |
| Allgemeinbildende Schulen | 25,00 | **33,00** | 43,00 | 0,9% |
| Berufliche Schulen | 23,00 | **26,00** | 29,00 | 0,5% |
| Förder- und Sonderschulen | 23,00 | **44,00** | 105,00 | 1,6% |
| Weiterbildungseinrichtungen | 16,00 | **66,00** | 163,00 | 2,1% |
| Kindergärten, nicht unterkellert, einfacher Standard | – | **166,00** | – | 0,9% |
| Kindergärten, nicht unterkellert, mittlerer Standard | 20,00 | **50,00** | 95,00 | 0,7% |
| Kindergärten, nicht unterkellert, hoher Standard | 61,00 | **113,00** | 164,00 | 1,1% |
| Kindergärten, Holzbauweise, nicht unterkellert | 47,00 | **50,00** | 52,00 | 0,5% |
| Kindergärten, unterkellert | 47,00 | **123,00** | 200,00 | 0,8% |
| **5 Sportbauten** | | | | |
| Sport- und Mehrzweckhallen | 15,00 | **24,00** | 32,00 | 0,3% |
| Sporthallen (Einfeldhallen) | 72,00 | **127,00** | 182,00 | 1,0% |
| Sporthallen (Dreifeldhallen) | 62,00 | **74,00** | 88,00 | 1,1% |
| Schwimmhallen | – | **–** | – | – |
| **6 Wohngebäude** | | | | |
| **Ein- und Zweifamilienhäuser** | | | | |
| Ein- und Zweifamilienhäuser, unterkellert, einfacher Standard | – | **11,00** | – | 0,3% |
| Ein- und Zweifamilienhäuser, unterkellert, mittlerer Standard | 7,60 | **23,00** | 54,00 | 0,9% |
| Ein- und Zweifamilienhäuser, unterkellert, hoher Standard | 20,00 | **45,00** | 146,00 | 1,3% |
| Ein- und Zweifamilienhäuser, nicht unterkellert, einfacher Standard | – | **7,00** | – | 0,3% |
| Ein- und Zweifamilienhäuser, nicht unterkellert, mittlerer Standard | 12,00 | **26,00** | 59,00 | 0,6% |
| Ein- und Zweifamilienhäuser, nicht unterkellert, hoher Standard | 11,00 | **29,00** | 51,00 | 0,9% |
| Ein- und Zweifamilienhäuser, Passivhausstandard, Massivbau | 10,00 | **23,00** | 29,00 | 0,4% |
| Ein- und Zweifamilienhäuser, Passivhausstandard, Holzbau | 9,10 | **15,00** | 29,00 | 0,3% |
| Ein- und Zweifamilienhäuser, Holzbauweise, unterkellert | 6,50 | **16,00** | 33,00 | 0,5% |
| Ein- und Zweifamilienhäuser, Holzbauweise, nicht unterkellert | 6,30 | **12,00** | 38,00 | 0,5% |
| Doppel- und Reihenendhäuser, einfacher Standard | 6,70 | **19,00** | 42,00 | 1,4% |
| Doppel- und Reihenendhäuser, mittlerer Standard | 15,00 | **32,00** | 64,00 | 1,6% |
| Doppel- und Reihenendhäuser, hoher Standard | 14,00 | **32,00** | 50,00 | 1,8% |
| Reihenhäuser, einfacher Standard | 3,90 | **5,60** | 7,30 | 0,6% |
| Reihenhäuser, mittlerer Standard | 8,20 | **13,00** | 23,00 | 1,0% |
| Reihenhäuser, hoher Standard | 7,30 | **19,00** | 31,00 | 0,8% |
| **Mehrfamilienhäuser** | | | | |
| Mehrfamilienhäuser, mit bis zu 6 WE, einfacher Standard | 13,00 | **30,00** | 62,00 | 2,2% |
| Mehrfamilienhäuser, mit bis zu 6 WE, mittlerer Standard | 5,30 | **35,00** | 43,00 | 2,7% |
| Mehrfamilienhäuser, mit bis zu 6 WE, hoher Standard | 17,00 | **27,00** | 37,00 | 1,1% |

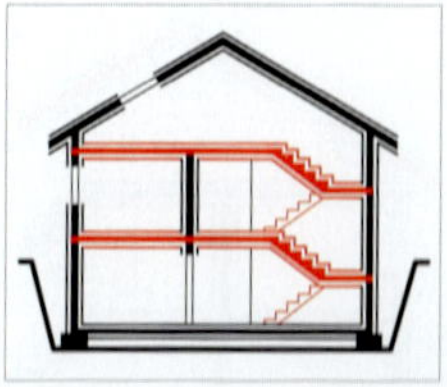

Einheit: m²
Deckenfläche/
Fläche der horizontalen
Baukonstruktion

| Gebäudeart | ▷ | €/Einheit | ◁ | KG an 300 |
|---|---|---|---|---|
| **Mehrfamilienhäuser (Fortsetzung)** | | | | |
| Mehrfamilienhäuser, mit 6 bis 19 WE, einfacher Standard | 18,00 | **32,00** | 40,00 | 2,6% |
| Mehrfamilienhäuser, mit 6 bis 19 WE, mittlerer Standard | 21,00 | **28,00** | 37,00 | 2,3% |
| Mehrfamilienhäuser, mit 6 bis 19 WE, hoher Standard | 16,00 | **25,00** | 35,00 | 2,0% |
| Mehrfamilienhäuser, mit 20 oder mehr WE, mittlerer Standard | 8,20 | **32,00** | 52,00 | 2,4% |
| Mehrfamilienhäuser, mit 20 oder mehr WE, hoher Standard | 23,00 | **41,00** | 52,00 | 3,2% |
| Mehrfamilienhäuser, Passivhäuser | 21,00 | **40,00** | 62,00 | 2,6% |
| Wohnhäuser, mit bis zu 15% Mischnutzung, einfacher Standard | 33,00 | **35,00** | 37,00 | 3,3% |
| Wohnhäuser, mit bis zu 15% Mischnutzung, mittlerer Standard | – | **20,00** | – | 0,5% |
| Wohnhäuser, mit bis zu 15% Mischnutzung, hoher Standard | – | **29,00** | – | 1,6% |
| Wohnhäuser, mit mehr als 15% Mischnutzung | 9,20 | **17,00** | 22,00 | 1,0% |
| **Seniorenwohnungen** | | | | |
| Seniorenwohnungen, mittlerer Standard | 18,00 | **20,00** | 28,00 | 1,8% |
| Seniorenwohnungen, hoher Standard | 38,00 | **38,00** | 39,00 | 3,3% |
| **Beherbergung** | | | | |
| Wohnheime und Internate | 14,00 | **35,00** | 60,00 | 2,1% |
| **7 Gewerbegebäude** | | | | |
| **Gaststätten und Kantinen** | | | | |
| Gaststätten, Kantinen und Mensen | – | **44,00** | – | 1,7% |
| **Gebäude für Produktion** | | | | |
| Industrielle Produktionsgebäude, Massivbauweise | 14,00 | **39,00** | 54,00 | 1,1% |
| Industrielle Produktionsgebäude, überwiegend Skelettbauweise | 13,00 | **15,00** | 19,00 | 0,3% |
| Betriebs- und Werkstätten, eingeschossig | – | **–** | – | – |
| Betriebs- und Werkstätten, mehrgeschossig, geringer Hallenanteil | 13,00 | **29,00** | 52,00 | 1,1% |
| Betriebs- und Werkstätten, mehrgeschossig, hoher Hallenanteil | 23,00 | **55,00** | 116,00 | 0,4% |
| **Gebäude für Handel und Lager** | | | | |
| Geschäftshäuser, mit Wohnungen | 14,00 | **17,00** | 18,00 | 1,4% |
| Geschäftshäuser, ohne Wohnungen | – | **42,00** | – | 1,6% |
| Verbrauchermärkte | – | **–** | – | – |
| Autohäuser | 44,00 | **59,00** | 75,00 | 1,0% |
| Lagergebäude, ohne Mischnutzung | 26,00 | **61,00** | 130,00 | 0,3% |
| Lagergebäude, mit bis zu 25% Mischnutzung | 29,00 | **36,00** | 42,00 | 0,4% |
| Lagergebäude, mit mehr als 25% Mischnutzung | – | **17,00** | – | 0,3% |
| **Garagen und Bereitschaftsdienste** | | | | |
| Einzel-, Mehrfach- und Hochgaragen | – | **16,00** | – | 0,3% |
| Tiefgaragen | – | **–** | – | – |
| Feuerwehrhäuser | 11,00 | **13,00** | 14,00 | 0,3% |
| Öffentliche Bereitschaftsdienste | 20,00 | **49,00** | 66,00 | 1,1% |
| **9 Kulturgebäude** | | | | |
| **Gebäude für kulturelle Zwecke** | | | | |
| Bibliotheken, Museen und Ausstellungen | 2,10 | **5,10** | 8,10 | 0,1% |
| Theater | – | **44,00** | – | 0,6% |
| Gemeindezentren, einfacher Standard | 11,00 | **56,00** | 100,00 | 0,9% |
| Gemeindezentren, mittlerer Standard | 23,00 | **34,00** | 41,00 | 0,7% |
| Gemeindezentren, hoher Standard | 47,00 | **75,00** | 92,00 | 1,5% |
| **Gebäude für religiöse Zwecke** | | | | |
| Sakralbauten | – | **–** | – | – |
| Friedhofsgebäude | – | **–** | – | – |

## 361 Dach-konstruktionen

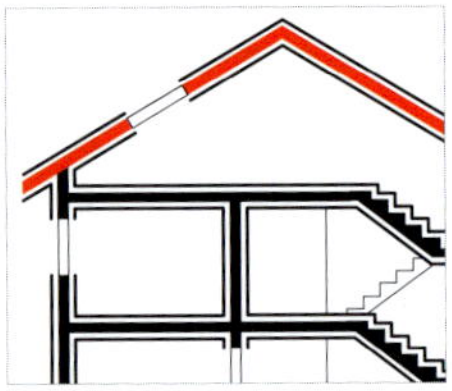

**Kosten:**
Stand 1.Quartal 2020
Bundesdurchschnitt
inkl. 19% MwSt.

Einheit: m²
Dachkonstruktionsfläche

▷ von
ø Mittel
◁ bis

| Gebäudeart | ▷ | €/Einheit | ◁ | KG an 300 |
|---|---|---|---|---|
| **1 Büro- und Verwaltungsgebäude** | | | | |
| Büro- und Verwaltungsgebäude, einfacher Standard | 74,00 | **108,00** | 147,00 | 6,2% |
| Büro- und Verwaltungsgebäude, mittlerer Standard | 116,00 | **150,00** | 201,00 | 4,3% |
| Büro- und Verwaltungsgebäude, hoher Standard | 146,00 | **208,00** | 263,00 | 4,4% |
| **2 Gebäude für Forschung und Lehre** | | | | |
| Instituts- und Laborgebäude | 95,00 | **108,00** | 138,00 | 4,8% |
| **3 Gebäude des Gesundheitswesens** | | | | |
| Medizinische Einrichtungen | 73,00 | **112,00** | 145,00 | 3,6% |
| Pflegeheime | 65,00 | **104,00** | 140,00 | 3,9% |
| **4 Schulen und Kindergärten** | | | | |
| Allgemeinbildende Schulen | 106,00 | **149,00** | 192,00 | 7,1% |
| Berufliche Schulen | 90,00 | **136,00** | 198,00 | 9,2% |
| Förder- und Sonderschulen | 109,00 | **148,00** | 207,00 | 5,1% |
| Weiterbildungseinrichtungen | 132,00 | **196,00** | 311,00 | 7,1% |
| Kindergärten, nicht unterkellert, einfacher Standard | – | **61,00** | – | 5,4% |
| Kindergärten, nicht unterkellert, mittlerer Standard | 82,00 | **123,00** | 162,00 | 8,4% |
| Kindergärten, nicht unterkellert, hoher Standard | 106,00 | **128,00** | 151,00 | 9,1% |
| Kindergärten, Holzbauweise, nicht unterkellert | 132,00 | **177,00** | 234,00 | 7,6% |
| Kindergärten, unterkellert | 79,00 | **115,00** | 137,00 | 6,2% |
| **5 Sportbauten** | | | | |
| Sport- und Mehrzweckhallen | 148,00 | **226,00** | 368,00 | 13,7% |
| Sporthallen (Einfeldhallen) | 134,00 | **202,00** | 309,00 | 14,7% |
| Sporthallen (Dreifeldhallen) | 125,00 | **160,00** | 247,00 | 10,2% |
| Schwimmhallen | – | **–** | – | – |
| **6 Wohngebäude** | | | | |
| **Ein- und Zweifamilienhäuser** | | | | |
| Ein- und Zweifamilienhäuser, unterkellert, einfacher Standard | 61,00 | **67,00** | 79,00 | 4,6% |
| Ein- und Zweifamilienhäuser, unterkellert, mittlerer Standard | 58,00 | **89,00** | 126,00 | 3,9% |
| Ein- und Zweifamilienhäuser, unterkellert, hoher Standard | 64,00 | **109,00** | 179,00 | 3,5% |
| Ein- und Zweifamilienhäuser, nicht unterkellert, einfacher Standard | 37,00 | **49,00** | 61,00 | 3,5% |
| Ein- und Zweifamilienhäuser, nicht unterkellert, mittlerer Standard | 67,00 | **88,00** | 111,00 | 5,9% |
| Ein- und Zweifamilienhäuser, nicht unterkellert, hoher Standard | 105,00 | **143,00** | 192,00 | 6,2% |
| Ein- und Zweifamilienhäuser, Passivhausstandard, Massivbau | 78,00 | **119,00** | 170,00 | 4,4% |
| Ein- und Zweifamilienhäuser, Passivhausstandard, Holzbau | 127,00 | **160,00** | 200,00 | 6,5% |
| Ein- und Zweifamilienhäuser, Holzbauweise, unterkellert | 77,00 | **118,00** | 178,00 | 4,8% |
| Ein- und Zweifamilienhäuser, Holzbauweise, nicht unterkellert | 75,00 | **112,00** | 150,00 | 6,1% |
| Doppel- und Reihenendhäuser, einfacher Standard | 66,00 | **85,00** | 115,00 | 4,7% |
| Doppel- und Reihenendhäuser, mittlerer Standard | 64,00 | **98,00** | 116,00 | 4,7% |
| Doppel- und Reihenendhäuser, hoher Standard | 83,00 | **127,00** | 171,00 | 5,2% |
| Reihenhäuser, einfacher Standard | 34,00 | **75,00** | 115,00 | 4,7% |
| Reihenhäuser, mittlerer Standard | 79,00 | **117,00** | 180,00 | 4,6% |
| Reihenhäuser, hoher Standard | 83,00 | **139,00** | 234,00 | 4,5% |
| **Mehrfamilienhäuser** | | | | |
| Mehrfamilienhäuser, mit bis zu 6 WE, einfacher Standard | 59,00 | **97,00** | 117,00 | 5,7% |
| Mehrfamilienhäuser, mit bis zu 6 WE, mittlerer Standard | 70,00 | **99,00** | 119,00 | 4,1% |
| Mehrfamilienhäuser, mit bis zu 6 WE, hoher Standard | 123,00 | **157,00** | 202,00 | 4,8% |

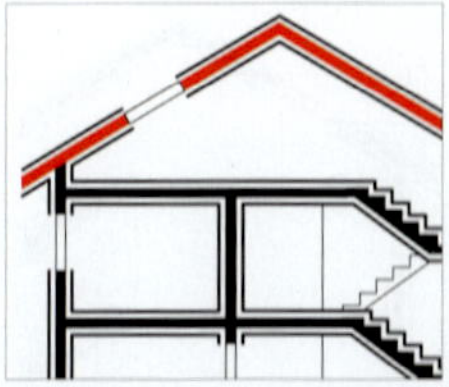

Einheit: m²
Dachkonstruktionsfläche

| Gebäudeart | ▷ | €/Einheit | ◁ | KG an 300 |
|---|---|---|---|---|
| **Mehrfamilienhäuser (Fortsetzung)** | | | | |
| Mehrfamilienhäuser, mit 6 bis 19 WE, einfacher Standard | 85,00 | **107,00** | 119,00 | 4,4% |
| Mehrfamilienhäuser, mit 6 bis 19 WE, mittlerer Standard | 68,00 | **94,00** | 107,00 | 3,7% |
| Mehrfamilienhäuser, mit 6 bis 19 WE, hoher Standard | 115,00 | **136,00** | 167,00 | 4,8% |
| Mehrfamilienhäuser, mit 20 oder mehr WE, mittlerer Standard | 96,00 | **142,00** | 195,00 | 4,6% |
| Mehrfamilienhäuser, mit 20 oder mehr WE, hoher Standard | 89,00 | **103,00** | 117,00 | 2,2% |
| Mehrfamilienhäuser, Passivhäuser | 122,00 | **137,00** | 180,00 | 4,3% |
| Wohnhäuser, mit bis zu 15% Mischnutzung, einfacher Standard | 162,00 | **174,00** | 182,00 | 3,2% |
| Wohnhäuser, mit bis zu 15% Mischnutzung, mittlerer Standard | 26,00 | **89,00** | 151,00 | 2,2% |
| Wohnhäuser, mit bis zu 15% Mischnutzung, hoher Standard | – | **169,00** | – | 1,4% |
| Wohnhäuser, mit mehr als 15% Mischnutzung | 113,00 | **158,00** | 243,00 | 4,7% |
| **Seniorenwohnungen** | | | | |
| Seniorenwohnungen, mittlerer Standard | 64,00 | **103,00** | 160,00 | 3,7% |
| Seniorenwohnungen, hoher Standard | 89,00 | **121,00** | 154,00 | 4,2% |
| **Beherbergung** | | | | |
| Wohnheime und Internate | 83,00 | **129,00** | 179,00 | 3,5% |
| **7 Gewerbegebäude** | | | | |
| **Gaststätten und Kantinen** | | | | |
| Gaststätten, Kantinen und Mensen | – | **225,00** | – | 5,5% |
| **Gebäude für Produktion** | | | | |
| Industrielle Produktionsgebäude, Massivbauweise | 112,00 | **121,00** | 138,00 | 8,3% |
| Industrielle Produktionsgebäude, überwiegend Skelettbauweise | 109,00 | **151,00** | 208,00 | 12,3% |
| Betriebs- und Werkstätten, eingeschossig | 66,00 | **136,00** | 206,00 | 13,0% |
| Betriebs- und Werkstätten, mehrgeschossig, geringer Hallenanteil | 102,00 | **141,00** | 202,00 | 8,8% |
| Betriebs- und Werkstätten, mehrgeschossig, hoher Hallenanteil | 84,00 | **111,00** | 149,00 | 13,4% |
| **Gebäude für Handel und Lager** | | | | |
| Geschäftshäuser, mit Wohnungen | 88,00 | **125,00** | 143,00 | 3,6% |
| Geschäftshäuser, ohne Wohnungen | 62,00 | **94,00** | 126,00 | 2,8% |
| Verbrauchermärkte | 90,00 | **95,00** | 100,00 | 12,8% |
| Autohäuser | 80,00 | **100,00** | 120,00 | 6,2% |
| Lagergebäude, ohne Mischnutzung | 47,00 | **89,00** | 143,00 | 12,0% |
| Lagergebäude, mit bis zu 25% Mischnutzung | 93,00 | **106,00** | 127,00 | 13,1% |
| Lagergebäude, mit mehr als 25% Mischnutzung | 40,00 | **176,00** | 313,00 | 18,3% |
| **Garagen und Bereitschaftsdienste** | | | | |
| Einzel-, Mehrfach- und Hochgaragen | 70,00 | **97,00** | 183,00 | 15,6% |
| Tiefgaragen | – | **163,00** | – | 20,6% |
| Feuerwehrhäuser | 78,00 | **101,00** | 115,00 | 7,5% |
| Öffentliche Bereitschaftsdienste | 81,00 | **125,00** | 166,00 | 9,9% |
| **9 Kulturgebäude** | | | | |
| **Gebäude für kulturelle Zwecke** | | | | |
| Bibliotheken, Museen und Ausstellungen | 143,00 | **187,00** | 260,00 | 6,7% |
| Theater | 395,00 | **446,00** | 497,00 | 10,9% |
| Gemeindezentren, einfacher Standard | 60,00 | **121,00** | 242,00 | 8,4% |
| Gemeindezentren, mittlerer Standard | 76,00 | **110,00** | 133,00 | 6,0% |
| Gemeindezentren, hoher Standard | 123,00 | **180,00** | 282,00 | 8,1% |
| **Gebäude für religiöse Zwecke** | | | | |
| Sakralbauten | – | **–** | – | – |
| Friedhofsgebäude | – | **91,00** | – | 6,2% |

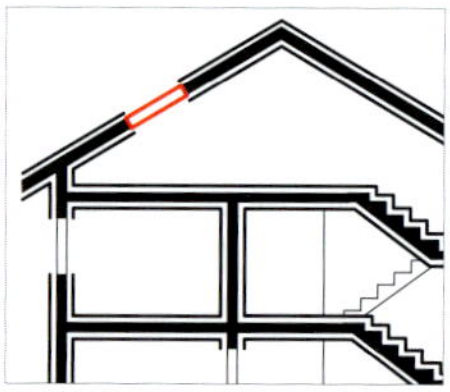

**Kosten:**
Stand 1.Quartal 2020
Bundesdurchschnitt
inkl. 19% MwSt.

Einheit: m²
Dachöffnungsfläche

▷ von
ø Mittel
◁ bis

| Gebäudeart | ▷ | €/Einheit | ◁ | KG an 300 |
|---|---|---|---|---|
| **1 Büro- und Verwaltungsgebäude** | | | | |
| Büro- und Verwaltungsgebäude, einfacher Standard | 1.138,00 | **1.556,00** | 1.974,00 | 2,8% |
| Büro- und Verwaltungsgebäude, mittlerer Standard | 1.309,00 | **2.175,00** | 4.686,00 | 0,7% |
| Büro- und Verwaltungsgebäude, hoher Standard | 1.717,00 | **2.280,00** | 3.660,00 | 0,4% |
| **2 Gebäude für Forschung und Lehre** | | | | |
| Instituts- und Laborgebäude | 1.023,00 | **1.637,00** | 2.815,00 | 0,7% |
| **3 Gebäude des Gesundheitswesens** | | | | |
| Medizinische Einrichtungen | 2.669,00 | **7.491,00** | 14.190,00 | 1,2% |
| Pflegeheime | 366,00 | **1.062,00** | 1.758,00 | 0,2% |
| **4 Schulen und Kindergärten** | | | | |
| Allgemeinbildende Schulen | 1.987,00 | **2.779,00** | 4.923,00 | 0,4% |
| Berufliche Schulen | 628,00 | **1.174,00** | 2.168,00 | 2,6% |
| Förder- und Sonderschulen | 1.410,00 | **2.083,00** | 4.387,00 | 0,9% |
| Weiterbildungseinrichtungen | 692,00 | **1.374,00** | 1.776,00 | 0,1% |
| Kindergärten, nicht unterkellert, einfacher Standard | – | **869,00** | – | 0,4% |
| Kindergärten, nicht unterkellert, mittlerer Standard | 1.301,00 | **1.705,00** | 2.217,00 | 0,8% |
| Kindergärten, nicht unterkellert, hoher Standard | 1.261,00 | **1.969,00** | 2.677,00 | 2,6% |
| Kindergärten, Holzbauweise, nicht unterkellert | 994,00 | **1.529,00** | 2.246,00 | 1,1% |
| Kindergärten, unterkellert | 742,00 | **3.000,00** | 5.259,00 | 0,3% |
| **5 Sportbauten** | | | | |
| Sport- und Mehrzweckhallen | 484,00 | **1.966,00** | 3.448,00 | 1,3% |
| Sporthallen (Einfeldhallen) | 421,00 | **1.002,00** | 1.583,00 | 1,0% |
| Sporthallen (Dreifeldhallen) | 547,00 | **755,00** | 1.258,00 | 4,7% |
| Schwimmhallen | – | **–** | – | – |
| **6 Wohngebäude** | | | | |
| **Ein- und Zweifamilienhäuser** | | | | |
| Ein- und Zweifamilienhäuser, unterkellert, einfacher Standard | 606,00 | **1.026,00** | 1.282,00 | 1,3% |
| Ein- und Zweifamilienhäuser, unterkellert, mittlerer Standard | 861,00 | **1.401,00** | 2.216,00 | 1,3% |
| Ein- und Zweifamilienhäuser, unterkellert, hoher Standard | 824,00 | **1.275,00** | 2.216,00 | 0,5% |
| Ein- und Zweifamilienhäuser, nicht unterkellert, einfacher Standard | – | **808,00** | – | 0,1% |
| Ein- und Zweifamilienhäuser, nicht unterkellert, mittlerer Standard | 899,00 | **1.316,00** | 2.147,00 | 0,9% |
| Ein- und Zweifamilienhäuser, nicht unterkellert, hoher Standard | 534,00 | **1.104,00** | 1.529,00 | 0,7% |
| Ein- und Zweifamilienhäuser, Passivhausstandard, Massivbau | 1.450,00 | **1.591,00** | 1.732,00 | 0,2% |
| Ein- und Zweifamilienhäuser, Passivhausstandard, Holzbau | – | **3.020,00** | – | 0,2% |
| Ein- und Zweifamilienhäuser, Holzbauweise, unterkellert | 824,00 | **1.204,00** | 1.965,00 | 0,4% |
| Ein- und Zweifamilienhäuser, Holzbauweise, nicht unterkellert | 958,00 | **1.213,00** | 2.002,00 | 2,2% |
| Doppel- und Reihenendhäuser, einfacher Standard | – | **167,00** | – | 0,3% |
| Doppel- und Reihenendhäuser, mittlerer Standard | 428,00 | **938,00** | 1.176,00 | 1,1% |
| Doppel- und Reihenendhäuser, hoher Standard | 845,00 | **1.248,00** | 1.656,00 | 1,1% |
| Reihenhäuser, einfacher Standard | – | **584,00** | – | 0,0% |
| Reihenhäuser, mittlerer Standard | 523,00 | **1.124,00** | 1.725,00 | 0,5% |
| Reihenhäuser, hoher Standard | 817,00 | **966,00** | 1.116,00 | 1,2% |
| **Mehrfamilienhäuser** | | | | |
| Mehrfamilienhäuser, mit bis zu 6 WE, einfacher Standard | 593,00 | **652,00** | 711,00 | 0,8% |
| Mehrfamilienhäuser, mit bis zu 6 WE, mittlerer Standard | 673,00 | **1.067,00** | 1.290,00 | 1,6% |
| Mehrfamilienhäuser, mit bis zu 6 WE, hoher Standard | 380,00 | **1.656,00** | 2.237,00 | 0,6% |

| Gebäudeart | ▷ | €/Einheit | ◁ | KG an 300 |
|---|---|---|---|---|
| **Mehrfamilienhäuser (Fortsetzung)** | | | | |
| Mehrfamilienhäuser, mit 6 bis 19 WE, einfacher Standard | 646,00 | **844,00** | 1.042,00 | 1,0% |
| Mehrfamilienhäuser, mit 6 bis 19 WE, mittlerer Standard | 882,00 | **2.614,00** | 6.626,00 | 0,9% |
| Mehrfamilienhäuser, mit 6 bis 19 WE, hoher Standard | 309,00 | **910,00** | 1.528,00 | 0,6% |
| Mehrfamilienhäuser, mit 20 oder mehr WE, mittlerer Standard | 1.122,00 | **1.741,00** | 2.321,00 | 0,4% |
| Mehrfamilienhäuser, mit 20 oder mehr WE, hoher Standard | – | **1.001,00** | – | 0,1% |
| Mehrfamilienhäuser, Passivhäuser | 1.890,00 | **2.931,00** | 3.972,00 | 0,1% |
| Wohnhäuser, mit bis zu 15% Mischnutzung, einfacher Standard | 778,00 | **1.063,00** | 1.347,00 | 0,2% |
| Wohnhäuser, mit bis zu 15% Mischnutzung, mittlerer Standard | – | **4.255,00** | – | 0,2% |
| Wohnhäuser, mit bis zu 15% Mischnutzung, hoher Standard | – | **1.421,00** | – | 1,0% |
| Wohnhäuser, mit mehr als 15% Mischnutzung | 814,00 | **1.367,00** | 1.660,00 | 2,4% |
| **Seniorenwohnungen** | | | | |
| Seniorenwohnungen, mittlerer Standard | 732,00 | **815,00** | 903,00 | 0,6% |
| Seniorenwohnungen, hoher Standard | 725,00 | **1.185,00** | 1.645,00 | 0,3% |
| **Beherbergung** | | | | |
| Wohnheime und Internate | 1.186,00 | **1.733,00** | 2.763,00 | 0,7% |
| **7 Gewerbegebäude** | | | | |
| **Gaststätten und Kantinen** | | | | |
| Gaststätten, Kantinen und Mensen | – | **3.309,00** | – | 2,3% |
| **Gebäude für Produktion** | | | | |
| Industrielle Produktionsgebäude, Massivbauweise | 216,00 | **467,00** | 593,00 | 1,7% |
| Industrielle Produktionsgebäude, überwiegend Skelettbauweise | 448,00 | **768,00** | 1.085,00 | 1,6% |
| Betriebs- und Werkstätten, eingeschossig | 419,00 | **903,00** | 1.386,00 | 3,5% |
| Betriebs- und Werkstätten, mehrgeschossig, geringer Hallenanteil | 472,00 | **775,00** | 1.308,00 | 1,3% |
| Betriebs- und Werkstätten, mehrgeschossig, hoher Hallenanteil | 292,00 | **476,00** | 831,00 | 2,0% |
| **Gebäude für Handel und Lager** | | | | |
| Geschäftshäuser, mit Wohnungen | 529,00 | **851,00** | 1.172,00 | 0,7% |
| Geschäftshäuser, ohne Wohnungen | – | **1.540,00** | – | 0,1% |
| Verbrauchermärkte | – | **0,00** | – | 0,1% |
| Autohäuser | 1.305,00 | **1.591,00** | 1.877,00 | 1,0% |
| Lagergebäude, ohne Mischnutzung | 360,00 | **503,00** | 788,00 | 1,6% |
| Lagergebäude, mit bis zu 25% Mischnutzung | 233,00 | **399,00** | 718,00 | 2,4% |
| Lagergebäude, mit mehr als 25% Mischnutzung | 1.104,00 | **1.411,00** | 1.718,00 | 6,9% |
| **Garagen und Bereitschaftsdienste** | | | | |
| Einzel-, Mehrfach- und Hochgaragen | – | **–** | – | – |
| Tiefgaragen | – | **–** | – | – |
| Feuerwehrhäuser | 704,00 | **1.255,00** | 2.088,00 | 2,5% |
| Öffentliche Bereitschaftsdienste | 522,00 | **4.844,00** | 9.166,00 | 1,0% |
| **9 Kulturgebäude** | | | | |
| **Gebäude für kulturelle Zwecke** | | | | |
| Bibliotheken, Museen und Ausstellungen | 912,00 | **3.518,00** | 6.123,00 | 0,5% |
| Theater | – | **1.441,00** | – | 0,0% |
| Gemeindezentren, einfacher Standard | 1.122,00 | **1.164,00** | 1.247,00 | 1,7% |
| Gemeindezentren, mittlerer Standard | 1.447,00 | **1.866,00** | 2.284,00 | 0,2% |
| Gemeindezentren, hoher Standard | 1.752,00 | **2.314,00** | 2.876,00 | 1,5% |
| **Gebäude für religiöse Zwecke** | | | | |
| Sakralbauten | – | **–** | – | – |
| Friedhofsgebäude | – | **–** | – | – |

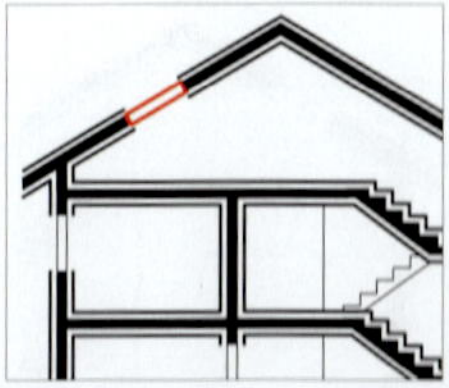

Einheit: m²
Dachöffnungsfläche

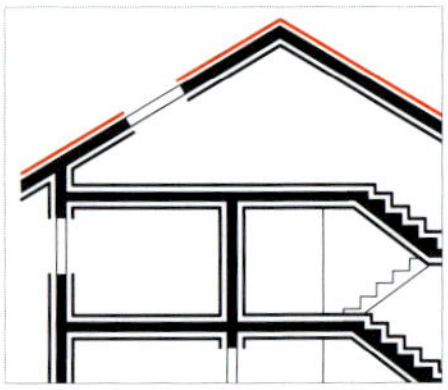

**Kosten:**
Stand 1.Quartal 2020
Bundesdurchschnitt
inkl. 19% MwSt.

Einheit: m²
Dachbelagsfläche

▷ von
ø Mittel
◁ bis

| Gebäudeart | ▷ | €/Einheit | ◁ | KG an 300 |
|---|---|---|---|---|
| **1 Büro- und Verwaltungsgebäude** | | | | |
| Büro- und Verwaltungsgebäude, einfacher Standard | 97,00 | **145,00** | 256,00 | 7,5% |
| Büro- und Verwaltungsgebäude, mittlerer Standard | 139,00 | **186,00** | 293,00 | 5,3% |
| Büro- und Verwaltungsgebäude, hoher Standard | 144,00 | **287,00** | 428,00 | 5,2% |
| **2 Gebäude für Forschung und Lehre** | | | | |
| Instituts- und Laborgebäude | 137,00 | **161,00** | 186,00 | 6,9% |
| **3 Gebäude des Gesundheitswesens** | | | | |
| Medizinische Einrichtungen | 110,00 | **174,00** | 240,00 | 5,6% |
| Pflegeheime | 84,00 | **118,00** | 148,00 | 4,8% |
| **4 Schulen und Kindergärten** | | | | |
| Allgemeinbildende Schulen | 107,00 | **151,00** | 181,00 | 6,9% |
| Berufliche Schulen | 127,00 | **179,00** | 333,00 | 10,2% |
| Förder- und Sonderschulen | 135,00 | **157,00** | 185,00 | 5,8% |
| Weiterbildungseinrichtungen | 161,00 | **173,00** | 182,00 | 5,6% |
| Kindergärten, nicht unterkellert, einfacher Standard | – | **83,00** | – | 7,4% |
| Kindergärten, nicht unterkellert, mittlerer Standard | 107,00 | **128,00** | 142,00 | 8,9% |
| Kindergärten, nicht unterkellert, hoher Standard | 91,00 | **109,00** | 127,00 | 8,0% |
| Kindergärten, Holzbauweise, nicht unterkellert | 92,00 | **127,00** | 174,00 | 8,2% |
| Kindergärten, unterkellert | 126,00 | **190,00** | 302,00 | 9,4% |
| **5 Sportbauten** | | | | |
| Sport- und Mehrzweckhallen | 120,00 | **222,00** | 427,00 | 12,3% |
| Sporthallen (Einfeldhallen) | 110,00 | **132,00** | 145,00 | 9,5% |
| Sporthallen (Dreifeldhallen) | 97,00 | **135,00** | 173,00 | 9,2% |
| Schwimmhallen | – | – | – | – |
| **6 Wohngebäude** | | | | |
| **Ein- und Zweifamilienhäuser** | | | | |
| Ein- und Zweifamilienhäuser, unterkellert, einfacher Standard | 92,00 | **122,00** | 167,00 | 8,4% |
| Ein- und Zweifamilienhäuser, unterkellert, mittlerer Standard | 128,00 | **161,00** | 321,00 | 6,6% |
| Ein- und Zweifamilienhäuser, unterkellert, hoher Standard | 108,00 | **167,00** | 211,00 | 5,7% |
| Ein- und Zweifamilienhäuser, nicht unterkellert, einfacher Standard | 85,00 | **98,00** | 110,00 | 6,7% |
| Ein- und Zweifamilienhäuser, nicht unterkellert, mittlerer Standard | 96,00 | **130,00** | 193,00 | 8,3% |
| Ein- und Zweifamilienhäuser, nicht unterkellert, hoher Standard | 146,00 | **218,00** | 278,00 | 9,3% |
| Ein- und Zweifamilienhäuser, Passivhausstandard, Massivbau | 113,00 | **153,00** | 202,00 | 6,4% |
| Ein- und Zweifamilienhäuser, Passivhausstandard, Holzbau | 108,00 | **138,00** | 178,00 | 5,7% |
| Ein- und Zweifamilienhäuser, Holzbauweise, unterkellert | 72,00 | **123,00** | 169,00 | 5,1% |
| Ein- und Zweifamilienhäuser, Holzbauweise, nicht unterkellert | 91,00 | **172,00** | 303,00 | 8,5% |
| Doppel- und Reihenendhäuser, einfacher Standard | 61,00 | **104,00** | 130,00 | 5,7% |
| Doppel- und Reihenendhäuser, mittlerer Standard | 84,00 | **98,00** | 120,00 | 5,2% |
| Doppel- und Reihenendhäuser, hoher Standard | 129,00 | **152,00** | 193,00 | 6,8% |
| Reihenhäuser, einfacher Standard | 78,00 | **91,00** | 103,00 | 5,9% |
| Reihenhäuser, mittlerer Standard | 75,00 | **115,00** | 140,00 | 5,1% |
| Reihenhäuser, hoher Standard | 130,00 | **178,00** | 273,00 | 6,1% |
| **Mehrfamilienhäuser** | | | | |
| Mehrfamilienhäuser, mit bis zu 6 WE, einfacher Standard | 69,00 | **91,00** | 132,00 | 5,6% |
| Mehrfamilienhäuser, mit bis zu 6 WE, mittlerer Standard | 98,00 | **166,00** | 221,00 | 6,7% |
| Mehrfamilienhäuser, mit bis zu 6 WE, hoher Standard | 155,00 | **250,00** | 307,00 | 8,1% |

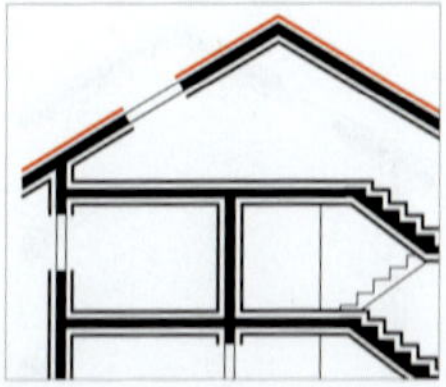

Einheit: m²
Dachbelagsfläche

| Gebäudeart | ▷ | €/Einheit | ◁ | KG an 300 |
|---|---|---|---|---|
| **Mehrfamilienhäuser (Fortsetzung)** | | | | |
| Mehrfamilienhäuser, mit 6 bis 19 WE, einfacher Standard | 105,00 | **145,00** | 211,00 | 5,0% |
| Mehrfamilienhäuser, mit 6 bis 19 WE, mittlerer Standard | 103,00 | **131,00** | 193,00 | 4,8% |
| Mehrfamilienhäuser, mit 6 bis 19 WE, hoher Standard | 142,00 | **179,00** | 205,00 | 5,9% |
| Mehrfamilienhäuser, mit 20 oder mehr WE, mittlerer Standard | 115,00 | **130,00** | 157,00 | 4,3% |
| Mehrfamilienhäuser, mit 20 oder mehr WE, hoher Standard | 223,00 | **257,00** | 290,00 | 5,4% |
| Mehrfamilienhäuser, Passivhäuser | 144,00 | **184,00** | 219,00 | 5,8% |
| Wohnhäuser, mit bis zu 15% Mischnutzung, einfacher Standard | 186,00 | **201,00** | 225,00 | 3,7% |
| Wohnhäuser, mit bis zu 15% Mischnutzung, mittlerer Standard | 76,00 | **196,00** | 317,00 | 5,1% |
| Wohnhäuser, mit bis zu 15% Mischnutzung, hoher Standard | – | **349,00** | – | 3,0% |
| Wohnhäuser, mit mehr als 15% Mischnutzung | 82,00 | **172,00** | 230,00 | 4,3% |
| **Seniorenwohnungen** | | | | |
| Seniorenwohnungen, mittlerer Standard | 113,00 | **169,00** | 256,00 | 6,0% |
| Seniorenwohnungen, hoher Standard | 176,00 | **177,00** | 178,00 | 6,5% |
| **Beherbergung** | | | | |
| Wohnheime und Internate | 93,00 | **192,00** | 249,00 | 5,2% |
| **7 Gewerbegebäude** | | | | |
| **Gaststätten und Kantinen** | | | | |
| Gaststätten, Kantinen und Mensen | – | **153,00** | – | 4,1% |
| **Gebäude für Produktion** | | | | |
| Industrielle Produktionsgebäude, Massivbauweise | 114,00 | **128,00** | 138,00 | 8,8% |
| Industrielle Produktionsgebäude, überwiegend Skelettbauweise | 88,00 | **102,00** | 158,00 | 8,5% |
| Betriebs- und Werkstätten, eingeschossig | – | **121,00** | – | 3,9% |
| Betriebs- und Werkstätten, mehrgeschossig, geringer Hallenanteil | 70,00 | **114,00** | 143,00 | 6,7% |
| Betriebs- und Werkstätten, mehrgeschossig, hoher Hallenanteil | 67,00 | **98,00** | 129,00 | 11,1% |
| **Gebäude für Handel und Lager** | | | | |
| Geschäftshäuser, mit Wohnungen | 87,00 | **139,00** | 173,00 | 3,7% |
| Geschäftshäuser, ohne Wohnungen | 157,00 | **181,00** | 204,00 | 5,6% |
| Verbrauchermärkte | 71,00 | **77,00** | 82,00 | 10,4% |
| Autohäuser | 111,00 | **124,00** | 137,00 | 7,1% |
| Lagergebäude, ohne Mischnutzung | 51,00 | **83,00** | 118,00 | 11,9% |
| Lagergebäude, mit bis zu 25% Mischnutzung | 87,00 | **102,00** | 130,00 | 11,6% |
| Lagergebäude, mit mehr als 25% Mischnutzung | 103,00 | **107,00** | 111,00 | 10,1% |
| **Garagen und Bereitschaftsdienste** | | | | |
| Einzel-, Mehrfach- und Hochgaragen | 68,00 | **109,00** | 228,00 | 14,1% |
| Tiefgaragen | – | **113,00** | – | 14,3% |
| Feuerwehrhäuser | 108,00 | **129,00** | 142,00 | 9,6% |
| Öffentliche Bereitschaftsdienste | 63,00 | **107,00** | 225,00 | 7,0% |
| **9 Kulturgebäude** | | | | |
| **Gebäude für kulturelle Zwecke** | | | | |
| Bibliotheken, Museen und Ausstellungen | 165,00 | **264,00** | 630,00 | 7,9% |
| Theater | 186,00 | **224,00** | 263,00 | 6,0% |
| Gemeindezentren, einfacher Standard | 86,00 | **105,00** | 137,00 | 7,3% |
| Gemeindezentren, mittlerer Standard | 98,00 | **140,00** | 171,00 | 7,5% |
| Gemeindezentren, hoher Standard | 132,00 | **163,00** | 213,00 | 7,3% |
| **Gebäude für religiöse Zwecke** | | | | |
| Sakralbauten | – | **–** | – | – |
| Friedhofsgebäude | – | **215,00** | – | 14,5% |

## 364
## Dachbekleidungen

**Kosten:**
Stand 1.Quartal 2020
Bundesdurchschnitt
inkl. 19% MwSt.

Einheit: m2
Dachbekleidungsfläche

▷ von
ø Mittel
◁ bis

| Gebäudeart | ▷ | €/Einheit | ◁ | KG an 300 |
|---|---|---|---|---|
| **1 Büro- und Verwaltungsgebäude** | | | | |
| Büro- und Verwaltungsgebäude, einfacher Standard | 66,00 | **79,00** | 94,00 | 4,0% |
| Büro- und Verwaltungsgebäude, mittlerer Standard | 17,00 | **45,00** | 83,00 | 1,1% |
| Büro- und Verwaltungsgebäude, hoher Standard | 77,00 | **117,00** | 177,00 | 1,8% |
| **2 Gebäude für Forschung und Lehre** | | | | |
| Instituts- und Laborgebäude | 21,00 | **45,00** | 63,00 | 1,4% |
| **3 Gebäude des Gesundheitswesens** | | | | |
| Medizinische Einrichtungen | 37,00 | **69,00** | 85,00 | 1,9% |
| Pflegeheime | 25,00 | **56,00** | 98,00 | 3,2% |
| **4 Schulen und Kindergärten** | | | | |
| Allgemeinbildende Schulen | 42,00 | **80,00** | 104,00 | 3,0% |
| Berufliche Schulen | 41,00 | **124,00** | 187,00 | 3,7% |
| Förder- und Sonderschulen | 70,00 | **112,00** | 153,00 | 3,4% |
| Weiterbildungseinrichtungen | 25,00 | **50,00** | 90,00 | 0,6% |
| Kindergärten, nicht unterkellert, einfacher Standard | – | **80,00** | – | 6,7% |
| Kindergärten, nicht unterkellert, mittlerer Standard | 62,00 | **81,00** | 102,00 | 4,6% |
| Kindergärten, nicht unterkellert, hoher Standard | 82,00 | **114,00** | 146,00 | 6,9% |
| Kindergärten, Holzbauweise, nicht unterkellert | 26,00 | **66,00** | 101,00 | 2,3% |
| Kindergärten, unterkellert | 87,00 | **92,00** | 95,00 | 4,5% |
| **5 Sportbauten** | | | | |
| Sport- und Mehrzweckhallen | 5,90 | **55,00** | 80,00 | 4,2% |
| Sporthallen (Einfeldhallen) | 14,00 | **47,00** | 69,00 | 2,4% |
| Sporthallen (Dreifeldhallen) | 74,00 | **172,00** | 222,00 | 3,1% |
| Schwimmhallen | – | **–** | – | – |
| **6 Wohngebäude** | | | | |
| **Ein- und Zweifamilienhäuser** | | | | |
| Ein- und Zweifamilienhäuser, unterkellert, einfacher Standard | 28,00 | **50,00** | 91,00 | 2,7% |
| Ein- und Zweifamilienhäuser, unterkellert, mittlerer Standard | 33,00 | **62,00** | 101,00 | 2,0% |
| Ein- und Zweifamilienhäuser, unterkellert, hoher Standard | 34,00 | **74,00** | 129,00 | 2,0% |
| Ein- und Zweifamilienhäuser, nicht unterkellert, einfacher Standard | – | **48,00** | – | 0,4% |
| Ein- und Zweifamilienhäuser, nicht unterkellert, mittlerer Standard | 24,00 | **58,00** | 80,00 | 3,2% |
| Ein- und Zweifamilienhäuser, nicht unterkellert, hoher Standard | 9,60 | **54,00** | 79,00 | 2,5% |
| Ein- und Zweifamilienhäuser, Passivhausstandard, Massivbau | 46,00 | **79,00** | 141,00 | 2,3% |
| Ein- und Zweifamilienhäuser, Passivhausstandard, Holzbau | 40,00 | **66,00** | 120,00 | 1,7% |
| Ein- und Zweifamilienhäuser, Holzbauweise, unterkellert | 25,00 | **60,00** | 105,00 | 2,1% |
| Ein- und Zweifamilienhäuser, Holzbauweise, nicht unterkellert | 24,00 | **53,00** | 85,00 | 1,9% |
| Doppel- und Reihenendhäuser, einfacher Standard | 27,00 | **46,00** | 65,00 | 1,2% |
| Doppel- und Reihenendhäuser, mittlerer Standard | 34,00 | **57,00** | 70,00 | 2,0% |
| Doppel- und Reihenendhäuser, hoher Standard | 36,00 | **53,00** | 64,00 | 1,5% |
| Reihenhäuser, einfacher Standard | – | **113,00** | – | 0,1% |
| Reihenhäuser, mittlerer Standard | 59,00 | **64,00** | 76,00 | 2,1% |
| Reihenhäuser, hoher Standard | 7,50 | **88,00** | 138,00 | 2,8% |
| **Mehrfamilienhäuser** | | | | |
| Mehrfamilienhäuser, mit bis zu 6 WE, einfacher Standard | 61,00 | **81,00** | 102,00 | 2,0% |
| Mehrfamilienhäuser, mit bis zu 6 WE, mittlerer Standard | 50,00 | **65,00** | 87,00 | 2,3% |
| Mehrfamilienhäuser, mit bis zu 6 WE, hoher Standard | 40,00 | **62,00** | 104,00 | 1,6% |


 Erläuterungen zu den Tabellen siehe Seite 46

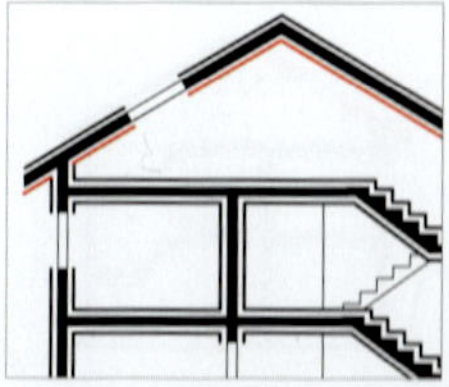

Einheit: m² Dachbekleidungsfläche

| Gebäudeart | ▷ | €/Einheit | ◁ | KG an 300 |
|---|---|---|---|---|
| **Mehrfamilienhäuser (Fortsetzung)** | | | | |
| Mehrfamilienhäuser, mit 6 bis 19 WE, einfacher Standard | 31,00 | **66,00** | 85,00 | 1,8% |
| Mehrfamilienhäuser, mit 6 bis 19 WE, mittlerer Standard | 39,00 | **63,00** | 153,00 | 2,1% |
| Mehrfamilienhäuser, mit 6 bis 19 WE, hoher Standard | 19,00 | **35,00** | 60,00 | 0,9% |
| Mehrfamilienhäuser, mit 20 oder mehr WE, mittlerer Standard | 12,00 | **24,00** | 39,00 | 0,4% |
| Mehrfamilienhäuser, mit 20 oder mehr WE, hoher Standard | 18,00 | **21,00** | 23,00 | 0,4% |
| Mehrfamilienhäuser, Passivhäuser | 21,00 | **39,00** | 64,00 | 1,0% |
| Wohnhäuser, mit bis zu 15% Mischnutzung, einfacher Standard | 16,00 | **24,00** | 28,00 | 0,4% |
| Wohnhäuser, mit bis zu 15% Mischnutzung, mittlerer Standard | – | **49,00** | – | 0,2% |
| Wohnhäuser, mit bis zu 15% Mischnutzung, hoher Standard | – | **71,00** | – | 0,5% |
| Wohnhäuser, mit mehr als 15% Mischnutzung | 46,00 | **50,00** | 53,00 | 1,0% |
| **Seniorenwohnungen** | | | | |
| Seniorenwohnungen, mittlerer Standard | 11,00 | **27,00** | 38,00 | 0,8% |
| Seniorenwohnungen, hoher Standard | 27,00 | **48,00** | 68,00 | 1,5% |
| **Beherbergung** | | | | |
| Wohnheime und Internate | 19,00 | **54,00** | 94,00 | 1,5% |
| **7 Gewerbegebäude** | | | | |
| **Gaststätten und Kantinen** | | | | |
| Gaststätten, Kantinen und Mensen | – | **229,00** | – | 6,3% |
| **Gebäude für Produktion** | | | | |
| Industrielle Produktionsgebäude, Massivbauweise | 23,00 | **39,00** | 71,00 | 0,5% |
| Industrielle Produktionsgebäude, überwiegend Skelettbauweise | 6,00 | **53,00** | 100,00 | 0,8% |
| Betriebs- und Werkstätten, eingeschossig | 53,00 | **74,00** | 95,00 | 1,7% |
| Betriebs- und Werkstätten, mehrgeschossig, geringer Hallenanteil | 50,00 | **73,00** | 130,00 | 1,1% |
| Betriebs- und Werkstätten, mehrgeschossig, hoher Hallenanteil | 39,00 | **55,00** | 82,00 | 1,5% |
| **Gebäude für Handel und Lager** | | | | |
| Geschäftshäuser, mit Wohnungen | 16,00 | **32,00** | 59,00 | 0,8% |
| Geschäftshäuser, ohne Wohnungen | 28,00 | **36,00** | 44,00 | 0,7% |
| Verbrauchermärkte | 33,00 | **35,00** | 37,00 | 3,5% |
| Autohäuser | – | **13,00** | – | 0,5% |
| Lagergebäude, ohne Mischnutzung | 7,80 | **21,00** | 48,00 | 1,3% |
| Lagergebäude, mit bis zu 25% Mischnutzung | 6,30 | **18,00** | 29,00 | 0,4% |
| Lagergebäude, mit mehr als 25% Mischnutzung | – | **156,00** | – | 0,0% |
| **Garagen und Bereitschaftsdienste** | | | | |
| Einzel-, Mehrfach- und Hochgaragen | – | **6,70** | – | 0,1% |
| Tiefgaragen | – | **–** | – | – |
| Feuerwehrhäuser | 22,00 | **41,00** | 78,00 | 0,9% |
| Öffentliche Bereitschaftsdienste | 42,00 | **45,00** | 51,00 | 1,1% |
| **9 Kulturgebäude** | | | | |
| **Gebäude für kulturelle Zwecke** | | | | |
| Bibliotheken, Museen und Ausstellungen | 72,00 | **139,00** | 245,00 | 4,2% |
| Theater | 143,00 | **164,00** | 186,00 | 2,2% |
| Gemeindezentren, einfacher Standard | 80,00 | **91,00** | 113,00 | 5,4% |
| Gemeindezentren, mittlerer Standard | 60,00 | **90,00** | 110,00 | 4,1% |
| Gemeindezentren, hoher Standard | 62,00 | **99,00** | 156,00 | 4,7% |
| **Gebäude für religiöse Zwecke** | | | | |
| Sakralbauten | – | **–** | – | – |
| Friedhofsgebäude | – | **43,00** | – | 2,3% |

# 365 Elementierte Dachkonstruktionen

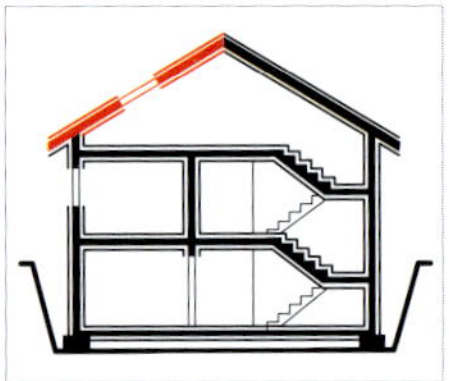

**Kosten:**
Stand 1.Quartal 2020
Bundesdurchschnitt
inkl. 19% MwSt.

Einheit: m²
Dachfläche, elementiert

▷ von
ø Mittel
◁ bis

| Gebäudeart | ▷ | €/Einheit | ◁ | KG an 300 |
|---|---|---|---|---|
| **1 Büro- und Verwaltungsgebäude** | | | | |
| Büro- und Verwaltungsgebäude, einfacher Standard | – | **–** | – | – |
| Büro- und Verwaltungsgebäude, mittlerer Standard | – | **–** | – | – |
| Büro- und Verwaltungsgebäude, hoher Standard | – | **1.140,00** | – | 0,1% |
| **2 Gebäude für Forschung und Lehre** | | | | |
| Instituts- und Laborgebäude | – | **–** | – | – |
| **3 Gebäude des Gesundheitswesens** | | | | |
| Medizinische Einrichtungen | – | **–** | – | – |
| Pflegeheime | – | **–** | – | – |
| **4 Schulen und Kindergärten** | | | | |
| Allgemeinbildende Schulen | – | **–** | – | – |
| Berufliche Schulen | – | **–** | – | – |
| Förder- und Sonderschulen | – | **–** | – | – |
| Weiterbildungseinrichtungen | – | **–** | – | – |
| Kindergärten, nicht unterkellert, einfacher Standard | – | **–** | – | – |
| Kindergärten, nicht unterkellert, mittlerer Standard | – | **–** | – | – |
| Kindergärten, nicht unterkellert, hoher Standard | – | **–** | – | – |
| Kindergärten, Holzbauweise, nicht unterkellert | 138,00 | **141,00** | 144,00 | 3,2% |
| Kindergärten, unterkellert | – | **–** | – | – |
| **5 Sportbauten** | | | | |
| Sport- und Mehrzweckhallen | – | **–** | – | – |
| Sporthallen (Einfeldhallen) | – | **–** | – | – |
| Sporthallen (Dreifeldhallen) | – | **–** | – | – |
| Schwimmhallen | – | **–** | – | – |
| **6 Wohngebäude** | | | | |
| **Ein- und Zweifamilienhäuser** | | | | |
| Ein- und Zweifamilienhäuser, unterkellert, einfacher Standard | – | **–** | – | – |
| Ein- und Zweifamilienhäuser, unterkellert, mittlerer Standard | – | **–** | – | – |
| Ein- und Zweifamilienhäuser, unterkellert, hoher Standard | – | **–** | – | – |
| Ein- und Zweifamilienhäuser, nicht unterkellert, einfacher Standard | – | **–** | – | – |
| Ein- und Zweifamilienhäuser, nicht unterkellert, mittlerer Standard | – | **–** | – | – |
| Ein- und Zweifamilienhäuser, nicht unterkellert, hoher Standard | – | **–** | – | – |
| Ein- und Zweifamilienhäuser, Passivhausstandard, Massivbau | – | **179,00** | – | 0,4% |
| Ein- und Zweifamilienhäuser, Passivhausstandard, Holzbau | – | **–** | – | – |
| Ein- und Zweifamilienhäuser, Holzbauweise, unterkellert | – | **–** | – | – |
| Ein- und Zweifamilienhäuser, Holzbauweise, nicht unterkellert | – | **143,00** | – | 0,7% |
| Doppel- und Reihenendhäuser, einfacher Standard | – | **–** | – | – |
| Doppel- und Reihenendhäuser, mittlerer Standard | – | **–** | – | – |
| Doppel- und Reihenendhäuser, hoher Standard | – | **–** | – | – |
| Reihenhäuser, einfacher Standard | – | **–** | – | – |
| Reihenhäuser, mittlerer Standard | – | **–** | – | – |
| Reihenhäuser, hoher Standard | – | **–** | – | – |
| **Mehrfamilienhäuser** | | | | |
| Mehrfamilienhäuser, mit bis zu 6 WE, einfacher Standard | – | **–** | – | – |
| Mehrfamilienhäuser, mit bis zu 6 WE, mittlerer Standard | – | **–** | – | – |
| Mehrfamilienhäuser, mit bis zu 6 WE, hoher Standard | – | **–** | – | – |

| Gebäudeart | ▷ | €/Einheit | ◁ | KG an 300 |
|---|---|---|---|---|
| **Mehrfamilienhäuser (Fortsetzung)** | | | | |
| Mehrfamilienhäuser, mit 6 bis 19 WE, einfacher Standard | – | – | – | – |
| Mehrfamilienhäuser, mit 6 bis 19 WE, mittlerer Standard | – | – | – | – |
| Mehrfamilienhäuser, mit 6 bis 19 WE, hoher Standard | – | – | – | – |
| Mehrfamilienhäuser, mit 20 oder mehr WE, mittlerer Standard | – | – | – | – |
| Mehrfamilienhäuser, mit 20 oder mehr WE, hoher Standard | – | – | – | – |
| Mehrfamilienhäuser, Passivhäuser | – | – | – | – |
| Wohnhäuser, mit bis zu 15% Mischnutzung, einfacher Standard | – | – | – | – |
| Wohnhäuser, mit bis zu 15% Mischnutzung, mittlerer Standard | – | – | – | – |
| Wohnhäuser, mit bis zu 15% Mischnutzung, hoher Standard | – | – | – | – |
| Wohnhäuser, mit mehr als 15% Mischnutzung | – | – | – | – |
| **Seniorenwohnungen** | | | | |
| Seniorenwohnungen, mittlerer Standard | – | – | – | – |
| Seniorenwohnungen, hoher Standard | – | – | – | – |
| **Beherbergung** | | | | |
| Wohnheime und Internate | – | – | – | – |
| **7 Gewerbegebäude** | | | | |
| **Gaststätten und Kantinen** | | | | |
| Gaststätten, Kantinen und Mensen | – | – | – | – |
| **Gebäude für Produktion** | | | | |
| Industrielle Produktionsgebäude, Massivbauweise | – | – | – | – |
| Industrielle Produktionsgebäude, überwiegend Skelettbauweise | – | – | – | – |
| Betriebs- und Werkstätten, eingeschossig | – | **87,00** | – | 4,5% |
| Betriebs- und Werkstätten, mehrgeschossig, geringer Hallenanteil | – | – | – | – |
| Betriebs- und Werkstätten, mehrgeschossig, hoher Hallenanteil | – | – | – | – |
| **Gebäude für Handel und Lager** | | | | |
| Geschäftshäuser, mit Wohnungen | – | – | – | – |
| Geschäftshäuser, ohne Wohnungen | – | – | – | – |
| Verbrauchermärkte | – | – | – | – |
| Autohäuser | – | – | – | – |
| Lagergebäude, ohne Mischnutzung | – | – | – | – |
| Lagergebäude, mit bis zu 25% Mischnutzung | – | – | – | – |
| Lagergebäude, mit mehr als 25% Mischnutzung | – | – | – | – |
| **Garagen und Bereitschaftsdienste** | | | | |
| Einzel-, Mehrfach- und Hochgaragen | – | **75,00** | – | 3,2% |
| Tiefgaragen | – | – | – | – |
| Feuerwehrhäuser | – | – | – | – |
| Öffentliche Bereitschaftsdienste | – | – | – | – |
| **9 Kulturgebäude** | | | | |
| **Gebäude für kulturelle Zwecke** | | | | |
| Bibliotheken, Museen und Ausstellungen | – | – | – | – |
| Theater | – | – | – | – |
| Gemeindezentren, einfacher Standard | – | – | – | – |
| Gemeindezentren, mittlerer Standard | – | – | – | – |
| Gemeindezentren, hoher Standard | – | – | – | – |
| **Gebäude für religiöse Zwecke** | | | | |
| Sakralbauten | – | – | – | – |
| Friedhofsgebäude | – | – | – | – |

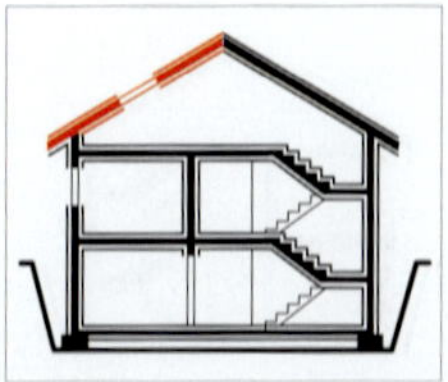

Einheit: m²
Dachfläche, elementiert

# 366
# Lichtschutz zur KG 360

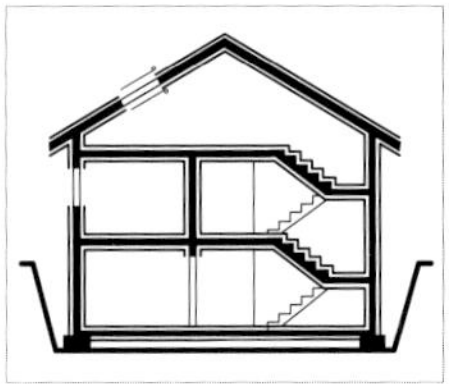

**Kosten:**
Stand 1.Quartal 2020
Bundesdurchschnitt
inkl. 19% MwSt.

Einheit: m² Dachlichtschutzfläche

▷ von
ø Mittel
◁ bis

| Gebäudeart | ▷ | €/Einheit | ◁ | KG an 300 |
|---|---|---|---|---|
| **1 Büro- und Verwaltungsgebäude** | | | | |
| Büro- und Verwaltungsgebäude, einfacher Standard | – | **–** | – | – |
| Büro- und Verwaltungsgebäude, mittlerer Standard | – | **1.031,00** | – | 0,0% |
| Büro- und Verwaltungsgebäude, hoher Standard | 557,00 | **686,00** | 814,00 | 0,2% |
| **2 Gebäude für Forschung und Lehre** | | | | |
| Instituts- und Laborgebäude | – | **–** | – | – |
| **3 Gebäude des Gesundheitswesens** | | | | |
| Medizinische Einrichtungen | – | **–** | – | – |
| Pflegeheime | – | **–** | – | – |
| **4 Schulen und Kindergärten** | | | | |
| Allgemeinbildende Schulen | 644,00 | **1.410,00** | 2.176,00 | 0,0% |
| Berufliche Schulen | 69,00 | **318,00** | 567,00 | 0,2% |
| Förder- und Sonderschulen | – | **–** | – | – |
| Weiterbildungseinrichtungen | – | **–** | – | – |
| Kindergärten, nicht unterkellert, einfacher Standard | – | **–** | – | – |
| Kindergärten, nicht unterkellert, mittlerer Standard | 468,00 | **515,00** | 562,00 | 0,1% |
| Kindergärten, nicht unterkellert, hoher Standard | – | **0,00** | – | 0,2% |
| Kindergärten, Holzbauweise, nicht unterkellert | – | **–** | – | – |
| Kindergärten, unterkellert | – | **–** | – | – |
| **5 Sportbauten** | | | | |
| Sport- und Mehrzweckhallen | – | **–** | – | – |
| Sporthallen (Einfeldhallen) | – | **–** | – | – |
| Sporthallen (Dreifeldhallen) | – | **–** | – | – |
| Schwimmhallen | – | **–** | – | – |
| **6 Wohngebäude** | | | | |
| **Ein- und Zweifamilienhäuser** | | | | |
| Ein- und Zweifamilienhäuser, unterkellert, einfacher Standard | – | **–** | – | – |
| Ein- und Zweifamilienhäuser, unterkellert, mittlerer Standard | 538,00 | **644,00** | 750,00 | 0,2% |
| Ein- und Zweifamilienhäuser, unterkellert, hoher Standard | – | **–** | – | – |
| Ein- und Zweifamilienhäuser, nicht unterkellert, einfacher Standard | – | **–** | – | – |
| Ein- und Zweifamilienhäuser, nicht unterkellert, mittlerer Standard | – | **1.027,00** | – | 0,1% |
| Ein- und Zweifamilienhäuser, nicht unterkellert, hoher Standard | – | **309,00** | – | 0,0% |
| Ein- und Zweifamilienhäuser, Passivhausstandard, Massivbau | – | **–** | – | – |
| Ein- und Zweifamilienhäuser, Passivhausstandard, Holzbau | 203,00 | **389,00** | 575,00 | 0,1% |
| Ein- und Zweifamilienhäuser, Holzbauweise, unterkellert | – | **–** | – | – |
| Ein- und Zweifamilienhäuser, Holzbauweise, nicht unterkellert | 168,00 | **504,00** | 840,00 | 0,1% |
| Doppel- und Reihenendhäuser, einfacher Standard | – | **–** | – | – |
| Doppel- und Reihenendhäuser, mittlerer Standard | – | **–** | – | – |
| Doppel- und Reihenendhäuser, hoher Standard | – | **–** | – | – |
| Reihenhäuser, einfacher Standard | – | **–** | – | – |
| Reihenhäuser, mittlerer Standard | – | **–** | – | – |
| Reihenhäuser, hoher Standard | – | **–** | – | – |
| **Mehrfamilienhäuser** | | | | |
| Mehrfamilienhäuser, mit bis zu 6 WE, einfacher Standard | – | **–** | – | – |
| Mehrfamilienhäuser, mit bis zu 6 WE, mittlerer Standard | – | **–** | – | – |
| Mehrfamilienhäuser, mit bis zu 6 WE, hoher Standard | 293,00 | **507,00** | 722,00 | 0,3% |

Einheit: m²
Dachlichtschutzfläche

| Gebäudeart | ▷ | €/Einheit | ◁ | KG an 300 |
|---|---|---|---|---|
| **Mehrfamilienhäuser (Fortsetzung)** | | | | |
| Mehrfamilienhäuser, mit 6 bis 19 WE, einfacher Standard | – | **–** | – | – |
| Mehrfamilienhäuser, mit 6 bis 19 WE, mittlerer Standard | – | **–** | – | – |
| Mehrfamilienhäuser, mit 6 bis 19 WE, hoher Standard | – | **–** | – | – |
| Mehrfamilienhäuser, mit 20 oder mehr WE, mittlerer Standard | – | **0,00** | – | 0,0% |
| Mehrfamilienhäuser, mit 20 oder mehr WE, hoher Standard | – | **–** | – | – |
| Mehrfamilienhäuser, Passivhäuser | – | **–** | – | – |
| Wohnhäuser, mit bis zu 15% Mischnutzung, einfacher Standard | – | **–** | – | – |
| Wohnhäuser, mit bis zu 15% Mischnutzung, mittlerer Standard | – | **–** | – | – |
| Wohnhäuser, mit bis zu 15% Mischnutzung, hoher Standard | – | **–** | – | – |
| Wohnhäuser, mit mehr als 15% Mischnutzung | – | **–** | – | – |
| **Seniorenwohnungen** | | | | |
| Seniorenwohnungen, mittlerer Standard | – | **59,00** | – | 0,0% |
| Seniorenwohnungen, hoher Standard | – | **109,00** | – | 0,0% |
| **Beherbergung** | | | | |
| Wohnheime und Internate | – | **–** | – | – |
| **7 Gewerbegebäude** | | | | |
| **Gaststätten und Kantinen** | | | | |
| Gaststätten, Kantinen und Mensen | – | **–** | – | – |
| **Gebäude für Produktion** | | | | |
| Industrielle Produktionsgebäude, Massivbauweise | – | **–** | – | – |
| Industrielle Produktionsgebäude, überwiegend Skelettbauweise | – | **–** | – | – |
| Betriebs- und Werkstätten, eingeschossig | – | **–** | – | – |
| Betriebs- und Werkstätten, mehrgeschossig, geringer Hallenanteil | – | **–** | – | – |
| Betriebs- und Werkstätten, mehrgeschossig, hoher Hallenanteil | – | **458,00** | – | 0,1% |
| **Gebäude für Handel und Lager** | | | | |
| Geschäftshäuser, mit Wohnungen | – | **–** | – | – |
| Geschäftshäuser, ohne Wohnungen | – | **–** | – | – |
| Verbrauchermärkte | – | **–** | – | – |
| Autohäuser | – | **–** | – | – |
| Lagergebäude, ohne Mischnutzung | – | **–** | – | – |
| Lagergebäude, mit bis zu 25% Mischnutzung | – | **99,00** | – | 0,1% |
| Lagergebäude, mit mehr als 25% Mischnutzung | – | **–** | – | – |
| **Garagen und Bereitschaftsdienste** | | | | |
| Einzel-, Mehrfach- und Hochgaragen | – | **–** | – | – |
| Tiefgaragen | – | **–** | – | – |
| Feuerwehrhäuser | – | **–** | – | – |
| Öffentliche Bereitschaftsdienste | – | **–** | – | – |
| **9 Kulturgebäude** | | | | |
| **Gebäude für kulturelle Zwecke** | | | | |
| Bibliotheken, Museen und Ausstellungen | – | **–** | – | – |
| Theater | – | **0,00** | – | 0,1% |
| Gemeindezentren, einfacher Standard | – | **224,00** | – | 0,0% |
| Gemeindezentren, mittlerer Standard | – | **–** | – | – |
| Gemeindezentren, hoher Standard | – | **0,00** | – | 0,2% |
| **Gebäude für religiöse Zwecke** | | | | |
| Sakralbauten | – | **–** | – | – |
| Friedhofsgebäude | – | **–** | – | – |





Kosten: 1.Quartal 2020, Bundesdurchschnitt, **inkl. 19% MwSt.**

# 369 Sonstiges zur KG 360

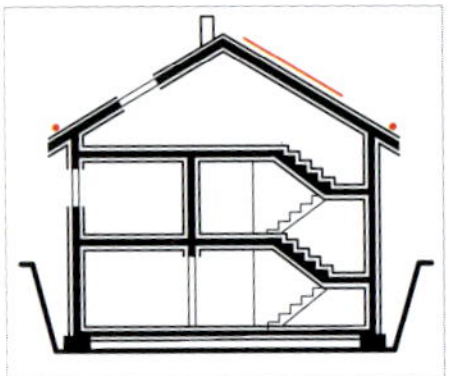

**Kosten:**
Stand 1.Quartal 2020
Bundesdurchschnitt
inkl. 19% MwSt.

Einheit: m² Dachfläche

▷ von
ø Mittel
◁ bis

| Gebäudeart | ▷ | €/Einheit | ◁ | KG an 300 |
|---|---|---|---|---|
| **1 Büro- und Verwaltungsgebäude** | | | | |
| Büro- und Verwaltungsgebäude, einfacher Standard | – | **0,60** | – | 0,0% |
| Büro- und Verwaltungsgebäude, mittlerer Standard | 7,60 | **28,00** | 50,00 | 0,4% |
| Büro- und Verwaltungsgebäude, hoher Standard | 6,50 | **22,00** | 66,00 | 0,4% |
| **2 Gebäude für Forschung und Lehre** | | | | |
| Instituts- und Laborgebäude | 9,70 | **10,00** | 10,00 | 0,2% |
| **3 Gebäude des Gesundheitswesens** | | | | |
| Medizinische Einrichtungen | 3,20 | **13,00** | 23,00 | 0,4% |
| Pflegeheime | 2,30 | **9,40** | 23,00 | 0,2% |
| **4 Schulen und Kindergärten** | | | | |
| Allgemeinbildende Schulen | 2,40 | **11,00** | 19,00 | 0,3% |
| Berufliche Schulen | 4,10 | **10,00** | 18,00 | 0,4% |
| Förder- und Sonderschulen | 4,10 | **7,40** | 9,90 | 0,3% |
| Weiterbildungseinrichtungen | 1,60 | **10,00** | 19,00 | 0,2% |
| Kindergärten, nicht unterkellert, einfacher Standard | – | **–** | – | – |
| Kindergärten, nicht unterkellert, mittlerer Standard | 4,00 | **4,70** | 6,40 | 0,2% |
| Kindergärten, nicht unterkellert, hoher Standard | 19,00 | **21,00** | 22,00 | 1,5% |
| Kindergärten, Holzbauweise, nicht unterkellert | 2,70 | **6,80** | 15,00 | 0,4% |
| Kindergärten, unterkellert | 5,20 | **12,00** | 19,00 | 0,4% |
| **5 Sportbauten** | | | | |
| Sport- und Mehrzweckhallen | – | **1,20** | – | 0,0% |
| Sporthallen (Einfeldhallen) | – | **7,00** | – | 0,2% |
| Sporthallen (Dreifeldhallen) | 0,40 | **2,60** | 4,90 | 0,2% |
| Schwimmhallen | – | **–** | – | – |
| **6 Wohngebäude** | | | | |
| **Ein- und Zweifamilienhäuser** | | | | |
| Ein- und Zweifamilienhäuser, unterkellert, einfacher Standard | – | **10,00** | – | 0,2% |
| Ein- und Zweifamilienhäuser, unterkellert, mittlerer Standard | 2,80 | **15,00** | 38,00 | 0,3% |
| Ein- und Zweifamilienhäuser, unterkellert, hoher Standard | 6,40 | **12,00** | 20,00 | 0,2% |
| Ein- und Zweifamilienhäuser, nicht unterkellert, einfacher Standard | – | **–** | – | – |
| Ein- und Zweifamilienhäuser, nicht unterkellert, mittlerer Standard | 2,70 | **6,90** | 17,00 | 0,1% |
| Ein- und Zweifamilienhäuser, nicht unterkellert, hoher Standard | 16,00 | **26,00** | 46,00 | 0,3% |
| Ein- und Zweifamilienhäuser, Passivhausstandard, Massivbau | 2,70 | **3,80** | 4,90 | 0,0% |
| Ein- und Zweifamilienhäuser, Passivhausstandard, Holzbau | 3,20 | **5,20** | 6,30 | 0,0% |
| Ein- und Zweifamilienhäuser, Holzbauweise, unterkellert | 1,50 | **3,30** | 6,80 | 0,0% |
| Ein- und Zweifamilienhäuser, Holzbauweise, nicht unterkellert | 0,90 | **2,30** | 4,20 | 0,1% |
| Doppel- und Reihenendhäuser, einfacher Standard | – | **–** | – | – |
| Doppel- und Reihenendhäuser, mittlerer Standard | 5,20 | **6,30** | 7,40 | 0,1% |
| Doppel- und Reihenendhäuser, hoher Standard | 1,10 | **5,60** | 10,00 | 0,1% |
| Reihenhäuser, einfacher Standard | – | **2,00** | – | 0,1% |
| Reihenhäuser, mittlerer Standard | 1,10 | **5,80** | 15,00 | 0,2% |
| Reihenhäuser, hoher Standard | 4,70 | **18,00** | 44,00 | 0,6% |
| **Mehrfamilienhäuser** | | | | |
| Mehrfamilienhäuser, mit bis zu 6 WE, einfacher Standard | – | **5,50** | – | 0,1% |
| Mehrfamilienhäuser, mit bis zu 6 WE, mittlerer Standard | 4,30 | **7,20** | 16,00 | 0,2% |
| Mehrfamilienhäuser, mit bis zu 6 WE, hoher Standard | 6,80 | **31,00** | 71,00 | 0,8% |

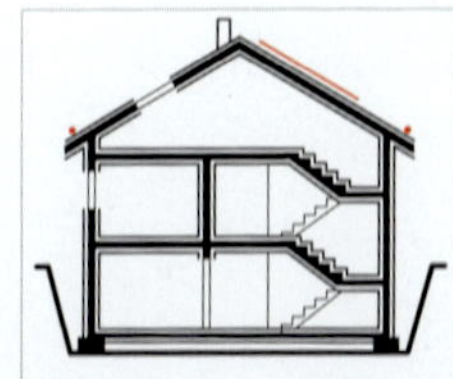

Einheit: m²
Dachfläche

| Gebäudeart | ▷ | **€/Einheit** | ◁ | KG an 300 |
|---|---|---|---|---|
| **Mehrfamilienhäuser (Fortsetzung)** | | | | |
| Mehrfamilienhäuser, mit 6 bis 19 WE, einfacher Standard | 3,40 | **18,00** | 26,00 | 0,7% |
| Mehrfamilienhäuser, mit 6 bis 19 WE, mittlerer Standard | 3,10 | **12,00** | 61,00 | 0,2% |
| Mehrfamilienhäuser, mit 6 bis 19 WE, hoher Standard | 5,20 | **18,00** | 51,00 | 0,6% |
| Mehrfamilienhäuser, mit 20 oder mehr WE, mittlerer Standard | 3,60 | **9,90** | 39,00 | 0,2% |
| Mehrfamilienhäuser, mit 20 oder mehr WE, hoher Standard | – | **2,10** | – | 0,0% |
| Mehrfamilienhäuser, Passivhäuser | 3,80 | **17,00** | 33,00 | 0,4% |
| Wohnhäuser, mit bis zu 15% Mischnutzung, einfacher Standard | 2,00 | **44,00** | 65,00 | 0,8% |
| Wohnhäuser, mit bis zu 15% Mischnutzung, mittlerer Standard | – | **17,00** | – | 0,1% |
| Wohnhäuser, mit bis zu 15% Mischnutzung, hoher Standard | – | **283,00** | – | 2,2% |
| Wohnhäuser, mit mehr als 15% Mischnutzung | 0,70 | **4,60** | 8,50 | 0,1% |
| **Seniorenwohnungen** | | | | |
| Seniorenwohnungen, mittlerer Standard | 4,30 | **15,00** | 55,00 | 0,5% |
| Seniorenwohnungen, hoher Standard | 1,20 | **3,00** | 4,80 | 0,1% |
| **Beherbergung** | | | | |
| Wohnheime und Internate | 9,80 | **33,00** | 75,00 | 0,8% |
| **7 Gewerbegebäude** | | | | |
| **Gaststätten und Kantinen** | | | | |
| Gaststätten, Kantinen und Mensen | – | **–** | – | – |
| **Gebäude für Produktion** | | | | |
| Industrielle Produktionsgebäude, Massivbauweise | – | **6,70** | – | 0,1% |
| Industrielle Produktionsgebäude, überwiegend Skelettbauweise | 1,00 | **3,20** | 5,60 | 0,2% |
| Betriebs- und Werkstätten, eingeschossig | – | **0,40** | – | 0,0% |
| Betriebs- und Werkstätten, mehrgeschossig, geringer Hallenanteil | 11,00 | **11,00** | 11,00 | 0,3% |
| Betriebs- und Werkstätten, mehrgeschossig, hoher Hallenanteil | 1,30 | **3,30** | 8,70 | 0,2% |
| **Gebäude für Handel und Lager** | | | | |
| Geschäftshäuser, mit Wohnungen | 8,20 | **12,00** | 19,00 | 0,3% |
| Geschäftshäuser, ohne Wohnungen | 4,40 | **4,70** | 5,10 | 0,1% |
| Verbrauchermärkte | 2,50 | **3,10** | 3,60 | 0,4% |
| Autohäuser | – | **–** | – | – |
| Lagergebäude, ohne Mischnutzung | 1,20 | **1,80** | 2,40 | 0,1% |
| Lagergebäude, mit bis zu 25% Mischnutzung | 1,20 | **4,10** | 9,80 | 0,4% |
| Lagergebäude, mit mehr als 25% Mischnutzung | – | **–** | – | – |
| **Garagen und Bereitschaftsdienste** | | | | |
| Einzel-, Mehrfach- und Hochgaragen | 41,00 | **61,00** | 81,00 | 2,6% |
| Tiefgaragen | – | **–** | – | – |
| Feuerwehrhäuser | 3,40 | **7,50** | 12,00 | 0,4% |
| Öffentliche Bereitschaftsdienste | 1,70 | **4,70** | 9,60 | 0,2% |
| **9 Kulturgebäude** | | | | |
| **Gebäude für kulturelle Zwecke** | | | | |
| Bibliotheken, Museen und Ausstellungen | 2,80 | **9,30** | 23,00 | 0,4% |
| Theater | – | **–** | – | – |
| Gemeindezentren, einfacher Standard | 4,60 | **5,40** | 6,30 | 0,3% |
| Gemeindezentren, mittlerer Standard | 4,40 | **5,90** | 6,60 | 0,2% |
| Gemeindezentren, hoher Standard | 3,90 | **8,20** | 17,00 | 0,4% |
| **Gebäude für religiöse Zwecke** | | | | |
| Sakralbauten | – | **–** | – | – |
| Friedhofsgebäude | – | **5,30** | – | 0,4% |

**Kosten:**
Stand 1.Quartal 2020
Bundesdurchschnitt
inkl. 19% MwSt.

Einheit: m²
Brutto-Grundfläche
(BGF)

▷ von
ø Mittel
◁ bis

| Gebäudeart | ▷ | €/Einheit | ◁ | KG an 300 |
|---|---|---|---|---|
| **1 Büro- und Verwaltungsgebäude** | | | | |
| Büro- und Verwaltungsgebäude, einfacher Standard | 2,10 | **9,90** | 32,00 | 1,1% |
| Büro- und Verwaltungsgebäude, mittlerer Standard | 18,00 | **34,00** | 56,00 | 1,1% |
| Büro- und Verwaltungsgebäude, hoher Standard | 13,00 | **37,00** | 141,00 | 1,2% |
| **2 Gebäude für Forschung und Lehre** | | | | |
| Instituts- und Laborgebäude | – | **9,90** | – | 0,1% |
| **3 Gebäude des Gesundheitswesens** | | | | |
| Medizinische Einrichtungen | 20,00 | **29,00** | 39,00 | 1,1% |
| Pflegeheime | 0,50 | **3,20** | 11,00 | 0,4% |
| **4 Schulen und Kindergärten** | | | | |
| Allgemeinbildende Schulen | 3,00 | **11,00** | 38,00 | 0,4% |
| Berufliche Schulen | – | **1,20** | – | 0,0% |
| Förder- und Sonderschulen | 18,00 | **41,00** | 113,00 | 2,8% |
| Weiterbildungseinrichtungen | 37,00 | **39,00** | 40,00 | 1,7% |
| Kindergärten, nicht unterkellert, einfacher Standard | – | **35,00** | – | 3,2% |
| Kindergärten, nicht unterkellert, mittlerer Standard | 38,00 | **64,00** | 127,00 | 2,0% |
| Kindergärten, nicht unterkellert, hoher Standard | – | **73,00** | – | 2,4% |
| Kindergärten, Holzbauweise, nicht unterkellert | 43,00 | **55,00** | 78,00 | 3,3% |
| Kindergärten, unterkellert | 17,00 | **71,00** | 99,00 | 5,1% |
| **5 Sportbauten** | | | | |
| Sport- und Mehrzweckhallen | – | **22,00** | – | 0,5% |
| Sporthallen (Einfeldhallen) | – | **–** | – | – |
| Sporthallen (Dreifeldhallen) | 14,00 | **20,00** | 32,00 | 1,0% |
| Schwimmhallen | – | **–** | – | – |
| **6 Wohngebäude** | | | | |
| **Ein- und Zweifamilienhäuser** | | | | |
| Ein- und Zweifamilienhäuser, unterkellert, einfacher Standard | – | **–** | – | – |
| Ein- und Zweifamilienhäuser, unterkellert, mittlerer Standard | 5,30 | **15,00** | 44,00 | 0,3% |
| Ein- und Zweifamilienhäuser, unterkellert, hoher Standard | 8,80 | **26,00** | 60,00 | 0,9% |
| Ein- und Zweifamilienhäuser, nicht unterkellert, einfacher Standard | – | **–** | – | – |
| Ein- und Zweifamilienhäuser, nicht unterkellert, mittlerer Standard | 38,00 | **49,00** | 60,00 | 0,8% |
| Ein- und Zweifamilienhäuser, nicht unterkellert, hoher Standard | 13,00 | **22,00** | 33,00 | 1,0% |
| Ein- und Zweifamilienhäuser, Passivhausstandard, Massivbau | 5,30 | **8,70** | 12,00 | 0,1% |
| Ein- und Zweifamilienhäuser, Passivhausstandard, Holzbau | 11,00 | **44,00** | 77,00 | 1,0% |
| Ein- und Zweifamilienhäuser, Holzbauweise, unterkellert | – | **66,00** | – | 0,4% |
| Ein- und Zweifamilienhäuser, Holzbauweise, nicht unterkellert | 13,00 | **15,00** | 19,00 | 0,6% |
| Doppel- und Reihenendhäuser, einfacher Standard | – | **–** | – | – |
| Doppel- und Reihenendhäuser, mittlerer Standard | – | **58,00** | – | 1,0% |
| Doppel- und Reihenendhäuser, hoher Standard | 7,10 | **17,00** | 26,00 | 0,5% |
| Reihenhäuser, einfacher Standard | – | **0,90** | – | 0,1% |
| Reihenhäuser, mittlerer Standard | – | **–** | – | – |
| Reihenhäuser, hoher Standard | – | **–** | – | – |
| **Mehrfamilienhäuser** | | | | |
| Mehrfamilienhäuser, mit bis zu 6 WE, einfacher Standard | 1,80 | **2,60** | 3,40 | 0,2% |
| Mehrfamilienhäuser, mit bis zu 6 WE, mittlerer Standard | 1,20 | **1,90** | 2,60 | 0,1% |
| Mehrfamilienhäuser, mit bis zu 6 WE, hoher Standard | 0,10 | **12,00** | 24,00 | 0,4% |

| Gebäudeart | ▷ | €/Einheit | ◁ | KG an 300 |
|---|---|---|---|---|
| **Mehrfamilienhäuser (Fortsetzung)** | | | | |
| Mehrfamilienhäuser, mit 6 bis 19 WE, einfacher Standard | – | **26,00** | – | 0,9% |
| Mehrfamilienhäuser, mit 6 bis 19 WE, mittlerer Standard | 5,10 | **19,00** | 39,00 | 1,1% |
| Mehrfamilienhäuser, mit 6 bis 19 WE, hoher Standard | 3,20 | **9,80** | 29,00 | 0,9% |
| Mehrfamilienhäuser, mit 20 oder mehr WE, mittlerer Standard | 1,50 | **5,90** | 15,00 | 0,5% |
| Mehrfamilienhäuser, mit 20 oder mehr WE, hoher Standard | – | **1,70** | – | 0,1% |
| Mehrfamilienhäuser, Passivhäuser | 3,40 | **9,40** | 21,00 | 0,5% |
| Wohnhäuser, mit bis zu 15% Mischnutzung, einfacher Standard | 2,00 | **13,00** | 25,00 | 1,1% |
| Wohnhäuser, mit bis zu 15% Mischnutzung, mittlerer Standard | 10,00 | **16,00** | 23,00 | 1,2% |
| Wohnhäuser, mit bis zu 15% Mischnutzung, hoher Standard | – | **–** | – | – |
| Wohnhäuser, mit mehr als 15% Mischnutzung | 3,20 | **8,90** | 14,00 | 0,7% |
| **Seniorenwohnungen** | | | | |
| Seniorenwohnungen, mittlerer Standard | 4,70 | **28,00** | 51,00 | 1,2% |
| Seniorenwohnungen, hoher Standard | – | **5,10** | – | 0,3% |
| **Beherbergung** | | | | |
| Wohnheime und Internate | 13,00 | **40,00** | 62,00 | 2,8% |
| **7 Gewerbegebäude** | | | | |
| **Gaststätten und Kantinen** | | | | |
| Gaststätten, Kantinen und Mensen | – | **0,90** | – | 0,1% |
| **Gebäude für Produktion** | | | | |
| Industrielle Produktionsgebäude, Massivbauweise | – | **36,00** | – | 1,1% |
| Industrielle Produktionsgebäude, überwiegend Skelettbauweise | – | **–** | – | – |
| Betriebs- und Werkstätten, eingeschossig | – | **5,70** | – | 0,3% |
| Betriebs- und Werkstätten, mehrgeschossig, geringer Hallenanteil | 6,80 | **48,00** | 129,00 | 2,7% |
| Betriebs- und Werkstätten, mehrgeschossig, hoher Hallenanteil | – | **6,60** | – | 0,2% |
| **Gebäude für Handel und Lager** | | | | |
| Geschäftshäuser, mit Wohnungen | – | **4,70** | – | 0,2% |
| Geschäftshäuser, ohne Wohnungen | – | **1,40** | – | 0,1% |
| Verbrauchermärkte | – | **1,00** | – | 0,1% |
| Autohäuser | – | **–** | – | – |
| Lagergebäude, ohne Mischnutzung | – | **–** | – | – |
| Lagergebäude, mit bis zu 25% Mischnutzung | – | **21,00** | – | 0,7% |
| Lagergebäude, mit mehr als 25% Mischnutzung | – | **5,20** | – | 0,3% |
| **Garagen und Bereitschaftsdienste** | | | | |
| Einzel-, Mehrfach- und Hochgaragen | – | **–** | – | – |
| Tiefgaragen | – | **–** | – | – |
| Feuerwehrhäuser | 14,00 | **31,00** | 47,00 | 2,3% |
| Öffentliche Bereitschaftsdienste | – | **41,00** | – | 0,8% |
| **9 Kulturgebäude** | | | | |
| **Gebäude für kulturelle Zwecke** | | | | |
| Bibliotheken, Museen und Ausstellungen | 34,00 | **60,00** | 88,00 | 2,4% |
| Theater | 29,00 | **43,00** | 58,00 | 1,9% |
| Gemeindezentren, einfacher Standard | 20,00 | **62,00** | 145,00 | 5,1% |
| Gemeindezentren, mittlerer Standard | 5,30 | **37,00** | 98,00 | 2,2% |
| Gemeindezentren, hoher Standard | 11,00 | **34,00** | 80,00 | 2,2% |
| **Gebäude für religiöse Zwecke** | | | | |
| Sakralbauten | – | **–** | – | – |
| Friedhofsgebäude | – | **16,00** | – | 1,0% |

Einheit: m² Brutto-Grundfläche (BGF)

**Kosten:**
Stand 1.Quartal 2020
Bundesdurchschnitt
inkl. 19% MwSt.

Einheit: m²
Brutto-Grundfläche
(BGF)

▷ von
ø Mittel
◁ bis

| Gebäudeart | ▷ | €/Einheit | ◁ | KG an 300 |
|---|---|---|---|---|
| **1 Büro- und Verwaltungsgebäude** | | | | |
| Büro- und Verwaltungsgebäude, einfacher Standard | – | **–** | – | – |
| Büro- und Verwaltungsgebäude, mittlerer Standard | 2,00 | **3,00** | 4,00 | 0,0% |
| Büro- und Verwaltungsgebäude, hoher Standard | – | **1,60** | – | 0,0% |
| **2 Gebäude für Forschung und Lehre** | | | | |
| Instituts- und Laborgebäude | – | **23,00** | – | 0,3% |
| **3 Gebäude des Gesundheitswesens** | | | | |
| Medizinische Einrichtungen | 0,10 | **0,20** | 0,30 | 0,0% |
| Pflegeheime | – | **–** | – | – |
| **4 Schulen und Kindergärten** | | | | |
| Allgemeinbildende Schulen | 4,50 | **9,90** | 21,00 | 0,3% |
| Berufliche Schulen | 9,20 | **42,00** | 105,00 | 1,5% |
| Förder- und Sonderschulen | 0,40 | **7,10** | 11,00 | 0,3% |
| Weiterbildungseinrichtungen | 0,50 | **1,40** | 2,30 | 0,1% |
| Kindergärten, nicht unterkellert, einfacher Standard | – | **–** | – | – |
| Kindergärten, nicht unterkellert, mittlerer Standard | – | **1,80** | – | 0,0% |
| Kindergärten, nicht unterkellert, hoher Standard | – | **–** | – | – |
| Kindergärten, Holzbauweise, nicht unterkellert | – | **–** | – | – |
| Kindergärten, unterkellert | – | **2,90** | – | 0,1% |
| **5 Sportbauten** | | | | |
| Sport- und Mehrzweckhallen | – | **8,90** | – | 0,2% |
| Sporthallen (Einfeldhallen) | 9,40 | **22,00** | 30,00 | 1,5% |
| Sporthallen (Dreifeldhallen) | 76,00 | **91,00** | 96,00 | 6,0% |
| Schwimmhallen | – | **–** | – | – |
| **6 Wohngebäude** | | | | |
| **Ein- und Zweifamilienhäuser** | | | | |
| Ein- und Zweifamilienhäuser, unterkellert, einfacher Standard | – | **–** | – | – |
| Ein- und Zweifamilienhäuser, unterkellert, mittlerer Standard | – | **6,30** | – | 0,0% |
| Ein- und Zweifamilienhäuser, unterkellert, hoher Standard | 10,00 | **17,00** | 29,00 | 0,3% |
| Ein- und Zweifamilienhäuser, nicht unterkellert, einfacher Standard | – | **–** | – | – |
| Ein- und Zweifamilienhäuser, nicht unterkellert, mittlerer Standard | – | **–** | – | – |
| Ein- und Zweifamilienhäuser, nicht unterkellert, hoher Standard | – | **–** | – | – |
| Ein- und Zweifamilienhäuser, Passivhausstandard, Massivbau | – | **–** | – | – |
| Ein- und Zweifamilienhäuser, Passivhausstandard, Holzbau | – | **–** | – | – |
| Ein- und Zweifamilienhäuser, Holzbauweise, unterkellert | – | **1,20** | – | 0,0% |
| Ein- und Zweifamilienhäuser, Holzbauweise, nicht unterkellert | – | **6,00** | – | 0,1% |
| Doppel- und Reihenendhäuser, einfacher Standard | – | **–** | – | – |
| Doppel- und Reihenendhäuser, mittlerer Standard | – | **–** | – | – |
| Doppel- und Reihenendhäuser, hoher Standard | – | **–** | – | – |
| Reihenhäuser, einfacher Standard | – | **–** | – | – |
| Reihenhäuser, mittlerer Standard | – | **–** | – | – |
| Reihenhäuser, hoher Standard | – | **–** | – | – |
| **Mehrfamilienhäuser** | | | | |
| Mehrfamilienhäuser, mit bis zu 6 WE, einfacher Standard | – | **–** | – | – |
| Mehrfamilienhäuser, mit bis zu 6 WE, mittlerer Standard | – | **–** | – | – |
| Mehrfamilienhäuser, mit bis zu 6 WE, hoher Standard | – | **5,00** | – | 0,1% |

| Gebäudeart | ▷ | €/Einheit | ◁ | KG an 300 |
|---|---|---|---|---|
| **Mehrfamilienhäuser (Fortsetzung)** | | | | |
| Mehrfamilienhäuser, mit 6 bis 19 WE, einfacher Standard | – | – | – | – |
| Mehrfamilienhäuser, mit 6 bis 19 WE, mittlerer Standard | – | **1,40** | – | 0,0% |
| Mehrfamilienhäuser, mit 6 bis 19 WE, hoher Standard | – | – | – | – |
| Mehrfamilienhäuser, mit 20 oder mehr WE, mittlerer Standard | – | **0,90** | – | 0,0% |
| Mehrfamilienhäuser, mit 20 oder mehr WE, hoher Standard | – | – | – | – |
| Mehrfamilienhäuser, Passivhäuser | – | – | – | – |
| Wohnhäuser, mit bis zu 15% Mischnutzung, einfacher Standard | – | – | – | – |
| Wohnhäuser, mit bis zu 15% Mischnutzung, mittlerer Standard | – | – | – | – |
| Wohnhäuser, mit bis zu 15% Mischnutzung, hoher Standard | – | – | – | – |
| Wohnhäuser, mit mehr als 15% Mischnutzung | – | **19,00** | – | 0,7% |
| **Seniorenwohnungen** | | | | |
| Seniorenwohnungen, mittlerer Standard | – | – | – | – |
| Seniorenwohnungen, hoher Standard | – | – | – | – |
| **Beherbergung** | | | | |
| Wohnheime und Internate | – | **0,90** | – | 0,0% |
| **7 Gewerbegebäude** | | | | |
| **Gaststätten und Kantinen** | | | | |
| Gaststätten, Kantinen und Mensen | – | **1,00** | – | 0,1% |
| **Gebäude für Produktion** | | | | |
| Industrielle Produktionsgebäude, Massivbauweise | – | – | – | – |
| Industrielle Produktionsgebäude, überwiegend Skelettbauweise | – | – | – | – |
| Betriebs- und Werkstätten, eingeschossig | – | **23,00** | – | 1,2% |
| Betriebs- und Werkstätten, mehrgeschossig, geringer Hallenanteil | – | – | – | – |
| Betriebs- und Werkstätten, mehrgeschossig, hoher Hallenanteil | – | **1,50** | – | 0,1% |
| **Gebäude für Handel und Lager** | | | | |
| Geschäftshäuser, mit Wohnungen | – | **0,30** | – | 0,0% |
| Geschäftshäuser, ohne Wohnungen | – | **1,30** | – | 0,1% |
| Verbrauchermärkte | – | – | – | – |
| Autohäuser | – | – | – | – |
| Lagergebäude, ohne Mischnutzung | – | – | – | – |
| Lagergebäude, mit bis zu 25% Mischnutzung | – | **6,00** | – | 0,2% |
| Lagergebäude, mit mehr als 25% Mischnutzung | – | – | – | – |
| **Garagen und Bereitschaftsdienste** | | | | |
| Einzel-, Mehrfach- und Hochgaragen | – | **11,00** | – | 0,5% |
| Tiefgaragen | – | – | – | – |
| Feuerwehrhäuser | 2,80 | **6,20** | 9,60 | 0,4% |
| Öffentliche Bereitschaftsdienste | 20,00 | **48,00** | 76,00 | 2,0% |
| **9 Kulturgebäude** | | | | |
| **Gebäude für kulturelle Zwecke** | | | | |
| Bibliotheken, Museen und Ausstellungen | – | **167,00** | – | 1,6% |
| Theater | – | **64,00** | – | 1,4% |
| Gemeindezentren, einfacher Standard | 9,50 | **19,00** | 29,00 | 1,3% |
| Gemeindezentren, mittlerer Standard | – | **4,30** | – | 0,1% |
| Gemeindezentren, hoher Standard | 18,00 | **40,00** | 61,00 | 1,5% |
| **Gebäude für religiöse Zwecke** | | | | |
| Sakralbauten | – | – | – | – |
| Friedhofsgebäude | – | – | – | – |

Einheit: m²
Brutto-Grundfläche
(BGF)

**Kosten:**
Stand 1.Quartal 2020
Bundesdurchschnitt
inkl. 19% MwSt.

Einheit: m²
Brutto-Grundfläche
(BGF)

| Gebäudeart | ▷ | €/Einheit | ◁ | KG an 300 |
|---|---|---|---|---|
| **1 Büro- und Verwaltungsgebäude** | | | | |
| Büro- und Verwaltungsgebäude, einfacher Standard | – | – | – | – |
| Büro- und Verwaltungsgebäude, mittlerer Standard | 2,30 | **4,90** | 7,20 | 0,1% |
| Büro- und Verwaltungsgebäude, hoher Standard | – | **1,80** | – | 0,0% |
| **2 Gebäude für Forschung und Lehre** | | | | |
| Instituts- und Laborgebäude | – | – | – | – |
| **3 Gebäude des Gesundheitswesens** | | | | |
| Medizinische Einrichtungen | – | – | – | – |
| Pflegeheime | – | – | – | – |
| **4 Schulen und Kindergärten** | | | | |
| Allgemeinbildende Schulen | 0,40 | **2,10** | 5,40 | 0,1% |
| Berufliche Schulen | 0,20 | **1,20** | 1,80 | 0,1% |
| Förder- und Sonderschulen | – | – | – | – |
| Weiterbildungseinrichtungen | – | – | – | – |
| Kindergärten, nicht unterkellert, einfacher Standard | – | – | – | – |
| Kindergärten, nicht unterkellert, mittlerer Standard | 0,30 | **1,10** | 1,50 | 0,0% |
| Kindergärten, nicht unterkellert, hoher Standard | – | – | – | – |
| Kindergärten, Holzbauweise, nicht unterkellert | 0,50 | **0,60** | 0,80 | 0,0% |
| Kindergärten, unterkellert | – | **11,00** | – | 0,2% |
| **5 Sportbauten** | | | | |
| Sport- und Mehrzweckhallen | – | – | – | – |
| Sporthallen (Einfeldhallen) | – | **0,20** | – | 0,0% |
| Sporthallen (Dreifeldhallen) | – | **2,50** | – | 0,0% |
| Schwimmhallen | – | – | – | – |
| **6 Wohngebäude** | | | | |
| **Ein- und Zweifamilienhäuser** | | | | |
| Ein- und Zweifamilienhäuser, unterkellert, einfacher Standard | – | – | – | – |
| Ein- und Zweifamilienhäuser, unterkellert, mittlerer Standard | – | – | – | – |
| Ein- und Zweifamilienhäuser, unterkellert, hoher Standard | – | – | – | – |
| Ein- und Zweifamilienhäuser, nicht unterkellert, einfacher Standard | – | – | – | – |
| Ein- und Zweifamilienhäuser, nicht unterkellert, mittlerer Standard | – | – | – | – |
| Ein- und Zweifamilienhäuser, nicht unterkellert, hoher Standard | – | **3,10** | – | 0,0% |
| Ein- und Zweifamilienhäuser, Passivhausstandard, Massivbau | – | – | – | – |
| Ein- und Zweifamilienhäuser, Passivhausstandard, Holzbau | – | – | – | – |
| Ein- und Zweifamilienhäuser, Holzbauweise, unterkellert | – | – | – | – |
| Ein- und Zweifamilienhäuser, Holzbauweise, nicht unterkellert | – | – | – | – |
| Doppel- und Reihenendhäuser, einfacher Standard | – | – | – | – |
| Doppel- und Reihenendhäuser, mittlerer Standard | – | – | – | – |
| Doppel- und Reihenendhäuser, hoher Standard | – | – | – | – |
| Reihenhäuser, einfacher Standard | – | – | – | – |
| Reihenhäuser, mittlerer Standard | – | – | – | – |
| Reihenhäuser, hoher Standard | – | – | – | – |
| **Mehrfamilienhäuser** | | | | |
| Mehrfamilienhäuser, mit bis zu 6 WE, einfacher Standard | – | – | – | – |
| Mehrfamilienhäuser, mit bis zu 6 WE, mittlerer Standard | – | – | – | – |
| Mehrfamilienhäuser, mit bis zu 6 WE, hoher Standard | – | – | – | – |

▷ von
ø Mittel
◁ bis


 Erläuterungen zu den Tabellen siehe Seite 46

| Gebäudeart | ▷ | €/Einheit | ◁ | KG an 300 |
|---|---|---|---|---|
| **Mehrfamilienhäuser (Fortsetzung)** | | | | |
| Mehrfamilienhäuser, mit 6 bis 19 WE, einfacher Standard | – | – | – | – |
| Mehrfamilienhäuser, mit 6 bis 19 WE, mittlerer Standard | 0,10 | **0,10** | 0,10 | 0,0% |
| Mehrfamilienhäuser, mit 6 bis 19 WE, hoher Standard | – | – | – | – |
| Mehrfamilienhäuser, mit 20 oder mehr WE, mittlerer Standard | – | – | – | – |
| Mehrfamilienhäuser, mit 20 oder mehr WE, hoher Standard | – | – | – | – |
| Mehrfamilienhäuser, Passivhäuser | – | – | – | – |
| Wohnhäuser, mit bis zu 15% Mischnutzung, einfacher Standard | – | – | – | – |
| Wohnhäuser, mit bis zu 15% Mischnutzung, mittlerer Standard | – | – | – | – |
| Wohnhäuser, mit bis zu 15% Mischnutzung, hoher Standard | – | – | – | – |
| Wohnhäuser, mit mehr als 15% Mischnutzung | – | – | – | – |
| **Seniorenwohnungen** | | | | |
| Seniorenwohnungen, mittlerer Standard | – | **0,90** | – | 0,0% |
| Seniorenwohnungen, hoher Standard | – | – | – | – |
| **Beherbergung** | | | | |
| Wohnheime und Internate | 0,40 | **0,80** | 1,20 | 0,0% |
| **7 Gewerbegebäude** | | | | |
| **Gaststätten und Kantinen** | | | | |
| Gaststätten, Kantinen und Mensen | – | **4,10** | – | 0,2% |
| **Gebäude für Produktion** | | | | |
| Industrielle Produktionsgebäude, Massivbauweise | – | – | – | – |
| Industrielle Produktionsgebäude, überwiegend Skelettbauweise | – | – | – | – |
| Betriebs- und Werkstätten, eingeschossig | – | – | – | – |
| Betriebs- und Werkstätten, mehrgeschossig, geringer Hallenanteil | – | **5,60** | – | 0,1% |
| Betriebs- und Werkstätten, mehrgeschossig, hoher Hallenanteil | – | **0,10** | – | 0,0% |
| **Gebäude für Handel und Lager** | | | | |
| Geschäftshäuser, mit Wohnungen | – | – | – | – |
| Geschäftshäuser, ohne Wohnungen | – | – | – | – |
| Verbrauchermärkte | – | – | – | – |
| Autohäuser | – | **3,40** | – | 0,1% |
| Lagergebäude, ohne Mischnutzung | – | **1,10** | – | 0,0% |
| Lagergebäude, mit bis zu 25% Mischnutzung | – | **11,00** | – | 0,4% |
| Lagergebäude, mit mehr als 25% Mischnutzung | – | **0,20** | – | 0,0% |
| **Garagen und Bereitschaftsdienste** | | | | |
| Einzel-, Mehrfach- und Hochgaragen | – | **1,50** | – | 0,1% |
| Tiefgaragen | – | – | – | – |
| Feuerwehrhäuser | – | **3,00** | – | 0,1% |
| Öffentliche Bereitschaftsdienste | – | – | – | – |
| **9 Kulturgebäude** | | | | |
| **Gebäude für kulturelle Zwecke** | | | | |
| Bibliotheken, Museen und Ausstellungen | 1,30 | **11,00** | 21,00 | 0,3% |
| Theater | – | **13,00** | – | 0,3% |
| Gemeindezentren, einfacher Standard | – | – | – | – |
| Gemeindezentren, mittlerer Standard | – | – | – | – |
| Gemeindezentren, hoher Standard | – | **0,30** | – | 0,0% |
| **Gebäude für religiöse Zwecke** | | | | |
| Sakralbauten | – | – | – | – |
| Friedhofsgebäude | – | – | – | – |

Einheit: m²
Brutto-Grundfläche
(BGF)

**Kosten:**
Stand 1.Quartal 2020
Bundesdurchschnitt
inkl. 19% MwSt.

Einheit: m²
Brutto-Grundfläche
(BGF)

▷ von
ø Mittel
◁ bis

| Gebäudeart | ▷ | €/Einheit | ◁ | KG an 300 |
|---|---|---|---|---|
| **1 Büro- und Verwaltungsgebäude** | | | | |
| Büro- und Verwaltungsgebäude, einfacher Standard | – | **–** | – | – |
| Büro- und Verwaltungsgebäude, mittlerer Standard | 2,10 | **2,90** | 4,20 | 0,0% |
| Büro- und Verwaltungsgebäude, hoher Standard | – | **–** | – | – |
| **2 Gebäude für Forschung und Lehre** | | | | |
| Instituts- und Laborgebäude | – | **–** | – | – |
| **3 Gebäude des Gesundheitswesens** | | | | |
| Medizinische Einrichtungen | – | **3,40** | – | 0,1% |
| Pflegeheime | – | **–** | – | – |
| **4 Schulen und Kindergärten** | | | | |
| Allgemeinbildende Schulen | – | **0,40** | – | 0,0% |
| Berufliche Schulen | – | **–** | – | – |
| Förder- und Sonderschulen | – | **–** | – | – |
| Weiterbildungseinrichtungen | – | **–** | – | – |
| Kindergärten, nicht unterkellert, einfacher Standard | – | **8,40** | – | 0,8% |
| Kindergärten, nicht unterkellert, mittlerer Standard | – | **–** | – | – |
| Kindergärten, nicht unterkellert, hoher Standard | – | **–** | – | – |
| Kindergärten, Holzbauweise, nicht unterkellert | – | **0,30** | – | 0,0% |
| Kindergärten, unterkellert | – | **–** | – | – |
| **5 Sportbauten** | | | | |
| Sport- und Mehrzweckhallen | – | **–** | – | – |
| Sporthallen (Einfeldhallen) | – | **–** | – | – |
| Sporthallen (Dreifeldhallen) | – | **–** | – | – |
| Schwimmhallen | – | **–** | – | – |
| **6 Wohngebäude** | | | | |
| **Ein- und Zweifamilienhäuser** | | | | |
| Ein- und Zweifamilienhäuser, unterkellert, einfacher Standard | – | **–** | – | – |
| Ein- und Zweifamilienhäuser, unterkellert, mittlerer Standard | – | **3,00** | – | 0,0% |
| Ein- und Zweifamilienhäuser, unterkellert, hoher Standard | 5,20 | **6,10** | 6,90 | 0,1% |
| Ein- und Zweifamilienhäuser, nicht unterkellert, einfacher Standard | – | **–** | – | – |
| Ein- und Zweifamilienhäuser, nicht unterkellert, mittlerer Standard | – | **–** | – | – |
| Ein- und Zweifamilienhäuser, nicht unterkellert, hoher Standard | – | **–** | – | – |
| Ein- und Zweifamilienhäuser, Passivhausstandard, Massivbau | – | **–** | – | – |
| Ein- und Zweifamilienhäuser, Passivhausstandard, Holzbau | – | **–** | – | – |
| Ein- und Zweifamilienhäuser, Holzbauweise, unterkellert | – | **1,60** | – | 0,0% |
| Ein- und Zweifamilienhäuser, Holzbauweise, nicht unterkellert | – | **–** | – | – |
| Doppel- und Reihenendhäuser, einfacher Standard | – | **–** | – | – |
| Doppel- und Reihenendhäuser, mittlerer Standard | – | **–** | – | – |
| Doppel- und Reihenendhäuser, hoher Standard | – | **–** | – | – |
| Reihenhäuser, einfacher Standard | – | **–** | – | – |
| Reihenhäuser, mittlerer Standard | – | **–** | – | – |
| Reihenhäuser, hoher Standard | – | **–** | – | – |
| **Mehrfamilienhäuser** | | | | |
| Mehrfamilienhäuser, mit bis zu 6 WE, einfacher Standard | – | **–** | – | – |
| Mehrfamilienhäuser, mit bis zu 6 WE, mittlerer Standard | – | **–** | – | – |
| Mehrfamilienhäuser, mit bis zu 6 WE, hoher Standard | – | **–** | – | – |

| Gebäudeart | ▷ | €/Einheit | ◁ | KG an 300 |
|---|---|---|---|---|
| **Mehrfamilienhäuser (Fortsetzung)** | | | | |
| Mehrfamilienhäuser, mit 6 bis 19 WE, einfacher Standard | – | – | – | – |
| Mehrfamilienhäuser, mit 6 bis 19 WE, mittlerer Standard | – | **0,30** | – | 0,0% |
| Mehrfamilienhäuser, mit 6 bis 19 WE, hoher Standard | – | – | – | – |
| Mehrfamilienhäuser, mit 20 oder mehr WE, mittlerer Standard | – | – | – | – |
| Mehrfamilienhäuser, mit 20 oder mehr WE, hoher Standard | – | – | – | – |
| Mehrfamilienhäuser, Passivhäuser | – | – | – | – |
| Wohnhäuser, mit bis zu 15% Mischnutzung, einfacher Standard | – | **0,40** | – | 0,0% |
| Wohnhäuser, mit bis zu 15% Mischnutzung, mittlerer Standard | – | – | – | – |
| Wohnhäuser, mit bis zu 15% Mischnutzung, hoher Standard | – | – | – | – |
| Wohnhäuser, mit mehr als 15% Mischnutzung | – | – | – | – |
| **Seniorenwohnungen** | | | | |
| Seniorenwohnungen, mittlerer Standard | – | **2,60** | – | 0,1% |
| Seniorenwohnungen, hoher Standard | – | **3,30** | – | 0,2% |
| **Beherbergung** | | | | |
| Wohnheime und Internate | – | – | – | – |
| **7 Gewerbegebäude** | | | | |
| **Gaststätten und Kantinen** | | | | |
| Gaststätten, Kantinen und Mensen | – | – | – | – |
| **Gebäude für Produktion** | | | | |
| Industrielle Produktionsgebäude, Massivbauweise | – | – | – | – |
| Industrielle Produktionsgebäude, überwiegend Skelettbauweise | – | – | – | – |
| Betriebs- und Werkstätten, eingeschossig | – | – | – | – |
| Betriebs- und Werkstätten, mehrgeschossig, geringer Hallenanteil | – | – | – | – |
| Betriebs- und Werkstätten, mehrgeschossig, hoher Hallenanteil | – | – | – | – |
| **Gebäude für Handel und Lager** | | | | |
| Geschäftshäuser, mit Wohnungen | – | – | – | – |
| Geschäftshäuser, ohne Wohnungen | – | – | – | – |
| Verbrauchermärkte | – | – | – | – |
| Autohäuser | – | – | – | – |
| Lagergebäude, ohne Mischnutzung | – | – | – | – |
| Lagergebäude, mit bis zu 25% Mischnutzung | – | – | – | – |
| Lagergebäude, mit mehr als 25% Mischnutzung | – | – | – | – |
| **Garagen und Bereitschaftsdienste** | | | | |
| Einzel-, Mehrfach- und Hochgaragen | – | – | – | – |
| Tiefgaragen | – | – | – | – |
| Feuerwehrhäuser | – | – | – | – |
| Öffentliche Bereitschaftsdienste | – | – | – | – |
| **9 Kulturgebäude** | | | | |
| **Gebäude für kulturelle Zwecke** | | | | |
| Bibliotheken, Museen und Ausstellungen | – | – | – | – |
| Theater | – | – | – | – |
| Gemeindezentren, einfacher Standard | – | – | – | – |
| Gemeindezentren, mittlerer Standard | – | – | – | – |
| Gemeindezentren, hoher Standard | – | – | – | – |
| **Gebäude für religiöse Zwecke** | | | | |
| Sakralbauten | – | – | – | – |
| Friedhofsgebäude | – | – | – | – |

Einheit: m²
Brutto-Grundfläche
(BGF)

**Kosten:**
Stand 1.Quartal 2020
Bundesdurchschnitt
inkl. 19% MwSt.

Einheit: m²
Brutto-Grundfläche
(BGF)

▷ von
ø Mittel
◁ bis

| Gebäudeart | ▷ | €/Einheit | ◁ | KG an 300 |
|---|---|---|---|---|
| **1 Büro- und Verwaltungsgebäude** | | | | |
| Büro- und Verwaltungsgebäude, einfacher Standard | 20,00 | **25,00** | 39,00 | 2,5% |
| Büro- und Verwaltungsgebäude, mittlerer Standard | 19,00 | **35,00** | 57,00 | 2,8% |
| Büro- und Verwaltungsgebäude, hoher Standard | 36,00 | **71,00** | 112,00 | 3,5% |
| **2 Gebäude für Forschung und Lehre** | | | | |
| Instituts- und Laborgebäude | 24,00 | **38,00** | 50,00 | 2,8% |
| **3 Gebäude des Gesundheitswesens** | | | | |
| Medizinische Einrichtungen | 21,00 | **29,00** | 48,00 | 2,4% |
| Pflegeheime | 7,10 | **12,00** | 23,00 | 1,3% |
| **4 Schulen und Kindergärten** | | | | |
| Allgemeinbildende Schulen | 23,00 | **44,00** | 74,00 | 3,0% |
| Berufliche Schulen | 10,00 | **45,00** | 97,00 | 3,5% |
| Förder- und Sonderschulen | 31,00 | **45,00** | 66,00 | 3,2% |
| Weiterbildungseinrichtungen | 9,70 | **40,00** | 56,00 | 2,7% |
| Kindergärten, nicht unterkellert, einfacher Standard | – | **2,40** | – | 0,2% |
| Kindergärten, nicht unterkellert, mittlerer Standard | 13,00 | **28,00** | 42,00 | 1,7% |
| Kindergärten, nicht unterkellert, hoher Standard | 25,00 | **33,00** | 41,00 | 2,3% |
| Kindergärten, Holzbauweise, nicht unterkellert | 18,00 | **31,00** | 48,00 | 2,2% |
| Kindergärten, unterkellert | 51,00 | **59,00** | 73,00 | 4,1% |
| **5 Sportbauten** | | | | |
| Sport- und Mehrzweckhallen | 7,20 | **26,00** | 61,00 | 1,9% |
| Sporthallen (Einfeldhallen) | 24,00 | **27,00** | 33,00 | 2,0% |
| Sporthallen (Dreifeldhallen) | 48,00 | **74,00** | 104,00 | 4,8% |
| Schwimmhallen | – | **–** | – | – |
| **6 Wohngebäude** | | | | |
| **Ein- und Zweifamilienhäuser** | | | | |
| Ein- und Zweifamilienhäuser, unterkellert, einfacher Standard | 7,80 | **13,00** | 19,00 | 1,0% |
| Ein- und Zweifamilienhäuser, unterkellert, mittlerer Standard | 13,00 | **25,00** | 55,00 | 2,3% |
| Ein- und Zweifamilienhäuser, unterkellert, hoher Standard | 13,00 | **26,00** | 51,00 | 2,0% |
| Ein- und Zweifamilienhäuser, nicht unterkellert, einfacher Standard | 14,00 | **22,00** | 30,00 | 3,0% |
| Ein- und Zweifamilienhäuser, nicht unterkellert, mittlerer Standard | 7,30 | **17,00** | 35,00 | 1,5% |
| Ein- und Zweifamilienhäuser, nicht unterkellert, hoher Standard | 10,00 | **22,00** | 44,00 | 1,6% |
| Ein- und Zweifamilienhäuser, Passivhausstandard, Massivbau | 8,90 | **20,00** | 39,00 | 1,8% |
| Ein- und Zweifamilienhäuser, Passivhausstandard, Holzbau | 16,00 | **22,00** | 31,00 | 1,8% |
| Ein- und Zweifamilienhäuser, Holzbauweise, unterkellert | 12,00 | **17,00** | 29,00 | 1,7% |
| Ein- und Zweifamilienhäuser, Holzbauweise, nicht unterkellert | 9,40 | **27,00** | 54,00 | 2,1% |
| Doppel- und Reihenendhäuser, einfacher Standard | 2,10 | **8,10** | 12,00 | 1,1% |
| Doppel- und Reihenendhäuser, mittlerer Standard | 5,10 | **13,00** | 22,00 | 1,4% |
| Doppel- und Reihenendhäuser, hoher Standard | 6,50 | **25,00** | 35,00 | 2,4% |
| Reihenhäuser, einfacher Standard | 2,10 | **2,70** | 3,40 | 0,4% |
| Reihenhäuser, mittlerer Standard | 9,10 | **19,00** | 25,00 | 2,2% |
| Reihenhäuser, hoher Standard | 22,00 | **24,00** | 27,00 | 2,3% |
| **Mehrfamilienhäuser** | | | | |
| Mehrfamilienhäuser, mit bis zu 6 WE, einfacher Standard | 8,80 | **9,00** | 9,50 | 1,3% |
| Mehrfamilienhäuser, mit bis zu 6 WE, mittlerer Standard | 5,90 | **14,00** | 42,00 | 1,5% |
| Mehrfamilienhäuser, mit bis zu 6 WE, hoher Standard | 15,00 | **26,00** | 39,00 | 2,4% |

| Gebäudeart | ▷ | €/Einheit | ◁ | KG an 300 |
|---|---|---|---|---|
| **Mehrfamilienhäuser (Fortsetzung)** | | | | |
| Mehrfamilienhäuser, mit 6 bis 19 WE, einfacher Standard | 6,20 | **23,00** | 55,00 | 2,5% |
| Mehrfamilienhäuser, mit 6 bis 19 WE, mittlerer Standard | 8,50 | **14,00** | 32,00 | 1,6% |
| Mehrfamilienhäuser, mit 6 bis 19 WE, hoher Standard | 13,00 | **25,00** | 47,00 | 2,8% |
| Mehrfamilienhäuser, mit 20 oder mehr WE, mittlerer Standard | 18,00 | **33,00** | 56,00 | 3,6% |
| Mehrfamilienhäuser, mit 20 oder mehr WE, hoher Standard | 5,50 | **8,60** | 15,00 | 1,0% |
| Mehrfamilienhäuser, Passivhäuser | 14,00 | **23,00** | 38,00 | 2,6% |
| Wohnhäuser, mit bis zu 15% Mischnutzung, einfacher Standard | 16,00 | **30,00** | 58,00 | 3,6% |
| Wohnhäuser, mit bis zu 15% Mischnutzung, mittlerer Standard | 15,00 | **17,00** | 20,00 | 1,3% |
| Wohnhäuser, mit bis zu 15% Mischnutzung, hoher Standard | – | **68,00** | – | 4,7% |
| Wohnhäuser, mit mehr als 15% Mischnutzung | 12,00 | **23,00** | 43,00 | 2,0% |
| **Seniorenwohnungen** | | | | |
| Seniorenwohnungen, mittlerer Standard | 10,00 | **28,00** | 56,00 | 3,3% |
| Seniorenwohnungen, hoher Standard | 10,00 | **13,00** | 16,00 | 1,6% |
| **Beherbergung** | | | | |
| Wohnheime und Internate | 16,00 | **49,00** | 197,00 | 4,1% |
| **7 Gewerbegebäude** | | | | |
| **Gaststätten und Kantinen** | | | | |
| Gaststätten, Kantinen und Mensen | – | **45,00** | – | 2,6% |
| **Gebäude für Produktion** | | | | |
| Industrielle Produktionsgebäude, Massivbauweise | 18,00 | **22,00** | 25,00 | 2,3% |
| Industrielle Produktionsgebäude, überwiegend Skelettbauweise | 13,00 | **34,00** | 65,00 | 3,0% |
| Betriebs- und Werkstätten, eingeschossig | 25,00 | **39,00** | 54,00 | 4,2% |
| Betriebs- und Werkstätten, mehrgeschossig, geringer Hallenanteil | 12,00 | **25,00** | 37,00 | 2,6% |
| Betriebs- und Werkstätten, mehrgeschossig, hoher Hallenanteil | 5,10 | **14,00** | 30,00 | 1,2% |
| **Gebäude für Handel und Lager** | | | | |
| Geschäftshäuser, mit Wohnungen | 13,00 | **21,00** | 37,00 | 2,1% |
| Geschäftshäuser, ohne Wohnungen | 5,20 | **6,50** | 7,90 | 0,7% |
| Verbrauchermärkte | 4,90 | **7,30** | 9,70 | 0,8% |
| Autohäuser | 9,90 | **14,00** | 19,00 | 1,1% |
| Lagergebäude, ohne Mischnutzung | 9,30 | **20,00** | 30,00 | 2,6% |
| Lagergebäude, mit bis zu 25% Mischnutzung | 6,90 | **7,90** | 9,90 | 1,0% |
| Lagergebäude, mit mehr als 25% Mischnutzung | 13,00 | **26,00** | 39,00 | 3,1% |
| **Garagen und Bereitschaftsdienste** | | | | |
| Einzel-, Mehrfach- und Hochgaragen | 2,50 | **3,00** | 3,50 | 0,3% |
| Tiefgaragen | – | **17,00** | – | 2,1% |
| Feuerwehrhäuser | 14,00 | **27,00** | 36,00 | 2,6% |
| Öffentliche Bereitschaftsdienste | 21,00 | **22,00** | 26,00 | 2,3% |
| **9 Kulturgebäude** | | | | |
| **Gebäude für kulturelle Zwecke** | | | | |
| Bibliotheken, Museen und Ausstellungen | 38,00 | **65,00** | 106,00 | 3,0% |
| Theater | 42,00 | **52,00** | 63,00 | 2,4% |
| Gemeindezentren, einfacher Standard | 11,00 | **15,00** | 17,00 | 1,3% |
| Gemeindezentren, mittlerer Standard | 21,00 | **30,00** | 64,00 | 2,3% |
| Gemeindezentren, hoher Standard | 5,00 | **21,00** | 32,00 | 1,3% |
| **Gebäude für religiöse Zwecke** | | | | |
| Sakralbauten | – | **–** | – | – |
| Friedhofsgebäude | – | **52,00** | – | 3,3% |

Einheit: m²
Brutto-Grundfläche
(BGF)

**Kosten:**
Stand 1.Quartal 2020
Bundesdurchschnitt
inkl. 19% MwSt.

Einheit: m²
Brutto-Grundfläche
(BGF)

▷ von
ø Mittel
◁ bis

| Gebäudeart | ▷ | €/Einheit | ◁ | KG an 300 |
|---|---|---|---|---|
| **1 Büro- und Verwaltungsgebäude** | | | | |
| Büro- und Verwaltungsgebäude, einfacher Standard | 6,60 | **8,60** | 10,00 | 0,9% |
| Büro- und Verwaltungsgebäude, mittlerer Standard | 10,00 | **16,00** | 23,00 | 1,2% |
| Büro- und Verwaltungsgebäude, hoher Standard | 8,40 | **20,00** | 31,00 | 0,9% |
| **2 Gebäude für Forschung und Lehre** | | | | |
| Instituts- und Laborgebäude | 12,00 | **23,00** | 56,00 | 1,7% |
| **3 Gebäude des Gesundheitswesens** | | | | |
| Medizinische Einrichtungen | 8,70 | **15,00** | 17,00 | 1,3% |
| Pflegeheime | 4,40 | **12,00** | 20,00 | 1,1% |
| **4 Schulen und Kindergärten** | | | | |
| Allgemeinbildende Schulen | 10,00 | **19,00** | 31,00 | 1,2% |
| Berufliche Schulen | 7,20 | **17,00** | 31,00 | 1,1% |
| Förder- und Sonderschulen | 12,00 | **29,00** | 45,00 | 1,9% |
| Weiterbildungseinrichtungen | 2,00 | **27,00** | 43,00 | 1,5% |
| Kindergärten, nicht unterkellert, einfacher Standard | – | **6,10** | – | 0,6% |
| Kindergärten, nicht unterkellert, mittlerer Standard | 7,00 | **15,00** | 24,00 | 1,1% |
| Kindergärten, nicht unterkellert, hoher Standard | – | **9,40** | – | 0,3% |
| Kindergärten, Holzbauweise, nicht unterkellert | 12,00 | **16,00** | 22,00 | 0,8% |
| Kindergärten, unterkellert | 12,00 | **15,00** | 16,00 | 1,0% |
| **5 Sportbauten** | | | | |
| Sport- und Mehrzweckhallen | 28,00 | **32,00** | 37,00 | 1,5% |
| Sporthallen (Einfeldhallen) | 24,00 | **34,00** | 53,00 | 2,3% |
| Sporthallen (Dreifeldhallen) | 9,80 | **29,00** | 50,00 | 1,9% |
| Schwimmhallen | – | **–** | – | – |
| **6 Wohngebäude** | | | | |
| **Ein- und Zweifamilienhäuser** | | | | |
| Ein- und Zweifamilienhäuser, unterkellert, einfacher Standard | 5,40 | **7,30** | 11,00 | 0,9% |
| Ein- und Zweifamilienhäuser, unterkellert, mittlerer Standard | 7,50 | **12,00** | 17,00 | 1,2% |
| Ein- und Zweifamilienhäuser, unterkellert, hoher Standard | 7,10 | **11,00** | 16,00 | 0,9% |
| Ein- und Zweifamilienhäuser, nicht unterkellert, einfacher Standard | 14,00 | **14,00** | 14,00 | 1,9% |
| Ein- und Zweifamilienhäuser, nicht unterkellert, mittlerer Standard | 11,00 | **17,00** | 24,00 | 1,4% |
| Ein- und Zweifamilienhäuser, nicht unterkellert, hoher Standard | 12,00 | **17,00** | 36,00 | 1,2% |
| Ein- und Zweifamilienhäuser, Passivhausstandard, Massivbau | 9,30 | **14,00** | 20,00 | 1,2% |
| Ein- und Zweifamilienhäuser, Passivhausstandard, Holzbau | 10,00 | **14,00** | 23,00 | 1,0% |
| Ein- und Zweifamilienhäuser, Holzbauweise, unterkellert | 11,00 | **19,00** | 87,00 | 1,5% |
| Ein- und Zweifamilienhäuser, Holzbauweise, nicht unterkellert | 8,70 | **13,00** | 20,00 | 0,9% |
| Doppel- und Reihenendhäuser, einfacher Standard | 11,00 | **12,00** | 13,00 | 1,1% |
| Doppel- und Reihenendhäuser, mittlerer Standard | 11,00 | **16,00** | 19,00 | 1,4% |
| Doppel- und Reihenendhäuser, hoher Standard | 4,40 | **8,70** | 14,00 | 0,8% |
| Reihenhäuser, einfacher Standard | 5,10 | **6,40** | 7,60 | 1,0% |
| Reihenhäuser, mittlerer Standard | 6,90 | **8,10** | 11,00 | 0,9% |
| Reihenhäuser, hoher Standard | 11,00 | **14,00** | 17,00 | 0,8% |
| **Mehrfamilienhäuser** | | | | |
| Mehrfamilienhäuser, mit bis zu 6 WE, einfacher Standard | 2,70 | **5,20** | 6,60 | 0,7% |
| Mehrfamilienhäuser, mit bis zu 6 WE, mittlerer Standard | 7,50 | **9,50** | 12,00 | 1,1% |
| Mehrfamilienhäuser, mit bis zu 6 WE, hoher Standard | 5,90 | **12,00** | 18,00 | 1,1% |

| Gebäudeart | ▷ | €/Einheit | ◁ | KG an 300 |
|---|---|---|---|---|
| **Mehrfamilienhäuser (Fortsetzung)** | | | | |
| Mehrfamilienhäuser, mit 6 bis 19 WE, einfacher Standard | 4,00 | **10,00** | 16,00 | 0,7% |
| Mehrfamilienhäuser, mit 6 bis 19 WE, mittlerer Standard | 6,90 | **12,00** | 16,00 | 1,0% |
| Mehrfamilienhäuser, mit 6 bis 19 WE, hoher Standard | 5,60 | **9,60** | 16,00 | 1,0% |
| Mehrfamilienhäuser, mit 20 oder mehr WE, mittlerer Standard | 3,60 | **11,00** | 19,00 | 1,3% |
| Mehrfamilienhäuser, mit 20 oder mehr WE, hoher Standard | 7,20 | **11,00** | 13,00 | 1,1% |
| Mehrfamilienhäuser, Passivhäuser | 7,70 | **15,00** | 21,00 | 1,6% |
| Wohnhäuser, mit bis zu 15% Mischnutzung, einfacher Standard | 7,70 | **10,00** | 14,00 | 1,2% |
| Wohnhäuser, mit bis zu 15% Mischnutzung, mittlerer Standard | – | **8,10** | – | 0,3% |
| Wohnhäuser, mit bis zu 15% Mischnutzung, hoher Standard | – | **21,00** | – | 1,5% |
| Wohnhäuser, mit mehr als 15% Mischnutzung | 11,00 | **17,00** | 26,00 | 1,6% |
| **Seniorenwohnungen** | | | | |
| Seniorenwohnungen, mittlerer Standard | 4,60 | **9,50** | 14,00 | 1,1% |
| Seniorenwohnungen, hoher Standard | 11,00 | **15,00** | 18,00 | 1,6% |
| **Beherbergung** | | | | |
| Wohnheime und Internate | 4,20 | **12,00** | 21,00 | 0,9% |
| **7 Gewerbegebäude** | | | | |
| **Gaststätten und Kantinen** | | | | |
| Gaststätten, Kantinen und Mensen | – | **17,00** | – | 1,0% |
| **Gebäude für Produktion** | | | | |
| Industrielle Produktionsgebäude, Massivbauweise | 5,50 | **8,40** | 9,90 | 0,9% |
| Industrielle Produktionsgebäude, überwiegend Skelettbauweise | 2,20 | **3,70** | 6,00 | 0,4% |
| Betriebs- und Werkstätten, eingeschossig | 0,50 | **3,30** | 6,00 | 0,3% |
| Betriebs- und Werkstätten, mehrgeschossig, geringer Hallenanteil | 2,70 | **6,30** | 11,00 | 0,7% |
| Betriebs- und Werkstätten, mehrgeschossig, hoher Hallenanteil | 8,30 | **12,00** | 15,00 | 1,5% |
| **Gebäude für Handel und Lager** | | | | |
| Geschäftshäuser, mit Wohnungen | 7,80 | **9,10** | 9,70 | 0,9% |
| Geschäftshäuser, ohne Wohnungen | 9,60 | **11,00** | 12,00 | 1,1% |
| Verbrauchermärkte | 7,50 | **12,00** | 17,00 | 1,4% |
| Autohäuser | 11,00 | **13,00** | 15,00 | 0,9% |
| Lagergebäude, ohne Mischnutzung | 9,00 | **14,00** | 19,00 | 1,9% |
| Lagergebäude, mit bis zu 25% Mischnutzung | 4,70 | **14,00** | 30,00 | 1,6% |
| Lagergebäude, mit mehr als 25% Mischnutzung | – | **8,20** | – | 0,4% |
| **Garagen und Bereitschaftsdienste** | | | | |
| Einzel-, Mehrfach- und Hochgaragen | 0,60 | **2,70** | 4,80 | 0,2% |
| Tiefgaragen | – | **–** | – | – |
| Feuerwehrhäuser | 1,20 | **9,30** | 13,00 | 0,8% |
| Öffentliche Bereitschaftsdienste | 13,00 | **17,00** | 28,00 | 1,7% |
| **9 Kulturgebäude** | | | | |
| **Gebäude für kulturelle Zwecke** | | | | |
| Bibliotheken, Museen und Ausstellungen | 17,00 | **26,00** | 58,00 | 1,2% |
| Theater | 41,00 | **45,00** | 49,00 | 2,0% |
| Gemeindezentren, einfacher Standard | 2,90 | **6,60** | 13,00 | 0,6% |
| Gemeindezentren, mittlerer Standard | 9,70 | **20,00** | 28,00 | 1,4% |
| Gemeindezentren, hoher Standard | 11,00 | **20,00** | 38,00 | 1,1% |
| **Gebäude für religiöse Zwecke** | | | | |
| Sakralbauten | – | **–** | – | – |
| Friedhofsgebäude | – | **28,00** | – | 1,7% |

Einheit: m² Brutto-Grundfläche (BGF)

**Kosten:**
Stand 1.Quartal 2020
Bundesdurchschnitt
inkl. 19% MwSt.

Einheit: m²
Brutto-Grundfläche
(BGF)

▷ von
ø Mittel
◁ bis

| Gebäudeart | ▷ | €/Einheit | ◁ | KG an 300 |
|---|---|---|---|---|
| **1 Büro- und Verwaltungsgebäude** | | | | |
| Büro- und Verwaltungsgebäude, einfacher Standard | – | **–** | – | – |
| Büro- und Verwaltungsgebäude, mittlerer Standard | – | **3,70** | – | 0,0% |
| Büro- und Verwaltungsgebäude, hoher Standard | – | **14,00** | – | 0,1% |
| **2 Gebäude für Forschung und Lehre** | | | | |
| Instituts- und Laborgebäude | – | **4,80** | – | 0,1% |
| **3 Gebäude des Gesundheitswesens** | | | | |
| Medizinische Einrichtungen | – | **–** | – | – |
| Pflegeheime | – | **–** | – | – |
| **4 Schulen und Kindergärten** | | | | |
| Allgemeinbildende Schulen | – | **5,80** | – | 0,1% |
| Berufliche Schulen | – | **–** | – | – |
| Förder- und Sonderschulen | – | **3,10** | – | 0,0% |
| Weiterbildungseinrichtungen | – | **–** | – | – |
| Kindergärten, nicht unterkellert, einfacher Standard | – | **–** | – | – |
| Kindergärten, nicht unterkellert, mittlerer Standard | – | **–** | – | – |
| Kindergärten, nicht unterkellert, hoher Standard | – | **–** | – | – |
| Kindergärten, Holzbauweise, nicht unterkellert | – | **–** | – | – |
| Kindergärten, unterkellert | – | **–** | – | – |
| **5 Sportbauten** | | | | |
| Sport- und Mehrzweckhallen | – | **–** | – | – |
| Sporthallen (Einfeldhallen) | – | **–** | – | – |
| Sporthallen (Dreifeldhallen) | – | **–** | – | – |
| Schwimmhallen | – | **–** | – | – |
| **6 Wohngebäude** | | | | |
| **Ein- und Zweifamilienhäuser** | | | | |
| Ein- und Zweifamilienhäuser, unterkellert, einfacher Standard | – | **–** | – | – |
| Ein- und Zweifamilienhäuser, unterkellert, mittlerer Standard | – | **–** | – | – |
| Ein- und Zweifamilienhäuser, unterkellert, hoher Standard | 2,30 | **7,70** | 13,00 | 0,1% |
| Ein- und Zweifamilienhäuser, nicht unterkellert, einfacher Standard | – | **–** | – | – |
| Ein- und Zweifamilienhäuser, nicht unterkellert, mittlerer Standard | – | **–** | – | – |
| Ein- und Zweifamilienhäuser, nicht unterkellert, hoher Standard | – | **–** | – | – |
| Ein- und Zweifamilienhäuser, Passivhausstandard, Massivbau | – | **–** | – | – |
| Ein- und Zweifamilienhäuser, Passivhausstandard, Holzbau | – | **–** | – | – |
| Ein- und Zweifamilienhäuser, Holzbauweise, unterkellert | – | **–** | – | – |
| Ein- und Zweifamilienhäuser, Holzbauweise, nicht unterkellert | – | **–** | – | – |
| Doppel- und Reihenendhäuser, einfacher Standard | – | **–** | – | – |
| Doppel- und Reihenendhäuser, mittlerer Standard | – | **34,00** | – | 0,4% |
| Doppel- und Reihenendhäuser, hoher Standard | – | **2,20** | – | 0,0% |
| Reihenhäuser, einfacher Standard | – | **–** | – | – |
| Reihenhäuser, mittlerer Standard | – | **–** | – | – |
| Reihenhäuser, hoher Standard | – | **–** | – | – |
| **Mehrfamilienhäuser** | | | | |
| Mehrfamilienhäuser, mit bis zu 6 WE, einfacher Standard | – | **–** | – | – |
| Mehrfamilienhäuser, mit bis zu 6 WE, mittlerer Standard | – | **–** | – | – |
| Mehrfamilienhäuser, mit bis zu 6 WE, hoher Standard | – | **–** | – | – |

| Gebäudeart | ▷ | €/Einheit | ◁ | KG an 300 |
|---|---|---|---|---|
| **Mehrfamilienhäuser (Fortsetzung)** | | | | |
| Mehrfamilienhäuser, mit 6 bis 19 WE, einfacher Standard | – | – | – | – |
| Mehrfamilienhäuser, mit 6 bis 19 WE, mittlerer Standard | – | **0,20** | – | 0,0% |
| Mehrfamilienhäuser, mit 6 bis 19 WE, hoher Standard | 4,30 | **13,00** | 22,00 | 0,6% |
| Mehrfamilienhäuser, mit 20 oder mehr WE, mittlerer Standard | – | – | – | – |
| Mehrfamilienhäuser, mit 20 oder mehr WE, hoher Standard | – | – | – | – |
| Mehrfamilienhäuser, Passivhäuser | – | **4,00** | – | 0,1% |
| Wohnhäuser, mit bis zu 15% Mischnutzung, einfacher Standard | – | – | – | – |
| Wohnhäuser, mit bis zu 15% Mischnutzung, mittlerer Standard | – | – | – | – |
| Wohnhäuser, mit bis zu 15% Mischnutzung, hoher Standard | – | – | – | – |
| Wohnhäuser, mit mehr als 15% Mischnutzung | – | – | – | – |
| **Seniorenwohnungen** | | | | |
| Seniorenwohnungen, mittlerer Standard | – | – | – | – |
| Seniorenwohnungen, hoher Standard | – | – | – | – |
| **Beherbergung** | | | | |
| Wohnheime und Internate | – | **31,00** | – | 0,4% |
| **7 Gewerbegebäude** | | | | |
| **Gaststätten und Kantinen** | | | | |
| Gaststätten, Kantinen und Mensen | – | – | – | – |
| **Gebäude für Produktion** | | | | |
| Industrielle Produktionsgebäude, Massivbauweise | – | – | – | – |
| Industrielle Produktionsgebäude, überwiegend Skelettbauweise | – | – | – | – |
| Betriebs- und Werkstätten, eingeschossig | – | – | – | – |
| Betriebs- und Werkstätten, mehrgeschossig, geringer Hallenanteil | – | **2,80** | – | 0,1% |
| Betriebs- und Werkstätten, mehrgeschossig, hoher Hallenanteil | – | – | – | – |
| **Gebäude für Handel und Lager** | | | | |
| Geschäftshäuser, mit Wohnungen | – | – | – | – |
| Geschäftshäuser, ohne Wohnungen | – | – | – | – |
| Verbrauchermärkte | – | – | – | – |
| Autohäuser | – | – | – | – |
| Lagergebäude, ohne Mischnutzung | – | – | – | – |
| Lagergebäude, mit bis zu 25% Mischnutzung | – | – | – | – |
| Lagergebäude, mit mehr als 25% Mischnutzung | – | – | – | – |
| **Garagen und Bereitschaftsdienste** | | | | |
| Einzel-, Mehrfach- und Hochgaragen | – | – | – | – |
| Tiefgaragen | – | – | – | – |
| Feuerwehrhäuser | – | – | – | – |
| Öffentliche Bereitschaftsdienste | – | – | – | – |
| **9 Kulturgebäude** | | | | |
| **Gebäude für kulturelle Zwecke** | | | | |
| Bibliotheken, Museen und Ausstellungen | – | – | – | – |
| Theater | – | – | – | – |
| Gemeindezentren, einfacher Standard | – | – | – | – |
| Gemeindezentren, mittlerer Standard | – | – | – | – |
| Gemeindezentren, hoher Standard | – | **8,30** | – | 0,2% |
| **Gebäude für religiöse Zwecke** | | | | |
| Sakralbauten | – | – | – | – |
| Friedhofsgebäude | – | – | – | – |

Einheit: m²
Brutto-Grundfläche
(BGF)

**Kosten:**
Stand 1.Quartal 2020
Bundesdurchschnitt
inkl. 19% MwSt.

Einheit: m²
Brutto-Grundfläche
(BGF)

| Gebäudeart | ▷ | €/Einheit | ◁ | KG an 300 |
|---|---|---|---|---|
| **1 Büro- und Verwaltungsgebäude** | | | | |
| Büro- und Verwaltungsgebäude, einfacher Standard | – | **–** | – | – |
| Büro- und Verwaltungsgebäude, mittlerer Standard | – | **1,80** | – | 0,0% |
| Büro- und Verwaltungsgebäude, hoher Standard | 3,10 | **5,20** | 9,30 | 0,1% |
| **2 Gebäude für Forschung und Lehre** | | | | |
| Instituts- und Laborgebäude | – | **0,20** | – | 0,0% |
| **3 Gebäude des Gesundheitswesens** | | | | |
| Medizinische Einrichtungen | 0,70 | **1,50** | 2,20 | 0,1% |
| Pflegeheime | – | **–** | – | – |
| **4 Schulen und Kindergärten** | | | | |
| Allgemeinbildende Schulen | – | **–** | – | – |
| Berufliche Schulen | – | **0,30** | – | 0,0% |
| Förder- und Sonderschulen | – | **13,00** | – | 0,1% |
| Weiterbildungseinrichtungen | – | **0,30** | – | 0,0% |
| Kindergärten, nicht unterkellert, einfacher Standard | – | **–** | – | – |
| Kindergärten, nicht unterkellert, mittlerer Standard | 2,10 | **4,50** | 6,80 | 0,1% |
| Kindergärten, nicht unterkellert, hoher Standard | – | **–** | – | – |
| Kindergärten, Holzbauweise, nicht unterkellert | – | **–** | – | – |
| Kindergärten, unterkellert | – | **2,70** | – | 0,1% |
| **5 Sportbauten** | | | | |
| Sport- und Mehrzweckhallen | – | **–** | – | – |
| Sporthallen (Einfeldhallen) | – | **–** | – | – |
| Sporthallen (Dreifeldhallen) | – | **–** | – | – |
| Schwimmhallen | – | **–** | – | – |
| **6 Wohngebäude** | | | | |
| **Ein- und Zweifamilienhäuser** | | | | |
| Ein- und Zweifamilienhäuser, unterkellert, einfacher Standard | – | **–** | – | – |
| Ein- und Zweifamilienhäuser, unterkellert, mittlerer Standard | – | **–** | – | – |
| Ein- und Zweifamilienhäuser, unterkellert, hoher Standard | 3,70 | **4,70** | 5,70 | 0,1% |
| Ein- und Zweifamilienhäuser, nicht unterkellert, einfacher Standard | – | **–** | – | – |
| Ein- und Zweifamilienhäuser, nicht unterkellert, mittlerer Standard | – | **1,10** | – | 0,0% |
| Ein- und Zweifamilienhäuser, nicht unterkellert, hoher Standard | – | **3,00** | – | 0,0% |
| Ein- und Zweifamilienhäuser, Passivhausstandard, Massivbau | – | **–** | – | – |
| Ein- und Zweifamilienhäuser, Passivhausstandard, Holzbau | – | **40,00** | – | 0,3% |
| Ein- und Zweifamilienhäuser, Holzbauweise, unterkellert | – | **–** | – | – |
| Ein- und Zweifamilienhäuser, Holzbauweise, nicht unterkellert | – | **47,00** | – | 0,7% |
| Doppel- und Reihenendhäuser, einfacher Standard | – | **–** | – | – |
| Doppel- und Reihenendhäuser, mittlerer Standard | – | **–** | – | – |
| Doppel- und Reihenendhäuser, hoher Standard | – | **4,50** | – | 0,1% |
| Reihenhäuser, einfacher Standard | – | **1,60** | – | 0,1% |
| Reihenhäuser, mittlerer Standard | – | **–** | – | – |
| Reihenhäuser, hoher Standard | – | **–** | – | – |
| **Mehrfamilienhäuser** | | | | |
| Mehrfamilienhäuser, mit bis zu 6 WE, einfacher Standard | – | **0,30** | – | 0,0% |
| Mehrfamilienhäuser, mit bis zu 6 WE, mittlerer Standard | – | **–** | – | – |
| Mehrfamilienhäuser, mit bis zu 6 WE, hoher Standard | – | **–** | – | – |

▷ von
ø Mittel
◁ bis

| Gebäudeart | ▷ | €/Einheit | ◁ | KG an 300 |
|---|---|---|---|---|
| **Mehrfamilienhäuser (Fortsetzung)** | | | | |
| Mehrfamilienhäuser, mit 6 bis 19 WE, einfacher Standard | – | **2,50** | – | 0,1% |
| Mehrfamilienhäuser, mit 6 bis 19 WE, mittlerer Standard | – | **–** | – | – |
| Mehrfamilienhäuser, mit 6 bis 19 WE, hoher Standard | – | **3,40** | – | 0,1% |
| Mehrfamilienhäuser, mit 20 oder mehr WE, mittlerer Standard | 0,10 | **1,40** | 2,60 | 0,1% |
| Mehrfamilienhäuser, mit 20 oder mehr WE, hoher Standard | – | **–** | – | – |
| Mehrfamilienhäuser, Passivhäuser | – | **5,60** | – | 0,1% |
| Wohnhäuser, mit bis zu 15% Mischnutzung, einfacher Standard | – | **–** | – | – |
| Wohnhäuser, mit bis zu 15% Mischnutzung, mittlerer Standard | – | **–** | – | – |
| Wohnhäuser, mit bis zu 15% Mischnutzung, hoher Standard | – | **0,50** | – | 0,0% |
| Wohnhäuser, mit mehr als 15% Mischnutzung | – | **–** | – | – |
| **Seniorenwohnungen** | | | | |
| Seniorenwohnungen, mittlerer Standard | – | **–** | – | – |
| Seniorenwohnungen, hoher Standard | – | **–** | – | – |
| **Beherbergung** | | | | |
| Wohnheime und Internate | 0,10 | **15,00** | 30,00 | 0,4% |
| **7 Gewerbegebäude** | | | | |
| **Gaststätten und Kantinen** | | | | |
| Gaststätten, Kantinen und Mensen | – | **–** | – | – |
| **Gebäude für Produktion** | | | | |
| Industrielle Produktionsgebäude, Massivbauweise | – | **–** | – | – |
| Industrielle Produktionsgebäude, überwiegend Skelettbauweise | – | **5,70** | – | 0,2% |
| Betriebs- und Werkstätten, eingeschossig | – | **–** | – | – |
| Betriebs- und Werkstätten, mehrgeschossig, geringer Hallenanteil | – | **0,40** | – | 0,0% |
| Betriebs- und Werkstätten, mehrgeschossig, hoher Hallenanteil | – | **0,60** | – | 0,0% |
| **Gebäude für Handel und Lager** | | | | |
| Geschäftshäuser, mit Wohnungen | – | **–** | – | – |
| Geschäftshäuser, ohne Wohnungen | – | **–** | – | – |
| Verbrauchermärkte | – | **–** | – | – |
| Autohäuser | – | **–** | – | – |
| Lagergebäude, ohne Mischnutzung | – | **4,10** | – | 0,1% |
| Lagergebäude, mit bis zu 25% Mischnutzung | – | **0,40** | – | 0,0% |
| Lagergebäude, mit mehr als 25% Mischnutzung | – | **–** | – | – |
| **Garagen und Bereitschaftsdienste** | | | | |
| Einzel-, Mehrfach- und Hochgaragen | – | **–** | – | – |
| Tiefgaragen | – | **–** | – | – |
| Feuerwehrhäuser | – | **–** | – | – |
| Öffentliche Bereitschaftsdienste | – | **42,00** | – | 0,9% |
| **9 Kulturgebäude** | | | | |
| **Gebäude für kulturelle Zwecke** | | | | |
| Bibliotheken, Museen und Ausstellungen | – | **–** | – | – |
| Theater | – | **–** | – | – |
| Gemeindezentren, einfacher Standard | – | **–** | – | – |
| Gemeindezentren, mittlerer Standard | – | **–** | – | – |
| Gemeindezentren, hoher Standard | – | **–** | – | – |
| **Gebäude für religiöse Zwecke** | | | | |
| Sakralbauten | – | **–** | – | – |
| Friedhofsgebäude | – | **–** | – | – |

Einheit: m²
Brutto-Grundfläche
(BGF)

# 395 Instandsetzungen

**Kosten:**
Stand 1.Quartal 2020
Bundesdurchschnitt
inkl. 19% MwSt.

Einheit: m²
Brutto-Grundfläche
(BGF)

▷ von
ø Mittel
◁ bis

| Gebäudeart | ▷ | €/Einheit | ◁ | KG an 300 |
|---|---|---|---|---|
| **1 Büro- und Verwaltungsgebäude** | | | | |
| Büro- und Verwaltungsgebäude, einfacher Standard | – | **–** | – | – |
| Büro- und Verwaltungsgebäude, mittlerer Standard | – | **2,90** | – | 0,0% |
| Büro- und Verwaltungsgebäude, hoher Standard | 0,60 | **6,30** | 18,00 | 0,1% |
| **2 Gebäude für Forschung und Lehre** | | | | |
| Instituts- und Laborgebäude | – | **–** | – | – |
| **3 Gebäude des Gesundheitswesens** | | | | |
| Medizinische Einrichtungen | – | **15,00** | – | 0,3% |
| Pflegeheime | – | **–** | – | – |
| **4 Schulen und Kindergärten** | | | | |
| Allgemeinbildende Schulen | 1,70 | **2,30** | 2,80 | 0,0% |
| Berufliche Schulen | – | **1,70** | – | 0,0% |
| Förder- und Sonderschulen | – | **30,00** | – | 0,3% |
| Weiterbildungseinrichtungen | – | **1,40** | – | 0,0% |
| Kindergärten, nicht unterkellert, einfacher Standard | – | **–** | – | – |
| Kindergärten, nicht unterkellert, mittlerer Standard | – | **0,50** | – | 0,0% |
| Kindergärten, nicht unterkellert, hoher Standard | – | **1,30** | – | 0,1% |
| Kindergärten, Holzbauweise, nicht unterkellert | – | **3,90** | – | 0,0% |
| Kindergärten, unterkellert | 1,60 | **4,70** | 7,80 | 0,2% |
| **5 Sportbauten** | | | | |
| Sport- und Mehrzweckhallen | – | **13,00** | – | 0,3% |
| Sporthallen (Einfeldhallen) | – | **0,30** | – | 0,0% |
| Sporthallen (Dreifeldhallen) | – | **–** | – | – |
| Schwimmhallen | – | **–** | – | – |
| **6 Wohngebäude** | | | | |
| **Ein- und Zweifamilienhäuser** | | | | |
| Ein- und Zweifamilienhäuser, unterkellert, einfacher Standard | – | **–** | – | – |
| Ein- und Zweifamilienhäuser, unterkellert, mittlerer Standard | – | **–** | – | – |
| Ein- und Zweifamilienhäuser, unterkellert, hoher Standard | – | **18,00** | – | 0,1% |
| Ein- und Zweifamilienhäuser, nicht unterkellert, einfacher Standard | – | **–** | – | – |
| Ein- und Zweifamilienhäuser, nicht unterkellert, mittlerer Standard | – | **–** | – | – |
| Ein- und Zweifamilienhäuser, nicht unterkellert, hoher Standard | – | **77,00** | – | 0,6% |
| Ein- und Zweifamilienhäuser, Passivhausstandard, Massivbau | – | **–** | – | – |
| Ein- und Zweifamilienhäuser, Passivhausstandard, Holzbau | – | **–** | – | – |
| Ein- und Zweifamilienhäuser, Holzbauweise, unterkellert | – | **–** | – | – |
| Ein- und Zweifamilienhäuser, Holzbauweise, nicht unterkellert | – | **–** | – | – |
| Doppel- und Reihenendhäuser, einfacher Standard | – | **1,00** | – | 0,0% |
| Doppel- und Reihenendhäuser, mittlerer Standard | – | **–** | – | – |
| Doppel- und Reihenendhäuser, hoher Standard | – | **–** | – | – |
| Reihenhäuser, einfacher Standard | – | **–** | – | – |
| Reihenhäuser, mittlerer Standard | – | **–** | – | – |
| Reihenhäuser, hoher Standard | – | **–** | – | – |
| **Mehrfamilienhäuser** | | | | |
| Mehrfamilienhäuser, mit bis zu 6 WE, einfacher Standard | – | **–** | – | – |
| Mehrfamilienhäuser, mit bis zu 6 WE, mittlerer Standard | – | **–** | – | – |
| Mehrfamilienhäuser, mit bis zu 6 WE, hoher Standard | – | **–** | – | – |

| Gebäudeart | ▷ | €/Einheit | ◁ | KG an 300 |
|---|---|---|---|---|
| **Mehrfamilienhäuser (Fortsetzung)** | | | | |
| Mehrfamilienhäuser, mit 6 bis 19 WE, einfacher Standard | – | **0,90** | – | 0,0% |
| Mehrfamilienhäuser, mit 6 bis 19 WE, mittlerer Standard | – | **5,60** | – | 0,1% |
| Mehrfamilienhäuser, mit 6 bis 19 WE, hoher Standard | – | **–** | – | – |
| Mehrfamilienhäuser, mit 20 oder mehr WE, mittlerer Standard | 0,10 | **0,60** | 1,10 | 0,0% |
| Mehrfamilienhäuser, mit 20 oder mehr WE, hoher Standard | – | **–** | – | – |
| Mehrfamilienhäuser, Passivhäuser | – | **–** | – | – |
| Wohnhäuser, mit bis zu 15% Mischnutzung, einfacher Standard | – | **0,10** | – | 0,0% |
| Wohnhäuser, mit bis zu 15% Mischnutzung, mittlerer Standard | – | **–** | – | – |
| Wohnhäuser, mit bis zu 15% Mischnutzung, hoher Standard | – | **–** | – | – |
| Wohnhäuser, mit mehr als 15% Mischnutzung | – | **–** | – | – |
| **Seniorenwohnungen** | | | | |
| Seniorenwohnungen, mittlerer Standard | – | **8,00** | – | 0,2% |
| Seniorenwohnungen, hoher Standard | – | **–** | – | – |
| **Beherbergung** | | | | |
| Wohnheime und Internate | – | **0,30** | – | 0,0% |
| **7 Gewerbegebäude** | | | | |
| **Gaststätten und Kantinen** | | | | |
| Gaststätten, Kantinen und Mensen | – | **–** | – | – |
| **Gebäude für Produktion** | | | | |
| Industrielle Produktionsgebäude, Massivbauweise | – | **–** | – | – |
| Industrielle Produktionsgebäude, überwiegend Skelettbauweise | 0,10 | **0,40** | 0,70 | 0,0% |
| Betriebs- und Werkstätten, eingeschossig | – | **–** | – | – |
| Betriebs- und Werkstätten, mehrgeschossig, geringer Hallenanteil | – | **–** | – | – |
| Betriebs- und Werkstätten, mehrgeschossig, hoher Hallenanteil | – | **0,10** | – | 0,0% |
| **Gebäude für Handel und Lager** | | | | |
| Geschäftshäuser, mit Wohnungen | – | **–** | – | – |
| Geschäftshäuser, ohne Wohnungen | – | **–** | – | – |
| Verbrauchermärkte | – | **–** | – | – |
| Autohäuser | – | **–** | – | – |
| Lagergebäude, ohne Mischnutzung | – | **1,10** | – | 0,0% |
| Lagergebäude, mit bis zu 25% Mischnutzung | – | **–** | – | – |
| Lagergebäude, mit mehr als 25% Mischnutzung | – | **–** | – | – |
| **Garagen und Bereitschaftsdienste** | | | | |
| Einzel-, Mehrfach- und Hochgaragen | – | **–** | – | – |
| Tiefgaragen | – | **–** | – | – |
| Feuerwehrhäuser | – | **–** | – | – |
| Öffentliche Bereitschaftsdienste | – | **–** | – | – |
| **9 Kulturgebäude** | | | | |
| **Gebäude für kulturelle Zwecke** | | | | |
| Bibliotheken, Museen und Ausstellungen | – | **–** | – | – |
| Theater | – | **–** | – | – |
| Gemeindezentren, einfacher Standard | – | **–** | – | – |
| Gemeindezentren, mittlerer Standard | – | **1,90** | – | 0,0% |
| Gemeindezentren, hoher Standard | – | **–** | – | – |
| **Gebäude für religiöse Zwecke** | | | | |
| Sakralbauten | – | **–** | – | – |
| Friedhofsgebäude | – | **–** | – | – |

Einheit: m²
Brutto-Grundfläche
(BGF)

**Kosten:**
Stand 1.Quartal 2020
Bundesdurchschnitt
inkl. 19% MwSt.

Einheit: m2
Brutto-Grundfläche
(BGF)

▷ von
ø Mittel
◁ bis

| Gebäudeart | ▷ | €/Einheit | ◁ | KG an 300 |
|---|---|---|---|---|
| **1 Büro- und Verwaltungsgebäude** | | | | |
| Büro- und Verwaltungsgebäude, einfacher Standard | – | **–** | – | – |
| Büro- und Verwaltungsgebäude, mittlerer Standard | – | **–** | – | – |
| Büro- und Verwaltungsgebäude, hoher Standard | 0,70 | **0,90** | 1,10 | 0,0% |
| **2 Gebäude für Forschung und Lehre** | | | | |
| Instituts- und Laborgebäude | – | **–** | – | – |
| **3 Gebäude des Gesundheitswesens** | | | | |
| Medizinische Einrichtungen | – | **3,80** | – | 0,1% |
| Pflegeheime | – | **–** | – | – |
| **4 Schulen und Kindergärten** | | | | |
| Allgemeinbildende Schulen | 0,30 | **1,80** | 2,50 | 0,0% |
| Berufliche Schulen | – | **1,30** | – | 0,0% |
| Förder- und Sonderschulen | 0,10 | **1,00** | 1,90 | 0,0% |
| Weiterbildungseinrichtungen | – | **–** | – | – |
| Kindergärten, nicht unterkellert, einfacher Standard | – | **–** | – | – |
| Kindergärten, nicht unterkellert, mittlerer Standard | – | **1,20** | – | 0,0% |
| Kindergärten, nicht unterkellert, hoher Standard | – | **–** | – | – |
| Kindergärten, Holzbauweise, nicht unterkellert | – | **–** | – | – |
| Kindergärten, unterkellert | – | **3,40** | – | 0,1% |
| **5 Sportbauten** | | | | |
| Sport- und Mehrzweckhallen | – | **–** | – | – |
| Sporthallen (Einfeldhallen) | – | **–** | – | – |
| Sporthallen (Dreifeldhallen) | – | **3,80** | – | 0,1% |
| Schwimmhallen | – | **–** | – | – |
| **6 Wohngebäude** | | | | |
| **Ein- und Zweifamilienhäuser** | | | | |
| Ein- und Zweifamilienhäuser, unterkellert, einfacher Standard | – | **–** | – | – |
| Ein- und Zweifamilienhäuser, unterkellert, mittlerer Standard | – | **–** | – | – |
| Ein- und Zweifamilienhäuser, unterkellert, hoher Standard | – | **–** | – | – |
| Ein- und Zweifamilienhäuser, nicht unterkellert, einfacher Standard | – | **–** | – | – |
| Ein- und Zweifamilienhäuser, nicht unterkellert, mittlerer Standard | – | **0,40** | – | 0,0% |
| Ein- und Zweifamilienhäuser, nicht unterkellert, hoher Standard | – | **–** | – | – |
| Ein- und Zweifamilienhäuser, Passivhausstandard, Massivbau | – | **–** | – | – |
| Ein- und Zweifamilienhäuser, Passivhausstandard, Holzbau | – | **–** | – | – |
| Ein- und Zweifamilienhäuser, Holzbauweise, unterkellert | – | **2,10** | – | 0,0% |
| Ein- und Zweifamilienhäuser, Holzbauweise, nicht unterkellert | – | **–** | – | – |
| Doppel- und Reihenendhäuser, einfacher Standard | – | **–** | – | – |
| Doppel- und Reihenendhäuser, mittlerer Standard | – | **–** | – | – |
| Doppel- und Reihenendhäuser, hoher Standard | – | **0,70** | – | 0,0% |
| Reihenhäuser, einfacher Standard | – | **0,10** | – | 0,0% |
| Reihenhäuser, mittlerer Standard | – | **–** | – | – |
| Reihenhäuser, hoher Standard | – | **–** | – | – |
| **Mehrfamilienhäuser** | | | | |
| Mehrfamilienhäuser, mit bis zu 6 WE, einfacher Standard | – | **–** | – | – |
| Mehrfamilienhäuser, mit bis zu 6 WE, mittlerer Standard | – | **–** | – | – |
| Mehrfamilienhäuser, mit bis zu 6 WE, hoher Standard | – | **0,90** | – | 0,0% |

| Gebäudeart | ▷ | €/Einheit | ◁ | KG an 300 |
|---|---|---|---|---|
| **Mehrfamilienhäuser (Fortsetzung)** | | | | |
| Mehrfamilienhäuser, mit 6 bis 19 WE, einfacher Standard | – | **–** | – | – |
| Mehrfamilienhäuser, mit 6 bis 19 WE, mittlerer Standard | – | **0,70** | – | 0,0% |
| Mehrfamilienhäuser, mit 6 bis 19 WE, hoher Standard | – | **1,60** | – | 0,0% |
| Mehrfamilienhäuser, mit 20 oder mehr WE, mittlerer Standard | – | **0,20** | – | 0,0% |
| Mehrfamilienhäuser, mit 20 oder mehr WE, hoher Standard | – | **–** | – | – |
| Mehrfamilienhäuser, Passivhäuser | – | **2,40** | – | 0,0% |
| Wohnhäuser, mit bis zu 15% Mischnutzung, einfacher Standard | – | **–** | – | – |
| Wohnhäuser, mit bis zu 15% Mischnutzung, mittlerer Standard | – | **–** | – | – |
| Wohnhäuser, mit bis zu 15% Mischnutzung, hoher Standard | – | **–** | – | – |
| Wohnhäuser, mit mehr als 15% Mischnutzung | – | **–** | – | – |
| **Seniorenwohnungen** | | | | |
| Seniorenwohnungen, mittlerer Standard | – | **–** | – | – |
| Seniorenwohnungen, hoher Standard | – | **–** | – | – |
| **Beherbergung** | | | | |
| Wohnheime und Internate | – | **4,50** | – | 0,1% |
| **7 Gewerbegebäude** | | | | |
| **Gaststätten und Kantinen** | | | | |
| Gaststätten, Kantinen und Mensen | – | **8,20** | – | 0,5% |
| **Gebäude für Produktion** | | | | |
| Industrielle Produktionsgebäude, Massivbauweise | – | **–** | – | – |
| Industrielle Produktionsgebäude, überwiegend Skelettbauweise | – | **0,70** | – | 0,0% |
| Betriebs- und Werkstätten, eingeschossig | – | **–** | – | – |
| Betriebs- und Werkstätten, mehrgeschossig, geringer Hallenanteil | – | **–** | – | – |
| Betriebs- und Werkstätten, mehrgeschossig, hoher Hallenanteil | – | **–** | – | – |
| **Gebäude für Handel und Lager** | | | | |
| Geschäftshäuser, mit Wohnungen | – | **0,80** | – | 0,0% |
| Geschäftshäuser, ohne Wohnungen | – | **–** | – | – |
| Verbrauchermärkte | – | **–** | – | – |
| Autohäuser | – | **–** | – | – |
| Lagergebäude, ohne Mischnutzung | – | **–** | – | – |
| Lagergebäude, mit bis zu 25% Mischnutzung | – | **–** | – | – |
| Lagergebäude, mit mehr als 25% Mischnutzung | – | **–** | – | – |
| **Garagen und Bereitschaftsdienste** | | | | |
| Einzel-, Mehrfach- und Hochgaragen | – | **–** | – | – |
| Tiefgaragen | – | **–** | – | – |
| Feuerwehrhäuser | – | **–** | – | – |
| Öffentliche Bereitschaftsdienste | – | **–** | – | – |
| **9 Kulturgebäude** | | | | |
| **Gebäude für kulturelle Zwecke** | | | | |
| Bibliotheken, Museen und Ausstellungen | – | **–** | – | – |
| Theater | – | **–** | – | – |
| Gemeindezentren, einfacher Standard | – | **–** | – | – |
| Gemeindezentren, mittlerer Standard | – | **–** | – | – |
| Gemeindezentren, hoher Standard | – | **–** | – | – |
| **Gebäude für religiöse Zwecke** | | | | |
| Sakralbauten | – | **–** | – | – |
| Friedhofsgebäude | – | **–** | – | – |

Einheit: m²
Brutto-Grundfläche
(BGF)

## 397 Zusätzliche Maßnahmen

**Kosten:**
Stand 1.Quartal 2020
Bundesdurchschnitt
inkl. 19% MwSt.

Einheit: m²
Brutto-Grundfläche
(BGF)

▷ von
ø Mittel
◁ bis

| Gebäudeart | ▷ | €/Einheit | ◁ | KG an 300 |
|---|---|---|---|---|
| **1 Büro- und Verwaltungsgebäude** | | | | |
| Büro- und Verwaltungsgebäude, einfacher Standard | 3,40 | **6,00** | 8,50 | 0,3% |
| Büro- und Verwaltungsgebäude, mittlerer Standard | 3,30 | **8,10** | 20,00 | 0,5% |
| Büro- und Verwaltungsgebäude, hoher Standard | 12,00 | **32,00** | 92,00 | 1,3% |
| **2 Gebäude für Forschung und Lehre** | | | | |
| Instituts- und Laborgebäude | 4,90 | **8,90** | 14,00 | 0,6% |
| **3 Gebäude des Gesundheitswesens** | | | | |
| Medizinische Einrichtungen | 3,40 | **9,10** | 16,00 | 0,7% |
| Pflegeheime | 2,40 | **4,60** | 8,80 | 0,3% |
| **4 Schulen und Kindergärten** | | | | |
| Allgemeinbildende Schulen | 6,90 | **13,00** | 22,00 | 0,8% |
| Berufliche Schulen | 8,40 | **15,00** | 32,00 | 0,8% |
| Förder- und Sonderschulen | 1,90 | **5,90** | 8,40 | 0,4% |
| Weiterbildungseinrichtungen | 2,70 | **5,20** | 7,70 | 0,2% |
| Kindergärten, nicht unterkellert, einfacher Standard | – | **–** | – | – |
| Kindergärten, nicht unterkellert, mittlerer Standard | 3,50 | **12,00** | 24,00 | 0,5% |
| Kindergärten, nicht unterkellert, hoher Standard | – | **2,00** | – | 0,1% |
| Kindergärten, Holzbauweise, nicht unterkellert | 3,50 | **7,10** | 13,00 | 0,3% |
| Kindergärten, unterkellert | 4,10 | **9,30** | 13,00 | 0,6% |
| **5 Sportbauten** | | | | |
| Sport- und Mehrzweckhallen | 1,90 | **3,50** | 5,70 | 0,2% |
| Sporthallen (Einfeldhallen) | 0,20 | **3,40** | 6,60 | 0,2% |
| Sporthallen (Dreifeldhallen) | 7,60 | **29,00** | 92,00 | 1,8% |
| Schwimmhallen | – | **–** | – | – |
| **6 Wohngebäude** | | | | |
| **Ein- und Zweifamilienhäuser** | | | | |
| Ein- und Zweifamilienhäuser, unterkellert, einfacher Standard | – | **–** | – | – |
| Ein- und Zweifamilienhäuser, unterkellert, mittlerer Standard | 1,50 | **7,70** | 16,00 | 0,3% |
| Ein- und Zweifamilienhäuser, unterkellert, hoher Standard | 1,40 | **6,50** | 14,00 | 0,2% |
| Ein- und Zweifamilienhäuser, nicht unterkellert, einfacher Standard | – | **–** | – | – |
| Ein- und Zweifamilienhäuser, nicht unterkellert, mittlerer Standard | 0,30 | **2,40** | 3,80 | 0,1% |
| Ein- und Zweifamilienhäuser, nicht unterkellert, hoher Standard | 1,30 | **3,60** | 6,00 | 0,1% |
| Ein- und Zweifamilienhäuser, Passivhausstandard, Massivbau | 1,90 | **3,80** | 5,90 | 0,2% |
| Ein- und Zweifamilienhäuser, Passivhausstandard, Holzbau | 1,40 | **2,20** | 2,70 | 0,1% |
| Ein- und Zweifamilienhäuser, Holzbauweise, unterkellert | 1,10 | **2,50** | 5,20 | 0,1% |
| Ein- und Zweifamilienhäuser, Holzbauweise, nicht unterkellert | – | **2,10** | – | 0,0% |
| Doppel- und Reihenendhäuser, einfacher Standard | – | **1,80** | – | 0,1% |
| Doppel- und Reihenendhäuser, mittlerer Standard | 3,10 | **5,20** | 12,00 | 0,4% |
| Doppel- und Reihenendhäuser, hoher Standard | 0,80 | **2,70** | 6,10 | 0,1% |
| Reihenhäuser, einfacher Standard | – | **2,30** | – | 0,2% |
| Reihenhäuser, mittlerer Standard | – | **5,00** | – | 0,1% |
| Reihenhäuser, hoher Standard | – | **7,90** | – | 0,3% |
| **Mehrfamilienhäuser** | | | | |
| Mehrfamilienhäuser, mit bis zu 6 WE, einfacher Standard | 0,80 | **4,30** | 7,80 | 0,5% |
| Mehrfamilienhäuser, mit bis zu 6 WE, mittlerer Standard | 1,60 | **3,50** | 7,30 | 0,2% |
| Mehrfamilienhäuser, mit bis zu 6 WE, hoher Standard | 1,40 | **4,50** | 6,50 | 0,3% |

| Gebäudeart | ▷ | €/Einheit | ◁ | KG an 300 |
|---|---|---|---|---|
| **Mehrfamilienhäuser (Fortsetzung)** | | | | |
| Mehrfamilienhäuser, mit 6 bis 19 WE, einfacher Standard | 0,90 | **5,00** | 9,00 | 0,4% |
| Mehrfamilienhäuser, mit 6 bis 19 WE, mittlerer Standard | 2,70 | **5,60** | 7,20 | 0,3% |
| Mehrfamilienhäuser, mit 6 bis 19 WE, hoher Standard | 1,00 | **3,00** | 4,80 | 0,3% |
| Mehrfamilienhäuser, mit 20 oder mehr WE, mittlerer Standard | 3,20 | **6,10** | 12,00 | 0,7% |
| Mehrfamilienhäuser, mit 20 oder mehr WE, hoher Standard | 1,90 | **2,50** | 3,10 | 0,2% |
| Mehrfamilienhäuser, Passivhäuser | 1,10 | **5,70** | 13,00 | 0,6% |
| Wohnhäuser, mit bis zu 15% Mischnutzung, einfacher Standard | 0,90 | **2,50** | 5,50 | 0,3% |
| Wohnhäuser, mit bis zu 15% Mischnutzung, mittlerer Standard | – | **8,50** | – | 0,3% |
| Wohnhäuser, mit bis zu 15% Mischnutzung, hoher Standard | – | **8,90** | – | 0,6% |
| Wohnhäuser, mit mehr als 15% Mischnutzung | 0,20 | **4,10** | 7,90 | 0,3% |
| **Seniorenwohnungen** | | | | |
| Seniorenwohnungen, mittlerer Standard | 1,80 | **5,50** | 11,00 | 0,6% |
| Seniorenwohnungen, hoher Standard | 2,30 | **5,00** | 7,80 | 0,5% |
| **Beherbergung** | | | | |
| Wohnheime und Internate | 3,50 | **7,70** | 12,00 | 0,6% |
| **7 Gewerbegebäude** | | | | |
| **Gaststätten und Kantinen** | | | | |
| Gaststätten, Kantinen und Mensen | – | **7,10** | – | 0,4% |
| **Gebäude für Produktion** | | | | |
| Industrielle Produktionsgebäude, Massivbauweise | 1,90 | **2,20** | 2,70 | 0,2% |
| Industrielle Produktionsgebäude, überwiegend Skelettbauweise | 2,10 | **5,00** | 8,90 | 0,6% |
| Betriebs- und Werkstätten, eingeschossig | – | **2,80** | – | 0,1% |
| Betriebs- und Werkstätten, mehrgeschossig, geringer Hallenanteil | 5,00 | **5,60** | 6,90 | 0,4% |
| Betriebs- und Werkstätten, mehrgeschossig, hoher Hallenanteil | 0,80 | **3,00** | 5,60 | 0,2% |
| **Gebäude für Handel und Lager** | | | | |
| Geschäftshäuser, mit Wohnungen | – | **1,00** | – | 0,0% |
| Geschäftshäuser, ohne Wohnungen | 2,70 | **3,90** | 5,10 | 0,4% |
| Verbrauchermärkte | – | **0,80** | – | 0,1% |
| Autohäuser | – | **6,60** | – | 0,3% |
| Lagergebäude, ohne Mischnutzung | 0,20 | **0,50** | 0,80 | 0,0% |
| Lagergebäude, mit bis zu 25% Mischnutzung | – | **0,30** | – | 0,0% |
| Lagergebäude, mit mehr als 25% Mischnutzung | – | **1,70** | – | 0,1% |
| **Garagen und Bereitschaftsdienste** | | | | |
| Einzel-, Mehrfach- und Hochgaragen | – | **0,70** | – | 0,0% |
| Tiefgaragen | – | **–** | – | – |
| Feuerwehrhäuser | 6,50 | **7,00** | 7,60 | 0,4% |
| Öffentliche Bereitschaftsdienste | 0,90 | **2,10** | 3,70 | 0,1% |
| **9 Kulturgebäude** | | | | |
| **Gebäude für kulturelle Zwecke** | | | | |
| Bibliotheken, Museen und Ausstellungen | 3,40 | **8,80** | 16,00 | 0,4% |
| Theater | – | **5,00** | – | 0,1% |
| Gemeindezentren, einfacher Standard | – | **2,50** | – | 0,1% |
| Gemeindezentren, mittlerer Standard | 2,20 | **4,80** | 8,80 | 0,3% |
| Gemeindezentren, hoher Standard | 2,00 | **6,80** | 9,20 | 0,4% |
| **Gebäude für religiöse Zwecke** | | | | |
| Sakralbauten | – | **–** | – | – |
| Friedhofsgebäude | – | **–** | – | – |

Einheit: m²
Brutto-Grundfläche
(BGF)

**Kosten:**
Stand 1.Quartal 2020
Bundesdurchschnitt
inkl. 19% MwSt.

Einheit: m²
Brutto-Grundfläche
(BGF)

▷ von
ø Mittel
◁ bis

| Gebäudeart | ▷ | €/Einheit | ◁ | KG an 300 |
|---|---|---|---|---|
| **1 Büro- und Verwaltungsgebäude** | | | | |
| Büro- und Verwaltungsgebäude, einfacher Standard | – | **–** | – | – |
| Büro- und Verwaltungsgebäude, mittlerer Standard | 0,40 | **2,60** | 7,10 | 0,0% |
| Büro- und Verwaltungsgebäude, hoher Standard | 0,60 | **2,30** | 4,00 | 0,1% |
| **2 Gebäude für Forschung und Lehre** | | | | |
| Instituts- und Laborgebäude | – | **–** | – | – |
| **3 Gebäude des Gesundheitswesens** | | | | |
| Medizinische Einrichtungen | 0,40 | **1,00** | 1,60 | 0,0% |
| Pflegeheime | – | **0,10** | – | 0,0% |
| **4 Schulen und Kindergärten** | | | | |
| Allgemeinbildende Schulen | – | **1,10** | – | 0,0% |
| Berufliche Schulen | – | **–** | – | – |
| Förder- und Sonderschulen | 0,50 | **1,20** | 1,80 | 0,0% |
| Weiterbildungseinrichtungen | – | **0,60** | – | 0,0% |
| Kindergärten, nicht unterkellert, einfacher Standard | – | **–** | – | – |
| Kindergärten, nicht unterkellert, mittlerer Standard | – | **0,20** | – | 0,0% |
| Kindergärten, nicht unterkellert, hoher Standard | – | **–** | – | – |
| Kindergärten, Holzbauweise, nicht unterkellert | – | **0,60** | – | 0,0% |
| Kindergärten, unterkellert | – | **–** | – | – |
| **5 Sportbauten** | | | | |
| Sport- und Mehrzweckhallen | – | **–** | – | – |
| Sporthallen (Einfeldhallen) | – | **–** | – | – |
| Sporthallen (Dreifeldhallen) | – | **–** | – | – |
| Schwimmhallen | – | **–** | – | – |
| **6 Wohngebäude** | | | | |
| **Ein- und Zweifamilienhäuser** | | | | |
| Ein- und Zweifamilienhäuser, unterkellert, einfacher Standard | – | **–** | – | – |
| Ein- und Zweifamilienhäuser, unterkellert, mittlerer Standard | – | **–** | – | – |
| Ein- und Zweifamilienhäuser, unterkellert, hoher Standard | – | **0,70** | – | 0,0% |
| Ein- und Zweifamilienhäuser, nicht unterkellert, einfacher Standard | – | **–** | – | – |
| Ein- und Zweifamilienhäuser, nicht unterkellert, mittlerer Standard | – | **1,30** | – | 0,0% |
| Ein- und Zweifamilienhäuser, nicht unterkellert, hoher Standard | – | **–** | – | – |
| Ein- und Zweifamilienhäuser, Passivhausstandard, Massivbau | – | **–** | – | – |
| Ein- und Zweifamilienhäuser, Passivhausstandard, Holzbau | – | **–** | – | – |
| Ein- und Zweifamilienhäuser, Holzbauweise, unterkellert | – | **–** | – | – |
| Ein- und Zweifamilienhäuser, Holzbauweise, nicht unterkellert | – | **–** | – | – |
| Doppel- und Reihenendhäuser, einfacher Standard | – | **–** | – | – |
| Doppel- und Reihenendhäuser, mittlerer Standard | – | **0,10** | – | 0,0% |
| Doppel- und Reihenendhäuser, hoher Standard | – | **0,50** | – | 0,0% |
| Reihenhäuser, einfacher Standard | – | **–** | – | – |
| Reihenhäuser, mittlerer Standard | – | **–** | – | – |
| Reihenhäuser, hoher Standard | – | **–** | – | – |
| **Mehrfamilienhäuser** | | | | |
| Mehrfamilienhäuser, mit bis zu 6 WE, einfacher Standard | – | **–** | – | – |
| Mehrfamilienhäuser, mit bis zu 6 WE, mittlerer Standard | – | **–** | – | – |
| Mehrfamilienhäuser, mit bis zu 6 WE, hoher Standard | 0,70 | **1,60** | 2,40 | 0,0% |

| Gebäudeart | ▷ | €/Einheit | ◁ | KG an 300 |
|---|---|---|---|---|
| **Mehrfamilienhäuser (Fortsetzung)** | | | | |
| Mehrfamilienhäuser, mit 6 bis 19 WE, einfacher Standard | – | – | – | – |
| Mehrfamilienhäuser, mit 6 bis 19 WE, mittlerer Standard | – | **0,10** | – | 0,0% |
| Mehrfamilienhäuser, mit 6 bis 19 WE, hoher Standard | – | – | – | – |
| Mehrfamilienhäuser, mit 20 oder mehr WE, mittlerer Standard | 0,10 | **2,20** | 4,20 | 0,1% |
| Mehrfamilienhäuser, mit 20 oder mehr WE, hoher Standard | – | **0,60** | – | 0,0% |
| Mehrfamilienhäuser, Passivhäuser | – | **0,50** | – | 0,0% |
| Wohnhäuser, mit bis zu 15% Mischnutzung, einfacher Standard | – | – | – | – |
| Wohnhäuser, mit bis zu 15% Mischnutzung, mittlerer Standard | – | – | – | – |
| Wohnhäuser, mit bis zu 15% Mischnutzung, hoher Standard | – | – | – | – |
| Wohnhäuser, mit mehr als 15% Mischnutzung | – | – | – | – |
| **Seniorenwohnungen** | | | | |
| Seniorenwohnungen, mittlerer Standard | – | – | – | – |
| Seniorenwohnungen, hoher Standard | – | – | – | – |
| **Beherbergung** | | | | |
| Wohnheime und Internate | – | **0,30** | – | 0,0% |
| **7 Gewerbegebäude** | | | | |
| **Gaststätten und Kantinen** | | | | |
| Gaststätten, Kantinen und Mensen | – | – | – | – |
| **Gebäude für Produktion** | | | | |
| Industrielle Produktionsgebäude, Massivbauweise | – | – | – | – |
| Industrielle Produktionsgebäude, überwiegend Skelettbauweise | – | **1,20** | – | 0,0% |
| Betriebs- und Werkstätten, eingeschossig | – | – | – | – |
| Betriebs- und Werkstätten, mehrgeschossig, geringer Hallenanteil | – | **0,40** | – | 0,0% |
| Betriebs- und Werkstätten, mehrgeschossig, hoher Hallenanteil | – | – | – | – |
| **Gebäude für Handel und Lager** | | | | |
| Geschäftshäuser, mit Wohnungen | – | – | – | – |
| Geschäftshäuser, ohne Wohnungen | – | – | – | – |
| Verbrauchermärkte | – | – | – | – |
| Autohäuser | – | – | – | – |
| Lagergebäude, ohne Mischnutzung | – | **3,50** | – | 0,1% |
| Lagergebäude, mit bis zu 25% Mischnutzung | – | – | – | – |
| Lagergebäude, mit mehr als 25% Mischnutzung | – | – | – | – |
| **Garagen und Bereitschaftsdienste** | | | | |
| Einzel-, Mehrfach- und Hochgaragen | – | – | – | – |
| Tiefgaragen | – | – | – | – |
| Feuerwehrhäuser | – | – | – | – |
| Öffentliche Bereitschaftsdienste | – | **0,10** | – | 0,0% |
| **9 Kulturgebäude** | | | | |
| **Gebäude für kulturelle Zwecke** | | | | |
| Bibliotheken, Museen und Ausstellungen | 0,90 | **6,70** | 12,00 | 0,1% |
| Theater | – | – | – | – |
| Gemeindezentren, einfacher Standard | – | – | – | – |
| Gemeindezentren, mittlerer Standard | – | – | – | – |
| Gemeindezentren, hoher Standard | – | **0,20** | – | 0,0% |
| **Gebäude für religiöse Zwecke** | | | | |
| Sakralbauten | – | – | – | – |
| Friedhofsgebäude | – | – | – | – |

Einheit: m²
Brutto-Grundfläche
(BGF)

**Kosten:**
Stand 1.Quartal 2020
Bundesdurchschnitt
inkl. 19% MwSt.

Einheit: m²
Brutto-Grundfläche
(BGF)

▷ von
ø Mittel
◁ bis

| Gebäudeart | ▷ | €/Einheit | ◁ | KG an 300 |
|---|---|---|---|---|
| **1 Büro- und Verwaltungsgebäude** | | | | |
| Büro- und Verwaltungsgebäude, einfacher Standard | – | **–** | – | – |
| Büro- und Verwaltungsgebäude, mittlerer Standard | 1,50 | **2,20** | 2,50 | 0,0% |
| Büro- und Verwaltungsgebäude, hoher Standard | – | **2,30** | – | 0,0% |
| **2 Gebäude für Forschung und Lehre** | | | | |
| Instituts- und Laborgebäude | 4,40 | **7,60** | 11,00 | 0,2% |
| **3 Gebäude des Gesundheitswesens** | | | | |
| Medizinische Einrichtungen | – | **132,00** | – | 2,3% |
| Pflegeheime | 1,90 | **2,30** | 2,70 | 0,1% |
| **4 Schulen und Kindergärten** | | | | |
| Allgemeinbildende Schulen | 0,70 | **6,30** | 17,00 | 0,1% |
| Berufliche Schulen | 1,50 | **2,10** | 2,70 | 0,1% |
| Förder- und Sonderschulen | – | **2,90** | – | 0,0% |
| Weiterbildungseinrichtungen | – | **3,20** | – | 0,1% |
| Kindergärten, nicht unterkellert, einfacher Standard | – | **–** | – | – |
| Kindergärten, nicht unterkellert, mittlerer Standard | 4,50 | **6,60** | 8,80 | 0,1% |
| Kindergärten, nicht unterkellert, hoher Standard | – | **–** | – | – |
| Kindergärten, Holzbauweise, nicht unterkellert | – | **0,10** | – | 0,0% |
| Kindergärten, unterkellert | – | **–** | – | – |
| **5 Sportbauten** | | | | |
| Sport- und Mehrzweckhallen | 1,50 | **1,90** | 2,30 | 0,1% |
| Sporthallen (Einfeldhallen) | – | **–** | – | – |
| Sporthallen (Dreifeldhallen) | 1,40 | **1,80** | 2,10 | 0,1% |
| Schwimmhallen | – | **–** | – | – |
| **6 Wohngebäude** | | | | |
| **Ein- und Zweifamilienhäuser** | | | | |
| Ein- und Zweifamilienhäuser, unterkellert, einfacher Standard | – | **–** | – | – |
| Ein- und Zweifamilienhäuser, unterkellert, mittlerer Standard | – | **–** | – | – |
| Ein- und Zweifamilienhäuser, unterkellert, hoher Standard | – | **–** | – | – |
| Ein- und Zweifamilienhäuser, nicht unterkellert, einfacher Standard | – | **–** | – | – |
| Ein- und Zweifamilienhäuser, nicht unterkellert, mittlerer Standard | – | **11,00** | – | 0,1% |
| Ein- und Zweifamilienhäuser, nicht unterkellert, hoher Standard | – | **–** | – | – |
| Ein- und Zweifamilienhäuser, Passivhausstandard, Massivbau | – | **–** | – | – |
| Ein- und Zweifamilienhäuser, Passivhausstandard, Holzbau | – | **–** | – | – |
| Ein- und Zweifamilienhäuser, Holzbauweise, unterkellert | – | **–** | – | – |
| Ein- und Zweifamilienhäuser, Holzbauweise, nicht unterkellert | – | **–** | – | – |
| Doppel- und Reihenendhäuser, einfacher Standard | – | **–** | – | – |
| Doppel- und Reihenendhäuser, mittlerer Standard | – | **11,00** | – | 0,2% |
| Doppel- und Reihenendhäuser, hoher Standard | – | **–** | – | – |
| Reihenhäuser, einfacher Standard | – | **–** | – | – |
| Reihenhäuser, mittlerer Standard | – | **–** | – | – |
| Reihenhäuser, hoher Standard | – | **–** | – | – |
| **Mehrfamilienhäuser** | | | | |
| Mehrfamilienhäuser, mit bis zu 6 WE, einfacher Standard | – | **–** | – | – |
| Mehrfamilienhäuser, mit bis zu 6 WE, mittlerer Standard | – | **117,00** | – | 3,0% |
| Mehrfamilienhäuser, mit bis zu 6 WE, hoher Standard | 4,50 | **18,00** | 66,00 | 1,1% |

| Gebäudeart | ▷ | €/Einheit | ◁ | KG an 300 |
|---|---|---|---|---|
| **Mehrfamilienhäuser (Fortsetzung)** | | | | |
| Mehrfamilienhäuser, mit 6 bis 19 WE, einfacher Standard | – | **2,70** | – | 0,1% |
| Mehrfamilienhäuser, mit 6 bis 19 WE, mittlerer Standard | – | **–** | – | – |
| Mehrfamilienhäuser, mit 6 bis 19 WE, hoher Standard | – | **15,00** | – | 0,4% |
| Mehrfamilienhäuser, mit 20 oder mehr WE, mittlerer Standard | 2,10 | **49,00** | 97,00 | 1,7% |
| Mehrfamilienhäuser, mit 20 oder mehr WE, hoher Standard | – | **0,90** | – | 0,0% |
| Mehrfamilienhäuser, Passivhäuser | 1,30 | **1,60** | 1,90 | 0,1% |
| Wohnhäuser, mit bis zu 15% Mischnutzung, einfacher Standard | – | **3,40** | – | 0,1% |
| Wohnhäuser, mit bis zu 15% Mischnutzung, mittlerer Standard | – | **40,00** | – | 1,5% |
| Wohnhäuser, mit bis zu 15% Mischnutzung, hoher Standard | – | **–** | – | – |
| Wohnhäuser, mit mehr als 15% Mischnutzung | – | **1,00** | – | 0,0% |
| **Seniorenwohnungen** | | | | |
| Seniorenwohnungen, mittlerer Standard | 0,50 | **40,00** | 80,00 | 2,0% |
| Seniorenwohnungen, hoher Standard | – | **–** | – | – |
| **Beherbergung** | | | | |
| Wohnheime und Internate | – | **50,00** | – | 0,7% |
| **7 Gewerbegebäude** | | | | |
| **Gaststätten und Kantinen** | | | | |
| Gaststätten, Kantinen und Mensen | – | **33,00** | – | 1,9% |
| **Gebäude für Produktion** | | | | |
| Industrielle Produktionsgebäude, Massivbauweise | – | **2,10** | – | 0,1% |
| Industrielle Produktionsgebäude, überwiegend Skelettbauweise | 5,50 | **11,00** | 17,00 | 0,5% |
| Betriebs- und Werkstätten, eingeschossig | – | **0,60** | – | 0,0% |
| Betriebs- und Werkstätten, mehrgeschossig, geringer Hallenanteil | – | **–** | – | – |
| Betriebs- und Werkstätten, mehrgeschossig, hoher Hallenanteil | 5,80 | **7,70** | 9,50 | 0,2% |
| **Gebäude für Handel und Lager** | | | | |
| Geschäftshäuser, mit Wohnungen | – | **–** | – | – |
| Geschäftshäuser, ohne Wohnungen | – | **–** | – | – |
| Verbrauchermärkte | – | **1,70** | – | 0,1% |
| Autohäuser | – | **–** | – | – |
| Lagergebäude, ohne Mischnutzung | – | **0,90** | – | 0,0% |
| Lagergebäude, mit bis zu 25% Mischnutzung | – | **1,90** | – | 0,1% |
| Lagergebäude, mit mehr als 25% Mischnutzung | – | **1,20** | – | 0,1% |
| **Garagen und Bereitschaftsdienste** | | | | |
| Einzel-, Mehrfach- und Hochgaragen | – | **–** | – | – |
| Tiefgaragen | – | **–** | – | – |
| Feuerwehrhäuser | – | **4,50** | – | 0,1% |
| Öffentliche Bereitschaftsdienste | – | **0,80** | – | 0,0% |
| **9 Kulturgebäude** | | | | |
| **Gebäude für kulturelle Zwecke** | | | | |
| Bibliotheken, Museen und Ausstellungen | 1,00 | **2,20** | 3,30 | 0,1% |
| Theater | – | **–** | – | – |
| Gemeindezentren, einfacher Standard | – | **6,60** | – | 0,2% |
| Gemeindezentren, mittlerer Standard | – | **16,00** | – | 0,2% |
| Gemeindezentren, hoher Standard | 7,10 | **11,00** | 14,00 | 0,4% |
| **Gebäude für religiöse Zwecke** | | | | |
| Sakralbauten | – | **–** | – | – |
| Friedhofsgebäude | – | **–** | – | – |

Einheit: m²
Brutto-Grundfläche
(BGF)

# 411 Abwasseranlagen

**Kosten:**
Stand 1.Quartal 2020
Bundesdurchschnitt
inkl. 19% MwSt.

Einheit: m²
Brutto-Grundfläche
(BGF)

▷ von
ø Mittel
◁ bis

| Gebäudeart | ▷ | €/Einheit | ◁ | KG an 400 |
|---|---|---|---|---|
| **1 Büro- und Verwaltungsgebäude** | | | | |
| Büro- und Verwaltungsgebäude, einfacher Standard | 5,30 | **19,00** | 33,00 | 7,6% |
| Büro- und Verwaltungsgebäude, mittlerer Standard | 16,00 | **24,00** | 36,00 | 5,9% |
| Büro- und Verwaltungsgebäude, hoher Standard | 15,00 | **20,00** | 26,00 | 3,3% |
| **2 Gebäude für Forschung und Lehre** | | | | |
| Instituts- und Laborgebäude | 20,00 | **34,00** | 69,00 | 2,9% |
| **3 Gebäude des Gesundheitswesens** | | | | |
| Medizinische Einrichtungen | 23,00 | **31,00** | 38,00 | 5,8% |
| Pflegeheime | 38,00 | **43,00** | 56,00 | 7,2% |
| **4 Schulen und Kindergärten** | | | | |
| Allgemeinbildende Schulen | 11,00 | **22,00** | 33,00 | 5,3% |
| Berufliche Schulen | 23,00 | **35,00** | 78,00 | 6,0% |
| Förder- und Sonderschulen | 13,00 | **22,00** | 39,00 | 5,5% |
| Weiterbildungseinrichtungen | 36,00 | **47,00** | 58,00 | 6,2% |
| Kindergärten, nicht unterkellert, einfacher Standard | – | **20,00** | – | 9,4% |
| Kindergärten, nicht unterkellert, mittlerer Standard | 12,00 | **25,00** | 38,00 | 7,1% |
| Kindergärten, nicht unterkellert, hoher Standard | 9,10 | **10,00** | 11,00 | 3,2% |
| Kindergärten, Holzbauweise, nicht unterkellert | 15,00 | **24,00** | 43,00 | 7,6% |
| Kindergärten, unterkellert | 21,00 | **26,00** | 29,00 | 8,9% |
| **5 Sportbauten** | | | | |
| Sport- und Mehrzweckhallen | 24,00 | **30,00** | 39,00 | 9,8% |
| Sporthallen (Einfeldhallen) | 8,00 | **14,00** | 23,00 | 4,7% |
| Sporthallen (Dreifeldhallen) | 33,00 | **37,00** | 46,00 | 7,2% |
| Schwimmhallen | – | **–** | – | – |
| **6 Wohngebäude** | | | | |
| **Ein- und Zweifamilienhäuser** | | | | |
| Ein- und Zweifamilienhäuser, unterkellert, einfacher Standard | 8,60 | **16,00** | 30,00 | 10,7% |
| Ein- und Zweifamilienhäuser, unterkellert, mittlerer Standard | 10,00 | **19,00** | 31,00 | 8,0% |
| Ein- und Zweifamilienhäuser, unterkellert, hoher Standard | 18,00 | **25,00** | 34,00 | 7,7% |
| Ein- und Zweifamilienhäuser, nicht unterkellert, einfacher Standard | 7,90 | **14,00** | 21,00 | 8,4% |
| Ein- und Zweifamilienhäuser, nicht unterkellert, mittlerer Standard | 14,00 | **23,00** | 39,00 | 8,5% |
| Ein- und Zweifamilienhäuser, nicht unterkellert, hoher Standard | 12,00 | **26,00** | 34,00 | 8,3% |
| Ein- und Zweifamilienhäuser, Passivhausstandard, Massivbau | 12,00 | **21,00** | 35,00 | 7,0% |
| Ein- und Zweifamilienhäuser, Passivhausstandard, Holzbau | 14,00 | **24,00** | 38,00 | 6,7% |
| Ein- und Zweifamilienhäuser, Holzbauweise, unterkellert | 12,00 | **20,00** | 32,00 | 8,5% |
| Ein- und Zweifamilienhäuser, Holzbauweise, nicht unterkellert | 9,20 | **19,00** | 34,00 | 7,8% |
| Doppel- und Reihenendhäuser, einfacher Standard | 15,00 | **17,00** | 22,00 | 8,6% |
| Doppel- und Reihenendhäuser, mittlerer Standard | 16,00 | **25,00** | 52,00 | 10,3% |
| Doppel- und Reihenendhäuser, hoher Standard | 15,00 | **27,00** | 57,00 | 10,3% |
| Reihenhäuser, einfacher Standard | 9,10 | **20,00** | 30,00 | 10,2% |
| Reihenhäuser, mittlerer Standard | 22,00 | **26,00** | 34,00 | 11,3% |
| Reihenhäuser, hoher Standard | 23,00 | **28,00** | 38,00 | 9,7% |
| **Mehrfamilienhäuser** | | | | |
| Mehrfamilienhäuser, mit bis zu 6 WE, einfacher Standard | 13,00 | **17,00** | 25,00 | 13,1% |
| Mehrfamilienhäuser, mit bis zu 6 WE, mittlerer Standard | 10,00 | **19,00** | 28,00 | 9,1% |
| Mehrfamilienhäuser, mit bis zu 6 WE, hoher Standard | 17,00 | **22,00** | 28,00 | 8,6% |

Einheit: m²
Brutto-Grundfläche
(BGF)

| Gebäudeart | ▷ | €/Einheit | ◁ | KG an 400 |
|---|---|---|---|---|
| **Mehrfamilienhäuser (Fortsetzung)** | | | | |
| Mehrfamilienhäuser, mit 6 bis 19 WE, einfacher Standard | 13,00 | **20,00** | 24,00 | 11,2% |
| Mehrfamilienhäuser, mit 6 bis 19 WE, mittlerer Standard | 9,40 | **21,00** | 27,00 | 10,0% |
| Mehrfamilienhäuser, mit 6 bis 19 WE, hoher Standard | 17,00 | **21,00** | 26,00 | 10,4% |
| Mehrfamilienhäuser, mit 20 oder mehr WE, mittlerer Standard | 13,00 | **20,00** | 27,00 | 7,8% |
| Mehrfamilienhäuser, mit 20 oder mehr WE, hoher Standard | 14,00 | **18,00** | 21,00 | 7,2% |
| Mehrfamilienhäuser, Passivhäuser | 13,00 | **21,00** | 33,00 | 8,5% |
| Wohnhäuser, mit bis zu 15% Mischnutzung, einfacher Standard | 22,00 | **27,00** | 29,00 | 12,4% |
| Wohnhäuser, mit bis zu 15% Mischnutzung, mittlerer Standard | 5,00 | **18,00** | 26,00 | 8,5% |
| Wohnhäuser, mit bis zu 15% Mischnutzung, hoher Standard | – | **20,00** | – | 8,5% |
| Wohnhäuser, mit mehr als 15% Mischnutzung | 27,00 | **35,00** | 42,00 | 8,2% |
| **Seniorenwohnungen** | | | | |
| Seniorenwohnungen, mittlerer Standard | 19,00 | **27,00** | 39,00 | 9,4% |
| Seniorenwohnungen, hoher Standard | 16,00 | **23,00** | 31,00 | 7,0% |
| **Beherbergung** | | | | |
| Wohnheime und Internate | 13,00 | **26,00** | 40,00 | 7,4% |
| **7 Gewerbegebäude** | | | | |
| **Gaststätten und Kantinen** | | | | |
| Gaststätten, Kantinen und Mensen | – | **75,00** | – | 9,3% |
| **Gebäude für Produktion** | | | | |
| Industrielle Produktionsgebäude, Massivbauweise | 14,00 | **17,00** | 23,00 | 6,4% |
| Industrielle Produktionsgebäude, überwiegend Skelettbauweise | 10,00 | **16,00** | 19,00 | 4,4% |
| Betriebs- und Werkstätten, eingeschossig | 7,50 | **20,00** | 32,00 | 4,0% |
| Betriebs- und Werkstätten, mehrgeschossig, geringer Hallenanteil | 1,80 | **7,20** | 13,00 | 5,7% |
| Betriebs- und Werkstätten, mehrgeschossig, hoher Hallenanteil | 7,50 | **20,00** | 38,00 | 7,9% |
| **Gebäude für Handel und Lager** | | | | |
| Geschäftshäuser, mit Wohnungen | 15,00 | **16,00** | 17,00 | 6,0% |
| Geschäftshäuser, ohne Wohnungen | 14,00 | **24,00** | 34,00 | 10,3% |
| Verbrauchermärkte | 15,00 | **19,00** | 23,00 | 5,3% |
| Autohäuser | 5,30 | **22,00** | 40,00 | 10,0% |
| Lagergebäude, ohne Mischnutzung | 2,40 | **7,90** | 9,60 | 17,3% |
| Lagergebäude, mit bis zu 25% Mischnutzung | 4,60 | **8,60** | 15,00 | 5,3% |
| Lagergebäude, mit mehr als 25% Mischnutzung | 5,40 | **12,00** | 18,00 | 7,5% |
| **Garagen und Bereitschaftsdienste** | | | | |
| Einzel-, Mehrfach- und Hochgaragen | 2,90 | **9,30** | 17,00 | 31,2% |
| Tiefgaragen | – | **11,00** | – | 48,9% |
| Feuerwehrhäuser | 21,00 | **32,00** | 47,00 | 8,6% |
| Öffentliche Bereitschaftsdienste | 8,60 | **12,00** | 17,00 | 3,6% |
| **9 Kulturgebäude** | | | | |
| **Gebäude für kulturelle Zwecke** | | | | |
| Bibliotheken, Museen und Ausstellungen | 11,00 | **22,00** | 26,00 | 4,7% |
| Theater | 39,00 | **56,00** | 72,00 | 14,9% |
| Gemeindezentren, einfacher Standard | 9,50 | **12,00** | 16,00 | 7,0% |
| Gemeindezentren, mittlerer Standard | 9,70 | **25,00** | 36,00 | 6,2% |
| Gemeindezentren, hoher Standard | 22,00 | **32,00** | 52,00 | 6,2% |
| **Gebäude für religiöse Zwecke** | | | | |
| Sakralbauten | – | **–** | – | – |
| Friedhofsgebäude | – | **19,00** | – | 5,6% |

**Kosten:**
Stand 1.Quartal 2020
Bundesdurchschnitt
inkl. 19% MwSt.

Einheit: m²
Brutto-Grundfläche
(BGF)

▷ von
ø Mittel
◁ bis

| Gebäudeart | ▷ | €/Einheit | ◁ | KG an 400 |
|---|---|---|---|---|
| **1 Büro- und Verwaltungsgebäude** | | | | |
| Büro- und Verwaltungsgebäude, einfacher Standard | 12,00 | **18,00** | 22,00 | 9,4% |
| Büro- und Verwaltungsgebäude, mittlerer Standard | 20,00 | **26,00** | 41,00 | 6,4% |
| Büro- und Verwaltungsgebäude, hoher Standard | 27,00 | **36,00** | 50,00 | 6,4% |
| **2 Gebäude für Forschung und Lehre** | | | | |
| Instituts- und Laborgebäude | 24,00 | **45,00** | 106,00 | 3,9% |
| **3 Gebäude des Gesundheitswesens** | | | | |
| Medizinische Einrichtungen | 40,00 | **49,00** | 58,00 | 8,7% |
| Pflegeheime | 47,00 | **71,00** | 95,00 | 11,9% |
| **4 Schulen und Kindergärten** | | | | |
| Allgemeinbildende Schulen | 22,00 | **30,00** | 36,00 | 8,6% |
| Berufliche Schulen | 25,00 | **45,00** | 116,00 | 7,4% |
| Förder- und Sonderschulen | 27,00 | **37,00** | 72,00 | 8,6% |
| Weiterbildungseinrichtungen | 22,00 | **23,00** | 23,00 | 3,1% |
| Kindergärten, nicht unterkellert, einfacher Standard | – | **43,00** | – | 19,6% |
| Kindergärten, nicht unterkellert, mittlerer Standard | 37,00 | **59,00** | 73,00 | 16,8% |
| Kindergärten, nicht unterkellert, hoher Standard | 44,00 | **54,00** | 63,00 | 17,3% |
| Kindergärten, Holzbauweise, nicht unterkellert | 37,00 | **52,00** | 64,00 | 17,3% |
| Kindergärten, unterkellert | 35,00 | **50,00** | 81,00 | 14,9% |
| **5 Sportbauten** | | | | |
| Sport- und Mehrzweckhallen | 40,00 | **48,00** | 63,00 | 16,7% |
| Sporthallen (Einfeldhallen) | 41,00 | **49,00** | 54,00 | 17,0% |
| Sporthallen (Dreifeldhallen) | 41,00 | **50,00** | 65,00 | 10,0% |
| Schwimmhallen | – | **–** | – | – |
| **6 Wohngebäude** | | | | |
| **Ein- und Zweifamilienhäuser** | | | | |
| Ein- und Zweifamilienhäuser, unterkellert, einfacher Standard | 30,00 | **34,00** | 36,00 | 23,4% |
| Ein- und Zweifamilienhäuser, unterkellert, mittlerer Standard | 34,00 | **43,00** | 61,00 | 17,7% |
| Ein- und Zweifamilienhäuser, unterkellert, hoher Standard | 33,00 | **51,00** | 71,00 | 16,3% |
| Ein- und Zweifamilienhäuser, nicht unterkellert, einfacher Standard | 29,00 | **37,00** | 45,00 | 23,4% |
| Ein- und Zweifamilienhäuser, nicht unterkellert, mittlerer Standard | 47,00 | **57,00** | 81,00 | 22,8% |
| Ein- und Zweifamilienhäuser, nicht unterkellert, hoher Standard | 38,00 | **63,00** | 100,00 | 20,2% |
| Ein- und Zweifamilienhäuser, Passivhausstandard, Massivbau | 39,00 | **58,00** | 87,00 | 19,3% |
| Ein- und Zweifamilienhäuser, Passivhausstandard, Holzbau | 49,00 | **75,00** | 110,00 | 21,1% |
| Ein- und Zweifamilienhäuser, Holzbauweise, unterkellert | 34,00 | **51,00** | 92,00 | 21,0% |
| Ein- und Zweifamilienhäuser, Holzbauweise, nicht unterkellert | 27,00 | **46,00** | 71,00 | 16,8% |
| Doppel- und Reihenendhäuser, einfacher Standard | 29,00 | **36,00** | 51,00 | 18,5% |
| Doppel- und Reihenendhäuser, mittlerer Standard | 28,00 | **41,00** | 53,00 | 17,2% |
| Doppel- und Reihenendhäuser, hoher Standard | 46,00 | **58,00** | 91,00 | 21,1% |
| Reihenhäuser, einfacher Standard | 34,00 | **41,00** | 48,00 | 23,2% |
| Reihenhäuser, mittlerer Standard | 36,00 | **48,00** | 69,00 | 19,9% |
| Reihenhäuser, hoher Standard | 56,00 | **67,00** | 74,00 | 22,5% |
| **Mehrfamilienhäuser** | | | | |
| Mehrfamilienhäuser, mit bis zu 6 WE, einfacher Standard | 29,00 | **33,00** | 40,00 | 25,0% |
| Mehrfamilienhäuser, mit bis zu 6 WE, mittlerer Standard | 29,00 | **47,00** | 59,00 | 23,3% |
| Mehrfamilienhäuser, mit bis zu 6 WE, hoher Standard | 36,00 | **47,00** | 59,00 | 17,6% |

| Gebäudeart | ▷ | €/Einheit | ◁ | KG an 400 |
|---|---|---|---|---|
| **Mehrfamilienhäuser (Fortsetzung)** | | | | |
| Mehrfamilienhäuser, mit 6 bis 19 WE, einfacher Standard | 40,00 | **47,00** | 61,00 | 26,2% |
| Mehrfamilienhäuser, mit 6 bis 19 WE, mittlerer Standard | 32,00 | **40,00** | 51,00 | 21,0% |
| Mehrfamilienhäuser, mit 6 bis 19 WE, hoher Standard | 33,00 | **42,00** | 49,00 | 20,5% |
| Mehrfamilienhäuser, mit 20 oder mehr WE, mittlerer Standard | 25,00 | **32,00** | 38,00 | 12,6% |
| Mehrfamilienhäuser, mit 20 oder mehr WE, hoher Standard | 33,00 | **62,00** | 82,00 | 23,6% |
| Mehrfamilienhäuser, Passivhäuser | 34,00 | **39,00** | 48,00 | 18,2% |
| Wohnhäuser, mit bis zu 15% Mischnutzung, einfacher Standard | 45,00 | **48,00** | 55,00 | 22,6% |
| Wohnhäuser, mit bis zu 15% Mischnutzung, mittlerer Standard | 17,00 | **42,00** | 59,00 | 20,9% |
| Wohnhäuser, mit bis zu 15% Mischnutzung, hoher Standard | – | **54,00** | – | 23,0% |
| Wohnhäuser, mit mehr als 15% Mischnutzung | 40,00 | **58,00** | 77,00 | 13,4% |
| **Seniorenwohnungen** | | | | |
| Seniorenwohnungen, mittlerer Standard | 29,00 | **39,00** | 47,00 | 13,9% |
| Seniorenwohnungen, hoher Standard | 47,00 | **66,00** | 86,00 | 20,1% |
| **Beherbergung** | | | | |
| Wohnheime und Internate | 35,00 | **58,00** | 103,00 | 15,9% |
| **7 Gewerbegebäude** | | | | |
| **Gaststätten und Kantinen** | | | | |
| Gaststätten, Kantinen und Mensen | – | **73,00** | – | 9,0% |
| **Gebäude für Produktion** | | | | |
| Industrielle Produktionsgebäude, Massivbauweise | 24,00 | **32,00** | 37,00 | 11,9% |
| Industrielle Produktionsgebäude, überwiegend Skelettbauweise | 8,50 | **15,00** | 22,00 | 2,7% |
| Betriebs- und Werkstätten, eingeschossig | 34,00 | **46,00** | 58,00 | 14,2% |
| Betriebs- und Werkstätten, mehrgeschossig, geringer Hallenanteil | 7,60 | **18,00** | 22,00 | 5,8% |
| Betriebs- und Werkstätten, mehrgeschossig, hoher Hallenanteil | 16,00 | **30,00** | 55,00 | 10,3% |
| **Gebäude für Handel und Lager** | | | | |
| Geschäftshäuser, mit Wohnungen | 10,00 | **20,00** | 25,00 | 8,0% |
| Geschäftshäuser, ohne Wohnungen | 29,00 | **34,00** | 39,00 | 15,2% |
| Verbrauchermärkte | 24,00 | **33,00** | 42,00 | 9,1% |
| Autohäuser | 6,40 | **15,00** | 24,00 | 7,9% |
| Lagergebäude, ohne Mischnutzung | 4,50 | **9,00** | 18,00 | 2,1% |
| Lagergebäude, mit bis zu 25% Mischnutzung | 8,10 | **14,00** | 26,00 | 7,8% |
| Lagergebäude, mit mehr als 25% Mischnutzung | 13,00 | **24,00** | 36,00 | 12,6% |
| **Garagen und Bereitschaftsdienste** | | | | |
| Einzel-, Mehrfach- und Hochgaragen | – | **2,10** | – | 0,6% |
| Tiefgaragen | – | – | – | – |
| Feuerwehrhäuser | 25,00 | **32,00** | 36,00 | 8,5% |
| Öffentliche Bereitschaftsdienste | 5,90 | **11,00** | 21,00 | 3,2% |
| **9 Kulturgebäude** | | | | |
| **Gebäude für kulturelle Zwecke** | | | | |
| Bibliotheken, Museen und Ausstellungen | 22,00 | **36,00** | 53,00 | 7,7% |
| Theater | 37,00 | **59,00** | 80,00 | 9,7% |
| Gemeindezentren, einfacher Standard | 22,00 | **32,00** | 51,00 | 17,2% |
| Gemeindezentren, mittlerer Standard | 31,00 | **45,00** | 63,00 | 12,2% |
| Gemeindezentren, hoher Standard | 38,00 | **53,00** | 84,00 | 10,3% |
| **Gebäude für religiöse Zwecke** | | | | |
| Sakralbauten | – | **–** | – | – |
| Friedhofsgebäude | – | **34,00** | – | 10,3% |

Einheit: m²
Brutto-Grundfläche
(BGF)

**Kosten:**
Stand 1.Quartal 2020
Bundesdurchschnitt
inkl. 19% MwSt.

Einheit: m²
Brutto-Grundfläche
(BGF)

| Gebäudeart | ▷ | €/Einheit | ◁ | KG an 400 |
|---|---|---|---|---|
| **1 Büro- und Verwaltungsgebäude** | | | | |
| Büro- und Verwaltungsgebäude, einfacher Standard | – | **–** | – | – |
| Büro- und Verwaltungsgebäude, mittlerer Standard | – | **–** | – | – |
| Büro- und Verwaltungsgebäude, hoher Standard | 0,70 | **0,80** | 1,00 | 0,0% |
| **2 Gebäude für Forschung und Lehre** | | | | |
| Instituts- und Laborgebäude | – | **–** | – | – |
| **3 Gebäude des Gesundheitswesens** | | | | |
| Medizinische Einrichtungen | – | **–** | – | – |
| Pflegeheime | – | **–** | – | – |
| **4 Schulen und Kindergärten** | | | | |
| Allgemeinbildende Schulen | – | **4,80** | – | 0,1% |
| Berufliche Schulen | – | **0,90** | – | 0,0% |
| Förder- und Sonderschulen | – | **0,30** | – | 0,0% |
| Weiterbildungseinrichtungen | – | **2,20** | – | 0,1% |
| Kindergärten, nicht unterkellert, einfacher Standard | – | **–** | – | – |
| Kindergärten, nicht unterkellert, mittlerer Standard | – | **4,30** | – | 0,2% |
| Kindergärten, nicht unterkellert, hoher Standard | – | **–** | – | – |
| Kindergärten, Holzbauweise, nicht unterkellert | – | **–** | – | – |
| Kindergärten, unterkellert | – | **–** | – | – |
| **5 Sportbauten** | | | | |
| Sport- und Mehrzweckhallen | – | **–** | – | – |
| Sporthallen (Einfeldhallen) | – | **–** | – | – |
| Sporthallen (Dreifeldhallen) | – | **–** | – | – |
| Schwimmhallen | – | **–** | – | – |
| **6 Wohngebäude** | | | | |
| **Ein- und Zweifamilienhäuser** | | | | |
| Ein- und Zweifamilienhäuser, unterkellert, einfacher Standard | – | **–** | – | – |
| Ein- und Zweifamilienhäuser, unterkellert, mittlerer Standard | – | **–** | – | – |
| Ein- und Zweifamilienhäuser, unterkellert, hoher Standard | – | **2,40** | – | 0,1% |
| Ein- und Zweifamilienhäuser, nicht unterkellert, einfacher Standard | – | **–** | – | – |
| Ein- und Zweifamilienhäuser, nicht unterkellert, mittlerer Standard | – | **–** | – | – |
| Ein- und Zweifamilienhäuser, nicht unterkellert, hoher Standard | – | **–** | – | – |
| Ein- und Zweifamilienhäuser, Passivhausstandard, Massivbau | – | **5,80** | – | 0,1% |
| Ein- und Zweifamilienhäuser, Passivhausstandard, Holzbau | – | **–** | – | – |
| Ein- und Zweifamilienhäuser, Holzbauweise, unterkellert | – | **1,70** | – | 0,1% |
| Ein- und Zweifamilienhäuser, Holzbauweise, nicht unterkellert | – | **1,50** | – | 0,1% |
| Doppel- und Reihenendhäuser, einfacher Standard | – | **–** | – | – |
| Doppel- und Reihenendhäuser, mittlerer Standard | – | **–** | – | – |
| Doppel- und Reihenendhäuser, hoher Standard | – | **1,10** | – | 0,1% |
| Reihenhäuser, einfacher Standard | – | **–** | – | – |
| Reihenhäuser, mittlerer Standard | – | **–** | – | – |
| Reihenhäuser, hoher Standard | – | **–** | – | – |
| **Mehrfamilienhäuser** | | | | |
| Mehrfamilienhäuser, mit bis zu 6 WE, einfacher Standard | – | **–** | – | – |
| Mehrfamilienhäuser, mit bis zu 6 WE, mittlerer Standard | – | **–** | – | – |
| Mehrfamilienhäuser, mit bis zu 6 WE, hoher Standard | – | **–** | – | – |

▷ von
ø Mittel
◁ bis

| Gebäudeart | ▷ | €/Einheit | ◁ | KG an 400 |
|---|---|---|---|---|
| **Mehrfamilienhäuser (Fortsetzung)** | | | | |
| Mehrfamilienhäuser, mit 6 bis 19 WE, einfacher Standard | – | – | – | – |
| Mehrfamilienhäuser, mit 6 bis 19 WE, mittlerer Standard | – | – | – | – |
| Mehrfamilienhäuser, mit 6 bis 19 WE, hoher Standard | – | – | – | – |
| Mehrfamilienhäuser, mit 20 oder mehr WE, mittlerer Standard | – | – | – | – |
| Mehrfamilienhäuser, mit 20 oder mehr WE, hoher Standard | – | – | – | – |
| Mehrfamilienhäuser, Passivhäuser | – | **1,70** | – | 0,1% |
| Wohnhäuser, mit bis zu 15% Mischnutzung, einfacher Standard | – | – | – | – |
| Wohnhäuser, mit bis zu 15% Mischnutzung, mittlerer Standard | – | – | – | – |
| Wohnhäuser, mit bis zu 15% Mischnutzung, hoher Standard | – | – | – | – |
| Wohnhäuser, mit mehr als 15% Mischnutzung | – | – | – | – |
| **Seniorenwohnungen** | | | | |
| Seniorenwohnungen, mittlerer Standard | – | – | – | – |
| Seniorenwohnungen, hoher Standard | – | – | – | – |
| **Beherbergung** | | | | |
| Wohnheime und Internate | – | – | – | – |
| **7 Gewerbegebäude** | | | | |
| **Gaststätten und Kantinen** | | | | |
| Gaststätten, Kantinen und Mensen | – | **0,50** | – | 0,1% |
| **Gebäude für Produktion** | | | | |
| Industrielle Produktionsgebäude, Massivbauweise | – | – | – | – |
| Industrielle Produktionsgebäude, überwiegend Skelettbauweise | – | **1,00** | – | 0,0% |
| Betriebs- und Werkstätten, eingeschossig | – | – | – | – |
| Betriebs- und Werkstätten, mehrgeschossig, geringer Hallenanteil | – | – | – | – |
| Betriebs- und Werkstätten, mehrgeschossig, hoher Hallenanteil | – | **7,50** | – | 0,2% |
| **Gebäude für Handel und Lager** | | | | |
| Geschäftshäuser, mit Wohnungen | – | – | – | – |
| Geschäftshäuser, ohne Wohnungen | – | – | – | – |
| Verbrauchermärkte | – | – | – | – |
| Autohäuser | – | – | – | – |
| Lagergebäude, ohne Mischnutzung | – | – | – | – |
| Lagergebäude, mit bis zu 25% Mischnutzung | – | – | – | – |
| Lagergebäude, mit mehr als 25% Mischnutzung | – | – | – | – |
| **Garagen und Bereitschaftsdienste** | | | | |
| Einzel-, Mehrfach- und Hochgaragen | – | – | – | – |
| Tiefgaragen | – | – | – | – |
| Feuerwehrhäuser | – | – | – | – |
| Öffentliche Bereitschaftsdienste | – | – | – | – |
| **9 Kulturgebäude** | | | | |
| **Gebäude für kulturelle Zwecke** | | | | |
| Bibliotheken, Museen und Ausstellungen | – | – | – | – |
| Theater | – | **7,60** | – | 0,3% |
| Gemeindezentren, einfacher Standard | – | – | – | – |
| Gemeindezentren, mittlerer Standard | – | – | – | – |
| Gemeindezentren, hoher Standard | – | **2,30** | – | 0,2% |
| **Gebäude für religiöse Zwecke** | | | | |
| Sakralbauten | – | – | – | – |
| Friedhofsgebäude | – | – | – | – |

Einheit: m²
Brutto-Grundfläche
(BGF)

## Sonstiges zur KG 410

**Kosten:**
Stand 1.Quartal 2020
Bundesdurchschnitt
inkl. 19% MwSt.

Einheit: m²
Brutto-Grundfläche
(BGF)

| Gebäudeart | ▷ | €/Einheit | ◁ | KG an 400 |
|---|---|---|---|---|
| **1 Büro- und Verwaltungsgebäude** | | | | |
| Büro- und Verwaltungsgebäude, einfacher Standard | 1,00 | **3,10** | 5,20 | 0,7% |
| Büro- und Verwaltungsgebäude, mittlerer Standard | 2,20 | **4,10** | 6,30 | 0,8% |
| Büro- und Verwaltungsgebäude, hoher Standard | 2,00 | **2,90** | 4,90 | 0,5% |
| **2 Gebäude für Forschung und Lehre** | | | | |
| Instituts- und Laborgebäude | 1,80 | **4,10** | 8,70 | 0,3% |
| **3 Gebäude des Gesundheitswesens** | | | | |
| Medizinische Einrichtungen | 4,00 | **4,20** | 4,40 | 0,4% |
| Pflegeheime | 35,00 | **75,00** | 141,00 | 9,1% |
| **4 Schulen und Kindergärten** | | | | |
| Allgemeinbildende Schulen | 2,50 | **4,90** | 8,50 | 0,9% |
| Berufliche Schulen | 1,60 | **2,90** | 4,30 | 0,3% |
| Förder- und Sonderschulen | 2,30 | **3,10** | 3,90 | 0,4% |
| Weiterbildungseinrichtungen | – | **8,00** | – | 0,4% |
| Kindergärten, nicht unterkellert, einfacher Standard | – | **–** | – | – |
| Kindergärten, nicht unterkellert, mittlerer Standard | 4,80 | **7,30** | 9,70 | 1,5% |
| Kindergärten, nicht unterkellert, hoher Standard | – | **–** | – | – |
| Kindergärten, Holzbauweise, nicht unterkellert | 5,90 | **8,60** | 12,00 | 3,0% |
| Kindergärten, unterkellert | 4,30 | **5,20** | 6,10 | 0,9% |
| **5 Sportbauten** | | | | |
| Sport- und Mehrzweckhallen | – | **–** | – | – |
| Sporthallen (Einfeldhallen) | – | **5,00** | – | 0,7% |
| Sporthallen (Dreifeldhallen) | – | **–** | – | – |
| Schwimmhallen | – | **–** | – | – |
| **6 Wohngebäude** | | | | |
| **Ein- und Zweifamilienhäuser** | | | | |
| Ein- und Zweifamilienhäuser, unterkellert, einfacher Standard | – | **1,10** | – | 0,2% |
| Ein- und Zweifamilienhäuser, unterkellert, mittlerer Standard | 1,60 | **2,70** | 4,60 | 0,6% |
| Ein- und Zweifamilienhäuser, unterkellert, hoher Standard | 1,20 | **2,40** | 3,90 | 0,3% |
| Ein- und Zweifamilienhäuser, nicht unterkellert, einfacher Standard | – | **2,60** | – | 0,7% |
| Ein- und Zweifamilienhäuser, nicht unterkellert, mittlerer Standard | 3,00 | **4,50** | 5,70 | 0,7% |
| Ein- und Zweifamilienhäuser, nicht unterkellert, hoher Standard | 1,50 | **1,70** | 2,00 | 0,3% |
| Ein- und Zweifamilienhäuser, Passivhausstandard, Massivbau | 4,30 | **7,40** | 9,00 | 1,1% |
| Ein- und Zweifamilienhäuser, Passivhausstandard, Holzbau | 2,60 | **4,40** | 5,80 | 0,5% |
| Ein- und Zweifamilienhäuser, Holzbauweise, unterkellert | 2,70 | **4,30** | 6,20 | 0,6% |
| Ein- und Zweifamilienhäuser, Holzbauweise, nicht unterkellert | 2,50 | **4,00** | 5,20 | 1,1% |
| Doppel- und Reihenendhäuser, einfacher Standard | 3,50 | **5,70** | 8,00 | 1,7% |
| Doppel- und Reihenendhäuser, mittlerer Standard | 2,20 | **4,00** | 7,10 | 1,0% |
| Doppel- und Reihenendhäuser, hoher Standard | – | **5,00** | – | 0,3% |
| Reihenhäuser, einfacher Standard | – | **–** | – | – |
| Reihenhäuser, mittlerer Standard | 3,30 | **4,00** | 4,60 | 1,2% |
| Reihenhäuser, hoher Standard | – | **–** | – | – |
| **Mehrfamilienhäuser** | | | | |
| Mehrfamilienhäuser, mit bis zu 6 WE, einfacher Standard | – | **–** | – | – |
| Mehrfamilienhäuser, mit bis zu 6 WE, mittlerer Standard | 1,40 | **1,90** | 2,50 | 0,4% |
| Mehrfamilienhäuser, mit bis zu 6 WE, hoher Standard | 1,70 | **3,90** | 5,20 | 0,7% |

▷ von
ø Mittel
◁ bis


 Erläuterungen zu den Tabellen siehe Seite 46

| Gebäudeart | ▷ | €/Einheit | ◁ | KG an 400 |
|---|---|---|---|---|
| **Mehrfamilienhäuser (Fortsetzung)** | | | | |
| Mehrfamilienhäuser, mit 6 bis 19 WE, einfacher Standard | – | **3,30** | – | 0,6% |
| Mehrfamilienhäuser, mit 6 bis 19 WE, mittlerer Standard | 5,70 | **9,00** | 15,00 | 2,4% |
| Mehrfamilienhäuser, mit 6 bis 19 WE, hoher Standard | 5,70 | **6,80** | 7,30 | 2,0% |
| Mehrfamilienhäuser, mit 20 oder mehr WE, mittlerer Standard | 4,50 | **14,00** | 49,00 | 4,9% |
| Mehrfamilienhäuser, mit 20 oder mehr WE, hoher Standard | 2,40 | **3,20** | 4,50 | 1,3% |
| Mehrfamilienhäuser, Passivhäuser | 1,00 | **3,20** | 6,10 | 1,0% |
| Wohnhäuser, mit bis zu 15% Mischnutzung, einfacher Standard | – | **–** | – | – |
| Wohnhäuser, mit bis zu 15% Mischnutzung, mittlerer Standard | – | **11,00** | – | 1,3% |
| Wohnhäuser, mit bis zu 15% Mischnutzung, hoher Standard | – | **–** | – | – |
| Wohnhäuser, mit mehr als 15% Mischnutzung | – | **–** | – | – |
| **Seniorenwohnungen** | | | | |
| Seniorenwohnungen, mittlerer Standard | 7,20 | **30,00** | 98,00 | 7,0% |
| Seniorenwohnungen, hoher Standard | – | **–** | – | – |
| **Beherbergung** | | | | |
| Wohnheime und Internate | 2,70 | **5,50** | 9,00 | 1,1% |
| **7 Gewerbegebäude** | | | | |
| **Gaststätten und Kantinen** | | | | |
| Gaststätten, Kantinen und Mensen | – | **–** | – | – |
| **Gebäude für Produktion** | | | | |
| Industrielle Produktionsgebäude, Massivbauweise | – | **–** | – | – |
| Industrielle Produktionsgebäude, überwiegend Skelettbauweise | 0,60 | **1,30** | 2,00 | 0,3% |
| Betriebs- und Werkstätten, eingeschossig | – | **–** | – | – |
| Betriebs- und Werkstätten, mehrgeschossig, geringer Hallenanteil | 0,60 | **1,80** | 2,40 | 0,4% |
| Betriebs- und Werkstätten, mehrgeschossig, hoher Hallenanteil | 1,20 | **2,70** | 5,70 | 0,3% |
| **Gebäude für Handel und Lager** | | | | |
| Geschäftshäuser, mit Wohnungen | – | **1,60** | – | 0,2% |
| Geschäftshäuser, ohne Wohnungen | 0,90 | **1,80** | 2,70 | 0,9% |
| Verbrauchermärkte | – | **1,70** | – | 0,2% |
| Autohäuser | – | **2,40** | – | 1,4% |
| Lagergebäude, ohne Mischnutzung | – | **–** | – | – |
| Lagergebäude, mit bis zu 25% Mischnutzung | 0,70 | **1,50** | 2,40 | 0,4% |
| Lagergebäude, mit mehr als 25% Mischnutzung | – | **–** | – | – |
| **Garagen und Bereitschaftsdienste** | | | | |
| Einzel-, Mehrfach- und Hochgaragen | – | **–** | – | – |
| Tiefgaragen | – | **–** | – | – |
| Feuerwehrhäuser | 3,30 | **4,80** | 5,60 | 1,2% |
| Öffentliche Bereitschaftsdienste | – | **1,70** | – | 0,1% |
| **9 Kulturgebäude** | | | | |
| **Gebäude für kulturelle Zwecke** | | | | |
| Bibliotheken, Museen und Ausstellungen | 3,30 | **4,40** | 7,20 | 0,9% |
| Theater | – | **5,60** | – | 1,1% |
| Gemeindezentren, einfacher Standard | 0,30 | **2,70** | 5,10 | 1,4% |
| Gemeindezentren, mittlerer Standard | 5,40 | **8,20** | 12,00 | 1,7% |
| Gemeindezentren, hoher Standard | – | **–** | – | – |
| **Gebäude für religiöse Zwecke** | | | | |
| Sakralbauten | – | **–** | – | – |
| Friedhofsgebäude | – | **–** | – | – |

Einheit: m²
Brutto-Grundfläche
(BGF)

# 421 Wärmeerzeugungsanlagen

**Kosten:**
Stand 1.Quartal 2020
Bundesdurchschnitt
inkl. 19% MwSt.

Einheit: m² Brutto-Grundfläche (BGF)

| Gebäudeart | ▷ | €/Einheit | ◁ | KG an 400 |
|---|---|---|---|---|
| **1 Büro- und Verwaltungsgebäude** | | | | |
| Büro- und Verwaltungsgebäude, einfacher Standard | 7,70 | **15,00** | 19,00 | 7,9% |
| Büro- und Verwaltungsgebäude, mittlerer Standard | 9,10 | **21,00** | 60,00 | 4,7% |
| Büro- und Verwaltungsgebäude, hoher Standard | 15,00 | **36,00** | 54,00 | 6,4% |
| **2 Gebäude für Forschung und Lehre** | | | | |
| Instituts- und Laborgebäude | 11,00 | **61,00** | 160,00 | 3,2% |
| **3 Gebäude des Gesundheitswesens** | | | | |
| Medizinische Einrichtungen | 10,00 | **15,00** | 26,00 | 2,5% |
| Pflegeheime | 8,40 | **13,00** | 28,00 | 2,5% |
| **4 Schulen und Kindergärten** | | | | |
| Allgemeinbildende Schulen | 6,80 | **15,00** | 44,00 | 4,0% |
| Berufliche Schulen | 7,30 | **16,00** | 25,00 | 1,5% |
| Förder- und Sonderschulen | 9,80 | **32,00** | 71,00 | 7,7% |
| Weiterbildungseinrichtungen | 5,40 | **11,00** | 17,00 | 1,8% |
| Kindergärten, nicht unterkellert, einfacher Standard | – | **11,00** | – | 5,1% |
| Kindergärten, nicht unterkellert, mittlerer Standard | 19,00 | **40,00** | 94,00 | 10,9% |
| Kindergärten, nicht unterkellert, hoher Standard | 20,00 | **26,00** | 31,00 | 8,3% |
| Kindergärten, Holzbauweise, nicht unterkellert | 17,00 | **32,00** | 53,00 | 10,4% |
| Kindergärten, unterkellert | 9,80 | **25,00** | 54,00 | 6,9% |
| **5 Sportbauten** | | | | |
| Sport- und Mehrzweckhallen | 7,70 | **24,00** | 33,00 | 6,2% |
| Sporthallen (Einfeldhallen) | 7,90 | **11,00** | 17,00 | 3,7% |
| Sporthallen (Dreifeldhallen) | – | **59,00** | – | 3,3% |
| Schwimmhallen | – | **–** | – | – |
| **6 Wohngebäude** | | | | |
| **Ein- und Zweifamilienhäuser** | | | | |
| Ein- und Zweifamilienhäuser, unterkellert, einfacher Standard | 24,00 | **26,00** | 30,00 | 18,8% |
| Ein- und Zweifamilienhäuser, unterkellert, mittlerer Standard | 22,00 | **50,00** | 75,00 | 19,6% |
| Ein- und Zweifamilienhäuser, unterkellert, hoher Standard | 38,00 | **70,00** | 106,00 | 21,5% |
| Ein- und Zweifamilienhäuser, nicht unterkellert, einfacher Standard | 18,00 | **33,00** | 48,00 | 19,4% |
| Ein- und Zweifamilienhäuser, nicht unterkellert, mittlerer Standard | 28,00 | **50,00** | 89,00 | 19,2% |
| Ein- und Zweifamilienhäuser, nicht unterkellert, hoher Standard | 41,00 | **85,00** | 147,00 | 25,8% |
| Ein- und Zweifamilienhäuser, Passivhausstandard, Massivbau | 26,00 | **62,00** | 88,00 | 20,0% |
| Ein- und Zweifamilienhäuser, Passivhausstandard, Holzbau | 55,00 | **89,00** | 127,00 | 15,1% |
| Ein- und Zweifamilienhäuser, Holzbauweise, unterkellert | 30,00 | **48,00** | 73,00 | 15,6% |
| Ein- und Zweifamilienhäuser, Holzbauweise, nicht unterkellert | 37,00 | **59,00** | 105,00 | 21,3% |
| Doppel- und Reihenendhäuser, einfacher Standard | 30,00 | **71,00** | 92,00 | 32,1% |
| Doppel- und Reihenendhäuser, mittlerer Standard | 24,00 | **44,00** | 68,00 | 17,9% |
| Doppel- und Reihenendhäuser, hoher Standard | 39,00 | **47,00** | 71,00 | 12,5% |
| Reihenhäuser, einfacher Standard | 30,00 | **40,00** | 49,00 | 21,4% |
| Reihenhäuser, mittlerer Standard | 35,00 | **38,00** | 45,00 | 16,8% |
| Reihenhäuser, hoher Standard | 37,00 | **59,00** | 71,00 | 19,3% |
| **Mehrfamilienhäuser** | | | | |
| Mehrfamilienhäuser, mit bis zu 6 WE, einfacher Standard | 6,10 | **8,30** | 9,50 | 6,5% |
| Mehrfamilienhäuser, mit bis zu 6 WE, mittlerer Standard | 16,00 | **23,00** | 34,00 | 11,2% |
| Mehrfamilienhäuser, mit bis zu 6 WE, hoher Standard | 21,00 | **32,00** | 44,00 | 11,6% |

▷ von
ø Mittel
◁ bis

Einheit: m² Brutto-Grundfläche (BGF)

| Gebäudeart | ▷ | €/Einheit | ◁ | KG an 400 |
|---|---|---|---|---|
| **Mehrfamilienhäuser (Fortsetzung)** | | | | |
| Mehrfamilienhäuser, mit 6 bis 19 WE, einfacher Standard | 4,20 | **12,00** | 29,00 | 7,3% |
| Mehrfamilienhäuser, mit 6 bis 19 WE, mittlerer Standard | 6,90 | **31,00** | 56,00 | 11,9% |
| Mehrfamilienhäuser, mit 6 bis 19 WE, hoher Standard | 7,80 | **11,00** | 13,00 | 5,3% |
| Mehrfamilienhäuser, mit 20 oder mehr WE, mittlerer Standard | 8,70 | **15,00** | 30,00 | 4,6% |
| Mehrfamilienhäuser, mit 20 oder mehr WE, hoher Standard | 5,30 | **8,40** | 15,00 | 3,2% |
| Mehrfamilienhäuser, Passivhäuser | 13,00 | **33,00** | 107,00 | 11,7% |
| Wohnhäuser, mit bis zu 15% Mischnutzung, einfacher Standard | 15,00 | **34,00** | 66,00 | 14,9% |
| Wohnhäuser, mit bis zu 15% Mischnutzung, mittlerer Standard | 24,00 | **31,00** | 40,00 | 19,4% |
| Wohnhäuser, mit bis zu 15% Mischnutzung, hoher Standard | – | **3,10** | – | 1,3% |
| Wohnhäuser, mit mehr als 15% Mischnutzung | – | **12,00** | – | 1,8% |
| **Seniorenwohnungen** | | | | |
| Seniorenwohnungen, mittlerer Standard | 3,80 | **14,00** | 28,00 | 5,0% |
| Seniorenwohnungen, hoher Standard | 39,00 | **43,00** | 47,00 | 13,4% |
| **Beherbergung** | | | | |
| Wohnheime und Internate | 17,00 | **35,00** | 55,00 | 10,6% |
| **7 Gewerbegebäude** | | | | |
| **Gaststätten und Kantinen** | | | | |
| Gaststätten, Kantinen und Mensen | – | **34,00** | – | 4,2% |
| **Gebäude für Produktion** | | | | |
| Industrielle Produktionsgebäude, Massivbauweise | 6,10 | **24,00** | 34,00 | 8,8% |
| Industrielle Produktionsgebäude, überwiegend Skelettbauweise | 5,50 | **13,00** | 26,00 | 2,4% |
| Betriebs- und Werkstätten, eingeschossig | – | **9,90** | – | 0,8% |
| Betriebs- und Werkstätten, mehrgeschossig, geringer Hallenanteil | 12,00 | **30,00** | 84,00 | 7,1% |
| Betriebs- und Werkstätten, mehrgeschossig, hoher Hallenanteil | 9,20 | **29,00** | 51,00 | 9,9% |
| **Gebäude für Handel und Lager** | | | | |
| Geschäftshäuser, mit Wohnungen | 13,00 | **22,00** | 29,00 | 9,3% |
| Geschäftshäuser, ohne Wohnungen | 7,50 | **12,00** | 16,00 | 5,1% |
| Verbrauchermärkte | – | **22,00** | – | 2,5% |
| Autohäuser | 8,40 | **12,00** | 16,00 | 7,9% |
| Lagergebäude, ohne Mischnutzung | 4,30 | **13,00** | 25,00 | 4,9% |
| Lagergebäude, mit bis zu 25% Mischnutzung | 4,60 | **6,80** | 8,90 | 2,7% |
| Lagergebäude, mit mehr als 25% Mischnutzung | 10,00 | **12,00** | 14,00 | 7,2% |
| **Garagen und Bereitschaftsdienste** | | | | |
| Einzel-, Mehrfach- und Hochgaragen | – | **–** | – | – |
| Tiefgaragen | – | **–** | – | – |
| Feuerwehrhäuser | 4,70 | **7,30** | 12,00 | 2,0% |
| Öffentliche Bereitschaftsdienste | 9,20 | **11,00** | 13,00 | 4,0% |
| **9 Kulturgebäude** | | | | |
| **Gebäude für kulturelle Zwecke** | | | | |
| Bibliotheken, Museen und Ausstellungen | 12,00 | **23,00** | 32,00 | 5,6% |
| Theater | – | **5,40** | – | 0,2% |
| Gemeindezentren, einfacher Standard | 12,00 | **20,00** | 33,00 | 11,4% |
| Gemeindezentren, mittlerer Standard | 27,00 | **37,00** | 80,00 | 10,1% |
| Gemeindezentren, hoher Standard | 42,00 | **53,00** | 75,00 | 10,2% |
| **Gebäude für religiöse Zwecke** | | | | |
| Sakralbauten | – | **–** | – | – |
| Friedhofsgebäude | – | **–** | – | – |

**Kosten:**
Stand 1.Quartal 2020
Bundesdurchschnitt
inkl. 19% MwSt.

Einheit: m²
Brutto-Grundfläche
(BGF)

| Gebäudeart | ▷ | €/Einheit | ◁ | KG an 400 |
|---|---|---|---|---|
| **1 Büro- und Verwaltungsgebäude** | | | | |
| Büro- und Verwaltungsgebäude, einfacher Standard | 5,80 | **7,10** | 9,80 | 3,2% |
| Büro- und Verwaltungsgebäude, mittlerer Standard | 19,00 | **31,00** | 57,00 | 7,2% |
| Büro- und Verwaltungsgebäude, hoher Standard | 28,00 | **55,00** | 88,00 | 8,4% |
| **2 Gebäude für Forschung und Lehre** | | | | |
| Instituts- und Laborgebäude | 20,00 | **63,00** | 106,00 | 5,4% |
| **3 Gebäude des Gesundheitswesens** | | | | |
| Medizinische Einrichtungen | 14,00 | **16,00** | 19,00 | 3,1% |
| Pflegeheime | 22,00 | **24,00** | 26,00 | 4,0% |
| **4 Schulen und Kindergärten** | | | | |
| Allgemeinbildende Schulen | 15,00 | **23,00** | 37,00 | 7,7% |
| Berufliche Schulen | 12,00 | **28,00** | 54,00 | 3,2% |
| Förder- und Sonderschulen | 15,00 | **28,00** | 45,00 | 6,4% |
| Weiterbildungseinrichtungen | 11,00 | **21,00** | 30,00 | 3,2% |
| Kindergärten, nicht unterkellert, einfacher Standard | – | **16,00** | – | 7,4% |
| Kindergärten, nicht unterkellert, mittlerer Standard | 10,00 | **16,00** | 20,00 | 3,0% |
| Kindergärten, nicht unterkellert, hoher Standard | 10,00 | **19,00** | 28,00 | 6,0% |
| Kindergärten, Holzbauweise, nicht unterkellert | 12,00 | **17,00** | 20,00 | 6,0% |
| Kindergärten, unterkellert | 17,00 | **20,00** | 24,00 | 6,9% |
| **5 Sportbauten** | | | | |
| Sport- und Mehrzweckhallen | 5,30 | **22,00** | 31,00 | 5,4% |
| Sporthallen (Einfeldhallen) | 14,00 | **29,00** | 51,00 | 9,8% |
| Sporthallen (Dreifeldhallen) | – | **30,00** | – | 1,7% |
| Schwimmhallen | – | **–** | – | – |
| **6 Wohngebäude** | | | | |
| **Ein- und Zweifamilienhäuser** | | | | |
| Ein- und Zweifamilienhäuser, unterkellert, einfacher Standard | 6,40 | **9,20** | 15,00 | 6,4% |
| Ein- und Zweifamilienhäuser, unterkellert, mittlerer Standard | 7,00 | **12,00** | 20,00 | 4,6% |
| Ein- und Zweifamilienhäuser, unterkellert, hoher Standard | 8,40 | **16,00** | 27,00 | 4,6% |
| Ein- und Zweifamilienhäuser, nicht unterkellert, einfacher Standard | 11,00 | **14,00** | 16,00 | 9,4% |
| Ein- und Zweifamilienhäuser, nicht unterkellert, mittlerer Standard | 6,00 | **10,00** | 16,00 | 3,0% |
| Ein- und Zweifamilienhäuser, nicht unterkellert, hoher Standard | 6,50 | **11,00** | 19,00 | 3,2% |
| Ein- und Zweifamilienhäuser, Passivhausstandard, Massivbau | 5,90 | **10,00** | 17,00 | 2,1% |
| Ein- und Zweifamilienhäuser, Passivhausstandard, Holzbau | 4,80 | **7,10** | 11,00 | 1,7% |
| Ein- und Zweifamilienhäuser, Holzbauweise, unterkellert | 6,50 | **12,00** | 16,00 | 4,2% |
| Ein- und Zweifamilienhäuser, Holzbauweise, nicht unterkellert | 7,30 | **12,00** | 22,00 | 4,4% |
| Doppel- und Reihenendhäuser, einfacher Standard | 10,00 | **11,00** | 12,00 | 4,2% |
| Doppel- und Reihenendhäuser, mittlerer Standard | 16,00 | **22,00** | 55,00 | 7,5% |
| Doppel- und Reihenendhäuser, hoher Standard | 15,00 | **16,00** | 19,00 | 4,3% |
| Reihenhäuser, einfacher Standard | 12,00 | **14,00** | 16,00 | 7,9% |
| Reihenhäuser, mittlerer Standard | 3,20 | **15,00** | 22,00 | 6,0% |
| Reihenhäuser, hoher Standard | 14,00 | **24,00** | 42,00 | 7,5% |
| **Mehrfamilienhäuser** | | | | |
| Mehrfamilienhäuser, mit bis zu 6 WE, einfacher Standard | 14,00 | **20,00** | 28,00 | 14,4% |
| Mehrfamilienhäuser, mit bis zu 6 WE, mittlerer Standard | 8,00 | **14,00** | 19,00 | 5,8% |
| Mehrfamilienhäuser, mit bis zu 6 WE, hoher Standard | 11,00 | **17,00** | 43,00 | 6,5% |

▷ von
ø Mittel
◁ bis

| Gebäudeart | ▷ | €/Einheit | ◁ | KG an 400 |
|---|---|---|---|---|
| **Mehrfamilienhäuser (Fortsetzung)** | | | | |
| Mehrfamilienhäuser, mit 6 bis 19 WE, einfacher Standard | 16,00 | **19,00** | 25,00 | 10,6% |
| Mehrfamilienhäuser, mit 6 bis 19 WE, mittlerer Standard | 4,40 | **16,00** | 20,00 | 5,9% |
| Mehrfamilienhäuser, mit 6 bis 19 WE, hoher Standard | 9,60 | **16,00** | 18,00 | 7,7% |
| Mehrfamilienhäuser, mit 20 oder mehr WE, mittlerer Standard | 12,00 | **19,00** | 26,00 | 7,3% |
| Mehrfamilienhäuser, mit 20 oder mehr WE, hoher Standard | 7,80 | **9,20** | 12,00 | 3,6% |
| Mehrfamilienhäuser, Passivhäuser | 7,30 | **12,00** | 18,00 | 3,5% |
| Wohnhäuser, mit bis zu 15% Mischnutzung, einfacher Standard | – | **14,00** | – | 2,3% |
| Wohnhäuser, mit bis zu 15% Mischnutzung, mittlerer Standard | 6,00 | **12,00** | 24,00 | 5,6% |
| Wohnhäuser, mit bis zu 15% Mischnutzung, hoher Standard | – | **32,00** | – | 13,4% |
| Wohnhäuser, mit mehr als 15% Mischnutzung | – | **25,00** | – | 4,0% |
| **Seniorenwohnungen** | | | | |
| Seniorenwohnungen, mittlerer Standard | 14,00 | **24,00** | 34,00 | 8,3% |
| Seniorenwohnungen, hoher Standard | 25,00 | **37,00** | 50,00 | 12,1% |
| **Beherbergung** | | | | |
| Wohnheime und Internate | 10,00 | **18,00** | 25,00 | 5,6% |
| **7 Gewerbegebäude** | | | | |
| **Gaststätten und Kantinen** | | | | |
| Gaststätten, Kantinen und Mensen | – | **49,00** | – | 6,0% |
| **Gebäude für Produktion** | | | | |
| Industrielle Produktionsgebäude, Massivbauweise | 15,00 | **19,00** | 26,00 | 7,1% |
| Industrielle Produktionsgebäude, überwiegend Skelettbauweise | 14,00 | **20,00** | 33,00 | 3,5% |
| Betriebs- und Werkstätten, eingeschossig | – | **47,00** | – | 3,7% |
| Betriebs- und Werkstätten, mehrgeschossig, geringer Hallenanteil | 6,40 | **9,30** | 11,00 | 2,9% |
| Betriebs- und Werkstätten, mehrgeschossig, hoher Hallenanteil | 10,00 | **38,00** | 69,00 | 5,8% |
| **Gebäude für Handel und Lager** | | | | |
| Geschäftshäuser, mit Wohnungen | 13,00 | **14,00** | 15,00 | 5,6% |
| Geschäftshäuser, ohne Wohnungen | 21,00 | **26,00** | 31,00 | 12,3% |
| Verbrauchermärkte | – | **78,00** | – | 8,8% |
| Autohäuser | 8,50 | **20,00** | 31,00 | 10,4% |
| Lagergebäude, ohne Mischnutzung | 11,00 | **21,00** | 48,00 | 8,0% |
| Lagergebäude, mit bis zu 25% Mischnutzung | 7,40 | **15,00** | 23,00 | 4,0% |
| Lagergebäude, mit mehr als 25% Mischnutzung | 9,20 | **9,40** | 9,50 | 5,4% |
| **Garagen und Bereitschaftsdienste** | | | | |
| Einzel-, Mehrfach- und Hochgaragen | – | **–** | – | – |
| Tiefgaragen | – | **–** | – | – |
| Feuerwehrhäuser | 15,00 | **22,00** | 27,00 | 6,0% |
| Öffentliche Bereitschaftsdienste | 12,00 | **14,00** | 19,00 | 4,8% |
| **9 Kulturgebäude** | | | | |
| **Gebäude für kulturelle Zwecke** | | | | |
| Bibliotheken, Museen und Ausstellungen | 11,00 | **14,00** | 19,00 | 2,7% |
| Theater | – | **58,00** | – | 1,9% |
| Gemeindezentren, einfacher Standard | 3,20 | **11,00** | 15,00 | 6,7% |
| Gemeindezentren, mittlerer Standard | 11,00 | **18,00** | 25,00 | 5,5% |
| Gemeindezentren, hoher Standard | 20,00 | **23,00** | 24,00 | 4,4% |
| **Gebäude für religiöse Zwecke** | | | | |
| Sakralbauten | – | **–** | – | – |
| Friedhofsgebäude | – | **–** | – | – |

Einheit: m²
Brutto-Grundfläche
(BGF)

**Kosten:**
Stand 1.Quartal 2020
Bundesdurchschnitt
inkl. 19% MwSt.

Einheit: m²
Brutto-Grundfläche
(BGF)

▷ von
ø Mittel
◁ bis

| Gebäudeart | ▷ | €/Einheit | ◁ | KG an 400 |
|---|---|---|---|---|
| **1 Büro- und Verwaltungsgebäude** | | | | |
| Büro- und Verwaltungsgebäude, einfacher Standard | 18,00 | **26,00** | 38,00 | 13,7% |
| Büro- und Verwaltungsgebäude, mittlerer Standard | 26,00 | **41,00** | 66,00 | 10,1% |
| Büro- und Verwaltungsgebäude, hoher Standard | 14,00 | **42,00** | 64,00 | 6,8% |
| **2 Gebäude für Forschung und Lehre** | | | | |
| Instituts- und Laborgebäude | 17,00 | **23,00** | 36,00 | 2,2% |
| **3 Gebäude des Gesundheitswesens** | | | | |
| Medizinische Einrichtungen | 8,90 | **14,00** | 20,00 | 2,6% |
| Pflegeheime | 14,00 | **15,00** | 16,00 | 2,5% |
| **4 Schulen und Kindergärten** | | | | |
| Allgemeinbildende Schulen | 13,00 | **22,00** | 40,00 | 6,4% |
| Berufliche Schulen | 8,40 | **16,00** | 32,00 | 2,1% |
| Förder- und Sonderschulen | 23,00 | **37,00** | 57,00 | 8,6% |
| Weiterbildungseinrichtungen | 15,00 | **23,00** | 32,00 | 3,5% |
| Kindergärten, nicht unterkellert, einfacher Standard | – | **38,00** | – | 17,4% |
| Kindergärten, nicht unterkellert, mittlerer Standard | 18,00 | **21,00** | 22,00 | 4,3% |
| Kindergärten, nicht unterkellert, hoher Standard | 3,50 | **29,00** | 55,00 | 9,2% |
| Kindergärten, Holzbauweise, nicht unterkellert | 22,00 | **30,00** | 73,00 | 10,0% |
| Kindergärten, unterkellert | 16,00 | **29,00** | 36,00 | 9,7% |
| **5 Sportbauten** | | | | |
| Sport- und Mehrzweckhallen | 11,00 | **23,00** | 46,00 | 6,2% |
| Sporthallen (Einfeldhallen) | 10,00 | **33,00** | 47,00 | 12,2% |
| Sporthallen (Dreifeldhallen) | – | **40,00** | – | 2,3% |
| Schwimmhallen | – | **–** | – | – |
| **6 Wohngebäude** | | | | |
| **Ein- und Zweifamilienhäuser** | | | | |
| Ein- und Zweifamilienhäuser, unterkellert, einfacher Standard | 11,00 | **16,00** | 19,00 | 11,2% |
| Ein- und Zweifamilienhäuser, unterkellert, mittlerer Standard | 25,00 | **30,00** | 39,00 | 12,7% |
| Ein- und Zweifamilienhäuser, unterkellert, hoher Standard | 22,00 | **34,00** | 42,00 | 11,2% |
| Ein- und Zweifamilienhäuser, nicht unterkellert, einfacher Standard | 9,30 | **11,00** | 13,00 | 7,5% |
| Ein- und Zweifamilienhäuser, nicht unterkellert, mittlerer Standard | 23,00 | **38,00** | 57,00 | 15,5% |
| Ein- und Zweifamilienhäuser, nicht unterkellert, hoher Standard | 33,00 | **42,00** | 60,00 | 14,3% |
| Ein- und Zweifamilienhäuser, Passivhausstandard, Massivbau | 15,00 | **22,00** | 28,00 | 6,8% |
| Ein- und Zweifamilienhäuser, Passivhausstandard, Holzbau | 13,00 | **23,00** | 43,00 | 5,0% |
| Ein- und Zweifamilienhäuser, Holzbauweise, unterkellert | 18,00 | **28,00** | 44,00 | 8,4% |
| Ein- und Zweifamilienhäuser, Holzbauweise, nicht unterkellert | 15,00 | **23,00** | 30,00 | 9,1% |
| Doppel- und Reihenendhäuser, einfacher Standard | 17,00 | **20,00** | 25,00 | 9,3% |
| Doppel- und Reihenendhäuser, mittlerer Standard | 13,00 | **22,00** | 39,00 | 9,3% |
| Doppel- und Reihenendhäuser, hoher Standard | 19,00 | **27,00** | 34,00 | 6,9% |
| Reihenhäuser, einfacher Standard | 16,00 | **21,00** | 26,00 | 11,4% |
| Reihenhäuser, mittlerer Standard | 17,00 | **25,00** | 30,00 | 11,7% |
| Reihenhäuser, hoher Standard | 20,00 | **24,00** | 32,00 | 7,9% |
| **Mehrfamilienhäuser** | | | | |
| Mehrfamilienhäuser, mit bis zu 6 WE, einfacher Standard | 13,00 | **15,00** | 19,00 | 11,2% |
| Mehrfamilienhäuser, mit bis zu 6 WE, mittlerer Standard | 16,00 | **33,00** | 45,00 | 16,1% |
| Mehrfamilienhäuser, mit bis zu 6 WE, hoher Standard | 24,00 | **29,00** | 35,00 | 11,1% |

| Gebäudeart | ▷ | €/Einheit | ◁ | KG an 400 |
|---|---|---|---|---|
| **Mehrfamilienhäuser (Fortsetzung)** | | | | |
| Mehrfamilienhäuser, mit 6 bis 19 WE, einfacher Standard | 10,00 | **16,00** | 19,00 | 8,9% |
| Mehrfamilienhäuser, mit 6 bis 19 WE, mittlerer Standard | 13,00 | **17,00** | 24,00 | 8,1% |
| Mehrfamilienhäuser, mit 6 bis 19 WE, hoher Standard | 11,00 | **24,00** | 35,00 | 11,2% |
| Mehrfamilienhäuser, mit 20 oder mehr WE, mittlerer Standard | 9,90 | **13,00** | 18,00 | 4,9% |
| Mehrfamilienhäuser, mit 20 oder mehr WE, hoher Standard | 32,00 | **47,00** | 79,00 | 17,9% |
| Mehrfamilienhäuser, Passivhäuser | 10,00 | **16,00** | 25,00 | 6,8% |
| Wohnhäuser, mit bis zu 15% Mischnutzung, einfacher Standard | 14,00 | **25,00** | 31,00 | 12,1% |
| Wohnhäuser, mit bis zu 15% Mischnutzung, mittlerer Standard | 13,00 | **18,00** | 28,00 | 10,0% |
| Wohnhäuser, mit bis zu 15% Mischnutzung, hoher Standard | – | **23,00** | – | 9,8% |
| Wohnhäuser, mit mehr als 15% Mischnutzung | – | **31,00** | – | 4,8% |
| **Seniorenwohnungen** | | | | |
| Seniorenwohnungen, mittlerer Standard | 14,00 | **17,00** | 22,00 | 6,3% |
| Seniorenwohnungen, hoher Standard | 21,00 | **25,00** | 30,00 | 8,1% |
| **Beherbergung** | | | | |
| Wohnheime und Internate | 20,00 | **28,00** | 37,00 | 9,6% |
| **7 Gewerbegebäude** | | | | |
| **Gaststätten und Kantinen** | | | | |
| Gaststätten, Kantinen und Mensen | – | **24,00** | – | 3,0% |
| **Gebäude für Produktion** | | | | |
| Industrielle Produktionsgebäude, Massivbauweise | 14,00 | **25,00** | 44,00 | 9,9% |
| Industrielle Produktionsgebäude, überwiegend Skelettbauweise | 13,00 | **18,00** | 29,00 | 3,4% |
| Betriebs- und Werkstätten, eingeschossig | – | **13,00** | – | 1,0% |
| Betriebs- und Werkstätten, mehrgeschossig, geringer Hallenanteil | 16,00 | **27,00** | 40,00 | 8,2% |
| Betriebs- und Werkstätten, mehrgeschossig, hoher Hallenanteil | 16,00 | **23,00** | 30,00 | 11,1% |
| **Gebäude für Handel und Lager** | | | | |
| Geschäftshäuser, mit Wohnungen | 3,80 | **12,00** | 18,00 | 5,1% |
| Geschäftshäuser, ohne Wohnungen | 21,00 | **26,00** | 32,00 | 11,6% |
| Verbrauchermärkte | – | **25,00** | – | 2,8% |
| Autohäuser | 9,30 | **14,00** | 20,00 | 9,0% |
| Lagergebäude, ohne Mischnutzung | 7,80 | **17,00** | 28,00 | 7,3% |
| Lagergebäude, mit bis zu 25% Mischnutzung | 18,00 | **26,00** | 34,00 | 7,7% |
| Lagergebäude, mit mehr als 25% Mischnutzung | 4,30 | **13,00** | 22,00 | 8,9% |
| **Garagen und Bereitschaftsdienste** | | | | |
| Einzel-, Mehrfach- und Hochgaragen | – | **0,10** | – | 0,0% |
| Tiefgaragen | – | **–** | – | – |
| Feuerwehrhäuser | 17,00 | **24,00** | 29,00 | 6,4% |
| Öffentliche Bereitschaftsdienste | 5,00 | **8,10** | 14,00 | 2,9% |
| **9 Kulturgebäude** | | | | |
| **Gebäude für kulturelle Zwecke** | | | | |
| Bibliotheken, Museen und Ausstellungen | 24,00 | **32,00** | 41,00 | 7,6% |
| Theater | – | **67,00** | – | 2,2% |
| Gemeindezentren, einfacher Standard | 19,00 | **24,00** | 32,00 | 13,6% |
| Gemeindezentren, mittlerer Standard | 21,00 | **39,00** | 61,00 | 10,0% |
| Gemeindezentren, hoher Standard | 27,00 | **33,00** | 40,00 | 6,3% |
| **Gebäude für religiöse Zwecke** | | | | |
| Sakralbauten | – | **–** | – | – |
| Friedhofsgebäude | – | **–** | – | – |

Einheit: m²
Brutto-Grundfläche
(BGF)

**Kosten:**
Stand 1.Quartal 2020
Bundesdurchschnitt
inkl. 19% MwSt.

Einheit: m²
Brutto-Grundfläche
(BGF)

▷ von
ø Mittel
◁ bis

| Gebäudeart | ▷ | €/Einheit | ◁ | KG an 400 |
|---|---|---|---|---|
| **1 Büro- und Verwaltungsgebäude** | | | | |
| Büro- und Verwaltungsgebäude, einfacher Standard | 2,80 | **3,30** | 3,90 | 1,1% |
| Büro- und Verwaltungsgebäude, mittlerer Standard | 2,00 | **9,70** | 34,00 | 0,9% |
| Büro- und Verwaltungsgebäude, hoher Standard | 3,40 | **4,50** | 6,40 | 0,2% |
| **2 Gebäude für Forschung und Lehre** | | | | |
| Instituts- und Laborgebäude | 1,00 | **10,00** | 29,00 | 0,5% |
| **3 Gebäude des Gesundheitswesens** | | | | |
| Medizinische Einrichtungen | 0,80 | **1,30** | 1,90 | 0,2% |
| Pflegeheime | 0,80 | **1,30** | 1,70 | 0,1% |
| **4 Schulen und Kindergärten** | | | | |
| Allgemeinbildende Schulen | – | **1,80** | – | 0,1% |
| Berufliche Schulen | 0,90 | **1,30** | 1,60 | 0,1% |
| Förder- und Sonderschulen | – | **4,70** | – | 0,2% |
| Weiterbildungseinrichtungen | 0,60 | **0,60** | 0,70 | 0,1% |
| Kindergärten, nicht unterkellert, einfacher Standard | – | **–** | – | – |
| Kindergärten, nicht unterkellert, mittlerer Standard | 2,60 | **3,80** | 5,00 | 0,3% |
| Kindergärten, nicht unterkellert, hoher Standard | – | **13,00** | – | 2,0% |
| Kindergärten, Holzbauweise, nicht unterkellert | 0,50 | **1,50** | 2,70 | 0,3% |
| Kindergärten, unterkellert | 1,20 | **2,40** | 3,70 | 0,7% |
| **5 Sportbauten** | | | | |
| Sport- und Mehrzweckhallen | – | **11,00** | – | 0,8% |
| Sporthallen (Einfeldhallen) | – | **0,90** | – | 0,1% |
| Sporthallen (Dreifeldhallen) | – | **6,20** | – | 0,4% |
| Schwimmhallen | – | **–** | – | – |
| **6 Wohngebäude** | | | | |
| **Ein- und Zweifamilienhäuser** | | | | |
| Ein- und Zweifamilienhäuser, unterkellert, einfacher Standard | 13,00 | **14,00** | 14,00 | 6,8% |
| Ein- und Zweifamilienhäuser, unterkellert, mittlerer Standard | 8,80 | **16,00** | 32,00 | 5,1% |
| Ein- und Zweifamilienhäuser, unterkellert, hoher Standard | 7,90 | **18,00** | 46,00 | 5,7% |
| Ein- und Zweifamilienhäuser, nicht unterkellert, einfacher Standard | – | **15,00** | – | 6,3% |
| Ein- und Zweifamilienhäuser, nicht unterkellert, mittlerer Standard | 2,80 | **12,00** | 37,00 | 2,3% |
| Ein- und Zweifamilienhäuser, nicht unterkellert, hoher Standard | 13,00 | **23,00** | 34,00 | 6,4% |
| Ein- und Zweifamilienhäuser, Passivhausstandard, Massivbau | – | **9,50** | – | 0,3% |
| Ein- und Zweifamilienhäuser, Passivhausstandard, Holzbau | 13,00 | **22,00** | 38,00 | 2,4% |
| Ein- und Zweifamilienhäuser, Holzbauweise, unterkellert | 7,10 | **12,00** | 19,00 | 2,3% |
| Ein- und Zweifamilienhäuser, Holzbauweise, nicht unterkellert | 6,20 | **13,00** | 21,00 | 3,1% |
| Doppel- und Reihenendhäuser, einfacher Standard | – | **2,90** | – | 0,6% |
| Doppel- und Reihenendhäuser, mittlerer Standard | 4,60 | **10,00** | 22,00 | 2,5% |
| Doppel- und Reihenendhäuser, hoher Standard | 7,80 | **17,00** | 21,00 | 4,4% |
| Reihenhäuser, einfacher Standard | – | **2,90** | – | 0,9% |
| Reihenhäuser, mittlerer Standard | 4,10 | **4,90** | 6,40 | 2,1% |
| Reihenhäuser, hoher Standard | – | **47,00** | – | 4,3% |
| **Mehrfamilienhäuser** | | | | |
| Mehrfamilienhäuser, mit bis zu 6 WE, einfacher Standard | 2,50 | **3,90** | 6,80 | 3,2% |
| Mehrfamilienhäuser, mit bis zu 6 WE, mittlerer Standard | 3,30 | **6,80** | 12,00 | 3,6% |
| Mehrfamilienhäuser, mit bis zu 6 WE, hoher Standard | 2,40 | **5,30** | 7,40 | 1,5% |

| Gebäudeart | ▷ | €/Einheit | ◁ | KG an 400 |
|---|---|---|---|---|
| **Mehrfamilienhäuser (Fortsetzung)** | | | | |
| Mehrfamilienhäuser, mit 6 bis 19 WE, einfacher Standard | 1,10 | **7,80** | 21,00 | 4,4% |
| Mehrfamilienhäuser, mit 6 bis 19 WE, mittlerer Standard | 4,70 | **7,50** | 9,20 | 1,3% |
| Mehrfamilienhäuser, mit 6 bis 19 WE, hoher Standard | – | **4,00** | – | 0,3% |
| Mehrfamilienhäuser, mit 20 oder mehr WE, mittlerer Standard | 1,60 | **1,80** | 2,00 | 0,3% |
| Mehrfamilienhäuser, mit 20 oder mehr WE, hoher Standard | 0,40 | **0,90** | 1,30 | 0,3% |
| Mehrfamilienhäuser, Passivhäuser | 0,70 | **1,40** | 2,60 | 0,3% |
| Wohnhäuser, mit bis zu 15% Mischnutzung, einfacher Standard | 1,00 | **1,60** | 2,30 | 0,6% |
| Wohnhäuser, mit bis zu 15% Mischnutzung, mittlerer Standard | – | **2,90** | – | 0,3% |
| Wohnhäuser, mit bis zu 15% Mischnutzung, hoher Standard | – | **3,20** | – | 1,4% |
| Wohnhäuser, mit mehr als 15% Mischnutzung | – | **–** | – | – |
| **Seniorenwohnungen** | | | | |
| Seniorenwohnungen, mittlerer Standard | 0,20 | **0,50** | 0,70 | 0,1% |
| Seniorenwohnungen, hoher Standard | 4,80 | **5,40** | 6,00 | 1,7% |
| **Beherbergung** | | | | |
| Wohnheime und Internate | – | **–** | – | – |
| **7 Gewerbegebäude** | | | | |
| **Gaststätten und Kantinen** | | | | |
| Gaststätten, Kantinen und Mensen | – | **3,40** | – | 0,4% |
| **Gebäude für Produktion** | | | | |
| Industrielle Produktionsgebäude, Massivbauweise | – | **5,60** | – | 0,6% |
| Industrielle Produktionsgebäude, überwiegend Skelettbauweise | 0,30 | **0,80** | 1,10 | 0,1% |
| Betriebs- und Werkstätten, eingeschossig | – | **0,50** | – | 0,0% |
| Betriebs- und Werkstätten, mehrgeschossig, geringer Hallenanteil | 1,10 | **1,80** | 3,00 | 0,6% |
| Betriebs- und Werkstätten, mehrgeschossig, hoher Hallenanteil | 1,20 | **5,30** | 9,40 | 1,0% |
| **Gebäude für Handel und Lager** | | | | |
| Geschäftshäuser, mit Wohnungen | – | **1,20** | – | 0,1% |
| Geschäftshäuser, ohne Wohnungen | 3,30 | **7,10** | 11,00 | 3,6% |
| Verbrauchermärkte | – | **4,80** | – | 0,5% |
| Autohäuser | 1,50 | **1,50** | 1,60 | 1,2% |
| Lagergebäude, ohne Mischnutzung | 0,60 | **2,60** | 4,10 | 0,8% |
| Lagergebäude, mit bis zu 25% Mischnutzung | 0,80 | **0,90** | 1,10 | 0,3% |
| Lagergebäude, mit mehr als 25% Mischnutzung | – | **0,80** | – | 0,2% |
| **Garagen und Bereitschaftsdienste** | | | | |
| Einzel-, Mehrfach- und Hochgaragen | – | **–** | – | – |
| Tiefgaragen | – | **–** | – | – |
| Feuerwehrhäuser | 0,70 | **1,10** | 1,60 | 0,2% |
| Öffentliche Bereitschaftsdienste | – | **1,10** | – | 0,1% |
| **9 Kulturgebäude** | | | | |
| **Gebäude für kulturelle Zwecke** | | | | |
| Bibliotheken, Museen und Ausstellungen | 4,60 | **6,20** | 7,70 | 0,8% |
| Theater | – | **–** | – | – |
| Gemeindezentren, einfacher Standard | 1,50 | **5,10** | 8,70 | 1,5% |
| Gemeindezentren, mittlerer Standard | 1,10 | **2,00** | 2,80 | 0,3% |
| Gemeindezentren, hoher Standard | 3,90 | **17,00** | 30,00 | 2,2% |
| **Gebäude für religiöse Zwecke** | | | | |
| Sakralbauten | – | **–** | – | – |
| Friedhofsgebäude | – | **–** | – | – |

Einheit: m²
Brutto-Grundfläche
(BGF)

| Gebäudeart | ▷ | €/Einheit | ◁ | KG an 400 |
|---|---|---|---|---|
| **1 Büro- und Verwaltungsgebäude** | | | | |
| Büro- und Verwaltungsgebäude, einfacher Standard | 1,40 | **39,00** | 115,00 | 8,3% |
| Büro- und Verwaltungsgebäude, mittlerer Standard | 5,70 | **29,00** | 61,00 | 4,9% |
| Büro- und Verwaltungsgebäude, hoher Standard | 10,00 | **49,00** | 120,00 | 6,0% |
| **2 Gebäude für Forschung und Lehre** | | | | |
| Instituts- und Laborgebäude | 105,00 | **210,00** | 270,00 | 20,4% |
| **3 Gebäude des Gesundheitswesens** | | | | |
| Medizinische Einrichtungen | 8,00 | **54,00** | 99,00 | 3,6% |
| Pflegeheime | 42,00 | **84,00** | 118,00 | 13,7% |
| **4 Schulen und Kindergärten** | | | | |
| Allgemeinbildende Schulen | 14,00 | **66,00** | 128,00 | 12,0% |
| Berufliche Schulen | 36,00 | **49,00** | 63,00 | 4,8% |
| Förder- und Sonderschulen | 11,00 | **17,00** | 26,00 | 4,3% |
| Weiterbildungseinrichtungen | 52,00 | **66,00** | 81,00 | 9,6% |
| Kindergärten, nicht unterkellert, einfacher Standard | – | **9,50** | – | 4,4% |
| Kindergärten, nicht unterkellert, mittlerer Standard | 17,00 | **49,00** | 132,00 | 8,3% |
| Kindergärten, nicht unterkellert, hoher Standard | 0,20 | **49,00** | 97,00 | 16,3% |
| Kindergärten, Holzbauweise, nicht unterkellert | 13,00 | **27,00** | 53,00 | 5,4% |
| Kindergärten, unterkellert | 3,30 | **36,00** | 102,00 | 10,4% |
| **5 Sportbauten** | | | | |
| Sport- und Mehrzweckhallen | 11,00 | **57,00** | 80,00 | 13,4% |
| Sporthallen (Einfeldhallen) | 6,80 | **20,00** | 45,00 | 6,1% |
| Sporthallen (Dreifeldhallen) | 19,00 | **41,00** | 63,00 | 5,3% |
| Schwimmhallen | – | **–** | – | – |
| **6 Wohngebäude** | | | | |
| **Ein- und Zweifamilienhäuser** | | | | |
| Ein- und Zweifamilienhäuser, unterkellert, einfacher Standard | – | **–** | – | – |
| Ein- und Zweifamilienhäuser, unterkellert, mittlerer Standard | 1,80 | **16,00** | 32,00 | 2,5% |
| Ein- und Zweifamilienhäuser, unterkellert, hoher Standard | 13,00 | **30,00** | 44,00 | 4,4% |
| Ein- und Zweifamilienhäuser, nicht unterkellert, einfacher Standard | – | **24,00** | – | 6,0% |
| Ein- und Zweifamilienhäuser, nicht unterkellert, mittlerer Standard | 27,00 | **35,00** | 49,00 | 4,8% |
| Ein- und Zweifamilienhäuser, nicht unterkellert, hoher Standard | – | **1,70** | – | 0,1% |
| Ein- und Zweifamilienhäuser, Passivhausstandard, Massivbau | 37,00 | **69,00** | 118,00 | 18,8% |
| Ein- und Zweifamilienhäuser, Passivhausstandard, Holzbau | 60,00 | **94,00** | 144,00 | 25,1% |
| Ein- und Zweifamilienhäuser, Holzbauweise, unterkellert | 17,00 | **30,00** | 49,00 | 6,6% |
| Ein- und Zweifamilienhäuser, Holzbauweise, nicht unterkellert | 26,00 | **33,00** | 41,00 | 11,5% |
| Doppel- und Reihenendhäuser, einfacher Standard | – | **–** | – | – |
| Doppel- und Reihenendhäuser, mittlerer Standard | 9,80 | **32,00** | 40,00 | 10,6% |
| Doppel- und Reihenendhäuser, hoher Standard | 8,80 | **18,00** | 31,00 | 6,0% |
| Reihenhäuser, einfacher Standard | – | **4,80** | – | 1,5% |
| Reihenhäuser, mittlerer Standard | 4,50 | **36,00** | 52,00 | 13,6% |
| Reihenhäuser, hoher Standard | 33,00 | **41,00** | 52,00 | 14,1% |
| **Mehrfamilienhäuser** | | | | |
| Mehrfamilienhäuser, mit bis zu 6 WE, einfacher Standard | 1,30 | **3,00** | 4,70 | 1,4% |
| Mehrfamilienhäuser, mit bis zu 6 WE, mittlerer Standard | 3,80 | **13,00** | 30,00 | 3,3% |
| Mehrfamilienhäuser, mit bis zu 6 WE, hoher Standard | 3,00 | **14,00** | 32,00 | 4,1% |

**Kosten:**
Stand 1.Quartal 2020
Bundesdurchschnitt
inkl. 19% MwSt.

Einheit: m²
Brutto-Grundfläche
(BGF)

▷ von
ø Mittel
◁ bis

| Gebäudeart | ▷ | €/Einheit | ◁ | KG an 400 |
|---|---|---|---|---|
| **Mehrfamilienhäuser (Fortsetzung)** | | | | |
| Mehrfamilienhäuser, mit 6 bis 19 WE, einfacher Standard | 3,50 | **15,00** | 26,00 | 4,9% |
| Mehrfamilienhäuser, mit 6 bis 19 WE, mittlerer Standard | 5,30 | **15,00** | 76,00 | 4,1% |
| Mehrfamilienhäuser, mit 6 bis 19 WE, hoher Standard | 5,40 | **10,00** | 20,00 | 5,0% |
| Mehrfamilienhäuser, mit 20 oder mehr WE, mittlerer Standard | 4,00 | **7,10** | 18,00 | 2,6% |
| Mehrfamilienhäuser, mit 20 oder mehr WE, hoher Standard | 14,00 | **30,00** | 61,00 | 12,4% |
| Mehrfamilienhäuser, Passivhäuser | 24,00 | **51,00** | 68,00 | 20,9% |
| Wohnhäuser, mit bis zu 15% Mischnutzung, einfacher Standard | 0,60 | **3,60** | 9,50 | 1,8% |
| Wohnhäuser, mit bis zu 15% Mischnutzung, mittlerer Standard | 15,00 | **20,00** | 25,00 | 5,5% |
| Wohnhäuser, mit bis zu 15% Mischnutzung, hoher Standard | – | **19,00** | – | 7,9% |
| Wohnhäuser, mit mehr als 15% Mischnutzung | – | **4,00** | – | 0,6% |
| **Seniorenwohnungen** | | | | |
| Seniorenwohnungen, mittlerer Standard | 8,00 | **9,50** | 11,00 | 3,4% |
| Seniorenwohnungen, hoher Standard | – | **3,20** | – | 0,5% |
| **Beherbergung** | | | | |
| Wohnheime und Internate | 7,10 | **35,00** | 77,00 | 6,8% |
| **7 Gewerbegebäude** | | | | |
| **Gaststätten und Kantinen** | | | | |
| Gaststätten, Kantinen und Mensen | – | **211,00** | – | 26,1% |
| **Gebäude für Produktion** | | | | |
| Industrielle Produktionsgebäude, Massivbauweise | – | **11,00** | – | 1,4% |
| Industrielle Produktionsgebäude, überwiegend Skelettbauweise | 5,00 | **17,00** | 26,00 | 3,8% |
| Betriebs- und Werkstätten, eingeschossig | – | **133,00** | – | 10,5% |
| Betriebs- und Werkstätten, mehrgeschossig, geringer Hallenanteil | 5,70 | **35,00** | 120,00 | 7,3% |
| Betriebs- und Werkstätten, mehrgeschossig, hoher Hallenanteil | 0,20 | **39,00** | 59,00 | 3,6% |
| **Gebäude für Handel und Lager** | | | | |
| Geschäftshäuser, mit Wohnungen | 2,20 | **8,00** | 19,00 | 2,4% |
| Geschäftshäuser, ohne Wohnungen | 2,50 | **2,90** | 3,30 | 1,4% |
| Verbrauchermärkte | – | **74,00** | – | 8,4% |
| Autohäuser | 0,60 | **2,30** | 4,00 | 1,1% |
| Lagergebäude, ohne Mischnutzung | 2,70 | **52,00** | 101,00 | 3,1% |
| Lagergebäude, mit bis zu 25% Mischnutzung | – | **27,00** | – | 2,5% |
| Lagergebäude, mit mehr als 25% Mischnutzung | – | **1,80** | – | 0,6% |
| **Garagen und Bereitschaftsdienste** | | | | |
| Einzel-, Mehrfach- und Hochgaragen | – | **–** | – | – |
| Tiefgaragen | – | **–** | – | – |
| Feuerwehrhäuser | 21,00 | **40,00** | 50,00 | 10,9% |
| Öffentliche Bereitschaftsdienste | – | **27,00** | – | 1,5% |
| **9 Kulturgebäude** | | | | |
| **Gebäude für kulturelle Zwecke** | | | | |
| Bibliotheken, Museen und Ausstellungen | 2,90 | **4,30** | 5,70 | 0,6% |
| Theater | – | **265,00** | – | 8,7% |
| Gemeindezentren, einfacher Standard | 1,10 | **7,60** | 14,00 | 2,2% |
| Gemeindezentren, mittlerer Standard | 2,20 | **27,00** | 52,00 | 2,2% |
| Gemeindezentren, hoher Standard | 17,00 | **51,00** | 118,00 | 9,8% |
| **Gebäude für religiöse Zwecke** | | | | |
| Sakralbauten | – | **–** | – | – |
| Friedhofsgebäude | – | **5,30** | – | 1,6% |

Einheit: m²
Brutto-Grundfläche
(BGF)

**Kosten:**
Stand 1.Quartal 2020
Bundesdurchschnitt
inkl. 19% MwSt.

Einheit: m²
Brutto-Grundfläche
(BGF)

| Gebäudeart | ▷ | €/Einheit | ◁ | KG an 400 |
|---|---|---|---|---|
| **1 Büro- und Verwaltungsgebäude** | | | | |
| Büro- und Verwaltungsgebäude, einfacher Standard | – | **–** | – | – |
| Büro- und Verwaltungsgebäude, mittlerer Standard | 2,30 | **6,10** | 10,00 | 0,3% |
| Büro- und Verwaltungsgebäude, hoher Standard | – | **86,00** | – | 1,2% |
| **2 Gebäude für Forschung und Lehre** | | | | |
| Instituts- und Laborgebäude | – | **–** | – | – |
| **3 Gebäude des Gesundheitswesens** | | | | |
| Medizinische Einrichtungen | 0,80 | **75,00** | 113,00 | 10,1% |
| Pflegeheime | – | **1,00** | – | 0,0% |
| **4 Schulen und Kindergärten** | | | | |
| Allgemeinbildende Schulen | – | **3,70** | – | 0,1% |
| Berufliche Schulen | – | **–** | – | – |
| Förder- und Sonderschulen | – | **1,20** | – | 0,1% |
| Weiterbildungseinrichtungen | – | **–** | – | – |
| Kindergärten, nicht unterkellert, einfacher Standard | – | **–** | – | – |
| Kindergärten, nicht unterkellert, mittlerer Standard | – | **–** | – | – |
| Kindergärten, nicht unterkellert, hoher Standard | – | **–** | – | – |
| Kindergärten, Holzbauweise, nicht unterkellert | – | **–** | – | – |
| Kindergärten, unterkellert | – | **–** | – | – |
| **5 Sportbauten** | | | | |
| Sport- und Mehrzweckhallen | – | **–** | – | – |
| Sporthallen (Einfeldhallen) | – | **–** | – | – |
| Sporthallen (Dreifeldhallen) | – | **–** | – | – |
| Schwimmhallen | – | **–** | – | – |
| **6 Wohngebäude** | | | | |
| **Ein- und Zweifamilienhäuser** | | | | |
| Ein- und Zweifamilienhäuser, unterkellert, einfacher Standard | – | **–** | – | – |
| Ein- und Zweifamilienhäuser, unterkellert, mittlerer Standard | – | **–** | – | – |
| Ein- und Zweifamilienhäuser, unterkellert, hoher Standard | – | **–** | – | – |
| Ein- und Zweifamilienhäuser, nicht unterkellert, einfacher Standard | – | **–** | – | – |
| Ein- und Zweifamilienhäuser, nicht unterkellert, mittlerer Standard | – | **–** | – | – |
| Ein- und Zweifamilienhäuser, nicht unterkellert, hoher Standard | – | **–** | – | – |
| Ein- und Zweifamilienhäuser, Passivhausstandard, Massivbau | – | **–** | – | – |
| Ein- und Zweifamilienhäuser, Passivhausstandard, Holzbau | – | **–** | – | – |
| Ein- und Zweifamilienhäuser, Holzbauweise, unterkellert | – | **–** | – | – |
| Ein- und Zweifamilienhäuser, Holzbauweise, nicht unterkellert | – | **–** | – | – |
| Doppel- und Reihenendhäuser, einfacher Standard | – | **–** | – | – |
| Doppel- und Reihenendhäuser, mittlerer Standard | – | **–** | – | – |
| Doppel- und Reihenendhäuser, hoher Standard | – | **–** | – | – |
| Reihenhäuser, einfacher Standard | – | **–** | – | – |
| Reihenhäuser, mittlerer Standard | – | **–** | – | – |
| Reihenhäuser, hoher Standard | – | **–** | – | – |
| **Mehrfamilienhäuser** | | | | |
| Mehrfamilienhäuser, mit bis zu 6 WE, einfacher Standard | – | **–** | – | – |
| Mehrfamilienhäuser, mit bis zu 6 WE, mittlerer Standard | – | **–** | – | – |
| Mehrfamilienhäuser, mit bis zu 6 WE, hoher Standard | – | **–** | – | – |

▷ von
ø Mittel
◁ bis

| Gebäudeart | ▷ | €/Einheit | ◁ | KG an 400 |
|---|---|---|---|---|
| **Mehrfamilienhäuser (Fortsetzung)** | | | | |
| Mehrfamilienhäuser, mit 6 bis 19 WE, einfacher Standard | – | **2,70** | – | 0,4% |
| Mehrfamilienhäuser, mit 6 bis 19 WE, mittlerer Standard | – | – | – | – |
| Mehrfamilienhäuser, mit 6 bis 19 WE, hoher Standard | – | – | – | – |
| Mehrfamilienhäuser, mit 20 oder mehr WE, mittlerer Standard | – | – | – | – |
| Mehrfamilienhäuser, mit 20 oder mehr WE, hoher Standard | – | – | – | – |
| Mehrfamilienhäuser, Passivhäuser | – | – | – | – |
| Wohnhäuser, mit bis zu 15% Mischnutzung, einfacher Standard | – | – | – | – |
| Wohnhäuser, mit bis zu 15% Mischnutzung, mittlerer Standard | – | – | – | – |
| Wohnhäuser, mit bis zu 15% Mischnutzung, hoher Standard | – | – | – | – |
| Wohnhäuser, mit mehr als 15% Mischnutzung | – | – | – | – |
| **Seniorenwohnungen** | | | | |
| Seniorenwohnungen, mittlerer Standard | – | – | – | – |
| Seniorenwohnungen, hoher Standard | – | – | – | – |
| **Beherbergung** | | | | |
| Wohnheime und Internate | – | – | – | – |
| **7 Gewerbegebäude** | | | | |
| **Gaststätten und Kantinen** | | | | |
| Gaststätten, Kantinen und Mensen | – | – | – | – |
| **Gebäude für Produktion** | | | | |
| Industrielle Produktionsgebäude, Massivbauweise | – | **44,00** | – | 6,0% |
| Industrielle Produktionsgebäude, überwiegend Skelettbauweise | – | **28,00** | – | 1,0% |
| Betriebs- und Werkstätten, eingeschossig | – | – | – | – |
| Betriebs- und Werkstätten, mehrgeschossig, geringer Hallenanteil | 2,00 | **3,50** | 4,90 | 0,6% |
| Betriebs- und Werkstätten, mehrgeschossig, hoher Hallenanteil | – | – | – | – |
| **Gebäude für Handel und Lager** | | | | |
| Geschäftshäuser, mit Wohnungen | – | **58,00** | – | 5,2% |
| Geschäftshäuser, ohne Wohnungen | – | – | – | – |
| Verbrauchermärkte | – | – | – | – |
| Autohäuser | – | – | – | – |
| Lagergebäude, ohne Mischnutzung | – | – | – | – |
| Lagergebäude, mit bis zu 25% Mischnutzung | – | – | – | – |
| Lagergebäude, mit mehr als 25% Mischnutzung | – | – | – | – |
| **Garagen und Bereitschaftsdienste** | | | | |
| Einzel-, Mehrfach- und Hochgaragen | – | – | – | – |
| Tiefgaragen | – | – | – | – |
| Feuerwehrhäuser | – | **3,50** | – | 0,3% |
| Öffentliche Bereitschaftsdienste | – | **1,80** | – | 0,1% |
| **9 Kulturgebäude** | | | | |
| **Gebäude für kulturelle Zwecke** | | | | |
| Bibliotheken, Museen und Ausstellungen | – | – | – | – |
| Theater | – | – | – | – |
| Gemeindezentren, einfacher Standard | – | – | – | – |
| Gemeindezentren, mittlerer Standard | – | – | – | – |
| Gemeindezentren, hoher Standard | – | – | – | – |
| **Gebäude für religiöse Zwecke** | | | | |
| Sakralbauten | – | – | – | – |
| Friedhofsgebäude | – | – | – | – |

Einheit: m²
Brutto-Grundfläche
(BGF)

**Kosten:**
Stand 1.Quartal 2020
Bundesdurchschnitt
inkl. 19% MwSt.

Einheit: m²
Brutto-Grundfläche
(BGF)

| Gebäudeart | ▷ | €/Einheit | ◁ | KG an 400 |
|---|---|---|---|---|
| **1 Büro- und Verwaltungsgebäude** | | | | |
| Büro- und Verwaltungsgebäude, einfacher Standard | – | **–** | – | – |
| Büro- und Verwaltungsgebäude, mittlerer Standard | 5,90 | **20,00** | 61,00 | 0,9% |
| Büro- und Verwaltungsgebäude, hoher Standard | 37,00 | **76,00** | 118,00 | 5,4% |
| **2 Gebäude für Forschung und Lehre** | | | | |
| Instituts- und Laborgebäude | – | **381,00** | – | 5,7% |
| **3 Gebäude des Gesundheitswesens** | | | | |
| Medizinische Einrichtungen | – | **–** | – | – |
| Pflegeheime | – | **–** | – | – |
| **4 Schulen und Kindergärten** | | | | |
| Allgemeinbildende Schulen | – | **–** | – | – |
| Berufliche Schulen | – | **–** | – | – |
| Förder- und Sonderschulen | – | **–** | – | – |
| Weiterbildungseinrichtungen | – | **–** | – | – |
| Kindergärten, nicht unterkellert, einfacher Standard | – | **–** | – | – |
| Kindergärten, nicht unterkellert, mittlerer Standard | – | **–** | – | – |
| Kindergärten, nicht unterkellert, hoher Standard | – | **–** | – | – |
| Kindergärten, Holzbauweise, nicht unterkellert | – | – | – | – |
| Kindergärten, unterkellert | – | **–** | – | – |
| **5 Sportbauten** | | | | |
| Sport- und Mehrzweckhallen | – | **–** | – | – |
| Sporthallen (Einfeldhallen) | – | **–** | – | – |
| Sporthallen (Dreifeldhallen) | – | **–** | – | – |
| Schwimmhallen | – | **–** | – | – |
| **6 Wohngebäude** | | | | |
| **Ein- und Zweifamilienhäuser** | | | | |
| Ein- und Zweifamilienhäuser, unterkellert, einfacher Standard | – | **–** | – | – |
| Ein- und Zweifamilienhäuser, unterkellert, mittlerer Standard | – | **–** | – | – |
| Ein- und Zweifamilienhäuser, unterkellert, hoher Standard | – | **71,00** | – | 1,4% |
| Ein- und Zweifamilienhäuser, nicht unterkellert, einfacher Standard | – | **–** | – | – |
| Ein- und Zweifamilienhäuser, nicht unterkellert, mittlerer Standard | – | **–** | – | – |
| Ein- und Zweifamilienhäuser, nicht unterkellert, hoher Standard | – | **–** | – | – |
| Ein- und Zweifamilienhäuser, Passivhausstandard, Massivbau | – | **–** | – | – |
| Ein- und Zweifamilienhäuser, Passivhausstandard, Holzbau | – | **–** | – | – |
| Ein- und Zweifamilienhäuser, Holzbauweise, unterkellert | – | **–** | – | – |
| Ein- und Zweifamilienhäuser, Holzbauweise, nicht unterkellert | – | **–** | – | – |
| Doppel- und Reihenendhäuser, einfacher Standard | – | **–** | – | – |
| Doppel- und Reihenendhäuser, mittlerer Standard | – | **–** | – | – |
| Doppel- und Reihenendhäuser, hoher Standard | – | **–** | – | – |
| Reihenhäuser, einfacher Standard | – | **9,50** | – | 2,3% |
| Reihenhäuser, mittlerer Standard | – | **–** | – | – |
| Reihenhäuser, hoher Standard | – | **–** | – | – |
| **Mehrfamilienhäuser** | | | | |
| Mehrfamilienhäuser, mit bis zu 6 WE, einfacher Standard | – | **–** | – | – |
| Mehrfamilienhäuser, mit bis zu 6 WE, mittlerer Standard | – | **–** | – | – |
| Mehrfamilienhäuser, mit bis zu 6 WE, hoher Standard | – | **–** | – | – |

▷ von
ø Mittel
◁ bis

| Gebäudeart | ▷ | €/Einheit | ◁ | KG an 400 |
|---|---|---|---|---|
| **Mehrfamilienhäuser (Fortsetzung)** | | | | |
| Mehrfamilienhäuser, mit 6 bis 19 WE, einfacher Standard | – | – | – | – |
| Mehrfamilienhäuser, mit 6 bis 19 WE, mittlerer Standard | – | – | – | – |
| Mehrfamilienhäuser, mit 6 bis 19 WE, hoher Standard | – | – | – | – |
| Mehrfamilienhäuser, mit 20 oder mehr WE, mittlerer Standard | – | – | – | – |
| Mehrfamilienhäuser, mit 20 oder mehr WE, hoher Standard | – | – | – | – |
| Mehrfamilienhäuser, Passivhäuser | – | – | – | – |
| Wohnhäuser, mit bis zu 15% Mischnutzung, einfacher Standard | – | – | – | – |
| Wohnhäuser, mit bis zu 15% Mischnutzung, mittlerer Standard | – | – | – | – |
| Wohnhäuser, mit bis zu 15% Mischnutzung, hoher Standard | – | – | – | – |
| Wohnhäuser, mit mehr als 15% Mischnutzung | – | – | – | – |
| **Seniorenwohnungen** | | | | |
| Seniorenwohnungen, mittlerer Standard | – | – | – | – |
| Seniorenwohnungen, hoher Standard | – | – | – | – |
| **Beherbergung** | | | | |
| Wohnheime und Internate | – | **2,00** | – | 0,1% |
| **7 Gewerbegebäude** | | | | |
| **Gaststätten und Kantinen** | | | | |
| Gaststätten, Kantinen und Mensen | – | – | – | – |
| **Gebäude für Produktion** | | | | |
| Industrielle Produktionsgebäude, Massivbauweise | – | – | – | – |
| Industrielle Produktionsgebäude, überwiegend Skelettbauweise | 8,90 | **55,00** | 146,00 | 4,8% |
| Betriebs- und Werkstätten, eingeschossig | – | – | – | – |
| Betriebs- und Werkstätten, mehrgeschossig, geringer Hallenanteil | – | **201,00** | – | 8,6% |
| Betriebs- und Werkstätten, mehrgeschossig, hoher Hallenanteil | – | **2,90** | – | 0,1% |
| **Gebäude für Handel und Lager** | | | | |
| Geschäftshäuser, mit Wohnungen | – | – | – | – |
| Geschäftshäuser, ohne Wohnungen | – | – | – | – |
| Verbrauchermärkte | – | – | – | – |
| Autohäuser | – | – | – | – |
| Lagergebäude, ohne Mischnutzung | – | – | – | – |
| Lagergebäude, mit bis zu 25% Mischnutzung | – | – | – | – |
| Lagergebäude, mit mehr als 25% Mischnutzung | – | – | – | – |
| **Garagen und Bereitschaftsdienste** | | | | |
| Einzel-, Mehrfach- und Hochgaragen | – | – | – | – |
| Tiefgaragen | – | – | – | – |
| Feuerwehrhäuser | – | – | – | – |
| Öffentliche Bereitschaftsdienste | – | – | – | – |
| **9 Kulturgebäude** | | | | |
| **Gebäude für kulturelle Zwecke** | | | | |
| Bibliotheken, Museen und Ausstellungen | – | **100,00** | – | 2,7% |
| Theater | – | – | – | – |
| Gemeindezentren, einfacher Standard | – | – | – | – |
| Gemeindezentren, mittlerer Standard | – | – | – | – |
| Gemeindezentren, hoher Standard | – | – | – | – |
| **Gebäude für religiöse Zwecke** | | | | |
| Sakralbauten | – | – | – | – |
| Friedhofsgebäude | – | – | – | – |

Einheit: m²
Brutto-Grundfläche
(BGF)

**Kosten:**
Stand 1.Quartal 2020
Bundesdurchschnitt
inkl. 19% MwSt.

Einheit: m²
Brutto-Grundfläche
(BGF)

| Gebäudeart | ▷ | €/Einheit | ◁ | KG an 400 |
|---|---|---|---|---|
| **1 Büro- und Verwaltungsgebäude** | | | | |
| Büro- und Verwaltungsgebäude, einfacher Standard | – | **–** | – | – |
| Büro- und Verwaltungsgebäude, mittlerer Standard | 30,00 | **49,00** | 103,00 | 1,9% |
| Büro- und Verwaltungsgebäude, hoher Standard | 12,00 | **39,00** | 65,00 | 0,9% |
| **2 Gebäude für Forschung und Lehre** | | | | |
| Instituts- und Laborgebäude | 133,00 | **242,00** | 453,00 | 13,3% |
| **3 Gebäude des Gesundheitswesens** | | | | |
| Medizinische Einrichtungen | 45,00 | **48,00** | 50,00 | 3,1% |
| Pflegeheime | – | **14,00** | – | 0,6% |
| **4 Schulen und Kindergärten** | | | | |
| Allgemeinbildende Schulen | – | **–** | – | – |
| Berufliche Schulen | – | **–** | – | – |
| Förder- und Sonderschulen | – | **–** | – | – |
| Weiterbildungseinrichtungen | – | **–** | – | – |
| Kindergärten, nicht unterkellert, einfacher Standard | – | **–** | – | – |
| Kindergärten, nicht unterkellert, mittlerer Standard | – | **–** | – | – |
| Kindergärten, nicht unterkellert, hoher Standard | – | **–** | – | – |
| Kindergärten, Holzbauweise, nicht unterkellert | – | **–** | – | – |
| Kindergärten, unterkellert | – | **–** | – | – |
| **5 Sportbauten** | | | | |
| Sport- und Mehrzweckhallen | – | **–** | – | – |
| Sporthallen (Einfeldhallen) | – | **–** | – | – |
| Sporthallen (Dreifeldhallen) | – | **–** | – | – |
| Schwimmhallen | – | **–** | – | – |
| **6 Wohngebäude** | | | | |
| **Ein- und Zweifamilienhäuser** | | | | |
| Ein- und Zweifamilienhäuser, unterkellert, einfacher Standard | – | **–** | – | – |
| Ein- und Zweifamilienhäuser, unterkellert, mittlerer Standard | – | **–** | – | – |
| Ein- und Zweifamilienhäuser, unterkellert, hoher Standard | – | **–** | – | – |
| Ein- und Zweifamilienhäuser, nicht unterkellert, einfacher Standard | – | **–** | – | – |
| Ein- und Zweifamilienhäuser, nicht unterkellert, mittlerer Standard | – | **–** | – | – |
| Ein- und Zweifamilienhäuser, nicht unterkellert, hoher Standard | – | **–** | – | – |
| Ein- und Zweifamilienhäuser, Passivhausstandard, Massivbau | – | **39,00** | – | 1,1% |
| Ein- und Zweifamilienhäuser, Passivhausstandard, Holzbau | – | **–** | – | – |
| Ein- und Zweifamilienhäuser, Holzbauweise, unterkellert | – | **–** | – | – |
| Ein- und Zweifamilienhäuser, Holzbauweise, nicht unterkellert | – | **–** | – | – |
| Doppel- und Reihenendhäuser, einfacher Standard | – | **–** | – | – |
| Doppel- und Reihenendhäuser, mittlerer Standard | – | **–** | – | – |
| Doppel- und Reihenendhäuser, hoher Standard | – | **–** | – | – |
| Reihenhäuser, einfacher Standard | – | **–** | – | – |
| Reihenhäuser, mittlerer Standard | – | **–** | – | – |
| Reihenhäuser, hoher Standard | – | **–** | – | – |
| **Mehrfamilienhäuser** | | | | |
| Mehrfamilienhäuser, mit bis zu 6 WE, einfacher Standard | – | **–** | – | – |
| Mehrfamilienhäuser, mit bis zu 6 WE, mittlerer Standard | – | **–** | – | – |
| Mehrfamilienhäuser, mit bis zu 6 WE, hoher Standard | – | **–** | – | – |

▷ von
ø Mittel
◁ bis

| Gebäudeart | ▷ | €/Einheit | ◁ | KG an 400 |
|---|---|---|---|---|
| **Mehrfamilienhäuser (Fortsetzung)** | | | | |
| Mehrfamilienhäuser, mit 6 bis 19 WE, einfacher Standard | – | **–** | – | – |
| Mehrfamilienhäuser, mit 6 bis 19 WE, mittlerer Standard | – | **–** | – | – |
| Mehrfamilienhäuser, mit 6 bis 19 WE, hoher Standard | – | **–** | – | – |
| Mehrfamilienhäuser, mit 20 oder mehr WE, mittlerer Standard | – | **–** | – | – |
| Mehrfamilienhäuser, mit 20 oder mehr WE, hoher Standard | – | **–** | – | – |
| Mehrfamilienhäuser, Passivhäuser | – | **–** | – | – |
| Wohnhäuser, mit bis zu 15% Mischnutzung, einfacher Standard | – | **–** | – | – |
| Wohnhäuser, mit bis zu 15% Mischnutzung, mittlerer Standard | – | **–** | – | – |
| Wohnhäuser, mit bis zu 15% Mischnutzung, hoher Standard | – | **–** | – | – |
| Wohnhäuser, mit mehr als 15% Mischnutzung | – | **–** | – | – |
| **Seniorenwohnungen** | | | | |
| Seniorenwohnungen, mittlerer Standard | – | **–** | – | – |
| Seniorenwohnungen, hoher Standard | – | **–** | – | – |
| **Beherbergung** | | | | |
| Wohnheime und Internate | – | **–** | – | – |
| **7 Gewerbegebäude** | | | | |
| **Gaststätten und Kantinen** | | | | |
| Gaststätten, Kantinen und Mensen | – | **–** | – | – |
| **Gebäude für Produktion** | | | | |
| Industrielle Produktionsgebäude, Massivbauweise | – | **–** | – | – |
| Industrielle Produktionsgebäude, überwiegend Skelettbauweise | 60,00 | **127,00** | 194,00 | 6,8% |
| Betriebs- und Werkstätten, eingeschossig | – | **51,00** | – | 4,0% |
| Betriebs- und Werkstätten, mehrgeschossig, geringer Hallenanteil | – | **–** | – | – |
| Betriebs- und Werkstätten, mehrgeschossig, hoher Hallenanteil | – | **–** | – | – |
| **Gebäude für Handel und Lager** | | | | |
| Geschäftshäuser, mit Wohnungen | – | **23,00** | – | 2,1% |
| Geschäftshäuser, ohne Wohnungen | – | **0,30** | – | 0,1% |
| Verbrauchermärkte | – | **–** | – | – |
| Autohäuser | – | **–** | – | – |
| Lagergebäude, ohne Mischnutzung | – | **25,00** | – | 0,6% |
| Lagergebäude, mit bis zu 25% Mischnutzung | – | **20,00** | – | 1,8% |
| Lagergebäude, mit mehr als 25% Mischnutzung | – | **–** | – | – |
| **Garagen und Bereitschaftsdienste** | | | | |
| Einzel-, Mehrfach- und Hochgaragen | – | **–** | – | – |
| Tiefgaragen | – | **–** | – | – |
| Feuerwehrhäuser | – | **–** | – | – |
| Öffentliche Bereitschaftsdienste | – | **28,00** | – | 3,9% |
| **9 Kulturgebäude** | | | | |
| **Gebäude für kulturelle Zwecke** | | | | |
| Bibliotheken, Museen und Ausstellungen | – | **31,00** | – | 0,8% |
| Theater | – | **–** | – | – |
| Gemeindezentren, einfacher Standard | – | **–** | – | – |
| Gemeindezentren, mittlerer Standard | – | **–** | – | – |
| Gemeindezentren, hoher Standard | – | **–** | – | – |
| **Gebäude für religiöse Zwecke** | | | | |
| Sakralbauten | – | **–** | – | – |
| Friedhofsgebäude | – | **186,00** | – | 56,1% |

Einheit: m²
Brutto-Grundfläche
(BGF)

**Kosten:**
Stand 1.Quartal 2020
Bundesdurchschnitt
inkl. 19% MwSt.

Einheit: m²
Brutto-Grundfläche
(BGF)

| Gebäudeart | ▷ | €/Einheit | ◁ | KG an 400 |
|---|---|---|---|---|
| **1 Büro- und Verwaltungsgebäude** | | | | |
| Büro- und Verwaltungsgebäude, einfacher Standard | – | **–** | – | – |
| Büro- und Verwaltungsgebäude, mittlerer Standard | – | **1,40** | – | 0,0% |
| Büro- und Verwaltungsgebäude, hoher Standard | – | **–** | – | – |
| **2 Gebäude für Forschung und Lehre** | | | | |
| Instituts- und Laborgebäude | – | **–** | – | – |
| **3 Gebäude des Gesundheitswesens** | | | | |
| Medizinische Einrichtungen | – | **7,00** | – | 0,2% |
| Pflegeheime | – | **–** | – | – |
| **4 Schulen und Kindergärten** | | | | |
| Allgemeinbildende Schulen | – | **–** | – | – |
| Berufliche Schulen | – | **0,30** | – | 0,0% |
| Förder- und Sonderschulen | – | **–** | – | – |
| Weiterbildungseinrichtungen | – | **–** | – | – |
| Kindergärten, nicht unterkellert, einfacher Standard | – | **–** | – | – |
| Kindergärten, nicht unterkellert, mittlerer Standard | – | **–** | – | – |
| Kindergärten, nicht unterkellert, hoher Standard | – | **–** | – | – |
| Kindergärten, Holzbauweise, nicht unterkellert | – | **–** | – | – |
| Kindergärten, unterkellert | – | **–** | – | – |
| **5 Sportbauten** | | | | |
| Sport- und Mehrzweckhallen | – | **–** | – | – |
| Sporthallen (Einfeldhallen) | – | **–** | – | – |
| Sporthallen (Dreifeldhallen) | – | **–** | – | – |
| Schwimmhallen | – | **–** | – | – |
| **6 Wohngebäude** | | | | |
| **Ein- und Zweifamilienhäuser** | | | | |
| Ein- und Zweifamilienhäuser, unterkellert, einfacher Standard | – | **–** | – | – |
| Ein- und Zweifamilienhäuser, unterkellert, mittlerer Standard | – | **–** | – | – |
| Ein- und Zweifamilienhäuser, unterkellert, hoher Standard | – | **–** | – | – |
| Ein- und Zweifamilienhäuser, nicht unterkellert, einfacher Standard | – | **–** | – | – |
| Ein- und Zweifamilienhäuser, nicht unterkellert, mittlerer Standard | – | **–** | – | – |
| Ein- und Zweifamilienhäuser, nicht unterkellert, hoher Standard | – | **–** | – | – |
| Ein- und Zweifamilienhäuser, Passivhausstandard, Massivbau | – | **–** | – | – |
| Ein- und Zweifamilienhäuser, Passivhausstandard, Holzbau | – | **–** | – | – |
| Ein- und Zweifamilienhäuser, Holzbauweise, unterkellert | – | **–** | – | – |
| Ein- und Zweifamilienhäuser, Holzbauweise, nicht unterkellert | – | **1,10** | – | 0,1% |
| Doppel- und Reihenendhäuser, einfacher Standard | – | **–** | – | – |
| Doppel- und Reihenendhäuser, mittlerer Standard | – | **–** | – | – |
| Doppel- und Reihenendhäuser, hoher Standard | – | **–** | – | – |
| Reihenhäuser, einfacher Standard | – | **–** | – | – |
| Reihenhäuser, mittlerer Standard | – | **–** | – | – |
| Reihenhäuser, hoher Standard | – | **–** | – | – |
| **Mehrfamilienhäuser** | | | | |
| Mehrfamilienhäuser, mit bis zu 6 WE, einfacher Standard | – | **–** | – | – |
| Mehrfamilienhäuser, mit bis zu 6 WE, mittlerer Standard | – | **–** | – | – |
| Mehrfamilienhäuser, mit bis zu 6 WE, hoher Standard | – | **–** | – | – |

▷ von
ø Mittel
◁ bis

| Gebäudeart | ▷ | €/Einheit | ◁ | KG an 400 |
|---|---|---|---|---|
| **Mehrfamilienhäuser (Fortsetzung)** | | | | |
| Mehrfamilienhäuser, mit 6 bis 19 WE, einfacher Standard | – | – | – | – |
| Mehrfamilienhäuser, mit 6 bis 19 WE, mittlerer Standard | – | – | – | – |
| Mehrfamilienhäuser, mit 6 bis 19 WE, hoher Standard | – | – | – | – |
| Mehrfamilienhäuser, mit 20 oder mehr WE, mittlerer Standard | – | – | – | – |
| Mehrfamilienhäuser, mit 20 oder mehr WE, hoher Standard | – | – | – | – |
| Mehrfamilienhäuser, Passivhäuser | – | – | – | – |
| Wohnhäuser, mit bis zu 15% Mischnutzung, einfacher Standard | – | – | – | – |
| Wohnhäuser, mit bis zu 15% Mischnutzung, mittlerer Standard | – | – | – | – |
| Wohnhäuser, mit bis zu 15% Mischnutzung, hoher Standard | – | – | – | – |
| Wohnhäuser, mit mehr als 15% Mischnutzung | – | – | – | – |
| **Seniorenwohnungen** | | | | |
| Seniorenwohnungen, mittlerer Standard | – | – | – | – |
| Seniorenwohnungen, hoher Standard | – | – | – | – |
| **Beherbergung** | | | | |
| Wohnheime und Internate | – | – | – | – |
| **7 Gewerbegebäude** | | | | |
| **Gaststätten und Kantinen** | | | | |
| Gaststätten, Kantinen und Mensen | – | – | – | – |
| **Gebäude für Produktion** | | | | |
| Industrielle Produktionsgebäude, Massivbauweise | – | – | – | – |
| Industrielle Produktionsgebäude, überwiegend Skelettbauweise | – | **11,00** | – | 0,3% |
| Betriebs- und Werkstätten, eingeschossig | – | – | – | – |
| Betriebs- und Werkstätten, mehrgeschossig, geringer Hallenanteil | – | – | – | – |
| Betriebs- und Werkstätten, mehrgeschossig, hoher Hallenanteil | – | – | – | – |
| **Gebäude für Handel und Lager** | | | | |
| Geschäftshäuser, mit Wohnungen | – | – | – | – |
| Geschäftshäuser, ohne Wohnungen | – | – | – | – |
| Verbrauchermärkte | – | – | – | – |
| Autohäuser | – | – | – | – |
| Lagergebäude, ohne Mischnutzung | – | – | – | – |
| Lagergebäude, mit bis zu 25% Mischnutzung | – | – | – | – |
| Lagergebäude, mit mehr als 25% Mischnutzung | – | – | – | – |
| **Garagen und Bereitschaftsdienste** | | | | |
| Einzel-, Mehrfach- und Hochgaragen | – | – | – | – |
| Tiefgaragen | – | – | – | – |
| Feuerwehrhäuser | – | – | – | – |
| Öffentliche Bereitschaftsdienste | – | – | – | – |
| **9 Kulturgebäude** | | | | |
| **Gebäude für kulturelle Zwecke** | | | | |
| Bibliotheken, Museen und Ausstellungen | – | – | – | – |
| Theater | – | – | – | – |
| Gemeindezentren, einfacher Standard | – | – | – | – |
| Gemeindezentren, mittlerer Standard | – | **0,70** | – | 0,0% |
| Gemeindezentren, hoher Standard | – | – | – | – |
| **Gebäude für religiöse Zwecke** | | | | |
| Sakralbauten | – | – | – | – |
| Friedhofsgebäude | – | – | – | – |

Einheit: m²
Brutto-Grundfläche
(BGF)

## 441 Hoch- und Mittelspannungsanlagen

**Kosten:**
Stand 1.Quartal 2020
Bundesdurchschnitt
inkl. 19% MwSt.

Einheit: m²
Brutto-Grundfläche
(BGF)

▷ von
ø Mittel
◁ bis

| Gebäudeart | ▷ | €/Einheit | ◁ | KG an 400 |
|---|---|---|---|---|
| **1 Büro- und Verwaltungsgebäude** | | | | |
| Büro- und Verwaltungsgebäude, einfacher Standard | – | – | – | – |
| Büro- und Verwaltungsgebäude, mittlerer Standard | – | – | – | – |
| Büro- und Verwaltungsgebäude, hoher Standard | – | **7,30** | – | 0,1% |
| **2 Gebäude für Forschung und Lehre** | | | | |
| Instituts- und Laborgebäude | – | **62,00** | – | 0,9% |
| **3 Gebäude des Gesundheitswesens** | | | | |
| Medizinische Einrichtungen | – | – | – | – |
| Pflegeheime | – | – | – | – |
| **4 Schulen und Kindergärten** | | | | |
| Allgemeinbildende Schulen | – | – | – | – |
| Berufliche Schulen | – | – | – | – |
| Förder- und Sonderschulen | – | – | – | – |
| Weiterbildungseinrichtungen | – | **6,40** | – | 0,6% |
| Kindergärten, nicht unterkellert, einfacher Standard | – | – | – | – |
| Kindergärten, nicht unterkellert, mittlerer Standard | – | – | – | – |
| Kindergärten, nicht unterkellert, hoher Standard | – | – | – | – |
| Kindergärten, Holzbauweise, nicht unterkellert | – | – | – | – |
| Kindergärten, unterkellert | – | – | – | – |
| **5 Sportbauten** | | | | |
| Sport- und Mehrzweckhallen | – | – | – | – |
| Sporthallen (Einfeldhallen) | – | – | – | – |
| Sporthallen (Dreifeldhallen) | – | **9,10** | – | 0,5% |
| Schwimmhallen | – | – | – | – |
| **6 Wohngebäude** | | | | |
| **Ein- und Zweifamilienhäuser** | | | | |
| Ein- und Zweifamilienhäuser, unterkellert, einfacher Standard | – | – | – | – |
| Ein- und Zweifamilienhäuser, unterkellert, mittlerer Standard | – | – | – | – |
| Ein- und Zweifamilienhäuser, unterkellert, hoher Standard | – | – | – | – |
| Ein- und Zweifamilienhäuser, nicht unterkellert, einfacher Standard | – | – | – | – |
| Ein- und Zweifamilienhäuser, nicht unterkellert, mittlerer Standard | – | – | – | – |
| Ein- und Zweifamilienhäuser, nicht unterkellert, hoher Standard | – | – | – | – |
| Ein- und Zweifamilienhäuser, Passivhausstandard, Massivbau | – | – | – | – |
| Ein- und Zweifamilienhäuser, Passivhausstandard, Holzbau | – | – | – | – |
| Ein- und Zweifamilienhäuser, Holzbauweise, unterkellert | – | – | – | – |
| Ein- und Zweifamilienhäuser, Holzbauweise, nicht unterkellert | – | – | – | – |
| Doppel- und Reihenendhäuser, einfacher Standard | – | – | – | – |
| Doppel- und Reihenendhäuser, mittlerer Standard | – | – | – | – |
| Doppel- und Reihenendhäuser, hoher Standard | – | – | – | – |
| Reihenhäuser, einfacher Standard | – | – | – | – |
| Reihenhäuser, mittlerer Standard | – | – | – | – |
| Reihenhäuser, hoher Standard | – | – | – | – |
| **Mehrfamilienhäuser** | | | | |
| Mehrfamilienhäuser, mit bis zu 6 WE, einfacher Standard | – | – | – | – |
| Mehrfamilienhäuser, mit bis zu 6 WE, mittlerer Standard | – | – | – | – |
| Mehrfamilienhäuser, mit bis zu 6 WE, hoher Standard | – | – | – | – |

| Gebäudeart | ▷ | €/Einheit | ◁ | KG an 400 |
|---|---|---|---|---|
| **Mehrfamilienhäuser (Fortsetzung)** | | | | |
| Mehrfamilienhäuser, mit 6 bis 19 WE, einfacher Standard | – | – | – | – |
| Mehrfamilienhäuser, mit 6 bis 19 WE, mittlerer Standard | – | – | – | – |
| Mehrfamilienhäuser, mit 6 bis 19 WE, hoher Standard | – | – | – | – |
| Mehrfamilienhäuser, mit 20 oder mehr WE, mittlerer Standard | – | – | – | – |
| Mehrfamilienhäuser, mit 20 oder mehr WE, hoher Standard | – | – | – | – |
| Mehrfamilienhäuser, Passivhäuser | – | – | – | – |
| Wohnhäuser, mit bis zu 15% Mischnutzung, einfacher Standard | – | – | – | – |
| Wohnhäuser, mit bis zu 15% Mischnutzung, mittlerer Standard | – | – | – | – |
| Wohnhäuser, mit bis zu 15% Mischnutzung, hoher Standard | – | – | – | – |
| Wohnhäuser, mit mehr als 15% Mischnutzung | – | – | – | – |
| **Seniorenwohnungen** | | | | |
| Seniorenwohnungen, mittlerer Standard | – | – | – | – |
| Seniorenwohnungen, hoher Standard | – | – | – | – |
| **Beherbergung** | | | | |
| Wohnheime und Internate | – | – | – | – |
| **7 Gewerbegebäude** | | | | |
| **Gaststätten und Kantinen** | | | | |
| Gaststätten, Kantinen und Mensen | – | – | – | – |
| **Gebäude für Produktion** | | | | |
| Industrielle Produktionsgebäude, Massivbauweise | – | – | – | – |
| Industrielle Produktionsgebäude, überwiegend Skelettbauweise | – | **17,00** | – | 0,6% |
| Betriebs- und Werkstätten, eingeschossig | – | **22,00** | – | 1,8% |
| Betriebs- und Werkstätten, mehrgeschossig, geringer Hallenanteil | – | – | – | – |
| Betriebs- und Werkstätten, mehrgeschossig, hoher Hallenanteil | – | – | – | – |
| **Gebäude für Handel und Lager** | | | | |
| Geschäftshäuser, mit Wohnungen | – | – | – | – |
| Geschäftshäuser, ohne Wohnungen | – | – | – | – |
| Verbrauchermärkte | – | – | – | – |
| Autohäuser | – | – | – | – |
| Lagergebäude, ohne Mischnutzung | – | – | – | – |
| Lagergebäude, mit bis zu 25% Mischnutzung | – | – | – | – |
| Lagergebäude, mit mehr als 25% Mischnutzung | – | – | – | – |
| **Garagen und Bereitschaftsdienste** | | | | |
| Einzel-, Mehrfach- und Hochgaragen | – | – | – | – |
| Tiefgaragen | – | – | – | – |
| Feuerwehrhäuser | – | – | – | – |
| Öffentliche Bereitschaftsdienste | – | – | – | – |
| **9 Kulturgebäude** | | | | |
| **Gebäude für kulturelle Zwecke** | | | | |
| Bibliotheken, Museen und Ausstellungen | – | **31,00** | – | 0,8% |
| Theater | – | – | – | – |
| Gemeindezentren, einfacher Standard | – | – | – | – |
| Gemeindezentren, mittlerer Standard | – | – | – | – |
| Gemeindezentren, hoher Standard | – | – | – | – |
| **Gebäude für religiöse Zwecke** | | | | |
| Sakralbauten | – | – | – | – |
| Friedhofsgebäude | – | – | – | – |

Einheit: m²
Brutto-Grundfläche
(BGF)

# 442 Eigenstrom-versorgungs-anlagen

**Kosten:**
Stand 1.Quartal 2020
Bundesdurchschnitt
inkl. 19% MwSt.

Einheit: m²
Brutto-Grundfläche
(BGF)

▷ von
ø Mittel
◁ bis

| Gebäudeart | ▷ | €/Einheit | ◁ | KG an 400 |
|---|---|---|---|---|
| **1 Büro- und Verwaltungsgebäude** | | | | |
| Büro- und Verwaltungsgebäude, einfacher Standard | – | **110,00** | – | 7,6% |
| Büro- und Verwaltungsgebäude, mittlerer Standard | 9,20 | **31,00** | 90,00 | 3,0% |
| Büro- und Verwaltungsgebäude, hoher Standard | 16,00 | **39,00** | 82,00 | 4,5% |
| **2 Gebäude für Forschung und Lehre** | | | | |
| Instituts- und Laborgebäude | – | **5,60** | – | 0,2% |
| **3 Gebäude des Gesundheitswesens** | | | | |
| Medizinische Einrichtungen | 13,00 | **22,00** | 30,00 | 2,2% |
| Pflegeheime | 3,40 | **5,80** | 11,00 | 0,7% |
| **4 Schulen und Kindergärten** | | | | |
| Allgemeinbildende Schulen | 4,70 | **13,00** | 32,00 | 1,8% |
| Berufliche Schulen | – | **6,30** | – | 0,3% |
| Förder- und Sonderschulen | 5,90 | **16,00** | 42,00 | 3,4% |
| Weiterbildungseinrichtungen | – | **6,70** | – | 0,4% |
| Kindergärten, nicht unterkellert, einfacher Standard | – | **–** | – | – |
| Kindergärten, nicht unterkellert, mittlerer Standard | – | **4,30** | – | 0,2% |
| Kindergärten, nicht unterkellert, hoher Standard | – | **–** | – | – |
| Kindergärten, Holzbauweise, nicht unterkellert | – | **39,00** | – | 1,0% |
| Kindergärten, unterkellert | – | **–** | – | – |
| **5 Sportbauten** | | | | |
| Sport- und Mehrzweckhallen | 10,00 | **17,00** | 23,00 | 2,3% |
| Sporthallen (Einfeldhallen) | – | **12,00** | – | 1,4% |
| Sporthallen (Dreifeldhallen) | – | **18,00** | – | 1,0% |
| Schwimmhallen | – | **–** | – | – |
| **6 Wohngebäude** | | | | |
| **Ein- und Zweifamilienhäuser** | | | | |
| Ein- und Zweifamilienhäuser, unterkellert, einfacher Standard | – | **–** | – | – |
| Ein- und Zweifamilienhäuser, unterkellert, mittlerer Standard | 49,00 | **70,00** | 83,00 | 4,0% |
| Ein- und Zweifamilienhäuser, unterkellert, hoher Standard | – | **–** | – | – |
| Ein- und Zweifamilienhäuser, nicht unterkellert, einfacher Standard | – | **–** | – | – |
| Ein- und Zweifamilienhäuser, nicht unterkellert, mittlerer Standard | – | **–** | – | – |
| Ein- und Zweifamilienhäuser, nicht unterkellert, hoher Standard | – | **–** | – | – |
| Ein- und Zweifamilienhäuser, Passivhausstandard, Massivbau | 51,00 | **122,00** | 194,00 | 4,9% |
| Ein- und Zweifamilienhäuser, Passivhausstandard, Holzbau | 104,00 | **110,00** | 116,00 | 3,8% |
| Ein- und Zweifamilienhäuser, Holzbauweise, unterkellert | – | **–** | – | – |
| Ein- und Zweifamilienhäuser, Holzbauweise, nicht unterkellert | – | **108,00** | – | 4,1% |
| Doppel- und Reihenendhäuser, einfacher Standard | – | **59,00** | – | 7,2% |
| Doppel- und Reihenendhäuser, mittlerer Standard | – | **–** | – | – |
| Doppel- und Reihenendhäuser, hoher Standard | – | **–** | – | – |
| Reihenhäuser, einfacher Standard | – | **–** | – | – |
| Reihenhäuser, mittlerer Standard | – | **–** | – | – |
| Reihenhäuser, hoher Standard | – | **–** | – | – |
| **Mehrfamilienhäuser** | | | | |
| Mehrfamilienhäuser, mit bis zu 6 WE, einfacher Standard | – | **–** | – | – |
| Mehrfamilienhäuser, mit bis zu 6 WE, mittlerer Standard | – | **72,00** | – | 6,2% |
| Mehrfamilienhäuser, mit bis zu 6 WE, hoher Standard | – | **–** | – | – |

| Gebäudeart | ▷ | €/Einheit | ◁ | KG an 400 |
|---|---|---|---|---|
| **Mehrfamilienhäuser (Fortsetzung)** | | | | |
| Mehrfamilienhäuser, mit 6 bis 19 WE, einfacher Standard | – | **–** | – | – |
| Mehrfamilienhäuser, mit 6 bis 19 WE, mittlerer Standard | – | **83,00** | – | 2,2% |
| Mehrfamilienhäuser, mit 6 bis 19 WE, hoher Standard | – | **–** | – | – |
| Mehrfamilienhäuser, mit 20 oder mehr WE, mittlerer Standard | – | **–** | – | – |
| Mehrfamilienhäuser, mit 20 oder mehr WE, hoher Standard | – | **3,30** | – | 0,5% |
| Mehrfamilienhäuser, Passivhäuser | – | **–** | – | – |
| Wohnhäuser, mit bis zu 15% Mischnutzung, einfacher Standard | – | **–** | – | – |
| Wohnhäuser, mit bis zu 15% Mischnutzung, mittlerer Standard | – | **22,00** | – | 2,7% |
| Wohnhäuser, mit bis zu 15% Mischnutzung, hoher Standard | – | **–** | – | – |
| Wohnhäuser, mit mehr als 15% Mischnutzung | – | **–** | – | – |
| **Seniorenwohnungen** | | | | |
| Seniorenwohnungen, mittlerer Standard | – | **2,30** | – | 0,2% |
| Seniorenwohnungen, hoher Standard | – | **2,10** | – | 0,4% |
| **Beherbergung** | | | | |
| Wohnheime und Internate | – | **29,00** | – | 2,1% |
| **7 Gewerbegebäude** | | | | |
| **Gaststätten und Kantinen** | | | | |
| Gaststätten, Kantinen und Mensen | – | **–** | – | – |
| **Gebäude für Produktion** | | | | |
| Industrielle Produktionsgebäude, Massivbauweise | – | **21,00** | – | 2,8% |
| Industrielle Produktionsgebäude, überwiegend Skelettbauweise | 3,10 | **3,30** | 3,50 | 0,3% |
| Betriebs- und Werkstätten, eingeschossig | – | **1,50** | – | 0,1% |
| Betriebs- und Werkstätten, mehrgeschossig, geringer Hallenanteil | – | **1,30** | – | 0,1% |
| Betriebs- und Werkstätten, mehrgeschossig, hoher Hallenanteil | – | **0,80** | – | 0,0% |
| **Gebäude für Handel und Lager** | | | | |
| Geschäftshäuser, mit Wohnungen | – | **16,00** | – | 1,5% |
| Geschäftshäuser, ohne Wohnungen | – | **–** | – | – |
| Verbrauchermärkte | – | **–** | – | – |
| Autohäuser | – | **–** | – | – |
| Lagergebäude, ohne Mischnutzung | – | **3,30** | – | 0,1% |
| Lagergebäude, mit bis zu 25% Mischnutzung | – | **5,20** | – | 0,5% |
| Lagergebäude, mit mehr als 25% Mischnutzung | – | **–** | – | – |
| **Garagen und Bereitschaftsdienste** | | | | |
| Einzel-, Mehrfach- und Hochgaragen | – | **–** | – | – |
| Tiefgaragen | – | **–** | – | – |
| Feuerwehrhäuser | – | **25,00** | – | 1,9% |
| Öffentliche Bereitschaftsdienste | – | **2,50** | – | 0,1% |
| **9 Kulturgebäude** | | | | |
| **Gebäude für kulturelle Zwecke** | | | | |
| Bibliotheken, Museen und Ausstellungen | – | **14,00** | – | 0,4% |
| Theater | – | **4,30** | – | 0,8% |
| Gemeindezentren, einfacher Standard | – | **–** | – | – |
| Gemeindezentren, mittlerer Standard | – | **27,00** | – | 1,1% |
| Gemeindezentren, hoher Standard | – | **13,00** | – | 0,8% |
| **Gebäude für religiöse Zwecke** | | | | |
| Sakralbauten | – | **–** | – | – |
| Friedhofsgebäude | – | **–** | – | – |

Einheit: m² Brutto-Grundfläche (BGF)

# 443 Niederspannungs-schaltanlagen

**Kosten:**
Stand 1.Quartal 2020
Bundesdurchschnitt
inkl. 19% MwSt.

Einheit: m² Brutto-Grundfläche (BGF)

| Gebäudeart | ▷ | €/Einheit | ◁ | KG an 400 |
|---|---|---|---|---|
| **1 Büro- und Verwaltungsgebäude** | | | | |
| Büro- und Verwaltungsgebäude, einfacher Standard | – | **–** | – | – |
| Büro- und Verwaltungsgebäude, mittlerer Standard | 5,90 | **10,00** | 15,00 | 0,6% |
| Büro- und Verwaltungsgebäude, hoher Standard | 11,00 | **17,00** | 22,00 | 1,5% |
| **2 Gebäude für Forschung und Lehre** | | | | |
| Instituts- und Laborgebäude | 15,00 | **63,00** | 112,00 | 3,0% |
| **3 Gebäude des Gesundheitswesens** | | | | |
| Medizinische Einrichtungen | – | **15,00** | – | 0,5% |
| Pflegeheime | 8,30 | **9,00** | 9,80 | 0,7% |
| **4 Schulen und Kindergärten** | | | | |
| Allgemeinbildende Schulen | 5,10 | **14,00** | 20,00 | 1,1% |
| Berufliche Schulen | – | **14,00** | – | 0,6% |
| Förder- und Sonderschulen | – | **13,00** | – | 0,8% |
| Weiterbildungseinrichtungen | – | **20,00** | – | 1,1% |
| Kindergärten, nicht unterkellert, einfacher Standard | – | **–** | – | – |
| Kindergärten, nicht unterkellert, mittlerer Standard | – | **8,90** | – | 0,4% |
| Kindergärten, nicht unterkellert, hoher Standard | – | **7,10** | – | 1,1% |
| Kindergärten, Holzbauweise, nicht unterkellert | – | **–** | – | – |
| Kindergärten, unterkellert | – | **–** | – | – |
| **5 Sportbauten** | | | | |
| Sport- und Mehrzweckhallen | – | **9,70** | – | 0,7% |
| Sporthallen (Einfeldhallen) | – | **–** | – | – |
| Sporthallen (Dreifeldhallen) | – | **–** | – | – |
| Schwimmhallen | – | **–** | – | – |
| **6 Wohngebäude** | | | | |
| **Ein- und Zweifamilienhäuser** | | | | |
| Ein- und Zweifamilienhäuser, unterkellert, einfacher Standard | – | **–** | – | – |
| Ein- und Zweifamilienhäuser, unterkellert, mittlerer Standard | – | **–** | – | – |
| Ein- und Zweifamilienhäuser, unterkellert, hoher Standard | – | **–** | – | – |
| Ein- und Zweifamilienhäuser, nicht unterkellert, einfacher Standard | – | **–** | – | – |
| Ein- und Zweifamilienhäuser, nicht unterkellert, mittlerer Standard | – | **–** | – | – |
| Ein- und Zweifamilienhäuser, nicht unterkellert, hoher Standard | – | **–** | – | – |
| Ein- und Zweifamilienhäuser, Passivhausstandard, Massivbau | – | **–** | – | – |
| Ein- und Zweifamilienhäuser, Passivhausstandard, Holzbau | – | **–** | – | – |
| Ein- und Zweifamilienhäuser, Holzbauweise, unterkellert | – | **–** | – | – |
| Ein- und Zweifamilienhäuser, Holzbauweise, nicht unterkellert | – | **–** | – | – |
| Doppel- und Reihenendhäuser, einfacher Standard | – | **–** | – | – |
| Doppel- und Reihenendhäuser, mittlerer Standard | – | **–** | – | – |
| Doppel- und Reihenendhäuser, hoher Standard | – | **–** | – | – |
| Reihenhäuser, einfacher Standard | – | **13,00** | – | 3,1% |
| Reihenhäuser, mittlerer Standard | – | **–** | – | – |
| Reihenhäuser, hoher Standard | – | **–** | – | – |
| **Mehrfamilienhäuser** | | | | |
| Mehrfamilienhäuser, mit bis zu 6 WE, einfacher Standard | 2,00 | **4,40** | 6,80 | 2,1% |
| Mehrfamilienhäuser, mit bis zu 6 WE, mittlerer Standard | – | **–** | – | – |
| Mehrfamilienhäuser, mit bis zu 6 WE, hoher Standard | – | **–** | – | – |

▷ von
ø Mittel
◁ bis


 Erläuterungen zu den Tabellen siehe Seite 46

| Gebäudeart | ▷ | €/Einheit | ◁ | KG an 400 |
|---|---|---|---|---|
| **Mehrfamilienhäuser (Fortsetzung)** | | | | |
| Mehrfamilienhäuser, mit 6 bis 19 WE, einfacher Standard | – | **3,30** | – | 0,6% |
| Mehrfamilienhäuser, mit 6 bis 19 WE, mittlerer Standard | – | **12,00** | – | 0,5% |
| Mehrfamilienhäuser, mit 6 bis 19 WE, hoher Standard | – | **–** | – | – |
| Mehrfamilienhäuser, mit 20 oder mehr WE, mittlerer Standard | – | **6,10** | – | 0,4% |
| Mehrfamilienhäuser, mit 20 oder mehr WE, hoher Standard | – | **–** | – | – |
| Mehrfamilienhäuser, Passivhäuser | – | **–** | – | – |
| Wohnhäuser, mit bis zu 15% Mischnutzung, einfacher Standard | – | **–** | – | – |
| Wohnhäuser, mit bis zu 15% Mischnutzung, mittlerer Standard | – | **–** | – | – |
| Wohnhäuser, mit bis zu 15% Mischnutzung, hoher Standard | – | **2,10** | – | 0,9% |
| Wohnhäuser, mit mehr als 15% Mischnutzung | – | **–** | – | – |
| **Seniorenwohnungen** | | | | |
| Seniorenwohnungen, mittlerer Standard | – | **4,00** | – | 0,2% |
| Seniorenwohnungen, hoher Standard | – | **–** | – | – |
| **Beherbergung** | | | | |
| Wohnheime und Internate | – | **–** | – | – |
| **7 Gewerbegebäude** | | | | |
| **Gaststätten und Kantinen** | | | | |
| Gaststätten, Kantinen und Mensen | – | **31,00** | – | 3,8% |
| **Gebäude für Produktion** | | | | |
| Industrielle Produktionsgebäude, Massivbauweise | 6,20 | **22,00** | 37,00 | 4,8% |
| Industrielle Produktionsgebäude, überwiegend Skelettbauweise | 4,30 | **11,00** | 23,00 | 2,1% |
| Betriebs- und Werkstätten, eingeschossig | – | **23,00** | – | 1,8% |
| Betriebs- und Werkstätten, mehrgeschossig, geringer Hallenanteil | 2,80 | **19,00** | 34,00 | 3,6% |
| Betriebs- und Werkstätten, mehrgeschossig, hoher Hallenanteil | 9,20 | **13,00** | 20,00 | 1,5% |
| **Gebäude für Handel und Lager** | | | | |
| Geschäftshäuser, mit Wohnungen | – | **1,30** | – | 0,1% |
| Geschäftshäuser, ohne Wohnungen | – | **–** | – | – |
| Verbrauchermärkte | – | **3,50** | – | 0,4% |
| Autohäuser | – | **–** | – | – |
| Lagergebäude, ohne Mischnutzung | – | **13,00** | – | 0,3% |
| Lagergebäude, mit bis zu 25% Mischnutzung | – | **–** | – | – |
| Lagergebäude, mit mehr als 25% Mischnutzung | – | **6,50** | – | 1,5% |
| **Garagen und Bereitschaftsdienste** | | | | |
| Einzel-, Mehrfach- und Hochgaragen | – | **–** | – | – |
| Tiefgaragen | – | **–** | – | – |
| Feuerwehrhäuser | – | **–** | – | – |
| Öffentliche Bereitschaftsdienste | – | **–** | – | – |
| **9 Kulturgebäude** | | | | |
| **Gebäude für kulturelle Zwecke** | | | | |
| Bibliotheken, Museen und Ausstellungen | – | **15,00** | – | 0,4% |
| Theater | – | **–** | – | – |
| Gemeindezentren, einfacher Standard | – | **–** | – | – |
| Gemeindezentren, mittlerer Standard | – | **–** | – | – |
| Gemeindezentren, hoher Standard | – | **–** | – | – |
| **Gebäude für religiöse Zwecke** | | | | |
| Sakralbauten | – | **–** | – | – |
| Friedhofsgebäude | – | **–** | – | – |

Einheit: m²
Brutto-Grundfläche
(BGF)

**Kosten:**
Stand 1.Quartal 2020
Bundesdurchschnitt
inkl. 19% MwSt.

Einheit: m2
Brutto-Grundfläche
(BGF)

▷ von
ø Mittel
◁ bis

| Gebäudeart | ▷ | €/Einheit | ◁ | KG an 400 |
|---|---|---|---|---|
| **1 Büro- und Verwaltungsgebäude** | | | | |
| Büro- und Verwaltungsgebäude, einfacher Standard | 23,00 | **32,00** | 40,00 | 17,0% |
| Büro- und Verwaltungsgebäude, mittlerer Standard | 55,00 | **74,00** | 104,00 | 19,1% |
| Büro- und Verwaltungsgebäude, hoher Standard | 66,00 | **91,00** | 142,00 | 14,3% |
| **2 Gebäude für Forschung und Lehre** | | | | |
| Instituts- und Laborgebäude | 34,00 | **75,00** | 110,00 | 8,3% |
| **3 Gebäude des Gesundheitswesens** | | | | |
| Medizinische Einrichtungen | 72,00 | **95,00** | 154,00 | 16,3% |
| Pflegeheime | 38,00 | **66,00** | 77,00 | 11,2% |
| **4 Schulen und Kindergärten** | | | | |
| Allgemeinbildende Schulen | 40,00 | **59,00** | 79,00 | 15,9% |
| Berufliche Schulen | 68,00 | **105,00** | 137,00 | 17,4% |
| Förder- und Sonderschulen | 64,00 | **98,00** | 212,00 | 22,3% |
| Weiterbildungseinrichtungen | 63,00 | **122,00** | 240,00 | 20,0% |
| Kindergärten, nicht unterkellert, einfacher Standard | – | **30,00** | – | 13,9% |
| Kindergärten, nicht unterkellert, mittlerer Standard | 43,00 | **63,00** | 100,00 | 17,7% |
| Kindergärten, nicht unterkellert, hoher Standard | 26,00 | **29,00** | 32,00 | 9,4% |
| Kindergärten, Holzbauweise, nicht unterkellert | 24,00 | **47,00** | 58,00 | 15,4% |
| Kindergärten, unterkellert | 33,00 | **66,00** | 128,00 | 17,5% |
| **5 Sportbauten** | | | | |
| Sport- und Mehrzweckhallen | 32,00 | **82,00** | 182,00 | 22,2% |
| Sporthallen (Einfeldhallen) | 24,00 | **32,00** | 46,00 | 11,6% |
| Sporthallen (Dreifeldhallen) | 34,00 | **35,00** | 35,00 | 5,2% |
| Schwimmhallen | – | **–** | – | – |
| **6 Wohngebäude** | | | | |
| **Ein- und Zweifamilienhäuser** | | | | |
| Ein- und Zweifamilienhäuser, unterkellert, einfacher Standard | 19,00 | **26,00** | 38,00 | 17,5% |
| Ein- und Zweifamilienhäuser, unterkellert, mittlerer Standard | 26,00 | **39,00** | 59,00 | 15,9% |
| Ein- und Zweifamilienhäuser, unterkellert, hoher Standard | 31,00 | **53,00** | 101,00 | 15,2% |
| Ein- und Zweifamilienhäuser, nicht unterkellert, einfacher Standard | 21,00 | **21,00** | 21,00 | 13,7% |
| Ein- und Zweifamilienhäuser, nicht unterkellert, mittlerer Standard | 30,00 | **42,00** | 60,00 | 16,4% |
| Ein- und Zweifamilienhäuser, nicht unterkellert, hoher Standard | 31,00 | **46,00** | 66,00 | 15,3% |
| Ein- und Zweifamilienhäuser, Passivhausstandard, Massivbau | 31,00 | **36,00** | 45,00 | 11,9% |
| Ein- und Zweifamilienhäuser, Passivhausstandard, Holzbau | 39,00 | **52,00** | 73,00 | 14,7% |
| Ein- und Zweifamilienhäuser, Holzbauweise, unterkellert | 27,00 | **40,00** | 62,00 | 16,4% |
| Ein- und Zweifamilienhäuser, Holzbauweise, nicht unterkellert | 21,00 | **34,00** | 40,00 | 13,0% |
| Doppel- und Reihenendhäuser, einfacher Standard | 30,00 | **32,00** | 36,00 | 15,5% |
| Doppel- und Reihenendhäuser, mittlerer Standard | 33,00 | **40,00** | 56,00 | 16,3% |
| Doppel- und Reihenendhäuser, hoher Standard | 25,00 | **43,00** | 71,00 | 15,2% |
| Reihenhäuser, einfacher Standard | 20,00 | **27,00** | 34,00 | 15,5% |
| Reihenhäuser, mittlerer Standard | 22,00 | **26,00** | 33,00 | 11,6% |
| Reihenhäuser, hoher Standard | 27,00 | **35,00** | 48,00 | 11,8% |
| **Mehrfamilienhäuser** | | | | |
| Mehrfamilienhäuser, mit bis zu 6 WE, einfacher Standard | 20,00 | **25,00** | 35,00 | 18,9% |
| Mehrfamilienhäuser, mit bis zu 6 WE, mittlerer Standard | 25,00 | **32,00** | 40,00 | 15,0% |
| Mehrfamilienhäuser, mit bis zu 6 WE, hoher Standard | 40,00 | **51,00** | 64,00 | 19,3% |

| Gebäudeart | ▷ | €/Einheit | ◁ | KG an 400 |
|---|---|---|---|---|
| **Mehrfamilienhäuser (Fortsetzung)** | | | | |
| Mehrfamilienhäuser, mit 6 bis 19 WE, einfacher Standard | 25,00 | **31,00** | 43,00 | 16,9% |
| Mehrfamilienhäuser, mit 6 bis 19 WE, mittlerer Standard | 25,00 | **39,00** | 57,00 | 18,9% |
| Mehrfamilienhäuser, mit 6 bis 19 WE, hoher Standard | 21,00 | **30,00** | 36,00 | 14,2% |
| Mehrfamilienhäuser, mit 20 oder mehr WE, mittlerer Standard | 35,00 | **43,00** | 50,00 | 16,7% |
| Mehrfamilienhäuser, mit 20 oder mehr WE, hoher Standard | 30,00 | **35,00** | 43,00 | 13,7% |
| Mehrfamilienhäuser, Passivhäuser | 32,00 | **42,00** | 54,00 | 18,1% |
| Wohnhäuser, mit bis zu 15% Mischnutzung, einfacher Standard | 34,00 | **36,00** | 39,00 | 16,9% |
| Wohnhäuser, mit bis zu 15% Mischnutzung, mittlerer Standard | 18,00 | **29,00** | 36,00 | 15,7% |
| Wohnhäuser, mit bis zu 15% Mischnutzung, hoher Standard | – | **39,00** | – | 16,7% |
| Wohnhäuser, mit mehr als 15% Mischnutzung | 58,00 | **89,00** | 119,00 | 20,2% |
| **Seniorenwohnungen** | | | | |
| Seniorenwohnungen, mittlerer Standard | 41,00 | **50,00** | 56,00 | 17,9% |
| Seniorenwohnungen, hoher Standard | 46,00 | **53,00** | 59,00 | 16,7% |
| **Beherbergung** | | | | |
| Wohnheime und Internate | 44,00 | **58,00** | 86,00 | 18,2% |
| **7 Gewerbegebäude** | | | | |
| **Gaststätten und Kantinen** | | | | |
| Gaststätten, Kantinen und Mensen | – | **35,00** | – | 4,3% |
| **Gebäude für Produktion** | | | | |
| Industrielle Produktionsgebäude, Massivbauweise | 38,00 | **57,00** | 86,00 | 20,6% |
| Industrielle Produktionsgebäude, überwiegend Skelettbauweise | 47,00 | **93,00** | 160,00 | 22,0% |
| Betriebs- und Werkstätten, eingeschossig | 91,00 | **93,00** | 95,00 | 26,2% |
| Betriebs- und Werkstätten, mehrgeschossig, geringer Hallenanteil | 15,00 | **35,00** | 59,00 | 14,1% |
| Betriebs- und Werkstätten, mehrgeschossig, hoher Hallenanteil | 24,00 | **63,00** | 92,00 | 24,2% |
| **Gebäude für Handel und Lager** | | | | |
| Geschäftshäuser, mit Wohnungen | 25,00 | **54,00** | 71,00 | 22,7% |
| Geschäftshäuser, ohne Wohnungen | 37,00 | **41,00** | 46,00 | 19,4% |
| Verbrauchermärkte | 81,00 | **83,00** | 85,00 | 24,6% |
| Autohäuser | 22,00 | **62,00** | 101,00 | 30,8% |
| Lagergebäude, ohne Mischnutzung | 20,00 | **36,00** | 95,00 | 23,0% |
| Lagergebäude, mit bis zu 25% Mischnutzung | 19,00 | **41,00** | 56,00 | 24,6% |
| Lagergebäude, mit mehr als 25% Mischnutzung | 26,00 | **28,00** | 29,00 | 16,3% |
| **Garagen und Bereitschaftsdienste** | | | | |
| Einzel-, Mehrfach- und Hochgaragen | 3,60 | **6,70** | 13,00 | 18,3% |
| Tiefgaragen | – | **8,90** | – | 40,4% |
| Feuerwehrhäuser | 53,00 | **55,00** | 58,00 | 14,4% |
| Öffentliche Bereitschaftsdienste | 43,00 | **54,00** | 75,00 | 21,7% |
| **9 Kulturgebäude** | | | | |
| **Gebäude für kulturelle Zwecke** | | | | |
| Bibliotheken, Museen und Ausstellungen | 66,00 | **83,00** | 102,00 | 18,9% |
| Theater | 77,00 | **98,00** | 118,00 | 18,6% |
| Gemeindezentren, einfacher Standard | 16,00 | **21,00** | 30,00 | 11,8% |
| Gemeindezentren, mittlerer Standard | 44,00 | **68,00** | 98,00 | 18,1% |
| Gemeindezentren, hoher Standard | 57,00 | **74,00** | 110,00 | 14,3% |
| **Gebäude für religiöse Zwecke** | | | | |
| Sakralbauten | – | **–** | – | – |
| Friedhofsgebäude | – | **68,00** | – | 20,5% |

Einheit: m²
Brutto-Grundfläche
(BGF)

## 445 Beleuchtungsanlagen

**Kosten:**
Stand 1.Quartal 2020
Bundesdurchschnitt
inkl. 19% MwSt.

Einheit: m²
Brutto-Grundfläche
(BGF)

| Gebäudeart | ▷ | €/Einheit | ◁ | KG an 400 |
|---|---|---|---|---|
| **1 Büro- und Verwaltungsgebäude** | | | | |
| Büro- und Verwaltungsgebäude, einfacher Standard | 7,00 | **19,00** | 29,00 | 9,5% |
| Büro- und Verwaltungsgebäude, mittlerer Standard | 19,00 | **36,00** | 47,00 | 8,9% |
| Büro- und Verwaltungsgebäude, hoher Standard | 42,00 | **78,00** | 107,00 | 11,8% |
| **2 Gebäude für Forschung und Lehre** | | | | |
| Instituts- und Laborgebäude | 30,00 | **42,00** | 64,00 | 4,2% |
| **3 Gebäude des Gesundheitswesens** | | | | |
| Medizinische Einrichtungen | 56,00 | **65,00** | 88,00 | 12,5% |
| Pflegeheime | 45,00 | **49,00** | 58,00 | 8,3% |
| **4 Schulen und Kindergärten** | | | | |
| Allgemeinbildende Schulen | 31,00 | **49,00** | 97,00 | 12,7% |
| Berufliche Schulen | 32,00 | **46,00** | 59,00 | 6,9% |
| Förder- und Sonderschulen | 25,00 | **41,00** | 63,00 | 9,7% |
| Weiterbildungseinrichtungen | 21,00 | **49,00** | 64,00 | 8,0% |
| Kindergärten, nicht unterkellert, einfacher Standard | – | **39,00** | – | 18,1% |
| Kindergärten, nicht unterkellert, mittlerer Standard | 31,00 | **54,00** | 116,00 | 11,7% |
| Kindergärten, nicht unterkellert, hoher Standard | 47,00 | **54,00** | 61,00 | 17,4% |
| Kindergärten, Holzbauweise, nicht unterkellert | 17,00 | **41,00** | 61,00 | 12,8% |
| Kindergärten, unterkellert | 31,00 | **47,00** | 74,00 | 13,4% |
| **5 Sportbauten** | | | | |
| Sport- und Mehrzweckhallen | 16,00 | **39,00** | 79,00 | 9,5% |
| Sporthallen (Einfeldhallen) | 42,00 | **74,00** | 133,00 | 24,1% |
| Sporthallen (Dreifeldhallen) | 36,00 | **36,00** | 36,00 | 5,4% |
| Schwimmhallen | – | **–** | – | – |
| **6 Wohngebäude** | | | | |
| **Ein- und Zweifamilienhäuser** | | | | |
| Ein- und Zweifamilienhäuser, unterkellert, einfacher Standard | 0,10 | **0,50** | 1,00 | 0,2% |
| Ein- und Zweifamilienhäuser, unterkellert, mittlerer Standard | 1,80 | **3,20** | 10,00 | 0,7% |
| Ein- und Zweifamilienhäuser, unterkellert, hoher Standard | 3,70 | **13,00** | 36,00 | 2,6% |
| Ein- und Zweifamilienhäuser, nicht unterkellert, einfacher Standard | – | **3,30** | – | 0,8% |
| Ein- und Zweifamilienhäuser, nicht unterkellert, mittlerer Standard | 3,20 | **5,60** | 19,00 | 1,1% |
| Ein- und Zweifamilienhäuser, nicht unterkellert, hoher Standard | 0,90 | **2,70** | 5,40 | 0,6% |
| Ein- und Zweifamilienhäuser, Passivhausstandard, Massivbau | 1,30 | **4,00** | 6,90 | 0,5% |
| Ein- und Zweifamilienhäuser, Passivhausstandard, Holzbau | 1,00 | **7,60** | 12,00 | 0,9% |
| Ein- und Zweifamilienhäuser, Holzbauweise, unterkellert | 0,90 | **1,80** | 3,40 | 0,2% |
| Ein- und Zweifamilienhäuser, Holzbauweise, nicht unterkellert | 7,90 | **11,00** | 14,00 | 2,0% |
| Doppel- und Reihenendhäuser, einfacher Standard | – | **0,10** | – | 0,0% |
| Doppel- und Reihenendhäuser, mittlerer Standard | 2,70 | **6,70** | 18,00 | 1,3% |
| Doppel- und Reihenendhäuser, hoher Standard | 2,30 | **6,50** | 11,00 | 1,5% |
| Reihenhäuser, einfacher Standard | – | **0,80** | – | 0,2% |
| Reihenhäuser, mittlerer Standard | 0,40 | **5,10** | 9,80 | 1,2% |
| Reihenhäuser, hoher Standard | 3,10 | **3,60** | 4,10 | 0,8% |
| **Mehrfamilienhäuser** | | | | |
| Mehrfamilienhäuser, mit bis zu 6 WE, einfacher Standard | 1,10 | **1,70** | 2,30 | 1,0% |
| Mehrfamilienhäuser, mit bis zu 6 WE, mittlerer Standard | 1,50 | **3,00** | 5,20 | 1,4% |
| Mehrfamilienhäuser, mit bis zu 6 WE, hoher Standard | 5,40 | **9,60** | 16,00 | 2,9% |

▷ von
ø Mittel
◁ bis

| Gebäudeart | ▷ | €/Einheit | ◁ | KG an 400 |
|---|---|---|---|---|
| **Mehrfamilienhäuser (Fortsetzung)** | | | | |
| Mehrfamilienhäuser, mit 6 bis 19 WE, einfacher Standard | 2,30 | **6,50** | 13,00 | 3,4% |
| Mehrfamilienhäuser, mit 6 bis 19 WE, mittlerer Standard | 1,40 | **3,90** | 7,20 | 1,6% |
| Mehrfamilienhäuser, mit 6 bis 19 WE, hoher Standard | 1,60 | **3,00** | 7,00 | 1,1% |
| Mehrfamilienhäuser, mit 20 oder mehr WE, mittlerer Standard | 6,50 | **9,40** | 15,00 | 3,8% |
| Mehrfamilienhäuser, mit 20 oder mehr WE, hoher Standard | 1,90 | **6,60** | 15,00 | 3,0% |
| Mehrfamilienhäuser, Passivhäuser | 2,30 | **3,50** | 4,10 | 0,8% |
| Wohnhäuser, mit bis zu 15% Mischnutzung, einfacher Standard | 1,10 | **3,70** | 8,80 | 1,8% |
| Wohnhäuser, mit bis zu 15% Mischnutzung, mittlerer Standard | 0,40 | **2,70** | 7,10 | 1,1% |
| Wohnhäuser, mit bis zu 15% Mischnutzung, hoher Standard | – | **8,10** | – | 3,5% |
| Wohnhäuser, mit mehr als 15% Mischnutzung | – | **7,30** | – | 1,1% |
| **Seniorenwohnungen** | | | | |
| Seniorenwohnungen, mittlerer Standard | 9,30 | **12,00** | 16,00 | 4,1% |
| Seniorenwohnungen, hoher Standard | 1,80 | **3,30** | 4,70 | 1,1% |
| **Beherbergung** | | | | |
| Wohnheime und Internate | 11,00 | **25,00** | 78,00 | 6,2% |
| **7 Gewerbegebäude** | | | | |
| **Gaststätten und Kantinen** | | | | |
| Gaststätten, Kantinen und Mensen | – | **67,00** | – | 8,3% |
| **Gebäude für Produktion** | | | | |
| Industrielle Produktionsgebäude, Massivbauweise | 25,00 | **30,00** | 38,00 | 11,3% |
| Industrielle Produktionsgebäude, überwiegend Skelettbauweise | 13,00 | **21,00** | 30,00 | 4,9% |
| Betriebs- und Werkstätten, eingeschossig | – | **15,00** | – | 1,1% |
| Betriebs- und Werkstätten, mehrgeschossig, geringer Hallenanteil | 13,00 | **31,00** | 50,00 | 7,4% |
| Betriebs- und Werkstätten, mehrgeschossig, hoher Hallenanteil | 11,00 | **28,00** | 41,00 | 8,1% |
| **Gebäude für Handel und Lager** | | | | |
| Geschäftshäuser, mit Wohnungen | 15,00 | **23,00** | 37,00 | 9,2% |
| Geschäftshäuser, ohne Wohnungen | 3,30 | **3,50** | 3,60 | 1,6% |
| Verbrauchermärkte | 7,90 | **17,00** | 26,00 | 4,4% |
| Autohäuser | 17,00 | **23,00** | 28,00 | 15,2% |
| Lagergebäude, ohne Mischnutzung | 7,90 | **13,00** | 27,00 | 5,7% |
| Lagergebäude, mit bis zu 25% Mischnutzung | 8,50 | **22,00** | 44,00 | 9,9% |
| Lagergebäude, mit mehr als 25% Mischnutzung | 9,90 | **21,00** | 32,00 | 13,8% |
| **Garagen und Bereitschaftsdienste** | | | | |
| Einzel-, Mehrfach- und Hochgaragen | 1,50 | **2,50** | 3,10 | 9,4% |
| Tiefgaragen | – | **0,70** | – | 3,1% |
| Feuerwehrhäuser | 27,00 | **34,00** | 48,00 | 8,8% |
| Öffentliche Bereitschaftsdienste | 13,00 | **17,00** | 20,00 | 6,1% |
| **9 Kulturgebäude** | | | | |
| **Gebäude für kulturelle Zwecke** | | | | |
| Bibliotheken, Museen und Ausstellungen | 19,00 | **52,00** | 86,00 | 9,1% |
| Theater | 54,00 | **60,00** | 65,00 | 12,5% |
| Gemeindezentren, einfacher Standard | 14,00 | **27,00** | 50,00 | 13,5% |
| Gemeindezentren, mittlerer Standard | 41,00 | **66,00** | 100,00 | 18,6% |
| Gemeindezentren, hoher Standard | 38,00 | **82,00** | 108,00 | 15,7% |
| **Gebäude für religiöse Zwecke** | | | | |
| Sakralbauten | – | **–** | – | – |
| Friedhofsgebäude | – | **10,00** | – | 3,1% |

Einheit: m²
Brutto-Grundfläche
(BGF)

**Kosten:**
Stand 1.Quartal 2020
Bundesdurchschnitt
inkl. 19% MwSt.

Einheit: m2
Brutto-Grundfläche
(BGF)

▷ von
ø Mittel
◁ bis

| Gebäudeart | ▷ | €/Einheit | ◁ | KG an 400 |
|---|---|---|---|---|
| **1 Büro- und Verwaltungsgebäude** | | | | |
| Büro- und Verwaltungsgebäude, einfacher Standard | 1,70 | **2,80** | 3,90 | 1,7% |
| Büro- und Verwaltungsgebäude, mittlerer Standard | 2,50 | **5,10** | 9,20 | 1,3% |
| Büro- und Verwaltungsgebäude, hoher Standard | 4,10 | **6,90** | 14,00 | 1,0% |
| **2 Gebäude für Forschung und Lehre** | | | | |
| Instituts- und Laborgebäude | 2,70 | **7,20** | 11,00 | 0,8% |
| **3 Gebäude des Gesundheitswesens** | | | | |
| Medizinische Einrichtungen | 6,30 | **9,40** | 13,00 | 1,6% |
| Pflegeheime | 2,30 | **3,80** | 5,30 | 0,7% |
| **4 Schulen und Kindergärten** | | | | |
| Allgemeinbildende Schulen | 3,10 | **6,00** | 11,00 | 1,9% |
| Berufliche Schulen | 4,70 | **18,00** | 24,00 | 2,5% |
| Förder- und Sonderschulen | 2,60 | **4,90** | 9,00 | 1,3% |
| Weiterbildungseinrichtungen | 1,20 | **4,00** | 5,40 | 0,8% |
| Kindergärten, nicht unterkellert, einfacher Standard | – | **5,40** | – | 2,5% |
| Kindergärten, nicht unterkellert, mittlerer Standard | 6,70 | **13,00** | 27,00 | 3,4% |
| Kindergärten, nicht unterkellert, hoher Standard | 2,10 | **3,80** | 5,60 | 1,3% |
| Kindergärten, Holzbauweise, nicht unterkellert | 5,10 | **9,80** | 17,00 | 3,8% |
| Kindergärten, unterkellert | 0,50 | **6,40** | 10,00 | 1,7% |
| **5 Sportbauten** | | | | |
| Sport- und Mehrzweckhallen | 3,90 | **6,50** | 11,00 | 1,9% |
| Sporthallen (Einfeldhallen) | 4,70 | **8,70** | 11,00 | 3,1% |
| Sporthallen (Dreifeldhallen) | 2,00 | **2,60** | 3,20 | 0,4% |
| Schwimmhallen | – | **–** | – | – |
| **6 Wohngebäude** | | | | |
| **Ein- und Zweifamilienhäuser** | | | | |
| Ein- und Zweifamilienhäuser, unterkellert, einfacher Standard | 0,70 | **1,50** | 2,90 | 1,0% |
| Ein- und Zweifamilienhäuser, unterkellert, mittlerer Standard | 1,20 | **2,20** | 5,40 | 0,9% |
| Ein- und Zweifamilienhäuser, unterkellert, hoher Standard | 1,60 | **3,80** | 7,50 | 1,3% |
| Ein- und Zweifamilienhäuser, nicht unterkellert, einfacher Standard | 1,20 | **1,80** | 2,40 | 1,1% |
| Ein- und Zweifamilienhäuser, nicht unterkellert, mittlerer Standard | 1,40 | **2,40** | 4,30 | 0,9% |
| Ein- und Zweifamilienhäuser, nicht unterkellert, hoher Standard | 1,40 | **4,60** | 11,00 | 1,4% |
| Ein- und Zweifamilienhäuser, Passivhausstandard, Massivbau | 1,40 | **3,10** | 6,50 | 1,0% |
| Ein- und Zweifamilienhäuser, Passivhausstandard, Holzbau | 1,40 | **2,60** | 5,50 | 0,6% |
| Ein- und Zweifamilienhäuser, Holzbauweise, unterkellert | 1,80 | **3,40** | 9,30 | 1,3% |
| Ein- und Zweifamilienhäuser, Holzbauweise, nicht unterkellert | 1,30 | **1,70** | 2,80 | 0,8% |
| Doppel- und Reihenendhäuser, einfacher Standard | 0,80 | **1,30** | 1,90 | 0,4% |
| Doppel- und Reihenendhäuser, mittlerer Standard | 2,30 | **2,90** | 4,20 | 1,2% |
| Doppel- und Reihenendhäuser, hoher Standard | 2,40 | **3,80** | 5,70 | 1,3% |
| Reihenhäuser, einfacher Standard | – | **0,90** | – | 0,2% |
| Reihenhäuser, mittlerer Standard | 1,70 | **1,80** | 1,80 | 0,5% |
| Reihenhäuser, hoher Standard | 0,80 | **1,50** | 2,80 | 0,5% |
| **Mehrfamilienhäuser** | | | | |
| Mehrfamilienhäuser, mit bis zu 6 WE, einfacher Standard | 0,50 | **1,30** | 2,70 | 1,0% |
| Mehrfamilienhäuser, mit bis zu 6 WE, mittlerer Standard | 1,20 | **1,60** | 3,10 | 0,8% |
| Mehrfamilienhäuser, mit bis zu 6 WE, hoher Standard | 1,20 | **2,40** | 3,50 | 0,9% |

Einheit: m² Brutto-Grundfläche (BGF)

| Gebäudeart | ▷ | €/Einheit | ◁ | KG an 400 |
|---|---|---|---|---|
| **Mehrfamilienhäuser (Fortsetzung)** | | | | |
| Mehrfamilienhäuser, mit 6 bis 19 WE, einfacher Standard | 1,10 | **1,50** | 2,30 | 0,8% |
| Mehrfamilienhäuser, mit 6 bis 19 WE, mittlerer Standard | 0,60 | **1,20** | 1,90 | 0,7% |
| Mehrfamilienhäuser, mit 6 bis 19 WE, hoher Standard | 0,80 | **1,20** | 1,50 | 0,6% |
| Mehrfamilienhäuser, mit 20 oder mehr WE, mittlerer Standard | 2,20 | **3,30** | 6,80 | 1,3% |
| Mehrfamilienhäuser, mit 20 oder mehr WE, hoher Standard | 1,60 | **2,80** | 4,90 | 1,1% |
| Mehrfamilienhäuser, Passivhäuser | 1,40 | **2,10** | 4,30 | 1,0% |
| Wohnhäuser, mit bis zu 15% Mischnutzung, einfacher Standard | 1,90 | **2,00** | 2,00 | 0,9% |
| Wohnhäuser, mit bis zu 15% Mischnutzung, mittlerer Standard | 1,40 | **2,10** | 3,20 | 1,1% |
| Wohnhäuser, mit bis zu 15% Mischnutzung, hoher Standard | – | **1,60** | – | 0,7% |
| Wohnhäuser, mit mehr als 15% Mischnutzung | 2,40 | **3,00** | 3,70 | 0,7% |
| **Seniorenwohnungen** | | | | |
| Seniorenwohnungen, mittlerer Standard | 2,60 | **4,30** | 7,70 | 1,6% |
| Seniorenwohnungen, hoher Standard | 4,00 | **4,60** | 5,20 | 1,4% |
| **Beherbergung** | | | | |
| Wohnheime und Internate | 1,70 | **3,10** | 6,00 | 0,8% |
| **7 Gewerbegebäude** | | | | |
| **Gaststätten und Kantinen** | | | | |
| Gaststätten, Kantinen und Mensen | – | **4,50** | – | 0,6% |
| **Gebäude für Produktion** | | | | |
| Industrielle Produktionsgebäude, Massivbauweise | 3,40 | **5,20** | 8,80 | 1,9% |
| Industrielle Produktionsgebäude, überwiegend Skelettbauweise | 1,60 | **5,60** | 8,00 | 1,9% |
| Betriebs- und Werkstätten, eingeschossig | 0,90 | **1,80** | 2,60 | 0,4% |
| Betriebs- und Werkstätten, mehrgeschossig, geringer Hallenanteil | 1,70 | **5,20** | 11,00 | 2,9% |
| Betriebs- und Werkstätten, mehrgeschossig, hoher Hallenanteil | 1,40 | **3,70** | 7,20 | 1,2% |
| **Gebäude für Handel und Lager** | | | | |
| Geschäftshäuser, mit Wohnungen | 0,50 | **1,50** | 1,90 | 0,5% |
| Geschäftshäuser, ohne Wohnungen | 1,70 | **2,60** | 3,40 | 1,2% |
| Verbrauchermärkte | 2,90 | **4,30** | 5,80 | 1,4% |
| Autohäuser | 1,00 | **1,20** | 1,40 | 0,8% |
| Lagergebäude, ohne Mischnutzung | 1,30 | **2,20** | 5,50 | 5,9% |
| Lagergebäude, mit bis zu 25% Mischnutzung | 1,50 | **4,20** | 5,60 | 2,6% |
| Lagergebäude, mit mehr als 25% Mischnutzung | 1,10 | **2,00** | 2,80 | 1,0% |
| **Garagen und Bereitschaftsdienste** | | | | |
| Einzel-, Mehrfach- und Hochgaragen | 1,30 | **3,00** | 6,30 | 8,6% |
| Tiefgaragen | – | **1,70** | – | 7,6% |
| Feuerwehrhäuser | 3,50 | **6,70** | 13,00 | 1,8% |
| Öffentliche Bereitschaftsdienste | 1,70 | **4,30** | 9,50 | 1,0% |
| **9 Kulturgebäude** | | | | |
| **Gebäude für kulturelle Zwecke** | | | | |
| Bibliotheken, Museen und Ausstellungen | 4,80 | **12,00** | 20,00 | 2,9% |
| Theater | 1,60 | **4,40** | 7,30 | 1,4% |
| Gemeindezentren, einfacher Standard | 1,60 | **3,60** | 5,60 | 2,4% |
| Gemeindezentren, mittlerer Standard | 2,30 | **5,20** | 11,00 | 1,4% |
| Gemeindezentren, hoher Standard | 1,40 | **4,50** | 6,20 | 0,9% |
| **Gebäude für religiöse Zwecke** | | | | |
| Sakralbauten | – | **–** | – | – |
| Friedhofsgebäude | – | **9,70** | – | 2,9% |

## 449 Sonstiges zur KG 440

**Kosten:**
Stand 1.Quartal 2020
Bundesdurchschnitt
inkl. 19% MwSt.

Einheit: m²
Brutto-Grundfläche
(BGF)

▷ von
ø Mittel
◁ bis

| Gebäudeart | ▷ | €/Einheit | ◁ | KG an 400 |
|---|---|---|---|---|
| **1 Büro- und Verwaltungsgebäude** | | | | |
| Büro- und Verwaltungsgebäude, einfacher Standard | – | – | – | – |
| Büro- und Verwaltungsgebäude, mittlerer Standard | – | – | – | – |
| Büro- und Verwaltungsgebäude, hoher Standard | – | – | – | – |
| **2 Gebäude für Forschung und Lehre** | | | | |
| Instituts- und Laborgebäude | – | – | – | – |
| **3 Gebäude des Gesundheitswesens** | | | | |
| Medizinische Einrichtungen | – | – | – | – |
| Pflegeheime | – | – | – | – |
| **4 Schulen und Kindergärten** | | | | |
| Allgemeinbildende Schulen | – | – | – | – |
| Berufliche Schulen | – | – | – | – |
| Förder- und Sonderschulen | – | – | – | – |
| Weiterbildungseinrichtungen | – | – | – | – |
| Kindergärten, nicht unterkellert, einfacher Standard | – | – | – | – |
| Kindergärten, nicht unterkellert, mittlerer Standard | – | **0,50** | – | 0,0% |
| Kindergärten, nicht unterkellert, hoher Standard | – | – | – | – |
| Kindergärten, Holzbauweise, nicht unterkellert | – | – | – | – |
| Kindergärten, unterkellert | – | – | – | – |
| **5 Sportbauten** | | | | |
| Sport- und Mehrzweckhallen | – | – | – | – |
| Sporthallen (Einfeldhallen) | – | – | – | – |
| Sporthallen (Dreifeldhallen) | – | – | – | – |
| Schwimmhallen | – | – | – | – |
| **6 Wohngebäude** | | | | |
| **Ein- und Zweifamilienhäuser** | | | | |
| Ein- und Zweifamilienhäuser, unterkellert, einfacher Standard | – | – | – | – |
| Ein- und Zweifamilienhäuser, unterkellert, mittlerer Standard | – | – | – | – |
| Ein- und Zweifamilienhäuser, unterkellert, hoher Standard | – | – | – | – |
| Ein- und Zweifamilienhäuser, nicht unterkellert, einfacher Standard | – | – | – | – |
| Ein- und Zweifamilienhäuser, nicht unterkellert, mittlerer Standard | – | **5,90** | – | 0,2% |
| Ein- und Zweifamilienhäuser, nicht unterkellert, hoher Standard | – | – | – | – |
| Ein- und Zweifamilienhäuser, Passivhausstandard, Massivbau | – | – | – | – |
| Ein- und Zweifamilienhäuser, Passivhausstandard, Holzbau | – | – | – | – |
| Ein- und Zweifamilienhäuser, Holzbauweise, unterkellert | – | – | – | – |
| Ein- und Zweifamilienhäuser, Holzbauweise, nicht unterkellert | – | – | – | – |
| Doppel- und Reihenendhäuser, einfacher Standard | – | – | – | – |
| Doppel- und Reihenendhäuser, mittlerer Standard | – | **6,20** | – | 0,3% |
| Doppel- und Reihenendhäuser, hoher Standard | – | – | – | – |
| Reihenhäuser, einfacher Standard | – | – | – | – |
| Reihenhäuser, mittlerer Standard | – | – | – | – |
| Reihenhäuser, hoher Standard | – | – | – | – |
| **Mehrfamilienhäuser** | | | | |
| Mehrfamilienhäuser, mit bis zu 6 WE, einfacher Standard | – | **0,30** | – | 0,1% |
| Mehrfamilienhäuser, mit bis zu 6 WE, mittlerer Standard | – | – | – | – |
| Mehrfamilienhäuser, mit bis zu 6 WE, hoher Standard | – | – | – | – |

| Gebäudeart | ▷ | €/Einheit | ◁ | KG an 400 |
|---|---|---|---|---|
| **Mehrfamilienhäuser (Fortsetzung)** | | | | |
| Mehrfamilienhäuser, mit 6 bis 19 WE, einfacher Standard | – | – | – | – |
| Mehrfamilienhäuser, mit 6 bis 19 WE, mittlerer Standard | – | – | – | – |
| Mehrfamilienhäuser, mit 6 bis 19 WE, hoher Standard | – | – | – | – |
| Mehrfamilienhäuser, mit 20 oder mehr WE, mittlerer Standard | – | – | – | – |
| Mehrfamilienhäuser, mit 20 oder mehr WE, hoher Standard | – | – | – | – |
| Mehrfamilienhäuser, Passivhäuser | – | – | – | – |
| Wohnhäuser, mit bis zu 15% Mischnutzung, einfacher Standard | – | – | – | – |
| Wohnhäuser, mit bis zu 15% Mischnutzung, mittlerer Standard | – | – | – | – |
| Wohnhäuser, mit bis zu 15% Mischnutzung, hoher Standard | – | – | – | – |
| Wohnhäuser, mit mehr als 15% Mischnutzung | – | – | – | – |
| **Seniorenwohnungen** | | | | |
| Seniorenwohnungen, mittlerer Standard | – | – | – | – |
| Seniorenwohnungen, hoher Standard | – | – | – | – |
| **Beherbergung** | | | | |
| Wohnheime und Internate | – | – | – | – |
| **7 Gewerbegebäude** | | | | |
| **Gaststätten und Kantinen** | | | | |
| Gaststätten, Kantinen und Mensen | – | – | – | – |
| **Gebäude für Produktion** | | | | |
| Industrielle Produktionsgebäude, Massivbauweise | – | – | – | – |
| Industrielle Produktionsgebäude, überwiegend Skelettbauweise | – | – | – | – |
| Betriebs- und Werkstätten, eingeschossig | – | – | – | – |
| Betriebs- und Werkstätten, mehrgeschossig, geringer Hallenanteil | – | – | – | – |
| Betriebs- und Werkstätten, mehrgeschossig, hoher Hallenanteil | – | – | – | – |
| **Gebäude für Handel und Lager** | | | | |
| Geschäftshäuser, mit Wohnungen | – | – | – | – |
| Geschäftshäuser, ohne Wohnungen | – | – | – | – |
| Verbrauchermärkte | – | – | – | – |
| Autohäuser | – | – | – | – |
| Lagergebäude, ohne Mischnutzung | – | – | – | – |
| Lagergebäude, mit bis zu 25% Mischnutzung | – | – | – | – |
| Lagergebäude, mit mehr als 25% Mischnutzung | – | – | – | – |
| **Garagen und Bereitschaftsdienste** | | | | |
| Einzel-, Mehrfach- und Hochgaragen | – | – | – | – |
| Tiefgaragen | – | – | – | – |
| Feuerwehrhäuser | – | – | – | – |
| Öffentliche Bereitschaftsdienste | – | – | – | – |
| **9 Kulturgebäude** | | | | |
| **Gebäude für kulturelle Zwecke** | | | | |
| Bibliotheken, Museen und Ausstellungen | – | – | – | – |
| Theater | – | – | – | – |
| Gemeindezentren, einfacher Standard | – | – | – | – |
| Gemeindezentren, mittlerer Standard | – | – | – | – |
| Gemeindezentren, hoher Standard | – | **19,00** | – | 1,3% |
| **Gebäude für religiöse Zwecke** | | | | |
| Sakralbauten | – | – | – | – |
| Friedhofsgebäude | – | – | – | – |

Einheit: m²
Brutto-Grundfläche
(BGF)

# 451 Telekommunikationsanlagen

**Kosten:**
Stand 1.Quartal 2020
Bundesdurchschnitt
inkl. 19% MwSt.

Einheit: m²
Brutto-Grundfläche
(BGF)

| Gebäudeart | ▷ | €/Einheit | ◁ | KG an 400 |
|---|---|---|---|---|
| **1 Büro- und Verwaltungsgebäude** | | | | |
| Büro- und Verwaltungsgebäude, einfacher Standard | – | **–** | – | – |
| Büro- und Verwaltungsgebäude, mittlerer Standard | 4,50 | **12,00** | 24,00 | 1,3% |
| Büro- und Verwaltungsgebäude, hoher Standard | 14,00 | **21,00** | 27,00 | 0,8% |
| **2 Gebäude für Forschung und Lehre** | | | | |
| Instituts- und Laborgebäude | – | **2,70** | – | 0,1% |
| **3 Gebäude des Gesundheitswesens** | | | | |
| Medizinische Einrichtungen | 2,90 | **20,00** | 54,00 | 1,9% |
| Pflegeheime | – | **6,00** | – | 0,3% |
| **4 Schulen und Kindergärten** | | | | |
| Allgemeinbildende Schulen | 2,50 | **3,20** | 3,90 | 0,2% |
| Berufliche Schulen | 4,70 | **6,90** | 9,00 | 0,7% |
| Förder- und Sonderschulen | 2,10 | **5,60** | 19,00 | 1,5% |
| Weiterbildungseinrichtungen | 2,00 | **5,80** | 9,50 | 0,7% |
| Kindergärten, nicht unterkellert, einfacher Standard | – | **–** | – | – |
| Kindergärten, nicht unterkellert, mittlerer Standard | 1,70 | **5,90** | 14,00 | 0,6% |
| Kindergärten, nicht unterkellert, hoher Standard | – | **2,80** | – | 0,5% |
| Kindergärten, Holzbauweise, nicht unterkellert | – | **5,60** | – | 0,1% |
| Kindergärten, unterkellert | 2,90 | **4,20** | 5,40 | 0,7% |
| **5 Sportbauten** | | | | |
| Sport- und Mehrzweckhallen | – | **0,50** | – | 0,0% |
| Sporthallen (Einfeldhallen) | – | **0,10** | – | 0,0% |
| Sporthallen (Dreifeldhallen) | – | **0,20** | – | 0,0% |
| Schwimmhallen | – | **–** | – | – |
| **6 Wohngebäude** | | | | |
| **Ein- und Zweifamilienhäuser** | | | | |
| Ein- und Zweifamilienhäuser, unterkellert, einfacher Standard | 0,60 | **1,10** | 2,10 | 0,8% |
| Ein- und Zweifamilienhäuser, unterkellert, mittlerer Standard | 1,10 | **1,60** | 3,00 | 0,2% |
| Ein- und Zweifamilienhäuser, unterkellert, hoher Standard | – | **3,50** | – | 0,1% |
| Ein- und Zweifamilienhäuser, nicht unterkellert, einfacher Standard | – | **0,30** | – | 0,1% |
| Ein- und Zweifamilienhäuser, nicht unterkellert, mittlerer Standard | 0,50 | **0,90** | 2,20 | 0,1% |
| Ein- und Zweifamilienhäuser, nicht unterkellert, hoher Standard | 1,80 | **3,50** | 5,20 | 0,3% |
| Ein- und Zweifamilienhäuser, Passivhausstandard, Massivbau | 0,80 | **1,60** | 2,90 | 0,3% |
| Ein- und Zweifamilienhäuser, Passivhausstandard, Holzbau | 1,00 | **2,10** | 3,10 | 0,4% |
| Ein- und Zweifamilienhäuser, Holzbauweise, unterkellert | 0,60 | **1,40** | 2,60 | 0,4% |
| Ein- und Zweifamilienhäuser, Holzbauweise, nicht unterkellert | – | **–** | – | – |
| Doppel- und Reihenendhäuser, einfacher Standard | – | **0,20** | – | 0,0% |
| Doppel- und Reihenendhäuser, mittlerer Standard | 0,50 | **0,70** | 1,10 | 0,2% |
| Doppel- und Reihenendhäuser, hoher Standard | 0,90 | **1,50** | 2,10 | 0,4% |
| Reihenhäuser, einfacher Standard | – | **–** | – | – |
| Reihenhäuser, mittlerer Standard | 1,30 | **1,50** | 1,80 | 0,5% |
| Reihenhäuser, hoher Standard | – | **–** | – | – |
| **Mehrfamilienhäuser** | | | | |
| Mehrfamilienhäuser, mit bis zu 6 WE, einfacher Standard | – | **0,70** | – | 0,2% |
| Mehrfamilienhäuser, mit bis zu 6 WE, mittlerer Standard | 0,30 | **0,30** | 0,40 | 0,1% |
| Mehrfamilienhäuser, mit bis zu 6 WE, hoher Standard | 0,50 | **1,50** | 1,90 | 0,5% |

▷ von
ø Mittel
◁ bis

| Gebäudeart | ▷ | €/Einheit | ◁ | KG an 400 |
|---|---|---|---|---|
| **Mehrfamilienhäuser (Fortsetzung)** | | | | |
| Mehrfamilienhäuser, mit 6 bis 19 WE, einfacher Standard | 0,60 | **0,70** | 0,70 | 0,3% |
| Mehrfamilienhäuser, mit 6 bis 19 WE, mittlerer Standard | 0,60 | **1,00** | 1,70 | 0,3% |
| Mehrfamilienhäuser, mit 6 bis 19 WE, hoher Standard | 0,70 | **2,00** | 2,50 | 0,8% |
| Mehrfamilienhäuser, mit 20 oder mehr WE, mittlerer Standard | 1,50 | **1,90** | 2,30 | 0,3% |
| Mehrfamilienhäuser, mit 20 oder mehr WE, hoher Standard | 1,00 | **1,30** | 1,70 | 0,5% |
| Mehrfamilienhäuser, Passivhäuser | 0,80 | **1,40** | 1,90 | 0,6% |
| Wohnhäuser, mit bis zu 15% Mischnutzung, einfacher Standard | – | **–** | – | – |
| Wohnhäuser, mit bis zu 15% Mischnutzung, mittlerer Standard | 1,20 | **1,40** | 1,50 | 0,7% |
| Wohnhäuser, mit bis zu 15% Mischnutzung, hoher Standard | – | **0,20** | – | 0,1% |
| Wohnhäuser, mit mehr als 15% Mischnutzung | – | **2,60** | – | 0,4% |
| **Seniorenwohnungen** | | | | |
| Seniorenwohnungen, mittlerer Standard | 1,60 | **3,00** | 4,30 | 0,8% |
| Seniorenwohnungen, hoher Standard | – | **–** | – | – |
| **Beherbergung** | | | | |
| Wohnheime und Internate | 0,80 | **1,20** | 2,10 | 0,3% |
| **7 Gewerbegebäude** | | | | |
| **Gaststätten und Kantinen** | | | | |
| Gaststätten, Kantinen und Mensen | – | **4,80** | – | 0,6% |
| **Gebäude für Produktion** | | | | |
| Industrielle Produktionsgebäude, Massivbauweise | 1,30 | **2,40** | 3,50 | 0,6% |
| Industrielle Produktionsgebäude, überwiegend Skelettbauweise | – | **1,00** | – | 0,1% |
| Betriebs- und Werkstätten, eingeschossig | – | **5,10** | – | 0,4% |
| Betriebs- und Werkstätten, mehrgeschossig, geringer Hallenanteil | 1,20 | **1,60** | 2,00 | 0,2% |
| Betriebs- und Werkstätten, mehrgeschossig, hoher Hallenanteil | 2,10 | **3,80** | 7,10 | 0,5% |
| **Gebäude für Handel und Lager** | | | | |
| Geschäftshäuser, mit Wohnungen | 0,80 | **1,40** | 1,90 | 0,3% |
| Geschäftshäuser, ohne Wohnungen | 1,00 | **1,40** | 1,70 | 0,7% |
| Verbrauchermärkte | – | **0,70** | – | 0,1% |
| Autohäuser | – | **6,50** | – | 1,1% |
| Lagergebäude, ohne Mischnutzung | – | **–** | – | – |
| Lagergebäude, mit bis zu 25% Mischnutzung | – | **0,40** | – | 0,0% |
| Lagergebäude, mit mehr als 25% Mischnutzung | – | **–** | – | – |
| **Garagen und Bereitschaftsdienste** | | | | |
| Einzel-, Mehrfach- und Hochgaragen | – | **0,20** | – | 0,1% |
| Tiefgaragen | – | **–** | – | – |
| Feuerwehrhäuser | 3,70 | **7,10** | 11,00 | 1,1% |
| Öffentliche Bereitschaftsdienste | 1,00 | **1,50** | 2,10 | 0,3% |
| **9 Kulturgebäude** | | | | |
| **Gebäude für kulturelle Zwecke** | | | | |
| Bibliotheken, Museen und Ausstellungen | 1,00 | **6,10** | 11,00 | 0,7% |
| Theater | 0,40 | **2,60** | 4,90 | 0,2% |
| Gemeindezentren, einfacher Standard | 0,40 | **0,60** | 0,70 | 0,2% |
| Gemeindezentren, mittlerer Standard | 1,50 | **3,80** | 7,60 | 0,5% |
| Gemeindezentren, hoher Standard | – | **5,60** | – | 0,4% |
| **Gebäude für religiöse Zwecke** | | | | |
| Sakralbauten | – | **–** | – | – |
| Friedhofsgebäude | – | **–** | – | – |

Einheit: m²
Brutto-Grundfläche
(BGF)

**Kosten:**
Stand 1.Quartal 2020
Bundesdurchschnitt
inkl. 19% MwSt.

Einheit: m²
Brutto-Grundfläche
(BGF)

▷ von
ø Mittel
◁ bis

| Gebäudeart | ▷ | €/Einheit | ◁ | KG an 400 |
|---|---|---|---|---|
| **1 Büro- und Verwaltungsgebäude** | | | | |
| Büro- und Verwaltungsgebäude, einfacher Standard | 0,60 | **2,40** | 6,00 | 1,2% |
| Büro- und Verwaltungsgebäude, mittlerer Standard | 1,40 | **2,80** | 7,70 | 0,6% |
| Büro- und Verwaltungsgebäude, hoher Standard | 1,00 | **3,70** | 6,00 | 0,6% |
| **2 Gebäude für Forschung und Lehre** | | | | |
| Instituts- und Laborgebäude | 1,70 | **4,50** | 9,90 | 0,3% |
| **3 Gebäude des Gesundheitswesens** | | | | |
| Medizinische Einrichtungen | 3,60 | **11,00** | 22,00 | 2,2% |
| Pflegeheime | 18,00 | **22,00** | 27,00 | 3,8% |
| **4 Schulen und Kindergärten** | | | | |
| Allgemeinbildende Schulen | 0,40 | **1,00** | 2,00 | 0,2% |
| Berufliche Schulen | 0,30 | **0,60** | 0,90 | 0,1% |
| Förder- und Sonderschulen | 0,90 | **1,50** | 2,90 | 0,3% |
| Weiterbildungseinrichtungen | – | **2,20** | – | 0,1% |
| Kindergärten, nicht unterkellert, einfacher Standard | – | **0,60** | – | 0,3% |
| Kindergärten, nicht unterkellert, mittlerer Standard | 1,60 | **2,50** | 4,20 | 0,7% |
| Kindergärten, nicht unterkellert, hoher Standard | – | **0,70** | – | 0,1% |
| Kindergärten, Holzbauweise, nicht unterkellert | 1,50 | **2,70** | 4,50 | 0,6% |
| Kindergärten, unterkellert | 1,10 | **3,40** | 7,50 | 0,8% |
| **5 Sportbauten** | | | | |
| Sport- und Mehrzweckhallen | – | **0,70** | – | 0,0% |
| Sporthallen (Einfeldhallen) | – | **2,00** | – | 0,3% |
| Sporthallen (Dreifeldhallen) | – | **–** | – | – |
| Schwimmhallen | – | **–** | – | – |
| **6 Wohngebäude** | | | | |
| **Ein- und Zweifamilienhäuser** | | | | |
| Ein- und Zweifamilienhäuser, unterkellert, einfacher Standard | 0,90 | **1,40** | 2,30 | 1,0% |
| Ein- und Zweifamilienhäuser, unterkellert, mittlerer Standard | 1,30 | **2,50** | 4,00 | 0,9% |
| Ein- und Zweifamilienhäuser, unterkellert, hoher Standard | 2,00 | **4,60** | 12,00 | 1,3% |
| Ein- und Zweifamilienhäuser, nicht unterkellert, einfacher Standard | 1,00 | **1,20** | 1,30 | 0,7% |
| Ein- und Zweifamilienhäuser, nicht unterkellert, mittlerer Standard | 0,70 | **1,70** | 2,90 | 0,5% |
| Ein- und Zweifamilienhäuser, nicht unterkellert, hoher Standard | 0,90 | **3,20** | 6,90 | 0,8% |
| Ein- und Zweifamilienhäuser, Passivhausstandard, Massivbau | 1,20 | **2,80** | 5,80 | 0,8% |
| Ein- und Zweifamilienhäuser, Passivhausstandard, Holzbau | 2,40 | **3,90** | 7,30 | 0,8% |
| Ein- und Zweifamilienhäuser, Holzbauweise, unterkellert | 1,10 | **2,20** | 3,20 | 0,9% |
| Ein- und Zweifamilienhäuser, Holzbauweise, nicht unterkellert | 1,00 | **2,20** | 4,30 | 0,7% |
| Doppel- und Reihenendhäuser, einfacher Standard | 1,00 | **1,90** | 2,70 | 0,5% |
| Doppel- und Reihenendhäuser, mittlerer Standard | 1,50 | **3,40** | 5,30 | 1,5% |
| Doppel- und Reihenendhäuser, hoher Standard | 1,70 | **2,50** | 2,80 | 0,9% |
| Reihenhäuser, einfacher Standard | – | **1,10** | – | 0,3% |
| Reihenhäuser, mittlerer Standard | 0,90 | **1,90** | 2,80 | 0,5% |
| Reihenhäuser, hoher Standard | 2,70 | **3,20** | 3,80 | 0,7% |
| **Mehrfamilienhäuser** | | | | |
| Mehrfamilienhäuser, mit bis zu 6 WE, einfacher Standard | 1,70 | **2,10** | 2,60 | 1,1% |
| Mehrfamilienhäuser, mit bis zu 6 WE, mittlerer Standard | 1,60 | **3,20** | 5,80 | 1,7% |
| Mehrfamilienhäuser, mit bis zu 6 WE, hoher Standard | 1,80 | **5,90** | 8,20 | 2,2% |


 Erläuterungen zu den Tabellen siehe Seite 46

| Gebäudeart | ▷ | €/Einheit | ◁ | KG an 400 |
|---|---|---|---|---|
| **Mehrfamilienhäuser (Fortsetzung)** | | | | |
| Mehrfamilienhäuser, mit 6 bis 19 WE, einfacher Standard | 1,50 | **1,80** | 2,40 | 1,0% |
| Mehrfamilienhäuser, mit 6 bis 19 WE, mittlerer Standard | 1,40 | **2,40** | 5,00 | 0,9% |
| Mehrfamilienhäuser, mit 6 bis 19 WE, hoher Standard | 2,10 | **3,60** | 5,00 | 1,4% |
| Mehrfamilienhäuser, mit 20 oder mehr WE, mittlerer Standard | 1,40 | **1,80** | 2,40 | 0,7% |
| Mehrfamilienhäuser, mit 20 oder mehr WE, hoher Standard | 2,60 | **7,00** | 15,00 | 3,1% |
| Mehrfamilienhäuser, Passivhäuser | 2,20 | **2,90** | 3,70 | 1,3% |
| Wohnhäuser, mit bis zu 15% Mischnutzung, einfacher Standard | – | **0,70** | – | 0,1% |
| Wohnhäuser, mit bis zu 15% Mischnutzung, mittlerer Standard | 0,90 | **1,80** | 2,60 | 0,4% |
| Wohnhäuser, mit bis zu 15% Mischnutzung, hoher Standard | – | **1,80** | – | 0,8% |
| Wohnhäuser, mit mehr als 15% Mischnutzung | 1,60 | **1,70** | 1,80 | 0,4% |
| **Seniorenwohnungen** | | | | |
| Seniorenwohnungen, mittlerer Standard | 2,80 | **8,40** | 18,00 | 2,9% |
| Seniorenwohnungen, hoher Standard | 3,80 | **7,40** | 11,00 | 2,2% |
| **Beherbergung** | | | | |
| Wohnheime und Internate | 1,60 | **2,50** | 3,90 | 0,8% |
| **7 Gewerbegebäude** | | | | |
| **Gaststätten und Kantinen** | | | | |
| Gaststätten, Kantinen und Mensen | – | **–** | – | – |
| **Gebäude für Produktion** | | | | |
| Industrielle Produktionsgebäude, Massivbauweise | – | **4,40** | – | 0,6% |
| Industrielle Produktionsgebäude, überwiegend Skelettbauweise | 0,80 | **0,90** | 1,00 | 0,1% |
| Betriebs- und Werkstätten, eingeschossig | – | **1,70** | – | 0,1% |
| Betriebs- und Werkstätten, mehrgeschossig, geringer Hallenanteil | 0,60 | **1,30** | 1,80 | 0,4% |
| Betriebs- und Werkstätten, mehrgeschossig, hoher Hallenanteil | 0,50 | **1,20** | 4,20 | 0,5% |
| **Gebäude für Handel und Lager** | | | | |
| Geschäftshäuser, mit Wohnungen | 0,20 | **4,10** | 8,00 | 1,0% |
| Geschäftshäuser, ohne Wohnungen | 1,70 | **1,80** | 1,90 | 0,8% |
| Verbrauchermärkte | – | **1,70** | – | 0,2% |
| Autohäuser | – | **–** | – | – |
| Lagergebäude, ohne Mischnutzung | 1,40 | **1,90** | 2,40 | 0,4% |
| Lagergebäude, mit bis zu 25% Mischnutzung | 1,20 | **2,20** | 3,20 | 0,6% |
| Lagergebäude, mit mehr als 25% Mischnutzung | – | **0,40** | – | 0,1% |
| **Garagen und Bereitschaftsdienste** | | | | |
| Einzel-, Mehrfach- und Hochgaragen | – | **–** | – | – |
| Tiefgaragen | – | **–** | – | – |
| Feuerwehrhäuser | 0,60 | **8,10** | 16,00 | 1,2% |
| Öffentliche Bereitschaftsdienste | 0,50 | **0,80** | 1,00 | 0,2% |
| **9 Kulturgebäude** | | | | |
| **Gebäude für kulturelle Zwecke** | | | | |
| Bibliotheken, Museen und Ausstellungen | 0,60 | **1,30** | 1,90 | 0,1% |
| Theater | – | **0,90** | – | 0,2% |
| Gemeindezentren, einfacher Standard | 0,40 | **1,00** | 1,60 | 0,4% |
| Gemeindezentren, mittlerer Standard | 0,70 | **1,60** | 2,50 | 0,4% |
| Gemeindezentren, hoher Standard | – | **0,90** | – | 0,1% |
| **Gebäude für religiöse Zwecke** | | | | |
| Sakralbauten | – | **–** | – | – |
| Friedhofsgebäude | – | **–** | – | – |

Einheit: m²
Brutto-Grundfläche
(BGF)

**Kosten:**
Stand 1.Quartal 2020
Bundesdurchschnitt
inkl. 19% MwSt.

Einheit: $m^2$
Brutto-Grundfläche
(BGF)

▷ von
ø Mittel
◁ bis

| Gebäudeart | ▷ | €/Einheit | ◁ | KG an 400 |
|---|---|---|---|---|
| **1 Büro- und Verwaltungsgebäude** | | | | |
| Büro- und Verwaltungsgebäude, einfacher Standard | – | **–** | – | – |
| Büro- und Verwaltungsgebäude, mittlerer Standard | 13,00 | **15,00** | 16,00 | 0,4% |
| Büro- und Verwaltungsgebäude, hoher Standard | – | **–** | – | – |
| **2 Gebäude für Forschung und Lehre** | | | | |
| Instituts- und Laborgebäude | – | **1,80** | – | 0,0% |
| **3 Gebäude des Gesundheitswesens** | | | | |
| Medizinische Einrichtungen | – | **–** | – | – |
| Pflegeheime | – | **–** | – | – |
| **4 Schulen und Kindergärten** | | | | |
| Allgemeinbildende Schulen | 0,40 | **0,90** | 2,30 | 0,1% |
| Berufliche Schulen | – | **2,40** | – | 0,2% |
| Förder- und Sonderschulen | 0,80 | **1,30** | 1,90 | 0,2% |
| Weiterbildungseinrichtungen | – | **–** | – | – |
| Kindergärten, nicht unterkellert, einfacher Standard | – | **–** | – | – |
| Kindergärten, nicht unterkellert, mittlerer Standard | – | **–** | – | – |
| Kindergärten, nicht unterkellert, hoher Standard | – | **–** | – | – |
| Kindergärten, Holzbauweise, nicht unterkellert | – | **–** | – | – |
| Kindergärten, unterkellert | – | **0,40** | – | 0,0% |
| **5 Sportbauten** | | | | |
| Sport- und Mehrzweckhallen | – | **0,30** | – | 0,0% |
| Sporthallen (Einfeldhallen) | – | **–** | – | – |
| Sporthallen (Dreifeldhallen) | 0,30 | **0,80** | 1,40 | 0,1% |
| Schwimmhallen | – | **–** | – | – |
| **6 Wohngebäude** | | | | |
| **Ein- und Zweifamilienhäuser** | | | | |
| Ein- und Zweifamilienhäuser, unterkellert, einfacher Standard | – | **–** | – | – |
| Ein- und Zweifamilienhäuser, unterkellert, mittlerer Standard | – | **–** | – | – |
| Ein- und Zweifamilienhäuser, unterkellert, hoher Standard | – | **–** | – | – |
| Ein- und Zweifamilienhäuser, nicht unterkellert, einfacher Standard | – | **–** | – | – |
| Ein- und Zweifamilienhäuser, nicht unterkellert, mittlerer Standard | – | **–** | – | – |
| Ein- und Zweifamilienhäuser, nicht unterkellert, hoher Standard | – | **–** | – | – |
| Ein- und Zweifamilienhäuser, Passivhausstandard, Massivbau | – | **–** | – | – |
| Ein- und Zweifamilienhäuser, Passivhausstandard, Holzbau | – | **–** | – | – |
| Ein- und Zweifamilienhäuser, Holzbauweise, unterkellert | – | **–** | – | – |
| Ein- und Zweifamilienhäuser, Holzbauweise, nicht unterkellert | – | **–** | – | – |
| Doppel- und Reihenendhäuser, einfacher Standard | – | **–** | – | – |
| Doppel- und Reihenendhäuser, mittlerer Standard | – | **–** | – | – |
| Doppel- und Reihenendhäuser, hoher Standard | – | **–** | – | – |
| Reihenhäuser, einfacher Standard | – | **–** | – | – |
| Reihenhäuser, mittlerer Standard | – | **–** | – | – |
| Reihenhäuser, hoher Standard | – | **–** | – | – |
| **Mehrfamilienhäuser** | | | | |
| Mehrfamilienhäuser, mit bis zu 6 WE, einfacher Standard | – | **–** | – | – |
| Mehrfamilienhäuser, mit bis zu 6 WE, mittlerer Standard | – | **–** | – | – |
| Mehrfamilienhäuser, mit bis zu 6 WE, hoher Standard | – | **–** | – | – |

Einheit: m²
Brutto-Grundfläche
(BGF)

| Gebäudeart | ▷ | €/Einheit | ◁ | KG an 400 |
|---|---|---|---|---|
| **Mehrfamilienhäuser (Fortsetzung)** | | | | |
| Mehrfamilienhäuser, mit 6 bis 19 WE, einfacher Standard | – | – | – | – |
| Mehrfamilienhäuser, mit 6 bis 19 WE, mittlerer Standard | – | – | – | – |
| Mehrfamilienhäuser, mit 6 bis 19 WE, hoher Standard | – | – | – | – |
| Mehrfamilienhäuser, mit 20 oder mehr WE, mittlerer Standard | – | – | – | – |
| Mehrfamilienhäuser, mit 20 oder mehr WE, hoher Standard | – | – | – | – |
| Mehrfamilienhäuser, Passivhäuser | – | – | – | – |
| Wohnhäuser, mit bis zu 15% Mischnutzung, einfacher Standard | – | – | – | – |
| Wohnhäuser, mit bis zu 15% Mischnutzung, mittlerer Standard | – | – | – | – |
| Wohnhäuser, mit bis zu 15% Mischnutzung, hoher Standard | – | – | – | – |
| Wohnhäuser, mit mehr als 15% Mischnutzung | – | – | – | – |
| **Seniorenwohnungen** | | | | |
| Seniorenwohnungen, mittlerer Standard | – | – | – | – |
| Seniorenwohnungen, hoher Standard | – | – | – | – |
| **Beherbergung** | | | | |
| Wohnheime und Internate | – | – | – | – |
| **7 Gewerbegebäude** | | | | |
| **Gaststätten und Kantinen** | | | | |
| Gaststätten, Kantinen und Mensen | – | – | – | – |
| **Gebäude für Produktion** | | | | |
| Industrielle Produktionsgebäude, Massivbauweise | – | – | – | – |
| Industrielle Produktionsgebäude, überwiegend Skelettbauweise | – | – | – | – |
| Betriebs- und Werkstätten, eingeschossig | – | – | – | – |
| Betriebs- und Werkstätten, mehrgeschossig, geringer Hallenanteil | – | – | – | – |
| Betriebs- und Werkstätten, mehrgeschossig, hoher Hallenanteil | – | – | – | – |
| **Gebäude für Handel und Lager** | | | | |
| Geschäftshäuser, mit Wohnungen | – | – | – | – |
| Geschäftshäuser, ohne Wohnungen | – | – | – | – |
| Verbrauchermärkte | – | – | – | – |
| Autohäuser | – | – | – | – |
| Lagergebäude, ohne Mischnutzung | – | **0,40** | – | 0,0% |
| Lagergebäude, mit bis zu 25% Mischnutzung | – | – | – | – |
| Lagergebäude, mit mehr als 25% Mischnutzung | – | – | – | – |
| **Garagen und Bereitschaftsdienste** | | | | |
| Einzel-, Mehrfach- und Hochgaragen | – | – | – | – |
| Tiefgaragen | – | – | – | – |
| Feuerwehrhäuser | – | **2,70** | – | 0,2% |
| Öffentliche Bereitschaftsdienste | – | – | – | – |
| **9 Kulturgebäude** | | | | |
| **Gebäude für kulturelle Zwecke** | | | | |
| Bibliotheken, Museen und Ausstellungen | – | – | – | – |
| Theater | – | – | – | – |
| Gemeindezentren, einfacher Standard | – | – | – | – |
| Gemeindezentren, mittlerer Standard | – | – | – | – |
| Gemeindezentren, hoher Standard | – | – | – | – |
| **Gebäude für religiöse Zwecke** | | | | |
| Sakralbauten | – | – | – | – |
| Friedhofsgebäude | – | – | – | – |

# 454 Elektroakustische Anlagen

**Kosten:**
Stand 1.Quartal 2020
Bundesdurchschnitt
inkl. 19% MwSt.

Einheit: m²
Brutto-Grundfläche
(BGF)

| Gebäudeart | ▷ | €/Einheit | ◁ | KG an 400 |
|---|---|---|---|---|
| **1 Büro- und Verwaltungsgebäude** | | | | |
| Büro- und Verwaltungsgebäude, einfacher Standard | – | **–** | – | – |
| Büro- und Verwaltungsgebäude, mittlerer Standard | – | **–** | – | – |
| Büro- und Verwaltungsgebäude, hoher Standard | – | **–** | – | – |
| **2 Gebäude für Forschung und Lehre** | | | | |
| Instituts- und Laborgebäude | – | **–** | – | – |
| **3 Gebäude des Gesundheitswesens** | | | | |
| Medizinische Einrichtungen | 0,20 | **3,50** | 5,40 | 0,5% |
| Pflegeheime | 2,30 | **6,70** | 11,00 | 0,5% |
| **4 Schulen und Kindergärten** | | | | |
| Allgemeinbildende Schulen | 0,80 | **5,20** | 8,40 | 0,8% |
| Berufliche Schulen | 7,20 | **9,50** | 12,00 | 0,7% |
| Förder- und Sonderschulen | 2,50 | **6,00** | 13,00 | 1,0% |
| Weiterbildungseinrichtungen | – | **–** | – | – |
| Kindergärten, nicht unterkellert, einfacher Standard | – | **–** | – | – |
| Kindergärten, nicht unterkellert, mittlerer Standard | – | **15,00** | – | 0,7% |
| Kindergärten, nicht unterkellert, hoher Standard | – | **–** | – | – |
| Kindergärten, Holzbauweise, nicht unterkellert | – | **–** | – | – |
| Kindergärten, unterkellert | – | **–** | – | – |
| **5 Sportbauten** | | | | |
| Sport- und Mehrzweckhallen | 3,10 | **4,40** | 5,70 | 0,6% |
| Sporthallen (Einfeldhallen) | 0,70 | **3,70** | 6,80 | 0,7% |
| Sporthallen (Dreifeldhallen) | 8,00 | **9,00** | 10,00 | 1,4% |
| Schwimmhallen | – | **–** | – | – |
| **6 Wohngebäude** | | | | |
| **Ein- und Zweifamilienhäuser** | | | | |
| Ein- und Zweifamilienhäuser, unterkellert, einfacher Standard | – | **–** | – | – |
| Ein- und Zweifamilienhäuser, unterkellert, mittlerer Standard | 1,20 | **1,80** | 2,90 | 0,1% |
| Ein- und Zweifamilienhäuser, unterkellert, hoher Standard | 1,00 | **2,80** | 11,00 | 0,4% |
| Ein- und Zweifamilienhäuser, nicht unterkellert, einfacher Standard | – | **–** | – | – |
| Ein- und Zweifamilienhäuser, nicht unterkellert, mittlerer Standard | 0,70 | **1,60** | 4,40 | 0,3% |
| Ein- und Zweifamilienhäuser, nicht unterkellert, hoher Standard | 0,30 | **0,70** | 1,40 | 0,1% |
| Ein- und Zweifamilienhäuser, Passivhausstandard, Massivbau | – | **–** | – | – |
| Ein- und Zweifamilienhäuser, Passivhausstandard, Holzbau | – | **–** | – | – |
| Ein- und Zweifamilienhäuser, Holzbauweise, unterkellert | – | **3,70** | – | 0,1% |
| Ein- und Zweifamilienhäuser, Holzbauweise, nicht unterkellert | 1,00 | **1,60** | 2,30 | 0,1% |
| Doppel- und Reihenendhäuser, einfacher Standard | – | **–** | – | – |
| Doppel- und Reihenendhäuser, mittlerer Standard | – | **–** | – | – |
| Doppel- und Reihenendhäuser, hoher Standard | 0,20 | **0,60** | 1,00 | 0,1% |
| Reihenhäuser, einfacher Standard | – | **–** | – | – |
| Reihenhäuser, mittlerer Standard | – | **0,60** | – | 0,1% |
| Reihenhäuser, hoher Standard | – | **–** | – | – |
| **Mehrfamilienhäuser** | | | | |
| Mehrfamilienhäuser, mit bis zu 6 WE, einfacher Standard | – | **–** | – | – |
| Mehrfamilienhäuser, mit bis zu 6 WE, mittlerer Standard | – | **0,40** | – | 0,0% |
| Mehrfamilienhäuser, mit bis zu 6 WE, hoher Standard | – | **0,60** | – | 0,0% |

▷ von
ø Mittel
◁ bis

| Gebäudeart | ▷ | €/Einheit | ◁ | KG an 400 |
|---|---|---|---|---|
| **Mehrfamilienhäuser (Fortsetzung)** | | | | |
| Mehrfamilienhäuser, mit 6 bis 19 WE, einfacher Standard | – | **–** | – | – |
| Mehrfamilienhäuser, mit 6 bis 19 WE, mittlerer Standard | – | **–** | – | – |
| Mehrfamilienhäuser, mit 6 bis 19 WE, hoher Standard | – | **0,90** | – | 0,1% |
| Mehrfamilienhäuser, mit 20 oder mehr WE, mittlerer Standard | – | **–** | – | – |
| Mehrfamilienhäuser, mit 20 oder mehr WE, hoher Standard | – | **–** | – | – |
| Mehrfamilienhäuser, Passivhäuser | – | **0,10** | – | 0,0% |
| Wohnhäuser, mit bis zu 15% Mischnutzung, einfacher Standard | – | **1,00** | – | 0,2% |
| Wohnhäuser, mit bis zu 15% Mischnutzung, mittlerer Standard | – | **0,70** | – | 0,2% |
| Wohnhäuser, mit bis zu 15% Mischnutzung, hoher Standard | – | **–** | – | – |
| Wohnhäuser, mit mehr als 15% Mischnutzung | – | **–** | – | – |
| **Seniorenwohnungen** | | | | |
| Seniorenwohnungen, mittlerer Standard | – | **–** | – | – |
| Seniorenwohnungen, hoher Standard | – | **–** | – | – |
| **Beherbergung** | | | | |
| Wohnheime und Internate | – | **10,00** | – | 0,3% |
| **7 Gewerbegebäude** | | | | |
| **Gaststätten und Kantinen** | | | | |
| Gaststätten, Kantinen und Mensen | – | **12,00** | – | 1,5% |
| **Gebäude für Produktion** | | | | |
| Industrielle Produktionsgebäude, Massivbauweise | – | **–** | – | – |
| Industrielle Produktionsgebäude, überwiegend Skelettbauweise | – | **–** | – | – |
| Betriebs- und Werkstätten, eingeschossig | – | **–** | – | – |
| Betriebs- und Werkstätten, mehrgeschossig, geringer Hallenanteil | – | **–** | – | – |
| Betriebs- und Werkstätten, mehrgeschossig, hoher Hallenanteil | – | **0,20** | – | 0,0% |
| **Gebäude für Handel und Lager** | | | | |
| Geschäftshäuser, mit Wohnungen | – | **–** | – | – |
| Geschäftshäuser, ohne Wohnungen | – | **–** | – | – |
| Verbrauchermärkte | – | **1,20** | – | 0,1% |
| Autohäuser | – | **–** | – | – |
| Lagergebäude, ohne Mischnutzung | – | **–** | – | – |
| Lagergebäude, mit bis zu 25% Mischnutzung | – | **–** | – | – |
| Lagergebäude, mit mehr als 25% Mischnutzung | – | **–** | – | – |
| **Garagen und Bereitschaftsdienste** | | | | |
| Einzel-, Mehrfach- und Hochgaragen | – | **–** | – | – |
| Tiefgaragen | – | **–** | – | – |
| Feuerwehrhäuser | – | **7,10** | – | 0,5% |
| Öffentliche Bereitschaftsdienste | – | **–** | – | – |
| **9 Kulturgebäude** | | | | |
| **Gebäude für kulturelle Zwecke** | | | | |
| Bibliotheken, Museen und Ausstellungen | 11,00 | **43,00** | 74,00 | 3,0% |
| Theater | – | **17,00** | – | 0,6% |
| Gemeindezentren, einfacher Standard | – | **1,80** | – | 0,2% |
| Gemeindezentren, mittlerer Standard | 1,80 | **6,80** | 9,60 | 0,9% |
| Gemeindezentren, hoher Standard | – | **39,00** | – | 2,5% |
| **Gebäude für religiöse Zwecke** | | | | |
| Sakralbauten | – | **–** | – | – |
| Friedhofsgebäude | – | **–** | – | – |

Einheit: m²
Brutto-Grundfläche
(BGF)

## 455 Audiovisuelle Medien- und Antennenanlagen

**Kosten:**
Stand 1.Quartal 2020
Bundesdurchschnitt
inkl. 19% MwSt.

Einheit: m2
Brutto-Grundfläche
(BGF)

▷ von
ø Mittel
◁ bis

| Gebäudeart | ▷ | €/Einheit | ◁ | KG an 400 |
|---|---|---|---|---|
| **1 Büro- und Verwaltungsgebäude** | | | | |
| Büro- und Verwaltungsgebäude, einfacher Standard | 1,30 | **2,90** | 4,60 | 0,8% |
| Büro- und Verwaltungsgebäude, mittlerer Standard | 0,20 | **1,10** | 2,50 | 0,1% |
| Büro- und Verwaltungsgebäude, hoher Standard | 1,00 | **3,10** | 15,00 | 0,3% |
| **2 Gebäude für Forschung und Lehre** | | | | |
| Instituts- und Laborgebäude | – | **–** | – | – |
| **3 Gebäude des Gesundheitswesens** | | | | |
| Medizinische Einrichtungen | 0,60 | **1,80** | 3,00 | 0,3% |
| Pflegeheime | 3,00 | **3,60** | 4,20 | 0,6% |
| **4 Schulen und Kindergärten** | | | | |
| Allgemeinbildende Schulen | 0,40 | **0,90** | 1,40 | 0,0% |
| Berufliche Schulen | – | **2,20** | – | 0,1% |
| Förder- und Sonderschulen | 0,50 | **0,70** | 1,10 | 0,1% |
| Weiterbildungseinrichtungen | – | **2,00** | – | 0,1% |
| Kindergärten, nicht unterkellert, einfacher Standard | – | **–** | – | – |
| Kindergärten, nicht unterkellert, mittlerer Standard | – | **0,60** | – | 0,0% |
| Kindergärten, nicht unterkellert, hoher Standard | – | **3,70** | – | 0,6% |
| Kindergärten, Holzbauweise, nicht unterkellert | – | **0,50** | – | 0,0% |
| Kindergärten, unterkellert | – | **0,50** | – | 0,1% |
| **5 Sportbauten** | | | | |
| Sport- und Mehrzweckhallen | 0,80 | **0,90** | 1,10 | 0,1% |
| Sporthallen (Einfeldhallen) | – | **–** | – | – |
| Sporthallen (Dreifeldhallen) | – | **–** | – | – |
| Schwimmhallen | – | **–** | – | – |
| **6 Wohngebäude** | | | | |
| **Ein- und Zweifamilienhäuser** | | | | |
| Ein- und Zweifamilienhäuser, unterkellert, einfacher Standard | 1,10 | **3,10** | 6,20 | 2,0% |
| Ein- und Zweifamilienhäuser, unterkellert, mittlerer Standard | 2,70 | **3,90** | 5,30 | 1,2% |
| Ein- und Zweifamilienhäuser, unterkellert, hoher Standard | 3,40 | **4,60** | 6,20 | 1,1% |
| Ein- und Zweifamilienhäuser, nicht unterkellert, einfacher Standard | 0,40 | **2,70** | 5,00 | 1,4% |
| Ein- und Zweifamilienhäuser, nicht unterkellert, mittlerer Standard | 2,50 | **4,50** | 6,40 | 1,6% |
| Ein- und Zweifamilienhäuser, nicht unterkellert, hoher Standard | 1,30 | **3,80** | 8,10 | 1,0% |
| Ein- und Zweifamilienhäuser, Passivhausstandard, Massivbau | 1,30 | **3,00** | 5,10 | 0,9% |
| Ein- und Zweifamilienhäuser, Passivhausstandard, Holzbau | 2,30 | **4,70** | 7,60 | 0,8% |
| Ein- und Zweifamilienhäuser, Holzbauweise, unterkellert | 1,20 | **2,70** | 4,90 | 1,0% |
| Ein- und Zweifamilienhäuser, Holzbauweise, nicht unterkellert | 1,80 | **3,90** | 6,20 | 1,4% |
| Doppel- und Reihenendhäuser, einfacher Standard | 1,40 | **2,50** | 3,70 | 0,7% |
| Doppel- und Reihenendhäuser, mittlerer Standard | 0,90 | **4,00** | 6,10 | 1,7% |
| Doppel- und Reihenendhäuser, hoher Standard | 0,80 | **2,70** | 6,20 | 0,8% |
| Reihenhäuser, einfacher Standard | – | **1,20** | – | 0,3% |
| Reihenhäuser, mittlerer Standard | 1,20 | **4,90** | 8,60 | 1,8% |
| Reihenhäuser, hoher Standard | 1,40 | **2,50** | 3,60 | 0,6% |
| **Mehrfamilienhäuser** | | | | |
| Mehrfamilienhäuser, mit bis zu 6 WE, einfacher Standard | 0,70 | **1,60** | 2,60 | 0,8% |
| Mehrfamilienhäuser, mit bis zu 6 WE, mittlerer Standard | 2,20 | **3,20** | 5,00 | 1,6% |
| Mehrfamilienhäuser, mit bis zu 6 WE, hoher Standard | 1,80 | **2,50** | 2,90 | 1,0% |

| Gebäudeart | ▷ | €/Einheit | ◁ | KG an 400 |
|---|---|---|---|---|
| **Mehrfamilienhäuser (Fortsetzung)** | | | | |
| Mehrfamilienhäuser, mit 6 bis 19 WE, einfacher Standard | 1,60 | **3,40** | 7,00 | 1,8% |
| Mehrfamilienhäuser, mit 6 bis 19 WE, mittlerer Standard | 1,50 | **2,50** | 4,20 | 1,2% |
| Mehrfamilienhäuser, mit 6 bis 19 WE, hoher Standard | 2,00 | **2,70** | 3,50 | 1,0% |
| Mehrfamilienhäuser, mit 20 oder mehr WE, mittlerer Standard | 1,50 | **3,90** | 14,00 | 1,6% |
| Mehrfamilienhäuser, mit 20 oder mehr WE, hoher Standard | 2,30 | **5,20** | 11,00 | 1,9% |
| Mehrfamilienhäuser, Passivhäuser | 1,10 | **4,60** | 6,90 | 2,0% |
| Wohnhäuser, mit bis zu 15% Mischnutzung, einfacher Standard | 1,70 | **2,60** | 3,20 | 1,2% |
| Wohnhäuser, mit bis zu 15% Mischnutzung, mittlerer Standard | 2,00 | **5,90** | 12,00 | 2,5% |
| Wohnhäuser, mit bis zu 15% Mischnutzung, hoher Standard | – | **1,30** | – | 0,6% |
| Wohnhäuser, mit mehr als 15% Mischnutzung | – | **3,20** | – | 0,5% |
| **Seniorenwohnungen** | | | | |
| Seniorenwohnungen, mittlerer Standard | 1,40 | **2,90** | 5,50 | 1,0% |
| Seniorenwohnungen, hoher Standard | 2,60 | **2,60** | 2,60 | 0,8% |
| **Beherbergung** | | | | |
| Wohnheime und Internate | 0,60 | **1,60** | 2,60 | 0,3% |
| **7 Gewerbegebäude** | | | | |
| **Gaststätten und Kantinen** | | | | |
| Gaststätten, Kantinen und Mensen | – | **2,90** | – | 0,4% |
| **Gebäude für Produktion** | | | | |
| Industrielle Produktionsgebäude, Massivbauweise | – | – | – | – |
| Industrielle Produktionsgebäude, überwiegend Skelettbauweise | – | – | – | – |
| Betriebs- und Werkstätten, eingeschossig | – | – | – | – |
| Betriebs- und Werkstätten, mehrgeschossig, geringer Hallenanteil | 0,50 | **0,70** | 0,70 | 0,2% |
| Betriebs- und Werkstätten, mehrgeschossig, hoher Hallenanteil | – | **5,00** | – | 0,5% |
| **Gebäude für Handel und Lager** | | | | |
| Geschäftshäuser, mit Wohnungen | 0,20 | **0,60** | 1,10 | 0,2% |
| Geschäftshäuser, ohne Wohnungen | – | **1,60** | – | 0,3% |
| Verbrauchermärkte | – | – | – | – |
| Autohäuser | – | – | – | – |
| Lagergebäude, ohne Mischnutzung | – | – | – | – |
| Lagergebäude, mit bis zu 25% Mischnutzung | – | **0,60** | – | 0,1% |
| Lagergebäude, mit mehr als 25% Mischnutzung | – | – | – | – |
| **Garagen und Bereitschaftsdienste** | | | | |
| Einzel-, Mehrfach- und Hochgaragen | – | – | – | – |
| Tiefgaragen | – | – | – | – |
| Feuerwehrhäuser | 1,40 | **2,90** | 6,10 | 0,8% |
| Öffentliche Bereitschaftsdienste | – | **1,40** | – | 0,2% |
| **9 Kulturgebäude** | | | | |
| **Gebäude für kulturelle Zwecke** | | | | |
| Bibliotheken, Museen und Ausstellungen | – | **1,10** | – | 0,0% |
| Theater | – | – | – | – |
| Gemeindezentren, einfacher Standard | 1,70 | **1,80** | 2,00 | 0,6% |
| Gemeindezentren, mittlerer Standard | 0,50 | **1,30** | 2,80 | 0,2% |
| Gemeindezentren, hoher Standard | – | **1,30** | – | 0,1% |
| **Gebäude für religiöse Zwecke** | | | | |
| Sakralbauten | – | – | – | – |
| Friedhofsgebäude | – | – | – | – |

Einheit: m²
Brutto-Grundfläche
(BGF)

# 456 Gefahrenmelde- und Alarmanlagen

**Kosten:**
Stand 1.Quartal 2020
Bundesdurchschnitt
inkl. 19% MwSt.

Einheit: m² Brutto-Grundfläche (BGF)

▷ von
ø Mittel
◁ bis

| Gebäudeart | ▷ | €/Einheit | ◁ | KG an 400 |
|---|---|---|---|---|
| **1 Büro- und Verwaltungsgebäude** | | | | |
| Büro- und Verwaltungsgebäude, einfacher Standard | – | **–** | – | – |
| Büro- und Verwaltungsgebäude, mittlerer Standard | 11,00 | **25,00** | 81,00 | 4,6% |
| Büro- und Verwaltungsgebäude, hoher Standard | 14,00 | **37,00** | 60,00 | 5,3% |
| **2 Gebäude für Forschung und Lehre** | | | | |
| Instituts- und Laborgebäude | 5,00 | **23,00** | 42,00 | 2,3% |
| **3 Gebäude des Gesundheitswesens** | | | | |
| Medizinische Einrichtungen | 11,00 | **23,00** | 34,00 | 3,7% |
| Pflegeheime | 17,00 | **27,00** | 38,00 | 4,4% |
| **4 Schulen und Kindergärten** | | | | |
| Allgemeinbildende Schulen | 5,70 | **13,00** | 41,00 | 2,6% |
| Berufliche Schulen | 12,00 | **21,00** | 45,00 | 3,5% |
| Förder- und Sonderschulen | 3,00 | **10,00** | 15,00 | 2,7% |
| Weiterbildungseinrichtungen | 0,10 | **8,20** | 16,00 | 0,9% |
| Kindergärten, nicht unterkellert, einfacher Standard | – | **4,50** | – | 2,1% |
| Kindergärten, nicht unterkellert, mittlerer Standard | 8,10 | **15,00** | 30,00 | 3,4% |
| Kindergärten, nicht unterkellert, hoher Standard | – | **15,00** | – | 2,5% |
| Kindergärten, Holzbauweise, nicht unterkellert | 5,20 | **13,00** | 23,00 | 3,3% |
| Kindergärten, unterkellert | 2,20 | **4,70** | 8,90 | 1,4% |
| **5 Sportbauten** | | | | |
| Sport- und Mehrzweckhallen | – | **17,00** | – | 1,1% |
| Sporthallen (Einfeldhallen) | 6,20 | **9,90** | 16,00 | 3,7% |
| Sporthallen (Dreifeldhallen) | – | **6,30** | – | 0,4% |
| Schwimmhallen | – | **–** | – | – |
| **6 Wohngebäude** | | | | |
| **Ein- und Zweifamilienhäuser** | | | | |
| Ein- und Zweifamilienhäuser, unterkellert, einfacher Standard | – | **–** | – | – |
| Ein- und Zweifamilienhäuser, unterkellert, mittlerer Standard | 1,00 | **1,30** | 1,80 | 0,1% |
| Ein- und Zweifamilienhäuser, unterkellert, hoher Standard | 1,90 | **6,20** | 10,00 | 0,5% |
| Ein- und Zweifamilienhäuser, nicht unterkellert, einfacher Standard | – | **–** | – | – |
| Ein- und Zweifamilienhäuser, nicht unterkellert, mittlerer Standard | 2,00 | **7,60** | 19,00 | 0,9% |
| Ein- und Zweifamilienhäuser, nicht unterkellert, hoher Standard | 2,30 | **6,30** | 18,00 | 0,7% |
| Ein- und Zweifamilienhäuser, Passivhausstandard, Massivbau | 0,60 | **5,40** | 8,70 | 0,4% |
| Ein- und Zweifamilienhäuser, Passivhausstandard, Holzbau | 0,40 | **0,90** | 1,40 | 0,1% |
| Ein- und Zweifamilienhäuser, Holzbauweise, unterkellert | – | **–** | – | – |
| Ein- und Zweifamilienhäuser, Holzbauweise, nicht unterkellert | 0,90 | **1,00** | 1,00 | 0,1% |
| Doppel- und Reihenendhäuser, einfacher Standard | – | **1,20** | – | 0,2% |
| Doppel- und Reihenendhäuser, mittlerer Standard | – | **2,30** | – | 0,1% |
| Doppel- und Reihenendhäuser, hoher Standard | – | **–** | – | – |
| Reihenhäuser, einfacher Standard | – | **5,10** | – | 1,2% |
| Reihenhäuser, mittlerer Standard | – | **1,20** | – | 0,1% |
| Reihenhäuser, hoher Standard | – | **–** | – | – |
| **Mehrfamilienhäuser** | | | | |
| Mehrfamilienhäuser, mit bis zu 6 WE, einfacher Standard | – | **–** | – | – |
| Mehrfamilienhäuser, mit bis zu 6 WE, mittlerer Standard | – | **0,60** | – | 0,1% |
| Mehrfamilienhäuser, mit bis zu 6 WE, hoher Standard | 0,80 | **2,30** | 3,80 | 0,2% |

| Gebäudeart | ▷ | €/Einheit | ◁ | KG an 400 |
|---|---|---|---|---|
| **Mehrfamilienhäuser (Fortsetzung)** | | | | |
| Mehrfamilienhäuser, mit 6 bis 19 WE, einfacher Standard | – | **1,00** | – | 0,2% |
| Mehrfamilienhäuser, mit 6 bis 19 WE, mittlerer Standard | 0,30 | **1,30** | 1,80 | 0,2% |
| Mehrfamilienhäuser, mit 6 bis 19 WE, hoher Standard | 0,70 | **1,90** | 3,20 | 0,4% |
| Mehrfamilienhäuser, mit 20 oder mehr WE, mittlerer Standard | 0,70 | **1,60** | 2,40 | 0,6% |
| Mehrfamilienhäuser, mit 20 oder mehr WE, hoher Standard | – | **7,70** | – | 1,2% |
| Mehrfamilienhäuser, Passivhäuser | – | **0,20** | – | 0,0% |
| Wohnhäuser, mit bis zu 15% Mischnutzung, einfacher Standard | – | **–** | – | – |
| Wohnhäuser, mit bis zu 15% Mischnutzung, mittlerer Standard | – | **1,40** | – | 0,2% |
| Wohnhäuser, mit bis zu 15% Mischnutzung, hoher Standard | – | **–** | – | – |
| Wohnhäuser, mit mehr als 15% Mischnutzung | – | **12,00** | – | 1,1% |
| **Seniorenwohnungen** | | | | |
| Seniorenwohnungen, mittlerer Standard | 2,40 | **3,00** | 4,00 | 1,1% |
| Seniorenwohnungen, hoher Standard | – | **1,10** | – | 0,2% |
| **Beherbergung** | | | | |
| Wohnheime und Internate | 6,70 | **12,00** | 15,00 | 3,1% |
| **7 Gewerbegebäude** | | | | |
| **Gaststätten und Kantinen** | | | | |
| Gaststätten, Kantinen und Mensen | – | **12,00** | – | 1,5% |
| **Gebäude für Produktion** | | | | |
| Industrielle Produktionsgebäude, Massivbauweise | – | **–** | – | – |
| Industrielle Produktionsgebäude, überwiegend Skelettbauweise | 2,70 | **8,30** | 19,00 | 1,1% |
| Betriebs- und Werkstätten, eingeschossig | – | **30,00** | – | 2,4% |
| Betriebs- und Werkstätten, mehrgeschossig, geringer Hallenanteil | – | **17,00** | – | 1,6% |
| Betriebs- und Werkstätten, mehrgeschossig, hoher Hallenanteil | – | **19,00** | – | 0,6% |
| **Gebäude für Handel und Lager** | | | | |
| Geschäftshäuser, mit Wohnungen | – | **8,50** | – | 0,8% |
| Geschäftshäuser, ohne Wohnungen | – | **8,90** | – | 2,4% |
| Verbrauchermärkte | – | **6,10** | – | 0,7% |
| Autohäuser | – | **–** | – | – |
| Lagergebäude, ohne Mischnutzung | 11,00 | **24,00** | 48,00 | 5,3% |
| Lagergebäude, mit bis zu 25% Mischnutzung | 2,40 | **13,00** | 23,00 | 2,7% |
| Lagergebäude, mit mehr als 25% Mischnutzung | – | **9,40** | – | 2,1% |
| **Garagen und Bereitschaftsdienste** | | | | |
| Einzel-, Mehrfach- und Hochgaragen | – | **–** | – | – |
| Tiefgaragen | – | **–** | – | – |
| Feuerwehrhäuser | 5,40 | **18,00** | 39,00 | 4,6% |
| Öffentliche Bereitschaftsdienste | 8,00 | **22,00** | 35,00 | 5,2% |
| **9 Kulturgebäude** | | | | |
| **Gebäude für kulturelle Zwecke** | | | | |
| Bibliotheken, Museen und Ausstellungen | 18,00 | **24,00** | 29,00 | 2,1% |
| Theater | – | **14,00** | – | 0,5% |
| Gemeindezentren, einfacher Standard | – | **–** | – | – |
| Gemeindezentren, mittlerer Standard | 1,00 | **3,20** | 4,50 | 0,6% |
| Gemeindezentren, hoher Standard | – | **6,30** | – | 0,4% |
| **Gebäude für religiöse Zwecke** | | | | |
| Sakralbauten | – | **–** | – | – |
| Friedhofsgebäude | – | **–** | – | – |

Einheit: m²
Brutto-Grundfläche
(BGF)

# 457 Datenübertragungsnetze

**Kosten:**
Stand 1.Quartal 2020
Bundesdurchschnitt
inkl. 19% MwSt.

Einheit: m2
Brutto-Grundfläche
(BGF)

▷ von
ø Mittel
◁ bis

| Gebäudeart | ▷ | €/Einheit | ◁ | KG an 400 |
|---|---|---|---|---|
| **1 Büro- und Verwaltungsgebäude** | | | | |
| Büro- und Verwaltungsgebäude, einfacher Standard | 7,10 | **8,70** | 9,60 | 3,1% |
| Büro- und Verwaltungsgebäude, mittlerer Standard | 20,00 | **28,00** | 48,00 | 7,1% |
| Büro- und Verwaltungsgebäude, hoher Standard | 15,00 | **43,00** | 88,00 | 5,3% |
| **2 Gebäude für Forschung und Lehre** | | | | |
| Instituts- und Laborgebäude | 20,00 | **33,00** | 65,00 | 2,8% |
| **3 Gebäude des Gesundheitswesens** | | | | |
| Medizinische Einrichtungen | 15,00 | **23,00** | 33,00 | 4,0% |
| Pflegeheime | 1,40 | **13,00** | 18,00 | 2,0% |
| **4 Schulen und Kindergärten** | | | | |
| Allgemeinbildende Schulen | 5,20 | **12,00** | 19,00 | 2,8% |
| Berufliche Schulen | 3,30 | **14,00** | 37,00 | 1,2% |
| Förder- und Sonderschulen | 4,80 | **10,00** | 12,00 | 2,2% |
| Weiterbildungseinrichtungen | – | **15,00** | – | 1,3% |
| Kindergärten, nicht unterkellert, einfacher Standard | – | **–** | – | – |
| Kindergärten, nicht unterkellert, mittlerer Standard | 3,40 | **7,00** | 11,00 | 1,6% |
| Kindergärten, nicht unterkellert, hoher Standard | – | **–** | – | – |
| Kindergärten, Holzbauweise, nicht unterkellert | 2,60 | **5,80** | 21,00 | 1,5% |
| Kindergärten, unterkellert | 0,40 | **3,10** | 4,80 | 0,8% |
| **5 Sportbauten** | | | | |
| Sport- und Mehrzweckhallen | – | **19,00** | – | 1,3% |
| Sporthallen (Einfeldhallen) | 0,60 | **2,90** | 5,20 | 0,8% |
| Sporthallen (Dreifeldhallen) | – | **–** | – | – |
| Schwimmhallen | – | **–** | – | – |
| **6 Wohngebäude** | | | | |
| **Ein- und Zweifamilienhäuser** | | | | |
| Ein- und Zweifamilienhäuser, unterkellert, einfacher Standard | – | **–** | – | – |
| Ein- und Zweifamilienhäuser, unterkellert, mittlerer Standard | 2,20 | **3,90** | 6,20 | 0,7% |
| Ein- und Zweifamilienhäuser, unterkellert, hoher Standard | 4,40 | **7,10** | 14,00 | 1,9% |
| Ein- und Zweifamilienhäuser, nicht unterkellert, einfacher Standard | – | **3,80** | – | 1,0% |
| Ein- und Zweifamilienhäuser, nicht unterkellert, mittlerer Standard | 4,40 | **7,00** | 10,00 | 1,2% |
| Ein- und Zweifamilienhäuser, nicht unterkellert, hoher Standard | 2,80 | **5,60** | 12,00 | 1,1% |
| Ein- und Zweifamilienhäuser, Passivhausstandard, Massivbau | 1,30 | **3,50** | 5,70 | 0,8% |
| Ein- und Zweifamilienhäuser, Passivhausstandard, Holzbau | 2,30 | **3,80** | 8,50 | 0,3% |
| Ein- und Zweifamilienhäuser, Holzbauweise, unterkellert | 0,30 | **1,80** | 3,60 | 0,4% |
| Ein- und Zweifamilienhäuser, Holzbauweise, nicht unterkellert | 2,10 | **3,40** | 5,80 | 1,0% |
| Doppel- und Reihenendhäuser, einfacher Standard | – | **2,20** | – | 0,4% |
| Doppel- und Reihenendhäuser, mittlerer Standard | 2,20 | **4,10** | 9,20 | 1,2% |
| Doppel- und Reihenendhäuser, hoher Standard | – | **–** | – | – |
| Reihenhäuser, einfacher Standard | – | **–** | – | – |
| Reihenhäuser, mittlerer Standard | 0,30 | **4,80** | 9,30 | 1,1% |
| Reihenhäuser, hoher Standard | – | **3,70** | – | 0,5% |
| **Mehrfamilienhäuser** | | | | |
| Mehrfamilienhäuser, mit bis zu 6 WE, einfacher Standard | – | **–** | – | – |
| Mehrfamilienhäuser, mit bis zu 6 WE, mittlerer Standard | 0,90 | **1,20** | 1,90 | 0,3% |
| Mehrfamilienhäuser, mit bis zu 6 WE, hoher Standard | 1,10 | **3,90** | 8,20 | 1,0% |

| Gebäudeart | ▷ | €/Einheit | ◁ | KG an 400 |
|---|---|---|---|---|
| **Mehrfamilienhäuser (Fortsetzung)** | | | | |
| Mehrfamilienhäuser, mit 6 bis 19 WE, einfacher Standard | – | **1,60** | – | 0,3% |
| Mehrfamilienhäuser, mit 6 bis 19 WE, mittlerer Standard | 1,50 | **4,50** | 10,00 | 0,5% |
| Mehrfamilienhäuser, mit 6 bis 19 WE, hoher Standard | – | **1,70** | – | 0,2% |
| Mehrfamilienhäuser, mit 20 oder mehr WE, mittlerer Standard | 2,60 | **4,50** | 8,20 | 1,0% |
| Mehrfamilienhäuser, mit 20 oder mehr WE, hoher Standard | – | **3,80** | – | 0,4% |
| Mehrfamilienhäuser, Passivhäuser | 1,40 | **3,60** | 7,40 | 0,7% |
| Wohnhäuser, mit bis zu 15% Mischnutzung, einfacher Standard | 3,30 | **3,80** | 4,30 | 1,2% |
| Wohnhäuser, mit bis zu 15% Mischnutzung, mittlerer Standard | 1,10 | **1,70** | 2,20 | 0,4% |
| Wohnhäuser, mit bis zu 15% Mischnutzung, hoher Standard | – | **–** | – | – |
| Wohnhäuser, mit mehr als 15% Mischnutzung | – | **–** | – | – |
| **Seniorenwohnungen** | | | | |
| Seniorenwohnungen, mittlerer Standard | 0,90 | **2,10** | 4,40 | 0,5% |
| Seniorenwohnungen, hoher Standard | 2,10 | **4,40** | 6,70 | 1,3% |
| **Beherbergung** | | | | |
| Wohnheime und Internate | 5,10 | **12,00** | 16,00 | 1,4% |
| **7 Gewerbegebäude** | | | | |
| **Gaststätten und Kantinen** | | | | |
| Gaststätten, Kantinen und Mensen | – | **–** | – | – |
| **Gebäude für Produktion** | | | | |
| Industrielle Produktionsgebäude, Massivbauweise | – | **3,50** | – | 0,5% |
| Industrielle Produktionsgebäude, überwiegend Skelettbauweise | 3,70 | **9,90** | 16,00 | 2,4% |
| Betriebs- und Werkstätten, eingeschossig | – | **13,00** | – | 1,0% |
| Betriebs- und Werkstätten, mehrgeschossig, geringer Hallenanteil | 12,00 | **12,00** | 13,00 | 1,8% |
| Betriebs- und Werkstätten, mehrgeschossig, hoher Hallenanteil | 6,50 | **8,30** | 12,00 | 1,1% |
| **Gebäude für Handel und Lager** | | | | |
| Geschäftshäuser, mit Wohnungen | – | **12,00** | – | 1,5% |
| Geschäftshäuser, ohne Wohnungen | – | **–** | – | – |
| Verbrauchermärkte | – | **0,40** | – | 0,1% |
| Autohäuser | – | **13,00** | – | 2,2% |
| Lagergebäude, ohne Mischnutzung | 0,20 | **4,60** | 9,00 | 0,3% |
| Lagergebäude, mit bis zu 25% Mischnutzung | 11,00 | **12,00** | 13,00 | 4,3% |
| Lagergebäude, mit mehr als 25% Mischnutzung | – | **–** | – | – |
| **Garagen und Bereitschaftsdienste** | | | | |
| Einzel-, Mehrfach- und Hochgaragen | – | **0,10** | – | 0,3% |
| Tiefgaragen | – | **–** | – | – |
| Feuerwehrhäuser | 2,50 | **6,50** | 13,00 | 1,6% |
| Öffentliche Bereitschaftsdienste | 3,30 | **3,60** | 4,30 | 1,4% |
| **9 Kulturgebäude** | | | | |
| **Gebäude für kulturelle Zwecke** | | | | |
| Bibliotheken, Museen und Ausstellungen | 6,40 | **11,00** | 19,00 | 1,7% |
| Theater | 3,90 | **10,00** | 17,00 | 1,3% |
| Gemeindezentren, einfacher Standard | – | **2,00** | – | 0,4% |
| Gemeindezentren, mittlerer Standard | 1,30 | **6,20** | 16,00 | 0,9% |
| Gemeindezentren, hoher Standard | – | **1,60** | – | 0,1% |
| **Gebäude für religiöse Zwecke** | | | | |
| Sakralbauten | – | **–** | – | – |
| Friedhofsgebäude | – | **–** | – | – |

Einheit: m²
Brutto-Grundfläche
(BGF)

# 461 Aufzugsanlagen

**Kosten:**
Stand 1.Quartal 2020
Bundesdurchschnitt
inkl. 19% MwSt.

Einheit: m²
Brutto-Grundfläche
(BGF)

▷ von
ø Mittel
◁ bis

| Gebäudeart | ▷ | €/Einheit | ◁ | KG an 400 |
|---|---|---|---|---|
| **1 Büro- und Verwaltungsgebäude** | | | | |
| Büro- und Verwaltungsgebäude, einfacher Standard | – | **44,00** | – | 4,9% |
| Büro- und Verwaltungsgebäude, mittlerer Standard | 25,00 | **39,00** | 65,00 | 2,3% |
| Büro- und Verwaltungsgebäude, hoher Standard | 25,00 | **37,00** | 56,00 | 2,8% |
| **2 Gebäude für Forschung und Lehre** | | | | |
| Instituts- und Laborgebäude | – | **18,00** | – | 0,5% |
| **3 Gebäude des Gesundheitswesens** | | | | |
| Medizinische Einrichtungen | 24,00 | **38,00** | 52,00 | 6,6% |
| Pflegeheime | 30,00 | **34,00** | 41,00 | 3,9% |
| **4 Schulen und Kindergärten** | | | | |
| Allgemeinbildende Schulen | 12,00 | **19,00** | 23,00 | 3,0% |
| Berufliche Schulen | 15,00 | **41,00** | 90,00 | 3,3% |
| Förder- und Sonderschulen | 14,00 | **29,00** | 40,00 | 7,2% |
| Weiterbildungseinrichtungen | 17,00 | **33,00** | 63,00 | 5,2% |
| Kindergärten, nicht unterkellert, einfacher Standard | – | – | – | – |
| Kindergärten, nicht unterkellert, mittlerer Standard | – | **36,00** | – | 1,2% |
| Kindergärten, nicht unterkellert, hoher Standard | – | – | – | – |
| Kindergärten, Holzbauweise, nicht unterkellert | – | **38,00** | – | 1,0% |
| Kindergärten, unterkellert | – | – | – | – |
| **5 Sportbauten** | | | | |
| Sport- und Mehrzweckhallen | – | – | – | – |
| Sporthallen (Einfeldhallen) | – | – | – | – |
| Sporthallen (Dreifeldhallen) | – | – | – | – |
| Schwimmhallen | – | – | – | – |
| **6 Wohngebäude** | | | | |
| **Ein- und Zweifamilienhäuser** | | | | |
| Ein- und Zweifamilienhäuser, unterkellert, einfacher Standard | – | – | – | – |
| Ein- und Zweifamilienhäuser, unterkellert, mittlerer Standard | – | – | – | – |
| Ein- und Zweifamilienhäuser, unterkellert, hoher Standard | – | – | – | – |
| Ein- und Zweifamilienhäuser, nicht unterkellert, einfacher Standard | – | – | – | – |
| Ein- und Zweifamilienhäuser, nicht unterkellert, mittlerer Standard | – | – | – | – |
| Ein- und Zweifamilienhäuser, nicht unterkellert, hoher Standard | – | – | – | – |
| Ein- und Zweifamilienhäuser, Passivhausstandard, Massivbau | – | – | – | – |
| Ein- und Zweifamilienhäuser, Passivhausstandard, Holzbau | – | – | – | – |
| Ein- und Zweifamilienhäuser, Holzbauweise, unterkellert | – | – | – | – |
| Ein- und Zweifamilienhäuser, Holzbauweise, nicht unterkellert | – | – | – | – |
| Doppel- und Reihenendhäuser, einfacher Standard | – | – | – | – |
| Doppel- und Reihenendhäuser, mittlerer Standard | – | – | – | – |
| Doppel- und Reihenendhäuser, hoher Standard | – | – | – | – |
| Reihenhäuser, einfacher Standard | – | – | – | – |
| Reihenhäuser, mittlerer Standard | – | – | – | – |
| Reihenhäuser, hoher Standard | – | – | – | – |
| **Mehrfamilienhäuser** | | | | |
| Mehrfamilienhäuser, mit bis zu 6 WE, einfacher Standard | – | – | – | – |
| Mehrfamilienhäuser, mit bis zu 6 WE, mittlerer Standard | – | – | – | – |
| Mehrfamilienhäuser, mit bis zu 6 WE, hoher Standard | 40,00 | **44,00** | 48,00 | 10,3% |

| Gebäudeart | ▷ | €/Einheit | ◁ | KG an 400 |
|---|---|---|---|---|
| **Mehrfamilienhäuser (Fortsetzung)** | | | | |
| Mehrfamilienhäuser, mit 6 bis 19 WE, einfacher Standard | – | **–** | – | – |
| Mehrfamilienhäuser, mit 6 bis 19 WE, mittlerer Standard | 25,00 | **36,00** | 67,00 | 5,7% |
| Mehrfamilienhäuser, mit 6 bis 19 WE, hoher Standard | 29,00 | **35,00** | 38,00 | 17,2% |
| Mehrfamilienhäuser, mit 20 oder mehr WE, mittlerer Standard | 21,00 | **42,00** | 61,00 | 11,7% |
| Mehrfamilienhäuser, mit 20 oder mehr WE, hoher Standard | 18,00 | **19,00** | 21,00 | 5,2% |
| Mehrfamilienhäuser, Passivhäuser | 14,00 | **25,00** | 37,00 | 4,5% |
| Wohnhäuser, mit bis zu 15% Mischnutzung, einfacher Standard | 16,00 | **24,00** | 29,00 | 11,1% |
| Wohnhäuser, mit bis zu 15% Mischnutzung, mittlerer Standard | – | **30,00** | – | 3,5% |
| Wohnhäuser, mit bis zu 15% Mischnutzung, hoher Standard | – | **27,00** | – | 11,6% |
| Wohnhäuser, mit mehr als 15% Mischnutzung | – | **–** | – | – |
| **Seniorenwohnungen** | | | | |
| Seniorenwohnungen, mittlerer Standard | 21,00 | **44,00** | 78,00 | 16,2% |
| Seniorenwohnungen, hoher Standard | 22,00 | **43,00** | 65,00 | 12,9% |
| **Beherbergung** | | | | |
| Wohnheime und Internate | 7,60 | **23,00** | 32,00 | 4,1% |
| **7 Gewerbegebäude** | | | | |
| **Gaststätten und Kantinen** | | | | |
| Gaststätten, Kantinen und Mensen | – | **49,00** | – | 6,0% |
| **Gebäude für Produktion** | | | | |
| Industrielle Produktionsgebäude, Massivbauweise | – | **28,00** | – | 3,0% |
| Industrielle Produktionsgebäude, überwiegend Skelettbauweise | – | **20,00** | – | 0,7% |
| Betriebs- und Werkstätten, eingeschossig | – | **9,80** | – | 0,8% |
| Betriebs- und Werkstätten, mehrgeschossig, geringer Hallenanteil | 9,30 | **14,00** | 16,00 | 16,3% |
| Betriebs- und Werkstätten, mehrgeschossig, hoher Hallenanteil | – | **3,80** | – | 0,1% |
| **Gebäude für Handel und Lager** | | | | |
| Geschäftshäuser, mit Wohnungen | 26,00 | **28,00** | 30,00 | 5,9% |
| Geschäftshäuser, ohne Wohnungen | – | **70,00** | – | 13,3% |
| Verbrauchermärkte | – | **–** | – | – |
| Autohäuser | – | **–** | – | – |
| Lagergebäude, ohne Mischnutzung | – | **–** | – | – |
| Lagergebäude, mit bis zu 25% Mischnutzung | – | **–** | – | – |
| Lagergebäude, mit mehr als 25% Mischnutzung | – | **–** | – | – |
| **Garagen und Bereitschaftsdienste** | | | | |
| Einzel-, Mehrfach- und Hochgaragen | – | **–** | – | – |
| Tiefgaragen | – | **–** | – | – |
| Feuerwehrhäuser | – | **18,00** | – | 1,3% |
| Öffentliche Bereitschaftsdienste | – | **–** | – | – |
| **9 Kulturgebäude** | | | | |
| **Gebäude für kulturelle Zwecke** | | | | |
| Bibliotheken, Museen und Ausstellungen | – | **–** | – | – |
| Theater | – | **40,00** | – | 1,3% |
| Gemeindezentren, einfacher Standard | – | **11,00** | – | 2,1% |
| Gemeindezentren, mittlerer Standard | 50,00 | **53,00** | 55,00 | 7,0% |
| Gemeindezentren, hoher Standard | – | **104,00** | – | 6,8% |
| **Gebäude für religiöse Zwecke** | | | | |
| Sakralbauten | – | **–** | – | – |
| Friedhofsgebäude | – | **–** | – | – |

Einheit: m²
Brutto-Grundfläche
(BGF)

## 471 Küchentechnische Anlagen

**Kosten:**
Stand 1.Quartal 2020
Bundesdurchschnitt
inkl. 19% MwSt.

Einheit: m²
Brutto-Grundfläche
(BGF)

▷ von
ø Mittel
◁ bis

| Gebäudeart | ▷ | €/Einheit | ◁ | KG an 400 |
|---|---|---|---|---|
| **1 Büro- und Verwaltungsgebäude** | | | | |
| Büro- und Verwaltungsgebäude, einfacher Standard | – | **–** | – | – |
| Büro- und Verwaltungsgebäude, mittlerer Standard | 2,10 | **15,00** | 41,00 | 0,4% |
| Büro- und Verwaltungsgebäude, hoher Standard | – | **1,50** | – | 0,0% |
| **2 Gebäude für Forschung und Lehre** | | | | |
| Instituts- und Laborgebäude | – | **–** | – | – |
| **3 Gebäude des Gesundheitswesens** | | | | |
| Medizinische Einrichtungen | – | **2,40** | – | 0,1% |
| Pflegeheime | 36,00 | **59,00** | 117,00 | 9,2% |
| **4 Schulen und Kindergärten** | | | | |
| Allgemeinbildende Schulen | 9,30 | **45,00** | 100,00 | 4,3% |
| Berufliche Schulen | – | **103,00** | – | 2,4% |
| Förder- und Sonderschulen | 5,80 | **8,40** | 11,00 | 1,0% |
| Weiterbildungseinrichtungen | 4,90 | **77,00** | 150,00 | 8,3% |
| Kindergärten, nicht unterkellert, einfacher Standard | – | **–** | – | – |
| Kindergärten, nicht unterkellert, mittlerer Standard | – | **–** | – | – |
| Kindergärten, nicht unterkellert, hoher Standard | – | **30,00** | – | 4,6% |
| Kindergärten, Holzbauweise, nicht unterkellert | – | **–** | – | – |
| Kindergärten, unterkellert | – | **–** | – | – |
| **5 Sportbauten** | | | | |
| Sport- und Mehrzweckhallen | – | **0,90** | – | 0,1% |
| Sporthallen (Einfeldhallen) | – | **–** | – | – |
| Sporthallen (Dreifeldhallen) | – | **–** | – | – |
| Schwimmhallen | – | **–** | – | – |
| **6 Wohngebäude** | | | | |
| **Ein- und Zweifamilienhäuser** | | | | |
| Ein- und Zweifamilienhäuser, unterkellert, einfacher Standard | – | **–** | – | – |
| Ein- und Zweifamilienhäuser, unterkellert, mittlerer Standard | – | **–** | – | – |
| Ein- und Zweifamilienhäuser, unterkellert, hoher Standard | – | **–** | – | – |
| Ein- und Zweifamilienhäuser, nicht unterkellert, einfacher Standard | – | **–** | – | – |
| Ein- und Zweifamilienhäuser, nicht unterkellert, mittlerer Standard | – | **–** | – | – |
| Ein- und Zweifamilienhäuser, nicht unterkellert, hoher Standard | – | **–** | – | – |
| Ein- und Zweifamilienhäuser, Passivhausstandard, Massivbau | – | **–** | – | – |
| Ein- und Zweifamilienhäuser, Passivhausstandard, Holzbau | – | **–** | – | – |
| Ein- und Zweifamilienhäuser, Holzbauweise, unterkellert | – | **–** | – | – |
| Ein- und Zweifamilienhäuser, Holzbauweise, nicht unterkellert | – | **–** | – | – |
| Doppel- und Reihenendhäuser, einfacher Standard | – | **–** | – | – |
| Doppel- und Reihenendhäuser, mittlerer Standard | – | **–** | – | – |
| Doppel- und Reihenendhäuser, hoher Standard | – | **–** | – | – |
| Reihenhäuser, einfacher Standard | – | **–** | – | – |
| Reihenhäuser, mittlerer Standard | – | **–** | – | – |
| Reihenhäuser, hoher Standard | – | **–** | – | – |
| **Mehrfamilienhäuser** | | | | |
| Mehrfamilienhäuser, mit bis zu 6 WE, einfacher Standard | – | **–** | – | – |
| Mehrfamilienhäuser, mit bis zu 6 WE, mittlerer Standard | – | **–** | – | – |
| Mehrfamilienhäuser, mit bis zu 6 WE, hoher Standard | – | **–** | – | – |

| Gebäudeart | ▷ | €/Einheit | ◁ | KG an 400 |
|---|---|---|---|---|
| **Mehrfamilienhäuser (Fortsetzung)** | | | | |
| Mehrfamilienhäuser, mit 6 bis 19 WE, einfacher Standard | – | – | – | – |
| Mehrfamilienhäuser, mit 6 bis 19 WE, mittlerer Standard | – | – | – | – |
| Mehrfamilienhäuser, mit 6 bis 19 WE, hoher Standard | – | – | – | – |
| Mehrfamilienhäuser, mit 20 oder mehr WE, mittlerer Standard | – | – | – | – |
| Mehrfamilienhäuser, mit 20 oder mehr WE, hoher Standard | – | – | – | – |
| Mehrfamilienhäuser, Passivhäuser | – | – | – | – |
| Wohnhäuser, mit bis zu 15% Mischnutzung, einfacher Standard | – | – | – | – |
| Wohnhäuser, mit bis zu 15% Mischnutzung, mittlerer Standard | – | – | – | – |
| Wohnhäuser, mit bis zu 15% Mischnutzung, hoher Standard | – | – | – | – |
| Wohnhäuser, mit mehr als 15% Mischnutzung | – | **156,00** | – | 10,2% |
| **Seniorenwohnungen** | | | | |
| Seniorenwohnungen, mittlerer Standard | – | – | – | – |
| Seniorenwohnungen, hoher Standard | – | – | – | – |
| **Beherbergung** | | | | |
| Wohnheime und Internate | – | **30,00** | – | 1,2% |
| **7 Gewerbegebäude** | | | | |
| **Gaststätten und Kantinen** | | | | |
| Gaststätten, Kantinen und Mensen | – | **68,00** | – | 8,4% |
| **Gebäude für Produktion** | | | | |
| Industrielle Produktionsgebäude, Massivbauweise | – | – | – | – |
| Industrielle Produktionsgebäude, überwiegend Skelettbauweise | – | – | – | – |
| Betriebs- und Werkstätten, eingeschossig | – | – | – | – |
| Betriebs- und Werkstätten, mehrgeschossig, geringer Hallenanteil | – | – | – | – |
| Betriebs- und Werkstätten, mehrgeschossig, hoher Hallenanteil | – | – | – | – |
| **Gebäude für Handel und Lager** | | | | |
| Geschäftshäuser, mit Wohnungen | – | – | – | – |
| Geschäftshäuser, ohne Wohnungen | – | – | – | – |
| Verbrauchermärkte | – | – | – | – |
| Autohäuser | – | – | – | – |
| Lagergebäude, ohne Mischnutzung | – | – | – | – |
| Lagergebäude, mit bis zu 25% Mischnutzung | – | – | – | – |
| Lagergebäude, mit mehr als 25% Mischnutzung | – | – | – | – |
| **Garagen und Bereitschaftsdienste** | | | | |
| Einzel-, Mehrfach- und Hochgaragen | – | – | – | – |
| Tiefgaragen | – | – | – | – |
| Feuerwehrhäuser | – | – | – | – |
| Öffentliche Bereitschaftsdienste | – | – | – | – |
| **9 Kulturgebäude** | | | | |
| **Gebäude für kulturelle Zwecke** | | | | |
| Bibliotheken, Museen und Ausstellungen | – | **49,00** | – | 1,3% |
| Theater | – | – | – | – |
| Gemeindezentren, einfacher Standard | – | **36,00** | – | 7,0% |
| Gemeindezentren, mittlerer Standard | – | **44,00** | – | 1,8% |
| Gemeindezentren, hoher Standard | – | **57,00** | – | 3,6% |
| **Gebäude für religiöse Zwecke** | | | | |
| Sakralbauten | – | – | – | – |
| Friedhofsgebäude | – | – | – | – |

Einheit: m²
Brutto-Grundfläche
(BGF)

# 473 Medienversorgungsanlagen, Medizin- und labortechnische Anlagen

**Kosten:**
Stand 1.Quartal 2020
Bundesdurchschnitt
inkl. 19% MwSt.

Einheit: m²
Brutto-Grundfläche
(BGF)

▷ von
ø Mittel
◁ bis

| Gebäudeart | ▷ | €/Einheit | ◁ | KG an 400 |
|---|---|---|---|---|
| **1 Büro- und Verwaltungsgebäude** | | | | |
| Büro- und Verwaltungsgebäude, einfacher Standard | – | **–** | – | – |
| Büro- und Verwaltungsgebäude, mittlerer Standard | – | **0,50** | – | 0,0% |
| Büro- und Verwaltungsgebäude, hoher Standard | – | **–** | – | – |
| **2 Gebäude für Forschung und Lehre** | | | | |
| Instituts- und Laborgebäude | 96,00 | **169,00** | 307,00 | 12,5% |
| **3 Gebäude des Gesundheitswesens** | | | | |
| Medizinische Einrichtungen | 34,00 | **36,00** | 38,00 | 2,3% |
| Pflegeheime | – | **20,00** | – | 0,9% |
| **4 Schulen und Kindergärten** | | | | |
| Allgemeinbildende Schulen | 16,00 | **30,00** | 43,00 | 1,7% |
| Berufliche Schulen | – | **–** | – | – |
| Förder- und Sonderschulen | – | **–** | – | – |
| Weiterbildungseinrichtungen | – | **12,00** | – | 1,0% |
| Kindergärten, nicht unterkellert, einfacher Standard | – | **–** | – | – |
| Kindergärten, nicht unterkellert, mittlerer Standard | – | **–** | – | – |
| Kindergärten, nicht unterkellert, hoher Standard | – | **–** | – | – |
| Kindergärten, Holzbauweise, nicht unterkellert | – | **–** | – | – |
| Kindergärten, unterkellert | – | **–** | – | – |
| **5 Sportbauten** | | | | |
| Sport- und Mehrzweckhallen | – | **–** | – | – |
| Sporthallen (Einfeldhallen) | – | **–** | – | – |
| Sporthallen (Dreifeldhallen) | – | **–** | – | – |
| Schwimmhallen | – | **–** | – | – |
| **6 Wohngebäude** | | | | |
| **Ein- und Zweifamilienhäuser** | | | | |
| Ein- und Zweifamilienhäuser, unterkellert, einfacher Standard | – | **–** | – | – |
| Ein- und Zweifamilienhäuser, unterkellert, mittlerer Standard | – | **–** | – | – |
| Ein- und Zweifamilienhäuser, unterkellert, hoher Standard | – | **–** | – | – |
| Ein- und Zweifamilienhäuser, nicht unterkellert, einfacher Standard | – | **–** | – | – |
| Ein- und Zweifamilienhäuser, nicht unterkellert, mittlerer Standard | – | **–** | – | – |
| Ein- und Zweifamilienhäuser, nicht unterkellert, hoher Standard | – | **–** | – | – |
| Ein- und Zweifamilienhäuser, Passivhausstandard, Massivbau | – | **–** | – | – |
| Ein- und Zweifamilienhäuser, Passivhausstandard, Holzbau | – | **–** | – | – |
| Ein- und Zweifamilienhäuser, Holzbauweise, unterkellert | – | **–** | – | – |
| Ein- und Zweifamilienhäuser, Holzbauweise, nicht unterkellert | – | **–** | – | – |
| Doppel- und Reihenendhäuser, einfacher Standard | – | **–** | – | – |
| Doppel- und Reihenendhäuser, mittlerer Standard | – | **–** | – | – |
| Doppel- und Reihenendhäuser, hoher Standard | – | **–** | – | – |
| Reihenhäuser, einfacher Standard | – | **–** | – | – |
| Reihenhäuser, mittlerer Standard | – | **–** | – | – |
| Reihenhäuser, hoher Standard | – | **–** | – | – |
| **Mehrfamilienhäuser** | | | | |
| Mehrfamilienhäuser, mit bis zu 6 WE, einfacher Standard | – | **–** | – | – |
| Mehrfamilienhäuser, mit bis zu 6 WE, mittlerer Standard | – | **–** | – | – |
| Mehrfamilienhäuser, mit bis zu 6 WE, hoher Standard | – | **–** | – | – |

Einheit: m²
Brutto-Grundfläche
(BGF)

| Gebäudeart | ▷ | €/Einheit | ◁ | KG an 400 |
|---|---|---|---|---|
| **Mehrfamilienhäuser (Fortsetzung)** | | | | |
| Mehrfamilienhäuser, mit 6 bis 19 WE, einfacher Standard | – | – | – | – |
| Mehrfamilienhäuser, mit 6 bis 19 WE, mittlerer Standard | – | – | – | – |
| Mehrfamilienhäuser, mit 6 bis 19 WE, hoher Standard | – | – | – | – |
| Mehrfamilienhäuser, mit 20 oder mehr WE, mittlerer Standard | – | – | – | – |
| Mehrfamilienhäuser, mit 20 oder mehr WE, hoher Standard | – | – | – | – |
| Mehrfamilienhäuser, Passivhäuser | – | – | – | – |
| Wohnhäuser, mit bis zu 15% Mischnutzung, einfacher Standard | – | – | – | – |
| Wohnhäuser, mit bis zu 15% Mischnutzung, mittlerer Standard | – | – | – | – |
| Wohnhäuser, mit bis zu 15% Mischnutzung, hoher Standard | – | – | – | – |
| Wohnhäuser, mit mehr als 15% Mischnutzung | – | – | – | – |
| **Seniorenwohnungen** | | | | |
| Seniorenwohnungen, mittlerer Standard | – | – | – | – |
| Seniorenwohnungen, hoher Standard | – | – | – | – |
| **Beherbergung** | | | | |
| Wohnheime und Internate | – | **57,00** | – | 2,1% |
| **7 Gewerbegebäude** | | | | |
| **Gaststätten und Kantinen** | | | | |
| Gaststätten, Kantinen und Mensen | – | – | – | – |
| **Gebäude für Produktion** | | | | |
| Industrielle Produktionsgebäude, Massivbauweise | 6,20 | **7,70** | 9,20 | 1,8% |
| Industrielle Produktionsgebäude, überwiegend Skelettbauweise | 8,40 | **31,00** | 53,00 | 2,7% |
| Betriebs- und Werkstätten, eingeschossig | – | **16,00** | – | 1,3% |
| Betriebs- und Werkstätten, mehrgeschossig, geringer Hallenanteil | – | – | – | – |
| Betriebs- und Werkstätten, mehrgeschossig, hoher Hallenanteil | 3,00 | **9,30** | 22,00 | 1,0% |
| **Gebäude für Handel und Lager** | | | | |
| Geschäftshäuser, mit Wohnungen | – | – | – | – |
| Geschäftshäuser, ohne Wohnungen | – | – | – | – |
| Verbrauchermärkte | – | – | – | – |
| Autohäuser | – | – | – | – |
| Lagergebäude, ohne Mischnutzung | – | **10,00** | – | 0,3% |
| Lagergebäude, mit bis zu 25% Mischnutzung | – | – | – | – |
| Lagergebäude, mit mehr als 25% Mischnutzung | – | – | – | – |
| **Garagen und Bereitschaftsdienste** | | | | |
| Einzel-, Mehrfach- und Hochgaragen | – | – | – | – |
| Tiefgaragen | – | – | – | – |
| Feuerwehrhäuser | – | – | – | – |
| Öffentliche Bereitschaftsdienste | – | **8,90** | – | 0,5% |
| **9 Kulturgebäude** | | | | |
| **Gebäude für kulturelle Zwecke** | | | | |
| Bibliotheken, Museen und Ausstellungen | – | – | – | – |
| Theater | – | – | – | – |
| Gemeindezentren, einfacher Standard | – | – | – | – |
| Gemeindezentren, mittlerer Standard | – | – | – | – |
| Gemeindezentren, hoher Standard | – | – | – | – |
| **Gebäude für religiöse Zwecke** | | | | |
| Sakralbauten | – | – | – | – |
| Friedhofsgebäude | – | – | – | – |

**Kosten:**
Stand 1.Quartal 2020
Bundesdurchschnitt
inkl. 19% MwSt.

Einheit: m²
Brutto-Grundfläche
(BGF)

| Gebäudeart | ▷ | €/Einheit | ◁ | KG an 400 |
|---|---|---|---|---|
| **1 Büro- und Verwaltungsgebäude** | | | | |
| Büro- und Verwaltungsgebäude, einfacher Standard | – | **3,70** | – | 0,4% |
| Büro- und Verwaltungsgebäude, mittlerer Standard | 1,80 | **8,50** | 47,00 | 0,6% |
| Büro- und Verwaltungsgebäude, hoher Standard | 1,20 | **2,30** | 5,50 | 0,2% |
| **2 Gebäude für Forschung und Lehre** | | | | |
| Instituts- und Laborgebäude | 0,50 | **1,50** | 2,60 | 0,1% |
| **3 Gebäude des Gesundheitswesens** | | | | |
| Medizinische Einrichtungen | 1,10 | **2,30** | 3,40 | 0,2% |
| Pflegeheime | 0,20 | **0,50** | 0,80 | 0,0% |
| **4 Schulen und Kindergärten** | | | | |
| Allgemeinbildende Schulen | 0,60 | **0,80** | 0,90 | 0,1% |
| Berufliche Schulen | 1,10 | **1,30** | 1,70 | 0,1% |
| Förder- und Sonderschulen | 0,40 | **0,80** | 2,00 | 0,2% |
| Weiterbildungseinrichtungen | 0,70 | **1,00** | 1,30 | 0,1% |
| Kindergärten, nicht unterkellert, einfacher Standard | – | **–** | – | – |
| Kindergärten, nicht unterkellert, mittlerer Standard | 1,10 | **1,70** | 2,70 | 0,2% |
| Kindergärten, nicht unterkellert, hoher Standard | – | **0,30** | – | 0,0% |
| Kindergärten, Holzbauweise, nicht unterkellert | 0,40 | **0,50** | 0,50 | 0,0% |
| Kindergärten, unterkellert | 0,80 | **1,00** | 1,10 | 0,3% |
| **5 Sportbauten** | | | | |
| Sport- und Mehrzweckhallen | – | **0,40** | – | 0,0% |
| Sporthallen (Einfeldhallen) | – | **–** | – | – |
| Sporthallen (Dreifeldhallen) | 0,20 | **0,60** | 0,90 | 0,1% |
| Schwimmhallen | – | **–** | – | – |
| **6 Wohngebäude** | | | | |
| **Ein- und Zweifamilienhäuser** | | | | |
| Ein- und Zweifamilienhäuser, unterkellert, einfacher Standard | – | **–** | – | – |
| Ein- und Zweifamilienhäuser, unterkellert, mittlerer Standard | – | **–** | – | – |
| Ein- und Zweifamilienhäuser, unterkellert, hoher Standard | – | **–** | – | – |
| Ein- und Zweifamilienhäuser, nicht unterkellert, einfacher Standard | – | **–** | – | – |
| Ein- und Zweifamilienhäuser, nicht unterkellert, mittlerer Standard | – | **–** | – | – |
| Ein- und Zweifamilienhäuser, nicht unterkellert, hoher Standard | – | **–** | – | – |
| Ein- und Zweifamilienhäuser, Passivhausstandard, Massivbau | – | **–** | – | – |
| Ein- und Zweifamilienhäuser, Passivhausstandard, Holzbau | – | **–** | – | – |
| Ein- und Zweifamilienhäuser, Holzbauweise, unterkellert | – | **–** | – | – |
| Ein- und Zweifamilienhäuser, Holzbauweise, nicht unterkellert | – | **–** | – | – |
| Doppel- und Reihenendhäuser, einfacher Standard | – | **–** | – | – |
| Doppel- und Reihenendhäuser, mittlerer Standard | – | **–** | – | – |
| Doppel- und Reihenendhäuser, hoher Standard | – | **–** | – | – |
| Reihenhäuser, einfacher Standard | – | **–** | – | – |
| Reihenhäuser, mittlerer Standard | – | **–** | – | – |
| Reihenhäuser, hoher Standard | – | **–** | – | – |
| **Mehrfamilienhäuser** | | | | |
| Mehrfamilienhäuser, mit bis zu 6 WE, einfacher Standard | – | **0,20** | – | 0,1% |
| Mehrfamilienhäuser, mit bis zu 6 WE, mittlerer Standard | – | **–** | – | – |
| Mehrfamilienhäuser, mit bis zu 6 WE, hoher Standard | – | **–** | – | – |

▷ von
ø Mittel
◁ bis

| Gebäudeart | ▷ | €/Einheit | ◁ | KG an 400 |
|---|---|---|---|---|
| **Mehrfamilienhäuser (Fortsetzung)** | | | | |
| Mehrfamilienhäuser, mit 6 bis 19 WE, einfacher Standard | – | **–** | – | – |
| Mehrfamilienhäuser, mit 6 bis 19 WE, mittlerer Standard | 0,30 | **0,50** | 0,60 | 0,0% |
| Mehrfamilienhäuser, mit 6 bis 19 WE, hoher Standard | – | **0,40** | – | 0,0% |
| Mehrfamilienhäuser, mit 20 oder mehr WE, mittlerer Standard | – | **2,20** | – | 0,2% |
| Mehrfamilienhäuser, mit 20 oder mehr WE, hoher Standard | – | **–** | – | – |
| Mehrfamilienhäuser, Passivhäuser | – | **–** | – | – |
| Wohnhäuser, mit bis zu 15% Mischnutzung, einfacher Standard | – | **0,20** | – | 0,0% |
| Wohnhäuser, mit bis zu 15% Mischnutzung, mittlerer Standard | – | **–** | – | – |
| Wohnhäuser, mit bis zu 15% Mischnutzung, hoher Standard | – | **–** | – | – |
| Wohnhäuser, mit mehr als 15% Mischnutzung | – | **–** | – | – |
| **Seniorenwohnungen** | | | | |
| Seniorenwohnungen, mittlerer Standard | 0,40 | **0,70** | 1,60 | 0,2% |
| Seniorenwohnungen, hoher Standard | 0,20 | **0,60** | 1,00 | 0,2% |
| **Beherbergung** | | | | |
| Wohnheime und Internate | 0,40 | **0,60** | 0,90 | 0,1% |
| **7 Gewerbegebäude** | | | | |
| **Gaststätten und Kantinen** | | | | |
| Gaststätten, Kantinen und Mensen | – | **0,80** | – | 0,1% |
| **Gebäude für Produktion** | | | | |
| Industrielle Produktionsgebäude, Massivbauweise | – | **0,70** | – | 0,1% |
| Industrielle Produktionsgebäude, überwiegend Skelettbauweise | 0,20 | **0,60** | 1,20 | 0,1% |
| Betriebs- und Werkstätten, eingeschossig | – | **6,30** | – | 0,5% |
| Betriebs- und Werkstätten, mehrgeschossig, geringer Hallenanteil | – | **1,30** | – | 0,2% |
| Betriebs- und Werkstätten, mehrgeschossig, hoher Hallenanteil | – | **12,00** | – | 0,4% |
| **Gebäude für Handel und Lager** | | | | |
| Geschäftshäuser, mit Wohnungen | 0,70 | **23,00** | 45,00 | 4,1% |
| Geschäftshäuser, ohne Wohnungen | – | **–** | – | – |
| Verbrauchermärkte | – | **–** | – | – |
| Autohäuser | – | **–** | – | – |
| Lagergebäude, ohne Mischnutzung | 0,50 | **7,30** | 14,00 | 0,4% |
| Lagergebäude, mit bis zu 25% Mischnutzung | – | **8,90** | – | 0,8% |
| Lagergebäude, mit mehr als 25% Mischnutzung | – | **1,30** | – | 0,3% |
| **Garagen und Bereitschaftsdienste** | | | | |
| Einzel-, Mehrfach- und Hochgaragen | – | **–** | – | – |
| Tiefgaragen | – | **–** | – | – |
| Feuerwehrhäuser | 4,40 | **12,00** | 26,00 | 3,0% |
| Öffentliche Bereitschaftsdienste | – | **–** | – | – |
| **9 Kulturgebäude** | | | | |
| **Gebäude für kulturelle Zwecke** | | | | |
| Bibliotheken, Museen und Ausstellungen | 0,40 | **2,00** | 3,00 | 0,5% |
| Theater | – | **32,00** | – | 1,1% |
| Gemeindezentren, einfacher Standard | 0,20 | **0,50** | 1,20 | 0,4% |
| Gemeindezentren, mittlerer Standard | 0,60 | **0,70** | 0,70 | 0,1% |
| Gemeindezentren, hoher Standard | 0,70 | **1,20** | 1,90 | 0,2% |
| **Gebäude für religiöse Zwecke** | | | | |
| Sakralbauten | – | **–** | – | – |
| Friedhofsgebäude | – | **–** | – | – |

Einheit: m²
Brutto-Grundfläche
(BGF)

## 475 Prozesswärme-, kälte- und -luftanlagen

**Kosten:**
Stand 1.Quartal 2020
Bundesdurchschnitt
inkl. 19% MwSt.

Einheit: m²
Brutto-Grundfläche
(BGF)

▷ von
ø Mittel
◁ bis

| Gebäudeart | ▷ | €/Einheit | ◁ | KG an 400 |
|---|---|---|---|---|
| **1 Büro- und Verwaltungsgebäude** | | | | |
| Büro- und Verwaltungsgebäude, einfacher Standard | – | – | – | – |
| Büro- und Verwaltungsgebäude, mittlerer Standard | – | – | – | – |
| Büro- und Verwaltungsgebäude, hoher Standard | – | – | – | – |
| **2 Gebäude für Forschung und Lehre** | | | | |
| Instituts- und Laborgebäude | – | **66,00** | – | 1,0% |
| **3 Gebäude des Gesundheitswesens** | | | | |
| Medizinische Einrichtungen | – | – | – | – |
| Pflegeheime | – | – | – | – |
| **4 Schulen und Kindergärten** | | | | |
| Allgemeinbildende Schulen | – | – | – | – |
| Berufliche Schulen | – | **185,00** | – | 6,3% |
| Förder- und Sonderschulen | – | – | – | – |
| Weiterbildungseinrichtungen | – | – | – | – |
| Kindergärten, nicht unterkellert, einfacher Standard | – | – | – | – |
| Kindergärten, nicht unterkellert, mittlerer Standard | – | – | – | – |
| Kindergärten, nicht unterkellert, hoher Standard | – | – | – | – |
| Kindergärten, Holzbauweise, nicht unterkellert | – | – | – | – |
| Kindergärten, unterkellert | – | – | – | – |
| **5 Sportbauten** | | | | |
| Sport- und Mehrzweckhallen | – | – | – | – |
| Sporthallen (Einfeldhallen) | – | – | – | – |
| Sporthallen (Dreifeldhallen) | – | – | – | – |
| Schwimmhallen | – | – | – | – |
| **6 Wohngebäude** | | | | |
| **Ein- und Zweifamilienhäuser** | | | | |
| Ein- und Zweifamilienhäuser, unterkellert, einfacher Standard | – | – | – | – |
| Ein- und Zweifamilienhäuser, unterkellert, mittlerer Standard | – | – | – | – |
| Ein- und Zweifamilienhäuser, unterkellert, hoher Standard | – | – | – | – |
| Ein- und Zweifamilienhäuser, nicht unterkellert, einfacher Standard | – | – | – | – |
| Ein- und Zweifamilienhäuser, nicht unterkellert, mittlerer Standard | – | – | – | – |
| Ein- und Zweifamilienhäuser, nicht unterkellert, hoher Standard | – | – | – | – |
| Ein- und Zweifamilienhäuser, Passivhausstandard, Massivbau | – | – | – | – |
| Ein- und Zweifamilienhäuser, Passivhausstandard, Holzbau | – | – | – | – |
| Ein- und Zweifamilienhäuser, Holzbauweise, unterkellert | – | – | – | – |
| Ein- und Zweifamilienhäuser, Holzbauweise, nicht unterkellert | – | – | – | – |
| Doppel- und Reihenendhäuser, einfacher Standard | – | – | – | – |
| Doppel- und Reihenendhäuser, mittlerer Standard | – | – | – | – |
| Doppel- und Reihenendhäuser, hoher Standard | – | – | – | – |
| Reihenhäuser, einfacher Standard | – | – | – | – |
| Reihenhäuser, mittlerer Standard | – | – | – | – |
| Reihenhäuser, hoher Standard | – | – | – | – |
| **Mehrfamilienhäuser** | | | | |
| Mehrfamilienhäuser, mit bis zu 6 WE, einfacher Standard | – | – | – | – |
| Mehrfamilienhäuser, mit bis zu 6 WE, mittlerer Standard | – | – | – | – |
| Mehrfamilienhäuser, mit bis zu 6 WE, hoher Standard | – | – | – | – |

| Gebäudeart | ▷ | €/Einheit | ◁ | KG an 400 |
|---|---|---|---|---|
| **Mehrfamilienhäuser (Fortsetzung)** | | | | |
| Mehrfamilienhäuser, mit 6 bis 19 WE, einfacher Standard | – | – | – | – |
| Mehrfamilienhäuser, mit 6 bis 19 WE, mittlerer Standard | – | – | – | – |
| Mehrfamilienhäuser, mit 6 bis 19 WE, hoher Standard | – | – | – | – |
| Mehrfamilienhäuser, mit 20 oder mehr WE, mittlerer Standard | – | – | – | – |
| Mehrfamilienhäuser, mit 20 oder mehr WE, hoher Standard | – | – | – | – |
| Mehrfamilienhäuser, Passivhäuser | – | – | – | – |
| Wohnhäuser, mit bis zu 15% Mischnutzung, einfacher Standard | – | – | – | – |
| Wohnhäuser, mit bis zu 15% Mischnutzung, mittlerer Standard | – | – | – | – |
| Wohnhäuser, mit bis zu 15% Mischnutzung, hoher Standard | – | – | – | – |
| Wohnhäuser, mit mehr als 15% Mischnutzung | – | – | – | – |
| **Seniorenwohnungen** | | | | |
| Seniorenwohnungen, mittlerer Standard | – | – | – | – |
| Seniorenwohnungen, hoher Standard | – | – | – | – |
| **Beherbergung** | | | | |
| Wohnheime und Internate | – | – | – | – |
| **7 Gewerbegebäude** | | | | |
| **Gaststätten und Kantinen** | | | | |
| Gaststätten, Kantinen und Mensen | – | **34,00** | – | 4,2% |
| **Gebäude für Produktion** | | | | |
| Industrielle Produktionsgebäude, Massivbauweise | – | – | – | – |
| Industrielle Produktionsgebäude, überwiegend Skelettbauweise | – | **15,00** | – | 0,5% |
| Betriebs- und Werkstätten, eingeschossig | – | – | – | – |
| Betriebs- und Werkstätten, mehrgeschossig, geringer Hallenanteil | – | **11,00** | – | 0,5% |
| Betriebs- und Werkstätten, mehrgeschossig, hoher Hallenanteil | – | – | – | – |
| **Gebäude für Handel und Lager** | | | | |
| Geschäftshäuser, mit Wohnungen | – | – | – | – |
| Geschäftshäuser, ohne Wohnungen | – | – | – | – |
| Verbrauchermärkte | – | **47,00** | – | 5,4% |
| Autohäuser | – | – | – | – |
| Lagergebäude, ohne Mischnutzung | – | **120,00** | – | 3,0% |
| Lagergebäude, mit bis zu 25% Mischnutzung | – | – | – | – |
| Lagergebäude, mit mehr als 25% Mischnutzung | – | – | – | – |
| **Garagen und Bereitschaftsdienste** | | | | |
| Einzel-, Mehrfach- und Hochgaragen | – | – | – | – |
| Tiefgaragen | – | – | – | – |
| Feuerwehrhäuser | – | **39,00** | – | 2,9% |
| Öffentliche Bereitschaftsdienste | – | **13,00** | – | 0,7% |
| **9 Kulturgebäude** | | | | |
| **Gebäude für kulturelle Zwecke** | | | | |
| Bibliotheken, Museen und Ausstellungen | – | – | – | – |
| Theater | – | – | – | – |
| Gemeindezentren, einfacher Standard | – | – | – | – |
| Gemeindezentren, mittlerer Standard | – | – | – | – |
| Gemeindezentren, hoher Standard | – | – | – | – |
| **Gebäude für religiöse Zwecke** | | | | |
| Sakralbauten | – | – | – | – |
| Friedhofsgebäude | – | – | – | – |

Einheit: m²
Brutto-Grundfläche
(BGF)

**Kosten:**
Stand 1.Quartal 2020
Bundesdurchschnitt
inkl. 19% MwSt.

Einheit: m²
Brutto-Grundfläche
(BGF)

▷ von
ø Mittel
◁ bis

| Gebäudeart | ▷ | €/Einheit | ◁ | KG an 400 |
|---|---|---|---|---|
| **1 Büro- und Verwaltungsgebäude** | | | | |
| Büro- und Verwaltungsgebäude, einfacher Standard | – | **–** | – | – |
| Büro- und Verwaltungsgebäude, mittlerer Standard | 4,70 | **21,00** | 51,00 | 0,7% |
| Büro- und Verwaltungsgebäude, hoher Standard | – | **37,00** | – | 0,6% |
| **2 Gebäude für Forschung und Lehre** | | | | |
| Instituts- und Laborgebäude | – | **–** | – | – |
| **3 Gebäude des Gesundheitswesens** | | | | |
| Medizinische Einrichtungen | – | **–** | – | – |
| Pflegeheime | – | **–** | – | – |
| **4 Schulen und Kindergärten** | | | | |
| Allgemeinbildende Schulen | – | **1,20** | – | 0,0% |
| Berufliche Schulen | 0,40 | **7,50** | 11,00 | 0,9% |
| Förder- und Sonderschulen | – | **–** | – | – |
| Weiterbildungseinrichtungen | – | **0,20** | – | 0,0% |
| Kindergärten, nicht unterkellert, einfacher Standard | – | **–** | – | – |
| Kindergärten, nicht unterkellert, mittlerer Standard | – | **–** | – | – |
| Kindergärten, nicht unterkellert, hoher Standard | – | **–** | – | – |
| Kindergärten, Holzbauweise, nicht unterkellert | – | **–** | – | – |
| Kindergärten, unterkellert | – | **–** | – | – |
| **5 Sportbauten** | | | | |
| Sport- und Mehrzweckhallen | – | **–** | – | – |
| Sporthallen (Einfeldhallen) | – | **–** | – | – |
| Sporthallen (Dreifeldhallen) | – | **3,00** | – | 0,3% |
| Schwimmhallen | – | **–** | – | – |
| **6 Wohngebäude** | | | | |
| **Ein- und Zweifamilienhäuser** | | | | |
| Ein- und Zweifamilienhäuser, unterkellert, einfacher Standard | – | **–** | – | – |
| Ein- und Zweifamilienhäuser, unterkellert, mittlerer Standard | – | **–** | – | – |
| Ein- und Zweifamilienhäuser, unterkellert, hoher Standard | – | **–** | – | – |
| Ein- und Zweifamilienhäuser, nicht unterkellert, einfacher Standard | – | **–** | – | – |
| Ein- und Zweifamilienhäuser, nicht unterkellert, mittlerer Standard | – | **–** | – | – |
| Ein- und Zweifamilienhäuser, nicht unterkellert, hoher Standard | – | **–** | – | – |
| Ein- und Zweifamilienhäuser, Passivhausstandard, Massivbau | – | **–** | – | – |
| Ein- und Zweifamilienhäuser, Passivhausstandard, Holzbau | – | **7,50** | – | 0,2% |
| Ein- und Zweifamilienhäuser, Holzbauweise, unterkellert | – | **6,80** | – | 0,2% |
| Ein- und Zweifamilienhäuser, Holzbauweise, nicht unterkellert | – | **8,10** | – | 0,4% |
| Doppel- und Reihenendhäuser, einfacher Standard | – | **–** | – | – |
| Doppel- und Reihenendhäuser, mittlerer Standard | – | **–** | – | – |
| Doppel- und Reihenendhäuser, hoher Standard | – | **–** | – | – |
| Reihenhäuser, einfacher Standard | – | **–** | – | – |
| Reihenhäuser, mittlerer Standard | – | **–** | – | – |
| Reihenhäuser, hoher Standard | – | **–** | – | – |
| **Mehrfamilienhäuser** | | | | |
| Mehrfamilienhäuser, mit bis zu 6 WE, einfacher Standard | – | **–** | – | – |
| Mehrfamilienhäuser, mit bis zu 6 WE, mittlerer Standard | – | **–** | – | – |
| Mehrfamilienhäuser, mit bis zu 6 WE, hoher Standard | – | **–** | – | – |

| Gebäudeart | ▷ | €/Einheit | ◁ | KG an 400 |
|---|---|---|---|---|
| **Mehrfamilienhäuser (Fortsetzung)** | | | | |
| Mehrfamilienhäuser, mit 6 bis 19 WE, einfacher Standard | – | **–** | – | – |
| Mehrfamilienhäuser, mit 6 bis 19 WE, mittlerer Standard | – | **–** | – | – |
| Mehrfamilienhäuser, mit 6 bis 19 WE, hoher Standard | – | **–** | – | – |
| Mehrfamilienhäuser, mit 20 oder mehr WE, mittlerer Standard | – | **–** | – | – |
| Mehrfamilienhäuser, mit 20 oder mehr WE, hoher Standard | – | **–** | – | – |
| Mehrfamilienhäuser, Passivhäuser | – | **–** | – | – |
| Wohnhäuser, mit bis zu 15% Mischnutzung, einfacher Standard | – | **–** | – | – |
| Wohnhäuser, mit bis zu 15% Mischnutzung, mittlerer Standard | – | **–** | – | – |
| Wohnhäuser, mit bis zu 15% Mischnutzung, hoher Standard | – | **–** | – | – |
| Wohnhäuser, mit mehr als 15% Mischnutzung | – | **45,00** | – | 3,0% |
| **Seniorenwohnungen** | | | | |
| Seniorenwohnungen, mittlerer Standard | – | **–** | – | – |
| Seniorenwohnungen, hoher Standard | – | **–** | – | – |
| **Beherbergung** | | | | |
| Wohnheime und Internate | – | **0,00** | – | 0,0% |
| **7 Gewerbegebäude** | | | | |
| **Gaststätten und Kantinen** | | | | |
| Gaststätten, Kantinen und Mensen | – | **–** | – | – |
| **Gebäude für Produktion** | | | | |
| Industrielle Produktionsgebäude, Massivbauweise | – | **–** | – | – |
| Industrielle Produktionsgebäude, überwiegend Skelettbauweise | 24,00 | **64,00** | 135,00 | 16,5% |
| Betriebs- und Werkstätten, eingeschossig | – | **–** | – | – |
| Betriebs- und Werkstätten, mehrgeschossig, geringer Hallenanteil | 7,90 | **23,00** | 38,00 | 2,6% |
| Betriebs- und Werkstätten, mehrgeschossig, hoher Hallenanteil | – | **4,90** | – | 0,2% |
| **Gebäude für Handel und Lager** | | | | |
| Geschäftshäuser, mit Wohnungen | – | **–** | – | – |
| Geschäftshäuser, ohne Wohnungen | – | **–** | – | – |
| Verbrauchermärkte | – | **–** | – | – |
| Autohäuser | – | **6,60** | – | 1,1% |
| Lagergebäude, ohne Mischnutzung | – | **–** | – | – |
| Lagergebäude, mit bis zu 25% Mischnutzung | – | **4,30** | – | 0,4% |
| Lagergebäude, mit mehr als 25% Mischnutzung | – | **101,00** | – | 22,6% |
| **Garagen und Bereitschaftsdienste** | | | | |
| Einzel-, Mehrfach- und Hochgaragen | – | **44,00** | – | 11,7% |
| Tiefgaragen | – | **–** | – | – |
| Feuerwehrhäuser | 7,90 | **28,00** | 67,00 | 8,0% |
| Öffentliche Bereitschaftsdienste | 1,20 | **109,00** | 217,00 | 12,1% |
| **9 Kulturgebäude** | | | | |
| **Gebäude für kulturelle Zwecke** | | | | |
| Bibliotheken, Museen und Ausstellungen | – | **78,00** | – | 2,1% |
| Theater | – | **694,00** | – | 22,8% |
| Gemeindezentren, einfacher Standard | – | **–** | – | – |
| Gemeindezentren, mittlerer Standard | – | **–** | – | – |
| Gemeindezentren, hoher Standard | – | **39,00** | – | 2,4% |
| **Gebäude für religiöse Zwecke** | | | | |
| Sakralbauten | – | **–** | – | – |
| Friedhofsgebäude | – | **–** | – | – |

Einheit: m²
Brutto-Grundfläche
(BGF)

**Kosten:**
Stand 1.Quartal 2020
Bundesdurchschnitt
inkl. 19% MwSt.

Einheit: m²
Brutto-Grundfläche
(BGF)

| Gebäudeart | ▷ | €/Einheit | ◁ | KG an 400 |
|---|---|---|---|---|
| **1 Büro- und Verwaltungsgebäude** | | | | |
| Büro- und Verwaltungsgebäude, einfacher Standard | – | **30,00** | – | 2,0% |
| Büro- und Verwaltungsgebäude, mittlerer Standard | 17,00 | **25,00** | 34,00 | 1,4% |
| Büro- und Verwaltungsgebäude, hoher Standard | 15,00 | **40,00** | 88,00 | 3,4% |
| **2 Gebäude für Forschung und Lehre** | | | | |
| Instituts- und Laborgebäude | 6,90 | **67,00** | 126,00 | 2,8% |
| **3 Gebäude des Gesundheitswesens** | | | | |
| Medizinische Einrichtungen | 13,00 | **29,00** | 62,00 | 3,1% |
| Pflegeheime | 0,90 | **3,10** | 5,20 | 0,2% |
| **4 Schulen und Kindergärten** | | | | |
| Allgemeinbildende Schulen | 13,00 | **27,00** | 35,00 | 2,6% |
| Berufliche Schulen | 40,00 | **65,00** | 91,00 | 4,6% |
| Förder- und Sonderschulen | 6,00 | **16,00** | 28,00 | 3,1% |
| Weiterbildungseinrichtungen | 13,00 | **53,00** | 93,00 | 6,0% |
| Kindergärten, nicht unterkellert, einfacher Standard | – | **–** | – | – |
| Kindergärten, nicht unterkellert, mittlerer Standard | – | **36,00** | – | 0,8% |
| Kindergärten, nicht unterkellert, hoher Standard | – | **–** | – | – |
| Kindergärten, Holzbauweise, nicht unterkellert | 4,30 | **13,00** | 21,00 | 0,7% |
| Kindergärten, unterkellert | – | **8,60** | – | 0,8% |
| **5 Sportbauten** | | | | |
| Sport- und Mehrzweckhallen | – | **17,00** | – | 1,1% |
| Sporthallen (Einfeldhallen) | – | **–** | – | – |
| Sporthallen (Dreifeldhallen) | – | **12,00** | – | 0,7% |
| Schwimmhallen | – | **–** | – | – |
| **6 Wohngebäude** | | | | |
| **Ein- und Zweifamilienhäuser** | | | | |
| Ein- und Zweifamilienhäuser, unterkellert, einfacher Standard | – | **–** | – | – |
| Ein- und Zweifamilienhäuser, unterkellert, mittlerer Standard | – | **36,00** | – | 0,6% |
| Ein- und Zweifamilienhäuser, unterkellert, hoher Standard | 37,00 | **37,00** | 39,00 | 2,4% |
| Ein- und Zweifamilienhäuser, nicht unterkellert, einfacher Standard | – | **–** | – | – |
| Ein- und Zweifamilienhäuser, nicht unterkellert, mittlerer Standard | – | **–** | – | – |
| Ein- und Zweifamilienhäuser, nicht unterkellert, hoher Standard | – | **–** | – | – |
| Ein- und Zweifamilienhäuser, Passivhausstandard, Massivbau | 6,90 | **24,00** | 33,00 | 1,8% |
| Ein- und Zweifamilienhäuser, Passivhausstandard, Holzbau | – | **–** | – | – |
| Ein- und Zweifamilienhäuser, Holzbauweise, unterkellert | – | **–** | – | – |
| Ein- und Zweifamilienhäuser, Holzbauweise, nicht unterkellert | – | **14,00** | – | 1,3% |
| Doppel- und Reihenendhäuser, einfacher Standard | – | **–** | – | – |
| Doppel- und Reihenendhäuser, mittlerer Standard | – | **–** | – | – |
| Doppel- und Reihenendhäuser, hoher Standard | – | **–** | – | – |
| Reihenhäuser, einfacher Standard | – | **–** | – | – |
| Reihenhäuser, mittlerer Standard | – | **–** | – | – |
| Reihenhäuser, hoher Standard | – | **–** | – | – |
| **Mehrfamilienhäuser** | | | | |
| Mehrfamilienhäuser, mit bis zu 6 WE, einfacher Standard | – | **–** | – | – |
| Mehrfamilienhäuser, mit bis zu 6 WE, mittlerer Standard | – | **–** | – | – |
| Mehrfamilienhäuser, mit bis zu 6 WE, hoher Standard | – | **–** | – | – |

▷ von
ø Mittel
◁ bis

| Gebäudeart | ▷ | €/Einheit | ◁ | KG an 400 |
|---|---|---|---|---|
| **Mehrfamilienhäuser (Fortsetzung)** | | | | |
| Mehrfamilienhäuser, mit 6 bis 19 WE, einfacher Standard | – | **–** | – | – |
| Mehrfamilienhäuser, mit 6 bis 19 WE, mittlerer Standard | – | **–** | – | – |
| Mehrfamilienhäuser, mit 6 bis 19 WE, hoher Standard | – | **–** | – | – |
| Mehrfamilienhäuser, mit 20 oder mehr WE, mittlerer Standard | – | **–** | – | – |
| Mehrfamilienhäuser, mit 20 oder mehr WE, hoher Standard | – | **–** | – | – |
| Mehrfamilienhäuser, Passivhäuser | – | **–** | – | – |
| Wohnhäuser, mit bis zu 15% Mischnutzung, einfacher Standard | – | **–** | – | – |
| Wohnhäuser, mit bis zu 15% Mischnutzung, mittlerer Standard | – | **–** | – | – |
| Wohnhäuser, mit bis zu 15% Mischnutzung, hoher Standard | – | **–** | – | – |
| Wohnhäuser, mit mehr als 15% Mischnutzung | – | **–** | – | – |
| **Seniorenwohnungen** | | | | |
| Seniorenwohnungen, mittlerer Standard | – | **–** | – | – |
| Seniorenwohnungen, hoher Standard | – | **–** | – | – |
| **Beherbergung** | | | | |
| Wohnheime und Internate | 8,40 | **8,60** | 8,70 | 0,9% |
| **7 Gewerbegebäude** | | | | |
| **Gaststätten und Kantinen** | | | | |
| Gaststätten, Kantinen und Mensen | – | **–** | – | – |
| **Gebäude für Produktion** | | | | |
| Industrielle Produktionsgebäude, Massivbauweise | – | **–** | – | – |
| Industrielle Produktionsgebäude, überwiegend Skelettbauweise | 13,00 | **23,00** | 39,00 | 2,3% |
| Betriebs- und Werkstätten, eingeschossig | – | **68,00** | – | 5,4% |
| Betriebs- und Werkstätten, mehrgeschossig, geringer Hallenanteil | – | **–** | – | – |
| Betriebs- und Werkstätten, mehrgeschossig, hoher Hallenanteil | – | **19,00** | – | 0,6% |
| **Gebäude für Handel und Lager** | | | | |
| Geschäftshäuser, mit Wohnungen | – | **–** | – | – |
| Geschäftshäuser, ohne Wohnungen | – | **–** | – | – |
| Verbrauchermärkte | – | **–** | – | – |
| Autohäuser | – | **–** | – | – |
| Lagergebäude, ohne Mischnutzung | – | **28,00** | – | 0,7% |
| Lagergebäude, mit bis zu 25% Mischnutzung | – | **30,00** | – | 2,8% |
| Lagergebäude, mit mehr als 25% Mischnutzung | – | **–** | – | – |
| **Garagen und Bereitschaftsdienste** | | | | |
| Einzel-, Mehrfach- und Hochgaragen | – | **–** | – | – |
| Tiefgaragen | – | **–** | – | – |
| Feuerwehrhäuser | – | **24,00** | – | 1,8% |
| Öffentliche Bereitschaftsdienste | – | **4,30** | – | 0,2% |
| **9 Kulturgebäude** | | | | |
| **Gebäude für kulturelle Zwecke** | | | | |
| Bibliotheken, Museen und Ausstellungen | – | **15,00** | – | 0,4% |
| Theater | – | **–** | – | – |
| Gemeindezentren, einfacher Standard | – | **–** | – | – |
| Gemeindezentren, mittlerer Standard | – | **6,90** | – | 0,3% |
| Gemeindezentren, hoher Standard | – | **19,00** | – | 1,2% |
| **Gebäude für religiöse Zwecke** | | | | |
| Sakralbauten | – | **–** | – | – |
| Friedhofsgebäude | – | **–** | – | – |

Einheit: m²
Brutto-Grundfläche
(BGF)

| Gebäudeart | ▷ | €/Einheit | ◁ | KG an 400 |
|---|---|---|---|---|
| **1 Büro- und Verwaltungsgebäude** | | | | |
| Büro- und Verwaltungsgebäude, einfacher Standard | – | **–** | – | – |
| Büro- und Verwaltungsgebäude, mittlerer Standard | 4,60 | **9,40** | 17,00 | 0,4% |
| Büro- und Verwaltungsgebäude, hoher Standard | 5,90 | **11,00** | 24,00 | 0,8% |
| **2 Gebäude für Forschung und Lehre** | | | | |
| Instituts- und Laborgebäude | 7,20 | **13,00** | 19,00 | 1,0% |
| **3 Gebäude des Gesundheitswesens** | | | | |
| Medizinische Einrichtungen | – | **6,00** | – | 0,2% |
| Pflegeheime | – | **1,30** | – | 0,1% |
| **4 Schulen und Kindergärten** | | | | |
| Allgemeinbildende Schulen | 8,40 | **9,50** | 10,00 | 0,5% |
| Berufliche Schulen | – | **–** | – | – |
| Förder- und Sonderschulen | 6,20 | **8,80** | 11,00 | 1,0% |
| Weiterbildungseinrichtungen | – | **13,00** | – | 1,1% |
| Kindergärten, nicht unterkellert, einfacher Standard | – | **–** | – | – |
| Kindergärten, nicht unterkellert, mittlerer Standard | – | **17,00** | – | 0,4% |
| Kindergärten, nicht unterkellert, hoher Standard | – | **–** | – | – |
| Kindergärten, Holzbauweise, nicht unterkellert | – | **–** | – | – |
| Kindergärten, unterkellert | – | **19,00** | – | 1,9% |
| **5 Sportbauten** | | | | |
| Sport- und Mehrzweckhallen | – | **7,60** | – | 0,5% |
| Sporthallen (Einfeldhallen) | – | **–** | – | – |
| Sporthallen (Dreifeldhallen) | – | **5,80** | – | 0,3% |
| Schwimmhallen | – | **–** | – | – |
| **6 Wohngebäude** | | | | |
| **Ein- und Zweifamilienhäuser** | | | | |
| Ein- und Zweifamilienhäuser, unterkellert, einfacher Standard | – | **–** | – | – |
| Ein- und Zweifamilienhäuser, unterkellert, mittlerer Standard | – | **–** | – | – |
| Ein- und Zweifamilienhäuser, unterkellert, hoher Standard | – | **–** | – | – |
| Ein- und Zweifamilienhäuser, nicht unterkellert, einfacher Standard | – | **–** | – | – |
| Ein- und Zweifamilienhäuser, nicht unterkellert, mittlerer Standard | – | **–** | – | – |
| Ein- und Zweifamilienhäuser, nicht unterkellert, hoher Standard | – | **–** | – | – |
| Ein- und Zweifamilienhäuser, Passivhausstandard, Massivbau | – | **–** | – | – |
| Ein- und Zweifamilienhäuser, Passivhausstandard, Holzbau | – | **–** | – | – |
| Ein- und Zweifamilienhäuser, Holzbauweise, unterkellert | – | **–** | – | – |
| Ein- und Zweifamilienhäuser, Holzbauweise, nicht unterkellert | – | **–** | – | – |
| Doppel- und Reihenendhäuser, einfacher Standard | – | **–** | – | – |
| Doppel- und Reihenendhäuser, mittlerer Standard | – | **–** | – | – |
| Doppel- und Reihenendhäuser, hoher Standard | – | **–** | – | – |
| Reihenhäuser, einfacher Standard | – | **–** | – | – |
| Reihenhäuser, mittlerer Standard | – | **–** | – | – |
| Reihenhäuser, hoher Standard | – | **–** | – | – |
| **Mehrfamilienhäuser** | | | | |
| Mehrfamilienhäuser, mit bis zu 6 WE, einfacher Standard | – | **–** | – | – |
| Mehrfamilienhäuser, mit bis zu 6 WE, mittlerer Standard | – | **–** | – | – |
| Mehrfamilienhäuser, mit bis zu 6 WE, hoher Standard | – | **–** | – | – |

**Kosten:**
Stand 1.Quartal 2020
Bundesdurchschnitt
inkl. 19% MwSt.

Einheit: m²
Brutto-Grundfläche
(BGF)

▷ von
ø Mittel
◁ bis

| Gebäudeart | ▷ | €/Einheit | ◁ | KG an 400 |
|---|---|---|---|---|
| **Mehrfamilienhäuser (Fortsetzung)** | | | | |
| Mehrfamilienhäuser, mit 6 bis 19 WE, einfacher Standard | – | – | – | – |
| Mehrfamilienhäuser, mit 6 bis 19 WE, mittlerer Standard | – | – | – | – |
| Mehrfamilienhäuser, mit 6 bis 19 WE, hoher Standard | – | – | – | – |
| Mehrfamilienhäuser, mit 20 oder mehr WE, mittlerer Standard | – | – | – | – |
| Mehrfamilienhäuser, mit 20 oder mehr WE, hoher Standard | – | – | – | – |
| Mehrfamilienhäuser, Passivhäuser | – | – | – | – |
| Wohnhäuser, mit bis zu 15% Mischnutzung, einfacher Standard | – | – | – | – |
| Wohnhäuser, mit bis zu 15% Mischnutzung, mittlerer Standard | – | – | – | – |
| Wohnhäuser, mit bis zu 15% Mischnutzung, hoher Standard | – | – | – | – |
| Wohnhäuser, mit mehr als 15% Mischnutzung | – | – | – | – |
| **Seniorenwohnungen** | | | | |
| Seniorenwohnungen, mittlerer Standard | – | – | – | – |
| Seniorenwohnungen, hoher Standard | – | – | – | – |
| **Beherbergung** | | | | |
| Wohnheime und Internate | 3,90 | **4,10** | 4,30 | 0,4% |
| **7 Gewerbegebäude** | | | | |
| **Gaststätten und Kantinen** | | | | |
| Gaststätten, Kantinen und Mensen | – | – | – | – |
| **Gebäude für Produktion** | | | | |
| Industrielle Produktionsgebäude, Massivbauweise | – | – | – | – |
| Industrielle Produktionsgebäude, überwiegend Skelettbauweise | 6,90 | **11,00** | 15,00 | 0,6% |
| Betriebs- und Werkstätten, eingeschossig | – | – | – | – |
| Betriebs- und Werkstätten, mehrgeschossig, geringer Hallenanteil | – | – | – | – |
| Betriebs- und Werkstätten, mehrgeschossig, hoher Hallenanteil | – | **1,50** | – | 0,0% |
| **Gebäude für Handel und Lager** | | | | |
| Geschäftshäuser, mit Wohnungen | – | – | – | – |
| Geschäftshäuser, ohne Wohnungen | – | – | – | – |
| Verbrauchermärkte | – | – | – | – |
| Autohäuser | – | – | – | – |
| Lagergebäude, ohne Mischnutzung | – | **14,00** | – | 0,3% |
| Lagergebäude, mit bis zu 25% Mischnutzung | – | – | – | – |
| Lagergebäude, mit mehr als 25% Mischnutzung | – | – | – | – |
| **Garagen und Bereitschaftsdienste** | | | | |
| Einzel-, Mehrfach- und Hochgaragen | – | – | – | – |
| Tiefgaragen | – | – | – | – |
| Feuerwehrhäuser | – | **3,90** | – | 0,3% |
| Öffentliche Bereitschaftsdienste | – | **6,60** | – | 0,4% |
| **9 Kulturgebäude** | | | | |
| **Gebäude für kulturelle Zwecke** | | | | |
| Bibliotheken, Museen und Ausstellungen | – | **6,70** | – | 0,2% |
| Theater | – | – | – | – |
| Gemeindezentren, einfacher Standard | – | – | – | – |
| Gemeindezentren, mittlerer Standard | – | – | – | – |
| Gemeindezentren, hoher Standard | – | – | – | – |
| **Gebäude für religiöse Zwecke** | | | | |
| Sakralbauten | – | – | – | – |
| Friedhofsgebäude | – | – | – | – |

Einheit: m²
Brutto-Grundfläche (BGF)

**Kosten:**
Stand 1.Quartal 2020
Bundesdurchschnitt
inkl. 19% MwSt.

Einheit: m2
Brutto-Grundfläche
(BGF)

| Gebäudeart | ▷ | €/Einheit | ◁ | KG an 400 |
|---|---|---|---|---|
| **1 Büro- und Verwaltungsgebäude** | | | | |
| Büro- und Verwaltungsgebäude, einfacher Standard | – | **–** | – | – |
| Büro- und Verwaltungsgebäude, mittlerer Standard | 3,90 | **6,90** | 12,00 | 0,3% |
| Büro- und Verwaltungsgebäude, hoher Standard | – | **6,10** | – | 0,1% |
| **2 Gebäude für Forschung und Lehre** | | | | |
| Instituts- und Laborgebäude | – | **11,00** | – | 0,3% |
| **3 Gebäude des Gesundheitswesens** | | | | |
| Medizinische Einrichtungen | – | **–** | – | – |
| Pflegeheime | – | **–** | – | – |
| **4 Schulen und Kindergärten** | | | | |
| Allgemeinbildende Schulen | 2,60 | **4,20** | 6,50 | 0,3% |
| Berufliche Schulen | – | **–** | – | – |
| Förder- und Sonderschulen | – | **–** | – | – |
| Weiterbildungseinrichtungen | – | **–** | – | – |
| Kindergärten, nicht unterkellert, einfacher Standard | – | **–** | – | – |
| Kindergärten, nicht unterkellert, mittlerer Standard | – | **13,00** | – | 0,3% |
| Kindergärten, nicht unterkellert, hoher Standard | – | **–** | – | – |
| Kindergärten, Holzbauweise, nicht unterkellert | – | **–** | – | – |
| Kindergärten, unterkellert | – | **–** | – | – |
| **5 Sportbauten** | | | | |
| Sport- und Mehrzweckhallen | – | **–** | – | – |
| Sporthallen (Einfeldhallen) | – | **–** | – | – |
| Sporthallen (Dreifeldhallen) | – | **–** | – | – |
| Schwimmhallen | – | **–** | – | – |
| **6 Wohngebäude** | | | | |
| **Ein- und Zweifamilienhäuser** | | | | |
| Ein- und Zweifamilienhäuser, unterkellert, einfacher Standard | – | **–** | – | – |
| Ein- und Zweifamilienhäuser, unterkellert, mittlerer Standard | – | **–** | – | – |
| Ein- und Zweifamilienhäuser, unterkellert, hoher Standard | – | **7,90** | – | 0,2% |
| Ein- und Zweifamilienhäuser, nicht unterkellert, einfacher Standard | – | **–** | – | – |
| Ein- und Zweifamilienhäuser, nicht unterkellert, mittlerer Standard | – | **–** | – | – |
| Ein- und Zweifamilienhäuser, nicht unterkellert, hoher Standard | – | **–** | – | – |
| Ein- und Zweifamilienhäuser, Passivhausstandard, Massivbau | – | **–** | – | – |
| Ein- und Zweifamilienhäuser, Passivhausstandard, Holzbau | – | **–** | – | – |
| Ein- und Zweifamilienhäuser, Holzbauweise, unterkellert | – | **–** | – | – |
| Ein- und Zweifamilienhäuser, Holzbauweise, nicht unterkellert | – | **–** | – | – |
| Doppel- und Reihenendhäuser, einfacher Standard | – | **–** | – | – |
| Doppel- und Reihenendhäuser, mittlerer Standard | – | **–** | – | – |
| Doppel- und Reihenendhäuser, hoher Standard | – | **–** | – | – |
| Reihenhäuser, einfacher Standard | – | **–** | – | – |
| Reihenhäuser, mittlerer Standard | – | **–** | – | – |
| Reihenhäuser, hoher Standard | – | **–** | – | – |
| **Mehrfamilienhäuser** | | | | |
| Mehrfamilienhäuser, mit bis zu 6 WE, einfacher Standard | – | **–** | – | – |
| Mehrfamilienhäuser, mit bis zu 6 WE, mittlerer Standard | – | **–** | – | – |
| Mehrfamilienhäuser, mit bis zu 6 WE, hoher Standard | – | **–** | – | – |

▷ von
ø Mittel
◁ bis

| Gebäudeart | ▷ | €/Einheit | ◁ | KG an 400 |
|---|---|---|---|---|
| **Mehrfamilienhäuser (Fortsetzung)** | | | | |
| Mehrfamilienhäuser, mit 6 bis 19 WE, einfacher Standard | – | – | – | – |
| Mehrfamilienhäuser, mit 6 bis 19 WE, mittlerer Standard | – | – | – | – |
| Mehrfamilienhäuser, mit 6 bis 19 WE, hoher Standard | – | – | – | – |
| Mehrfamilienhäuser, mit 20 oder mehr WE, mittlerer Standard | – | – | – | – |
| Mehrfamilienhäuser, mit 20 oder mehr WE, hoher Standard | – | – | – | – |
| Mehrfamilienhäuser, Passivhäuser | – | – | – | – |
| Wohnhäuser, mit bis zu 15% Mischnutzung, einfacher Standard | – | – | – | – |
| Wohnhäuser, mit bis zu 15% Mischnutzung, mittlerer Standard | – | – | – | – |
| Wohnhäuser, mit bis zu 15% Mischnutzung, hoher Standard | – | – | – | – |
| Wohnhäuser, mit mehr als 15% Mischnutzung | – | – | – | – |
| **Seniorenwohnungen** | | | | |
| Seniorenwohnungen, mittlerer Standard | – | – | – | – |
| Seniorenwohnungen, hoher Standard | – | – | – | – |
| **Beherbergung** | | | | |
| Wohnheime und Internate | – | – | – | – |
| **7 Gewerbegebäude** | | | | |
| **Gaststätten und Kantinen** | | | | |
| Gaststätten, Kantinen und Mensen | – | – | – | – |
| **Gebäude für Produktion** | | | | |
| Industrielle Produktionsgebäude, Massivbauweise | – | – | – | – |
| Industrielle Produktionsgebäude, überwiegend Skelettbauweise | – | **6,00** | – | 0,1% |
| Betriebs- und Werkstätten, eingeschossig | – | – | – | – |
| Betriebs- und Werkstätten, mehrgeschossig, geringer Hallenanteil | – | **27,00** | – | 1,2% |
| Betriebs- und Werkstätten, mehrgeschossig, hoher Hallenanteil | – | – | – | – |
| **Gebäude für Handel und Lager** | | | | |
| Geschäftshäuser, mit Wohnungen | – | – | – | – |
| Geschäftshäuser, ohne Wohnungen | – | – | – | – |
| Verbrauchermärkte | – | – | – | – |
| Autohäuser | – | – | – | – |
| Lagergebäude, ohne Mischnutzung | – | – | – | – |
| Lagergebäude, mit bis zu 25% Mischnutzung | – | – | – | – |
| Lagergebäude, mit mehr als 25% Mischnutzung | – | – | – | – |
| **Garagen und Bereitschaftsdienste** | | | | |
| Einzel-, Mehrfach- und Hochgaragen | – | – | – | – |
| Tiefgaragen | – | – | – | – |
| Feuerwehrhäuser | – | **9,70** | – | 0,7% |
| Öffentliche Bereitschaftsdienste | – | **5,70** | – | 0,3% |
| **9 Kulturgebäude** | | | | |
| **Gebäude für kulturelle Zwecke** | | | | |
| Bibliotheken, Museen und Ausstellungen | – | – | – | – |
| Theater | – | – | – | – |
| Gemeindezentren, einfacher Standard | – | – | – | – |
| Gemeindezentren, mittlerer Standard | – | – | – | – |
| Gemeindezentren, hoher Standard | – | – | – | – |
| **Gebäude für religiöse Zwecke** | | | | |
| Sakralbauten | – | – | – | – |
| Friedhofsgebäude | – | – | – | – |

Einheit: m²
Brutto-Grundfläche
(BGF)

**Kosten:**
Stand 1.Quartal 2020
Bundesdurchschnitt
inkl. 19% MwSt.

Einheit: m2
Brutto-Grundfläche
(BGF)

| Gebäudeart | ▷ | €/Einheit | ◁ | KG an 400 |
|---|---|---|---|---|
| **1 Büro- und Verwaltungsgebäude** | | | | |
| Büro- und Verwaltungsgebäude, einfacher Standard | – | **–** | – | – |
| Büro- und Verwaltungsgebäude, mittlerer Standard | 1,50 | **1,90** | 2,30 | 0,0% |
| Büro- und Verwaltungsgebäude, hoher Standard | 1,70 | **2,50** | 3,00 | 0,1% |
| **2 Gebäude für Forschung und Lehre** | | | | |
| Instituts- und Laborgebäude | – | **–** | – | – |
| **3 Gebäude des Gesundheitswesens** | | | | |
| Medizinische Einrichtungen | 10,00 | **11,00** | 12,00 | 0,7% |
| Pflegeheime | – | **–** | – | – |
| **4 Schulen und Kindergärten** | | | | |
| Allgemeinbildende Schulen | 2,10 | **2,20** | 2,30 | 0,1% |
| Berufliche Schulen | – | **–** | – | – |
| Förder- und Sonderschulen | – | **1,90** | – | 0,1% |
| Weiterbildungseinrichtungen | – | **6,30** | – | 0,3% |
| Kindergärten, nicht unterkellert, einfacher Standard | – | **–** | – | – |
| Kindergärten, nicht unterkellert, mittlerer Standard | – | **3,80** | – | 0,1% |
| Kindergärten, nicht unterkellert, hoher Standard | – | **–** | – | – |
| Kindergärten, Holzbauweise, nicht unterkellert | – | **–** | – | – |
| Kindergärten, unterkellert | – | **–** | – | – |
| **5 Sportbauten** | | | | |
| Sport- und Mehrzweckhallen | – | **–** | – | – |
| Sporthallen (Einfeldhallen) | – | **–** | – | – |
| Sporthallen (Dreifeldhallen) | – | **0,60** | – | 0,0% |
| Schwimmhallen | – | **–** | – | – |
| **6 Wohngebäude** | | | | |
| **Ein- und Zweifamilienhäuser** | | | | |
| Ein- und Zweifamilienhäuser, unterkellert, einfacher Standard | – | **–** | – | – |
| Ein- und Zweifamilienhäuser, unterkellert, mittlerer Standard | – | **–** | – | – |
| Ein- und Zweifamilienhäuser, unterkellert, hoher Standard | – | **–** | – | – |
| Ein- und Zweifamilienhäuser, nicht unterkellert, einfacher Standard | – | **–** | – | – |
| Ein- und Zweifamilienhäuser, nicht unterkellert, mittlerer Standard | – | **–** | – | – |
| Ein- und Zweifamilienhäuser, nicht unterkellert, hoher Standard | – | **–** | – | – |
| Ein- und Zweifamilienhäuser, Passivhausstandard, Massivbau | – | **5,40** | – | 0,1% |
| Ein- und Zweifamilienhäuser, Passivhausstandard, Holzbau | – | **–** | – | – |
| Ein- und Zweifamilienhäuser, Holzbauweise, unterkellert | – | **–** | – | – |
| Ein- und Zweifamilienhäuser, Holzbauweise, nicht unterkellert | – | **–** | – | – |
| Doppel- und Reihenendhäuser, einfacher Standard | – | **–** | – | – |
| Doppel- und Reihenendhäuser, mittlerer Standard | – | **–** | – | – |
| Doppel- und Reihenendhäuser, hoher Standard | – | **–** | – | – |
| Reihenhäuser, einfacher Standard | – | **–** | – | – |
| Reihenhäuser, mittlerer Standard | – | **–** | – | – |
| Reihenhäuser, hoher Standard | – | **–** | – | – |
| **Mehrfamilienhäuser** | | | | |
| Mehrfamilienhäuser, mit bis zu 6 WE, einfacher Standard | – | **–** | – | – |
| Mehrfamilienhäuser, mit bis zu 6 WE, mittlerer Standard | – | **–** | – | – |
| Mehrfamilienhäuser, mit bis zu 6 WE, hoher Standard | – | **–** | – | – |

▷ von
ø Mittel
◁ bis


 Erläuterungen zu den Tabellen siehe Seite 46

| Gebäudeart | ▷ | €/Einheit | ◁ | KG an 400 |
|---|---|---|---|---|
| **Mehrfamilienhäuser (Fortsetzung)** | | | | |
| Mehrfamilienhäuser, mit 6 bis 19 WE, einfacher Standard | – | – | – | – |
| Mehrfamilienhäuser, mit 6 bis 19 WE, mittlerer Standard | – | – | – | – |
| Mehrfamilienhäuser, mit 6 bis 19 WE, hoher Standard | – | – | – | – |
| Mehrfamilienhäuser, mit 20 oder mehr WE, mittlerer Standard | – | – | – | – |
| Mehrfamilienhäuser, mit 20 oder mehr WE, hoher Standard | – | – | – | – |
| Mehrfamilienhäuser, Passivhäuser | – | – | – | – |
| Wohnhäuser, mit bis zu 15% Mischnutzung, einfacher Standard | – | – | – | – |
| Wohnhäuser, mit bis zu 15% Mischnutzung, mittlerer Standard | – | – | – | – |
| Wohnhäuser, mit bis zu 15% Mischnutzung, hoher Standard | – | – | – | – |
| Wohnhäuser, mit mehr als 15% Mischnutzung | – | – | – | – |
| **Seniorenwohnungen** | | | | |
| Seniorenwohnungen, mittlerer Standard | – | – | – | – |
| Seniorenwohnungen, hoher Standard | – | – | – | – |
| **Beherbergung** | | | | |
| Wohnheime und Internate | – | – | – | – |
| **7 Gewerbegebäude** | | | | |
| **Gaststätten und Kantinen** | | | | |
| Gaststätten, Kantinen und Mensen | – | – | – | – |
| **Gebäude für Produktion** | | | | |
| Industrielle Produktionsgebäude, Massivbauweise | – | – | – | – |
| Industrielle Produktionsgebäude, überwiegend Skelettbauweise | – | **2,60** | – | 0,1% |
| Betriebs- und Werkstätten, eingeschossig | – | – | – | – |
| Betriebs- und Werkstätten, mehrgeschossig, geringer Hallenanteil | – | – | – | – |
| Betriebs- und Werkstätten, mehrgeschossig, hoher Hallenanteil | – | – | – | – |
| **Gebäude für Handel und Lager** | | | | |
| Geschäftshäuser, mit Wohnungen | – | – | – | – |
| Geschäftshäuser, ohne Wohnungen | – | – | – | – |
| Verbrauchermärkte | – | – | – | – |
| Autohäuser | – | – | – | – |
| Lagergebäude, ohne Mischnutzung | – | – | – | – |
| Lagergebäude, mit bis zu 25% Mischnutzung | – | – | – | – |
| Lagergebäude, mit mehr als 25% Mischnutzung | – | – | – | – |
| **Garagen und Bereitschaftsdienste** | | | | |
| Einzel-, Mehrfach- und Hochgaragen | – | – | – | – |
| Tiefgaragen | – | – | – | – |
| Feuerwehrhäuser | – | – | – | – |
| Öffentliche Bereitschaftsdienste | – | – | – | – |
| **9 Kulturgebäude** | | | | |
| **Gebäude für kulturelle Zwecke** | | | | |
| Bibliotheken, Museen und Ausstellungen | – | – | – | – |
| Theater | – | – | – | – |
| Gemeindezentren, einfacher Standard | – | – | – | – |
| Gemeindezentren, mittlerer Standard | – | **3,00** | – | 0,1% |
| Gemeindezentren, hoher Standard | – | – | – | – |
| **Gebäude für religiöse Zwecke** | | | | |
| Sakralbauten | – | – | – | – |
| Friedhofsgebäude | – | – | – | – |

Einheit: m²
Brutto-Grundfläche (BGF)

## 485 Datenübertragungsnetze

**Kosten:**
Stand 1.Quartal 2020
Bundesdurchschnitt
inkl. 19% MwSt.

Einheit: m²
Brutto-Grundfläche
(BGF)

| Gebäudeart | ▷ | €/Einheit | ◁ | KG an 400 |
|---|---|---|---|---|
| **1 Büro- und Verwaltungsgebäude** | | | | |
| Büro- und Verwaltungsgebäude, einfacher Standard | – | **–** | – | – |
| Büro- und Verwaltungsgebäude, mittlerer Standard | 2,80 | **8,10** | 16,00 | 0,4% |
| Büro- und Verwaltungsgebäude, hoher Standard | 1,70 | **7,70** | 17,00 | 0,7% |
| **2 Gebäude für Forschung und Lehre** | | | | |
| Instituts- und Laborgebäude | – | **17,00** | – | 0,5% |
| **3 Gebäude des Gesundheitswesens** | | | | |
| Medizinische Einrichtungen | – | **1,30** | – | 0,0% |
| Pflegeheime | – | **–** | – | – |
| **4 Schulen und Kindergärten** | | | | |
| Allgemeinbildende Schulen | 0,40 | **4,80** | 9,20 | 0,4% |
| Berufliche Schulen | – | **–** | – | – |
| Förder- und Sonderschulen | – | **1,00** | – | 0,1% |
| Weiterbildungseinrichtungen | – | **–** | – | – |
| Kindergärten, nicht unterkellert, einfacher Standard | – | **–** | – | – |
| Kindergärten, nicht unterkellert, mittlerer Standard | – | **–** | – | – |
| Kindergärten, nicht unterkellert, hoher Standard | – | **–** | – | – |
| Kindergärten, Holzbauweise, nicht unterkellert | – | **0,80** | – | 0,0% |
| Kindergärten, unterkellert | – | **6,40** | – | 0,6% |
| **5 Sportbauten** | | | | |
| Sport- und Mehrzweckhallen | – | **–** | – | – |
| Sporthallen (Einfeldhallen) | – | **–** | – | – |
| Sporthallen (Dreifeldhallen) | – | **–** | – | – |
| Schwimmhallen | – | **–** | – | – |
| **6 Wohngebäude** | | | | |
| **Ein- und Zweifamilienhäuser** | | | | |
| Ein- und Zweifamilienhäuser, unterkellert, einfacher Standard | – | **–** | – | – |
| Ein- und Zweifamilienhäuser, unterkellert, mittlerer Standard | – | **0,80** | – | 0,0% |
| Ein- und Zweifamilienhäuser, unterkellert, hoher Standard | 1,00 | **1,70** | 2,30 | 0,1% |
| Ein- und Zweifamilienhäuser, nicht unterkellert, einfacher Standard | – | **–** | – | – |
| Ein- und Zweifamilienhäuser, nicht unterkellert, mittlerer Standard | – | **–** | – | – |
| Ein- und Zweifamilienhäuser, nicht unterkellert, hoher Standard | – | **–** | – | – |
| Ein- und Zweifamilienhäuser, Passivhausstandard, Massivbau | – | **3,50** | – | 0,1% |
| Ein- und Zweifamilienhäuser, Passivhausstandard, Holzbau | – | **–** | – | – |
| Ein- und Zweifamilienhäuser, Holzbauweise, unterkellert | – | **–** | – | – |
| Ein- und Zweifamilienhäuser, Holzbauweise, nicht unterkellert | – | **–** | – | – |
| Doppel- und Reihenendhäuser, einfacher Standard | – | **–** | – | – |
| Doppel- und Reihenendhäuser, mittlerer Standard | – | **–** | – | – |
| Doppel- und Reihenendhäuser, hoher Standard | – | **–** | – | – |
| Reihenhäuser, einfacher Standard | – | **–** | – | – |
| Reihenhäuser, mittlerer Standard | – | **–** | – | – |
| Reihenhäuser, hoher Standard | – | **–** | – | – |
| **Mehrfamilienhäuser** | | | | |
| Mehrfamilienhäuser, mit bis zu 6 WE, einfacher Standard | – | **–** | – | – |
| Mehrfamilienhäuser, mit bis zu 6 WE, mittlerer Standard | – | **–** | – | – |
| Mehrfamilienhäuser, mit bis zu 6 WE, hoher Standard | – | **–** | – | – |

▷ von
ø Mittel
◁ bis

Einheit: m² Brutto-Grundfläche (BGF)

| Gebäudeart | ▷ | €/Einheit | ◁ | KG an 400 |
|---|---|---|---|---|
| **Mehrfamilienhäuser (Fortsetzung)** | | | | |
| Mehrfamilienhäuser, mit 6 bis 19 WE, einfacher Standard | – | – | – | – |
| Mehrfamilienhäuser, mit 6 bis 19 WE, mittlerer Standard | – | – | – | – |
| Mehrfamilienhäuser, mit 6 bis 19 WE, hoher Standard | – | – | – | – |
| Mehrfamilienhäuser, mit 20 oder mehr WE, mittlerer Standard | – | – | – | – |
| Mehrfamilienhäuser, mit 20 oder mehr WE, hoher Standard | – | – | – | – |
| Mehrfamilienhäuser, Passivhäuser | – | – | – | – |
| Wohnhäuser, mit bis zu 15% Mischnutzung, einfacher Standard | – | – | – | – |
| Wohnhäuser, mit bis zu 15% Mischnutzung, mittlerer Standard | – | – | – | – |
| Wohnhäuser, mit bis zu 15% Mischnutzung, hoher Standard | – | – | – | – |
| Wohnhäuser, mit mehr als 15% Mischnutzung | – | – | – | – |
| **Seniorenwohnungen** | | | | |
| Seniorenwohnungen, mittlerer Standard | – | – | – | – |
| Seniorenwohnungen, hoher Standard | – | – | – | – |
| **Beherbergung** | | | | |
| Wohnheime und Internate | – | **6,70** | – | 0,2% |
| **7 Gewerbegebäude** | | | | |
| **Gaststätten und Kantinen** | | | | |
| Gaststätten, Kantinen und Mensen | – | – | – | – |
| **Gebäude für Produktion** | | | | |
| Industrielle Produktionsgebäude, Massivbauweise | – | – | – | – |
| Industrielle Produktionsgebäude, überwiegend Skelettbauweise | 3,90 | **5,80** | 7,70 | 0,4% |
| Betriebs- und Werkstätten, eingeschossig | – | – | – | – |
| Betriebs- und Werkstätten, mehrgeschossig, geringer Hallenanteil | – | – | – | – |
| Betriebs- und Werkstätten, mehrgeschossig, hoher Hallenanteil | – | – | – | – |
| **Gebäude für Handel und Lager** | | | | |
| Geschäftshäuser, mit Wohnungen | – | – | – | – |
| Geschäftshäuser, ohne Wohnungen | – | – | – | – |
| Verbrauchermärkte | – | – | – | – |
| Autohäuser | – | – | – | – |
| Lagergebäude, ohne Mischnutzung | – | **4,60** | – | 0,1% |
| Lagergebäude, mit bis zu 25% Mischnutzung | – | – | – | – |
| Lagergebäude, mit mehr als 25% Mischnutzung | – | – | – | – |
| **Garagen und Bereitschaftsdienste** | | | | |
| Einzel-, Mehrfach- und Hochgaragen | – | – | – | – |
| Tiefgaragen | – | – | – | – |
| Feuerwehrhäuser | – | **1,20** | – | 0,1% |
| Öffentliche Bereitschaftsdienste | – | **7,10** | – | 0,4% |
| **9 Kulturgebäude** | | | | |
| **Gebäude für kulturelle Zwecke** | | | | |
| Bibliotheken, Museen und Ausstellungen | – | – | – | – |
| Theater | – | – | – | – |
| Gemeindezentren, einfacher Standard | – | – | – | – |
| Gemeindezentren, mittlerer Standard | – | – | – | – |
| Gemeindezentren, hoher Standard | – | – | – | – |
| **Gebäude für religiöse Zwecke** | | | | |
| Sakralbauten | – | – | – | – |
| Friedhofsgebäude | – | – | – | – |

**Kosten:**
Stand 1.Quartal 2020
Bundesdurchschnitt
inkl. 19% MwSt.

Einheit: m² Brutto-Grundfläche (BGF)

| Gebäudeart | ▷ | €/Einheit | ◁ | KG an 400 |
|---|---|---|---|---|
| **1 Büro- und Verwaltungsgebäude** | | | | |
| Büro- und Verwaltungsgebäude, einfacher Standard | – | – | – | – |
| Büro- und Verwaltungsgebäude, mittlerer Standard | – | – | – | – |
| Büro- und Verwaltungsgebäude, hoher Standard | – | **5,50** | – | 0,1% |
| **2 Gebäude für Forschung und Lehre** | | | | |
| Instituts- und Laborgebäude | – | – | – | – |
| **3 Gebäude des Gesundheitswesens** | | | | |
| Medizinische Einrichtungen | – | **6,10** | – | 0,2% |
| Pflegeheime | – | – | – | – |
| **4 Schulen und Kindergärten** | | | | |
| Allgemeinbildende Schulen | – | – | – | – |
| Berufliche Schulen | – | – | – | – |
| Förder- und Sonderschulen | – | **0,60** | – | 0,0% |
| Weiterbildungseinrichtungen | – | – | – | – |
| Kindergärten, nicht unterkellert, einfacher Standard | – | – | – | – |
| Kindergärten, nicht unterkellert, mittlerer Standard | – | – | – | – |
| Kindergärten, nicht unterkellert, hoher Standard | – | – | – | – |
| Kindergärten, Holzbauweise, nicht unterkellert | – | – | – | – |
| Kindergärten, unterkellert | – | – | – | – |
| **5 Sportbauten** | | | | |
| Sport- und Mehrzweckhallen | – | – | – | – |
| Sporthallen (Einfeldhallen) | – | – | – | – |
| Sporthallen (Dreifeldhallen) | – | – | – | – |
| Schwimmhallen | – | – | – | – |
| **6 Wohngebäude** | | | | |
| **Ein- und Zweifamilienhäuser** | | | | |
| Ein- und Zweifamilienhäuser, unterkellert, einfacher Standard | – | – | – | – |
| Ein- und Zweifamilienhäuser, unterkellert, mittlerer Standard | – | – | – | – |
| Ein- und Zweifamilienhäuser, unterkellert, hoher Standard | – | – | – | – |
| Ein- und Zweifamilienhäuser, nicht unterkellert, einfacher Standard | – | – | – | – |
| Ein- und Zweifamilienhäuser, nicht unterkellert, mittlerer Standard | – | – | – | – |
| Ein- und Zweifamilienhäuser, nicht unterkellert, hoher Standard | – | – | – | – |
| Ein- und Zweifamilienhäuser, Passivhausstandard, Massivbau | – | – | – | – |
| Ein- und Zweifamilienhäuser, Passivhausstandard, Holzbau | – | – | – | – |
| Ein- und Zweifamilienhäuser, Holzbauweise, unterkellert | – | – | – | – |
| Ein- und Zweifamilienhäuser, Holzbauweise, nicht unterkellert | – | – | – | – |
| Doppel- und Reihenendhäuser, einfacher Standard | – | – | – | – |
| Doppel- und Reihenendhäuser, mittlerer Standard | – | – | – | – |
| Doppel- und Reihenendhäuser, hoher Standard | – | – | – | – |
| Reihenhäuser, einfacher Standard | – | – | – | – |
| Reihenhäuser, mittlerer Standard | – | – | – | – |
| Reihenhäuser, hoher Standard | – | – | – | – |
| **Mehrfamilienhäuser** | | | | |
| Mehrfamilienhäuser, mit bis zu 6 WE, einfacher Standard | – | – | – | – |
| Mehrfamilienhäuser, mit bis zu 6 WE, mittlerer Standard | – | – | – | – |
| Mehrfamilienhäuser, mit bis zu 6 WE, hoher Standard | – | – | – | – |

▷ von
ø Mittel
◁ bis

Einheit: m²
Brutto-Grundfläche
(BGF)

| Gebäudeart | ▷ | €/Einheit | ◁ | KG an 400 |
|---|---|---|---|---|
| **Mehrfamilienhäuser (Fortsetzung)** | | | | |
| Mehrfamilienhäuser, mit 6 bis 19 WE, einfacher Standard | – | – | – | – |
| Mehrfamilienhäuser, mit 6 bis 19 WE, mittlerer Standard | – | – | – | – |
| Mehrfamilienhäuser, mit 6 bis 19 WE, hoher Standard | – | – | – | – |
| Mehrfamilienhäuser, mit 20 oder mehr WE, mittlerer Standard | – | – | – | – |
| Mehrfamilienhäuser, mit 20 oder mehr WE, hoher Standard | – | – | – | – |
| Mehrfamilienhäuser, Passivhäuser | – | – | – | – |
| Wohnhäuser, mit bis zu 15% Mischnutzung, einfacher Standard | – | – | – | – |
| Wohnhäuser, mit bis zu 15% Mischnutzung, mittlerer Standard | – | – | – | – |
| Wohnhäuser, mit bis zu 15% Mischnutzung, hoher Standard | – | – | – | – |
| Wohnhäuser, mit mehr als 15% Mischnutzung | – | – | – | – |
| **Seniorenwohnungen** | | | | |
| Seniorenwohnungen, mittlerer Standard | – | – | – | – |
| Seniorenwohnungen, hoher Standard | – | – | – | – |
| **Beherbergung** | | | | |
| Wohnheime und Internate | – | – | – | – |
| **7 Gewerbegebäude** | | | | |
| **Gaststätten und Kantinen** | | | | |
| Gaststätten, Kantinen und Mensen | – | – | – | – |
| **Gebäude für Produktion** | | | | |
| Industrielle Produktionsgebäude, Massivbauweise | – | – | – | – |
| Industrielle Produktionsgebäude, überwiegend Skelettbauweise | – | – | – | – |
| Betriebs- und Werkstätten, eingeschossig | – | – | – | – |
| Betriebs- und Werkstätten, mehrgeschossig, geringer Hallenanteil | – | – | – | – |
| Betriebs- und Werkstätten, mehrgeschossig, hoher Hallenanteil | – | – | – | – |
| **Gebäude für Handel und Lager** | | | | |
| Geschäftshäuser, mit Wohnungen | – | – | – | – |
| Geschäftshäuser, ohne Wohnungen | – | – | – | – |
| Verbrauchermärkte | – | – | – | – |
| Autohäuser | – | – | – | – |
| Lagergebäude, ohne Mischnutzung | – | – | – | – |
| Lagergebäude, mit bis zu 25% Mischnutzung | – | – | – | – |
| Lagergebäude, mit mehr als 25% Mischnutzung | – | – | – | – |
| **Garagen und Bereitschaftsdienste** | | | | |
| Einzel-, Mehrfach- und Hochgaragen | – | – | – | – |
| Tiefgaragen | – | – | – | – |
| Feuerwehrhäuser | – | – | – | – |
| Öffentliche Bereitschaftsdienste | – | – | – | – |
| **9 Kulturgebäude** | | | | |
| **Gebäude für kulturelle Zwecke** | | | | |
| Bibliotheken, Museen und Ausstellungen | – | – | – | – |
| Theater | – | – | – | – |
| Gemeindezentren, einfacher Standard | – | – | – | – |
| Gemeindezentren, mittlerer Standard | – | – | – | – |
| Gemeindezentren, hoher Standard | – | – | – | – |
| **Gebäude für religiöse Zwecke** | | | | |
| Sakralbauten | – | – | – | – |
| Friedhofsgebäude | – | – | – | – |

## 491 Baustellen-einrichtung

**Kosten:**
Stand 1.Quartal 2020
Bundesdurchschnitt
inkl. 19% MwSt.

Einheit: m²
Brutto-Grundfläche
(BGF)

▷ von
ø Mittel
◁ bis

| Gebäudeart | ▷ | €/Einheit | ◁ | KG an 400 |
|---|---|---|---|---|
| **1 Büro- und Verwaltungsgebäude** | | | | |
| Büro- und Verwaltungsgebäude, einfacher Standard | – | **–** | – | – |
| Büro- und Verwaltungsgebäude, mittlerer Standard | – | **1,40** | – | 0,0% |
| Büro- und Verwaltungsgebäude, hoher Standard | 0,10 | **1,00** | 1,90 | 0,0% |
| **2 Gebäude für Forschung und Lehre** | | | | |
| Instituts- und Laborgebäude | 0,30 | **1,70** | 3,00 | 0,1% |
| **3 Gebäude des Gesundheitswesens** | | | | |
| Medizinische Einrichtungen | – | **3,00** | – | 0,2% |
| Pflegeheime | – | **–** | – | – |
| **4 Schulen und Kindergärten** | | | | |
| Allgemeinbildende Schulen | 0,90 | **1,40** | 2,00 | 0,2% |
| Berufliche Schulen | – | **–** | – | – |
| Förder- und Sonderschulen | 0,20 | **1,80** | 3,30 | 0,2% |
| Weiterbildungseinrichtungen | – | **–** | – | – |
| Kindergärten, nicht unterkellert, einfacher Standard | – | **–** | – | – |
| Kindergärten, nicht unterkellert, mittlerer Standard | – | **2,20** | – | 0,1% |
| Kindergärten, nicht unterkellert, hoher Standard | – | **–** | – | – |
| Kindergärten, Holzbauweise, nicht unterkellert | – | **–** | – | – |
| Kindergärten, unterkellert | – | **0,50** | – | 0,0% |
| **5 Sportbauten** | | | | |
| Sport- und Mehrzweckhallen | – | **–** | – | – |
| Sporthallen (Einfeldhallen) | – | **0,60** | – | 0,1% |
| Sporthallen (Dreifeldhallen) | – | **–** | – | – |
| Schwimmhallen | – | **–** | – | – |
| **6 Wohngebäude** | | | | |
| **Ein- und Zweifamilienhäuser** | | | | |
| Ein- und Zweifamilienhäuser, unterkellert, einfacher Standard | – | **–** | – | – |
| Ein- und Zweifamilienhäuser, unterkellert, mittlerer Standard | – | **–** | – | – |
| Ein- und Zweifamilienhäuser, unterkellert, hoher Standard | – | **–** | – | – |
| Ein- und Zweifamilienhäuser, nicht unterkellert, einfacher Standard | – | **–** | – | – |
| Ein- und Zweifamilienhäuser, nicht unterkellert, mittlerer Standard | – | **0,70** | – | 0,0% |
| Ein- und Zweifamilienhäuser, nicht unterkellert, hoher Standard | – | **5,30** | – | 0,1% |
| Ein- und Zweifamilienhäuser, Passivhausstandard, Massivbau | – | **–** | – | – |
| Ein- und Zweifamilienhäuser, Passivhausstandard, Holzbau | – | **–** | – | – |
| Ein- und Zweifamilienhäuser, Holzbauweise, unterkellert | – | **–** | – | – |
| Ein- und Zweifamilienhäuser, Holzbauweise, nicht unterkellert | – | **–** | – | – |
| Doppel- und Reihenendhäuser, einfacher Standard | – | **0,80** | – | 0,2% |
| Doppel- und Reihenendhäuser, mittlerer Standard | – | **–** | – | – |
| Doppel- und Reihenendhäuser, hoher Standard | – | **–** | – | – |
| Reihenhäuser, einfacher Standard | – | **0,80** | – | 0,2% |
| Reihenhäuser, mittlerer Standard | – | **–** | – | – |
| Reihenhäuser, hoher Standard | – | **–** | – | – |
| **Mehrfamilienhäuser** | | | | |
| Mehrfamilienhäuser, mit bis zu 6 WE, einfacher Standard | – | **–** | – | – |
| Mehrfamilienhäuser, mit bis zu 6 WE, mittlerer Standard | – | **–** | – | – |
| Mehrfamilienhäuser, mit bis zu 6 WE, hoher Standard | – | **–** | – | – |


 Erläuterungen zu den Tabellen siehe Seite 46

| Gebäudeart | ▷ | €/Einheit | ◁ | KG an 400 |
|---|---|---|---|---|
| **Mehrfamilienhäuser (Fortsetzung)** | | | | |
| Mehrfamilienhäuser, mit 6 bis 19 WE, einfacher Standard | – | **1,60** | – | 0,3% |
| Mehrfamilienhäuser, mit 6 bis 19 WE, mittlerer Standard | – | – | – | – |
| Mehrfamilienhäuser, mit 6 bis 19 WE, hoher Standard | – | – | – | – |
| Mehrfamilienhäuser, mit 20 oder mehr WE, mittlerer Standard | 0,10 | **0,10** | 0,20 | 0,0% |
| Mehrfamilienhäuser, mit 20 oder mehr WE, hoher Standard | – | – | – | – |
| Mehrfamilienhäuser, Passivhäuser | – | – | – | – |
| Wohnhäuser, mit bis zu 15% Mischnutzung, einfacher Standard | – | – | – | – |
| Wohnhäuser, mit bis zu 15% Mischnutzung, mittlerer Standard | – | – | – | – |
| Wohnhäuser, mit bis zu 15% Mischnutzung, hoher Standard | – | – | – | – |
| Wohnhäuser, mit mehr als 15% Mischnutzung | – | – | – | – |
| **Seniorenwohnungen** | | | | |
| Seniorenwohnungen, mittlerer Standard | – | – | – | – |
| Seniorenwohnungen, hoher Standard | – | – | – | – |
| **Beherbergung** | | | | |
| Wohnheime und Internate | – | **2,20** | – | 0,1% |
| **7 Gewerbegebäude** | | | | |
| **Gaststätten und Kantinen** | | | | |
| Gaststätten, Kantinen und Mensen | – | **0,80** | – | 0,1% |
| **Gebäude für Produktion** | | | | |
| Industrielle Produktionsgebäude, Massivbauweise | – | – | – | – |
| Industrielle Produktionsgebäude, überwiegend Skelettbauweise | 0,30 | **2,30** | 4,30 | 0,2% |
| Betriebs- und Werkstätten, eingeschossig | – | – | – | – |
| Betriebs- und Werkstätten, mehrgeschossig, geringer Hallenanteil | – | **0,30** | – | 0,0% |
| Betriebs- und Werkstätten, mehrgeschossig, hoher Hallenanteil | 0,30 | **0,60** | 0,90 | 0,1% |
| **Gebäude für Handel und Lager** | | | | |
| Geschäftshäuser, mit Wohnungen | – | – | – | – |
| Geschäftshäuser, ohne Wohnungen | – | – | – | – |
| Verbrauchermärkte | – | – | – | – |
| Autohäuser | – | – | – | – |
| Lagergebäude, ohne Mischnutzung | – | **0,20** | – | 0,0% |
| Lagergebäude, mit bis zu 25% Mischnutzung | – | – | – | – |
| Lagergebäude, mit mehr als 25% Mischnutzung | – | – | – | – |
| **Garagen und Bereitschaftsdienste** | | | | |
| Einzel-, Mehrfach- und Hochgaragen | – | – | – | – |
| Tiefgaragen | – | – | – | – |
| Feuerwehrhäuser | – | – | – | – |
| Öffentliche Bereitschaftsdienste | – | **0,20** | – | 0,0% |
| **9 Kulturgebäude** | | | | |
| **Gebäude für kulturelle Zwecke** | | | | |
| Bibliotheken, Museen und Ausstellungen | – | **2,10** | – | 0,1% |
| Theater | – | – | – | – |
| Gemeindezentren, einfacher Standard | – | – | – | – |
| Gemeindezentren, mittlerer Standard | – | **1,40** | – | 0,1% |
| Gemeindezentren, hoher Standard | – | – | – | – |
| **Gebäude für religiöse Zwecke** | | | | |
| Sakralbauten | – | – | – | – |
| Friedhofsgebäude | – | – | – | – |

Einheit: m²
Brutto-Grundfläche
(BGF)

**Kosten:**
Stand 1.Quartal 2020
Bundesdurchschnitt
inkl. 19% MwSt.

Einheit: m²
Brutto-Grundfläche
(BGF)

| Gebäudeart | ▷ | €/Einheit | ◁ | KG an 400 |
|---|---|---|---|---|
| **1 Büro- und Verwaltungsgebäude** | | | | |
| Büro- und Verwaltungsgebäude, einfacher Standard | – | **–** | – | – |
| Büro- und Verwaltungsgebäude, mittlerer Standard | – | **0,60** | – | 0,0% |
| Büro- und Verwaltungsgebäude, hoher Standard | – | **–** | – | – |
| **2 Gebäude für Forschung und Lehre** | | | | |
| Instituts- und Laborgebäude | – | **–** | – | – |
| **3 Gebäude des Gesundheitswesens** | | | | |
| Medizinische Einrichtungen | – | **0,70** | – | 0,1% |
| Pflegeheime | – | **–** | – | – |
| **4 Schulen und Kindergärten** | | | | |
| Allgemeinbildende Schulen | 0,40 | **0,40** | 0,50 | 0,0% |
| Berufliche Schulen | – | **–** | – | – |
| Förder- und Sonderschulen | – | **0,10** | – | 0,0% |
| Weiterbildungseinrichtungen | 0,10 | **0,30** | 0,50 | 0,0% |
| Kindergärten, nicht unterkellert, einfacher Standard | – | **–** | – | – |
| Kindergärten, nicht unterkellert, mittlerer Standard | – | **1,00** | – | 0,0% |
| Kindergärten, nicht unterkellert, hoher Standard | – | **–** | – | – |
| Kindergärten, Holzbauweise, nicht unterkellert | – | **–** | – | – |
| Kindergärten, unterkellert | – | **1,90** | – | 0,1% |
| **5 Sportbauten** | | | | |
| Sport- und Mehrzweckhallen | – | **–** | – | – |
| Sporthallen (Einfeldhallen) | – | **–** | – | – |
| Sporthallen (Dreifeldhallen) | – | **–** | – | – |
| Schwimmhallen | – | **–** | – | – |
| **6 Wohngebäude** | | | | |
| **Ein- und Zweifamilienhäuser** | | | | |
| Ein- und Zweifamilienhäuser, unterkellert, einfacher Standard | – | **–** | – | – |
| Ein- und Zweifamilienhäuser, unterkellert, mittlerer Standard | – | **–** | – | – |
| Ein- und Zweifamilienhäuser, unterkellert, hoher Standard | – | **–** | – | – |
| Ein- und Zweifamilienhäuser, nicht unterkellert, einfacher Standard | – | **–** | – | – |
| Ein- und Zweifamilienhäuser, nicht unterkellert, mittlerer Standard | – | **–** | – | – |
| Ein- und Zweifamilienhäuser, nicht unterkellert, hoher Standard | – | **–** | – | – |
| Ein- und Zweifamilienhäuser, Passivhausstandard, Massivbau | – | **–** | – | – |
| Ein- und Zweifamilienhäuser, Passivhausstandard, Holzbau | – | **–** | – | – |
| Ein- und Zweifamilienhäuser, Holzbauweise, unterkellert | – | **–** | – | – |
| Ein- und Zweifamilienhäuser, Holzbauweise, nicht unterkellert | – | **–** | – | – |
| Doppel- und Reihenendhäuser, einfacher Standard | – | **–** | – | – |
| Doppel- und Reihenendhäuser, mittlerer Standard | – | **–** | – | – |
| Doppel- und Reihenendhäuser, hoher Standard | – | **–** | – | – |
| Reihenhäuser, einfacher Standard | – | **–** | – | – |
| Reihenhäuser, mittlerer Standard | – | **–** | – | – |
| Reihenhäuser, hoher Standard | – | **–** | – | – |
| **Mehrfamilienhäuser** | | | | |
| Mehrfamilienhäuser, mit bis zu 6 WE, einfacher Standard | – | **–** | – | – |
| Mehrfamilienhäuser, mit bis zu 6 WE, mittlerer Standard | – | **–** | – | – |
| Mehrfamilienhäuser, mit bis zu 6 WE, hoher Standard | – | **–** | – | – |

▷ von
ø Mittel
◁ bis

| Gebäudeart | ▷ | €/Einheit | ◁ | KG an 400 |
|---|---|---|---|---|
| **Mehrfamilienhäuser (Fortsetzung)** | | | | |
| Mehrfamilienhäuser, mit 6 bis 19 WE, einfacher Standard | – | **–** | – | – |
| Mehrfamilienhäuser, mit 6 bis 19 WE, mittlerer Standard | – | **–** | – | – |
| Mehrfamilienhäuser, mit 6 bis 19 WE, hoher Standard | – | **–** | – | – |
| Mehrfamilienhäuser, mit 20 oder mehr WE, mittlerer Standard | – | **–** | – | – |
| Mehrfamilienhäuser, mit 20 oder mehr WE, hoher Standard | – | **–** | – | – |
| Mehrfamilienhäuser, Passivhäuser | – | **–** | – | – |
| Wohnhäuser, mit bis zu 15% Mischnutzung, einfacher Standard | – | **–** | – | – |
| Wohnhäuser, mit bis zu 15% Mischnutzung, mittlerer Standard | – | **–** | – | – |
| Wohnhäuser, mit bis zu 15% Mischnutzung, hoher Standard | – | **–** | – | – |
| Wohnhäuser, mit mehr als 15% Mischnutzung | – | **–** | – | – |
| **Seniorenwohnungen** | | | | |
| Seniorenwohnungen, mittlerer Standard | – | **–** | – | – |
| Seniorenwohnungen, hoher Standard | – | **–** | – | – |
| **Beherbergung** | | | | |
| Wohnheime und Internate | – | **–** | – | – |
| **7 Gewerbegebäude** | | | | |
| **Gaststätten und Kantinen** | | | | |
| Gaststätten, Kantinen und Mensen | – | **–** | – | – |
| **Gebäude für Produktion** | | | | |
| Industrielle Produktionsgebäude, Massivbauweise | – | **–** | – | – |
| Industrielle Produktionsgebäude, überwiegend Skelettbauweise | – | **2,90** | – | 0,1% |
| Betriebs- und Werkstätten, eingeschossig | – | **–** | – | – |
| Betriebs- und Werkstätten, mehrgeschossig, geringer Hallenanteil | – | **–** | – | – |
| Betriebs- und Werkstätten, mehrgeschossig, hoher Hallenanteil | – | **–** | – | – |
| **Gebäude für Handel und Lager** | | | | |
| Geschäftshäuser, mit Wohnungen | – | **–** | – | – |
| Geschäftshäuser, ohne Wohnungen | – | **–** | – | – |
| Verbrauchermärkte | – | **–** | – | – |
| Autohäuser | – | **–** | – | – |
| Lagergebäude, ohne Mischnutzung | – | **–** | – | – |
| Lagergebäude, mit bis zu 25% Mischnutzung | – | **–** | – | – |
| Lagergebäude, mit mehr als 25% Mischnutzung | – | **–** | – | – |
| **Garagen und Bereitschaftsdienste** | | | | |
| Einzel-, Mehrfach- und Hochgaragen | – | **–** | – | – |
| Tiefgaragen | – | **–** | – | – |
| Feuerwehrhäuser | 0,20 | **3,10** | 6,10 | 0,6% |
| Öffentliche Bereitschaftsdienste | – | **0,80** | – | 0,0% |
| **9 Kulturgebäude** | | | | |
| **Gebäude für kulturelle Zwecke** | | | | |
| Bibliotheken, Museen und Ausstellungen | – | **0,80** | – | 0,0% |
| Theater | – | **–** | – | – |
| Gemeindezentren, einfacher Standard | – | **–** | – | – |
| Gemeindezentren, mittlerer Standard | – | **–** | – | – |
| Gemeindezentren, hoher Standard | – | **–** | – | – |
| **Gebäude für religiöse Zwecke** | | | | |
| Sakralbauten | – | **–** | – | – |
| Friedhofsgebäude | – | **–** | – | – |

Einheit: m²
Brutto-Grundfläche
(BGF)

**Kosten:**
Stand 1.Quartal 2020
Bundesdurchschnitt
inkl. 19% MwSt.

Einheit: m²
Brutto-Grundfläche
(BGF)

| Gebäudeart | ▷ | €/Einheit | ◁ | KG an 400 |
|---|---|---|---|---|
| **1 Büro- und Verwaltungsgebäude** | | | | |
| Büro- und Verwaltungsgebäude, einfacher Standard | – | **–** | – | – |
| Büro- und Verwaltungsgebäude, mittlerer Standard | – | **–** | – | – |
| Büro- und Verwaltungsgebäude, hoher Standard | – | **–** | – | – |
| **2 Gebäude für Forschung und Lehre** | | | | |
| Instituts- und Laborgebäude | – | **–** | – | – |
| **3 Gebäude des Gesundheitswesens** | | | | |
| Medizinische Einrichtungen | – | **–** | – | – |
| Pflegeheime | – | **1,90** | – | 0,1% |
| **4 Schulen und Kindergärten** | | | | |
| Allgemeinbildende Schulen | 0,50 | **11,00** | 22,00 | 1,2% |
| Berufliche Schulen | – | **1,00** | – | 0,0% |
| Förder- und Sonderschulen | – | **0,80** | – | 0,0% |
| Weiterbildungseinrichtungen | – | **–** | – | – |
| Kindergärten, nicht unterkellert, einfacher Standard | – | **–** | – | – |
| Kindergärten, nicht unterkellert, mittlerer Standard | – | **–** | – | – |
| Kindergärten, nicht unterkellert, hoher Standard | – | **–** | – | – |
| Kindergärten, Holzbauweise, nicht unterkellert | – | **–** | – | – |
| Kindergärten, unterkellert | – | **–** | – | – |
| **5 Sportbauten** | | | | |
| Sport- und Mehrzweckhallen | – | **0,50** | – | 0,0% |
| Sporthallen (Einfeldhallen) | – | **–** | – | – |
| Sporthallen (Dreifeldhallen) | – | **0,40** | – | 0,0% |
| Schwimmhallen | – | **–** | – | – |
| **6 Wohngebäude** | | | | |
| **Ein- und Zweifamilienhäuser** | | | | |
| Ein- und Zweifamilienhäuser, unterkellert, einfacher Standard | – | **–** | – | – |
| Ein- und Zweifamilienhäuser, unterkellert, mittlerer Standard | – | **–** | – | – |
| Ein- und Zweifamilienhäuser, unterkellert, hoher Standard | – | **–** | – | – |
| Ein- und Zweifamilienhäuser, nicht unterkellert, einfacher Standard | – | **–** | – | – |
| Ein- und Zweifamilienhäuser, nicht unterkellert, mittlerer Standard | – | **–** | – | – |
| Ein- und Zweifamilienhäuser, nicht unterkellert, hoher Standard | – | **–** | – | – |
| Ein- und Zweifamilienhäuser, Passivhausstandard, Massivbau | – | **–** | – | – |
| Ein- und Zweifamilienhäuser, Passivhausstandard, Holzbau | – | **–** | – | – |
| Ein- und Zweifamilienhäuser, Holzbauweise, unterkellert | – | **–** | – | – |
| Ein- und Zweifamilienhäuser, Holzbauweise, nicht unterkellert | – | **–** | – | – |
| Doppel- und Reihenendhäuser, einfacher Standard | – | **–** | – | – |
| Doppel- und Reihenendhäuser, mittlerer Standard | – | **–** | – | – |
| Doppel- und Reihenendhäuser, hoher Standard | – | **–** | – | – |
| Reihenhäuser, einfacher Standard | – | **–** | – | – |
| Reihenhäuser, mittlerer Standard | – | **–** | – | – |
| Reihenhäuser, hoher Standard | – | **–** | – | – |
| **Mehrfamilienhäuser** | | | | |
| Mehrfamilienhäuser, mit bis zu 6 WE, einfacher Standard | – | **–** | – | – |
| Mehrfamilienhäuser, mit bis zu 6 WE, mittlerer Standard | – | **–** | – | – |
| Mehrfamilienhäuser, mit bis zu 6 WE, hoher Standard | – | **–** | – | – |

▷ von
ø Mittel
◁ bis

| Gebäudeart | ▷ | €/Einheit | ◁ | KG an 400 |
|---|---|---|---|---|
| **Mehrfamilienhäuser (Fortsetzung)** | | | | |
| Mehrfamilienhäuser, mit 6 bis 19 WE, einfacher Standard | – | **0,10** | – | 0,0% |
| Mehrfamilienhäuser, mit 6 bis 19 WE, mittlerer Standard | – | – | – | – |
| Mehrfamilienhäuser, mit 6 bis 19 WE, hoher Standard | – | – | – | – |
| Mehrfamilienhäuser, mit 20 oder mehr WE, mittlerer Standard | – | – | – | – |
| Mehrfamilienhäuser, mit 20 oder mehr WE, hoher Standard | – | – | – | – |
| Mehrfamilienhäuser, Passivhäuser | – | – | – | – |
| Wohnhäuser, mit bis zu 15% Mischnutzung, einfacher Standard | – | – | – | – |
| Wohnhäuser, mit bis zu 15% Mischnutzung, mittlerer Standard | – | – | – | – |
| Wohnhäuser, mit bis zu 15% Mischnutzung, hoher Standard | – | – | – | – |
| Wohnhäuser, mit mehr als 15% Mischnutzung | – | – | – | – |
| **Seniorenwohnungen** | | | | |
| Seniorenwohnungen, mittlerer Standard | – | – | – | – |
| Seniorenwohnungen, hoher Standard | – | – | – | – |
| **Beherbergung** | | | | |
| Wohnheime und Internate | – | **7,10** | – | 0,4% |
| **7 Gewerbegebäude** | | | | |
| **Gaststätten und Kantinen** | | | | |
| Gaststätten, Kantinen und Mensen | – | – | – | – |
| **Gebäude für Produktion** | | | | |
| Industrielle Produktionsgebäude, Massivbauweise | – | – | – | – |
| Industrielle Produktionsgebäude, überwiegend Skelettbauweise | – | – | – | – |
| Betriebs- und Werkstätten, eingeschossig | – | – | – | – |
| Betriebs- und Werkstätten, mehrgeschossig, geringer Hallenanteil | – | – | – | – |
| Betriebs- und Werkstätten, mehrgeschossig, hoher Hallenanteil | – | – | – | – |
| **Gebäude für Handel und Lager** | | | | |
| Geschäftshäuser, mit Wohnungen | – | – | – | – |
| Geschäftshäuser, ohne Wohnungen | – | – | – | – |
| Verbrauchermärkte | – | – | – | – |
| Autohäuser | – | – | – | – |
| Lagergebäude, ohne Mischnutzung | – | **2,00** | – | 0,1% |
| Lagergebäude, mit bis zu 25% Mischnutzung | – | – | – | – |
| Lagergebäude, mit mehr als 25% Mischnutzung | – | – | – | – |
| **Garagen und Bereitschaftsdienste** | | | | |
| Einzel-, Mehrfach- und Hochgaragen | – | – | – | – |
| Tiefgaragen | – | – | – | – |
| Feuerwehrhäuser | – | – | – | – |
| Öffentliche Bereitschaftsdienste | – | **0,00** | – | 0,0% |
| **9 Kulturgebäude** | | | | |
| **Gebäude für kulturelle Zwecke** | | | | |
| Bibliotheken, Museen und Ausstellungen | – | – | – | – |
| Theater | – | – | – | – |
| Gemeindezentren, einfacher Standard | – | – | – | – |
| Gemeindezentren, mittlerer Standard | – | – | – | – |
| Gemeindezentren, hoher Standard | – | – | – | – |
| **Gebäude für religiöse Zwecke** | | | | |
| Sakralbauten | – | – | – | – |
| Friedhofsgebäude | – | – | – | – |

Einheit: m²
Brutto-Grundfläche
(BGF)

**Kosten:**
Stand 1.Quartal 2020
Bundesdurchschnitt
inkl. 19% MwSt.

Einheit: m²
Brutto-Grundfläche
(BGF)

| Gebäudeart | ▷ | €/Einheit | ◁ | KG an 400 |
|---|---|---|---|---|
| **1 Büro- und Verwaltungsgebäude** | | | | |
| Büro- und Verwaltungsgebäude, einfacher Standard | – | **–** | – | – |
| Büro- und Verwaltungsgebäude, mittlerer Standard | – | **0,30** | – | 0,0% |
| Büro- und Verwaltungsgebäude, hoher Standard | – | **–** | – | – |
| **2 Gebäude für Forschung und Lehre** | | | | |
| Instituts- und Laborgebäude | – | **–** | – | – |
| **3 Gebäude des Gesundheitswesens** | | | | |
| Medizinische Einrichtungen | – | **1,90** | – | 0,1% |
| Pflegeheime | – | **–** | – | – |
| **4 Schulen und Kindergärten** | | | | |
| Allgemeinbildende Schulen | 0,30 | **0,40** | 0,40 | 0,0% |
| Berufliche Schulen | – | **–** | – | – |
| Förder- und Sonderschulen | – | **–** | – | – |
| Weiterbildungseinrichtungen | – | **–** | – | – |
| Kindergärten, nicht unterkellert, einfacher Standard | – | **–** | – | – |
| Kindergärten, nicht unterkellert, mittlerer Standard | – | **4,80** | – | 0,2% |
| Kindergärten, nicht unterkellert, hoher Standard | – | **0,90** | – | 0,1% |
| Kindergärten, Holzbauweise, nicht unterkellert | – | **–** | – | – |
| Kindergärten, unterkellert | 1,00 | **3,20** | 5,50 | 0,5% |
| **5 Sportbauten** | | | | |
| Sport- und Mehrzweckhallen | – | **–** | – | – |
| Sporthallen (Einfeldhallen) | – | **–** | – | – |
| Sporthallen (Dreifeldhallen) | – | **–** | – | – |
| Schwimmhallen | – | **–** | – | – |
| **6 Wohngebäude** | | | | |
| **Ein- und Zweifamilienhäuser** | | | | |
| Ein- und Zweifamilienhäuser, unterkellert, einfacher Standard | – | **–** | – | – |
| Ein- und Zweifamilienhäuser, unterkellert, mittlerer Standard | – | **–** | – | – |
| Ein- und Zweifamilienhäuser, unterkellert, hoher Standard | – | **–** | – | – |
| Ein- und Zweifamilienhäuser, nicht unterkellert, einfacher Standard | – | **–** | – | – |
| Ein- und Zweifamilienhäuser, nicht unterkellert, mittlerer Standard | – | **–** | – | – |
| Ein- und Zweifamilienhäuser, nicht unterkellert, hoher Standard | – | **–** | – | – |
| Ein- und Zweifamilienhäuser, Passivhausstandard, Massivbau | – | **–** | – | – |
| Ein- und Zweifamilienhäuser, Passivhausstandard, Holzbau | – | **–** | – | – |
| Ein- und Zweifamilienhäuser, Holzbauweise, unterkellert | – | **8,80** | – | 0,2% |
| Ein- und Zweifamilienhäuser, Holzbauweise, nicht unterkellert | – | **–** | – | – |
| Doppel- und Reihenendhäuser, einfacher Standard | – | **–** | – | – |
| Doppel- und Reihenendhäuser, mittlerer Standard | – | **–** | – | – |
| Doppel- und Reihenendhäuser, hoher Standard | – | **–** | – | – |
| Reihenhäuser, einfacher Standard | – | **–** | – | – |
| Reihenhäuser, mittlerer Standard | – | **–** | – | – |
| Reihenhäuser, hoher Standard | – | **–** | – | – |
| **Mehrfamilienhäuser** | | | | |
| Mehrfamilienhäuser, mit bis zu 6 WE, einfacher Standard | – | **–** | – | – |
| Mehrfamilienhäuser, mit bis zu 6 WE, mittlerer Standard | – | **–** | – | – |
| Mehrfamilienhäuser, mit bis zu 6 WE, hoher Standard | – | **–** | – | – |

▷ von
ø Mittel
◁ bis


 Erläuterungen zu den Tabellen siehe Seite 46

| Gebäudeart | ▷ | €/Einheit | ◁ | KG an 400 |
|---|---|---|---|---|
| **Mehrfamilienhäuser (Fortsetzung)** | | | | |
| Mehrfamilienhäuser, mit 6 bis 19 WE, einfacher Standard | – | – | – | – |
| Mehrfamilienhäuser, mit 6 bis 19 WE, mittlerer Standard | – | – | – | – |
| Mehrfamilienhäuser, mit 6 bis 19 WE, hoher Standard | – | – | – | – |
| Mehrfamilienhäuser, mit 20 oder mehr WE, mittlerer Standard | – | **0,30** | – | 0,0% |
| Mehrfamilienhäuser, mit 20 oder mehr WE, hoher Standard | – | – | – | – |
| Mehrfamilienhäuser, Passivhäuser | – | – | – | – |
| Wohnhäuser, mit bis zu 15% Mischnutzung, einfacher Standard | – | – | – | – |
| Wohnhäuser, mit bis zu 15% Mischnutzung, mittlerer Standard | – | – | – | – |
| Wohnhäuser, mit bis zu 15% Mischnutzung, hoher Standard | – | – | – | – |
| Wohnhäuser, mit mehr als 15% Mischnutzung | – | – | – | – |
| **Seniorenwohnungen** | | | | |
| Seniorenwohnungen, mittlerer Standard | – | – | – | – |
| Seniorenwohnungen, hoher Standard | – | – | – | – |
| **Beherbergung** | | | | |
| Wohnheime und Internate | – | – | – | – |
| **7 Gewerbegebäude** | | | | |
| **Gaststätten und Kantinen** | | | | |
| Gaststätten, Kantinen und Mensen | – | – | – | – |
| **Gebäude für Produktion** | | | | |
| Industrielle Produktionsgebäude, Massivbauweise | – | – | – | – |
| Industrielle Produktionsgebäude, überwiegend Skelettbauweise | – | – | – | – |
| Betriebs- und Werkstätten, eingeschossig | – | – | – | – |
| Betriebs- und Werkstätten, mehrgeschossig, geringer Hallenanteil | – | – | – | – |
| Betriebs- und Werkstätten, mehrgeschossig, hoher Hallenanteil | – | – | – | – |
| **Gebäude für Handel und Lager** | | | | |
| Geschäftshäuser, mit Wohnungen | – | – | – | – |
| Geschäftshäuser, ohne Wohnungen | – | – | – | – |
| Verbrauchermärkte | – | – | – | – |
| Autohäuser | – | – | – | – |
| Lagergebäude, ohne Mischnutzung | – | – | – | – |
| Lagergebäude, mit bis zu 25% Mischnutzung | – | – | – | – |
| Lagergebäude, mit mehr als 25% Mischnutzung | – | – | – | – |
| **Garagen und Bereitschaftsdienste** | | | | |
| Einzel-, Mehrfach- und Hochgaragen | – | – | – | – |
| Tiefgaragen | – | – | – | – |
| Feuerwehrhäuser | – | – | – | – |
| Öffentliche Bereitschaftsdienste | – | – | – | – |
| **9 Kulturgebäude** | | | | |
| **Gebäude für kulturelle Zwecke** | | | | |
| Bibliotheken, Museen und Ausstellungen | – | **22,00** | – | 1,3% |
| Theater | – | – | – | – |
| Gemeindezentren, einfacher Standard | – | – | – | – |
| Gemeindezentren, mittlerer Standard | – | – | – | – |
| Gemeindezentren, hoher Standard | – | – | – | – |
| **Gebäude für religiöse Zwecke** | | | | |
| Sakralbauten | – | – | – | – |
| Friedhofsgebäude | – | – | – | – |

Einheit: m²
Brutto-Grundfläche
(BGF)

# 497 Zusätzliche Maßnahmen

**Kosten:**
Stand 1.Quartal 2020
Bundesdurchschnitt
inkl. 19% MwSt.

Einheit: m²
Brutto-Grundfläche
(BGF)

| Gebäudeart | ▷ | €/Einheit | ◁ | KG an 400 |
|---|---|---|---|---|
| **1 Büro- und Verwaltungsgebäude** | | | | |
| Büro- und Verwaltungsgebäude, einfacher Standard | – | **–** | – | – |
| Büro- und Verwaltungsgebäude, mittlerer Standard | – | **0,40** | – | 0,0% |
| Büro- und Verwaltungsgebäude, hoher Standard | – | **1,00** | – | 0,0% |
| **2 Gebäude für Forschung und Lehre** | | | | |
| Instituts- und Laborgebäude | – | **–** | – | – |
| **3 Gebäude des Gesundheitswesens** | | | | |
| Medizinische Einrichtungen | – | **–** | – | – |
| Pflegeheime | – | **1,30** | – | 0,1% |
| **4 Schulen und Kindergärten** | | | | |
| Allgemeinbildende Schulen | – | **2,80** | – | 0,1% |
| Berufliche Schulen | – | **–** | – | – |
| Förder- und Sonderschulen | – | **1,40** | – | 0,1% |
| Weiterbildungseinrichtungen | – | **–** | – | – |
| Kindergärten, nicht unterkellert, einfacher Standard | – | **–** | – | – |
| Kindergärten, nicht unterkellert, mittlerer Standard | 0,50 | **2,60** | 4,70 | 0,2% |
| Kindergärten, nicht unterkellert, hoher Standard | – | **–** | – | – |
| Kindergärten, Holzbauweise, nicht unterkellert | – | **0,70** | – | 0,0% |
| Kindergärten, unterkellert | – | **0,20** | – | 0,0% |
| **5 Sportbauten** | | | | |
| Sport- und Mehrzweckhallen | – | **–** | – | – |
| Sporthallen (Einfeldhallen) | – | **–** | – | – |
| Sporthallen (Dreifeldhallen) | – | **–** | – | – |
| Schwimmhallen | – | **–** | – | – |
| **6 Wohngebäude** | | | | |
| **Ein- und Zweifamilienhäuser** | | | | |
| Ein- und Zweifamilienhäuser, unterkellert, einfacher Standard | – | **–** | – | – |
| Ein- und Zweifamilienhäuser, unterkellert, mittlerer Standard | – | **–** | – | – |
| Ein- und Zweifamilienhäuser, unterkellert, hoher Standard | – | **–** | – | – |
| Ein- und Zweifamilienhäuser, nicht unterkellert, einfacher Standard | – | **–** | – | – |
| Ein- und Zweifamilienhäuser, nicht unterkellert, mittlerer Standard | – | **–** | – | – |
| Ein- und Zweifamilienhäuser, nicht unterkellert, hoher Standard | – | **–** | – | – |
| Ein- und Zweifamilienhäuser, Passivhausstandard, Massivbau | – | **–** | – | – |
| Ein- und Zweifamilienhäuser, Passivhausstandard, Holzbau | – | **–** | – | – |
| Ein- und Zweifamilienhäuser, Holzbauweise, unterkellert | – | **–** | – | – |
| Ein- und Zweifamilienhäuser, Holzbauweise, nicht unterkellert | – | **–** | – | – |
| Doppel- und Reihenendhäuser, einfacher Standard | – | **–** | – | – |
| Doppel- und Reihenendhäuser, mittlerer Standard | – | **–** | – | – |
| Doppel- und Reihenendhäuser, hoher Standard | – | **–** | – | – |
| Reihenhäuser, einfacher Standard | – | **–** | – | – |
| Reihenhäuser, mittlerer Standard | – | **–** | – | – |
| Reihenhäuser, hoher Standard | – | **–** | – | – |
| **Mehrfamilienhäuser** | | | | |
| Mehrfamilienhäuser, mit bis zu 6 WE, einfacher Standard | – | **–** | – | – |
| Mehrfamilienhäuser, mit bis zu 6 WE, mittlerer Standard | – | **–** | – | – |
| Mehrfamilienhäuser, mit bis zu 6 WE, hoher Standard | – | **0,50** | – | 0,0% |

▷ von
ø Mittel
◁ bis



 Erläuterungen zu den Tabellen siehe Seite 46

| Gebäudeart | ▷ | €/Einheit | ◁ | KG an 400 |
|---|---|---|---|---|
| **Mehrfamilienhäuser (Fortsetzung)** | | | | |
| Mehrfamilienhäuser, mit 6 bis 19 WE, einfacher Standard | – | – | – | – |
| Mehrfamilienhäuser, mit 6 bis 19 WE, mittlerer Standard | – | – | – | – |
| Mehrfamilienhäuser, mit 6 bis 19 WE, hoher Standard | – | – | – | – |
| Mehrfamilienhäuser, mit 20 oder mehr WE, mittlerer Standard | – | **0,10** | – | 0,0% |
| Mehrfamilienhäuser, mit 20 oder mehr WE, hoher Standard | – | – | – | – |
| Mehrfamilienhäuser, Passivhäuser | – | – | – | – |
| Wohnhäuser, mit bis zu 15% Mischnutzung, einfacher Standard | – | – | – | – |
| Wohnhäuser, mit bis zu 15% Mischnutzung, mittlerer Standard | – | – | – | – |
| Wohnhäuser, mit bis zu 15% Mischnutzung, hoher Standard | – | – | – | – |
| Wohnhäuser, mit mehr als 15% Mischnutzung | – | – | – | – |
| **Seniorenwohnungen** | | | | |
| Seniorenwohnungen, mittlerer Standard | – | – | – | – |
| Seniorenwohnungen, hoher Standard | – | – | – | – |
| **Beherbergung** | | | | |
| Wohnheime und Internate | – | – | – | – |
| **7 Gewerbegebäude** | | | | |
| **Gaststätten und Kantinen** | | | | |
| Gaststätten, Kantinen und Mensen | – | **13,00** | – | 1,6% |
| **Gebäude für Produktion** | | | | |
| Industrielle Produktionsgebäude, Massivbauweise | – | – | – | – |
| Industrielle Produktionsgebäude, überwiegend Skelettbauweise | – | **11,00** | – | 0,3% |
| Betriebs- und Werkstätten, eingeschossig | – | – | – | – |
| Betriebs- und Werkstätten, mehrgeschossig, geringer Hallenanteil | – | – | – | – |
| Betriebs- und Werkstätten, mehrgeschossig, hoher Hallenanteil | – | **2,20** | – | 0,1% |
| **Gebäude für Handel und Lager** | | | | |
| Geschäftshäuser, mit Wohnungen | – | – | – | – |
| Geschäftshäuser, ohne Wohnungen | – | – | – | – |
| Verbrauchermärkte | – | – | – | – |
| Autohäuser | – | – | – | – |
| Lagergebäude, ohne Mischnutzung | – | – | – | – |
| Lagergebäude, mit bis zu 25% Mischnutzung | – | – | – | – |
| Lagergebäude, mit mehr als 25% Mischnutzung | – | – | – | – |
| **Garagen und Bereitschaftsdienste** | | | | |
| Einzel-, Mehrfach- und Hochgaragen | – | – | – | – |
| Tiefgaragen | – | – | – | – |
| Feuerwehrhäuser | – | – | – | – |
| Öffentliche Bereitschaftsdienste | – | – | – | – |
| **9 Kulturgebäude** | | | | |
| **Gebäude für kulturelle Zwecke** | | | | |
| Bibliotheken, Museen und Ausstellungen | – | – | – | – |
| Theater | – | – | – | – |
| Gemeindezentren, einfacher Standard | – | – | – | – |
| Gemeindezentren, mittlerer Standard | – | – | – | – |
| Gemeindezentren, hoher Standard | – | – | – | – |
| **Gebäude für religiöse Zwecke** | | | | |
| Sakralbauten | – | – | – | – |
| Friedhofsgebäude | – | – | – | – |

Einheit: m²
Brutto-Grundfläche
(BGF)

**Kosten:**
Stand 1.Quartal 2020
Bundesdurchschnitt
inkl. 19% MwSt.

Einheit: m²
Brutto-Grundfläche
(BGF)

▷ von
ø Mittel
◁ bis

| Gebäudeart | ▷ | €/Einheit | ◁ | KG an 400 |
|---|---|---|---|---|
| **1 Büro- und Verwaltungsgebäude** | | | | |
| Büro- und Verwaltungsgebäude, einfacher Standard | – | **–** | – | – |
| Büro- und Verwaltungsgebäude, mittlerer Standard | – | **1,30** | – | 0,0% |
| Büro- und Verwaltungsgebäude, hoher Standard | 0,20 | **0,30** | 0,40 | 0,0% |
| **2 Gebäude für Forschung und Lehre** | | | | |
| Instituts- und Laborgebäude | – | **–** | – | – |
| **3 Gebäude des Gesundheitswesens** | | | | |
| Medizinische Einrichtungen | – | **–** | – | – |
| Pflegeheime | – | **–** | – | – |
| **4 Schulen und Kindergärten** | | | | |
| Allgemeinbildende Schulen | 0,40 | **0,70** | 0,90 | 0,1% |
| Berufliche Schulen | – | **–** | – | – |
| Förder- und Sonderschulen | – | **0,10** | – | 0,0% |
| Weiterbildungseinrichtungen | – | **–** | – | – |
| Kindergärten, nicht unterkellert, einfacher Standard | – | **–** | – | – |
| Kindergärten, nicht unterkellert, mittlerer Standard | – | **–** | – | – |
| Kindergärten, nicht unterkellert, hoher Standard | – | **–** | – | – |
| Kindergärten, Holzbauweise, nicht unterkellert | – | **–** | – | – |
| Kindergärten, unterkellert | – | **–** | – | – |
| **5 Sportbauten** | | | | |
| Sport- und Mehrzweckhallen | – | **–** | – | – |
| Sporthallen (Einfeldhallen) | – | **–** | – | – |
| Sporthallen (Dreifeldhallen) | – | **–** | – | – |
| Schwimmhallen | – | **–** | – | – |
| **6 Wohngebäude** | | | | |
| **Ein- und Zweifamilienhäuser** | | | | |
| Ein- und Zweifamilienhäuser, unterkellert, einfacher Standard | – | **–** | – | – |
| Ein- und Zweifamilienhäuser, unterkellert, mittlerer Standard | – | **–** | – | – |
| Ein- und Zweifamilienhäuser, unterkellert, hoher Standard | – | **–** | – | – |
| Ein- und Zweifamilienhäuser, nicht unterkellert, einfacher Standard | – | **–** | – | – |
| Ein- und Zweifamilienhäuser, nicht unterkellert, mittlerer Standard | – | **–** | – | – |
| Ein- und Zweifamilienhäuser, nicht unterkellert, hoher Standard | – | **–** | – | – |
| Ein- und Zweifamilienhäuser, Passivhausstandard, Massivbau | – | **–** | – | – |
| Ein- und Zweifamilienhäuser, Passivhausstandard, Holzbau | – | **–** | – | – |
| Ein- und Zweifamilienhäuser, Holzbauweise, unterkellert | – | **–** | – | – |
| Ein- und Zweifamilienhäuser, Holzbauweise, nicht unterkellert | – | **–** | – | – |
| Doppel- und Reihenendhäuser, einfacher Standard | – | **–** | – | – |
| Doppel- und Reihenendhäuser, mittlerer Standard | – | **–** | – | – |
| Doppel- und Reihenendhäuser, hoher Standard | – | **–** | – | – |
| Reihenhäuser, einfacher Standard | – | **–** | – | – |
| Reihenhäuser, mittlerer Standard | – | **–** | – | – |
| Reihenhäuser, hoher Standard | – | **–** | – | – |
| **Mehrfamilienhäuser** | | | | |
| Mehrfamilienhäuser, mit bis zu 6 WE, einfacher Standard | – | **–** | – | – |
| Mehrfamilienhäuser, mit bis zu 6 WE, mittlerer Standard | – | **–** | – | – |
| Mehrfamilienhäuser, mit bis zu 6 WE, hoher Standard | – | **–** | – | – |

Einheit: m²
Brutto-Grundfläche
(BGF)

| Gebäudeart | ▷ | €/Einheit | ◁ | KG an 400 |
|---|---|---|---|---|
| **Mehrfamilienhäuser (Fortsetzung)** | | | | |
| Mehrfamilienhäuser, mit 6 bis 19 WE, einfacher Standard | – | **–** | – | – |
| Mehrfamilienhäuser, mit 6 bis 19 WE, mittlerer Standard | – | **–** | – | – |
| Mehrfamilienhäuser, mit 6 bis 19 WE, hoher Standard | – | **–** | – | – |
| Mehrfamilienhäuser, mit 20 oder mehr WE, mittlerer Standard | 0,20 | **0,50** | 0,70 | 0,1% |
| Mehrfamilienhäuser, mit 20 oder mehr WE, hoher Standard | – | **–** | – | – |
| Mehrfamilienhäuser, Passivhäuser | – | **–** | – | – |
| Wohnhäuser, mit bis zu 15% Mischnutzung, einfacher Standard | – | **–** | – | – |
| Wohnhäuser, mit bis zu 15% Mischnutzung, mittlerer Standard | – | **–** | – | – |
| Wohnhäuser, mit bis zu 15% Mischnutzung, hoher Standard | – | **–** | – | – |
| Wohnhäuser, mit mehr als 15% Mischnutzung | – | **–** | – | – |
| **Seniorenwohnungen** | | | | |
| Seniorenwohnungen, mittlerer Standard | – | **–** | – | – |
| Seniorenwohnungen, hoher Standard | – | **–** | – | – |
| **Beherbergung** | | | | |
| Wohnheime und Internate | 1,00 | **1,20** | 1,40 | 0,1% |
| **7 Gewerbegebäude** | | | | |
| **Gaststätten und Kantinen** | | | | |
| Gaststätten, Kantinen und Mensen | – | **–** | – | – |
| **Gebäude für Produktion** | | | | |
| Industrielle Produktionsgebäude, Massivbauweise | – | **–** | – | – |
| Industrielle Produktionsgebäude, überwiegend Skelettbauweise | – | **0,00** | – | 0,0% |
| Betriebs- und Werkstätten, eingeschossig | – | **–** | – | – |
| Betriebs- und Werkstätten, mehrgeschossig, geringer Hallenanteil | – | **–** | – | – |
| Betriebs- und Werkstätten, mehrgeschossig, hoher Hallenanteil | – | **–** | – | – |
| **Gebäude für Handel und Lager** | | | | |
| Geschäftshäuser, mit Wohnungen | – | **–** | – | – |
| Geschäftshäuser, ohne Wohnungen | – | **–** | – | – |
| Verbrauchermärkte | – | **–** | – | – |
| Autohäuser | – | **–** | – | – |
| Lagergebäude, ohne Mischnutzung | – | **–** | – | – |
| Lagergebäude, mit bis zu 25% Mischnutzung | – | **–** | – | – |
| Lagergebäude, mit mehr als 25% Mischnutzung | – | **–** | – | – |
| **Garagen und Bereitschaftsdienste** | | | | |
| Einzel-, Mehrfach- und Hochgaragen | – | **–** | – | – |
| Tiefgaragen | – | **–** | – | – |
| Feuerwehrhäuser | – | **–** | – | – |
| Öffentliche Bereitschaftsdienste | – | **–** | – | – |
| **9 Kulturgebäude** | | | | |
| **Gebäude für kulturelle Zwecke** | | | | |
| Bibliotheken, Museen und Ausstellungen | – | **–** | – | – |
| Theater | – | **–** | – | – |
| Gemeindezentren, einfacher Standard | – | **–** | – | – |
| Gemeindezentren, mittlerer Standard | – | **–** | – | – |
| Gemeindezentren, hoher Standard | – | **–** | – | – |
| **Gebäude für religiöse Zwecke** | | | | |
| Sakralbauten | – | **–** | – | – |
| Friedhofsgebäude | – | **–** | – | – |

# Ausführungsarten
# Neubau

**Kostenkennwerte für von BKI gebildete Untergliederung der 3. Ebene DIN 276**

| KG.AK.AA | | ▷ | €/Einheit | ◁ | LB an AA |
|---|---|---|---|---|---|
| 212.11.00 | Abbruch von Bauwerken | | | | |
| 01 | **Komplettabbruch eines bestehenden Gebäudes; Entsorgung, Deponiegebühren (3 Objekte)**<br>Einheit: m³ Bruttorauminhalt | 24,00 | **27,00** | 29,00 | |
| | 012 Mauerarbeiten | | | | 100,0% |
| 02 | **Abbruch von Mauerwerk und Beton im Boden; Entsorgung, Deponiegebühren (5 Objekte)**<br>Einheit: m³ Abbruchvolumen | 82,00 | **100,00** | 130,00 | |
| | 012 Mauerarbeiten | | | | 100,0% |
| 212.41.00 | Abbruch von Einfriedungen | | | | |
| 01 | **Abbruch von Maschendrahtzaun, Pfosten, Tore, Türen; Entsorgung, Deponiegebühren (5 Objekte)**<br>Einheit: m² Zaunfläche | 2,60 | **3,30** | 3,80 | |
| | 012 Mauerarbeiten | | | | 100,0% |
| 212.51.00 | Abbruch von Verkehrsanlagen | | | | |
| 01 | **Abbruch von Asphaltflächen, d=10-15cm, Unterbau; Entsorgung, Deponiegebühren (4 Objekte)**<br>Einheit: m² Asphaltfläche | 8,20 | **9,20** | 10,00 | |
| | 002 Erdarbeiten | | | | 33,0% |
| | 012 Mauerarbeiten | | | | 34,0% |
| | 080 Straßen, Wege, Plätze | | | | 33,0% |
| 03 | **Abbruch von Plattenflächen, aus Rasengittersteinen, Waschbetonplatten oder Verbundsteinpflaster, Unterbau; Entsorgung, Deponiegebühren (6 Objekte)**<br>Einheit: m² Plattenfläche | 6,30 | **8,10** | 10,00 | |
| | 080 Straßen, Wege, Plätze | | | | 100,0% |

**Kosten:**
Stand 1.Quartal 2020
Bundesdurchschnitt
inkl. 19% MwSt.

▷ von
ø Mittel
◁ bis

| KG.AK.AA | ▷ | €/Einheit | ◁ | LB an AA |
|---|---|---|---|---|
| **214.51.00 Oberbodenabtrag** | | | | |
| 01 **Oberboden abtragen, d=20-30cm, seitlich lagern, Förderweg 50-100m (4 Objekte)** | 3,20 | **3,70** | 4,20 | |
| Einheit: m³ Oberboden | | | | |
| 002 Erdarbeiten | | | | 63,0% |
| 003 Landschaftsbauarbeiten | | | | 37,0% |
| 04 **Oberboden, abtragen, lagern (6 Objekte)** | 0,80 | **1,00** | 1,20 | |
| Einheit: m² Abtragsfläche | | | | |
| 002 Erdarbeiten | | | | 100,0% |
| 06 **Oberboden, abtragen, lagern, einbauen (9 Objekte)** | 2,10 | **4,60** | 8,00 | |
| Einheit: m² Abtragsfläche | | | | |
| 002 Erdarbeiten | | | | 100,0% |
| **214.61.00 Oberbodenabfuhr** | | | | |
| 01 **Oberboden abtragen, verkrautet, d=30-50cm, laden, entsorgen (4 Objekte)** | 8,50 | **13,00** | 18,00 | |
| Einheit: m³ Oberboden | | | | |
| 002 Erdarbeiten | | | | 100,0% |
| 02 **Oberboden, abtragen, laden, entsorgen (9 Objekte)** | 2,80 | **4,00** | 5,90 | |
| Einheit: m² Abtragsfläche | | | | |
| 002 Erdarbeiten | | | | 100,0% |

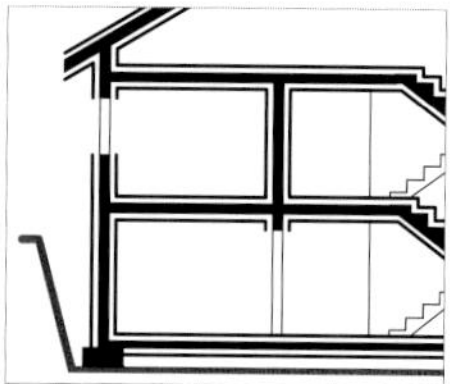

**Kosten:**
Stand 1.Quartal 2020
Bundesdurchschnitt
inkl. 19% MwSt.

| KG.AK.AA | | ▷ | €/Einheit | ◁ | LB an AA |
|---|---|---|---|---|---|
| 311.22.00 | Aushub BK 2-5, lagern | | | | |
| 01 | **Baugrube, ausheben, lagern (5 Objekte)**<br>Einheit: m³ Aushub | 4,20 | **6,90** | 11,00 | |
| | 002 Erdarbeiten | | | | 100,0% |
| 311.23.00 | Aushub BK 2-5, lagern, hinterfüllen | | | | |
| 01 | **Baugrube, ausheben, lagern, hinterfüllen (8 Objekte)**<br>Einheit: m³ Aushub | 14,00 | **18,00** | 22,00 | |
| | 002 Erdarbeiten | | | | 100,0% |
| 03 | **Gräben für Entwässerungskanäle profilgerecht ausheben, seitlich lagern, wiederverfüllen des Grabens inkl. verdichten (9 Objekte)**<br>Einheit: m³ Grabenaushub | 50,00 | **65,00** | 88,00 | |
| | 002 Erdarbeiten | | | | 100,0% |
| 311.24.00 | Aushub BK 2-5, Abtransport | | | | |
| 01 | **Baugrube, ausheben, laden, entsorgen (17 Objekte)**<br>Einheit: m³ Aushub | 25,00 | **33,00** | 42,00 | |
| | 002 Erdarbeiten | | | | 100,0% |
| 311.34.00 | Aushub BK 6-7, Abtransport | | | | |
| 01 | **Baugrube, ausheben, Felsarten, laden, entsorgen (5 Objekte)**<br>Einheit: m³ Aushub | 27,00 | **29,00** | 36,00 | |
| | 002 Erdarbeiten | | | | 100,0% |
| 311.41.00 | Auf-/hinterfüllen mit Siebschutt | | | | |
| 01 | **Hinterfüllung, Arbeitsräume, Schotter/Kies, geliefert (10 Objekte)**<br>Einheit: m³ Auffüllmenge | 32,00 | **39,00** | 49,00 | |
| | 002 Erdarbeiten | | | | 100,0% |
| 04 | **Hinterfüllung, Arbeitsräume, Siebschutt, geliefert (5 Objekte)**<br>Einheit: m³ Auffüllmenge | 29,00 | **38,00** | 43,00 | |
| | 002 Erdarbeiten | | | | 100,0% |
| 05 | **Hinterfüllung, Arbeitsräume, Recyclingmaterial, geliefert (5 Objekte)**<br>Einheit: m³ Auffüllmenge | 33,00 | **39,00** | 43,00 | |
| | 002 Erdarbeiten | | | | 100,0% |
| 311.91.00 | Sonstige Baugrubenherstellung | | | | |
| 01 | **Planum der Baugrubensohle, Höhendifferenz max. +/-2cm (9 Objekte)**<br>Einheit: m² Planumfläche | 1,30 | **2,20** | 3,70 | |
| | 002 Erdarbeiten | | | | 100,0% |

▷ von
ø Mittel
◁ bis

| KG.AK.AA | | ▷ | €/Einheit | ◁ | LB an AA |
|---|---|---|---|---|---|
| 312.71.00 | Böschungssicherung | | | | |
| 01 | **Böschung mit Folie abdecken (7 Objekte)** | 1,80 | **2,60** | 3,30 | |
| | Einheit: m² abgedeckte Fläche | | | | |
| | 002 Erdarbeiten | | | | 100,0% |

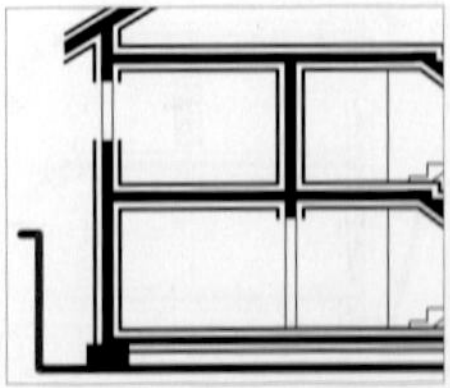

# 321 Baugrund- verbesserung

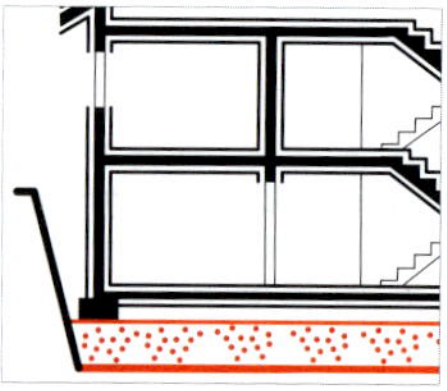

**Kosten:**
Stand 1.Quartal 2020
Bundesdurchschnitt
inkl. 19% MwSt.

| KG.AK.AA | | ▷ | **€/Einheit** | ◁ | LB an AA |
|---|---|---|---|---|---|
| 321.11.00 | Bodenaustausch | | | | |
| 01 | **Bodeneinbau als Bodenaustausch, lagenweise verdichten, Schichtdicke bis 40cm (3 Objekte)**<br>Einheit: m³ Auffüllvolumen | 21,00 | **27,00** | 30,00 | |
| | 002 Erdarbeiten | | | | 100,0% |
| 321.21.00 | Bodenauffüllung, Schotter | | | | |
| 01 | **Bodenauffüllungen mit Schotter zur Erhöhung der Tragfähigkeit des Baugrundes, d=30-50cm (3 Objekte)**<br>Einheit: m³ Auffüllvolumen | 42,00 | **50,00** | 61,00 | |
| | 002 Erdarbeiten | | | | 34,0% |
| | 012 Mauerarbeiten | | | | 33,0% |
| | 013 Betonarbeiten | | | | 33,0% |
| 321.22.00 | Bodenauffüllung, Magerbeton | | | | |
| 01 | **Auffüllungen Beton, teilweise Schalung, zur Erhöhung der Tragfähigkeit des Baugrunds (3 Objekte)**<br>Einheit: m³ Auffüllvolumen | 130,00 | **160,00** | 200,00 | |
| | 013 Betonarbeiten | | | | 100,0% |
| 321.23.00 | Bodenauffüllung, Kies | | | | |
| 01 | **Bodenauffüllungen mit geliefertem Kies (6 Objekte)**<br>Einheit: m³ Auffüllvolumen | 17,00 | **23,00** | 31,00 | |
| | 002 Erdarbeiten | | | | 100,0% |

▷ von
ø Mittel
◁ bis

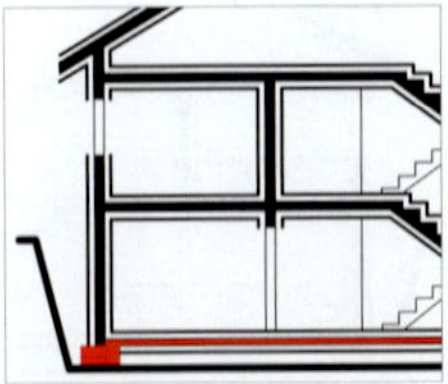

| KG.AK.AA | | ▷ | €/Einheit | ◁ | LB an AA |
|---|---|---|---|---|---|
| **322.11.00** | **Einzelfundamente und Streifenfundamente** | | | | |
| 01 | **Aushub, Fundamente, entsorgen (11 Objekte)** | 42,00 | **53,00** | 65,00 | |
| | Einheit: m³ Aushub | | | | |
| | 002 Erdarbeiten | | | | 100,0% |
| 02 | **Aushub, Einzel- und Streifenfundamente, Ortbeton, Schalung, teilweise Bewehrung (13 Objekte)** | 320,00 | **410,00** | 510,00 | |
| | Einheit: m³ Fundamentvolumen | | | | |
| | 002 Erdarbeiten | | | | 16,0% |
| | 013 Betonarbeiten | | | | 84,0% |
| 04 | **Einzel- und Streifenfundamente, Schalung, Bewehrung (6 Objekte)** | 250,00 | **300,00** | 360,00 | |
| | Einheit: m³ Fundamentvolumen | | | | |
| | 013 Betonarbeiten | | | | 100,0% |
| 11 | **Aushub, Fundamente für bis zu achtgeschossige Bauten, Ortbeton, Schalung, Bewehrung (11 Objekte)** | 400,00 | **480,00** | 600,00 | |
| | Einheit: m³ Fundamentvolumen | | | | |
| | 002 Erdarbeiten | | | | 15,0% |
| | 013 Betonarbeiten | | | | 85,0% |
| **322.12.00** | **Einzelfundamente** | | | | |
| 01 | **Aushub, Einzelfundament, z. T. hinterfüllen (3 Objekte)** | 36,00 | **56,00** | 66,00 | |
| | Einheit: m³ Aushub | | | | |
| | 002 Erdarbeiten | | | | 100,0% |
| 02 | **Aushub, Einzelfundamente, Ortbeton, Schalung, teilweise Bewehrung (12 Objekte)** | 320,00 | **400,00** | 450,00 | |
| | Einheit: m³ Fundamentvolumen | | | | |
| | 002 Erdarbeiten | | | | 22,0% |
| | 013 Betonarbeiten | | | | 78,0% |
| **322.14.00** | **Streifenfundamente** | | | | |
| 01 | **Aushub für Streifenfundamente, lösen, lagern, teilweise hinterfüllen (4 Objekte)** | 20,00 | **41,00** | 67,00 | |
| | Einheit: m³ Aushub | | | | |
| | 002 Erdarbeiten | | | | 100,0% |
| 02 | **Streifenfundamente, Ortbeton, Schalung, teilweise Bewehrung (9 Objekte)** | 230,00 | **360,00** | 420,00 | |
| | Einheit: m³ Fundamentvolumen | | | | |
| | 013 Betonarbeiten | | | | 100,0% |

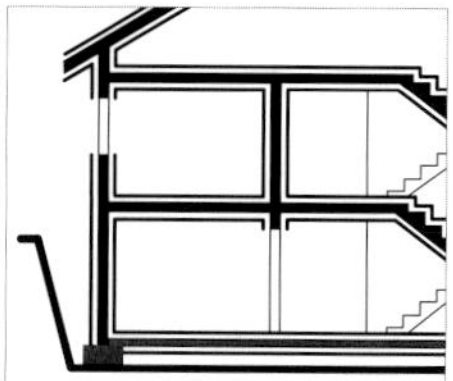

**Kosten:**
Stand 1.Quartal 2020
Bundesdurchschnitt
inkl. 19% MwSt.

| KG.AK.AA | | ▷ | €/Einheit | ◁ | LB an AA |
|---|---|---|---|---|---|
| 322.41.00 | Stahlbeton, Ortbeton | | | | |
| 02 | **Fundamentplatten, WU-Ortbeton, d=18-35cm, Schalung, Bewehrung (6 Objekte)**<br>Einheit: m² Plattenfläche | 130,00 | **160,00** | 200,00 | |
| | 013 Betonarbeiten | | | | 100,0% |
| 03 | **Bodenplatte, Ortbeton, d=15cm, Schalung, Bewehrung (8 Objekte)**<br>Einheit: m² Plattenfläche | 41,00 | **57,00** | 76,00 | |
| | 013 Betonarbeiten | | | | 100,0% |
| 11 | **Bodenplatte, WU-Ortbeton, d=25-30cm, Schalung, Bewehrung (6 Objekte)**<br>Einheit: m² Plattenfläche | 93,00 | **110,00** | 130,00 | |
| | 013 Betonarbeiten | | | | 100,0% |
| 12 | **Bodenplatte, Ortbeton, d=25cm, Schalung, Bewehrung (4 Objekte)**<br>Einheit: m² Plattenfläche | 68,00 | **77,00** | 99,00 | |
| | 013 Betonarbeiten | | | | 100,0% |
| 13 | **Bodenplatte, Ortbeton, d=15-30cm, Schalung, Bewehrung (5 Objekte)**<br>Einheit: m² Plattenfläche | 57,00 | **78,00** | 110,00 | |
| | 013 Betonarbeiten | | | | 100,0% |
| 17 | **Bodenplatte, WU-Ortbeton, d=25-30cm, Oberfläche glätten für fertige Fußbodenoberfläche, Fugenband, Randschalung, Bewehrung (3 Objekte)**<br>Einheit: m² Plattenfläche | 110,00 | **110,00** | 120,00 | |
| | 013 Betonarbeiten | | | | 100,0% |
| 322.55.00 | Treppen in Fundament- und Bodenplatten | | | | |
| 01 | **Differenztreppe, bis 3 Stufen, Schalung, Bewehrung (3 Objekte)**<br>Einheit: m² Treppenfläche | 170,00 | **370,00** | 490,00 | |
| | 013 Betonarbeiten | | | | 100,0% |

▷ von
ø Mittel
◁ bis

| KG.AK.AA | ▷ | €/Einheit | ◁ | LB an AA |
|---|---|---|---|---|
| **323.11.00 Bohrpfähle** | | | | |
| 02 **Pfahlgründung mit Großbohrpfählen, d=62-130cm mit Pfahlgurt, Schalung, Bewehrung, Baustelleneinrichtung, statische Berechnung (4 Objekte)**<br>Einheit: m Pfahllänge | 290,00 | **420,00** | 760,00 | |
| 005 Brunnenbauarbeiten und Aufschlussbohrungen | | | | 28,0% |
| 006 Spezialtiefbauarbeiten | | | | 52,0% |
| 013 Betonarbeiten | | | | 20,0% |

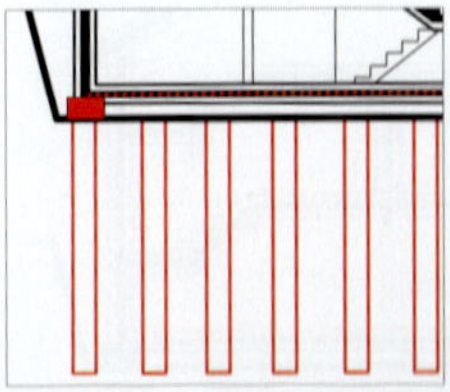

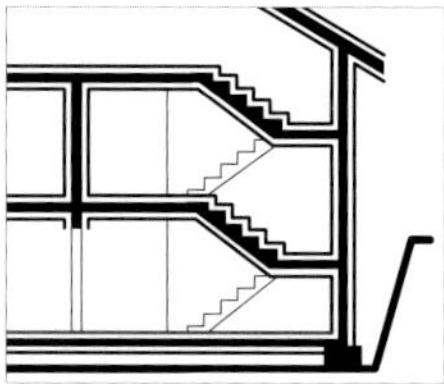

**Kosten:**
Stand 1.Quartal 2020
Bundesdurchschnitt
inkl. 19% MwSt.

▷ von
ø Mittel
◁ bis

| KG.AK.AA | | ▷ | €/Einheit | ◁ | LB an AA |
|---|---|---|---|---|---|
| 324.11.00 | Beschichtung | | | | |
| 02 | **Beschichtung, Acryl, Untergrundvorbehandlung, Sockel (3 Objekte)** | 14,00 | **15,00** | 17,00 | |
| | Einheit: m² Belegte Fläche | | | | |
| | 023 Putz- und Stuckarbeiten, Wärmedämmsysteme | | | | 67,0% |
| | 034 Maler- und Lackierarbeiten - Beschichtungen | | | | 33,0% |
| 03 | **Beschichtung, staubbindend, auf Betonoberfläche oder Estrich, Untergrundvorbehandlung (4 Objekte)** | 8,90 | **11,00** | 12,00 | |
| | Einheit: m² Belegte Fläche | | | | |
| | 034 Maler- und Lackierarbeiten - Beschichtungen | | | | 100,0% |
| 04 | **Epoxidharz-Dispersionsbeschichtung, tritt- und abriebfest, für einfache Belastungen, auf Betonoberfläche (6 Objekte)** | 11,00 | **13,00** | 17,00 | |
| | Einheit: m² Belegte Fläche | | | | |
| | 034 Maler- und Lackierarbeiten - Beschichtungen | | | | 100,0% |
| 324.12.00 | Beschichtung, Estrich | | | | |
| 01 | **Zementestrich, d=40-50mm, Beschichtung (8 Objekte)** | 28,00 | **35,00** | 47,00 | |
| | Einheit: m² Belegte Fläche | | | | |
| | 025 Estricharbeiten | | | | 55,0% |
| | 034 Maler- und Lackierarbeiten - Beschichtungen | | | | 45,0% |
| 324.13.00 | Beschichtung, Estrich, Abdichtung | | | | |
| 01 | **Bitumenschweißbahn, Zementestrich, d=50-70mm, Beschichtung, scheuerbeständig, abriebfest (3 Objekte)** | 43,00 | **51,00** | 64,00 | |
| | Einheit: m² Belegte Fläche | | | | |
| | 018 Abdichtungsarbeiten | | | | 20,0% |
| | 025 Estricharbeiten | | | | 55,0% |
| | 034 Maler- und Lackierarbeiten - Beschichtungen | | | | 25,0% |
| 324.15.00 | Beschichtung, Estrich, Dämmung | | | | |
| 01 | **Wärme- und Trittschalldämmung, d=60mm, Estrich, Beschichtung (3 Objekte)** | 32,00 | **42,00** | 63,00 | |
| | Einheit: m² Belegte Fläche | | | | |
| | 025 Estricharbeiten | | | | 76,0% |
| | 034 Maler- und Lackierarbeiten - Beschichtungen | | | | 24,0% |
| 324.17.00 | Abdichtung | | | | |
| 01 | **Feuchtigkeitsabdichtung, Bitumenschweißbahnen, einlagig (5 Objekte)** | 10,00 | **13,00** | 18,00 | |
| | Einheit: m² Belegte Fläche | | | | |
| | 018 Abdichtungsarbeiten | | | | 100,0% |

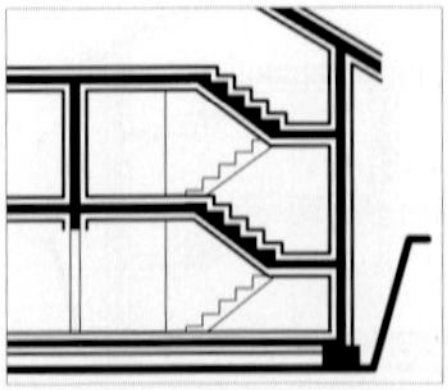

| KG.AK.AA | | ▷ | €/Einheit | ◁ | LB an AA |
|---|---|---|---|---|---|
| **324.21.00** | **Estrich** | | | | |
| 01 | **Gussasphalt, d=25-35mm, Oberfläche glätten, mit Quarzsand abreiben (5 Objekte)** | 31,00 | **36,00** | 41,00 | |
| | Einheit: m² Belegte Fläche | | | | |
| | 025 Estricharbeiten | | | | 100,0% |
| 02 | **Schwimmender Anhydritestrich, d=50-65mm (4 Objekte)** | 21,00 | **23,00** | 24,00 | |
| | Einheit: m² Belegte Fläche | | | | |
| | 025 Estricharbeiten | | | | 100,0% |
| 03 | **Zementestrich, d=40-60mm, bewehrt (3 Objekte)** | 24,00 | **28,00** | 35,00 | |
| | Einheit: m² Belegte Fläche | | | | |
| | 025 Estricharbeiten | | | | 100,0% |
| 10 | **Calciumsulfatestrich, d=45mm (4 Objekte)** | 19,00 | **21,00** | 22,00 | |
| | Einheit: m² Belegte Fläche | | | | |
| | 025 Estricharbeiten | | | | 100,0% |
| **324.22.00** | **Estrich, Abdichtung** | | | | |
| 01 | **Abdichtung, Haftbrücke, Zementestrich, d=50mm (3 Objekte)** | 29,00 | **36,00** | 50,00 | |
| | Einheit: m² Belegte Fläche | | | | |
| | 025 Estricharbeiten | | | | 100,0% |
| **324.23.00** | **Estrich, Abdichtung, Dämmung** | | | | |
| 01 | **Wärme- und Trittschalldämmung, d=50-70mm, Feuchtigkeitsisolierung aus Bitumenbahnen, schwimmender Zementestrich, d=50-65mm (3 Objekte)** | 39,00 | **43,00** | 50,00 | |
| | Einheit: m² Belegte Fläche | | | | |
| | 025 Estricharbeiten | | | | 100,0% |
| **324.24.00** | **Estrich, Dämmung** | | | | |
| 03 | **Dämmung, d=30-65mm, Gussasphaltestrich, d=25-50mm (3 Objekte)** | 58,00 | **62,00** | 70,00 | |
| | Einheit: m² Belegte Fläche | | | | |
| | 025 Estricharbeiten | | | | 100,0% |
| **324.25.00** | **Abdichtung** | | | | |
| 01 | **Abdichtungen auf Kunststoffbasis, Epoxydharz-Voranstrich (4 Objekte)** | 13,00 | **22,00** | 44,00 | |
| | Einheit: m² Belegte Fläche | | | | |
| | 018 Abdichtungsarbeiten | | | | 23,0% |
| | 024 Fliesen- und Plattenarbeiten | | | | 18,0% |
| | 034 Maler- und Lackierarbeiten - Beschichtungen | | | | 59,0% |
| 02 | **Bitumenschweißbahnen, d=4mm, Stöße überlappen und verschweißen, Bitumen-Voranstrich (4 Objekte)** | 15,00 | **18,00** | 23,00 | |
| | Einheit: m² Belegte Fläche | | | | |
| | 018 Abdichtungsarbeiten | | | | 100,0% |

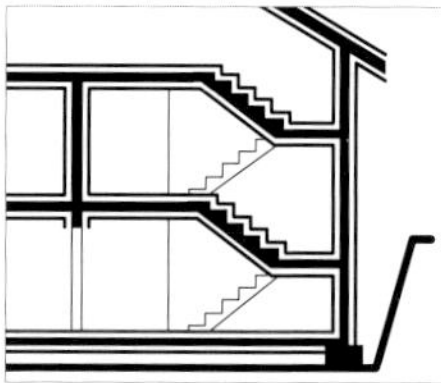

**Kosten:**
Stand 1.Quartal 2020
Bundesdurchschnitt
inkl. 19% MwSt.

▷ von
ø Mittel
◁ bis

| KG.AK.AA | | ▷ | €/Einheit | ◁ | LB an AA |
|---|---|---|---|---|---|
| 324.31.00 | Fliesen und Platten | | | | |
| 01 | **Plattenbeläge im Dünnbett, Verfugung, Sockelfliesen, Untergrundvorbereitung (3 Objekte)** | 77,00 | **110,00** | 160,00 | |
| | Einheit: m² Belegte Fläche | | | | |
| | 024 Fliesen- und Plattenarbeiten | | | | 100,0% |
| 03 | **Plattenbeläge im Mörtelbett, Verfugung, Sockelfliesen, Untergrundvorbereitung (3 Objekte)** | 100,00 | **120,00** | 140,00 | |
| | Einheit: m² Belegte Fläche | | | | |
| | 024 Fliesen- und Plattenarbeiten | | | | 100,0% |
| 324.32.00 | Fliesen und Platten, Estrich | | | | |
| 02 | **Zementestrich, Bodenfliesen im Dünnbett, Sockelfliesen (3 Objekte)** | 71,00 | **110,00** | 130,00 | |
| | Einheit: m² Belegte Fläche | | | | |
| | 024 Fliesen- und Plattenarbeiten | | | | 68,0% |
| | 025 Estricharbeiten | | | | 32,0% |
| 324.33.00 | Fliesen und Platten, Estrich, Abdichtung | | | | |
| 01 | **Bitumenbahnen, Zementestrich, Bodenfliesen, Sockelfliesen (4 Objekte)** | 130,00 | **140,00** | 160,00 | |
| | Einheit: m² Belegte Fläche | | | | |
| | 018 Abdichtungsarbeiten | | | | 6,0% |
| | 024 Fliesen- und Plattenarbeiten | | | | 72,0% |
| | 025 Estricharbeiten | | | | 22,0% |
| 324.35.00 | Fliesen und Platten, Estrich, Dämmung | | | | |
| 01 | **Wärme- und Trittschalldämmung, Zementestrich, d=50-70mm, Bodenfliesen (9 Objekte)** | 110,00 | **140,00** | 170,00 | |
| | Einheit: m² Belegte Fläche | | | | |
| | 024 Fliesen- und Plattenarbeiten | | | | 73,0% |
| | 025 Estricharbeiten | | | | 27,0% |
| 324.36.00 | Fliesen und Platten, Abdichtung | | | | |
| 01 | **Abdichtung auf Bitumen-, Kunststoffbasis, Steinzeugfliesen im Mörtelbett (3 Objekte)** | 120,00 | **140,00** | 150,00 | |
| | Einheit: m² Belegte Fläche | | | | |
| | 024 Fliesen- und Plattenarbeiten | | | | 100,0% |
| 324.41.00 | Naturstein | | | | |
| 01 | **Natursteinbelag auf Rohdecke, Natursteinsockel (17 Objekte)** | 140,00 | **160,00** | 220,00 | |
| | Einheit: m² Belegte Fläche | | | | |
| | 014 Natur-, Betonwerksteinarbeiten | | | | 100,0% |
| 324.43.00 | Naturstein, Estrich, Abdichtung | | | | |
| 01 | **Abdichtung, Estrich, Natursteinbelag, Natursteinsockel (7 Objekte)** | 180,00 | **190,00** | 200,00 | |
| | Einheit: m² Belegte Fläche | | | | |
| | 014 Natur-, Betonwerksteinarbeiten | | | | 73,0% |
| | 018 Abdichtungsarbeiten | | | | 12,0% |
| | 025 Estricharbeiten | | | | 15,0% |

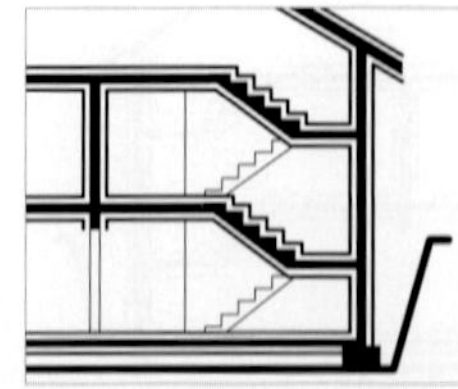

| KG.AK.AA | | ▷ | €/Einheit | ◁ | LB an AA |
|---|---|---|---|---|---|
| 324.44.00 | Naturstein, Estrich, Abdichtung, Dämmung | | | | |
| 01 | **Abdichtung gegen Bodenfeuchtigkeit, Wärme- und Trittschalldämmung, Zementestrich, Natursteinbelag im Mörtelbett, Natursteinsockel, geschliffen, poliert (6 Objekte)**<br>Einheit: m² Belegte Fläche | 200,00 | **210,00** | 230,00 | |
| | 014 Natur-, Betonwerksteinarbeiten | | | | 69,0% |
| | 018 Abdichtungsarbeiten | | | | 13,0% |
| | 025 Estricharbeiten | | | | 18,0% |
| 324.45.00 | Naturstein, Estrich, Dämmung | | | | |
| 01 | **Wärme- und Trittschalldämmung, Estrich, Naturstein-belag, Natursteinsockel (10 Objekte)**<br>Einheit: m² Belegte Fläche | 170,00 | **200,00** | 280,00 | |
| | 014 Natur-, Betonwerksteinarbeiten | | | | 79,0% |
| | 025 Estricharbeiten | | | | 21,0% |
| 324.51.00 | Betonwerkstein | | | | |
| 03 | **Betonpflastersteine im Splittbett, d=8cm, Untergrund-vorbereitung (3 Objekte)**<br>Einheit: m² Belegte Fläche | 34,00 | **46,00** | 71,00 | |
| | 014 Natur-, Betonwerksteinarbeiten | | | | 99,0% |
| | 025 Estricharbeiten | | | | 1,0% |
| 324.62.00 | Textil, Estrich | | | | |
| 01 | **Schwimmender Estrich, Textilbelag (4 Objekte)**<br>Einheit: m² Belegte Fläche | 31,00 | **71,00** | 89,00 | |
| | 025 Estricharbeiten | | | | 50,0% |
| | 036 Bodenbelagarbeiten | | | | 50,0% |
| 324.64.00 | Textil, Estrich, Abdichtung, Dämmung | | | | |
| 01 | **Wärmedämmung, Abdichtung, schwimmender Estrich, Textilbelag, Textilsockel (3 Objekte)**<br>Einheit: m² Belegte Fläche | 100,00 | **120,00** | 150,00 | |
| | 018 Abdichtungsarbeiten | | | | 21,0% |
| | 025 Estricharbeiten | | | | 40,0% |
| | 036 Bodenbelagarbeiten | | | | 39,0% |
| 324.65.00 | Textil, Estrich, Dämmung | | | | |
| 01 | **Wärme- und Trittschalldämmung, schwimmender Estrich, Textilbelag, Textilsockel (5 Objekte)**<br>Einheit: m² Belegte Fläche | 58,00 | **74,00** | 96,00 | |
| | 025 Estricharbeiten | | | | 41,0% |
| | 036 Bodenbelagarbeiten | | | | 59,0% |
| 324.71.00 | Holz | | | | |
| 01 | **Parkettbelag, Eiche, d=20-25mm, Versiegelung, Sockelleisten (4 Objekte)**<br>Einheit: m² Belegte Fläche | 88,00 | **110,00** | 130,00 | |
| | 028 Parkett-, Holzpflasterarbeiten | | | | 100,0% |

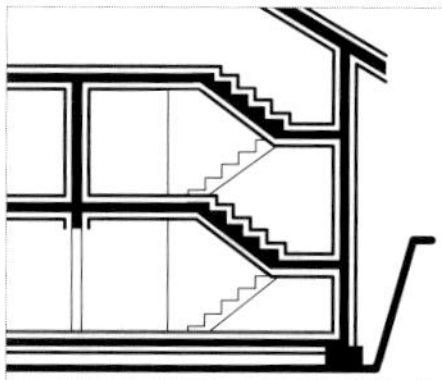

**Kosten:**
Stand 1.Quartal 2020
Bundesdurchschnitt
inkl. 19% MwSt.

▷ von
ø Mittel
◁ bis

| KG.AK.AA | | ▷ | €/Einheit | ◁ | LB an AA |
|---|---|---|---|---|---|
| 324.74.00 | Holz, Estrich, Abdichtung, Dämmung | | | | |
| 01 | **Untergrundvorbereitung, Voranstrich, Bitumenschweißbahnen, PE-Folie, Estrich, d=50-70mm, Bewehrung, Wärme- und Trittschalldämmung, d=60-90mm, Parkett, Versiegelung, Holzsockelleisten (5 Objekte)** | 140,00 | **180,00** | 190,00 | |
| | Einheit: m² Belegte Fläche | | | | |
| | 018 Abdichtungsarbeiten | | | | 9,0% |
| | 025 Estricharbeiten | | | | 24,0% |
| | 028 Parkett-, Holzpflasterarbeiten | | | | 67,0% |
| 324.75.00 | Holz, Estrich, Dämmung | | | | |
| 01 | **Untergrundvorbereitung, Wärme- und Trittschalldämmung, Estrich, Parkett, Oberflächenbehandlung (3 Objekte)** | 120,00 | **150,00** | 200,00 | |
| | Einheit: m² Belegte Fläche | | | | |
| | 025 Estricharbeiten | | | | 24,0% |
| | 028 Parkett-, Holzpflasterarbeiten | | | | 76,0% |
| 324.85.00 | Hartbeläge, Estrich, Dämmung | | | | |
| 02 | **Wärme- und Trittschalldämmung, Zementestrich, d=50-80mm, vollflächige Spachtelung, Kautschukbelag, Sockelleisten (3 Objekte)** | 77,00 | **90,00** | 110,00 | |
| | Einheit: m² Belegte Fläche | | | | |
| | 025 Estricharbeiten | | | | 37,0% |
| | 036 Bodenbelagarbeiten | | | | 63,0% |
| 03 | **Wärme- und Trittschalldämmung, Zementestrich, d=45-50mm, Linoleum, Sockelleisten (3 Objekte)** | 62,00 | **83,00** | 94,00 | |
| | Einheit: m² Belegte Fläche | | | | |
| | 025 Estricharbeiten | | | | 39,0% |
| | 034 Maler- und Lackierarbeiten - Beschichtungen | | | | 4,0% |
| | 036 Bodenbelagarbeiten | | | | 57,0% |
| 324.93.00 | Sportböden | | | | |
| 02 | **Sportboden als punktelastische Konstruktion auf Estrich, Oberbelag Linoleum, d=4mm, beschichtet oder Parkett (3 Objekte)** | 130,00 | **150,00** | 180,00 | |
| | Einheit: m² Belegte Fläche | | | | |
| | 018 Abdichtungsarbeiten | | | | 7,0% |
| | 027 Tischlerarbeiten | | | | 2,0% |
| | 036 Bodenbelagarbeiten | | | | 91,0% |
| 324.94.00 | Heizestrich | | | | |
| 01 | **Zementestrich, einschichtig, als schwimmender Heizestrich, d=60-90mm, Untergrundvorbereitung (6 Objekte)** | 28,00 | **32,00** | 49,00 | |
| | Einheit: m² Belegte Fläche | | | | |
| | 025 Estricharbeiten | | | | 100,0% |

| KG.AK.AA | ▷ | €/Einheit | ◁ | LB an AA |
|---|---|---|---|---|
| **324.95.00 Kunststoff-Beschichtung** | | | | |
| 01 **Voranstrich als Haftbrücke, Kunststoff-Hartstoff-verschleißschicht, Imprägnierung (3 Objekte)**<br>Einheit: m² Belegte Fläche | 35,00 | **49,00** | 57,00 | |
| 025 Estricharbeiten | | | | 50,0% |
| 036 Bodenbelagarbeiten | | | | 50,0% |
| **324.97.00 Fußabstreifer** | | | | |
| 01 **Fußabstreifer, Reinlaufmatten oder Kokosmatten, teilweise mit Winkelrahmen (8 Objekte)**<br>Einheit: m² Belegte Fläche | 450,00 | **610,00** | 820,00 | |
| 014 Natur-, Betonwerksteinarbeiten | | | | 44,0% |
| 024 Fliesen- und Plattenarbeiten | | | | 56,0% |

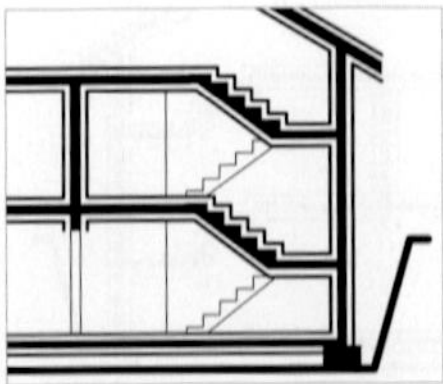

# 325 Abdichtungen und Bekleidungen

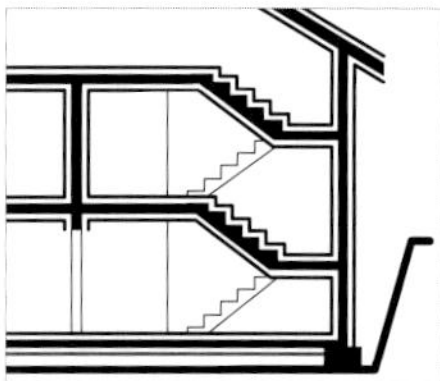

**Kosten:**
Stand 1.Quartal 2020
Bundesdurchschnitt
inkl. 19% MwSt.

| KG.AK.AA | | ▷ | €/Einheit | ◁ | LB an AA |
|---|---|---|---|---|---|
| 325.11.00 | Abdichtung | | | | |
| 01 | **PE-Folie, d=0,2-0,4mm, unter Bodenplatte (10 Objekte)**<br>Einheit: m² Schichtfläche | 1,40 | **1,80** | 3,30 | |
| | 013 Betonarbeiten | | | | 100,0% |
| 325.13.00 | Dämmungen | | | | |
| 01 | **Wärmedämmung, d=50-100mm, unter Bodenplatte, Dämmstreifen (6 Objekte)**<br>Einheit: m² Schichtfläche | 26,00 | **32,00** | 42,00 | |
| | 013 Betonarbeiten | | | | 100,0% |
| 02 | **Perimeterdämmung WLG 035, d=60-100mm, unter Bodenplatte (6 Objekte)**<br>Einheit: m² Schichtfläche | 28,00 | **36,00** | 50,00 | |
| | 013 Betonarbeiten | | | | 100,0% |
| 03 | **Perimeterdämmung WLG 045, d=140-200mm, unter Bodenplatte (4 Objekte)**<br>Einheit: m² Schichtfläche | 32,00 | **39,00** | 46,00 | |
| | 013 Betonarbeiten | | | | 50,0% |
| | 018 Abdichtungsarbeiten | | | | 50,0% |
| 04 | **Schaumglasschotter, einbauen, verdichten (3 Objekte)**<br>Einheit: m³ Einbauvolumen | 98,00 | **150,00** | 170,00 | |
| | 002 Erdarbeiten | | | | 33,0% |
| | 010 Drän- und Versickerarbeiten | | | | 33,0% |
| | 013 Betonarbeiten | | | | 33,0% |
| 325.21.00 | Filterschicht | | | | |
| 01 | **Kiesfilterschicht aus gewaschenem Kies, d=20-25cm, einbauen, verdichten (5 Objekte)**<br>Einheit: m² Schichtfläche | 6,10 | **8,40** | 11,00 | |
| | 002 Erdarbeiten | | | | 100,0% |
| 02 | **Kiesfilterschicht, Körnung 0/32mm, d=15cm, einbauen, verdichten (8 Objekte)**<br>Einheit: m² Schichtfläche | 7,10 | **9,10** | 12,00 | |
| | 012 Mauerarbeiten | | | | 50,0% |
| | 013 Betonarbeiten | | | | 50,0% |
| 04 | **Kiesfilterschicht, Körnung 0/32mm, d=30cm, einbauen, verdichten (3 Objekte)**<br>Einheit: m² Schichtfläche | 11,00 | **12,00** | 15,00 | |
| | 012 Mauerarbeiten | | | | 60,0% |
| | 013 Betonarbeiten | | | | 40,0% |
| 05 | **Kiesfilterschicht, Körnung 0/32mm, einbauen, verdichten (4 Objekte)**<br>Einheit: m³ Auffüllvolumen | 33,00 | **43,00** | 53,00 | |
| | 002 Erdarbeiten | | | | 31,0% |
| | 012 Mauerarbeiten | | | | 42,0% |
| | 013 Betonarbeiten | | | | 28,0% |

▷ von
ø Mittel
◁ bis

| KG.AK.AA | | ▷ | €/Einheit | ◁ | LB an AA |
|---|---|---|---|---|---|
| 325.26.00 | Filterschicht, Sauberkeitsschicht, Dämm., Abdicht. | | | | |
| 01 | **Kiesfilterschicht, Wärmedämmung, d=50-100mm, PE-Folie, Sauberkeitsschicht, d=5-10cm (4 Objekte)**<br>Einheit: m² Schichtfläche | 52,00 | **84,00** | 96,00 | |
| | 002 Erdarbeiten | | | | 10,0% |
| | 012 Mauerarbeiten | | | | 61,0% |
| | 013 Betonarbeiten | | | | 22,0% |
| | 018 Abdichtungsarbeiten | | | | 7,0% |
| 325.28.00 | Folie auf Filterschicht | | | | |
| 01 | **PE-Folie als Trennschicht, zweilagig, d=0,25-0,5mm, Stöße überlappend (7 Objekte)**<br>Einheit: m² Schichtfläche | 1,20 | **2,60** | 3,80 | |
| | 013 Betonarbeiten | | | | 100,0% |
| 325.31.00 | Sauberkeitsschicht | | | | |
| 01 | **Sauberkeitsschicht, Ortbeton, d=5-10cm, unbewehrt (17 Objekte)**<br>Einheit: m² Schichtfläche | 8,50 | **11,00** | 14,00 | |
| | 013 Betonarbeiten | | | | 100,0% |
| 325.34.00 | Sauberkeitsschicht, Dämmung | | | | |
| 02 | **Perimeterdämmung, d=100-200mm, Sauberkeitsschicht, d=5cm (4 Objekte)**<br>Einheit: m² Schichtfläche | 38,00 | **42,00** | 46,00 | |
| | 013 Betonarbeiten | | | | 100,0% |

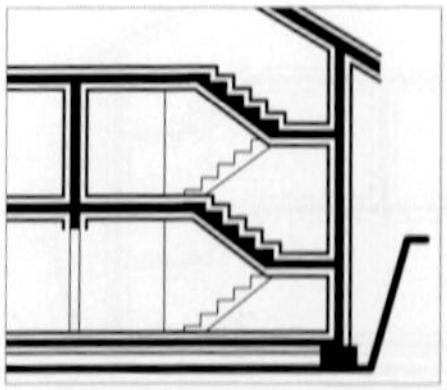

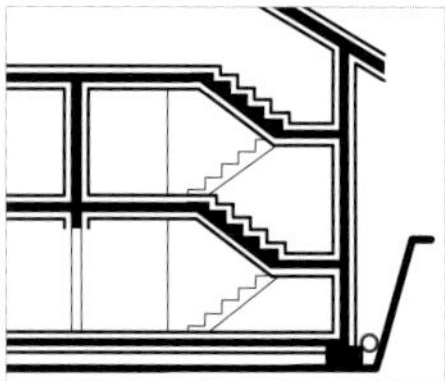

**Kosten:**
Stand 1.Quartal 2020
Bundesdurchschnitt
inkl. 19% MwSt.

| KG.AK.AA | | ▷ | €/Einheit | ◁ | LB an AA |
|---|---|---|---|---|---|
| 326.11.00 | Dränageleitungen | | | | |
| 01 | **Dränageleitungen DN100, PVC, gewellt (5 Objekte)**<br>Einheit: m Leitung | 7,70 | **12,00** | 15,00 | |
| | 010 Drän- und Versickerarbeiten | | | | 100,0% |
| 326.12.00 | Dränageleitungen mit Kiesumhüllung | | | | |
| 01 | **Dränageleitungen DN100, PVC, Kiesumhüllung (6 Objekte)**<br>Einheit: m Leitung | 22,00 | **29,00** | 49,00 | |
| | 009 Entwässerungskanalarbeiten | | | | 50,0% |
| | 010 Drän- und Versickerarbeiten | | | | 50,0% |
| 326.21.00 | Dränageschächte | | | | |
| 01 | **Dränageschächte DN1.000, Betonfertigteile (3 Objekte)**<br>Einheit: m Tiefe | 210,00 | **280,00** | 320,00 | |
| | 010 Drän- und Versickerarbeiten | | | | 100,0% |
| 02 | **Dränageschächte, D=315mm, PVC (6 Objekte)**<br>Einheit: m Tiefe | 160,00 | **250,00** | 340,00 | |
| | 010 Drän- und Versickerarbeiten | | | | 100,0% |
| 326.31.00 | Dränfilter, Kies | | | | |
| 01 | **Filterschichten aus gewaschenem Kies, Körnung 8/32-16/33mm (3 Objekte)**<br>Einheit: $m^2$ Schichtfläche | 12,00 | **16,00** | 18,00 | |
| | 010 Drän- und Versickerarbeiten | | | | 100,0% |

▷ von
ø Mittel
◁ bis

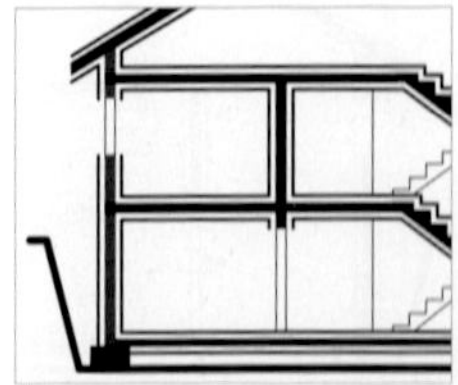

| KG.AK.AA | ▷ | €/Einheit | ◁ | LB an AA |
|---|---|---|---|---|
| **331.12.00 Mauerwerkswand, Porenbetonsteine** | | | | |
| 02 **Porenbeton-Mauerwerk, d=24cm (3 Objekte)**<br>Einheit: m² Wandfläche | 86,00 | **99,00** | 110,00 | |
| 012 Mauerarbeiten | | | | 100,0% |
| **331.14.00 Mauerwerkswand, Kalksandsteine** | | | | |
| 02 **KSL-Mauerwerk, d=24-30cm, KS-Flachstürze für Öffnungen, waagrechte Mauerwerksabdichtung (5 Objekte)**<br>Einheit: m² Wandfläche | 77,00 | **110,00** | 130,00 | |
| 012 Mauerarbeiten | | | | 95,0% |
| 018 Abdichtungsarbeiten | | | | 5,0% |
| 08 **Kalksandstein-Mauerwerk, d=24cm, Mörtelgruppe II (3 Objekte)**<br>Einheit: m² Wandfläche | 77,00 | **100,00** | 110,00 | |
| 012 Mauerarbeiten | | | | 100,0% |
| 11 **Kalksandstein-Mauerwerk, d=17,5cm, Mörtelgruppe II (8 Objekte)**<br>Einheit: m² Wandfläche | 68,00 | **74,00** | 83,00 | |
| 012 Mauerarbeiten | | | | 100,0% |
| 14 **Kalksandstein-Mauerwerk, d=24cm, Mörtelgruppe II, zweiseitiges Sichtmauerwerk (3 Objekte)**<br>Einheit: m² Wandfläche | 81,00 | **110,00** | 130,00 | |
| 012 Mauerarbeiten | | | | 100,0% |
| **331.16.00 Mauerwerkswand, Mauerziegel** | | | | |
| 01 **Ziegelmauerwerk mit Stürzen, Rollladenkästen, Horizontalsperre, teilweise mit Ringbalken, d=24-49cm (3 Objekte)**<br>Einheit: m² Wandfläche | 120,00 | **160,00** | 170,00 | |
| 012 Mauerarbeiten | | | | 76,0% |
| 013 Betonarbeiten | | | | 23,0% |
| 018 Abdichtungsarbeiten | | | | 1,0% |
| 07 **Wärmedämmziegel, d=24cm, Mörtelgruppe II (5 Objekte)**<br>Einheit: m² Wandfläche | 86,00 | **92,00** | 110,00 | |
| 012 Mauerarbeiten | | | | 100,0% |
| 08 **Wärmedämmziegel, d=36,5cm, Mörtelgruppe II, Öffnungen, Sturzüberdeckungen (4 Objekte)**<br>Einheit: m² Wandfläche | 130,00 | **150,00** | 180,00 | |
| 012 Mauerarbeiten | | | | 98,0% |
| 013 Betonarbeiten | | | | 2,0% |
| 09 **Porenbeton-Plansteine, d=24-36,5cm, mit Nut und Feder im Dünnbettmörtel-Verfahren (3 Objekte)**<br>Einheit: m² Wandfläche | 110,00 | **120,00** | 140,00 | |
| 012 Mauerarbeiten | | | | 100,0% |

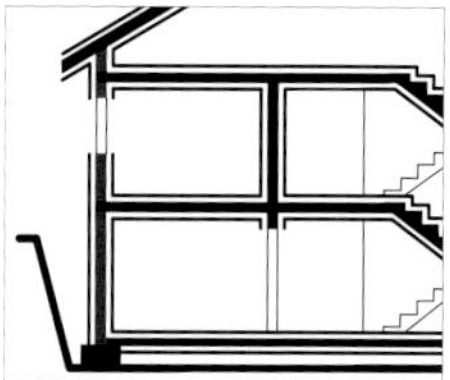

**Kosten:**
Stand 1.Quartal 2020
Bundesdurchschnitt
inkl. 19% MwSt.

| KG.AK.AA | | ▷ | €/Einheit | ◁ | LB an AA |
|---|---|---|---|---|---|
| 331.21.00 | Betonwand, Ortbetonwand, schwer | | | | |
| 02 | **Betonwände, Ortbeton, d=20cm, Schalung, Bewehrung, Aussparungen (3 Objekte)**<br>Einheit: m² Wandfläche | 140,00 | **190,00** | 220,00 | |
| | 013 Betonarbeiten | | | | 100,0% |
| 03 | **Betonwände, Ortbeton, d=15-35cm, Schalung, Bewehrung (9 Objekte)**<br>Einheit: m² Wandfläche | 170,00 | **210,00** | 250,00 | |
| | 013 Betonarbeiten | | | | 100,0% |
| 04 | **Betonwände, WU-Ortbeton, d=15-30cm, Schalung, Bewehrung (4 Objekte)**<br>Einheit: m² Wandfläche | 140,00 | **190,00** | 270,00 | |
| | 013 Betonarbeiten | | | | 100,0% |
| 05 | **Betonwände, Ortbeton, d=24cm, Schalung, Bewehrung, Aussparungen (4 Objekte)**<br>Einheit: m² Wandfläche | 170,00 | **190,00** | 200,00 | |
| | 013 Betonarbeiten | | | | 100,0% |
| 06 | **Betonwände, Ortbeton, d=30cm, Schalung, Bewehrung, Aussparungen (5 Objekte)**<br>Einheit: m² Wandfläche | 190,00 | **210,00** | 220,00 | |
| | 013 Betonarbeiten | | | | 100,0% |
| 07 | **Betonwände aus vorgefertigten Platten, d=20cm, Einbau auf Bodenplatte, Öffnungen (3 Objekte)**<br>Einheit: m² Wandfläche | 120,00 | **130,00** | 140,00 | |
| | 013 Betonarbeiten | | | | 100,0% |
| 11 | **Betonwände, WU-Sichtbeton, d=25cm, Schalung, Bewehrung (3 Objekte)**<br>Einheit: m² Wandfläche | 140,00 | **140,00** | 150,00 | |
| | 013 Betonarbeiten | | | | 100,0% |
| 331.24.00 | Betonwand, Fertigteil, schwer | | | | |
| 01 | **Betonfertigteil-Wände, d=16-30cm, Bewehrung (3 Objekte)**<br>Einheit: m² Wandfläche | 150,00 | **170,00** | 200,00 | |
| | 013 Betonarbeiten | | | | 100,0% |
| 331.26.00 | Betonwand, Fertigteil, mehrschichtig | | | | |
| 01 | **Betonfertigteil-Wände, mehrschichtig, Bewehrung (4 Objekte)**<br>Einheit: m² Wandfläche | 140,00 | **150,00** | 190,00 | |
| | 013 Betonarbeiten | | | | 100,0% |

▷ von
ø Mittel
◁ bis

| KG.AK.AA | | ▷ | €/Einheit | ◁ | LB an AA |
|---|---|---|---|---|---|
| 331.33.00 | Holzwand, Rahmenkonstruktion, Vollholz | | | | |
| 02 | **Geschosshohe Holz-Fertigteilwände, d=391-395mm: KVH-Träger, Zelluloseeinblasdämmung WLG 040, d=360mm, OSB-Platten, d=15mm, Holzweichfaserplatten, d=16mm (3 Objekte)**<br>Einheit: m² Wandfläche | 170,00 | **190,00** | 200,00 | |
| | 016 Zimmer- und Holzbauarbeiten | | | | 100,0% |
| 03 | **Geschosshohe Holz-Fertigteilwände, d=356-384mm: Doppelstegträger, Zelluloseeinblasdämmung, d=356mm, OSB-Platten, d=15mm, DWD-Platten, d=16mm, innenseitig GK-Platten, d=12,5mm, malerfertig gespachtelt (4 Objekte)**<br>Einheit: m² Wandfläche | 210,00 | **230,00** | 250,00 | |
| | 016 Zimmer- und Holzbauarbeiten | | | | 100,0% |
| 331.91.00 | Sonstige tragende Außenwände | | | | |
| 02 | **Rollladenkasten aus Polystyrol-Hartschaum, Außenseiten als Putzträger (3 Objekte)**<br>Einheit: m Rollladenkasten | 81,00 | **85,00** | 87,00 | |
| | 012 Mauerarbeiten | | | | 60,0% |
| | 013 Betonarbeiten | | | | 40,0% |

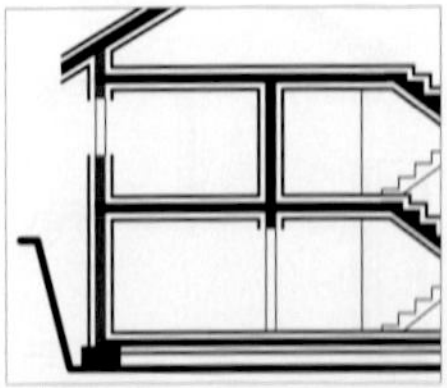

Lebensdauern
Grobelementarten
Stahlbau
Gebäudearten
Kostengruppen
Ausführungsarten

## 332 Nichttragende Außenwände

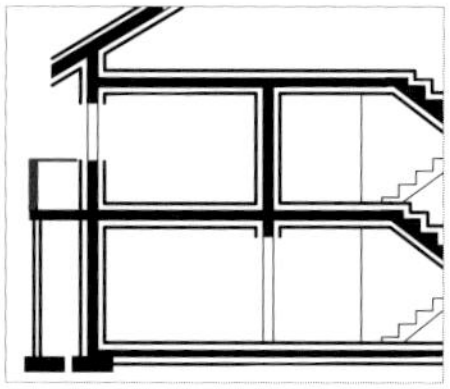

**Kosten:**
Stand 1.Quartal 2020
Bundesdurchschnitt
inkl. 19% MwSt.

| KG.AK.AA | | ▷ | €/Einheit | ◁ | LB an AA |
|---|---|---|---|---|---|
| 332.21.00 | Betonwand, Ortbeton, schwer | | | | |
| 02 | **Attika, Ortbeton, d=20-25cm, Schalung, Bewehrung (3 Objekte)**<br>Einheit: m² Wandfläche | 170,00 | **190,00** | 230,00 | |
| | 013 Betonarbeiten | | | | 100,0% |
| 332.22.00 | Betonwand, Ortbeton, leicht | | | | |
| 01 | **Attika, Ortbeton, Schalung, Bewehrung (3 Objekte)**<br>Einheit: m² Wandfläche | 170,00 | **180,00** | 180,00 | |
| | 013 Betonarbeiten | | | | 100,0% |

▷ von
ø Mittel
◁ bis

| KG.AK.AA | | ▷ | €/Einheit | ◁ | LB an AA |
|---|---|---|---|---|---|
| 333.21.00 | Betonstütze, Ortbeton, schwer | | | | |
| 01 | **Betonstütze, Ortbeton, Querschnitt bis 2.500cm², Schalung, Bewehrung (5 Objekte)**<br>Einheit: m Stützenlänge | 170,00 | **280,00** | 350,00 | |
| | 013 Betonarbeiten | | | | 100,0% |

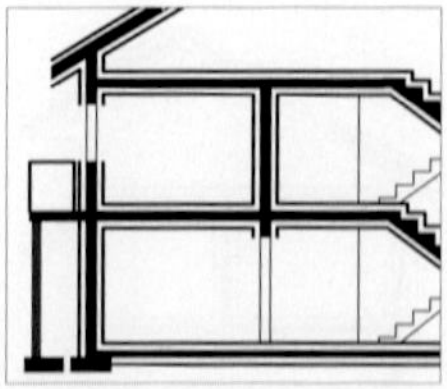

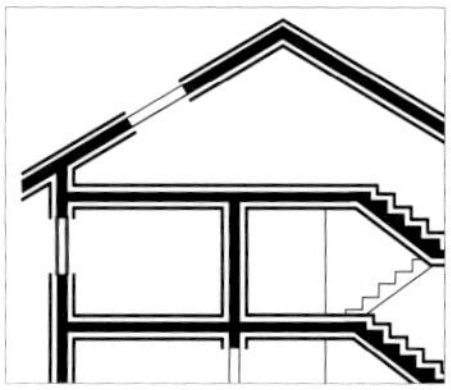

**Kosten:**
Stand 1.Quartal 2020
Bundesdurchschnitt
inkl. 19% MwSt.

▷ von
ø Mittel
◁ bis

| KG.AK.AA | | ▷ | €/Einheit | ◁ | LB an AA |
|---|---|---|---|---|---|
| 334.11.00 | Türen, Ganzglas | | | | |
| 01 | **Ganzglastür, ESG, Bodentürschließer, Beschläge (3 Objekte)** | 690,00 | **840,00** | 1.120,00 | |
| | Einheit: m² Türfläche | | | | |
| | 026 Fenster, Außentüren | | | | 100,0% |
| 334.12.00 | Türen, Holz | | | | |
| 04 | **Haustüranlage, Holz, dreiteilig, mit feststehenden Seitenteilen, Isolierverglasung, Beschläge (4 Objekte)** | 930,00 | **1.110,00** | 1.360,00 | |
| | Einheit: m² Türfläche | | | | |
| | 026 Fenster, Außentüren | | | | 92,0% |
| | 029 Beschlagarbeiten | | | | 8,0% |
| 08 | **Nebeneingangstür, Holz, einflüglig, Beschläge (3 Objekte)** | 790,00 | **900,00** | 1.110,00 | |
| | Einheit: m² Türfläche | | | | |
| | 026 Fenster, Außentüren | | | | 100,0% |
| 09 | **Passivhaus-Eingangstür, Holz, mehrteilig, gedämmt, Glasausschnitte Dreischeiben-WSG (6 Objekte)** | 1.350,00 | **1.820,00** | 2.440,00 | |
| | Einheit: m² Türfläche | | | | |
| | 026 Fenster, Außentüren | | | | 96,0% |
| | 027 Tischlerarbeiten | | | | 4,0% |
| 334.13.00 | Türen, Kunststoff | | | | |
| 02 | **Haustüranlage, Kunststoff, dreiteilig, mit feststehenden Seitenteilen, Isolierverglasung, Beschläge (6 Objekte)** | 870,00 | **980,00** | 1.420,00 | |
| | Einheit: m² Türfläche | | | | |
| | 026 Fenster, Außentüren | | | | 100,0% |
| 334.14.00 | Türen, Metall | | | | |
| 03 | **Metallrahmentür mit Füllung, Aluminium, einflüglig, Stahlzarge, Beschläge (3 Objekte)** | 1.340,00 | **1.530,00** | 1.910,00 | |
| | Einheit: m² Türfläche | | | | |
| | 026 Fenster, Außentüren | | | | 93,0% |
| | 029 Beschlagarbeiten | | | | 7,0% |
| 04 | **Metalltür mit Oberlicht, Aluminium, einflüglig, Stahlzarge, Beschläge (3 Objekte)** | 700,00 | **800,00** | 970,00 | |
| | Einheit: m² Türfläche | | | | |
| | 026 Fenster, Außentüren | | | | 100,0% |
| 07 | **Metalltür mit Füllungen und Oberlicht, zweiflüglig, Stahlzarge, Beschläge (5 Objekte)** | 560,00 | **720,00** | 950,00 | |
| | Einheit: m² Türfläche | | | | |
| | 026 Fenster, Außentüren | | | | 100,0% |
| 08 | **Metallrahmentür mit Verglasung und Oberlicht, zweiflüglig, Stahlzarge, Beschläge (3 Objekte)** | 560,00 | **800,00** | 930,00 | |
| | Einheit: m² Türfläche | | | | |
| | 026 Fenster, Außentüren | | | | 100,0% |

| KG.AK.AA | | ▷ | €/Einheit | ◁ | LB an AA |
|---|---|---|---|---|---|
| **334.15.00** | **Türen, Mischkonstruktionen** | | | | |
| 01 | **Stahlrahmentür, vorbereitet für bauseitige Holzverkleidung, Alu-Riffelblech zur Aussteifung (6 Objekte)**<br>Einheit: m² Türfläche | 1.310,00 | **1.470,00** | 1.700,00 | |
| | 026 Fenster, Außentüren | | | | 100,0% |
| **334.22.00** | **Fenstertüren, Holz** | | | | |
| 06 | **Passivhaus-Holzfenstertüren, Wärmeschutzverglasung, Beschläge (3 Objekte)**<br>Einheit: m² Türfläche | 450,00 | **520,00** | 640,00 | |
| | 026 Fenster, Außentüren | | | | 100,0% |
| 08 | **Holzfenstertüren, zweiflüglig, Isolierverglasung, Beschläge (6 Objekte)**<br>Einheit: m² Türfläche | 360,00 | **400,00** | 470,00 | |
| | 026 Fenster, Außentüren | | | | 100,0% |
| 09 | **Holzfenstertüren, dreiteilig, Isolierverglasung, Beschläge (3 Objekte)**<br>Einheit: m² Türfläche | 440,00 | **500,00** | 620,00 | |
| | 026 Fenster, Außentüren | | | | 100,0% |
| **334.23.00** | **Fenstertüren, Kunststoff** | | | | |
| 01 | **Kunststofffenstertüren, Isolierverglasung, Drehkipp-Beschlag (4 Objekte)**<br>Einheit: m² Türfläche | 290,00 | **380,00** | 650,00 | |
| | 026 Fenster, Außentüren | | | | 100,0% |
| **334.25.00** | **Fenstertüren, Mischkonstruktionen** | | | | |
| 01 | **Fenstertüren, Holz-Alu, Beschläge (4 Objekte)**<br>Einheit: m² Türfläche | 490,00 | **580,00** | 660,00 | |
| | 026 Fenster, Außentüren | | | | 100,0% |
| **334.33.00** | **Eingangsanlagen** | | | | |
| 04 | **Automatik-Schiebetüren, Elektroantrieb, Radarbewegungsmelder, Notentriegelung, Beschläge (3 Objekte)**<br>Einheit: m² Türfläche | 1.460,00 | **1.550,00** | 1.590,00 | |
| | 026 Fenster, Außentüren | | | | 100,0% |
| **334.37.00** | **Kellerfenster** | | | | |
| 01 | **Kellerfenster, kleinteilig in Holz, Stahl oder Kunststoff, Drehflügel, Mäusegitter (5 Objekte)**<br>Einheit: m² Fensterfläche | 250,00 | **370,00** | 400,00 | |
| | 013 Betonarbeiten | | | | 100,0% |
| **334.53.00** | **Rolltore, Glieder** | | | | |
| 01 | **Sektionaltore aus Stahl oder Aluminium, Elektroantrieb, Nebenarbeiten (8 Objekte)**<br>Einheit: m² Torfläche | 400,00 | **500,00** | 660,00 | |
| | 026 Fenster, Außentüren | | | | 49,0% |
| | 031 Metallbauarbeiten | | | | 51,0% |

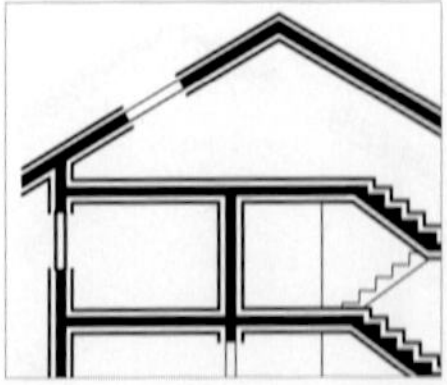

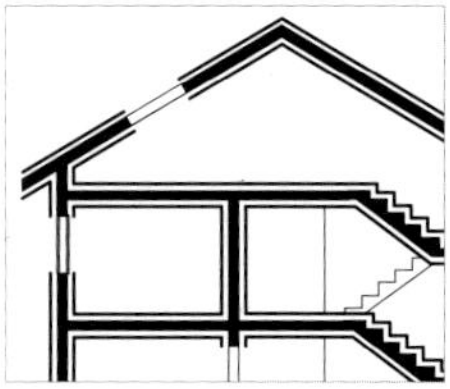

**Kosten:**
Stand 1.Quartal 2020
Bundesdurchschnitt
inkl. 19% MwSt.

▷ von
ø Mittel
◁ bis

| KG.AK.AA | | ▷ | €/Einheit | ◁ | LB an AA |
|---|---|---|---|---|---|
| 334.54.00 | Rolltore, Gitter | | | | |
| 01 | **Rollgitter, Alu, Elektroantrieb (4 Objekte)** | 830,00 | **1.030,00** | 1.100,00 | |
| | Einheit: m² Torfläche | | | | |
| | 026 Fenster, Außentüren | | | | 51,0% |
| | 031 Metallbauarbeiten | | | | 49,0% |
| 334.57.00 | Schwingtore, Stahl | | | | |
| 01 | **Schwingtor, Stahl, Holzbekleidung, Motorantrieb (3 Objekte)** | 410,00 | **460,00** | 540,00 | |
| | Einheit: m² Torfläche | | | | |
| | 026 Fenster, Außentüren | | | | 60,0% |
| | 030 Rollladenarbeiten | | | | 40,0% |
| 334.62.00 | Fenster, Holz | | | | |
| 01 | **Holzfenster, Isolierverglasung, Fensterbänke innen und außen, Beschichtung (5 Objekte)** | 440,00 | **510,00** | 770,00 | |
| | Einheit: m² Fensterfläche | | | | |
| | 026 Fenster, Außentüren | | | | 95,0% |
| | 034 Maler- und Lackierarbeiten - Beschichtungen | | | | 5,0% |
| 05 | **Holzfenster, hochwärmegedämmt, erhöhte Luftdichtigkeit, luftdichter Anschluss an Wand, Dreischeiben-Wärmeschutzglas, Gasfüllung Argon oder Krypton, u-Wert Glas = 0,7W/m²K, g-Wert = 55-60%, TL-Wert 69% (14 Objekte)** | 510,00 | **700,00** | 850,00 | |
| | Einheit: m² Fensterfläche | | | | |
| | 022 Klempnerarbeiten | | | | 4,0% |
| | 026 Fenster, Außentüren | | | | 92,0% |
| | 027 Tischlerarbeiten | | | | 4,0% |
| 08 | **Holzfenster, einflüglig, Drehkipp- oder Kippflügel, Isolierverglasung, Beschläge (11 Objekte)** | 450,00 | **500,00** | 560,00 | |
| | Einheit: m² Fensterfläche | | | | |
| | 026 Fenster, Außentüren | | | | 100,0% |
| 09 | **Holzfenster, zweiflüglig, Drehkipp- und Drehflügel, Isolierverglasung, Beschläge (7 Objekte)** | 520,00 | **550,00** | 650,00 | |
| | Einheit: m² Fensterfläche | | | | |
| | 026 Fenster, Außentüren | | | | 100,0% |
| 10 | **Holzfenster, dreiteilig, Isolierverglasung, Beschläge (3 Objekte)** | 330,00 | **450,00** | 520,00 | |
| | Einheit: m² Fensterfläche | | | | |
| | 026 Fenster, Außentüren | | | | 100,0% |
| 12 | **Holzfenster, festverglast, Isolierverglasung, Beschläge (4 Objekte)** | 390,00 | **400,00** | 410,00 | |
| | Einheit: m² Fensterfläche | | | | |
| | 026 Fenster, Außentüren | | | | 100,0% |
| 334.63.00 | Fenster, Kunststoff | | | | |
| 01 | **Kunststofffenster, Isolierverglasung, Dreh-Kipp-Beschläge (4 Objekte)** | 360,00 | **390,00** | 440,00 | |
| | Einheit: m² Fensterfläche | | | | |
| | 026 Fenster, Außentüren | | | | 100,0% |

| KG.AK.AA | | ▷ | €/Einheit | ◁ | LB an AA |
|---|---|---|---|---|---|
| **334.65.00** | **Fenster, Mischkonstruktionen** | | | | |
| 03 | **Holz-Alu-Fenster, hochwärmegedämmt, Dreischeiben-Wärmeschutzverglasung (7 Objekte)** | 640,00 | **840,00** | 1.240,00 | |
| | Einheit: m² Fensterfläche | | | | |
| | 022 Klempnerarbeiten | | | | 3,0% |
| | 026 Fenster, Außentüren | | | | 86,0% |
| | 027 Tischlerarbeiten | | | | 11,0% |
| **334.66.00** | **Fenster, Metall, Aluminium** | | | | |
| 01 | **Alufensterelemente, thermisch getrennte Profile, Wärmeschutzverglasung, Öffnungsflügel (6 Objekte)** | 500,00 | **670,00** | 850,00 | |
| | Einheit: m² Fensterfläche | | | | |
| | 026 Fenster, Außentüren | | | | 100,0% |
| **334.69.00** | **Fenster, sonstiges** | | | | |
| 02 | **Fensterbank für Fensteranschluss, außen, Aluminium, eloxiert, seitliche Aufkantung (7 Objekte)** | 42,00 | **55,00** | 74,00 | |
| | Einheit: m Länge | | | | |
| | 026 Fenster, Außentüren | | | | 100,0% |
| 03 | **Fensterbank, innen, Holz oder Holzwerkstoff, Oberflächenbehandlung (6 Objekte)** | 60,00 | **74,00** | 97,00 | |
| | Einheit: m Länge | | | | |
| | 026 Fenster, Außentüren | | | | 46,0% |
| | 027 Tischlerarbeiten | | | | 54,0% |
| 04 | **Fensterbank, innen, Naturstein oder Naturwerkstein, d=20-30mm, geschliffen oder poliert (3 Objekte)** | 42,00 | **55,00** | 77,00 | |
| | Einheit: m Länge | | | | |
| | 014 Natur-, Betonwerksteinarbeiten | | | | 100,0% |
| **334.72.00** | **Holzmischkonstrukionen** | | | | |
| 01 | **Holz/Alu-Pfosten-Riegel-Fassade, Wärmeschutzverglasung, Öffnungsflügel (3 Objekte)** | 340,00 | **610,00** | 790,00 | |
| | Einheit: m² Elementierte Fläche | | | | |
| | 026 Fenster, Außentüren | | | | 100,0% |
| **334.75.00** | **Metallkonstruktionen** | | | | |
| 01 | **Fassadenelemente als Pfosten-Riegel-Konstruktion mit Brüstung und Fensterband, Stahl, Leichtmetall, Isolierglas, Oberflächen endbehandelt (4 Objekte)** | 780,00 | **940,00** | 1.370,00 | |
| | Einheit: m² Elementierte Fläche | | | | |
| | 017 Stahlbauarbeiten | | | | 3,0% |
| | 026 Fenster, Außentüren | | | | 33,0% |
| | 031 Metallbauarbeiten | | | | 33,0% |
| | 032 Verglasungsarbeiten | | | | 14,0% |
| | 034 Maler- und Lackierarbeiten - Beschichtungen | | | | 17,0% |

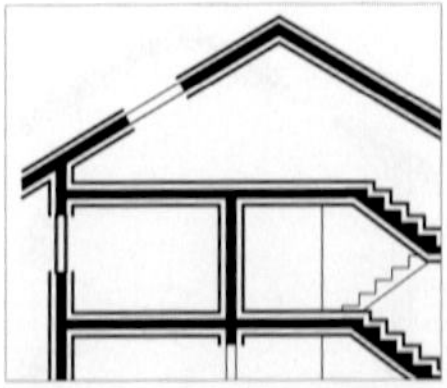

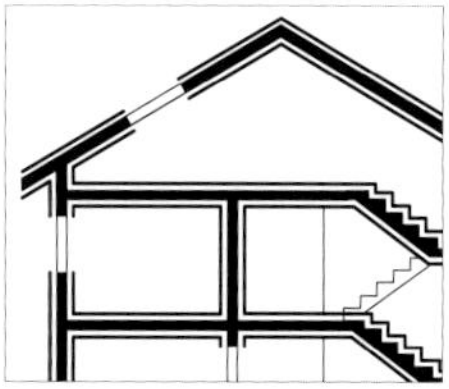

**Kosten:**
Stand 1.Quartal 2020
Bundesdurchschnitt
inkl. 19% MwSt.

| KG.AK.AA | | ▷ | €/Einheit | ◁ | LB an AA |
|---|---|---|---|---|---|
| 335.11.00 | Abdichtung | | | | |
| 01 | **Bituminöse Abdichtung an erdberührten Bauteilen (10 Objekte)**<br>Einheit: m² Bekleidete Fläche | 28,00 | **32,00** | 37,00 | |
| | 018 Abdichtungsarbeiten | | | | 100,0% |
| 335.12.00 | Abdichtung, Schutzschicht | | | | |
| 01 | **Bituminöse Abdichtung an erdberührten Bauteilen, Hohlkehle, Abdeckung mit Noppenfolie (4 Objekte)**<br>Einheit: m² Bekleidete Fläche | 47,00 | **62,00** | 82,00 | |
| | 013 Betonarbeiten | | | | 4,0% |
| | 018 Abdichtungsarbeiten | | | | 96,0% |
| 335.13.00 | Abdichtung, Dämmung | | | | |
| 01 | **Bituminöse Abdichtung an erdberührten Bauteilen, Bitumenbeschichtung, vierfach, Abdeckung mit Perimeterdämmung, d=50-70mm (3 Objekte)**<br>Einheit: m² Bekleidete Fläche | 53,00 | **62,00** | 76,00 | |
| | 012 Mauerarbeiten | | | | 20,0% |
| | 013 Betonarbeiten | | | | 41,0% |
| | 018 Abdichtungsarbeiten | | | | 40,0% |
| 03 | **Bituminöse Abdichtung an erdberührten Bauteilen, Dickbeschichtung oder Schweißbahn, Perimeterdämmung, d=100-200mm (6 Objekte)**<br>Einheit: m² Bekleidete Fläche | 57,00 | **73,00** | 88,00 | |
| | 013 Betonarbeiten | | | | 47,0% |
| | 018 Abdichtungsarbeiten | | | | 21,0% |
| | 023 Putz- und Stuckarbeiten, Wärmedämmsysteme | | | | 32,0% |
| 335.14.00 | Abdichtung, Dämmung, Schutzschicht | | | | |
| 01 | **Abdichtung, Perimeterdämmung, Schutzschicht (7 Objekte)**<br>Einheit: m² Bekleidete Fläche | 72,00 | **78,00** | 93,00 | |
| | 013 Betonarbeiten | | | | 50,0% |
| | 018 Abdichtungsarbeiten | | | | 50,0% |

▷ von
ø Mittel
◁ bis

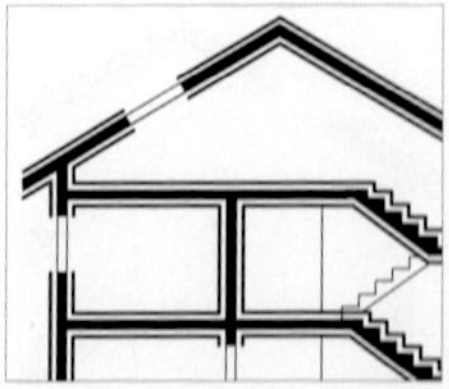

| KG.AK.AA | | ▷ | €/Einheit | ◁ | LB an AA |
|---|---|---|---|---|---|
| **335.17.00** | **Dämmung** | | | | |
| 03 | **Perimeterdämmung aus extrudiertem Hartschaum, WLG 040, d=40-70mm (5 Objekte)**<br>Einheit: m² Bekleidete Fläche | 27,00 | **39,00** | 53,00 | |
| | 013 Betonarbeiten | | | | 61,0% |
| | 018 Abdichtungsarbeiten | | | | 39,0% |
| 04 | **Wärmedämmschicht aus Polyurethan-Hartschaum, im Erdreich, WLG 040, d=40-60mm (3 Objekte)**<br>Einheit: m² Bekleidete Fläche | 31,00 | **35,00** | 38,00 | |
| | 012 Mauerarbeiten | | | | 50,0% |
| | 013 Betonarbeiten | | | | 50,0% |
| 06 | **Wärmedämmung aus Polystyrol-Hartschaum, WLG 030 oder 040, d=50-80mm (5 Objekte)**<br>Einheit: m² Bekleidete Fläche | 29,00 | **36,00** | 42,00 | |
| | 013 Betonarbeiten | | | | 100,0% |
| 09 | **Perimeterdämmung, PS-Hartschaumplatten, WLG 035-040, d=100-200mm (6 Objekte)**<br>Einheit: m² Bekleidete Fläche | 31,00 | **38,00** | 43,00 | |
| | 012 Mauerarbeiten | | | | 50,0% |
| | 018 Abdichtungsarbeiten | | | | 50,0% |
| **335.21.00** | **Beschichtung** | | | | |
| 01 | **Beschichtung mineralischer Untergründe (Beton, Mauerwerk, Putz, Gipskarton), Untergrundvorbehandlung (3 Objekte)**<br>Einheit: m² Bekleidete Fläche | 14,00 | **17,00** | 23,00 | |
| | 034 Maler- und Lackierarbeiten - Beschichtungen | | | | 100,0% |
| 03 | **Beschichtung, Lasur auf Holzflächen, Untergrundvorbehandlung, chemischer Holzschutz (3 Objekte)**<br>Einheit: m² Bekleidete Fläche | 16,00 | **19,00** | 23,00 | |
| | 016 Zimmer- und Holzbauarbeiten | | | | 50,0% |
| | 034 Maler- und Lackierarbeiten - Beschichtungen | | | | 50,0% |
| **335.31.00** | **Putz** | | | | |
| 01 | **Außenputz, zweilagig, als Zementputz, Schutzschienen (4 Objekte)**<br>Einheit: m² Bekleidete Fläche | 38,00 | **51,00** | 56,00 | |
| | 023 Putz- und Stuckarbeiten, Wärmedämmsysteme | | | | 100,0% |
| 04 | **Kratzputz, mineralisch, Armierung (3 Objekte)**<br>Einheit: m² Wandfläche | 43,00 | **45,00** | 49,00 | |
| | 023 Putz- und Stuckarbeiten, Wärmedämmsysteme | | | | 100,0% |
| **335.32.00** | **Putz, Beschichtung** | | | | |
| 01 | **Außenputz, zweilagig, als Zementputz mit Beschichtung, Schutzschienen (5 Objekte)**<br>Einheit: m² Bekleidete Fläche | 52,00 | **66,00** | 85,00 | |
| | 023 Putz- und Stuckarbeiten, Wärmedämmsysteme | | | | 79,0% |
| | 034 Maler- und Lackierarbeiten - Beschichtungen | | | | 21,0% |

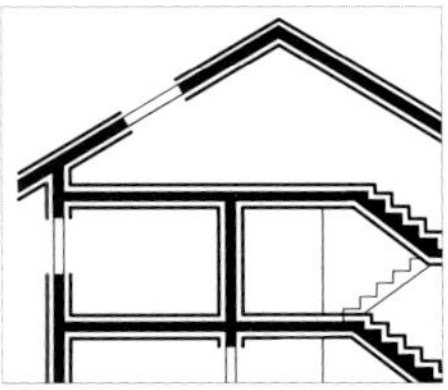

**Kosten:**
Stand 1.Quartal 2020
Bundesdurchschnitt
inkl. 19% MwSt.

| KG.AK.AA | | ▷ | €/Einheit | ◁ | LB an AA |
|---|---|---|---|---|---|
| 335.36.00 | Wärmedämmung, Putz | | | | |
| 01 | **Prüfen des Untergrundes auf Schmutz-, Staub-, Öl- und Fettfreiheit, Wärmedämmung, d=50-80mm, Putz (Kratzputzstruktur) (5 Objekte)** | 69,00 | **100,00** | 120,00 | |
| | Einheit: m² Bekleidete Fläche | | | | |
| | 023 Putz- und Stuckarbeiten, Wärmedämmsysteme | | | | 100,0% |
| 335.37.00 | Wärmedämmung, Putz, Beschichtung | | | | |
| 03 | **Wärmedämmverbundsystem, PS-Hartschaumplatten, d=280-360mm, Armierung, Oberputz, Beschichtung (3 Objekte)** | 150,00 | **160,00** | 190,00 | |
| | Einheit: m² Bekleidete Fläche | | | | |
| | 023 Putz- und Stuckarbeiten, Wärmedämmsysteme | | | | 93,0% |
| | 034 Maler- und Lackierarbeiten - Beschichtungen | | | | 7,0% |
| 04 | **Wärmedämmverbundsystem, mineralische Dämmung, d=120-200mm, Armierung, Kratzputz, Beschichtung, Egalisierung (3 Objekte)** | 98,00 | **100,00** | 110,00 | |
| | Einheit: m² Bekleidete Fläche | | | | |
| | 023 Putz- und Stuckarbeiten, Wärmedämmsysteme | | | | 100,0% |
| 05 | **Wärmedämmverbundsystem, PS-Hartschaumplatten, d=120-240mm, Armierung, Oberputz, Beschichtung (4 Objekte)** | 110,00 | **120,00** | 130,00 | |
| | Einheit: m² Bekleidete Fläche | | | | |
| | 023 Putz- und Stuckarbeiten, Wärmedämmsysteme | | | | 91,0% |
| | 034 Maler- und Lackierarbeiten - Beschichtungen | | | | 9,0% |
| 335.44.00 | Bekleidung auf Unterkonstruktion, Holz | | | | |
| 01 | **Nadelholz-Bekleidung auf Lattungen, hinterlüftet, Fensterlaibungen, Tierschutzgitter (6 Objekte)** | 91,00 | **120,00** | 150,00 | |
| | Einheit: m² Bekleidete Fläche | | | | |
| | 038 Vorgehängte hinterlüftete Fassaden | | | | 100,0% |
| 03 | **Unterkonstruktion Holz oder Metall, Wärmedämmung, Holzwerkstoffplatten, hinterlüftet (3 Objekte)** | 140,00 | **200,00** | 240,00 | |
| | Einheit: m² Bekleidete Fläche | | | | |
| | 016 Zimmer- und Holzbauarbeiten | | | | 50,0% |
| | 027 Tischlerarbeiten | | | | 50,0% |
| 335.54.00 | Verblendung, Mauerwerk | | | | |
| 01 | **Bekleidung mit Verblendmauerwerk, Luftschicht, Drahtanker, Mineralfaserdämmung, Fugenglattstrich (7 Objekte)** | 190,00 | **220,00** | 250,00 | |
| | Einheit: m² Bekleidete Fläche | | | | |
| | 012 Mauerarbeiten | | | | 100,0% |

▷ von
ø Mittel
◁ bis

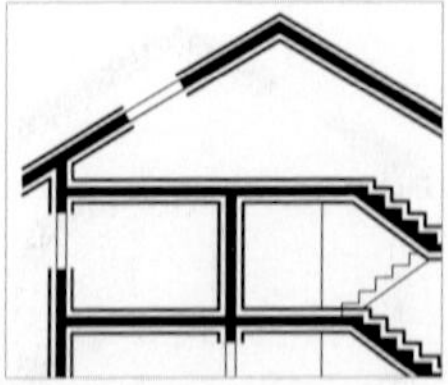

| KG.AK.AA | | ▷ | €/Einheit | ◁ | LB an AA |
|---|---|---|---|---|---|
| 336.11.00 | Abdichtung | | | | |
| 01 | **Abdichtung von Wandflächen auf Bitumen-, Flüssigfolien-, Kunstharzbasis (5 Objekte)**<br>Einheit: m² Bekleidete Fläche | 22,00 | **25,00** | 29,00 | |
| | 024 Fliesen- und Plattenarbeiten | | | | 100,0% |
| 336.17.00 | Dämmung | | | | |
| 01 | **Wärmedämmung, d=30-80mm, auf der Wand befestigt, Befestigungsmaterial (3 Objekte)**<br>Einheit: m² Bekleidete Fläche | 26,00 | **38,00** | 61,00 | |
| | 016 Zimmer- und Holzbauarbeiten | | | | 33,0% |
| | 024 Fliesen- und Plattenarbeiten | | | | 34,0% |
| | 039 Trockenbauarbeiten | | | | 33,0% |
| 336.21.00 | Beschichtung | | | | |
| 01 | **Beschichtung mineralischer Untergründe (Gipskartonwände), Untergrundvorbehandlung (3 Objekte)**<br>Einheit: m² Bekleidete Fläche | 4,00 | **6,00** | 7,30 | |
| | 034 Maler- und Lackierarbeiten - Beschichtungen | | | | 100,0% |
| 08 | **Beschichtung auf Betonwände, Untergrundvorbehandlung (5 Objekte)**<br>Einheit: m² Wandfläche | 4,20 | **4,70** | 5,00 | |
| | 034 Maler- und Lackierarbeiten - Beschichtungen | | | | 100,0% |
| 09 | **Beschichtung, Dispersion auf Putzwände (3 Objekte)**<br>Einheit: m² Wandfläche | 4,60 | **5,20** | 5,60 | |
| | 034 Maler- und Lackierarbeiten - Beschichtungen | | | | 100,0% |
| 336.31.00 | Putz | | | | |
| 01 | **Innenputz als Maschinenputz, Putzgrundvorbereitung, Schutzschienen (5 Objekte)**<br>Einheit: m² Bekleidete Fläche | 21,00 | **28,00** | 38,00 | |
| | 023 Putz- und Stuckarbeiten, Wärmedämmsysteme | | | | 100,0% |
| 336.32.00 | Putz, Beschichtung | | | | |
| 02 | **Maschinenputz, einlagig, Beschichtung (6 Objekte)**<br>Einheit: m² Bekleidete Fläche | 25,00 | **30,00** | 35,00 | |
| | 023 Putz- und Stuckarbeiten, Wärmedämmsysteme | | | | 71,0% |
| | 034 Maler- und Lackierarbeiten - Beschichtungen | | | | 29,0% |
| 336.33.00 | Putz, Fliesen und Platten | | | | |
| 02 | **Wandputz, einlagig, d=10-15mm, Eckschutzschienen, Wandfliesen im Dünnbett, Schienen an Kanten, dauerelastische Verfugung (3 Objekte)**<br>Einheit: m² Bekleidete Fläche | 99,00 | **110,00** | 110,00 | |
| | 023 Putz- und Stuckarbeiten, Wärmedämmsysteme | | | | 20,0% |
| | 024 Fliesen- und Plattenarbeiten | | | | 80,0% |

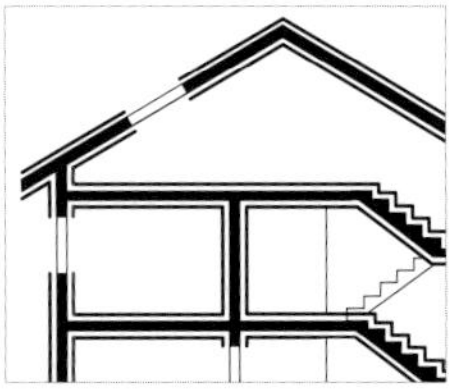

**Kosten:**
Stand 1.Quartal 2020
Bundesdurchschnitt
inkl. 19% MwSt.

| KG.AK.AA | | ▷ | €/Einheit | ◁ | LB an AA |
|---|---|---|---|---|---|
| 336.35.00 | Putz, Tapeten, Beschichtung | | | | |
| 01 | **Gipsputz als Maschinenputz, einlagig, d=15mm, Eckschutzschienen, Raufasertapete, Beschichtung, Dispersion (6 Objekte)** | 31,00 | **33,00** | 35,00 | |
| | Einheit: m² Bekleidete Fläche | | | | |
| | 023 Putz- und Stuckarbeiten, Wärmedämmsysteme | | | | 52,0% |
| | 034 Maler- und Lackierarbeiten - Beschichtungen | | | | 25,0% |
| | 037 Tapezierarbeiten | | | | 23,0% |
| 336.37.00 | Putz, Fliesen und Platten, Abdichtung | | | | |
| 01 | **Putz, streichbare Abdichtung, Wandfliesen, Fensterlaibungen (3 Objekte)** | 160,00 | **160,00** | 170,00 | |
| | Einheit: m² Bekleidete Fläche | | | | |
| | 023 Putz- und Stuckarbeiten, Wärmedämmsysteme | | | | 10,0% |
| | 024 Fliesen- und Plattenarbeiten | | | | 90,0% |
| 336.48.00 | Bekleidung auf Unterkonstruktion, mineralisch | | | | |
| 01 | **Unterkonstruktion, Mineralwolldämmung WLG 040, d=40-80mm, Gipskartonverbundplatten, d=12,5mm (3 Objekte)** | 56,00 | **63,00** | 78,00 | |
| | Einheit: m² Bekleidete Fläche | | | | |
| | 039 Trockenbauarbeiten | | | | 100,0% |
| 336.61.00 | Tapeten | | | | |
| 01 | **Raufasertapete (3 Objekte)** | 7,40 | **9,10** | 12,00 | |
| | Einheit: m² Bekleidete Fläche | | | | |
| | 034 Maler- und Lackierarbeiten - Beschichtungen | | | | 50,0% |
| | 037 Tapezierarbeiten | | | | 50,0% |
| 336.62.00 | Tapeten, Beschichtung | | | | |
| 02 | **Raufasertapete, Beschichtung, Dispersion (7 Objekte)** | 9,00 | **9,80** | 11,00 | |
| | Einheit: m² Bekleidete Fläche | | | | |
| | 034 Maler- und Lackierarbeiten - Beschichtungen | | | | 40,0% |
| | 037 Tapezierarbeiten | | | | 60,0% |
| 336.92.00 | Vorsatzschalen für Installationen | | | | |
| 01 | **Vorsatzschale für Installationen, Unterkonstruktion, Dämmschicht, GK-Beplankung (5 Objekte)** | 49,00 | **56,00** | 60,00 | |
| | Einheit: m² Bekleidete Fläche | | | | |
| | 039 Trockenbauarbeiten | | | | 100,0% |

▷ von
ø Mittel
◁ bis

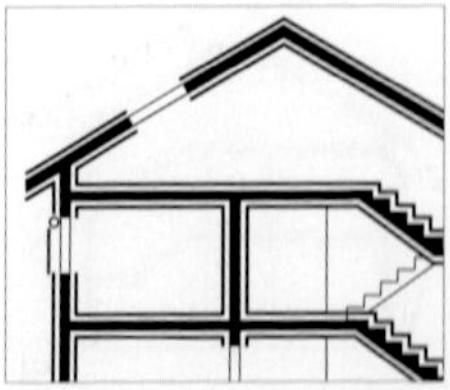

| KG.AK.AA | ▷ | €/Einheit | ◁ | LB an AA |
|---|---|---|---|---|
| **338.12.00 Rollläden** | | | | |
| 02 **Kunststoff-Rollläden, Hart-PVC-Profil 52/14mm, verschiedene Abmessungen, Handbetrieb (3 Objekte)** Einheit: m² Geschützte Fläche | 80,00 | **120,00** | 140,00 | |
| 030 Rollladenarbeiten | | | | 100,0% |
| 06 **Vorbaurollläden, dreiseitig geschlossener Rollladenkasten, Führungsschienen, Gurtwickler (3 Objekte)** Einheit: m² Geschützte Fläche | 90,00 | **97,00** | 100,00 | |
| 030 Rollladenarbeiten | | | | 100,0% |
| 09 **Kunststoff-Rollläden, Hart-PVC-Profil, verschiedene Abmessungen, Elektroantrieb (5 Objekte)** Einheit: m² Geschützte Fläche | 100,00 | **150,00** | 230,00 | |
| 030 Rollladenarbeiten | | | | 100,0% |
| 11 **Alu-Rollläden, verschiedene Abmessungen, Elektroantrieb (3 Objekte)** Einheit: m² Geschützte Fläche | 280,00 | **350,00** | 390,00 | |
| 030 Rollladenarbeiten | | | | 97,0% |
| 053 Niederspannungsanlagen; Kabel, Verlegesysteme | | | | 3,0% |
| **338.13.00 Schiebeläden** | | | | |
| 01 **Schiebeläden, Metallrahmen, Holz-Bekleidung, Laufschienen (4 Objekte)** Einheit: m² Geschützte Fläche | 440,00 | **580,00** | 740,00 | |
| 027 Tischlerarbeiten | | | | 27,0% |
| 030 Rollladenarbeiten | | | | 18,0% |
| 031 Metallbauarbeiten | | | | 49,0% |
| 034 Maler- und Lackierarbeiten - Beschichtungen | | | | 6,0% |
| **338.21.00 Jalousien** | | | | |
| 01 **Außenraffstores, Handbetrieb (3 Objekte)** Einheit: m² Geschützte Fläche | 130,00 | **170,00** | 190,00 | |
| 030 Rollladenarbeiten | | | | 100,0% |
| 03 **Sonnenschutzjalousien, Außenraffstore aus Aluminiumlamellen 80mm, Elektroantrieb (6 Objekte)** Einheit: m² Geschützte Fläche | 180,00 | **210,00** | 280,00 | |
| 030 Rollladenarbeiten | | | | 85,0% |
| 053 Niederspannungsanlagen; Kabel, Verlegesysteme | | | | 15,0% |

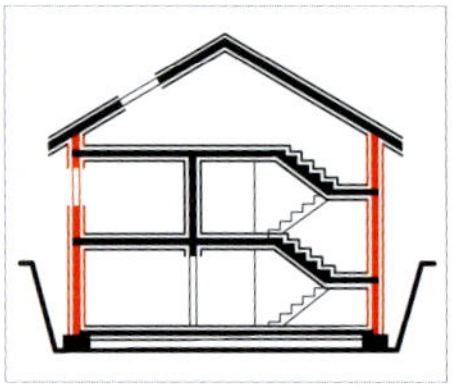

**Kosten:**
Stand 1.Quartal 2020
Bundesdurchschnitt
inkl. 19% MwSt.

| KG.AK.AA | | ▷ | €/Einheit | ◁ | LB an AA |
|---|---|---|---|---|---|
| 339.12.00 | Kellerlichtschächte | | | | |
| 04 | **Kellerlichtschacht, Kunststoff, Gitterrostabdeckung (9 Objekte)**<br>Einheit: St Stück | 250,00 | **340,00** | 530,00 | |
| | 012 Mauerarbeiten | | | | 45,0% |
| | 013 Betonarbeiten | | | | 55,0% |
| 339.31.00 | Vordächer | | | | |
| 01 | **Glasvordach, VSG, Stahlkonstruktion (3 Objekte)**<br>Einheit: m² Vordachfläche | 630,00 | **1.020,00** | 1.280,00 | |
| | 017 Stahlbauarbeiten | | | | 39,0% |
| | 031 Metallbauarbeiten | | | | 61,0% |
| 02 | **Vordächer als Stahlkonstruktion, Metall- oder Glasdeckung (5 Objekte)**<br>Einheit: m² Dachfläche | 450,00 | **640,00** | 1.340,00 | |
| | 017 Stahlbauarbeiten | | | | 46,0% |
| | 031 Metallbauarbeiten | | | | 54,0% |

▷ von
ø Mittel
◁ bis

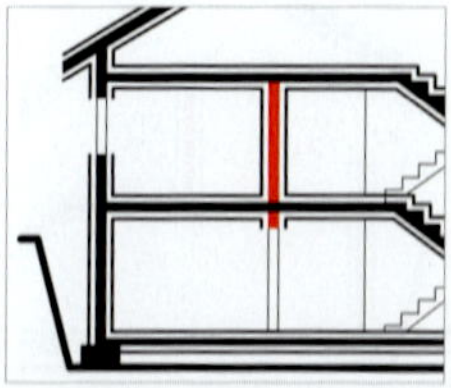

| KG.AK.AA | | ▷ | €/Einheit | ◁ | LB an AA |
|---|---|---|---|---|---|
| 341.12.00 | Mauerwerkswand, Porenbetonsteine | | | | |
| 01 | **Porenbeton-Plansteine, d=17,5-24cm, Dünnbett-mörtelverfahren (7 Objekte)**<br>Einheit: m² Wandfläche | 84,00 | **95,00** | 110,00 | |
| | 012 Mauerarbeiten | | | | 100,0% |
| 341.14.00 | Mauerwerkswand, Kalksandsteine | | | | |
| 07 | **KS-Mauerwerk, d=24cm, Mörtelgruppe II, Stürze für Öffnungen (11 Objekte)**<br>Einheit: m² Wandfläche | 88,00 | **100,00** | 120,00 | |
| | 012 Mauerarbeiten | | | | 100,0% |
| 08 | **KS-Mauerwerk, d=17,5cm, Mörtelgruppe II, Stürze für Öffnungen (8 Objekte)**<br>Einheit: m² Wandfläche | 66,00 | **73,00** | 81,00 | |
| | 012 Mauerarbeiten | | | | 100,0% |
| 11 | **KS-Mauerwerk, d=17,5-24cm, Mörtelgruppe II, Stürze für Öffnungen, Sichtmauerwerk, beidseitig (4 Objekte)**<br>Einheit: m² Wandfläche | 90,00 | **96,00** | 100,00 | |
| | 012 Mauerarbeiten | | | | 100,0% |
| 341.15.00 | Mauerwerkswand, Leichtbetonsteine | | | | |
| 01 | **Leichtbetonsteine, d=17,5-24cm, Mörtelgruppe II (3 Objekte)**<br>Einheit: m² Wandfläche | 55,00 | **68,00** | 76,00 | |
| | 012 Mauerarbeiten | | | | 100,0% |
| 341.16.00 | Mauerwerkswand, Mauerziegel | | | | |
| 08 | **Hlz-Mauerwerk, d=24cm, MG II (5 Objekte)**<br>Einheit: m² Wandfläche | 82,00 | **88,00** | 94,00 | |
| | 012 Mauerarbeiten | | | | 100,0% |
| 341.21.00 | Betonwand, Ortbeton, schwer | | | | |
| 01 | **Betonwände, Ortbeton, Schalung, Bewehrung, d=17,5cm, Wandöffnungen (3 Objekte)**<br>Einheit: m² Wandfläche | 120,00 | **150,00** | 170,00 | |
| | 013 Betonarbeiten | | | | 100,0% |
| 04 | **Betonwände, Ortbeton, d=24cm, Schalung, Bewehrung, Wandöffnungen (3 Objekte)**<br>Einheit: m² Wandfläche | 180,00 | **190,00** | 220,00 | |
| | 013 Betonarbeiten | | | | 100,0% |
| 05 | **Betonwände, Ortbeton, d=30cm, Schalung, Bewehrung, Wandöffnungen (3 Objekte)**<br>Einheit: m² Wandfläche | 210,00 | **230,00** | 270,00 | |
| | 012 Mauerarbeiten | | | | 10,0% |
| | 013 Betonarbeiten | | | | 90,0% |
| 341.24.00 | Betonwand, Fertigteil, schwer | | | | |
| 01 | **Betonfertigteil-Wände, d=12-30cm, Bewehrung, Kleineisenteile, Verfugung (5 Objekte)**<br>Einheit: m² Wandfläche | 130,00 | **140,00** | 160,00 | |
| | 013 Betonarbeiten | | | | 100,0% |

| KG.AK.AA | | ▷ | €/Einheit | ◁ | LB an AA |
|---|---|---|---|---|---|
| 341.31.00 | Holzwand, Blockkonstruktion, Vollholz | | | | |
| 01 | **Holzrahmenkonstruktion, Dämmung, d=80-140mm, beidseitige Gipsfaser-Platten, d=15mm (5 Objekte)**<br>Einheit: m² Wandfläche | 140,00 | **150,00** | 180,00 | |
| | 016 Zimmer- und Holzbauarbeiten | | | | 100,0% |

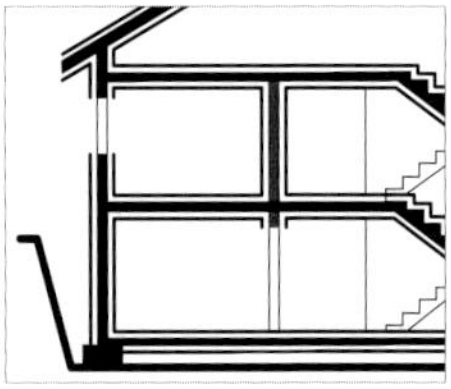

**Kosten:**
Stand 1.Quartal 2020
Bundesdurchschnitt
inkl. 19% MwSt.

▷ von
ø Mittel
◁ bis

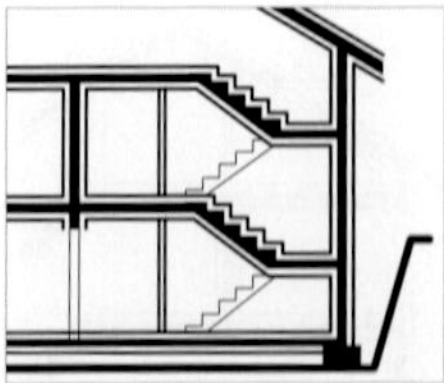

| KG.AK.AA | | ▷ | €/Einheit | ◁ | LB an AA |
|---|---|---|---|---|---|
| 342.12.00 | Mauerwerkswand, Porenbetonsteine | | | | |
| 01 | **Porenbeton-Plansteinmauerwerk, d=10-12,5cm (4 Objekte)**<br>Einheit: m² Wandfläche | 61,00 | **77,00** | 120,00 | |
| | 012 Mauerarbeiten | | | | 89,0% |
| | 013 Betonarbeiten | | | | 11,0% |
| 342.14.00 | Mauerwerkswand, Kalksandsteine | | | | |
| 02 | **KS-Mauerwerk, d=11,5cm, Fertigteilstürze (16 Objekte)**<br>Einheit: m² Wandfläche | 59,00 | **67,00** | 79,00 | |
| | 012 Mauerarbeiten | | | | 100,0% |
| 342.15.00 | Mauerwerkswand, Leichtbetonsteine | | | | |
| 01 | **Vollsteine aus Leichtbeton, d=11,5cm, Mörtelgruppe II (5 Objekte)**<br>Einheit: m² Wandfläche | 49,00 | **56,00** | 64,00 | |
| | 012 Mauerarbeiten | | | | 100,0% |
| 342.16.00 | Mauerwerkswand, Mauerziegel | | | | |
| 06 | **Hlz-Mauerwerk, d=11,5cm, Fertigteilstürze (9 Objekte)**<br>Einheit: m² Wandfläche | 53,00 | **65,00** | 77,00 | |
| | 012 Mauerarbeiten | | | | 100,0% |
| 342.17.00 | Mauerwerkswand, Gipswandbauplatten | | | | |
| 01 | **Gipswandplattenwände, d=8-10cm, beidseitig malerfertig verspachtelt (3 Objekte)**<br>Einheit: m² Wandfläche | 54,00 | **64,00** | 84,00 | |
| | 012 Mauerarbeiten | | | | 56,0% |
| | 039 Trockenbauarbeiten | | | | 44,0% |
| 342.52.00 | Holzständerwand, doppelt beplankt | | | | |
| 01 | **Holzständerwände mit Gipskarton oder Holzwerkstoffplatten, doppelt beplankt (4 Objekte)**<br>Einheit: m² Wandfläche | 54,00 | **77,00** | 90,00 | |
| | 016 Zimmer- und Holzbauarbeiten | | | | 60,0% |
| | 039 Trockenbauarbeiten | | | | 40,0% |
| 342.61.00 | Metallständerwand, einfach beplankt | | | | |
| 01 | **Metallständerwände, Gipskartonplatten, einfach beplankt, d=125-250mm (7 Objekte)**<br>Einheit: m² Wandfläche | 63,00 | **84,00** | 110,00 | |
| | 039 Trockenbauarbeiten | | | | 100,0% |
| 342.62.00 | Metallständerwand, doppelt beplankt | | | | |
| 01 | **Metallständerwände, Gipskartonplatten, doppelt beplankt, d=125-205mm (10 Objekte)**<br>Einheit: m² Wandfläche | 69,00 | **85,00** | 99,00 | |
| | 039 Trockenbauarbeiten | | | | 100,0% |

## 343
## Innenstützen

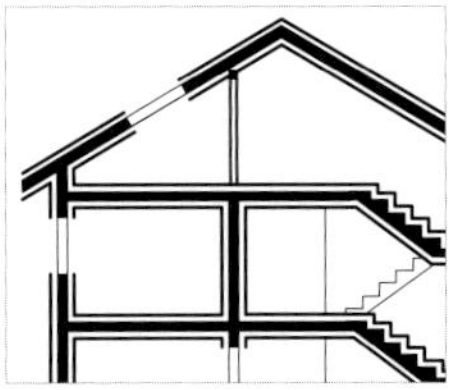

**Kosten:**
Stand 1.Quartal 2020
Bundesdurchschnitt
inkl. 19% MwSt.

| KG.AK.AA | | ▷ | €/Einheit | ◁ | LB an AA |
|---|---|---|---|---|---|
| 343.21.00 | Betonstütze, Ortbeton, schwer | | | | |
| 02 | **Betonstütze, Ortbeton, Querschnitt 24x24cm, Schalung, Bewehrung (3 Objekte)**<br>Einheit: m Stützenlänge | 100,00 | **120,00** | 140,00 | |
| | 013 Betonarbeiten | | | | 100,0% |
| 343.41.00 | Metallstütze, Profilstahl | | | | |
| 01 | **Profilstahlstütze mit Rostschutzbeschichtung, Schraub- und Schweißverbindungen (3 Objekte)**<br>Einheit: m Stützenlänge | 110,00 | **160,00** | 230,00 | |
| | 017 Stahlbauarbeiten | | | | 49,0% |
| | 031 Metallbauarbeiten | | | | 50,0% |
| | 034 Maler- und Lackierarbeiten - Beschichtungen | | | | 2,0% |

▷ von
ø Mittel
◁ bis

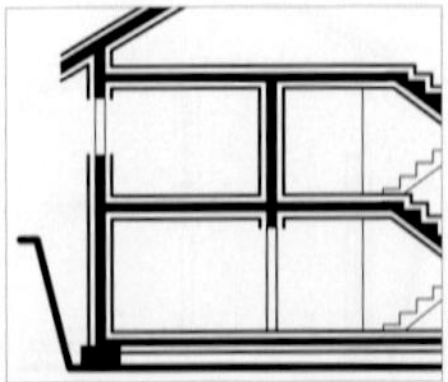

| KG.AK.AA | | ▷ | €/Einheit | ◁ | LB an AA |
|---|---|---|---|---|---|
| 344.11.00 | Türen, Ganzglas | | | | |
| 01 | **Ganzglastür, Einfachverglasung, Zarge, Beschläge (4 Objekte)**<br>Einheit: m² Türfläche | 390,00 | **550,00** | 680,00 | |
| | 027 Tischlerarbeiten | | | | 98,0% |
| | 029 Beschlagarbeiten | | | | 2,0% |
| 344.12.00 | Türen, Holz | | | | |
| 02 | **Holztür, Türblatt Röhrenspan, Zarge, Beschläge, Oberflächen endbehandelt (6 Objekte)**<br>Einheit: m² Türfläche | 270,00 | **390,00** | 540,00 | |
| | 027 Tischlerarbeiten | | | | 96,0% |
| | 034 Maler- und Lackierarbeiten - Beschichtungen | | | | 4,0% |
| 06 | **Holztür, Stahlzarge, Beschläge, Oberflächen lackiert (6 Objekte)**<br>Einheit: m² Türfläche | 260,00 | **370,00** | 440,00 | |
| | 027 Tischlerarbeiten | | | | 66,0% |
| | 031 Metallbauarbeiten | | | | 29,0% |
| | 034 Maler- und Lackierarbeiten - Beschichtungen | | | | 5,0% |
| 07 | **Wohnungseingangstüren, Holz (7 Objekte)**<br>Einheit: m² Türfläche | 360,00 | **430,00** | 480,00 | |
| | 027 Tischlerarbeiten | | | | 100,0% |
| 344.14.00 | Türen, Metall | | | | |
| 01 | **Stahltüren, ein- und zweiflüglig, Stahlzargen, Beschichtung (3 Objekte)**<br>Einheit: m² Türfläche | 230,00 | **290,00** | 330,00 | |
| | 031 Metallbauarbeiten | | | | 76,0% |
| | 034 Maler- und Lackierarbeiten - Beschichtungen | | | | 24,0% |
| 344.21.00 | Schiebetüren | | | | |
| 01 | **Holzschiebetür, Schiebegestänge und Beschläge in Leichtmetall (6 Objekte)**<br>Einheit: m² Türfläche | 400,00 | **560,00** | 900,00 | |
| | 027 Tischlerarbeiten | | | | 100,0% |
| 03 | **Ganzglasschiebetür, Führungsschienen, Beschläge (3 Objekte)**<br>Einheit: m² Türfläche | 350,00 | **410,00** | 520,00 | |
| | 027 Tischlerarbeiten | | | | 50,0% |
| | 032 Verglasungsarbeiten | | | | 50,0% |
| 344.22.00 | Schallschutztüren | | | | |
| 01 | **Schallschutztür, ein- und zweiflüglig (3 Objekte)**<br>Einheit: m² Türfläche | 380,00 | **490,00** | 550,00 | |
| | 027 Tischlerarbeiten | | | | 90,0% |
| | 029 Beschlagarbeiten | | | | 10,0% |

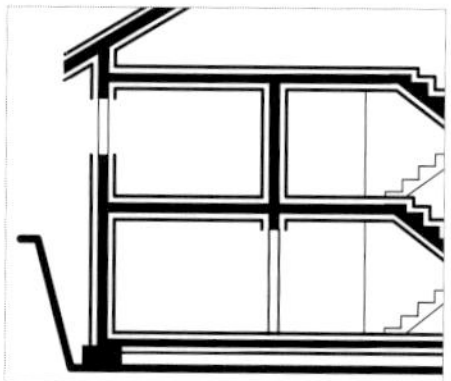

**Kosten:**
Stand 1.Quartal 2020
Bundesdurchschnitt
inkl. 19% MwSt.

| KG.AK.AA | | ▷ | €/Einheit | ◁ | LB an AA |
|---|---|---|---|---|---|
| **344.31.00** | Türen, Tore, rauchdicht | | | | |
| 01 | **Türen, rauchdicht, Holz oder Metall, Oberflächen endbehandelt (5 Objekte)** | 940,00 | **1.050,00** | 1.420,00 | |
| | Einheit: m² Türfläche | | | | |
| | 027 Tischlerarbeiten | | | | 15,0% |
| | 031 Metallbauarbeiten | | | | 85,0% |
| **344.32.00** | Brandschutztüren, -tore, T30 | | | | |
| 01 | **Stahltür T30 mit Zulassung, Stahlzarge, Beschläge, Türschließer, Beschichtung (4 Objekte)** | 360,00 | **420,00** | 480,00 | |
| | Einheit: m² Türfläche | | | | |
| | 026 Fenster, Außentüren | | | | 28,0% |
| | 031 Metallbauarbeiten | | | | 58,0% |
| | 034 Maler- und Lackierarbeiten - Beschichtungen | | | | 14,0% |
| **344.34.00** | Brandschutztüren, -tore, T90 | | | | |
| 01 | **Stahltüren T90 mit Zulassung, ein- oder zweiflüglig, Stahlzargen, Beschläge, Türschließer (5 Objekte)** | 870,00 | **990,00** | 1.150,00 | |
| | Einheit: m² Türfläche | | | | |
| | 031 Metallbauarbeiten | | | | 100,0% |
| **344.42.00** | Kipptore | | | | |
| 01 | **Kipptore für Sporthallen, Turnhallenbeschläge, Gegengewicht (3 Objekte)** | 400,00 | **430,00** | 480,00 | |
| | Einheit: m² Torfläche | | | | |
| | 016 Zimmer- und Holzbauarbeiten | | | | 33,0% |
| | 017 Stahlbauarbeiten | | | | 34,0% |
| | 027 Tischlerarbeiten | | | | 33,0% |
| **344.45.00** | Schiebetore | | | | |
| 01 | **Stahlschiebetore T30 oder T90, Schlupftür, Panikschloss (3 Objekte)** | 450,00 | **770,00** | 990,00 | |
| | Einheit: m² Torfläche | | | | |
| | 031 Metallbauarbeiten | | | | 100,0% |
| **344.93.00** | Schließanlage | | | | |
| 01 | **Schließzylinder und Halbzylinder für Schließanlage, Schlüssel (Anteil für Innentüren) (8 Objekte)** | 8,50 | **17,00** | 43,00 | |
| | Einheit: St Anzahl | | | | |
| | 029 Beschlagarbeiten | | | | 100,0% |

▷ von
ø Mittel
◁ bis

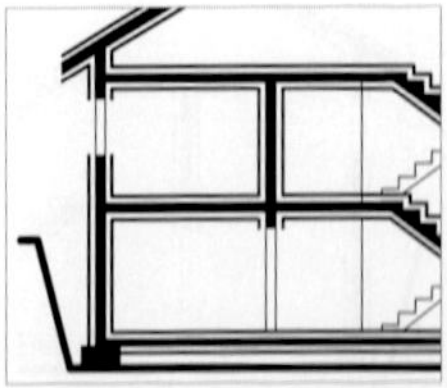

| KG.AK.AA | | ▷ | €/Einheit | ◁ | LB an AA |
|---|---|---|---|---|---|
| 345.11.00 | Abdichtung | | | | |
| 01 | **Abdichtung Wandflächen auf Bitumen-, Flüssigfolien- oder Kunstharzbasis (11 Objekte)**<br>Einheit: m² Bekleidete Fläche | 20,00 | **28,00** | 47,00 | |
| | 024 Fliesen- und Plattenarbeiten | | | | 100,0% |
| 345.21.00 | Beschichtung | | | | |
| 01 | **Beschichtung, Dispersion auf Putzwandflächen, Untergrundvorbehandlung (5 Objekte)**<br>Einheit: m² Bekleidete Fläche | 4,00 | **5,60** | 7,10 | |
| | 034 Maler- und Lackierarbeiten - Beschichtungen | | | | 100,0% |
| 11 | **Beschichtung auf Betonwandflächen, Untergrundvorbehandlung (6 Objekte)**<br>Einheit: m² Bekleidete Fläche | 5,00 | **5,50** | 6,70 | |
| | 034 Maler- und Lackierarbeiten - Beschichtungen | | | | 100,0% |
| 14 | **Beschichtung, Silikatfarbe auf Putz oder Tapete, Untergrundvorbehandlung (4 Objekte)**<br>Einheit: m² Bekleidete Fläche | 6,60 | **8,70** | 11,00 | |
| | 034 Maler- und Lackierarbeiten - Beschichtungen | | | | 100,0% |
| 345.29.00 | Oberflächenbehandlung, sonstiges | | | | |
| 02 | **Spachtelung von Wandflächen (6 Objekte)**<br>Einheit: m² Wandfläche | 4,80 | **12,00** | 18,00 | |
| | 023 Putz- und Stuckarbeiten, Wärmedämmsysteme | | | | 50,0% |
| | 034 Maler- und Lackierarbeiten - Beschichtungen | | | | 50,0% |
| 345.31.00 | Putz | | | | |
| 01 | **Innenwandputz, zweilagig, Eckschutzschienen, Untergrundvorbehandlung (4 Objekte)**<br>Einheit: m² Bekleidete Fläche | 23,00 | **26,00** | 28,00 | |
| | 023 Putz- und Stuckarbeiten, Wärmedämmsysteme | | | | 77,0% |
| | 024 Fliesen- und Plattenarbeiten | | | | 8,0% |
| | 034 Maler- und Lackierarbeiten - Beschichtungen | | | | 15,0% |
| 02 | **Gipsputz als Innenwandputz, einlagig, Oberfläche eben abgezogen, gefilzt, geglättet, Eckschutzschienen, Untergrundvorbehandlung (3 Objekte)**<br>Einheit: m² Bekleidete Fläche | 18,00 | **21,00** | 22,00 | |
| | 012 Mauerarbeiten | | | | 49,0% |
| | 023 Putz- und Stuckarbeiten, Wärmedämmsysteme | | | | 51,0% |
| 06 | **Kalkzementputz als Fliesenputz, d=10-15mm, Putzabzugsleisten (11 Objekte)**<br>Einheit: m² Bekleidete Fläche | 22,00 | **25,00** | 27,00 | |
| | 023 Putz- und Stuckarbeiten, Wärmedämmsysteme | | | | 100,0% |

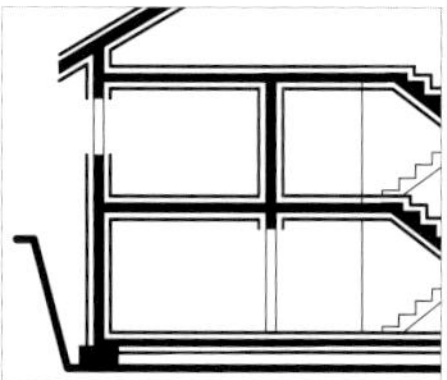

**Kosten:**
Stand 1.Quartal 2020
Bundesdurchschnitt
inkl. 19% MwSt.

| KG.AK.AA | | ▷ | €/Einheit | ◁ | LB an AA |
|---|---|---|---|---|---|
| 345.32.00 | Putz, Beschichtung | | | | |
| 02 | **Innenwandputz aus Kalkgips, einlagig, Eckschutzschienen, Oberfläche eben abgerieben, gefilzt, Untergrundvorbehandlung, Beschichtung, Dispersion (4 Objekte)** | 25,00 | **26,00** | 29,00 | |
| | Einheit: m² Bekleidete Fläche | | | | |
| | 023 Putz- und Stuckarbeiten, Wärmedämmsysteme | | | | 82,0% |
| | 034 Maler- und Lackierarbeiten - Beschichtungen | | | | 18,0% |
| 345.33.00 | Putz, Fliesen und Platten | | | | |
| 01 | **Keramische Fliesen auf Kalkzementputz, Eckschutzschienen, Grundierung, verformungsfähiger Kleber/ Fugenmörtel, dauerelastische Fugen (8 Objekte)** | 100,00 | **120,00** | 150,00 | |
| | Einheit: m² Bekleidete Fläche | | | | |
| | 018 Abdichtungsarbeiten | | | | 6,0% |
| | 023 Putz- und Stuckarbeiten, Wärmedämmsysteme | | | | 17,0% |
| | 024 Fliesen- und Plattenarbeiten | | | | 77,0% |
| 345.35.00 | Putz, Tapeten, Beschichtung | | | | |
| 02 | **Innenwandputz, d=12-15mm, Eckschutzschienen, Raufasertapete, Beschichtung, Dispersion (5 Objekte)** | 30,00 | **32,00** | 39,00 | |
| | Einheit: m² Bekleidete Fläche | | | | |
| | 023 Putz- und Stuckarbeiten, Wärmedämmsysteme | | | | 49,0% |
| | 034 Maler- und Lackierarbeiten - Beschichtungen | | | | 28,0% |
| | 037 Tapezierarbeiten | | | | 23,0% |
| 345.48.00 | Bekleidung auf Unterkonstruktion, mineralisch | | | | |
| 01 | **Einseitige Bekleidung mit Gipskarton, d=12,5mm, Oberfläche malerfertig (9 Objekte)** | 42,00 | **59,00** | 73,00 | |
| | Einheit: m² Bekleidete Fläche | | | | |
| | 039 Trockenbauarbeiten | | | | 100,0% |
| 03 | **GK-Vorsatzschalen, feuchtraumgeeignet, in Sanitärbereichen (3 Objekte)** | 51,00 | **57,00** | 61,00 | |
| | Einheit: m² Bekleidete Fläche | | | | |
| | 039 Trockenbauarbeiten | | | | 100,0% |
| 05 | **Gipskartonbekleidung, zweilagig, d=12,5mm (3 Objekte)** | 57,00 | **64,00** | 67,00 | |
| | Einheit: m² Bekleidete Fläche | | | | |
| | 039 Trockenbauarbeiten | | | | 100,0% |
| 345.53.00 | Verblendung, Fliesen und Platten | | | | |
| 01 | **Steinzeugfliesen im Dünnbett verlegt, teils mit Bordüre oder Fries (5 Objekte)** | 79,00 | **120,00** | 160,00 | |
| | Einheit: m² Bekleidete Fläche | | | | |
| | 024 Fliesen- und Plattenarbeiten | | | | 100,0% |
| 345.61.00 | Tapeten | | | | |
| 01 | **Raufasertapete geliefert und tapeziert (6 Objekte)** | 4,80 | **5,70** | 7,60 | |
| | Einheit: m² Bekleidete Fläche | | | | |
| | 034 Maler- und Lackierarbeiten - Beschichtungen | | | | 50,0% |
| | 037 Tapezierarbeiten | | | | 50,0% |

▷ von
ø Mittel
◁ bis

| KG.AK.AA | | ▷ | €/Einheit | ◁ | LB an AA |
|---|---|---|---|---|---|
| **345.62.00** | Tapeten, Beschichtung | | | | |
| 01 | **Raufasertapete tapezieren, Beschichtung, Dispersion (7 Objekte)**<br>Einheit: m² Bekleidete Fläche | 9,20 | **10,00** | 13,00 | |
| | 034 Maler- und Lackierarbeiten - Beschichtungen | | | | 43,0% |
| | 037 Tapezierarbeiten | | | | 57,0% |
| **345.92.00** | Vorsatzschalen für Installationen | | | | |
| 02 | **Vorwandinstallation für Sanitärbereiche, einfaches Ständerwerk, GK-Bekleidung, d=12,5mm (17 Objekte)**<br>Einheit: m² Bekleidete Fläche | 50,00 | **59,00** | 69,00 | |
| | 039 Trockenbauarbeiten | | | | 100,0% |
| 04 | **Vorwandinstallation für Sanitärbereiche, Ständerwerk, GK-Bekleidung, doppelt beplankt, d=12,5mm (11 Objekte)**<br>Einheit: m² Bekleidete Fläche | 56,00 | **74,00** | 110,00 | |
| | 039 Trockenbauarbeiten | | | | 100,0% |
| 05 | **Installationsvormauerungen, Hlz oder Porenbeton, d=10-15cm (8 Objekte)**<br>Einheit: m² Wandfläche | 64,00 | **87,00** | 110,00 | |
| | 012 Mauerarbeiten | | | | 100,0% |
| 06 | **GK-Vorwandschalen für Installationen aus Ständerwänden mit Gipskartonplatten, Dämmung (6 Objekte)**<br>Einheit: m² Wandfläche | 64,00 | **82,00** | 92,00 | |
| | 039 Trockenbauarbeiten | | | | 100,0% |

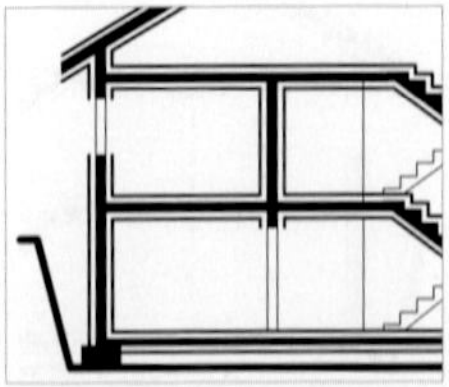

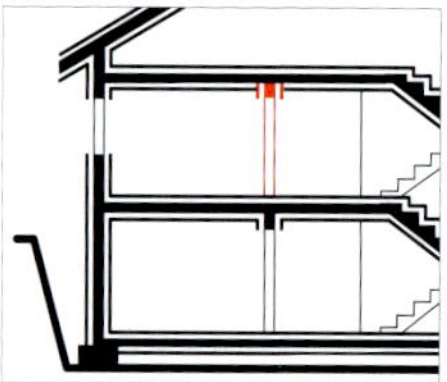

**Kosten:**
Stand 1.Quartal 2020
Bundesdurchschnitt
inkl. 19% MwSt.

| KG.AK.AA | | ▷ | €/Einheit | ◁ | LB an AA |
|---|---|---|---|---|---|
| 346.12.00 | Montagewände, Holz | | | | |
| 01 | **Holztrennwände im Kellerbereich, Türen, Vorhängeschlösser (5 Objekte)**<br>Einheit: m² Elementierte Fläche | 28,00 | **43,00** | 66,00 | |
| | 016 Zimmer- und Holzbauarbeiten | | | | 63,0% |
| | 039 Trockenbauarbeiten | | | | 37,0% |
| 346.31.00 | Sanitärtrennwände, Ganzglas | | | | |
| 01 | **Sanitärtrennwände Ganzglas, Beschläge, teilweise Siebdruck (3 Objekte)**<br>Einheit: m² Elementierte Fläche | 400,00 | **730,00** | 930,00 | |
| | 027 Tischlerarbeiten | | | | 25,0% |
| | 039 Trockenbauarbeiten | | | | 50,0% |
| | 045 GWE; Einrichtungsgegenstände, Sanitärausstattungen | | | | 25,0% |
| 346.32.00 | Sanitärtrennwände, Holz | | | | |
| 01 | **WC-Trennwände mit integrierten Türen aus Spanplatten, kunststoffbeschichtet (3 Objekte)**<br>Einheit: m² Elementierte Wandfläche | 270,00 | **320,00** | 340,00 | |
| | 027 Tischlerarbeiten | | | | 49,0% |
| | 039 Trockenbauarbeiten | | | | 51,0% |
| 346.33.00 | Sanitärtrennwände, Holz-Mischkonstruktion | | | | |
| 01 | **WC-Trennwände, Verbundbauweise, d=30mm, h=2,00m Folienoberfläche (3 Objekte)**<br>Einheit: m² Elementierte Wandfläche | 210,00 | **250,00** | 280,00 | |
| | 027 Tischlerarbeiten | | | | 50,0% |
| | 039 Trockenbauarbeiten | | | | 50,0% |

▷ von
ø Mittel
◁ bis

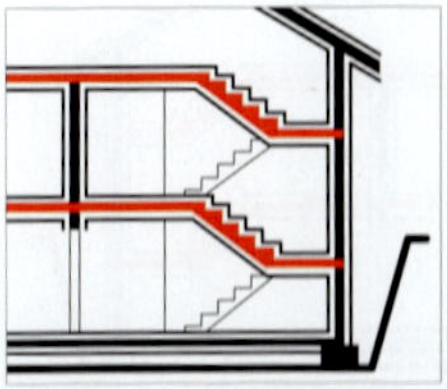

| KG.AK.AA | ▷ | €/Einheit | ◁ | LB an AA |
|---|---|---|---|---|
| **351.15.00** Stahlbeton, Ortbeton, Platten | | | | |
| 01 **Deckenplatten, Ortbeton, d=18-20cm, Unterzüge, Schalung, Bewehrung (10 Objekte)** | 110,00 | **140,00** | 160,00 | |
| Einheit: m² Deckenfläche | | | | |
| 013 Betonarbeiten | | | | 100,0% |
| 06 **Deckenplatten, Ortbeton, d=20-22cm, Unterzüge, Schalung, Bewehrung (5 Objekte)** | 110,00 | **130,00** | 140,00 | |
| Einheit: m² Deckenfläche | | | | |
| 013 Betonarbeiten | | | | 100,0% |
| **351.25.00** Stahlbeton, Fertigteil, Platten | | | | |
| 01 **Stahlbeton-Deckenplatten als Fertigteile oder als teilelementierte Decken, d=16-20cm, Bewehrung (16 Objekte)** | 87,00 | **120,00** | 140,00 | |
| Einheit: m² Deckenfläche | | | | |
| 013 Betonarbeiten | | | | 100,0% |
| 03 **Stahlbeton-Deckenplatten als Fertigteile oder als teilelementierte Decken, d=22cm, Bewehrung (3 Objekte)** | 110,00 | **110,00** | 120,00 | |
| Einheit: m² Deckenfläche | | | | |
| 013 Betonarbeiten | | | | 100,0% |
| **351.42.00** Vollholzbalken, Schalung | | | | |
| 01 **Bauholz Deckenbalken, Güteklasse II, abbinden und aufstellen, Deckenschalung mit Spanplatten (3 Objekte)** | 74,00 | **89,00** | 120,00 | |
| Einheit: m² Deckenfläche | | | | |
| 016 Zimmer- und Holzbauarbeiten | | | | 98,0% |
| 036 Bodenbelagarbeiten | | | | 2,0% |
| **351.51.00** Treppen, gerade, Ortbeton | | | | |
| 01 **Betontreppe, Ortbeton, gerade, Schalung, Bewehrung (3 Objekte)** | 240,00 | **330,00** | 470,00 | |
| Einheit: m² Treppenfläche | | | | |
| 013 Betonarbeiten | | | | 100,0% |
| **351.61.00** Treppen, gerade, Beton-Fertigteil | | | | |
| 01 **Betonfertigteil-Treppe, d=16cm, gerade, Podeste, Auflagerelemente, Bewehrung (12 Objekte)** | 280,00 | **350,00** | 440,00 | |
| Einheit: m² Treppenfläche | | | | |
| 013 Betonarbeiten | | | | 100,0% |
| **351.62.00** Treppen, gewendelt, Beton-Fertigteil | | | | |
| 01 **Betonfertigteil-Treppe, Sichtbeton, gewendelt, Bewehrung (7 Objekte)** | 390,00 | **550,00** | 790,00 | |
| Einheit: m² Treppenfläche | | | | |
| 013 Betonarbeiten | | | | 100,0% |

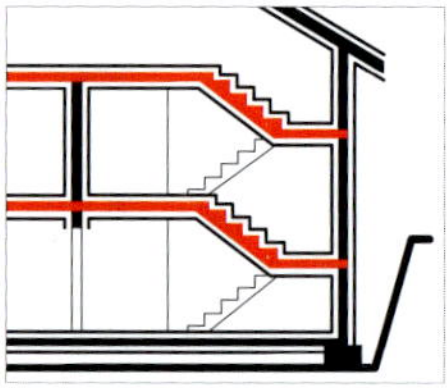

**Kosten:**
Stand 1.Quartal 2020
Bundesdurchschnitt
inkl. 19% MwSt.

| KG.AK.AA | | ▷ | **€/Einheit** | ◁ | LB an AA |
|---|---|---|---|---|---|
| 351.74.00 | Treppen, gewendelt, Metall-Wangenkonstruktion | | | | |
| 01 | **Stahl-Wangentreppe, gewendelt, Holztrittstufen (4 Objekte)** Einheit: m² Treppenfläche | 840,00 | **980,00** | 1.140,00 | |
| | 017 Stahlbauarbeiten | | | | 34,0% |
| | 027 Tischlerarbeiten | | | | 33,0% |
| | 031 Metallbauarbeiten | | | | 33,0% |

▷ von
ø Mittel
◁ bis

| KG.AK.AA | ▷ | €/Einheit | ◁ | LB an AA |
|---|---|---|---|---|
| 352.11.00 Einschubtreppen | | | | |
| 01 **Einschubtreppe, Holz, lxb=60x100cm-70x120cm, Handlauf und Schutzgeländer (3 Objekte)** | 660,00 | **840,00** | 1.140,00 | |
| Einheit: m² Belegte Fläche | | | | |
| 016 Zimmer- und Holzbauarbeiten | | | | 100,0% |

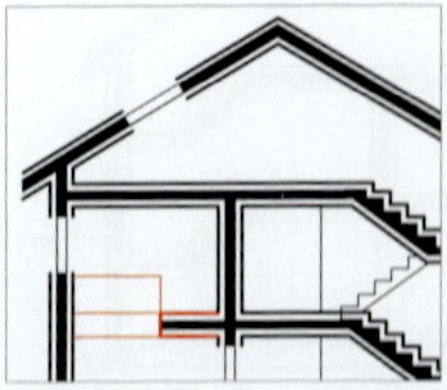

# 353 Deckenbeläge

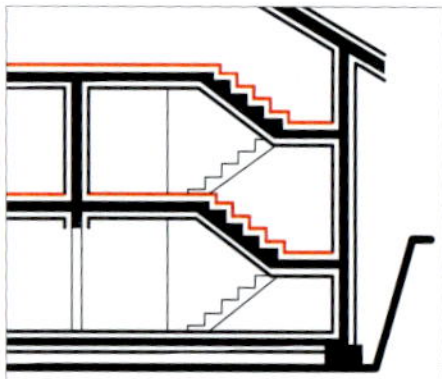

**Kosten:**
Stand 1.Quartal 2020
Bundesdurchschnitt
inkl. 19% MwSt.

▷ von
ø Mittel
◁ bis

| KG.AK.AA | | ▷ | €/Einheit | ◁ | LB an AA |
|---|---|---|---|---|---|
| 353.12.00 | Beschichtung, Estrich | | | | |
| 01 | **Zementestrich, d=40-50cm, Untergrundvorbehandlung, Bodenbeschichtung (3 Objekte)**<br>Einheit: m² Belegte Fläche | 48,00 | **55,00** | 66,00 | |
| | 025 Estricharbeiten | | | | 36,0% |
| | 034 Maler- und Lackierarbeiten - Beschichtungen | | | | 43,0% |
| | 036 Bodenbelagarbeiten | | | | 21,0% |
| 353.21.00 | Estrich | | | | |
| 09 | **Zementestrich, d=50-60mm (4 Objekte)**<br>Einheit: m² Belegte Fläche | 20,00 | **21,00** | 22,00 | |
| | 025 Estricharbeiten | | | | 100,0% |
| 353.25.00 | Abdichtung | | | | |
| 02 | **Streichabdichtung auf Estrich unter Fliesenbelägen, Fugenbänder (6 Objekte)**<br>Einheit: m² Belegte Fläche | 27,00 | **32,00** | 37,00 | |
| | 024 Fliesen- und Plattenarbeiten | | | | 100,0% |
| 353.31.00 | Fliesen und Platten | | | | |
| 02 | **Deckenbeläge aus Steinzeugfliesen verschiedener Abmessungen, im Dünnbett (3 Objekte)**<br>Einheit: m² Belegte Fläche | 110,00 | **110,00** | 110,00 | |
| | 024 Fliesen- und Plattenarbeiten | | | | 99,0% |
| | 031 Metallbauarbeiten | | | | 1,0% |
| 03 | **Fliesenbeläge, Steinzeug, auf Tritt- und Setzstufen sowie Podesten, im Mörtelbett (4 Objekte)**<br>Einheit: m² Belegte Fläche | 370,00 | **410,00** | 530,00 | |
| | 024 Fliesen- und Plattenarbeiten | | | | 100,0% |
| 353.32.00 | Fliesen und Platten, Estrich | | | | |
| 02 | **Heizestrich, Fliesenbelag im Dünnbett, Sockelfliesen (5 Objekte)**<br>Einheit: m² Belegte Fläche | 88,00 | **110,00** | 120,00 | |
| | 024 Fliesen- und Plattenarbeiten | | | | 77,0% |
| | 025 Estricharbeiten | | | | 23,0% |
| 353.33.00 | Fliesen und Platten, Estrich, Abdichtung | | | | |
| 01 | **Abdichtung, schwimmender Estrich, Fliesenbelag im Dünnbett (3 Objekte)**<br>Einheit: m² Belegte Fläche | 120,00 | **140,00** | 180,00 | |
| | 018 Abdichtungsarbeiten | | | | 16,0% |
| | 024 Fliesen- und Plattenarbeiten | | | | 63,0% |
| | 025 Estricharbeiten | | | | 21,0% |

| KG.AK.AA | | ▷ | €/Einheit | ◁ | LB an AA |
|---|---|---|---|---|---|
| 353.34.00 | Fliesen und Platten, Estrich, Abdichtung, Dämmung | | | | |
| 01 | **Wärme- und Trittschalldämmung, Abdichtung, Zementestrich, d=50-70mm, Bodenfliesen, Sockelfliesen (3 Objekte)** | 110,00 | **150,00** | 170,00 | |
| | Einheit: m² Belegte Fläche | | | | |
| | 024 Fliesen- und Plattenarbeiten | | | | 81,0% |
| | 025 Estricharbeiten | | | | 19,0% |
| 353.35.00 | Fliesen und Platten, Estrich, Dämmung | | | | |
| 03 | **Dämmung, Zementestrich, Fliesenbelag, Sockelfliesen (12 Objekte)** | 110,00 | **120,00** | 150,00 | |
| | Einheit: m² Belegte Fläche | | | | |
| | 024 Fliesen- und Plattenarbeiten | | | | 71,0% |
| | 025 Estricharbeiten | | | | 29,0% |
| 353.41.00 | Naturstein | | | | |
| 01 | **Natursteinbelag im Mörtelbett, Natursteinsockel, Oberfläche poliert (5 Objekte)** | 130,00 | **140,00** | 150,00 | |
| | Einheit: m² Belegte Fläche | | | | |
| | 014 Natur-, Betonwerksteinarbeiten | | | | 100,0% |
| 02 | **Natursteinbelag auf Treppen im Mörtelbett, Stufensockel (6 Objekte)** | 400,00 | **540,00** | 700,00 | |
| | Einheit: m² Belegte Fläche | | | | |
| | 014 Natur-, Betonwerksteinarbeiten | | | | 100,0% |
| 353.42.00 | Naturstein, Estrich | | | | |
| 01 | **Estrich, Natursteinbelag (6 Objekte)** | 140,00 | **160,00** | 180,00 | |
| | Einheit: m² Belegte Fläche | | | | |
| | 014 Natur-, Betonwerksteinarbeiten | | | | 88,0% |
| | 025 Estricharbeiten | | | | 12,0% |
| 353.45.00 | Naturstein, Estrich, Dämmung | | | | |
| 02 | **Wärme- und Trittschalldämmung, Estrich, d=40-50mm, Natursteinbelag (4 Objekte)** | 160,00 | **250,00** | 460,00 | |
| | Einheit: m² Belegte Fläche | | | | |
| | 014 Natur-, Betonwerksteinarbeiten | | | | 71,0% |
| | 018 Abdichtungsarbeiten | | | | 2,0% |
| | 024 Fliesen- und Plattenarbeiten | | | | 7,0% |
| | 025 Estricharbeiten | | | | 20,0% |
| 353.51.00 | Betonwerkstein | | | | |
| 03 | **Betonwerksteinbelag, Betonwerksteinsockel, Verfugung (15 Objekte)** | 130,00 | **150,00** | 210,00 | |
| | Einheit: m² Belegte Fläche | | | | |
| | 014 Natur-, Betonwerksteinarbeiten | | | | 100,0% |
| 04 | **Betonwerksteinbelag auf Treppen (22 Objekte)** | 310,00 | **390,00** | 510,00 | |
| | Einheit: m² Belegte Fläche | | | | |
| | 014 Natur-, Betonwerksteinarbeiten | | | | 100,0% |

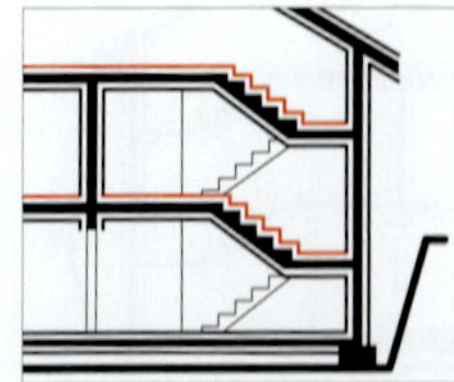

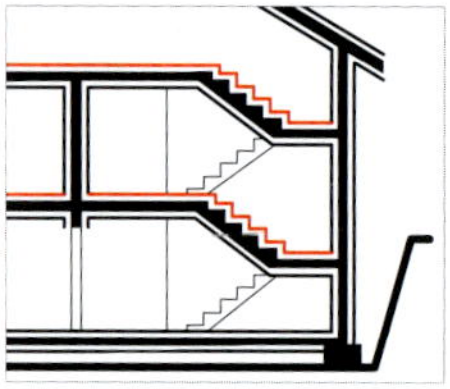

**Kosten:**
Stand 1.Quartal 2020
Bundesdurchschnitt
inkl. 19% MwSt.

| KG.AK.AA | | ▷ | €/Einheit | ◁ | LB an AA |
|---|---|---|---|---|---|
| **353.61.00** | **Textil** | | | | |
| 01 | **Teppichbelag, Sockelleisten, Untergrundvorbereitung (3 Objekte)**<br>Einheit: m² Belegte Fläche | 32,00 | **49,00** | 82,00 | |
| | 036 Bodenbelagarbeiten | | | | 100,0% |
| **353.65.00** | **Textil, Estrich, Dämmung** | | | | |
| 02 | **Wärme- und Trittschalldämmung, Zementestrich, d=40-50mm, Teppichboden, Sockelleisten (5 Objekte)**<br>Einheit: m² Belegte Fläche | 80,00 | **86,00** | 94,00 | |
| | 025 Estricharbeiten | | | | 34,0% |
| | 036 Bodenbelagarbeiten | | | | 66,0% |
| **353.71.00** | **Holz** | | | | |
| 02 | **Holzplanken oder Parkettbelag auf Treppen, Oberfläche endbehandelt (4 Objekte)**<br>Einheit: m² Belegte Fläche | 190,00 | **340,00** | 550,00 | |
| | 027 Tischlerarbeiten | | | | 100,0% |
| 12 | **Massivholztrittstufen, d=30-50mm, Oberflächenbehandlung (5 Objekte)**<br>Einheit: m² Stufenfläche | 180,00 | **310,00** | 490,00 | |
| | 028 Parkett-, Holzpflasterarbeiten | | | | 100,0% |
| **353.72.00** | **Holz, Estrich** | | | | |
| 01 | **Untergrundvorbereitung, Estrich, d=50-70mm, Parkettbelag (4 Objekte)**<br>Einheit: m² Belegte Fläche | 88,00 | **110,00** | 120,00 | |
| | 025 Estricharbeiten | | | | 19,0% |
| | 028 Parkett-, Holzpflasterarbeiten | | | | 81,0% |
| **353.74.00** | **Holz, Estrich, Abdichtung, Dämmung** | | | | |
| 01 | **Dämmung, Abdichtung, Estrich, Parkettbelag, Sockelleisten (4 Objekte)**<br>Einheit: m² Belegte Fläche | 76,00 | **130,00** | 180,00 | |
| | 018 Abdichtungsarbeiten | | | | 5,0% |
| | 024 Fliesen- und Plattenarbeiten | | | | 1,0% |
| | 025 Estricharbeiten | | | | 21,0% |
| | 028 Parkett-, Holzpflasterarbeiten | | | | 69,0% |
| | 031 Metallbauarbeiten | | | | 4,0% |
| **353.75.00** | **Holz, Estrich, Dämmung** | | | | |
| 01 | **Trittschalldämmung, Parkett auf Estrich verschiedener Arten, Holzsockelleisten, geschraubt (3 Objekte)**<br>Einheit: m² Belegte Fläche | 120,00 | **130,00** | 130,00 | |
| | 025 Estricharbeiten | | | | 28,0% |
| | 028 Parkett-, Holzpflasterarbeiten | | | | 72,0% |

▷ von
ø Mittel
◁ bis

| KG.AK.AA | | ▷ | €/Einheit | ◁ | LB an AA |
|---|---|---|---|---|---|
| **353.82.00** | **Hartbeläge, Estrich** | | | | |
| 01 | **Kunststoffbeläge (PVC oder Linoleum) auf schwimmendem Estrich, Trittschalldämmung (3 Objekte)** | 78,00 | **88,00** | 94,00 | |
| | Einheit: m² Belegte Fläche | | | | |
| | 025 Estricharbeiten | | | | 21,0% |
| | 036 Bodenbelagarbeiten | | | | 79,0% |
| **353.85.00** | **Hartbeläge, Estrich, Dämmung** | | | | |
| 02 | **Wärme- und Trittschalldämmung, Estrich, Linoleumbelag (3 Objekte)** | 98,00 | **110,00** | 130,00 | |
| | Einheit: m² Belegte Fläche | | | | |
| | 025 Estricharbeiten | | | | 34,0% |
| | 036 Bodenbelagarbeiten | | | | 66,0% |
| **353.93.00** | **Sportböden** | | | | |
| 02 | **Sportboden als punktelastische Konstruktion auf Estrich, Oberbelag Linoleum oder Parkett (3 Objekte)** | 98,00 | **110,00** | 130,00 | |
| | Einheit: m² Belegte Fläche | | | | |
| | 025 Estricharbeiten | | | | 14,0% |
| | 028 Parkett-, Holzpflasterarbeiten | | | | 47,0% |
| | 036 Bodenbelagarbeiten | | | | 39,0% |
| **353.94.00** | **Heizestrich** | | | | |
| 01 | **Heizestrich als Zementestrich, d=50-85mm, Bewehrung (3 Objekte)** | 21,00 | **26,00** | 29,00 | |
| | Einheit: m² Belegte Fläche | | | | |
| | 025 Estricharbeiten | | | | 100,0% |
| **353.97.00** | **Fußabstreifer** | | | | |
| 01 | **Sauberlaufmatte, Winkelprofilrahmen, verzinkt (5 Objekte)** | 320,00 | **430,00** | 590,00 | |
| | Einheit: m² Belegte Fläche | | | | |
| | 036 Bodenbelagarbeiten | | | | 100,0% |

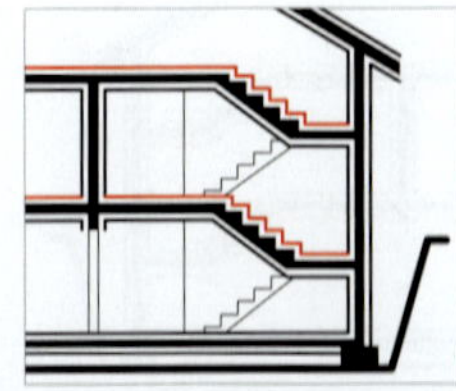

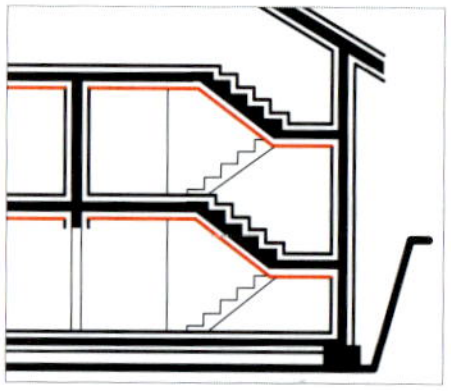

**Kosten:**
Stand 1.Quartal 2020
Bundesdurchschnitt
inkl. 19% MwSt.

| KG.AK.AA | ▷ | €/Einheit | ◁ | LB an AA |
|---|---|---|---|---|
| **354.21.00 Beschichtung** | | | | |
| 01 **Beschichtung, Dispersion auf Betondeckenflächen (8 Objekte)** Einheit: m² Bekleidete Fläche | 4,30 | **5,60** | 6,90 | |
| 034 Maler- und Lackierarbeiten - Beschichtungen | | | | 100,0% |
| 02 **Beschichtung auf GK-Decken, glatt oder gelocht, Untergrundvorbehandlung (3 Objekte)** Einheit: m² Bekleidete Fläche | 5,00 | **7,20** | 11,00 | |
| 034 Maler- und Lackierarbeiten - Beschichtungen | | | | 100,0% |
| 15 **Beschichtung von Stb-Treppen- und Podestuntersichten, spachteln, nachschleifen (4 Objekte)** Einheit: m² Treppenfläche | 5,40 | **7,90** | 10,00 | |
| 034 Maler- und Lackierarbeiten - Beschichtungen | | | | 100,0% |
| 16 **Filigrandeckenfugen verspachteln (4 Objekte)** Einheit: m Deckenfuge | 5,20 | **6,30** | 7,30 | |
| 034 Maler- und Lackierarbeiten - Beschichtungen | | | | 100,0% |
| 17 **Untergrundvorbehandlung, Beschichtung, Silikatfarbe (4 Objekte)** Einheit: m² Bekleidete Fläche | 5,60 | **7,00** | 8,50 | |
| 034 Maler- und Lackierarbeiten - Beschichtungen | | | | 100,0% |
| **354.23.00 Betonschalung, Sichtzuschlag** | | | | |
| 01 **Sichtschalung für Flachdecken, geordnete Schalungsstöße, möglichst absatzfrei und porenlos (4 Objekte)** Einheit: m² Sichtbetonfläche | 40,00 | **55,00** | 88,00 | |
| 013 Betonarbeiten | | | | 100,0% |
| **354.31.00 Putz** | | | | |
| 02 **Innendeckenputz auf Treppenuntersichten und Podeste, gefilzt (4 Objekte)** Einheit: m² Bekleidete Fläche | 30,00 | **37,00** | 43,00 | |
| 023 Putz- und Stuckarbeiten, Wärmedämmsysteme | | | | 100,0% |
| 06 **Deckenputz als Maschinenputz aus Gipsputz, d=12-15mm, Untergrundvorbehandlung (3 Objekte)** Einheit: m² Bekleidete Fläche | 24,00 | **27,00** | 33,00 | |
| 023 Putz- und Stuckarbeiten, Wärmedämmsysteme | | | | 89,0% |
| 034 Maler- und Lackierarbeiten - Beschichtungen | | | | 11,0% |
| 07 **Deckenputz als Maschinenputz aus Kalkgipsputz, d=10-15mm, Untergrundvorbehandlung (7 Objekte)** Einheit: m² Bekleidete Fläche | 20,00 | **22,00** | 24,00 | |
| 023 Putz- und Stuckarbeiten, Wärmedämmsysteme | | | | 100,0% |
| **354.32.00 Putz, Beschichtung** | | | | |
| 01 **Innendeckenputz als Maschinenputz, einlagig mit Beschichtung, Dispersion oder Latex (6 Objekte)** Einheit: m² Bekleidete Fläche | 24,00 | **30,00** | 33,00 | |
| 023 Putz- und Stuckarbeiten, Wärmedämmsysteme | | | | 67,0% |
| 034 Maler- und Lackierarbeiten - Beschichtungen | | | | 33,0% |

▷ von
ø Mittel
◁ bis

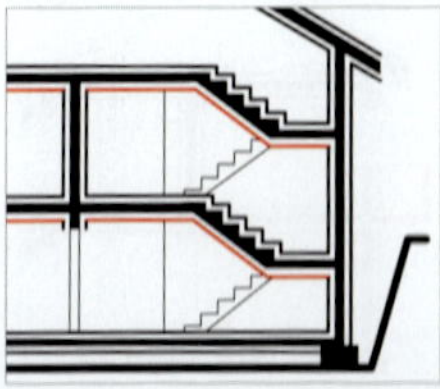

| KG.AK.AA | | ▷ | €/Einheit | ◁ | LB an AA |
|---|---|---|---|---|---|
| 354.48.00 | Bekleidung auf Unterkonstruktion, mineralisch | | | | |
| 01 | **Unterkonstruktion, Gipskartonplatten, d=1x12,5mm (4 Objekte)** | 54,00 | **62,00** | 72,00 | |
| | Einheit: m² Bekleidete Fläche | | | | |
| | 039 Trockenbauarbeiten | | | | 100,0% |
| 354.61.00 | Tapeten | | | | |
| 01 | **Raufasertapete, geklebt auf glatten Deckenflächen (3 Objekte)** | 7,30 | **7,40** | 7,50 | |
| | Einheit: m² Bekleidete Fläche | | | | |
| | 034 Maler- und Lackierarbeiten - Beschichtungen | | | | 51,0% |
| | 037 Tapezierarbeiten | | | | 49,0% |
| 354.62.00 | Tapeten, Beschichtung | | | | |
| 01 | **Raufasertapete, Beschichtung, Dispersion, waschbeständig (6 Objekte)** | 8,90 | **9,30** | 10,00 | |
| | Einheit: m² Bekleidete Fläche | | | | |
| | 034 Maler- und Lackierarbeiten - Beschichtungen | | | | 34,0% |
| | 037 Tapezierarbeiten | | | | 66,0% |
| 354.64.00 | Glasvlies, Beschichtung | | | | |
| 01 | **Glasfasertapete, Beschichtung, Dispersion (4 Objekte)** | 14,00 | **17,00** | 24,00 | |
| | Einheit: m² Bekleidete Fläche | | | | |
| | 034 Maler- und Lackierarbeiten - Beschichtungen | | | | 34,0% |
| | 037 Tapezierarbeiten | | | | 66,0% |
| 354.87.00 | Abgehängte Bekleidung, mineralisch | | | | |
| 03 | **Abgehängte, schallabsorbierende Mineralfaserdecke in Einlegemontage, sichtbare Tragprofile (3 Objekte)** | 54,00 | **68,00** | 75,00 | |
| | Einheit: m² Bekleidete Fläche | | | | |
| | 034 Maler- und Lackierarbeiten - Beschichtungen | | | | 5,0% |
| | 039 Trockenbauarbeiten | | | | 95,0% |
| 05 | **Abgehängte Gipsplattendecke, tapezierfertig, Unterkonstruktion (5 Objekte)** | 71,00 | **80,00** | 110,00 | |
| | Einheit: m² Bekleidete Fläche | | | | |
| | 039 Trockenbauarbeiten | | | | 100,0% |

Lebensdauern
Grobelementarten
Stahlbau
Gebäudearten
Kostengruppen
Ausführungsarten

# 355 Elementierte Decken-konstruktionen

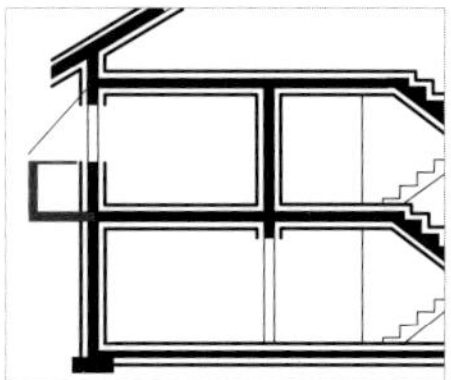

**Kosten:**
Stand 1.Quartal 2020
Bundesdurchschnitt
inkl. 19% MwSt.

| KG.AK.AA | | ▷ | €/Einheit | ◁ | LB an AA |
|---|---|---|---|---|---|
| 355.12.00 | Metallkonstruktionen | | | | |
| 01 | **Vorgesetzte Balkonanlage, Stahlkonstruktion, Stützen, Geländer, Beschichtung (4 Objekte)** | 810,00 | **1.050,00** | 1.730,00 | |
| | Einheit: m² Balkonfläche | | | | |
| | 016 Zimmer- und Holzbauarbeiten | | | | 10,0% |
| | 017 Stahlbauarbeiten | | | | 38,0% |
| | 031 Metallbauarbeiten | | | | 48,0% |
| | 034 Maler- und Lackierarbeiten - Beschichtungen | | | | 3,0% |
| 355.22.00 | Metallkonstruktionen | | | | |
| 01 | **Stahltreppe gerade mit Stahlwangen und Zwischenpodest, Stufen aus Gitterrosten oder gekantetem Stahlblech, Geländer, Beschichtung (3 Objekte)** | 930,00 | **1.220,00** | 1.800,00 | |
| | Einheit: m² Treppenfläche | | | | |
| | 031 Metallbauarbeiten | | | | 95,0% |
| | 034 Maler- und Lackierarbeiten - Beschichtungen | | | | 5,0% |

▷ von
ø Mittel
◁ bis

| KG.AK.AA | | ▷ | €/Einheit | ◁ | LB an AA |
|---|---|---|---|---|---|
| 359.22.00 | Geländer | | | | |
| 05 | **Brüstungs- und Balkongeländer, Metall, Füllungen, gestrichen (4 Objekte)**<br>Einheit: m² Geländerfläche | 260,00 | **330,00** | 490,00 | |
| | 031 Metallbauarbeiten | | | | 100,0% |
| 359.23.00 | Handläufe | | | | |
| 01 | **Handläufe aus Stahl oder Holz mit Wandbefestigung, gestrichen (3 Objekte)**<br>Einheit: m Handlauflänge | 110,00 | **120,00** | 150,00 | |
| | 017 Stahlbauarbeiten | | | | 50,0% |
| | 031 Metallbauarbeiten | | | | 50,0% |
| 05 | **Edelstahlhandläufe, geschliffen oder gebürstet, mit Wandbefestigung (5 Objekte)**<br>Einheit: m Handlauflänge | 120,00 | **140,00** | 220,00 | |
| | 031 Metallbauarbeiten | | | | 100,0% |

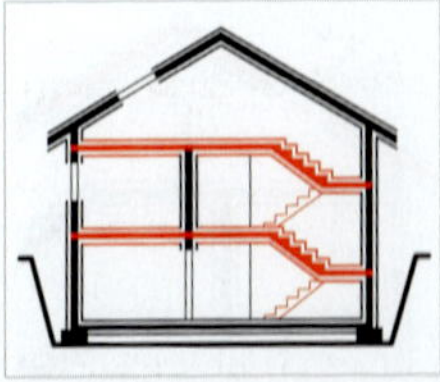

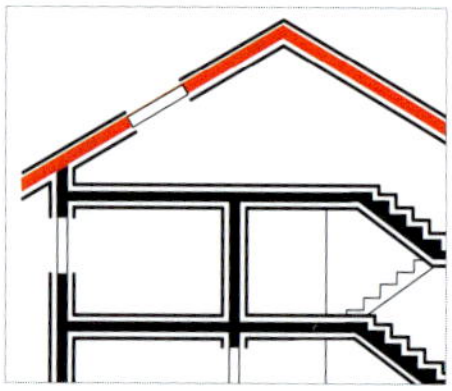

**Kosten:**
Stand 1.Quartal 2020
Bundesdurchschnitt
inkl. 19% MwSt.

| KG.AK.AA | | ▷ | €/Einheit | ◁ | LB an AA |
|---|---|---|---|---|---|
| **361.15.00** | Stahlbeton, Ortbeton, Platten | | | | |
| 01 | **Betondach, Ortbeton, d=18-20cm, Unter- und Überzüge, Schalung, Bewehrung (7 Objekte)**<br>Einheit: m² Dachfläche | 130,00 | **160,00** | 190,00 | |
| | 013 Betonarbeiten | | | | 100,0% |
| 02 | **Betondach, Ortbeton, d=25cm, Unter- und Überzüge, Schalung, Bewehrung (4 Objekte)**<br>Einheit: m² Dachfläche | 140,00 | **150,00** | 190,00 | |
| | 013 Betonarbeiten | | | | 100,0% |
| **361.25.00** | Stahlbeton, Fertigteil, Platten | | | | |
| 03 | **Dach aus Stahlbeton-Fertigteilen mit Ortbetonergänzungen, Beischalung, Aufbeton aus Normalbeton, d=20-30cm (6 Objekte)**<br>Einheit: m² Dachfläche | 130,00 | **130,00** | 150,00 | |
| | 013 Betonarbeiten | | | | 100,0% |
| **361.34.00** | Metallträger, Blechkonstruktion | | | | |
| 02 | **Fachwerkträger aus Profilstahl als tragende Konstruktion für Trapezblechdächer, mit aussteifender Trapezblechschale (3 Objekte)**<br>Einheit: m² Dachfläche | 320,00 | **340,00** | 380,00 | |
| | 017 Stahlbauarbeiten | | | | 71,0% |
| | 020 Dachdeckungsarbeiten | | | | 8,0% |
| | 022 Klempnerarbeiten | | | | 14,0% |
| | 034 Maler- und Lackierarbeiten - Beschichtungen | | | | 7,0% |
| **361.42.00** | Vollholzbalken, Schalung | | | | |
| 01 | **Nadelholz-Dachkonstruktion, Holzschutz, Dachschalung, d=24mm (5 Objekte)**<br>Einheit: m² Dachfläche | 68,00 | **90,00** | 110,00 | |
| | 016 Zimmer- und Holzbauarbeiten | | | | 100,0% |
| **361.49.00** | Holzbalkenkonstruktionen, sonstiges | | | | |
| 01 | **Holz-Flachdach, d=351-455mm, Lattung, d=30mm, Dampfbremse, Doppelstegträger, h=356-406mm, Zelluloseeinblasdämmung, DWD-Platten, d=16mm, BSH-Teile, Stahlteile (3 Objekte)**<br>Einheit: m² Dachfläche | 190,00 | **220,00** | 260,00 | |
| | 016 Zimmer- und Holzbauarbeiten | | | | 100,0% |
| **361.61.00** | Steildach, Vollholz, Sparrenkonstruktion | | | | |
| 01 | **Sparrendachkonstruktion, Bauholz Fichte/Tanne, b=19cm, h=19cm, Schnittklasse A, chemischer Holzschutz, Abbund, Aufstellen, Kleineisenteile (4 Objekte)**<br>Einheit: m² Dachfläche | 41,00 | **51,00** | 55,00 | |
| | 016 Zimmer- und Holzbauarbeiten | | | | 100,0% |

▷ von
ø Mittel
◁ bis

| KG.AK.AA | | ▷ | €/Einheit | ◁ | LB an AA |
|---|---|---|---|---|---|
| 361.69.00 | Steildach, Holzkonstruktion, sonstiges | | | | |
| 01 | **Holz-Steildach, d=402-460mm, Lattung, d=30mm, Dampfbremse, Doppelstegträger, h=356-400mm, Zelluloseeinblasdämmung, DWD-Platten, d=16mm; BSH-Teile, Stahlteile (4 Objekte)**<br>Einheit: m² Dachfläche | 170,00 | **180,00** | 190,00 | |
| | 016 Zimmer- und Holzbauarbeiten | | | | 100,0% |

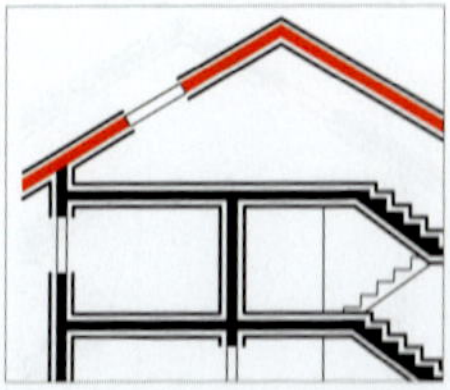

# 362 Dachöffnungen

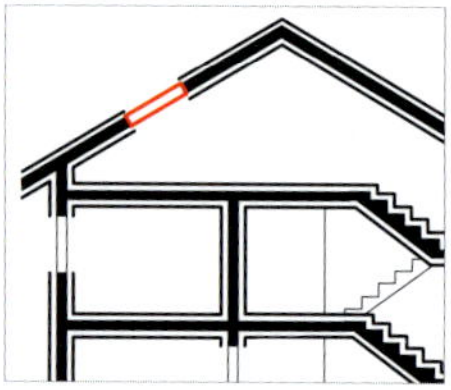

**Kosten:**
Stand 1.Quartal 2020
Bundesdurchschnitt
inkl. 19% MwSt.

| KG.AK.AA | | ▷ | €/Einheit | ◁ | LB an AA |
|---|---|---|---|---|---|
| 362.11.00 | Dachflächenfenster, Holz | | | | |
| 02 | **Dachflächenfenster, Isolierverglasung, Holz lasiert (4 Objekte)**<br>Einheit: m² Öffnungsfläche | 630,00 | **790,00** | 1.000,00 | |
| | 020 Dachdeckungsarbeiten | | | | 91,0% |
| | 034 Maler- und Lackierarbeiten - Beschichtungen | | | | 9,0% |
| 362.15.00 | Dachflächenfenster, Metall | | | | |
| 01 | **Dachflächenfenster, Isolierverglasung, Aluminium (6 Objekte)**<br>Einheit: m² Öffnungsfläche | 740,00 | **850,00** | 1.020,00 | |
| | 020 Dachdeckungsarbeiten | | | | 100,0% |
| 362.21.00 | Lichtkuppeln, Holz | | | | |
| 01 | **Lichtkuppel, Acrylglas, zweischalig, gewölbt, Spindelantrieb mit Elektromotor, Hubhöhe bis 40cm (4 Objekte)**<br>Einheit: m² Öffnungsfläche | 1.100,00 | **1.580,00** | 1.760,00 | |
| | 021 Dachabdichtungsarbeiten | | | | 50,0% |
| | 031 Metallbauarbeiten | | | | 50,0% |
| 362.51.00 | Dachausstiege | | | | |
| 01 | **Dachausstiegsluken (4 Objekte)**<br>Einheit: m² Öffnungsfläche | 570,00 | **780,00** | 1.000,00 | |
| | 020 Dachdeckungsarbeiten | | | | 33,0% |
| | 021 Dachabdichtungsarbeiten | | | | 33,0% |
| | 022 Klempnerarbeiten | | | | 34,0% |

▷ von
ø Mittel
◁ bis

| KG.AK.AA | ▷ | €/Einheit | ◁ | LB an AA |
|---|---|---|---|---|
| **363.11.00 Abdichtung** | | | | |
| 01 **Untergrund reinigen, Voranstrich, Bitumenschweißbahnen (3 Objekte)** | 32,00 | **34,00** | 35,00 | |
| Einheit: m² Belegte Fläche | | | | |
| 021 Dachabdichtungsarbeiten | | | | 100,0% |
| **363.13.00 Abdichtung, Belag begehbar** | | | | |
| 01 **Untergrund reinigen, Voranstrich, Dampfsperre, Bitumenschweißbahnen, Betonplatten oder Holzrost (3 Objekte)** | 110,00 | **140,00** | 160,00 | |
| Einheit: m² Belegte Fläche | | | | |
| 014 Natur-, Betonwerksteinarbeiten | | | | 29,0% |
| 021 Dachabdichtungsarbeiten | | | | 54,0% |
| 027 Tischlerarbeiten | | | | 17,0% |
| **363.16.00 Abdichtung, Belag, extensive Dachbegrünung** | | | | |
| 01 **Dachabdichtung, Drän- und Filterschicht, Durchwurzelungsschutz, Vegetationsschicht, Substratmischung, Fertigstellungspflege, Kiesrandstreifen, Randabdeckungen (11 Objekte)** | 110,00 | **150,00** | 190,00 | |
| Einheit: m² Belegte Fläche | | | | |
| 021 Dachabdichtungsarbeiten | | | | 86,0% |
| 022 Klempnerarbeiten | | | | 14,0% |
| **363.21.00 Abdichtung, Wärmedämmung** | | | | |
| 02 **Voranstrich mit Bitumenlösung, Bitumen-Schweißbahnen, zweilagig, Dampfsperre PE-Folie, Wärmedämmung, d=80-120mm (3 Objekte)** | 68,00 | **76,00** | 91,00 | |
| Einheit: m² Belegte Fläche | | | | |
| 021 Dachabdichtungsarbeiten | | | | 100,0% |
| **363.22.00 Abdichtung, Wärmedämmung, Kiesfilter** | | | | |
| 01 **Dampfsperre, PS-Hartschaum-Dämmung, d=80-140mm Bitumenabdichtung, Kiesschicht, d=5cm (4 Objekte)** | 66,00 | **77,00** | 88,00 | |
| Einheit: m² Belegte Fläche | | | | |
| 021 Dachabdichtungsarbeiten | | | | 100,0% |
| 04 **Dampfsperre, Gefälledämmung, PS-Hartschaumplatten, d=120-300mm, Bitumenschweißbahn zweilagig, Schutzschicht, Kiesschicht (3 Objekte)** | 88,00 | **110,00** | 140,00 | |
| Einheit: m² Belegte Fläche | | | | |
| 003 Landschaftsbauarbeiten | | | | 27,0% |
| 021 Dachabdichtungsarbeiten | | | | 73,0% |

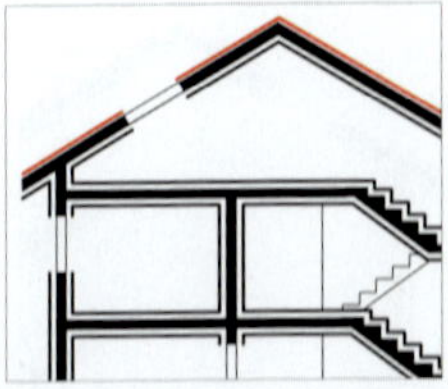

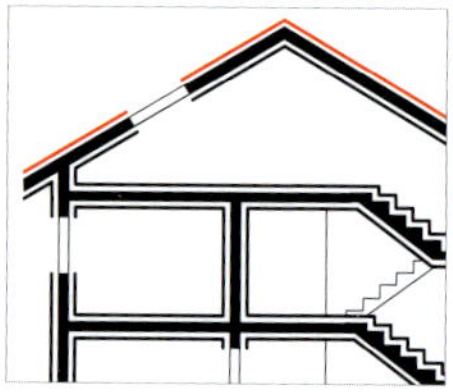

**Kosten:**
Stand 1.Quartal 2020
Bundesdurchschnitt
inkl. 19% MwSt.

| KG.AK.AA | | ▷ | €/Einheit | ◁ | LB an AA |
|---|---|---|---|---|---|
| 363.23.00 | Abdichtung, Wärmedämmung, Belag begehbar | | | | |
| 01 | **Untergrundvorbehandlung, Bitumenabdichtung, Wärmedämmung, Betonwerkstein-Platten, begehbar (4 Objekte)** | 130,00 | **180,00** | 200,00 | |
| | Einheit: m² Belegte Fläche | | | | |
| | 014 Natur-, Betonwerksteinarbeiten | | | | 22,0% |
| | 020 Dachdeckungsarbeiten | | | | 1,0% |
| | 021 Dachabdichtungsarbeiten | | | | 54,0% |
| | 080 Straßen, Wege, Plätze | | | | 23,0% |
| 363.32.00 | Ziegel, Wärmedämmung | | | | |
| 01 | **Ziegeldeckung auf Lattung, Mineralfaserdämmung, Unterspannbahn, Zinkverwahrungen (4 Objekte)** | 66,00 | **82,00** | 130,00 | |
| | Einheit: m² Gedeckte Fläche | | | | |
| | 016 Zimmer- und Holzbauarbeiten | | | | 37,0% |
| | 020 Dachdeckungsarbeiten | | | | 63,0% |
| 363.34.00 | Betondachstein, Wärmedämmung | | | | |
| 01 | **Dachdämmung WLG 040, d=100-160mm, Unterspannbahn, Konter- und Dachlattung, Betondachsteine (3 Objekte)** | 61,00 | **71,00** | 78,00 | |
| | Einheit: m² Gedeckte Fläche | | | | |
| | 013 Betonarbeiten | | | | 7,0% |
| | 016 Zimmer- und Holzbauarbeiten | | | | 15,0% |
| | 020 Dachdeckungsarbeiten | | | | 78,0% |
| 363.51.00 | Alu | | | | |
| 01 | **Aluminium-Deckung (4 Objekte)** | 45,00 | **72,00** | 110,00 | |
| | Einheit: m² Gedeckte Fläche | | | | |
| | 022 Klempnerarbeiten | | | | 100,0% |
| 363.57.00 | Zink | | | | |
| 03 | **Attikaabdeckung, Titanzinkblech, Unterkonstruktion (7 Objekte)** | 140,00 | **200,00** | 280,00 | |
| | Einheit: m² Gedeckte Fläche | | | | |
| | 021 Dachabdichtungsarbeiten | | | | 38,0% |
| | 022 Klempnerarbeiten | | | | 62,0% |
| 363.71.00 | Dachrinnen, Titanzink | | | | |
| 01 | **Hängerinne, Titanzink, halbrund, mit Rinnenstutzen, Endstücken, Formstücken und Einlaufblech (5 Objekte)** | 38,00 | **52,00** | 73,00 | |
| | Einheit: m Rinnenlänge | | | | |
| | 022 Klempnerarbeiten | | | | 100,0% |
| 363.79.00 | Sonstiges zu Dachentwässerung horizontal | | | | |
| 01 | **Notüberläufe, Wasserspeier (4 Objekte)** | 100,00 | **130,00** | 150,00 | |
| | Einheit: St Anzahl | | | | |
| | 021 Dachabdichtungsarbeiten | | | | 50,0% |
| | 022 Klempnerarbeiten | | | | 50,0% |

▷ von
ø Mittel
◁ bis

| KG.AK.AA | ▷ | €/Einheit | ◁ | LB an AA |
|---|---|---|---|---|
| **363.81.00 Fallrohre, Titanzink** | | | | |
| 01 **Regenfallrohr Titanzinkblech DN100-150, Bögen, Winkel, Befestigungen (11 Objekte)**<br>Einheit: m Abwasserleitung | 32,00 | **37,00** | 44,00 | |
| 022 Klempnerarbeiten | | | | 100,0% |
| 04 **Regenfallrohrklappe DN100, Titanzink (4 Objekte)**<br>Einheit: St Regenfallrohrklappe | 29,00 | **41,00** | 74,00 | |
| 022 Klempnerarbeiten | | | | 100,0% |
| **363.89.00 Sonstiges zu Dachentwässerung vertikal** | | | | |
| 01 **Guss-Regenstandrohr DN100, l=1,00-1,50m, Rohrschellen (5 Objekte)**<br>Einheit: m Abwasserleitung | 56,00 | **76,00** | 93,00 | |
| 022 Klempnerarbeiten | | | | 100,0% |

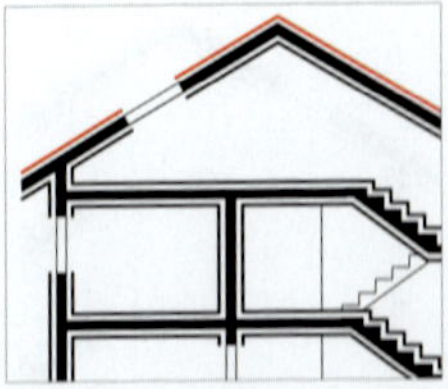

**Kosten:**
Stand 1.Quartal 2020
Bundesdurchschnitt
inkl. 19% MwSt.

▷ von
ø Mittel
◁ bis

| KG.AK.AA | | ▷ | €/Einheit | ◁ | LB an AA |
|---|---|---|---|---|---|
| 364.17.00 | Dämmung | | | | |
| 01 | **Mineralwolle zwischen den Sparren, Wärmeleitfähigkeitsgruppe 035 oder 040, d=120mm (4 Objekte)**<br>Einheit: m² Bekleidete Fläche | 19,00 | **22,00** | 25,00 | |
| | 016 Zimmer- und Holzbauarbeiten | | | | 33,0% |
| | 020 Dachdeckungsarbeiten | | | | 33,0% |
| | 039 Trockenbauarbeiten | | | | 34,0% |
| 03 | **Zellulosedämmung, d=300-420mm, eingeblasen (3 Objekte)**<br>Einheit: m² Bekleidete Fläche | 46,00 | **65,00** | 100,00 | |
| | 016 Zimmer- und Holzbauarbeiten | | | | 60,0% |
| | 020 Dachdeckungsarbeiten | | | | 40,0% |
| 364.21.00 | Beschichtung | | | | |
| 01 | **Beschichtung mineralischer Oberflächen, Dispersion, Untergrundvorbehandlung (5 Objekte)**<br>Einheit: m² Bekleidete Fläche | 4,00 | **5,90** | 8,70 | |
| | 034 Maler- und Lackierarbeiten - Beschichtungen | | | | 100,0% |
| 07 | **Reinigen und lackieren von Metallflächen wie Stahlbinder, Stahlpfetten, Stahlrundstützen, Stahldachkonstruktion (3 Objekte)**<br>Einheit: m² Bekleidete Fläche | 14,00 | **19,00** | 22,00 | |
| | 034 Maler- und Lackierarbeiten - Beschichtungen | | | | 100,0% |
| 08 | **Feuerschutzbeschichtung F30 auf Metallflächen (4 Objekte)**<br>Einheit: m² Bekleidete Fläche | 30,00 | **39,00** | 47,00 | |
| | 034 Maler- und Lackierarbeiten - Beschichtungen | | | | 100,0% |
| 10 | **Spachtelung von Betondecken, Beschichtung (3 Objekte)**<br>Einheit: m² Bekleidete Fläche | 7,10 | **21,00** | 30,00 | |
| | 034 Maler- und Lackierarbeiten - Beschichtungen | | | | 100,0% |
| 364.31.00 | Putz | | | | |
| 01 | **Deckenputz als Maschinenputz aus Gips-, Kalkgips- oder Kalkzementputz (4 Objekte)**<br>Einheit: m² Bekleidete Fläche | 20,00 | **25,00** | 31,00 | |
| | 023 Putz- und Stuckarbeiten, Wärmedämmsysteme | | | | 100,0% |
| 364.32.00 | Putz, Beschichtung | | | | |
| 02 | **Maschinenputz, Beschichtung, Dispersion, Untergrundvorbereitung (3 Objekte)**<br>Einheit: m² Bekleidete Fläche | 30,00 | **32,00** | 36,00 | |
| | 023 Putz- und Stuckarbeiten, Wärmedämmsysteme | | | | 83,0% |
| | 034 Maler- und Lackierarbeiten - Beschichtungen | | | | 17,0% |
| 364.44.00 | Bekleidung auf Unterkonstruktion, Holz | | | | |
| 05 | **Sichtschalung aus Nut+Feder Bretter, gehobelt, d=19-24mm, als Dachschrägenbekleidung, Beschichtung, Lasur (3 Objekte)**<br>Einheit: m² Bekleidete Fläche | 46,00 | **50,00** | 55,00 | |
| | 016 Zimmer- und Holzbauarbeiten | | | | 100,0% |

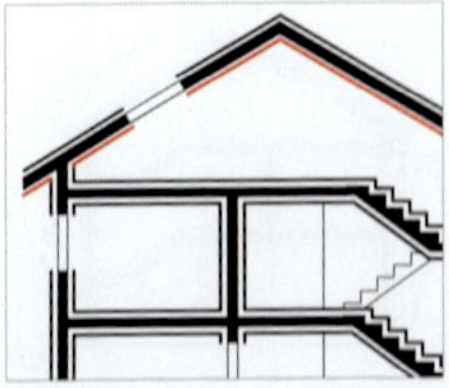

| KG.AK.AA | | ▷ | €/Einheit | ◁ | LB an AA |
|---|---|---|---|---|---|
| 364.48.00 | Bekleidung auf Unterkonstruktion, mineralisch | | | | |
| 01 | **Gipskartonbekleidungen auf Unterkonstruktion, Dämmung, Beschichtung (15 Objekte)** | 57,00 | **65,00** | 74,00 | |
| | Einheit: m² Bekleidete Fläche | | | | |
| | 039 Trockenbauarbeiten | | | | 100,0% |
| 02 | **Gipskartonbekleidung an Dachschrägen, Unterkonstruktion (8 Objekte)** | 37,00 | **49,00** | 70,00 | |
| | Einheit: m² Bekleidete Fläche | | | | |
| | 039 Trockenbauarbeiten | | | | 100,0% |
| 364.62.00 | Tapeten, Beschichtung | | | | |
| 01 | **Raufasertapete an Dachschrägen, Beschichtung, Dispersion (7 Objekte)** | 8,50 | **10,00** | 13,00 | |
| | Einheit: m² Bekleidete Fläche | | | | |
| | 034 Maler- und Lackierarbeiten - Beschichtungen | | | | 38,0% |
| | 037 Tapezierarbeiten | | | | 62,0% |
| 364.85.00 | Abgehängte Bekleidung, Putz, Stuck | | | | |
| 01 | **Abgehängte Decke, Metallunterkonstruktion, Gipskartonbekleidung, Lampenaussparungen, Revisionsöffnungen, Oberfläche gestrichen (3 Objekte)** | 74,00 | **97,00** | 140,00 | |
| | Einheit: m² Bekleidete Fläche | | | | |
| | 023 Putz- und Stuckarbeiten, Wärmedämmsysteme | | | | 51,0% |
| | 034 Maler- und Lackierarbeiten - Beschichtungen | | | | 3,0% |
| | 039 Trockenbauarbeiten | | | | 46,0% |
| 364.87.00 | Abgehängte Bekleidung, mineralisch | | | | |
| 01 | **Abgehängte, schallabsorbierende Mineralfaserdecke in Einlegemontage, sichtbare Tragprofile (3 Objekte)** | 82,00 | **89,00** | 100,00 | |
| | Einheit: m² Bekleidete Fläche | | | | |
| | 039 Trockenbauarbeiten | | | | 100,0% |

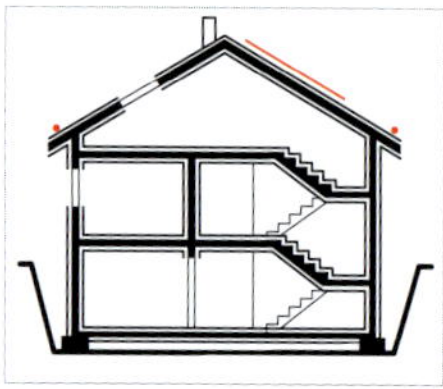

**Kosten:**
Stand 1.Quartal 2020
Bundesdurchschnitt
inkl. 19% MwSt.

| KG.AK.AA | | ▷ | €/Einheit | ◁ | LB an AA |
|---|---|---|---|---|---|
| 369.22.00 | Geländer | | | | |
| 02 | **Geländer an Dachterrasse (3 Objekte)**<br>Einheit: m² Geländerfläche | 240,00 | **280,00** | 360,00 | |
| | 021 Dachabdichtungsarbeiten | | | | 13,0% |
| | 031 Metallbauarbeiten | | | | 87,0% |
| 369.83.00 | Leitern, Steigeisen, Dachhaken | | | | |
| 01 | **Ortsfeste Leiter für Schornsteinfeger, Alu oder Stahl, Befestigung (3 Objekte)**<br>Einheit: m Leiterlänge | 110,00 | **140,00** | 180,00 | |
| | 020 Dachdeckungsarbeiten | | | | 50,0% |
| | 022 Klempnerarbeiten | | | | 50,0% |
| 03 | **Absturzsicherung (Sekuranten), Einzelanschlagpunkte mit Öse, inkl. Befestigung (5 Objekte)**<br>Einheit: St Stück | 200,00 | **270,00** | 370,00 | |
| | 021 Dachabdichtungsarbeiten | | | | 100,0% |
| 369.85.00 | Schneefang | | | | |
| 01 | **Schneefang auf geneigten Dächern aus Rundrohren, Halterungen (8 Objekte)**<br>Einheit: m Schneefanglänge | 34,00 | **42,00** | 55,00 | |
| | 020 Dachdeckungsarbeiten | | | | 53,0% |
| | 022 Klempnerarbeiten | | | | 47,0% |

▷ von
ø Mittel
◁ bis

| KG.AK.AA | | ▷ | €/Einheit | ◁ | LB an AA |
|---|---|---|---|---|---|
| 381.11.00 | Haushaltsküchen | | | | |
| 02 | **Einbauküchen im Haushaltsstandard, Arbeitsplatte, komplett mit Einbaugeräten und Spüle (4 Objekte)**<br>Einheit: m² Brutto-Grundfläche | 4,80 | **7,40** | 15,00 | |
| | 027 Tischlerarbeiten | | | | 100,0% |
| 381.32.00 | Garderobenanlagen | | | | |
| 02 | **Garderoben und Garderobenschränke mit Sitzbänken (3 Objekte)**<br>Einheit: m² Brutto-Grundfläche | 2,60 | **5,40** | 10,00 | |
| | 027 Tischlerarbeiten | | | | 79,0% |
| | 031 Metallbauarbeiten | | | | 21,0% |

| KG.AK.AA | | ▷ | €/Einheit | ◁ | LB an AA |
|---|---|---|---|---|---|
| **391.11.00** Baustelleneinrichtung, pauschal | | | | | |
| 01 | **Allgemeine Baustelleneinrichtung komplett einrichten, vorhalten und räumen, mit allen notwendigen Räumlichkeiten und Sicherheits-einrichtungen (6 Objekte)**<br>Einheit: m² Brutto-Grundfläche | 9,90 | **29,00** | 53,00 | |
| | 000 Sicherheitseinrichtungen, Baustelleneinrichtungen | | | | 100,0% |
| **391.25.00** Kranstellung | | | | | |
| 01 | **Baukran, Aufstellung, Vorhalten und Abbau (6 Objekte)**<br>Einheit: m² Brutto-Grundfläche | 3,30 | **6,00** | 11,00 | |
| | 000 Sicherheitseinrichtungen, Baustelleneinrichtungen | | | | 100,0% |
| **391.29.00** Baustelleneinrichtung, Einzeleinrichtungen, sonst. | | | | | |
| 01 | **Bautür (3 Objekte)**<br>Einheit: m² Brutto-Grundfläche | 0,20 | **1,00** | 1,30 | |
| | 000 Sicherheitseinrichtungen, Baustelleneinrichtungen | | | | 100,0% |
| **391.32.00** Baustellenbeleuchtung | | | | | |
| 01 | **Beleuchtungseinrichtungen einrichten und betreiben (3 Objekte)**<br>Einheit: m² Brutto-Grundfläche | 0,10 | **0,90** | 1,30 | |
| | 000 Sicherheitseinrichtungen, Baustelleneinrichtungen | | | | 100,0% |
| **391.41.00** Bauschild | | | | | |
| 01 | **Bauschild mit Schrifttafeln herstellen, unterhalten und abbauen (11 Objekte)**<br>Einheit: m² Brutto-Grundfläche | 1,10 | **2,40** | 4,10 | |
| | 000 Sicherheitseinrichtungen, Baustelleneinrichtungen | | | | 100,0% |

**Kosten:**
Stand 1.Quartal 2020
Bundesdurchschnitt
inkl. 19% MwSt.

▷ von
ø Mittel
◁ bis

| KG.AK.AA | ▷ | €/Einheit | ◁ | LB an AA |
|---|---|---|---|---|
| 392.11.00 Standgerüste, Fassadengerüste | | | | |
| 01 **Arbeits- und Schutzgerüst als Stand- und Fassadengerüst aus Stahlrohren im Umfang aufstellen, über die gesamte Bauzeit vorhalten und abbauen (4 Objekte)**<br>Einheit: m² Gerüstfläche | 12,00 | **18,00** | 24,00 | |
| 001 Gerüstarbeiten | | | | 100,0% |
| 02 **Gebrauchsüberlassung des Fassadengerüsts über vertraglich vereinbarte Zeit hinaus (4 Objekte)**<br>Einheit: m2Wo Gerüstfläche pro Woche | 0,40 | **0,50** | 0,60 | |
| 001 Gerüstarbeiten | | | | 100,0% |

| KG.AK.AA | | ▷ | €/Einheit | ◁ | LB an AA |
|---|---|---|---|---|---|
| 397.21.00 | Grobreinigung während der Bauzeit | | | | |
| 01 | **Grobreinigungsarbeiten während der Bauzeit (3 Objekte)**<br>Einheit: m² Brutto-Grundfläche | 0,40 | **1,30** | 3,10 | |
| | 033 Baureinigungsarbeiten | | | | 100,0% |

**Kosten:**
Stand 1.Quartal 2020
Bundesdurchschnitt
inkl. 19% MwSt.

▷ von
ø Mittel
◁ bis

| KG.AK.AA | | ▷ | €/Einheit | ◁ | LB an AA |
|---|---|---|---|---|---|
| 411.12.00 | Abwasserleitungen - Schmutzwasser | | | | |
| 01 | **Abwasserleitungen, HT-Rohr DN50-100, Formstücke (8 Objekte)** | 36,00 | **42,00** | 49,00 | |
| | Einheit: m Abwasserleitung | | | | |
| | 044 Abwasseranlagen - Leitungen, Abläufe, Armaturen | | | | 100,0% |
| 05 | **PE-Abwasserleitungen DN70-100, Formstücke, Rohrdämmung (4 Objekte)** | 51,00 | **60,00** | 64,00 | |
| | Einheit: m Abwasserleitung | | | | |
| | 044 Abwasseranlagen - Leitungen, Abläufe, Armaturen | | | | 68,0% |
| | 047 Dämm- und Brandschutzarbeiten an Technischen Anlagen | | | | 32,0% |
| 411.14.00 | Ab-/Einläufe für Abwasserleitungen | | | | |
| 02 | **Kunststoff-Bodenablauf DN70-100, Geruchsverschluss, Dichtungen (5 Objekte)** | 120,00 | **150,00** | 190,00 | |
| | Einheit: St Ablauf | | | | |
| | 044 Abwasseranlagen - Leitungen, Abläufe, Armaturen | | | | 100,0% |
| 03 | **Flachdachabläufe DN50-100, Kunststoff oder Guss, Ablauf senkrecht (4 Objekte)** | 250,00 | **280,00** | 360,00 | |
| | Einheit: St Ablauf | | | | |
| | 044 Abwasseranlagen - Leitungen, Abläufe, Armaturen | | | | 100,0% |
| 411.21.00 | Grundleitungen - Schmutz-/Regenwasser | | | | |
| 04 | **Grundleitungen, PVC DN100-150, Formstücke (7 Objekte)** | 34,00 | **37,00** | 41,00 | |
| | Einheit: m Grundleitung | | | | |
| | 009 Entwässerungskanalarbeiten | | | | 54,0% |
| | 044 Abwasseranlagen - Leitungen, Abläufe, Armaturen | | | | 46,0% |
| 411.22.00 | Grundleitungen - Schmutzwasser | | | | |
| 01 | **PVC-Grundleitungen, Schmutzwasser, Formstücke (6 Objekte)** | 32,00 | **38,00** | 43,00 | |
| | Einheit: m Grundleitung | | | | |
| | 009 Entwässerungskanalarbeiten | | | | 100,0% |
| 411.24.00 | Ab-/Einläufe für Grundleitungen | | | | |
| 01 | **Bodenablauf DN70-100, Guss (4 Objekte)** | 220,00 | **310,00** | 350,00 | |
| | Einheit: St Bodenablauf | | | | |
| | 009 Entwässerungskanalarbeiten | | | | 50,0% |
| | 044 Abwasseranlagen - Leitungen, Abläufe, Armaturen | | | | 50,0% |
| 411.25.00 | Kontrollschächte | | | | |
| 01 | **Kontrollschacht DN1.000, Schachtunterteil Ortbeton, Stahlbetonringe, Fertigteile, Schachtabdeckung (5 Objekte)** | 1.270,00 | **1.420,00** | 1.690,00 | |
| | Einheit: St Kontrollschacht | | | | |
| | 009 Entwässerungskanalarbeiten | | | | 100,0% |

| KG.AK.AA | | ▷ | €/Einheit | ◁ | LB an AA |
|---|---|---|---|---|---|
| 411.51.00 | Abwassertauchpumpen | | | | |
| 01 | **Schmutzwasser-Tauchpumpe, voll überflutbar, automatische Abschaltung (6 Objekte)**<br>Einheit: St Anzahl | 600,00 | **790,00** | 1.000,00 | |
| | 044 Abwasseranlagen - Leitungen, Abläufe, Armaturen | | | | 100,0% |
| 411.52.00 | Abwasserhebeanlagen | | | | |
| 01 | **Fäkalienhebeanlage mit Zubehör (4 Objekte)**<br>Einheit: St Fäkalienhebeanlage | 6.670,00 | **9.100,00** | 11.420,00 | |
| | 044 Abwasseranlagen - Leitungen, Abläufe, Armaturen | | | | 50,0% |
| | 046 GWE; Betriebseinrichtungen | | | | 50,0% |

**Kosten:**
Stand 1.Quartal 2020
Bundesdurchschnitt
inkl. 19% MwSt.

▷ von
ø Mittel
◁ bis

| KG.AK.AA | | ▷ | €/Einheit | ◁ | LB an AA |
|---|---|---|---|---|---|
| 412.41.00 | Wasserleitungen, Kaltwasser | | | | |
| 01 | **Kupferleitungen 18x1 bis 35x1,5mm, Formstücke, Befestigungen (8 Objekte)** | 28,00 | **31,00** | 34,00 | |
| | Einheit: m Wasserleitung | | | | |
| | 042 Gas- und Wasseranlagen; Leitungen, Armaturen | | | | 100,0% |
| 02 | **Nahtloses Gewinderohr verzinkt DN15-50, Formstücke, Befestigungen (3 Objekte)** | 28,00 | **33,00** | 45,00 | |
| | Einheit: m Wasserleitung | | | | |
| | 042 Gas- und Wasseranlagen; Leitungen, Armaturen | | | | 52,0% |
| | 044 Abwasseranlagen - Leitungen, Abläufe, Armaturen | | | | 48,0% |
| 06 | **Dämmung von Kaltwasserleitungen DN15-50, zum Teil in Mauerschlitzen (7 Objekte)** | 6,90 | **10,00** | 14,00 | |
| | Einheit: m Wasserleitung | | | | |
| | 047 Dämm- und Brandschutzarbeiten an Technischen Anlagen | | | | 100,0% |
| 08 | **VPE-Rohr, 16x2,2-32x4,4mm, Formstücke (3 Objekte)** | 24,00 | **27,00** | 31,00 | |
| | Einheit: m Wasserleitung | | | | |
| | 042 Gas- und Wasseranlagen; Leitungen, Armaturen | | | | 70,0% |
| | 044 Abwasseranlagen - Leitungen, Abläufe, Armaturen | | | | 10,0% |
| | 047 Dämm- und Brandschutzarbeiten an Technischen Anlagen | | | | 20,0% |
| 09 | **Edelstahlrohr DN25-42, Formstücke, Befestigungen (5 Objekte)** | 28,00 | **31,00** | 33,00 | |
| | Einheit: m Wasserleitung | | | | |
| | 042 Gas- und Wasseranlagen; Leitungen, Armaturen | | | | 100,0% |
| 10 | **Metallverbundrohr DN15-32, Formstücke (6 Objekte)** | 24,00 | **28,00** | 34,00 | |
| | Einheit: m Wasserleitung | | | | |
| | 042 Gas- und Wasseranlagen; Leitungen, Armaturen | | | | 100,0% |
| 412.43.00 | Wasserleitungen, Warmwasser/Zirkulation | | | | |
| 04 | **Warmwasserleitungen, Formstücke, Rohrdämmung (3 Objekte)** | 34,00 | **42,00** | 47,00 | |
| | Einheit: m Wasserleitung | | | | |
| | 042 Gas- und Wasseranlagen; Leitungen, Armaturen | | | | 79,0% |
| | 047 Dämm- und Brandschutzarbeiten an Technischen Anlagen | | | | 21,0% |
| 412.44.00 | Verteiler, Warmwasser/Zirkulation | | | | |
| 01 | **Zirkulationspumpe für Brauchwasser, wellenloser Wechselstrom-Kugelmotor 230V, Zeitschaltuhr (5 Objekte)** | 200,00 | **230,00** | 260,00 | |
| | Einheit: St Pumpe | | | | |
| | 042 Gas- und Wasseranlagen; Leitungen, Armaturen | | | | 100,0% |
| 412.45.00 | Wasserleitungen, Begleitheizung | | | | |
| 01 | **Warmwasser-Begleitheizung, zwei parallelen, verzinnte Kupferlitzen, 1,2mm², selbstregelnd, Zeitschaltuhr mit Tages- und Wochenprogramm (4 Objekte)** | 40,00 | **42,00** | 44,00 | |
| | Einheit: m Wasserleitung | | | | |
| | 040 Wärmeversorgungsanlagen - Betriebseinrichtungen | | | | 29,0% |
| | 042 Gas- und Wasseranlagen; Leitungen, Armaturen | | | | 43,0% |
| | 045 GWE; Einrichtungsgegenstände, Sanitärausstattungen | | | | 28,0% |

| KG.AK.AA | ▷ | €/Einheit | ◁ | LB an AA |
|---|---|---|---|---|
| **412.51.00 Elektrowarmwasserspeicher** | | | | |
| 02 **Elektrowarmwasserspeicher 5l, drucklos für Untertischmontage, stufenlose Temperatureinstellung, Abschaltautomatik (3 Objekte)**<br>Einheit: St Warmwasserspeicher | 210,00 | **230,00** | 260,00 | |
| 045 GWE; Einrichtungsgegenstände, Sanitärausstattungen | | | | 100,0% |
| **412.61.00 Ausgussbecken** | | | | |
| 01 **Ausgussbecken aus Stahlblech, Einlegeroste (5 Objekte)**<br>Einheit: St Ausgussbecken | 85,00 | **99,00** | 110,00 | |
| 045 GWE; Einrichtungsgegenstände, Sanitärausstattungen | | | | 100,0% |
| **412.62.00 Waschtische, Waschbecken** | | | | |
| 01 **Handwaschbecken Gr. 50-60 mit Befestigungen, Eckventile, Geruchsverschluss, Hebelmischer (8 Objekte)**<br>Einheit: St Waschbecken | 330,00 | **360,00** | 400,00 | |
| 045 GWE; Einrichtungsgegenstände, Sanitärausstattungen | | | | 100,0% |
| 04 **Einhandhebelmischer für Waschbecken, verchromt (7 Objekte)**<br>Einheit: St Armatur | 210,00 | **280,00** | 370,00 | |
| 045 GWE; Einrichtungsgegenstände, Sanitärausstattungen | | | | 100,0% |
| **412.63.00 Bidets** | | | | |
| 01 **Bidet, wandhängend, Einhandmischer (4 Objekte)**<br>Einheit: St Bidet | 450,00 | **550,00** | 830,00 | |
| 045 GWE; Einrichtungsgegenstände, Sanitärausstattungen | | | | 100,0% |
| **412.64.00 Urinale** | | | | |
| 01 **Urinal weiß, Anschlussgarnitur, Druckspüler (6 Objekte)**<br>Einheit: St Urinal | 410,00 | **460,00** | 490,00 | |
| 045 GWE; Einrichtungsgegenstände, Sanitärausstattungen | | | | 100,0% |
| 04 **Urinal, Anschlussgarnitur, automatische Spülung durch Infrarot-Auslösung (5 Objekte)**<br>Einheit: St Urinal | 790,00 | **910,00** | 1.070,00 | |
| 045 GWE; Einrichtungsgegenstände, Sanitärausstattungen | | | | 100,0% |
| **412.65.00 WC-Becken** | | | | |
| 01 **WC-Becken, wandhängend, WC-Sitz, Spülkasten (9 Objekte)**<br>Einheit: St WC-Becken | 470,00 | **620,00** | 1.090,00 | |
| 045 GWE; Einrichtungsgegenstände, Sanitärausstattungen | | | | 100,0% |
| 02 **Tiefspülklosett, Spülkästen, Schallschutzset, Klosettsitz mit Deckel (7 Objekte)**<br>Einheit: St WC-Becken | 490,00 | **540,00** | 580,00 | |
| 045 GWE; Einrichtungsgegenstände, Sanitärausstattungen | | | | 100,0% |

**Kosten:**
Stand 1.Quartal 2020
Bundesdurchschnitt
inkl. 19% MwSt.

▷ von
ø Mittel
◁ bis

| KG.AK.AA | | ▷ | €/Einheit | ◁ | LB an AA |
|---|---|---|---|---|---|
| **412.66.00** | **Duschen** | | | | |
| 01 | **Duschwannen 90x90cm, Stahl (4 Objekte)**<br>Einheit: St Duschwanne | 200,00 | **260,00** | 420,00 | |
| | 045 GWE; Einrichtungsgegenstände, Sanitärausstattungen | | | | 100,0% |
| 03 | **Brausewanne, Einhand-Brausebatterie unter Putz, Wandstange, Schlauch, Handbrause (4 Objekte)**<br>Einheit: St Duschwanne | 510,00 | **530,00** | 580,00 | |
| | 045 GWE; Einrichtungsgegenstände, Sanitärausstattungen | | | | 100,0% |
| 05 | **Einhebel-Brausebatterie, unter Putz, Wandstange 90cm, verchromt, Brauseschlauch, Handbrause, Halterung (10 Objekte)**<br>Einheit: St Armatur | 290,00 | **330,00** | 360,00 | |
| | 045 GWE; Einrichtungsgegenstände, Sanitärausstattungen | | | | 100,0% |
| **412.67.00** | **Badewannen** | | | | |
| 01 | **Einbauwanne 1,75m, Wannenfüße, Wannenab- und -überlauf, Einhebel-Wannenfüll- und Brausebatterie (5 Objekte)**<br>Einheit: St Badewanne | 530,00 | **680,00** | 880,00 | |
| | 045 GWE; Einrichtungsgegenstände, Sanitärausstattungen | | | | 100,0% |
| 04 | **Badewanne, sechseckig (3 Objekte)**<br>Einheit: St Badewanne | 1.530,00 | **2.190,00** | 3.520,00 | |
| | 045 GWE; Einrichtungsgegenstände, Sanitärausstattungen | | | | 100,0% |
| 05 | **Badewanne 175x75cm, Stahl, mit Wannenträger, ohne Armaturen (10 Objekte)**<br>Einheit: St Badewanne | 320,00 | **410,00** | 630,00 | |
| | 045 GWE; Einrichtungsgegenstände, Sanitärausstattungen | | | | 100,0% |
| 06 | **Badewanne 180x80cm, Stahl, mit Wannenträger, ohne Armaturen (5 Objekte)**<br>Einheit: St Badewanne | 620,00 | **800,00** | 930,00 | |
| | 045 GWE; Einrichtungsgegenstände, Sanitärausstattungen | | | | 100,0% |
| 07 | **Badewanne, Acryl, mit Wannenträger, ohne Armaturen (4 Objekte)**<br>Einheit: St Badewanne | 1.050,00 | **1.180,00** | 1.530,00 | |
| | 045 GWE; Einrichtungsgegenstände, Sanitärausstattungen | | | | 100,0% |
| **412.68.00** | **Behinderten-Einrichtungen** | | | | |
| 01 | **Tiefspül-WC, Waschtischanlage, Stützgriffe, Kristallglasspiegel, Klosettpapierhalter, Abfalleimer, Bürstengarnitur, Papierhandtuchspender, Drahtsammelkorb (3 Objekte)**<br>Einheit: St Behinderten-WC | 2.350,00 | **2.710,00** | 2.930,00 | |
| | 045 GWE; Einrichtungsgegenstände, Sanitärausstattungen | | | | 92,0% |
| | 053 Niederspannungsanlagen; Kabel, Verlegesysteme | | | | 8,0% |

| KG.AK.AA | | ▷ | €/Einheit | ◁ | LB an AA |
|---|---|---|---|---|---|
| 419.11.00 | Installationsblöcke | | | | |
| 01 | **Installationsblock für Waschtische (5 Objekte)**<br>Einheit: St Installationsblock | 220,00 | **230,00** | 240,00 | |
| | 045 GWE; Einrichtungsgegenstände, Sanitärausstattungen | | | | 100,0% |
| 02 | **Installationsblock für Urinale (6 Objekte)**<br>Einheit: St Installationsblock | 240,00 | **270,00** | 320,00 | |
| | 045 GWE; Einrichtungsgegenstände, Sanitärausstattungen | | | | 100,0% |
| 03 | **Installationsblock für wandhängendes WC mit Spülkasten 6-9l (7 Objekte)**<br>Einheit: St Installationsblock | 260,00 | **310,00** | 340,00 | |
| | 045 GWE; Einrichtungsgegenstände, Sanitärausstattungen | | | | 100,0% |
| 04 | **Installationsblock für wandhängendes Bidet (3 Objekte)**<br>Einheit: St Installationsblock | 230,00 | **240,00** | 260,00 | |
| | 045 GWE; Einrichtungsgegenstände, Sanitärausstattungen | | | | 100,0% |

**Kosten:**
Stand 1.Quartal 2020
Bundesdurchschnitt
inkl. 19% MwSt.

▷ von
ø Mittel
◁ bis

| KG.AK.AA | ▷ | €/Einheit | ◁ | LB an AA |
|---|---|---|---|---|
| **421.21.00** Fernwärmeübergabestationen | | | | |
| 02 **Fernwärme-Kompaktstation, 100-200kW, für den indirekten Anschluss an Heizwasser-Fernwärmenetze, Zubehör (3 Objekte)**<br>Einheit: kW Kesselleistung | 100,00 | **110,00** | 120,00 | |
| 040 Wärmeversorgungsanlagen - Betriebseinrichtungen | | | | 100,0% |
| **421.31.00** Heizkesselanlagen gasförmige/flüssige Brennstoffe | | | | |
| 01 **Gasheizkessel, Nennleistung 15,6-38kW, Warmwasserbereiter, Umwälzpumpe, Heizkreisverteiler, Zubehör (3 Objekte)**<br>Einheit: kW Kesselleistung | 200,00 | **210,00** | 220,00 | |
| 040 Wärmeversorgungsanlagen - Betriebseinrichtungen | | | | 100,0% |
| 03 **Gas-Brennwertkessel 26-48kW, Regelung, Wandheizkessel mit Trinkwassererwärmung (7 Objekte)**<br>Einheit: kW Kesselleistung | 160,00 | **170,00** | 190,00 | |
| 040 Wärmeversorgungsanlagen - Betriebseinrichtungen | | | | 100,0% |
| 05 **Gas-Brennwertkessel 3,4-35kW, Kompaktgerät mit Trinkwassererwärmung, Regelung, Druckausgleichsgefäß, Gasleitung, Abgasrohr, Elektroarbeiten (6 Objekte)**<br>Einheit: St Heizkessel | 7.010,00 | **7.590,00** | 8.250,00 | |
| 040 Wärmeversorgungsanlagen - Betriebseinrichtungen | | | | 100,0% |
| 09 **Gas-Brennwertkessel 25-110kW, Regelung, Wandheizkessel mit Trinkwassererwärmung (6 Objekte)**<br>Einheit: St Heizkessel | 5.230,00 | **6.880,00** | 8.320,00 | |
| 040 Wärmeversorgungsanlagen - Betriebseinrichtungen | | | | 100,0% |
| **421.32.00** Heizkesselanlagen feste Brennstoffe | | | | |
| 03 **Holzpellet-Kessel mit Wärmetauscher, 2-10kW, in Kombination mit Solarkollektoren für WW; Speicher; Zubehör (5 Objekte)**<br>Einheit: St Anlage | 25.720,00 | **27.990,00** | 35.580,00 | |
| 040 Wärmeversorgungsanlagen - Betriebseinrichtungen | | | | 100,0% |
| **421.41.00** Wärmepumpenanlagen | | | | |
| 01 **Wärmepumpe mit Anschluss an einer Erdsonde (3 Objekte)**<br>Einheit: kW Abgabeleistung | 800,00 | **990,00** | 1.090,00 | |
| 040 Wärmeversorgungsanlagen - Betriebseinrichtungen | | | | 100,0% |
| 04 **Sole-Wasser-Wärmepumpe mit integriertem Warmwasserspeicher, Zubehör (8 Objekte)**<br>Einheit: St Anlage | 24.330,00 | **27.190,00** | 30.910,00 | |
| 040 Wärmeversorgungsanlagen - Betriebseinrichtungen | | | | 97,0% |
| 046 GWE; Betriebseinrichtungen | | | | 2,0% |
| 047 Dämm- und Brandschutzarbeiten an Technischen Anlagen | | | | 1,0% |
| 05 **Luft-Wasser-Wärmepumpe, Pufferspeicher; Zubehör (4 Objekte)**<br>Einheit: St Anlage | 13.790,00 | **17.580,00** | 22.120,00 | |
| 040 Wärmeversorgungsanlagen - Betriebseinrichtungen | | | | 100,0% |

| KG.AK.AA | | ▷ | €/Einheit | ◁ | LB an AA |
|---|---|---|---|---|---|
| 421.51.00 | Solaranlagen | | | | |
| 01 | **Solaranlage, Flachkollektoren, Befestigungsmaterial, Befüllung, Ausdehnungsgefäß, Anschlussleitungen (6 Objekte)**<br>Einheit: m² Absorberfläche | 770,00 | **850,00** | 980,00 | |
| | 040 Wärmeversorgungsanlagen - Betriebseinrichtungen | | | | 100,0% |
| 421.61.00 | Wassererwärmungsanlagen | | | | |
| 01 | **Speicher-Brauchwasserspeicher, Druckausdehnungsgefäß (7 Objekte)**<br>Einheit: l Speichervolumen | 5,10 | **7,70** | 13,00 | |
| | 040 Wärmeversorgungsanlagen - Betriebseinrichtungen | | | | 100,0% |

**Kosten:**
Stand 1.Quartal 2020
Bundesdurchschnitt
inkl. 19% MwSt.

▷ von
ø Mittel
◁ bis

| KG.AK.AA | | ▷ | €/Einheit | ◁ | LB an AA |
|---|---|---|---|---|---|
| 422.11.00 | Verteiler, Pumpen für Raumheizflächen | | | | |
| 01 | **Umwälzpumpe, wartungsfrei für Rohreinbau, Förderstrom 2,9-5,4m³/h, Förderhöhe 0,6-3,8mWS (9 Objekte)**<br>Einheit: St Umwälzpumpe | 660,00 | **720,00** | 760,00 | |
| | 041 Wärmeversorgungsanlagen - Leitungen, Armaturen, Heizflächen | | | | 100,0% |
| 02 | **Heizkreisverteiler für 3-7 Gruppen, Messing, Zubehör (5 Objekte)**<br>Einheit: St Heizgruppe | 37,00 | **52,00** | 63,00 | |
| | 041 Wärmeversorgungsanlagen - Leitungen, Armaturen, Heizflächen | | | | 100,0% |
| 03 | **Heizkreisverteiler, Ventile, Verteilerschrank für Unterputzmontage (3 Objekte)**<br>Einheit: St Heizgruppe | 110,00 | **120,00** | 130,00 | |
| | 041 Wärmeversorgungsanlagen - Leitungen, Armaturen, Heizflächen | | | | 100,0% |
| 422.21.00 | Rohrleitungen für Raumheizflächen | | | | |
| 02 | **Kupfer-Rohr 15x1-22x1mm, hart, Formstücke, Befestigungen (12 Objekte)**<br>Einheit: m Leitung | 15,00 | **18,00** | 22,00 | |
| | 041 Wärmeversorgungsanlagen - Leitungen, Armaturen, Heizflächen | | | | 100,0% |
| 08 | **Mineralfaserschalen für Rohre DN10-32 (3 Objekte)**<br>Einheit: m Rohrdämmung | 9,90 | **10,00** | 11,00 | |
| | 047 Dämm- und Brandschutzarbeiten an Technischen Anlagen | | | | 100,0% |

| KG.AK.AA | | ▷ | €/Einheit | ◁ | LB an AA |
|---|---|---|---|---|---|
| 423.11.00 | Radiatoren | | | | |
| 02 | **Röhrenradiatoren, Bautiefe: 105mm-225mm, Thermostatventile, Verschraubungen, Ventile, Standkonsolen, Demontage und Montage für Malerarbeiten (3 Objekte)**<br>Einheit: m² Heizkörperfläche | 230,00 | **360,00** | 430,00 | |
| | 034 Maler- und Lackierarbeiten - Beschichtungen | | | | 7,0% |
| | 041 Wärmeversorgungsanlagen - Leitungen, Armaturen, Heizflächen | | | | 93,0% |
| 423.21.00 | Bodenheizflächen | | | | |
| 01 | **Fußbodenheizung, PE-Folie, Dämmung, Befestigungen (16 Objekte)**<br>Einheit: m² Beheizte Fläche | 52,00 | **67,00** | 84,00 | |
| | 041 Wärmeversorgungsanlagen - Leitungen, Armaturen, Heizflächen | | | | 100,0% |

**Kosten:**
Stand 1.Quartal 2020
Bundesdurchschnitt
inkl. 19% MwSt.

▷ von
ø Mittel
◁ bis

| KG.AK.AA | | ▷ | €/Einheit | ◁ | LB an AA |
|---|---|---|---|---|---|
| **431.22.00** | Ablufteinzelgeräte | | | | |
| 04 | **Einzelraumlüfter für innenliegende Badezimmer oder WCs (7 Objekte)** | 300,00 | **360,00** | 460,00 | |
| | Einheit: St Lüfter | | | | |
| | 075 Raumlufttechnische Anlagen | | | | 100,0% |
| **431.31.00** | Wärmerückgewinnungsanlagen, regenerativ | | | | |
| 01 | **Zu- und Abluftanlage mit Wärmerückgewinnung, Wärmebereitstellungsgrad 85-92%; Erdwärmetauscher; bis 300m³/h; Zubehör (8 Objekte)** | 12.990,00 | **18.270,00** | 23.520,00 | |
| | Einheit: St Anlage | | | | |
| | 075 Raumlufttechnische Anlagen | | | | 100,0% |
| **431.39.00** | Wärmerückgewinnungsanlagen, sonstiges | | | | |
| 01 | **Komplettgerät zur zentralen Be- und Entlüftung, 80-230m³/h, Warmwasserspeicher 200-400l; Wärmerückgewinnung über Wärmetauscher und Luft/Wasser-Wärmepumpe (4 Objekte)** | 25.880,00 | **31.430,00** | 38.360,00 | |
| | Einheit: St Anlage | | | | |
| | 012 Mauerarbeiten | | | | 1,0% |
| | 040 Wärmeversorgungsanlagen - Betriebseinrichtungen | | | | 2,0% |
| | 075 Raumlufttechnische Anlagen | | | | 97,0% |
| 02 | **Lüftungsanlage mit Wärmerückgewinnung, 75-250m³/h; Zubehör (5 Objekte)** | 9.760,00 | **11.380,00** | 13.720,00 | |
| | Einheit: St Anlage | | | | |
| | 053 Niederspannungsanlagen; Kabel, Verlegesysteme | | | | 1,0% |
| | 075 Raumlufttechnische Anlagen | | | | 99,0% |
| **431.99.00** | Sonstige Lüftungsanlagen, sonstiges | | | | |
| 01 | **Telefonieschalldämpfer, d=180-350mm (3 Objekte)** | 880,00 | **1.200,00** | 1.380,00 | |
| | Einheit: St Schalldämpfer | | | | |
| | 075 Raumlufttechnische Anlagen | | | | 100,0% |
| 02 | **Feuerschutzklappe mit thermischem Auslöser für +70°C, Handschnellauslöser, Revisionsöffnung (3 Objekte)** | 430,00 | **510,00** | 640,00 | |
| | Einheit: St Feuerschutzklappe | | | | |
| | 075 Raumlufttechnische Anlagen | | | | 100,0% |

| KG.AK.AA | | ▷ | €/Einheit | ◁ | LB an AA |
|---|---|---|---|---|---|
| 442.31.00 | Zentrale Batterieanlagen | | | | |
| 01 | **Bleiakkumulatorenbatterie, wartungsarm, Kapazität 70-100 Ah, Lade- und Schaltgeräte, Signalgerät, Leitungsinstallation, Sicherheitsbeleuchtung (4 Objekte)**<br>Einheit: St Batterieanlage | 27.380,00 | **30.200,00** | 31.170,00 | |
| | 055 Ersatzstromversorgungsanlagen | | | | 50,0% |
| | 059 Sicherheitsbeleuchtungsanlagen | | | | 50,0% |
| 03 | **Zentrale Batterieanlage, Meldetableau, Ausgangskreisgruppen mit Störmeldegruppen, Netzlichtabfragemodule, Lade- und Schaltgerät, Überwachungsbausteine (3 Objekte)**<br>Einheit: St Zentrale Batterieanlage | 20.610,00 | **24.650,00** | 26.970,00 | |
| | 055 Ersatzstromversorgungsanlagen | | | | 50,0% |
| | 059 Sicherheitsbeleuchtungsanlagen | | | | 50,0% |
| 442.41.00 | Photovoltaikanlagen | | | | |
| 01 | **Photovoltaikanlage, monokristalline Hochleistungszellen, Wechselrichter (4 Objekte)**<br>Einheit: $kW_p$ Leistung max. | 1.980,00 | **4.690,00** | 5.980,00 | |
| | 054 Niederspannungsanlagen; Verteilersysteme und Einbaugeräte | | | | 57,0% |
| | 055 Ersatzstromversorgungsanlagen | | | | 43,0% |
| 02 | **Photovoltaikanlage, 5,60-8,67 $kW_p$, max. Wirkungsgrad 97,3% (5 Objekte)**<br>Einheit: St Anlage | 25.480,00 | **35.350,00** | 51.570,00 | |
| | 054 Niederspannungsanlagen; Verteilersysteme und Einbaugeräte | | | | 60,0% |
| | 055 Ersatzstromversorgungsanlagen | | | | 40,0% |

**Kosten:**
Stand 1.Quartal 2020
Bundesdurchschnitt
inkl. 19% MwSt.

▷ von
ø Mittel
◁ bis

| KG.AK.AA | ▷ | €/Einheit | ◁ | LB an AA |
|---|---|---|---|---|
| **444.11.00** Kabel und Leitungen | | | | |
| 01 **Mantelleitungen NYM 3x1,5 bis 5x1,5mm² (7 Objekte)** | 1,50 | **2,20** | 2,70 | |
| Einheit: m Leitung | | | | |
| 053 Niederspannungsanlagen; Kabel, Verlegesysteme | | | | 100,0% |
| 09 **Mantelleitungen NYM 3x2,5 bis 5x2,5mm² (3 Objekte)** | 2,80 | **3,20** | 4,00 | |
| Einheit: m Leitung | | | | |
| 053 Niederspannungsanlagen; Kabel, Verlegesysteme | | | | 100,0% |
| **444.21.00** Unterverteiler | | | | |
| 01 **Einbauunterverteiler, 2- oder 3-reihig, Kunststoffgehäuse, Stahlblechtüre (4 Objekte)** | 63,00 | **81,00** | 98,00 | |
| Einheit: St Unterverteiler | | | | |
| 054 Niederspannungsanlagen; Verteilersysteme und Einbaugeräte | | | | 100,0% |
| 02 **Leitungsschutzschalter, 1-polig, 10-20A, Typ B, L oder LS Typ (8 Objekte)** | 11,00 | **15,00** | 21,00 | |
| Einheit: St Leitungsschutzschalter | | | | |
| 054 Niederspannungsanlagen; Verteilersysteme und Einbaugeräte | | | | 100,0% |
| 03 **Fehlerstrom-Schutzschalter, 25-40A, Nennfehlerstrom 30mA (9 Objekte)** | 53,00 | **62,00** | 74,00 | |
| Einheit: St Fehlerstrom-Schutzschalter | | | | |
| 054 Niederspannungsanlagen; Verteilersysteme und Einbaugeräte | | | | 100,0% |
| 04 **Leitungsschutzschalter, 3-polig, 16A, Typ B (4 Objekte)** | 42,00 | **55,00** | 67,00 | |
| Einheit: St Leitungsschutzschalter | | | | |
| 054 Niederspannungsanlagen; Verteilersysteme und Einbaugeräte | | | | 100,0% |
| 05 **Einbauschütz, 230V, 40A, 4-polig (4 Objekte)** | 77,00 | **91,00** | 120,00 | |
| Einheit: St Schütz | | | | |
| 054 Niederspannungsanlagen; Verteilersysteme und Einbaugeräte | | | | 100,0% |
| 06 **Stoßstromrelais, 230V, 10-16A, 1-polig (4 Objekte)** | 25,00 | **32,00** | 39,00 | |
| Einheit: St Relais | | | | |
| 054 Niederspannungsanlagen; Verteilersysteme und Einbaugeräte | | | | 100,0% |
| 07 **Treppenhausautomat 220V, 10A, 50Hz, mit Raststellungen: Minutenlicht, Dauerlicht, Aus (8 Objekte)** | 40,00 | **47,00** | 59,00 | |
| Einheit: St Treppenhausautomat | | | | |
| 054 Niederspannungsanlagen; Verteilersysteme und Einbaugeräte | | | | 100,0% |

| KG.AK.AA | | ▷ | €/Einheit | ◁ | LB an AA |
|---|---|---|---|---|---|
| 444.31.00 | Leerrohre | | | | |
| 01 | **Kabelkanäle, Stahlblech, Formstücke, Befestigungen (4 Objekte)**<br>Einheit: m Kanallänge | 32,00 | **37,00** | 41,00 | |
| | 053 Niederspannungsanlagen; Kabel, Verlegesysteme | | | | 100,0% |
| 02 | **Leerrohr, PE hart, 13,5-29mm, Muffen, Bögen (3 Objekte)**<br>Einheit: m Leerrohr | 3,40 | **4,70** | 5,50 | |
| | 053 Niederspannungsanlagen; Kabel, Verlegesysteme | | | | 100,0% |
| 03 | **Kunststoff-Panzerrohr flexibel, PG 13,5-26 (6 Objekte)**<br>Einheit: m Leerrohr | 3,90 | **5,10** | 7,10 | |
| | 053 Niederspannungsanlagen; Kabel, Verlegesysteme | | | | 100,0% |
| 04 | **Kunststoff-Installationskanal, Eck-, Verbindungs-, Abdeck- und Zubehörteile, Größe 40x60-60x190mm (6 Objekte)**<br>Einheit: m Kanallänge | 11,00 | **14,00** | 16,00 | |
| | 053 Niederspannungsanlagen; Kabel, Verlegesysteme | | | | 100,0% |
| 444.41.00 | Installationsgeräte | | | | |
| 01 | **Aus-, Wechsel-, Serien- und Kreuzschalter, Taster unter Putz, Schalterdose 55mm (14 Objekte)**<br>Einheit: St Schalter | 14,00 | **18,00** | 24,00 | |
| | 054 Niederspannungsanlagen; Verteilersysteme und Einbaugeräte | | | | 100,0% |
| 02 | **Aus- und Wechselschalter, Taster, auf Putz, Feuchtraumausführung (6 Objekte)**<br>Einheit: St Schalter | 15,00 | **21,00** | 27,00 | |
| | 054 Niederspannungsanlagen; Verteilersysteme und Einbaugeräte | | | | 100,0% |
| 03 | **Elektrosteckdosen 16A, unter Putz, Schalterdose 55mm (5 Objekte)**<br>Einheit: St Steckdose | 15,00 | **18,00** | 29,00 | |
| | 054 Niederspannungsanlagen; Verteilersysteme und Einbaugeräte | | | | 100,0% |
| 04 | **Elektrosteckdosen 16A, auf Putz, Feuchtraumausführung (7 Objekte)**<br>Einheit: St Steckdose | 15,00 | **17,00** | 19,00 | |
| | 054 Niederspannungsanlagen; Verteilersysteme und Einbaugeräte | | | | 100,0% |
| 08 | **Herdanschlussdose, unter Putz, Verbindungsklemmen bis 5x2,5mm², Zugentlastung (7 Objekte)**<br>Einheit: St Steckdose | 9,30 | **16,00** | 19,00 | |
| | 053 Niederspannungsanlagen; Kabel, Verlegesysteme | | | | 40,0% |
| | 054 Niederspannungsanlagen; Verteilersysteme und Einbaugeräte | | | | 60,0% |

**Kosten:**
Stand 1.Quartal 2020
Bundesdurchschnitt
inkl. 19% MwSt.

▷ von
ø Mittel
◁ bis

| KG.AK.AA | | ▷ | €/Einheit | ◁ | LB an AA |
|---|---|---|---|---|---|
| 445.11.00 | Ortsfeste Leuchten, Allgemeinbeleuchtung | | | | |
| 01 | **Langfeldleuchten 1x58W freistrahlend, Feuchtraumausführung (4 Objekte)**<br>Einheit: St Leuchte | 100,00 | **120,00** | 120,00 | |
| | 058 Leuchten und Lampen | | | | 100,0% |
| 11 | **Schiffsarmatur 60/100W, Glühlampe (3 Objekte)**<br>Einheit: St Leuchte | 15,00 | **18,00** | 25,00 | |
| | 058 Leuchten und Lampen | | | | 100,0% |

| KG.AK.AA | | ▷ | €/Einheit | ◁ | LB an AA |
|---|---|---|---|---|---|
| 446.11.00 | Auffangeinrichtungen, Ableitungen | | | | |
| 01 | **Fangleitungen 8-10mm, massiv, Kupfer (3 Objekte)** | 3,20 | **5,80** | 7,00 | |
| | Einheit: m Leitung | | | | |
| | 050 Blitzschutz- / Erdungsanlagen, Überspannungsschutz | | | | 100,0% |
| 446.31.00 | Potenzialausgleichsschienen | | | | |
| 01 | **Potenzialausgleichsschiene, Anschlussmöglichkeiten für Rundleiter 6-16mm², und Bandeisen bis 40mm (8 Objekte)** | 37,00 | **47,00** | 64,00 | |
| | Einheit: St Potenzialausgleich | | | | |
| | 050 Blitzschutz- / Erdungsanlagen, Überspannungsschutz | | | | 100,0% |
| 446.32.00 | Erdung haustechnische Anlagen | | | | |
| 01 | **Erdungsbandschelle, 3/8-1 1/2 Zoll (9 Objekte)** | 6,10 | **7,20** | 8,30 | |
| | Einheit: St Schelle | | | | |
| | 050 Blitzschutz- / Erdungsanlagen, Überspannungsschutz | | | | 100,0% |
| 02 | **Mantelleitung NYM-J, 1x4-10mm² (6 Objekte)** | 1,90 | **2,10** | 2,30 | |
| | Einheit: m Leitung | | | | |
| | 050 Blitzschutz- / Erdungsanlagen, Überspannungsschutz | | | | 58,0% |
| | 053 Niederspannungsanlagen; Kabel, Verlegesysteme | | | | 42,0% |

**Kosten:**
Stand 1.Quartal 2020
Bundesdurchschnitt
inkl. 19% MwSt.

▷ von
ø Mittel
◁ bis

| KG.AK.AA | | ▷ | €/Einheit | ◁ | LB an AA |
|---|---|---|---|---|---|
| 451.11.00 | Telekommunikationsanlagen | | | | |
| 01 | **TAE-Anschlussdosen 1x6 bis 3x6, unter Putz (5 Objekte)**<br>Einheit: St Anschlussdose | 16,00 | **19,00** | 24,00 | |
| | 061 Kommunikationsnetze | | | | 100,0% |
| 02 | **FM-Installationsleitung 2x2x0,6mm², verlegt in Kabelwannen oder Leerrohren (4 Objekte)**<br>Einheit: m Leitung | 1,70 | **2,00** | 2,20 | |
| | 061 Kommunikationsnetze | | | | 100,0% |
| 07 | **ISDN-Anschlussdosen RJ45, 2x8-polig (Western-Technik), unter Putz (3 Objekte)**<br>Einheit: St Anschlussdose | 36,00 | **37,00** | 40,00 | |
| | 053 Niederspannungsanlagen; Kabel, Verlegesysteme | | | | 32,0% |
| | 061 Kommunikationsnetze | | | | 68,0% |

| KG.AK.AA | | ▷ | €/Einheit | ◁ | LB an AA |
|---|---|---|---|---|---|
| 452.31.00 | Türsprech- und Türöffneranlagen | | | | |
| 02 | **Türsprech- und Türöffneranlage, Türsprechstelle, Wohntelefon, Klingeltaster, Namensschild, Klingelleitungen (4 Objekte)**<br>Einheit: St Sprechapparat | 190,00 | **350,00** | 500,00 | |
| | 060 Elektroakustische Anlagen, Sprechanlagen, Personenrufanlagen | | | | 98,0% |
| | 061 Kommunikationsnetze | | | | 2,0% |

**Kosten:**
Stand 1.Quartal 2020
Bundesdurchschnitt
inkl. 19% MwSt.

▷ von
ø Mittel
◁ bis

| KG.AK.AA | | ▷ | €/Einheit | ◁ | LB an AA |
|---|---|---|---|---|---|
| 455.11.00 | Fernseh- und Rundfunkempfangsanlagen | | | | |
| 01 | **Antennensteckdose, End- oder Durchgangsdose (4 Objekte)**<br>Einheit: St Antennensteckdose | 21,00 | **25,00** | 32,00 | |
| | 061 Kommunikationsnetze | | | | 100,0% |
| 02 | **Koaxialkabel 75 Ohm abgeschirmt, in Leerrohren (5 Objekte)**<br>Einheit: m Leitung | 2,20 | **3,50** | 4,50 | |
| | 061 Kommunikationsnetze | | | | 100,0% |

**Kosten:**
Stand 1.Quartal 2020
Bundesdurchschnitt
inkl. 19% MwSt.

| KG.AK.AA | | ▷ | €/Einheit | ◁ | LB an AA |
|---|---|---|---|---|---|
| 461.11.00 | Personenaufzüge | | | | |
| 01 | **Personenaufzug, Tragkraft 630kg, 8 Personen, für Selbstfahrer, Hydraulikantrieb, Geschwindigkeit 0,67-1,00m/s (8 Objekte)**<br>Einheit: St Haltestelle Personenaufzüge | 8.130,00 | **11.020,00** | 13.780,00 | |
| | 069 Aufzüge | | | | 100,0% |
| 02 | **Personenaufzug, Tragkraft 1.000kg, 13 Personen, Hydraulikantrieb, Geschwindigkeit 0,65m/s (5 Objekte)**<br>Einheit: St Haltestelle Personenaufzüge | 11.930,00 | **15.920,00** | 21.920,00 | |
| | 069 Aufzüge | | | | 100,0% |
| 461.21.00 | Lastenaufzüge | | | | |
| 01 | **Hydraulischer Lastenaufzug (5 Objekte)**<br>Einheit: kg Belastung | 28,00 | **32,00** | 48,00 | |
| | 069 Aufzüge | | | | 100,0% |
| 461.31.00 | Kleingüteraufzüge | | | | |
| 01 | **Kleingüteraufzug (3 Objekte)**<br>Einheit: St Kleingüteraufzug | 8.630,00 | **11.270,00** | 12.840,00 | |
| | 069 Aufzüge | | | | 100,0% |

▷ von
ø Mittel
◁ bis

| KG.AK.AA | | ▷ | €/Einheit | ◁ | LB an AA |
|---|---|---|---|---|---|
| 471.11.00 | Großküchenanlagen | | | | |
| 01 | **Großküchenanlage mit Kühl-/Tiefkühlraum, Durchschub-Spülmaschine, Dunstabzugshaube, Großküchenherd, Bain Marie, Heißluftdämpfer, Kühlschrank, Speiseresteкühler, Ausgabetheke, Tablettrutsche, Kühlvitrine, Tellerspender, Besteck- und Tablettwagen, Servierwagen, Küchenmöblierung, Kochutensilien (3 Objekte)**<br>Einheit: m² Netto-Grundfläche von Küche | 2.220,00 | **2.510,00** | 3.000,00 | |
| | 045 GWE; Einrichtungsgegenstände, Sanitärausstattungen | | | | 2,0% |
| | 047 Dämm- und Brandschutzarbeiten an Technischen Anlagen | | | | 1,0% |
| | 053 Niederspannungsanlagen; Kabel, Verlegesysteme | | | | 2,0% |
| | 075 Raumlufttechnische Anlagen | | | | 12,0% |
| | 999 Sonstige Leistungen | | | | 83,0% |

| KG.AK.AA | | ▷ | €/Einheit | ◁ | LB an AA |
|---|---|---|---|---|---|
| 474.51.00 | Handfeuerlöscher | | | | |
| 01 | **Pulverfeuerlöscher 6kg, Brandklasse ABC (3 Objekte)**<br>Einheit: St Feuerlöscher | 150,00 | **160,00** | 200,00 | |
| | 049 Feuerlöschanlagen, Feuerlöschgeräte | | | | 100,0% |

**Kosten:**
Stand 1.Quartal 2020
Bundesdurchschnitt
inkl. 19% MwSt.

▷ von
ø Mittel
◁ bis

| KG.AK.AA | | ▷ | €/Einheit | ◁ | LB an AA |
|---|---|---|---|---|---|
| 511.11.00 | Oberbodenabtrag, lagern | | | | |
| 01 | **Oberboden, abtragen, seitlich lagern, Förderweg 30-100m (8 Objekte)**<br>Einheit: m³ Aushub | 8,00 | **10,00** | 12,00 | |
| | 003 Landschaftsbauarbeiten | | | | 100,0% |
| 02 | **Oberboden, abtragen, seitlich lagern, Förderweg 30-100m, Aushubmaterial wieder einbauen, Einbauhöhe bis 30cm (3 Objekte)**<br>Einheit: m³ Aushub | 7,90 | **12,00** | 14,00 | |
| | 002 Erdarbeiten | | | | 50,0% |
| | 003 Landschaftsbauarbeiten | | | | 50,0% |
| 511.12.00 | Oberbodenabtrag, Abtransport | | | | |
| 01 | **Oberbodenabtrag, Abtransport, Deponiegebühren (11 Objekte)**<br>Einheit: m³ Aushub | 21,00 | **24,00** | 28,00 | |
| | 002 Erdarbeiten | | | | 47,0% |
| | 003 Landschaftsbauarbeiten | | | | 53,0% |

**Kosten:**
Stand 1.Quartal 2020
Bundesdurchschnitt
inkl. 19% MwSt.

| KG.AK.AA | | ▷ | €/Einheit | ◁ | LB an AA |
|---|---|---|---|---|---|
| 531.21.00 | Feinplanum | | | | |
| 01 | **Planum für Wege, zulässige Abweichung von der Sollhöhe +-2cm, Untergrund standfest verdichten (6 Objekte)** | 1,50 | **1,90** | 2,20 | |
| | Einheit: m² Wegefläche | | | | |
| | 003 Landschaftsbauarbeiten | | | | 71,0% |
| | 080 Straßen, Wege, Plätze | | | | 29,0% |
| 531.31.00 | Tragschicht | | | | |
| 01 | **Tragschicht aus Mineralbeton, d=15cm, in Schichten einbauen, verdichten (3 Objekte)** | 8,40 | **9,30** | 9,80 | |
| | Einheit: m² Wegefläche | | | | |
| | 080 Straßen, Wege, Plätze | | | | 100,0% |
| 04 | **Frostschutzschicht, Kies-Sand-Gemisch 0/32 oder Schotter-Splitt-Brechsand-Gemisch, d=15-20cm, einbauen, verdichten (4 Objekte)** | 8,70 | **10,00** | 15,00 | |
| | Einheit: m² Wegefläche | | | | |
| | 002 Erdarbeiten | | | | 49,0% |
| | 080 Straßen, Wege, Plätze | | | | 51,0% |
| 531.51.00 | Deckschicht Pflaster | | | | |
| 01 | **Granit-Mosaikpflaster, verlegen in Sand- oder Splittbett, einschlämmen (8 Objekte)** | 92,00 | **110,00** | 130,00 | |
| | Einheit: m² Wegefläche | | | | |
| | 080 Straßen, Wege, Plätze | | | | 100,0% |
| 04 | **Granitsteinpflaster 10x10cm, im Splittbett, Körnung 2/5mm, Dicke in verdichtetem Zustand 3cm (3 Objekte)** | 66,00 | **77,00** | 97,00 | |
| | Einheit: m² Wegefläche | | | | |
| | 080 Straßen, Wege, Plätze | | | | 100,0% |
| 531.54.00 | Pflaster, Tragschicht, Frostschutzschicht | | | | |
| 01 | **Planum, Frostschutzschicht, Mineralstoffgemisch, Schottertragschicht, Betonsteinpflastersteine, (5 Objekte)** | 57,00 | **76,00** | 100,00 | |
| | Einheit: m² Wegefläche | | | | |
| | 003 Landschaftsbauarbeiten | | | | 7,0% |
| | 080 Straßen, Wege, Plätze | | | | 93,0% |
| 531.71.00 | Deckschicht Plattenbelag | | | | |
| 09 | **Betonplattenbelag, 30x30cm, d=8cm, in Splittbett 2/5mm (3 Objekte)** | 49,00 | **51,00** | 55,00 | |
| | Einheit: m² Wegefläche | | | | |
| | 080 Straßen, Wege, Plätze | | | | 100,0% |
| 531.81.00 | Beton-Bordsteine | | | | |
| 01 | **Betonhochbordsteine, Betonrückenstütze, l=50-100cm, h=20-30cm, b=4-8cm (6 Objekte)** | 18,00 | **24,00** | 30,00 | |
| | Einheit: m Begrenzung | | | | |
| | 080 Straßen, Wege, Plätze | | | | 100,0% |

▷ von
ø Mittel
◁ bis

| KG.AK.AA | | ▷ | €/Einheit | ◁ | LB an AA |
|---|---|---|---|---|---|
| 531.83.00 | Wegebegrenzungen Metall | | | | |
| 01 | **Metall-Belagseinfassung, feuerverzinkt, h=5-10cm (3 Objekte)**<br>Einheit: m Begrenzung | 28,00 | **29,00** | 32,00 | |
| | 017 Stahlbauarbeiten | | | | 40,0% |
| | 080 Straßen, Wege, Plätze | | | | 60,0% |

| KG.AK.AA | | ▷ | €/Einheit | ◁ | LB an AA |
|---|---|---|---|---|---|
| 532.31.00 | Tragschicht | | | | |
| 01 | **Schottertragschicht, Körnung 0/32-0/56mm, auf Planum, lagenweise verdichten, Schichtdicke d=25-46cm (6 Objekte)** | 37,00 | **41,00** | 56,00 | |
| | Einheit: m³ Straßenfläche | | | | |
| | 080 Straßen, Wege, Plätze | | | | 100,0% |
| 532.51.00 | Deckschicht Pflaster | | | | |
| 01 | **Betonpflastersteine, d=4-8cm, im Splittbett einbauen, befahrbar, abrütteln (4 Objekte)** | 32,00 | **44,00** | 49,00 | |
| | Einheit: m² Straßenfläche | | | | |
| | 080 Straßen, Wege, Plätze | | | | 100,0% |
| 532.53.00 | Deckschicht Pflaster, Tragschicht, Feinplanum | | | | |
| 01 | **Feinplanum, Untergrund verdichten, Filtervlies, Schottertragschicht, Betonsteinpflaster im Splittbett, Bordsteine (4 Objekte)** | 61,00 | **89,00** | 100,00 | |
| | Einheit: m² Straßenfläche | | | | |
| | 002 Erdarbeiten | | | | 1,0% |
| | 003 Landschaftsbauarbeiten | | | | 3,0% |
| | 013 Betonarbeiten | | | | 6,0% |
| | 044 Abwasseranlagen - Leitungen, Abläufe, Armaturen | | | | 50,0% |
| | 080 Straßen, Wege, Plätze | | | | 40,0% |
| 532.81.00 | Beton-Bordsteine | | | | |
| 01 | **Betonhochbordsteine als Straßenbegrenzung, Beton-Rückenstütze (7 Objekte)** | 28,00 | **34,00** | 42,00 | |
| | Einheit: m Begrenzung | | | | |
| | 080 Straßen, Wege, Plätze | | | | 100,0% |

**Kosten:**
Stand 1.Quartal 2020
Bundesdurchschnitt
inkl. 19% MwSt.

▷ von
ø Mittel
◁ bis

| KG.AK.AA | | ▷ | €/Einheit | ◁ | LB an AA |
|---|---|---|---|---|---|
| 533.51.00 | Deckschicht Pflaster | | | | |
| 02 | **Betonpflasterrinne, drei- bis vierzeilig, b=52cm, in Beton C12/15 versetzt, mit Verfugung (3 Objekte)**<br>Einheit: m Rinnenlänge | 36,00 | **50,00** | 78,00 | |
| | 080 Straßen, Wege, Plätze | | | | 100,0% |
| 533.52.00 | Deckschicht Pflaster, Tragschicht | | | | |
| 01 | **Schottertragschicht, d=30-50cm, Betonpflastersteine, Betonbordsteine mit Betonrückenstütze (5 Objekte)**<br>Einheit: m² Befestigte Fläche | 41,00 | **52,00** | 70,00 | |
| | 080 Straßen, Wege, Plätze | | | | 100,0% |
| 533.81.00 | Beton-Bordsteine | | | | |
| 01 | **Betonbordstein, h=16-18cm, Betonrückenstütze (5 Objekte)**<br>Einheit: m Begrenzung | 26,00 | **31,00** | 38,00 | |
| | 080 Straßen, Wege, Plätze | | | | 100,0% |
| 533.83.00 | Platz-, Hofbegrenzungen Metall | | | | |
| 01 | **Stahlband-Einfassung, d=4-6mm, h=10-20cm (5 Objekte)**<br>Einheit: m Begrenzung | 56,00 | **67,00** | 80,00 | |
| | 031 Metallbauarbeiten | | | | 50,0% |
| | 080 Straßen, Wege, Plätze | | | | 50,0% |

| KG.AK.AA | | ▷ | €/Einheit | ◁ | LB an AA |
|---|---|---|---|---|---|
| 534.51.00 | Deckschicht Pflaster | | | | |
| 02 | **Beton-Rasenverbundsteine, d=8cm, Humus anfüllen, ansäen mit Parkplatzrasen, PKW-Stellplatzmarkierungen durch einzeilige Vollstein-Pflastersteine, Randeinfassungen mit Tiefbordsteinen (3 Objekte)**<br>Einheit: m² Stellplatzfläche | 47,00 | **50,00** | 56,00 | |
| | 003 Landschaftsbauarbeiten | | | | 1,0% |
| | 014 Natur-, Betonwerksteinarbeiten | | | | 39,0% |
| | 080 Straßen, Wege, Plätze | | | | 60,0% |

**Kosten:**
Stand 1.Quartal 2020
Bundesdurchschnitt
inkl. 19% MwSt.

▷ von
ø Mittel
◁ bis

| KG.AK.AA | | ▷ | €/Einheit | ◁ | LB an AA |
|---|---|---|---|---|---|
| 536.99.00 | Sonstige Spielplätze, sonstiges | | | | |
| 01 | **Spielsand, Körnung 0/2-0/4mm, d=40-50cm (3 Objekte)**<br>Einheit: m² Sandfläche | 11,00 | **14,00** | 20,00 | |
| | 003 Landschaftsbauarbeiten | | | | 49,0% |
| | 080 Straßen, Wege, Plätze | | | | 51,0% |
| 02 | **Fallschutzbelag, gewaschener Rundkies, Körnung 2/4-2/8mm, d=40cm (3 Objekte)**<br>Einheit: m² Fallschutzfläche | 16,00 | **23,00** | 26,00 | |
| | 003 Landschaftsbauarbeiten | | | | 50,0% |
| | 080 Straßen, Wege, Plätze | | | | 50,0% |

| KG.AK.AA | | ▷ | €/Einheit | ◁ | LB an AA |
|---|---|---|---|---|---|
| 541.13.00 | Drahtzäune | | | | |
| 01 | **Maschendrahtzaun, h=1,10-1,80m, kunststoff-ummantelt, Stb-Pfostenlöcher, Metallpfosten (7 Objekte)** | 32,00 | **39,00** | 49,00 | |
| | Einheit: m Zaunlänge | | | | |
| | 003 Landschaftsbauarbeiten | | | | 50,0% |
| | 031 Metallbauarbeiten | | | | 50,0% |
| 541.14.00 | Metallgitterzäune | | | | |
| 01 | **Ballfangzaun, h=4-5m, Doppelstabmatten, Fundamente, Erdarbeiten (3 Objekte)** | 210,00 | **230,00** | 270,00 | |
| | Einheit: m Zaunlänge | | | | |
| | 012 Mauerarbeiten | | | | 10,0% |
| | 031 Metallbauarbeiten | | | | 90,0% |
| 02 | **Zaun mit Stabgitterfeldern, h=1,20-1,60m, Fundamente, Erdarbeiten (5 Objekte)** | 96,00 | **110,00** | 130,00 | |
| | Einheit: m Zaunlänge | | | | |
| | 031 Metallbauarbeiten | | | | 57,0% |
| | 080 Straßen, Wege, Plätze | | | | 43,0% |
| 541.48.00 | Metallpoller | | | | |
| 01 | **Absperrpfosten, h=0,9-1,25m, herausnehmbar, Bodenhülse (6 Objekte)** | 350,00 | **410,00** | 440,00 | |
| | Einheit: St Poller | | | | |
| | 003 Landschaftsbauarbeiten | | | | 50,0% |
| | 080 Straßen, Wege, Plätze | | | | 50,0% |

**Kosten:**
Stand 1.Quartal 2020
Bundesdurchschnitt
inkl. 19% MwSt.

▷ von
ø Mittel
◁ bis

| KG.AK.AA | | ▷ | €/Einheit | ◁ | LB an AA |
|---|---|---|---|---|---|
| 543.11.00 | Stahlbetonwände komplett | | | | |
| 02 | **Stb-Wände Ortbeton, d=20-25cm, Schalung, Bewehrung (3 Objekte)**<br>Einheit: m² Wandfläche | 230,00 | **260,00** | 310,00 | |
| | 013 Betonarbeiten | | | | 100,0% |

| KG.AK.AA | | ▷ | €/Einheit | ◁ | LB an AA |
|---|---|---|---|---|---|
| 544.21.00 | Treppen, Beton | | | | |
| 01 | **Betonblockstufen, grau gestrahlt, Betonfundamente (3 Objekte)**<br>Einheit: m² Treppenfläche | 260,00 | **310,00** | 390,00 | |
| | 003 Landschaftsbauarbeiten | | | | 50,0% |
| | 013 Betonarbeiten | | | | 50,0% |
| 544.22.00 | Treppen, Beton-Fertigteil | | | | |
| 01 | **Blockstufen, Betonfertigteil, sandgestrahlt (4 Objekte)**<br>Einheit: m² Treppenfläche | 420,00 | **490,00** | 580,00 | |
| | 013 Betonarbeiten | | | | 50,0% |
| | 080 Straßen, Wege, Plätze | | | | 50,0% |
| 544.25.00 | Treppen, Naturstein | | | | |
| 01 | **Granitblockstufe, l=100-150cm, in Beton C12/15 versetzt (3 Objekte)**<br>Einheit: m² Treppenfläche | 450,00 | **480,00** | 500,00 | |
| | 003 Landschaftsbauarbeiten | | | | 49,0% |
| | 080 Straßen, Wege, Plätze | | | | 51,0% |

**Kosten:**
Stand 1.Quartal 2020
Bundesdurchschnitt
inkl. 19% MwSt.

▷ von
ø Mittel
◁ bis

| KG.AK.AA | | ▷ | €/Einheit | ◁ | LB an AA |
|---|---|---|---|---|---|
| 551.11.00 | Abwasserleitungen - Schmutz-/Regenwasser | | | | |
| 01 | **Grabenaushub BK 3-5, t=0,8-1,80m, Aushubmaterial seitlich lagern, PVC-Abwasserleitungen, DN100-200, Formstücke, Sandbettung (9 Objekte)**<br>Einheit: m Abwasserleitung | 63,00 | **79,00** | 95,00 | |
| | 002 Erdarbeiten | | | | 20,0% |
| | 009 Entwässerungskanalarbeiten | | | | 30,0% |
| | 044 Abwasseranlagen - Leitungen, Abläufe, Armaturen | | | | 45,0% |
| | 080 Straßen, Wege, Plätze | | | | 5,0% |
| 551.15.00 | Ab-/Einläufe für Abwasserleitungen | | | | |
| 01 | **Entwässerungsrinne DN100 aus Beton, verzinkter Gitterrost, Anfangs- und Endscheibe, Betonauflager aus Ortbeton (13 Objekte)**<br>Einheit: m Entwässerungsrinne | 98,00 | **130,00** | 140,00 | |
| | 009 Entwässerungskanalarbeiten | | | | 50,0% |
| | 080 Straßen, Wege, Plätze | | | | 50,0% |
| 02 | **Hofablauf aus Betonteilen, Schlitzeimer, Abwasserleitung anschließen (7 Objekte)**<br>Einheit: St Hofablauf | 110,00 | **140,00** | 160,00 | |
| | 009 Entwässerungskanalarbeiten | | | | 100,0% |
| 03 | **Einlaufkasten für Entwässerungsrinne, Geruchsverschluss, verzinkter Eimer, Gitterrostabdeckung (7 Objekte)**<br>Einheit: St Einlaufkasten | 200,00 | **230,00** | 260,00 | |
| | 009 Entwässerungskanalarbeiten | | | | 43,0% |
| | 044 Abwasseranlagen - Leitungen, Abläufe, Armaturen | | | | 57,0% |

| KG.AK.AA | | ▷ | €/Einheit | ◁ | LB an AA |
|---|---|---|---|---|---|
| 554.19.00 | Wärmeerzeugungsanlagen, sonstiges | | | | |
| 01 | **Erdsondenanlage, Bohrarbeiten, Doppel-U-Sonden, Tiefe 70-140m, Ringraumverfüllung, Verbindungsleitungen, Baustelleneinrichtung (3 Objekte)**<br>Einheit: m Erdsondenlänge | 74,00 | **88,00** | 120,00 | |
| | 040 Wärmeversorgungsanlagen - Betriebseinrichtungen | | | | 100,0% |

**Kosten:**
Stand 1.Quartal 2020
Bundesdurchschnitt
inkl. 19% MwSt.

▷ von
ø Mittel
◁ bis

| KG.AK.AA | | ▷ | €/Einheit | ◁ | LB an AA |
|---|---|---|---|---|---|
| 561.21.00 | Fahrradständer, Metall | | | | |
| 01 | **Fahrradabstellbügel, Rundrohrmaterial, feuerverzinkt, Erd- und Fundamentarbeiten (11 Objekte)**<br>Einheit: St Fahrradabstellbügel | 94,00 | **120,00** | 140,00 | |
| | 031 Metallbauarbeiten | | | | 100,0% |
| 561.51.00 | Abfallbehälter, Metall | | | | |
| 01 | **Abfallbehälter ohne Deckel, Inhalt 35-56 l, Edelstahl, Behälter verschließbar, einbauen in Betonfundament (9 Objekte)**<br>Einheit: St Abfallbehälter | 670,00 | **800,00** | 950,00 | |
| | 003 Landschaftsbauarbeiten | | | | 50,0% |
| | 080 Straßen, Wege, Plätze | | | | 50,0% |
| 561.61.00 | Fahnenmaste, Metall | | | | |
| 01 | **Fahnenmasten aus Aluminiumrohr mit innenliegender Hissvorrichtung, h=6,70-9,00m, Betonfundament, Bodenhülse (5 Objekte)**<br>Einheit: St Fahnenmast | 1.000,00 | **1.300,00** | 1.530,00 | |
| | 031 Metallbauarbeiten | | | | 100,0% |

# 571 Vegetationstechnische Bodenbearbeitung

**Kosten:**
Stand 1.Quartal 2020
Bundesdurchschnitt
inkl. 19% MwSt.

| KG.AK.AA | | ▷ | €/Einheit | ◁ | LB an AA |
|---|---|---|---|---|---|
| 571.12.00 | Oberbodenarbeiten, Oberbodenauftrag, Lagermaterial | | | | |
| 01 | **Oberboden an Lagerstelle aufladen, Entfernung bis 50m, transportieren und wieder einbauen, Auftragsdicke 25-30cm (3 Objekte)** | 2,00 | **2,80** | 3,20 | |
| | Einheit: m² Geländefläche | | | | |
| | 002 Erdarbeiten | | | | 50,0% |
| | 003 Landschaftsbauarbeiten | | | | 50,0% |
| 571.13.00 | Oberbodenarbeiten, Oberbodenauftrag, Liefermaterial | | | | |
| 02 | **Oberboden liefern und profilgerecht auftragen, Auftragsdicke über 20 bis 50cm (5 Objekte)** | 11,00 | **20,00** | 27,00 | |
| | Einheit: m³ Auffüllmenge | | | | |
| | 003 Landschaftsbauarbeiten | | | | 100,0% |
| 571.31.00 | Bodenlockerung | | | | |
| 01 | **Vegetationstragschicht, kreuzweise lockern durch Fräsen, Steine ab d=5cm und sonstige Fremdkörper aufnehmen (8 Objekte)** | 0,70 | **1,00** | 2,10 | |
| | Einheit: m² Vegetationsfläche | | | | |
| | 003 Landschaftsbauarbeiten | | | | 48,0% |
| | 004 Landschaftsbauarbeiten; Pflanzen | | | | 52,0% |
| 571.51.00 | Bodenverbesserung | | | | |
| 01 | **Bodenverbesserung der Vegetationsfläche durch Kiessand oder Rindenhumus, gleichmäßig aufbringen, einarbeiten (4 Objekte)** | 1,80 | **2,40** | 2,90 | |
| | Einheit: m² Vegetationsfläche | | | | |
| | 003 Landschaftsbauarbeiten | | | | 50,0% |
| | 004 Landschaftsbauarbeiten; Pflanzen | | | | 50,0% |
| 02 | **Bodenverbesserung durch Hornspäne und Horngries, liefern, einarbeiten (3 Objekte)** | 0,60 | **0,80** | 1,10 | |
| | Einheit: m² Vegetationsfläche | | | | |
| | 003 Landschaftsbauarbeiten | | | | 100,0% |
| 03 | **Bodenverbesserung durch Erdkompost, gleichmäßig aufbringen und einarbeiten (4 Objekte)** | 0,90 | **1,50** | 1,80 | |
| | Einheit: m² Vegetationsfläche | | | | |
| | 002 Erdarbeiten | | | | 33,0% |
| | 003 Landschaftsbauarbeiten | | | | 33,0% |
| | 004 Landschaftsbauarbeiten; Pflanzen | | | | 34,0% |
| 571.91.00 | Sonstige Vegetationstechnische Bodenbearbeitung | | | | |
| 01 | **Baumgruben ausheben, 80x80x60cm bis 100x100x80cm (3 Objekte)** | 28,00 | **34,00** | 38,00 | |
| | Einheit: St Baumgrube | | | | |
| | 003 Landschaftsbauarbeiten | | | | 50,0% |
| | 004 Landschaftsbauarbeiten; Pflanzen | | | | 50,0% |

▷ von
ø Mittel
◁ bis

| KG.AK.AA | | ▷ | €/Einheit | ◁ | LB an AA |
|---|---|---|---|---|---|
| **573.21.00** | **Bäume** | | | | |
| 02 | **Bäume, Hochstamm, Stammumfang 16-20cm, 3 oder 4x verpflanzt, Drahtballierung (5 Objekte)**<br>Einheit: St Baum | 350,00 | **400,00** | 590,00 | |
| | 004 Landschaftsbauarbeiten; Pflanzen | | | | 100,0% |
| 03 | **Bäume, Hochstamm, Stammumfang bis 55cm, 4x verpflanzt, Drahtballierung (3 Objekte)**<br>Einheit: St Baum | 960,00 | **1.280,00** | 1.480,00 | |
| | 003 Landschaftsbauarbeiten | | | | 33,0% |
| | 004 Landschaftsbauarbeiten; Pflanzen | | | | 32,0% |
| | 080 Straßen, Wege, Plätze | | | | 35,0% |
| 04 | **Winterlinde, Tilia Cordata, Solitär, 4xv, mDB, StU=16-18cm, Pflanzgrube, verfüllen, düngen, Holzpfahlverankerung (3 Objekte)**<br>Einheit: St Baum | 190,00 | **240,00** | 270,00 | |
| | 004 Landschaftsbauarbeiten; Pflanzen | | | | 100,0% |
| **573.28.00** | **Baumverankerungen** | | | | |
| 01 | **Baumverankerung mit Baumpfählen, l=2,00-2,50m, chemischer Holzschutz, Baumbefestigung mit Kokosband (4 Objekte)**<br>Einheit: St Verankerung | 14,00 | **16,00** | 21,00 | |
| | 003 Landschaftsbauarbeiten | | | | 50,0% |
| | 004 Landschaftsbauarbeiten; Pflanzen | | | | 50,0% |
| 02 | **Baumverankerung, Pfahl-Dreibock mit Lattenrahmen, l=2,50-3,00m, chemischer Holzschutz, Baumbefestigung mit Kokosband, Zopfdicke bis 10cm (14 Objekte)**<br>Einheit: St Verankerung | 45,00 | **55,00** | 70,00 | |
| | 004 Landschaftsbauarbeiten; Pflanzen | | | | 100,0% |
| **573.29.00** | **Bäume, sonstiges** | | | | |
| 01 | **Verdunstungsschutz für Bäume, h=2,00-5,00m, StD=25cm, mit Schilfrohrmatte (3 Objekte)**<br>Einheit: St Baum | 4,60 | **7,40** | 13,00 | |
| | 003 Landschaftsbauarbeiten | | | | 49,0% |
| | 004 Landschaftsbauarbeiten; Pflanzen | | | | 51,0% |
| 02 | **Baum verpflanzen, StU=20cm, h=5,00m, Förderweg bis 500m, Baumscheibe, Bewässerungsring (3 Objekte)**<br>Einheit: St Baum | 75,00 | **90,00** | 99,00 | |
| | 004 Landschaftsbauarbeiten; Pflanzen | | | | 100,0% |
| 03 | **Baumbewässerungsset DN80, PVC, T-Stück, Endkappe (4 Objekte)**<br>Einheit: St Bewässerungsset | 55,00 | **63,00** | 72,00 | |
| | 003 Landschaftsbauarbeiten | | | | 100,0% |
| 04 | **Pflanzgrube ausheben, 100x100 bis 150x150cm, t=120-150cm, Sohle lockern (3 Objekte)**<br>Einheit: St Baum | 24,00 | **35,00** | 42,00 | |
| | 003 Landschaftsbauarbeiten | | | | 100,0% |

| KG.AK.AA | | ▷ | €/Einheit | ◁ | LB an AA |
|---|---|---|---|---|---|
| 573.31.00 | Sträucher | | | | |
| 01 | **Dauerblühende Strauchrosen (3 Objekte)**<br>Einheit: St Rose | 6,50 | **11,00** | 13,00 | |
| | 004 Landschaftsbauarbeiten; Pflanzen | | | | 100,0% |
| 03 | **Heckenpflanze, 2xv, h=125-150cm, Rückschnitt (3 Objekte)**<br>Einheit: St Hecke | 9,10 | **11,00** | 13,00 | |
| | 004 Landschaftsbauarbeiten; Pflanzen | | | | 100,0% |
| 573.39.00 | Sträucher, sonstiges | | | | |
| 01 | **Heckenschnitt, Grüngut laden, entsorgen, Pflanzfläche lockern (3 Objekte)**<br>Einheit: m Hecke | 1,90 | **3,10** | 3,70 | |
| | 004 Landschaftsbauarbeiten; Pflanzen | | | | 100,0% |
| 573.41.00 | Stauden | | | | |
| 01 | **Verschiedene Stauden (Frauenmantel, Silberblaukissen, Anemone, Johanniskraut, Blauminze) mit und ohne Topfballen (8 Objekte)**<br>Einheit: St Pflanze | 1,60 | **2,10** | 2,90 | |
| | 004 Landschaftsbauarbeiten; Pflanzen | | | | 100,0% |
| 573.51.00 | Blumenzwiebeln | | | | |
| 01 | **Blumenzwiebeln pflanzen (6 Objekte)**<br>Einheit: St Blumenzwiebeln | 0,20 | **0,40** | 0,40 | |
| | 004 Landschaftsbauarbeiten; Pflanzen | | | | 100,0% |
| 573.81.00 | Fertigstellungspflege | | | | |
| 01 | **Pflanzfläche wässern, 25l/m², zehn Arbeitsgänge, Wasser liefern (3 Objekte)**<br>Einheit: m² Pflanzfläche | 1,90 | **2,50** | 2,80 | |
| | 004 Landschaftsbauarbeiten; Pflanzen | | | | 100,0% |

**Kosten:**
Stand 1.Quartal 2020
Bundesdurchschnitt
inkl. 19% MwSt.

▷ von
ø Mittel
◁ bis

| KG.AK.AA | | ▷ | €/Einheit | ◁ | LB an AA |
|---|---|---|---|---|---|
| **574.11.00** | **Feinplanum für Rasenflächen** | | | | |
| 01 | **Feinplanum für Rasenflächen, Abweichung von Sollhöhe +/-2cm, kreuzweise fräsen, Steine, Unkraut, Fremdkörper aufnehmen (4 Objekte)** | 1,10 | **1,50** | 2,40 | |
| | Einheit: m² Rasenfläche | | | | |
| | 003 Landschaftsbauarbeiten | | | | 40,0% |
| | 004 Landschaftsbauarbeiten; Pflanzen | | | | 60,0% |
| **574.32.00** | **Wohn- und Gebrauchsrasen, Feinplanum** | | | | |
| 03 | **Feinplanum für Rasenflächen, kreuzweise fräsen, Gebrauchsrasen, einsäen, einigeln und walzen (6 Objekte)** | 1,80 | **2,70** | 3,70 | |
| | Einheit: m² Rasenfläche | | | | |
| | 003 Landschaftsbauarbeiten | | | | 42,0% |
| | 004 Landschaftsbauarbeiten; Pflanzen | | | | 58,0% |
| **574.71.00** | **Rollrasen** | | | | |
| 01 | **Fertig-Gebrauchsrasen (Rollrasen), auslegen, anwalzen, verfüllen der Fugen, wässern (7 Objekte)** | 6,20 | **8,00** | 11,00 | |
| | Einheit: m² Rasenfläche | | | | |
| | 004 Landschaftsbauarbeiten; Pflanzen | | | | 100,0% |
| 03 | **Rollrasen als Gebrauchsrasen, d=2cm, Regelsaatgutmischung, Anwalzen (3 Objekte)** | 12,00 | **12,00** | 13,00 | |
| | Einheit: m² Rasenfläche | | | | |
| | 003 Landschaftsbauarbeiten | | | | 50,0% |
| | 004 Landschaftsbauarbeiten; Pflanzen | | | | 50,0% |
| **574.79.00** | **Rollrasen, sonstiges** | | | | |
| 01 | **Rollrasen als Gebrauchsrasen, d=2cm, Regelsaatgutmischung, anwalzen, wässern (5 Objekte)** | 12,00 | **13,00** | 19,00 | |
| | Einheit: m² Rasenfläche | | | | |
| | 003 Landschaftsbauarbeiten | | | | 50,0% |
| | 004 Landschaftsbauarbeiten; Pflanzen | | | | 50,0% |

| KG.AK.AA | | ▷ | €/Einheit | ◁ | LB an AA |
|---|---|---|---|---|---|
| 579.11.00 | Pflanz- und Saatflächen, sonstiges | | | | |
| 01 | **Beeteinfassung, Kunststoff, 250x2,5mm, Erdnägel, Erdarbeiten (3 Objekte)**<br>Einheit: m Begrenzung | 8,30 | **10,00** | 13,00 | |
| | 003 Landschaftsbauarbeiten | | | | 100,0% |

**Kosten:**
Stand 1.Quartal 2020
Bundesdurchschnitt
inkl. 19% MwSt.

▷ von
ø Mittel
◁ bis

# Anhang

## Regionalfaktoren

# Regionalfaktoren Deutschland

Diese Faktoren geben Aufschluss darüber, inwieweit die Baukosten in einer bestimmten Region Deutschlands teurer oder günstiger liegen als im Bundesdurchschnitt. Sie können dazu verwendet werden, die BKI Baukosten an das besondere Baupreisniveau einer Region anzupassen.
Hinweis: Alle Angaben wurden durch Untersuchungen des BKI weitgehend verifiziert. Dennoch können Abweichungen zu den angegebenen Werten entstehen. In Grenznähe zu einem Land-/Stadtkreis mit anderen Baupreisfaktoren sollte dessen Baupreisniveau mit berücksichtigt werden, da die Übergänge zwischen den Land-/Stadtkreisen fließend sind. Die Besonderheiten des Einzelfalls können ebenfalls zu Abweichungen führen.
Für die größeren Inseln Deutschlands wurden separate Regionalfaktoren ermittelt. Dazu wurde der zugehörige Landkreis in Festland und Inseln unterteilt. Alle Inseln eines Landkreises erhalten durch dieses Verfahren den gleichen Regionalfaktor. Der Regionalfaktor des Festlandes erhält keine Inseln mehr und ist daher gegenüber früheren Ausgaben verringert.

| **Land- / Stadtkreis / Insel** | **Bundeskorrekturfaktor** |
|---|---|
| **A**achen, Städteregion, Stadt | 0,951 |
| Ahrweiler | 1,012 |
| Aichach-Friedberg | 1,061 |
| Alb-Donau-Kreis | 1,016 |
| Altenburger Land | 0,881 |
| Altenkirchen | 0,968 |
| Altmarkkreis Salzwedel | 0,823 |
| Altötting | 1,004 |
| Alzey-Worms | 1,003 |
| Amberg, Stadt | 1,064 |
| Amberg-Sulzbach | 1,044 |
| Ammerland | 0,870 |
| Amrum, Insel | 1,424 |
| Anhalt-Bitterfeld | 0,700 |
| Ansbach | 1,007 |
| Ansbach, Stadt | 1,148 |
| Aschaffenburg | 1,081 |
| Aschaffenburg, Stadt | 1,070 |
| Augsburg | 1,041 |
| Augsburg, Stadt | 1,112 |
| Aurich, Festlandanteil | 0,802 |
| Aurich, Inselanteil | 1,328 |
| **B**ad Dürkheim | 1,037 |
| Bad Kissingen | 1,060 |
| Bad Kreuznach | 1,028 |
| Bad Tölz-Wolfratshausen | 1,133 |
| Baden-Baden, Stadt | 1,033 |
| Baltrum, Insel | 1,328 |
| Bamberg | 1,017 |
| Bamberg, Stadt | 1,082 |
| Barnim | 0,873 |
| Bautzen | 0,850 |
| Bayreuth | 1,006 |
| Bayreuth, Stadt | 1,066 |
| Berchtesgadener Land | 1,071 |
| Bergstraße | 1,021 |
| Berlin, Stadt | 1,056 |
| Bernkastel-Wittlich | 1,064 |
| Biberach | 1,002 |
| Bielefeld, Stadt | 0,927 |
| Birkenfeld | 0,982 |
| Bochum, Stadt | 0,915 |
| Bodenseekreis | 0,990 |
| Bonn, Stadt | 0,971 |
| Borken | 0,930 |
| Borkum, Insel | 1,058 |
| Bottrop, Stadt | 0,860 |
| Brandenburg an der Havel, Stadt | 0,872 |
| Braunschweig, Stadt | 0,863 |
| Breisgau-Hochschwarzwald | 1,084 |
| Bremen, Stadt | 0,989 |
| Bremerhaven, Stadt | 0,928 |
| Burgenlandkreis | 0,819 |
| Böblingen | 1,085 |
| Börde | 0,826 |
| **C**alw | 0,998 |
| Celle | 0,873 |
| Cham | 0,890 |
| Chemnitz, Stadt | 0,871 |
| Cloppenburg | 0,734 |
| Coburg | 1,037 |
| Coburg, Stadt | 1,075 |
| Cochem-Zell | 1,001 |
| Coesfeld | 0,936 |
| Cottbus, Stadt | 0,848 |
| Cuxhaven | 0,854 |
| **D**achau | 1,205 |
| Dahme-Spreewald | 0,931 |

| | |
|---|---|
| Darmstadt, Stadt | 1,045 |
| Darmstadt-Dieburg | 0,965 |
| Deggendorf | 0,975 |
| Delmenhorst, Stadt | 0,748 |
| Dessau-Roßlau, Stadt | 0,864 |
| Diepholz | 0,810 |
| Dillingen a.d.Donau | 1,060 |
| Dingolfing-Landau | 0,960 |
| Dithmarschen | 1,003 |
| Donau-Ries | 1,023 |
| Donnersbergkreis | 0,968 |
| Dortmund, Stadt | 0,787 |
| Dresden, Stadt | 0,892 |
| Duisburg, Stadt | 0,907 |
| Düren | 0,950 |
| Düsseldorf, Stadt | 0,981 |
| **E**bersberg | 1,255 |
| Eichsfeld | 0,879 |
| Eichstätt | 1,053 |
| Eifelkreis Bitburg-Prüm | 1,042 |
| Eisenach, Stadt | 0,950 |
| Elbe-Elster | 0,874 |
| Emden, Stadt | 0,743 |
| Emmendingen | 1,052 |
| Emsland | 0,827 |
| Ennepe-Ruhr-Kreis | 0,889 |
| Enzkreis | 1,028 |
| Erding | 1,073 |
| Erfurt, Stadt | 0,849 |
| Erlangen, Stadt | 1,184 |
| Erlangen-Höchstadt | 0,962 |
| Erzgebirgskreis | 0,904 |
| Essen, Stadt | 0,910 |
| Esslingen | 1,034 |
| Euskirchen | 0,907 |
| **F**ehmarn, Insel | 1,201 |
| Flensburg, Stadt | 0,873 |
| Forchheim | 1,036 |
| Frankenthal (Pfalz), Stadt | 0,964 |
| Frankfurt (Oder), Stadt | 0,793 |
| Frankfurt am Main, Stadt | 1,071 |
| Freiburg im Breisgau, Stadt | 1,175 |
| Freising | 1,090 |
| Freudenstadt | 0,999 |
| Freyung-Grafenau | 0,981 |
| Friesland, Festlandanteil | 0,861 |
| Friesland, Inselanteil | 1,661 |
| Fulda | 0,990 |
| Föhr, Insel | 1,424 |
| Fürstenfeldbruck | 1,182 |
| Fürth | 1,078 |
| Fürth, Stadt | 0,974 |
| **G**armisch-Partenkirchen | 1,245 |
| Gelsenkirchen, Stadt | 0,853 |
| Gera, Stadt | 0,900 |
| Germersheim | 0,971 |
| Gießen | 1,005 |
| Gifhorn | 0,891 |
| Goslar | 0,846 |
| Gotha | 0,886 |
| Grafschaft Bentheim | 0,829 |
| Greiz | 0,937 |
| Groß-Gerau | 1,032 |
| Göppingen | 1,004 |
| Görlitz | 0,857 |
| Göttingen | 0,882 |
| Günzburg | 1,065 |
| Gütersloh | 0,930 |
| **H**agen, Stadt | 0,908 |
| Halle (Saale), Stadt | 0,871 |
| Hamburg, Stadt | 1,111 |
| Hameln-Pyrmont | 0,803 |
| Hamm, Stadt | 0,883 |
| Hannover, Region | 0,931 |
| Harburg | 1,032 |
| Harz | 0,770 |
| Havelland | 0,948 |
| Haßberge | 1,073 |
| Heidekreis | 0,864 |
| Heidelberg, Stadt | 1,054 |
| Heidenheim | 0,989 |
| Heilbronn | 1,015 |
| Heilbronn, Stadt | 0,986 |
| Heinsberg | 0,926 |
| Helgoland, Insel | 1,985 |
| Helmstedt | 0,852 |
| Herford | 0,868 |
| Herne, Stadt | 0,922 |
| Hersfeld-Rotenburg | 1,004 |
| Herzogtum Lauenburg | 0,958 |
| Hiddensee, Insel | 1,125 |
| Hildburghausen | 0,914 |
| Hildesheim | 0,867 |
| Hochsauerlandkreis | 0,896 |
| Hochtaunuskreis | 1,027 |
| Hof | 1,132 |
| Hof, Stadt | 1,095 |
| Hohenlohekreis | 1,024 |
| Holzminden | 0,852 |
| Höxter | 0,915 |
| **I**lm-Kreis | 0,809 |

| | |
|---|---|
| Ingolstadt, Stadt | 1,049 |
| **J**ena, Stadt | 0,949 |
| Jerichower Land | 0,805 |
| Juist, Insel | 1,328 |
| **K**aiserslautern | 0,974 |
| Kaiserslautern, Stadt | 0,966 |
| Karlsruhe | 1,019 |
| Karlsruhe, Stadt | 1,131 |
| Kassel | 0,963 |
| Kassel, Stadt | 1,024 |
| Kaufbeuren, Stadt | 1,015 |
| Kelheim | 1,005 |
| Kempten (Allgäu), Stadt | 1,022 |
| Kiel, Stadt | 1,025 |
| Kitzingen | 1,083 |
| Kleve | 0,932 |
| Koblenz, Stadt | 1,038 |
| Konstanz | 1,080 |
| Krefeld, Stadt | 0,889 |
| Kronach | 1,092 |
| Kulmbach | 1,123 |
| Kusel | 0,965 |
| Kyffhäuserkreis | 0,875 |
| Köln, Stadt | 0,915 |
| **L**ahn-Dill-Kreis | 0,967 |
| Landau in der Pfalz, Stadt | 1,011 |
| Landsberg am Lech | 1,101 |
| Landshut | 0,993 |
| Landshut, Stadt | 1,107 |
| Langeoog, Insel | 1,426 |
| Leer, Festlandanteil | 0,758 |
| Leer, Inselanteil | 1,058 |
| Leipzig | 0,951 |
| Leipzig, Stadt | 0,784 |
| Leverkusen, Stadt | 0,928 |
| Lichtenfels | 1,019 |
| Limburg-Weilburg | 1,004 |
| Lindau (Bodensee) | 1,063 |
| Lippe | 0,913 |
| Ludwigsburg | 1,001 |
| Ludwigshafen am Rhein, Stadt | 0,984 |
| Ludwigslust-Parchim | 0,950 |
| Lörrach | 1,077 |
| Lübeck, Stadt | 1,025 |
| Lüchow-Dannenberg | 0,848 |
| Lüneburg | 0,904 |
| **M**agdeburg, Stadt | 0,824 |
| Main-Kinzig-Kreis | 1,002 |
| Main-Spessart | 1,058 |

| | |
|---|---|
| Main-Tauber-Kreis | 1,023 |
| Main-Taunus-Kreis | 1,006 |
| Mainz, Stadt | 1,015 |
| Mainz-Bingen | 1,019 |
| Mannheim, Stadt | 0,942 |
| Mansfeld-Südharz | 0,822 |
| Marburg-Biedenkopf | 0,988 |
| Mayen-Koblenz | 0,965 |
| Mecklenburgische Seenplatte | 0,939 |
| Meißen | 0,893 |
| Memmingen, Stadt | 1,026 |
| Merzig-Wadern | 1,023 |
| Mettmann | 0,875 |
| Miesbach | 1,252 |
| Miltenberg | 1,100 |
| Minden-Lübbecke | 0,872 |
| Mittelsachsen | 0,879 |
| Märkisch-Oderland | 0,888 |
| Märkischer Kreis | 0,919 |
| Mönchengladbach, Stadt | 0,931 |
| Mühldorf a.Inn | 1,066 |
| Mülheim an der Ruhr, Stadt | 0,915 |
| München | 1,240 |
| München, Stadt | 1,510 |
| Münster, Stadt | 0,909 |
| **N**eckar-Odenwald-Kreis | 1,056 |
| Neu-Ulm | 1,093 |
| Neuburg-Schrobenhausen | 1,064 |
| Neumarkt i.d.OPf. | 1,006 |
| Neumünster, Stadt | 0,837 |
| Neunkirchen | 0,996 |
| Neustadt a.d.Aisch-Bad Windsheim | 1,114 |
| Neustadt a.d.Waldnaab | 1,016 |
| Neustadt an der Weinstraße, Stadt | 0,972 |
| Neuwied | 0,976 |
| Nienburg (Weser) | 0,624 |
| Norderney, Insel | 1,328 |
| Nordfriesland, Festlandanteil | 1,074 |
| Nordfriesland, Inselanteil | 1,424 |
| Nordhausen | 0,829 |
| Nordsachsen | 0,936 |
| Nordwest-Mecklenburg, Festlandanteil | 0,934 |
| Nordwest-Mecklenburg, Inselanteil | 1,184 |
| Northeim | 0,888 |
| Nürnberg, Stadt | 1,043 |
| Nürnberger Land | 1,028 |
| **O**berallgäu | 1,061 |
| Oberbergischer Kreis | 0,921 |
| Oberhausen, Stadt | 0,859 |
| Oberhavel | 0,952 |
| Oberspreewald-Lausitz | 0,855 |

| | |
|---|---|
| Odenwaldkreis | 0,998 |
| Oder-Spree | 0,882 |
| Offenbach | 1,003 |
| Offenbach am Main, Stadt | 1,004 |
| Oldenburg | 0,873 |
| Oldenburg, Stadt | 0,903 |
| Olpe | 1,015 |
| Ortenaukreis | 1,082 |
| Osnabrück | 0,819 |
| Osnabrück, Stadt | 0,839 |
| Ostalbkreis | 1,038 |
| Ostallgäu | 1,083 |
| Osterholz | 0,826 |
| Ostholstein, Festlandanteil | 0,951 |
| Ostholstein, Inselanteil | 1,201 |
| Ostprignitz-Ruppin | 0,861 |
| **P**aderborn | 0,908 |
| Passau | 0,966 |
| Passau, Stadt | 1,027 |
| Peine | 0,837 |
| Pellworm, Insel | 1,424 |
| Pfaffenhofen a.d.Ilm | 1,066 |
| Pforzheim, Stadt | 0,984 |
| Pinneberg, Festlandanteil | 0,985 |
| Pinneberg, Inselanteil | 1,985 |
| Pirmasens, Stadt | 0,969 |
| Plön | 0,970 |
| Poel, Insel | 1,184 |
| Potsdam, Stadt | 0,938 |
| Potsdam-Mittelmark | 0,958 |
| Prignitz | 0,701 |
| **R**astatt | 1,016 |
| Ravensburg | 1,015 |
| Recklinghausen | 0,908 |
| Regen | 1,011 |
| Regensburg | 1,033 |
| Regensburg, Stadt | 1,112 |
| Rems-Murr-Kreis | 1,032 |
| Remscheid, Stadt | 0,943 |
| Rendsburg-Eckernförde | 0,890 |
| Reutlingen | 1,047 |
| Rhein-Erft-Kreis | 0,944 |
| Rhein-Hunsrück-Kreis | 1,000 |
| Rhein-Kreis Neuss | 0,937 |
| Rhein-Lahn-Kreis | 0,991 |
| Rhein-Neckar-Kreis | 1,039 |
| Rhein-Pfalz-Kreis | 0,977 |
| Rhein-Sieg-Kreis | 0,953 |
| Rheingau-Taunus-Kreis | 1,032 |
| Rheinisch-Bergischer Kreis | 0,935 |
| Rhön-Grabfeld | 1,039 |
| Rosenheim | 1,192 |
| Rosenheim, Stadt | 1,138 |
| Rostock | 0,955 |
| Rostock, Stadt | 0,957 |
| Rotenburg (Wümme) | 0,780 |
| Roth | 1,081 |
| Rottal-Inn | 0,966 |
| Rottweil | 0,977 |
| Rügen, Insel | 1,125 |
| **S**aale-Holzland-Kreis | 0,872 |
| Saale-Orla-Kreis | 0,859 |
| Saalekreis | 0,857 |
| Saalfeld-Rudolstadt | 0,928 |
| Saarbrücken, Regionalverband | 0,959 |
| Saarlouis | 1,007 |
| Saarpfalz-Kreis | 0,947 |
| Salzgitter, Stadt | 0,848 |
| Salzlandkreis | 0,807 |
| Schaumburg | 0,864 |
| Schleswig-Flensburg | 0,851 |
| Schmalkalden-Meiningen | 0,909 |
| Schwabach, Stadt | 1,051 |
| Schwalm-Eder-Kreis | 0,968 |
| Schwandorf | 0,963 |
| Schwarzwald-Baar-Kreis | 0,958 |
| Schweinfurt | 1,075 |
| Schweinfurt, Stadt | 1,007 |
| Schwerin, Stadt | 1,011 |
| Schwäbisch Hall | 0,984 |
| Segeberg | 0,973 |
| Siegen-Wittgenstein | 0,987 |
| Sigmaringen | 1,017 |
| Soest | 0,902 |
| Solingen, Stadt | 0,930 |
| Sonneberg | 1,005 |
| Speyer, Stadt | 1,068 |
| Spiekeroog, Insel | 1,426 |
| Spree-Neiße | 0,797 |
| St. Wendel | 1,018 |
| Stade | 0,877 |
| Starnberg | 1,248 |
| Steinburg | 0,948 |
| Steinfurt | 0,888 |
| Stendal | 0,707 |
| Stormarn | 0,992 |
| Straubing, Stadt | 1,180 |
| Straubing-Bogen | 1,002 |
| Stuttgart, Stadt | 1,077 |
| Suhl, Stadt | 0,993 |
| Sylt, Insel | 1,424 |
| Sächsische Schweiz-Osterzgebirge | 0,949 |
| Sömmerda | 0,867 |

| | |
|---|---|
| Südliche Weinstraße | 1,037 |
| Südwestpfalz | 0,965 |
| **T**eltow-Fläming | 0,915 |
| Tirschenreuth | 1,009 |
| Traunstein | 1,071 |
| Trier, Stadt | 1,076 |
| Trier-Saarburg | 1,093 |
| Tuttlingen | 1,051 |
| Tübingen | 1,015 |
| **U**ckermark | 0,836 |
| Uelzen | 0,886 |
| Ulm, Stadt | 1,093 |
| Unna | 0,923 |
| Unstrut-Hainich-Kreis | 0,863 |
| Unterallgäu | 0,994 |
| Usedom, Insel | 1,124 |
| **V**echta | 0,879 |
| Verden | 0,830 |
| Viersen | 0,953 |
| Vogelsbergkreis | 0,961 |
| Vogtlandkreis | 0,898 |
| Vorpommern-Greifswald, Festlandanteil | 0,874 |
| Vorpommern-Greifswald, Inselanteil | 1,124 |
| Vorpommern-Rügen, Festlandanteil | 0,875 |
| Vorpommern-Rügen, Inselanteil | 1,125 |
| Vulkaneifel | 0,985 |
| **W**aldeck-Frankenberg | 0,981 |
| Waldshut | 1,048 |
| Wangerooge, Insel | 1,661 |
| Warendorf | 0,887 |
| Wartburgkreis | 0,932 |
| Weiden i.d.OPf., Stadt | 0,997 |
| Weilheim-Schongau | 1,125 |
| Weimar, Stadt | 0,979 |
| Weimarer Land | 0,934 |
| Weißenburg-Gunzenhausen | 1,064 |
| Werra-Meißner-Kreis | 0,923 |
| Wesel | 0,920 |
| Wesermarsch | 0,811 |
| Westerwaldkreis | 0,995 |
| Wetteraukreis | 0,988 |
| Wiesbaden, Stadt | 1,045 |
| Wilhelmshaven, Stadt | 0,860 |
| Wittenberg | 0,775 |
| Wittmund, Festlandanteil | 0,795 |
| Wittmund, Inselanteil | 1,426 |
| Wolfenbüttel | 0,875 |
| Wolfsburg, Stadt | 0,942 |
| Worms, Stadt | 0,925 |
| Wunsiedel i.Fichtelgebirge | 1,067 |
| Wuppertal, Stadt | 0,927 |
| Würzburg | 1,084 |
| Würzburg, Stadt | 1,326 |
| **Z**ingst, Insel | 1,125 |
| Zollernalbkreis | 1,049 |
| Zweibrücken, Stadt | 1,010 |
| Zwickau | 0,911 |